TECHNISCHER SELBSTUNTERRICHT
FÜR DAS DEUTSCHE VOLK

Briefliche Anleitung zur Selbstausbildung in allen Fächern und Hilfswissenschaften der Technik

unter Mitwirkung von

JOH. KLEIBER
Oberstudienrat in München

und bewährten anderen Fachmännern

herausgegeben von

INGENIEUR KARL BARTH

III. Fachband
Maschinenbau und Elektrotechnik

München und Berlin 1923
Druck und Verlag von R. Oldenbourg

Vorrede zum III. Fachbande.

Nachdem wir im früheren Fachbande die Bau- und Kulturtechnik so eingehend behandelt hatten, als es im Rahmen des technischen Selbstunterrichtes möglich war, wollen wir jetzt im III. Fachbande zum zweiten Hauptzweige technischer Tätigkeit, zum **Maschinenbau und der Elektrotechnik** übergehen. Der Band wird daher zunächst die **allgemeine Maschinenlehre** enthalten, die uns die Zusammensetzung der wichtigsten Arten von Maschinen, Dampfmaschinen, Wärmekraftmaschinen, Wasserkraftmaschinen usw. von den Maschinenelementen angefangen bis zu ihrer höchsten Ausbildung zeigen wird, dann die **technische Mechanik und Wärmelehre,** soweit dieselbe zur Berechnung und Dimensionierung notwendig ist und endlich die gesamte **Elektrotechnik** in ihren wissenschaftlichen Grundlagen und praktischen Anwendungen.

Mit Rücksicht auf die besondere Wichtigkeit dieser Fächer werden wir ihre Besprechung, namentlich jene der **Elektrotechnik** mit größtmöglicher Ausführlichkeit behandeln, im übrigen aber Einteilung und Ausstattung analog den früheren Bänden halten.

Auch hier obliegt es mir, meinen geehrten Mitarbeitern, in erster Linie Herrn Oberstudienrat **Prof. Johann Kleiber,** dann aber dem Herrn **Ingenieur Hubert Dietl** für ihre wertvolle Unterstützung herzlichst zu danken. Ebenso danke ich auch dem geehrten Verlage **Oldenbourg** für die sorgfältige Mühewaltung bei Drucklegung und der illustrativen Ausstattung dieses Bandes.

Und so möge auch dieser Teil des Werkes bei dem lernbegierigen Publikum, dem ich für jede Anregung dankbar wäre, dieselbe warme Aufnahme finden, wie es bisher der Fall gewesen.

Mai 1923.

Ingenieur KARL BARTH.

Inhalt des III. Fachbandes:
„Maschinenbau und Elektrotechnik“.

Allgemeine Maschinenlehre

Technische Mechanik und Wärmelehre

Elektrotechnik

Allerlei Wissenswertes aus Technik und Naturwissenschaft

Lebensbilder berühmter Techniker und Naturforscher

Tabellen

III. Fachband:
MASCHINENBAU UND ELEKTROTECHNIK.

1. BRIEF.

Zur Arbeit, die uns lieb,
Stehen früh wir auf
Und geh'n mit Freuden dran."
(Shakespeare.)

ALLGEMEINE MASCHINENLEHRE

Inhalt: Den Selbstunterricht im Maschinenbau beginnen wir mit der allgemeinen Maschinenlehre, die uns eine übersichtliche Darstellung der Haupttypen der Maschinen geben soll, wie sie im Maschinen- und Bauwesen Verwendung finden. Teile, die in gleicher oder ähnlicher Form an vielen Maschinen sich wiederholen, beschreiben wir im 1. Kapitel der Maschinenlehre unter „**Maschinenelemente**", weil ihre Kenntnis uns das Verständnis jeder Maschinenkonstruktion wesentlich erleichtert. Bei der Überfülle des Stoffes müssen wir uns sehr kurz fassen, werden aber trotzdem die theoretischen Erörterungen der bezüglichen Maschinentype gleich im Zusammenhang mit der Beschreibung der Maschinentype bringen, während wir außerhalb dieses Zusammenhanges stehende besondere Berechnungen in dem für den praktischen Maschinentechniker besonders wichtigen Lehrgegenstand „Technische Mechanik und Wärmetheorie" der besseren Übersicht wegen zusammenfassen werden. In der Folge werden wir dann zunächst nach den Dampfkesseln die Kolbenmaschine, zu denen in erster Linie die Dampf- und Gasmaschinen gehören, erörtern.

1. Abschnitt.

Maschinenelemente.

Nach dem Zwecke, den die Maschinenelemente zu erfüllen haben, können wir sie in folgende Gruppen einteilen, in Elemente:

1. zur Verbindung von Maschinenteilen,
2. zur Übertragung von Drehbewegungen,
3. zur Übertragung geradliniger Bewegungen,
4. zur Umkehrung von geradlinigen Bewegungen in drehende und umgekehrt, endlich Elemente
5. zur Aufnahme und Fortleitung von Flüssigkeiten.

A. Maschinenelemente zur Verbindung von Maschinenteilen.

[1] Einleitung.

Die Verbindung zweier Maschinenteile kann **starr** sein, d. h. so, daß eine gegenseitige Bewegung unmöglich ist, oder **beweglich**, bei welcher sich der eine Teil gegen den anderen verschieben oder verdrehen lassen kann.

Die Verbindung kann **lösbar** oder **unlösbar** sein, in welch' letzterem Falle sie ohne Zerstörung der verbindenden Teile nicht gelöst werden kann. Unlösbare Verbindungen, wie sie durch **Löten, Schweißen** und **Schmelzen** erhalten werden, sind im I. Fachbande in der Technologie [304—307, 496] zu finden. Sonst gehören zu den lösbaren Verbindungen die Nieten, Schrauben und Keile.

[2] Nieten.

Über das Nieten wurde bereits im I. Fachbande unter [495] gesprochen. Die starre Nietung wird hauptsächlich zur Verbindung von schmiedeeisernen Blechen oder Walzeisen bei Anfertigung von Kesseln, im Eisenhochbau und im Brückenbau angewendet. Zuerst werden nach Schablone oder Anzeichnung die Nietlöcher in die zu verbindenden Teile gebohrt oder gestanzt. Das Stanzen der Löcher ist billiger als das Bohren, hat aber den Übelstand, daß die Löcher auf der dem Stempel abgekehrten Seite einen größeren Durchmesser erhalten und die Lochwandungen in ihren Festigkeitseigenschaften verschlechtern. Aus diesem Grunde ist es z. B. gesetzlich vorgeschrieben, die Löcher bei Herstellung von Dampfkesseln zu bohren. Sollen zwei Bleche miteinander vernietet werden, so legt man beide Bleche mit ihren Kanten aufeinander und steckt die Niete durch beide Bleche hindurch. Nietverbindungen dieser Art heißen **Überlappungsnietungen.** Sie sind einfach und billig, nur liegen nicht beide Bleche in einer Ebene. Diesen Übelstand vermeidet die **Laschennietung,** bei der beide Bleche stumpf aneinandergelegt und durch eine oder zwei **Laschen** miteinander verbunden werden. Wenn bei starken

Blechen ein besonders dichter Abschluß erzielt werden soll, wie bei Dampfkesseln für hohe Spannungen, ordnet man mehrere Reihen von Nieten an, die aber gegeneinander versetzt sind. Nach dem Lochen werden die beiden Teile durch 2—4 Schrauben miteinander verbunden und dann erst beginnt die eigentliche Nietung. Die Nieten werden in kleinen, häufig transportablen Nietöfen weißglühend gemacht, durch die Löcher gesteckt und das vorstehende Schaftende zum Schließkopf umgestaucht. Seine Ausbildung kann dann von Hand aus oder mit Maschinen erfolgen. Der Grund, warum Nieten vor ihrer Verwendung glühend gemacht werden, ist ein mehrfacher. Zunächst soll dadurch das Eisen weicher gemacht werden, was das Bilden des Schließkopfes bedeutend erleichtert, dann wird aber der Schaft stärker gestaucht, so daß er das Nietloch besser ausfüllt. Hierzu kommt noch ein weiterer Grund: Bekanntlich dehnt sich Eisen bei zunehmender Temperatur aus und verkürzt sich bei abnehmender Temperatur. Wird nun das Niet zum Bilden des Schließkopfes erwärmt, so zieht es sich nachher beim Erkälten zusammen und preßt dadurch die zu verbindenden Bleche mit großer Gewalt aufeinander. Die hierdurch erzeugte Reibung bewirkt, daß die zu vernietenden Bleche einer gegenseitigen Verschiebung großen Widerstand entgegensetzen und gerade durch diese Reibung wird die Festigkeit einer Nietverbindung hauptsächlich beeinflußt. Allerdings gibt es auch Ausnahmen. Erfordert z. B. die Stärke der Bleche die Verwendung von Nieten von weniger als 8 mm Durchmesser, so wird von einer Erwärmung der Niete meist abgesehen, da derartig dünne Niete leicht im Feuer verbrennen, dann aber auch deshalb, weil das Stauchen sich hier gleichfalls im kalten Zustande leicht bewerkstelligen läßt.

Die **Handnietung** wird zweckmäßig nur für Nietbolzen von weniger als 24 mm Durchmesser angewendet.

Bei der **maschinellen Nietung** geschieht die Ausbildung des Kopfes nicht durch Schlag, sondern durch Druck, der mit Dampf, Preßluft oder Preßwasser ausgeübt wird. Mit Rücksicht auf die gewaltsame Umformung beim Bilden des Schließkopfes werden die Nieten aus bestem zähen Flußeisen hergestellt.

Sehr häufig ist der Kopf einem Kugelabschnitt ähnlich. Ist der Platz über dem Nietbolzen beschränkt, so kann man den Schließkopf versenken, was aber nur als Notbehelf anzusehen ist.

[3] Schrauben. [37.]

Wie eine Schraube entsteht, ist im I. Fachband unter [151] erwähnt. Über Schrauben und Schraubenflächen siehe daselbst [217]. Über das Gewinde greift eine sog. **Mutter,** die mit ihrem Muttergewinde genau in die Vertiefung des Bolzengewindes hineinpaßt, so daß sie sich beim Drehen, entsprechend der Steigung des Gewindes, auf dem Bolzen verschiebt. Durch „Anziehen" der Mutter ist man imstande, die zu verbindenden Teile fest aufeinander zu pressen. Um hierbei ein Schaben der Mutterkanten auf ihrer Auflagerfläche zu vermeiden, rundet man diese an den Enden ab.

Will man den Maschinenteil, auf dem sich die Mutter dreht, nicht glatt bearbeiten oder ist das Loch wesentlich größer, etwa weil es nicht gebohrt, sondern eingegossen ist, so legt man unter die Mutter eine Unterlagsscheibe. Die Muttern werden meist als sechskantige Prismen ausgebildet, auf die zum Drehen sog. **Schraubenschlüssel** gesteckt werden. Als Material für Schrauben wird meist Flußeisen verwendet, Muttern durch Glühen mit Kohlenstoff noch außerdem gehärtet.

Kann man beispielsweise durch einen der zu verbindenden Teile nicht ganz hindurchbohren, so verwendet man **Kopf-** oder **Stiftschrauben.**

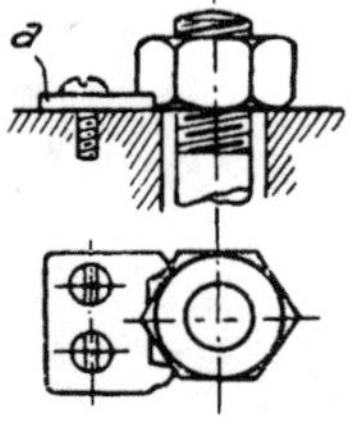

Abb. 1 Schraubensicherung

Schraubensicherungen (Abb. 1) schützen die Schrauben und Muttern gegen selbsttätiges, nicht beabsichtigtes Lockern und Lösen. Steckt man durch Mutter und Bolzen einen Splint, so ist ein Lösen, aber auch ein Nachziehen der Mutter ausgeschlossen. Häufig begnügt man sich mit elastischen Unterlagsscheiben oder Anordnung von zwei Muttern übereinander.

Am meisten wird heute noch das engl. **Whitworthgewinde** benutzt. Nur für dünnwandige Rohre, Gasrohre wird vom sog. **„Gasgewinde"** Gebrauch gemacht, deren Gänge nicht sehr tief einschneiden.

Macht man das Gewinde wie bei den Holzschrauben, so kann es sich in weiche Materialien sein Muttergewinde selbst einschneiden.

Für die Tragfähigkeit von Schrauben ist von Einfluß, ob sie unter voller Belastung angezogen werden müssen, weil sie dann nicht nur auf Zug, sondern auch auf Torsion beansprucht werden. Man läßt in diesem Falle die Festigkeit k_z nicht größer als 360—480 kg pro cm zu, während sonst beim Flußeisen 600 kg/cm² die Regel bildet.

Die Schrauben werden heute fast ausschließlich mit Hilfe von Revolverbänken hergestellt. Nur das Einschneiden von Muttergewinden in blinde Löcher, die nicht durchgehen, ist teuer, weil es meist noch von Hand mit Gewindebohrern geschieht (I. Fachband [399]).

[4] Keile. [40.]

Ist ein Hohlzylinder, z. B. eine Nabe oder eine Muffe, auf einem dazu passenden Vollzylinder, z. B. einer Welle, so zu befestigen, daß er sich nicht gegen sie verdrehen kann, so treibt man senkrecht zur Achsrichtung einen **sehr schlanken Keil** mit einer Steigung von etwa 1 : 100 dazwischen. In den meisten Fällen wird der Keil zur Hälfte in die Nabe und zur andern Hälfte in die Welle eingelassen, doch kann man auch, wenn es sich um kleinere Drehmomente handelt, die Welle nur auflochen oder den Keil aushöhlen.

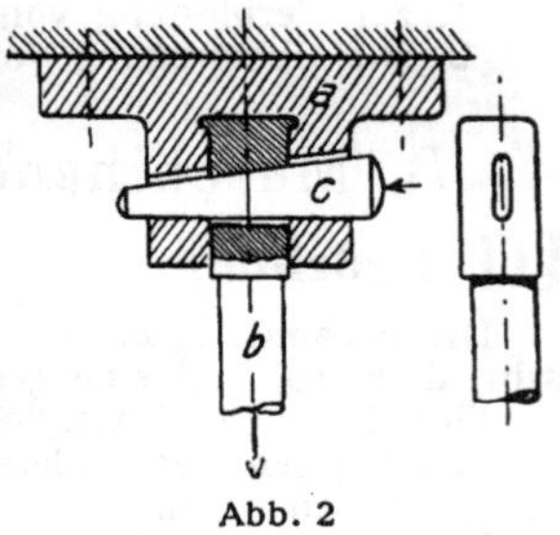

Abb. 2 Keil

Sog. **Nasenkeile** sind an sich drehenden Teilen möglichst zu vermeiden, mindestens sind die vorstehenden Nasen gut abzudecken, weil sie im Betriebe durch Erfassen der Kleidung von Arbeitern schon mehrfach Unglücksfälle hervorgerufen haben.

Sind vom Hohl- auf den Vollzylinder in der Achsrichtung wirkende Kräfte zu übertragen, so kann man die Verbindung durch **Querkeile** bewerkstelligen (Abb. 2).

Eine weitere Verwendung des Keiles zu lösbaren Verbindungen findet dann statt, wenn es sich darum handelt, Räder irgendwelcher Art, z. B.

Riemenscheiben, Zahnräder, so auf einer runden Welle zu befestigen, daß ein Verdrehen des Rades gegenüber der Welle nicht möglich ist.

Bei dieser Gelegenheit möge gleich eine Einrichtung erwähnt werden, die mit dieser große Ähnlichkeit hat, ohne daß man von einer Keilwirkung sprechen kann, wenn Räder oder Scheiben auf einer Welle verschoben werden müssen. Natürlich muß in einem solchen Falle der Anzug des Keiles gleich Null sein, und ferner muß auch die in der Bohrung der Nabe befindliche Nut so genau gearbeitet sein, daß das Rad an jedem Punkte der Welle festsitzt, ohne zu schlottern. Man nennt das eine Verbindung mit **Nut und Feder** (Abb. 3).

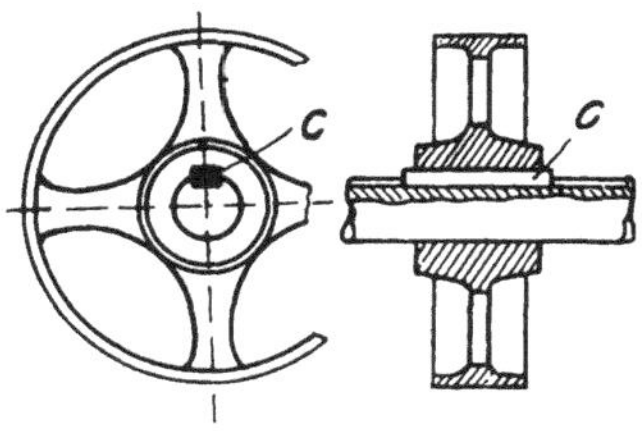

Abb. 3
Verbindung mit Nut und Feder

[5] Zapfen und Lager. [45.]

Sind zwei Maschinenteile so miteinander zu verbinden, daß eine gegenseitige Drehung stattfinden kann, so bildet man den einen Teil als **Zapfen,** den andern als **Lager** aus. Wenn möglich, legt man den Zapfen *S* an das Ende des zu tragenden Teiles, weil er dann die kleinsten Abmessungen erhält und nennt ihn **Stirnzapfen** oder **Spurzapfen** (Abb. 4). Ist man gezwungen, den Körper zwischen den Enden zu lagern, so macht man **Hals-** oder **Kammzapfen** (Abb. 5).

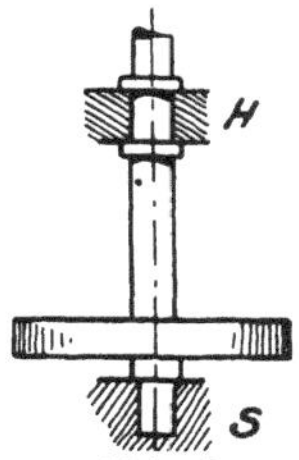

Abb. 4
Spurzapfen

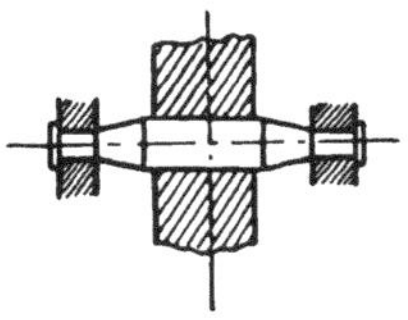
Abb. 5
Halszapfen

Stirn- oder Tragzapfen sind geeignet, senkrecht zur Achse wirkende Kräfte, Hals- und Kammzapfen parallel zu ihr gerichtete weiterzugeben.

b) Die Lager dienen zum Tragen von sich drehenden Teilen; ihre Ausbildung ist nach der Drehgeschwindigkeit, dem zu übertragenden Druck und der zulässigen Reibung und Abnutzung verschieden.

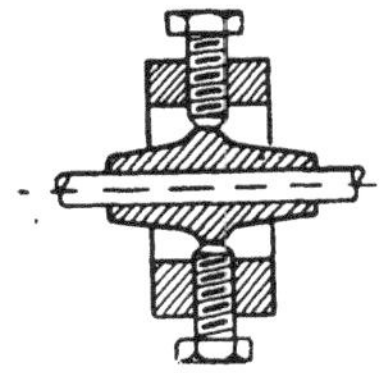
Abb. 6
Augenlager

Für Zapfen, die nur schwingen oder sich zeitweise drehen, genügen einfache **Augen-** oder **Froschlager,** die aus Gußeisen hergestellt, ausgebohrt und mit Schrauben verstellbar sind (Abb. 6).

Der zulässige Auflagerdruck für solche Lager ist

$$k = 60 \text{ bis } 70 \text{ kg/cm}.$$

Länge l und Durchmesser d ergeben sich hieraus und aus dem zu übertragenden Druck Q

$$\boxed{l \cdot d \cdot k = Q.}$$

Wird die Geschwindigkeit, mit der der Zapfen im Lager sich dreht, größer, so muß man die Reibung und die dadurch hervorgerufene Abnutzung klein halten und die Möglichkeit vorsehen, den etwa entstandenen Spielraum zu beseitigen. Dies kann erreicht werden durch gute Schmierung und Einbau einer glatt gearbeiteten **Lagerschale** aus **Rotguß** oder **Weißmetall.** Solche Lager genügen für eine Umdrehungszahl $n \leqq 60$ und eine Festigkeit $k \leqq 60$ kg/cm. Bei Ausführungen nach Abb. 6 kann der etwa entstandene Spielraum durch Auswechseln der abgenutzten Büchse gegen eine neue beseitigt werden, ehe er eine schädliche Größe erreicht. Teilt man aber die Schale und das Lager nach Abb. 7 senkrecht zur Richtung des zu übertragenden Druckes, also auch der zu erwartenden Abnutzung, macht man es also zweiteilig, so kann man auch ohne Erneuerung der Schalen den Spielraum beseitigen. Nach Abschrauben der oberen Lagerhälfte, des Lagerdeckels, kann man die halben Lagerschalen herausnehmen und von den Flächen, mit denen sie aufeinanderliegen, so viel abfeilen oder schaben als nötig ist. Hat das Lager in mehreren Richtungen Drücke zu übertragen, so müssen die Lagerschalen noch öfter unterteilt werden. Den Flächendruck macht man bei $n \leqq 150$, 40—50 kg/cm².

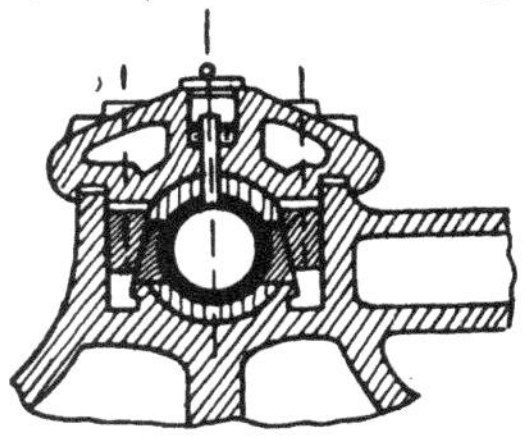
Abb. 7
Lagerschale

Die **zwei- oder mehrteiligen Lager** haben noch den Vorteil, daß der zu lagernde Maschinenteil in das geöffnete Lager von oben eingelegt werden kann. Je nachdem der Lagerkörper aufgestellt, seitlich oder oben angehängt wird, spricht man von **Steh-, Wand-** und **Hängelagern.**

Ist die Geschwindigkeit eines sich drehenden Maschinenteiles groß oder liegt er in einer größeren Zahl von Lagern, so kann der durch Reibung bedingte Arbeitsverlust sehr bedeutend werden. Dieser Fall kann z. B. bei den Wellen eintreten, das sind drehende, lange, runde Stangen, die von vielen Lagern getragen werden. Auf die Ausbildung und Schmierung solcher **Wellen-** oder **Transmissionslager** ist daher ganz besondere Aufmerksamkeit zu verwenden. Sie arbeiten heute fast allgemein mit sehr glatt bearbeiteten Schalen aus Rotguß oder Weißmetall mit ununterbrochenem Öldurchlauf. Auf der Welle hängende Ringe tauchen in den Ölbehälter hinein und bringen bei der Drehung Öl nach oben, das sich dann durch Ölnuten über die ganze Berührungsfläche verteilt. Das Schmiermaterial muß aber wegen der Ölersparnis noch innerhalb des Lagergehäuses abgeschleudert und in den Ölraum zurückgebracht werden. Diese Lager geben wenig Reibungsverluste und geringen Ölverbrauch; sie werden zweckmäßig für Umdrehungszahlen $n > 100$ angewendet.

Damit mäßig belastete Lager mit der Welle sich etwas einstellen können, macht man die Lagerschalen in Kugelflächen beweglich.

Die Lagerreibung kann noch weiter dadurch verkleinert werden, daß man durch Einlegen von Kugeln oder Walzen die gleitende Reibung in rollende verwandelt. Besonders die Kugellager haben in den letzten Jahren gute Durchbildung und weite Verbreitung gefunden (Abb. 8).

Der Zapfen sowohl wie das Lager werden mit je einem gehärteten, etwas ausgehöhlten Laufringe versehen und gehärtete Stahlkugeln dazwischen gelegt. Kugeln und Laufringe müssen äußerst genau hergestellt sein. Damit die einzelnen Kugeln sich nicht berühren und aneinander reiben können, werden sie in sog. Kugelkäfigen geführt, die von den einzelnen Fabriken in verschiedener Weise ausgebildet werden. Um die Kugeln vor Abnutzung zu bewahren, läßt man sie ganz in Fett laufen.

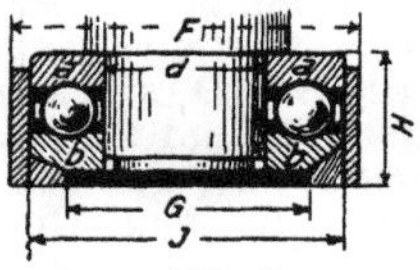

Abb. 8
Kugellager

Ein sehr wesentlicher Punkt bei allen Lagern ist eine gute und reichliche **Schmierung**, um zu verhindern, daß das Metall der Zapfen oder Wellen unmittelbar auf dem Metall der Lagerschalen läuft, da hierdurch sehr bald infolge der Reibung bedeutende Mengen von Wärme erzeugt würden, die bis zum Schmelzen der Lagerschalen führen können. Eine der einfachsten Vorrichtungen besteht darin, auf dem Lagerdeckel eine Höhlung anzubringen, in die ein dünnes Röhrchen gesteckt wird, das bis auf den Zapfen hinabreicht. In dem Röhrchen, das mit Öl angefüllt ist, steckt ein Docht, der das Öl langsam dem Zapfen zufließen läßt.

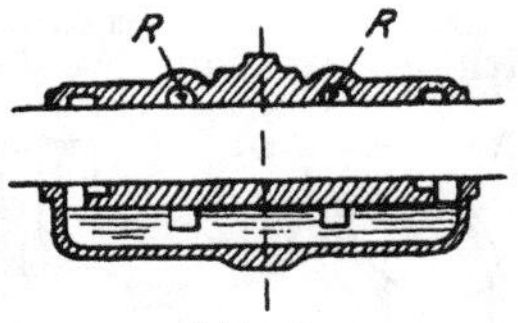

Abb. 9
Ringschmierung

Wesentlich ist die **Ringschmierung** (Abb. 9), die bei Triebwerkswellen ausgedehnte Verwendung findet. In dem Lager sind an mehreren Stellen Höhlungen ausgespart, in welchen dünne gußeiserne Ringe stecken, die das Öl aus den unteren Teilen der Lagerhöhlung heraufpumpen, während das überflüssige Öl wieder zurücktropft. Solche Ringschmierlager können monatelang ohne Bedienung im Betriebe stehen.

B. Maschinenteile zur Übertragung von Drehbewegungen.

[6] Wellen. [47.]

Ist die Drehbewegung und das Drehmoment eines Maschinenteiles weiterzuleiten, so kann dies durch runde Stangen, Wellen, geschehen, die so verbunden werden, daß die Drehachsen zusammenfallen. Im Maschinenbau handelt es sich meistens darum, Pferdekräfte weiterzuleiten.

Ist die Anzahl der Pferdekräfte gegeben, so gestaltet sich die Rechnung folgendermaßen, wenn angenommen wird, daß N die Anzahl der Pferdekräfte, n die Umdrehungszahl der Welle in der Minute und v die Geschwindigkeit des Angriffspunktes der Kraft P im Abstande R von der Achse

$$v \text{ in } m = \frac{2 \cdot R \cdot \pi \cdot n}{60 \cdot 100}$$

$$N = \frac{P \cdot v}{75};$$

aus diesen zwei Gleichungen ergibt sich das Drehmoment

$$P \cdot R = M_d = 71\,600 \cdot \frac{N}{n}.$$

Nun ist nach [29]

$$M_d = k_d \cdot \frac{T}{d} = k_d \cdot \frac{\pi}{16} \cdot d^3$$

(da die Welle rund ist).

Obigen Wert eingesetzt, wird hieraus

$$d^3 = \frac{16 \cdot 71\,600 \cdot \frac{N}{n}}{\pi \cdot k_d} \infty \frac{360\,000}{k_d} \cdot \frac{N}{n}$$

und mit $k_d = 250$ (schmiedeeiserne Welle)

$$\boxed{d = \sqrt[3]{3000 \cdot \frac{N}{n}}.}$$

Die Lagerentfernung der Triebwerkwellen nimmt man mit $a = 100 \sqrt[3]{d}$ an.

Damit die Wellen sich in axialer Richtung in ihren Lagern nicht verschieben können, setzt man rechts und links vom Lager ein- oder zweiteilige **Stellringe** (Abb. 10) auf, die die Welle in ihrer Lage erhalten.

Der Stoff, aus dem in neuerer Zeit Achsen und Wellen hergestellt werden, ist wohl ausnahmslos schmiedebares Eisen (Flußeisen oder Flußstahl), der Querschnitt meist ein Kreis oder ein Kreisring. Durch die Bohrung wird die Festigkeit der Welle weder in Beziehung auf Biegung und Drehung wesentlich beeinträchtigt, außerdem kann die Welle

Abb. 10
Stellringe

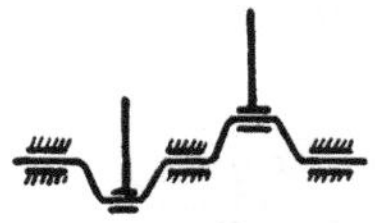

Abb. 11
Gekröpfte Wellen

z. B. durch Glühlampen auch von innen aus beobachtet werden. Natürlich werden die Wellen hierdurch wesentlich leichter.

Die Mittellinie der Achsen ist naturgemäß immer eine gerade Linie, wobei der Durchmesser aus Gründen der Festigkeit an einzelnen Stellen verschieden groß sein kann. Bei Wellen kommen neben den geradlinigen Formen auch noch andere Formen vor, wie dies bei Triebwerks- und Transmissionswellen der Fall ist. Hierher gehören die sog. **gekröpften Wellen** (Abb. 11), die im Schiffbau und bei Automobilen vorkommen, wenn Kraftmaschinen mit mehreren nebeneinander liegenden Zylindern betrieben werden sollen. Die Herstellung solcher gekröpfter Wellen bietet bedeutende Schwierigkeiten, weshalb sie bei großen Schiffsmaschinen in der Regel aus mehreren Stücken zusammengesetzt werden.

[7] Kupplungen.

Zur Herstellung langer Wellenstränge müssen entsprechend viele einzelne Wellenstücke miteinander verbunden werden. Es geschieht dies durch Kupplungen, die sowohl das Drehmoment als auch das Biegungsmoment sicher übertragen. Die meisten Wellenkupplungen können nur gelöst werden, wenn der Wellenstrang still steht, man nennt sie **feste Kupplungen** im Gegensatze zu den **lösbaren Kupplungen**, die während des Betriebes ein- und ausgerückt werden können und dadurch gestatten, die getriebene Welle bald stille zu stellen, bald an der Drehung teilnehmen zu lassen.

Bildet man die beiden Kupplungshälften als Scheiben aus, so erhält man die **Scheibenkupplungen.** Die Kupplungen können aber auch als ein- oder mehrteilige **Muffenkupplungen** ausgeführt werden. Klauenkupplungen sind lösbar und können kleine Kräfte mit geringer Geschwindigkeit übertragen.

In neuerer Zeit kommt es häufig vor, daß zwei Wellenenden so miteinander verkuppelt werden sollen, daß eine etwaige Ungenauigkeit in der Lagerung der einen Welle die andere Welle nicht beeinflußt. Ein solcher Fall liegt z. B. vor, wenn die Welle einer Dynamomaschine mit der Welle einer Dampf- oder Gasmaschine verbunden werden soll. In einem solchen Falle bedient man sich ebenfalls beweglicher, sog. **elastischer Kupplungen** (Abb. 12). Ein Beispiel hierfür bietet die Kupplung von Zodel-Voith, bei welcher auf beiden Wellen eine flache Glocke *ab* sitzt zwischen denen ein starker Lederriemen gezogen ist. Die Nachgiebigkeit dieses Riemens bewirkt die verlangte Unabhängigkeit der Wellen und auch eine gewisse elektrische Isolierung, was bei Dynamomaschinen von Vorteil ist. Sollen die beiden Wellenstränge an der Verbindungsstelle einen starken Knick bilden, so wendet man Kreuzgelenkkupplungen an.

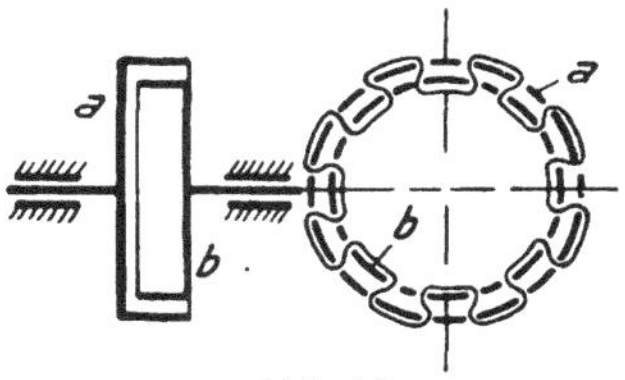

Abb. 12
Elastische Kupplung

Ist das Drehmoment einer Welle auf eine benachbarte parallele oder sie schneidende Welle zu übertragen, so kann dies durch Räder mit kegel- oder zylinderförmigen Kränzen, die fest aufeinander gepreßt werden, sog. **Reibungsräder,** oder durch **Zahnräder** geschehen.

[8] Reibungsräder.

Unter **Reibungsrädern** versteht man glatte Scheiben, deren Umfänge in radialer Richtung fest aneinandergepreßt werden, so daß infolge der Reibung die eine Scheibe durch die andere mitgenommen wird. Ihre Anwendung ist im Maschinenbau ziemlich beschränkt. Sollen nämlich große Kräfte übertragen werden, so müßten die Räder stark aneinandergepreßt werden, um ein Gleiten der Räder zu verhindern, was wieder eine starke Abnutzung zur Folge hätte. Will man die Reibung erhöhen, so kann man die Räder keilförmig gestalten (Abb. 13). Jedoch darf die Tiefe der Rillen nicht zu groß (etwa 10 bis 12 mm) angenommen werden, da sonst eine zu

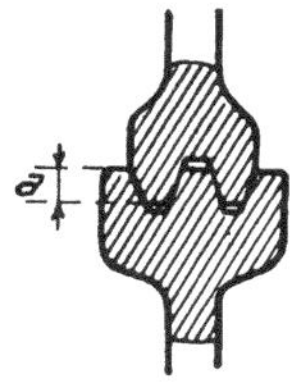
Abb. 13
Reibungsräder

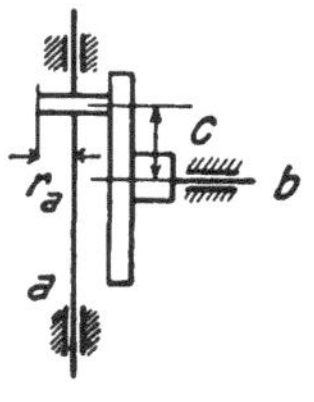

Abb. 14
Reibungsräder

starke Erwärmung eintritt. Sehr interessant ist die Anordnung, die bei Automobilen angewendet ist. Es sei *b* eine Welle, die von der Antriebsmaschine des Automobils in ständiger gleichbleibender Bewegung erhalten wird. Von dieser Welle soll eine andere *b*, die mit den Rädern des Automobiles in Verbindung steht (Abb. 14), so angetrieben werden, daß nicht nur die Umdrehzahl, sondern auch die Drehrichtung von *a* geändert werden kann. Zu diesem Zwecke befestigt man auf dem Ende von *b* eine glatte Scheibe, die auch über den Mittelpunkt von *b* hinaus verschoben werden kann. Es ist dann

$$n_a = n_b \cdot \frac{rb}{ra};$$

die Welle dreht sich also um so langsamer, je mehr sie dem Mittelpunkt der Scheibe *b* genähert wird, kehrt aber ihre Drehrichtung um, wenn das kleine Rad über den Mittelpunkt von *b* hinausgeschoben wird.

[9] Zahnräder.

Stattet man die Radumfänge mit entsprechend geformten Vorsprüngen, Zähnen und Vertiefungen, Zahnlücken, aus, deren Mittel auf beiden Rädern genau den gleichen Abstand voneinander haben und läßt diese so zusammenarbeiten, daß die Zähne des einen Rades in die Lücken des anderen eingreifen, so erhält man eine sichere Bewegungsübertragung mit wesentlich kleineren, nur 3 bis 10 Hundertstel der durchgeleiteten Arbeit betragenden Verlusten. Zur Erreichung eines ruhigen Ganges ist es notwendig, daß die Bewegungsübertragung sich ganz gleichmäßig so vollzieht, daß Teilkreise aufeinanderwälzen, ohne zu gleiten. Dies wird dadurch erreicht, daß man die Zahnflanken richtig nach **Zykloiden** oder **Evolventen** formt. Von diesen muß aber verlangt werden, daß für die zusammenarbeitenden Zahnteile der Räder **die Zykloiden durch denselben Rollkreis, die Evolventen durch dieselbe Gerade** erzeugt werden.

Die Zahnräder ergeben aber nicht nur eine gute Bewegungsübertragung, sondern auch jede wünschenswerte Vergrößerung oder Verkleinerung des weiterzugebenden Drehmomentes *M* und der Drehgeschwindigkeit, welch letztere der Techniker bekanntlich durch die minutlichen Umdrehungszahlen mißt.

$$N_1 : N_2 = Z_2 : Z_1.$$

Die Zahnräder vergrößern also das von einer Welle an eine zweite abgegebene Moment im Verhältnis der Zähnezahlen und die Umdrehungszahl im umgekehrten Verhältnis der Zähnezahlen. Setzt man die Zähne außen auf einen Zylinder, so erhält man außen verzahnte Räder, **Stirnräder. Sind zwei Wellen durch außen verzahnte Räder verbunden,**

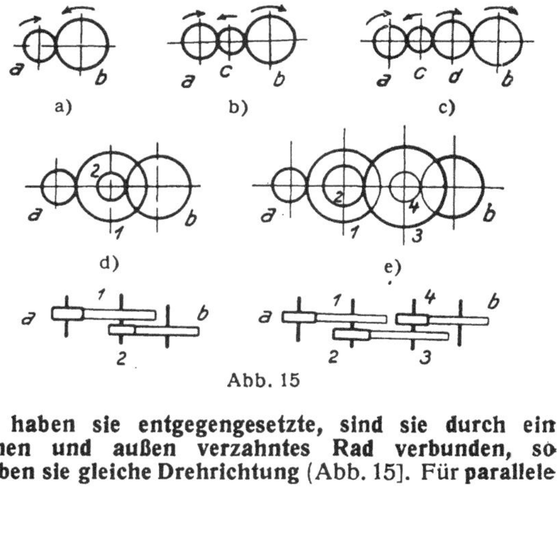

Abb. 15

so haben sie entgegengesetzte, sind sie durch ein innen und außen verzahntes Rad verbunden, so haben sie gleiche Drehrichtung (Abb. 15]. Für **parallele**

Wellen sind die Zähne **auf Zylinderflächen,** für **sich schneidende** auf **Kegelflächen** zu setzen, deren Spitzen im Schnittpunkte der Wellen liegen.

Zahnkranz heißt der Teil des Rades, der die Zähne trägt, die Nabe dient zur Aufnahme und Befestigung der Welle, die **Arme** verbinden den Kranz mit der Nabe.

Die Zahnräder werden meist aus Gußeisen hergestellt, doch eignet sich zur Aufnahme sehr großer Kräfte Stahlguß besser. Ruhigeren Gang geben Räder aus aufeinander geleimten und gepreßten Rohhautscheiben. Die Zähne sich langsam drehender, durch Muskelkraft getriebener Räder können unbearbeitet bleiben, während sie bei schnellaufenden, motorisch angetriebenen Rädern glatt bearbeitet, gehobelt, gefräst oder geschliffen werden müssen.

Eine besondere Art von Zahnrädern sind die **Schneckenräder;** bei der Umdrehung der Schnecke wird der an ihr liegende Zahn um die Ganghöhe der Schnecke weitergeschoben. Macht man nun diese Ganghöhe gleich der Teilung des Rades, so wird der Zahnkranz bei jeder Schneckenumdrehung um einen Zahn weitergeschoben. Bei z Zähnen ist die Übersetzung eine $z$fache.

Bei solchen eingängigen Schnecken ist der Neigungswinkel klein, daher der Reibungsverlust groß und der Wirkungsgrad schlecht. Mehrgängige Schnekken werden besonders bei elektrisch angetriebenen Hebezeugen vielfach angewendet, um die hohe Umdrehungszahl des Motors auf die niedrige der Trommelwelle zu bringen und dabei gleichzeitig das kleine Anzugsmoment des Motors auf das Lastmoment zu vergrößern (s. I. Fachband [151].

[10] Kettenräder.

Wollte man eine Welle, die weiter ab von der treibenden Welle liegt, durch Zahnräder in Umdrehung versetzen, so würden diese sehr groß, schwer und teuer werden. In solchen Fällen wendet man **Ketten-, Riemen-** oder **Seiltrieb** an. **Eine zwangläufige Übertragung erreicht man durch Kette und Kettenrad.** Die Treibketten können aus Stahllaschen, Stahlbolzen und Stahlrohren gebildet, als Kette ohne Ende geschlossen sein und über Kettenräder gelegt werden.

[11] Riemen und Riemenscheiben. [54.]

Der leichtere und billigere Riementrieb wird häufiger als der teuere und nicht geräuschlos arbeitende Kettentrieb angewendet, trotzdem er nicht eine zwangsläufige Bewegungsübertragung ergibt, weil infolge Riemengleitens die getriebene Scheibe gegenüber der treibenden mehr oder weniger zurückbleibt. Die Riemen werden aus Leder, Baumwolle, Kamelhaaren, Gummi mit Baumwollbändern, in neuester Zeit auch aus dünnen Stahlbändern hergestellt, als Band ohne Ende geschlossen und unter starker Anspannung über zwei glatte Scheiben, die **Riemenscheiben,** geschlungen. Die treibende Welle nimmt bei der Drehung die auf ihr festgekeilte Riemenscheibe R_1, diese den Riemen und dieser wieder die Scheibe R_2 mit. Letztere ist auf der Welle aufgekeilt, so daß auch diese sich mitdrehen muß. Herrscht in dem linken, dem treibenden Riemenstück, die Zugkraft T, im rechten, dem getriebenen, die Kraft t, so sind die Momente der beiden Wellen

$$M_1 = (T - t) \cdot \frac{D_1}{2} \qquad M_2 = (\tau - t) \cdot \frac{D_2}{2}$$

woraus folgt

$$M_1 : M_2 = D_1 : D_2.$$

Abgesehen von dem bei gutem Zustand der Anlage geringen Riemengleiten wird die Länge L des in einer bestimmten Zeit, z. B. in einer Minute, von der einen Scheibe ab- und auf die andere aufgewickelten Riemens gleich sein den Produkten aus den Umfängen und den Umdrehungszahlen der Scheiben:

$$L = D_1 \pi \cdot n_1 = D_2 \pi \cdot n_2$$

oder

$$n_1 : n_2 = D_2 : D_1.$$

Also auch beim Riementrieb werden die Momente im gleichen, die Umdrehungszahlen im umgekehrten Verhältnis wie die Durchmesser der Scheiben zu- oder abnehmen. Setzt man auf die Wellen mehrere, meist zu einem Gußstück vereinigte Riemenscheiben, sog. **Stufenscheiben** (Abb. 16), so kann man die zweite Welle mit verschiedenen Geschwindigkeiten umlaufen lassen. Hat man die treibende Scheibe

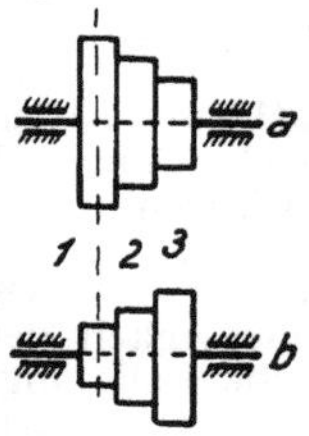

Abb. 16
Stufenscheiben

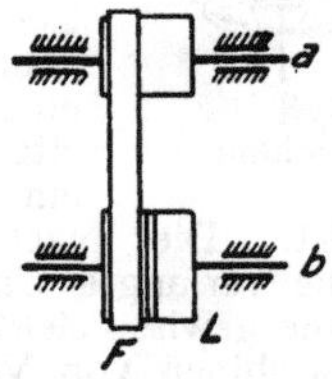

Abb. 17
Losscheiben

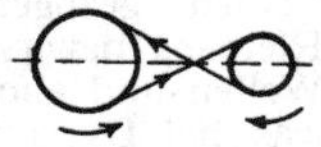

Abb. 18
Gekreuzte Riemen

mehr als doppelt so breit wie den Riemen gemacht, und neben der auf der getriebenen Welle festgekeilten Festscheibe T eine zweite auf der Welle lose drehbare Losscheibe L angeordnet, so kann man durch Verschieben des Riemens die zweite Welle während des Betriebes stillsetzen oder mitnehmen lassen. Wird der Riemen gekreuzt (Abb. 18), so haben die Wellen entgegengesetzte Drehrichtung. Damit aber die beiden Riemenstücke an der Kreuzungsstelle aneinander vorbeigehen können, müssen sie hier hochkant stehen, was dadurch erreicht wird, daß der Riemen beim Übergang von einer Scheibe zur anderen um 180° in seiner Längsachse gedreht wird.

[12] Seiltriebe.

Sehr große zu übertragende Kräfte würden recht breite und teure Riemen verlangen, die man dann durch billigere Hanfseile gerne ersetzt. Die zugehörige Scheibe muß so ausgebildet werden, daß jedes Seil in einer besonderen konischen Rille liegt, wodurch auch mehrere in verschiedener Höhe liegende Wellen von einer Seilscheibe aus angetrieben werden können.

Das für Kraftübertragungszwecke verwendete Drahtseil besteht aus einzelnen Strähnen oder Litzen, die schraubenförmig um eine Hanfseele gewunden sind. Die Litzen selber bestehen aus einzelnen Drähten, die wieder um eine Hanfseele schraubenförmig gewunden sind. In der Regel wird nur ein einziges Drahtseil verwendet, welches um schmale Scheiben herumgeschlungen ist, deren Umfang eine mit Leder, bisweilen auch mit Holz oder Guttapercha gefütterte Rille besitzt (Abb. 19).

Abb. 19
Seilscheibe

Bei der geringen Dehnbarkeit des Seiles in der Längsrichtung kann hier die zur Erzeugung der Reibung zwischen Seil und Spannung nur durch Benutzung des Eigengewichtes des Seiles hervorgebracht werden. Daraus folgt, daß die Anwendung des Drahtseilbetriebes einen gewissen Mindestabstand der Wellen von etwa 16—20 cm bedingt, eine Entfernung, bei der die Kraftübertragung durch Riemen nicht mehr zweckmäßig ist. Die größte Achsenentfernung kann bis zu 100 m und darüber betragen. Da aber eine Kraftübertragung auf größere Entfernungen jetzt besser und einfacher auf elektrischem Wege geschieht, werden Drahtseilbetriebe heute nur noch selten verwendet. Gekreuzter und geschränkter Betrieb sind hier unzulässig.

Einen noch billigeren Ersatz für Riemenbetriebe stellt die Kraftübertragung durch Hanf- oder Baumwollseile dar. Sie geschieht hier durch eine größere Anzahl von Seilen, die nebeneinander auf den mit Rillen versehenen Scheiben angeordnet sind. Dies hat gegenüber dem Riemenbetrieb vor allem den Vorteil der größeren Betriebssicherheit, da selbst beim Schadhaftwerden eines oder mehrerer Seile der Betrieb meist noch mit den übrigbleibenden Seilen aufrechterhalten werden kann; ferner ist es möglich, von einer treibenden Scheibe *a* aus mehrere in verschiedenen Stockwerken liegende Scheiben *b* (Abb. 20) anzutreiben, eine Anordnung, von der in großen Spinnereien häufig Gebrauch gemacht wird. Die Seile sind etwa 30—50 mm stark, und zwar sind Baumwollseile etwas biegsamer als Hanfseile, können daher um kleinere Scheiben geschlungen werden.

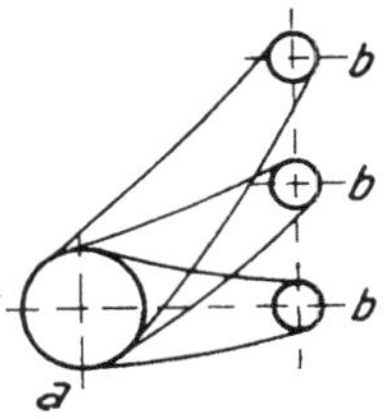

Abb. 20
Seiltriebe

C. Maschinenelemente zur Übertragung von Kräften in gerader Richtung.

[13] Kolben und Kolbenstangen.

Bei den meisten Kraftmaschinen, z. B. den Dampf- und Gasmaschinen, veranlaßt die Kraft eine hin- und hergehende Bewegung, sie schiebt in einem Zylinder einen Kolben hin und her, dessen Bewegung meist mittels einer Kolbenstange durch eine im Deckel sitzende Stopfbüchse hindurch nach außen übertragen wird.

Die Kolben sind so auszubilden, daß die Druckflüssigkeit, sei sie nun in tropfbar oder gasförmig flüssigem Zustande, nicht an ihnen vorbei auf die andere Seite entweichen kann. Je größer die Pressung, um so dicker muß der Kolben werden. Schon aus diesem Grunde macht man ihn bei Pumpen für hohe Pressung dicker als für Gasmaschinen, für diese wieder dicker als für Dampfmaschinen. Weiter muß noch dafür gesorgt werden, daß der Kolben auf seinem ganzen Umfang dicht an den Zylinder anschließt, was man dadurch erreicht, daß man in seine Oberfläche federnde Kolbenringe einbettet, wie Abb. 21 für einen Dampfmaschinenkolben zeigt. An der Stelle, an welcher die Kolbenstange durch den Deckel des Zylinders hindurchgeht, muß sie abgedichtet werden. Bei den einfachsten Ausführungen ist um die Stange herum an dem Deckel ein Topf angegossen und in dem Raum zwischen Topfinnenwand und Stange ein weiches abdichtendes Material, z. B. ein mit Talg getränkter Baumwollzopf gestopft. Solche Anordnungen nennt man **Stopfbüchsen** (Abb. 22 u. 23). An Stelle des weichen Materiales werden für höhere Temperaturen und größere Spannungen konische Weißmetallringe und eingeschliffene mehrteilige, durch Federn angepreßte Gußeisenringe verwendet.

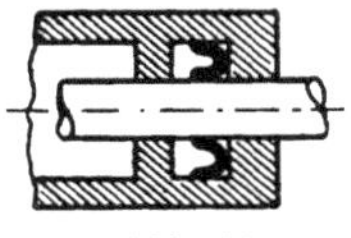
Abb. 21
Kolbenring

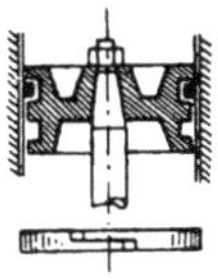
Abb. 22
Kolbenring

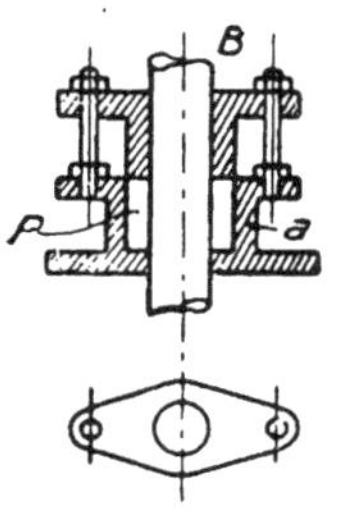

Abb. 23
Stopfbüchse

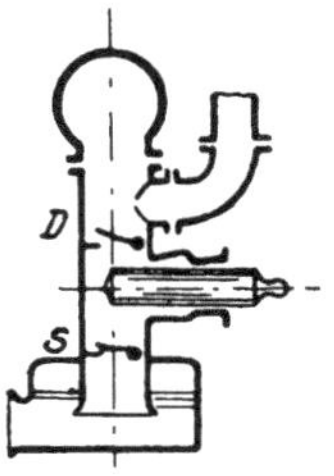

Abb. 24
Tauchkolben

Undichtigkeiten an Stopfbüchsen lassen sich leicht während des Betriebes erkennen und durch Anziehen der Stopfbüchsenbrille beseitigen. Für höhere Pressungen, z. B. bei Pumpen, bildet man die Kolben auch häufig als **Tauchkolben** oder **Plunger** aus (Abb. 24), die nur in den Stopfbüchsen, nicht aber an den Wandungen abdichten.

[14] Sonstige Zugkraftorgane.

Treten nur Zugkräfte auf, so kann man sie durch Hanfseile, Ketten und Drahtseile übertragen. Aus den Hanffasern werden Bindfaden gesponnen, diese zu Litzen und die Litzen zum Hanfseil zusammengedreht. Die Seile können pro cm² etwa 100 kg übertragen.

An den Rundeisenketten, welche auch **Gliederketten** oder geschweißte Ketten genannt werden, wird jedes Glied einzeln hergestellt und ehe es zum Ring zusammengeschweißt wird, an das schon fertige Kettenstück angehangen. Infolge der Unsicherheit der Schweißstellen sollen diese Ketten zum Heben von Lasten nur mäßig, nicht mit mehr als 500—600 kg pro cm² beansprucht werden.

Viel betriebssicherer sind die **Gelenk- oder Galleschen Ketten,** die aus Stahllaschen und Stahlbolzen zusammengesetzt sind. Sie sind aber ziemlich teuer und nur in einer Richtung beweglich.

An elektrisch betriebenen Hebezeugen werden meist Drahtseile als Zugorgane verwendet, die für gleiche Lasten und Längen weniger als Hanfseile und Ketten wiegen.

Es ist zweckmäßig, für die Seile nicht den Querschnitt, sondern das Gewicht von 100 m Seil in Rechnung zu ziehen, weil dieses meist von den Lieferanten angegeben wird.

Dünnere Drähte ergeben kleinere Trommeldurchmesser, daher auch kleinere Lastmomente, nutzen sich aber mehr ab und haben kürzere Lebensdauer.

D. Elemente zur Umwandlung der geradlinigen in die Drehbewegung.

Die geradlinige Bewegung kann in eine rotierende umgesetzt werden durch Zahnstange und Zahnrad, wie dies sehr häufig beim indirekten hydraulischen Antrieb von Aufzügen der Fall ist und durch das Kurbelgetriebe.

[15] Kurbelgetriebe.

Das Kurbelgetriebe gestattet, die hin und her gehende Bewegung einer Stange in gleichgerichtete Drehbewegung umzusetzen und umgekehrt (Abb. 25). Die Stange *S* endigt in dem Kreuzkopf *B*, der sich, damit er nicht seitlich ausweichen kann, zwischen

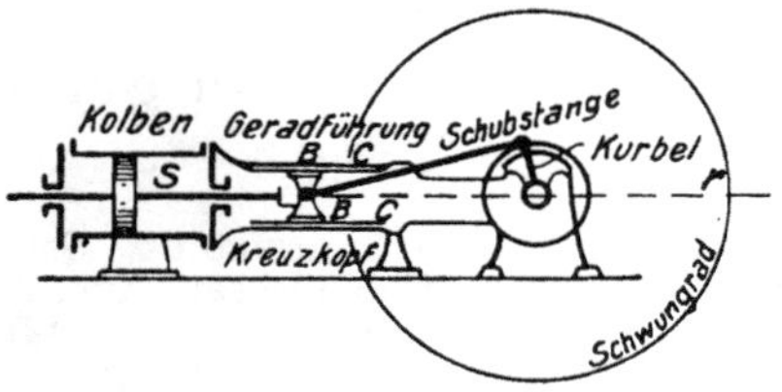

Abb. 25
Kurbelgetriebe

Geradführungen bewegt und den Kreuzkopfzapfen trägt. Auf die Welle *C*, die in Umdrehung zu versetzen ist, ist eine Kurbel aufgekeilt, an der der Kurbelzapfen sich befindet. Kurbelzapfen und Kreuzkopfzapfen werden durch eine Stange, die Schub-, Senk-, Treib- oder Pleuelstange verbunden, die den Zapfen entsprechende Lager hat. Die Entfernung von Wellen- und Kreuzkopfzapfenmitte heißt Kurbelradius. Die meist mit einem Kolben verbundene Stange *S* macht bei jeder Kurbelumdrehung einen Doppelhub, bestehend aus einem Hin- und einem Hergang; der Kolbenhub *s* ist daher

$$s = 2R.$$

[16] Kolbenstangen.

Die Kolbenstangen haben die Aufgabe, den im Zylinder erzeugten Druck von dem Kolben nach außen zu übertragen oder umgekehrt. Bei kleineren Maschinen ist die Anordnung in der Regel nach Abb. 25 getroffen, d. h. die Kolbenstange ist nur durch den einen Zylinderdeckel hindurchgeführt. Bei größeren Maschinen setzt sich die Kolbenstange auch jenseits des Kolbens durch den Zylinderdeckel fort, wodurch auch bei kleinerer Auflagerfläche der Kolben eine bessere Führung erhält. Bei ganz großen Maschinen, wo das Gewicht der Kolben manchmal einige tausend Kilogramm beträgt, würde bei liegenden Zylindern die untere Seite des Zylinders durch das große Kolbengewicht sich abnutzen, also unrund werden, was man dadurch vermeidet, daß man die Kolbenstange in einen vorderen und hinteren Kreuzkopf lagert. Bei sehr schweren Kolben liegt trotzdem die Gefahr nahe, daß sich die Kolbenstange in der Mitte durchbiegt, wenn sie nicht unverhältnismäßig stark ausgeführt wird. Dann biegt man die Kolbenstange nach oben um denselben Betrag *d*, es ist dann klar, daß nunmehr die Stange jetzt genau wagerecht liegt, daß also die Zylinderwandung fast vollständig entlastet ist (Abb. 26).

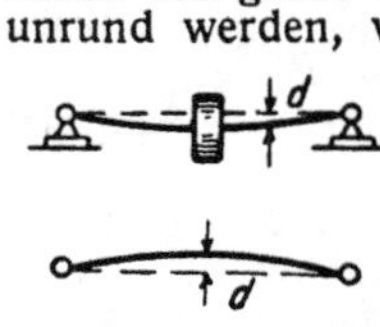

Abb. 26

Übrigens werden dicke Kolben meist der ganzen Länge nach durchbohrt, teils aus den oben angegebenen Gründen, teils aber auch, weil bei großen Gasmaschinen auch die Kolben innen mit Wasser gekühlt werden.

[17] Geradführungen.

Die Abb. 27 zeigt, daß sich der Gelenkpunkt *c* heben und senken müßte, wenn er nicht in irgendeiner Weise unterstützt oder geradgeführt wäre. Die **Geradführung** bei den neuzeitlichen Kraftmaschinen ist diejenige von Kreuzkopf und Gleitbahn. Der Punkt *c*, welcher den Kopf der Kolbenstange bildet, ist hier in „kreuz"-förmiger Weise ausgebildet und die Enden des kurzen Kreuzbalkens bewegen sich auf Gleitbahnen, wodurch eine sehr vollkommene Art der Geradführung erreicht wird. Die Führung ist auch hier eine beiderseitige, weil die Grundplatte des Kreuzkopfes verbreitet ist und durch angeschraubte Leisten *L* die nach oben gerichteten Drucke aufgenommen werden (Abb. 27a).

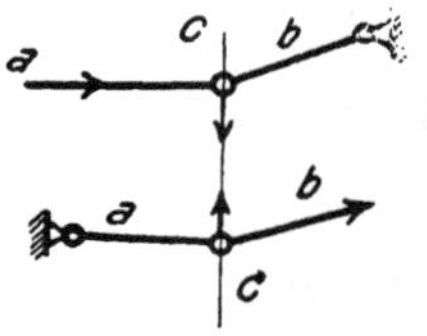

Abb. 27

Abb. 27a

Bei den neuzeitlichen Ausführungen sind die Gleitbahnen gleich in Verbindung gebracht mit dem Lager oder mit den Lagern für die Welle der Kraftmaschine. Dies hat bei sorgfältiger Werkstattarbeit den großen Vorteil, daß beim Zusammenbau der

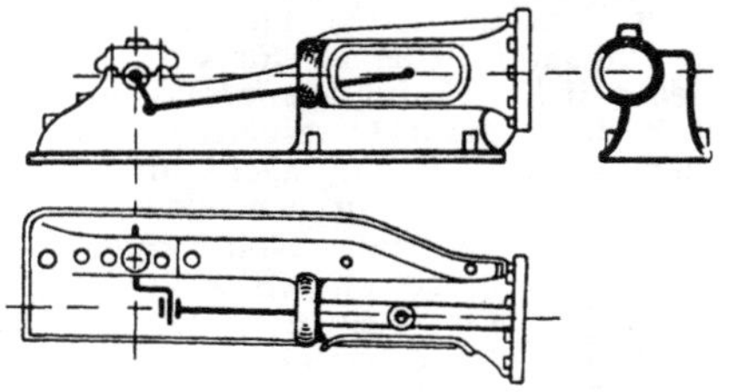

Abb. 28
Rahmenbau

Maschine die gegenseitige Lage von Welle, Kurbel, Gleitbahn und Kolbenstange schon durch den Aufbau des ganzen „Rahmens", wie dieser Teil dann genannt wird, gesichert ist (Abb. 28).

[18] Schubstangen.

Die **Schubstangen,** auch **Treib-** oder **Pleuelstangen** genannt, haben die Aufgabe, einen im Kreuzkopf befestigten und mit ihm hin- und hergehenden Zapfen, den Kreuzkopfzapfen, mit dem im Kreise umherlaufenden, am Ende der Kurbel befindlichen Zapfen, dem Kurbelzapfen, zu verbinden. Daher müssen die beiden Enden der Schubstange die **Schubstangenköpfe** die Form von Lagern besitzen. Ihrer Form nach unterscheidet man **geschlossene** und **offene Schubstangenköpfe.** Offen nennt man ihn dann, wenn er so gebaut ist, daß man ihn auch dann um den zugehörigen Zapfen legen kann, wenn keine Möglichkeit geboten ist, oben seitlich auf den Zapfen aufzu-

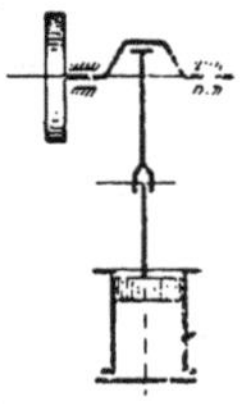

Abb. 29

schieben oder den Zapfen durch ihn hindurchzustecken. In Abb. 29 befindet sich der Kurbelzapfen in der Mitte einer Welle, und es ist klar, daß in diesem Falle der Schubstangenkopf zunächst ganz zerlegt werden muß, um ihn um den Kurbelzapfen herumzulegen.

[19] Kurbeln.

Bei Kurbeln (Abb. 30) unterscheidet man die auf der Welle *W* sitzende Kurbelnabe *N*, den Kurbelarm und den Kurbelzapfen *Z*. Zunächst ist zu bemerken, daß sowohl die Befestigung der Kurbelnabe auf der Welle wie auch die Befestigung des Kurbelzapfens in dem Kurbelarme eine besonders zuverlässige sein muß, da sonst durch das fortwährende Drehen und Rütteln sehr bald diese Teile sich lockern würden. Die Befestigung geschieht daher meist in der Weise, daß die Enden des Kurbelarmes angewärmt werden. Sie dehnen sich dadurch aus, die Löcher erweitern sich und ziehen sich dann nach Heineinstecken des Wellenendes und des Kurbelzapfens wieder zusammen, d. h. sie schrumpfen zusammen und halten so die Teile fest. Man nennt diesen Vorgang auch das **„Aufschrumpfen"** der Kurbeln. Mitunter macht man auch die Durchmesser des Wellenendes und des Kurbelzapfens um Bruchteile eines Millimeters größer und preßt dann die Teile mit starken hydraulischen Pressen aufeinander, was man auch beim „Aufschrumpfen" tun kann. Bei großen Maschinen können durch die bedeutenden hin- und hergehenden Massen unliebsame Schwankungen und Erschütterungen in der Maschine auftreten, denen man nur durch Gegengewichte entgegenwirken kann.

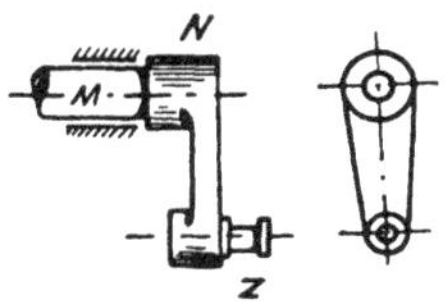

Abb. 30
Kurbel

Muß man eine oder mehrere Kurbeln zwischen den Enden einer Welle anbringen, so kann man nur Kurbelkröpfungen anwenden, die aber außerordentlich schwierig herzustellen sind.

Bisweilen kommt es vor, daß auf der der Welle abgewendeten Seite noch eine zweite Kurbel angebracht werden muß, deren Zapfen dann in der Regel einmal in einem kleineren Kreis außerhalb der durch die Mittellinien vom Kurbelzapfen und Wellen gelegten Ebene liegt.

Ist *R* der Halbmesser der großen Kurbel, so zeigt Abb. 31, daß der Halbmesser des Kurbelkreises der Gegenkurbel nur *r* ist, und daß der Kurbelzapfen der Gegenkurbel dem der Hauptkurbel voreilt.

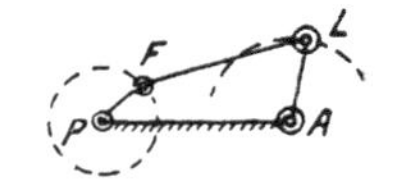

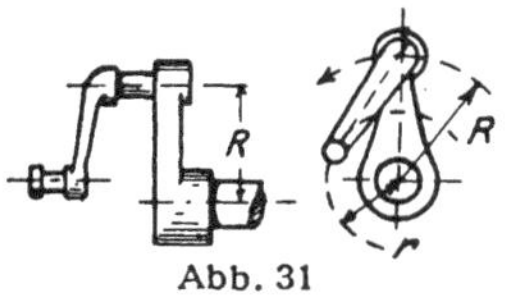

Abb. 31

Abb. 32
Exzenter

Eine besondere Art der Kurbeln sind die **Exzenter** (Abb. 32). Sie werden in der Regel nur für kleine Kurbelradien, die hier Exzentrizität genannt werden, gebaut; ihre Wirkungsweise ist dieselbe wie bei Kurbeln $s = 2R$.

Nun gibt man dem Kurbelzapfen einen so großen Durchmesser, daß er wie eine Scheibe aussieht und auch Exzenterscheibe genannt wird. Die Welle kann dann einfach durch ein Loch dieser Scheibe durchgesteckt werden, während das Kurbelzapfenlager der Lenkstange die Scheibe und die Kurbelwelle als Exzenterring umschließen. Während die gewöhnlichen Kurbeln mit Rücksicht auf die durchschlagende Lenkstange nur an das Ende einer Welle gesetzt werden können, sind **Exzenter** auch inmitten einer Welle anwendbar. Sie gestatten somit, an beliebigen Stellen einer sich drehenden Welle hin- und hergehende Bewegungen abzuleiten, haben aber den Nachteil, daß ihre Reibungsverluste oft mehr als 50% der durchgeleiteten Arbeit ausmachen, während Kurbelgetriebe nur 5—10 Hundertstel verbrauchen.

E. Maschinenelemente zur Aufnahme und Fortleitung von Flüssigkeiten.

[20] Zylinder und Rohre.

Zylinder dienen zur Aufnahme von Druckflüssigkeiten (Dämpfe, Gase, Wasser) und zur Führung der Kolben. Scheibenkolben bedürfen der Führung auf die ganze Länge des Zylinders, der infolgedessen innen ganz bearbeitet sein muß. Bei der Anwendung von **Tauchkolben** (Abb. 24), die nur in den Grundringen der Stopfbüchsen geführt werden, und die die Zylinderinnenwand nicht berühren, kann diese unbearbeitet und mit der harten widerstandsfähigen Gußkruste bedeckt bleiben. Die Rohre stellt man meist aus Guß- oder Schmiedeeisen mit **Muffen** oder **Flanschen** her. Muffenrohre schließen sich kleinen Biegungen leichter an, letztere halten größere Drucke aus.

Unter **Flanschenrohren** versteht man Rohre, deren Enden tellerförmige Ringe (Flanschen) besitzen. Diese liegen in der Regel nicht mit ihrer ganzen Fläche auf, sondern nur mit einer verhältnismäßig schmalen Ringfläche, den Arbeitsleisten, zwischen die dann meist noch weiche Stoffe wie Gummi, Asbestpappe, scharfkantige Kupferringe u. dgl. gelegt werden, um eine bessere Abdichtung zu erzielen (Abb. 33).

Für Rohrleitungen, durch die Gase und Flüssigkeiten von verhältnismäßig niedrigem Druck und niedriger Temperatur hindurchgeleitet werden, verwendet man meist **Muffenrohre** (Abb. 34), die an dem einen Ende eine Ausweitung, die Muffe, erhalten, während das andere Ende glatt ist. Um eine Rohrverbindung herzustellen, wird das glatte Ende des einen Rohres in die Muffe des anderen gesteckt und der Zwischenraum mit in Teer getränkten Hanfzöpfen, mit eingegossenem Blei angefüllt und mit stumpfen Meißeln eingestemmt (II. Fachb. [172]).

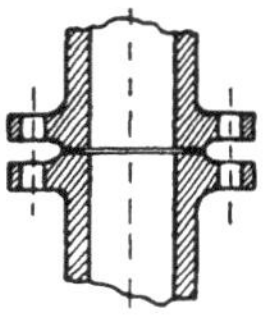
Abb. 33
Flanschenrohre

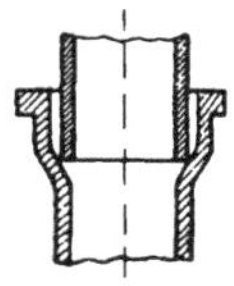
Abb. 34
Muffenrohre

Muß der Durchmesser einer Rohrleitung sehr groß werden (etwa 1,5 m und darüber), so würden gegossene Rohre zu schwer und zu teuer werden.

Man verwendet in diesem Falle lieber Rohre, welche aus gebogenen Blechen zusammengenietet werden. Sie werden mit angeschraubten Flanschen verbunden. Geschweißte Rohre werden meist für geringeren Durchmesser verwendet, wobei man **stumpf geschweißte, überlappt geschweißte** und **spiral geschweißte** Rohre unterscheidet; letztere halten höhere Drücke aus. Sie werden bei geringerem Druck mit Gewinden, die in Muffen eingeschraubt und bei höheren Drücken überdies mit Flanschen ausgestattet.

Die neueste Art von schmiedeeisernen Rohren werden nahtlos nach dem Verfahren von **Mannesmann** hergestellt und eignen sich ganz vorzüglich für das Fortleiten von Flüssigkeiten unter sehr hohem Drucke (I. Fachb. [376]).

Die Herstellung der Kupfer- und Messingrohre geschieht entweder durch Zusammenlötung nach dem Mannesmannverfahren oder auf elektrolytischem Wege (Elmore-Verfahren). Sie werden entweder durch Umbörtelung wie bei Kupferröhren oder durch Flanschen miteinander verbunden.

Bleiröhre wurden meist nur in kleinen Durchmessern für Wasserleitungszwecke verwendet. Ihr Hauptvorteil besteht in ihrer großen Biegsamkeit; dagegen haben gewöhnliche Bleirohre den Übelstand, daß sie von hartem, d. h. kalkhaltigem Wasser angegriffen werden und so zu Bleivergiftungen Anlaß geben können. Sie werden daher meist im Innern mit einem dünnen Überzug aus Zinn versehen. Die Verbindung solcher Bleirohre geschieht meist einfach dadurch, daß das Ende des einen Rohres mit einem kegelförmigen Holzstück aufgetrieben, ineinander hineingesteckt und mit Zinnlot verlötet wird.

Die bekannte Erscheinung der Wärmeausdehnung erfordert bei langen Rohrleitungen gewisse Vorsichtsmaßregeln, um diese Längenänderungen auszugleichen. Hierher gehört das Einschalten von **Bogenrohren** (Abb. 35), von Stopfbüchsen usw. In anderen Fällen genügt es, die Löcher in den Flanschen etwas größer auszuführen, damit sie sich gegenseitig verdrehen können, wenn die teuerste Ausdehnungsvorrichtung, das Einschalten von Kniestücken, nicht gewählt werden soll.

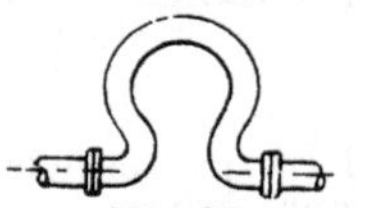

Abb. 35 a
Bogenrohr

[21] Absperrvorrichtungen (Ventile).

Um die in einem Rohre oder einem andern Kanal strömende Flüssigkeit nach Wunsch aufhalten oder weiterfließen zu lassen, baut man eine Platte ein, die den Kanal bald abschließt, bald freigibt. Eine solche Vorrichtung nennt man **Ventil.** Gewöhnlich besteht ein Ventil aus zwei Hauptteilen: dem beweglichen Ventilkörper *V* und dem unbeweglichen Ventilsitze *S* (Abb. 36). Der Ventilsitz wird deshalb meist als besonderer Teil ausgeführt und in das Rohr, die Pumpe usw. eingesetzt, weil es möglich sein muß, diesen Sitz rasch in bequemer Weise auszubessern oder durch einen neuen zu ersetzen, wenn durch einen Zufall eine Undichtigkeit eingetreten ist. Die Abdichtungsfläche besteht meistens aus Metall, bei geringeren Drücken oder wenn das Aufsitzen des Ventiles möglichst geräuschlos geschehen soll, auch aus weicheren Stoffen, Gummi, Leder, Holz usw., wobei natürlich auf die Temperatur und Beschaffenheit der durchströmenden Flüssigkeit Rücksicht zu nehmen ist, z. B. bei heißen Flüssigkeiten ist Leder, bei säurehaltigen Flüssigkeiten ist Eisen nicht zu verwenden.

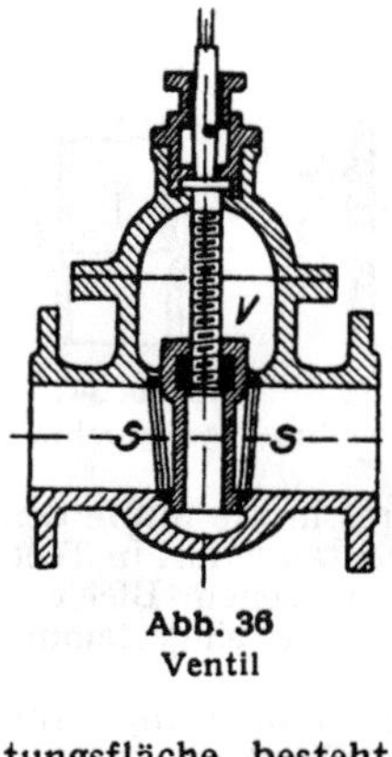

Abb. 36
Ventil

Weiters soll der Querschnitt bei geöffnetem Ventile nicht wesentlich verengt werden, denn eine solche Verminderung hat eine Geschwindigkeitszunahme und damit einen Kraftverlust zur Folge. Endlich soll das Ventil keine Richtungsänderung beim Durchströmen herbeiführen, welche Bedingung aber in der Regel nur annähernd erfüllbar ist.

Je nach der Art wie das Ventil beim Öffnen und Schließen bewegt wird, unterscheidet man:

1. Schieber. Man bildet die Platte so aus, daß sie winkelrecht zur Strömungsrichtung aus dem Flüssigkeitsstrom herausgehoben werden kann. In verschiedener Gestalt werden solche Schieber beispielsweise zum Steuern des Dampfes in Dampfmaschinen angewendet (Abb. 36), auch häufig in Wasserleitungen. Sie lassen langsamen Schluß zu, so daß ein plötzliches Anhalten des Flüssigkeitsstromes unmöglich ist und Wasserschläge vermieden werden.

Eine ausgedehnte Anwendung finden Schieber, als Steuerorgane bei Dampfmaschinen und als **Absperrventile** in Rohrleitungen. Der Querschnitt durch einen solchen Schieber *N* hat die Gestalt einer flachen, kreisförmigen Scheibe, deren Seitenflächen sich nach unten zu etwas nähern. Durch Drehen an einem auf die Schraubenspindel aufgesteckten Handrade oder Schlüssel wird sich der Schieber in den oberen Teil des Gehäuses hineinschrauben und so die Rohröffnung freigeben. Durch entgegengesetztes Drehen der Schraube sinkt der Schieber und preßt sich gegen die schrägliegenden, als Ventilsitze dienenden Ringe *SS*. (Siehe II. Fachband [172].)

Auch Drehschieber finden vielfach Anwendung bei Dampfmaschinen (Abb. 37). Die nach rechts und links abgehenden Kanäle führen bei entsprechender Drehung des schwarz gezeichneten Schiebers den Dampf nach der einen oder anderen Seite des im Zylinder befindlichen Kolbens.

Abb. 37
Drehschieber

Zu den Drehschiebern gehören auch die Hähne, wie sie zum zeitweiligen Absperren von Flüssigkeiten, Gasen und Dämpfen verwendet werden. Eine besondere Art solcher Hähne sind die sog. Dreiwegehähne, wie sie bei Luftpumpen (I. Fachband [253] vorkommen.

2. Selbsttätige Ventile. Ihr Anwendungsgebiet sind Pumpen aller Art, Gebläse, Kompressoren usw. Ihre Wirkungsweise läßt Abb. 26 erkennen, die eine einfache Pumpe mit Tauchkolben vorstellt. Geht der Kolben nach rechts, so tritt in dem Pumpenraume ein Unterdruck ein, während der auf dem Wasserspiegel lastende Luftdruck das Wasser in dem Saugrohre der Pumpe in die Höhe drückt. Unter dem Einflusse dieses Wasserdruckes öffnet sich das Saugventil *S* und das Wasser tritt in den Pumpenraum ein. Dreht der Kolben nach links und dringt in den Pumpenraum, so erhöht sich hier der Druck des Wassers. Das z. B. infolge eigener Schwere wieder gesunkene Ventil *S* wird auf seinen Sitz aufgedrückt, es schließt sich, während das oben im Pumpenraume befindliche Druckventil *D* geöffnet wird. Man erkennt also, daß die selbsttätige Bewegung des Ventiles stets eine Folge des Flüssigkeitsdruckes ist, der beim Schließen des Ventiles allerdings durch das Gewicht des Ventiles, manchmal auch durch eine Feder unterstützt wird, die außerhalb angebracht und das Ventil auf seinen Sitz niederdrücken will. Es ergeben sich dann aber zwei Bedingungen, denen das Ventil entsprechen soll:

1. Es muß sich rasch und genügend hoch von seinem Sitze erheben.

2. Es muß sich aber auch rasch schließen, denn sonst würde, wenn der Kolben wieder nach links umkehrt, ein Teil der in die Pumpe eingesaugten Flüssigkeit durch das noch offene Ventil zurückströmen, was einen Arbeitsverlust bedeuten würde. Ferner würde eine rücklaufende Bewegung der ganzen Wassersäule stattfinden; sie würde dadurch eine gewisse lebendige Kraft erhalten, die durch den verspäteten Schluß des Ventiles plötzlich vernichtet würde, was einen verderblichen Stoß, namentlich beim Druckventil, herbeiführen könnte.

Die Bedingung 1 würde also erfüllt werden durch ein möglichst leichtes Ventil, das sich recht hoch von seinem Sitze erheben würde. Dem widerspricht aber Bedingung 2, der ein recht schweres, noch mit einer starken Feder belastetes Ventil entsprechen würde. Es bleibt daher nichts übrig, als hier einen beiden Bedingungen annähernd zustrebenden Mittelweg zu finden, wie das z. B. beim einfachen Tellerventil (Abb. 38) oder beim Kugelventil (Abb. 39) der Fall ist. Um eine möglichst gute Führung des Tellerventiles zu erreichen, besitzt es unterhalb des Ventiltellers Rippen oder Flügel, außerdem aber noch eine obere Führung dadurch, daß ein auf dem Ventilteller befindlicher Stift sich in einem röhrenförmigen Ansatz des Ventilgehäusedeckels bewegt. Dieser Ansatz dient zugleich als Hubbegrenzung des Ventiles, das sich nur um die Höhe h von seinem Sitze erheben kann.

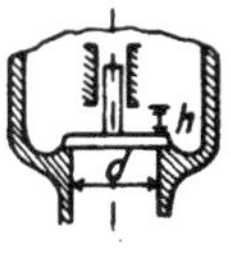

Abb. 38
Tellerventil

Abb. 39
Kugelventil

Eine Abänderung des Tellerventiles ist das **Kugelventil,** das aber nur für untergeordnete Zwecke und kleine Flüssigkeitsmengen Verwendung findet. Erstens wegen der Schwierigkeit der Herstellung (der Ventilsitz muß stets genau zur Kugel passen) und weil es für größere Abmessungen zu unhandlich und zu schwer wird, da bekanntlich das Gewicht einer Kugel mit der dritten Potenz ihres Durchmessers wächst. Werden nun die Flüssigkeitsmengen, die sekundlich durch ein Ventil hindurchtreten sollen, groß, so ist die Anwendung eines Tellerventiles unmöglich, weil alle Flüssigkeitsteilchen, die alle nach dem Rande des Tellers umbiegen, eine starke Richtungsänderung zur Folge hätten und die große Hubhöhe der Bedingung 2 widersprechen würde.

Die Hubhöhe h kann nun kleiner werden, wenn der Umfang u größer wird, welche Aufgabe durch mehrfache, mehrsitzige und durch Stufenventile gelöst werden kann.

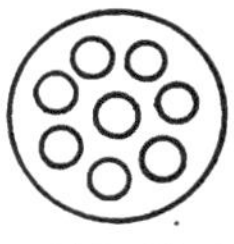
Abb. 39a
Achtfaches Tellerventil

Mehrfache Ventile. Stellt der große Kreis mit dem Durchmesser D den Umfang eines einfachen Tellerventiles dar, so zeigt Abb. 39a, wie durch Anbringung von acht kleinen Tellerventilen die Hubhöhe verkleinert werden kann.

$$D = 4d; \quad 4d\pi = D\pi; \quad 8\,(d\pi) = 2\,(D\pi).$$

Es ist also schon bei acht kleinen Ventilen der Gesamtumfang doppelt so groß, mithin die Hubhöhe auf die Hälfte verkleinert.

Mehrsitzige Ventile (Abb. 40). Die kleinen Pfeile in der Abb. 40 zeigen, wie die Flüssigkeit hier in zwei Kreisen austritt. Der doppelt gestrichelte Teil ist der bewegliche Ventilkörper; die Abdichtung geschieht hier durch Holzringe, die in den Ventilsitz eingelassen sind.

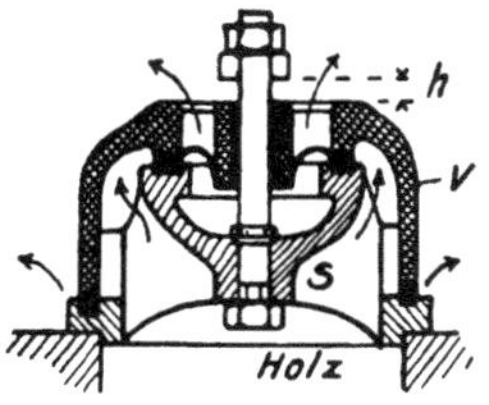

Abb. 40
Zweisitziges Ventil

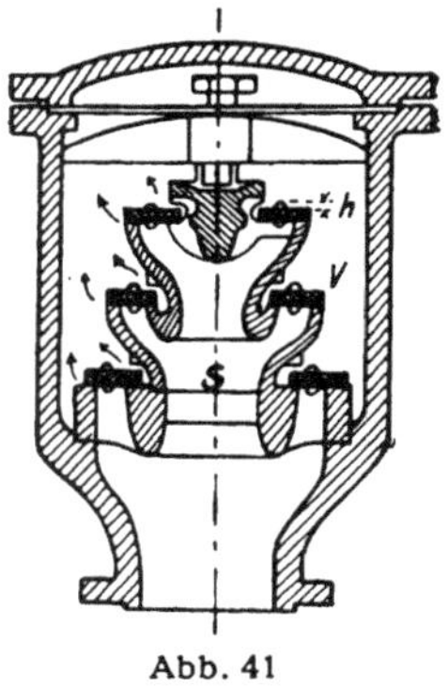

Abb. 41
Stufenventil

Stufenventil (Abb. 41). Es besteht aus drei Ringen V, welche mit abnehmendem Durchmesser in drei Stufen übereinander gelagert sind. Der Sitz für den jeweilig oberen Ring bildet gleichzeitig die Begrenzung des Hubes h für den darunter befindlichen Ventilring.

3. **Gesteuerte Ventile** finden ihre Hauptanwendung bei Kraftmaschinen. Die Bewegung dieser Ventile

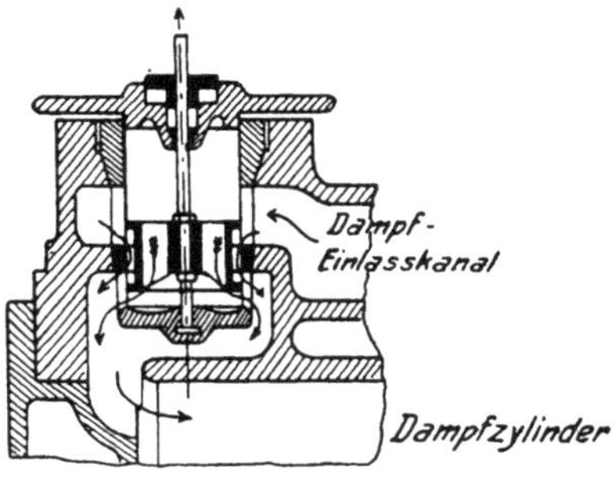

Abb. 42
Glockenventil

(Abb. 42) geschieht meist mit Hilfe recht verwickelter Hebelanordnungen, auf die hier nicht näher eingegangen werden kann. Der Form nach heißen solche Ventile auch **Glockenventile.** Sie haben die Eigentümlichkeit, daß sie in geschlossenem Zustande der auf ihnen lastenden Flüssigkeit, z. B. dem Dampfe, nur eine kleine Druckfläche darbieten, so daß ihre Öffnung verhältnismäßig wenig Kraft beansprucht. Der Dampf kann tatsächlich nur auf eine ganz schmale Ringfläche drücken, weil sich die Drücke auf die übrigen Teile der Wandungen gegenseitig aufheben.

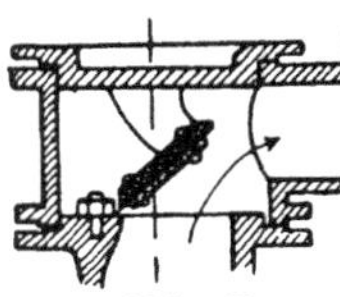
Abb. 43
Klappenventil

4. **Klappenventile** (Abb. 43). Sie bestehen aus einer an ihrem linken Ende mit Schrauben befestigten Lederklappe, welche oben und unten mit Eisenplatten armiert ist. Sie haben den Vorzug großer Einfachheit, werden aber selten angewendet, weil sich für

größere Leistungen ein entsprechend großer Durchtrittsquerschnitt schwer erreichen läßt.

[22] Ventile für besondere Zwecke.

Von **Sicherheitsventilen** für Dampfkessel war bereits die Rede. Ihre Berechnung findet sich unter [140] im I. Fachbande.

Druckminderungsventile. Bisweilen kommt der Fall vor, daß von einer Dampfleitung, welche hochgespannten Dampf führt, an irgendeiner Stelle Dampf abgezweigt werden muß, der von wesentlich niedrigerer Spannung sein soll. Zu diesem Zwecke bedient man sich sog. Reduzierventile, welche selbsttätig den Zugang zu der abgezweigten Rohrleitung nur so stark versperren, daß der an dieser Stelle sich mühsam hindurchzwängende und dadurch einen Teil seiner Spannung verlierende Dampf gerade mit der gewünschten Spannung in die abgezweigte Rohrleitung gelangt. Man sagt, der Dampf wird gedrosselt, seine Spannung erniedrigt oder reduziert (Abb. 44).

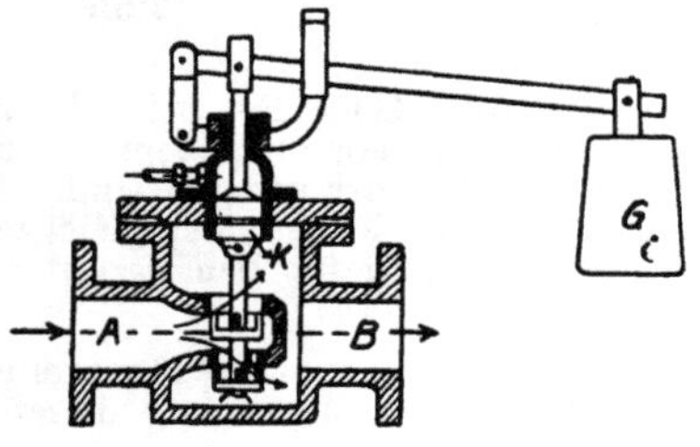

Abb. 44
Druckverminderungsventil

Der bei *A* zutretende Dampf strömt durch zwei gleichgroße, auf einer Spindel sitzende Ventile nach dem Raume *B* und hat dabei Gelegenheit, in dem Raume *B* auf einen Kolben *K* zu drücken, dessen andere Seite mit der Außenluft in Verbindung steht, und der wie ein Sicherheitsventil durch ein Gewicht belastet ist. Je leichter das Gewicht ist, um so mehr drückt der Dampf den Kolben *K* in den oberen Zylinder hinein, um so mehr wird also der Dampf durch die beiden Ventile abgesperrt, um so geringer ist die Spannung, welche in dem Raume *B* und der sich daranschließenden Rohrleitung herrscht.

Da der von *A* kommende Dampf auf die untere Fläche des oberen Ventiles mit derselben Kraft drückt wie auf die obere Fläche des gleichgroßen unteren Ventiles, spricht man hier auch von entlasteten Ventilen.

Drosselventile. Soll zeitweise die Spannung einer Flüssigkeit (Dampf, Licht, Wasser usw.) in einer Rohrleitung rasch um einen bestimmten Betrag vermindert werden, so bedient man sich eines Drosselventiles (Abb. 45). Das Ventil besteht aus einer kreisförmigen Platte, die um den Zapfen *a* drehbar ist. Da die Flüssigkeit auf die beiden Hälften der Platte mit der gleichen Kraft drückt, ist die Platte in jeder Lage im Gleichgewicht.

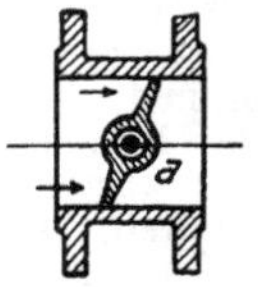

Abb. 45
Drosselventil

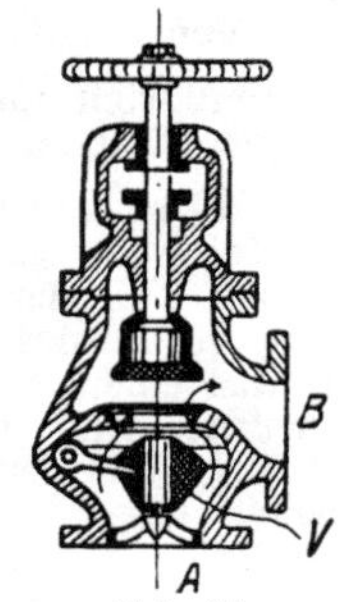

Abb. 46
Rohrbruchventil

Rohrbruchventile. Welche schreckliche Folgen der Bruch einer im Betriebe befindlichen Dampfleitung haben kann, ist bekannt. Man hat versucht, diese Gefahren zu beseitigen, indem man in unmittelbarer Nähe des Dampfkessels ein Ventil einschaltet, das sich bei einem Rohrbruche sofort schließt und den Dampf absperrt (Abb. 46). Der obere Teil ist ein gewöhnliches Absperrventil, das mit einem Handrade abgesperrt werden kann. In dem unteren Teil des Ventilgehäuses befindet sich in Form eines Doppelkegels ein Ventil *V*, welches, durch eine Stange geführt, gewöhnlich auf einer Unterlage aufliegt. Der aus dem Kessel von *A* kommende Dampf umspült bei gewöhnlichem Betriebe das Ventil, ohne eine besondere Wirkung auszuüben. Sowie aber in der an *B* anschließenden Rohrleitung ein Bruch eintritt, hat der Dampf plötzlich das Bestreben, mit einer ungeheuren Geschwindigkeit durch das Ventilgehäuse hindurchzuströmen. Das Ventil *V* fliegt in die Höhe und schließt ab. Da ein solcher Bruch natürlich sehr selten ist, liegt die Gefahr nahe, daß das Ventil dann seinen Dienst versagt. Mit dem kleinen Hebel, der mit einem kleinen Handrädchen bewegt wird, hat nun der Kesselwärter die Pflicht, das Ventil täglich einmal etwas aufzuheben, um festzustellen, ob sich dasselbe noch leicht an der Führungsstange bewegt.

TECHNISCHE MECHANIK UND WÄRMELEHRE

Inhalt: Die technische Mechanik bildet eine für den Maschinentechniker wichtige Ergänzung der Baumechanik, weil der Maschinenbauer bei seinen Berechnungen ganz andere Verhältnisse vorfindet, als es der Bautechniker in der Regel gewohnt ist. Dabei sind es hauptsächlich empirische, auf Erfahrung und Versuche beruhende Formeln, die, entsprechend angewendet, verläßliche Resultate ergeben.

Wir werden uns daher zunächst mit den in der Baumechanik seltener zur Anwendung kommenden Fragen über Drehungsfestigkeit, über zusammengesetzte Festigkeit und damit über das Verhalten der Körper gegen gleichzeitigen Zug oder Druck mit Knickung, gegen gleichzeitigen Zug und Druck mit Drehung befassen, dabei einiges über Normalfestigkeit des Zusammenhanges wegen wiederholen. Dann wollen wir einige Aufgaben gemeinsam bearbeiten, um den Weg für solche Berechnungen zu zeigen. Später werden wir uns noch einmal mit den hydraulischen Berechnungen befassen, weil diese für den Maschinentechniker ungleich wichtiger als für den Bautechniker sind. Diese Aufgaben sind großenteils dem **„Handbuche des Maschinentechnikers“ von Bernoulli Leipzig „Kröner Verlag“** entnommen.

Ähnlich werden wir in der Wärmelehre empirische Formeln über Dampfdruck, Gasdruck anführen, aus welchen sich in ihrer Gesamtheit eine Art Theorie der Wärme- und Kältemaschinen ergeben wird. Alle diese Beispiele sollen dem Selbstschüler nur Anhaltspunkte geben, wie er künftighin bei seinen praktischen Berechnungen vorgehen soll.

1. Abschnitt.

Elastizität und Festigkeit.

A. Zug- und Druckfestigkeit.

[23] Normalspannungen.

Die Zug- und Druckfestigkeit wurde in ihren Grundzügen bereits im II. Fachbande [196] besprochen.

Der Stab wird durch die Zugkraft gedehnt. Hierdurch entstehen in einem beliebigen Querschnitt Spannungen, die senkrecht zur Fläche des Querschnittes gerichtet sind und **Normalspannungen** heißen. Sie wirken der Kraft P entgegen und halten ihr das Gleichgewicht.

$$P = K \cdot F \text{ oder } K = \frac{P}{F},$$

wobei F die Fläche des Stabquerschnittes in cm², K die pro cm² wirkende Normalspannung in kg ist.

Durch die Zugkraft verlängere sich der l cm lange Stab um die Strecke λ cm. Findet in der ganzen Stablänge eine gleichmäßige Ausdehnung statt, so wird sich jedes Zentimeter derselben um die Strecke $E = \frac{\lambda}{l}$ vergrößern. Die Strecke E heißt die **Dehnung.** Mit dieser ist in Richtung senkrecht zur Stabachse eine Querzusammenziehung $E_q = E : m$ verbunden, wobei m rund mit 10 : 3 angenommen wird. Die Beziehung zwischen Normalspannung K und Dehnung E wird ausgedrückt durch

$$\alpha = \frac{E}{K} \text{ oder } E = \alpha \cdot K.$$

α heißt der **Dehnungskoeffizient und ist gleich der Änderung der Längeneinheit in cm für 1 kg Spannung.**

$E = \frac{1}{\alpha}$ ist der **Elastizitätsmodul.**

Die Bestimmung des Dehnungskoeffizienten α ergibt für verschiedene Werte der Spannung bei Schmiedeeisen und Stahl bis zur Proportionalitätsgrenze (z. B. bei Flußeisen rund 1800 kg pro cm²) einen konstanten Wert. Bei anderen Stoffen, Gußeisen, Bronze, Leder usw., gibt es überhaupt keine Proportionalität zwischen Dehnung und Spannung.

Für die federnde Änderung der Stablänge ist

$$\lambda = E \cdot l = \alpha \cdot K \cdot l = \alpha \cdot \frac{P}{F} l.$$

Außer dieser federnden Dehnung ist auch die bleibende Streckung von Bedeutung, welche der zerrissene Stab aufweist. Zur Ermittelung der Festigkeitseigenschaften dienen Probestäbe mit genau prismatischer Strecke von der Meßlänge $l = 11{,}3 \cdot \sqrt{F}$ oder bei Rundstäben $l = 10d$. Wird die Zugkraft gesteigert, so tritt schließlich der Bruch des Stabes ein; die höchste Spannung, bei der Bruch eintritt, heißt die **Zugfestigkeit** K_z des Stabmateriales

$$K_z = \frac{P_{\max}}{F}.$$

b) Schon lange, ehe die Zugfestigkeit des Materiales erreicht ist, kann nach Entlasten beobachtet werden, daß der Stab auch bleibende Veränderungen erfahren hat, die von einer bestimmten Spannung an die Federungen überwiegen. Bei Fluß- und Schweißeisen setzt das Strecken bei einer scharf ausgeprägten Spannung, der **Streckgrenze** oder bei Druck der **Quetschgrenze,** die bei Eisen durch das Absprengen des Zunders deutlich zu beobachten ist, ein. Bei zähen Metallen (Kupfer, Messing, Bronze usw.) wachsen die Spannungen langsam und gilt dann als Streckgrenze die Belastung für eine bleibende Streckung von 0,2—0,5% der Meßlänge. Bei spröden Materialien (Gußeisen, Beton usw.) ist auch diese Erscheinung nicht mehr deutlich zu beobachten. Durch Kaltreiben, Hämmern, Härten kann die Streckgrenze auf Kosten der Zähigkeit gehoben werden.

Die zulässigen Belastungen für Maschinenkonstruktionen gibt **Tabelle 1.** Zu dieser Tabelle ist zu bemerken, daß die Widerstandsfähigkeit des Materiales um so mehr ausgenutzt werden darf, je zuverlässiger eine auftretende Beanspruchung berechnet werden kann und berechnet worden ist. In der Regel stellt die Streckgrenze das Maß dar, dem man sich nicht ganz nähern darf. Ebenso hängt die

Höhe der zulässigen Beanspruchung von der Gefahr ab, die mit dem Bruche des betreffenden Teiles verbunden sein kann, sowie von der verlangten Lebensdauer, der Güte des Materiales, dessen Gleichförmigkeit, Verarbeitung und dem Preise. Die angegebenen Zahlen stellen Durchschnittswerte für den Fall, daß nicht besonders leicht gebaut werden muß. Ist letzteres erforderlich, so ist zu Sondermaterial mit erhöhtem Preis zu greifen.

Stößen und Schwingungen muß durch Wahl entsprechend geringer Beanspruchung Rechnung getragen werden. Dasselbe ist der Fall, wenn die Formänderung ein bestimmtes Maß nicht überschreiten darf, wie dies z. B. bei Werkzeugmaschinen, Führungen, langen Wellen und Achsen für Dynamomaschinen mit geringem Luftraume der Fall ist. Daran, daß manchen Teilen ein gewisses Gewicht gegeben werden muß, damit Erzitterungen ferngehalten werden, sei nebenbei erinnert.

Bei Gußeisen hängt die zulässige Biegungsspannung k_b von der Querschnittsform und davon ab, ob die Gußhaut entfernt ist oder nicht.

Bezeichnet man die höchste für zulässig erachtete Zugspannung mit k_z, so ergibt sich die Bedingung

$$P \gtreqless K_z \cdot F \text{ oder } K_z \gtreqless \frac{P}{F}.$$

In Tabelle 2 sind die Koeffizienten der Elastizität und Festigkeit für alle im Maschinenbau häufiger vorkommenden Materialien, insbesondere der Metalle, der wichtigeren Holz- und Steinmaterialien gegeben.

Tabelle 1. Zulässige Belastungen für Maschinenkonstruktionen in kg.

Material	Zug k_z			Druck k		Biegung k_b			Schub k_s			Drehung k_d		
	a	b	c	a	b	a	b	c	a	b	c	a	b	c
Schweißeisen	900	600	300	900	600	900	600	300	720	480	240	360	240	120
Flußeisen	900 bis 1500	600 bis 1000	300 bis 500	900 bis 1500	600 bis 1000	900 bis 1500	600 bis 1000	300 bis 500	720 bis 1200	480 bis 800	240 bis 400	600 bis 1200	400 bis 800	200 bis 400
Flußstahl	1200 bis 1800	800 bis 1200	400 bis 600	1200 bis 1800	800 bis 1200	1200 bis 1800	800 bis 1200	400 bis 600	960 bis 1440	640 bis 960	320 bis 480	900 bis 1440	600 bis 960	300 bis 480
Federstahl, gehärtet	—	—	—	—	—	7500	5000	—	—	—	—	6000	4000	—
Gußeisen	300	200	100	900	600	—	—	—	300	200	100	—	—	—
Stahlguß	600 bis 1200	400 bis 800	200 bis 400	900 bis 1500	600 bis 1000	750 bis 1200	500 bis 800	250 bis 400	480 bis 960	320 bis 640	160 bis 320	480 bis 960	320 bis 640	160 bis 320

Bemerkungen. 1. Die Belastungen unter a bei **ruhender** Belastung.
2. Die Belastungen unter b bei **beliebig oft wachsender** Belastung, wenn sie abwechselnd von Null bis zum größten Werte stetig wachsen und dann bis Null herabsinken (wiederholte Dehnung, wiederholte Biegung und wiederholte Drehung).
3. Die Belastung unter c bei beliebig oft wechselnder Belastung derart, daß die Spannungen abwechselnd vom größten negativen Wert stetig bis zum größten positiven Wert wachsen, dann wieder abnehmen usw. (wiederholte Biegung und Drehung nach entgegengesetzten Richtungen!).

Tabelle 2. Koeffizienten der Elastizität und Festigkeit.

Material	Dehnungs- Modul $\frac{1}{\alpha}$	Schub- Modul $\frac{1}{\beta}$	Festigkeit K_z Zug	Festigkeit K Druck	Bruchdehnung λ
Schweißeisen I. FB. [169]	$^1/_{2000000}$	$^1/_{770000}$		Quetschgrenze maßgebend. Sie liegt zwischen 0,5 k_z bis 0,7 k_z	mindest. 20
Niet- und Schraubenmaterial	—	—	3500—4000		12—20
Kesselbleche	—	—	3300—4000		—
Eisendraht	—	—	5000—6000		—
Flußeisen I. FB. (Bessemer Thomas-Siemens-[173] Martin) [174]	$^1/_{2150000}$	$^1/_{840000}$		Quetschgrenze maßgebend. Sie liegt zwischen 0,5 k_z bis 0,7 k_z	
Flußstahleisen [175]	—	—	3700—5000		28—20
Kesselblech	—	—	3400—5600		—
Draht	—	—	4000—7000		—
Flußstahl (je nach Behandlung verschieden)	$^1/_{2200000}$	$^1/_{850000}$			
Eisenbahnmaterial: Schienen, Achsen usw. I. FB. [173]	—	—	5600—6000	—	15
Draht	—	—	6000—14000	—	—
Tiegelflußstahl I. FB. [176]	—	—	5000—10000	—	15—9
Chromnickelstahl I. FB. [176]	—	—	6000—20000	—	20—3
Nickelstahl unmagnetisch 25% Ni I. FB. [175]	—	—	5000	—	20
Manganstahl (12% Mn) (Hartstahl) I. FB. [167]	—	—	10000	—	10

Tabelle 2. Koeffizienten der Elastizität und Festigkeit.
(Fortsetzung.)

Material	Dehnungs- Modul $\frac{1}{\alpha}$	Schub- Modul $\frac{1}{\beta}$	Festigkeit K_z Zug	Festigkeit K Druck	Bruchdehnung λ
Gußeisen I. FB. [167]	$^1/_{2\,250\,000}$ bis $^1/_{750\,000}$	$^1/_{400\,000}$ bis $^1/_{290\,000}$	—	1200—3200 7000—10000	—
Stahlguß	$^1/_{2\,150\,000}$	—	3500—7000	wie Flußeisen	20—12
Phosphorbronze sehr verschieden	$^1/_{1\,000\,000}$	—	bis 4000	—	15
Geschützbronze	$^1/_{1\,100\,000}$	—	3000	—	bis 20
Deltametall	$^1/_{900\,000}$	—	bis 5500	—	20
Kupfer gewalzt und ausgeglüht	$^1/_{1\,100\,000}$	—	2200	—	50
gehämmert	—	—	bis 4000	—	10
gegossen I. FB [289]	—	—	1340	—	—
Messing gegossen	$^1/_{900\,000}$	—	1500	—	—
gewalzt (I. FB. [289]) bis	—	—	5000	—	5
Aluminium gegossen	$^1/_{675\,000}$	$^1/_{260\,000}$	1200	—	bis 35
gewalzt	—	—	1800	—	bis 30
Aluminiumbronze	—	—	10000	—	—
Magnalium I. FB. [293] (sehr verschieden)	—	—	2000	—	—
Blei, Gußblei in Platten	—	—	—	150	—
Hartblei I. FB. [292]	—	—	—	300	—
Tanne a) ⊥ zu den Fasern	—	—	bis 30	bis 40	—
b) ‖ zu den Fasern	$^1/_{100\,000}$	—	600—1500	300—500	—
Buche a) ⊥ zu den Fasern	—	—	800—1400	320—500	—
b) ‖ zu den Fasern	$^1/_{100\,000}$	—	bis 80	bis 200	—
Eiche a) ⊥ zu den Fasern	$^1/_{7000}$	—	bis 80	bis 200	—
b) ‖ zu den Fasern	$^1/_{110\,000}$	—	500—1400	340—450	—
Esche a) ⊥ zu den Fasern	—	—	—	bis 130	—
b) ‖ zu den Fasern	$^1/_{105\,000}$	—	1300—2200	450—500	—
Akazie a) ⊥ zu den Fasern	—	—	—	bis 300	—
b) ‖ zu den Fasern	$^1/_{150\,000}$	—	1100—1850	740—800	—
Hikory (Nußbaum) a) ⊥ zu den Fasern	—	—	—	bis 270	—
b) ‖ zu den Fasern	$^1/_{145\,000}$	—	1840—2200	600—700	—
Basalt	—	—	—	4000	—
Dolomit	—	—	—	1900	—
Porphyr	—	—	—	3500	—
Granit	$^1/_{300\,000}$	—	45	800—1000	—
Sandstein je nach Bindemittel	$^1/_{80\,000}$	—	10	250—1200	—
Marmor	$^1/_{200\,000}$	—	—	800	—
Kalkstein	—	—	—	400—2000	—
Muschelkalk	—	—	—	bis 1900	—
Backstein	—	—	—	mindest. 250	—
Mörtel (28 Tage) Kalk, Sand und hydraulischer Kalk, sehr gute Qualität	—	—	—	bis 30	—
Portlandzement	—	—	20	140—200	—
Beton, sehr verschieden	$^1/_{300\,000}$	$^1/_{70\,000}$	bis 30	bis 550	—
Lederriemen, gebraucht	$^1/_{2250}$	—	bis 450	—	—
neu	$^1/_{1250}$	—	—	—	—
Hanfseil	$^1/_{10\,000}$	—	600—900	—	—
Drahtseil (Stahl)	$^1/_{700\,000}$	—	—	—	—

Aufgabe 1.

[24] *Eine gußeiserne Säule mit ringförmigem Querschnitt habe einen äußeren Durchmesser von 15 cm und eine Wandstärke von 1,6 cm. Wie groß ist die Druckbeanspruchung des Materiales, wenn die Säule mit 10000 kg belastet wird?*

$$P = \sigma \cdot F$$

$$10000 = \sigma \cdot \frac{\pi}{4}\,(15^2 - 11{,}8^2);\quad \sigma = \mathbf{148\ kg\ per\ cm^2}.$$

Bei dünnwandigen Rohren ist ein wellenförmiges Ausknicken der Wandungen zu befürchten.

B. Knickungsfestigkeit.

[25] Knickungsarten.

Ein durch eine Druckkraft beanspruchter Stab besitze eine im Vergleich zu seinen Querschnittsabmessungen bedeutende Länge. Wenn die Druckkraft nicht genau in der Richtung der Stabachse wirkt oder die letztere nicht ganz geradlinig oder das Stabmaterial nicht durchaus gleichartig ist, so wird der Stab nach der Seite ausknicken.

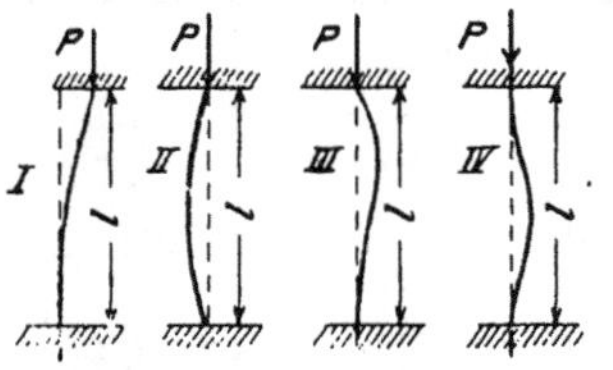

Abb. 47

Ist dieser Stab in einer Weise befestigt, wie es in Abb. 47 dargestellt ist, so ergibt sich nach Euler die Kraft P_0, die den Bruch durch Zusammenknicken herbeiführt, aus der Gleichung

$$P_0 = \frac{w}{a} \cdot \frac{T}{l^2}$$

wobei w ein von der Befestigungsweise abhängiger Koeffizient (hierbei ist in I) $w = \frac{\pi^2}{4}$, in II) $w = \pi^2$, in III) $w = 2\pi^2$, in IV) $w = 4\pi^2$), a der Dehnungskoeffizient, l die Stablänge, T das kleinere der beiden Hauptträgheitsmomente des Stabquerschnittes ist.

Die Kraft P, die der Stab tragen soll, darf nur einen Teil der Knickungskraft betragen. Man setzt daher $P = \frac{P_0}{S}$, wobei S der Sicherheitskoeffizient ist (bei durchaus ruhender Belastung $S \gtreqless 5$ für Säulen aus Flußeisen, $S \geq 6$—8 für gut gegossene Säulen aus Gußeisen, $S \geqq 10$—12 für Holz).

Unter allen Umständen muß die Berechnung des Stabes auf Druck eine Spannung σ ergeben, welche höchstens gleich der zulässigen Druckbelastung k ist. Bei Fluß- und Schweißeisen, Bronze usw. hat an die Stelle der Druckfestigkeit die Quetschgrenze zu treten.

Aufgabe 2.

[26] *Der Dampfdruck auf den Kolben einer Dampfmaschine sei P, die Länge der Kolbenstange aus Flußstahl $l = 150$ cm.*

Die Befestigung der Stange entspricht Abb. 47 II). Demnach ist $P = \frac{\pi^2}{S} \cdot \frac{1}{a} \cdot \frac{T}{l^2}$ und $P \leqq KF$, für den Kreis ist $T = \frac{\pi}{64} \cdot d^4$

$$P = \frac{\pi^3}{64} \cdot \frac{1}{S\sigma} \cdot \frac{d^4}{l^2} \backsim \frac{1}{2S \cdot a} \cdot \frac{d^4}{l^2}.$$

Mit $S = 22$ und $\frac{1}{a} = \frac{1}{2{,}200000}$ (für Flußstahl) wird

$$5000 = \frac{2{,}200000}{2 \cdot 22 \cdot 150^2} \cdot d^4$$

$$d = \sqrt[4]{2250} = \mathbf{6{,}9\ cm} \qquad \sigma = 5000 : \frac{\pi}{4}\, 6{,}9^2 = \mathbf{134\ kg\ per\ cm^2}.$$

C. Biegungsfestigkeit.

[27] Widerstandsmoment.

Nach [201] im II. Fachbande ist das **Widerstandsmoment** eines an einem Ende eingespannten und an dem anderen Ende durch eine Kraft P, die senkrecht zur Längenachse wirkt, beanspruchten Stabe

$$W = \frac{T}{a},$$

wobei a die Entfernung der entferntesten gezogenen oder gedrückten Faser von der Neutralachse und T das Trägheitsmoment ist.

Die größte Zugspannung tritt in den obersten, die größte Druckspannung in den unteren Punkten des Querschnittes ein.

In keinem Falle darf die in einem Stabquerschnitte auftretende größte Normalspannung die für den gegebenen Fall zulässige Beanspruchung des Materiales durch Zug (K_z) oder Druck (K) überschreiten.

Für Schweißeisen, Flußeisen und Flußstahl ist $k_z = k$; bei **Kreisquerschnitt** ist

$$W = \frac{T}{a} = \frac{\pi d^4}{64} \cdot \frac{2}{d} \backsim \frac{1}{10} d^3.$$

Für den **rechteckigen Querschnitt** ist

$$W = \frac{T}{a} = \frac{1}{12} \cdot \frac{b \cdot h^3 \cdot 2}{h} = \frac{1}{6} \cdot b\,h^2.$$

Das **äußere Biegungsmoment** M muß gleich oder kleiner sein als das innere Widerstandsmoment W. Daher

$M_b \leqq \frac{K_b}{10} \cdot d^3$ bei kreisförmigem Querschnitt

$M_b \leqq \frac{K \cdot b}{6} \cdot b \cdot h^2$ bei recnteckigem Querschnitt.

Das Moment der äußeren Kräfte, also das Angriffs- oder Biegungsmoment M_b, ist für die wichtigeren Belastungsfälle im II. Fachbande [291] und [297] angegeben.

Aufgabe 3.

[28] *Ein runder Stab aus Schweißeisen Durchmesser $d = 4$ cm, Länge $l = 100$ cm sei an einem Ende eingespannt und am anderen durch eine Kraft P beansprucht. Wie groß darf die Kraft P sein, wenn die zulässige Beanspruchung des Materiales 600 kg pro cm² beträgt?*

Das größte Biegungsmoment herrscht im Einspannungsquerschnitt und beträgt nach [297] $M_b = P \cdot l$. Für kreisförmigen Querschnitt gilt

$$M_b = \frac{K_b}{10} \cdot d^3,$$

also

$$P\,l = \frac{K_b}{10} \cdot d^3$$

$$P \cdot 100 = \frac{600}{10} \cdot 4^3. \quad P = 38{,}4 \text{ kg.}$$

D. Drehungsfestigkeit.

[29] Drehmoment.

Ein prismatischer Stab mit kreisförmigem Querschnitt wird durch ein Kräftepaar, das senkrecht zur Stabachse steht, auf Drehung beansprucht.

Man denke sich durch den Stab in einem beliebigen Abstand des Kräftepaares eine Querschnittsebene gelegt (Abb. 48). Soll das hierdurch abgeschnittene Stabende im Gleichgewichte sein, so müssen in der Querschnittsfläche Schubspannungen wirken, die in bezug auf die Stabachse in ihrer Gesamtwirkung ein **Drehungsmoment** darstellen, das dem drehenden Moment M_d des Kräftepaares gleich ist, aber im entgegengesetzten Sinne wirkt.

Das Drehungsmoment hat für alle Stabquerschnitte den gleichen Wert; die Verteilung der Schubspannungen ist daher nach Größe und Richtung in jedem Querschnitt dieselbe.

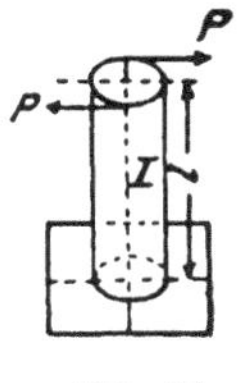

Abb. 48

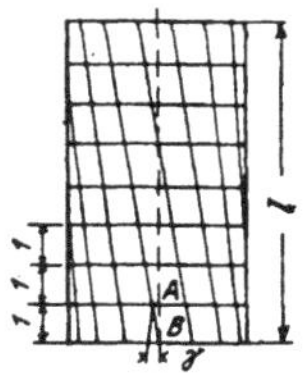

Abb. 49

Durch die Einwirkung des Drehungsmomentes M_d werden die Querschnitte des Stabes gegeneinander verdreht. Man denke sich die Mantelfläche des Stabes vor der Inanspruchnahme durch Linien parallel zur Stabachse und durch Querschnittsebenen vom Abstand 1 in Rechtecke von gleicher Größe geteilt. Ist das Material gleichmäßig, so werden die Querschnittsebenen sich um gleichviel gegeneinander verdrehen. Die Rechtecke gehen in unter sich gleiche schiefwinklige Parallelogramme über (Abb. 49). Die Punkte eines Querschnittes erleiden gegenüber den Punkten des nächsten Querschnittes eine Verschiebung.

Ein beliebiger Punkt des Körpers, z. B. A der Mantelfläche, erleide gegenüber dem Punkte B des nächsten Querschnittes eine Verschiebung λ, während die Schubspannung in A und B τ sei.

$$\beta = \frac{\lambda}{\tau}.$$

β ist der **Schubkoeffizient,** d. h. die Änderung des rechten Winkels pro kg Spannung. Sie hängt vom Material ab und kann gleich dem 2,6fachen Wert des Dehnungskoeffizienten gesetzt werden.

Der Drehungswinkel heißt der Winkel, um den sich zwei Querschnittsebenen im Abstand 1 gegeneinander verdrehen.

Bedeutet ϱ den Abstand eines beliebigen Punktes, z. B. A von der Drehachse,

λ die Verschiebung dieses Punktes,

δ den Drehungswinkel, gemessen durch den Bogen vom Radius 1,

so ist

$$\lambda = \vartheta \cdot \varrho; \quad \vartheta = \frac{\lambda}{\varrho}.$$

Der Winkel, um den sich die Endquerschnitte des l cm langen Stabes verdrehen, ist dann

$$\vartheta_l = \vartheta \cdot l = \frac{\lambda \cdot l}{\varrho}$$

(gemessen durch den Bogen vom Radius 1.

Die **Drehungsmomente** und **Drehungswinkel** sind bei prismatischen Stäben, wenn

M_d das Moment des verdrehenden Kräftepaares,

τ_{max} die größte, im Querschnitt auftretende Schubspannung,

k_d die zulässige Anstrengung des Materiales auf Drehung,

β der Schubkoeffizient,

δ der verhältnismäßige Drehungswinkel (im Bogenmaß ausgedrückt), um den sich das Hauptachsenkreuz eines Stabquerschnittes gegenüber dem des um 1 cm abstehenden Querschnittes unter der Einwirkung von M_d verdreht,

l die Länge des Stabes,

$\vartheta_l = \vartheta \cdot l$ der Drehungswinkel zweier Querschnittsebenen vom Abstande l ist,

a) **bei kreisförmigem Querschnitt:**

$$M_d = \tau_{max} \cdot \frac{\pi}{16} d^3$$

wobei $K_d = K_z$ für Gußeisen

$$\vartheta = \frac{32}{\pi} \cdot \frac{M_d}{d^4} \cdot \frac{1}{\beta}.$$

b) **bei ringförmigem Querschnitt:**

$$M_d = \tau_{max} \cdot \frac{\pi}{16} \cdot \frac{d^4 - d_0^4}{d}$$

$K_d = 0{,}8\,K_z$ für Gußeisen.

$$\vartheta = \frac{32}{\pi} \cdot \frac{M_d}{d^4 - d_0^4} \cdot \frac{1}{\beta}.$$

τ_{max} ist die größte Schubspannung in den Umfangspunkten des Querschnitts.

Aufgabe 4.

[30] *Am Ende eines 5 m langen Wellenstranges aus Flußeisen sitzt ein Zahnrad vom Durchmesser 1400 mm. Der Zahndruck sei 1200 kg. 1. Welchen Durchmesser muß die Welle mit Rücksicht auf das zu übertragende Drehungsmoment erhalten und 2. um wieviel Grade verdrehen sich die Querschnitte im Abstande von 5 m?*

1. Aus $M_d = \tau_{\max} \cdot \frac{\pi}{16} \cdot d^3$ folgt $\tau_{\max} = \frac{16}{\pi} \cdot \frac{M_d}{d^3}$

$$M_d = 1200 \cdot 70 \quad K_d = 400 \text{ kg für Flußeisen (Tabelle 1)}$$

$$400 = \frac{16}{\pi} \cdot \frac{1200 \cdot 70}{d^3}$$

$$d = \sqrt[3]{1070} = 10{,}2 \sim \mathbf{100\ mm.}$$

2. $$\vartheta_l = \vartheta \cdot l = \frac{32}{\pi} \cdot \frac{M_d}{d_4} \cdot \frac{1}{\beta} \cdot l$$

$$\frac{1}{\beta} = \frac{1}{840000} \text{ (Tabelle 2)}$$

$$l = 500$$

$$\vartheta_l = \frac{32}{\pi} \cdot \frac{1200 \cdot 70}{10^4} \cdot \frac{1}{840000} \cdot 500 = 0{,}0509 \text{ im Bogen}$$

$$\frac{\alpha^0}{360^0} = \frac{\vartheta_l}{2\pi} \quad \alpha_0 = \frac{360 \cdot 0{,}0509}{2 \cdot 3{,}14} = \mathbf{2{,}92^0.}$$

E. Zusammengesetzte Festigkeit.

[31] Zug (Druck) und Biegung.

Die auf einen Stab wirkenden äußeren Kräfte ergeben für den in Betracht gezogenen Querschnitt ein biegendes Moment M_b und eine in der Richtung der Stabachse fallende Zug- oder Druckkraft P.

Das biegende Moment ruft in dem Querschnitt Normalspannungen hervor, die auf der einen Seite Zug-, auf der andern Seite der Neutralachse Druckspannungen sind.

Die größte Zugspannung ist $\sigma_1 = \frac{a_1}{T} \cdot M_b$

die größte Druckspannung $\sigma_2 = \frac{a_2}{T} \cdot M_b$.

Die in die Stabachse fallende Zug- oder Druckkraft erzeugt im Querschnitt Zug- oder Druckspannungen $\sigma = \frac{P}{F}$.

Wirkt die Kraft P ziehend, so ist

$$\sigma_z = \frac{a_1}{T} \cdot M_b + \frac{P}{F} = \frac{M_b}{W} + \frac{P}{F}$$

$$\sigma_d = -\frac{M_b}{W} + \frac{P}{F}.$$

Wirkt sie drückend, so ist

$$\sigma_z = \frac{M_b}{W} - \frac{P}{F}$$

$$\sigma_d = -\frac{M_b}{W} - \frac{P}{F}.$$

In diesen Fällen muß

$\sigma_z \leqq K_z$ und $\sigma_d \leqq K$ sein.

Aufgabe 5.

[32] *Ein Mauerpfeiler erhalte durch ein Lager einen Druck $Q = 3000$ kg in einem Abstand $a = 5$ cm von der Mittelebene (Abb. 50). Die Sache soll statisch geprüft werden.*

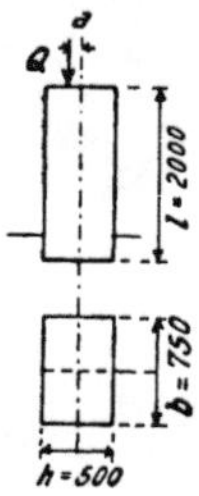

Abb. 50

Das am Pfeiler wirkende Moment ist

$$M_b = Q \cdot a.$$

Der Druck auf den Baugrund ist P = Gewicht des Pfeilers + Lagerdruck = $G + Q$.
Die Pressung in den Kanten A und B folgt aus

$$\sigma_d = -\frac{a_2 M_b}{T} - \frac{P}{F}$$

$$\sigma_z = \frac{a_1 M_b}{T} - \frac{P}{F}$$

$M_b = Q \cdot a = 3000 \cdot 5 = 15000$ kg/cm.
$G = b \cdot h \cdot l \cdot \sigma = 7{,}5 \cdot 5 \cdot 20 \cdot 1{,}8$ (wenn das spez. Gew. des Mauerwerkes = 1,8 ist) = 1350 kg.

$$P = G + Q = 1350 + 3000 = 4350$$

$$T = \frac{1}{12} \cdot b \cdot h^3; \quad \frac{T}{a_1} = \frac{T}{a_2} = \frac{b\,h^2}{6} = \frac{75 \cdot 50^2}{6} \text{ cm}^3 \qquad a_1 = a_2 = \frac{h}{2}; \; F = b \cdot h \cdot = 75 \cdot 50 \cdot \text{cm}^3.$$

Daraus folgt für

$$\sigma_d = -\frac{15000 \cdot 6}{70 \cdot 50^2} - \frac{4350}{75 \cdot 50} = -0{,}48 - 1{,}16 = -\mathbf{1{,}64\ kg/cm^2} \text{ in } \mathbf{Kante\ A}$$

$$\sigma_z = 0{,}48 - 1{,}16 = -\mathbf{0{,}68\ kg/cm} \text{ in } \mathbf{Kante\ B.}$$

Die Zugspannung ist negativ, also eine Druckspannung, wie zu verlangen ist.

[33] Zug (Druck) und Drehung.

Die äußeren Kräfte ergeben für den betrachteten Querschnitt eine in der Richtung der Stabachse wirkende Zug- oder Druckkraft P und ein drehendes Moment M_d.

Die Zug- oder Druckkraft erzeugt in jedem Querschnittselement eine Normalspannung

$$\sigma = \frac{P}{F}.$$

Das drehende Moment ruft in dem Querschnitt Schubspannungen hervor, deren größter Wert für die Rechnung maßgebend ist.

Wirken in einem Punkt gleichzeitig Normal- und Schubspannungen, so ist die Anstrengung in demselben

$$\frac{E_1}{a} = 0{,}35\,\sigma + 0{,}65\sqrt{\sigma^2 + 4\,(a_0 \cdot \tau)^2}$$

wobei E_1 die Dehnung,
a den Dehnungskoeffizienten,
$\frac{E_1}{a}$ die sich ergebende Anstrengung
σ die Normalspannung,
τ die Schubspannung bedeutet.

$$a_0 = \frac{K_z}{1{,}3\,K_d} \text{ bzw. } \frac{K}{1{,}3\,K_d} = \frac{\text{zulässige Anstrengung durch Zug oder Druck}}{1{,}3 \cdot \text{zulässige Anstrengung des Materiales durch Drehung oder Schub}}.$$

Es müssen dann die Bedingungen erfüllt sein,

a) wenn die Kraft P ziehend wirkt:

$$K_z \geqq 0{,}35\,\sigma + 0{,}65\sqrt{\sigma^2 + 4\,(a_0\,\tau)^2}$$

b) wenn die Kraft P drückend wirkt:

$$K \geqq 0{,}35\,\sigma + 0{,}65\sqrt{\sigma^2 + 4\,(a_0\,\tau)^2}$$

und $$K_z \geqq -0{,}35\,\sigma + 0{,}65\sqrt{\sigma^2 + 4\,(a_0\,\tau)^2}.$$

Aufgabe 6.

[34] *Die aus Flußeisen hergestellte Spindel einer Schraubenwinde mit Flachgewinde (Abb. 51) habe einen Kerndurchmesser $d_1 = 28$ mm und einen äußeren Durchmesser $d = 36$ mm. Die Schraube ist zu berechnen. $Q = 3000$ kg.*

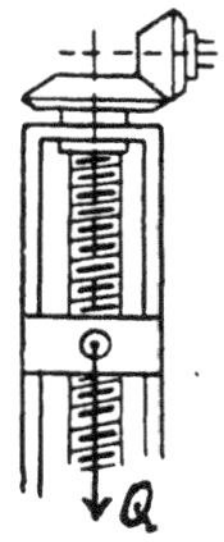

Abb. 51

Durch den Zug der Last entsteht im Kern der Schraube eine Normalspannung

$$\sigma = \frac{Q}{F} = \frac{3000}{\frac{\pi}{4} \cdot 2{,}8^2} = \mathbf{4{,}87\ kg/cm.}$$

Die Kraft, welche am mittleren Schraubenradius $\left(\frac{2{,}8 + 3{,}6}{4}\right) = 1{,}6$ cm wirken muß, um die Schraube zu drehen, ist $p = \frac{\mu + s}{1 - \mu \cdot s} \cdot Q$ [37].

Mit einem Steigungsverhältnis $s = 0{,}07$ und einem Reibungskoeffizienten $\mu = 0{,}12$ wird

$$p = \frac{0{,}12 + 0{,}07}{1 - 0{,}12 \cdot 0{,}07} \cdot 3000 = 0{,}191 \cdot 3000 = \mathbf{573\ kg.}$$

Das auf die Spindel auszuübende Drehmoment ist somit

$$M_d = p \cdot r_{\text{mittel}} = 573 \cdot 1{,}6 = \mathbf{917\ kg/cm.}$$

Die durch dieses Drehmoment im Kern der Spindel hervorgerufene Schubspannung ergibt sich aus

$$M_d = \tau_{\max} \cdot \frac{\pi}{16} \cdot d^3$$

$$917 = \tau_{\max} \cdot \frac{\pi}{16} \cdot 2{,}8^3;\quad \tau_{\max} = \mathbf{213\ kg/cm}$$

$$\sigma_0 = \frac{K_z}{1{,}3 \cdot K_d} = \frac{600}{1{,}3 \cdot 400} \sim 1{,}15,$$

damit wird mit $\sigma = \mathbf{487}$ und $\tau = \mathbf{213}$

$$K_z \geqq 0{,}35 \cdot 487 + 0{,}65\sqrt{487^2 + 4\,(1{,}15 \cdot 213)^2}$$
$$= 170{,}45 + 448{,}5 \sim \mathbf{619\ kg/cm^2},$$

was zulässig ist.

[35] Biegung und Drehung.

Die äußeren Kräfte ergeben für den betrachteten Querschnitt ein biegendes Moment M_b und ein drehendes Moment M_d. In einem beliebigen Querschnittspunkt erzeugt das biegende Moment eine Normalspannung σ und das drehende Moment eine Schubspannung τ. Dann ist die Forderung zu erfüllen:

$$K_b \geqq 0{,}35\,\sigma + 0{,}65\sqrt{\sigma^2 + 4\,(a_0\,\tau)^2}, \text{ wobei } a_0 = \frac{K_b}{1{,}3\,K_d}.$$

Die Rechnung ist für denjenigen Querschnittspunkt aufzustellen, für den die rechte Seite der Gleichung den größten Wert ergibt.

Aufgabe 7.

[36] *Eine zylindrische Welle aus Flußeisen trage ein Kettenrad vom Durchmesser r = 100 mm, an dem die Last Q = 1000 kg hängt. Die Welle werde durch ein Zahnrad vom Radius R = 250 mm gedreht. Gesucht ist der Durchmesser der Welle (Abb. 52).*

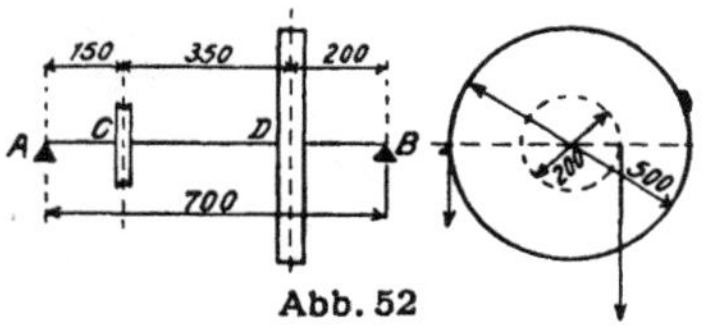

Abb. 52

Der Druck P am Umfang des Zahnrades ist

$$\frac{P}{Q} = \frac{1}{\eta} \cdot \frac{r}{R}.$$

Mit $\eta = 0{,}97$, $r = 10$, $R = 25$ und $Q = 1000$ ergibt sich

$$\frac{P}{1000} = \frac{1}{0{,}97} \cdot \frac{10}{25}, \text{ woraus } P = \mathbf{412\ kg.}$$

Die Lagerdrücke in A und B ergeben sich

$$\text{in } A: A = \frac{1000 \cdot 55 + 412 \cdot 20}{70} = 903{,}4 \sim \mathbf{903}$$

$$\text{in } B: B = \frac{1000 \cdot 15 + 412 \cdot 50}{70} = 508{,}6 \sim \mathbf{509.}$$

Im Querschnitt bei C ist das biegende Moment

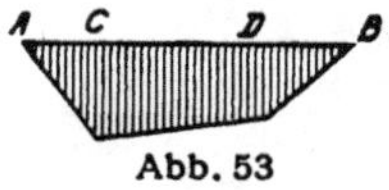

Abb. 53

$$M_b = A \cdot 15 = 903 \cdot 15 = 13545 \text{ kg/cm.}$$

Im Querschnitt bei D ist das biegende Moment

$$M_b = B \cdot 20 = 509 \cdot 20 = 10180 \text{ kg/cm.}$$

Wie die Biegungsmomentenlinie (Abb. 53) zeigt, ist das Biegungsmoment bei C am größten; es tritt also in diesem Querschnitte die größte Normalspannung ein.

$$\sigma_1 = \frac{a_1 \cdot M_b}{T} \sim \frac{10 \cdot M_b}{d^3}.$$

Das zwischen C und D gelegene Wellenstück hat das vom Zahndruck herrührende Drehmoment $M_d = 412 \cdot 25 = 10300$ nach der Kettenrolle zu übertragen.

Die hierdurch in demselben erzeugte Schubspannung folgt aus

$$M_d = \tau_{\max} \cdot \frac{\pi}{16} \cdot d^3 \qquad \tau_{\max} = \frac{5\,M_d}{d^3},$$

wenn $\frac{\pi}{16} = \frac{1}{5}$ gesetzt wird.

Die größte Normalspannung tritt im Querschnitt bei C in der jeweils oben und unten befindlichen Faserschichte der sich drehenden Welle auf.

Die größte Schubspannung wirkt am ganzen Umfang auf der Strecke CD.

Die Beanspruchung der Welle wird daher am obersten und untersten Punkt des Querschnittes bei C am größten sein.

Für diese gilt die Forderung

$$K_b \geqq 0{,}35\,\sigma + 0{,}65\sqrt{\sigma^2 + 4(a_0\,\tau)^2}.$$

Setzt man

$$\sigma = \frac{10 \cdot M_b}{d^3} \text{ und } \tau = \frac{5\,M_d}{d^3},$$

so ergibt sich

$$K_b \geqq \frac{10}{d^3}\,[0{,}35\,M_b + 0{,}65\sqrt{M_b^2 + (a_0 \cdot M_d)^2}]$$

oder

$$0{,}35\,M_b + 0{,}65\sqrt{M_b^2 + (a\,M_d)^2} \leqq k_b \cdot \frac{1}{10} \cdot d^3.$$

Der Durchmesser der Welle berechnet sich also, wenn

$$a_0 = \frac{k_b}{1{,}3 \cdot k_d} = \frac{400}{1{,}3 \cdot 400} = 0{,}77$$

gesetzt wird, aus

$$0{,}35 \cdot 13\,545 + 0{,}65\sqrt{13\,545^2 + (0{,}77 \cdot 10\,300)^2} \leqq \frac{400}{10} \cdot d^3,$$

daher $d \geqq$ **7,2 cm.**

[37] Übungsaufgaben.

Aufg. 8. Eine Stange aus Schweißeisen von 2 m Länge werde durch eine Kraft von 2000 kg auf Zug beansprucht. Welchen Querschnitt muß sie erhalten und wie groß wird ihre Verlängerung?

Aufg. 9. Es sei der ringförmige Querschnitt einer Säule aus Gußeisen zu bestimmen, für die $l = 5$ m und $P = 10000$ kg ist.

Aufg. 10. Ein Doppel-T-Träger aus Walzeisen sei in einem Abstande von $l = 3$ m unterstützt. In der Mitte wirke eine Kraft $P_1 = 1500$ kg senkrecht zur Achse und in der Richtung der Längsachse $P_2 = 1200$ kg. Es soll untersucht werden, ob Profil Nr. 18 (II. Fachband Tabelle 12) für diese Beanspruchung genügt.

ELEKTROTECHNIK

Inhalt: Seit Jahren ist die Elektrotechnik aus der Abgeschiedenheit der Laboratorien und Studierzimmer herausgetreten und in rascher Entwicklung ihrer einzelnen Gebiete in das öffentliche Leben übergegangen. Fast alle Zweige menschlicher Tätigkeit werden von ihr beeinflußt oder stehen mit ihr in engerer oder weiterer Beziehung und infolgedessen liegt für viele das Bedürfnis vor, sich mit dieser modernsten aller Wissenschaften eingehender zu beschäftigen, ihre Gesetze, ihre Wirkungs- und Anwendungsweisen näher kennen zu lernen. Für diese genügt daher der flüchtige Überblick, den wir als Abschluß der Physik im 5. Hefte des I. Fachbandes über dieses Gebiet gebracht haben, durchaus nicht, sondern muß mit den technischen Details ergänzt werden, die wir ausdrücklich seinerzeit diesem Fachbande vorbehalten haben. Sie ist in erster Linie für die große Zahl derjenigen Selbstschüler bestimmt, welche die Elektrotechnik zu ihrem Lebensberufe erwählen und in einer elektrotechnischen Fabrik die Stellungen eines Technikers, Werkmeisters, Mechanikers, Monteurs u. dgl. bekleiden wollen. Es wird aber dieser Teil des Technischen Selbstunterrichtes auch allen jenen dienlich sein, welche als Industrielle, Architekten und Bauherren in die Lage kommen, die Elektrotechnik für ihre Spezialzweige zu benutzen und ein Interesse daran haben, über die Einzelheiten dieser Wissenschaft informiert zu sein. Die Einteilung des Stoffes schließt sich in enger Weise dem für die Elektrizität und dem Magnetismus gewählten und erprobten Studiengange an. Sie enthält zunächst die Gesetze und Wirkungen des elektrischen Stromes und des Magnetismus. Daran schließen wir die Konstruktion und Berechnung der Dynamomaschinen, Elektromotoren, Transformatoren und Akkumulatoren, um dann in den letzten Kapiteln mit der elektrischen Beleuchtung in ihrem ganzen Umfange und mit den Messungen abzuschließen. Dort, wo sich Wiederholungen aus den Abschnitten über Magnetismus und Elektrizität ergeben, werden wir uns einer gedrängten Form befleißen und alles überflüssige Beiwerk fortlassen.

1. Abschnitt.

Der elektrische Strom und seine Gesetze.

[38] Allgemeines.

Wenn wir von einem elektrischen „Strom" sprechen, so liegt es nahe, an andere Ströme in der Natur zu denken, ihn etwa mit einem Wasserstrom oder einem Wärmestrom zu vergleichen. Eine Flüssigkeit kann nur dann durch eine Röhre strömen, wenn an beiden Enden derselben ein verschiedener Druck herrscht, ein Wärmestrom nur dann zustande kommen, wenn die beiden Enden des betreffenden Körpers verschiedene Temperatur besitzen. Nicht auf die Größe des Druckes oder die Höhe der Temperatur an den Enden kommt es an, sondern allein auf **die Größe der Differenz,** durch deren Ausgleich der Strom hervorgerufen wird. Haben wir an einem Ende etwa die Temperatur 10° und am andern 30°, so wird bei sonst gleichen Verhältnissen die Bewegung der Wärme dieselbe sein, als wenn sich 70° und 90° ausgleichen; diese Bewegung wird stärker sein als die durch den Ausgleich der Temperaturen 80° und 90° bewirkte. Dieselbe Bedingung ist nun auch für das Entstehen eines elektrischen Stromes maßgebend. Soll durch einen Körper, etwa einen Metalldraht, ein elektrischer Strom fließen, so müssen beide Enden desselben sich in verschiedenem elektrischen Zustande befinden. Nicht auf diese Zustände selbst, nur auf ihre Differenz kommt es an.

Soll ein elektrischer Strom zustande kommen, so muß also zwischen den Enden des Drahtes ein Spannungsunterschied vorhanden sein, der sich auszugleichen strebt. Nun soll aber nach erfolgtem Ausgleiche die Sache nicht zu Ende sein, sondern wir wollen einen dauernden Strom haben. Soll das Wasser in der Röhre dauernd fließen, so muß eine Kraft vorhanden sein, welche den Druckunterschied fortwährend erneuert, sei es das Pumpwerk, welches das Reservoir füllt, sei es die Sonne, die immer neue Wassermengen in die Höhe schafft. In derselben Weise bedürfen wir auch beim elektrischen Strome einer **elektromotorischen Kraft,** welche die Spannungsdifferenz immer wieder erneuert. Eine solche Kraft besitzen wir z. B. in den galvanischen Elementen, deren einfachste Form das **Voltasche Element** ist [437]. **Seine elektromotorische Kraft hängt nur von der Natur seiner Bestandteile, nicht aber von der Größe der Platten und deren Entfernung ab.** Schalten wir nun eine Reihe von solchen Elementen hintereinander, so können wir die Wirkungen des elektrischen Stromes und seine Eigenschaften näher kennenlernen.

[39] Wirkungen des elektrischen Stromes.

Von der Kupferplatte führen wir einen Draht zu einer Spule, die in vielen Windungen ein hufeisenförmiges Stück unmagnetischen Eisens umgibt. Von hier geht der Draht über eine Magnetnadel hinweg zu einem Platinblech, die in irgendeine Metallösung taucht. An ein in demselben Gefäß getauchtes zweites Platinblech führt ein ausgespannter blanker Draht zur Zinkplatte der Batterie zurück. In dem Augenblick, in dem diese Verbindung hergestellt oder, wie man sagt, der Stromkreis **„geschlossen"** ist [437], treten an den verschiedenen Stellen Veränderungen auf. Das hufeisenförmige Eisenstück ist jetzt magnetisch geworden, d. h. es ist imstande, ein anderes Eisenstück, einen „Anker" nebst angehängten Gewichten festzuhalten [462]; die Magnetnadel macht einen Ausschlag [461]; in dem Gefäß mit der Metallösung steigen Gasbläschen auf; der ausgespannte blanke Draht wird erwärmt. Öffnen wir jetzt den Stromkreis, so tritt überall wieder der ursprüngliche Zustand ein. Nur das zweite Platinblech in der Metallösung zeigt eine bleibende Veränderung, es ist mit einem metallischen Niederschlag versehen. Die Wirkung des elektrischen Stromes war also eine vierfache, zwei magnetische Wirkungen, die Magnetisierung des Eisens und die Ablenkung der Magnetnadel, eine chemische Wirkung, die darin bestand, daß die Metallösung in ihre Bestandteile zersetzt und das Metall auf dem Platinbleche II niedergeschlagen wurde und endlich eine Wärmewirkung. Dieser einfache Versuch lehrt uns aber noch mehr: **Zwei dieser Wirkungen zeigen eine bestimmte Wirkungsrichtung:** Die Nadel wurde nach einer bestimmten Seite hin abgelenkt und würde bei derselben Anordnung immer wieder nach derselben Seite ausschlagen. Das Metall der Lösung hatte sich nur am Platinblech II niedergeschlagen, während die Platte I freiblieb. Vertauschen wir aber die Verbindung der beiden nach Kupfer und Zink führenden Drähte, so treten dieselben Wirkungen wieder ein, aber bezüglich der Ablenkung und der Zersetzung in umgekehrter Richtung, woraus wir schließen, daß nunmehr auch der Strom in umgekehrter Richtung fließt. Während wir daher beim Wasserstrome die Bewegung sehen oder beim Wärmestrom die höhere Temperatur messen können, muß hier die Richtung des Stromes durch Vereinbarung festgestellt werden und nimmt man als Richtung jene ganz allgemein an, in welcher bei der Zersetzung **einer Metallösung das Metall sich bewegt.** Man nennt zwei solche Stellen, von wo der Strom ausgeht und wohin er zurückkehrt, **Pole** und bezeichnet hier als positiven Pol den Kupferpol von dem außen der Strom zum negativen, dem Zinkpol, fließt.

[40] Stromstärke — Tangentenbussole.

Wiederholen wir jetzt den Versuch nochmals, indem wir die Zahl der Elemente vermehren, so sehen wir dieselben Wirkungen eintreten, aber alle in verstärktem Maße. Dies führt uns auf eine zweite Eigenschaft des Stromes — seine **Stromstärke.** Um nun diese messen zu können, müssen wir vorerst die Einheit für Stromstärken feststellen, und diese finden wir am bequemsten in der chemischen Wirkung, die der Stromstärke proportional ist. Man hat als Einheit jene Stromstärke festgesetzt, welche in einer Sekunde aus einer Silbersalzlösung 1,118 mg Silber abscheidet [445]. Bei J Ampere und t Sek. ist die gesamte abgeschiedene Menge

$$\boxed{Q = 1{,}118\, J \cdot t \cdot \text{mg Silber.}}$$

Aus der chemischen Wirkung können wir die Stärke des Stromes mit großer Genauigkeit messen. Diese Methode ist aber sehr umständlich durchzuführen, bedarf genauer Wägungen, und läßt sich vor allem erst vornehmen, wenn der Versuch beendigt ist. Sie beantwortet uns die Frage, wie stark **war** der Strom, während wir meist wissen wollen, wie groß die Stärke des augenblicklich fließenden Stromes ist. Deshalb wird die chemische Methode nur zu Eichzwecken verwendet, während man die jeweilige Stromstärke selbst am einfachsten mit der **Tangentenbussole** bestimmt.

Diese besteht aus einem kreisförmigen Metallbügel, in dessen Mittelpunkt sich eine Magnetnadel befindet. Diese kann sich auf einer feinen Spitze in horizontaler Ebene drehen und wird sich infolge der Anziehungskraft des Erdmagnetismus für gewöhnlich in die Meridianebene einstellen, also von Süden nach Norden zeigen.

Das Instrument wird so aufgestellt, daß die Ebene des Magnetbügels sich ebenfalls in der Meridianebene befindet.

Wird ein Strom durch den Metallbügel gesendet, so wird die Stromstärke J der trigonometrischen Tangente des Ablenkungswinkels proportional sein, wenn die Magnetnadel im Verhältnis zum Durchmesser des Kupferbügels sehr kurz ist

$$\boxed{J = C \cdot \operatorname{tg} \alpha.}$$

Den Reduktionsfaktor C können wir durch einen Versuch mit dem Silbervoltameter bestimmen.

Da die Ablesung um so genauer wird, je größer die Skala ist, so pflegt man nicht die Ablesung der Nadel selbst abzulesen, sondern die eines möglichst leichten spitzen Zeigers, der senkrecht zur Mitte der Nadel fest mit dieser verbunden ist.

[41] Widerstand — Leitungsvermögen.

Der Grad der Wirkungen eines elektrischen Stromes wird durch die Stromstärke bedingt. Wovon hängt nun aber in jedem einzelnen Falle die Stromstärke ab? Da der Strom durch den Ausgleich eines vorhandenen Spannungsunterschiedes zustande kommt, so werden wir ohne weiteres annehmen dürfen, daß die Stromstärke in irgendeiner Weise von diesem Spannungsunterschiede abhängt und unter sonst gleichen Umständen um so größer sein wird, je größer dieser oder auch je größer die elektromotorische Kraft ist, die diesen Unterschied hervorruft. Wir werden ferner annehmen können, daß die Stromstärke auch von der Zusammensetzung des Stromkreises abhängt, also von der Beschaffenheit der Körper, durch die er hindurchfließt. Alle Körper setzen nämlich dem Durchfließen des elektrischen Stromes einen gewissen Widerstand entgegen, der je nach der Natur und der Gestalt der leitenden Körper verschieden ist.

Hieraus ergibt sich das **Ohmsche Gesetz, wonach die Stromstärke der elektromotorischen Kraft direkt, dem Gesamtwiderstand jedoch umgekehrt proportional ist.**

Über die internationalen Einheiten für Stromstärke, Widerstand und Spannung siehe [445].

Über die Formeln

$$R = \sigma \cdot \frac{l_m}{q_m} \text{ und } R_T = R_t\,[1 + K\,(T - t)]$$

siehe [438], über Klemmenspannung etc. siehe [442].

[42] Stromverzweigungen.

Den Kirchhoffschen Gesetzen und der Wheatstoneschen Brücke [452] lassen wir noch einige Beispiele über die Berechnung der Spannungsverluste in den Dynamomaschinen folgen.

Wird eine Drahtspule in einem magnetischen Felde, d. h. in einem Raume, in welchem magnetische Kräfte wirken, in bestimmter Weise bewegt, so entsteht in ihr eine elektromotorische Kraft. Eine Dynamomaschine besitzt nun eine Anzahl solcher Drahtspulen, welche zusammenhängend auf einem Ringe oder einem Zylinder aufgewickelt sind. Dieser Teil der Maschine, der **Anker** [471] rotiert zwischen Magnetpolen, so daß in jeder Spule eine elektromotorische Kraft auftritt, und zwar sind in jedem Moment die elektromotorischen Kräfte auf jeder dem neuen Pole zugewandten Ringhälfte gleichgerichtet, so daß sie sich wie die elektromotorischen Kräfte hintereinander geschalteter Elemente addieren. Durch zwei Metallbleche oder Bündel von Metalldrähten, die sog. **Bürsten,** stehen die Windungen des Ankers mit dem äußeren Stromkreis in Verbindung, so daß die Spannungsunterschiede sich ausgleichen und einen Strom hervorbringen können. Der Strom fließt dann aus den Ankerdrähten durch die eine Bürste in den äußeren Stromkreis und durch die zweite Bürste in den Anker zurück. Durch diesen Strom wird in dem Widerstande der Ankerdrähte ein Spannungsverlust verursacht, so daß die Spannung zwischen beiden Bürsten um diesen Verlust geringer ist als die elektromotorische Kraft der Maschine.

Zur Erzeugung der magnetischen Kräfte werden bei allen in der Technik verwendeten Maschinen nicht Stahlmagnete, sondern Elektromagnete verwendet. Bei Gleichstromgeneratoren unterscheidet man **Hauptstrom-** oder **Reihenmaschinen** (Abb. 880), **Nebenschlußmaschinen** (Abb. 881), **Doppelschluß-** oder **Compoundmaschinen** (Abb. 882) und **Maschinen mit Fremderreger** (Abb. 883).

Aufgabe 11.

[43] *Eine Hauptstrommaschine liefert eine EK. von 600 V bei einer Stromstärke von 8 A. Der Anker besitzt einen Widerstand von $R_a = 3\ \Omega$, die Magnetschenkel einen solchen von $R_m = 4\ \Omega$. Wie groß sind die Bürstenspannung und die Klemmenspannung?*

$$e_1 = E - J \cdot Ra = 600 - 8 \cdot 3 = \mathbf{576\ V.}$$

Die Klemmenspannung

$$e_2 = e_1 - J \cdot Rm = E - J\,(Ra + Rm)$$
$$e_2 = 600 - 8 \cdot 7 = \mathbf{544\ V.}$$

Aufgabe 12.

[44] *Eine Nebenschlußmaschine besitzt einen Ankerwiderstand von 0,06 Ω, einen Schenkelwiderstand von 44 Ω und liefert eine Klemmenspannung von 110 V. — Wie liegen die Stromverhältnisse und wie groß ist die EK. der Maschine, wenn der Widerstand des äußeren Stromkreises 2,2 Ω beträgt?*

In den äußeren Stromkreis fließt der Strom

$$J = \frac{e}{R} = \frac{110}{2{,}2} = \mathbf{50\ A;}$$

in die Magnetwicklung der Strom

$$J_m = \frac{e}{R_m} = \frac{110}{44} = \mathbf{2{,}5\ A.}$$

Demnach liefert der Anker den Strom

$$J_a = J + J_m = 50 + 2{,}5 = \mathbf{52{,}5\ A.}$$

Derselbe verursacht im Anker einen Spannungsverlust

$$e_1 = J_a \cdot Ra = 52{,}5 \cdot 0{,}06 = \mathbf{3{,}15\ V,}$$

also beträgt die *EK*

$$E = e + e_1 = 110 + 3{,}15 = \mathbf{113{,}15\ Volt.}$$

Aufgabe 13.

[45] *Eine Compoundmaschine besitzt einen Ankerwiderstand von $R_a = 0{,}12\ \Omega$, einen Widerstand der Hauptstromwicklung $R_m = 0{,}05\ \Omega$ und im Nebenschluß, der von den Klemmen abzweigt, $r_m = 42\ \Omega$. Sie liefert eine elektromotorische Kraft $E = 112$ V.*

Wie liegen die Stromverhältnisse und wie groß ist die Klemmenspannung, wenn der Widerstand des äußeren Stromkreises $R = 5\ \Omega$ beträgt?

Es sind parallel geschaltet R und R_m, beide ergeben also den Kombinationswiderstand

$$r_1 = \frac{R \cdot R_m}{R + R_m} = \frac{5 \cdot 42}{5 + 42} = \frac{210}{47} = \mathbf{4{,}47\ \Omega.}$$

Der Ankerstrom findet den Widerstand

$$R_1 = R_a + r_m + r_1 = 0{,}12 + 0{,}05 + 4{,}47 = 4{,}64\ \Omega$$

und hat die Stärke

$$J_a = \frac{E}{R_1} = \frac{112}{4{,}64} = \mathbf{24{,}14\ A.}$$

Dieser Strom fließt unverzweigt durch den Anker und die Hauptstromwicklung, verursacht also den Spannungsverlust

$$e_1 = J_2\,(R_a + r_m) = 24{,}14\,(0{,}12 + 0{,}05) = \mathbf{4{,}1\ Volt.}$$

Demnach ist die Klemmenspannung

$$e = E - e_1 = 112 - 4{,}1 = \mathbf{107{,}9\ V,}$$

also der Strom in der Nebenschlußwicklung

$$J_m = \frac{e}{R_m} = \frac{107{,}9}{42} = \mathbf{2{,}57\ A}$$

und im äußeren Stromkreise

$$J = \frac{e}{R} = \frac{107{,}9}{5} = \mathbf{21{,}58\ A.}$$

2. Abschnitt.

Die Wärmewirkungen des elektrischen Stromes und das Joulesche Gesetz.

[46] Allgemeines.

Schon in der Einleitung ist gezeigt worden, daß ein elektrischer Strom einen Leiter bei seinem Durchgange erwärmt, ja ihn sogar, wenn der Strom stark genug ist, zum Glühen bzw. zum Schmelzen bringt.

Zunächst mögen wir uns aber einige Erklärungen aus der Wärmelehre in Erinnerung bringen, die wir im I. Fachbande unter [266] gebracht haben. Dort ist erklärt worden, was wir unter **Wärmeeinheit**, unter **Kilogramm-** und **Grammkalorie** verstehen.

Um zu ermitteln, von welchen Größen die durch den elektrischen Strom erzeugte Wärmemenge abhängt, wollen wir eine Reihe von Versuchen anstellen:

1. Wir senden den Strom von drei Akkumulatoren durch zwei Kalorimeter, die hintereinander geschaltet sind. Die Gefäße Q der beiden Kalorimeter mögen genau gleich und mit gleichviel Wasser gefüllt sein. Die Drahtspiralen haben gleichen Widerstand, aber sind aus verschiedenen Materialien. Dann beobachten wir, daß nach gleichen Zeiten die Temperaturen um gleichviel zunehmen, daß also **die Wärmemenge proportional der Zeit, aber unabhängig vom Material der Drahtspiralen ist.**

2. Wir ersetzen die Spirale im Kalorimeter durch eine solche von doppeltem Widerstand und beobachten, daß **die Wärmemenge proportional dem Widerstand der Spirale ist.**

3. Wir setzen im Kalorimeter II wieder die Spirale mit dem gleichen Widerstande ein und

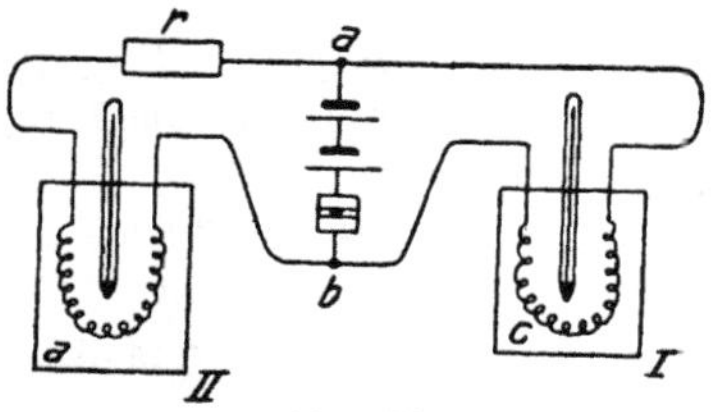

Abb. 54

schalten nach Abb. 54 dieser Spirale einen ihr gleichen Widerstand r vor; dann ist $i_1 = 2 i_2$.

Die Temperaturerhöhung wird in I viermal so groß sein wie in II, und wir schließen daraus, daß **die erzeugte Wärmemenge proportional dem Quadrate der Stromstärke ist.**

Dieses Gesetz ist vom englischen Physiker **Joule** zuerst experimentell nachgewiesen worden und heißt ihm zu Ehren das Joulesche Gesetz:

Stromwärme $\boxed{A = C \cdot J^2 \cdot R \cdot t = C \cdot E J \cdot t \text{ Kalorien}}$

wobei $C = 0{,}24$.

Will man A in Kilogrammkalorien haben, so muß man die Gleichung durch 1000 dividieren:

$$\boxed{A = 0{,}00024\, E \cdot J \cdot t \text{ Kilogrammkalorien.}}$$

oder, da 1 Kilogrammkalorie gleich ist 427 Meterkilogramm (I. Fachband [283]),

$$\boxed{A = 427 \cdot 0{,}00024\, E \cdot J \cdot t = 0{,}10248\; E \cdot J \cdot t \text{ mkg.}}$$

Der Faktor 0,10248 ist aber der reziproke Wert von 9,81, der Beschleunigung der Schwere

$$\boxed{A = \frac{E \cdot J \cdot t}{9{,}81} \text{ mkg.}}$$

Dies ist also die Arbeit in t Sekunden. Die Arbeit in einer Sekunde nennt man bekanntlich den Effekt oder die Leistung. Setzt man in obiger Formel $t = 1$, so ist

$$L = \frac{ei}{9{,}81} \text{ mkg.}$$

In der Elektrotechnik rechnet man in der Regel die Arbeit nicht nach mkg, sondern nach Joule und den Effekt nach Watt oder Volt-Ampere. Will man Watt oder Joule in mkg verwandeln, so hat man sie durch 9,81 zu dividieren. Will man den Effekt in Pferdestärken (PS) ausdrücken, so bedenke man, daß 1 PS = 75 mkg, also

$$\textbf{1 PS} = 75 \cdot 9 \cdot 81 = \textbf{736 Watt,}$$

$$\textbf{1 Watt} = \frac{1}{736} \textbf{ PS, folglich } n \text{ Watt} = \frac{n}{736} \text{ PS.}$$

Auch die Pferdestärke findet in der Elektrotechnik selten Anwendung, man rechnet vielmehr nach Kilowatt, und zwar ist

1 Kilowatt = 1000 Watt (s. I. Fachb. [454]).

Bei Maschinen spielt das **Güteverhältnis,** auch **Wirkungsgrad** genannt, eine große Rolle; man versteht darunter den Quotienten Nutzeffekt durch Gesamteffekt.

$$\boxed{\eta = \frac{\textbf{Nutzeffekt}}{\textbf{Gesamteffekt}}.}$$

Aufgabe 14.

[47] *Am Schaltbrette einer elektrischen Anlage zeigt der Spannungsmesser 65 V. Der Stromstärkemesser (Amperemeter) 40 A. Welcher Effekt wird in der Anlage verbraucht und wie stark muß die Betriebsmaschine sein, wenn das Güteverhältnis der elektrischen Maschine 0,8 war?*

$$L = E J \text{ Watt} = \frac{E J}{736} \text{ PS.}$$

$$L = 65 \cdot 40 = 2600 \text{ Watt} = 2{,}6 \text{ Kilowatt.}$$

$$L = \frac{65 \cdot 40}{736} = \textbf{3,54 PS.}$$

$$\text{Gesamteffekt} = \frac{\text{Nutzeffekt}}{\eta} = \frac{3{,}54}{0{,}8} = \textbf{4,425 PS.}$$

Aufgabe 15.

[48] *Eine Nebenschlußmaschine soll 100 V Klemmenspannung und 50 A Strom liefern. 4% der Nutzleistung sollen im Magneten und 5% im Anker verbraucht werden. Gesucht wird a) der Effektverlust im Magneten, b) der Widerstand der Magnetwicklung, c) die Stromstärke in der Magnetwicklung, d) die Stromstärke im Anker, e) der Effektverlust im Anker, f) der Widerstand des Ankers, g) die elektromotorische Kraft des Ankers, h) das elektrische Güteverhältnis der Maschine.*

Lösungen: a) Die Nutzleistung ist $100 \cdot 50 = 5000$ Watt. Hiervon 4% ist $5000 \cdot 0{,}04 =$ **200 Watt.**

b) Ist e die Klemmenspannung, so ist der Effektverlust im Magneten $= \frac{e^2}{r_m}$; also $200 = \frac{e^2}{r_m}$ $r_m = \frac{100^2}{200} = \mathbf{50\ \Omega.}$

c) Ist i_m die Stromstärke in der Magnetwicklung, so ist

$$i_m = \frac{e}{r_m} = \frac{100}{50} = \mathbf{2\ A.}$$

d) Die Stromstärke im Anker i_a ist offenbar gleich der Stromstärke im äußeren Kreise und der Stromstärke im Magneten

$$i_a = i + i_m = 50 + 2 = \mathbf{52\ A.}$$

e) 5% von 5000 Watt sind **250 Watt.**

f) Der Effektverlust im Anker ist $i_a^2 \cdot r_a$, wo r_a den Widerstand im Anker bezeichnet

$$250 = i_a^2 \cdot r_a$$

$$r_a = \frac{250}{52^2} = \mathbf{0{,}0924\ \Omega.}$$

g) Die EK ist größer als die Klemmenspannung um den Spannungsverlust $i_a \cdot r_a$

$$E = e + i_a r_a = 100 + 52 \cdot 0{,}0924 = \mathbf{104{,}8\ V.}$$

h) Das Güteverhältnis

$$\eta = \frac{5000}{5000 + 200 + 250} = \frac{5000}{5450} = 0{,}917$$

$$\eta = \mathbf{91{,}7\,\%.}$$

Aufgabe 16.

[49] *Eine Compoundmaschine soll 105 V Klemmenspannung und 90 A Strom im äußern Kreise liefern. Der Effektverlust im Anker soll 3%, der Effektverlust in der Hauptstromwicklung ebenfalls 3%, in der Nebenschlußwicklung 4% der Gesamtleistung betragen. Gesucht wird a) der Widerstand r_m in der Hauptstromwicklung, b) die Klemmenspannung e', c) der Widerstand R_m der Nebenschlußwicklung, d) die Stromstärke i_m in der Nebenschlußwicklung, e) die Stromstärke i_a im Anker, f) der Widerstand r_a des Ankers, g) die elektromotorische Kraft des Ankers.*

Lösung: Da der Effektverlust von der Gesamtleistung gerechnet werden soll, so ist das prozentuale Güteverhältnis:

$$100 - (3 + 3 + 4) = 90\%$$

$$\eta = 0{,}9$$

Nun ist $\eta = \frac{\text{Nutzeffekt}}{\text{Gesamteffekt}}$

$$\text{Gesamteffekt} = \frac{\text{Nutzeffekt}}{\eta} = \frac{105 \cdot 90}{0{,}9} = \mathbf{10\,500\ Watt.}$$

Die Effektverluste sind daher:

im Anker	$10500 \cdot 0{,}03 =$ **315 W**
in der Hauptstromwicklung .	$10500 \cdot 0{,}03 =$ **315 W**
in der Nebenschlußwicklung .	$10500 \cdot 0{,}04 =$ **420 W.**

Die Stromstärke in der Hauptstromwicklung ist dieselbe wie im äußeren Kreise.

$$\text{a)}\quad i^2 \cdot r_m = 315$$

$$r_m = \frac{315}{90^2} = \mathbf{0{,}0389\ \Omega.}$$

b) Die Bürstenspannung ist um den Spannungsverlust in der Hauptstromwicklung größer als die Klemmenspannung.

$$\text{Bürstenspannung} = \text{Klemmenspannung} + i \cdot r_m$$

$$e' = 105 + 90 \cdot 0{,}0389 = \mathbf{108{,}5\ Volt.}$$

c) Der Effektverlust der Nebenschlußwicklung ist bestimmt durch die Gleichung:

$$\frac{e_1^2}{R_m} = 420$$

$$R_m = \frac{108{,}5^2}{420} = \mathbf{28{,}1\ \Omega.}$$

d) Die Stromstärke i_m in der Nebenschlußwicklung

$$i_m = \frac{e_1}{R_m} = \frac{108{,}5}{28{,}1} = \mathbf{3{,}86\ A.}$$

e) Die Stromstärke im Anker

$$i_a = i + i_m = 90 + 3{,}86 = \mathbf{93{,}86\ A.}$$

f) Der Effektverlust im Anker

$$i_a^2 \cdot r_a = 315$$

$$r_a = \frac{315}{93{,}86^2} = \mathbf{0{,}0357\ \Omega.}$$

g) $E = e' + i_a \cdot r_a = 108{,}5 + 93{,}86 \cdot 0{,}0357$

$$E = \mathbf{111{,}84\ Volt.}$$

[50] Glühlampen.

Von der Erwärmung eines Leiters durch den elektrischen Strom wird vielfache Anwendung gemacht, so namentlich zur elektrischen Beleuchtung und beim elektrischen Schweißverfahren. In den elektrischen Glühlampen wird ein Leiter bis zur Weißglut erhitzt und hierdurch Licht erzeugt. Anfangs verwendete Edison, der Erfinder der Glühlampe, Platin, das in sehr feine Drähte ausgezogen werden kann. Da aber das Platin bei der Weißgluthitze seinem Schmelzpunkte sehr nahekommt, reicht nur eine geringe Zunahme der Stromstärke hin, um den Platindraht zu schmelzen, wodurch natürlich der Strom unterbrochen wird. Deshalb benutzte Edison und andere später Kohlefäden, die aus Bambusfasern, Papier usw. hergestellt werden. Damit der glühende Kohlefaden nicht verbrennt, d. h. mit dem Sauerstoff der Luft sich verbindet, schließt man ihn in ein luftleer gemachtes Glasgefäß ein. Diese Kohlenfadenlampe verbrauchte pro Kerzenstärke ungefähr 3,5 Watt.

Die Kohlenfadenlampen kommen aber heute beinahe gar nicht mehr zur Verwendung, da es gelungen ist, mit Metallfaden Lampen zu erzeugen, die einen weit geringeren Energieverbrauch aufweisen; sie verbrauchen nur **ein Watt** per Kerze und heißen darum Wattlampen. Neuester Zeit macht man schon Gebrauch von **Halbwattlampen,** die in einer Gasfüllung von Stickstoff oder Argon brennen [457_2]. Die Wattlampe brennt normal, wenn in der Leitung die Spannung 110 oder 220 Volt herrscht, es kommt hierbei weder auf die Stromstärke allein, noch auf den Widerstand allein an, sondern nur auf den Wert des Produktes beider, nämlich auf die Spannung, an.

Für 25kerzige Metallfadenlampen braucht man durchschnittlich 27 Watt, sonach für eine Normalkerze $\frac{27}{25} = 1{,}04$ Watt.

Ist die Betriebsspannung bekannt, so kann man hieraus die Stromstärke der Glühlampe berechnen. Ist z. B. die Betriebsspannung 110 Volt, so braucht eine 25kerzige Glühlampe einen Strom

$$i = \frac{\text{Effekt}}{\text{Spannung}} = \frac{27}{110} = 0{,}25\ \text{A.}$$

Der Widerstand der Glühlampe im heißen Zustande ist

$$w = \frac{e}{i} = \frac{110}{0{,}25} = 444\ \Omega.$$

Im kalten Zustande ist der Widerstand fast doppelt so groß.

Glühlampen werden in der Regel in Parallelschaltung (Abb. 55, 56) verwendet, d. h. man verbindet jede einzelne Lampe mit den Klemmen $-K$ und $+K$ der Stromquelle oder man zieht von den Klemmen ein paar dicke Drähte nach dem Beleuchtungsgebiet und schließt an diese die Lampen L.

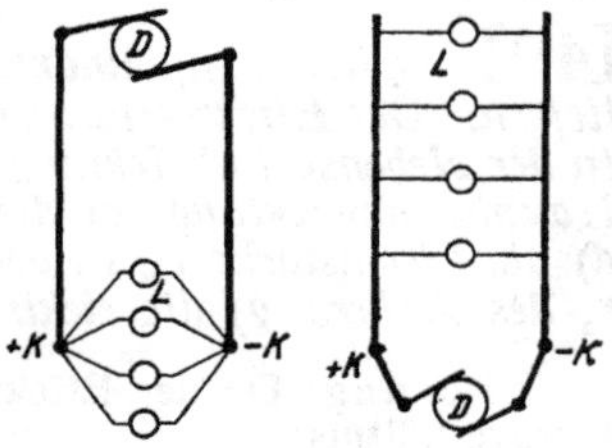

Abb. 55 Abb. 56

Ist i der Stromverbrauch einer Lampe, so ist der Stromverbrauch von n Lampen $J = ni$. Ist w der Widerstand einer Lampe, so ist $\frac{w}{n}$ der Widerstand von n parallel geschalteten Lampen.

Aufgabe 17.

[51] *Ein Strom für 50 parallel geschaltete Metallfadenlampen, deren jede einzelne einen Strom von 0,25 A verbraucht und einen Widerstand von 444 Ω besitzt, fließt durch eine Leitung von 0,2 Ω. Gesucht wird a) die gesamte Stromstärke, b) der gesamte Widerstand der Lampen, c) die Spannung an den Lampen, d) der Spannungsverlust in der Leitung, e) der Effektverbrauch in den Lampen, f) der Effektverlust in der Leitung, g) die Wärmeentwicklung pro Minute in den Lampen, h) die Wärmeentwicklung pro Minute in der Leitung.*

Lösung: a) Die Stromstärke für eine Lampe ist $i = 0{,}25$ A, für 50 Lampen $J = 50 \cdot 0{,}25 = \mathbf{12{,}5\ A.}$
b) Der Widerstand einer Lampe $= \mathbf{444\ \Omega}$, für 50 Lampen $444 : 50 = \mathbf{8{,}8\ \Omega}$.
c) Die Spannungsdifferenz an den Lampen

$$E = J \cdot W = 12{,}5 \cdot 8{,}8 = \mathbf{110\ V.}$$

d) Der Spannungsverlust in der Leitung ist

$$12{,}5 \cdot 0{,}2 = \mathbf{2{,}5\ V.}$$

e) Der Effektverbrauch in den Lampen

$$E \cdot J = 110 \cdot 12{,}5 = 1375 \text{ W oder } \frac{1375}{736} = \mathbf{1{,}9\ PS.}$$

f) Der Effektverlust in der Leitung

$$J^2 \cdot 0{,}2 = 12{,}5^2 \cdot 0{,}2 \backsim \mathbf{156\ Watt.}$$

g) Die Wärmeentwicklung an den Lampen per Minute

$$Q = 0{,}24 \cdot 12{,}5^2 \cdot 8{,}8 \cdot 60 = \mathbf{19800\ Grammkalorien.}$$

h) Die Wärmeentwicklung in der Leitung

$$Q = 0{,}24 \cdot 156 \cdot 60 \backsim \mathbf{2246\ Grammkalorien.}$$

[52] Bogenlampen.

Bringt man zwei Kohlenstäbe, welche durch Leitungsdrähte mit den Klemmen einer Stromquelle von 40 Volt und mehr Spannung mit ihren Enden zur Berührung, so fangen die Enden an zu glühen. Entfernt man jetzt die Kohlen ein wenig, so entsteht ein außerordentlich helles Licht. Die Enden der Kohle kommen in Weißglut und die Luftschichte zwischen ihnen glüht mit bläulichem Lichte. Hält man die Kohlen wagerecht, so bildet die glühende Luftschichte nach oben einen gekrümmten Bogen, welcher offenbar den Leiter für die Elektrizität bildet (I. Fachb. Abb. 815). Wegen dieses Bogens nennt man das so erzeugte Licht **Bogenlicht.** Stehen die Kohlen, wie das fast immer der Fall ist, senkrecht übereinander, so ist ein eigentlicher Bogen nicht vorhanden, sondern man sieht nur ein bläuliches Licht zwischen den Kohlen. Erzeugt man mit Hilfe einer Sammellinse ein Bild des Lichtbogens, so sieht man, daß die beiden Kohlen kurze Zeit nach Entstehung des Bogens ein voneinander verschiedenes Aussehen gewinnen. Die positive Kohle, d. i. die mit dem positiven Pole der Stromquelle verbundene Kohle, höhlt sich kraterförmig aus, während die negative Kohle sich zuspitzt. Fortwährend fliegen hierbei Kohleteilchen von der positiven zur negativen Kohle. Diese fortgerissenen Kohleteilchen sind es, welche den elektrischen Strom leiten. Die Kohlen brennen langsam ab und zwar die positive etwa doppelt so schnell als die negative. Sorgt man nicht dafür, daß die Kohlen wieder genähert werden, so wird der Lichtbogen länger, fängt an, hin- und herzuspringen und ein zischendes Geräusch wird hörbar, bis der Bogen plötzlich erlischt. Der Strom ist unterbrochen, die Kohlen erkalten und werden dunkel.

Man muß sie für einen Augenblick wieder in Berührung bringen, um das Licht aufs neue zu erzeugen. Will man den Bogen längere Zeit erhalten, so muß man also dafür sorgen, daß die Kohlen in dem Maße, in dem sie abbrennen, wieder einander genähert werden.

Dieses kann natürlich von Hand geschehen oder aber durch Vorrichtungen, welche zu diesem Zwecke ersonnen sind und einen Hauptteil aller gebräuchlichen Bogenlampen ausmachen. Wir haben sie schon im I. Fachbande unter [457] beschrieben und werden noch später darauf zurückkommen.

Um den Widerstand des Lichtbogens zu bestimmen, hat man den Spannungsunterschied an den Kohlen durch die Stromstärke zu dividieren. Ist der Spannungsunterschied z. B. 40 Volt und die Stromstärke 8 A, so ist der Widerstand $\frac{40}{8} = 5\ \Omega$.

Man nimmt jedoch allgemein an, daß der so gefundene Widerstand nur ein scheinbarer ist, indem nämlich zwischen den Kohlen eine elektromotorische Gegenkraft von etwa 30 Volt wirksam sein soll. Im obigen Beispiel würde dann der wahre Widerstand des Bogens sein:

$$= \frac{40-30}{8} = 1^1/_4\ \Omega.$$

Ob diese Gegenkraft vorhanden ist oder nicht, ist für die Praxis gleichgültig, da man es dort immer nur mit dem scheinbaren Widerstand zu tun hat. Die Temperatur der weißglühenden Kohlenenden ist eine sehr bedeutende, nämlich je nach der Stromstärke 2500—4000° C.

Über Thermoströme und den Peltiereffekt siehe I. Fachband [460].

3. Abschnitt.

Der Magnetismus und seine Gesetze.

[53] Elektromagnetismus.

Die Erscheinungen des Magnetismus sind im I. Fachbande unter [420—426] erörtert.

Dickere Stäbe werden zweckmäßig durch den elektrischen Strom magnetisiert, und zwar als permanente Magnete, wenn man an Stelle des Eisenkernes ein Stück gehärteten Stahles nimmt. Man windet umsponnenen Kupferdraht um den zu magnetisierenden Stab herum oder man benutzt bequemer eine Magnetisierungsspule, in welche der Stab hineingesteckt wird. Schickt man durch den Draht einen kräftigen Strom und erschüttert dabei den Stab, so ist nach einer halben Minute die Magnetisierung vollendet. Das Material des Spulrahmens ist Hartgummi, Holz, Preßspan oder Metall. In letzterem Falle muß man vor dem Aufwickeln des Drahtes den Rahmen mit einer nicht leitenden Substanz bedecken, am einfachsten mit Papier, das mit Schellack überstrichen wird, weil sonst schlecht besponnene Stellen des Drahtes mit dem Metall in Verbindung kommen und den Strom dann nicht durch den Draht, sondern direkt durch den Rahmen leiten würden.

Will man Magnete von großer Tragkraft herstellen, so muß man dafür sorgen, daß beide Pole gleichzeitig zur Wirkung gelangen, weshalb man ihnen eine hufeisenförmige Gestalt gibt (Abb. 57). *A* ist ein Stück aus weichem Eisen, an welches Gewichte angehängt werden können. Die Tragkraft eines solchen Hufeisenmagneten mit Anker ist nicht etwa doppelt so groß wie die Tragkraft eines Poles, sondern wesentlich größer, was uns später bei Besprechung des magnetischen Kreises klar werden wird.

Abb. 57

[54] Die magnetischen Kraftlinien.

a) Wenn man in die Nähe eines Magneten einen magnetischen Pol bringt, so unterliegt derselbe einer Einwirkung von seiten des Magneten. Diese Einwirkung wird um so geringer, je weiter der Pol von dem Magneten entfernt ist und wird in einem gewissen Abstande so klein geworden sein, daß man diese Einwirkung als unmerklich vernachlässigen kann.

Die Umgebung nun, in welcher ein Magnet noch eine merkbare Wirkung ausübt, heißt **sein magnetisches Feld.** Bringt man in ein solches magnetisches Feld einen Pol von der magnetischen Menge 1, so heißt die Kraft, die von diesem Punkte des Feldes aus auf diese magnetische Menge 1 wirkt, die **Intensität des magnetischen Feldes** oder kurzweg **die Feldstärke** für die betreffende Stelle.

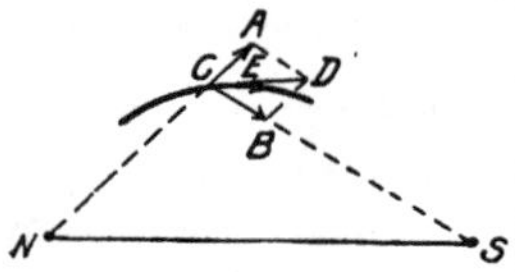

Abb. 58

Ist *NS* ein Magnetstab (Abb. 58), der aus zwei gleichen, aber ungleichnamigen magnetischen Mengen besteht, die durch eine starre Gerade verbunden sind, *C* eine nordmagnetische Menge *m*, so stößt der Nordpol *N* den Pol *m* mit der Kraft *CA* ab, während der Südpol ihn mit der Kraft *CB* anzieht. Beide Kräfte lassen sich zu der Resultierenden *CD* zusammensetzen, die den Pol *C*, wenn er frei beweglich ist, in der Richtung *CD* fortbewegen wird. In dieser Richtung bleibt er aber nur ein sehr kleines Stück, da sich dann *CA* und *CB* sowohl der Richtung nach geändert haben. Der Punkt *C* wird also unter dem Einflusse der beiden Pole eine krummlinige Bahn beschreiben, die von *N* nach *S* gerichtet ist, und die wir Kraftbahn nennen wollen. Die resultierende Kraft geht durch zwei sehr naheliegende Punkte der Bahn, ist mithin eine Tangente an dieselbe.

Hätte man nach *C* eine kurze Magnetnadel gebracht, so würde der Nordpol nach *S* und der Südpol nach *C* zeigen.

Da man sich in jedem Punkte des Feldes eine nordmagnetische Menge *m* angebracht denken kann, so geht auch durch jeden Punkt eine Kraftbahn, und daher ist auch die Anzahl der Kraftbahnen unendlich groß.

b) In einigen besonders einfachen Fällen kann man die Gestalt der Kraftbahnen sofort angeben: **Die Kraftlinien eines einzelnen Magnetpoles sind die Radien einer Kugel, die strahlenförmig vom Pole nach allen Richtungen sich erstrecken.** Beschreiben wir um einen Pol, der die magnetische Menge Eins enthält, eine Kugel vom Radius 1 cm, und fassen wir die unendliche Zahl von Kraftbahnen, welche durch 1 cm^2 dieser Kugelfläche gehen, zu einer Einheit zusammen, so nennen wir dies eine **Kraftlinie.** Von einem Pole mit der magnetischen Menge *m* gehen $4\pi m$ Kraftlinien aus.

Diese Zusammenfassung der Kraftbahnen in Kraftlinien hat aber noch einen anderen Vorteil. Beschreibt man nämlich um den Pol mit der magnetischen Menge *m* eine Kugel vom Radius *r* und bringt man auf die Oberfläche der Kugel an beliebiger Stelle eine nordmagnetische Menge Eins, so stoßen sich die beiden magnetischen Mengen mit einer Kraft

$$P = \frac{m \cdot 1}{r^2} \text{ Dyn}$$

ab. Vom Pole *m* gehen $4\pi m$ Kraftlinien aus; die Kugeloberfläche vom Radius *r* hat $4\pi \cdot r^2$ cm^2 Fläche. Mithin kommen auf $4\pi \cdot r^2$ cm^2 . . . $4\pi m$ Kraftlinien, somit **auf 1 cm²** $\frac{4\pi \cdot m}{4\pi \cdot r^2} = \frac{m}{r^2}$ Kraftlinien.

Hiernach gibt also die Anzahl der Kraftlinien, welche senkrecht durch 1 cm^2 gehen, die **Feldstärke** an derjenigen Stelle an, an welcher sich die Fläche befindet.

Man nennt diese Zahl auch **Kraftliniendichte.**

Gehen z. B. in einem magnetischen Felde an einer Stelle 5000 Kraftlinien per cm^2 einer senkrecht zu den Kraftlinien gestellten Fläche hindurch, so heißt dies: Die nordmagnetische Menge Eins erleidet in der Richtung der Kraftlinien einen Zug von 5000 Dyn.

Durch diese Definition ist auch die Anzahl der Kraftlinien bestimmt, die von dem Nordpol eines Magnetstabes zum Südpol und von da zum Nordpol zurückgeht. Ist nämlich *m* die magnetische Menge an den Polen des Stabes, so ist die Zahl der Kraftlinien

$$N = 4\pi m.$$

Ist nun das magnetische Moment des Stabes $M = m \cdot l$ bekannt, so wird

$$m = \frac{M}{l} \quad \text{oder} \quad N = \frac{4\pi \cdot M}{l},$$

wo *l* den Polabstand der beiden Mengen bezeichnet. Bei langen dünnen Stäben kann *l* gleich der Länge des Stabes gesetzt werden. Bei dicken Stäben ist jedoch die Verteilung des Magnetes nun eine wesentlich andere, so daß man bei solchen Stäben nur $^5/_6$ der ganzen Stablänge rechnen kann.

Um diese Kraftlinien zu bestimmen, bedient man sich des Versuches mit den Eisenfeilspänen und erhält jetzt die Figuren der Kraftlinien in Abb. 59 und 60.

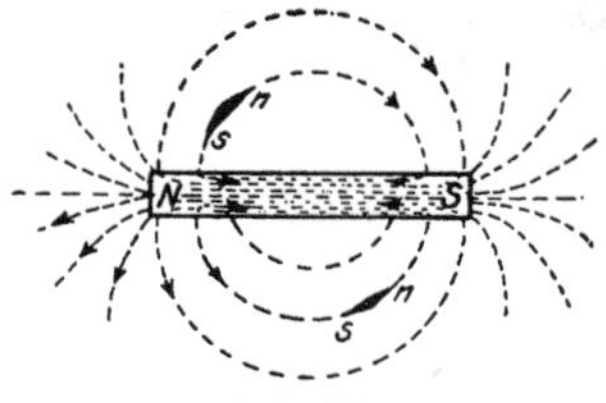

Abb. 59

Abb. 59 zeigt den Fall eines geraden Magnetstabes, Abb. 60 jenen eines Hufeisenmagneten. Bringt man vor die Pole ein Stück weichen Eisens, so wird das magnetische Feld an dieser Stelle bedeutend verstärkt. Bringt man in ein homogenes Feld, z. B. in das Feld des Erdmagnetismus, in welchem die Kraftlinien parallel und überall gleiche Dichte besitzen, einen Ring aus weichem Eisen, so geht nur ein sehr kleiner Teil der Kraftlinien durch die Höhlung des Ringes Abb. 61. Umgibt man daher eine

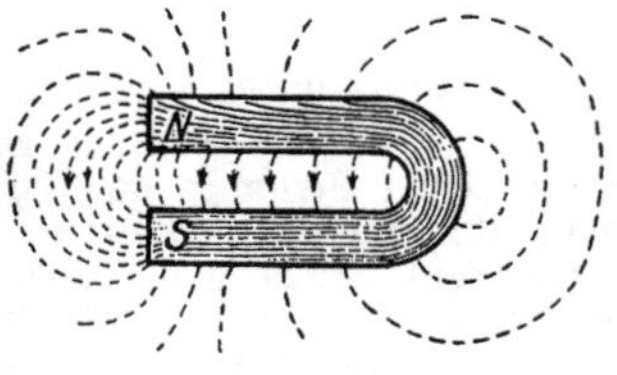

Abb. 60

Magnetnadel mit einem Ringe aus weichem Eisen, so ist die Einwirkung des Magnetismus auf die Nadel eine sehr geringe und wird daher unter dem Einflusse des magnetischen Stromes einen größeren Ausschlag machen. Man sagt, die Nadel sei **astasiert** worden (I. Fachb. [461]).

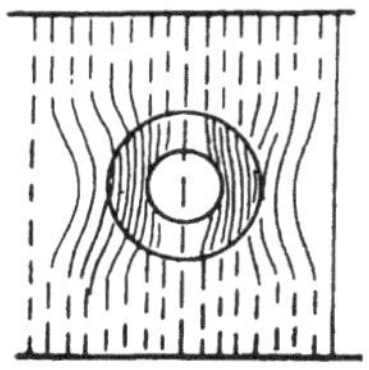
Abb. 61

c) Nicht nur Magnete sind Träger von Kraftlinien, sondern auch Drähte, die vom elektrischen Strom durchflossen wurden, was man auch mit Eisenfeilspänen auf einer Glasplatte nachweisen kann. Schiebt man über den vom Strome durchflossenen Draht ein Eisenrohr, so gehen die Kraftlinien in großer Zahl durch das Eisen und magnetisieren dasselbe. Nimmt man statt des ganzen Rohres zwei aufeinander passende Hälften, so bleiben sie aneinander haften. Danach ist man auch imstande, die Ablenkung einer Magnetnadel im voraus zu bestimmen: Der Nordpol einer Nadel folgt, wie wir wissen, der positiven Richtung der Kraftlinien (Abb. 62). woraus sich eine einfache Regel ergibt: **Hält man die rechte Hand der Magnetnadel zugekehrt und so, daß ihre Fingerspitzen die Stromrichtung angeben, so zeigt der Daumen die Richtung der Ablenkung an** (I. Fachband Abb. 829).

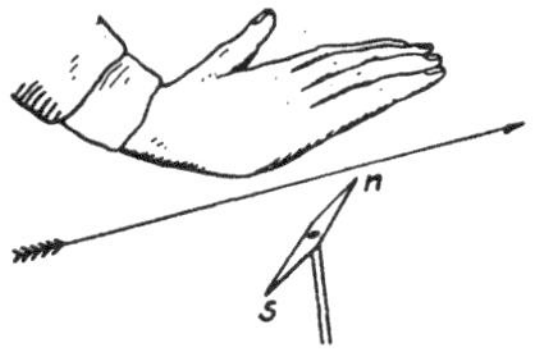

Abb. 62

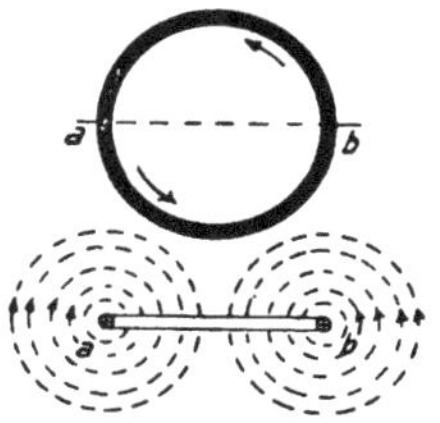

Abb. 63

Wir wollen den Verlauf der Kraftlinien für einen geschlossenen Kreis untersuchen.

Stellt *ab* (Abb. 63) den Durchschnitt des Ringes mit der Zeichnungsebene dar und bedeutet das Zeichen ⊙ Pfeilspitze einen Strom, der auf den Beschauer zufließt und das Zeichen ⊕ Pfeilende einen Strom, der vom Beschauer wegfließt, so ergibt sich das bemerkenswerte Ergebnis, daß die Kraftlinien **senkrecht auf der Ebene des Ringes stehen.** Hängt man den stromdurchflossenen Ring in einer vertikalen Ebene so auf, daß er sich um den verikalen Durchmesser drehen kann, so stellt er sich unter dem Einflusse des Erdmagnetismus so, daß seine Ebene von Osten nach Westen zeigt, die Kraftlinien also von Süden nach Norden gehen.

[55] Solenoid.

Wickelt man einen Draht schraubenförmig auf, so vereinigen sich die Kraftlinien der einzelnen Windungen zu Kraftlinien, welche nahezu parallel zur Achse des Zylinders verlaufen. Man nennt einen solchen schraubenförmig gewundenen Draht ein **Solenoid.** Seine Kraftlinien haben eine große Ähnlichkeit mit denen eines Magnetstabes und muß daher ein solches alle Eigenschaften eines Magnetes zeigen. (Abb. 837 im I. Fachb.) Welcher Art die Polarität eines Endes sein muß, läßt sich ohne weiteres aus der Stromrichtung angeben: **Blickt man nämlich auf die Endfläche des Solenoids und fließt der Strom dann im Sinne des Uhrzeigers, so ist die betrachtete Endfläche ein Südpol.** Bringt man in die Höhlung eines Solenoides einen Eisenkern, so gehen die Kraftlinien auch durch den Eisenkern hindurch, wodurch derselbe magnetisiert wird. Die Pole des Eisenkerns sind natürlich gleichnamig denen des Solenoids, und ein solcher magnetisierter Eisenkern wird ein **Elektromagnet** genannt. Der Magnetismus dauert nur so lange, als das Solenoid vom Strome durchflossen ist.

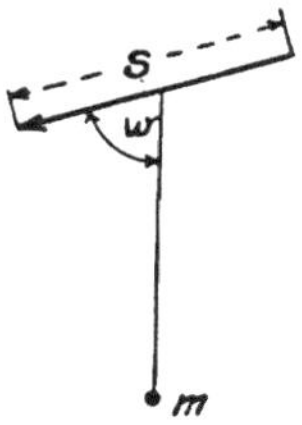

Abb. 64

Diese Wechselwirkungen zwischen elektrischen Strömen und Magneten können durch das von **Biot** und **Savart** aufgestellte Grundgesetz auch rechnerisch verfolgt werden. Bezeichnet (Abb. 64) *m* die Stärke eines nordmagnetischen Poles, *i* den durch ein sehr kleines Leiterelement *s* hindurchfließenden Strom, *r* den Abstand von *m* und *w* den Winkel, welchen die Verbindungslinie *r* mit dem Leiter *ds* bildet, so ist die wirksame Kraft zwischen *m* und *s*

$$p = \frac{m \cdot i \cdot s}{r^2} \sin w.$$

Es soll nun mit Hilfe des Biot-Savartschen Gesetzes die Einwirkung eines vom Strome durchflossenen Kreisringes auf eine senkrecht über der Mitte des Ringes befindliche Menge *m* bestimmt werden. Nach den Lehren der höheren Mathematik ist die Gesamtwirkung bei *n* Windungen

$$P = \frac{n \cdot m \cdot i \cdot \sin\alpha \cdot 2R \cdot \pi}{r^2}$$

Führt man statt des schwer bestimmbaren *r* den Abstand *x* ein, so ist

$$P = \frac{n \cdot mi \cdot 2\pi \cdot R^2}{(R^2 + x^2)^{3/2}}$$

Welcher Art die Kraft *P* ist, hängt von der Stromrichtung und der magnetischen Menge *m* ab. Ist bei gegebener Stromrichtung *m* eine nordmagnetische Menge, so wird dieselbe angezogen, wenn, von ihr aus gesehen, der Strom im Sinne des Uhrzeigers fließt.

Bringen wir in dem Punkt *C* eine kurze Magnetnadel, welche um eine vertikale Achse drehbar ist, so wird sie sich rechtwinklig zur Ebene des Ringes

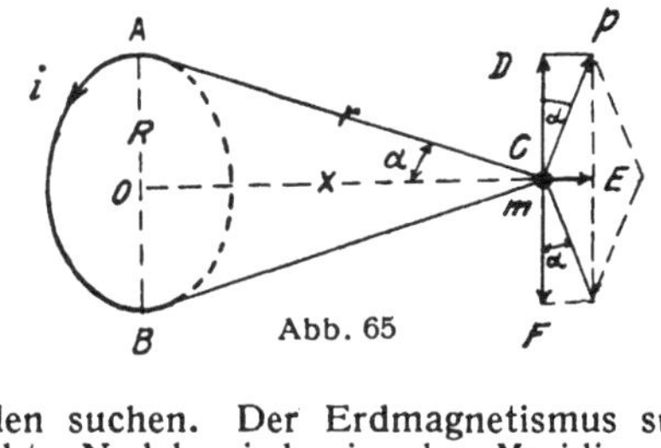

Abb. 65

zu stellen suchen. Der Erdmagnetismus sucht die abgelenkte Nadel wieder in den Meridian zurückzuführen (Abb. 65).

$$i = \frac{(R^2 + x^2)^{3/2} \cdot H_e}{2\pi n R^2} \cdot \operatorname{tg} \varphi.$$

Diese Gleichung ist nun die Gleichung der Tangentenbussole und gestattet uns, Stromstärken in absolutem Maße zu messen. Die Größen R und x sind Längen in cm, die Größe H_e ist die Horizontalkomponente am Standort des Instrumentes.

Befindet sich die Nadel im Mittelpunkte des Ringes, so ist $x = 0$ und

$$i = \frac{R \cdot H_e}{2\pi \cdot n} \cdot tg\,\varphi = c\,tg\,\varphi.$$

$\frac{R \cdot H_e}{2\pi n}$ ist der Reduktionsfaktor der Tangentenbussole; er ist für $i = 1$ und $\varphi = 45^0$ gleich 1.

Aufgabe 18.

[56] *Welchen Reduktionsfaktor besitzt eine Tangentenbussole, wenn dieselbe aus einer Windung von 17 cm besteht und die Horizontalkomponente am Standorte der Bussole den Wert 0,187 besitzt?*

$$c = \frac{R \cdot H_e}{2\pi n}$$

$$c = \frac{17 \cdot 0{,}187}{2\pi} = 0{,}508 \ (c, g, s \text{ Einheiten}).$$

$$i = 0{,}508\, tg\,\varphi \ (c, g, s \text{ Einheiten}).$$

Aufgabe 19.

[57] *Diese Tangentenbussole wird in den Stromkreis einer Bogenlampe eingeschaltet und bringt der Strom eine Ablenkung von 50⁰ hervor. Wieviel absolute Einheiten hat der Strom?*

$$i = 0{,}508\, tg\, 50^0 = 0{,}508 \cdot 1{,}19$$

$$i = 0{,}607 \ (c, g, s \text{ Einheiten}).$$

[58] Amperewindungszahl.

Bisher haben wir vorausgesetzt, daß der Ring nur aus einer einzigen Windung besteht oder, wenn es mehrere waren, daß sie nur einen kleinen Raum einnehmen. Diese Voraussetzung wollen wir jetzt fallen lassen und die Einwirkung des von einem Strome i (in (c, g, s-Einheiten) durchflossenen Solenoids auf eine magnetische Menge m ins Auge

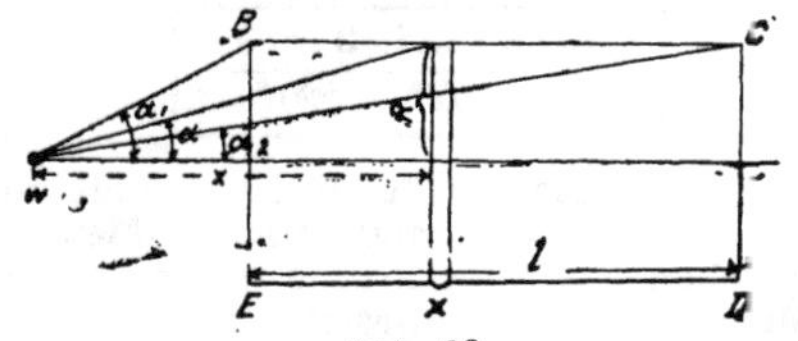

Abb. 66

fassen, die in der Achse des Solenoids sich befindet (Abb. 66).

Liegt die magnetische Menge $m = 1$ in der Achse des Solenoids, aber außerhalb desselben und bezeichnen α_1 und α_2 die Winkel, welche m mit dem Anfang und dem Ende der Spule einschließen, so ist nach den Lehren der höheren Mathematik H die Feldstärke oder die Intensität des magnetischen Feldes in absoluten Einheiten

$$H = \frac{2\pi \cdot n \cdot i}{l} (\cos\alpha_2 - \cos\alpha_1).$$

Für die Mitte der Spule gilt die Formel

$$H = \frac{2\pi \cdot n \cdot i}{l}$$

und in Ampere ausgedrückt

$$\boxed{\mathbf{H = \frac{0{,}4 \cdot \pi \cdot n \cdot i}{l}}.}$$

Die Formel ergibt, daß die Stärke des erzeugten magnetischen Feldes nicht allein von der Stromstärke oder allein von der Windungszahl, sondern vom Produkte ni beider abhängt. ni nennt man die **Amperewindungszahl.**

Man sieht ferner, daß es, um eine gewisse Feldstärke und damit eine bestimmte Magnetisierung eines in der Spule steckenden Eisenkernes zu erzielen, gleichgültig ist, ob man bei einer erreichten beispielsweisen Amperewindungszahl von 1000 durch 100 Windungen 10 Ampere oder durch 1000 Windungen 1 A schickt.

Aufgabe 20.

[59] *Welche Höhe erreichen 205 AW, wenn die Stromstärke, die durch ein mm² des aufzuwickelnden Drahtes geht, 1,5 A beträgt, und wenn der mit Baumwolle umsponnene Draht 1,2 mal so dick ist als der blanke Kupferdraht? (Abb. 67.)*

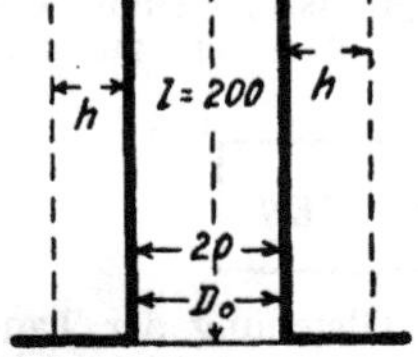

Abb. 67

Bezeichnet d den Durchmesser des unbesponnenen Drahtes, d' den Durchmesser des besponnenen Drahtes, h die Höhe, bis zu welcher der Draht durch Übereinanderlegen der Windungen aufgewickelt wird, so lassen sich nebeneinander $\frac{l}{d'}$ Windungen, übereinander $\frac{h}{d'}$ Windungen legen.

Es ist also die Zahl der überhaupt aufgewickelten Windungen

$$n = \frac{l}{d'} \cdot \frac{h}{d'} = \frac{l}{1 \cdot 2\,d} \cdot \frac{h}{1{,}2\,d}.$$

Der Querschnitt des Drahtes ist $\frac{\pi \cdot d^2}{4}$ mm², wenn d in mm eingesetzt wird. Durch 1 mm² fließt ein Strom von 1,5 A, daher durch den ganzen Querschnitt der Strom

$$i = 1{,}5 \cdot \frac{d^2 \pi}{4}.$$

Die Amperewindungszahl ist demnach

$$n \cdot i = \frac{l \cdot h}{(1{,}2\,d)^2} \cdot \frac{1{,}5\,\pi \cdot d^2}{4} = \frac{l \cdot h \cdot 1{,}5\,\pi}{1{,}2^2 \cdot 4}.$$

$n\,i$ ist 205

$$\frac{l \cdot h \cdot 1{,}5\,\pi}{1{,}2^2 \cdot 4} = 205$$

$$h = \frac{205 \cdot 4 \cdot 1{,}2^2}{200 \cdot 1{,}5\,\pi}$$

$$h = 1{,}254 \text{ mm}.$$

Der Leser beachte, daß in der Formel $n\,i = \frac{l \cdot h \cdot 1{,}5\,\pi}{1{,}2^2 \cdot 4}$ der Durchmesser des Drahtes nicht vorkommt, **daß also für eine gegebene Amperewindungszahl das Produkt l · h unabhängig ist von der Dicke des Drahtes, wenn nur die Beanspruchung des Drahtes, d. i. die Anzahl von Ampere pro mm² Drahtquerschnitt dieselbe bleibt.**

Da die Amperewindungszahl stets die wirksame Größe ist, so kommt es niemals darauf an: Wieviel Widerstand ist auf die Spule aufzuwickeln, sondern: Wieviel Spannung steht zur Erzielung einer gewissen Stromstärke zur Verfügung. Nach dieser richtet sich dann die Windungszahl, die Stromstärke und der Widerstand des Drahtes.

Aufgabe 21.

[60] *Wie groß ist die Feldstärke in der Mitte eines Solenoids, wenn dasselbe 2300 Windungen besitzt und 38 cm lang ist?*

$$H = \frac{0{,}4\,\pi \cdot 2300}{38} = \mathbf{76 \cdot i}.$$

[61] Magnetisierungskurven, Hysteresis.

Bringt man in die Mitte eines Solenoids (Abb. 68), dessen Länge l ist, einen Eisenstab von der Länge L und dem Querschnitte Q, so gehen die Kraftlinien des Solenoids durch den Eisenstab und magnetisieren ihn, d. h. die Molekularmagnete des Eisens werden zum großen Teile gleichgerichtet (s. I. Fachb. [422]). Der Eisenstab ist also selbst zu einem Magneten geworden, der von seinem Nordpol ebenfalls Kraftlinien sendet.

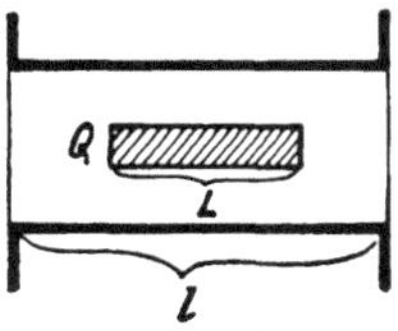

Abb. 68

Ist m die Polstärke, die der Eisenstab angenommen hat, so gehen $4\,\pi\,m$ Kraftlinien von dem Nordpol desselben aus, QH Kraftlinien gehen vom Solenoid als homogenes Feld aus durch die Mitte des Stabes, so daß jetzt im ganzen $N = QH + 4\,\pi\,m$ Kraftlinien durch die Mitte des Eisenstabes hindurchgehen. Per cm entfallen

$$\frac{N}{Q} = B = H + \frac{4\,\pi \cdot m}{Q}.$$

Die **Größe B** heißt die **magnetische Induktion.** Erweitert man den Bruch $\frac{m}{Q}$ mit der Länge L des Eisenstabes, so stellt $m \cdot L$ das magnetische Moment des Stabes und $Q \cdot L$ das Volumen desselben vor:

$$\frac{m}{Q} = \frac{m \cdot L}{Q \cdot L} = \frac{M}{V} = J.$$

J ist das magnetische Moment, bezogen auf die Volumeneinheit des Stabes. Diese Größe heißt **Intensität der Magnetisierung** und soll mit J bezeichnet bleiben

$$\boxed{\boldsymbol{B = H + 4\,\pi\,J.}}$$

Die Polstärke m des Eisenstabes oder auch die Größe $\frac{m}{Q}$ hängt ab von der Feldstärke H. Je größer H wird, desto größer wird auch m bzw. J, so daß man setzen kann $J = x \cdot H$

$$B = H + 4\,\pi \cdot x\,H$$

$$B = H\,(1 + 4\,\pi\,x)$$

oder $\boxed{\boldsymbol{B = \mu \cdot H}}$ wenn $\boxed{\boldsymbol{\mu = (1 + 4\,\pi\,x).}}$

Die Größe $x = \frac{J}{H}$ führt den Namen **magnetische Suszeptibilität,** während die Größe $\mu = \frac{B}{H}$ die **magnetische Permeabilität** genannt wird. **Für nicht magnetisierbare Substanzen, z. B. Luft, ist n = 1, demnach x = 0 zu setzen.**

Um für magnetisierbare Substanzen den Zusammenhang zwischen B und H und somit auch zwischen μ und x zu finden, bedienen wir uns der Gleichung

$$B = H + 4\,\pi \cdot J.$$

Um H zu finden, brauchen wir in der Formel

$$H = \frac{0{,}4\,\pi \cdot n\,i}{l}$$

nur die Zahl der Windungen zu kennen, welche beim Wickeln der Spule leicht gewählt werden kann, dann die Länge l der Spule und die Stromstärke i in Ampere.

Beispiel. Ein Eisenstab von 30 cm Länge und 0,2 cm Durchmesser wird in eine Spule von 38 cm Länge gebracht, auf welche 2300 Windungen aufgewickelt sind. Es sind die Größen H, B und μ zu rechnen

$$H = \frac{0{,}4 \cdot \pi \cdot n\,i}{l} = \frac{0{,}4\,\pi \cdot 2300}{38} \cdot 0{,}5 = 38$$

und $J = \frac{M}{V}$.

M kann berechnet werden aus der Formel

$$M = \frac{1}{2} r^3 \cdot \operatorname{tg} \alpha \cdot H_e \left(1 - \frac{1}{2} \cdot \frac{l^2}{r_5}\right).$$

Die Werte in die obigen Formel eingesetzt, ergibt $J = 637{,}5$

$$B = H + 4\pi \cdot J = 38 + 4\pi \cdot 637{,}5 = 8038$$

$$\mu = \frac{B}{H} = \frac{8038}{38} = 220.$$

Auf diese Art ist man in den Stand gesetzt, für jede magnetisierbare Substanz zu einem beliebigen Wert von H die zugehörigen B und μ zu bestimmen. So erhält man die sog. **Magnetisierungskurven,** in welchen der Maßstab für H meist zehnmal so groß als für B gewählt ist.

Ein Beispiel einer solchen Magnetisierungskurve zeigt I. Fachband Abb. 838. Ausführlichere Kurven findet der Selbstschüler in jedem elektrotechnischen Kalender, wo er im Bedarfsfalle ohne weitere Rechnung die gewünschten Werte abgreifen kann. Genaueres über die Aufnahme solcher Kurven folgt im Abschnitte: „Messungen".

Je größer H wird, desto größer wird auch im allgemeinen B, aber die Zunahme von B wird mit wachsendem H immer geringer, die Magnetisierungskurven verlaufen schließlich nahezu parallel zur Abszissenachse. Würde dies von irgendeinem Werte von H genau zutreffen, so hätte eine weitere Zunahme von H keine weitere Zunahme von B im Gefolge. Das Eisen wäre gesättigt, d. h. es wären alle Molekularmagnete gleichgerichtet. Früher glaubte man und praktisch gilt das auch heute noch, daß die Sättigung erreicht sei bei Schmiedeeisen für $B = 20000$, bei Gußeisen bei $B = 11000$; indes haben neuere Untersuchungen gezeigt, daß B bis über 40000 wachsen kann, so daß eine Grenze für B nicht anzugeben ist.

b) Die Magnetisierungskurven zeigen nur dann den angegebenen Verlauf, wenn der Eisenkern bei Beginn des Versuches keinen Magnetismus besaß und die magnetisierende Kraft H von Null bis zu ihrem Maximum stetig zunahm.

Läßt man (Abb. 69) H allmählich von Null bis zum Werte H_m ansteigen, für welchen $G'K'$ der zugehörige Wert von B sei, und läßt man nun die Werte von H wieder abnehmen, so nehmen auch die Werte von B wieder ab, aber die zu gleichem Werte von H gehörigen Werte von B sind verschieden, und zwar sind die zuletzt erhaltenen Werte von B größer als die vorher erhaltenen. So gehört zu dem Werte $OA = H$ bei zunehmender Magnetisierung der Wert

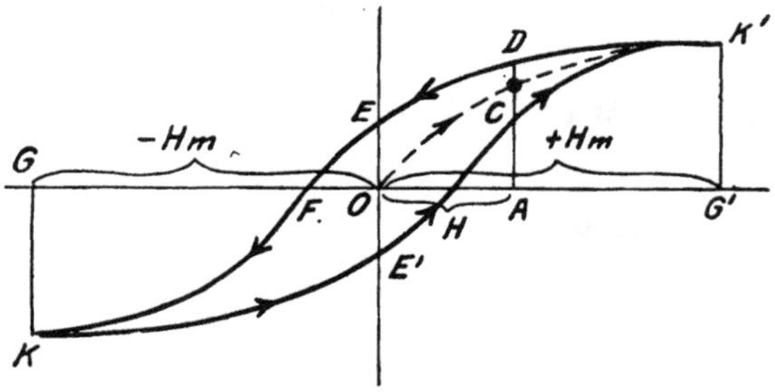

Abb. 69

$B = AC$, bei abnehmender Magnetisierung $B = AD$; für $H = 0$ ist bei abnehmender Magnetisierung $B = OE$, das Eisen hat remanenten Magnetismus erhalten. Soll das Eisen unmagnetisch werden, so muß H einen negativen Wert OF annehmen, welchen man als die **Koerzitivkraft** bezeichnet hat. Läßt man H im negativen Sinne weiter zunehmen bis zu einem Werte $-H_m$, so werden die Werte von B ebenfalls negativ bis zum Maximalwerte GK; läßt man nun abermals $(-H)$ bis Null abnehmen, so bleiben wieder die zu gleichen Werten von H gehörigen Ordinaten über den vorangegangenen. Für $H = 0$ ist $B = OE'$, d. h. der Stab ist noch remanent magnetisch, aber seine Pole sind die entgegengesetzten von vorhin.

Läßt man nun H von Null aus abermals bis H_m zunehmen, so nimmt auch B wieder bis ungefähr zu dem Werte $G'K'$ zu.

Man erhält somit zwei Magnetisierungskurven, von denen die eine den wachsenden, die andere den abnehmenden Werten von H entspricht.

Beide Kurven schließen einen gewissen Flächeninhalt ein, **dessen Größe proportional ist der Arbeit, welche erforderlich war, um das Eisenstück von dem positiven Maximum zu dem negativen und in umgekehrter Richtung zu magnetisieren.** Man nennt diese Arbeit die **Magnetisierungsarbeit. Dieselbe setzt sich in Wärme um, welche eine Temperaturerhöhung des Eisenkerns hervorruft.** Den ganzen Vorgang nennt man **Hysteresis (magnetische Richtung).** Für die Magnetisierungsarbeit hat **Steinmetz** die Formel aufgestellt

$$A = \eta \cdot B^{1,6}$$

Hier bedeutet B die maximale Induktion, η eine vom Materiale abhängige Konstante, deren Wert von 0,002 bis 0,092 variiert und die für gewöhnliches Schmiedeeisen gleich 0,0033 gesetzt werden kann. Wird das Eisen in einer Sekunde dem oben beschriebenen Magnetisierungsprozesse Nmal unterworfen, so ist auch die Magnetisierungsarbeit Nmal so groß als bei einer Magnetisierung.

Aufgabe 22.

[62] *Ein Kern aus Schmiedeeisen von 70 kg Gewicht werde bei wechselnder Magnetisierung einer maximalen Induktion von $B = 8000$ unterworfen. Die Anzahl der vollständigen Magnetisierungen betrage 45 pro Sekunde. Wie groß ist der durch die Hysteresis entstehende Effektverlust?*

Für $B = 8000$ und $\eta = 0{,}0033$ (Schmiedeeisen) liefert obige Formel die Magnetisierungsarbeit mit **236 Watt,** die sich in Wärme umsetzt.

Ein Eisenkörper, der den geschilderten Magnetisierungen unterworfen ist, ist z. B. der Anker einer Dynamomaschine. Durch Induktion entsteht in ihm immer dem Nordpol des Magneten gegenüber ein Südpol, dem Südpol gegenüber ein Nordpol. Dreht sich daher der Anker, so hat er nach einer halben Umdrehung seine Pole gewechselt, während nach einer ganzen Umdrehung die Pole sich wieder in der ursprünglichen Lage befinden. Dreht sich daher ein solcher Anker in einem magnetischen Felde, so werden Hysteresiserscheinungen auftreten, deren Größe sich nach obigem berechnen läßt.

Aufgabe 23.

[63] *Der Anker eines Elektromotors hat 12 cm Durchmesser und 15 cm Länge. Die Induktion beträgt $B = 10500$ Linien, die Anzahl der Umdrehungen pro Sekunde ist 30. Wie groß ist der Effektverlust durch Hysteresis?*

Das Volumen des Ankers ist

$$V = \left(\frac{12^2 \cdot \pi}{4}\right) 15 = 1700 \text{ cm}^3 = 1,7 \text{ dm}^3.$$

Die nach Steinmetz gerechnete Tabelle gibt für $B = 10500$ die Zahl 90,5, folglich wird der Effektverlust:

$$l = \frac{90,5 \cdot 1,7 \cdot 30}{100} = \mathbf{45,2\ Watt.}$$

[64] Der magnetische Kreis.

Umwickelt man einen Eisenkern, der zu einem geschlossenen Ringe gebogen ist, gleichmäßig mit Draht, so gilt für einen solchen Ring ebenfalls die Formel $B = \mu \cdot H$, wo H zu berechnen ist mit

$$H = \frac{0,4\pi \cdot n\,i}{l}.$$

Versuche zeigen nun, daß es nicht nötig ist, den Ring gleichmäßig mit Windungen zu bedecken. Wenn nur das Produkt $n\,i$ für einen und denselben Ring denselben Wert behält, so behält auch H denselben Wert, jedoch muß unter l immer die Länge des Ringes verstanden werden. Nun ist aber die Länge des Ringes zugleich die mittlere Länge aller Kraftlinien, die den Ring durchsetzen. Wir wollen daher von jetzt an unter l die mittlere Länge der Kraftlinien oder, was ungefähr dasselbe ist, die Länge der mittleren Kraftlinien verstehen.

Die Anzahl der Kraftlinien, welche den Ring durchsetzen, ist $N = Q \cdot B$, wenn Q den Querschnitt des Ringes bezeichnet

$$N = Q \cdot \mu \cdot H = Q \cdot \mu \cdot \frac{0,4\pi n\,i}{l}$$

oder

$$N = \frac{0,4\pi \cdot n\,i}{\dfrac{l}{\mu \cdot Q}}.$$

Diese Formel kann man als das Ohmsche Gesetz für den geschlossenen magnetischen Kreis ansehen, und zwar ist $0,4\pi \cdot n\,i$ die magnetorische Kraft, welche in dem Widerstand $\dfrac{l}{\mu \cdot Q}$ den magnetischen Strom N hervorbringt.

Schreibt man zur Abkürzung

$$0,4 \cdot \pi \cdot n\,i = \mathfrak{f} \cdot$$

und

$$\frac{l}{\pi \cdot Q} = \mathfrak{w},$$

so heißt das Ohmsche Gesetz für den magnetischen Kreis

$$\text{Kraftlinienzahl} = \frac{\text{Magnetomotorische Kraft}}{\text{Magnetischen Widerstand}}$$

$$\boxed{N = \frac{\mathfrak{f}}{\mathfrak{w}}.}$$

Die magnetomotorische Kraft $\mathfrak{f}$ darf nicht verwechselt werden mit der magnetisierenden Kraft H, denn

$$H = \frac{0,4\pi\, n\,i}{l}$$
$$\mathfrak{f} = 0,4\pi \cdot n\,i$$
$$\mathfrak{f} = H\,l.$$

Die Formel behält auch noch ihre Gültigkeit, wenn der Widerstand w aus mehreren Addenden besteht, wie dies z. B. der Fall ist, wenn der Ring an einer Stelle aufgeschnitten ist, so daß ein Luftzwischenraum entsteht. In diesem Falle setzt sich der magnetische Widerstand aus dem Widerstande des Eisens und dem Widerstande des Luftzwischenraumes zusammen.

Bezeichnet l die Länge der mittleren Kraftlinie im Eisen, δ jene in der Luft, Q den Querschnitt, so ist $\dfrac{l}{\mu \cdot a}$ der magnetische Widerstand des Eisens, $\dfrac{\delta}{Q}$ der magnetische Widerstand der Luft, für welche $\mu = 1$ ist.

$$\mathfrak{w} = \frac{l}{\mu \cdot Q} + \frac{\delta}{Q}$$

$$N = \frac{0,4\pi \cdot n\,i}{\dfrac{l}{\mu Q} + \dfrac{\delta}{Q}}.$$

In den Luftzwischenraum kann nun abermals ein Stück Eisen mit Permeabilität μ_2 gebracht werden (Abb. 70), so daß ist

$$\mathfrak{w} = \frac{l_1}{\mu_1 Q_1} + \frac{2\delta}{Q} + \frac{l_2}{\mu_2 Q_2}$$

und

$$N = \frac{0,4\pi\, n\,i}{\dfrac{l_1}{\mu_1 Q_1} + \dfrac{2\delta}{Q} + \dfrac{l_2}{\mu_2 Q_2}}.$$

Diese Figur entspricht aber vollständig dem magnetischen Kreise einer Dynamomaschine (Abb. 71).

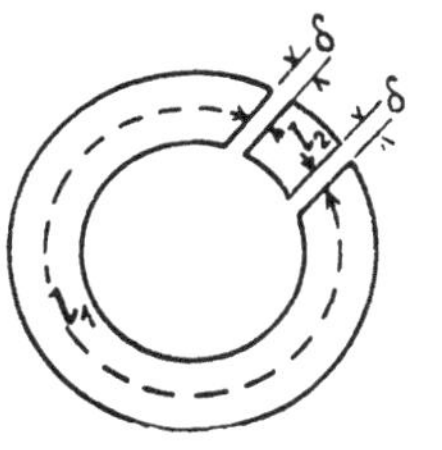

Abb. 70

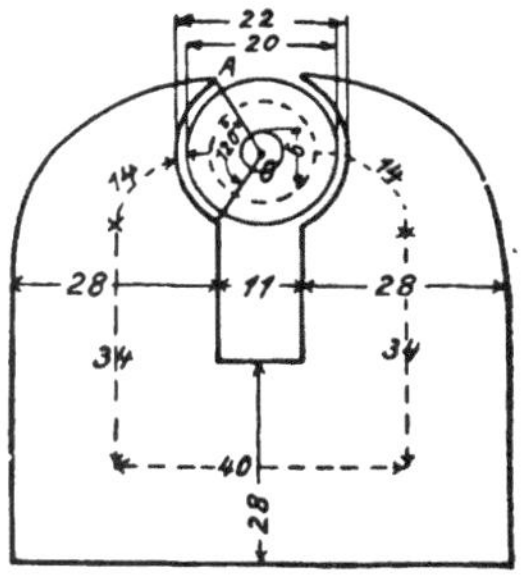

Abb. 71

Der Widerstand setzt sich zusammen aus dem Widerstande des Ankers (weichstes Schmiedeeisen), dem Widerstande des Magneten (Gußstahl) und dem Widerstande des Luftzwischenraumes.

Bezeichnet:
l_a die Länge der mittl. Kraftlinie im Anker,
l_m die Länge der mittl. Kraftlinie im Magneten,
l_l die Länge der mittl. Kraftlinie in der Luft,
Q_a den Querschnitt des Ankereisens,
Q_m den Querschnitt des Magneteisens,
Q_l den Querschnitt im Zwischenraum,
$\mu_a \mu_m \mu_l$ die Permeabilität,

so ist

$$N = \frac{0{,}4\pi \cdot n\, i}{\frac{l_a}{\mu_a Q_a} + \frac{l_l}{\mu_l Q_l} + \frac{l_m}{\mu_m \cdot Q_m}}.$$

Die Länge der mittleren Kraftlinie wird annähernd berechnet oder aus der Zeichnung genommen.

Aufgabe 24.

[65] *Gegeben ist das Eisengestell einer Dynamomaschine. Der Anker besteht aus 510 Scheiben des weichsten Schmiedeeisens von je 0,5 mm Dicke, das Magnetgestell aus Gußeisen. Die Länge des Ankers beträgt 30 cm. Dieselbe Abmessung besitzt auch das Magnetgestell. Die Induktion im Ankereisen soll 10000 Linien betragen. Gesucht wird: a) der Eisenquerschnitt des Ankers und die durch ihn hindurchgehende Kraftlinienzahl, b) der Querschnitt des Luftzwischenraumes, c) der Querschnitt des Magneten, d) die Induktion in der Luft, e) die Induktion im Magneten, f) die Kraftlinienlänge im Anker, g) die Kraftlinienlänge in der Luft, h) im Magnetgestell, i) der magnetische Widerstand der Maschine, k) die elektromotorische Kraft, l) die Amperewindungszahl.*

a) Der Querschnitt des Ankers besteht aus zwei Rechtecken von 30 cm Breite und (20—6) = 14 cm Höhe.

Die einzelnen Scheiben sind aber durch Papier voneinander getrennt, so daß der reine Eisenquerschnitt nur die Breite von 510 · 0,5 = 255 mm = 25,5 cm einnimmt.

Der zur Berechnung kommende Eisenquerschnitt (Abb. 71) hat demnach die Größe

$$Q_a = 25{,}5 \cdot 14 = 357 \text{ cm}^2.$$

Die Zahl der durch den Anker hindurchtretenden Kraftlinien

$$N = Q_a \cdot B_a = 357 \cdot 10000 = 3570000.$$

b) Der Luftzwischenraum ist ein Rechteck, dessen Breite gleich der Ankerlänge, also gleich 30 cm, und dessen Höhe gleich der Bogenlänge $\widehat{AB}$ ist. Da nun $\sphericalangle AOB = 120^0$ und $AO = 11$ cm ist, so wird $\widehat{AB} = r \cdot a$, wobei a im Bogenmaß auszudrücken ist

$$a = \frac{120 \cdot 2\pi}{360}$$

$$\widehat{AB} = 11 \cdot \frac{120 \cdot 2\pi}{360} = 23 \text{ cm}$$

$$Q_l = 23 \cdot 30 = 690 \text{ cm}.$$

c) Der Querschnitt des Magneten ist ein Rechteck von 28 cm Breite und 30 cm Höhe:

$$Q_m = 30 \cdot 28 = 840 \text{ cm}^2.$$

d) Die Induktion folgt aus der Formel

$$B = \frac{N}{Q}.$$

Die Induktion in der Luft wird daher

$$B_e = \frac{3570000}{690} = 5180.$$

e) Nach derselben Formel ist die Induktion im Magneten

$$B_m = \frac{3570000}{840} = 4260.$$

f) Die Kraftlinienlänge ist ein Halbkreis mit dem mittleren Durchmesser $\frac{20+6}{2} = 13$ cm, vermehrt um den Weg 20—13 = 7 cm. Es ist also

$$l_a = \frac{1}{2}\pi \cdot 13 + 7 = 27{,}4 \text{ cm}.$$

g) Die Kraftlinienlänge in der Luft ist der doppelte Abstand zwischen Ankereisen und Magneteisen

$$l_e = 2 \text{ cm}.$$

h) Die mittlere Kraftlinie im Magneten ergibt sich aus Abb. 71:

$$l_m = 14 + 34 + 40 + 34 + 14 = 136 \text{ cm}.$$

i) Der magnetische Widerstand der Maschine setzt sich zusammen aus dem Widerstande des Ankers, dem der Luft und dem des Magneten. Es ist also

$$\mathfrak{w} = \frac{l_a}{\mu_a Q_a} + \frac{l_e}{Q_e} + \frac{l_m}{\mu_m Q_m}.$$

Für $B = 10000$ ist μ_2 für Schmiedeeisen $\mu_2 = 2000$.
Für $B = 4620$ ist μ_1 (für Gußeisen) $= 700$.

$$\mathfrak{w} = \frac{27{,}4}{2000 \cdot 357} + \frac{2}{690} + \frac{136}{700 \cdot 840}$$

$$\mathfrak{w} = 0{,}0000384 + 0{,}0029 + 0{,}000232$$

$$\mathfrak{w} = 0{,}0031704.$$

k) Aus der Formel $N = \frac{\mathfrak{f}}{\mathfrak{w}}$ ist $\mathfrak{f} = N\mathfrak{w}$ oder $\mathfrak{f} = 3570000 \cdot 0{,}0031704 = 11350$.

Die Amperewindungszahl

$$\mathfrak{f} = 0{,}4\pi \cdot n\,i$$

$$n\,i = \frac{\mathfrak{f}}{0{,}4\pi} = \frac{11350}{0{,}4\pi} = 9040 \text{ Amperewindungen.}$$

Diese 9040 AW verteilen sich auf zwei Schenkel, mithin kommen auf jeden Schenkel 4520 AW.

Will man durch den Anker einer Dynamomaschine N Kraftlinien senden, so muß man im Magneten $N_m = \nu \cdot N$ Kraftlinien erzeugen, da nicht die sämtlichen Kraftlinien durch den Anker gehen. Man nennt den Faktor ν den **Streuungskoeffizienten.** Derselbe ist abhängig von der Maschine und kann für unsere Form etwa gleich 1,4 gesetzt werden. Die Streuung ist bisher unberücksichtigt geblieben, daher ist die A.W.-Zahl zu klein.

Aufgabe 25.

[66] *Es soll die magnetomotorische Kraft und die Amperewindungszahl der Maschine in Aufgabe 24 berechnet werden, wenn der Streuungskoeffizient $\nu = 1{,}4$ angenommen wird.*

Wie schon in Aufgabe 24 bestimmt, ist

$$B_a = 10000 \text{ und } B_e = 5180.$$

Hingegen wird

$$B_m = \frac{1{,}4 \cdot 3570000}{840} = 5950.$$

Zu $B_a = 10000$ gibt die Magnetisierungskurve für Schmiedeeisen $H_a = 5$.
Zu $B_m = 5950$ gibt die Magnetisierungskurve für Gußeisen $H_m = 20$.
Da nun $l_a = 27{,}4$ cm, $l_e = 2$, $l_m = 136$ cm, so wird:

$$\mathfrak{f} = 5 \cdot 27{,}4 + 5180 \cdot 2 + 20 \cdot 136,$$

$$\mathfrak{f} = 137 + 10360 + 2720,$$

$$\mathfrak{f} = 13217.$$

Die Amperewindungszahl für beide Schenkel ist

$$n\,i = \frac{13217}{0{,}4\pi} = \mathbf{10500},$$

daher kommen auf jeden Schenkel 5250 Windungen.

Aufgabe 26.

[67] *Ein Elektromotor hat die in Abb. 72 angegebenen Abmessungen. Durch den Anker sollen 950000 Kraftlinien gehen. Der Streuungskoeffizient kann bei der Form des Magneten zu 1,2 angenommen werden. Wieviel Amperewindungen sind zur Erzeugung dieser Kraftlinien erforderlich?*

Lösung: Der vorliegende Anker ist ein sog. Nutenanker, d. i. ein Anker, in welchen rechteckige Vertiefungen eingefräst worden sind, die zur Aufnahme des Drahtes dienen. Hierdurch erreicht man einen sehr kleinen Luftzwischenraum und infolgedessen eine geringe Amperewindungszahl. Der vorliegende Anker ist aus 262 schmiedeeisernen Scheiben von je 0,5 mm Dicke zusammengesetzt. Zwischen je zwei Scheiben ist ein dünnes Blatt Papier gelegt. Die gesamte Länge des Ankers beträgt 15 cm, ebensogroß ist auch die Breite der beiden Pole. Die Breite des übrigen gußeisernen Gestelles ist hingegen 27,1 cm. Sämtliche Kraftlinien, welche vor einem Pole austreten und in das Nuteneisen gelangen, gehen durch die zwischen je zwei Nuten stehenden Zähne und dann durch den Ankerkern hindurch.

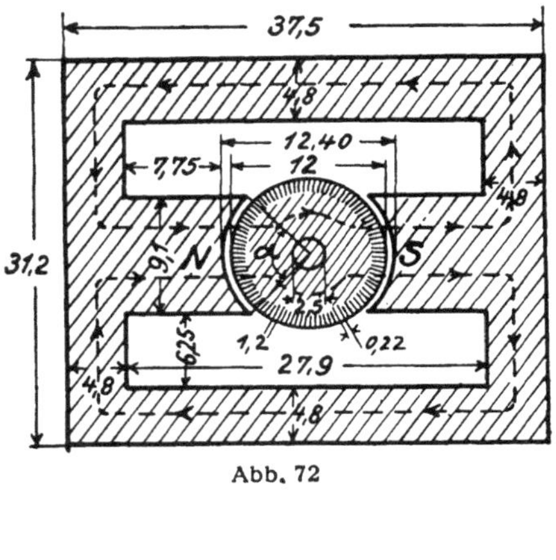

Abb. 72

Der Querschnitt des Ankerkernes besteht aus zwei Rechtecken von

$$362 \cdot 0{,}5 = 131 \text{ mm Höhe}$$

und

$$120 - 2{,}12 - 25 = 71 \text{ mm Breite.}$$

Also ist der Querschnitt des Ankerkernes

$$Q_a^k = 7{,}1 \cdot 13{,}1 = 93 \text{ cm}^2.$$

Die Induktion im Ankerkern ist daher

$$B_a^k = \frac{950000}{93} = 10300.$$

Die Kraftlinien treten in den Ankerkern durch die Zähne, welche innerhalb des Poles liegen. Der Zentriwinkel α, welchen der Pol einschließt, ist bestimmt durch die Gleichung

$$\sin \cdot \frac{\alpha}{2} = \frac{\frac{9{,}1}{2}}{\frac{12.4}{2}} = 0{,}734.$$

$$\frac{\alpha}{2} = 47^0 \qquad \alpha = 94^0.$$

Da der Anker 60 Nuten, also auch 60 Zähne besitzt, so kommen auf einen Zentriwinkel von 94^0

$$\frac{94 \cdot 60}{360} = 15{,}7 \text{ Zähne}.$$

Der Querschnitt sämtlicher Zähne ist ein Rechteck von der Länge $\pi \cdot (12 - 1{,}2) - 60 \cdot 0{,}22 = 20{,}8$ cm und der Höhe $262 \cdot 0{,}5 = 131$ mm, also ist der Querschnitt aller Zähne $20{,}8 \cdot 13{,}1 = 272$ cm².

Der Querschnitt der in Frage kommenden 15,7 Zähne ist daher

$$Q_a^z = \frac{272 \cdot 15{,}7}{60} = 71{,}4 \text{ cm}^2.$$

Die Induktion in den Zähnen ist

$$B_a^z = \frac{950000}{71{,}4} = 13300.$$

Der Luftzwischenraum besitzt den Querschnitt

$$Q_l = \frac{94 \cdot 2\pi \cdot 6{,}1 \cdot 15}{360} = 150 \text{ cm}.$$

Die Induktion im Luftzwischenraum ist

$$B_l = \frac{950000}{150} = 6330.$$

Im Magneten werden wegen der Streuung $950000 \cdot 1{,}2 = 1140000$ Kraftlinien erzeugt. Die Induktion in den Polen ist daher

$$B_p = \frac{1140000}{15 \cdot 9{,}1} = 8360.$$

Von den Polen teilen sich die Kraftlinien, und zwar geht die eine Hälfte durch die obere Platte, die andere durch die untere Platte. Der Querschnitt jedes Teiles ist ein Rechteck von 4,8 cm Breite und 27,1 cm Höhe, also

$$Q_g = 4{,}8 \cdot 27{,}1 = 130 \text{ cm}^2.$$

Die Induktion im Gestell ist daher

$$B_g = \frac{1140000}{2 \cdot 130} = 4390.$$

Die Kraftlinienlängen ergeben sich am einfachsten aus der Zeichnung:

im Ankerkern $l_a^k = 9{,}5$ cm (geschätzt),
im Ankerzahn $l_a^z = 2 \cdot 1{,}2 = 2{,}4$ cm,
in der Luft $l_e = 2 \cdot 0{,}2 = 0{,}4$ cm,

im Pol $l_p = 2 \cdot 8 = 16$ cm

im Gestell $l_g = \frac{4{,}8}{2} + \frac{9{,}1}{4} + 6{,}25 + \frac{4{,}8}{2} + \frac{4{,}8}{2} + 27.9 + \frac{4{,}8}{2} + \frac{4{,}8}{2} + 6{,}25 + \frac{9{,}1}{4} + \frac{4{,}8}{2}.$

$$l_g \backsim 60 \text{ cm abgerundet.}$$

Die Magnetisierungskurven ergeben nun

für $B_a^k = 10300$	$H_a^k = 6$	Schmiedeeisen,
„ $B_a^z = 13300$	$H_a^z = 13{,}5$	
„ $B_p = 8360$	$H_p = 96$	Gußeisen.
„ $B_g = 4390$	$H_g = 7$	

Die magnetomotorische Kraft ist somit

$$f = H_a^k \cdot l_a^k + H_a^z \cdot l_a^z + B_e \cdot l_l + H_p \cdot l_p + H_g \cdot l_g = 6{,}95 + 13{,}5 \cdot 2{,}4 + 6330 \cdot 0{,}4 + 96 \cdot 16 + 7 \cdot 60 =$$
$$= 57 + 32{,}4 + 2532 + 1536 + 420$$

$$f = 4577{,}4.$$

Die gesuchte Amperewindungszahl ist

$$n\,i = \frac{4577{,}4}{0{,}4\,\pi} = 3644.$$

Eine wirklich nach obigen Dimensionen ausgeführte Maschine besitzt auf jeden Schenkel $43 \cdot 36 = 1548$, also im ganzen 3096.

Die Stromstärke mithin $\frac{3640}{3096} = 1{,}17$ A.

Da die magnetomotorische Kraft, die nötig ist, um die Kraftlinien durch den Anker zu treiben, nämlich $57 + 32{,}4 = 89{,}4$, sehr klein ist im Verhältnis zur gesamten elektromotorischen Kraft, kommt es bei der Bestimmung des Kraftlinienweges im Anker auf große Genauigkeit nicht an; das Resultat kann annähernd geschätzt werden.

[68] Tragkraft eines Hufeisenmagneten.

Magnetisiert man einen geschlossenen Eisenring dadurch, daß man denselben gleichmäßig mit Windungen umwickelt, so verlaufen die Kraftlinien als konzentrische Kreise. Der Ring übt nach außen keinerlei magnetische Wirkung aus, wir haben es mit einem **pollosen** Magneten zu tun. Schneidet man jedoch diesen Ring durch zwei parallele Schnitte, so entstehen an den Schnittstellen Magnetpole; die eine Schnittstelle wird ein Nordpol, die andere ein Südpol. Eine in den Zwischenraum gebrachte nordmagnetische Menge wird vom Nordpol abgestoßen, vom Südpol dagegen angezogen werden. Es soll nun die Kraft, mit der das geschieht, berechnet werden. Ist m die magnetische Menge des Nordpols, welche sich über die ganze Schnittfläche NN gleichmäßig verteilt, so gehen $4\pi \cdot m$ Kraftlinien von dieser magnetischen Menge m aus. Diese Kraftlinien verteilen sich gleichmäßig über die ganze Schnittfläche, deren Größe F sein möge. Die Kraftliniendichte

$$B = \frac{4\pi \cdot m}{F}.$$

Der Zug ist daher

$$B = \frac{4\pi \cdot m}{F} \text{ Dyn.}$$

Diese Kraft setzt sich zusammen aus der Abstoßung des Nordpoles und der Anziehung des Südpoles. Da die gesamte Kraft $\frac{4\pi m}{F}$ unabhängig ist von dem Abstande der nordmagnetischen Menge Eins vom Pole, so gilt das auch für die Mitte zwischen den Polen, in welchem Falle die Abstoßung gleich der Anziehung ist. Die Abstoßung wird daher gleich $\frac{2\pi m}{F}$, ebenso die Anziehung. Da aber die ganze Fläche SS aus m südmagnetischen Einheiten besteht, ist

$$P = \frac{2\pi \cdot m}{F}; \quad m = \frac{2\pi}{F} \cdot \text{m}^2$$

$$B = \frac{4\pi \cdot m}{F}; \quad m = \frac{B \cdot F}{4\pi}; \quad m^2 = \frac{B^2 \cdot F^2}{(4\pi)^2}$$

$$\boldsymbol{P} = \frac{2\pi}{F} \cdot \frac{B^2 \cdot F^2}{(4\pi)^2} = \frac{\boldsymbol{B}^2 \cdot \boldsymbol{F}}{8\pi} \text{ Dyn.}$$

Will man die Kraft in Kilogramm erhalten, so beachte man, daß 981 Dyn = 1 Gramm ist, daher 981000 = 1000 g = 1 kg sind.

Dann ist

$$\boldsymbol{P} = \frac{B^2 \cdot F}{8\pi \cdot 981\,000} = \frac{\boldsymbol{B}^2 \cdot \boldsymbol{F}}{12\,320\,000} \text{ kg.}$$

(I. Fachband [462]).

Aufgabe 27.

[69] *Der Querschnitt der Schenkel eines Hufeisenmagneten betrage 10 cm² und die Kraftliniendichte in den Schenkeln B = 15000. Welche maximale Belastung kann der Anker tragen.*

Die Kraft, mit welcher der Anker von jedem der beiden Schenkel angezogen wird, ist

$$\frac{B^2 \cdot F}{8\pi \cdot 981\,000} \text{ kg}$$

daher

$$P = \frac{2 \cdot 15\,000^2 \cdot 10}{8\pi \cdot 981\,000} = 184 \text{ kg.}$$

Jetzt sind wir auch imstande, einzusehen, warum die Tragkraft eines permanenten Hufeisenmagnetes um mehr als das Doppelte wächst, wenn der Anker an beide Schenkel angelegt wird statt an einem derselben. Im ersteren Falle gehen nämlich fast alle Kraftlinien vom Magneten durch den Anker, während im zweiten Falle ein Teil derselben statt über den Anker direkt zum zweiten Pole geht, mithin hier das B wesentlich größer sein wird, was um so mehr ins Gewicht fällt, weil B im Quadrate vorkommt.

[70] Wirkung paralleler Ströme aufeinander.

Wir können leicht beweisen, daß zwei parallele gleichgerichtete Ströme einander abstoßen Abb. 73, 74, zwei parallele entgegengesetzt gerichtete Ströme sich anziehen, wenn wir die Kraftlinien als die Ursache für die Erscheinungen betrachten, wie dies Faraday getan hatte. Gleichgerichtete Kraftlinien stoßen sich ab und entgegengesetzte Kraftlinien ziehen sich an. Gekreuzte Ströme suchen sich immer parallel zu stellen, worauf ein interessantes Experiment beruht. Der Phy-

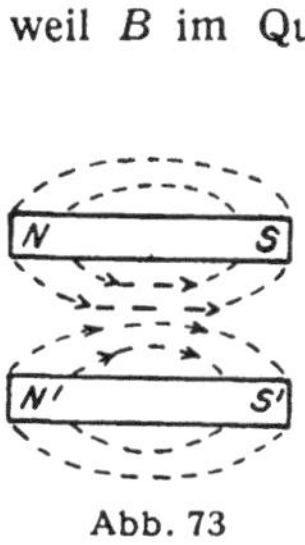

Abb. 73

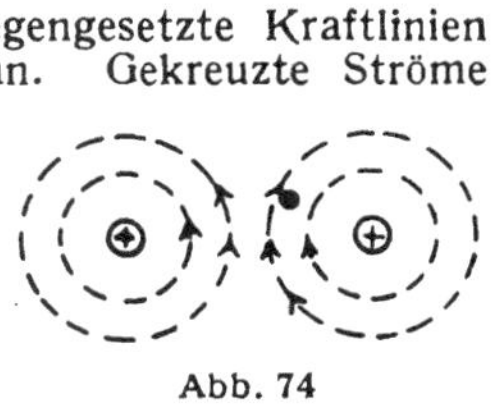
Abb. 74

siker Ampere hat durch scharfsinnige Experimente die Formel aufgestellt

$$P = C \cdot i^2,$$

und danach hat Siemens sein

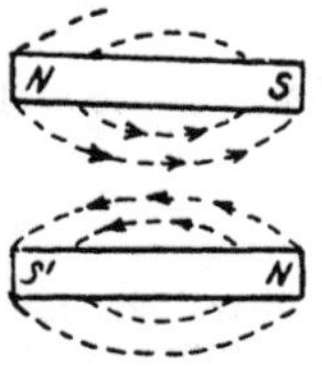

Abb. 75

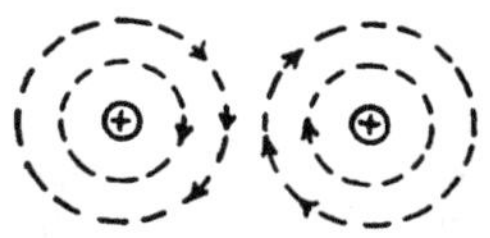

Abb. 76

Elektrodynamometer konstruiert (Abb. 905 im I. Fachbande), mit welchem ganz vorzüglich Wechselströme gemessen werden können.

[71] Die Induktion.

Wir wollen uns im folgenden mit der Erzeugung von Strömen beschäftigen, die durch Lageänderung eines Leiters in einem magnetischen Felde entstehen. Verbindet man die Enden einer Spule mit einem empfindlichen Galvanometer und schiebt in die Höhlung der Spule einen Stahlmagneten ein, so zeigt das Galvanometer (I. Fachband Abb. 854) einen Ausschlag. Der durch die Bewegung des Magneten erzeugte Strom heißt **Induktionsstrom** und hat nur kurze Dauer. Will man einen neuen Strom erzeugen, so muß man den Magneten wieder aus der Spule herausziehen, das Galvanometer zeigt dann aber einen entgegengesetzten Ausschlag. Wiederholen wir den Versuch mit einem unmagnetischen Stahlstück, so entsteht kein Strom; es ist also nicht der Stahl, sondern die ihn umgebenden Kraftlinien die Ursache des Induktionsstromes, und zwar kann die Ursache in einer Änderung der Anzahl der von der Spule eingeschlossenen Kraftlinien liegen. Die Wirkung in der gezeichneten Spule ist dieselbe, wenn man statt des Magneten eine zweite Spule daneben hält und in dieser Ströme anschwellen oder abnehmen läßt. Anstatt die sekundären Windungen neben die primären zu wickeln, kann man sie auch beide übereinander lagern. Der Eisenkern kann auch weggelassen werden, denn der Strom erzeugt ja allein schon Kraftlinien. Allerdings wird die Wirkung mit einem Eisenkern kräftiger, da ja mit dem Eisenkern die Anzahl der erzeugten Kraftlinien μ und so groß ist als ohne Eisenkern. Ganz allgemein läßt sich das Gesetz wie folgt ausdrücken:

Wird ein Leiter in einem magnetischen Felde so bewegt, daß er Kraftlinien schneidet, so wird in ihm eine elektromotorische Kraft induziert. Ist der Leiter geschlossen, so entsteht in ihm ein elektrischer Strom, dessen Richtung bestimmt werden kann, indem man die rechte Hand so über den Leiter hält, daß die Kraftlinien senkrecht zur Handfläche eintreten und der Daumen die Richtung der Bewegung zeigt. Dann zeigen die Fingerspitzen die Richtung des Stromes an. Wir wollen nun noch einmal den Induktionsstrom betrachten, der durch Herausziehen eines Magneten aus einer Spule entsteht. Hierbei wird in den Windungen ein Strom induziert, der im Drehungssinne des Uhrzeigers fließt. Ein solcher durch die Windungen fließender Strom hat aber das Bestreben, den Magneten in das Innere der Spule hineinzuziehen. Um daher den Magneten aus der Spule herauszuziehen, muß diese Gegenkraft überwunden werden, d. h. es muß Arbeit geleistet werden. Der Induktionsstrom ist also das Äquivalent für die beim Herausziehen der Spule zu leistende Arbeit anzusehen.

Lenz hat für die Entstehung von Induktionsströmen das Gesetz aufgestellt:

Bewegt sich ein Elektrizitätsleiter in einem magnetischen Felde so, daß er Kraftlinien schneidet, so wird in demselben ein Strom induziert, welcher infolge der Wechselwirkung zwischen Strom und Magnet die Bewegung zu hemmen sucht, welches Gesetz dann Waltenhofen durch seinen einfachen Versuch mit einer pendelnden Kupferscheibe, die sich zwischen zwei Magneten bewegt, klar bewies.

Ein solches Pendel kommt fast sofort zum Stillstand, weil sich in der Kupferscheibe durch die Induktion elektrische Ströme ausbilden, welche nach dem Lenzschen Gesetze die Bewegung zu hindern trachten. Es hat sich gezeigt, daß in jeder Metallmasse, falls sie sich in einem Kraftlinienfelde bewegen, solche (sog. wilde) Ströme entstehen und nennt man sie, da sie sich in der Metallmasse nach allen Richtungen ausbreiten, Wirbelströme oder nach ihrem Entdecker Faucouldsche Ströme.

Bestünde der Anker einer Dynamomaschine aus einem massiven Stück, so würden in demselben Wirbelströme induziert werden, welche die Bewegung des Ankers zu hemmen suchten und sich dabei in Wärme umsetzen und so die Temperatur des Ankers erhöhen würden. Man setzt daher den Anker aus Scheiben zusammen, die durch Papierblätter voneinander getrennt sind, so daß der Wirbelstrom nicht von einer Scheibe zur nächsten gehen kann, während die Kraftlinien in einer Scheibe leicht von einem Pole zum andern gehen.

Die Wirbelströme sind im allgemeinen schädliche Ströme, welche vermieden werden müssen. Es gibt jedoch auch Fälle, in denen man die Wirbelströme nutzbar anwendet. Schwingt z. B. ein Magnet dicht über einer Kupferplatte, so entstehen in der Kupferplatte Wirbelströme, die die Bewegung des Magneten hemmen. Er kommt bald zur Ruhe, die Schwingungen werden, wie man sagt, gedämpft. Die Dämpfung wirkt um so besser, je näher die Kupferscheibe und der Magnet sind und je stärker der Magnet magnetisiert ist. In vielen Galvanometern verwendet man sog. Glockenmagnete, die von einer dicken Kupferhülse umschlossen werden.

Kupfermassen verwendet man, weil der spezifische Leitungswiderstand des Kupfers sehr klein und daher Wirbelströme stärker ausfallen als in schlechter leitenden Materialien.

Wir wollen nun Formeln für die durch Induktion erzeugten elektromotorischen Kräfte und Ströme aufstellen.

Nähert man einem kreisförmigen Leiter oder entfernt man von ihm einen Magnetpol, so zeigt das Experiment, daß in ihm ein Strom erzeugt (induziert) wird, dessen elektromotorische Kraft erstens abhängig ist von der Stärke des Magneten, also der Zahl der von ihm ausgehenden Kraftlinien und zweitens von der Geschwindigkeit, mit der die Annäherung oder Entfernung geschieht. Sei N die Kraftlinienzahl, die in einer bestimmten Lage durch den Ring gehe und ΔN die Kraftlinienänderung in der kleinen Zeit Δt (das Zeichen Δ soll bedeuten, daß die hinter ihm stehende Zahl sehr klein ist), so ist die elektromotorische Kraft des im Ring induzierten Stromes $e = \frac{\Delta N}{\Delta t}$, d. h. gleich der Änderung der Kraftlinien in der Zeiteinheit.

Sind statt eines einzelnen Ringes ξ Windungen vorhanden, so lautet die Formel:

$$\boxed{e = \frac{\Delta N}{\Delta t} \cdot \xi.}$$

Für den Fall, als der Leiter Kraftlinien **schneidet,** ergibt sich aus dem hier nicht näher zu besprechenden Biot-Savartschen Gesetze

$$\boxed{e = H \cdot l \cdot v},$$

wobei H die Stärke des magnetischen Feldes, d. h. die Anzahl der Kraftlinien pro cm^2 bedeutet, l die Länge des Leiters und v die Geschwindigkeit, mit der der Leiter die Kraftlinien schneidet. Für den anderen Fall, daß einem kreisförmigen Leiter ein Magnetpol genähert oder von ihm entfernt wird, gilt dieselbe Tatsache, daß in ihm ein Strom erzeugt (induziert) wird, dessen elektromotorische Kraft erstens abhängig ist von der Stärke des Magnetismus, also der Zahl der von ihm ausgehenden Kraftlinien und zweitens von der Geschwindigkeit, mit der die Annäherung oder Entfernung geschieht.

Diese Gleichung $e = H \cdot l \cdot v$ kann zur Definition der elektromotorischen Kraft dienen. Es wird nämlich $e = 1$, wenn $H = 1$, $l = 1$, $v = 1$ ist, d. h. in einem Leiter von 1 cm Länge wird die Einheit der elektromotorischen Kraft erzeugt, wenn derselbe rechtwinklig zu den Kraftlinien so bewegt wird, daß er in einer Sekunde eine Kraftlinie schneidet. Diese Einheit ist sehr klein. Die EK eines Daniellelementes ist in dieser Einheit etwa 100000000.

Da man vor dem Pariser Kongreß (1881) meist die EMK eines Daniellelementes als Einheit annahm, so wurde die Größe 100000000 als praktische Einheit angenommen und als **1 Volt** bezeichnet.

Daraus ergibt sich, da 1 Ampere $\frac{1}{10}$ (cgs) Einheiten ist, der Widerstand nach dem Ohmschen Gesetz mit 10^9 Einheiten.

Dividiert man die elektromotorische Kraft e, ausgedrückt in Volt, durch den Widerstand r des Stromkreises in Ohm, so erhält man die Stromstärke i in Ampere

$$i = \frac{e}{r}.$$

Nun ist aber

$$e = \frac{\Delta N}{\Delta t} \cdot \xi \cdot 10^{-8} \text{ Volt},$$

$$i = \frac{\Delta N}{\Delta t} \cdot \frac{\xi}{r} \cdot 10^{-8}$$

$$i \cdot \Delta t = \Delta N \cdot \frac{\xi}{r} \cdot 10^{-8}.$$

Die Stromstärke i ist aber jene Elektrizitätsmenge, welche in der Zeit Eins durch einen Querschnitt fließt. Daher ist $i \cdot \Delta t$ die Elektrizitätsmenge, welche in der Zeit Δt durch den Querschnitt fließt, die wir mit ΔQ bezeichnen wollen

$$\Delta Q = \Delta N \cdot \frac{\xi}{r} \cdot 10^{-8}$$

oder weil ΔN die Änderung der Kraftlinien $(N_2 - N_1)$ ist

oder $$\boxed{Q = \frac{\xi}{r} (N_2 - N_1)\, 10^{-8} \textbf{ Coulomb.}}$$

In dieser Gleichung bedeutet also ξ die Anzahl der Windungen, aus denen die Spule besteht und welche zunächst N_1 Kraftlinien umschließt. Die Zahl der eingeschlossenen Kraftlinien wird nun auf irgendeine der vorbeschriebenen Arten in N_2 geändert. Hierdurch wird in dem Widerstande r des Stromkreises die Elektrizitätsmenge Q erzeugt ohne Rücksicht auf die Zeit, in der die Kraftlinienänderung vor sich geht.

Dividiert man diese Menge Q durch die Zeit T, in welcher die Änderung von N_1 auf N_2 vor sich geht, so ist die mittlere Stromstärke

$$i_m = \frac{\xi}{r} \cdot \frac{N_2 - N_1}{T} \cdot 10^{-8} \text{ Ampere}$$

und die mittlere elektromotorische Kraft

$$e_m = \xi \cdot \frac{N_2 - N_1}{T} \cdot 10^{-8} \text{ Volt}$$

i_m und em sind Mittelwerte in der Zeit T, während i und e die augenblicklichen Werte sind.

Aufgabe 28.

[72] *Ein Magnetstab von 10 cm Länge besitzt das magnetische Moment = 800 (cgs) Einheiten. Derselbe wird so in eine Spule geschoben, daß Spulenmitte und Magnetmitte zusammenfallen. Die Spule besitzt 1000 Windungen und einen Widerstand von 4 Ω. Welche Elektrizitätsmenge wird in der kurzgeschlossenen Spule erzeugt, wenn der Magnet weit herausgezogen wird und welche mittlere EK und Stromstärke, wenn die Bewegung des Magneten 0,1 Sekunde dauert?*

$$Q = \frac{\xi}{r} (N_2 - N_1) \cdot 10^{-8}$$

$$Q = \frac{1000\,(N_2 - N_1)}{4 \cdot 10^8} \text{ Coulomb.}$$

Die Anzahl der Kraftlinien ist

$$N = 4\pi \cdot m = 4\pi \cdot \frac{M}{l}.$$

In der Mitte der Spule ist

$$N_1 = \frac{4\pi \cdot 800}{10} = 1004{,}8.$$

Am Ende $N_2 = 0$

$$Q = \frac{1000\,(-1104{,}8)}{4 \cdot 108} = -0{,}002512 \text{ Coulomb}$$

$$e_m = \xi \cdot \frac{N_2 - N_1}{T} \cdot 10^{-8} = \frac{1000\,(-1004{,}8)}{0{,}1 \cdot 10^8} = -0{,}10048 \text{ Volt}$$

$$\frac{Q}{T} = -0{,}02512 \text{ Amp.}$$

[73] Selbstinduktion.

Wir haben das Gesetz erkannt, daß in einer Spule ein elektrischer Strom entsteht, wenn die Anzahl der von der Spule eingeschlossenen Kraftlinien sich ändert. Schickt man nun durch die Windungen einer Spule Strom, so erzeugt dieser in der Spule selbst Kraftlinien. Diese Kraftlinien suchen nun wieder in den Windungen der Spule einen Strom von entgegengesetzter Richtung hervorzurufen. Infolgedessen wird der primäre Strom nicht sofort, sondern nur allmählich auf seine Stärke kommen, und zwar wird er dann seine volle Stärke erreicht haben, wenn die Zahl der erzeugten Kraftlinien eine stabile geworden ist. Wird der Stromkreis geöffnet, so kann kein primärer Strom mehr fließen, aber die noch vorhandenen Kraftlinien werden bis zu ihrem vollständigen Verschwinden, welches zwar eine kleine, aber immerhin bemerkbare Zeit dauern wird, einen Strom erzeugen, der in derselben Richtung wie der primäre läuft, ihm also sozusagen „nachhinkt". Dieser nachhinkende Strom zeigt sich durch den Öffnungsfunken.

Der besprochene Induktionsstrom, welcher beim Schließen und Öffnen des primären Stromes entsteht, heißt **Selbstinduktions-** oder **Extrastrom. Er schwächt diesen beim Schließen, läßt ihn aber fortdauern beim Öffnen.**

Was die Elektrizitätsmenge anbelangt, welche beim Öffnen des primären Stromes entsteht, so folgt dieselbe aus der Formel

$$Q = \frac{(N_2 - N_1)\,\xi}{10^8 \cdot r}.$$

Da bei diesem Vorgang $N_1 = 0$ wird, ist

$$Q = \frac{N \cdot \xi}{10^8 \cdot r},$$

wobei diese Elektrizitätsmenge die gleiche ist beim Schließen und Öffnen.

Die mittlere elektromotorische Kraft ist, wenn T_1 die Zeit bedeutet, welche erforderlich ist, damit der primäre Strom seine volle Stärke erreicht:

$$e_1 = \frac{N \cdot \xi}{10^8 \cdot T_1} \text{ Volt.}$$

Bezeichnet T_2 die Zeit, welche beim Öffnen verfließt, so ist die mittlere elektromotorische Kraft des Selbstinduktionsstromes beim Öffnen des primären Stromes:

$$e_2 = \frac{N \cdot \xi}{T_2 \cdot 10^8} \text{ Volt.}$$

Da nun T_2 wesentlich kleiner ist, bzw. gemacht werden kann, als T_1, so ist die mittlere elektromotorische Kraft der Selbstinduktion beim Öffnen des primären Stromes wesentlich größer als beim Schließen desselben.

Die in einem bestimmten Zeitpunkte wirklich vorhandene elektromotorische Kraft ist bestimmt durch die Gleichung:

$$e = \frac{\Delta N}{\Delta t} \cdot \frac{\xi}{10^8} \text{ Volt.}$$

Für eine lange Spule oder auch für einen Ring gilt aber die Formel

$$N = q \cdot H = \frac{q \cdot 0{,}4\,\pi\,\xi\,i}{l},$$

wo q den Querschnitt der Spule bezeichnet. Daraus wird

$$\frac{\Delta N}{\Delta t} = \frac{0{,}4 \cdot \pi\,\xi \cdot q}{l} \cdot \frac{\Delta i}{\Delta t}.$$

Daraus folgt

$$e = \left(\frac{0{,}4\pi \cdot \xi^2 \cdot q}{l \cdot 10^8}\right) \frac{\Delta i}{\Delta t} \text{ Volt.}$$

Der Faktor von $\frac{\Delta i}{\Delta t}$ heißt der **Koeffizient der Selbstinduktion** und wird meist mit $\mathfrak{L}$ einer Länge bezeichnet. Die Selbstinduktion ruft also in den Windungen einer Spule eine elektromotorische Kraft hervor, die in jedem Augenblick bestimmt ist durch die Gleichung

$$\boxed{e = \mathfrak{L} \cdot \frac{\Delta i}{\Delta t}}$$

d. h. die elektromotorische Kraft der Selbstinduktion ist proportional dem Selbstinduktionskoeffizienten $\mathfrak{L}$ und der Änderung der Stromstärke in der Zeiteinheit, nämlich $\frac{\Delta i}{\Delta t}$.

Für eine lange und dünne Spule und für einen Ring hat der Koeffizient der Selbstinduktion

$$\mathfrak{L} = \frac{0{,}4\pi \cdot \xi^2 \cdot q}{l}.$$

Befindet sich Eisen in der Höhlung der Spule, so wird

$$\mathfrak{L} = \frac{0{,}4\pi \cdot \xi^2 \cdot q\mu}{l},$$

wo μ die Permeabilität des Eisens bezeichnet.

In den meisten Fällen läßt sich jedoch dieser Koeffizient nicht berechnen, sondern muß experimentell bestimmt werden.

Das Entstehen der Selbstinduktion bringt oft Störungen mit sich, die vermieden werden müssen. Wie man sie vermeiden oder wenigstens vermindern kann, geht aus der Art ihrer Entstehung hervor. Der Selbstinduktionsstrom entstand ja dadurch, daß der primäre Strom in den Windungen der Spule Kraftlinien erzeugte. Man kann nun die Zahl dieser Kraftlinien wesentlich verringern, wenn man die Hälfte der Windungen rechtsläufig, die andere Hälfte linksläufig wickelt. Fließt alsdann ein Strom durch die Windungen, so erzeugt die eine Hälfte der Windungen Kraftlinien, welche denen der anderen Hälfte entgegengesetzt gerichtet sind, so daß sie sich insgesamt aufheben. Am besten erreicht man diesen Zweck, wenn man die Spule **bifilar** oder **induktionsfrei** wickelt. Man knickt den isolierten Draht in der Mitte, legt ihn zu einem doppelten Draht zusammen und wickelt ihn so von der Mitte anfangend, daß stets beide Drähte nebeneinander zu liegen kommen.

[74] Funkeninduktoren.

Bewickelt man eine Spule mit zwei Wicklungen, indem man die zweite Wicklung über die erste oder auch neben die erste legt, und schickt durch die Windungen der ersten Wicklung einen Strom, so erzeugt dieser Kraftlinien, welche auch durch die Windungen der zweiten Wicklung hindurchgehen. Infolgedessen entsteht in den Windungen dieser Wicklung ein Strom, dessen elektromotorische Kraft bestimmt ist durch die Gleichung

$$e = \frac{\Delta N}{\Delta t} \cdot \xi \; (c\,g\,s) \text{ Einheiten,}$$

wobei die ξ Anzahl der Windungen der **zweiten** Wicklung bezeichnet. Die durch den Strom i in einer langen Spule erzeugte Kraftlinienzahl ist aber

$$N = \frac{0{,}4\pi \cdot n\, i}{l} q,$$

wo n die Anzahl der Windungen der **ersten** Wicklung, l die Länge des Wicklungsraumes und q den Querschnitt der Spule bezeichnet. Da π, n, q und l sich beim Schließen des Stromes nicht ändern, so hat man

$$\frac{\Delta N}{\Delta t} = \frac{0{,}4\pi \cdot n q}{l} \cdot \frac{\Delta i}{\Delta t},$$

und durch Einsetzen dieses Wertes in die Gleichung $e = \frac{\Delta N}{\Delta t} \cdot \xi$, erhält man die augenblicklich elektromotorische Kraft des Induktionsstromes in der zweiten Wicklung

$$e = \frac{0{,}4\pi \cdot q \cdot n \cdot \xi}{l} \cdot \frac{\Delta i}{\Delta t}.$$

Den Faktor von $\frac{\Delta i}{\Delta t}$ bezeichnet man in der Regel mit dem Buchstaben M und nennt ihn den **Koeffizienten der gegenseitigen Induktion.** Für eine lange gerade oder ringförmige Spule hat derselbe den Wert

$$M = \frac{0{,}4\pi \cdot \xi \cdot n}{l} \cdot q.$$

Für andere Formen der Spule muß er experimentell bestimmt werden.

Die elektromotorische Kraft der Induktion in der zweiten Wicklung einer Spule ist also bestimmt durch die Gleichung

$$e = M \cdot \frac{\Delta i}{\Delta t} \text{ (c g s) Einheiten}$$

oder auch durch

$$\boxed{e = M \cdot \frac{\Delta i}{\Delta t} 10^{-8} \text{ Volt.}}$$

Derselbe ist also proportional dem Koeffizienten M der gegenseitigen Induktion und der Änderung der Stromstärke in der Zeiteinheit. Der erste Faktor M ist proportional dem Produkte der beiden Windungszahlen n und ξ. Was für das Schließen des Stromes in der ersten Wicklung gilt, gilt auch für das Öffnen desselben, nur mit dem Unterschiede, daß die Kraftlinien nicht entstehen, sondern verschwinden, d. h. daß der Induktionsstrom beim Öffnen die entgegengesetzte Richtung hat wie beim Schließen.

Der Zahlenwert von $\frac{\Delta i}{\Delta t}$ ist jedoch in beiden Fällen wesentlich verschieden. Beim Schließen des Stromes in der ersten Wicklung stellt sich dem Strome die elektromotorische Kraft der Selbstinduktion entgegen, welche ein rasches Anwachsen der Stromstärke verhindert; es ist also $\frac{\Delta i}{\Delta t}$ verhältnismäßig klein.

Öffnet man jedoch den primären Strom, so verschwindet derselbe fast augenblicklich, d. h. die Änderung der Stromstärke in der Zeiteinheit $\frac{\Delta i}{\Delta t}$ ist sehr groß. Infolgedessen fällt der Induktionsstrom beim Schließen des primären Stromes lange nicht so kräftig aus wie beim Öffnen. Die Veränderlichkeit von $\frac{\Delta i}{\Delta t}$ kann man sich auch folgendermaßen klarmachen: Die in Abb. 77 gezeichnete Kurve gibt eine graphische Darstellung der Veränderlichkeit der Stromstärke im Laufe der Zeit in der Weise, daß für irgendeine Zeit $OC = t$ als Abszisse die zugehörige Ordinate CA die Stromstärke i darstellt. Der Neigungswinkel τ der Berührungslinie dieser Kurve im Punkte A gibt dann ein Maß für die Größe $\frac{\Delta i}{\Delta t}$ zur Zeit t an, und zwar ist

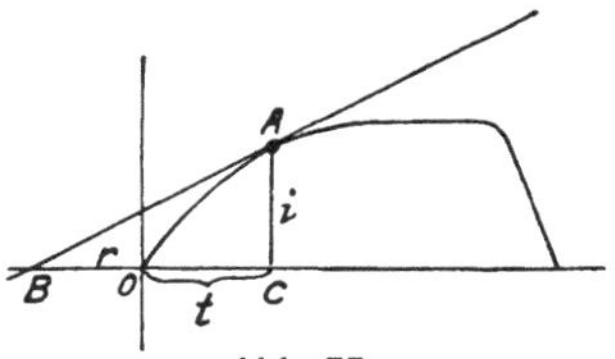

Abb. 77

$$\frac{\Delta i}{\Delta t} = tg\, \tau.$$

Bezüglich des Winkels τ erkennen wir aus Abb. 77, daß derselbe sich beim Schließen des Stromes in mäßigen Grenzen hält, während er beim Öffnen nahezu 90° wird, also tg τ einen sehr großen Wert annimmt. Man kann nun auf Grund der vorstehenden Formeln Apparate konstruieren, welche imstande sind, Elektrizitätsmengen von sehr hoher Spannung zu erzeugen, die man **Induktionsapparate** oder **Funkeninduktoren** nennt (I. Fachband Abb. 859).

P ist ein Bündel feiner Eisendrähte, auf welches die beiden Wicklungen w_1 und w_2 gewickelt sind.

w_1 besteht aus einer mäßigen Zahl von Windungen eines 1—2 mm dicken Drahtes, während w_2 aus einer sehr großen Zahl von Windungen sehr feinen Drahtes besteht. Vor dem Ende des Drahtbündels P steht ein Wagnerscher Hammer, der in sehr rascher Aufeinanderfolge selbsttätig das Schließen und Öffnen des Stromes bewirkt. Jedem Schließen und Öffnen entspricht aber in den sekundären Windungen eine elektromotorische Kraft

$$e = M \frac{\Delta i}{\Delta t}.$$

Der Faktor M kann durch Vermehrung der Windungen jede beliebige Kraft erhalten (I. Fachband [469]). Sorgt man nun noch dafür, daß auch $\frac{\Delta i}{\Delta t}$ groß wird, so wird e so groß, daß der sekundäre Strom imstande ist, kleine Luftstrecken in Form von Funken zu durchlaufen.

Um den bei x auftretenden Funken zu vermeiden, werden die Enden der primären Wicklung direkt mit den Belegungen eines Kondensators verbunden.

Verbindet man nun die Belegungen eines Kondensators mit der Stromquelle, so fließt von dieser eine gewisse Elektrizitätsmenge Q auf dieselben, so wird der Kondensator geladen.

$$\boxed{Q = C \cdot E.}$$

Die Größe C heißt die Kapazität des Kondensators. Für $E = 1$ wird $Q = C$, d. h. die Kapazität ist jene Elektrizitätsmenge, welche der Kondensator aufnimmt, wenn er mit einer Elektrizitätsquelle von der Spannung 1 verbunden wird. Verbindet man die Belegungen, so wird der Kondensator entladen (I. Fachband [432]).

Bei x ist die Funkenbildung fast verschwunden. Durch den Kondensator ist also erreicht worden, daß $\frac{\Delta i}{\Delta t}$ beim Öffnen des primären Stromes sehr groß geworden ist und infolgedessen auch das Produkt $e = M \cdot \frac{\Delta i}{\Delta t}$ sehr groß wurde.

Der Eisenkern P besteht aus einem Bündel dünner Eisendrähte. Durch diese Anordnung werden die Wirbelströme, die sich in einem massiven Kern bilden würden, verhindert. Die verschwindenden Kraftlinien erzeugen ja in dem massiven Kern einen Wirbelstrom, der gleichgerichtet mit dem primären ist und verhindert das schnelle Verschwinden der Kraftlinien, da er selbst Kraftlinien von gleicher Richtung erzeugt.

Was die Ausführung der Wicklung anbelangt, so ist zu bemerken, daß natürlich nur der bestisolierte Kupferdraht verwendet werden darf, denn sonst könnte der hochgespannte Strom es vorziehen, seinen Weg durch die schlechte Isolation zu nehmen, anstatt den Drahtwindungen zu folgen.

Aber selbst bei guter Isolation würde bei großen Apparaten ein Durchbrechen der Isolierung eintreten, wenn zwei Lagen aufeinander zu liegen kommen, die einen großen Spannungsunterschied besitzen. Man darf daher bei solchen Apparaten die Wicklung nicht in der Weise ausführen, daß man einen Zylinder von der Gesamtlänge der Spule wickelt, sondern man muß die Wicklung in einzelne Scheiben zerlegen, deren Ebene rechtwinklig auf der Achse der Spule steht. Wenn die Windungen einer Scheibe von innen nach außen gehen, so gehen sie in der nächsten von außen nach innen zurück usw.

Setzt man einen Funkeninduktor in Tätigkeit, indem man die Klemmen + und — mit einer Batterie von entsprechender Stärke verbindet, so gehen kräftige Funken über, die bei größeren Apparaten oft über 45 mm Länge erreichen können.

Nähert man die Drahtenden so weit, daß die Funken in sehr rascher Folge einander folgen, so lassen sich an denselben deutlich zwei Teile unterscheiden: ein hell leuchtender Lichtstreif in der Mitte, welcher von einer orangeroten, weniger leuchtenden Aureole umgeben ist. Der leuchtende Lichtstreif ist nur momentan, während die Aureole auf die Seite geblasen und von dem Lichtstreif getrennt werden kann.

Läßt man den elektrischen Funken in luftverdünnten Raum überspringen, so sieht man nicht mehr den glänzenden Funken, sondern vielmehr ein mildes, anscheinend kontinuierliches Licht, welches sich von einer Elektrode zur andern ausbreitet. Es werden von Geißler und anderen Röhren verfertigt, die an ihren Enden eingeschmolzene Platinspitzen haben. Eine solche Röhre wird, wenn Induktionsströme fließen, von einem schönen Lichte erfüllt, indem man eine große Reihe von dunkleren Schichten erkennen kann. Noch schöner werden diese Erscheinungen, wenn man das Gas in den Röhren bis aufs äußerste verdünnt, wie Hittof und Crockes getan haben. Darüber und über sonstige Anwendungen von Funkeninduktoren folgt weiteres später.

[75] Übungsaufgaben.

Aufg. 29. Es soll ein Normalwiderstand von 0,1 Ω hergestellt werden. Da bei so kleinen Widerständen die Drahtlänge nicht groß genug ist, um sie sicher mit genügender Genauigkeit abgleichen und anlöten zu können, macht man den Widerstand 1 % zu groß, nimmt also in unserem Falle 0,101 Ω und legt einen zweiten Widerstand in den Nebenschluß. Wie groß muß derselbe sein, damit der Kombinationswiderstand den genauen Wert 0,1 Ω erhält?

Aufg. 30. 4 Elemente von je 1,88 Volt und 0,64 Ω innerem Widerstand sind parallel geschaltet. Wie groß sind Stromstärke und Klemmenspannung, wenn der äußere Widerstand a) 1,2 Ω und b) 0,2 Ω beträgt. Dem äußeren Widerstand wird ein Galvanometer parallel geschaltet, welches $R_1 = 100\,\Omega$ besitzt und so konstruiert ist, daß je 1° Ausschlag 0,0001 A bedeutet. Die Skala besitzt im ganzen 170°, so daß bis 0,017 A durch das Instrument gehen dürfen. Wie groß ist der äußere Widerstand R. c) Wie groß wird jetzt in beiden Fällen die Stromstärke und die Klemmenspannung und d) was zeigt das Galvanometer an?

Aufg. 31. Der Anker einer Dynamomaschine (Abb. 78) besitzt $r_1 = 0,1\,\Omega$ Widerstand. Von den Klemmen ($B_1 B_2$) sind abgezweigt ein Widerstand $R = 80\,\Omega$ (Widerstand der Elektromagnete, im Nebenschluß zum äußeren

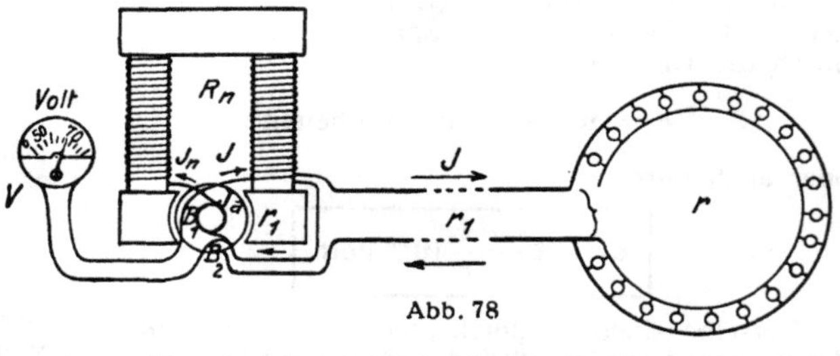

Abb. 78

Stromkreise) und der äußere Stromkreis mit dem Widerstand R. In dem äußeren Stromkreise führt eine 40 m lange Kupferleitung von 3,5 mm Durchmesser zu einem Kronleuchter, an welchen sich 10 Lampen von 81,5 Ω und 10 Lampen von je 52 Ω in Parallelschaltung befinden. Ein Spannungsmesser V zeigt als Klemmenspannung der Maschine 66 Volt an. Welcher Strom fließt zu den Lampen, mit welcher Stromstärke brennt jede Lampe und welchen Strom liefert die Maschine? Mit welcher Spannung brennen die Lampen und wie groß ist die E.K. der Maschine?

(Lösungen im 2. Briefe.)

LEBENSBILDER

berühmter Techniker und Naturforscher.

George Stephenson.

(* 1781, † 1848.)

George Stephenson (ein Hauptbegründer des Eisenbahnwesens) wurde als Sohn armer Eltern zu Wylam bei Newcastle geboren. Seine erste Tätigkeit bestand in der Bedienung der Dampfmaschine, die an der Mündung der Kohlengrube gebraucht ward. Hier legte er sein mechanisches Talent durch die zweckmäßigere Einrichtung eines Pumpenwerkes an den Tag, an welchem gelernte Ingenieure ihre Kunst vergeblich versucht hatten. Dadurch avancierte er zum Aufseher, zeichnete sich durch geniale Leitung der großen Kohlenwerke Lord Ravensworths bei Darlington aus und baute 1814 für einen bei denselben angelegten Schienenweg die erste brauchbare Lokomotive. Gleichzeitig mit Sir Humphry Davy hatte er das Verdienst, eine Sicherheitslampe für Grubenarbeiter zu erfinden, was ihm einen Ehrenpreis von 1000 Guineen verschaffte.

Unter der Leitung Stephensons wurde die erste für den allgemeinen Verkehr bestimmte Eisenbahn von Stockton nach Darlington erbaut und 1828 vollendet. Auf dieser Strecke fuhren drei von ihm konstruierte Lokomotiven. Aus der 1824 in Newcastle in Gemeinschaft mit M. Rease aus Darlington errichteten Maschinenbauanstalt gingen dann für jede neuentstehende Eisenbahn in England, Amerika und dem europäischen Kontinent die ersten Lokomotiven hervor, so unter andern auch die erste deutsche Lokomotive Adler. Die Einführung des Blasrohres, der Siederöhren, der Umsteuerung in den Lokomotivbau sind sein Verdienst.

Als Zeichen des Dankes für die von ihm dem Eisenbahnwesen und der Industrie geleisteten Dienste wurde seine Statue in Newcastle auf der großen Eisenbahnbrücke über den Tyne aufgestellt und diese „Stephensonbrücke" genannt.

Stephenson war zuletzt Eigentümer mehrerer Kohlengruben und der großen Eisenwerke in Claycroß.

Viel leichter hatte es natürlich sein Sohn Robert, gleichfalls ein weltberühmter Ingenieur, der schon mit 15 Jahren bei den Killingworths-Werken angestellt wurde. Nach dreijähriger Praxis ging er dann an die Universität in Edinburg, wo er seine Studien vollendet und hierauf in die Maschinenfabrik seines Vaters eintrat. Sein Meisterstück war die Erbauung der damals größten Röhrenbrücke, die unter dem Namen „Britanniabrücke" weltbekannt wurde. Später ging er nach Kanada und leitete die Arbeiten zur gewaltigen, über den Lorenzstrom bei Montreal führenden Viktoriabrücke ein, deren Eröffnung im Dezember 1859 er aber nicht mehr erlebte. Bis ans Ende seines Lebens konsultierte man ihn in der ganzen Welt, und er galt als höchste Autorität in allen mit dem Plane und dem Bau von Eisenbahnen verknüpften Angelegenheiten. Nach seinem 1859 erfolgten Tode wurde er in Anerkennung seiner Verdienste in der Westminsterabtei beigesetzt, was als höchste Ehre für einen Engländer gilt.

Heinrich Hertz.

(* 1857, † 1894.)

Heinrich Hertz, einer der berühmtesten deutschen Physiker, ein Schüler Helmholtz, war seit 1889 Professor in Bonn.

Leider hat das Schicksal dem Leben dieses hoffnungsvollen Gelehrten ein allzufrühes Ziel gesetzt. Was er aber in diesen wenigen Jahren seiner Tätigkeit der Welt durch seine berühmten Versuche, die heute in der ganzen Welt als Hertzsche Versuche bekannt sind, gegeben hat, das hat Deutschlands Ruhm wieder gegenüber allen anderen Kulturnationen zu einer neuen Glanzperiode geführt. Er war der erste, der durch entscheidende Versuche die Richtigkeit der bis dahin von Maxwell nur rechnerisch begründeten Behauptung, daß das Licht selbst eine elektromagnetische Erscheinung sei, daß Licht und elektrische Wellen denselben Grundgesetzen folgen, bewies. Damit hat er den wissenschaftlichen Grundstein der heute in seinen letzten Ausläufern zwar noch nicht erkennbaren, aber schon offensichtlich vielversprechenden **Wellentelegraphie** gelegt. Der Wichtigkeit dieser jüngsten technischen Errungenschaft entsprechend, müssen wir uns daher mit diesen Hertzschen Versuchen und ihren technischen Erfolgen durch Marconi etwas eingehender befassen: William Thomson bewies zunächst auf dem Wege der Rechnung, daß die Entladung einer Leydener Flasche eine schwingende sein muß und daß dem ersten Übergang von Elektrizität zahllose andere mit ungeheurer Geschwindigkeit in wechselnder Richtung und mit abnehmbarer Stärke folgen müssen, welche Beschaffenheit des elektrischen Funkens dann später Feddersen durch seinen berühmten Versuch mit rotierenden Spiegeln zweifelfrei nachwies. Heinrich Hertz hat nun zuerst die Einrichtungen angegeben, mit denen man die von einer Funkenstrecke ausgehenden Strahlen elektrischer Kraft nachweisen konnte. Er bediente sich hierzu der sog. Resonatoren, d. s. offene Drahtkreise, deren Enden mit kleinen polierten Messingkugeln versehen sind; durch eine isolierte Stellvorrichtung läßt sich der Luftraum zwischen den Kugeln auf wenige Bruchteile eines Millimeters genau einstellen. Bringt man einen solchen Resonator in den Weg der elektrischen Strahlen, so wird darin ein elektrisches Mitklingen geweckt, das sich durch Überspringen von Funken an der Unterbrechungsstelle kundgibt. Damit hat Heinrich Hertz die Gesetze erforscht, welche die Ausbreitung elektrischer Kräfte befolgt; die elektrischen Strahlen werden von einer Metallwand zurückgeworfen, ähnlich wie das Licht von einer spiegelnden Fläche. Ebenso wie das Licht pflanzt sich auch die Elektrizität durch Querschwingungen eines unsichtbaren Mittels, Äther genannt, fort.

Hertz hat bei der Untersuchung der elektrischen Wellen seinen Resonator an verschiedenen Stellen des Strahlenweges gebracht und dadurch Orte festgelegt, wo der Resonator am lebhaftesten ansprach, und solche, an denen er fast völlig versagte. Damit war die Wahrscheinlichkeit zur Gewißheit geworden, daß die Strahlen elektrischer Kraft das Merkmal einer Wellenerscheinung tragen, ebenso wie die Strahlen des Lichtes. Doch noch mehr. Betrachten wir die Geschwindigkeit, mit der eine Wasserwelle vom Ausgang einer Störung fortschreitet. Die Störung hat sich um eine Wellenlänge fortgepflanzt, wenn ein Wasserteilchen einmal auf und nieder geschwankt ist. Beträgt die Anzahl dieser Schwingungen n pro Sekunde und die Länge einer Welle l, so ist $n \cdot l$ der Weg, um den die Störung in 1 Sekunde sich fortpflanzt, also die Wanderungsgeschwindigkeit der Welle. Hertz fand mit Hilfe seines Resonators mit großer Annäherung die Geschwindigkeit der elektrischen Welle gleich der Lichtgeschwindigkeit 300000 km in einer Sekunde. Aus optischen Untersuchungen weiß man, daß die einfarbigen Strahlen, in welche das weiße Licht durch Brechung sich zerlegt, verschiedene Wellenlängen besitzen. Die größte Wellenlänge besitzt das rote Licht mit 0,8 Mikron (1 Mikron ist der 1000. Teil eines Millimeters); sie verringert sich nach dem violetten Teil des Spektrums, wo sie nur etwa 0,4 Mikron beträgt. Umgekehrt verhalten sich die Schwingungszahlen; beim roten Licht erfolgen 400 Billionen Schwingungen in 1 Sekunde, beim violetten Lichte dagegen 800 Billionen. Die bis jetzt bekannten Wellenlängen elektrischer Strahlen schwanken in der Größenordnung zwischen Zentimetern und Kilometern. Sie ordnen sich also in den ultraroten Teil des Spektrums ein. In dem äußersten ultravioletten Teil des Spektrums sucht man bekanntlich die Röntgenstrahlen.

Hertz ist als erstem der Beweis gelungen, daß die elektrischen Strahlen ebenso wie die Lichtstrahlen die Gesetze der Brechung der Interferenz und der Polarisation befolgen. Hätten wir ein Organ wie die Netzhaut in unserem Auge, welches die Lichtstrahlen registriert, auch für elektrische Strahlen, so hätten wir auch ohne den Untersuchungen von Hertz in Deutschland und später von Lodge in England erkannt, daß längere Ätherwellen ununterbrochen um uns her in Tätigkeit sind. So aber mußte uns erst **Hertz** in seinem Resonator ein **„elektrisches Auge“** schaffen, mit dem wir die Wirkungen der elektrischen Strahlen erkennen und praktisch verwerten können. Ohne diese streng wissenschaftliche Grundlage wäre auch unsere hochentwickelte Technik nie imstande gewesen, die wertvolle Nutzanwendung der elektrischen Strahlen zu machen. Solange daher auf diesem Gebiete neue wunderbare Erfolge zu verzeichnen sind, wird der deutsche Gelehrte Heinrich Hertz als Schöpfer dieses Wissensgebietes niemals in Vergessenheit kommen können.

Freilich war sein „Auge“ noch recht unvollkommen; es war schwach und kurzsichtig, nur die blendendsten Wirkungen der elektrischen Strahlen können wir erkennen und den Helligkeitsgrad annähernd abschätzen. Heute verfügen wir schon über ein hochempfindliches elektrisches Auge, welches es erst ermöglichte, die heutige Höhe der Wellentelegraphie zu erreichen.

Im Jahre 1890 entdeckte Branly eine eigentümliche Eigenschaft loser, in einer Glasröhre übereinander geschichteter Metallkörner, wie Eisen-, Kupfer- oder Messingfeile. Eine solche Röhre bietet dem Durchgange des elektrischen Stromes einen unüberwindlichen Widerstand. An die einzelne Unterbrechungsstelle treten die zahllosen Berührungsstellen des Metallfeilichtes mit unreiner isolierender Oberfläche. Die Bestrahlung ruft in dem Stromkreise eine elektrische Erzitterung hervor und zahllose unsichtbare Fünkchen bewirken die metallische Berührung und damit die Aufhebung des elektrischen Widerstandes.

Lodge scheint zuerst solche Röhren als elektrische Augen zum Studium Hertzscher Strahlen benutzt zu haben und scheint auch ihnen den Namen Cohärer oder Fritter gegeben zu haben. Der junge Italiener Marconi schuf eine geistvolle Einrichtung, die mit den einfachsten Hilfsmitteln eine sichere technische Wirkung erreichte. Er verwendete ein Metallpulver, welches zu 98% aus Hartnickel und 4% aus Silber besteht.

Mit dieser Frittröhre gelang es ihm schon 1897 auf einige Kilometer Entfernung drahtlos zu telegraphieren. Heute ist der Fritter durch viel empfindlichere Apparate (Detektoren) ersetzt und reicht die Funkentelegraphie schon über den ganzen Erdball. Und das alles danken wir den wissenschaftlichen Versuchen unseres großen Landsmannes Heinrich Hertz.

Das Meer der elektrischen Wellen erschließt sich erst jetzt. Wir stehen am Ende eines Jahrhunderts, dessen Beginn uns die Entdeckung des elektrischen Stromes brachte. Vor nicht viel länger als 100 Jahren wurde erst die Elektrizität entdeckt, 50 Jahre kannten wir nur eine nützliche Verwendung: die Telegraphie. Aus dem leichtflüssigen Vermittler der Gedanken wurde der Spender des blendendsten Lichtes, der lastentragende Herkules des Verkehrs und Industrie. Wieder ist es nur das Nachrichtenwesen, das wir durch die elektrischen Strahlen drahtlos gefördert sehen. Mehr als ein berückender Traum will es uns aber scheinen, daß dereinst auch schwere Fahrzeuge auf seinen Wogen dahinziehen können.

III. Fachband:
MASCHINENBAU UND ELEKTROTECHNIK.

2. BRIEF.

Fleiß und Arbeit sind ein paar Fußsteige, die nicht gerne ein jeder betritt; und doch sind es die einzigen, die in den Tempel gründlichen Wissens führen.
(Kotzebue.)

ALLGEMEINE MASCHINENLEHRE

Inhalt: Nachdem wir uns in dem vorigen Briefe mit den Maschinenelementen befaßt haben, wollen wir uns zunächst dem heute wichtigsten Teile des Maschinenwesens, den **Dampfmaschinen** zuwenden und als Vorbereitung hierzu jenen Vorrichtungen, in denen vorwiegend der Dampf erzeugt wird, also den **Dampfkesseln**, besondere Aufmerksamkeit schenken. Hier werden wir vorherrschend nur die technischen Einrichtungen und den Betrieb der Dampfkessel besprechen, während die Erzeugung des Dampfes selbst, seine Eigenschaften und sein Verhalten in der „Technischen Mechanik und in der Wärmelehre" folgen wird.

2. Abschnitt.

Bau der Dampfkessel.

[76] Allgemeines.

Gefäße, in denen Wasserdampf von höherer als atmosphärischer Spannung in größerer Menge erzeugt wird, bezeichnet man mit dem Namen **„Dampfkessel"**. Man versteht darunter ganz allgemein einen Behälter, der von allen Seiten geschlossen ist und seiner Bauart nach die beiden Hauptbedingungen erfüllt, die man an einen solchen Dampfkessel stellen muß. **Er muß erstens fest genug sein, um den allseitigen Druck aushalten zu können, den der in ihm entwickelte Dampf auf seine Wandungen ausübt, er muß aber auch zweitens so gebaut sein, daß die Wärme, welche seinen Wandungen zugeführt wird, möglichst leicht und vollkommen sich dem in ihm enthaltenen Wasser mitteilt.**

Diese beiden Bedingungen, die an einen Dampfkessel gestellt werden müssen, sind in gewissem Sinne einander widersprechend. Die erste Bedingung allein würde uns nämlich dazu verleiten, die Kesselwandungen möglichst stark zu machen, um sie zu befähigen, dem manchmal sehr starken Druck des Dampfes standhalten zu können, während die zweite Bedingung in Verbindung mit dem Wunsche nach billigster Herstellung es wünschenswert erscheinen läßt, recht dünne Kesselwandungen auszuführen, um den Widerstand, den die Wärme beim Hineindringen in das Innere des Kessels erfährt, tunlichst herabzumindern. Diesem Zwiespalt kann man nur dadurch entgehen, daß man einen sehr festen Stoff — **meist festes zähes, schmiedbares Eisen (Flußeisen)** — wählt, ferner dadurch, daß man dem Kessel diejenigen Formen gibt, welche nach den Gesetzen der Festigkeitslehre den größten Widerstand gegen jede Formänderung ausüben. Dies ist aber in erster Linie die **Kugel-** und in zweiter Linie die **Zylinderform.** Die einfachste Art der Dampferzeugung wäre nun offenbar die, daß man einen entsprechend geformten Behälter irgendwo frei aufstellt, ein Feuer darunter anzündet und auf diese Weise versucht, das Wasser in Dampf zu verwandeln. Das wäre aber im höchsten Grade unökonomisch. Die Wärme des Feuers würde sich nur zum kleinsten Teile den Wänden des Kessels und damit seinem Inhalt mitteilen, während der größte Teil der Wärme nutzlos ins Freie entweichen würde. Hieraus folgt sofort die Notwendigkeit, die Feuerung so anzubringen, daß man die durch sie erzeugte Wärme möglichst vollständig den Kesselwandungen mitteilt. Dies geschieht entweder dadurch, daß man die Feuerung in den entsprechend geformten Kessel hineinverlegt oder daß man Kessel und Feuerung mit Mauerwerk umgibt und vermittelst Kanälen **(Zügen)** den durch die Feuerung erzeugten Heizgasen einen bestimmten Weg vorschreibt, den sie an den Kesselwandungen entlang zurückzulegen haben, um zuerst ihre Wärme an den Kessel abzugeben und dann in den Schornstein zu gelangen.

Wir haben schon im I. Fachbande unter [275] die Hauptbestandteile jeder Dampfkesselanlage im Kessel, in der Feuerungsanlage und im Schornstein kennen gelernt. Hier soll zunächst nur von stabilen Kesseln die Rede sein, während von den Lokomotiven und Lokomobilen später die Sprache sein soll.

In demselben Abschnitte haben wir Konstruktionen für Flammrohr-, Walzenkessel und Wasserrohrkessel gebracht, die hauptsächlich für Stabilanlagen verwendet werden.

[77] Die Feuerungsanlage.

a) Die Feuerungsanlage ist dem zu verfeuernden Brennstoffe, dem Betrieb und dem Kesselsystem anzupassen, wobei unter allen Umständen auf ausreichende Größe des Verbrennungsraumes zu achten ist.

Ein entsprechend großer Verbrennungsraum kann viel leichter beim Wasserrohrkessel als beim Flammrohrkessel angeordnet werden, da bei letzterem oberhalb des Rostes wenig Raum zur Flammenentwicklung zur Verfügung steht.

b) Unter der **Rostfläche** schlechtweg versteht man die gesamte Rostfläche, d. h. das Produkt aus Rostlänge und Rostbreite. Bezeichnet B die stündlich zu verfeuernde Brennstoffmenge und A die Anstrengung oder Beanspruchung des Rostes, so ergibt sich die Rostfläche $R = \frac{B}{A}$.

Die zulässige **Beanspruchung A des Rostes,** d. h. die Brennstoffmenge, die stündlich auf 1 m^2 Rostfläche rauchschwach verbrannt werden kann, hängt von der Art des Brennstoffes, der Zugstärke, der Geschicklichkeit des Heizers und der Art der Feuerung ab. Bei mechanischen Feuerungen kann die Rostbeanspruchung größer gewählt werden als bei Handfeuerungen, da bei den ersteren die durch das Öffnen der Türen und das Aufwerfen größerer Kohlenmengen bedingte Abkühlung des Feuerraumes wegfällt.

Magere Kohle hat geringere Brenngeschwindigkeit als fette. Durchschnittlich kann man, normale Zugverhältnisse vorausgesetzt, die Rostbeanspruchung bei Koks mit etwa 65 kg, bei hochwertigen Steinkohlen zu 75—80 kg, bei mittleren Steinkohlen zu 80 bis 100 kg, bei hochwertigen Braunkohlen zu 120 bis 150 kg und bei minderwertigen zu 170—200 kg per m^2 annehmen.

Bei manchen Feuerungen wird die normale Leistung von 80—90 kg Steinkohle pro m^2 Rostfläche schon bei $\frac{1}{2}$—1 mm Wassersäule Zugstärke eintreten, bei anderen Feuerungen sind schon 4 mm und darüber nötig. Mit Rücksicht auf die Bedienung und die gleichmäßige Bestreuung des Rostes dürfen dessen Abmessungen ein gewisses Maß nicht überschreiten. Die größte Rostlänge sollte bei Handfeuerungen nicht über 2—2,2 m, die Breite nicht über 1—1,2 m betragen. Ist die Rostbreite größer, sind zwei oder mehr Feuertüren oder eine Teilung der Feuerung notwendig. Für größere Rostabmessungen empfehlen sich mechanische Feuerungen.

Nach der Anordnung der Feuerung kann man unterscheiden **Außenfeuerung, Innenfeuerung** und **Vorfeuerung.** Nach der Ausführung des Rostes: Feuerungen mit **Planrost, Schrägrost** und **Treppenrost, Wander- und Kettenrost.** In der Feuerung soll der Brennstoff vollkommen verbrannt werden. Rauchbildung rührt davon her, daß bei der Vergasung des Brennmaterials sich Kohlenwasserstoffe bilden, die, wenn sie abgekühlt werden, den Kohlenstoff in Form von Ruß abscheiden. Eine solche Abscheidung des Kohlenstoffes findet nicht mehr statt, wenn die Kohlenwasserstoffe zu Kohlensäure und Wasser verbrannt sind. Man hat also zur Vermeidung des Rauches dafür zu sorgen, daß die Temperatur im Verbrennungsraume stets so hoch ist, daß die durch die Destillation des frisch aufgegebenen Materials entstehenden Gase vollständig verbrannt werden.

Eine Temperaturverminderung entsteht bei der **Planrostfeuerung** im Feuerraum durch das Beschicken, insoferne beim Öffnen der Feuertüre kalte Luft eindringt, das frisch aufgegebene Brennmaterial geringe Temperatur besitzt und zu seiner Vergasung Wärme braucht. Es soll daher bei einer Planrostfeuerung die Beschickung in kleinen Quantitäten und rasch erfolgen.

Besser ist eine gleichmäßige Beschickung bei **geneigten Rosten,** bei welchen das oben durch eine Öffnung aufgegebene Material in dem Maße nach abwärts rutscht, als das im unteren Teil des Rostes befindliche Material verbrennt. Im oberen Teil findet die Erwärmung und Vergasung statt, während das Material im unteren Teil des Rostes sich in heller Glut befindet.

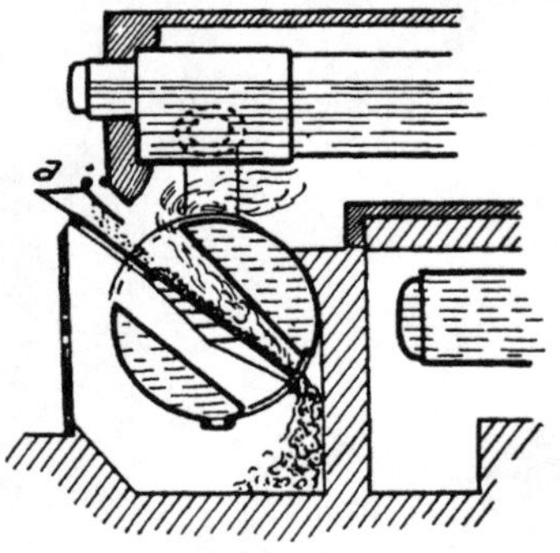

Abb. 79
Tenbrinkfeuerung

Bei der **Tenbrinkfeuerung** (Abb. 79) ist der Rost in einem Rohr, welches durch einen quer liegenden Kessel geführt ist, untergebracht. Die bei der Verbrennung im unteren Teil entstandenen Gase streichen über das frisch aufgegebene Material hinweg und bewirken die Entzündung der Destillationsprodukte. Wegen der starken Wärmeentziehung durch die vom Wasser umgebenen Wandungen des Feuerraumes kann nur Brennmaterial mit hoher Verbrennungstemperatur (Steinkohle usw.) gebraucht werden. Die an den Roststäben in ihrem oberen Teil angebrachten Seitenrippen verhindern das Durchfallen kleiner Brennmaterialteilchen. Zu bemerken ist, daß das Feuerrohr sehr stark erwärmt wird, daher sehr sorgfältig und aus vorzüglichem Material hergestellt sein muß. Für Kessel mit über 12 at Überdruck eignet sich die Feuerung nicht mehr. Um zu verhüten, daß die Tenbrinkvorlage, die den wirksamsten Teil der Heizfläche darstellt, sich teilweise mit Dampf füllt, empfiehlt es sich, die Vorlage durch einen wagrechten Stutzen mit den dahinterliegenden Unterkesseln zu verbinden.

Der obere Rand der unteren Krempe des die Feuerung enthaltenden Trichters wird bei neueren Kesseln durch Mauerwerk vor zu hoher Erhitzung geschützt.

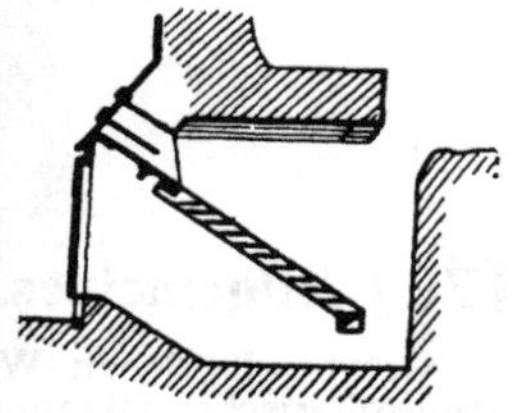

Abb. 80
Treppenrost

Der in Form einer Treppe mit horizontal gelegten Stufen ausgeführte **Treppenrost** (Abb. 80) hat den Vorteil, daß kleine Brennstoffteilchen nicht unverbrannt durch den Rost fallen können, dagegen den Nachteil, daß dem glühenden Brennstoff eine größere Berührungsfläche geboten wird und dadurch der Verschleiß der Roststäbe durch Abbrennen rascher vor sich geht. Der Treppenrost wird deshalb meist in Vorfeuerungen nur für geringwertige Brennmaterialien (Kohlenklein, Braunkohle, Torf) angewendet.

Der durch Elektromotor oder Transmission angetriebene **Ketten- oder Wanderrost** (Abb. 86) besteht aus gußeisernen Gliedern, so daß die vom Fülltrichter aufgegebene Kohle allmählich nach hinten rutscht und dabei verbrennt. Bei A ist der Aschenabstreifer, über den die Schlacke in die Grube S fällt. Die Heizgase gehen entweder durch die Klappe U zum Überhitzer oder, wenn diese geschlossen, unmittelbar durch den Zugschieber Z zum Kamin. Die Feuerung ist als Wagen ausgebildet und kann auf Rädern R ausgefahren werden.

Feststehende Roste erhalten entweder Wurfschaufelfeuerungen oder Unterschubfeuerungen, bei welchen eine Förderschnecke die Kohle von unten in den Feuerungsraum drückt, so daß die hellbrennenden Teile seitlich abrutschen und die Asche am Rande der Seitenroste abfällt.

Alle diese Feuerungen erfordern Unterwindgebläse. Haupterfordernis für alle mechanischen Feuerungen ist ausreichend gleichförmige Bedeckung des Rostes. Sie entlasten den Heizer, und die Feuertüre ist nur selten zu öffnen, nur sind auftretende Schäden schwerer zu beobachten.

c) Die **Züge** sind so anzuordnen, daß ihre höchste Kante am Kessel 100 mm unter dem niedrigsten Wasserstand liegt. Ihr Querschnitt ist so zu bemessen, daß die Heizgase eine Geschwindigkeit von etwa 3—5 m besitzen. Bei den Hochleistungskesseln läßt man bis 9 m Geschwindigkeit zu. Auch bei den Röhren der Heizrohrkessel und dem Querschnitte der Feuerbrücke, auch bei eingebauten Kulissen, um die Heizgase an den Kessel zu drängen und sie in innige Berührung mit den Heizflächen zu bringen, läßt man notgedrungen größere Geschwindigkeiten zu.

Da die Temperatur der Heizgase und damit auch ihr Volumen nach dem Kesselende abnimmt, so kann auch der Zugquerschnitt entsprechend abnehmen. Man kann bei normaler Beanspruchung der Rostfläche den Querschnitt über der Feuerbrücke zu etwa $^1/_8$—$^1/_{10}$, jenen des ersten Zuges zu 0,4—0,45 annehmen. Bei Heizrohrkesseln rechnet man für den Querschnitt sämtlicher Röhren $^1/_6$—$^1/_8$ der Rostfläche.

Die Feuerzüge müssen befahrbar und mit Einsteigöffnungen ausgerüstet sein, um eine Reinigung von Ruß und Flugasche sowie eine Besichtigung der Kesselwandung zu ermöglichen. An allen Stellen, wo infolge Richtungswechsels der Gase eine Ablagerung von Flugasche eintritt, sind Vertiefungen, **Aschensäcke**, vorzusehen.

Der **Fuchs** ist der Kanal, der den letzten Zug mit dem Schornstein verbindet. Sein Querschnitt hat die Form eines Rechteckes, dessen obere Seite gewölbt oder halbkreisförmig ist. Die Größe berechne man unter Zugrundelegung einer Abgastemperatur von 250—300°.

[78] Kesseleinmauerung.

a) Die Einmauerung von Kesseln hat meist eine Stärke von zwei Steinen, also 550 mm einschließlich der Hohlräume. Eine geringere Stärke von 1½ Stein ist nur bei kleineren Kesseln üblich, während größere Stärken als zwei Steine nur bei hohen Kesseln, wie Wasserrohrkessel, vorkommen.

Mauerwerk, das mit Heizgasen über 600° C in Berührung kommt, ist mit feuerfesten Steinen (Schamotte) auszukleiden. Dies gilt in erster Linie für den Feuerraum und die Feuerbrücke.

Das Kesselmauerwerk ist, um ein Reißen zu verhüten, gut zu verankern. Des weiteren ist es luftdicht zu verfugen, um das Eindringen kalter Außenluft in die Züge zu verhüten. Zum Mörtel für das feuerfeste Mauerwerk wird Schamottesand verwendet. Für das übrige Mauerwerk nimmt man innen Kalkmörtel oder Lehm und außen verlängerten Zementmörtel. Dort, wo das Mauerwerk an den Kessel anschließt, empfiehlt es sich, Asbestschnüre oder Schlackenwolle einzulegen.

b) Zur Verringerung der Wärmeausstrahlung werden in den Mauern Hohlräume bzw. Isolierschichten vorgesehen, die mit Schlackenwolle, Kieselgur oder auch nur mit Asche, Sand u. dgl. ausgestampft werden. Luft wäre zwar ein sehr schlechter Wärmeleiter, solange sie stagniert, was aber selten der Fall ist.

Diejenigen Stellen, die vom Kessel durchdrungen werden, dichtet man am besten mit Asbestschnur oder Schlackenwolle ab, weil sie trotz des Arbeitens des Kessels dicht bleiben.

Die Abdeckung des Kessels geschieht durch Sand oder Asche und Schlacke sowie durch ein oder zwei Flachschichten von Ziegelsteinen.

Bei der Einmauerung von Wasserrohrkesseln ist zu beachten, daß zwischen je zwei Kesseln ein Raum von ca. 2 m verbleiben muß, damit das Ausblasen des Röhrenbündels möglich ist.

Bei der Einmauerung von Kesseln müssen die Gase überall frei abziehen können, damit keine Gasexplosionen eintreten.

[79] Der Schornstein.

Der Schornstein hat die Aufgabe, die Verbrennungsluft durch die Rostspalten und die Verbrennungsprodukte durch die Züge des Kessels hindurchzusaugen und in die Atmosphäre überzuführen. Die Schornsteinmündung soll mindestens 3—5 m höher sein als der höchste im Umkreis von 300 m gelegene Wohngebäudefirst. In größeren Städten wird meist 35—40 m Höhe, sehr selten 70—75 m vorgeschrieben.

Die Zugwirkung des Schornsteins kommt dadurch zustande, daß die innen befindliche Luft wärmer, daher leichter als die Außenluft ist.

Die Zugstärke ist hierbei um so größer, je höher der Schornstein ist und je höher die Temperatur der Rauchgase liegt.

Der Schornstein kann aus Ziegelmauerwerk oder ausnahmsweise bei kleinen Anlagen aus Blech bestehen. Sein unterer Teil wird mit einem Futter ausgekleidet, um ein Reißen zu verhüten, braucht jedoch nicht aus feuerfesten Steinen zu bestehen, weil die Temperatur der Rauchgase in der Regel unter 300° liegt. Die Berechnung des Schornsteines hat nach zwei verschiedenen Richtungen zu erfolgen. Einmal muß seine Höhe und Lichtweite der erforderlichen Zugwirkung entsprechend bemessen sein, dann aber den statischen Anforderungen genügen, die einen nach unten zunehmenden Durchmesser verlangen, damit die durch Eigengewicht und Winddruck erzeugten Spannungen in zulässigen Grenzen bleiben.

Man geht bei der Berechnung des Schornsteines von seiner Lichtweite und Höhe aus. Die vom Schornstein geförderte Gasmenge wächst proportional mit der Größe des Querschnittes, dagegen nur mit der Größe der Quadratwurzel aus der Höhe. Da die Herstellungskosten sehr rasch mit der Höhe zunehmen, ist man im allgemeinen bestrebt, mäßig hohe Schornsteine mit entsprechend weitem Querschnitt zu bauen. Allerdings darf man nicht so weit gehen, daß die Austrittsgeschwindigkeit der Rauchgase unter 3—4 m per Sekunde heruntergeht.

Wo eine größere Zahl von Kesseln zur Aufstellung kommt, kann man mit der Ausströmungsgeschwindigkeit noch bis auf 8 m hinaufgehen, damit auch bei teilweisem Betrieb sicher noch 3—4 m vorhanden sind. Wo allerdings die Zahl der gleichzeitig im Betriebe befindlichen Kessel unter $^1/_4$—$^1/_5$ der Gesamtzahl heruntergeht, ist es besser, zwei oder mehr Schornsteine aufzustellen, da sich sonst bei schwachem Betriebe eine zu geringe, bei verstärktem Betrieb hingegen eine zu große Gasgeschwindigkeit ergeben würde. Die Weite des Schornsteines ist mit Rücksicht auf die spätere Vergrößerung der Anlage zu bemessen. Bei dem anfangs schwachen Betrieb wird dann allerdings der Schornstein schlecht ziehen. Man kann sich jedoch hier dadurch helfen, daß man die Schornsteinmündung durch Einsetzen eines Deckringes mit Rohreinsatz verengt. Der lichte obere Schornsteinquerschnitt F in m² berechnet sich nach Lang aus der Gleichung

$$F = \frac{B \cdot V \cdot (1 + \alpha t)}{3600 \cdot v}$$

worin B die stündlich verbrannte Brennstoffmenge in kg, V das Volumen der Heizgase aus 1 kg Brennstoff in m³ bei 0°, $\alpha = \frac{1}{273}$ den Ausdehnungskoeffizienten der Rauchgase, t die Temperatur der Rauchgase an der Schornsteinmündung in Celsiusgraden und v die Geschwindigkeit der Rauchgase an der Mündung in m/sek. bedeutet.

Was die Schornsteinhöhe über dem Rost anbelangt, so läßt diese sich schwer rechnen, da sich die Bewegungswiderstände der Heizgase nicht genau vorausbestimmen lassen. Reichliche Schornsteinhöhe empfiehlt sich namentlich dort, wenn Überhitzer und Ekonomiser vorhanden sind und der Wind schräg auf den Schornstein trifft, wie z. B. an Bergabhängen oder in Tälern.

Für mittlere Verhältnisse kann man die Schornsteinhöhe H berechnen mit

$$H = 16\,D + C$$

wobei D den lichten Durchmesser an der Mündung in Metern und C eine Konstante bezeichnet, die bei großen Anlagen zu 10 und bei kleinen mit 15 anzunehmen ist.

Die Zugstärke s in mm Wassersäule wird hierbei betragen

$$s = 1{,}293 \cdot \left(\frac{273}{T_a} - \frac{273}{T_s}\right),$$

wo 1,293 das spezifische Gewicht der Außenluft, T_s die mittlere absolute Temperatur im Schornstein und T_a die mittlere, absolute Temperatur der Außenluft ist.

Grobkörnige Kohle verlangt weniger Zug als feinkörnige.

[80] Kesselsysteme.

1. Zu den **Walzenkesseln** (Abb. 81) gehören in erster Linie die sog. Wattschen Kesseln, die einen einfachen Zylinderkessel mit Unterfeuerung und einfachem Feuerzug darstellen. Mit Unterkesseln vereinigt man sie zu **Batteriekesseln.** Die Feuerung liegt in Frankreich meist unter den Unterkesseln, während in Deutschland sie meist unter dem Walzenkessel sich befindet, während die Unterkessel von den abgehenden Heizgasen bestrichen werden. Die Speisung erfolgt nicht selten in den untersten Vorwärmer, so daß sich die Wärmeübertragung der Heizgase nach dem Gegenstromprinzip vollzieht, was aber leicht starke Korrosionen in den Außenflächen der Vorwärmer herbeiführt.

Abb. 81
Walzenkessel

Die Walzenkesselbatterien (Abb. 82) **eignen sich für große Heizflächen und infolge ihres großen Wasserraumes besonders für wechselnde Betriebe.** Die mit Vor- und Unterfeuerung verbundene Erwärmung des Kesselmauerwerkes hat große Wärmeverluste und damit Beeinträchtigung der wirtschaftlichen Ausnützung des Brennmateriales zur Folge. Sonst hat das System den Vorteil der Einfachheit, Billigkeit und leichten Reinigung für sich.

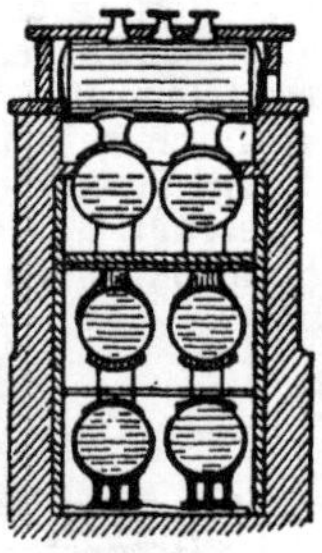

Abb. 82
Batteriekessel

Abb. 83
Flammrohrkessel

2. Die **Flammrohrkessel** sind englischen Ursprungs und nennt man deshalb auch die Einrohrkessel als **Cornwallkessel,** die Zweiflammrohrkessel auch als **Lancashirekessel.**

Der Flammrohrkessel (Abb. 83) **bildet namentlich im Vergleich zum Walzenkessel trotz seiner Kompliziertheit und Kostspieligkeit das meist verbereitet Kesselsystem. Infolge kleineren Wasserraumes läßt er sich leicht anheizen und entwickelt rasch Dampf.** Die pro m² Heizfläche entwickelte Dampfmenge ist infolge der Innenfeuerung und des geringeren Mauerwerkes größer als beim Walzenkessel. Bei der Konstruktion der Kessel muß auf die verschiedenartige Ausdehnung der einzelnen Kesselteile besonders Rücksicht genommen werden, da namentlich die Flammrohre wesentlich höheren Heizgastemperaturen ausgesetzt sind als der Kesselmantel und dieser selbst noch bei mehrfachen Feuerzügen verschieden stark erwärmt wird. Die Führung der Feuergase wird verschieden gewählt; gewöhnlich streichen sie durch die Flammrohre, verteilen sich nach beiden Seiten des Kesselmantels und ziehen an seinem unteren Teile nach dem Schornstein. Nachteilig ist die Beanspruchung der Flammrohre auf äußeren Druck, weshalb sie durch Winkelringe oder Umbörtelung versteift werden. Besser sind Wellrohre, welche für diesen Zweck allgemein üblich sind. Eine sehr gute Versteifung bieten auch die sog. **Gallowaystutzen,** die in die Flammröhren als konische Röhren angesetzt und vernietet werden (Abb. 84).

3. **Heiz- und Rauchröhrenkessel** bestehen wieder aus einem mit Unter- oder Vorfeuerung versehenen Walzenkessel, der mit Rauchröhren durchzogen ist. Die Heizgase bestreichen zuerst den Kesselaußenmantel und ziehen vom hinteren Kessel aus durch die Rauchröhren in den Schornstein. Die Röhren von etwa 55 mm Durchmesser werden in die Kesselboden eingewalzt. Abb. 85 zeigt einen Rauchröhrenkessel in Verbindung mit zwei Siedern, die durch Stutzen mit ersterem verbunden sind.

Abb. 84
Gallowaystutzen

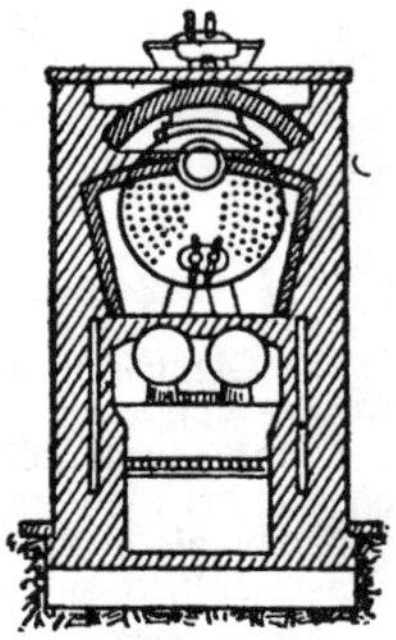

Abb. 85
Rauchröhrenkessel

Eine große Rolle spielen die Rauchröhren bei den Lokomotiv- und Lokomobilkesseln, weshalb von ihnen später nochmals die Rede sein wird.

4. **Die Wasserröhrenkessel haben im Verhältnis zu ihrer Heizfläche einen sehr kleinen Wasserraum — gehören daher auch zu den Kleinwasserraumkesseln und sind zu plötzlich größerer Dampfentnahme und sehr wechselndem Betrieb nicht geeignet.** Ihre Hauptvorteile bestehen in der Anwendung hoher Dampfspannung bei geringer Explosionsgefahr und in der Beanspruchung sehr geringen Raumes für große Kesselheizflächen. Sie sind wegen ihrer Vielgliedrigkeit konstruktiv komplizierter wie die Großwasserraumkessel, in der Herstellung jedoch mitunter einfacher. Die Anlagekosten sind heute

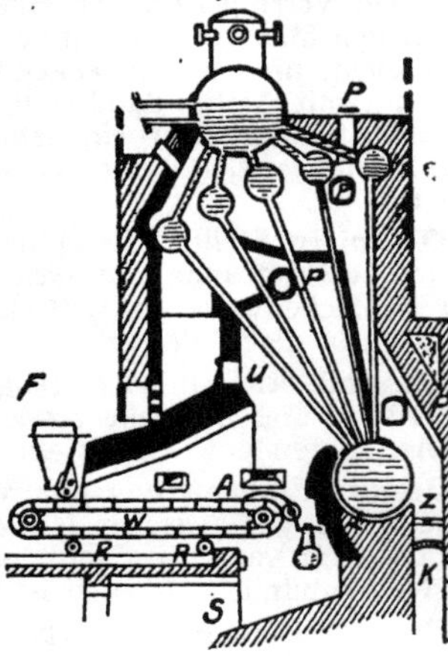

Abb. 86
Steilrohrkessel

bei guter Ausführung nicht wesentlich verschieden. — Eine sehr eigentümliche Form haben die **Steilrohrkessel**; die Abführung des Dampfes erfolgt um so leichter, je steiler die Rohre geneigt sind. Auch fällt der Bedarf an Grundfläche kleiner aus. Solche sind aus lauter zylindrischen Teilen zusammengesetzt und halten hohen Druck aus (bis 20 und mehr Atmosphären). Wo die Rohre verschieden sind, erfahren sie bei gleicher Spannung verschieden große Ausdehnung durch Wärme, wodurch Spannungen entstehen. Dies ist vermieden bei den Kesseln von Obertürkheim-Stuttgart (Abb. 86). Die Rohre sind hier alle gleich lang und besitzen eine Art gelenkige Verbindung mit dem Oberkessel; den Wanderrost bei *W* haben wir bereits beschrieben.

[81] Kesselheizfläche.

Als **Heizfläche** eines Dampfkessels gilt der auf der Feuerseite gemessene Flächeninhalt, der einerseits von den Heizgasen, anderseits von den vom Wasser berührten Wandungen begrenzt wird. Die mittlere Heizflächenbeanspruchung, d. h. die Dampfmenge in kg, die 1 m² Heizfläche pro Stunde durchschnittlich erzeugen kann, hängt vor allem vom Umlauf des Kesselwassers und von der Abzugmöglichkeit für die erzeugten Dampfblasen ab. Die Beanspruchung wird heute weit größer gewählt als früher. Man kann sie für Flammrohrkessel mit 20 kg, für Heizrohr-, kombinierte Kessel mit etwa 15 kg annehmen. Wasserrohrkessel kann man mit etwa 25 kg beanspruchen.

Allerdings zeigt eine einfache Überlegung, daß die Größe der Heizfläche allein nicht ohne weiteres die Leistungsfähigkeit eines Kessels bestimmen kann. Nehmen wir ein Beispiel aus dem täglichen Leben: Wir setzen einen offenen Topf mit Wasser auf den Küchenherd und bringen das Wasser zum Kochen. Wir wissen nun bereits, daß, wieviel Wärme wir auch nach Beginn des Siedens dem Topfe immer zuführen mögen, die Temperatur des Wassers nicht mehr steigt, ganz gleich, ob das Wasser ganz leicht fortkocht oder aber man es, wie man sagt, „in Wellen kocht". Die Temperatur und Spannung des erzeugten Dampfes bleibt zwar dieselbe, wir bekommen immer Dampf von derselben (nämlich Außenluft)-Spannung, dagegen zeigt sich sehr bald ein anderer Unterschied. Hat man in dem Topfe z. B. gerade 1 l, und läßt man es nur ganz leicht fortkochen, so dauert es vielleicht 2 Stunden, bis das ganze Liter Wasser in Dampf von 1 at verwandelt ist. Läßt man dagegen das Wasser in Wellen kochen, so dauert es vielleicht nur 1 Stunde oder noch weniger. Man sieht also, trotzdem die „Heizfläche" in beiden Fällen dieselbe war, hat man das einemal in 1 Stunde ½ Liter, im zweiten Falle dagegen in derselben Zeit ein ganzes Liter Wasser in Dampf verwandelt. Ganz dasselbe ist nun offenbar bei dem Dampfkessel der Fall, und über diese Wirtschaftlichkeit der „Heizfläche" müssen wir noch später in der technischen „Mechanik und Wärmelehre" sprechen.

[82] Speisewasservorwärmer (Ekonomiser) und Dampfüberhitzer.

a) Je stärker ein Kessel beansprucht werden soll, desto größer muß das Verhältnis der Rostfläche zur Heizfläche gestaltet werden. Um so ungünstiger gestaltet sich aber auch die Wärmeausnützung, denn mit um so höherer Temperatur verlassen auch die Heizgase den Kessel. Man ist daher gezwungen, einen **Vorwärmer für das Speisewasser** oder, wie man englisch sagt, einen **Ekonomiser** aufzustellen, bei dem die Vorwärmung des Speisewassers entweder durch den Abdampf der Speisepumpen oder durch die abziehenden Rauchgase erfolgen kann. Letztere Anordnung zeigt Abb. 87, wo die noch sehr heißen Feuer-

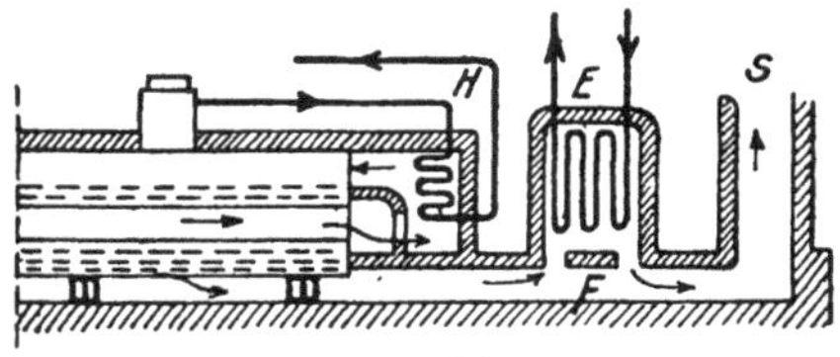

Abb. 87
Ekonomiser

gase an der Stelle, wo sie aus der Kesselanlage in den Schornstein *S* austreten, beim Fuchs *F* die Röhren *E* umspülen, durch welche das Kesselspeisewasser geleitet wird, so daß dieses nicht kalt, sondern schon hochgewärmt in den Kessel geleitet wird, daher die Flüssigkeitswärme bereits im Vorwärmer auf das Wasser übergeht. Ein Vorwärmer stellt sonach gewissermaßen eine Vergrößerung der Heizfläche dar, wodurch eine Erhöhung der Leistungsfähigkeit der Kesselanlage erreicht wird. Die hierdurch zu erzielende Brennstoffersparnis kann unter Umständen recht bedeutend sein; sie beträgt schätzungsweise 1% für je 6—7° C Wassererwärmung. Der Ekonomiser besteht aus einem System aus besten Gußeisen- oder Schmiedeeisenrohren. Bei ersteren wird die Oberfläche durch motorisch angetriebene Kratzer von angesetztem Ruß und Flugasche freigehalten. Damit sich der in den Rauchgasen enthaltene Wasserdampf nicht an den Ekonomiserröhren niederschlage und zu Aufreißungen Anlaß gibt, ist es gut, das Speisewasser durch Abdampf bis auf 30—40° vorzuwärmen. Die Heizfläche des Ekonomisers beträgt gewöhnlich 0,5—0,9 der Kesselheizfläche.

b) Um den Dampf zu überhitzen, leitet man ihn, nachdem er den Kessel an der höchsten Stelle verlassen hat, durch eine schmiedeeiserne Rohrleitung *H*, die der Einwirkung der Verbrennungsgase ausgesetzt ist. Der Druck im Überhitzer kann nie größer werden als im Dampfkessel selbst, weil sich die Spannung sofort in den Kessel hinein fortpflanzt. Die Heizfläche des Überhitzers wird um so kleiner, je höher die Rauchgastemperatur, je weniger Kesselheizfläche dem Überhitzer vorgeschaltet ist. Man muß jedoch stets soviel Kesselheizfläche vorschalten, daß die Temperatur der Rauchgase beim Eintritt in den Überhitzer auch bei höchster Kesselspannung den Betrag von etwa 800° C nicht überschreitet, da sonst ein Verbrennen des Überhitzers zu befürchten ist, namentlich wenn er im Gegenstrome arbeitet.

[83] Die Kesselwandungen.

a) Die Längsbeanspruchung beträgt infolge des Dampfdruckes auf die beiden Kesselboden

$$\sigma_1 = \frac{P}{f} = \frac{\frac{D^2 \pi}{4} \cdot p}{D \pi \cdot s} = \frac{D \cdot p}{4 s}.$$

Die Querbeanspruchung, die durch den Dampfdruck auf die Mantelfläche entsteht,

$$\sigma_2 = \frac{D \cdot l \cdot p}{2 \cdot l \cdot s} = \frac{D p}{2 s}.$$

Die Querbeanspruchung ist demnach doppelt so groß als die Längsbeanspruchung, d. h. **ein zu schwach dimensionierter Kessel wird immer nach einer Mantellinie aufreißen.** Es ist deshalb Regel, daß man die Faserrichtung der Bleche, in der sie am widerstandsfähigsten sind, in den Kreisumfang legt. Bei genietetem Kesselmantel liegt die schwächste Stelle in der Längsnietnaht. Man hat deshalb bei der Berechnung der Wandstärke eines Kessels von dieser auszugehen.

Da die einzelnen Teile im Betriebe verschieden hohe Temperaturen annehmen, so haben sie das Bestreben, sich verschieden stark auszudehnen. Hierbei entstehen innerhalb der Konstruktion bedeutende Kräfte, die Formänderungen und im schlimmsten Falle den Bruch einzelner Teile zur Folge haben können. Da diese Kräfte naturgemäß mit der Blechdicke zunehmen, sollte man Dampfkessel stärker bemessen als notwendig ist.

b) Bei der Bestimmung der Blechabmessungen sind in erster Linie die von den deutschen Grobblechwalzwerken berechneten „Grundpreise", dann aber auch die Einrichtungen der betreffenden Kesselschmiede zu berücksichtigen. Je mangelhafter diese Einrichtung ist, mit desto kleineren Blechen muß man sich begnügen.

Als Einheitsgewicht der Bleche gilt für den Quadratmeter Fläche bei 1 mm Dicke 8 kg.

c) Die Verbindung der Kesselbleche erfolgt meist durch Nieten, seltener durch Schrauben oder Schweißen. Verschraubungen kommen nur bei Mannlöchern, Handlöchern, Flanschverbindungen, sowie bei der Verankerung und Versteifung von Kesselwänden zur Anwendung.

Dagegen tritt die Verbindung durch Schweißung nicht selten an die Stelle der Vernietung.

Schweißungen kommen bei den Kammern der Wasserrohrkessel, bei Flammröhren, bei Feuerbüchsen stehender Kessel, bei Quersiedern, Gallowayrohren usw. vor. Geschweißte Nähte erübrigen das Verstemmen.

Was die in neuester Zeit zur Einführung gelangte autogene und elektrische Schweißung betrifft (I. Fachband [307]), so hängt deren Güte und Zuverlässigkeit, ebenso wie bei der Feuerschweißung, in weitgehendem Maße von der Geschicklichkeit und Gewissenhaftigkeit des Schweißens ab. Hier sollten nur erstklassige Firmen zugezogen werden.

d) Flammrohre oder überhaupt Zylinder, die durch äußeren Druck beansprucht werden, bedürfen einer Verstärkung, um die Widerstandsfähigkeit gegen Eindrücken oder Einbeulen zu erhöhen.

Um möglichst trockenen Dampf zu erhalten, wird meist ein **Dampfdom** angebracht, der so wie das **Mannloch** durch einen Ring, dessen Gewicht demjenigen des aus dem Kessel herausgeschnittenen Blechstückes gleich ist, verstärkt wird.

[84] Armaturen.

a) Hierher gehört zunächst die **Ablaßvorrichtung,** die dazu dient, um den Kessel ganz oder zum Zwecke des Schlammablassens teilweise zu entleeren. Sie ist an der tiefsten Stelle des Kessels anzubringen, und zwar derart, daß sie bequem zugänglich ist und möglichst unmittelbar am Kessel sitzt. Zum Absperren dienen Hähne bei kleineren Kesseln und Ventile bei größeren, weil große Hähne sich leicht festbrennen. Ventile sind leichter beweglich, können aber in ihrem dichten Verschluß durch Kesselsteinsplitter usw. in ihrer Wirkung beeinträchtigt werden. Es muß also so angeordnet werden, daß es auf seinem Sitze gedreht und nachgeschliffen werden kann.

b) Die **Sicherheitsventile** haben eine Überschreitung der größten zulässigen Dampfspannung zu verhüten, indem sie sich selbsttätig öffnen und Dampf ablassen. Durch das Geräusch wird gleichzeitig der Heizer aufmerksam. Bei feststehenden Kesseln sind meist Hebelventile mit Gewichtsbelastung, bei beweglichen Kesseln federbelastete Ventile im Gebrauch. Das vom Revisionsbeamten genau einzustellende Belastungsgewicht darf unter keinen Umständen verändert werden. Ebensowenig darf die Spannung der Feder beeinflußt werden, um ein vorzeitiges Abblasen zu verhindern. Beides muß strengstens untersagt werden. Sicherheitsventil und Manometer müssen sich beim höchsten Betriebsdrucke gegenseitig kontrollieren, sonst ist der Revisionsbeamte zu verständigen.

c) **Speisevorrichtungen** dienen dazu, den Kessel nach Bedarf mit Wasser zu versehen. Derartige Speisevorrichtungen muß jeder Kessel mindestens zwei besitzen, von denen jede dem Kessel die 1½- bis 2fache Speisewassermenge zuführen muß. Man verwendet hierzu Kolbenpumpen, Injektoren oder auch Dampfstrahlpumpen (I. Fachband [245] und [257]). Die Kolbenpumpen lassen sich von Hand aus oder von der Maschine betreiben. Handpumpen sind nur bei kleinen Anlagen verwendet. Häufiger kommen Dampfpumpen und Injektoren in Gebrauch. Der Abdampf der Dampfpumpen wärmt meist das Speisewasser vor.

Bei größeren Kesselanlagen findet man auch häufig Zentrifugalpumpen mit elektrischem Betrieb, die fürs erste sehr billig sind, wenig Raum beanspruchen und während der ganzen Betriebsdauer ohne Bedienung bei geringstem Ölverbrauch durchlaufen können, so daß man mit einzelnen Drosselklappen oder Schiebern den einzelnen Kessel anschließen kann, ohne eine schädliche Drucksteigerung befürchten zu müssen. Die Saughöhe beträgt bei Kolben- und Zentrifugalpumpen nicht über 6 m, bei Injektoren nicht über 2 m, wobei reichlich bemessene Saugwindkessel an die Pumpe anzubringen sind. Zur Erhöhung der Betriebssicherheit werden bei stark wechselndem Dampfverbrauch auch automatische Speisevorrichtungen und Wasserstandsregler angebracht.

[85] Rohrleitung.

Eine solide Ausführung und gute Instandhaltung der Rohrleitung samt Zugehör ist für den Betrieb von größter Bedeutung.

Sie bestehen bei den heute üblichen Spannungen aus nahtlosen Schmiedeeisenrohren, die durch glatte Flanschen miteinander verbunden sind.

Meist wird auch bei geraden Rohren der eine Flansch beweglich gehalten.

Der Druckverlust und der Wärmeverlust ist für die Bemessung der Rohrleitung maßgebend. Je größer ihre Länge ist, desto größer fällt der Druckverlust und der durch die äußere Abkühlung entstehende Wärmeverlust aus, je größer aber der Leitungsdurchmesser ist, um so kleiner wird die Dampfgeschwindigkeit und damit auch der Druckverlust, während der Abkühlungsverlust steigt. Also kleine Leitungsdurchmesser erfordern geringe Anschaffungskosten und geringen Wärmeverlust, während ein großer Durchmesser den Druckverlust vermindert, was aber ohne erheblichen Einfluß auf die Wirtschaftlichkeit der Anlage ist. Zudem treten die höchsten Druckverluste nur vorübergehend zur Zeit der höchsten Belastung auf, während die Wärmeverluste ständig vorhanden sind, weshalb größere Leitungen vermieden werden sollen. Der allzugroße Druckverlust drückt wohl die Höchstleistung der Maschine herab. Da er aber ohnedies im allgemeinen nur 0,2—1 at beträgt und nur bei Fernheizwerken bis auf einige Atmosphären ansteigt, kommt man auf diese Weise meist mit billigen Leitungen und geringen Wärmeverlusten aus.

In der Regel geht man von der Dampfgeschwindigkeit aus, die man für überhitzten Dampf durchschnittlich mit 20 m annimmt. Um Wärmeausstrahlungsverluste möglichst zu verringern, umhüllt man die Rohre, Flanschen und Ventilkörper gut mit schlechten Wärmeleitern, wie Kieselgurmasse mit Asbestfasern. Der Temperaturverlust für überhitzten Dampf beträgt je nach der Güte der Isolierung 0,3 bis 1° C pro m Leitungslänge. Bei gesättigtem Dampf kondensiert sich ein Teil der Dampfmenge.

Jeder Kessel und jede Verbrauchsstelle muß einzeln absperrbar sein, wobei der abgesperrte Rohrzweig keine erheblichen Wärmeverluste verursachen darf. Ebenso muß sich jede Rohrleitung schnell und sicher entwässern lassen und ihr eine gewisse Elastizität gesichert werden, wozu man sich, wenn es nicht anders geht, durch Einschalten von Bogenrohren oder Stopfbüchsenrohren einigermaßen hilft. Für die Bogenrohre ist Schmiedeeisen zu verwenden, da sich Kupfer für überhitzten Dampf nicht eignet.

Bei einer Temperatur von 300° C beträgt die Ausdehnung der Rohrleitung bereits etwa 3 mm pro m Länge. Die Lagerung kann durch Konsolen erfolgen. Gegen das Vibrieren der Leitung schützt das Einschalten einiger Festpunkte, während alle übrigen Stützpunkte beweglich bleiben müssen. Beim Inbetriebsetzen der Anlage, namentlich bei Überhitzung kondensiert sich ein Teil des Dampfes und muß das Kondensat an den tiefsten Stellen der Leitung abgeschieden werden. Es wird in **Wasserabscheidern** gesammelt und durch **Kondenstöpfe** abgeführt.

Die Rohrleitung wird jetzt meist als einfache Leitung hergestellt, weil Ringleitungen und Doppelleitungen aus Preisrücksichten nur mehr bei ganz großen Zentralen verwendet werden.

Um bei einem Rohrbruch die Entleerung des Kesselinhaltes zu verhüten, werden bei größeren Rohrleitungen meist eigene Ventile angeordnet, wie sie in [22] beschrieben sind.

3. Abschnitt.

Der Kesselbetrieb.

[86] Einleitung.

Da durch unsachgemäße Anlage und dem Betrieb eines Dampfkessels eine große Gefahr für die Umgebung einer solchen Anlage entstehen kann, haben sich fast alle Kulturstaaten zur Herausgabe gesetzlicher Bestimmungen über die Ausführung, Aufstellung und Bedienung der Dampfkessel entschlossen.

Dieselben Gründe veranlassen uns, in dem vorliegenden technischen Selbstunterricht auch Anhaltspunkte für den zweckmäßigsten Betrieb zu geben, die wir in mancher Beziehung noch für wichtiger halten als die technische Einrichtung. Den Kessel selbst wird wohl jeder Bauherr schon aus eigenem Interesse nur von einer renommierten Firma komplett beziehen und betriebsfertig montieren lassen. Um so mehr wird er darauf bedacht sein müssen, den regelmäßigen Betrieb durch seine Fachorgane zweckmäßig anzuordnen und dauernd zu überwachen. Zunächst wollen wir nur einen Auszug aus den diesbezüglichen allgemeinen polizeilichen Bestimmungen geben, wie sie in Deutschland seit dem Jahre 1910 in Geltung sind, bringen.

[87] Polizeiliche Bestimmungen über die Anlegung von Landdampfkesseln.

Geltungsbereich: Als **Dampfkessel** im Sinne der nachfolgenden Bestimmungen gelten alle geschlossenen Gefäße, die den Zweck haben, Wasserdampf von höherer als der atmosphärischen Spannung zur Verwendung außerhalb des Dampfentwicklers zu erzeugen. Den Bestimmungen für Landdampfkessel werden nicht unterworfen Dampfüberhitzer, Zwergkessel und solche Kessel, die mit einer Einrichtung versehen sind, welche verhindert, daß die Dampfspannung ½ at Überdruck übersteigen kann (Niederdruckkessel). Für die Kessel in Eisenbahnlokomotiven gelten besondere Bestimmungen.

Kesselwandungen. Jeder Dampfkessel muß in bezug auf Baustoff, Ausführung und Ausrüstung den anerkannten Regeln der Wissenschaft und Technik entsprechen. Als solche Regeln gelten bis auf weiteres die Material- und Bauvorschriften, die entsprechend den Bedürfnissen der Praxis von einer Sachverständigenkommission fortgebildet werden.

Die von den Heizgasen berührten Teile der Dampfkesselwandungen dürfen nicht aus Gußeisen oder Temperguß hergestellt werden; andere nur, sofern ihre lichten Querschnitte kreisförmig sind und ihre lichte Weite 250 mm nicht übersteigt. **Für höhere Dampfspannungen als 10 at Üb. ist Gußeisen oder Temperguß in keinem Teile der Kesselwandungen gestattet.** Formflußeisen darf für alle im ersten Feuerzuge liegenden Wandungen benützt werden.

Feuerzüge. Die Feuerzüge müssen an ihrer höchsten Stelle mindestens 100 mm unter dem festgesetzten niedrigsten Wasserstande liegen. Bei Dampfkesseln, deren Wasseroberfläche kleiner als das 1,3fache der gesamten Rostfläche ist, muß dieser Abstand mindestens 150 mm betragen. Bei Innenzügen ist der Mindestabstand über den von den Heizgasen berührten Bleche zu messen. Die Bestimmungen über die Höhenlage der Feuerzüge finden keine Anwendung auf Dampfkessel, deren von den Heizgasen berührte Wandungen ausschließlich aus Wasserrohren von weniger als 100 mm Lichtweite oder aus derartigen Rohren und den zu ihrer Verbindung angewendeten Rohrstücken bestehen, sowie auf solche Feuerzüge, in welchen ein Erglühen des mit dem Dampfraum in Verbindung stehenden Teiles der Wandungen nicht zu befürchten ist. Die Gefahr des Erglühens ist in der Regel als ausgeschlossen zu betrachten, wenn die vom Wasser bespülte Kesselfläche, welche von den Heizgasen vor Erreichung der vom Dampfe bespülten Kesselfläche bestrichen wird, bei natürlichem Luftzuge mindestens 20mal, bei künstlichem Luftzuge mindestens 40mal so groß ist als die gesamte Rostfläche. Bei Dampfkesseln ohne Rost ist der vierfache Betrag des Querschnittes des ersten Zuges unter Ausschluß des verengten Querschnittes unter der Feuerbrücke als der Rostfläche gleichstehend zu erachten.

Speisevorrichtungen. Jeder Dampfkessel muß mit mindestens zwei zuverlässigen Vorrichtungen zur Speisung versehen sein, die nicht von derselben Stelle aus betrieben werden. Jede Speisevorrichtung muß imstande sein, dem Kessel doppelt soviel Wasser zuzuführen, als seiner normalen Verdampfungsfähigkeit entspricht. Bei Pumpen, die unmittelbar von der Hauptbetriebsmaschine angetrieben werden, genügt das 1½fache der normalen Verdampfungsfähigkeit. Handpumpen sind nur zulässig, wenn das Produkt aus der Heizfläche in m² und der Dampfspannung in at Überdruck die Zahl 120 nicht übersteigt. Die unmittelbare Benützung einer Wasserleitung an Stelle einer der Speisevorrichtungen ist zulässig, wenn der Druck der Wasserleitung den genehmigten Kesseldruck im Kessel um mindestens 2 at übersteigt.

Speiseventile und Speiseleitungen. In jeder zum Kessel führenden Speiseleitung muß möglichst nahe am Kesselkörper ein Speise-(Rückschlag-)Ventil angebracht sein. Die Speiseleitung muß möglichst so beschaffen sein, daß sich der Kessel bei undichtem Ventil nicht durch die Speiseleitung entleeren kann.

Absperr- und Entleerungsvorrichtungen. Jeder Kessel muß mit einer Vorrichtung versehen sein, durch die er von der Dampfleitung abgesperrt werden kann. Zwischen Speiseventil und Kesselkörper muß der Kessel eine Absperrvorrichtung erhalten, auch wenn das Speiseventil abschließbar ist.

Wasserstandsvorrichtungen. Jeder Dampfkessel muß mit **mindestens zwei geeigneten Vorrichtungen zur Erkennung seines Wasserstandes** versehen sein, **von denen wenigstens die eine ein Wasserstandsglas sein muß.** Schwimmer, Schmelzpfropfen sowie Spindelventile, die nicht durchstoßbar sind oder sich ganz herausdrehen lassen, sind als 2. Vorrichtung nicht zulässig. Die Vorrichtungen müssen gesonderte Verbindungen mit dem Innern des Kessels haben. Es ist jedoch gestattet, die Dampfrohre durch eine gemeinschaftliche Öffnung in den Kessel zu führen, wenn die Öffnung mindestens dem Gesamtquerschnitte beider Rohre gleich ist. Werden Probierhähne oder Probierventile als 2. Vorrichtung angewendet, so ist die unterste dieser Vorrichtungen in der Ebene des festgesetzten niedersten Wasserstandes anzubringen.

Wasserstandsmarke. Der für den Kessel festgesetzte niederste Wasserstand ist durch eine an der Kesselwandung anzubringende feste, etwa 30 cm lange Strichmarke, die von den Buchstaben N.W. begrenzt ist, kenntlich zu machen.

Sicherheitsventil. Jeder feststehende Kessel ist **wenigstens mit einem zuverlässigen Sicherheitsventil, jeder bewegliche mit mindestens zwei solchen Ventilen zu versehen.**

Die Sicherheitsventile müssen zugänglich und so beschaffen sein, daß sie jederzeit gelüftet und auf ihrem Sitze gedreht werden können. Bei Ventilen, die durch Hebel und Gewicht belastet werden, darf der auf jedes Ventil ausgeübte Dampfdruck 600 kg nicht überschreiten; sie dürfen höchstens so belastet werden, daß sie bei Eintritt der für den Kessel festgesetzten Dampfspannung den Dampf bis auf $^1/_{10}$ seiner Spannung entweichen lassen.

Prüfung. Jeder neu oder erneut zu genehmigende Kessel ist vor der Einmauerung oder Ummantelung zu prüfen. **Die Wasserdruckprobe erfolgt bis zu 10 at Überdruck mit dem 1½fachen Betrag, mindestens aber mit 1 at Mehrdruck, bei Dampfkesseln über 10 at Überdruck mit einem Drucke, der den beabsichtigten um 5 at übersteigt.** Die endgültige Abnahme muß unter Dampf erfolgen.

Aufstellungsart. Dampfkessel für mehr als 6 at Überdruck und solche, bei welchen das Produkt aus Heizfläche in m² und Dampfspannung in at Überdruck zusammen mehr als 30 beträgt, dürfen unter Räumen, die häufig von Menschen betreten werden, nicht aufgestellt werden. Innerhalb von Betriebsstätten und in besonderen Kesselräumen ist die Aufstellung unzulässig, wenn die Räume mit fester Wölbung oder fester Balkendecke versehen sind. Das Trocknen auf dem Kessel ist nicht gestattet.

Kessel, welche unterirdisch in Bergwerken oder auf Kraftfahrzeugen und solche, welche ausschließlich aus Wasserrohren von weniger als 100 mm Lichtweite bestehen, also sog. Sicherheitskessel, unterliegen diesen Bestimmungen nicht.

Kesselmauerungen. Zwischen dem Mauerwerke, das den Feuerraum und die Feuerzüge feststehender Kessel einschließt, und den umgebenden Wänden muß ein Zwischenraum von mindestens 80 mm verbleiben, der oben abgedeckt und an den Enden verschlossen werden darf.

Kesselpapiere. Zu jedem Dampfkessel gehört eine Genehmigungsurkunde und ein Revisionsbuch.

[88] Das Speisewasser und seine Beschaffenheit.

Je reiner das Wasser ist, desto besser eignet es sich für Zwecke der Kesselspeisung. Außer destilliertem Wasser und Regenwasser sind alle Oberflächen- und Grundwasser mehr oder weniger verunreinigt und geben bei ihrer Verdampfung Anlaß zur Schlamm- und Kesselsteinbildung.

Die im Wasser gelösten Stoffe, hauptsächlich **kohlensaurer Kalk, schwefelsaurer Kalk (Gips) und kohlensaure Magnesia, sind die eigentlichen Kesselsteinbildner.** Die Beimengungen machen das Wasser hart. Aber der Härtegrad allein ist nicht allein maßgebend, weil die verschiedenen Beimengungen nicht alle gleich schädlich wirken. Namentlich Gips bildet feste Steine, die schwer zu entfernen sind, während Karbonate anfangs nur schlammartige Ablagerungen bilden, dann aber den aus den Sulfaten ausgeschiedenen eigentlichen Kesselstein erst vermehren.

[89] Der Kesselstein, seine Nachteile und Bekämpfung.

a) Die im Speisewasser aufgelösten Kesselsteinbildner werden beim Verdampfen des Wassers als Schlamm ausgeschieden oder setzen sich an den heißen Kesselwandungen als fester Kesselstein an, der, wenn er abspringt, häufig mehr oder weniger große Klumpen bildet.

Es ist irrig anzunehmen, daß der Ansatz von Kesselstein durch kräftigen Wasserumlauf gehindert wird, nur hat er das Gute, daß dadurch der absplitternde Stein sowie der Schlamm hierdurch oft an ungefährliche Stellen mitgeführt und dort abgelagert wird.

Seine Nachteile bestehen hauptsächlich in der öfter notwendig werdenden Reinigung und in Wärmestauungen, die oft schädliche Überhitzungen und Ausbauchungen zur Folge haben, die unter Umständen zu Explosionen führen können. Dünne Kesselsteinschichten sind nicht schädlich, sondern sogar erwünscht, weil sie die Kesselwandung vor dem chemischen Angriff schädlicher Bestandteile schützen. Sonst aber kann der Kesselstein, auch wenn keine gefährlichen Formänderungen der Heizflächen eintreten, immerhin Undichtheiten an Nieten, Stehbolzen usw. herbeiführen und schließlich auch in die Maschine gelangen und dort zur vermehrten Abnützung der gleitenden Teile führen. Das beste Mittel besteht in der Verwendung eines geeigneten Speisewassers. Da dies aber nicht überall möglich sein wird, hilft man sich durch häufiges Reinigen des Kessels mit Ausblasen, Auswaschen und Ausspritzen des Schlammes. Das Mittel der öfteren Reinigung führt aber leicht Betriebsstörungen und Wärmeverluste herbei, die mit dem Ablassen und Frischanheizen verbunden sind. **Wo daher stark kesselsteinhaltiges Wasser verwendet werden muß, sollte man ein Kesselsystem wählen, welches bequem befahren und gereinigt werden kann (Flammrohrkessel, Walzen- und Batteriekessel).**

Setzt man einen Kessel mit einem unbekannten Speisewasser zum ersten Male in Betrieb, so empfiehlt es sich, ihn nach längstens vierwöchentlichem Betrieb abzulassen. Nimmt man dann nach Abkühlen sofort die Innenreinigung vor, so ist der Schlamm noch weich, und man braucht dann keinen Kesselhammer.

b) **Bei größerer Härte des Speisewassers wird meist eine Wasserreinigung vorgenommen.** Bei welcher Härte dies notwendig wird, hängt vom Kesselsystem, von der Betriebsdauer und der Beanspruchung ab. Flammrohrkessel vertragen noch ganz gut 10—15 deutsche Härtegrade, Wasserrohrkessel noch 5—6 Härtegrade. Die geringste Härte vertragen Röhrenkessel, weil sie schwerer zu reinigen sind. Hier sollte man keinesfalls mehr als 5—6 Grade zulassen. **Die Reinigung des Wassers erfolgt nur in- oder außerhalb und zumeist außerhalb mit Soda und Ätzkalk oder Ätznatron.**

Diese Chemikalien werden in einem meist ununterbrochen arbeitenden Apparat dem 60—70° heißen Wasser zugeführt und fällen dann die Kesselsteinbildner.

Die Wasserreinigung erfordert wegen dem Schwanken der Härte große Aufmerksamkeit; **insbesondere darf kein Überschuß an Soda in das Speisewasser gelangen, weil dieses die Armaturen angreift.**

Neuerdings wird auch das **Permutivverfahren** eingeführt, bei welchem das Speisewasser durch ein Gemenge von zusammen geschmolzenem Feldspat, Kaolin und Soda durchfiltriert wird, wobei die Kalzium- und Magnesiumsalze von dem Permutit aufgenommen werden. Durch Kochsalzlösung kann das Permutit regeneriert und dann wieder verwendet werden.

Die Kosten der Reinigung lassen sich leicht durch bessere Wärmeausnutzung und höhere Betriebssicherheit hereinbringen.

Vor allen anderen, namentlich Geheimmitteln wird gewarnt; sie sind teuer und nichts wert.

c) Am vorteilhaftesten ist es, das Kondensat von Dampfmaschinen zum Speisen des Kessels heranzuziehen, weil die darin enthaltene Wärme noch zur Dampferzeugung nutzbar gemacht, das Wasser aber nicht mehr g reinigt zu werden braucht.

Freilich ist das Kondensat gewöhnlicher Kolbenmaschinen im Gegensatze zu Dampfturbinen stark ölhaltig; das muß früher entfernt werden, denn ein Ölansatz im Kessel erschwert den Wärmedurchgang noch mehr als Steinbelag. Dadurch treten Wärmestauungen und Überhitzungen ein, die unter Umständen zu einer Explosion führen können. Zudem bilden sich bei Verwendung Fettsäuren, die die Kesselwandungen anfressen. Die **Dampfentöler** beruhen auf dem Prinzip der Zentrifugalkraft oder der Stoßwirkung und Geschwindigkeitsverringerung. Häufig geschieht auch die Wasserentölung durch einfaches Stehenlassen und Filtrieren durch Koks und Holzwolle.

Schmiedeeiserne Ekonomiser vertragen kein ölhaltiges Kondensat.

[90] Korrosionen an Kesselwandungen.

Luftkorrosionen, d. s. Anrostungen, treten besonders häufig um die Öffnungen von Ablaßstutzen auf. Auch bei Kesseln, die längere Zeit außer Betrieb stehen, hat man solche Erscheinungen beobachtet. Luftkorrosionen im Dampfraum während des Betriebes wurden bisher nur im geheizten Dampfraume beobachtet, und es scheint sich da um chemische Vorgänge zu handeln, die durch Wärme unterstützt werden.

Um diese Korrosionen möglichst zu vermeiden, verwende man zum Speisen Kolbenpumpen und keine Injektoren, weil diese immer Luft mitreißen. Auch mit Kolbenpumpen würde bei unruhigem Pumpengang, dem „Schnüffeln", viel Luft in den Kessel kommen, weshalb man jetzt das „Schnüffeln" möglichst zu vermeiden sucht; freilich geht dann die Pumpe hart, weil der Druckwindkessel keine Luft mehr enthält.

Weitere Hilfsmittel sind ein geeigneter Anstrich der Kesselwandung und die starke Vorwärmung des Speisewassers, die die Luft vertreibt.

Aber außer Luft können noch andere chemische Beimengungen Anlaß zu Korrosionen geben, so enthalten Speisewasser aus Torfgebieten oft solche Bestandteile, die die Kesselwandungen angreifen. Auch zuviel Soda im gereinigten Wasser kann Anlaß geben.

Die Wirkung der Korrosion fällt oft an verschiedenen Stellen des Kesselbleches ganz verschieden aus, was darauf zurückzuführen ist, daß das in der Technik verwendete Flußeisen eine Legierung von Eisen mit Kohlenstoff, Silizium, Mangan, Phosphor und Schwefel ist. Keine Legierung ist aber absolut homogen und darum wechseln harte Stellen im Blech mit weichen ab.

[91] Kesselwärter.

Der Industrielle braucht einen Kesselwärter, der sparsam und sicher arbeitet, in allem bewandert ist, was seinen Dampfkessel betrifft, und alle Instandhaltungsarbeiten selbst besorgt. Am besten ist es, wenn er in der Anlage selbst durch einen älteren Kollegen eingeschult wird, damit er sich an den Brennstoff und an die Kesselbauart gewöhnen kann.

Jedenfalls gehört dazu ein pflichtbewußter, pünktlicher, geistesgegenwärtiger und nüchterner Mann, der aber auch seiner Stellung nach gezahlt sein muß, denn beim Dampfkessel hängt die Wärmeausnützung in erster Linie von der Aufmerksamkeit und Sachkenntnis des Heizers ab.

[92] Feuerungskontrolle.

Es ist sehr wichtig, daß die Feuerung gut instandgehalten und so bedient wird, daß der Luftüberschuß weder zu groß noch zu klein ist. Mit der Schichthöhe, die bei Steinkohlen 10—12 cm betragen soll, sollte man nie unter 6—7 cm herabgehen, denn sonst ist es schwer, die ganze Rostfläche zu bedecken. Ist die Belastung dauernd eine geringe, wie z. B. bei Elektrizitätswerken im Sommer, so setzt man besser einzelne Kessel außer Betrieb oder mauert bei einem Kessel einen Teil der Rostfläche ab.

Die richtige Verbrennung beobachtet man am besten beim Feuer, wenn man es auf seine Helligkeit prüft. Ist das Feuer dunkel und bilden sich qualmende Flammen, so ist die Luftzufuhr eine ungenügende. Am richtigsten ist die Verbrennung dann, wenn das Feuer hellgelb bis weiß brennt. Dann beobachtet man noch an der Schornsteinmündung die Rauchstärke, weil bei starkem Rauch beträchtliche Wärmeverluste entstehen; aber auch ohne Rauch kann unwirtschaftlich gearbeitet werden, wenn der Luftüberschuß zu groß ist.

Andere Mittel der Kontrolle sind noch:

1. **Zugmeßvorrichtungen**, die aus U-förmig gebogenen Gläsern oder Zeigerapparatur mit und ohne Registriereinrichtung bestehen. Meist begnügt man sich mit der Bestimmung der Zugstärke, bzw. des Unterdruckes, die in dem Feuerraume oder den Feuerzügen herrscht und in einer Wassersäule vor dem Rauchschieber gemessen wird. Der Heizer arbeitet am besten mit kleinster Rauchschieberöffnung, denn dann ist der Luftüberschuß möglichst gering und der Kohlensäuregehalt möglichst groß.

Mit dem Differenzzugmesser mißt man den Zugunterschied zwischen zwei verschiedenen Stellen der Feuerzüge. Die Anzeigen ändern sich hier bei gleichem Stand des Rauchschiebers in entgegengesetzter Linie. Bei gleichem Schieber wird der Zugunterschied größer, je mehr Luft eintritt, und kleiner, wenn der Rost verschlackt. Mit dem einfachen Zugmesser allein kann der Heizer leicht irregeführt werden, wenn er nicht gleichzeitig den Rauchschieber beobachtet.

Bei Abnahme der Zugstärke glaubt er mit wenig Luft zu arbeiten, übersieht aber, daß Löcher in der

Brennschichte sein können, die ihm zuviel Luft zuführen. Ist aber der Rost verschlackt, so glaubt er auf reichliche Luftzufuhr zu schließen, während das Gegenteil vorhanden ist.

Man sollte daher noch einen Differenzzugmesser anwenden, und das gibt in seiner Vereinigung den Verbundzugmesser. Bei unveränderter Rostleistung soll sowohl der Unterzug als auch der Zugunterschied konstant bleiben. Ist der Unterzug kleiner, der Zugunterschied größer, so ist das ein Zeichen, daß zu reichlicher Luftzutritt vorhanden ist, der Heizer wird sonach mehr aufwerfen.

Man kann deshalb nur auf experimentellem Wege mit Hilfe des Kohlensäuremessers den günstigsten Unterdruck und den Zugunterschied ermitteln.

2. **Kohlensäuremesser** sind Apparate zur Ermittlung der Zusammensetzung der Rauchgase. Hierher gehört der von Hand zu bedienende Orsatapparat und die selbsttätigen Gasanalysatoren, bei welchen der Kohlensäuregehalt auf einer Trommel registriert wird.

3. **Rauchgasthermometer,** mit welchem die Temperatur der Rauchgase gemessen wird. Je größer der Luftüberschuß ist, desto mehr sinkt die Temperatur im Feuerraum und damit auch das Temperaturgefälle nach dem Kesselinnern. Je weniger aber in den Feuerungsraum Wärme übergeht, um so höher sind die Abgastemperaturen. Anderseits kann eine hohe Abgastemperatur auch die Folge immer größerer Kesselanstrengung oder einer starken Verunreinigung der Heizflächen sein. Wo letzteres nicht zutrifft, fehlt es am Rost, sei es, daß dieser unachtsam bedient wird oder daß er zu groß ist, also abgedeckt werden muß.

4. **Speisewasser- und Dampfmesser,** letztere hauptsächlich in der chemischen Industrie; sie beruhen auf Flügelradmessung oder Schwimmermessung.

[93] Kesselexplosionen.

Weitaus die meisten Explosionen sind auf Wassermangel zurückzuführen. Sinkt der Wasserstand aus Unaufmerksamkeit des Personals im Kessel zu tief, so wird ein Teil der Heizwandungen innen nicht vom Wasser, sondern vom Dampf umspült. Da letzterer aber ein schlechter Wärmeleiter ist, staut sich dort die Wärme, und die Kesselwandung wird sich bis zur Weißglut erwärmen. Das Blech wird weich und gibt dem Dampfdrucke nach, der zunächst die Umrandung vergrößert und dadurch allenfalls einen Materialbruch herbeiführt. Handelt es sich beispielsweise um einen Walzenkessel, so wird dieses eine Ausbauchung, das Flammrohr eines Cornwallkessels eine Einbeulung erfahren. Glücklicherweise hat heute bei den zähen Eisensorten nicht jede Formveränderung gleich ein Reißen des Kesselbleches zur Folge. Dann ist es zweckmäßig, das Speisen zu unterlassen und das Feuer abzustellen und die Spannung herabzusetzen.

Die nächsthäufigste Ursache von Kesselexplosion ist schlechtes Speisewasser. Ist das Wasser hart oder ölhaltig, so bildet sich innen eine die Wärme schlecht leitende Kesselstein- oder Ölschichte, die wieder Wärmestauungen und damit Einbeulungen herbeiführt.

Formänderung infolge von Stichflamme ist kaum möglich, weil nur atmosphärische Luft zugegen ist, die niemals eine so heiße Stichflamme erzeugen wird.

Wegen zu hoher Dampfspannung kann bei täglichen Revisionen der Sicherheitsventile und Manometer wohl kaum ohne großen Leichtsinn eine Explosion eintreten.

Ebenso selten ist die Ursache von Kesselexplosionen durch schlechtes Material oder fehlerhafte Konstruktion gegeben, weil es ja doch im Interesse jeder Firma selbst liegt, hier nur das Beste und Erprobteste zu liefern.

Dagegen ist es eine zum mindesten unbewiesene Behauptung, daß der sog. **Siedeverzug** die Ursache von Kesselexplosionen sei. Ebensowenig ist anzunehmen, daß der sog. Sphäroidalzustand des Wassers wirklich der Anlaß solcher Ereignisse sein könne, weil dabei nicht solche Mengen Wasser verdampfen können.

Natürlich können aber solche Ursachen immerhin mitspielen bei Kesseln, die verrostet, angefressen, altersschwach oder überanstrengt sind. Werden solche Risse nicht rechtzeitig entdeckt, so kann gewiß auch aus solchen Ursachen eine Explosion eintreten.

TECHNISCHE MECHANIK UND WÄRMELEHRE

Inhalt: Schon im ersten Briefe haben wir gesagt, daß die technische Mechanik und Wärmelehre, die ja die theoretischen Erörterungen und die Berechnungen nach Möglichkeit zusammenfassen sollen, in weitestgehendem Maße den Entwicklungen der allgemeinen Maschinenlehre folgen müssen, so wie wir uns in der Baumechanik genau der Entwicklung der Baukunde angeschlossen haben.

Wir lassen daher zunächst den Erörterungen über Elastizität und Festigkeit einige praktische Aufgaben über die **Berechnung von Maschinenelementen** folgen, die ebenfalls noch dem früher erwähnten **Handbuche des Maschinentechnikers von Bernoulli** entnommen sind, um dann im nächsten Briefe zur **Wärmelehre** überzugehen.

2. Abschnitt.

Berechnung von Maschinenelementen.

[94] Schrauben. [3.]

a) Der Kern einer Schraube ist durch ihre Belastung auf Zug oder Druck beansprucht. Wird die Schraube oder die Mutter in belastetem Zustande gedreht, so entsteht durch die Reibung in den Gewinden ein Drehmoment, welches eine erhöhte Beanspruchung des Schraubenkerns hervorruft.

Man rechnet die Befestigungsschraube nach der Formel

$$Q = \frac{\pi \cdot d_1^2}{4} \cdot k_z,$$

worin Q die an der Schraube wirkende Zugkraft in kg, d_1 der Kerndurchmesser in cm und k_z die zulässige Anstrengung des Schraubenmaterials in kg/cm² ist.

Man denke sich die Spindel einer Presse um 1 Umgang zugedreht. Hierbei drücke das Ende der Spindel mit der Kraft Q gegen die Unterlage und hebe sich um die Größe h nach abwärts. Die Drehung wird bewirkt durch eine Kraft p, tangential am mittleren Umfang $2r\pi$ der Spindel angreifend. p legt also den Weg $2r\pi$ zurück, während Q sich um h senkt. Daher ist

$$p : Q = h : 2r\pi.$$

Das Verhältnis $h : 2r\pi$ heißt das **Steigungsverhältnis** oder die **Steigung**, die mit s bezeichnet wird,

$$p = Q \cdot s.$$

Der Steigungswinkel α ergibt sich aus

$$\operatorname{tg} \alpha = \frac{h}{2r\pi} = s.$$

b) Bei der Drehung der Spindel gleiten die Gewinde über eine schiefe Ebene hinweg; daher liefern Q und p Seitenkräfte, welche senkrecht zur Reibfläche stehen und daher Reibung verursachen. Bezeichnet μ den Reibungskoeffizienten, so wird für ein flachgängiges Gewinde

$$p = \frac{\mu \pm s}{1 \mp \mu s} \cdot Q,$$

wo das obere Zeichen für das Zudrehen, das untere für das Losdrehen zu nehmen ist.

c) Bezeichnet H die Höhe der sechseckigen Mutter, H_1 die Kopfhöhe, d den äußeren Durchmesser der Schraube, so kann man bei Befestigungsschrauben setzen:

$H_1 = 0{,}7$ bis $0{,}8\,d$,
$H = d$, wenn die Mutter und Schraube aus gleichem Materiale sind;
$H = 1{,}2\,d$, wenn die Mutter aus Bronze und die Schraube aus Schweiß- oder Flußeisen,
$H \geqq 1{,}5\,d$, wenn die Mutter aus Gußeisen und die Schraube aus Schweiß- oder Flußeisen besteht.

Bei Bewegungsschrauben kommt in Betracht, daß die spezifische Pressung zwischen den Gewindegängen wegen der Abnutzung ein gewisses Maß nicht überschreiten soll.

Man hat unter der meist unvollkommen erfüllten Voraussetzung, daß alle Gänge gleich tragen,

$$Q = k \cdot \frac{\pi}{4} (d^2 - d_2^2)\, z,$$

wobei Q die Belastung, d der äußere Durchmesser der Schraube, d_2 der innere Durchmesser der Mutter, z die Anzahl der Gänge und k die zulässige Pressung bedeutet.

k ist Flußeisen auf Flußeisen oder Bronze $\leqq$ 75 kg/cm.
k ist Flußstahl auf Flußstahl oder Bronze $\leqq$ 100 kg/cm.

Aufgabe 32.

[95] *Für die in der 6. Aufgabe berechnete Spindel einer Winde soll die Höhe der Mutter aus Bronze bestimmt werden.*

Mit $Q = 3000$, $d = 3{,}6$, $d_2 = d_1 = 2{,}8$ und $K = 70$ erhält man die Anzahl z der erforderlichen Gänge aus

$$3000 = 70 \cdot \frac{\pi}{4} (3{,}6^2 - 2{,}8^2)\, z,$$

$z \sim 11$, womit die Mutterhöhe bestimmt ist.

Aufgabe 33.

[96] *Bei einer flachgängigen eisernen Schraube mit metallener Mutter sei $\mu = 0{,}10$; folglich, wenn die Steigung $s = 0{,}06$ ist, ist die Kraft zum Zudrehen und zum Losdrehen zu berechnen.*

$$\text{Kraft zum Zudrehen} = \frac{0{,}10 + 0{,}06}{1 - 0{,}06 \cdot 0{,}10} \cdot Q = 0{,}16\, Q,$$

$$\text{Kraft zum Losdrehen} = \frac{0{,}10 - 0{,}06}{1 + 0{,}06 \cdot 0{,}10} \cdot Q = 0{,}04\, Q.$$

Ohne die Reibung ($\mu = 0$) wäre beim Zudrehen nur $Qs = 0{,}06\,Q$.

Ist die Schraube unter sonst gleichen Umständen zweigängig, also $s = 0{,}12$, so wird die Kraft zum Losdrehen $= -0{,}02\,Q$, also negativ, d. h. die Schraube springt von selbst los, und zwar mit einer Axialkraft $= 0{,}02\,Q$; sie ist demnach nicht mehr **„selbsthemmend"**.

[97] Keile.

Durch die Anwendung des Keils lassen sich einfach zu lösende und leicht nachstellbare Verbindungen von Maschinenteilen erzielen.

Bei wechselnder Kraftrichtung wird die Zugkraft wie bei gleichbleibender Kraftrichtung durch Vermittelung des Keiles auf die Hülse übertragen (Abb. 88). Die Druckkraft überträgt sich durch die ringförmige Berührungsfläche der Stange unmittelbar auf die Hülse. Zur Kraftübertragung kann auch die Stirnfläche der Hülse S dienen oder das in die Hülse eingeführte Stangenende kann kegelig gestaltet sein, derart, daß die Hülsenbohrung den Gegenhohlkegel bildet. Zur Vermeidung eines Stoßes beim Wechsel der Kraftrichtung muß der Keil bei der Montage fest eingetrieben werden, so daß alle Flächen, welche Kräfte zu übertragen haben, fest aufeinandergepreßt sind (Spannungsverbindung). Die durch dieses Anziehen hervorgerufene Mehrbelastung der Verbindung muß in der Rechnung berücksichtigt werden.

Aufgabe 34.

[98] *Die beiden Kolben einer Tandemmaschine sollen durch Kuppelung ihrer Stangen mit Muffe und Keil verbunden werden. Zu übertragende Kraft 7200 kg. Durchmesser der beiden auf Knickung berechneten Stangen $d_1 = 75$ mm. Muffe und Stangen bestehen aus Maschinenflußstahl. (Abb. 88.)*

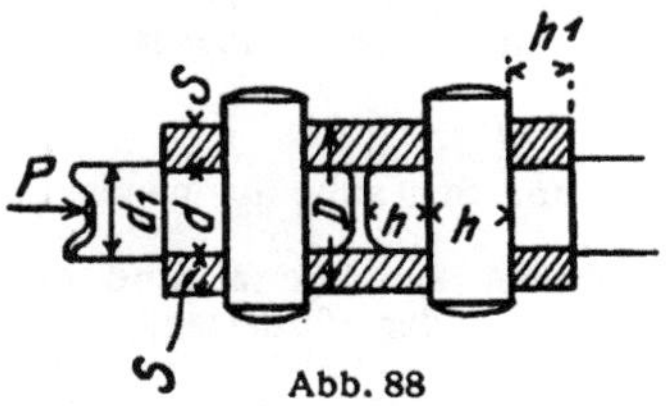

Abb. 88

Mit Rücksicht auf die Mehrbelastung durch das Anziehen der Keile sei die Berechnung für eine Stangenkraft von $P = \frac{5}{4} \cdot 7200 = 9000$ kg durchgeführt. Die Druckkraft P wird durch die Ringfläche $\frac{\pi}{4}(d_1^2 - d^2)$ auf die Muffe übertragen. Setzt man die zulässige Druckspannung für Flußstahl mit $k = 1000$ kg/cm (Belastung b in Tabelle 1) fest, so ergibt sich der Durchmesser d der Stange innerhalb der Muffe aus

$$\frac{\pi}{4}(d_1^2 - d^2)\, k = P,$$

$$\frac{\pi}{4}(7{,}5^2 - d^2) \cdot 1000 = 9000,$$

$$d \sim \mathbf{6{,}8\ mm.}$$

Die Dicke des Keiles s wählt man gleich $\frac{d_1}{4} - \frac{d_1}{3}$. Mit letzterem Werte folgt $s_1 = 2{,}5$ cm und die Pressung k zwischen Keil und Stange aus $S_1 \cdot d \cdot k = P$; $2{,}5 \cdot 6{,}8 \cdot k = 9000$

$$k = \mathbf{530\ kg/cm^2}.$$

Die Zugspannung in dem durch das Keilloch geschwächten Querschnitt $\left(\frac{\pi}{4} \cdot d^2 - S_1 \cdot d\right)$ findet sich aus

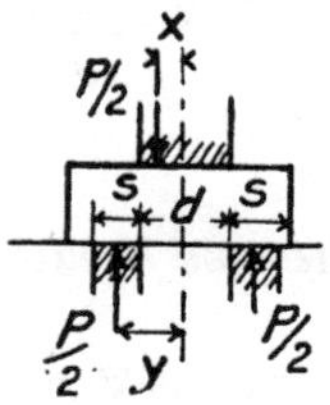

Abb. 89

$$\sigma\left(\frac{\pi}{4} \cdot 6{,}8^2 - 2{,}5 \cdot 6{,}8\right) = 9000$$

$$\sigma = \mathbf{466\ kg/cm^2}.$$

Nimmt man die spez. Pressung zwischen Muffe und Keil ebenso groß wie zwischen Stange und Keil, so hat man die Dicke s der Muffe aus

$$2 \cdot s \cdot S_1 K = d\, S_1 K$$

$$s = \frac{d}{2} = \mathbf{3{,}4\ cm.}$$

Der Durchmesser der Muffe ist $D = 6{,}8 + 2 \cdot 3{,}4 =$ **13,6 cm.** Der Keil wird beim Eintreiben und durch die Zugkraft P auf Biegung beansprucht (Abb. 89).

Das Biegungsmoment ist in der Mitte am größten und beträgt mit Annäherung

$$M_b = \frac{P}{2}\, y - \frac{P}{2} \cdot x = \frac{P}{2}\left(\frac{d}{2} + \frac{s}{2}\right) - \frac{P}{2} \cdot \frac{d}{4}$$

$$= \frac{P}{2}\left(\frac{d}{4} + \frac{s}{2}\right) = \frac{9000}{2}\left(\frac{6{,}8}{4} + \frac{3{,}4}{2}\right) = 15300 \text{ kg/cm.}$$

Setzt man die zulässige Biegungsanstrengung des Keils aus Flußstahl (Tabelle 1, Belastungsweise *b*) $k_b = 900$ kg/cm², so folgt die mittlere Keilhöhe *h* aus

$$M_b = \frac{K_b}{6} \cdot b \cdot h^2;\quad 15300 = \frac{900}{6} \cdot 2{,}5 \cdot h^2$$

$$h = \mathbf{6{,}4\ cm.}$$

Mit $h_1 = \frac{3}{4}\, h = 4{,}8$ cm wird die Länge der Muffe $\sim 2\,h + 4 \cdot \frac{3}{4}\, h = 5\, h = \mathbf{32{,}0\ cm.}$

[99] Federn.

I. Biegungsfedern.

Man bezeichne:

P den Druck auf das Ende der Feder in kg;
f die Durchbiegung bzw. Zusammendrückung der Feder in der Richtung von *P*, gemessen in cm;
k_b k_d zulässige Biegungs- und Drehungsanstrengung in kg/cm;
α den Dehnungskoeffizienten des Materiales;
β den Schubkoeffizienten des Materials $= 2{,}6\,\alpha$;
l die Länge der Feder bzw. des Federdrahtes in cm;
n die Anzahl der Blätter bzw. Windungen;
A Arbeitsvermögen der Feder in cm/kg.

Es sei bei einer Rechtecksfeder (Abb. 89a) *h* die Dicke und *b* die Breite des Querschnittes. Wird dieser über die ganze Länge gleich gedacht, so ist die Tragkraft

$$P = \frac{K_b}{6} \cdot \frac{b\,h^2}{l}$$

und die Senkung

$$f = \frac{\alpha}{T} \cdot \frac{P\,l^3}{3} = \frac{\alpha \cdot 4 \cdot l^3}{b\,h^3} \cdot P.$$

Aus beiden Gleichungen erhält man

$$f = \frac{2}{3} \cdot \frac{\alpha\, K_b \cdot l^2}{h}.$$

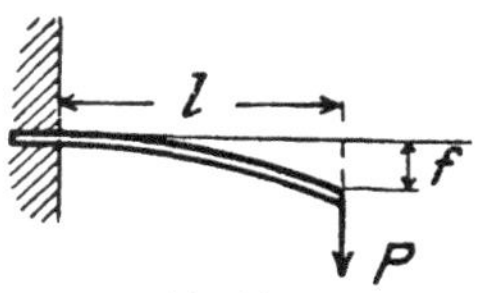

Abb. 89 a

Von Bedeutung ist das **Arbeitsvermögen** *A* in cm/kg der Feder, d. h. die Menge Arbeit, die sie bei gegebener Beanspruchung aufspeichern kann. Bei der Rechtecksfeder ist

$$A = \frac{P \cdot f}{2} = \frac{1}{18}\, K_b^2 \cdot \alpha \cdot V,$$

wenn *V* das Volumen des Federmateriales bezeichnet.

Aufgabe 35.

[100] *Es sei für eine Feder aus Stahl $b = 6$ cm, $h = 0{,}5$ cm, $l = 40$ cm, $k = 4300$ kg/cm²; $\alpha = \frac{1}{2200000}$. Es ist Tragkraft und die Senkung zu berechnen.*

$$P = \frac{4300}{6} \cdot \frac{6 \cdot 0{,}25}{40} = \mathbf{26{,}9\ kg}$$

$$f = \frac{2}{3} \cdot \frac{4300}{2\,200\,000} \cdot \frac{1600}{0{,}5} = \mathbf{4{,}2\ cm.}$$

II. Drehungsfedern.

Diese Feder entsteht, wenn ein Draht um einen Zylinder schraubenförmig aufgewickelt wird, so daß die Höhe eines Schraubenganges konstant bleibt, jedoch größer ist als die Drahtdicke.

Es sei *l* die Länge und *d* die Dicke, *b* die Breite parallel der Zylinderachse, *W* das Widerstandsmoment des Drahtes; die mittlere Schraubenlinie liege in einem Zylindermantel vom Halbmesser *R* (Abb. 90). Es werde das eine Ende der Feder fest-

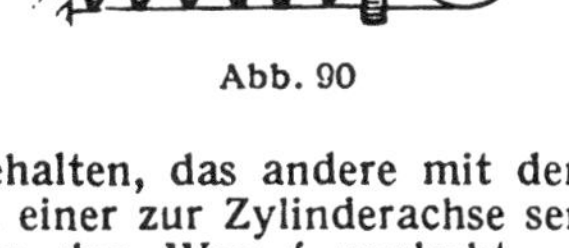

Abb. 90

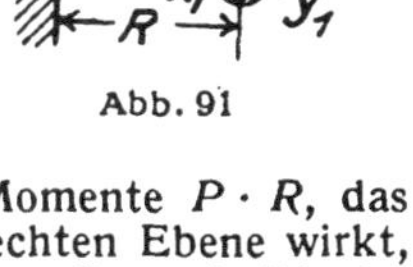

Abb. 91

gehalten, das andere mit dem Momente $P \cdot R$, das in einer zur Zylinderachse senkrechten Ebene wirkt, um den Weg *f* verdreht. Jeder Querschnitt des Drahtes erfährt dann die Biegungsbeanspruchung $\frac{P \cdot R}{W}$ kg/cm.

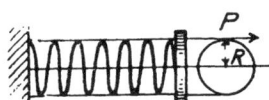

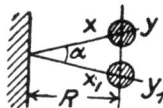

Wirkt die Kraft *P* längs der Zylinderachse, so erfolgt eine Zusammendrückung oder Ausdehnung der Feder. Dabei gehe ein Querschnitt aus der Lage $x\,y$ in die Lage $x_1\,y_1$ über, wodurch der Radius *R* den Winkel α beschreibt. Es ist dann die Zusammendrückung der Windung $= R \cdot \alpha$. (Abb. 91.)

Hat man *n* Windungen, so ist die Zusammendrückung der ganzen Feder $f = n \cdot R \cdot \alpha$.

Der Winkel α ist der Drehungswinkel einer ganzen Windung, d. h. eines Stabes von der Länge $l_1 = 2\pi R$, es ist

$$\alpha = \vartheta \cdot l_1 = 2\, K_d \cdot \frac{\beta}{d} \cdot 2\,\pi \cdot R,$$

somit wird $l = 2\pi R n$, bei geradlinigen Federn mit kreisförmigem Querschnitt

$$P\,R = \frac{\pi}{16}\, K_d \cdot d^3,\quad f = 2\, K_d\, \beta \cdot \frac{l\,R}{d}$$

und $A = 0{,}65 \cdot \alpha\, K_d^2 \cdot V$.

Aufgabe 36.

[101] *Es sei $d = 0{,}5$ cm, $R = 3$ cm, $n = 10$ und für Federstahl $k_d = 4300$, $\beta = \frac{1}{850'000}$.*

$$P = \frac{3 \cdot 14 \cdot 4300 \cdot 0{,}5^3}{3 \cdot 16} = \mathbf{35\ kg}$$

$$f = \frac{2 \cdot 4300 \cdot 2\pi \cdot 3 \cdot 10 \cdot 3}{850000 \cdot 0{,}5} = \mathbf{11{,}43\ cm.}$$

[102] Zapfen. [5.]

Man unterscheidet Tragzapfen (Abb. 92) und Spurzapfen. Der Tragzapfen wird gegenüber der Welle als eingespannter Balken mit gleichmäßig verteilter Belastung angesehen. Dann ist das Biegungsmoment im Einspannungsquerschnitt am größten, und zwar ist

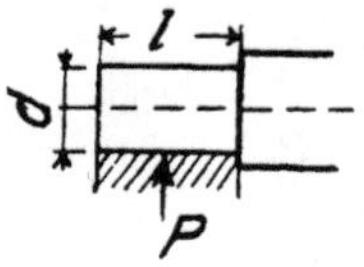

Abb. 92

$$M_b = \frac{P \cdot l}{2} \text{ nach II. F.B. [297,2]}$$

$$\frac{P \cdot l}{2} = \frac{K_b}{10} \cdot d^3 \quad \ldots\ldots\ldots \quad 1)$$

Für ruhende Zapfen kommen für k_b die Werte in Tabelle 1 in Betracht. Bei Drehzapfen dagegen, bei denen die Beanspruchung des Materiales bei jeder Umdrehung zwischen Zug und Druck wechselt, sind die Werte von k_b nach der Belastungsweise c maßgebend. Faßt man die Flächenpressung zwischen Zapfen und Lagerfläche ins Auge, so gilt annähernd die Beziehung

$$P = K \cdot l \cdot d \quad \ldots\ldots\ldots \quad 2)$$

sofern man annimmt, der Zapfendruck werde von der Rechtecksfläche $l \cdot d$ aufgenommen.

Die zulässige Flächenpressung k richtet sich sowohl nach dem Material von Zapfen (zu weiche Oberflächen sind wegen der Gefahr des Anfressens zu vermeiden) und Lager, als auch nach dem Grade der Abnutzung des Zapfens. Je mehr Umdrehungen er macht, um so kleiner ist k zu wählen.

Im besonderen kann man sagen: Bei normalen Dampfmaschinen sind für Kurbelzapfen **60**—70, bei Kreuzkopfzapfen 80—90 und für Zapfen der Schwungradwelle $k = 15$—16 kg/cm² zu setzen. Verbindet man 1) und 2), so wird

$$K\,l \cdot d = \frac{2}{l} \cdot \frac{K_b}{10}\,d^3; \quad \frac{l}{d} = \sqrt{0{,}2 \cdot \frac{K_b}{K}}.$$

Zapfen, die größerer Abnutzung ausgesetzt sind, bei welchen also k klein zu wählen ist, fallen verhältnismäßig lang aus.

Mit Rücksicht auf das Warmlaufen stellt Bach die Gleichung

$$l \geqq \frac{P \cdot n}{w}$$

auf. Hierin bedeutet n die Umdrehungszahl in der Minute und w eine Erfahrungszahl, die um so größer sein darf, je vollkommener die Schmierung und die Wärmeableitung ist. Der Zapfendurchmesser kommt hier nicht in Betracht, das Warmlaufen kann nur durch Vergrößerung der Zapfenlänge verhindert werden, solange diese nicht so groß ausfällt, daß merkliche Verbiegung eintritt. w beträgt z. B. 40000 bei Weißgußlager.

Aufgabe 37.

[103] *Bei einer Dampfmaschine mit 80 Umdrehungen betrage der größte Kolbendruck 7200 kg, der mittlere für die Reibungsarbeit in Betracht kommende Druck 5600 kg. Es sollen die Abmessungen des Kurbelzapfens aus Flußstahl bestimmt werden.*

Mit $k_b = 500$ (Tabelle 1, Belastungsweise c) und $k = 60$ wird

$$\frac{l}{d} = \sqrt{0{,}2 \cdot \frac{500}{60}} = 1{,}3$$

$$7200 = 60 \cdot 1{,}3\,d^2$$

$$d \backsim \mathbf{9{,}5\ cm}$$

also $$l = 1{,}3 \cdot 9{,}5 \backsim \mathbf{12{,}5\ cm.}$$

Zur Sicherheit gegen Warmlaufen muß die Zapfenlänge

$$l > \frac{5600 \cdot 80}{40000} = 11{,}2\ \text{cm}$$

sein. Es genügt also die Länge $l = $ **12,5 cm.**

[104] Achsen und Wellen. [6.]

Achsen dienen zum Tragen und Stützen; sie sind auf Biegung oder Knickung beansprucht. Wellen haben Drehmomente zu übertragen; zur Biegungs- oder Druckbeanspruchung kommt noch eine Drehungsanstrengung.

Transmissionswellen sind vorwiegend auf **Drehung** beansprucht. Die von dem Eigengewichte der Welle, von dem Gewichte der auf der Welle sitzenden Scheiben und Räder, sowie von dem Riemenzug oder Zahndruck herrührende Biegungsbeanspruchung tritt meist in den Hintergrund und kann dadurch berücksichtigt werden, daß man für die zulässige Drehungsbeanspruchung k_d einen entsprechend geringen Wert in die Rechnung einführt.

Ist die Anzahl der zu übertragenden Pferdestärken gegeben, so erhält man das Drehmoment aus folgender Betrachtung. Es sei

N die Anzahl der zu übertragenden Pferdekräfte,
n die Umdrehungszahl der Welle in der Minute,

v die Geschwindigkeit des Angriffspunktes der Kraft, P im Abstande R von der Achse, so ist, wenn v in Metern und R in Zentimetern ausgedrückt wird,

$$v = \frac{2 \cdot R \cdot \pi \cdot n}{100 \cdot 60}; \quad N = \frac{P \cdot v}{75}$$

Daraus ergibt sich das Drehmoment zu

$$M_d = P \cdot R = 71\,600 \frac{N}{n}.$$

Führt man diesen Wert in die Gleichung

$$M_d = K_d \cdot \frac{\pi}{16} \cdot d^3$$

ein, so wird

$$d^3 = \frac{16 \cdot 71\,600}{\pi \cdot K_d} \cdot \frac{N}{n} \sim \frac{360\,000}{K_d} \cdot \frac{N}{n}$$

und mit $k_d = 250$ für schmiedeeiserne Wellen. (Stahlwellen sind mit Rücksicht auf das Einlaufen der Zapfen vorzuziehen.)

$$d = \sqrt[3]{3000 \cdot \frac{N}{n}}.$$

Lange und dünne Wellen erfahren eine starke Verdrehung. Wechselt der Widerstand der Arbeitsmaschine, so wirkt die Welle als Feder und es entstehen Schwankungen in der Geschwindigkeit der Arbeitsmaschinen, welche leicht Beschädigungen des Fabrikates, z. B. bei Spinnmaschinen oder Papiermaschinen, veranlassen können. Mit Rücksicht hierauf hat sich der Gebrauch eingebürgert, den Durchmesser gewöhnlicher Transmissionswellen so zu wählen, daß ihre Verdrehung höchstens $\frac{1}{4}^0$ auf das laufende Meter beträgt.

Der Drehungswinkel in Graden, um den sich die Endquerschnitte des l cm langen Wellenstranges verdrehen, ist (wenn $\vartheta_1 = \vartheta l$ der Drehungswinkel zweier Querschnittsebenen vom Abstand l)

$$a = \frac{180}{\pi} \cdot \vartheta_1 = \frac{180}{\pi} \cdot \frac{32}{\pi} \frac{M_d}{d^4} \beta \cdot l.$$

Hieraus folgt mit

$$M_d = 71\,600 \cdot \frac{N}{n}$$

und den Schubkoeffizienten $\beta = \frac{1}{800\,000}$

$$d^4 = 51{,}57 \frac{1}{a} \cdot \frac{N}{n}$$

und bei einer Verdrehung von $\frac{1}{4}^0$ auf 100 cm ist also

$$\frac{1}{a} = \frac{100}{1/4} = 400$$

$$d \sim 12 \sqrt[4]{\frac{N}{n}}.$$

Ist der Wellendurchmesser nach dieser Formel berechnet, so ergibt sich die Drehungsanstrengung der Welle bei N Pferdestärken und n Umdrehungen mit

$$\tau = \frac{360\,000}{d^3} \cdot \frac{N}{n}.$$

[105] Zahnräder. [9.]

Die ineinander greifenden Zähne sollen so geformt sein, daß die Teilkreise in jedem Augenblicke gleiche Geschwindigkeiten haben. Dies erfolgt, wenn die Normale im jeweiligen Berührungspunkte beider Zahnprofile immer durch den Berührungspunkt beider Teilkreise geht. Das Eingreifen der Räder soll ohne Stoß erfolgen; es muß daher die Teilung t beider Räder gleichgroß sein und in dem Augenblick, wo ein Zahn außer Eingriff kommt, immer mindestens ein anderer Zahn schon eingegriffen haben.

a) Rollt ein Kreis, der Rollkreis, auf einem anderen Kreise, dem Grundkreis, so beschreibt irgendein Punkt des Rollkreises eine **Epizykloide** (Abb. 93), die zu einer **Zykloide** wird, wenn der Durchmesser

Abb. 93
Epizykloide

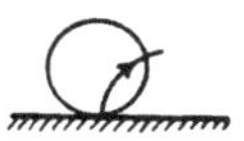

Abb. 94
Zykloide

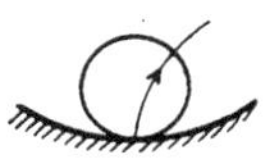

Abb. 95
Hypozykloide

des Grundkreises unendlich groß, also eine Gerade wird (Abb. 94). Rollt der Kreis innerhalb des Grundkreises, so entsteht eine **Hypozykloide** (Abb. 95):

Je größer die Rollkreise sind, um so länger wird die Eingriffslinie, um so ruhiger wird der Gang der Räder. Meist macht man den Durchmesser des Rollkreises kleiner als den Radius des Teilkreises. Macht man den Teilkreis unendlich groß, also zu einer Geraden, so hat man statt des einen Rades eine Zahnstange. Sollen mehrere Räder beliebig miteinander vertauscht werden, sog. Satzräder, so müssen alle ihre Zahnflanken mit dem gleichen Rollkreis konstruiert sein.

b) Läßt man eine Gerade auf einem Grundkreis rollen, so beschreibt ihr Endpunkt eine Kurve, welche **Kreisevolvente** heißt (Abb. 96).

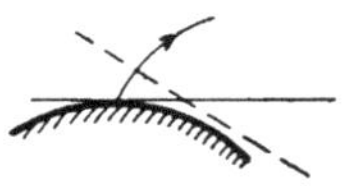

Abb. 96
Evolvente

Abb. 97
Zykloidenverzahnung

c) Bei der **Zykloidenverzahnung** (Abb. 97) läuft die gewölbte Fläche des einen Zahnes auf der hohlen Fläche des anderen, bei der Evolventenverzahnung laufen dagegen zwei gewölbte Flächen aufeinander. In beiden Fällen findet die Berührung mathematisch nach einer Linie statt; in Wirklichkeit werden die Zähne in der Berührungslinie so weit zusammengedrückt, daß eine Fläche entsteht, die so groß ist, daß sie den Zahndruck vermöge der Widerstandskraft des Zahnmateriales aufzunehmen vermag. Bei der **Evolventenverzahnung** wird das Material mehr zusammengedrückt, also mehr abgenutzt. Wo also die Abnutzung eine Rolle spielt, d. h. bei Rädern, welche in der Zeiteinheit viel Umdrehungen machen und viele Stunden im Betriebe sind, wie **Transmissionsräder**, ist die Zykloidenverzahnung vorzuziehen. Die Evolventenzähne fallen dagegen an der Wurzel stärker aus, sie sind daher gegen Abbrechen widerstandsfähiger und empfehlen sich daher da, wo große Kräfte aufzunehmen sind und anderseits die Umdrehungszahl und die Arbeitszeit eine mäßige ist wie bei **Windenrädern.**

Berechnung der Zahnräder.

a) Es sei

r der Teilkreishalbmesser in cm,
P der Zahndruck in kg,
$M_d = P \cdot r$ das zu übertragende Drehmoment in kg/cm,

z die Zähnezahl, $t = \frac{2\pi \cdot r}{z}$ die Teilung in cm,
b die Zahnbreite in cm, $\Phi = b : t$,
$a = 0{,}5\,t$ bis $0{,}55\,t$, die Zahnstärke an der Wurzel in cm,
$h = 0{,}7\,t$ die Zahnhöhe,
k_b die zulässige Biegungsanstrengung des schwächeren Zahnmateriales,
n die Umgangszahl, N die zu übertragende Leistung in PS.

b) Betrachtet man den Zahn als einen Stab, der an einem Ende (Zahnwurzel) im Radkranz eingespannt, am andern Ende (Zahnspitze) durch den Zahndruck belastet ist, so hat man

$$P \cdot h = \frac{K_b}{6} \cdot b \cdot a^2.$$

Mit $h = 0{,}7\,t$ und $a = 0{,}5\,t$ bis $0{,}55\,t$ ergibt sich hieraus $P = k_1 \cdot bt$, wobei $k_1 = 0{,}06$—$0{,}7\,k_b$ ist. Für gußeiserne Räder im Dauerbetriebe kann nach Bach gesetzt werden:

$$k_1 = 20 - \sqrt{n} \text{ (normale Ausführung)}$$

oder

$$k_1 = 20 - 0{,}5\sqrt{n} \text{ (vorzügliche Ausführung).}$$

Ist nicht der Zahndruck, sondern das Drehmoment oder die Anzahl der Pferdekräfte gegeben, so ist nach [7]

$$M_d = P \cdot r = 71\,600\,\frac{N}{n}$$

woraus sich mit $P = k_1 \cdot bt = k_1\,\Psi\,t^2$ und $r = \frac{zt}{2\pi}$ die Teilung ergibt zu

$$t = \sqrt[3]{\frac{2\pi}{K_1\,\psi \cdot z} \cdot M_d}$$

$$t = 10\sqrt[3]{\frac{450}{K_1\,\psi \cdot z} \cdot \frac{N}{n}}.$$

c) Je mehr Umdrehungen ein Rad macht, um so geringer soll wegen der Abnutzung die spezifische Pressung in der Zahnfläche sein. Diese Pressung wird um so kleiner, je breiter der Zahn gemacht wird. Setzt man die Zahnbreite $b = \psi\,t$, so ist anzunehmen

$\Psi = 2$ für Räder, welche nicht fortwährend im Betriebe sind (Windenräder),
$\Psi = 2$—$3{,}5$ für gewöhnliche Transmissionsräder,
$\Psi = 3$—5 und mehr für Räder mit großer Umdrehungszahl und stark veränderlichem Zahndruck (Vorgelege von Kurbelgetrieben u. dgl.).

Die Zahndicke im Teilkreis nimmt man gewöhnlich $\frac{19}{40}\,t - \frac{1}{2}\,t$, die Zahnlücke demnach $\frac{21}{40} \cdot t$ bis $\frac{1}{2}\,t$ und der Spielraum $\frac{1}{20}\,t$ bis 0. Die ersten Werte gelten für rohe Gußzähne, die letzten für gehobelte und gefräste Zähne bei sorgfältiger Herstellung.

d) Die Zähnezahl bestimmt sich aus $z = \frac{2\pi \cdot r}{t}$. Die Zähnezahl soll bei Windenrädern mindestens 10, bei Transmissionsrädern mindestens 24 betragen. Die Übersetzung bei Handbetrieb höchstens 10fach, bei Krafträdern höchstens 5—6fach sein.

Aufgabe 38.

[106] *In dem in Aufgabe 7 angeführten Beispiel beträgt der Druck am Umfang des Zahnrades vom Durchmesser 500 mm, $P = 412$ kg. Es soll die Verzahnung für dieses Rad bestimmt werden.*

Da es sich um ein Windenrad handelt, sei Evolventenverzahnung gewählt. $P = k_1 \cdot bt$, wo für Gußeisen mit Rücksicht darauf, daß die größte Beanspruchung nicht häufig eintreten soll, $k_1 = 25$ gewählt wird. Setzt man ferner $b = \Psi t = 2t$ (Windenrad), so kommt $412 = 25 \cdot 2\,t^2$

$$t = \sqrt{\frac{412}{50}} = 2{,}87 \text{ cm.}$$

Kleiner als 2,5 cm wählt man die Teilung mit Rücksicht auf zufällige größere Beanspruchungen nicht gerne. Damit ergibt sich eine Zähnezahl

$$z = \frac{2 \cdot 3{,}14 \cdot 25}{2{,}87} = 54{,}7.$$

Wählt man statt dessen 56 Zähne, so folgt die Teilung

$$t = \frac{2 \cdot 3{,}1416 \cdot 25}{56} = 2{,}805 \text{ cm.}$$

Zahnbreite $b = 2 \cdot 2{,}85 \backsim 6$ cm. Höhe $= 0{,}7 \cdot 2{,}805 \backsim 2{,}0$ cm.
Höhe des Zahnkopfes $= 0{,}3 \cdot 2{,}805 \backsim 0{,}85$ cm.
Zahnfuß $= 1{,}15$ cm.
Zahndicke im Teilkreis $\frac{19}{40} \cdot 2{,}805 \backsim 1{,}35$ cm.

Aufgabe 39.

[107] *Ein Transmissionsrad habe bei 100 Umdrehungen in der Minute 40 Pferdekräfte zu übertragen. Das Rad erhalte Zykloidenverzahnung und sei aus Gußeisen.*

$$K_1 = 20 - \sqrt{n} = 20 - \sqrt{100} = 10.$$

Wählt man $\psi = 3$ (Transmissionsrad) und $z = 36$, so ist

$$t = 10 \cdot \sqrt[3]{\frac{450}{10 \cdot 3 \cdot 36} \cdot \frac{40}{100}} \backsim 5{,}5 \text{ cm,}$$

Es sei $t = 5{,}498 = 1{,}75\,\pi$ gewählt, dann ist der Raddurchmesser

$$2\,r = \frac{z\,t}{\pi} = \frac{36 \cdot 1{,}75 \cdot \pi}{\pi} = 63 \text{ cm}$$

und die Zahnbreite $b = 3 \cdot 5{,}498 \backsim 16{,}0$ cm.

[108] Riementrieb. [11.]

a) Der Riementrieb eignet sich zur Übertragung von Leistungen in geschlossenen Räumen, wenn die Entfernung der Scheibenachsen nicht mehr als 15—20 m beträgt. Das Riemenmaterial ist meist Rindsleder, seltener Gummi, Kamelhaargewebe usw. Haupterfordernis ist, daß das Material genügende Elastizität besitzt.

b) Die zur Übertragung von Kräften erforderliche Spannung wird durch Kürzen des Riemens (Dehnungsspannung) neuestens häufig durch Anordnung von Spannrollen erzeugt (Abb. 98). Im ersteren Fall pflegt anfänglich zu große Spannun gerzeugt zu werden, was eine Überanstrengung der Wellen und des Riemens zur Folge hat, wogegen bei Spannrollentrieben eine Schonung des Riemens möglich ist. Sie dämpfen auch bei stark schwankendem Betriebe das Schlagen des Riemens und ermöglichen auch einen geringeren Achsabstand.

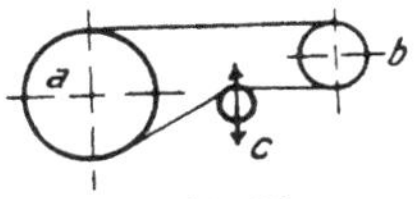

Abb. 98
Spannrolle

c) Sind N Pferdekräfte zu übertragen, so gilt die Arbeitsgleichung $75\,N = P \cdot v$, woraus die Umfangskraft

$$P = \frac{75 \cdot N}{v}.$$

Bei Anwendung der manchmal empfohlenen sehr hohen Umfangsgeschwindigkeiten von 40 m/sec ist zu prüfen, ob die Beanspruchung der Scheiben durch die Fliehkraft innerhalb der zulässigen Grenzen bleibt. Meist wird $v \leqq 25$ m/sec ausreichen.

Die Spannung im ziehenden Riementeil ist größer als die Spannung im gezogenen. Für gewöhnliche Fälle kann $S_1 = 2P$ und $S_2 = P$ (somit Achsbelastung $= 3P$) angenommen werden. Hiernach sind Zapfen und Wellen zu berechnen. Der nötige Riemenquerschnitt ergibt sich aus

$$S_1 = k_z \cdot F = k_z \cdot b \cdot s,$$

für $k_z = 20$ für Lederriemen und $k_z = 10—20$ für Gummi- und Baumwollriemen folgt, wenn man $S_1 = 2P$ setzt, $P = 10 \cdot b \cdot s$ für Lederriemen.

Die Werte von k_z bzw. k sind von der Geschwindigkeit v abhängig. Nach Bach können bei gutem Leder für k solche Werte angenommen werden, daß je 10 cm Riemenbreite (bei einer Riemendicke von rund 5 mm) die in Abb. 99 ersichtliche Leistung

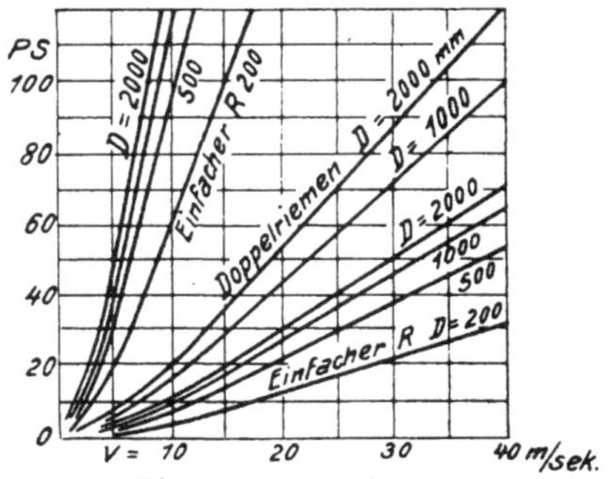

Abb. 99

zu übertragen vermögen. Für Durchmesser von anderer als der angeführten Größe sind Doppelriemen oft vorzuziehen. Neuerdings legt man mehrere Riemen nebeneinander. In feuchten Räumen sind Gummiriemen oder besonders zubereitete Lederriemen am Platz. Baumwollriemen strecken sich meist im Betriebe stärker als Lederriemen, haben zudem einen kleineren Dehnungskoeffizienten, sind aber wesentlich billiger. Neuester Zeit verwendet man auch Stahlbänder.

Aufgabe 40.

[109] *Wie stark muß ein Riemen sein, der 25 Pferdekräfte an einer Scheibe von 1 m Durchmesser übertragen soll, wenn diese 200 Umgänge in der Minute macht.*

Umfangsgeschwindigkeit $v = \frac{2 \cdot 3{,}14 \cdot 0{,}5 \cdot 200}{60} \backsim 10{,}5$ m/sec.

Schneiden wir Abb. 99 in die Linie für $D = 1000$ mm mit $v = 10{,}5$ ein, so erhalten wir einen Abschnitt entsprechend 18 PS (für $b = 10$ cm Riemenbreite).

Somit ist erforderlich

$$b = (25 : 18)\,10 = 1{,}4 \cdot 10 = 14 \text{ cm}.$$

Aufgabe 41.

[110] *Von einer Welle, welche $n = 80$ Umdrehungen in der Minute macht, sollen auf eine andere Welle, welche $n_2 = 120$ Umdrehungen in der Minute machen soll, 18 PS durch einen einfachen Riemen übertragen werden. Die getriebene Welle muß dann offenbar eine kleinere Scheibe erhalten. Wie groß ist die Umfangsgeschwindigkeit?*

Wählt man den Halbmesser dieser kleinen Scheibe $R_2 = 0{,}30$ m; dann ist zunächst

$$R_1 = \frac{120}{80} \cdot R_2 = 0{,}45 \text{ m}$$

und man erhält die Breite des gesuchten Riemens aus

$$b = \frac{N}{R \cdot n} = \frac{18}{0{,}3 \cdot 12} = \frac{18}{0{,}45 \cdot 80} = 0{,}5 \text{ m}.$$

Die Riemengeschwindigkeit ist also hier

$$v = 0{,}1 \cdot 0{,}45 \cdot 80 = \frac{2 \cdot 0{,}3 \cdot \pi \cdot 120}{60} = 3{,}77 \text{ m/sec},$$

also sehr klein.

Würde man $R_2 = 0{,}6$ m wählen, also $R_1 = 0{,}90$ m, so erhielte man

$$v = 7{,}54 \text{ m/sec und } b = 0{,}25 \text{ m}.$$

[111] Übungsaufgaben.

Aufg. 42. Wie stark muß eine gewöhnliche Transmissionswelle sein, wenn am Umfange der Riemenscheibe von 700 mm Durchmesser eine Kraft von 1000 kg wirkt?

Aufg. 43. Wieviel Pferdekräfte kann eine Welle aus Schmiedeeisen von 115 m Durchmesser bei $n = 120$ übertragen?

Aufg. 44. Es seien 50 Pferdestärken bei $n = 120$ zu übertragen.

(Lösungen im 3. Briefe.)

[112] Lösungen der im ersten Briefe unter [37] gegebenen Übungsaufgaben.

Aufg. 8: $F k_z = P$; $F \cdot 900 = 2000$, $F = 2{,}2 \text{ cm}^2$.

Verlängerung der Stange:

$$\lambda = \alpha \cdot \frac{P}{F} l; \ \alpha \text{ sei } \frac{1}{2000000}$$

$$\lambda = \frac{2000 \cdot 200}{2000000, 2{,}22} = 0{,}09 \text{ cm d. h. fast 1 mm.}$$

Würde die Zugkraft öfter von 2000 auf 0 stetig sinken und wieder bis 2000 ansteigen, so wäre nach Tabelle 1 k_z nur 600.

Aufg. 9. Die Befestigung entspricht Abb. 47 II.

$$P = \frac{\pi^2}{S} \cdot \frac{1}{\alpha} \cdot \frac{T}{l^2}.$$

Mit Trägheitsmoment

$$T = \frac{\pi}{64} (d^4 - d_0^4)$$

wird

$$P = \frac{\pi^3}{64} \cdot \frac{1}{S \cdot \alpha} \cdot \frac{d^4 - d_0^4}{l^2} \sim \frac{1}{2 S \cdot \alpha} \cdot \frac{d^4 - d_0^4}{l^2}.$$

Wählt man $S = 7$, so wird

$$10000 = \frac{1000000}{2 \cdot 7 \cdot 500^2} (d^4 - d_0^4)$$

$$d^4 - d_0^4 = 35000.$$

Wählt man für den äußeren Durchmesser der Säule, welche 10 Tonnen bei 5 m Länge zu tragen hat, schätzungsweise $d = 15$ cm, so wird

$$15^4 - d_0^4 = 35000$$

a.so

$$d_0^4 = 15625 \text{ und } d_0 = 11{,}2 \text{ cm},$$

daher wird die Wandstärke

$$s = \frac{d - d_0}{2} = \frac{15 - 11{,}2}{2} = 1{,}9 \text{ cm},$$

was passend erscheint.

Die Berechnung der Säule auf Druck liefert

$$\sigma = \frac{P}{F} = \frac{10000}{\frac{\pi}{4}(15^2 - 11{,}2^2)} = 128 \text{ kg per cm}^2,$$

was zulässig erscheint.

Aufg. 10. Die größte Zugspannung σ_z und die größte Druckspannung ergibt sich aus

$$\sigma_z = \frac{M_b}{w} - \frac{P}{T} \text{ und } \sigma_d = -\frac{M_b}{w} + \frac{P}{F}$$

$$W_x = 160 \text{ cm } F \sim 28 \text{ cm}^2$$

und $M_b = \frac{P_1 \cdot l}{4}$ nach Belastungsfall II. Fachband [291, I, 1]

$$M = \frac{P \cdot l}{4} \text{ für } a = b = \frac{l}{2}$$

$$= \frac{1500 \cdot 300}{4} = 112500 \text{ kg} \cdot \text{cm}.$$

$$P_1 = P_2 = 1200 \text{ kg}$$

daher

$$\sigma_z = \frac{112500}{160} + \frac{1200}{28} = 699 + 43 = 742 \text{ kg pro cm}^2.$$

Auf gleiche Weise ergibt sich

$$\sigma_d = -699 + 43 = -656 \text{ kg/cm}^2.$$

Da eine Anstrengung bis 1200 kg/cm² (II. Fachb. [291]) zulässig erscheint, ist das gewählte Profil reichlich.

ELEKTROTECHNIK

Inhalt: Nachdem wir im früheren Briefe die Gesetze des elektrischen Stromes und des Magnetismus entwickelt haben, gehen wir nun nach einer Übersicht über das **absolute Maßsystem** zu den **Gleichstromdynamos** und **Elektromotoren**, sowie später zum **Wechselstrom** und den **Wechselstrommaschinen** über.

4. Abschnitt.

Das absolute Maßsystem.

[113] Grundeinheiten und abgeleitete Maße.

In den bisherigen Abschnitten ist eine Anzahl von Einheiten angeführt, die sich auf das sog. **absolute Maßsystem** beziehen. Im folgenden sollen diese Einheiten noch einmal im Zusammenhange dargestellt werden. Wir wählten als Grundeinheiten:

a) die Länge von 1 Zentimeter [c],
b) die Masse von 1 Gramm, das ist jene Menge, die 1 Gramm wiegt [g],
c) die Zeit 1 Sekunde (1″), das ist $\frac{1}{86400}$ des mittleren Sonnentages [s].

Auf diese drei Grundgrößen lassen sich alle übrigen Größen zurückführen, und nennt man die auf die Grundgröße zurückgeführten Größen absolute Maße.

In welchem mathematischen Zusammenhange die abgeleiteten Größen zu den Grundgrößen stehen, deutet man durch Potenzen der Grundgrößen an. Alle abgeleiteten Größen sind Potenzen der Grundgrößen. Das Produkt aus diesen Potenzen nennt man die **Dimension** der betreffenden Größe und bezeichnet dieselbe durch rechtwinklige Einklammerung.

[114] Mechanische Größen.

I. Fläche. Die Einheit der Fläche ist ein Quadrat von 1 cm Seitenlänge

$$[F] = c^2.$$

II. Volumen. Als Einheit des Volumens V gilt 1 Würfel von 1 cm Seitenlänge

$$[V] = c^3.$$

III. Geschwindigkeit. Unter Geschwindigkeit der gleichförmigen Bewegung versteht man den in einer Sekunde zurückgelegten Weg

$$v = \frac{\text{Weg}}{\text{Zeit}}$$

$$[v] = \frac{c}{s} = c \cdot s^{-1}.$$

IV. Beschleunigung. Unter Beschleunigung einer gleichförmig beschleunigten Bewegung versteht man die Zunahme der Geschwindigkeit in einer Sekunde. bezeichnet a die Beschleunigung, so ist $v = a \cdot s$ oder $a = \frac{v}{s}$

$$[a] = \frac{[v]}{s} \qquad [a] = \frac{c \cdot s^{-1}}{s} = c \cdot s^{-2}.$$

V. Kraft. Die Kraft ist definiert durch die Gleichung der Mechanik

$$P = a \cdot M \text{ (Beschleunigung} \times \text{Masse).}$$

Setzt man $a = 1$ und $M = 1$, wird $P = 1$.

$$[P] = c \cdot s^{-2} \cdot g = [a]\,M = c \cdot s^{-2} \cdot g.$$

Die Einheit dieser Kraft [$g \cdot c \cdot s^{-2}$] nennt man Dyn = ungefähr $^1/_{1000}$ Gramm.

Beispiel: Wieviel Dyn hat 1 Kilogramm?

981 Dyn = 1 Gramm,
981000 Dyn = 1 Kilogramm (d. h. 1 kg = ungef. 1 Mill. Dyn).

VI. Arbeit. Unter der Arbeit A versteht man bekanntlich das Produkt aus Kraft und Weg (in der Kraftrichtung genommen).

Setzt man für die Kraft 1 Dyn, für den Weg 1 cm, so wird A = 1 Erg, d. i. die Arbeit, welche geleistet wird, wenn 1 Dyn 1 cm weit bewegt wird.

$$[A] = [P] \cdot c = g\,c \cdot s^{-2} \cdot c = g\,c^2 \cdot s^{-2}.$$

Beispiel: Es ist die Beziehung zwischen Erg und Kilogrammeter zu suchen:

1 mkg = 981000 Dyn · 100 cm,
1 mkg = 9 · 81 · 10^7 Erg.

VII. Effekt. Unter Effekt oder Leistung versteht man die Arbeit in einer Sekunde. Es ist also der Effekt

$$L = \frac{\text{Kraft} \cdot \text{Weg}}{\text{Zeit}} = \frac{A}{s}$$

$$[L] = \frac{g \cdot c^2 \cdot s^{-2}}{s} = g \cdot c^2 \cdot s^{-3}.$$

Beispiel: 1 Pferdestärke ist in Erg pro Sekunde zu verwandeln.

1 PS = 75 mkg/sek = 75 · 9,81 · 10^7/sek
= 736 · 10^7 Erg/sek,
1 PS = 736 Watt,
daher 736 Watt = 736 · 10^7 Erg/sek.
1 Watt = 10^7 Erg/sek.
1 mkg = 9,81 · 10^7 Erg = 9,81 Watt · sek.

[115] Magnetische Größen.

VIII. Magnetische Menge. Unter der magnetischen Menge Eins versteht man jene magnetische Menge, welche im Abstande Eins auf die gleiche Menge mit der Kraft 1 Dyn einwirkt.

$$P = \frac{m_1 m_2}{v^2}$$
$$m_1 = m_2 = \mu$$
$$\mu = v \cdot \sqrt{P}$$
$$[\mu] = c \cdot \sqrt{g\,c} \cdot s^{-2} = c^{3/2} \cdot g^{1/2} \cdot s^{-1}.$$

IX. Magnetisches Moment. Das magnetische Moment ist das Produkt aus magnetischer Menge und Polabstand

$$M = \mu \cdot l$$
$$[M] = c^{3/2} \cdot g^{1/2} \cdot s^{-1} \cdot c = c^{5/2} \cdot g^{1/2} \cdot s^{-1}.$$

X. Anzahl der Kraftlinien.

$$N = 4\pi \cdot \mu$$
$$[N] = c^{3/2} \cdot g^{1/2} \cdot s^{-1}.$$

XI. Felddichte. Felddichte ist die Anzahl der Kraftlinien, welche auf die Flächeneinheit entfallen

$$H = \frac{N}{\mathfrak{f}}$$
$$[H] = \frac{[N]}{[\mathfrak{f}]} = \frac{c^{3/2} \cdot g^{1/2} s^{-1}}{c^2} = c^{-1/2} \cdot g^{1/2} \cdot s^{-1}.$$

[116] Elektrische Größen.

XII. Stromstärke. Dieselbe wurde gemessen durch eine Tangentenbussole nach der Formel

$$i = \frac{R \cdot H_e}{2\pi \cdot n} \cdot \operatorname{tg} \alpha.$$

Hierin bedeutet R den Radius der Tangentenbussole, also eine Länge, H_e die Horizontalkomponente des Erdmagnetismus, das ist die Anzahl von Kraftlinien, welche durch 1 cm² hindurchgehen, n die Windungszahl tg φ, 2, π und n sind unbenannte Zahlen, so daß die Dimension von i nur von R (Länge) und H_e (siehe XI) abhängt

$$[i] = c \cdot c^{-1/2} \cdot g^{1/2} \cdot s^{-1}$$
$$[i] = c^{1/2} g^{1/2} s^{-1}.$$

$$1 \text{ Ampere} = \frac{1}{10} (s\,c, g, s) \text{ Einheiten}$$

$$[1 \text{ Amp}] = 10^{-1} \cdot c^{1/2} \cdot g^{1/2} \cdot s^{-1}.$$

XIII. Elektrizitätsmenge. Floß ein Strom i während t Sekunden durch einen Querschnitt, so ist durch denselben die Elektrizitätsmenge

$$Q = i \cdot t$$

geflossen. Wird i in (cgs) Einheiten ausgedrückt, so erhält man auch Q in denselben.

Drückt man i in Ampere aus, so erhält man Q in Coulomb.

Die Dimension von Q ist das Produkt der Stromstärke und Zeit

$$[Q] = c^{1/2} \cdot g^{1/2} \cdot s^{-1} \cdot s = c^{1/2} \cdot g^{1/2}$$
$$1 \text{ Coulomb ist} = 10^{-1} \cdot c^{1/2} \cdot g^{1/2}.$$

XIV. Elektromotorische Kraft. Die elektromotorische Kraft ist definiert durch

$$e = H \cdot l \cdot v \cdot$$
$$[e] = c^{-1/2} \cdot g^{1/2} s^{-1} \cdot c \cdot c \cdot s^{-1}$$
$$[e] = c^{3/2} g^{1/2} \cdot s^{-2}.$$

10^8 solcher Einheiten bilden 1 Volt.

$$1 \text{ Volt} = 10^8 \cdot c^{3/2} \cdot g^{1/2} \cdot s^{-2}.$$

XV. Widerstand. Der Widerstand ist der Quotient aus elektromotorischer Kraft und Stromstärke

$$r = \frac{e}{i}$$
$$[r] = \frac{c^{3/2} g^{1/2} s^{-2}}{c^{1/2} \cdot g^{1/2} s^{-1}}$$
$$[r] = c \cdot s^{-1}.$$

Der Widerstand besitzt hiernach dieselbe Dimension wie eine Geschwindigkeit

$$\text{Der Widerstand } 1\ \Omega = \frac{1 \text{ Volt}}{1 \text{ Ampere}}$$

$$1\ \Omega = \frac{10^8 \cdot c^{3/2} \cdot g^{1/2} \cdot s^{-2}}{\frac{1}{10} \cdot c^{1/2} g^{1/2} s^{-1}} = 10^9 \cdot c \cdot s^{-1}.$$

XVI. Elektrische Arbeit. Die elektrische Arbeit ist das Produkt aus Spannung, Stromstärke und Zeit.

$$A = e\,i \cdot t \cdot$$
$$[A] = c^{3/2} \cdot g^{1/2} \cdot s^{-2} \cdot c^{1/2} g^{1/2} \cdot s^{-1} \cdot s = c^2 \cdot g \cdot s^{-2}.$$

Das ist aber dieselbe Dimension, die wir unter VI als mechanische Arbeit kennen gelernt haben.

Die Einheit bildete dort das Erg. Die elektrische Arbeit wird also auch in Erg gemessen, und zwar dann, wenn e, i und t in (cgs) Einheiten ausgedrückt werden. Setzt man e in Volt und i in Ampere ein, so erhält man

$$A = 10^8 \cdot e \cdot 10^{-1} \cdot i\,t = 10^7\, e\,i\,t$$
$$1 \text{ Joule} = 10^7 \text{ Erg}.$$

XVII. Elektrischer Effekt. Elektrischer Effekt ist die elektrische Arbeit in der Zeiteinheit.

$$L = e\,i$$
$$[L] = c^{3/2} \cdot g^{1/2} \cdot s^{-2} \cdot c^{1/2} \cdot g^{1/2} \cdot s^{-1}$$
$$[L] = c^2 \cdot g \cdot s^{-3}.$$

Die absolute Einheit des Effektes wird in einem Leiter geleistet, wenn die Stromstärke Eins an den Enden des Leiters die Spannung Eins, also ein Erg pro Sekunde hervorruft.

$$[\text{Watt}] = 10^7 \cdot c^2 \cdot g \cdot s^{-3}.$$

XIII. Kapazität. Verbindet man einen Kondensator mit einer Elektrizitätsquelle von der elektromotorischen Kraft E, so strömt von derselben eine Elektrizitätsmenge Q auf den Kondensator

$$Q = C \cdot E,$$

wobei C eine von dem Kondensator abhängige Konstante bezeichnet. Man hat derselben den Namen Kapazität des Kondensators beigelegt. Die Bedeutung von C erhält man, wenn man $E = 1$, denn dann ist

$$Q = C.$$

$$\text{Aus } Q = CE \text{ folgt } C = \frac{Q}{E}.$$

Setzt man $Q = 1$ und $E = 1$, so wird $C = 1$; die Einheit der Kapazität besitzt jener Kondensator, der mit einer Stromquelle von der EM Eins (10^{-8} Volt) geladen wird und dann die Einheit der Elektrizitätsmenge 1 Coulomb aufnimmt.

$$[C] = \frac{[Q]}{[e]} = \frac{c^{1/2} \cdot g^{1/2}}{c^{3/2} \cdot g^{1/2} \cdot s^{-2}}.$$
$$[C] = c^{-1} \cdot s^2.$$

Die praktische Einheit der Kapazität ist ein Farad.

$$1\ \text{Farad} = \frac{1\ \text{Coulomb}}{1\ \text{Volt}} = \frac{10^{-1}\, c^{1/2}\, g^{1/2}}{10^{8}\cdot c^{1/2}\, g^{1/2}\, s^{-2}}$$

$$1\ \text{Farad} = 10^{-9}\cdot c^{-1}\cdot s^{2}.$$

Auch diese Einheit wird in der Praxis kaum jemals erreicht; man nimmt den millionsten Teil hiervon und nennt ihn ein Mikrofarad.

1 Mikrofarad $= 10^{-6}$ Farad $= 10^{-15}$ absolute Einheiten

$$[\text{Farad}] = 10^{-9}\cdot c^{-1}\, s^{2}$$

$$[\text{Mikrofarad}] = 10^{-15}\, c^{-1}\, s^{2}.$$

XIX. Koeffizient der Selbstinduktion. Derselbe ist definiert durch die Gleichung

$$e = \mathfrak{L}\cdot\frac{\Delta i}{\Delta t}$$

$$\mathfrak{L} = \frac{e\cdot\Delta t}{\Delta i}$$

$$[\mathfrak{L}] = \frac{[e]\,[t]}{[i]} = \frac{c^{3/2}\cdot g^{1/2}\cdot s^{-2}\cdot s}{c^{1/2}\cdot g^{1/2}\, s^{-1}}$$

$$[\mathfrak{L}] = \frac{c^{3/2}\cdot g^{1/2}\cdot s^{-2}\cdot s}{c^{1/2}\cdot g^{1/2}\cdot s^{-1}} = c.$$

Die Einheit des Induktionskoeffizienten bildet das **Zentimeter.**

Drückt man e in Volt, i in Ampere aus, so wird die praktische Einheit

$$[\mathfrak{L}] = \frac{10^{8}\cdot c^{3/2}\, g^{1/2}\cdot s^{-2}\cdot s}{10^{-1}\, c^{1/2}\, g^{1/2}\, s^{-1}} = 10^{9}\, c$$

Die praktische Einheit des Induktionskoeffizienten ist eine Länge von **10^9 Zentimetern.** Nun ist aber bekanntlich das Meter der 40millionste Teil des Erdumfanges, somit

10^7 m $= 10^9$ cm $=$ 1 Erd-Quadrant.

Die praktische Einheit ist daher der Erdquadrant. In Chicago (1893) wurde hierfür die Bezeichnung **Henry** eingeführt.

1 Henry $=$ 1 (E.Q.) $= 10^9$ cm.

Beispiel: Wie groß ist der Koeffizient der Selbstinduktion für eine 40 cm lange Spule ohne Eisenkern von 0,5 cm² Querschnitt, wenn dieselbe 30000 Windungen besitzt.

$$\mathfrak{L} = \frac{4\pi\cdot 3000^{2}\cdot 0{,}5}{40} = 141\,300\ \text{cm}$$

$\mathfrak{L}$ = 0,0001413 (E.Q.) oder Henry.

Bringt man in das Innere der Spule einen Eisenkern, so wird

$$\mathfrak{L} = \frac{0{,}4\cdot\pi\cdot 3000^{2}\cdot 0{,}5}{40}\cdot\mu$$

wo μ die Permeabilität des Eisens bezeichnet. Dieselbe kann aus der Magnetisierungskurve entnommen werden, wenn man H kennt.

Nun ist aber

$$H = \frac{0{,}4\pi\cdot\xi\cdot i}{l}.$$

Wir sehen also hieraus, daß wenn die Spule Eisen enthält, der Selbstinduktionskoeffizient keine konstante Größe ist, sondern von der Stromstärke abhängt, die durch die Spule fließt.

Ist z. B. i = 0,1 oder 0,5 oder 1 A, so wird der Reihe nach

$$H = \frac{0{,}4\cdot 3000}{40}\cdot i = 9{,}42 \text{ oder } 47{,}10 \text{ oder } 94{,}2.$$

Die Kurve für Schmiedeeisen ergibt dann

μ = 1740 oder 510 oder 190.

$\mathfrak{L}$ = 0,246 oder 0,072 oder 0,0269 (E.Q.).

XX. Koeffizient der gegenseitigen Induktion. Nach [71] induziert ein elektrischer Strom in den benachbarten Windungen einer Spule eine elektromotorische Kraft, welche durch die Gleichung

$$e = M\cdot\frac{\Delta i}{\Delta t}$$

bestimmt ist.

$$[M] = \frac{[e]\,[t]}{[i]} = \frac{c^{3/2}\cdot g^{1/2}\cdot s^{-2}\cdot s}{c^{1/2}\cdot g^{1/2}\cdot s^{-1}}$$

$$[M] = c.$$

Bemerkung. Das absolute Maßsystem unterscheidet sich von den sonst gebräuchlichen Maßsystemen dadurch, daß es nur für Längen, Zeiten und Massen je eine willkürliche Einheit des Maßes festsetzt und die Maße aller anderen meßbaren Größen so auf diese Grundmaße zurückführt, daß alle anderen Reduktionsfaktoren erspart werden. Das aus den Vorschlägen von **Gauß** und **Weber** und der Feststellung durch den Pariser Kongreß vom 21. September 1881 hervorgegangene absolute Maßsystem, das sog. **Gramm-Zentimeter-Sekundensystem** (abgekürzt GCS) hat als Einheit der Masse das Gramm, d. h. die Masse von 1 m³ Wasser, als Einheit der Länge das Zentimeter und als Einheit der Zeit die Sekunde. Diese drei sind die fundamentalen Einheiten; alle andern sind abgeleitete Einheiten und lassen sich in Funktionen von Potenzen der fundamentalen Einheiten ausdrücken.

5. Abschnitt.

Gleichstromdynamos und Motoren.

[117] Ringanker.

Wie allgemein bekannt, werden die elektrischen Ströme, welche gegenwärtig eine so überaus mannigfache Verwendung gefunden haben, **durch Maschinen erzeugt, bei welchen mechanische Arbeit in Elektrizität verwandelt wird. Umgekehrt können elektrische Ströme in hierzu geeigneten Maschinen in mechanische Arbeit umgesetzt werden.**

Wir betrachten zunächst die in Abb. 100 dargestellte Maschine.

N und S sind die Pole eines kräftigen Hufeisenmagneten, über welchem sich ein Anker AB aus Schmiedeeisen um die Achse OO drehen kann. Die Schenkel A und B des Ankers sind mit umsponnenem Draht bewickelt. Vorläufig nehmen wir nur an, daß nur der eine Schenkel A bewickelt ist, während uns die Enden des Drahtes noch zur Verfügung stehen. Der Hufeisenmagnet NS sendet Kraftlinien aus, die in Stellung I fast zur Gänze durch den Anker gehen. Die auf dem Anker aufgewickelte Spule schließt also das Maximum der Kraftlinien ein. Bis der Anker in die Stellung II kommt, nimmt die Zahl der Kraftlinien bis auf Null ab, während er in Stellung III wieder das Maximum erreicht und in IV auf 0 herabkommt.

Daß in der Lage I und III die Spule das Maximum von Kraftlinien einschließt, ist leicht einzusehen; der Übergang von $-N_{\max}$ in Lage I zu $+N_{\max}$ kann aber wieder nur durch Null gehen. Die Änderung der Kraftlinienzahl erzeugt in den Windungen der Spule eine E.K.

$$e = \frac{\Delta N}{\Delta t} \cdot \xi \cdot 10^{-8} \text{ Volt [71].}$$

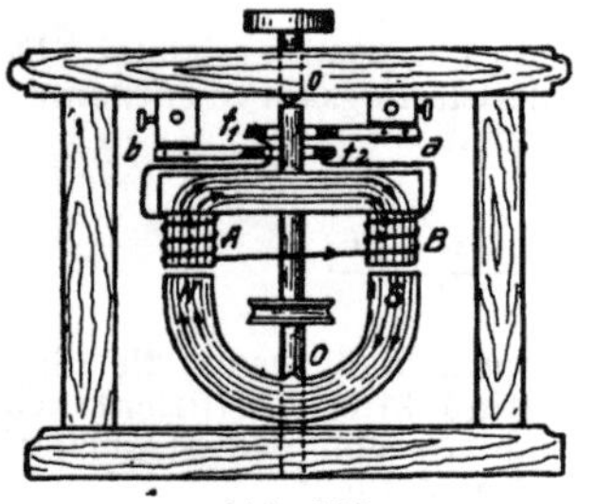

Zeichnet man nun eine Kurve, deren Abszissen die Zeiten t und deren Ordinaten die zugehörigen E.K.

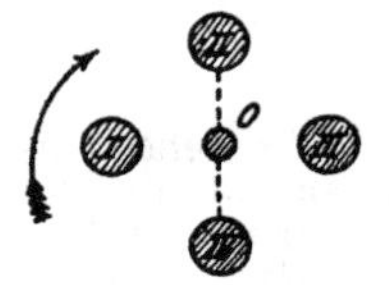

Abb. 100 Abb. 101

Stromwender

e sind, so erhält man die Kurve in Abb. 102, die aber auch als Darstellung der Stromstärke angesehen werden kann. In Lage I ist $e = 0$ und i

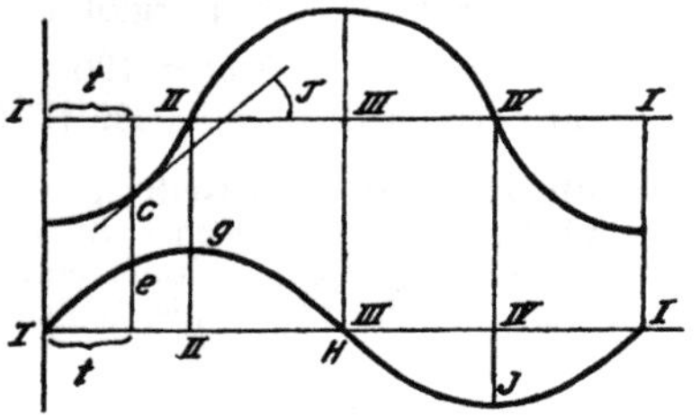

Abb. 102

das negative Maximum, in Lage II ist $e = +$ Max. und $i = 0$ usw.

Wir sehen also, daß der Strom fortwährend seine Stärke und nach je einer halben Umdrehung des Ankers seine Richtung wechselt, es ist also ein Strom, den wir Wechselstrom nennen.

Trägt der Schenkel B eine zweite Wicklung und will man, daß sich die E.K. beider Spulen addieren, so verbindet man den Anfang der einen Spule mit dem Anfang der anderen, während man die Enden zu zwei von der Achse und untereinander gut isolierten Schleifringen führt. Soll im äußeren Stromkreise der Strom stets in derselben Richtung fließen, so muß ein Stromwender angebracht werden, der den Strom im äußeren Kreise in dem Augenblick umkehrt, in welchem er in den Spulen seine Richtung ändert. Die Federn af_1 und bf_2 sind so gestellt, daß sie auf dem Zwischenraum zwischen den beiden Halbringen aufliegen, wenn der Anker über den Magnetpolen steht. **Ein derartig gleichgerichteter Wechselstrom heißt ein pulsierender Gleichstrom.** Läßt man denselben durch ein Kupfervoltameter gehen, so kann man die konstante Stromstärke berechnen, die in derselben Zeit dieselbe Kupfermenge niederschlägt. Wir messen also mit dem Voltameter nur den Mittelwert des Stromes.

Sind die sich bei jeder halben Umdrehung des Ankers wiederholenden Kurvenstücke FGH, HJK (Abb. 103) einander gleich, was bei gleichförmiger Umdrehung des Ankers ohne weiteres zutreffend ist, so ist der Mittelwert des ganzen Stromes gleich dem Mittelwert einer halben Umdrehung, welcher sich leicht berechnen läßt.

Es ist die mittlere Stromstärke [71]

$$i_m = \frac{N_2 - N_1}{T} \cdot \frac{\xi}{r} \cdot 10^{-8} \text{ A.}$$

a) Ist N_0 die maximale Kraftlinienzahl, welche die Spule in der Lage I einschließt, so schließt sie in

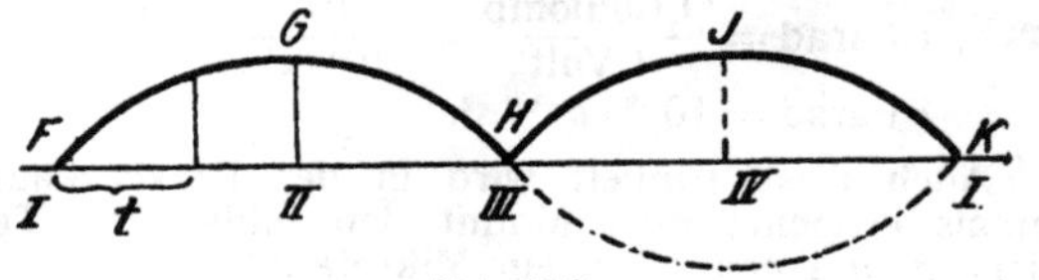

Abb. 103

der Lage III dieselbe Kraftlinienzahl, aber in umgekehrter Richtung ein, so daß

$$N_2 - N_1 = 2\,N_0$$

$$i_m = \frac{\xi}{r} \cdot \frac{2\,N_0}{10^8\,T} \text{ A.}$$

Es ist vorteilhafter, anstatt der Zeit T einer halben Umdrehung die Anzahl n der Umdrehungen pro Sekunde einzuführen. Da die Zeitdauer einer Umdrehung $2\,T$ ist, so ist die Zeitdauer von n Umdrehungen

$$n\,2 \cdot T,$$

da diese Zeit eine Sekunde sein soll, ist

$$2\,n \cdot T = 1$$

$$T = \frac{1}{2\,n}$$

$$i_m = \frac{4\,N_0 \cdot \xi \cdot n}{r \cdot 10^8} \text{ A.}$$

Multipliziert man beide Seiten der Gleichung mit r, so erhält man die **mittlere E.K.**

$$E = e_m = \frac{4\,N_0\,\xi\,n}{10^8} \text{ Volt.}$$

Die mittlere Stromstärke oder mittlere elektromotorische Kraft kann mit Galvanometern, welche permanente Magnete besitzen, ohne weiteres bestimmt werden. Hingegen macht das Dynamometer und das Hitzdrahtvoltmeter andere Angaben, da diese Instrumente einen Ausschlag zeigen, der proportional ist dem Mittelwerte der Quadrate der Stromstärken.

Der in Abb. 101 dargestellte Stromerzeuger ist umkehrbar, er kann auch als Motor benützt werden; nur wird er sich entgegengesetzt drehen wie der Stromerzeuger. Freilich ist auch hier das Lenzsche Gesetz bestätigt, nach welchem bei der Bewegung eines Leiters in einem magnetischen Felde ein Leiter im Strom induziert wird, der die Bewegung zu hemmen sucht, **es ist also eine Arbeit erforderlich, um die Anziehung der Magnete zu überwinden.**

Ein anderer, aber nur mehr historisches Interesse bietender Stromerzeuger ist der von **Siemens** erfundene, der aber auf denselben Prinzipien beruht wie der erste. Der Anker dieser Maschine (Abb. 104) ist ein aus dünnen kreisförmigen Blechscheiben zusammengesetzter Zylinder, in welchem parallel zur Zylinderachse zwei breite Nuten eingefräst sind, die durch Drahtwindungen ausgefüllt werden. Wegen der Wirbelströme, die den Anker erhitzen würden, darf der Anker nicht aus einem massiven Stück Eisen bestehen. Je dünner die Bleche, desto besser werden die Wirbelströme vermieden, aber um so teurer wird der Anker. Das verwendete Blech muß möglichst weich sein, damit der Verlust durch Hysteresis gering wird.

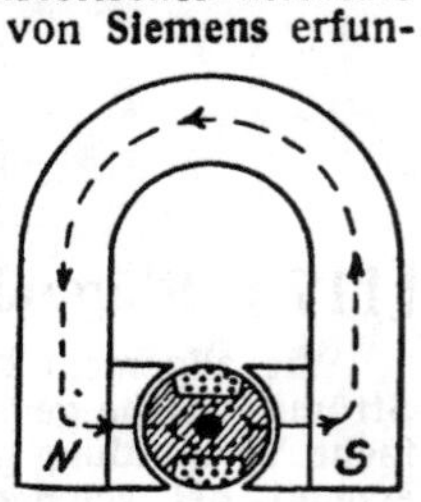

Abb. 104

Die beiden bisher betrachteten Maschinen liefern, wie schon erwähnt, pulsierenden Gleichstrom. Da derselbe aber für viele Zwecke nicht vorteilhaft ist, müssen wir uns nach Ankern umsehen, die einen wenigstens nahezu konstanten Gleichstrom liefern. Dies sind die **Ringanker** von **Pacinotti** und **Gramme** und die **Trommelanker** von **Hefner-Alteneck.**

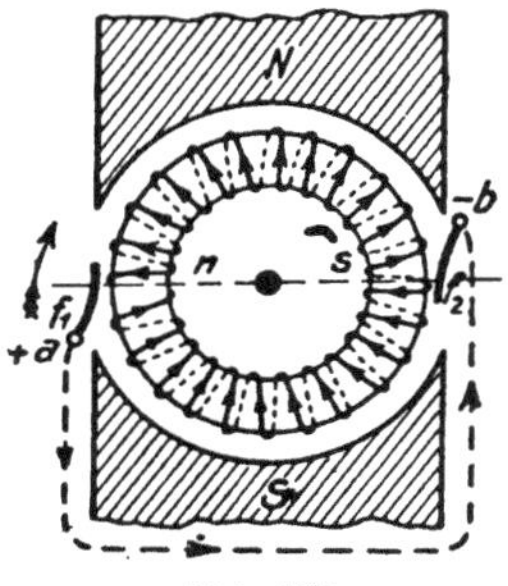

Abb. 105
Ringanker

Die Ringanker sind in Abb. 105 dargestellt.

Zwischen den Polen N und S eines kräftigen Magneten läßt sich um die Achse O ein Ring aus weichem Schmiedeeisen drehen, der zur Vermeidung von Wirbelströmen aus dünnen, ringförmigen Scheiben besteht. Bringt man auf den Ring eine geschlossene Windung, so wird er in Stellung I das Maximum der Kraftlinien einschließen, während in Lage II die Windung parallel zu den Kraftlinien geht, daher dort gar keine Kraftlinien hindurchgehen.

Wir haben bis jetzt angenommen, daß der Ring feststeht; es ändert aber gar nichts, wenn wir den Ring mit der Windung um O drehen. Daraus ergeben sich wie früher die Kurven für i und e in Abb. 103. Die Richtung des Stromes ergibt sich aus folgender Betrachtung. Blicken wir in der Richtung der Kraftlinien auf die Windung, so fließt der entstehende Induktionsstrom im Drehungssinn des Uhrzeigers (I. Fachband [471]).

b) Bewickelt man nun einen Eisenring gleichmäßig auf seiner ganzen Länge mit übersponnenem Kupferdraht und verbindet Anfang und Ende dieser Wicklung, so erhält man eine fortlaufende, in sich geschlossene Wicklung. Bei der Drehung des Ringes im Sinne des Uhrzeigers entstehen in den einzelnen Windungen elektromotorische Kräfte. Es addieren sich hierbei die E.K. in der oberen und ebenso in der unteren Ringhälfte. Da nun die Summe beider gleich groß ist, so entsteht in den Windungen kein Strom. Entfernt man aber die Isolation der Kupferdrähte am äußeren Umfange, ohne die gegenseitige Isolation zu zerstören, und läßt man auf den Windungen die Federn af_1 und bf_2 schleifen, so kann im äußeren Stromkreis acb **ein konstanter Strom fließen,** der gleich der Summe der Ströme in den beiden Ringhälften ist.

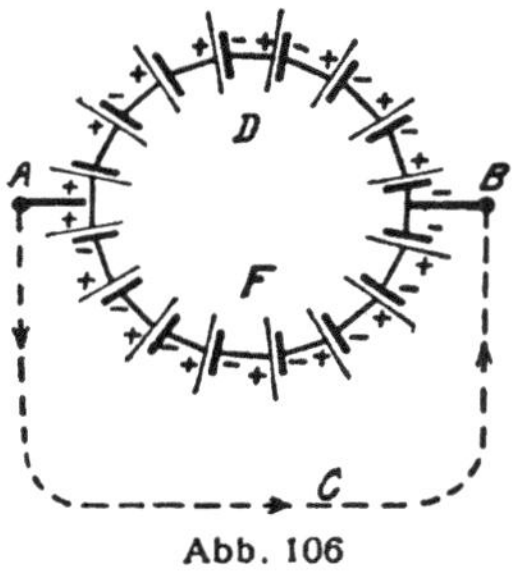

Abb. 106

Die Verhältnisse lassen sich durch Elemente sehr klar machen (Abb. 106).

Die E.K., die sich in A und B als Klemmenspannung äußert, ist **die Summe der E.K. aller Windungen einer Ringhälfte** oder die Summe der Ordinaten für das Kurvenstück FGH in Abb. 103; man findet diese Summe, wenn man die mittlere Ordinate, d. i. **die mittlere elektromotorische Kraft einer Windung während einer halben Umdrehung mit der Anzahl der hintereinander geschalteten Windungen multipliziert.**

$$e_m = \frac{N_2 - N_1}{\frac{T}{2} \cdot 10^8} \text{ Volt}$$

$$N_1 = \frac{N_0}{2}; \; N_2 = -\frac{N_0}{2}$$

$$N_2 - N_1 = -N_0$$

$$e_m = \frac{-N_0}{\frac{T}{2} \cdot 10^8}.$$

Bezeichnet n die Anzahl der Umdrehungen des Ankers pro Sekunde, so ist

$$n\,T = 1; \; T = \frac{1}{n}; \; \frac{T}{2} = \frac{1}{2n}$$

$$e_m = -\frac{N_0 \cdot 2n}{10^8}.$$

Das Vorzeichen kann weggelassen werden, da wir über die Richtung der E.K. schon unterrichtet sind. Ist ξ die Anzahl der Windungen auf dem g a n z e n R i n g e, so ist $\frac{\xi}{2}$ die Zahl der hintereinander geschalteten Windungen, also die E.K. des Ringes.

$$E = \frac{\xi}{2} \cdot e_m = \frac{N_0 \cdot n \cdot \xi}{10^8} \text{ Volt.}$$

Die Klemmenspannung e ist

$$e = E - i_a \cdot r_a$$

wobei r_a Widerstand der Ankerwindungen ist.

c) Wir wollen nun sehen, **ob der Ringanker sich als Elektromotor gebrauchen läßt,** wenn wir aus einer Stromquelle (Akkumulator) Strom in den Anker hineinschicken. Die Stromquelle muß mit $+a$ und $-b$ verbunden werden. Der Strom teilt sich in die beiden Ringhälften. Der Strom jeder Ringhälfte magnetisiert sie jedoch so, daß bei f_1 ein Nordpol, bei f_2 ein Südpol entsteht. Durch die Einwirkung der Pole des Ringes entsteht also ein Drehungsmoment, das den Ring in entgegengesetzten Drehungssinn des Uhrzeigers zu drehen sucht.

Es eignet sich somit auch dieser Anker zur Umwandlung von elektrischer Energie in mechanische.

Dreht sich aber der Ring in entgegengesetzter Richtung, so werden E.K. erzeugt, welche entgegengesetzte Ströme hervorrufen.

$$E = \frac{N_0 \cdot n \cdot \xi}{10^8}.$$

Da diese aber der elektromotorischen Kraft der Stromquelle entgegengesetzt sind, nennt man sie die **elektromotorische Gegenkraft** des Ankers.

$$e = E + i_a \cdot r_a,$$

Da ja, damit ein Strom in den Anker hineinfließt, die Klemmenspannung e größer sein muß als die elektromotorische Gegenkraft des Ankers.

$$i_a = \frac{e - E}{r_a}.$$

Der Strom i_a ist am größten, wenn $E = 0$, d. h. wenn der Anker in Ruhe ist, dann ist

$$i_a = \frac{e}{r_a}.$$

Wird $E = e$, was bei Leerlauf des Motors eintritt, so ist

$$i_a = \frac{e - e}{r_a} = 0.$$

d) Der bisher betrachtete Ringanker ist praktisch nicht ausführbar, weil die Isolation von den Drähten nicht einfach abgekratzt werden kann. Für die praktische Ausführung bewickelt man den Ring daher nicht fortlaufend mit Draht, sondern fertigt die Wicklung in einer Reihe von Abteiungen (Spulen) an, die dann so verbunden werden, daß eine einzige fortlaufende Wicklung entsteht. Die Verbindungsstellen z. B. $e_1 a_2$ zweier aufeinander folgender Spulen führt man zu je einem Segmente eines sog. **Kollektors,** der aus einer Reihe von gut voneinander isolierten Metallsegmenten besteht (Abb. 107). Auf den Segmenten schleift ein Paar diametral gegenüberliegender Federn, die man gewöhnlich **Bürsten** nennt, und zwischen welche der äußere Stromkreis eingeschaltet wird.

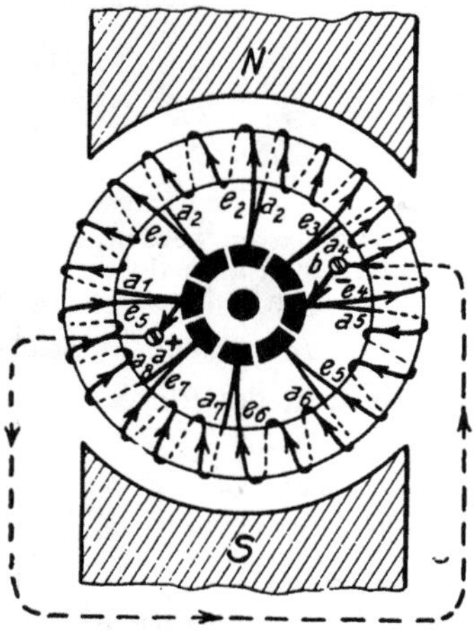

Abb. 107

Durch diese Anordnung geht allerdings die Gleichförmigkeit des Stromes verloren, denn in dem Augenblicke, in welchem die Bürsten auf zwei Kollektorsegmenten aufliegen, werden die Spulen, die mit diesen verbunden sind, durch die Bürsten kurzgeschlossen, sind also für den äußeren Stromkreis nicht vorhanden. Bei einer geraden Zahl von Spulen werden hierdurch zwei Spulen, bei einer ungeraden stets nur eine Spule kurzgeschlossen. Mit zunehmender Spulenzahl nimmt die Schwankung ab und beträgt z. B. bei Anwendung eines 20teiligen Kollektors bereits unter 1%. **Mit Rücksicht auf die Selbstinduktion der Spulen, von der noch gesprochen werden wird, ist es vorteilhaft, viele Spulen, aber wenig Windungen,** höchstens 6 in einer einzelnen Spule, **zu nehmen.**

Bei der Konstruktion von Maschinen für hohe Spannung gilt als Regel, daß die Spannung zwischen zwei benachbarten Kollektorsegmenten 20 V nicht überschreiten soll.

[118] Trommelanker.

a) **Bei diesen liegen die Windungen nur auf der Oberfläche eines eisernen Zylinders** (Abb. 108).

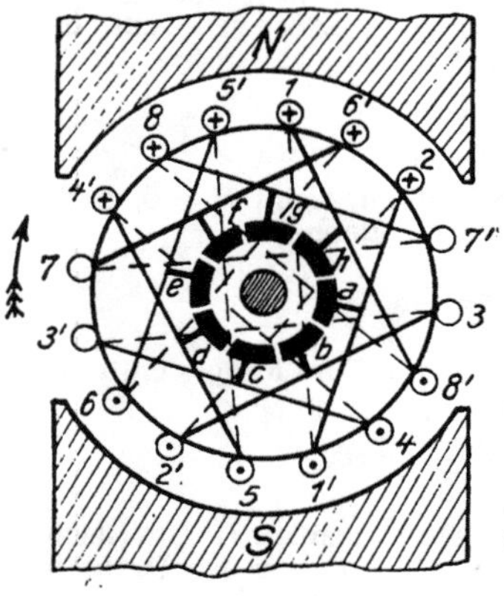

Abb. 108
Trommelanker

Man denke sich bei einem achtteiligen Kollektor z. B. die Oberfläche des Ankers mit 16 Drähten belegt, welche dem Beschauer als die Kreise 1, 6′, 2, 7′, 3, 8′, 4, 1′, 5, 2′, 6, 3′, 7, 4′, 8, 5′ erscheinen. Dreht sich der Anker in dem Felde *NS* im Sinne des Uhrzeigers, so schneiden die Drähte Kraftlinien und es werden E.K. erzeugt, welche in einer geschlossenen Windung einen Strom hervorrufen, dessen Richtung nach der Handregel bestimmt werden kann (I. Fachband [461]). Bezeichnen wir mit ⊕ einen Strom, der vom Beschauer fortfließt und mit ⊙ einen Strom, der auf den Beschauer zufließt, so werden in den Drähten 4′, 8, 5′, 1, 6′ und 2 E.K. erzeugt, durch welche der Strom vom Beschauer fortfließt und in den anderen E.K. von entgegengesetzter Richtung entstehen. Verbindet man daher die gegenüberliegenden Drähte so, daß sie eine geschlossene fortlaufende Wicklung bilden, so wird in dieser Strom fließen, der in geeigneter Weise durch den Kollektor und die Bürsten abgeleitet werden kann. Eine Eigentümlichkeit dieser Schaltung besteht darin, daß von jeder dieser Bürsten abwechselnd eine Spule kurzgeschlossen und somit aus den Stromkreis ausgeschaltet wird, denn sonst würden die Teile des Ankers hinsichtlich Widerstand und Induktion ungleich werden.

b) Betrachten wir eine Windung z. B. 1, 1′ in der Lage *AB* (Abb. 109). In diesem Augenblicke gehen sämtliche Kraftlinien durch die Windung. Nach einer Viertelumdrehung des Ankers ist die Windung parallel zu den Kraftlinien, es gehen keine Kraftlinien mehr durch.

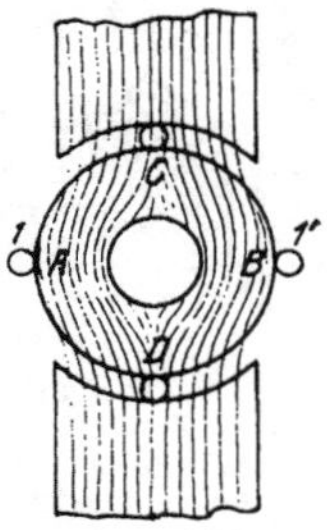

Abb. 109

Ist N_0 die durch den Anker tretende Kraftlinienzahl, so ist die Änderung während einer halben Umdrehung, vom Vorzeichen abgesehen,

$$N_2 - N_1 = 2\,N_0$$

und

$$e_m = \frac{2\,N_0}{\frac{T}{2}} \cdot 10^{-8}\ \text{Volt}.$$

Ist n die Anzahl der Umdrehungen in einer Sekunde, so ist

$$n\,T = 1;\quad T = \frac{1}{n}$$

und

$$e_m = \frac{2\,N_0 \cdot 2\,n}{10^8}\ \text{Volt}.$$

Nun addieren sich aber, da die beiden Ankerhälften parallel geschaltet sind, die E.K. in jeder Ankerhälfte, also in $\frac{\xi}{2}$ Windungen, wenn ξ die Anzahl aller Windungen bedeutet; die E.K. des Ankers ist

$$E = \frac{2 \cdot N_0 \cdot 2\,n \cdot \frac{\xi}{2}}{10^8} = \frac{\mathbf{2\,N_0 \cdot n \cdot \xi}}{\mathbf{10^8}}\ \text{Volt}.$$

Führen wir an Stelle der Windungen ξ die Anzahl z der Drähte ein, so ist für den Ringanker

$$z = \xi$$

für den Trommelanker hingegen

$$\frac{z}{2} \cdot = \xi$$

$$E = \frac{\mathbf{N_0\,n \cdot z}}{\mathbf{10^8}}\ \textbf{Volt}$$

für beide Ankerarten.

Es soll nun der Widerstand eines Ring- oder Trommelankers durch die Länge l und den Querschnitt q des aufgewickelten Drahtes ausgedrückt werden. Da der Anker aus zwei parallel geschalteten

Drähten von gleichem Widerstand besteht, so ist der Widerstand des ganzen Ankers

$$r_a = \frac{r}{2}$$

$$r = \frac{c \cdot \frac{l}{2}}{q} \text{ und } r_a = \frac{c \cdot l}{4\,q} \begin{array}{l}\text{in Metern}\\ \text{in mm}^2.\end{array}$$

Mit Rücksicht auf die Erwärmung setzt man

$$c = 0{,}02.$$

Die Drahtlänge l kann man nicht vorausberechnen, weil sich die Drähte kreuzen; hier gilt die empirische Formel für einen Trommelanker per Windung $l_a = 2\,b + 3{,}2\,D$, wenn b die Länge und D der Durchmesser des Ankers ist.

Die Länge des ganzen Ankerdrahtes ist

$$l = \frac{z}{2}\,(2\,b + 3{,}2\,D).$$

Für einen Ringanker gilt die Formel

$$l_a = 2\,b + 3{,}2 \cdot \frac{D - D_0}{2},$$

wobei D_0 der innere Ringdurchmesser ist.

Für die Länge des ganzen Ankerdrahtes ist

$$l = z\left(2\,b + 3{,}2 \cdot \frac{D - D_0}{2}\right).$$

Aufgabe 45.

[119] *Wieviel Umdrehungen wird der Ringanker eines Elektromotors bei der Kraftlinienzahl 1 280 000 machen, wenn die aufgenommene Stromstärke 14 A. beträgt und bei Leerlauf, wenn von Reibungswiderständen abgesehen wird.*

$$E = e - i_a r_a = 65 - 14 \cdot 0{,}35 = 65 - 4{,}9 = \mathbf{60{,}1\ Volt.}$$

Die Gleichung $E = \frac{N_0 \cdot n \cdot \xi}{10^8}$ gibt

$$n = \frac{E \cdot 10^8}{N_0\,\xi} = \frac{60{,}1 \cdot 10^8}{1\,280\,000 \cdot 360} = \mathbf{13{,}05} \text{ Umdrehungen pro Sek.,}$$

daher pro Minute

$$60\,n = \mathbf{783.}$$

Bei Leerlauf ist $i_a = 0$, folglich $E = e = \mathbf{65}$, daher

$$n = \frac{65 \cdot 10^8}{1\,280\,000 \cdot 360} = 14{,}1$$

$$60\,n = 846 \text{ Umdrehungen.}$$

Ist 14 A die größte Stromstärke, die der Anker aufzunehmen vermag, so erzielt man, daß die Umdrehungszahl desselben bei wachsender Belastung abnimmt, und zwar von 846 Umdrehungen bei Leerlauf bis 783 Umdrehungen bei Vollbelastung.

Aufgabe 46.

[120] *Ein Trommelanker ist mit einem 1,4 mm starken Draht (unbesponnen gemessen) bewickelt. Der Widerstand, gemessen zwischen den Bürsten, beträgt 0,35 Ω in kaltem Zustande. Wie lang ist der aufgewickelte Draht.*

Aus $r_a = \frac{c \cdot l}{4\,q}$ folgt

$$l = \frac{4\,r_a q}{c},$$

wo $c = 0{,}018$ zu nehmen ist. Daher

$$l = \frac{4 \cdot 0{,}35 \cdot \frac{4}{\pi} \cdot 1{,}4^2}{0{,}018} = \mathbf{119{,}5\ m.}$$

[121] Dynamomaschinen.

Bisher haben wir angenommen, daß der Anker von einem kräftigen Magneten umschlossen wird, ohne auf die Erzeugung des Magnetismus näher einzugehen. Es können hierbei drei Fälle unterschieden werden:

1. Es werden permanente Stahlmagnete verwendet.
2. Die aus Eisen bestehenden Magnetschenkel sind mit Windungen isolierten Drahtes bewickelt, durch welchen ein Strom aus einer anderweitigen Stromquelle fließt.
3. Die Magnetschenkel bestehen ebenfalls aus Eisen, welches mit Draht bewickelt ist; der durch diesen fließende Strom wird jedoch dem Anker der Maschine selbst entnommen.

Eine solche Maschine hat von ihrem Erfinder W. v. Siemens den Namen **Dynamomaschine** erhalten, der allerdings heute für jeden auf der Wirkung der Induktion beruhenden Gleichstromerzeuger gebraucht wird.

Die Maschinen mit permanenten Stahlmagneten, sog. magnetelektrische Maschinen, sind jetzt nicht mehr im Gebrauch, da die Magnete, um die erforderliche Kraftlinienzahl zu erzeugen, sehr groß werden müssen und mit der Zeit auch ihren Magnetismus verlieren. Die besonders erregten Maschinen waren vor Erfindung des Dynamoprinzipes vielfach im Gebrauch, die Anker sind die bekannten Doppel-T-Anker.

Die sich selbst erregenden Dynamomaschinen werden je nach der Verbindung der Schenkel mit dem Anker eingeteilt in

1. **Reihen-** oder **Hauptstrommaschinen,**
2. **Nebenschlußmaschinen,**
3. **Verbund-** oder **Kompoundmaschinen,**

deren Eigenschaften wir nun mit den zugehörigen Motoren einzeln besprechen wollen.

Vorher müssen wir aber noch einige Worte über die **Ankerrückwirkung** und über **charakteristische Kurven** sprechen.

[122] Ankerrückwirkung.

Wie schon erwähnt, müssen die Bürsten stets mit denjenigen Spulen in Verbindung gebracht werden, die das Maximum von Kraftlinien einschließen.

Dies hat aber nur solange seine Richtigkeit, als der Anker keinen Strom abgibt. Wird der Anker jedoch von einem Strom durchflossen, so wird er durch diesen Strom selbst zu einem Magneten und übt dann seine Rückwirkung auf das magnetische Feld aus. In Abb. 110 sei ein von einem Strom durchflossener Trommelanker dargestellt, bei welchem der Einfachheit wegen die Bürsten auf der Oberfläche liegen. Wie man sieht, fließen in der oberen Ankerhälfte die Ströme von dem Beschauer weg, in der unteren auf ihn zu, so daß der Anker bei *u* einen Nordpol und bei *s* einen Südpol erhält. Durch die magnetische Induktion der Pole entsteht aber bei S_1 ein Südpol, bei N' ein Nordpol. Diese

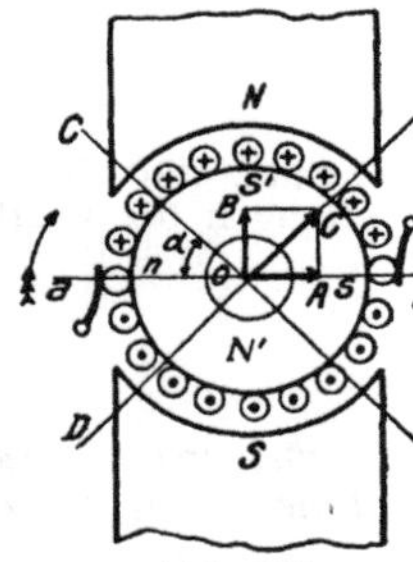

Abb. 110

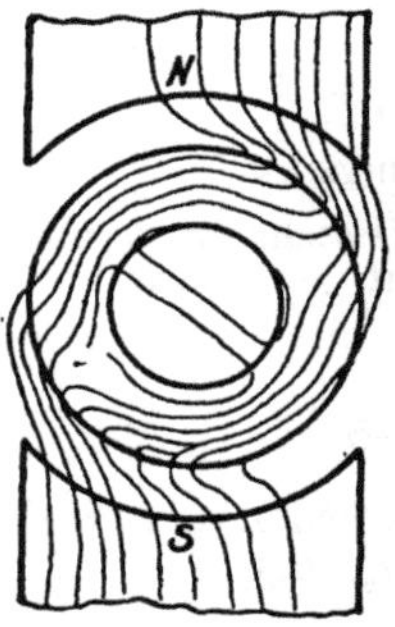

Abb. 111

beiden Polpaare *n*, *s* und $N'S'$ lassen sich wie Kräfte zu einer Resultierenden zusammensetzen. Gibt OB die Stärke des induzierten Magnetpoles, OA die Stärke des durch den Strom entstandenen Poles an, so ist OC die Resultante beider der Größe und Richtung nach. Die Kraftlinien verlaufen dann etwa nach Abb. 111. Die Bürsten, welche ja mit den Spulen in Verbindung sein sollen, die das Maximum der Kraftlinien einschließen, müssen wieder in einem Durchmesser gelegen sein, der senkrecht zur Resultanten OC steht. Sie müssen also im Sinne der Drehung verschoben werden. Wenn bei einem Motor die Abb. 1'1 unverändert bleiben soll, so ist die Drehrichtung des Motors die entgegengesetzte, **so daß beim Motor die Bürsten in der der Drehung entgegengesetzten Richtung zu verschieben sind. Durch die Verschiebung der Bürsten findet aber eine Schwächung des magnetischen Feldes und hierdurch eine Abnahme der E.K. statt.** Der Winkel aOC ist dann der Winkel α, um den die Bürsten verschoben werden müssen;

$$\sphericalangle aOD = \sphericalangle aOC,$$

das Stück $ABDC$ wird zu einem Magneten, der seinen Nordpol bei AC und seinen Südpol bei BD hat. Die Kraftlinien dieses Magneten verlaufen also von unten nach oben, sind jenen der Magnetschenkel entgegengerichtet und heben somit einen Teil derselben auf. Ist N_0 die Kraftlinienzahl ohne Ankerstrom und N_1 die Kraftlinienzahl des Ankerstromes im Stück AB, so ist $N_0 - N_1$ die wirksame Kraftlinienzahl, durch welche die E.K. erzeugt wird.

Für den stromlosen Anker wird

$$E = \frac{N_0 \cdot n \cdot z}{10^8} \text{ Volt},$$

für den stromdurchflossenen Anker jedoch

$$E = \frac{(N_0 - N_1)\, n \cdot z}{10^8}.$$

Die eben beschriebene Verschiebung ist jedoch nicht die einzige, **wir müssen die Bürsten noch etwas weiter verschieben, damit an denselben keine Funken entstehen, weil die Bürste gerade in dem Durchmesser der Stromwendung eine Spule kurzschließt;** infolgedessen wird in ihr eine E.K. der Selbstinduktion erzeugt, der gleichgerichtet ist dem eben abgelaufenen. Während dieser Zeit hat sich aber der Anker weitergedreht, so daß der noch nicht abgelaufene Selbstinduktionsstrom unterbrochen ist. Wenn die E.K. der Selbstinduktion nicht gar zu bedeutend ist, kann man diesen Funken vermeiden, indem man die Stromwendung nicht in dem Augenblick eintreten läßt, in welchem die Spule das Maximum der Kraftlinien einschließt, sondern etwas später. Denn nimmt die Zahl der eingeschlossenen Kraftlinien bereits wieder ab, so entsteht in der Spule eine E.K., welche zwar dem vorhandenen Strome $\frac{i\,a}{2}$ entgegenwirkt, aber auch in gleicher Weise der entstehenden E.K. der Selbstinduktion. Sind nun beide E.K. gleich, so gibt es keinen Funken, wenn die Lamelle *a* die Bürste verläßt. Ja noch mehr: Die durch die Änderung der Kraftlinien in der Spule erzeugte E.K. wird während des Kurzschlusses einen Strom in ihr erzeugen, der dieselbe Richtung hat wie der Strom, der in den Spulen der oberen Ringhälfte fließt. Hat der Strom auch noch die ungefähre Stärke $\frac{i\,a}{2}$, so verursacht der Übergang aus der einen in die andere Ringhälfte weder Selbstinduktion noch Funkenbildung.

Wir erhalten daher die Regel: **Die Bürsten sind bei einem Stromerzeuger über den Durchmesser der maximalen Induktion hinaus im Sinne der Drehung zu verschieben, beim Motor hingegen im entgegengesetzten Sinne.** Natürlich kann diese Verschiebung nur dann von Nutzen sein, wenn sich im magnetischen Felde eine Stelle finden läßt, für welche die augenblickliche E.K.

$$e = \frac{\Delta N}{\Delta t} \xi \cdot 10^{-8} \gtreqless e_s = L \frac{\Delta i}{\Delta t}.$$

L hängt bekanntlich von dem Quadrate der Windungszahl ab [73], und es darf daher die Windungszahl einer Spule nicht zu groß gemacht werden.

Es gibt aber für die Funkenbildung noch andere Gründe: Ist die Wicklung für beide Ankerhälften nicht völlig symmetrisch in bezug auf Windungszahl und Widerstand, so müßte man die Bürsten fortwährend nach vor- und rückwärts verschieben und, weil man das nicht kann, stets Funken erhalten. Ebenso, wenn der Kollektor unrund oder uneben ist, oder wenn die Bürsten nicht ordentlich auf dem Kollektor aufliegen. **Neue Bürsten muß man daher**

immer einlaufen lassen, der Kollektor muß mit Schmirgelpapier oder mit der Feile abgerieben werden.

[123] Charakteristik.

Um die Eigenschaften der einzelnen Dynamoarten zu erkennen, zeichnet man sich Kurven auf, sog. **charakteristische Kurven** oder **Charakteristiken,** das sind Kurven, bei welchen **die Stromstärke als** die **Abszisse** und die **elektromotorische Kraft** die **Ordinate** bei **konstanter Tourenzahl** bildet.

[124] Die Reihenmaschine und der Reihenelektromotor.

a) Bei den Reihen- oder Hauptstrommaschinen (I. Fachband Abb. 880) wird der ganze, aus dem Anker kommende Strom durch die Magnetwindungen geführt und fließt erst dann in den äußeren Stromkreis. Es sind also Anker, Magnetwindungen und äußerer Stromkreis hintereinander geschaltet, und wir haben außer dem Spannungsverlust im Anker noch einen solchen in den Magnetspulen, so daß die Klemmenspannung um den letzteren Betrag kleiner ist als die Spannung an den Bürsten und um beide Verluste kleiner, als die E.K. im Anker

$$e = E - i\,(r_a + r_m).$$

Die richtige Verbindung einer Reihenmaschine zeigt Abb. 112. Die Verbindung bleibt auch richtig, wenn der remanente Magnetismus oben einen Südpol und oben einen Nordpol hinterlassen hatte, nur muß man sich dann die Pfeile umgekehrt denken. Jetzt fließt der Strom in der entgegengesetzten Richtung, so daß die Klemmen gegen vorhin eine falsche Bezeichnung tragen. Das ist wichtig, denn dieser **Umstand macht die Reihenmaschine untauglich zur Ladung von Akkumulatoren.** Die Batterie wird nicht mehr geladen, sondern durch sehr starke Ströme entladen.

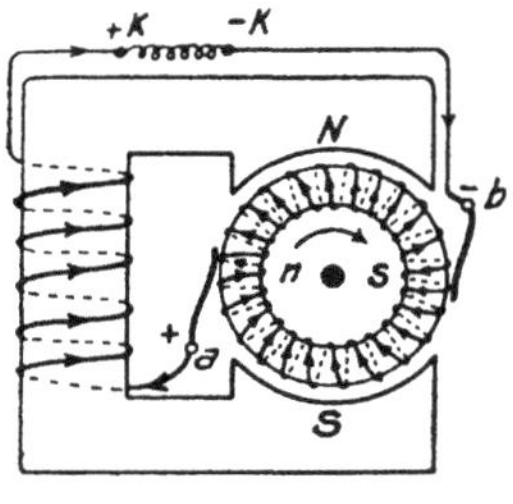

Abb. 112
Reihenmaschine

Ist also in einer Reihenmaschine die Verbindung zwischen Anker und Magnet richtig, so läuft der Anker, wenn die Maschine von einer besonderen Stromquelle gespeist wird, **gegen die Bürsten.**

Es sei noch darauf hingewiesen, daß **für einen Reihenelektromotor eine Umkehr der Stromrichtung im Anker und Magnet zugleich keine Änderung der Drehungsrichtung hervorbringt, diese vielmehr nur durch Umkehr des Stromes entweder im Anker oder im Magnet erzielt wird.**

b) Von hoher Wichtigkeit für eine jede Dynamomaschine oder für jeden Elektromotor ist ihr **elektrisches Güteverhältnis,** welches auch **Wirkungsgrad** genannt wird. Man versteht darunter den Quotienten

$$\eta = \frac{\textbf{Nutzeffekt}}{\textbf{Gesamteffekt}}.$$

Bei einer Reihenmaschine sind der Ankerwiderstand r_a, der Magnetwiderstand r_m und der äußere Widerstand r hintereinander geschaltet, so daß auch der Ankerstrom i_a gleich dem Magnetstrom i_m und gleich dem äußeren Strom i ist

$$i_a = i_m = i.$$

Berechnet e die Spannung zwischen den Klemmen $+K$ und $-K$, so ist der **Nutzeffekt** $e \cdot i$.

Der Gesamteffekt ist größer als der Nutzeffekt, und zwar um den Effektverlust im Inneren der Maschine.

Der Effektverlust im Anker ist

$$L_a = i_a^2 \cdot r_a = i^2 \cdot r_a.$$

Der Effektverlust im Magneten ist

$$L_m = i_m^2 \cdot r_m = i^2 \cdot r_m$$

$$L_a + L_m = i^2\,(r_a + r_m).$$

Das Güteverhältnis daher gleich

$$\eta = \frac{e \cdot i}{e\,i + i^2\,(r_a + r_m)} = \frac{e}{e + i\,(r_a + r_m)}.$$

$i\,(r_a + r_m)$ stellt aber den Spannungsverlust im Inneren der Maschine, so daß $e + i\,(r_a + r_m)$ die E.K. E des Ankers bedeutet.

$$\boxed{\eta = \frac{e}{E} = \frac{\textbf{Klemmenspannung}}{\textbf{Elektromot. Kraft}}.}$$

Bezeichnet r den äußeren Widerstand, so ist

$$e = i \cdot r.$$

$$i = \frac{E}{r + r_a + r_m}$$

$$E = i\,(r + r_a + r_m)$$

$$\frac{e}{E} = \frac{r}{r + r_a + r_m}$$

$$\boxed{\eta = \frac{r}{r + r_a + r_m} = \frac{\textbf{äußeren Widerst.}}{\textbf{Gesamtwiderst.}}.}$$

Sehr häufig stellt man die Frage: **Auf welchen Widerstand r muß eine gegebene Reihenmaschine arbeiten, damit das elektrische Güteverhältnis den gegebenen Wert η annimmt?** Wir müssen dann obige Formel nach r auflösen.

$$\eta \cdot r + \eta\,(r_a + r_m) = r$$

$$r = (r_a + r_m)\,\frac{\eta}{1 - \eta}.$$

Ist z. B.

$$r_a + r_m = 3\,\Omega$$

und soll

$$\eta = 0{,}8$$

werden, so muß

$$r = 3 \cdot \frac{0{,}8}{1 - 0{,}8} = \mathbf{12\,\Omega}.$$

Da nun stets $r = \frac{e}{i}$, so muß e 12mal so groß sein als i.

Arbeitet eine Maschine mit 120 Volt, so gibt sie 12 A Strom

$$E = \frac{e}{\eta} = \frac{120}{0{,}8} = \textbf{150 Volt}$$

oder

$$E = e + i\,(r_a + r_m) = 120 + 10 \cdot 3 = \textbf{150 Volt}.$$

c) Für den Reihenelektromotor gelten ähnliche Formeln:

$$\eta = \frac{\textbf{Herausgenommener Effekt}}{\textbf{Hineingeleiteter Effekt}}.$$

Hineingeleitet wird $e\,i$, herausgenommen wird $e \cdot i$ abzüglich der Verluste im Innern des Motors. Diese sind der Effektverlust im Anker und im Magneten. Der erstere ist

$$L_a = i_a^2 \cdot r_a = i^2 \cdot r_a$$
$$L_m = i^2_m \cdot r_m = i^2 \cdot r_m;$$

der Gesamtverlust

$$L_a + L_m = i^2 (r_a + r_m),$$

Folglich kann dem Motor entnommen werden die Leistung:

$$e\,i - i^2 (r_a + r_m) = [e - i\,(r_a + r_m)]\,i.$$

Nun ist aber $i\,(r_a + r_m)$ der Spannungsverlust im Widerstande $r_a + r_m$; daher stellt $e - i\,(r_a + r_m)$ die elektromotorische Kraft E des Ankers vor, so daß der dem Motor entnommene Effekt gleich $E \cdot i$ und das elektrische Güteverhältnis

$$\eta = \frac{E\,i}{e \cdot i} = \frac{E}{e} \text{ ist.}$$

Bei einem Elektromotor ist meist als gegeben anzusehen die Klemmenspannung e, z. B. die Spannung, die eine elektrische Zentrale liefert, und die Leistung L des Motors in Watt. Das Güteverhältnis ist dann bestimmt durch den Widerstand $(r_a + r_m)$. Sehen wir vorläufig von Verlusten, verursacht durch Reibung, Hysteresis und Wirbelströme, ab, so ist

$$\eta = \frac{L}{e\,i} \text{ oder } i = \frac{L}{e \cdot \eta}$$

$$i = \frac{e - E}{r_a + r_m} \text{ oder } \frac{L}{e \cdot \eta} = \frac{e - E}{r_a + r_m}$$

$$\eta = \frac{E}{e}; \quad E = \eta \cdot e$$

$$L = e \cdot \eta \cdot \frac{e - \eta \cdot e}{r_a + r_m} = \frac{e^2}{r_a + r_m} \cdot \eta\,(1 - \eta)$$

oder wenn man $L = \eta\,e \cdot i$ setzt,

$$r_a + r_m = \frac{e^2 \cdot \eta}{\eta \cdot e\,i}(1 - \eta) = \frac{e}{i}(1 - \eta).$$

Sieht man $r_a + r_m$ als gegeben an, was bei einem fertigen Motor stets der Fall, so kann man nach der höheren Mathematik finden, daß das Maximum erreicht ist bei $\eta = \frac{1}{2}$, d. h. **ein Reihenelektromotor kann den größten Effekt leisten, wenn sein Güteverhältnis $^1/_2$ ist.**

Lmax ist dann

$$L_{max} = \frac{e^2}{4\,(r_a + r_m)}.$$

Soll ein Motor neu berechnet werden, so wird man allerdings das Güteverhältnis $\eta = 0{,}5$ nicht zugrunde legen, sondern ein viel größeres. **Bei der Wahl des Güteverhältnisses hat man zu beachten, daß einem größeren Güteverhältnis im allgemeinen eine teuerere Maschine entspricht.** Arbeitet der Motor mit einem wesentlich besseren Güteverhältnis, so besitzt er auch noch eine wertvolle Eigenschaft:

Wird der Motor mehr als normal belastet, so sinkt sein Güteverhältnis, es steigt aber sein Effekt, so daß der Motor noch langsamer geht, aber nicht stehen bleibt.

In Wirklichkeit lassen sich die Reibungsverluste nicht vernachlässigen; **um den Effekt zu finden, den der Motor abzugeben vermag, muß man seine Leistung mittels des einfachen Bremsbandes abbremsen.**

Das Verhältnis

$$\eta' = \frac{\textbf{Gebremster Effekt}}{\textbf{Hineingeleiteter Effekt}}$$

gibt dann das totale Güteverhältnis, welches häufig auch das **ökonomische** oder das **kommerzielle** Güteverhältnis genannt wird.

Um die Eigenschaften eines Reihenmotors näher zu studieren, wollen wir einen kleinen Elektromotor mit verschiedenen Belastungen bremsen und gleichzeitig Tourenzahl, Stromstärke und Klemmenspannung messen.

Der Widerstand des Motors beträgt nach längerem Betriebe 6,32 Ω, der Durchmesser der Riemenscheibe $2R = 0{,}074$ m.

In der nachfolgenden Tabelle sind die Werte e, i, $n' = 60\,n$, P_1 und P_2 direkt beobachtet worden, die folgenden Rubriken werden berechnet.

Der gebremste Effekt L_b = Kraft × Geschwindigkeit × 9,81 Watt.

$$L_b = P \cdot v \cdot 9{,}81 \text{ Watt} = \frac{P_1 - P_2 (2\,R\,\pi \cdot) \cdot n' \cdot 9{,}81}{60} =$$
$$= 0{,}0387\,(P_1 - P_2)\,n'$$

wo P in kg und v in m einzusetzen ist.

Der elektrische Effekt ist

$$L_E = e \cdot i - i^2 (r_a + r_m) = i\,[e - i\,(r_a + r_m)] = i \cdot E$$

Das elektrische Güteverhältnis

$$\eta = \frac{E \cdot i}{e\,i} = \frac{E}{e}.$$

Das totale Güteverhältnis

$$\eta' = \frac{L_b}{e \cdot i}.$$

Die Resultate dieser Tabelle lassen sich graphisch darstellen (Abb. 113).

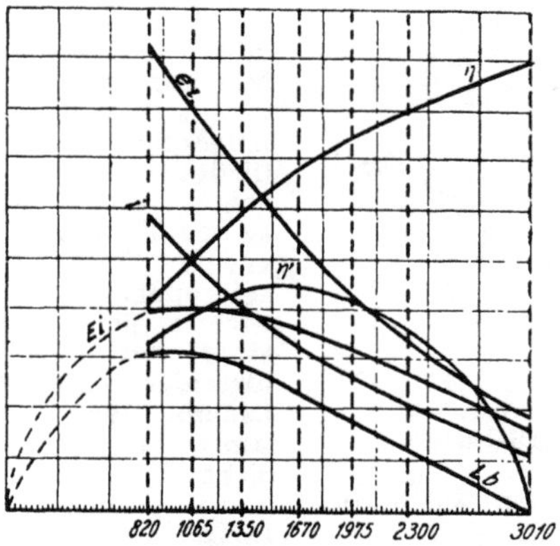

Abb. 113

Die Kurve für die Stromstärke i hat den kleinsten Wert, wenn der Motor leer läuft; dabei besitzt er die größte Geschwindigkeit, nämlich 3010 Umdrehungen. Mit abnehmender Tourenzahl steigt die Stromstärke, bis sie für $n' = 0$ den größten Wert $i = \frac{e}{ra + rm}$ erreichen würde. Die Kurve für $e\,i$ stegt ebenfalls mit abnehmender Tourenzahl und erreicht den größten Wert für $n' = 0$. Die Kurve für den gebremsten Effekt L_b schneidet bei 3010 Umdrehungen die Abszissenachse, wächst mit abnehmender Tourenzahl bis zu einem Maximum, welches sie etwa bei 1500 Touren erreicht, nimmt von da wieder bis auf Null ab.

Das Maximum von fällt nicht zusammen mit dem Maximum von L_b. Dieser Motor wird daher am günstigsten arbeiten, wenn man ihn so belastet, daß er 1500 Umdrehungen pro Minute macht. Seine Leistung ist alsdann 104 Watt; wird derselbe überlastet, so schadet dies bis etwa 126 Watt nicht, wo seine Tourenzahl auf etwa 1000 gesunken ist.

Zieht man die Ordinaten der Kurve L_b von den Ordinaten $e\,i$ ab, so geben die Differenzen die gesamte **Leerlaufsarbeit des Motors**. Zieht man dagegen die Ordinaten der Kurve $E \cdot i$ von $e\,i$ ab, so ergeben sich die elektrischen Verluste.

Die Differenz der Ordinaten L_b und $E\,i$ gibt die Verluste, die durch Reibung, Hysteresis und Wirbelströme entstehen.

Nummer des Versuches	Beobachtete Werte					Berechnete Werte					
	e	i	P_1 kg	P_2 kg	$n' = 60\,n$	$E = e - i\,(r_a + r_m) = e - i \cdot 6{,}32$	$e\,i$ Watt	$E\,i$ Watt	Gebremster Effekt L_b	Elektr. Güteverhältnis $\eta = \frac{E \cdot i}{e\,i}$	Totales Güteverhältnis $\eta' = \frac{L_b}{e\,i}$
1	64,5	1,1	0	0	3010	57,55	71	63,5	0	0,895	0
2	65	2,1	0,638	0,1	2300	57,75	136,5	108,6	48	0,796	0,352
3	64,8	2,7	1,138	0,2	1975	47,75	175	128,8	71,6	0,736	0,409
4	64,4	3,2	1,638	0,2	1670	44,2	206	141,4	93	0,658	0,451
5	64,9	4,1	2,638	0,4	1350	38,5	264	157,7	117	0,597	0,443
6	64	5	3,638	0,6	1065	32,4	320	162,0	125	0,507	0,391
7	63,3	5,8	4,638	0,7	820	26,65	367	154,5	125	0,422	0,341

Wie man sieht, eignet sich ein solcher Reihenmotor, wenn er von einer Quelle mit konstanter Spannung gespeist, wenn also beispielsweise der Strom aus den Kabeln einer Zentrale entnommen wird, nicht zum Betriebe von Maschinen, bei denen es auf eine einigermaßen konstante Tourenzahl ankommt. **Denn ist der Motor wenig belastet, so läuft er rasch, bei starker Belastung dagegen langsam.** In manchen Fällen, z. B. beim Betriebe elektrischer Bahnwagen, ist dieses Verhalten sogar erwünscht. Auf ebener Bahn hat der Motor wenig zu leisten, er läuft deshalb rasch, während er bei Steigungen langsamer läuft, dabei aber doch einen größeren Effekt ausübt. **Gas- und Dampfmaschinen zeigen das umgekehrte Verhalten; je langsamer sie laufen, desto weniger vermögen sie zu leisten.** Der Reihenmotor hat aber noch einen anderen Vorteil gegenüber anderen Motoren und dieser ist **sein großes Drehungsmoment beim Anlauf.**

c) Um dies einzusehen, wollen wir eine Formel für das Drehungsmoment eines Elektromotors aufstellen.

$$\eta' = \frac{P \cdot v \cdot 0{,}81}{e\,i} \qquad \eta = \frac{E \cdot i}{e \cdot i}$$

daher ist

$$\frac{\eta'}{\eta} = \frac{P \cdot v \cdot 9{,}81}{E \cdot i} = \eta''.$$

Wie sich aus obiger Tabelle berechnen läßt, nähert sich für wachsende Belastung η'' immer mehr der Einheit, der bei Stillstand des Motors erreicht wird. Beim Angehen des Motors ist also $\eta'' = 1$.

Lösen wir die Gleichung

$$\eta'' = \frac{P \cdot v \cdot 9{,}81}{E \cdot i}$$

nach $P \cdot v$ auf, so erhalten wir

$$P\,v = \frac{E \cdot i}{9{,}81}\ \text{mkg}.$$

Nun ist aber $v = 2\pi \cdot R \cdot n$, wo R den Angriffsradius von P, ausgedrückt in m, ist.

$$P \cdot 2\,R \cdot \pi \cdot n = \frac{E\,i}{9{,}81}\ \text{mkg}.$$

Das Drehungsmoment

$$P \cdot R = \frac{E\,i}{2\pi \cdot n \cdot 9{,}81}\ \text{mkg}.$$

Da nun

$$E = \frac{N_0 \cdot n \cdot z}{10^8}$$

ist

$$\boxed{\boldsymbol{P\,R = \frac{z \cdot N_0 \cdot i}{61{,}6 \cdot 10^8}\ \text{mkg}.}}$$

Die Kraftlinienzahl N_0, die durch den Anker geht, hängt aber ab von der Amperewindungszahl der Schenkel und dem magnetischen Widerstand des Kreises. Für den Anlauf besitzt i seinen größten Wert und da derselbe Strom auch durch die Schenkelwindungen geht, ist infolge der vielen Amperewindungen auch N_0 ein Maximum, so daß das Produkt $N_0\,i$ für den angehenden Reihenmotor einen wesentlich größeren Wert besitzt, als für den schon in Bewegung befindlichen.

Um eine weitere Eigentümlichkeit des Reihenmotors kennen zu lernen, wollen wir noch eine andere Versuchsreihe ausführen. Das Bremsband wurde belastet mit der Kraft $P = 1{,}638$ kg, und durch einen Vorschaltwiderstand und Zuschaltung von Akkumulatoren konnte die Klemmenspannung e verändert werden. Gemessen wurde e, i und n'. Berechnet die übrigen Größen, und zwar L_b nach der Formel

$$L_b = \frac{P \cdot 2\,R \cdot \pi \cdot n' \cdot 9{,}81}{60}\ \text{Watt} = 0{,}062\,n'\ \text{Watt}$$

$$\eta' = \frac{L_b}{e\,i}.$$

Nummer des Versuches	Gemessene Werte			Berechnete Werte		
	e Volt	i Amp.	n' Touren	L_b	$e\,i$	η'
1	33,5	3,2	430	26,7	117	0,228
2	46	3,5	875	54,4	161	0,338
3	55	3,55	1200	74,5	195	0,382
4	64	3,6	1550	96,5	231	0,418
5	75	3,6	1930	119,5	270	0,444
6	86	3,7	2300	142,5	318	0,448
7	95,5	3,75	2650	164	358	0,460

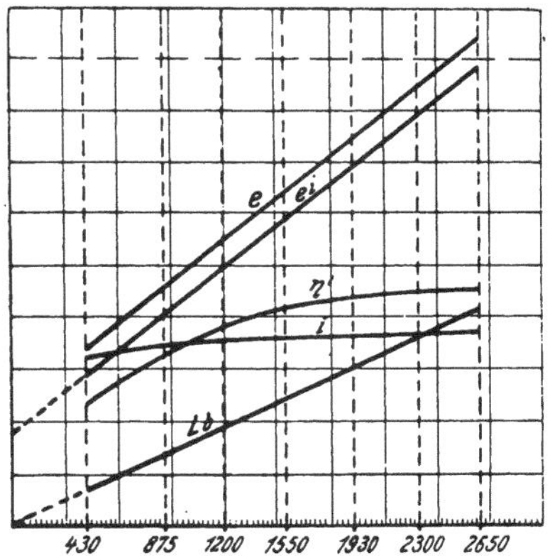

Abb. 114

Auch diese Resultate können graphisch (Abb. 114) dargestellt werden. Zunächst erkennt man aus

Kurve i, daß die Stromstärke fast genau konstant geblieben ist, trotzdem die gebremste Leistung von 26,7 auf 164 gestiegen ist.

Wie die Kurven $e\,i$ und L_b zeigen, ist die Wattzahl proportional der Tourenzahl, denn die Kurven sind gerade Linien. Auch die Klemmenspannung ist proportional der Tourenzahl gewachsen.

Die einzige Kurve, die nicht gerade verläuft, ist die für η'; sie steigt langsam an und verläuft dann nahezu parallel zur Abszissenachse.

Da der Anker eines jeden Elektromotors wegen der Drahtstärke nur eine gewisse Stromstärke verträgt, so läßt sich der Effekt des Motors bei konstanter Spannung nicht über ein gewisses Maß hinaus steigern. Steigert man hingegen die Tourenzahl durch Erhöhung der Spannung, so kann der Effekt so weit erhöht werden, als es die Zunahme der Tourenzahl nur irgendwie gestattet.

Es ist aber nicht immer möglich, einen Motor zu bremsen, trotzdem möchte man gern wissen, bei welcher Leistung das Maximum des totalen Güteverhältnisses eintritt.

Nehmen wir an, daß die Leerlaufsarbeit eines Motors nahezu proportional der Tourenzahl ist, so gehört eine bestimmte konstante Stromstärke dazu, um den Motor leer im Gange zu erhalten. Bezeichnen wir sie mit i_0, so ist $i - i_0$ diejenige Stromstärke, welche den Nutzeffekt L_n leistet. Ist e wieder die Klemmenspannung, E die elektromotorische Gegenkraft, so ist $E \cdot i_0$ der zur Überwindung der Reibungsverluste vom Anker zu leistende Effekt, während $E\,i$ den ganzen vom Anker zu leistenden Effekt vorstellt, so daß der Nutzeffekt $L_n = E\,(i - i_0)$

$$i = \frac{e - E}{r_a + r_m}$$

$$L_n = E\left[\frac{e - E}{r_a + r_m} - i_0\right]$$

daher auch

$$\eta' = \frac{E\left[\frac{e - E}{r_a + r_m} - i_0\right]}{e\,i} = \frac{E\left[\frac{e - E}{r_a + r_m} - i_0\right]}{e \cdot \frac{e - E}{r_a + r_m}}$$

oder

$$\eta' = \frac{E \cdot e - E^2 - i_0\,E\,(r_a + r_m)}{e^2 - E\,e}.$$

Das Maximum tritt nach den Lehren der höheren Mathematik ein für

$$(e - E)^2 = i_0 \cdot e\,(r_a + r_m)$$

Für unseren Motor war $i_0 = 1{,}1$ A, $e = 64{,}5$ V,

$$r_a + r_m = 6{,}32\ \Omega$$

$$e = E = \sqrt{1{,}1 \cdot 64{,}4 \cdot 6{,}32} = \mathbf{21{,}2\ V}$$

oder $\quad E = \mathbf{43{,}3\ V.}$

d. h. unser Elektromotor arbeitet am günstigsten, wenn die elektromotorische Gegenkraft 43,4 V beträgt. Die Stromstärke im Motor ist dann

$$i = \frac{e - E}{r_a + r_m} = \frac{64{,}5 - 43{,}3}{6{,}32} = \frac{21{,}2}{6{,}32} = \mathbf{3{,}36\ A.}$$

Das totale Güteverhältnis

$$\eta' = \frac{E\,(i - i_0)}{e\,i} = \frac{43{,}3 \cdot 2{,}26}{64{,}5 \cdot 3{,}36} = \mathbf{0{,}451.}$$

a) Die Charakteristik einer Reihenmaschine ist in Abb. 115 dargestellt durch den Kurvenzug $O\,A'\,A$. Ein Punkt A besitzt demnach als Abszisse die Stromstärke $i = O\,B$ und als zugehörige Ordinate die E.K. $A\,B = E$.

Wie man aus der Abbildung erkennt, steigt die E.K. zunächst fast geradlinig an, biegt alsdann um und verläuft schließlich fast parallel zur Abszissen-

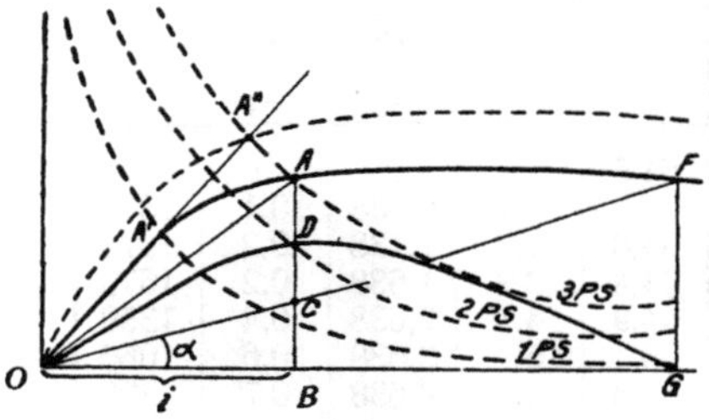

Abb. 115

achse. Die Kurve erinnert stark an die früher erwähnten Magnetisierungskurven.

Verbindet man den Punkt A mit O, so ist

$$\frac{A\,B}{O\,B} = \operatorname{tg} \measuredangle A\,O\,B = \frac{E}{i}.$$

Nun ist aber $\frac{E}{i}$ der Widerstand des ganzen Stromkreises $R = r + r_a + r_m$, wo r den äußeren Widerstand bezeichnet.

Der größte Wert, den der Gesamtwiderstand annehmen kann, ist $\operatorname{tg} A'O\,B$, denn wird der Winkel noch größer, so schneidet der Schenkel die Kurve nicht mehr, d. h. die Maschine gibt für diesen Widerstand, den wir **kritischen Widerstand** nennen wollen, keinen Strom.

Im normalen Betriebe bleibt man immer tief unter dem kritischen Widerstande, weil die geringste Widerstandsvergrößerung, die im Betriebe oft unvermeidlich ist, die Maschine stromlos machen würde.

Wird die Maschine kurzgeschlossen, so ist der Widerstand des Kreises nur mehr $r_a + r_m = \operatorname{tg} \alpha$, und die Abszisse $O\,G$ gibt die zugehörige Stromstärke, welche für die betreffende Maschine so groß ist, daß sie den Ankerdraht meist nicht ertragen wird.

Laut Abb. 115 ist $C\,B = i \operatorname{tg} \alpha = i\,(r_a + r_m)$, d. h. es stellt $C\,B$ den Spannungsverlust für die Stromstärke i im Inneren der Maschine vor.

$$A\,B = E$$

$$A\,B - C\,B = A\,C = e - i\,(r_a + r_m) = c,$$

d. h. $A\,C$ stellt die Klemmenspannung der Maschine vor. Trägt man dieselbe von B aus auf $B\,A$ ab, macht also $B\,D = A\,C$, so gibt $D\,B$ die Klemmenspannung der Maschine an, welche zur Stromstärke $i = O\,B$ gehört. Wiederholt man diese Konstruktion für mehrere Punkte, so erhält man den Kurvenzug $A\,D\,G$, welcher die **äußere Charakteristik** der Maschine darstellt.

Hat man die Charakteristik für eine bestimmte Tourenzahl n ermittelt, so kann man hieraus ohne weiteres die Charakteristik für eine andere Tourenzahl n' bestimmen, denn bei gleicher Stromstärke ist auch die erzeugte Kraftlinienzahl N_0 die gleiche, man hat daher für die E.K.

$$E = \frac{N_0\,n \cdot z}{10^8}$$

$$E_1 = \frac{N_0\,n_1\,z}{10^8}$$

$$E : E_1 = n : n',$$

daraus $E_1 = E \cdot \frac{n_1}{n}$; mit dieser Ordinate wird die neue Kurve konstruiert (punktierte Linie in der

Zeichnung OA'). schneidet sie in A'', für die also kein kritischer Widerstand existiert. Ob der Widerstand ein kritischer ist oder nicht, hängt also nur von der Tourenzahl der Maschine ab.

Nach S. Thompson können die Charakteristiken auch benützt werden, um den Effekt anzugeben, der einer bestimmten Stromstärke und der zugehörigen E.K. entspricht.

Die Gesamtleistung

$$L_g = E\, i_a \,\text{Watt} = \frac{E\, i_a}{736}\,\text{PS}.$$

Eine Pferdestärke kann daher durch eine unendliche Mannigfaltigkeit von Werten der Größen E und i_a dargestellt werden, die aber alle der Gleichung $E \cdot i_a = 736$ entsprechen müssen. Diese Gleichung läßt sich durch Kurven (Hyperbeln) ausdrücken, aus denen man sofort erkennen kann, wieviel Pferdestärken bzw. Watt jedem Punkte der Charakteristik entsprechen. Für die Dynamomaschine liegt die äußere Charakteristik unter der inneren, denn

$$e = E - i\,(r_a + r_m)$$

für einen Elektromotor dagegen würde die äußere Charakteristik über der inneren liegen, denn

$$e = E + i\,(r_a + r_m).$$

[125] Die Nebenschlußmaschine und der Nebenschlußelektromotor.

a) Bei den Nebenschlußmaschinen (I. Fachband Abb. 881) wird an den Bürsten ein Teilstrom abgezweigt, der durch die Magnetwicklung fließt, so daß dieser dem äußeren Stromkreise parallel geschaltet ist. Hier ist die Klemmenspannung wieder gleich der Spannung an den Bürsten, also nur um den Spannungsverlust kleiner als die elektromotorische Kraft; dagegen geht ein Teil des aus dem Anker kommenden Stromes für den äußeren Stromkreis verloren, nämlich jener Strom, der durch die Magnetwindungen fließt.

$$e = E - i_a \cdot r_a \text{ und } i_a = i + i_m.$$

Abb. 116 zeigt die Verbindungen des Magneten mit dem Anker für eine Nebenschlußmaschine. Der remanente Magnetismus der Schenkel gibt bei N einen Nordpol, bei S einen Südpol. Die Drehung des Ankers im Sinne des Uhrzeigers liefert dann die gezeichnete Stromrichtung. **Der Strom verstärkt also offenbar den remanenten Magnetismus, d. h. die Maschine erregt sich selbst.** Wäre der remanente Magnetismus von entgegengesetzter Polarität gewesen, so würden im Anker auch Ströme von entgegengesetzter Richtung entstehen; diese würden bei b austreten, so daß auch sie den vorhandenen remanenten Magnetismus unterstützten. Die Klemmen $+K$ und $-K$ hätten aber hiebei wie bei der Reihenmaschine ihr Zeichen gewechselt. **Hieraus darf aber durchaus nicht der Schluß gezogen werden, daß die Maschine zum Laden von Akkumulatoren untauglich ist.** Denn nehmen wir an, die E.K. der Maschine würde durch irgendeine Störung kleiner sein als die E.K. der zu ladenden Batterie, so würde aus der Batterie Strom von $+K$ nach a fließen, welcher sich in a teilte. Der eine Teil ginge, wie es der punktierte Pfeil andeutet, in den Anker, der andere jedoch in derselben Richtung in die Magnetmündungen, so daß also der Magnet seine Pole beibehält.

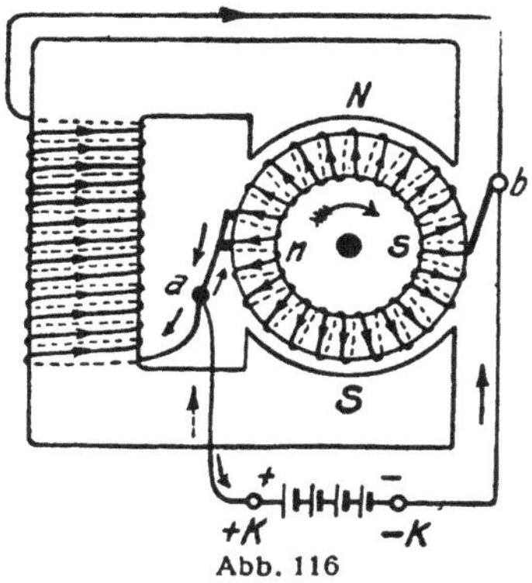

Abb. 116
Nebenschlußmaschine

Bezeichnet daher E_1 die E.K. der Maschine, E_2 jene der Batterie, so ist

$$i = \frac{E_1 - E_2}{r},$$

während bei der unpolarisierten Reihenmaschine

$$i = \frac{E_1 + E_2}{r}$$

wurde.

Soll die Nebenschlußmaschine als Elektromotor benützt werden, so wollen wir uns $+K$ mit dem positiven Pol der Stromquelle und $-K$ mit dem negativen verbunden denken. Der Ankerstrom erzeugt bei n einen Südpol, bei s einen Nordpol, so daß ein Drehungsmoment im Sinne des Uhrzeigers hervorgebracht wird. **Die Nebenschlußmaschine läuft also als Motor in derselben Richtung wie als Maschine.**

Wären die Verbindungen mit dem Magneten falsch gewesen, so würde der Anker gegen die Bürsten laufen. Dabei ist aber Vorsicht notwendig. Die Anker haben nämlich in der Regel einen sehr kleinen Widerstand, während der Widerstand der Magnete mehrere hundertmal so groß ist. Es geht daher in den Anker ein sehr starker Strom und in den Magneten nur ein sehr kleiner. **Um also beim Anlassen des Motors einen zu starken Strom im Anker zu vermeiden, muß man vor dem Anker einen Anlaßwiderstand vorlegen.**

Die Eigenschaft der Nebenschlußmaschine, sich als Motor in demselben Sinne zu drehen wie als Stromerzeuger, gestattet, die Dynamomaschine selbst zum Andrehen von Gasmotoren zu verwenden, wenn gleichzeitig eine Akkumulatorenbatterie vorhanden ist.

b) Der Ankerstrom i_a teilt sich bei der Nebenschlußmaschine in den äußeren Strom i und in den Nebenschlußstrom durch die Magnete i_m

$$i_a = i + i_m$$

$$i_m = \frac{e}{r_m}$$

$$E = e + i_a \cdot r_a$$

Das elektrische Güteverhältnis

$$\eta = \frac{e\,i}{e\,i + i_a^2\, r_a + i_m^2 \cdot r_m}$$

$$\eta = \frac{e \cdot i}{E \cdot i_a};$$

dieses Güteverhältnis läßt sich auch durch die Widerstände r_a und r_m ausdrücken. Dabei wird

$$\eta = \frac{1}{1 + \frac{r_a}{r} + 2\frac{r_a}{r_m} + \frac{r_a \cdot r}{r_m^2} + \frac{r}{r_m}}.$$

μ ist also abhängig vom äußeren Widerstand r. Wie groß muß derselbe sein, damit μ ein Maximum wird?

$$\eta_{\max} = \frac{1}{1 + 2\frac{r_a}{r_m} + 2\frac{r_a}{r_m}\sqrt{\frac{r_a + r_m}{r_a}}}$$

wenn

$$r = r_m \sqrt{\frac{r_a}{r_a + r_m}}.$$

c) Ähnliche Formeln kann man auch für den Nebenschlußelektromotor herstellen.

Das elektrische Güteverhältnis ist

$$\eta = \frac{\text{eingeleiteter Effekt} - \text{Effektverluste}}{\text{eingeleiteter Effekt}}.$$

Die Tourenzahl eines Nebenschlußmotors ändert sich bei wechselnder Belastung ebenso wie beim Reihenmotor, d. h. sie **nimmt bei wechselnder Belastung ab.** Bleibt die Klemmenspannung konstant, so ändert sich auch die erzeugte Kraftlinienzahl nicht, da ja der Magnetisierungsstrom konstant bleibt. In der Formel

$$E = \frac{N_0 \cdot n \cdot z}{10^8}$$

ändert sich also die Umdrehungszahl n proportional der E.K. E; diese ändert sich aber nach der Gleichung

$$E = e - i_a r_a.$$

Bleibt $i_a \cdot r_a$ klein, so ändert sich auch n sehr wenig. **Wird also bei einem Nebenschlußmotor Wert auf eine nahezu konstante Tourenzahl gelegt, so muß der Widerstand des Ankers sehr klein gemacht werden.** Übrigens ist es außerordentlich leicht, einen Nebenschlußmotor zu regulieren.

Denn soll in $E = \frac{N_0 \cdot n \cdot z}{10^8}$ n konstant bleiben, so braucht man nur in den Stromkreis des Magnetisierungsstromes einen Regulierwiderstand einzuschalten (Abb. 117).

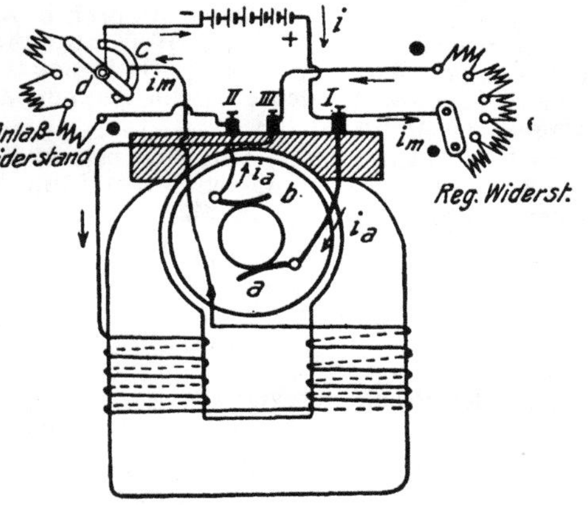

Abb. 117

c) Bei der Nebenschlußmaschine unterscheidet man zwei besondere Charakteristiken:

1. **die äußere Charakteristik,** welche die Beziehung zwischen der Stromstärke im äußeren Kreise und der Klemmenspannung angibt;
2. **die innere Charakteristik,** die die Beziehung zwischen der Stromstärke im Nebenschluß und der Klemmenspannung oder auch der elektromotorischen Kraft angibt.

Die innere Charakteristik entspricht der Form nach vollständig der Charakteristik einer Reihenmaschine. Namentlich ist in diesem Falle der kritische Widerstand zu beachten, der wesentlich größer als der Magnetwiderstand sein muß.

Die äußere Charakteristik ist durch die ausgezogene Kurve in Abb. 118 dargestellt.

Verbindet man einen Punkt A mit dem Punkt O, so gilt die Gleichung:

$$\text{tg} \cdot AOB = \frac{e}{i} = r.$$

Wird $r = \infty$, d. h. ist der äußere Stromkreis geöffnet, so erreicht die Spannung der Nebenschlußmaschine ihren größten Wert.

Wird der äußere Widerstand kleiner als der durch die Größe tg COD ausgedrückte, so wird die Maschine stromlos. Das Verhalren der Nebenschlußmaschine ist daher ein ganz anderes als das der Reihenmaschine. Während bei offenem Stromkreis die Reihenmaschine die Klemmenspannung Null hat, ist bei Nebenschlußmaschine die Spannung ein Maximum; bei einem sehr kleinen äußeren Widerstande entwickelt die Reihenmaschine eine sehr bedeutende Stromstärke, die der Anker meist nicht verträgt, die Nebenschlußmaschine wird dagegen stromlos.

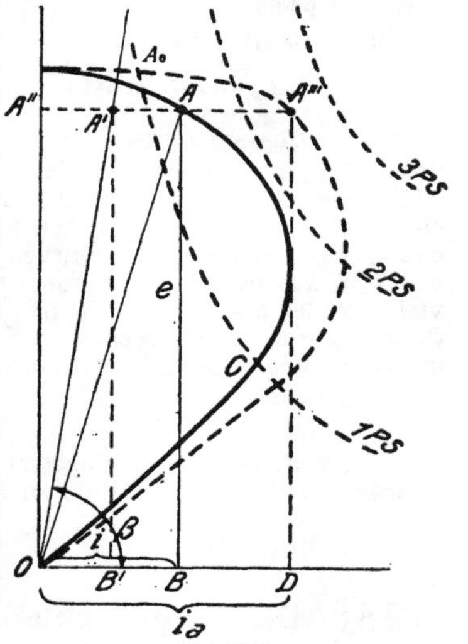

Abb. 118

Bisher war die Abszisse die Stromstärke i im äußeren Kreise. Will man die Stromstärke i_a im Anker benützen, so ist

$$i_a = i + i_m$$

$$i_m = \frac{e}{r_m}.$$

Trägt man daher den dem Widerstande r_m entsprechenden Winkel β an OB so an, daß

$$\frac{A'B'}{OB'} = \text{tg}\,\beta = r_m$$

so ist

$$OB' = \frac{A'B'}{\text{tg}\,\beta} = \frac{e}{r_m} = A'A''.$$

Verlängert man daher $A'A$ über A hinaus und macht

$$AA''' = A'A'',$$

so ist

$$A''A''' = i_a$$

und daher A''' ein Punkt der Charakteristik, welcher die Beziehung zwischen e und i_a darstellt. So erhält man die Kurve $A^0A'''O$ als Gesamtcharakteristik der Nebenschlußmaschine, wenn man den Ankerstrom i_a als Abszisse und die E.K. E des Ankers als Ordinate aufträgt.

Die innere Charakteristik läßt sich für eine zu konstruierende Nebenschlußmaschine leicht vorausberechnen. Daraus ergibt sich durch eine einfache Hilfskonstruktion auch ihre Gesamtcharakteristik.

[126] Die Verbundmaschine und der Verbundelektromotor.

a) Bei den **Kompound-** oder **Verbundmaschinen** endlich wird sowohl der Hauptstrom, als auch ein Nebenstrom um die Magnete geführt, diese besetzen also zwei voneinander getrennte Wicklungen. Die Abzweigung kann direkt an den Bürsten geschehen oder, nachdem der aus dem Anker kommende Strom schon die Hauptwicklung durchflossen hat, an den Klemmen der Maschine.

Im ersten Falle haben wir bis zu den Klemmen den Spannungsverlust im Anker und den Spannungsverlust, welchen der in dem äußeren Stromkreis fließende Strom in der Hauptstromwicklung der Magnete verursacht, die Nebenschlußwicklung ist parallel zum äußeren Stromkreis allein.

In beiden Fällen geht der Nebenschlußstrom für den äußeren Stromkreis verloren.

b) Der Ankerstrom i_a durchfließt zunächst den Anker, dann die Magnetwicklung und teilt sich in den äußeren Strom und den Nebenschlußstrom ein, so daß also

$$i_a = i + i_m$$
$$e = E - i_a (r_a + R_m)$$

und das elektrische Güteverhältnis

$$\eta = \frac{\text{Nutzeffekt}}{\text{Gesamteffekt}} = \frac{e\,i}{e\,i + i_a^2 (r_a + R_m) + i_m^2 r_m}$$

Diese Formel stimmt der Form nach genau mit der Formel für die Nebenschlußmaschine überein, nur hat man hier $r_a + R_m$ zu setzen, wo dort r_a steht. So wird der Widerstand r, welcher dem maximalen Güteverhältnis entspricht,

$$r = r_m \sqrt{\frac{r_a + R_m}{r_a + R_m + r_m}}.$$

Bei angenommenem maximalen Güteverhältnis η_0 muß gemacht werden

$$\frac{r_a + R_m}{r_m} = \frac{(1 - \eta_0)^2}{4\,\eta_0}$$
$$r_m = r \cdot \frac{1 + \eta_0}{1 - \eta_0}$$
$$r_a + R_m = r \cdot \frac{1 - \eta_0^2}{4\,\eta}.$$

Bei Durchrechnung von Beispielen ist es leichter, r_a kleiner als R_m zu machen. Thomson rechnet $r_a = \frac{2}{3} R_m$.

Für die andere Verbundmaschine werden die Verhältnisse sehr kompliziert. Es ist daher besser, die Widerstände für eine neue Maschine zu berechnen, wie es in Aufgabe 16 geschehen ist.

c) Verwendet man Kompoundmaschinen als Elektromotoren, so sucht der Strom in den dünnen Windungen die Schenkel entgegengesetzt zu magnetisieren wie der Strom in den dicken. Bei dem Nebenschlußmotor hatten wir aber gesehen, daß bei wachsender Stromstärke die Tourenzahl abnahm. Sollte dieselbe gesteigert werden, so mußte die Kraftlinienzahl N_0 verkleinert werden, was durch Schwächung des magnetischen Feldes geschah.

Wächst nun beim kompound gewickelten Elektromotor infolge stärkerer Belastung die Stromstärke im äußeren Kreise und hiermit auch in der dicken Schenkelwicklung, so wird hierdurch das magnetische Feld geschwächt, und bei richtiger Konstruktion kann man es nahe erreichen, daß die Tourenzahl für jede Belastung konstant bleibt.

Was die Umdrehungsrichtung einer Kompoundmaschine als Motor anbelangt, so hängt diese davon ab, ob die Nebenschlußwicklung in ihrer magnetisierenden Wirkung die Hauptstromwicklung überwiegt oder umgekehrt. Ist das erstere der Fall, so läuft der Anker wie bei einer Nebenschlußmaschine mit den Bürsten, in letzterem Falle gegen die Bürsten.

d) Die Charakteristik der Kompoundmaschine kann hier mit wenigen Worten erledigt werden, denn eine gute Kompoundmaschine soll so konstruiert sein, daß sie für jede Stromstärke dieselbe Klemmenspannung zeigt. Die Kurve, die den Zusammenhang zwischen e und i gibt, soll daher eine zur Abszissenachse parallele Gerade sein.

Wir wollen die Anwendung der Charakteristik an einem Beispiele zeigen.

Beispiel: Es soll ein Effekt elektrisch auf eine größere Entfernung übertragen werden. Zu diesem Zwecke wird in der primären Station eine Reihendynamomaschine mit konstanter Tourenzahl angetrieben; der erzeugte Strom wird durch die Fernleitung in eine zweite als Reihenmotor arbeitende Maschine geleitet, welche hierdurch instand gesetzt wird, wieder Arbeit zu leisten.

Gegeben ist sonach

der Widerstand der primären und der sekundären Maschine,

der Widerstand der Fernleitung

die Charakteristik der primären Maschine.

Gesucht wird

die Charakteristik des Motors, **wenn er bei wechselnder Belastung mit konstanter Tourenzahl laufen soll.**

Ist E_1 die elektromotorische Kraft der primären Maschine für eine bestimmte Belastung des Motors, E_2 die elektromotorische Gegenkraft desselben, R der Gesamtwiderstand des Stromkreises, d. i. der Widerstand beider Maschinen vermehrt um den Widerstand der Fernleitung, so ist die Stromstärke i im Stromkreise

$$i = \frac{E_1 - E_2}{R}$$
$$E_2 = E_1 - i \cdot R.$$

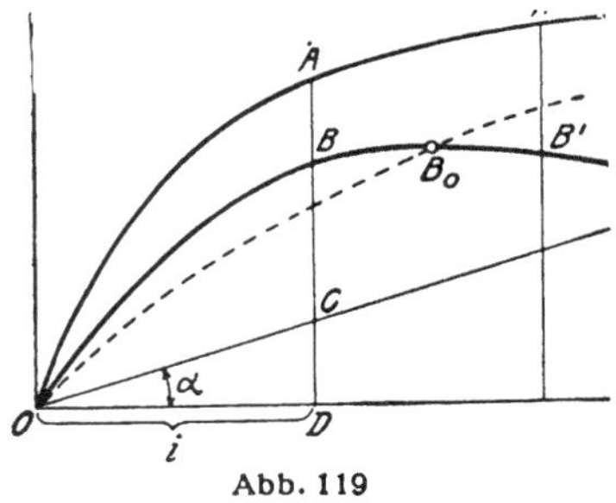

Abb. 119

Stellt daher in Abb. 119 die Kurve OAA' die Charakteristik der primären Maschine dar, macht man ferner $\sphericalangle COD = \alpha$ derart, daß $\operatorname{tg} \alpha = R$ ist, so wird

$$CD = i \cdot \operatorname{tg} \alpha = i \cdot R.$$

Zieht man daher CD von AD ab, macht also $AB = CD$, so ist BD die elektromotorische Gegenkraft E_2 des Motors. Führt man dies für eine Reihe von Punkten der Charakteristik OAA' durch, so erhält man die Kurve OBB', **deren Ordinaten die elektromotorische Kraft des Motors darstellen. Ist die Kurve gleichzeitig die Charakteristik des Motors, so ist seine Tourenzahl für alle Stromstärken konstant,** da ja die Charakteristik die Kurve ist, die den Zusammenhang von E und i bei konstanter Tourenzahl angibt. Der Motor muß daher so konstruiert sein, daß seine Charakteristik durch die Linie OBB'

dargestellt wird, was sich angenähert stets erreichen läßt. Würde die Charakteristik durch die punktierte Linie dargestellt sein, so liefe der Motor bei allen Stromstärken, für welche die Kurve *OBB'* oberhalb der Charakteristik liegt, schneller, bei allen Stromstärken, für welche die Kurve *OBB'* unterhalb der Charakteristik liegt, langsamer als der gezeichneten Charakteristik entspricht.

[127] Magnete.

Wie wir wissen, dienen die Magnete zur Erzeugung der im Anker erforderlichen Kraftlinien. Der Zusammenhang zwischen der Kraftlinienzahl N der magnetomotorischen Kraft $\mathfrak{f}$ und dem magnetischen Widerstande $\mathfrak{w}$ haben wir unter [64] kennen gelernt und dort die Formel aufgestellt

$$N = \frac{\mathfrak{f}}{\mathfrak{w}}$$

woraus

$$\mathfrak{f} = N \cdot \mathfrak{w}$$

folgt.

Damit bei gegebenem N die magnetomotorische Kraft $\mathfrak{f}$ klein wird, muß der magnetische Widerstand $\mathfrak{w}$ klein gemacht, der Kraftlinienweg so kurz als wgendmöglich gemacht werden; die Länge der Magnetschenkel darf daher nicht größer gemacht werden, als es der Wicklungsraum unbedingt erfordert.

Als Material ist **Schmiedeeisen** oder **Dynamogußstahl** dem Gußeisen vorzuziehen.

Es zeigt die Magnetisierungskurve, daß für gleiche Werte von Permeabilität μ die Induktion B im Schmiedeeisen und Gußstahl wesentlich größer ist als im Gußeisen. So gehört z. B. zu $\mu = 800$ die Induktion 4000 für Gußeisen und 14000 für Schmiedeeisen. Die Querschnitte wären daher

$$Q_g = \frac{N}{4000}$$

$$Q_s = \frac{N}{14000}$$

$$Q_g = Q_s \cdot \frac{14000}{4000} = 3{,}5 \cdot Q_s.$$

Wenn die gußeisernen Teile nicht mit Draht bewickelt sind, so ist dieser größere Querschnitt nicht von Nachteil; tragen dieselben jedoch Drahtwindungen, so wird mehr Draht zur Bewicklung erforderlich, da ja zu einem größeren Querschnitt auch ein größerer Umfang gehört. Soll nun der elektrische Widerstand des Drahtes hierdurch nicht vergrößert werden, so muß man einen dickeren Draht nehmen, wodurch aber die Kosten für die Wicklung höhere werden.

Was die Form des Querschnittes der Magnete, wenigstens der mit Draht bewickelten Teile betrifft, so muß man bedenken, daß bei gleichem Flächeninhalt der Kreis den geringsten Umfang besitzt. Muß ein rechteckiger Querschnitt gewählt werden, so hat der quadratische bei gegebenem Inhalt den kleinsten Umfang.

Paßstellen zwischen den einzelnen Teilen des Magneten wirken in bezug auf den magnetischen Widerstand wie Luftzwischenräume, deren magnetischer Widerstand bekanntlich sehr groß ist, weshalb solche Paßstellen sehr sorgfältig bearbeitet sein müssen.

Abb. 120 zeigt eine Magnetform von Edison. Die zylindrischen Schenkel bestehen aus Schmiedeeisen und sind am oberen Ende durch ein kräftiges Gußstück vereinigt, während sie am unteren Ende starke Polstücke tragen. Ein Nachteil dieser Konstruktion ist, daß zwischen die Polstücke und die gußeisernen Fundamentplatten magnetische Zinkplatten eingeschoben werden müssen, damit nicht zu viele Kraftlinien statt durch den

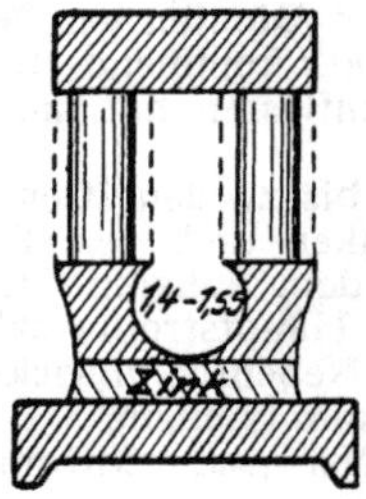

Abb. 120

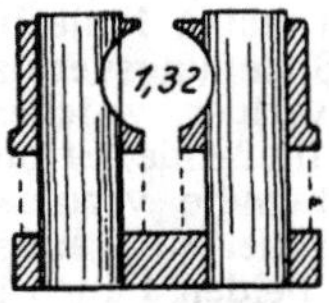

Abb. 121

Anker ihren Weg durch die Fundamentplatten nehmen. Deshalb stellt man auch die Magnete nach Abb. 121; sie sind aus Schmiedeeisen, während die Grundplatte ausgebohrt ist.

Abb. 122 zeigt ein Magnetgestell von Siemens-Halske, ganz aus Gußeisen, während Abb. 123 das Magnetgestell mit nur einer Wicklung zeigt.

Ein sehr beliebtes Magnetgestell ist die **Manchestertype** (Abb. 124); die Jochplatten sind aus

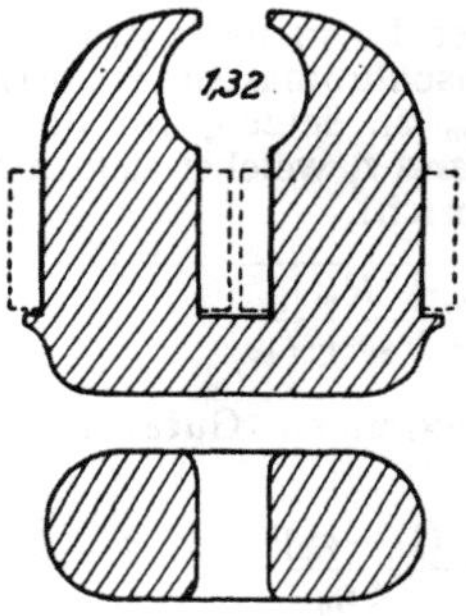

Abb. 122

Abb. 124

Abb. 125

Abb. 123

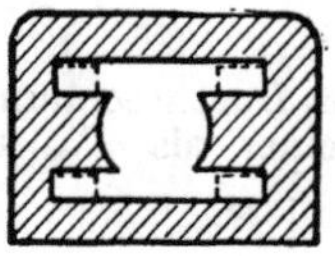

Abb. 126

Gußeisen, während die schmiedeeisernen Kerne so gewickelt sind, daß oben gleichnamige Magnetpole entstehen. Um Material zu sparen, können die Magnetgestelle ausgesparrt werden (Abb. 125). Eine große Verbreitung hat die Magnettype von **Lahmeyer** (Abb. 126) erlangt, die aus einem einzigen Gußstück besteht.

b) Ein großer Teil der Kraftlinien schließt sich schon vor Erreichung des Ankers durch die Luft oder wird durch das Eisengestell vom Anker abgelenkt.

Man nennt die nicht durch den Anker hindurchtretenden Kraftlinien **zerstreute** Kraftlinien und das Verhältnis

$$\frac{\textbf{erzeugte Kraftlinien}}{\textbf{durch den Anker gehende Kraftlinien}}$$

die **Streuungskoeffizienten** v.

Die Kraftlinien, die ihren Weg durch die Luft von Pol zu Pol nehmen und nach rückwärts austreten, üben eine magnetische Fernwirkung z. B. auf Uhren aus.

Je mehr Kraftlinien in dieser Weise austreten, desto kräftiger zieht die Dynamomaschine eiserne Gegenstände an. Es ist das kein Zeichen für die Güte einer solcheu Maschine, wenn die Pole eiserne Schraubenschlüssel u. dgl. kräftig anziehen, sondern es zeigt nur, daß viele der erzeugten Kraftlinien nicht durch den Anker gehen.

Der Streuungskoeffizient, der keine konstante Größe ist, sondern von der Sättigung des Eisens und der Größe der Ankerrückwirkung abhängt, wird mit Hilfe eines ballistischen Galvanometers experimentell bestimmt.

Der Streuungskoeffizient für das Magnetgestell in Abb. 126 für einen Trommelanker ist mit 1,4 bis 1,55 bestimmt worden. Die in Abb. 121 dargestellte Magnettype, versehen mit einem Zylinderanker, hat $v = 1{,}32$, für die in Abb. 119 dargestellte Manchestertype mit Zylinderring ist $v = 1{,}49$, während die Lahmeyertype mit Nutentrommel $v = 1{,}18$ hat.

[128] Kollektoren und Bürsten.

Die einzelnen Kollektorsegmente *a* in Abb. 127a sind voneinander und auch von der schwalbenschwanzförmig ausgedrehten Büchse *b* durch Glimmer, Preßspan und Vulkanfiber isoliert. Abzuraten

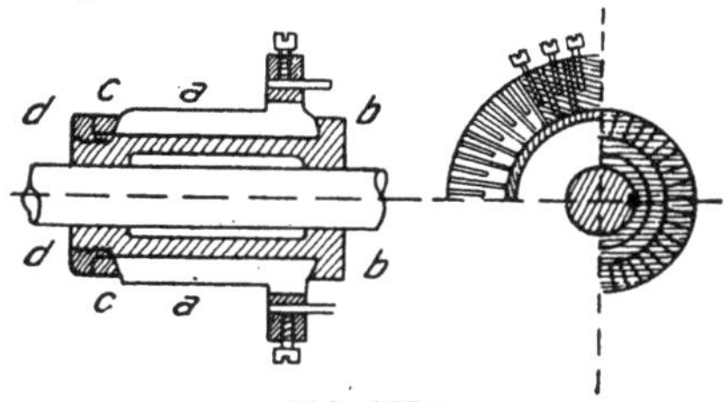

Abb. 127a
Kollektor

ist dagegen von Asbestpappe. Ein Preßring *c* ist durch die Schraubenmutter *d*, natürlich ebenfalls unter Zwischenlage von Isolationsmaterial, gegen die Segmente gepreßt.

Die Segmente, die meist aus hartgezogenem Kupfer bestehen, tragen Ansätze, in welchen die Drähte von oben in die Schlitze eingelegt und mit Schrauben befestigt werden. Bei allen Kollektoren sollen die Segmente eine bedeutende radiale Tiefe erhalten, um ein öfteres Abdrehen zu gestatten. Die Länge der Segmente wird für je 100 A mit 3 cm angenommen.

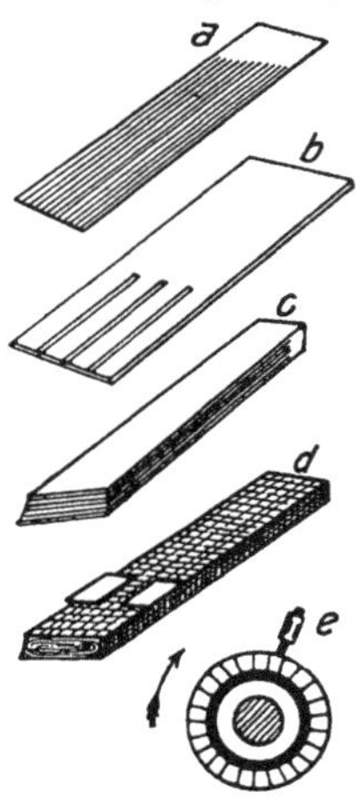

Abb. 127b
Bürsten

b) Zur Stromentnahme dienen die Bürsten, welche in der mannigfachsten Art ausgeführt werden (Abb. 127b).

Für Maschinen mit hoher Spannung eignen sich ganz vorzüglich die Kohlebürsten (Abb. 127b, e), bei welchen ein rechteckiger Kohleblock durch einen Metallschlitten gegen den Kollektor gepreßt wird. Hierdurch kann man die Umlaufsrichtung nach Belieben ändern, was namentlich bei Motoren von Vorteil ist.

Um die Bürsten in richtiger Weise gegen den Kollektor zu pressen, müssen sie in geeigneten **Bürstenhaltern** befestigt werden, die ein leichtes und sicheres Verstellen zulassen.

Bei allen Maschinen, außer ganz kleinen, **ist es vorteilhaft, anstatt einer breiten Bürste zwei schmälere zu nehmen,** selbstverständlich jede in einem eigenen Bürstenhalter angeordnet, da man hierdurch in den Stand gesetzt ist, auch während des Betriebes eine Bürste behufs Reinigung oder Auswechslung abzunehmen.

Alle auf dem Kollektor aufliegenden Bürsten müssen sich in einer solchen Abhängigkeit voneinander befinden, daß sie durch Handhabung einfacher Vorrichtungen **gleichzeitig** und **um gleichviel** gegen den Kollektor verschoben, abgehoben und angelegt werden können.

[129] Anker.

a) Die Anker der Dynamomaschine sind größtenteils entweder **Trommel-** oder **Ringanker.**

Die **Trommelanker** sind entweder sog. **glatte Anker,** bei welchen die Drähte auf der Oberfläche liegen, oder **Nutenanker,** bei welchen die Drähte in rechteckigen Vertiefungen, Nuten, liegen, oder **Lochanker,** bei denen die Drähte Löcher, die in der Nähe der Peripherie angebracht sind, ausfüllen.

Die Ringanker zerfallen in die sog. **Zylinderringanker** und die **Flachringanker,** je nachdem die Länge die radiale Tiefe wesentlich überwiegt. Natürlich können auch hier die Drähte in Nuten oder Löchern untergebracht werden.

Wie schon erwähnt, werden die Anker aller Dynamomaschinen und Elektromotoren **behufs Vermeidung der Wirbelströme aus möglichst gut zerteiltem Eisen hergestellt. Die Teilung muß in der Weise erfolgen, daß die Wirbelströme vermieden werden, den Kraftlinien jedoch der Durchgang durch das Eisen ungehindert gestattet wird.**

Bei Trommel- und auch bei Zylinderringankern wird dies erreicht, wenn der Anker aus einzelnen Eisenscheiben von 0,5—1 mm Dicke aufgebaut wird, die durch Papier oder Lack voneinander getrennt sind.

Um in der massiven Welle die Wirbelströme zu vermeiden, muß man den Kraftlinien den Durchgang durch die Welle verwehren, was annähernd erreicht wird, wenn man die Welle vom Ankereisen durch Papier oder einen Luftzwischenraum isoliert. Die Eisenscheiben werden durch starke Scheiben aus Rotguß oder Gußeisen, welche auf der Achse befestigt sind, zusammengepreßt.

Die Nuten, welche zur Aufnahme der Drähte dienen, werden meistenteils in die einzelnen Scheiben eingestanzt, sie können aber auch in den schon glatten Ankern eingesägt oder eingehobelt werden.

Verwendet man Lochanker, so werden die Löcher ausschließlich durch Stanzen hergestellt werden, wozu man sehr genau gearbeitete Schablonen verwendet, damit nach dem Zusammensetzen die Löcher gut übereinander liegen.

Die gußeisernen Flanschen werden durch eine Anzahl von Schraubenbolzen, welche von den Ankerblechen isoliert sind, gegen die Bleche gepreßt. Die inneren Durchmesser der Eisenscheiben sind größer als der Wellendurchmesser, so daß um die Welle ein Hohlraum entsteht, der durch vier in den Flanschen angebrachte Kanäle mit der äußeren Luft in Verbindung steht. Die Bleche sind gruppenweise aneinander gereiht, so, daß auf eine Reihe von Blechen und den zugehörigen Papierblättern eine kleine Schicht aus Preßspan auf die Schraubenbolzen aufgeschoben wird. Hiedurch entstehen Luftkanäle, welche in Verbindung mit den schon erwähnten Kanälen eine sehr gute Durchlüftung und Kühlung des Ankers bewirken.

Mehr Schwierigkeiten als die Befestigung der unbewickelten Trommelanker auf der Achse bietet die zentrische Befestigung eines schon bewickelten Ankers auf derselben.

Der Kern des Ringes ist aus Eisendraht hergestellt, welcher mit einem Lack oder Firnisüberzug versehen ist. In magnetischer Beziehung ist ein Drahtkern unvorteilhafter als ein Kern aus Scheiben, weil den Kraftlinien beim Durchgang durch einen solchen ein größerer magnetischer Widerstand entgegengesetzt wird, was aber bei kleinen Ankern nicht allzu sehr in Betracht kommt, da ja die Amperewindungszahl, die zum Durchtreiben der Kraftlinien durch einen Anker nötig ist, eine nur geringe ist.

Ist der Anker gewickelt, so muß er mit **Bandagen** versehen werden, welche die Drähte vor dem Abfliegen durch die Zentrifugalkraft bewahren. Die Bandagen bestehen entweder aus Draht oder fester, gut gedrillter Hanfschnur. Bei den Lochankern fallen selbstverständlich die Bandagen weg.

Sind die Bandagen aus Draht hergestellt, so dürfen sie zur Vermeidung von Wirbelströmen nur in geringer Breite, aber entsprechend größerer Anzahl hergestellt werden. Trommelanker bedürfen mehr Bandagen als Ringanker.

Als Draht verwendet man hartgezogenen Messingdraht. Derselbe muß von der darunter liegenden Wicklung durch Isolierband, Glimmer oder Vulkanfiber gut isoliert werden. Nach dem Aufrunden wird jede Bandage ihrer ganzen Breite nach verlötet.

Von hoher Wichtigkeit für das gute Laufen einer Dynamomaschine ist eine gute Lagerung und Schmierung der Welle, wozu sich alle im Maschinenbau verwendeten Lager und Schmierungen verwenden lassen. Das Lager ist meist als sog. **Augenlager** ausgebildet und zeigt die Eigentümlichkeit, daß die Rotgußbüchse, in welcher der Wellenzapfen läuft, von einem parallelepipedischen Raume umgeben ist, welcher zum Teil mit Schmieröl gefüllt ist. Die Gußbüchse ist in ihrer Mitte in radialer Richtung durchgeführt, so daß der Wellenzapfen an dieser Stelle im Stück freiliegt. Ein Ring von wesentlich größerem Durchmesser liegt auf der Welle auf, wobei das untere Ende in Öl eintaucht. Dreht sich der Zapfen, so rollt der Ring auf dem Zapfen mit und bringt so das Öl in den Anschnitt der Büchse, von wo es durch Ölnuten auf der Oberfläche des Zapfens weiter verteilt wird.

Die Lager zweiteilig auszuführen hat nur den Zweck, wenn der Anker durch Abnehmen des Lagerdeckels herausgehoben werden kann, wie dies etwa bei der Manchestertype der Fall ist.

Die Wellen von Dynamomaschinen müssen so stark gemacht werden, daß eine merkliche Durchbiegung nicht stattfinden kann, auch wenn der magnetische Zug etwa einseitig wäre. Längere Wellen sind stärker zu konstruieren als kürzere. Als Material wählt man ausschließlich Stahl.

Den Durchmesser kann man für dieses Material aus der Formel

$$d = 1{,}7 \text{ bis } 25 \sqrt[3]{\frac{L}{n'}} \text{ mm}$$

berechnen, wobei L den Effekt in Watt und n' die Tourenzahl pro Minute bedeutet.

Da die Tourenzahlen für Dynamomaschinen und Elektromotoren meist sehr hohe sind, muß der Zapfen mindestens 2,5- bis 5 mal so lange sein, als sein Durchmesser.

Thompson gibt für dieses Verhältnis die Formel an:

$$\frac{l}{d} = 0{,}63 \cdot \frac{n' \sqrt{L}}{3500} + 2$$

wo L die Länge der Welle von Zapfenmitte zu Zapfenmitte, l die Zapfenlänge und n' die Tourenzahl pro Minute bedeutet.

Die Zapfen werden gewöhnlich durch Ringe oder Ansätze begrenzt, die gegen die Lager drücken und eine Verschiebung der Welle in der Längsrichtung beschränken. Eine gewisse Verschiebung ist aber unbedingt notwendig, **da alle Anker sich so gegen das magnetische Feld einzustellen suchen, daß die Windungen das Maximum der Kraftlinien einschließen.** Gibt man daher keinen Spielraum, so wird der Ansatz gegen das Lager gedrückt und **das Lager läuft warm.**

[130] Die mehrpoligen Maschinen.

Sollen Dynamomaschinen für mehr als 20 KW berechnet werden, so kommt man bei zweipoligen Magnettypen zu unbequem großen Dimensionen, namentlich der Ankerdrähte, welche sich durch Anwendung **mehrpoliger Magnettypen** vermeiden lassen. Abb. 128 zeigt eine vierpolige Maschine mit zwei Erregerspulen. Die Kerne sind aus Schmiedeeisen, während die Polschuhe aus Gußeisen oder Gußstahl gefertigt sind.

Da bei mehrpoligen Maschinen stets ungleichnamige Pole aufeinanderfolgen müssen, so sind die

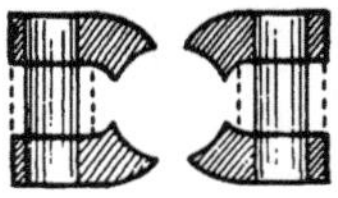
Abb. 128

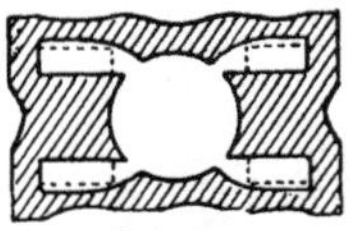
Abb. 129

Schenkel so gewickelt, daß der Nordpol bei dem einen oben, bei dem anderen unten auftritt.

Eine andere vierpolige Type mit Folgepolen zeigt Abb. 129, die große Ähnlichkeit mit dem zweipoligen Modell von Lahmeyer besitzt.

Eine der beliebtesten Typen ist in Abb. 130 dargestellt. Abb. 131 zeigt eine mehrpolige Maschine,

Abb. 130

Abb. 131

welche sich von den bisher beschriebenen wesentlich dadurch unterscheidet, daß die Magnetpole den Anker nicht außen umgeben, sondern der Zylinderzuganker außen um die Pole umläuft. Die Magnete befinden sich daher im Innern der Maschine, und deshalb heißen diese Typen **Innenpolmaschinen.**

Die Wicklung kann entweder so geschaltet werden, daß sich die **Ströme** in den einzelnen Wicklungsabteilungen addieren **(Parallelschaltung)**, oder daß sich **die elektromotorischen Kräfte** addieren **(Reihenschaltung)**. Beide Schaltungsarten lassen sich auch zur sog. **gemischten** Schaltung kombinieren.

I. Parallelschaltung.

Bei der Parallelschaltung mehrpoliger Anker sind stets ebensoviel Stromkreise und Bürsten vorhanden wie Pole. Die positiven Bürsten werden miteinander verbunden, ebenso wie die negativen. Wie dies geschieht, zeigt das Beispiel eines Ringankers in

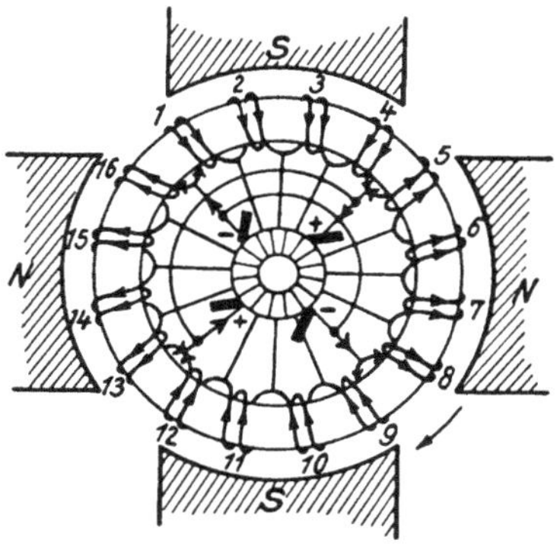

Abb. 132
Mehrpoliger Ringanker

Abb. 132. Statt der Bürsten kann man auch die zugehörigen Kollektorsegmente durch kreisförmig gebogene Kupferschienen miteinander verbinden.

Die vierpolige Maschine gestattet dann, die vierfache, die sechspolige die sechsfache Stromstärke zu entnehmen.

II. Die Reihenschaltung.

Bei der Reihenschaltung gibt es nur zwei Stromkreise und daher auch nur stets zwei Bürsten. Sämtliche Spulen werden von den Bürsten ausgehend in zwei Gruppen mit entgegengesetzter Stromrichtung

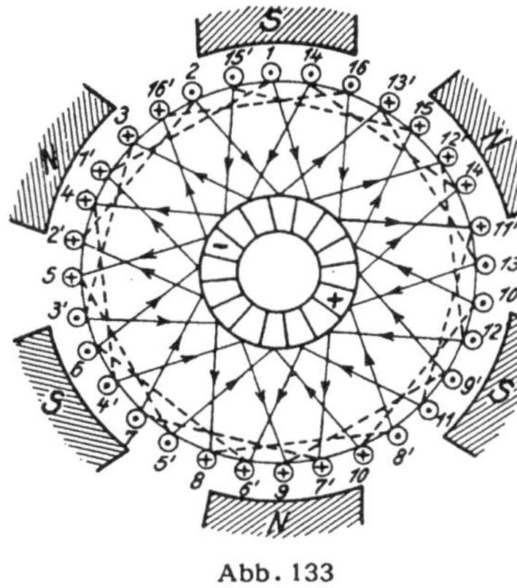

Abb. 133
Mehrpoliger Trommanker

geteilt, die in bezug auf Induktion gleichwertig sein sollen.

Die E.K. ist unter sonst gleichen Verhältnissen p mal so groß wie bei Parallelschaltung, die Stromstärke ist p mal kleiner. Die Reihenschaltung wird deshalb dort anzuwenden sein, wo hohe Spannung und geringe Tourenzahl verlangt wird (Abb. 133 bei einem Trommelanker).

III. Gemischte Schaltung.

Die Reihen- und Parallelschaltung lassen sich auch bei demselben Anker kombinieren. Übrigens ist das Gebiet der Ankerwicklungen sehr groß, und die hier angeführten Beispiele sind nur die einfachsten, aber wohl auch häufigsten. Sie sind anwendbar, wenn der Anker der zweipoligen Maschine eine durch 2 teilbare Spulenzahl hat. Bei dem Ring enthält jede Windung einen, bei der Trommel jede Windung zwei wirksame Ankerdrähte. Bei dieser Schablonenwicklung bestimmt sich die Zahl der Windungen auf dem Anker, die zur Verringerung der Selbstinduktion möglichst klein gehalten werden soll, aus der Gleichung

$$E_{\text{Volt}} = 10^{-8} \cdot N \cdot z \cdot n',$$

wenn N die Zahl der Kraftlinien auf einem Magnetpol, n' die Umdrehungszahl in der Sekunde bedeutet. Die Maschinen werden in der Regel für direkte Kupplung mit der Dampfmaschine gebaut.

Zu diesem Zwecke ist gewöhnlich die Kurbelwelle der Dampfmaschine bis zu einem dritten Lager verlängert und auf dem verlängerten Teil der Anker festgekeilt, während das die Feldmagnete tragende Gußstück an dem kräftig gestalteten Lagerbock angeschraubt ist. An dem Gußstück sind die Schenkel angegossen, an deren Enden die Polschuhe angeschraubt sind. Die Bewicklung der Schenkel ist auf besonderen Spulen untergebracht, welche nach Entfernung der Polschuhe abgezogen werden können.

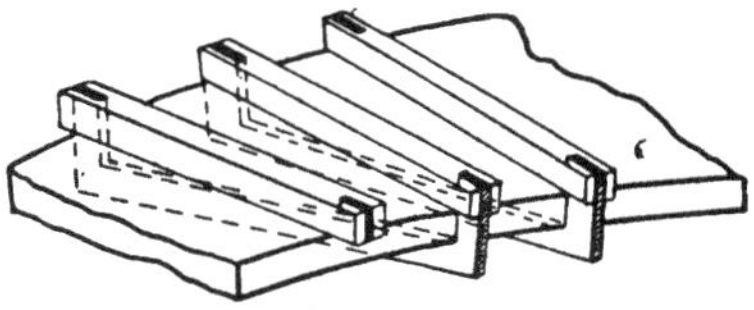

Abb. 134

Die Wicklung des Ankers ist aus Kupferstäben von zwei verschiedenen Formen zusammengesetzt, wie dies Abb. 134 zeigt. An der äußeren Seite des Ringes sind die Stäbe gerade gestreckt, von trapezförmigem Profil und in Rinnen aus Preßspan gelegt, welcher die Isolation zwischen ihnen darstellt. Die Windungen sind der Deutlichkeit wegen auseinandergerückt gezeichnet, während sie in Wirklichkeit dicht aneinanderliegen. Die Kupferbügel wurden vorher in die richtige Form gebracht und mit Isolierband bewickelt. Sodann werden sie auf den Ankerkern gebracht und mit den geraden Stäben, auf welchen die Bürsten schleifen, vernietet und verlötet.

[131] Berechnungsvorgang. Nach **Emil Stöckhardt „Lehrbuch der Elektrotechnik", Leipzig, Verlag Veit.**

Die erste Gesetzmäßigkeit, an die bei der Belastung eines Stromerzeugers zu denken ist, bildet das **Ohmsche Gesetz.** Falls eine bestimmte E.K. erzeugt wird, ergibt sich der Strom umgekehrt proportional zum Widerstand des Kreises. Schaltet man daher nur einen genügend kleinen Widerstand zwischen die Klemmen ein, so wird der Strom beliebig stark.

Das in zweiter Linie anzuführende Gesetz ist das Gesetz **von der Erhaltung der Leistung.** Wird die Induktionserscheinung durch Bewegen eines Drahtes durch ein Feld hervorgerufen, so sucht die Kraft die Bewegung zu hemmen. Es ist

$$P = \frac{1}{9810000} \cdot H \cdot J \cdot l,$$

wobei H die induzierende Feldstärke,
J den Strom im Anker (Amp.),
l die im Felde H liegende Drahtlänge (cm),
P die am mittleren Wicklungsradius angreifende Kraft (kg)
bedeutet.

Durch Multiplikation dieser Kraft mit der Umfangsgeschwindigkeit erhält man eine zur Erzeugung der Induktionswirkung anzuwendende mechanische Leistung, deren Wert in elektrisches Maß übergeführt

$$L_m = P \cdot v \cdot 9{,}81$$

ist, wobei L_m die mechanische Leistung in Watt, v die Geschwindigkeit in m/Sek. ist.

Diese **mechanische Leistung** ist unter Vernachlässigung einiger Verluste **gleich** der am Anker auftretenden **elektrischen Leistung** L_e:

$$L_m = L_e$$

$$P \cdot v \cdot 9{,}81 = E \cdot J$$

wobei E die im Anker erzeugte elektromotorische Kraft, J die dem Anker entnommene Stromstärke (Ampere) bedeutet.

Also bei konstantem E würde die dem Anker zuzuführende mechanische Leistung direkt proportional zur abgenommenen Stromstärke sein.

Die verfügbare mechanische Leistung bildet eine Grenze für die entnehmbare elektrische Leistung.

Ein leerlaufender Stromerzeuger nimmt weniger Leistung auf als ein belasteter. Die hineingeschickte Leistung ist gleich der Summe der Nutzleistung und der Verlustleistung.

Verluste treten auf:

1. als Wärme im Anker,
2. als Wärme im Magnet,
3. durch Hysteresis,
4. durch Wirbelstrom,
5. durch mechanische Reibung.

Es ist:

L_1 die gesamte dem Stromerzeuger zugeführte Leistung in Watt,
L_2 die dem Stromerzeuger entnommene Nutzleistung in Watt,
L_A Verlustleistung im Anker (Watt),
L_M Verlustleistung in Magnet (Watt),
L_H Verlustleistung durch Hysteresis (Watt),
L_W Verlustleistung durch Wirbelströme (Watt),
L_R Verlustleistung durch mechanische Reibung (Watt),
J_A R_A Stromstärke (A) und Widerstand (Ω) im Anker,
i_M R_M Stromstärke (A) und Widerstand (Ω) im Magneten,
E' Nutzspannung der Maschine (Volt),
J Nutzstrom der Maschine (Ampere),

so ist

$$L_1 = L_2 + L_A + L_m + L_H + L_W + L_R$$

oder

$$L_1 = E' \cdot J + J_A^2 R_A + i_M^2 \cdot R_m + (L_H + L_W + L_R).$$

Der Wirkungsgrad eines Stromerzeugers ergibt sich

$$\eta = \frac{E' J}{E' J + J_A^2 \cdot R_A + i_\mu^2 R_M + L_H + L_W + L_R}.$$

Die zugeführte Leistung kann abgebremst, die Klemmenleistung L_2 gemessen werden.

Die Verluste sind gering zu halten: L_A kann durch geringes R_A, L_M durch geringes i_M bei Nebenschlußwicklungen oder geringes R_M bei Hauptschlußwicklungen klein gehalten werden. Bezüglich der übrigen Verluste gelten folgende erfahrungsmäßig aufgestellte Ausdrücke:

Für die Hysteresisarbeit ergibt sich bei einer Maschine mit p Polpaaren und n' Umläufe in der Sekunde

$$L_H = \frac{1}{6} \cdot V \cdot p \cdot n' B^{1,6} \, 10^{-6} \text{ Watt}.$$

Für den Wirbelstromverlust bei der Dicke δ (in mm) der Ankerbleche

$$L_W = 2 \cdot V (p \cdot n')^2 \cdot \delta^2 B^2 \cdot 10^{-10} \text{ Watt};$$

sie beträgt für mittlere Bleche etwa 3—4 Watt pro kg.

Für Verlustleistung durch Reibung angenähert

$$L_R = 0{,}03 \, L_2.$$

[132] Vorausberechnung kleiner Maschinen.

Man benützt die Erfahrungsformel

$$D = C \sqrt[3]{\frac{E' J}{n} \cdot \frac{D}{B}},$$

wobei bedeutet:

D den Durchmesser des Ankereisens in cm.
E' die Klemmenspannung der Maschine,
J die Nutzstromstärke der Maschine (Höchstwert),
B die Breite des Ankereisens in cm,
n die Umlaufszahl in der Minute,
C eine Erfahrungskonstante, die für Ringe 13, für Trommel 11 angenommen werden kann.

Ist D bekannt, so rechnet man den Querschnitt Q_A aus. B_A, die magnetische Dichte mit 10000 angenommen, ist

$$N_A = Q_A \cdot B_A \text{ und } N = 2 \cdot Q_A \cdot B_A$$

und daraus, da $E = 10^{-8} \cdot N \cdot z \cdot n'$

$$Z = \frac{E}{N n'} \cdot 10^8.$$

Bei mehrpoliger Maschine ist die rechte Seite durch die Zahl der Polpaare zu dividieren. Da die Zahl der Ankerdrähte bekannt ist, so läßt sich auch die Länge jedes Zweiges der Ankerwicklung ausrechnen, und man erhält den Gesamtquerschnitt aller parallel geschalteten Ankerzweige nach der Formel:

$$q = \frac{l \cdot J_A \cdot c}{e},$$

wobei J_A die gesamte Stromstärke in allen Ankerzweigen zusammen; bei Nebenschlußmaschinen ist J_A um 2 bis 5% höher zu schätzen als der Nutzstrom J.

e Spannungsverlust im Anker,
c spez. Widerstand von Kupfer = 1 : 57.

Man kennt nun den gesamten Kupferquerschnitt q der Ankerwicklung und rechnet den Querschnitt des einzelnen Ankerdrahtes aus, indem man q durch die Zahl der parallel geschalteten Kreise dividiert. Es muß zunächst kontrolliert werden, ob die Wicklung samt der Isolierung untergebracht werden kann. Dann entwirft man das Magnetgestell und rechnet die Amperewindungszahl eines magnetischen Kreises aus, die erforderlich ist zur Herstellung der nötigen Kraftlinienzahl. Diese Amperewindungszahl ist dann wegen der Streuung und der Ankerrückwirkung um 30—40% zu erhöhen. Legt man auf jeden Pol eine Magnetisierungsspule, so braucht jede einzelne nur die Hälfte der A.W.-Zahl zu erhalten, die für einen Kreis gerechnet worden ist.

Aus der Stromstärke, die in den Magnetwindungen fließen soll, und der errechneten Amperewindungszahl jeder Spule ergibt sich die Zahl der Windungen und es ist wieder zu kontrollieren, ob sie untergebracht werden kann.

Zum Schlusse ist für den Anker und den Magneten zu untersuchen, ob die in den Windungen und im Ankereisen erzeugte Wärme genügend austreten kann. Man bedarf für 1 Watt Verlust einer abkühlenden Außenfläche von etwa 10 cm²?

Aufgabe 47.

[133] *Es solle eine Nebenschlußmaschine berechnet werden für die Werte*

$$\text{Nutzspannung } E' = 120 \text{ Volt}$$
$$\text{Nutzstrom } J = 85 \text{ A (maximal)}$$
$$\text{Umdrehungszahl } n/_{\min} \sim 1000.$$

Die Maschine soll als zweipolige Trommelmaschine Lahmeyertypus mit Gußstahlgestell ausgeführt werden.

Es sei $B : D$ des Ankers = 1 (Quadrattrommel). Nach früherem ist

$$D = C\sqrt[3]{\frac{E' \cdot J}{n}} = 11\sqrt[3]{\frac{120 \cdot 85}{1000}} = \mathbf{24\ cm}.$$

Der innere Durchmesser des Ankereisens zum Durchbringen der Ankerbüchse sei gewählt mit

$$D' = \mathbf{7\ cm}.$$

Der Umlaufsquerschnitt des Ankereisens beträgt

$$Q_{A'} \cdot = 24\left(\frac{24}{2} - 3{,}5\right) = 204 \text{ cm}^2$$

hievon sind bei der Blechdicke $\delta = 0{,}5$ cm 10% abzuziehen (wegen der Papierschichten)

$$Q_A = \mathbf{184\ cm^2}.$$

Zahl der Kraftlinien eines Poles:

$$N = 2 \cdot Q_A \cdot B_A = 2 \cdot 184 \cdot 10000 = \mathbf{3\,680\,000}.$$

Zahl der Ankerdrähte

$$Z = \frac{(E' + e')\,10^8}{N \cdot n'} = \frac{(120 + 3)\,10^8}{3680000 \cdot 16{,}66} = \mathbf{200}.$$

Gewählt werden 192 Leiter, die in 48 Nuten zu je 4 Leitern untergebracht werden sollen. 2 Leiter in je 1 Nut gehören zur selben Spule, also erhält man 48 Spulen und 48 Kollektordrähte. Die Maschine ist statt mit 1000 nur mit $n = 1040$ Umdrehungen in der Minute oder $n' = 17{,}33$ Umdrehungen in der Sekunde laufen zu lassen.

Die Länge des Drahtes in einem Ankerzweig wird angenähert bestimmt

$$l = \frac{Z}{2}(B + 1{,}8\,D) = 96\,(24 + 42) = 6400 \text{ cm} = \mathbf{64\ m}.$$

Der Ankerstrom wird geschätzt mit

$$J_{A'} = J + J_{m}' = 85 + 2 = \mathbf{87\ Ampere}.$$

Der Spannungsverlust im Anker wurde bereits vorläufig mit $e' = 3$ Volt angenommen; daher folgt der Kupferquerschnitt beider Ankerkreise zusammen

$$q' = \frac{l \cdot J_{A'} \cdot c}{e'} = \frac{64 \cdot 87}{3 \cdot 57} = \mathbf{32{,}6\ mm^2}$$

daher der Querschnitt eines Ankerdrahtes

$$q_D = \mathbf{16{,}3\ mm^2}.$$

Gewählt wird ein Formdraht rechteckigen Querschnittes 3×5 mm, also mit

$$q_D = 15 \text{ mm}^2,$$

so daß an Stelle von e' nur

$$e = 3 \cdot \frac{16{,}3}{15} = 3{,}26 \text{ V}$$

im Anker verloren gehen bei einem Ankerwiderstand von

$$R'_A = 0{,}0374\ \Omega.$$

Dieser Formdraht hat als äußere Abmessungen mit Isolierung 4 × 6 mm.

Der Umfang des Ankereisens beträgt

$$24 \cdot \pi = 75{,}5 \text{ cm};$$

von Mitte bis Mitte Zahn gerechnet erhält man

$$75{,}5 : 48 = 1{,}58 \text{ cm},$$

während zwei Drähte nebeneinander beginnend etwa 0,8 cm beanspruchen. Man kann daher die vier Drähte in der Nut so anordnen, daß zwei nebeneinander und zwei hochkant nebeneinander liegen, es bleiben dann abzüglich des Preßspans von 1 mm Dicke noch 5,8 mm Dicke für den Zahnfuß übrig. Der äußere Durchmesser des Nutenankers beträgt nun bei 1 mm Preßspanzwischenlage zwischen zwei Spulen derselben Nut und bei 1 mm Eindrehung an den Bändern 27 cm.

Dem Magnetgestell soll nun eine Form zugrundegelegt werden, aus dem die hier interessierenden Maße aus folgender Tabelle zu entnehmen sind.

Die Berechnung eines Magnetgestelles mit Nutenanker ist in [67] durchgeführt.

Bezeichnung	Material	Querschnitt cm^2	Kraftlinien	Dichte B (H)	Weg cm	Aw/cm z	AW für den Weg 2'
Anker	Schmiedeeisen	184	1840000	10000	24	3,75	90
Luftr.	Luft	338	1840000	5450	0,8	4350	3480
Pole	Stahlguß	120	1840000	15330	26	67	1740
Gestell	Stahlguß	132	1840000	13900	80	34	2720
						Summe	8030
				für Streuung und Ankerrückwirkung			2670
							10700 Amp.-Wind.

Da die Wicklung auf zwei Polen untergebracht wird, erhält jede Spule **5350** AW.

Es war von vornherein geschätzt als Erregerstromstärke

$$i_M' = 2\ A,$$

demnach hätte jede Spule aus 2675 Windungen zu bestehen. Die mittlere Länge einer Windung beträgt nach dem Wicklungsraum 1,27 m. Die Länge des Drahtes ist auf einer Magnetspule

$$l_M' = 1{,}27 \cdot 2675 = 3400 \text{ m}.$$

Die Spannung an den Enden einer Magnetspule beträgt für kurzgeschlossenen Nebenschlußregler die Hälfte der Klemmenspannung

$$e_M = 60 \text{ V}.$$

Daraus ergibt sich der Querschnitt des Drahtes für Kupfer von $c = 0{,}0176 = 1 : 57$

$$q'_M = \frac{l'_M \cdot i'_M \cdot c}{e_M} = \frac{3400 \cdot 2}{60 \cdot 57} = 1{,}99 \text{ mm}^2,$$

der Durchmesser des Drahtes

$$d'_M = \sqrt{q_M' \cdot \frac{4}{\pi}} = 1{,}59 \text{ mm}.$$

Gewählt wurde ein Draht von

$$d_M = 1{,}6 \text{ mm}.$$

Querschnitt

$$q_M = 2{,}01 \text{ mm}^2$$

und ein Außendurchmesser mit Isolierung von 2 mm. Von diesem Draht gehen auf einen Wicklungsquerschnitt von 90 × 90 mm in einer Schicht 44, während 50 Schichten übereinander Platz haben, so daß sich 50 × 44 = **2200** Windungen ergeben. Eine Magnetspule besitzt demnach einen Widerstand von

$$r_M = 2200 \frac{1 \cdot 27}{2{,}01} \cdot \frac{1}{57} = \mathbf{24{,}4\ \Omega},$$

so daß sich bei 60 Volt an einer Spule tatsächlich

$$i_M = \frac{60}{24} = \mathbf{2{,}46\ A}$$

Erregerstrom und 2,46 · 2200 = **5412** AW. ergeben.

Der Widerstand der ganzen Erregerwicklung beträgt

$$r_M = \mathbf{48{,}4\ \Omega.}$$

Man kommt also mit dem geschätzten Gestell und den gemachten Annahmen näherungsweise aus. Bei wesentlichen Abweichungen wäre die Rechnung unter geänderten Verhältnissen zu wiederholen.

Mit den gerechneten Resultaten gehen wir in die früher aufgestellte Formel:

$$L_1 = E' \cdot J + J_A{}^2 \cdot R_A + i_M{}^2 \cdot R_m + L_H + L_W + L_R$$

$$= 120 \cdot 85 + (87{,}46)^2 \cdot 0{,}0374 + (2{,}46)^2 \cdot 48{,}4 + \frac{1}{6} \cdot \frac{(2{,}7^2 - 0{,}7^2)\,\pi}{4} \cdot 2{,}16 \cdot 17{,}33,\, 10000^{1,6} \cdot 10^{-6} +$$

$$+ 2 \cdot \frac{(2{,}7^2 - 0{,}7^2)\,\pi}{4} \cdot 2{,}16 \cdot 17{,}33^2,\, 0{,}5^2 \cdot 10000^2 \cdot 10^{-10}$$

$$+ 0{,}03 \cdot 120 \cdot 85 = 10200 + 286 + 292 + 84 + 18 + 306 = 10200 \text{ Watt} + 986 \text{ Watt}.$$

Auf **10200 Watt Nutzleistung** kommen **986 Watt Verlustleistung.** Der Wirkungsgrad ist

$$\eta = \frac{10200}{10200 + 986} = \mathbf{0{,}912}$$

Für die im Anker auftretende Verlustleistung von 286 + 84 + 18 = 388 Watt wird nach dem Grundsatz, daß auf 1 Watt Verlust 10 cm² abkühlende Oberfläche entfallen sollen, eine Oberfläche von 3880 cm² gefordert.

Allein der äußere rohgerechnete Zylindermantel des Ankers mit 10 cm Überstand zu beiden Sternseiten hat

$$27\pi \cdot 44 = 3400 \text{ cm}^2 \text{ Oberfläche;}$$

hierzu kommen noch die übrigen der Luft zugänglichen Flächen, so daß die obige Bedingung als erfüllt anzusehen ist.

Dasselbe gilt von den Magnetspulen, die 1410 cm² haben, während im ganzen für die Spule 1460 cm² zu verlangen sind.

Die Bürstenauflagerfläche ergibt sich nach dem Grundsatze für Kohlebürsten 10 A. per cm² zu rechnen

$$87 \cdot 46 : 10 = 8{,}746 \text{ oder rd. } 9 \text{ cm}^2.$$

Es seien auf eine Stromentnahmestelle zwei Kohlen zu je 2,5 · 3 Auflagefläche gewählt. Nimmt man einen Kollektordurchmesser von 18 cm an, so ergibt sich die Kollektorteilung zu

$$18\pi : 48 = 1{,}178 \text{ cm},$$

davon mögen auf die Isolation 1 mm und auf den Kollektorstab 10,78 mm entfallen. Als wirksame Breite des Kollektors sollen 8 cm und als gesamte Breite 10 cm gelten.

Bei einer Kollektorstabhöhe von 4 cm beträgt das Gewicht eines Stabes rd. 280 g und die an ihm auftretende Fliehkraft bei 1250 Umdrehungen in der Minute wird rd. 38 kg. Der Kollektor muß demnach um dieser Fliehkraft zu widerstehen, mit mehr als $48 \cdot \frac{38}{2} = 912$ kg zusammengepreßt werden.

Eine Spule ist bei einem mittleren Wicklungsradius und bei 1250 Umläufen in der Minute einer Fliehkraft von 83 kg ausgesetzt.

Auf dem Anker der gerechneten Spule liegen 40 · 0,352 = **16,9 kg** Kupfer, auf den Magnetspulen 2 · 2200 · 1,27 m · 2,01 mm² · 8,9 ∾ **101 kg** Kupfer.

Für einen Kupferpreis von 2 G.-M. per kg und den Preis von 0,35 G.-M. per kg Ankerblech kommen nun

für das	Ankerkupfer	34 G.-M.
„ „	Ankereisen	31 „
„ „	Magnetspulenkupfer . . .	202 „
„ „	Kollektorkupfer	27 „

Dieses durchgerechnete Beispiel soll dem Selbstschüler nur Anhaltspunkte für derartige Rechnungen geben. Soll er aber Maschinen genauer durchrechnen, so muß er Sonderwerke zu Hilfe nehmen.

[134] Übungsaufgaben.

Aufg. 48. Ein Ringanker besitzt 210 Windungen und macht 1200 Umdrehungen in der Minute. Durch den Anker gehen 159500. Wie groß ist die E.K. des Ankers?

Aufg. 49. Wie groß wird die Klemmenspannung, wenn der Anker 40 A Strom liefert und sein Widerstand 0,1 Ω beträgt?

Aufg. 50. Wieviel Kraftlinien mußten durch den Anker der vorigen Aufgabe hindurchgehen, wenn die Klemmenspannung 65 V betragen soll?

Aufg. 51. Die elektromotorische Kraft eines Ringankers beträgt bei 1200 Umdrehungen pro Minute 67 V. Wie groß wird die E.K. bei 1250 Umdrehungen?

Aufg. 52. Der Anker eines Elektromotors besitzt 360 Windungen und hat einen Widerstand von 0,35 Ω; derselbe macht 800 Umdrehungen in der Minute. Die Klemmen werden mit einer Stromquelle von 65 Volt Spannung verbunden, wodurch in den Anker ein Strom von 10 A hineinfließt. Gesucht wird

a) die elektromotorische Gegenkraft des Ankers,
b) die erforderliche Kraftlinienzahl.

Aufg. 53. Ein Trommelanker von 10,8 cm Durchmesser und 15 cm Breite besitzt auf seiner Oberfläche 360 Drähte von 1,4 cm Durchmesser (unbesponnen). Wie groß ist der Widerstand dieses Ankers, wenn man die Drahtlänge nach der Formel $l = \frac{z}{2}(2b + 3{,}2\,D)$ berechnet.

(Lösungen im 3. Briefe.)

[135] Lösungen der im ersten Briefe unter [75] gegebenen Übungsaufgaben.

Aufg. 29. Nennen wir den gesuchten Widerstand x, so muß sein

$$\frac{1}{0,1} = \frac{1}{0,101} + \frac{1}{x}$$

$$\frac{1}{x} = \frac{1}{0,1} - \frac{1}{0,101} = \frac{0,001}{0,1 \cdot 0,101} = \frac{0,0101}{0,001} = \mathbf{10,1\ \Omega.}$$

Aufg. 30.

a) $J_1 = \frac{1,88}{1,2 + \frac{0,64}{4}} = \frac{1,88}{1,36} = \mathbf{1,382\ A.}$

Demnach die Klemmenspannung

$$e_1 = E - J_1 \cdot \frac{r}{4} = \frac{R}{R + \frac{r}{4}} \cdot E = \frac{1,2}{1,36} \cdot 1,88 = \mathbf{1,659\ V.}$$

b) $J_2 = \frac{1,88}{0,2 + 0,16} = \frac{1,88}{0,36} = \mathbf{5,29\ A.}$

$$e_2 = \frac{0,36}{0,2} \cdot 1,88 = \mathbf{1,044\ V.}$$

R_a ist der Kombinationswiderstand von R und R_1 (Galvanometer).

$$\frac{1}{R_a} = \frac{1}{R} + \frac{1}{R_1}\ ; \quad R_a = \frac{R \cdot R_1}{R + R_1}$$

$$R_{a_1} = \frac{1,2 \cdot 100}{1,2 + 100} = \frac{120}{101,2} = \mathbf{1,186\ \Omega.}$$

$$R_{a_2} = \frac{0,2 \cdot 100}{0,2 + 100} = \frac{20}{100,2} = \mathbf{0,1996\ \Omega.}$$

c, a) $J_1 = \frac{1,88}{1,186 + 0,16} = \frac{1,88}{1,346} = \mathbf{1,397\ A.}$

$$e_1 = \frac{1,186}{1,346} \cdot 1,88 = \mathbf{1,656\ V.}$$

c, b) $J_2 = \frac{1,88}{0,1996 + 0,16} = \frac{1,88}{0,3596} = \mathbf{5,23\ A.}$

$$e_1 = \frac{0,1996}{0,3596} \cdot 1,88 = \mathbf{1,0436\ V.}$$

d) Die durch das Galvanometer fließende Stromstärke ergibt sich aus $i = \frac{e}{R_1}$, also

d, a) $i_1 = \frac{e_1}{R_1} = \frac{1,656}{100} = 0,1656$ A.

d, b) $i_2 = \frac{e_2}{R_1} = \frac{1,0436}{100} = 0,01436$ A.

Die beiden Ausschläge zeigen, abgesehen von dem Komma, dieselben Zahlen wie die zugehörigen Klemmenspannungen. In der Tat hängen ja dieselben auch unmittelbar von der Klemmenspannung ab und würden, wenn diese geändert würde, sich in demselben Verhältnisse ändern, so daß stets 1° Ausschlag der Spannung 0,01 V entspräche. Man kann daher ein solches Galvanometer zum Messen der Klemmenspannung (und auch jeder anderen Spannung) benützen. Nun kann man auf einer Skala, welche 170 Teile besitzt, höchstens $^1/_{10}$ Grad mit Genauigkeit ablesen. Wir würden also im letzten Falle nicht 104,36, sondern etwa 104,4 ablesen. Dann hat es auch keinen Sinn, Größen, welche wir nur mit dieser Genauigkeit messen können, mit größerer Genauigkeit zu berechnen. Denn die in der Aufgabe gegebenen Werte, z. B. 1,80 Volt, sind ja ebenfalls durch solche Messungen gefunden und nicht absolut genau. Wir dürfen daher die berechneten Werte abrunden und erhalten in beiden Fällen $e_2 = 1,044$. Die eingetretene Änderung der Klemmenspannung ist also so gering, daß sie mit einem solchen Meßinstrument nicht mehr wahrgenommen und daher vernachlässigt werden kann. Dies wird dann der Fall sein, wenn das Meßinstrument, das wir zum Messen der Spannung in den Nebenschluß legen, einen sehr großen Widerstand besitzt gegenüber dem Widerstande des Stromkreises.

Aufg. 31. Die 10 Lampen von je 81,5 Ω besitzen zusammen den Widerstand $\frac{81,5}{10} = 8,15\ \Omega$; die 10 Lampen von je 52 Ω haben den Widerstand $\frac{52}{10} = 5,2\ \Omega$. Demnach ist der Widerstand des ganzen Kronleuchters

$$r = \frac{8,15 \cdot 5,2}{8,15 + 5,2} = \mathbf{3,175\ \Omega.}$$

Der Widerstand der Kupferleitung beträgt

$$r_1 = 40 \cdot 0,001893 \backsim 0,076\ \Omega,$$

also der ganze Widerstand

$$R = w + w_1 = 3,175 + 0,076 = \mathbf{3,251\ \Omega.}$$

Wenn sich nun die Klemmenspannung $e = 66$ Volt durch diesen Widerstand ausgleicht, so entsteht ein Strom

$$J = \frac{e}{R} = \frac{66}{3,251} = \mathbf{20,3\ A,}$$

Dieser Strom verursacht in der Leitung von 0,076 Ω Widerstand einen Spannungsverlust von

$$e_1 \cdot J \cdot r_1 = 20,3 \cdot 0,076 = \mathbf{1,54\ Volt.}$$

Demnach beträgt die Spannung, die am Kronleuchter herrscht,

$$e_2 = e - e_1 = 66 - 1,54 = \mathbf{64,46\ Volt.}$$

Dieselbe bringt in jeder Lampe der ersten Gruppe einen Strom zusammen von

$$i_1 = \frac{64,46}{81,5} = \mathbf{0,79\ A.}$$

in jeder Lampe der zweiten Gruppe den Strom

$$i_2 = \frac{64,46}{52} = \mathbf{1,24\ A.}$$

Die Stromstärke aller Lampen zusammen, nämlich

$$10 \cdot 0,79 + 10 \cdot 1,24 = \mathbf{20,3}$$

ist natürlich gleich J.

Die Stromstärke im Nebenschluß ist

$$J_m = \frac{e}{R_m} = \frac{66}{80} = \mathbf{0,825\ A}$$

Demnach liefert die Maschine den Ankerstrom

$$J_a = J + J_m = 20,3 + 0,825 = \mathbf{21,125\ A.}$$

Alsdann ist der Spannungsverlust im Anker

$$e_a = J_a \cdot w_1 = 21,125 \cdot 0,1 = 2,1125 \backsim \mathbf{2,11\ Volt.}$$

Folglich die E.K. der Maschine

$$E = e + e_a = 66 + 2,11 = \mathbf{68,11\ Volt.}$$

ALLERLEI WISSENSWERTES

über Technik und Naturwissenschaft.

[136] Die sozialen Wirkungen der Maschine.

Die **Maschine** ist, ganz allgemein betrachtet, ein Werkzeug, das aus dem sog. Handwerkzeug durch nimmer ruhendes Streben nach Vervollkommnung und ökonomischer Herstellung der Güter sich entwickelt hat. Die Unzulänglichkeit der menschlichen Gliedmaßen zur Bearbeitung der Rohstoffe hat unsere Urahnen unzweifelhaft zur Herstellung und Anwendung der ersten primitivsten Werkzeuge gezwungen, deren Weiterentwicklung damals wohl sehr allmählich, entsprechend den nacheinander eroberten Kulturstufen, vor sich gegangen sein mag. Mit der sich immer weiter entwickelnden und ausbreitenden Verwendung neuer, von der Natur dargebotener Rohmaterialien für die Befriedigung der verschiedensten Bedürfnisse mußten neue, in Form und Material anders geartete Werkzeuge erfunden und ebenfalls weiterentwickelt werden. In diesem Laufe der Um- und Neugestaltung trat dann erst mit dem Begehren nach der Anwendung größerer Energie zur Bearbeitung konzentrierter Materie ein wesentlicher Umschwung ein; es wurde zuerst die tierische Energie und dann die physische Energie der Natur zu verwenden gesucht, und es mußten daher die zur Übertragung der konzentrierten Energie auf das Rohmaterial verwendeten Werkzeuge eine Änderung erfahren, nachdem das Mittel zur Erhöhung der physischen Energie des Menschen durch mechanische Mittel, etwa durch Hebel, Rolle, Keil usw., schon zur Durchführung gebracht und überwunden war. Die Entwicklung des Chemismus und der dadurch bedingten Vervielfältigung der zur Bedürfnisbefriedigung verwendbaren Rohmaterialien, der Anwendung größerer Energie- und Stoffmassen mußte eine immer weitergehende Umgestaltung und Differenzierung der Werkzeuge zur Folge haben, in welcher Entwicklung endlich auch das **Prinzip der Ökonomie** immer schärfer zur Wirkung kommen mußte, je höher die Erkenntnis der der Güterherstellung entgegenstehenden Schwierigkeiten, der bei der Entbindung, Umformung und Transmittierung der physischen Energie, der mit der Gewinnung des Rohstoffes zu überwindenden Widerstände stieg und sich gleichzeitig die Wirkung der **Konkurrenz** geltendmachte. Die Entwicklung der Maschine aus dem Handwerkzeuge ist eine allmähliche und ganz natürliche, durch ebenso natürlich sich herausbildende und kulturell sich steigernde Faktoren bedingte. Ihr Werden ist durch den menschlichen, unaufhaltbaren Kulturprozeß und dessen bedingende Momente beeinflußt, ja fast durch diese erzwungen, gewiß nicht das Resultat irgendeines Reflexions- oder Willensaktes. **Unsere heutige Kulturstufe ist ohne Maschine undenkbar und ebenso die heutige Ausbildung der Maschine ohne unsere europäisch-amerikanische Kultur.** Die Wirkung, der Einfluß ist ein so gegenseitiger, so verschlungener, daß der kausale Zusammenhang kaum klargelegt werden kann; soviel ist jedoch sicher, daß außer der sich ununterbrochen steigernden Vermannigfaltigung der menschlichen Bedürfnisse namentlich das intensive Streben nach ökonomischer Leistung den Hauptanteil an der hochgesteigerten Ausgestaltung der Maschine hat. **Sie ist geradezu das zu Stoff gewordene Prinzip der Ökonomie.** Nur mit ihrer Hilfe sind die Prinzipien der Arbeitsteilung und Konzentration in intensiver Weise und bis in ihre letzten Konsequenzen durchführbar.

Da nun die geistige Entwicklung des Menschen im Zusammenhang mit der Vermehrung seiner Individuen und der Bedürfnisse derselben das Prinzip der Ökonomie zeitigen mußte, muß auch die Maschine als das unausweichliche, geradezu mit Naturnotwendigkeit sich gestaltende Produkt dieser Entwicklung angesehen werden, und es ist einseitig und kindisch, sich dieses Erzeugnis des menschlichen Geistes als das ausschließliche Resultat irgendeines egoistischen Willensaktes zu denken, wobei selbstverständlich nicht geleugnet werden soll, daß auch dieser Faktor in die Entwicklung eingriff, da menschliche Tätigkeit ohne denselben überhaupt nicht denkbar ist. Die aufruhrartigen Widerstände gegen die Anwendung der Maschinen, wie sie Ende des 18. und Anfang des 19. Jahrhunderts vorgekommen sind, können heute als Eingriffe in die Speichen des Zeitrades angesehen werden, wie sie ja auch heute noch, wenn auch in anderer Form, von seiten rückschrittlich denkender Menschen und Vereinigungen solcher stattfinden, nur daß den ersteren, in welchen ganze Menschenklassen um ihre wirtschaftliche Existenz rangen, weit mehr Berechtigung zugesprochen werden muß. Sie haben den Lauf dieses Rades nicht einmal zu verzögern, geschweige denn aufzuhalten vermocht, ebenso wie dies den heutigen Rückschrittlern nicht gelingen kann, denn die Entwicklung des menschlichen Geistes hält eine Bahn ein, die geradeaus und unentwegt Leitsternen zuführt, deren Glanz und Licht das äußere und innere Leben des Menschen erfüllt, und die das einzig Feste in der Erscheinungen Flucht sind.

Das Prinzip der Ökonomie wirkt in der Entwicklung der Maschine als treibendes Element, das restlos auf Änderung der einzelnen Maschinenteile einwirkt und deren Vervollkommnung, sowie die Erfindung neuer Maschinen erzwingt, wobei allerdings auch noch das Streben nach größerer Genauigkeit, größerer Präzision mitwirkt. Es wäre interessant, diese Wirkung der Ökonomie auf die Entwicklung einzelner Maschinentypen in den Einzelheiten nachzuweisen. Nur mit Hilfe der Maschinen und ihrer ununterbrochen fortschreitenden Vervollkommnung ist die weitestgehende Ökonomie an geistiger und physischer Energie, an Materie, Zeit und Raum, ist die intensivste Schonung der natürlichen Schätze, der wirtschaftlichen Grundlagen eines Volkes, eines Staates, ja selbst der ganzen Menschheit, daher die tunlichste Verallgemeinerung der Bedürfnisbefriedigung, der Zufriedenheit, sowie der Erhöhung der Qualität möglich.

Dieser bedeutungsvollen volkswirtschaftlichen Aufgabe der Maschine stehen gewisse soziale Nachteile gegenüber, die sich im Gefolge der Maschinenentwicklung bisher gezeigt haben, die jedoch durch eine längere Wirksamkeit der Maschine zum Teile kompensiert, zum Teile durch entsprechende administrative Maßnahmen bekämpft werden können.

Die einschneidendste Konsequenz des Überganges von dem durch Menschenkraft betriebenen Werkzeuge zu der durch physische Energie der Natur in Tätigkeit gesetzten, diese umformende Maschine besteht darin, **daß sich die Maschine an die Stelle des arbeitenden Menschen setzt und diesen von seinem Platze verdrängt.** Das wäre nun ein ethisch und wirtschaftlich durchaus zu billigender Vorgang, denn es findet eigentlich keine Verdrängung, sondern bloß eine Übertragung der physischen Kraftäußerung auf die Maschine statt, während die geistige Leitung dem Menschen verbleibt; das wäre, wie gesagt, ein ganz naturgemäßer, mit Freude zu begrüßender Vorgang, wenn derselbe nicht durch mißliche soziale Zustände, durch die allzu ungleiche Verteilung der wirtschaftlichen Kraft in eine tief einschneidende Wirkung umgewandelt würde. Mit der Umsetzung der Hand- in die Maschinenarbeit setzt sich die leblose, eine Ermüdung nicht kennende, immer in exaktester Weise und mit großer Ökonomie arbeitende Maschine an die Stelle einer größeren Anzahl von Arbeitern und beraubt diese ihres Erwerbes, und zwar des einzigen, ihnen erreichbaren Erwerbes; es werden mit jeder neuen, die bisherige Handarbeit übernehmenden Maschine eine gewisse Anzahl von Menschen der Erwerbs- und Arbeitslosigkeit überantwortet, und es ist daher ganz klar und verständlich, daß sich die Arbeiter der Entwicklung der Maschinenarbeit gegenüber feindlich verhalten müssen, denn selbst eine zeitweise Arbeitslosigkeit bedeutet für jedes Familienoberhaupt eine schwere sorgenvolle Zeit, wenn die Höhe seines bisherigen Erwerbes die Ansammlung eines über diese Zeit hinweghelfenden Besitzes unmöglich gemacht hat.

Die für jedes einzelne Individuum immer nur kürzere Zeit anhaltende Wirkung der Maschinenanwendung müßte sich jedoch auf dem Wege gut organisierter **Arbeitsvermittlung,** sowie auf dem der **Versicherung,** wenn auch nicht ganz eliminieren, so doch bedeutend mildern lassen, wodurch dieser am tiefsten einschneidenden Folge des Überganges zur Maschinenarbeit die Schärfe genommen werden könnte.

Diese Wirkung wird, wenn auch nicht sofort, so doch nach einiger Zeit dadurch teilweise kompensiert, daß mit der durch Maschinenarbeit erzielten weitgehenden Ökonomie der Preis des maschinenmäßig erzeugten Produktes bedeutend zu sinken beginnt, worauf eine bedeutende Verallgemeinerung des Produktes und eine wesentliche Erhöhung der Nachfrage eintritt, die wieder eine Vermehrung der Produktion nach sich zieht; diese benötigt aber wieder eine Vermehrung der Arbeiter zur Beaufsichtigung und Instandhaltung der Maschinen, sowie auch zur Herstellung derselben. Die verkehrswirtschaftliche Verbindung der verschiedenen Industrie- und Gewerbszweige ist heute bei der hochentwickelten Arbeitsteilung eine so innige, daß die Erhöhung der Produktion auf einem Gebiete diejenige auf mehreren anderen Nebengebieten, ja die arbeitsteilige Entstehung neuer Spezialgewerbe und Industrien nach sich zieht, und es fehlt nicht an Beispielen, aus welchen zu ersehen ist, daß nach der Einführung einer neuen Maschine nach kurzer Zeit nicht nur alle betroffenen Arbeiter wieder in Arbeit standen, sondern auch eine Lohnerhöhung zu verzeichnen hatten, wie ja die Statistik überhaupt für die letzten Dezennien des 19. Jahrhunderts ein ununterbrochenes Steigen der Löhne nachweist. Wenn hierbei gewiß noch andere Momente mitspielen, so ist doch soviel klar, daß das Anwachsen der Maschinenarbeit und des Lohnes sich nicht gegenseitig ausschließen, was denn doch schließlich auf die durch die Maschine ermöglichte volkswirtschaftliche Ökonomie zurückzuführen sein dürfte. Einer der wichtigsten und nicht genügend gewürdigten Gründe der gesteigerten Arbeitslosigkeit ist wohl dem außergewöhnlichen Anwachsen der Bevölkerung und ihrer ungleichmäßigen Verteilung zuzuschreiben, und wenn jemand den Satz aufstellen wollte, daß die im letzten Jahrhundert um das Doppelte gestiegene Bevölkerung trotzdem für jeden Arbeit finden würde, wenn nur die Maschinen nicht wären, so dürfte derselbe kaum auch nur mit einem Schein von Wahrscheinlichkeit zu beweisen sein, da in diesem Falle ganze Industrien und Gewerbe überhaupt nicht existieren und die Anzahl der anderen Betriebe und Werkstätten ohne Zweifel eine weit geringere wäre. Dieser Umstand würde noch bedeutend verschärft sein durch die in diesem Falle eintretende örtliche Gebundenheit der Menschen, die heute mit Hilfe der Maschine in sicherer und wenig kostspieliger Weise von einem Ende ihres Heimatstaates an das andere oder auch ins Ausland gelangen und an jedem Punkte Arbeit suchen können.

Ein weiterer Nachteil der Maschinenarbeit ist in der nach der Erfindung oft stoßweise eintretenden Steigerung der Produktion auf dem betreffenden Spezialgebiete gelegen, die die nutzbare Verwendung der Produkte, das Aufsaugen derselben durch die Bevölkerung unmöglich macht und sog. **Krisen,** d. h. den Ruin vieler Produzenten herbeizuführen und dadurch ebenfalls wieder die Arbeitslosigkeit zu steigern vermag. Diese Krisen stehen jedoch nur in loser Verbindung mit der Maschinenarbeit, sie sind unvermeidliche Kinderkrankheiten des beginnenden Maschinenzeitalters, deren Anzahl und Intensität mit der Zeit immer mehr abnimmt, und die schließlich ganz verschwinden werden. Die Ursache dieser wirtschaftlich ungünstigen Erscheinungen liegt viel weniger in der Anwendung der Maschine als in dem egoistischen Streben, die bei Herstellung eines neuen konkurrenzlosen Produktes vorhandene günstige Konjunktur zur Gänze auszunutzen, verbunden mit unklaren Vorstellungen und unsicheren Berechnungen der bezüglichen Bedürfnisse. Dort, wo die Maschine auf dem Boden eines schon geweckten und ausgebildeten Bedürfnisses gestellt wurde, dürften Krisen wohl kaum jemals eingetreten sein.

Die immer fortschreitende Vervollkommnung der Verkehrsmittel, die die oft rasch wechselnden Verhältnisse aller Märkte der Erde in kurzer Zeit zu mildern und klarzulegen vermögen, das fortgesetzte Studium aller Völker und Staaten, insbesondere aber eine zielbewußte, auf reeller Grundlage aufgebaute Produktionsstatistik wird diese Verhältnisse allmählich immer günstiger gestalten und die Entstehung dieser Krisen wenigstens in größerem Umfange und Intensität erschweren. Alle markanteren Epochen des menschlichen Kulturfortschrittes weisen im Beginne solche Schäden und Krankheiten auf, und wenn jemand dem entgegensetzen wollte, daß ja der Beginn des Maschinenzeitalters schon in die zweite Hälfte des 18. Jahrhunderts zu setzen wäre und daher von einer Jugend desselben nicht mehr gesprochen werden könnte, so wäre dem zu erwidern, daß für das Kulturleben der Menschheit ein Jahrhundert kaum die Bedeutung zu beanspruchen vermag, wie sie im einzelnen Menschenleben einem Jahre zukommt.

Der Nachteil, daß die Maschine an die Stelle gelernter Arbeit die ungelernte, an die Stelle des Mannes die Frau, das Kind zu setzen gestattet, wie dies auch bei der Arbeitsteilung eintritt, kann jederzeit durch entsprechende Maßnahmen bekämpft und auf ein gesundes Maß zurückgeführt werden.

Wenn wir nun noch darauf hinweisen, daß wir die heutige Stufe unserer Kultur doch gewiß der Maschine verdanken, die uns die Möglichkeit bietet, Zeit und Raum zu überwinden, daß daher auch der heutige Standpunkt unseres wissenschaftlichen Fortschritts ohne Anwendung des Maschinenprinzips kaum gedacht werden kann; wenn wir ferner darauf hindeuten, daß uns gerade dieser wissenschaftliche Fortschritt gestattet, die hygienischen Schäden der Maschinenarbeit zu erkennen und die Mittel zu ihrer Beseitigung zu finden, wenn wir bedenken, daß sich mit der Maschine geradezu selbsttätig naturnotwendig die Arbeitsräume weiten und sich uns verbesserte Arbeitsbedingungen zur Verfügung stellen mußten, so glauben wir aufrechthalten zu können, daß sich die durch die Befolgung des Maschinenprinzipes ergebenden Schäden und Vorteile kompensieren oder in Zukunft kompensieren werden, und daß endgültig durch dasselbe die Befreiung des Menschengeschlechtes von der rein physischen Arbeit und eine weitestgehende Schonung des Volksvermögens erreicht werden muß.

Daß die Durchführung dieses wichtigen volkswirtschaftlichen Prinzipes, die Erreichung dieses hohen Zieles in die Hände des Technikers gelegt ist, und daß hierdurch neuerdings die herrschende Stellung desselben in der Güterherstellung, d. h. also in der fundamentalen Tätigkeit aller Volkswirtschaft nachgewiesen ist, braucht wohl nur bemerkt, aber nicht bewiesen zu werden.

LEBENSBILDER

berühmter Techniker und Naturforscher.

Robert Fulton.

(* 1765, † 1815.)

Robert Fulton, der Schöpfer der Dampfschiffahrt, war ursprünglich Künstler und vertauschte erst später diesen Beruf mit dem eines Ingenieurs. Als solcher ging er nach Frankreich und machte 1793 in Paris erfolgreiche Versuche mit Torpedos und Torpedobooten. 1801 lernte er **Livingstone** kennen, der damals Gesandter der Vereinigten Staaten in Frankreich war. Beide beschlossen, ein Versuchsdampfschiff für den Betrieb auf der Seine zu bauen. Fulton gab Zeichnungen und Beschreibung der von ihm konstruierten Modelle an Livingstone; sein erstes Dampfboot hatte Schaufelräder an den Seiten, doch erwies sich der Rumpf für die schwere Maschine zu schwach, so daß das Boot unterging. Im Juni desselben Jahres war ein neuer Bau mit der alten von Fulton gehobenen Maschine vollendet und dampfte das kleine Fahrzeug mit einer Kommission von Gelehrten und Stabsoffizieren stromaufwärts. Umsonst bemühte sich Fulton, für sein Unternehmen die Unterstützung Bonapartes zu erlangen; mehr Erfolg hatte die Verwendung Livingstones bezüglich eines ihm durch den Staat New York gewährleisteten Monopols für die Dampfschiffahrt auf nordamerikanischen Flüssen. Fulton ging dann nach England, wo ein nach seinen Plänen von der Firma Boulton und Watt in Soho ausgeführte Dampfmaschine gebaut wurde. Fulton begab sich nach New York voraus und arbeitete dann gemeinsam mit Livingstone an dem größten aller bis dahin konstruierten Dampfschiffe; dieser Dampfer, „Claremont" genannt, wurde 1807 dem Betrieb übergeben, dem der Bau dreier anderer Schiffe, von denen zwei nahezu doppelt so groß waren, folgte.

1812 baute **Fulton** eine Dampffähre zwischen New York und Jersey City und später zwei andere, um New York mit Brooklyn zu verbinden. Einige seiner Fahrzeuge wurden als Paketboote auf der Linie New York—Providence in Betrieb gesetzt. 1814 erteilte ihm der Kongreß der Vereinigten Staaten die Bewilligung zum Bau des ersten mit Dampf betriebenen Kriegsschiffes; dieses, „Fulton the First", machte seine Probefahrt in den Ozean, wobei es die Entfernung von 46 Seemeilen in 8 Stunden zurücklegte. Fulton wurde infolge eines Streites mit Livingstone nach Trenton gerufen, wo er starb.

Jul. Robert Mayer.

(* 1814, † 1878.)

Robert Mayer, einer der berühmtesten deutschen Naturforscher, war 1814 zu Heilbronn geboren, studierte in Tübingen Medizin und begab sich dann zu seiner weiteren Ausbildung nach Paris. Im Februar 1840 ging er von Rotterdam aus als Schiffsarzt in See, blieb längere Zeit in Java, wo er namentlich den wichtigen Einfluß, den das heiße Klima auf den menschlichen Organismus ausübte, studierte, wobei er auch beobachtete, daß das Venenblut bei Aderlässen eine dem arteriellen Blute ähnliche hellrote Farbe zeigt. Die Erkenntnis, daß wegen der in heißen Klimaten verminderten Bedürfnisse der organischen Wärmeerzeugung sich das arterielle Blut in den Kapillaren weniger desoxydiere als in kälterer Umgebung, führte Mayer zu der Theorie, daß nicht nur die animalische Wärme, sondern auch die vom Organismus hervorgebrachte Bewegung oder Arbeit auf Kosten eines Verbrennungsprozesses erfolge.

Auf dem Gebiete **der mechanischen Wärmetheorie** hatte sich Mayer die Aufgabe gestellt, die konstante Beziehung zwischen Arbeit und Wärme oder das mechanische Äquivalent der Wärme zu bestimmen, worin ihm Sadi-Carnot und Joule vorausgegangen waren. Hatte ersterer nachgewiesen, daß Wärme nur arbeitete, wenn sie aus dem dichteren Zustande der höheren Temperaturen in den verdünnten Zustand niederer Temperatur übergehe, so hatte Joule die Beziehungen zwischen der Wärme und den elektrischen Kräften festgestellt. Aber erst Mayer sprach zuerst den früher nur vorgeahnten Grundsatz aus und bewies, daß nicht nur der Materie, sondern auch der lebendigen Kraft in ihren verschiedenen Formen, also der Bewegung der Wärme, dem Lichte und der Elektrizität die Eigenschaft quantitativer Unzerstörbarkeit zukomme, worauf der Satz von der „Erhaltung der lebendigen Kraft oder Energie" beruhte. Freilich erfuhren seine Schriften anfangs eine große Gegnerschaft, wobei der alte Gegensatz zwischen Spekulation und Empirie zu einer sehr verschiedenen Wertschätzung der Leistungen Mayers geführt hat.

Erst dem großen Gelehrten **Helmholtz,** wie wir es schon in seinem Lebensbilde erwähnten, blieb es vorbehalten, Klarheit in diese ganze Sache zu bringen und damit das ganze Feld dieses wichtigen Grundgesetzes festzulegen und Mayers verdienstvolle Leistungen in das richtige Licht zu setzen. Für die unvollendete Form, in der seine Arbeiten geblieben sind, erwächst ihm in keiner Weise ein persönlicher Vorwurf. Er hat das bittere Schicksal eines frühe invalid gewordenen Kämpfers gehabt, für die die Menschheit weder rücksichtsvoll noch dankbar zu sein pflegt. Für die heranreifenden Jünger der Wissenschaft liegt aber darin die Lehre, daß **auch die besten Gedanken in die Gefahr kommen, fruchtlos zu bleiben,** wenn ihm nicht mehr die **Arbeitskraft** erhalten bleibt, um auszuhalten, bis der überzeugende Beweis für ihre Richtigkeit geführt ist.

III. Fachband:
MASCHINENBAU UND ELEKTROTECHNIK.

3. BRIEF.

Nicht das **Aufblitzen** edler Entschlüsse macht den guten Menschen, sondern das **Festhalten** und **Ausführen** derselben.

(Rochlitz.)

ALLGEMEINE MASCHINENLEHRE

Inhalt: Nachdem wir im früheren Briefe als Vorbereitung die Beschreibung der **Dampfkessel**, deren Bau und Betrieb gebracht haben und nur mehr deren dampftechnische Grundlagen in der Technischen Mechanik und Wärmelehre nachtragen werden, wollen wir uns jetzt mit den wichtigsten Kraftquellen der Technik, mit den **Dampfmaschinen**, und zwar zunächst mit den **Dampfkolbenmaschinen** eingehend beschäftigen und daran im nächsten Briefe die Besonderheiten der **Lokomotiven** und **Lokomobilen** anfügen, um sodann das Dampfgebiet mit den **Dampfturbinen** abzuschließen.

4. Abschnitt.

Die Kolbendampfmaschinen.[1])

[137] Kraftquellen.

Die menschliche und tierische Arbeitskraft genügten schon lange nicht mehr dem wachsenden Arbeitsbedürfnisse der Menschheit. Sie sah sich deshalb gezwungen, die unermeßlichen Hilfsquellen der Natur heranzuziehen und zuerst das **Wasser**, dann aber die im **Winde** enthaltene Energie nutzbar zu machen. Beide Kraftquellen sind an ihre örtliche Lage gebunden und auch von der Jahreszeit abhängig, wogegen die **Dampfkraft**, aus Kohlen oder anderen Brennstoffen erzeugt, von Ort und Zeit unabhängig war. Deshalb stellt die in die zweite Hälfte des 18. Jahrhunderts fallende Erfindung **der Dampfmaschine** einen ganz gewaltigen Fortschritt der Technik dar, der noch durch die Möglichkeit, aus **Wärme Kraft zu erzeugen**, also mit der Erfindung des **Gasmotors** noch eine wesentliche Erweiterung erfuhr. Während die Wasser- und Windkraft als Gegenwartsformen der Sonnenwärme zu betrachten sind, stellen unsere Brennstoffe Sonnenenergie längstvergangener Zeiten vor. (Vorstufe [265].)

Seit der Aufstellung **des Gesetzes von der Erhaltung der Energie** durch **Robert Mayer** im Jahre 1842 wissen wir, daß zur Erzeugung einer gewissen Menge mechanischer Arbeit eine mindestens gleich große Menge Wärme aufgewendet werden muß, welche Energieumwandlung freilich in der Praxis stets mit Verlusten verbunden ist. Sie sind teils eine Folge der unvermeidlichen Reibungswiderstände, die in jeder Maschine auftreten, teils eine Folge unvollkommener Arbeitsprozesse, die sich bei der Dampfmaschine hauptsächlich dadurch geltend machen, daß der Dampf als solcher die Dampfmaschine verläßt und so den größten Teil der im Frischdampf enthaltenen Wärme an die Atmosphäre abführt.

[138] Die Ausbildung der Dampfmaschine.

Die geschichtliche Entwicklung dieser wichtigsten aller Maschinen ist schon früher I. Fachband [284] geschildert worden.

Nachdem die Versuche des Magdeburger Bürgermeisters O. v. Guerike dargetan hatten, daß durch Herstellung eines luftleeren Raumes Arbeit erzeugt werden kann, gelang es zuerst **Papin**, durch Kondensation von Wasserdampf auf einfache Weise einen luftleeren Raum zu schaffen. Die Engländer **Savery** und **Newcomen** machten sich diese Eigenschaft des Wasserdampfes zunutze, ersterer zum Heben von Wasser mit Hilfe einer Dampfpumpe, letzterer zum Betriebe einer besonderen Kraftmaschine (sog. Feuermaschine), welche jedoch im Prinzipe nicht durch den Dampfdruck, sondern durch den Luftdruck betrieben wurde. Erst Watt schuf in der zweiten Hälfte des 18. Jahrhunderts die Grundlagen für die heutige Dampfmaschine, weshalb er in der Regel als deren Erfinder bezeichnet wird. (Siehe Lebensbild **O. v. Guericke**, Vorstufe S. 178 und Lebensbild von **James Watt**, II. Fachband, S. 150.)

Nicht selten begegnet man selbst in gebildeten Kreisen der Ansicht, daß die Erfindung der Kolbendampfmaschine

[1]) Oberingenieur Barth, „Die Dampfmaschine", Leipzig, Göschensche Verlagshandlung.

ein Spiel des Zufalls war, indem Watt aus der Betrachtung der Vorgänge in einem siedenden Teekessel den Grundgedanken dazu gefaßt habe. Dies ist natürlich nicht zutreffend. Vielmehr steht fest, daß die Wattsche Dampfmaschine die Frucht planmäßiger geistiger Tätigkeit war. Seine Maschinen arbeiteten nur **mit Dampf von niedriger Spannung und immer mit Kondensation.** Der Unterschied zwischen seiner und den heutigen Dampfmaschinen besteht im wesentlichen nur darin, daß, abgesehen von der Anwendung höherer Dampfspannungen und der Überhitzung, deren Ausgestaltung sich durch jahrelange Erfahrung und die größere Präzision unserer Werkzeugmaschinen bedeutend vervollkommnet hat. Anfangs waren es die Engländer, welche die Dampfmaschinen hauptsächlich zum Auspumpen von Grubenwässern aus Kohlenbergwerken benötigten.

Die erste in Deutschland aus deutschem Material hergestellte Dampfmaschine wurde im Jahre 1785 in Hettstädt im Mansfeldischen als Wasserhaltungsmaschine gebaut, an welchen denkwürdigen Moment ein vom Verein deutscher Ingenieure aufgestelltes Denkmal erinnert. Heute, wo wir sozusagen am Ende der Entwicklungsfähigkeit unserer Dampfmaschine angelangt sind, erfüllt es uns mit besonderem Stolze, daß **der deutsche Dampfmaschinenbau dem englischen nicht nur ebenbürtig, sondern sogar überlegen war.**

Verfolgt man die Fortschritte in der ersten Hälfte des vorigen Jahrhunderts, so fällt in diese Periode die Erfindung der **Umsteuerungen** und der **Dampfverteilung.** Die jetzt allgemein gebräuchliche **Meyer-Steuerung** fällt in diese Zeit. Darauf folgte die **Corliss-Steuerung.** Die Verbindung von Dampfzylinder und Kurbellager geschah früher bei horizontalen Maschinen stets mit einer horizontal in ihrer ganzen Länge auf dem Fundamentmauerwerk aufliegenden Grundplatte. Erst **Corliss** wendete einen seitlichen Verbindungsbalken an, um den auftretenden Kräften besseren Widerstand zu leisten. **Dieser Corliss-Balken** wurde ungemein schnell von allen Maschinenfabriken angenommen und bildet heute den Normalrahmen der größeren liegenden Dampfmaschinen.

Während die Wattsche Dampfmaschine mit Dampf arbeitete, dessen Spannung nur wenig über der Atmosphäre lag, arbeiten wir in der Regel heute bis zu 15 at und überhitzen den Dampf in der Regel noch.

Die modernen Dampfmaschinen haben durchwegs **Expansionssteuerungen mit Ventilen und veränderlichen Expansionsverhältnissen.** Bei dem Bestreben, mit Rücksicht auf ökonomischen Betrieb die Expansion des Dampfes soweit als möglich zu treiben, kam man bald zur Erkenntnis, daß bei großer Expansion in nur e i n e m Zylinder die Vorteile sehr bald durch Nachteile wieder aufgehoben wurden. Infolge der großen Temperaturdifferenzen, welche bei starker Expansion im Zylinder eintreten, findet eine starke Abkühlung der Zylinderwände statt, so daß der eintretende Admissionsdampf in hohem Maße sich niederschlägt. Die starken Druckdifferenzen, welche zwischen beiden Seiten des Kolbens auftreten, lassen durch die Undichtigkeiten zwischen Kolben und Zylinderwandung beträchtliche Mengen von Dampf entweichen und weiterhin ergeben die Differenzen der Kolbendrücke einen unregelmäßigen Antrieb der Maschinen, der nur durch schwere Schwungräder ausgeglichen werden kann. Diese Umstände führten zur **Zweifach-Expansionsmaschine,** die sich in zwei Klassen, in die **Wolfschen** und die **Compoundmaschinen** einteilen. Das Prinzip, auf dem beide beruhen, läßt sich kurz so ausdrücken: Der Kesseldampf als Admissionsdampf wirkt zuerst in einem kleinen Zylinder entweder mit vollem Druck während des ganzen Kolbenhubes oder mit teilweiser Expansion und gibt so nur einen Teil seiner Arbeit ab. Die durch weitere Expansion noch zu erzielende Arbeitsleistung wird in einem größeren Zylinder nutzbar gemacht. Das unterscheidende Merkmal besteht nun darin, daß in der Wolfschen Maschine beide Kolben ihren Hub gleichzeitig vollenden, während bei der **Compoundmaschine** die Kurbeln versetzt sind, so daß der eine Kolben nahezu in der Mitte seines Hubes steht, wenn der andere am Ende angelangt ist. Letztere Maschine hat man später in solche mit dreistufiger und vierstufiger Expansion ausgebaut, wodurch sich noch weitere Ersparnisse an Dampf pro Pferdestärke und Stunde erwarten ließen.

Einer Gattung von stationären Dampfmaschinen wäre noch zu gedenken, nämlich jener für den Betrieb von Dynamomaschinen für elektrische Beleuchtung, die in enger Beziehung zur Entwicklung des Dynamomaschinenbaues steht. Anfangs baute man kurzhubige, schnellaufende, einzylindrige Zwillings- oder Compoundmaschinen, letztere meist ohne Kondensation, bei denen ein sparsamer Dampfverbrauch nicht zu erreichen war. Bei den großen Anlagen in letzter Zeit, wo sehr große, langsamer laufende Dynamos zur Verwendung gelangten, konstruierte man Dampfmaschinen, die wegen der Bedingung gleichmäßigen Ganges in bezug auf ihre Regulierung eine gründliche Durchbildung erfahren und außerdem einen ökonomischen Betrieb gewährleisten mußten.

Ein Unterschied der modernen Maschine gegenüber den früheren besteht noch darin, daß man heute wesentlich höhere **Umdrehungszahlen** verwendet, wodurch man die Anschaffungskosten verringert und die direkte Kupplung mit Dynamomaschinen möglich macht.

Infolge der Einführung von **Dampfturbinen** ist das Anwendungsgebiet der Kolbendampfmaschinen bedeutend zurückgegangen. Stationäre Kolbenmaschinen über 1500 PS sind heute sehr selten.

Dies zum allgemeinen Verständnis vorausgeschickt, wollen wir nun zur technischen Beschreibung der einzelnen Hauptteile übergehen.

[139] Einteilung der Kolbendampfmaschine.

Je nach der Bauart und der Arbeitsweise der Maschinen unterscheidet man zwischen **liegenden** und **stehenden** Maschinen, zwischen **Volldruck-** und **Expansionsmaschinen,** zwischen **Ein-** und **Mehrzylinder-,** zwischen **Schieber-** und **Ventilmaschinen.**

Man unterscheidet ferner zwischen **Hubmaschinen, Balanciermaschinen, Kurbelmaschinen** mit Kreuzkopfführung, mit kreisenden Zylindern oder Kolben.

Hubmaschinen sind Maschinen ohne Schwungrad, welche im wesentlichen nur eine gradlinige Bewegung ausführen, welche Bauart sich bloß für Pumpen eignet. Faßt man den Begriff Hubmaschine weiter, so gehören dazu auch Dampfhämmer und Dampframmen.

Balanciermaschinen sind heute nicht mehr im Gebrauch, da sie infolge ihrer niederen Umdrehungszahl, 30—40 pro Minute, sehr große Abmessungen erfordern. Merkwürdigerweise haben noch alle Fährenboote zwischen New York und Brooklyn in Amerika Balanciermaschinen.

Die vorherrschende Ausführungsform sind heute **Kurbelmaschinen** mit **Kreuzkopfführung.** Maschinen mit kreisenden Zylindern sind nur bei Schiffsmaschinen üblich. Bei ihnen liegen die Kurbeln fest, während die Zylinder samt den Kolben und Schubstangen sich um die Kurbel drehen und als Schwungmasse wirken.

Bei den Maschinen mit kreisenden Kolben hingegen steht der Zylinder fest; sie sind nach Art der Kapselpumpen gebaut. Ihr Nachteil besteht darin, daß ein dauernd dichter Abschluß zwischen Kolben und Gehäuse nicht zu erzielen ist.

Je nachdem der Dampf nur auf einer oder beiden Kolbenseiten wirkt, unterscheidet man **einfach** und **doppelt wirkende Maschinen.** Erstere erfordern größere Abmessungen, verursachen größere Abkühlungsverluste und geben eine weniger gleichförmige Kurbeldrehung. Jetzt baut man fast ausschließlich **doppelt wirkende Maschinen.**

Endlich wird noch zwischen **Auspuff-** und **Kondensationsmaschinen,** zwischen **Naßdampf- (Sattdampf-)** und **Heißdampfmaschinen,** zwischen **Langsam-** und **Schnelläufern,** zwischen **stationären** und **beweglichen** Maschinen unterschieden. Neuerdings unterscheidet man auch zwischen **Wechselstrom-** und **Gleichstrommaschinen,** bei welch letzteren die Dampfströmung in der Maschine immer gleichgerichtet ist.

Abb. 135 zeigt die schematische Darstellung einer Zwillingsmaschine, deren Kurbeln um 180° gegeneinander versetzt sind, Abb. 136 eine Verbund-

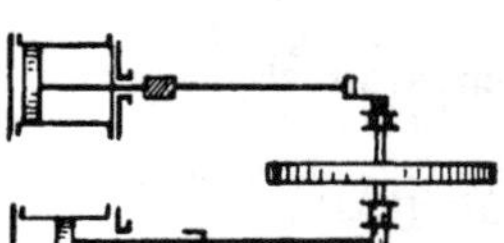

Abb. 136
Zweikurbel-Verbundmaschine

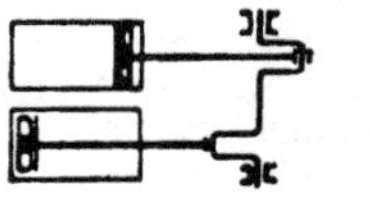

Abb. 135
Zwillingsmaschine

Abb. 137
Tandemmaschine

maschine, deren Kurbeln um 90° versetzt sind. Hier wird der Dampf in zwei Stufen ausgenützt, wie bei der **Tandemmaschine** (Abb. 137).

[140] Das Wesen der Kolbendampfmaschine.

Die Wirkungsweise einer **gewöhnlichen einzylindrigen Dampfmaschine** ergibt sich schematisch aus Abb. 138. Der vom Kessel bzw. Überhitzer kommende Frischdampf tritt bei *E* in den Arbeitszylinder *A* ein und bewegt den Kolben im Sinne der Pfeile. Die Einströmung von Frischdampf erfolgt nur während eines Teiles des Kolbenweges.

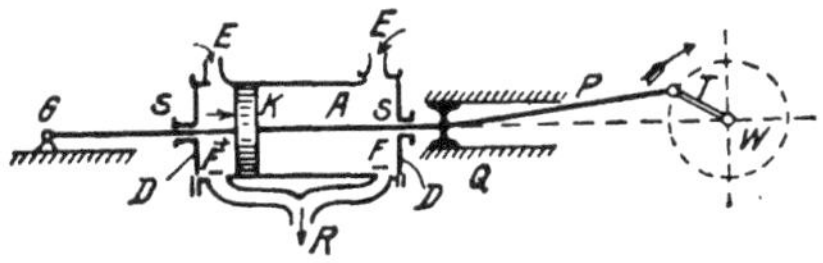

Abb. 138
Einzylindermaschine

Während des übrigen Kolbenhubes findet die **Expansion** (Ausdehnung) des Dampfes statt, wobei der Druck stetig abnimmt. Ist der Kolben in seiner rechten Endlage, auf seinem **Totpunkte** angelangt, so beginnt er umzukehren; während des Rückganges wird der entspannte Dampf in die Austrittsleitung geschoben, von wo aus er in die Atmosphäre, in den **Auspuff** oder in den **Kondensator** (Kondensation) entweicht. Die Ausströmung bei *F* muß vorzeitig unterbrochen werden, damit ein ruhiger Gang der Maschine so erzielt wird, daß sich der im Zylinder zurückbleibende Dampf verdichtet und als elastisches Polster wirkt.

An der Stelle, an der die Kolbenstange durch den Zylinderdeckel tritt, ist eine Stopfbüchse vorhanden. Bei größeren Maschinen geht die Kolbenstange durch, wobei der Kolben vom Kreuzkopf *Q* und dem hinteren Gleitschuh *G* frei getragen wird.

Der wichtigste Teil der Maschine, sozusagen ihre Seele, ist die **Steuerung,** die den Ein- und Austritt des Dampfes zu regeln hat. Dazu gehört auch der **Regulator,** der durch Veränderung der Füllung die Leistung der Maschine dem jeweiligen Kraftbedarf anzupassen hat. Bei größeren Leistungen verteilt man die Expansion auf zwei Zylinder, den Hochdruck- und Niederdruckzylinder.

[141] Der Arbeitsvorgang im Zylinder.

In der Dampfmaschine vollzieht sich eine Umwandlung von Wärmeenergie in mechanische Arbeit. Träger der Wärmeenergie ist der hochgespannte Kesseldampf. Die Umsetzung spielt sich in einem geschlossenen zylindrischen Gefäß in der Weise ab, daß der Dampf infolge seines Spannungsdruckes einen im Gefäß dicht gehenden Kolben vorwärts schiebt und der Kolben dann seine geradlinige Bewegung durch ein Kurbelgetriebe in die rotierende Bewegung der Arbeitswelle umsetzt.

Der Kurbeltrieb bildet die kinematische Hubbegrenzung für den Kolben und gibt die Möglichkeit, diesen durch den Dampfdruck hin- und herzuschieben, ohne daß er die Zylinderdeckel berührt. Die Grenzstellungen des Kolbens an den beiden Deckelseiten nennt man die **Totpunktlagen** der Maschinenkurbel. Die Kurbel steht in beiden Lagen horizontal, so daß bei horizontaler Kolbenkraft der Hebelarm der Kurbel gleich Null ist und kein Drehmoment auf die Welle ausgeübt wird. Das Schwungrad auf der Welle hilft die Totpunktlagen überwinden. Ein klares Bild von dem Arbeitsvorgang im Zylinder gibt uns nur das **Dampfdiagramm, das die Kolbenwege oder das Dampfvolumen als Abszissen und als Ordinaten die zugehörigen Dampfspannungen in Atm.** enthält. Da von Diagrammen schon später bei der Dampferzeugung die Rede sein wird, wollen wir uns vorläufig kurz mit den Indikatoren beschäftigen.

[142] Indikatoren.

Indikatoren heißen die Meßinstrumente zur bildlichen Darstellung der Druckänderungen im Innern geschlossener Räume, speziell in Zylindern bei Kraft- und Arbeitsmaschinen und zur Berechnung der während des Kolbenhubes in einer bestimmten Zeit geleisteten oder verbrauchten Arbeit. Die Einrichtung ist durch Abb. 138 dargestellt. An dem äußersten Ende des Dampfzylinders ist ein kleiner Zylinder *a* befestigt, der mit dem Innern des Dampfzylinders in Verbindung steht. In diesem kleinen Zylinder bewegt sich ein Kolben, welcher von einer Feder stets nach unten gedrückt wird und dessen Kolbenstange in einem Schreibstift endigt. An der Kolbenstange des großen Kolbens ist in geeigneter Weise eine Schreibtafel befestigt, welche sich mit der Kolbenstange, also auch mit dem großen Kolben hin und her bewegt. Läßt man in den Zylinder Dampf einströmen, so drückt er auf beide Kolben. Ehe sich aber der große, schwer bewegliche Kolben mit dem ganzen Gestänge in Bewegung gesetzt hat, wird der kleine federbelastete in die Höhe gedrückt und beschreibt dabei die senkrechte Linie *pm.* Wird der große Kolben durch den Dampf nach vorwärts getrieben, so beschreibt der Schreibstift die Linie *nm,* welche dem vom Kolben durchlaufenen Weg *m'n'* entspricht. Wird der Dampf abgesperrt, so bewegt der sich ausdehnende Dampf den großen Kolben und damit die Schreibtafel weiter nach rechts, seine Spannung wird geringer, der kleine Kolben sinkt allmählich wieder durch den Druck der Spiralfeder, und es wird auf diese Weise die Linie *no* beschrieben, welche dem Wege *n'o'* des Kolbens entspricht. Jetzt wird der Dampfauslaß geöffnet und während dann, etwa durch die Kraft des Schwungrades, der große Kolben und damit die Schreibtafel von rechts nach links gedrückt wird, beschreibt der Stift die Linie *op,* worauf das Spiel von neuem beginnt. Den Linienzug *pmnop* nennt man nun das **Diagramm** oder Schaubild der Maschine, und **es läßt sich mit seiner Hilfe die indizierte Leistung der Maschine berechnen.** Der Druck, den die Außenluft,

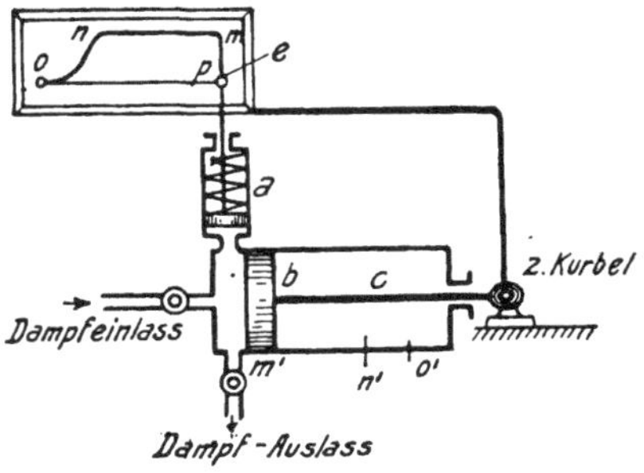

Abb. 139
Indikator

die Atmosphäre, auf eine Fläche von 1 cm² ausübt, beträgt bekanntlich 1 kg. Man mißt nun den Dampfdruck nach Atmosphären (at) und sagt, der Dampf drücke mit 1, 2, 3 at, wenn er auf jeden cm² einer Fläche gerade einen Druck von 1, 2, 3 . . . kg ausübt. Da die der Dampfeinströmung abgewendeten Kolbenseiten in unserem Falle mit der Außenluft in Verbindung stehend gedacht werden, wird der Dampf natürlich erst dann auf jeden cm² der Kolbenflächen einen für Krafterzeugung verwendbaren Druck von 1 kg ausüben können, wenn seine Spannung den Druck der Außenluft um 1 at übersteigt, in welchem Falle man sagt, der Dampf habe eine Spannung von 1 at Üb. (Überdruck). Zum Zweck der Berechnung der Leistung wollen wir annehmen, es sei durch vorhergehende Versuche festgestellt, es werde bei einem Dampfdruck von 1, 2, 3 . . . at die Feder über dem kleinen Kolben um 1, 2, 3 . . . cm zusammengedrückt. Drückt nun der Dampf auf die Kolben mit einer Spannung von 1 at Überdruck, dann wird der Schreibstift nach unserer Annahme um 1 cm gehoben und beschreibt eine senkrechte Linie von 1 cm. Die Kraft, die dabei auf den großen Kolben wirkt, beträgt, wenn der große Kolben 1000 cm² Fläche hat, 1 · 1000 = 1000 kg. Rückt er unter dem Einflusse des Dampfdruckes um 1 cm nach rechts, so beschreibt der Stift eine wagrechte Linie von 1 cm = 0,01 m Länge, und es hat dabei der große Kolben eine Arbeit von 1000 · 0,01 = 10 mkg verrichtet.

Die im ganzen von dem Kolben während eines Hin- und Herganges verrichtete Arbeit wird sich also bei der angenommenen Stärke der Feder einfach dadurch berechnen lassen, daß man den Flächeninhalt des Diagrammes in cm² feststellt und mit 10 multipliziert, z. B. $F = 180$ cm²; $A = 180 \cdot 10 = 1800$ mkg. Macht die Maschine 60 Umdrehungen in der Minute, d. h. wird in jeder Sekunde ein solches Diagramm durchlaufen, so ist die Leistung $L = 1800$ mkg/sek oder in PS $= 1800 : 75 = 24$ PS. Wirkt übrigens der Dampf nicht nur auf einer Seite, sondern, wie es meist der Fall ist, abwechselnd auf beiden Seiten des Kolbens, so wird auf der entgegengesetzten Seite des Kolbens ein ebensolches Diagramm nur umgekehrt beschrieben, und die Gesamtleistung der Maschine ergibt sich einfach durch Verdoppelung der obigen Leistung.

b) Diese Indikatoren werden heute nicht mehr verwendet, weil die Diagramme eine unbequem große Länge erhalten. Das Diagramm wird jetzt auf eine sich drehende Trommel aufgezeichnet, welche durch eine in ihrem Innern befindliche Spiralfeder beim Zurückgehen des Kolbens immer wieder in ihre Anfangslage zurückkehrt. Um den unteren Teil der Trommel ist eine Schnur gewunden, durch deren Anziehen und Nachlassen eine Drehung der Trommel bewirkt wird. Weiters sitzt der Schreibstift nicht mehr unmittelbar an der kleinen Kolbenstange des Indikators, sondern am Ende eines längeren Hebelarmes, wodurch die Bewegungen des Indikatorhebels sich in vergrößertem Maßstabe auf dem auf der Trommel befestigten Papierblatte aufzeichnen.

Was man später mit den Diagrammen macht und wie man sie im einzelnen Falle berechnet, wird in der 2. Hälfte der **„Wärmelehre“**, im **Verhalten des Dampfes in der Maschine** folgen.

[143] Volldruck- und Expansionsmaschine.

a) Wie verrichtet nun der Dampf seine Tätigkeit in der Maschine? Er tritt zu Beginn des Hubes mit der dem Kessel entsprechenden Spannung in den Zylinder ein und drückt nun während des ganzen Vorwärtsschreitens des Kolbens mit gleichbleibender Kraft auf den Kolben. Dasselbe geschieht auf der entgegengesetzten Seite des Kolbens bei seinem Zurückgehen; eine solche Maschine heißt **Volldruckmaschine;** diese wird aber sehr selten noch verwendet, **weil sie viel zu unwirtschaftlich arbeitet.** Das Diagramm wäre theoretisch ein genaues Rechteck und ließe sich einfach rechnen. Wohl nur bei einer sehr langsam gehenden Maschine! Läuft sie aber einigermaßen rasch, so ändert sich das Diagramm ganz wesentlich. Die den Eintritt des Dampfes in den Zylinder und seinen Austritt regelnden Maschinenteile — Schieber oder Ventile — schließen sich immer mehr oder weniger allmählich. Der Dampf muß sich also durch enge Schlitze hindurchpressen, und das kostet Arbeit. Daher kommt es, daß bei etwas rasch laufenden Maschinen die Diagramme keine so scharfen Ecken zeigen, etwa wie in Abb. 140. Dadurch ergeben sich aber Arbeitsverluste. Die Unwirtschaftlichkeit einer Volldruckmaschine ergibt sich weiters aus einem andern Grunde. Selbst wenn das Diagramm ein vollständiges Rechteck wäre, tritt doch der Dampf, nachdem er seine Arbeit im Zylinder verrichtet hat, mit seiner vollen Austrittsspannung ins Freie, was doch offenbar eine Verschwendung

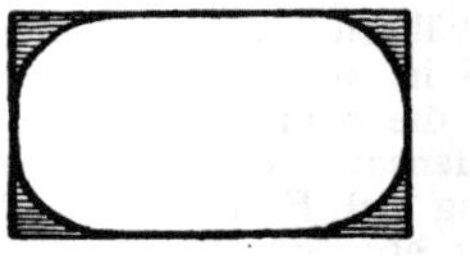

Abb. 140

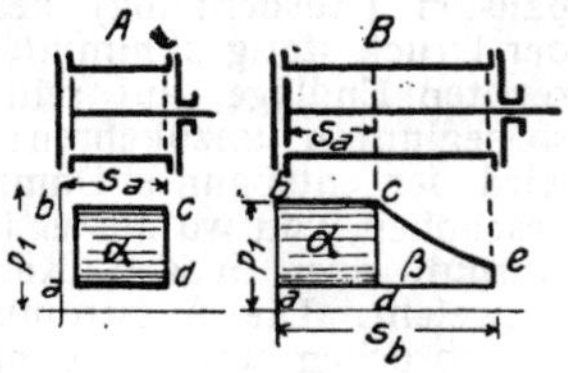

Abb. 141
Expansionsmaschine

bedeutet. Würde man den Dampf in einen andern, aber wesentlich längeren Zylinder leiten, so könnte er sich dort ausdehnen **(expandieren)** und noch viel mehr Arbeit leisten, wobei seine Spannung wohl langsam abnehmen würde. Eine solche viel wirtschaftlicher arbeitende Maschine nennt man **Expansionsmaschine.** Es seien A und B (Abb. 141) zwei solche Zylinder von genau gleichem Durchmesser, aber bei A von sa, bei B von sb Länge. In beiden Zylindern ströme nun Dampf aus einem und demselben Kessel, z. B. von der Spannung $p_1 = 5$ at abs. auf die linke Seite nach links. Hat der Kolben in beiden Zylindern den Weg sa zurückgelegt, so ist offenbar die von beiden Kolben zurückgelegte Arbeit genau dieselbe, gleich dem Rechtecke $abcd$. Wir führen aber die Maschine nicht mit einem Zylinder, sondern mit zwei Zylindern (Abb. 141a) aus. Der Dampf strömt zunächst in den Zylinder I mit seiner vollen Eintrittsspannung ein. Nachdem der Kolben den Weg s_0 so zurückgelegt hat, wird der Dampf abgesperrt und beginnt sich auszudehnen, bis mit dem Ende des Kolbenhubes s_1 die Ausdehnung im Punkte f vorläufig beendet ist. Wenn nun der Kolben umdreht, so sorgen wir dafür, daß er in demselben Maße, wie der Kolben den Weg $fg = s_1$ zurücklegt, bei gleichbleibender Spannung etwa durch die in seinem Schwungrade aufgespeicherte lebendige Kraft in den zweiten Zylinder hineingedrückt wird. Ist dann der Kolben I in seiner Ausgangsstellung wieder angekommen, so hat offenbar der Kolben im Zylinder II den entsprechenden Hub s_1 zurückgelegt, und wenn wir nun den Dampf im Zylinder II noch weiter ausdehnen und beim Rückgange des Kolbens den ausgedehnten Dampf ins Freie entweichen lassen, so haben wir das Diagramm eigentlich in zwei Teile zerlegt. Im Zylinder I (Abb. 141 a) dehnte sich der Dampf aus von der Spannung p_1 bis zur Spannung p_2; mit dieser Spannung ging er hinein in den Zylinder II,

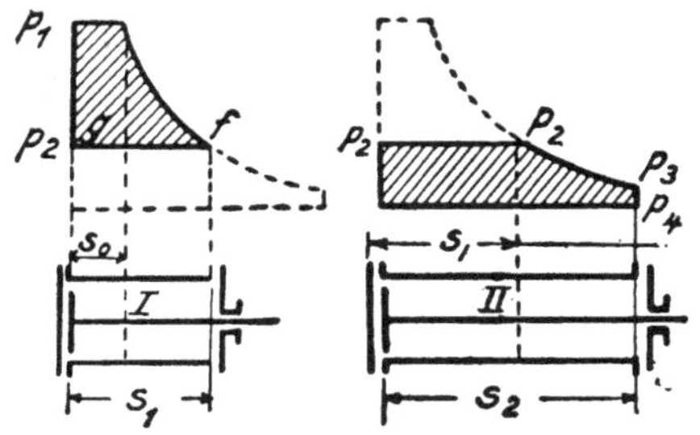

Abb. 141 a.

wo er sich bis zur Spannung p_3 ausdehnte und dann mit der der Außenluft entsprechenden Spannung p_4 ins Freie strömte. Da der Dampf im Zylinder I mit hohem Drucke, im Zylinder II dagegen mit niedrigem Drucke arbeitet, nennt man ersteren den **Hochdruckzylinder,** letzteren den **Niederdruckzylinder.** Beide gehören zusammen und bilden die **Verbundmaschine** (Compoundmaschine). Ist die Eintrittsspannung des Dampfes sehr hoch, etwa 12 at und darüber, und wird die Ausdehnung noch weiter getrieben, so kann man statt zweier Stufen und zweier Zylinder auch drei oder mehr Stufen mit ebensoviel Zylindern anwenden.

Bei drei Zylindern kommt zum **Hochdruck-** und **Niederdruckzylinder** der **Mitteldruckzylinder** hinzu.

b) Ein fortlaufendes Arbeiten ist aber bei Verbundmaschinen unmöglich, da beim Hinüberdrücken des Dampfes aus dem ersten in den zweiten Zylinder die Kolben sich gleichmäßig schnell bewegen sollen, **der Gesamtkolbenhub beim zweiten Zylinder aber wesentlich größer ist als beim ersten. Die Zeiten für einen Hin- und Hergang können daher nicht übereinstimmen, wenn nicht zeitweise ein Kolben auf den andern warten sollte.** Man kann aber in der Rohrleitung zwischen Hochdruck- und Niederdruckzylinder ein Gefäß einschalten, das mit Dampf von der Spannung p_2 angefüllt und dabei so groß ist, daß die Entnahme einer Dampfmenge, welche einer Zylinderfüllung entspricht, keinen wesentlichen Einfluß auf die Höhe der Spannung im Gefäß hat. Jetzt kann die Dauer eines Hin- und Herganges bei beiden Kolben gleich groß sein, denn bei jeder Umdrehung wird eine Hochdruckzylinderfüllung von p_2 at vom Hochdruckzylinder in den **Aufnehmer (Receiver),** wie man dieses Gefäß nennt, gedrückt, vom Niederdruckzylinder dagegen bei jeder Umdrehung eine gleich große Dampfmenge von der Spannung p_2 entnommen, so daß, wenn auch das Hinzukommen und die Entnahme einer solchen Dampfmenge zu verschiedenen Zeiten und mit verschiedener Geschwindigkeit geschieht, **doch die Menge des Dampfes und auch seine Spannung im Mittel stets dieselbe bleibt.** Natürlich muß ein solcher Aufnehmer zwischen die Zylinder der einzelnen Stufen eingeschaltet werden. Dadurch wird erst ein regelrechter Gang der Verbundmaschine ermöglicht, die Bewegung der einzelnen Kolben wird voneinander unabhängig, und es wird ganz gleichgültig, unter welchen Winkeln die Kurbeln zum Antriebe der einzelnen Kolben gegeneinander versetzt sind.

Man läßt in der Regel am Ende der Expansion im HZ einen kleinen Spannungsabfall zu. Die Größe des Verlustes entspricht aber nicht der Diagrammfläche, weil der Spannungsabfall eine Trocknung bzw. Überhitzung des Dampfes zur Folge hat, die dem NZ zugute kommt. Der Druckabfall vergrößert die Niederdruckfüllung, und die Hochdruckarbeit nimmt auf Kosten der Niederdruckarbeit zu.

Angenähert läßt sich das Verhältnis der Hubräume von HZ und NZ aus dem theoretischen Diagramm bestimmen. Bei Zulassung eines Spannungsabfalles ist das Zylinderverhältnis $V_1 : V$, bei Vorhandensein einer Spitze im HZ $v : V$. Ist man nicht an vorhandene Zylindermodelle gebunden, so wählt man das Zylinderverhältnis so, daß in beiden Zylindern ungefähr dieselbe Arbeitsleistung stattfindet. In der Regel beträgt es bei Kondensationsmaschinen 1 : 3.

Aus Gründen, die in der bequemeren Ausführung der ganzen Maschine liegen, macht man bei zwei- oder mehrstufigen Expansionsmaschinen die Zylinder von gleichem Hube und verschieden großen Durchmessern, was aber an der Sache selbst gar nichts ändert. Es kommt eben nur darauf an, welche Dampfmenge oder noch genauer gesagt, welches Dampfgewicht bei dem ganzen Vorgange zur Verwendung gelangt, denn in allen Fällen verhalten sich die Volumina der Zylinder, also die Produkte aus Zylinderfläche und Kolbenhub, wie $s_1 : s_2 : s_3$.

Von Einfluß auf die Gestaltung der Diagramme ist der Aufnehmer nur insoferne, als er in Wirklichkeit niemals unendlich groß gemacht werden kann, weshalb die Einlaßlinie des Niederdruckdiagrammes und die Auslaßlinie des Hochdruckdiagrammes niemals eine wagrechte gerade Linie sein kann.

Inwiefern sind nun durch Anwendung mehrstufiger Expansionsmaschinen die Übelstände beseitigt, die früher als Folgen einer weitgehenden Dampfdehnung erörtert wurden?

Die **großen Temperaturschwankungen** innerhalb eines und desselben Zylinders sind gewiß wesentlich gemildert. Der zur Verwendung kommende Dampf habe z. B. eine Eintrittsspannung von 7 at abs. und dehne sich während des Durchganges durch die Maschine aus bis auf die Außenluftspannung, also bis auf eine Spannung von 1 at abs. Nach folgender Tabelle 3 auf S. 166 hat gesättigter Dampf von 7 at abs. eine Temperatur von 164°, von 1 at 100°. Würde sich also die Dampfdehnung nur in einem Zylinder vollziehen, so wäre dieser Temperaturschwankungen von 64° ausgesetzt. Teilt man dagegen das Diagramm in zwei Teile etwa von 7 at abs. bis 3 at abs. und dann von 3 at abs. auf 1 at, so sind die Temperaturschwankungen schon viel geringer. Da gesättigter Wasserdampf 132° hat, so bleibt im Hochdruckzylinder 164 — 132 = 32°, im Niederdruckzylinder 132 — 100 = 32°. Der Unterschied ist daher nur mehr die Hälfte und im selben Verhältnis sind die anderen üblen Folgen herabgemindert.

Ein weiterer Übelstand liegt in den großen **Druckschwankungen** während des Kolbenhubes. Diese fallen natürlich bei mehrstufiger Dampfdehnung wesentlich geringer aus wie aus den Diagrammen zu ersehen ist. Der dritte Übelstand lag in dem hohen **Anfangsüberdruck.** Auch hier ist die mehrstufige Dampfdehnung von großem Vorteile. Nehmen wir wieder wie früher an, die Maschine arbeite mit 7 at abs. und einer Austrittsspannung von 1 at abs. Läßt man das Diagramm in einem einzigen Zylinder sich abspielen, so ist der größte tatsächliche Druck, der Überdruck 7 — 1 = 6 at, also 6 kg pro cm². Arbeitet dagegen die Maschine mit zweistufiger Dampfdehnung, so ist der Druck auf den Hochdruckkolben 7 — 3 = 4 at, auf den Niederdruckzylinder 3 — 1 = 2 at. Hat der Zylinder der Maschine mit einstufiger Dampfdehnung 10000 cm², so ist der Überdruck (7 — 1) · 10000 = 60000 kg, beim Niederdruckzylinder dagegen (3 — 1) · 10000 = 20000 kg, also um ²/₃ weniger, ebenso alles andere, was davon abhängt.

Übrigens kann mit Ausnahme des Zylinders und des Kolbens die Hochdruck- und Niederdruckseite genau dieselben Abmessungen erhalten, was natürlich auf den Preis Einfluß hat. Betrachten wir die beiden Diagramme in Abb. 141, so ergibt sich noch ein Übelstand der Expansionsmaschine gegenüber der Volldruckmaschine. Der Gang der letzteren wird ein viel gleichmäßigerer sein, weil der Druck p konstant bleibt, während er bei der Expansionsmaschine von p_1 bis p_2 schwankt. Auch das Gestänge braucht nur den Druck p auszuhalten, während es bei Beginn des Kolbenhubes dem großen Druck p_1 standhalten muß. Die Maschine wird also schwer und erschüttert viel stärker, so daß auf diese Weise durch die Expansion kein Erfolg erzielt werden kann, wiewohl sich auch beweisen läßt, daß eine Maschine schon deshalb nicht immer sparsamer arbeitet, je weiter man den Dampf sich ausdehnen läßt, weil hierdurch sich die Zylinderwandungen immer abkühlen und dadurch Arbeitsverluste herbeiführen.

Ein Mittel, die durch Ausdehnung erzielbaren Vorteile auszunutzen, ohne die Nachteile mit in Kauf nehmen zu müssen, ist die Anwendung von Maschinen mit mehrstufiger Dampfdehnung, von denen wir eben gesprochen haben.

[144] Kondensationsmaschinen.

Bisher war nur von Auspuffmaschinen die Rede, bei denen der Dampf nach seiner Tätigkeit ins Freie ausströmt. Das ist nun in mehrfacher Beziehung **unwirtschaftlich.** Meist hat der Auspuffdampf die Spannung der Außenluft oder sogar etwas mehr. Ein weiterer Übelstand ist, daß der Dampf verloren ist, also durch neues Kesselspeisewasser ersetzt werden muß, was selbst auf dem Lande oft schwierig, bei langen Ozeanfahrten aber unmöglich ist. Hier muß also der Dampf unbedingt wiedergewonnen werden, wodurch man bestes Kesselspeisewasser erhält und einen wesentlichen Teil der Wärme wiedergewinnt. Noch einen Übelstand erkennt man aus dem Diagramm, dessen Fläche gleichbedeutend ist mit der Größe der Arbeit.

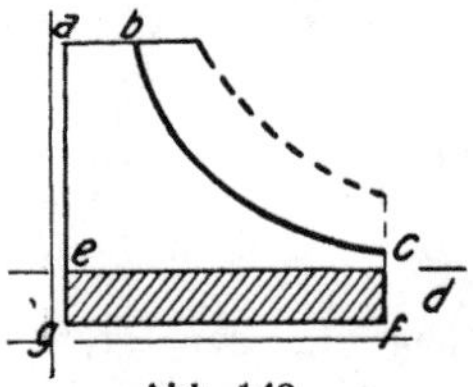

Abb. 142

Wenn es gelingt, die Ausströmlinie *de* (Abb. 142) tiefer zu legen, so könnte dadurch die Fläche des Diagrammes vergrößert und damit ein Arbeitsgewinn erzielt werden. Arbeitet die Maschine mit ¹/₅ Füllung, so beträgt dieser Arbeitsgewinn bereits beinahe 40% der Arbeitsleistung, die mit einer Auspuffmaschine zu erreichen wäre. Läßt man aber den Dampf nachher in einen Raum eintreten, welcher unter Verwendung von Kühlwasser dauernd auf einer sehr niedrigen Temperatur erhalten wird, einen sog. **Kondensator,** so verdichtet sich der Dampf zu Wasser und erfährt dadurch eine ganz bedeutende Volumenverkleinerung, da z. B. Dampf von 1 at einen ungefähr 1700mal so großen Raum einnimmt als Wasser. Die Folge davon ist ein starkes Sinken der Spannung auf dieser Seite des Kolbens, wodurch wieder der Dampfdruck um *eg* erhöht wird. Man sieht übrigens, daß der Arbeitsgewinn verhältnismäßig um so größer wird, je kleiner die Füllung ist. Je kälter das Kondensationswasser ist, desto größer ist die Verdichtung. Da es aber durch den Dampf erwärmt wird, so wird auch im Kondensator der Unterdruck unter die Außenluft höchstens so weit vermindert werden können, als es der Temperatur des erwärmten Wassers entspricht (bei Kolbendampfmaschinen 45° — 50° = 0,1 — 0,125 at abs).

[145] Konstruktionseinzelheiten.

I. Der Dampfzylinder.

Die Einführung der Überhitzung macht eine Vereinfachung der Zylinderform notwendig. Der Hochdruckzylinder besteht heute aus einem einfachen rohrförmigen Körper ohne Dampfmantel. Die Zu- und Abführung des Dampfes erfolgt bei Ventilmaschinen getrennt durch Hosenrohre. Nur bei den Niederdruckzylindern ist noch die frühere gemeinsame Dampfzu- und -abführung im Gebrauche; auch hierfür wird bei manchen Firmen der Dampfmantel beibehalten, bei anderen aber meist aus Preisrücksichten weggelassen.

Die Lauffläche ist an den Enden schräg abgesetzt, um den Kolben hineinzubringen.

Die Wandstärke des Zylinders wird vorwiegend durch Herstellungsrücksichten bestimmt. Die Stärke der Flanschen ist das 1,3 — 1,5fache der Wandstärke.

Das vordere Ende des Dampfzylinders wird meist nur mit einer Öffnung für den Stopfbüchseneinsatz versehen.

Um möglichst kleine **schädliche Räume** zu erhalten, werden die Ventile nicht im Zylinder, sondern in den Deckeln angeordnet. Die Zahl der Deckelschrauben ist $i = \frac{D}{8} + 4$, wobei D den Zylinderdurchmesser bedeutet. Die Schraubenentfernung sollte nicht über 15 cm betragen. Der Kerndurchmesser ist nach dem größten Dampfdruck für eine Zugbeanspruchung von 300 kg/cm² zu berechnen, weil die Schrauben unter vollem Dampfdruck angezogen werden.

Der Zylinder kann freihängend oder mit Stützung ausgeführt werden. Bei **Tandemmaschinen** ist meist das Zwischenstück und das Ende des Hochdruckzylinders abgestützt. Jeder Zylinder ist mit Wasserablaßhähnen zum Ablassen des Kondensats zu versehen. Weiterhin sind Indikatornocken anzubringen, deren Bohrung nicht unter 10 mm betragen sollte. Endlich mit Rücksicht auf Wasserschläge sind an jedem Zylinder zwei Sicherheitsventile anzubringen. Die Steuerkanäle sollten am tiefsten Punkt des Zylinders abzweigen, damit das Kondensatwasser frei abfließen kann. Bei stehender Maschine läßt sich dies nur beim unteren Zylinder durchführen, während der obere mehr einem Wasserschlage ausgesetzt sein wird. Darum ordnet man meist einen Heizmantel an, wo das Kondensat weiter nicht stört. Die Zylinderschmierung erfolgt durch **Dampfschmierung** oder durch direkte **Flächenschmierung.** In der Regel begnügt man sich mit der Dampfschmierung, und zwar schmiert man den Hoch- und Niederdruckdampf, letzteren ev. mit billigerem Öl. Die Dampfschmierung hat den Vorteil, daß das Öl im Dampfstrom fein verteilt wird und dann als gleichmäßige Schmierung von Kolben, Ventilspindeln wirkt.

Nur bei größeren Maschinen, etwa über 1000 PS, verwendet man Dampf- und Flächenschmierung gleichzeitig.

II. Kolben und Kolbenstangen.

Die **Kolben** sowie die federnd ausgebildeten Dichtungsringe bestehen gewöhnlich aus Gußeisen. Der Kolben wird meist als Hohlkörper ausgebildet, die Ringe sind selbstspannend und werden über den Kolben geschoben. Bei Leistungen bis 500—600 PS bildet man den Kolben als Tragkolben aus und läßt ihn auf seiner Unterfläche auf ca. ⅓ des Umfanges aufliegen. Den übrigen Kolbenumfang dreht man kleiner.

Bei größeren Leistungen als 500—600 PS darf der Kolben nicht mehr tragen, da sonst leicht ein Fressen eintritt. Man läßt dann die Kolbenstange durch gehen und stützt sie durch **Traglager** (Abb. 143) oder **Gleitschuhe.** Ersteres ist weniger gut, denn die Durchbiegung der Kolbenstange ändert sich fortwährend, und es müssen deshalb bewegliche Packungen verwendet werden, um eine rasche Abnützung der Stopfbüchsen zu vermeiden.

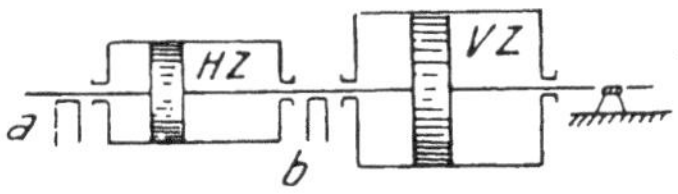

Abb. 143
Traglager

Die Kolbenstangen werden aus geschmiedetem Gußstahl hergestellt. Er gibt bei hoher Festigkeit eine glatte und reine Oberfläche.

III. Die Stopfbüchsen.

Die Stopfbüchsen haben die Abdichtung der Kolben, Schieber- und Ventilstangen zu bewirken. Man unterscheidet hierbei das **Gehäuse**, die **Packung** und die mit Schrauben nachstellbare **Brille.** Die Packung ist fast ausschließlich Metallpackung. Weichpackungen kommen nur bei Sattdampfmaschinen zur Verwendung. Die Abdichtung erfolgt nach Art der Lentz-Stopfbüchse (Abb. 144) durch Kammern **(Labyrinthdichtung).** Meist schmiert man nur die Hochdruckstopfbüchsen, und zwar geschieht die Einführung des Öles beim inneren Ende, da das Öl durch den Dampfdruck nach außen gedrückt wird.

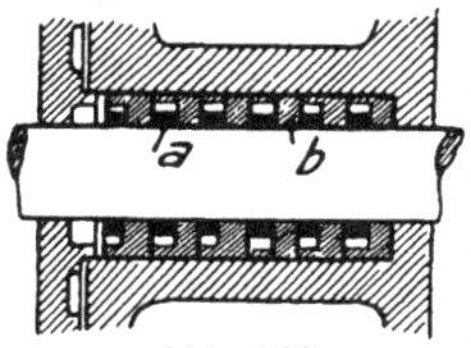

Abb. 144
Lentz-Stopfbüchse

IV. Die Dampfleitung.

Mit der Einführung des überhitzten Dampfes ging man zu größeren Dampfgeschwindigkeiten über, um den Temperaturabfall in der Rohrleitung möglichst zu beschränken. Der überhitzte Dampf besitzt, da er ein dünneres Medium darstellt als der Sattdampf, einen geringeren Strömungswiderstand, d. h. die Drosselverluste ergeben sich für Heißdampf bei gleicher Geschwindigkeit geringer als für Sattdampf.

In der Regel wählt man die mittlere Dampfgeschwindigkeit in der Rohrleitung, bezogen auf konstante Strömung, zu **20—25 m** pro Sek. Die lichte Weite der Dampfableitungsrohre wird meistens größer gewählt. Man wählt hier nur ca. 15 m/sek Dampfgeschwindigkeit, um den Gegendruck auf den Kolben zu verringern.

V. Der Rahmen.

Der freitragende **Bajonettrahmen** mit Rundführung wird nur noch für kleinere Maschinen verwendet (Abb. 145). In der Regel macht man den Rahmen seiner ganzen Länge nach aufliegend und untergießt ihn mit Mörtel. Handelt es sich jedoch um Maschinen mit großem Zylinderdurchmesser, also um kurzhubige Maschinen mit hoher Tourenzahl, sieht man **Gabelrahmen** vor; da hier große Kolbenkräfte zu übertragen sind, so wird der Druck besser auf zwei Lager verteilt. Der Gabelrahmen erfordert eine gekröpfte Welle und ist teuerer.

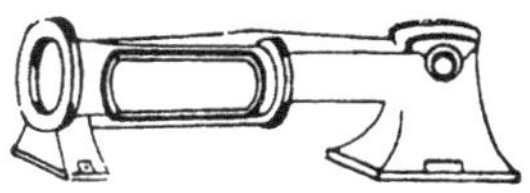
Abb. 145
Bajonettrahmen

VI. Das Kurbelwellenlager.

Das Kurbelwellenlager liegender Maschinen ist meist vierteilig und beiderseits nachstellbar (Abb. 146). In Abb. 146 erfolgt die Nachstellung der Seitenschalen durch Keile. Bei einseitiger Nachstellung verwendet man nicht selten auch Druckschrauben. Hier ändert sich alsdann der Deckelabstand im Laufe der Zeit. Die Lagerschalen bestehen aus Gußeisen, seltener aus Stahlguß und sind mit Weißmetall ausgekleidet. Die Schmierung erfolgt vom Behälter *a* für Notschmierung. Das aus dem Lager abfließende Öl wird gesammelt, mit einer kleinen Pumpe gehoben, filtriert und wieder verwendet.

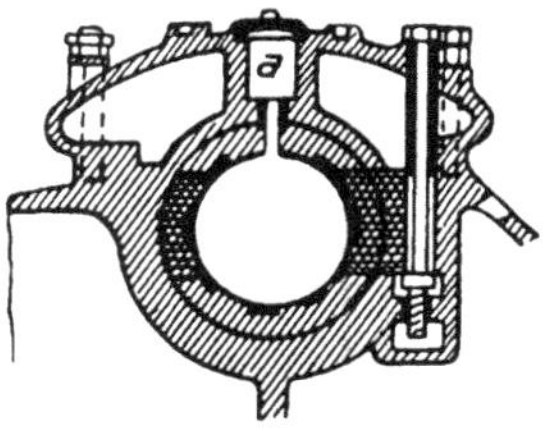

Abb. 146
Nachstellbares Kurbelwellenlager

Ringschmierlager sind selten, weil sie teuerer sind.

VII. Das Triebwerk.

Das Triebwerk besteht aus dem Kreuzkopf, der Schubstange und der Kurbel mit der Kurbelwelle. Der Kreuzkopfkörper kann gabelförmig oder flach sein. Im ersteren Falle sitzt der aus Flußstahl gegossene und einsatzgehärtete Bolzen im Kreuzkopf und das Lager in der Schubstange. Im zweiten Falle ist dagegen der Bolzen am gabelförmigen Schubstangenende angeordnet, und das Lager sitzt im Kreuzkopf. Das Material ist bei kleinen Abmessungen Gußeisen, sonst Stahlguß. Flache Kreuzköpfe werden geschmiedet. Die Kolbenstange wird im Kreuzkopfkörper durch Einschrauben befestigt. Das Material der Kreuzkopfschale ist Gußeisen, deren Lauffläche mitunter mit Weißmetall ausgegossen wird. Ist nach Jahren ein merkbarer Verschleiß eingetreten, so kann er durch Einlegen von dünnen Blech- oder Papierstreifen wieder ausgeglichen werden.

Die Schubstange wird aus weichem Stahl geschmiedet, erhält meist runden Querschnitt. Die Köpfe sind geschlossen oder offen, sog. **Marineform,** weil sie bei Kurbelzapfen gekröpfter Wellen Bedingung sind. Das Material der Kurbelwellen ist stets Gußstahl, gibt glatte Oberfläche bei hoher Festigkeit.

[146] Steuerungen.

Zur Steuerung gehören die eigentlichen Dampfverteilungsorgane (Schieber, Ventile) einschließlich der Steuerexzenter und der Regler.

Das Steuerorgan soll im Betriebe möglichst dicht sein; am dichtesten halten Kolbenschieber mit federnden Dichtungsringen und Ventile.

Als Material für die Steuerorgane dient Gußeisen, seltener Stahlguß. Rotguß kommt höchstens für

Schieber zur Verwendung, wenn mit Sattdampf gearbeitet wird. Die Durchgangsquerschnitte in den Steuerteilen und Dampfkanälen müssen nach der Formel

$$f = \frac{F \cdot u_m}{w} \text{ cm}^2,$$

wobei F die wirksame Kolbenfläche in cm², u_m die mittlere Kolbengeschwindigkeit und w die mittlere Dampfgeschwindigkeit in den Kanälen bedeutet. Letztere wählt man 30—40 m/sek. Die wirkliche größte Dampfgeschwindigkeit beträgt bei 5facher Schubstangenlänge das 1,6fache.

Der Durchgangsquerschnitt durch das eigentliche Steuerorgan wird meist knapper bemessen für Dampfgeschwindigkeiten von 70—100 m/sek, um möglichst kleine Ventile und Schieber zu erhalten.

I. Schieber.

Das einfachste Dampfverteilungsorgan stellt der gewöhnliche **Muschelschieber** (Abb. 147) dar.

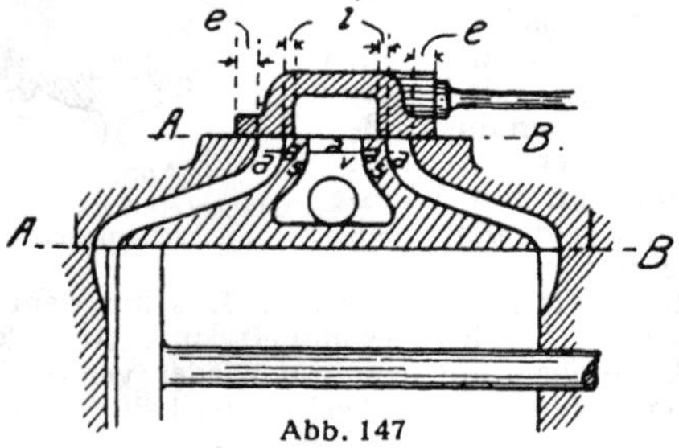

Abb. 147
Einfacher Muschelschieber

Die Gleitfläche der **Flachschieber** ist so zu bemessen, daß der spez. Auflagerdruck für gewöhnlich nicht über 20 kg/cm beträgt. Bei höheren Spannungen ergeben sich große Schieberflächen, welche eine Vermehrung des auf dem Schieber lastenden Dampfdrucks und der Reibungsarbeit zur Folge haben. Bei Dampfspannungen über etwa 8 at sollte man nur noch **entlastete Schieber** anwenden, am vollkommensten die **Kolbenschieber** (Abb. 148). Ein

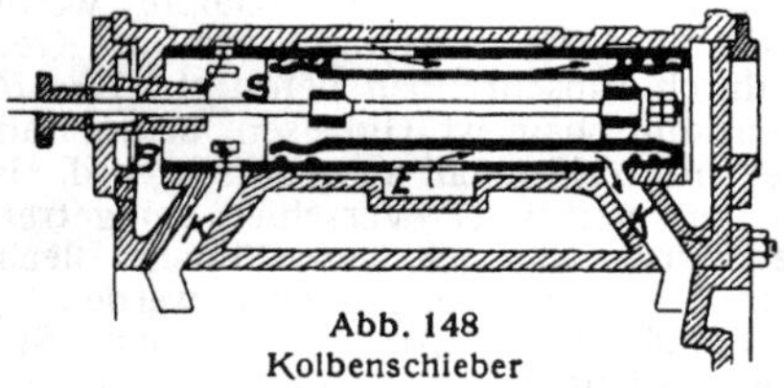

Abb. 148
Kolbenschieber

solcher entsteht, wenn man sich den Querschnitt eines gewöhnlichen Muschelschiebers als erzeugende Fläche eines Rotationskörpers denkt. In der Regel erfolgt hierbei die Einströmung von innen, wobei man die Stopfbüchse der Schieberstange nur gegen Abdampf abzudichten hat.

Die Abdichtung des Kolbenschiebers erfolgt bei Sattdampf durch Einschleifen, was sich aber bei Heißdampf nicht bewährt hat. Hier kommen Kolbenschieber mit Dichtungsringen vor, am häufigsten federnde Ringe wie bei Kolben.

Mit dem einfachen Schieber läßt sich günstige Dampfverteilung nur für eine Füllung von mindestens etwa 0,6 erzielen. Günstigere Ausnützung der Dampfspannung durch Expansion erfordern aber kleinere Schieber. Hat man es mit langen Schiebern zu tun, so würden die Einströmkanäle sehr lang ausfallen. Dies bedingt aber großen schädlichen Raum und große schädliche Flächen. Um diese Nachteile zu vermeiden, kann man einen geteilten Schieber anwenden, wodurch die Abmessungen und die Abkühlungsflächen des Schieberkastens vergrößert werden.

Eine Abart des gewöhnlichen Muschelschiebers stellt der **Trickschieber** (Abb. 149) dar. Bei demselben wird durch Anordnung eines Hilfskanales doppelte Einströmung erreicht. Man kann infolgedessen mit kürzerem Schieberhub auskommen, wodurch die Schieberreibung verringert wird. Ander-

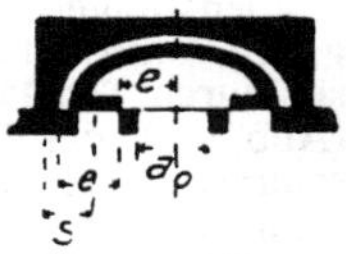

Abb. 149
Trickschieber

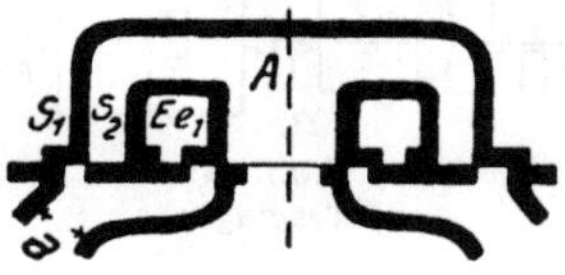

Abb. 150
Pensche Schieber

seits gibt der Trickschieber, der heute nur noch bei Lokomotiven angewendet wird, die mit Sattdampf in entlasteter Form arbeiten, bei gleichem Schieberhub ein rascheres Öffnen und Schließen der Einlaßkanäle und damit eine Verkleinerung der Drosselverluste.

Der **Pensche Schieber** (Abb. 150) gibt sowohl für den Ein- als auch für den Auslaß doppelte Eröffnung. Die zu diesem Zwecke in den Schieber eingegossenen muschelartigen Einsätze stehen vielfach mit dem Schieberkasten in Verbindung und lassen Frischdampf eintreten.

Der **einfache Schieber** eignet sich nur für hohe Tourenzahlen, für kleine und mittlere sind **Doppelschieber** anzuordnen, bei welchen man außer dem Grundschieber noch einen Expansionsschieber wählt, der auf dem Rücken des Grundschiebers läuft. Die **Doppelschiebersteuerung** von Meyer und Rider sind am häufigsten.

Bei der **Meyerschen Expansionsschiebersteuerung** (Abb. 151) läuft der Expansionsschieber, der aus zwei Schiebern *BB* besteht, auf dem Rücken des Verteilerschiebers *A*. Um die Füllung der Maschine dem schwankenden Kraftbedarf anpassen zu können, macht man die Länge $2l$ des Expansionsschiebers veränderlich, d. h. man schneidet ihn in zwei Teile, die beliebig genähert oder entfernt werden können. Will man auf beiden Seiten gleiche Füllung, so muß man die Entfernung kleiner machen.

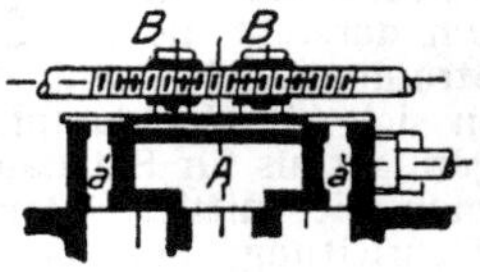

Abb. 151
Meyersche Expansionsschiebersteuerung

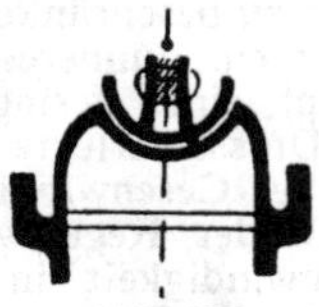

Abb. 152
Ridersteuerung

Die Meyersteuerung hat den Nachteil, daß sie nicht vom Regulator aus eingestellt werden kann, weil der Übergang von kleinster zu größter Füllung einige Spindeldrehungen erfordert. Insoferne ist die **Ridersteuerung,** (Abb. 152) die aus einer einzigen Platte besteht, die aufgerollt ist, und vom Regulator aus eingestellt werden kann, vorteilhafter.

Für die heutigen hohen Dampfdrücke und Temperaturen kommen nur noch **entlastete Schieber,** also **Kolbenschieber,** in Betracht, weil Flachschieber und Riderschieber leicht fressen. Doppelkolbenschieber nach Rider lassen sich nur bis 250° C verwenden, da sich sonst leicht Klemmungen ergeben.

An sich wären die Meyerschen Schieber ganz ideale Steuerungen. Da der Abschluß durch einen besonderen Expansionsschieber erfolgt, kann man rasch öffnen und schließen, so daß die Drosselverluste minimal werden.

II. Drehschiebersteuerung.

Die Konstruktion eines **Corliss-Einlaßschiebers** mit Trickschem Kanal zeigt Abb. 153, bei welcher

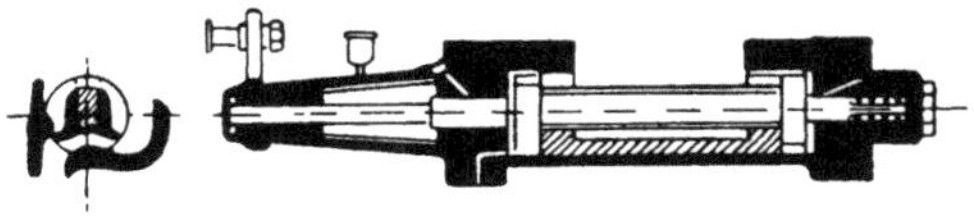

Abb. 153
Corliss-Einlaßschieber

meistens Frikartsteuerung verwendet wird. Trotz seiner Vorzüge ist der Drehschieber fast ganz außer Gebrauch gekommen, während er früher bis zu 8 at ein sehr beliebtes Dampfverteilungsorgan war.

III. Ventilsteuerung.

Die **Ventilsteuerung** zählt zu den Expansionssteuerungen. Sie besitzt für jede Zylinderseite zwei Ventile, wovon das eine den Dampfeintritt, das andere den Dampfaustritt steuert, also getrennte Ein- und Auslaßkanäle, was speziell für Sattdampfmaschinen wegen des geringeren Wärmeaustausches einen wesentlichen Vorteil bedeutet. Die Bewegung der Ventile erfordert kleine Kräfte, also kleine Arbeiten, jedes der Steuerorgane kann für sich eingestellt werden. Anderseits hat das Ventil den Nachteil, daß es gegen einen festen Sitz aufschlagen muß, während der Schieber in einen dampferfüllten Raum stößt, daher für höhere Tourenzahlen geeigneter ist. Dazu kommt, daß das Ventil seine Öffnung bei Null beginnt und es beim Schließen wieder zur Ruhe gebracht werden muß. Damit hängt es zusammen, daß die im Momente des Ventilanhubs und -schließens auftretenden Massenkräfte trotz des verhältnismäßig geringen Ventilgewichtes größer ausfallen als beim Schieber.

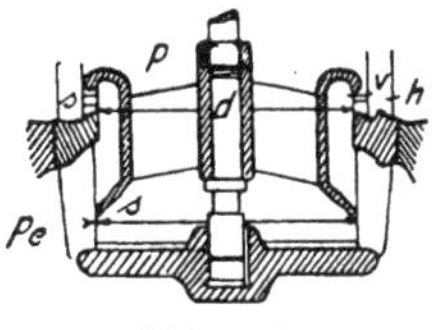

Abb. 154
Doppelsitzventil

Die Regel bilden **doppelsitzige Ventile** (Abb. 154). Da gewöhnliche Ringventile einen zu großen Kraftaufwand zum Anheben erfordern, gibt man dem Ventil rohrförmige Gestalt. Im Moment der Öffnung herrscht auf der einen Seite der Druck p des Frischdampfes, auf der andern Seite der Kompressionsdruck p_c. Damit ergibt sich die Dampfbelastung

$$\pi \cdot d \cdot s \cdot (p - p_c) \text{ kg.}$$

Bei sehr großen Maschinen wendet man auch viersitzige Ventile an.

Abb. 155 zeigt ein Kolbenventil, welches nichts anderes ist als ein vertikal angeordneter Kolbenschieber mit Dichtungsringen. Das Kolbenventil ergibt vollständige Entlastung vom Dampfdruck bei kleinstem schädlichen Raum. Außerdem besitzt es die Vorzüge des Schiebers: ruhigen und stoßfreien Gang.

Der Einbau geschieht in die Deckel. Zum Antriebe der Ventile dienen Nocken (unrunde Scheiben) oder Exzenter. Sie sitzen auf einer besonderen

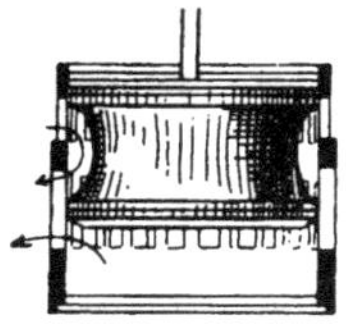

Abb. 155
Kolbenventil

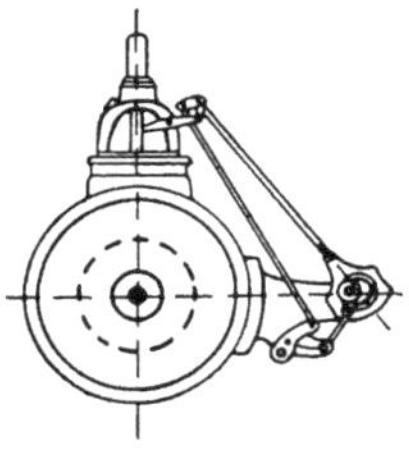

Abb. 155a

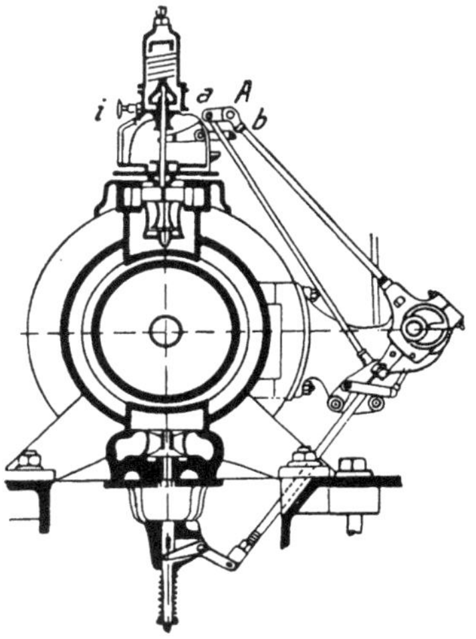

Abb. 155b
Sulzer-Steuerung

Steuerwelle. Die Steuerungen selbst sind entweder **zwangsläufige** oder **freifallende,** die man aber heute wegen der hohen Touren nicht mehr baut. Abb. 155a und 155b zeigen die **Sulzer-Steuerung.** Die Ventile doppelsitzig, sie bieten dem Dampfe zwei Durchgangsquerschnitte. Die Bewegung wird von einer Welle, die parallel zur Zylinderachse gelagert ist und durch konische Räder von der Kurbelwelle angetrieben wird, abgenommen.

Bei der in Abb. 156 dargestellten **Lenz-Steuerung** befindet sich die Rolle unmittelbar an der Ventilspindel. Die Schubkurve sitzt an dem Daumen D. Es hat den Anschein, als ob die Zukunft den Schubkurvensteuerungen gehören würde. Nur müssen die Zapfen und Gelenke so ausgeführt werden, daß keine zu rasche Abnützung eintritt.

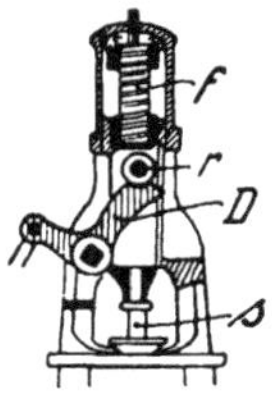

Abb. 156
Lenz-Steuerung

[147] Umsteuerungen.

Am wichtigsten sind die **Kulissen-** und **Lenkersteuerungen,** die bei Lokomotiven, Schiffsmaschinen und Fördermaschinen zur Anwendung kommen.

Das Wesen der Kulissensteuerung sei hier an der Hand der **Stephensonschen Umsteuerung** erläutert (Abb. 157): Auf der Kurbelwelle sitzen zwei Exzenter, deren Exzentrizität ϱ der Kurbel r um $90° + \alpha$ vor- bzw. nacheilt. Von den Exzentern gehen Stangen nach den Enden A und B der Kulisse K. Wird letztere mit der Stange S bis A gesenkt, so wirkt nur das Vorwärtsexzenter auf den Schieber und die Maschine geht vorwärts. Hebt man dagegen die

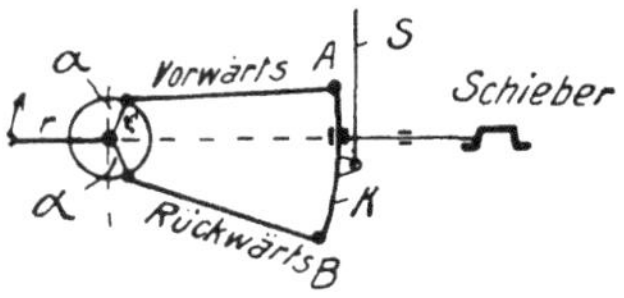

Abb. 157
Stephensonsche Umsteuerung

Kulisse bis B, so arbeitet nur der Rückwärtsexzenter. In dem Zwischenlager steht der Schieber unter dem Einflusse beider Exzenter. (Siehe auch nächsten Brief: Lokomotiven.)

[148] Regulatoren (Regler).

Während das Schwungrad die Geschwindigkeit der Maschine direkt durch seine Masse beeinflußt, hat der Regulator dafür zu sorgen, daß der Dampf in richtiger Weise eintritt. Er regelt also die mittlere Umdrehungszahl und bewirkt, daß die zugeführte Leistung dem jeweiligen Kraftbedarf entspricht.

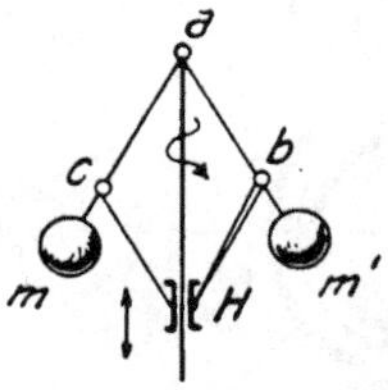

Abb. 158
Wattscher Regulator

Der Regulator (Abb. 158) besitzt zu diesem Zweck zwei Pendel mit den Schwungkörpern m und m', welche sich im Beharrungszustande in eine von der Belastung der Maschine abhängige Gleichgewichtslage einstellen. Ändert sich die Belastung der Maschine, so erhöht oder verringert sich deren Umfangsgeschwindigkeit und damit auch die Zentrifugalkraft der Pendel. Die Folge ist ein Steigen oder Fallen der Muffe (Hülse) H, welch letztere das Stellzeug betätigt und die Füllung der Maschine dem neuen Belastungszustand entsprechend verändert. Je rascher die Füllungsänderung vor sich geht und je kleinere Geschwindigkeitsschwankungen auftreten, desto genauer ist die Regulierung.

b) Gemäß obigem entspricht jeder Regulatorstellung nicht nur eine bestimmte Leistung, sondern auch eine bestimmte Tourenzahl. Letztere ist am kleinsten bei Vollbelastung und am größten bei Leerlauf.

Denkt man sich den Regulator reibungslos und außer Verbindung mit dem Stellzeug, so ist der **Ungleichförmigkeitsgrad**

$$\delta = \frac{n_{max} - n_{min}}{n_{mittel}}$$

$$\delta = 2 \cdot \frac{n_{max} - n_{min}}{n_{max} + n_{min}}$$

und soll möglichst klein sein. Denn je größer δ ist, um so rascher stellt sich der Regler ein; meist ist er 0,02—0,08.

Um Eigenschwingungen des Reglers zu dämpfen, läßt man die Pendel in Öl laufen (Ölbremsen), wodurch sie freilich unempfindlicher werden.

Je kleiner δ, desto schwerere Schwungräder mit großer Umfangsgeschwindigkeit sind notwendig.

c) Die für Dampfmaschinen in Betracht kommenden Zentrifugalregler sind fast ausschließlich direkt wirkende. Beim **Wattschen Regler** kommt die

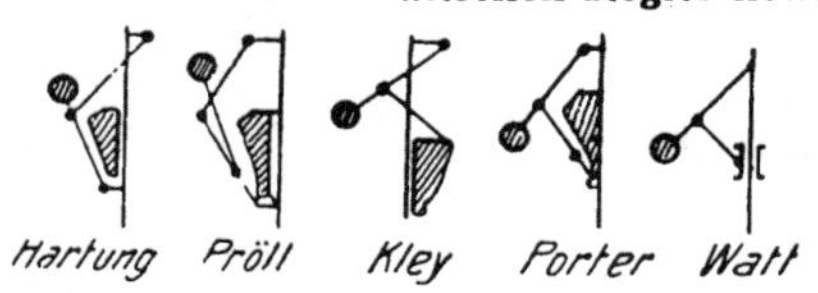

Abb. 158a
Verschiedene Gewichtsregler

Gewichtswirkung durch die Schwungmassen allein, bei den übrigen hingegen vornehmlich durch die Hülsenbelastung zustande. Letztere ermöglicht eine größere Verstellungskraft und einen kleineren Unempfindlichkeitsgrad des Regulators (Abb. 158a).

Um jedoch die Massenwirkung des Hülsengewichtes ganz zu umgehen, ersetzt man dasselbe meist durch Federn (Abb. 159).

Die Schwungmassen sind in der Regel als Pendel ausgebildet, daher auch der Name **Pendelregler.**

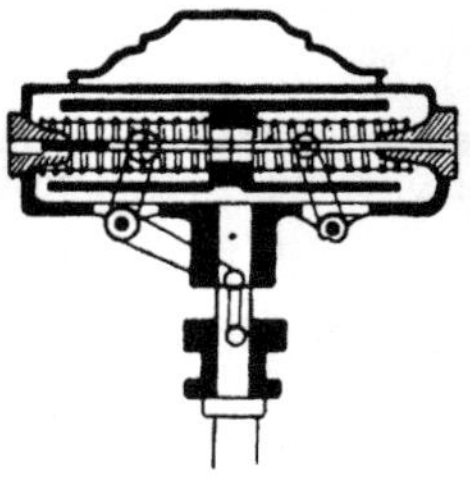
Abb. 159
Hartungscher Federnregulator

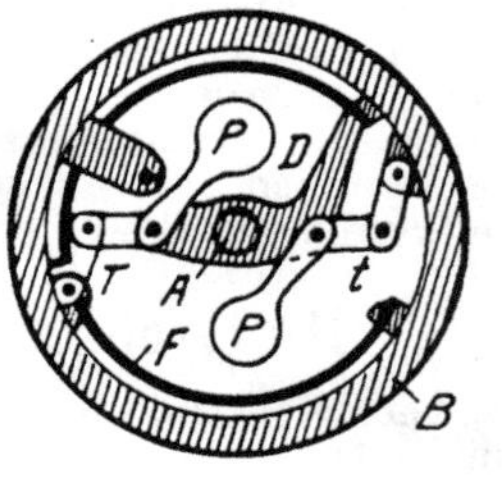

Abb. 160
Lenzscher Beharrungsregler

Pendelregler mit verhältnismäßig geringer Energie, welche mit einer Hilfsschwungmasse verbunden sind, heißen **Beharrungsregler** (Abb. 160). Der bei einer Geschwindigkeitsänderung sich geltend machende Trägheitswiderstand des Beharrungsringes B überträgt sich auf die Pendel P und vergrößert deren Verstellkraft um ein erhebliches.

[149] Die Kondensation.

Maschinen über 50—60 PS, Lokomobilen sogar schon früher, arbeiten bei reinem Kraftbetrieb meist mit Kondensation. Letztere besteht darin, daß man den Maschinenabdampf in einen mit Wasser gekühlten Raum, den **Kondensator** einleitet, wo er sich niederschlägt und einen druckerniedrigten Raum, ein sog. **Vakuum,** hinterläßt. Die Luftleere wird hierbei um so größer, je größer die Menge und je niedriger die Temperatur des Kühlwassers ist. Entnimmt man das Wasser aus Brunnen, so ist seine Temperatur etwa 10° C. Bei Entnahme aus Flüssen steigt es je nach der Jahreszeit bis 25° C und darüber. Die ungünstigsten Wasserverhältnisse hat man bei **Rückkühlanlagen** [150] mit 30—40° C.

Durch die Anwendung der Kondensation wird der Gegendruck der Maschinen herabgesetzt und somit das ausnutzbare Druck- und Temperaturgefälle vergrößert, **wodurch sich eine bessere Ausnützung der Expansivkraft und eine Verringerung des Dampf- und Kohlenverbrauches um etwa 25% erzielen läßt.**

Zur dauernden Aufrechterhaltung des Vakuums ist es notwendig, das Kondensat und das Dampf-Luftgemisch mittels besonderer Pumpen abzusaugen. Die Luft wird teils mit dem Speisewasser und dem Kühlwasser zugeführt, teils gelangt sie durch Undichtigkeiten der Rohrleitung in den Dampf.

Die Höhe des erreichbaren Vakuums ist unter sonst gleichen Umständen vom Barometerstand abhängig. Je größer derselbe ist, um so höher ist das erreichbare Vakuum. Um vergleichbare Werte zu erhalten, reduziert man den Barometerstand auf 735,5 mm = dem Druck von 1 kg/cm².

In der Regel begnügt man sich bei Kolbenmaschinen mit einem **Vakuum von 85—90%.** Ein höheres Vakuum bringt dann keinen Nutzen mehr. Denn die Kolbenmaschine ist eben im Gegensatz zur Dampfturbine für Ausnützung hoher Luftleeren ungeeignet. Während man in Dampfturbinen den Dampf bis zum Kondensatordruck expandieren lassen kann, muß man sich bei Kolbenmaschinen mit einem weit geringeren **Expansionsverhältnis 1: 16** begnügen, da man sonst zu große Zylinder-, Steuerungs- und Leitungsabmessungen sowie zu große Verluste durch Wärmeaustausch und durch Reibung erhielte. Zudem ist das Vakuum im Zylinder, und nur dieses kommt für die Maschine in Betracht, stets geringer als im Kondensator. Nur bei Gleichstrommaschinen sind die Drosselverluste infolge des Schlitzauslasses so gering, daß das Vakuum im Zylinder annähernd dem des Kondensators entspricht.

Da es bei einer Störung in der Kondensationsanlage vorkommen kann, daß dieselbe außer Betrieb gesetzt werden muß, so ist dafür zu sorgen, daß jederzeit auf Auspuffdampf umgeschaltet werden kann. Das geschieht entweder mit einem Wechselventil oder besser durch Anordnung zweier Schieber, mit denen der beträchtliche Druckverlust des Ventiles vermindert wird.

Man unterscheidet **Mischkondensation, Oberflächenkondensation** und **Strahlkondensation.**

I. Mischkondensation.

Bei der **Misch-** oder **Einspritzkondensation** kommt der Dampf im Kondensator **unmittelbar mit dem Kühlwasser** in Berührung **und mischt sich mit ihm.** Der Niederschlagsraum kann hierbei für sich angeordnet werden oder direkt mit der Luftpumpe vereinigt sein. Das Kühlwasser kann durch einen Hahn vom Maschinenhausflur aus reguliert werden, wird durch die Luftleere im Kondensator bis zu 7 m angesaugt und durch eine Brause fein verteilt. Der Dampf erfährt durch die innige Berührung mit dem Einspritzwasser eine intensive Abkühlung und kondensiert sich. Das Kondensat samt dem Dampf und der Luft wird **gemeinsam** von der Luftpumpe abgesaugt und an die Atmosphäre gefördert. Muß die Naßluftpumpe in größerer Entfernung von der Dampfmaschine aufgestellt werden, so ist es wichtig, den Kondensator möglichst dicht am Zylinder anzuordnen. Der Druckverlust in der Leitung bis zur Pumpe ist dann ziemlich gering.

Die Kühlwassermenge m, welche pro kg zu kondensierenden Dampfes notwendig ist, liegt zwischen 20 und 45 kg. Sie fällt um so kleiner aus, je niedriger die Temperatur t_e des Einspritzwassers ist:

$$m = \frac{i - t_a}{t_a - t_e} \text{ kg}.$$

Setzt man den Wärmeinhalt des Austrittsdampfes $i = 600$ WE und nimmt die Eintrittstemperatur t_e des Kühlwassers zu 15° C und die Austrittstemperatur t_a des Gemisches zu 35°, so ergibt sich

$$m = \frac{600 - 35}{35 - 15} = 28{,}2 \text{ kg},$$

d. h. **man hat pro kg Dampf rund 28 kg Kühlwasser notwendig.** Über 60° Kondensattemperatur sollte man mit Rücksicht auf die Saugfähigkeit der Pumpe nicht gehen, zumal auch die Gummiklappen der Luftpumpe Not leiden.

Außerdem kommt noch für größere Zentralkondensationen eine **Gegenstrom-Mischkondensation** in Betracht, wobei sich das Kühlwasser in der entgegengesetzten Richtung durch den Kondensator in die Luft bewegt, wodurch eine bessere Ausnützung des Kühlwassers, d. h. bei geringerem Wasserverbrauch ein höheres Vakuum erzielt werden kann.

Die Abführung von Wasser und Luft erfolgt hier getrennt, d. h. die Luftpumpe ist hier im allgemeinen eine **trockene.** Sie kann aber auch eine Naßluftpumpe sein, die aus dem Kondensator die Luft absaugt und in die kaltes Wasser eingespritzt wird. Dies hat den Vorteil, daß die Kompression nach der Isotherme [160] erfolgt und daß kein Druckausgleich erforderlich wird.

II. Die Oberflächenkondensation.

Diese Kondensationsart wird für stationäre Kolbenmaschinen selten angewendet, weil der Kondensator komplizierter und teurer ist als der gewöhnliche Einspritzkondensator und zur Erzeugung desselben Vakuums **etwas mehr Kühlwasser verbraucht.** Man wendet sie hauptsächlich für Schiffsmaschinen an, da hier notgedrungen das Kondensat wieder gespeist werden muß. **Bei der Oberflächenkondensation kommt der Abdampf mit dem Kühlwasser in keinerlei Berührung.** Der Dampf kondensiert sich vielmehr an den Außenflächen von Messingröhren, die innen vom Kühlwasser durchströmt werden (Abb. 161). Zur Zuführung des Kühlwassers dient eine besondere Pumpe, meist eine mit ihrem Antriebsmotor direkt gekuppelte Zentrifugalpumpe. Die Entfernung des Kondensats und des Dampfluftgemisches geschieht getrennt durch eine Kondensat- und eine Luftpumpe (Abb. 161 a). **Man kann pro kg zu kondensierenden Dampfes etwa 30—60 kg Kühlwasser rechnen.**

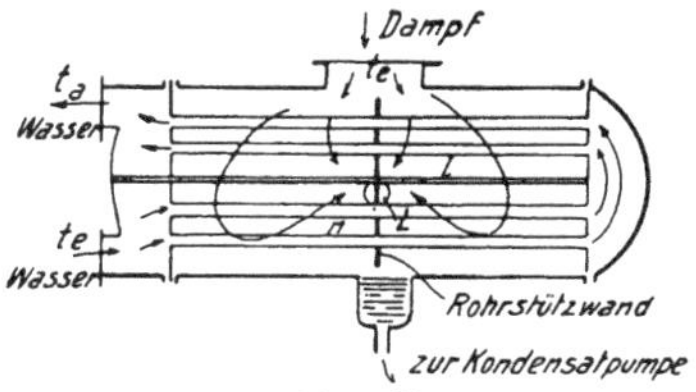

Abb. 161
Oberflächenkondensation
(Längsschnitt)

$$W = \frac{i - t_c}{t_a - t_e} \cdot D,$$ wo-

bei i den Wärmeinhalt des Wasserdampfes, t_c die Temperatur des Kondensats, t_e die Eintrittstemperatur des Kühlwassers und t_a seine Austrittstemperatur bedeuten.

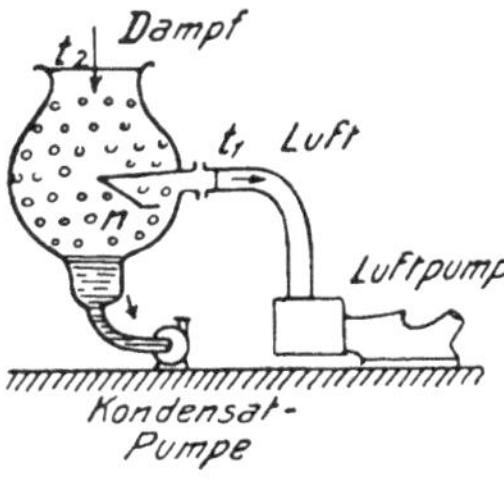

Abb. 161 a
Oberflächenkondensation

III. Die Strahlkondensation.

Der Hauptvertreter dieses Systems ist der **Körtingsche Wasserstrahlkondensator,** der sich von einer gewöhnlichen Kondensationsanlage dadurch unterscheidet, daß die Hinausschaffung des Gemisches nicht mit Pumpen, sondern durch Strömungsenergie erfolgt. Das Kühlwasser tritt hier durch den inneren Teil des Kondensatorkörpers mit einem natürlichen oder künstlichen Gefälle von 6—8 m ein, reißt den Abdampf in schräg gestellten Düsen mit und schlägt ihn bei dieser Gelegenheit nieder. Zur Fortführung des Wassers und ev. auch des Mischkondensats aus dem Ausgußbecken ist je eine besondere Pumpe nötig. Zu erwähnen ist, daß mit Rücksicht auf die tiefe Lage des Ausgußbeckens auch tiefere Fundamente für die Maschinen notwendig sind und daß der Verbrauch an Kühlwasser ein ziemlich hoher, ca. 60—80 kg pro kg Dampf, ist. **Die Körtingsche Strahlkondensation ist nichts anderes als eine Mischkondensation,** denn das Kühlwasser und der Dampf mischen sich und werden zusammen abgeführt. Es muß deshalb außer der im Dampf enthaltenen Luft die ganze im Kühlwasser enthaltene Luft mit abgesaugt werden.

IV. Die Luftpumpe.

Am häufigsten werden Luftpumpen verwendet, die mit dem Kondensator zusammengebaut sind, Gummiklappen besitzen und unter Flur angeordnet sind. Ihre Größe muß so gewählt werden, daß die Pumpe einmal das Dampfwassergemisch, sodann aber auch die vom Wasser mitgeführte Luft befördern kann. Bei doppelt wirkenden Pumpen macht man den Luftpumpeninhalt $= \frac{1}{7} - \frac{1}{8}$ vom Inhalt des Hochdruckzylinders, sonst $\frac{1}{3,5} - \frac{1}{4}$. Die Kolbengeschwindigkeit beträgt meist 1—1,5 m/sek. Die Geschwindigkeit des Wassers in der Zuleitung sollte 1,5—2 m/sek nicht übersteigen. Der Kraftverbrauch für die Kondensation kann bei Einspritzkondensation 1—2%, bei Oberflächenkondensation ½—1% der Maschinenleistung angenommen werden. Bei Rückkühlung erhöht sich der Kraftverbrauch um ½—1% infolge der Wasserhebung auf den Kühlturm [150].

Für Kolbenmaschinen mit ihrem geringen Vakuum werden meist Kolbenluftpumpen vorgezogen.

Für schnellaufende Kolbenmaschinen käme eine rotierende Luftpumpe, etwa die von Westinghouse-Leblanc, in Betracht.

[150] Rückkühlanlagen

sind dort notwendig, wo nicht genügend Kühlwasser für die Kondensation vorhanden ist, um dem Wasser die im Kondensator aufgenommene Wärme zu entziehen.

Man unterscheidet **Kühlteiche, offene Gradierwerke** aus Reisigbündeln oder Latten, dann **geschlossene Gradierwerke** mit Holzeinlagen und dann **Kühltürme** aus Holz, Stein oder Eisen. Der Hauptteil der Kühlwirkung entfällt hierbei auf die Verdunstung des warmen Wassers, die aber vom Feuchtigkeitsgehalte der Luft und vom Barometerstand abhängig ist.

[151] Wiederverwendung des Kondensats.

Die Wiederverwendung des Kondensats zur Kesselspeisung hat eine gründliche **Entölung** zur Voraussetzung. Die Entölung ist heute in so weitgehendem Maße möglich, daß der Kessel bei entöltem Kondensat wesentlich reiner bleibt als bei enthärtetem Wasser.

Es ist zu empfehlen, sowohl den Dampf als auch das Wasser zu entölen, damit die Rückkühlanlagen nicht verschmutzt werden.

Der Dampfentöler verursacht einen Druckverlust von 1,5—4 mm QS. Die Wasserentölung erreicht man am einfachsten durch Stehenlassen des Dampfwassers. Um Raum zu sparen, kann man auch Filter mit Koks und Holzwolle verwenden.

[152] Die Gleichstromdampfmaschine.

Der Dampf durchströmt (Abb. 162) die Deckel *a* und *b* und tritt durch die in denselben untergebrachten Ventile E_1 und E_2 in den Zylinder ein. Der Austritt des entspannten Dampfes erfolgt durch Schlitze *s* im mittleren Teil der Zylinderbüchse. Der Dampf gelangt hierbei in den Wulst *W* und entweicht alsdann durch den Auslaßstutzen nach dem Kondensator. Die Auslaßschlitze werden durch den Arbeitskolben *K* gesteuert. Der Kolben dient daher gleichzeitig als Auslaßschieber und ist beinahe ebenso lang wie der Hub. Infolge der Schlitzsteuerung bekommt man sehr lange reichliche Austrittsquerschnitte, was in Anbetracht der unvermeidlichen großen Kompression von 90% des Kolbenweges von Wichtigkeit ist. Um keine zu großen Enddrücke zu bekommen, muß man deshalb hier auf ein möglichst hohes Vakuum und eine vollkommene Übertragung des Vakuums in das Zylinderinnere bedacht sein.

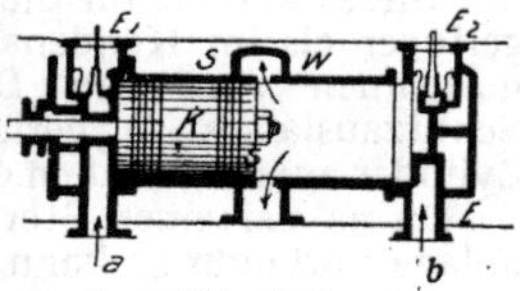

Abb. 162
Gleichstromdampfmaschine

Die Bezeichnung „Gleichstrommaschine" rührt offenbar daher, daß der entspannte Dampf nicht in umgekehrter Richtung aus dem Zylinder hinausgeschoben wird, sondern in derselben Richtung austritt, in welcher er einströmt. Diese Gleichstrommaschine mit Schlitzauslaß ist schon seit langem bekannt, auch bei den Gasmaschinen von Körting.

Erst neuerdings wurde dieses Prinzip wieder von Prof. Stumpf aufgenommen, in der Absicht, die Verbundmaschine durch eine Einzylindermaschine zu ersetzen.

Der Hauptvorteil der Gleichstrommaschine liegt darin, daß die Auslaßkanäle samt den Auslaßorganen aus dem Füllungsraum entfernt und nach der Zylindermitte verlegt sind, wodurch eine Verringerung des schädlichen Raumes auf 2—2½%, sowie eine Verkleinerung der schädlichen Flächen erreicht wird. Insbesondere letzteres ist von größter Bedeutung. Denn gerade die verhältnismäßig großen kalten Flächen des Auslaßkanales und des Auslaßorganes verursachen einen sehr lebhaften Wärmeaustausch. Durch die rasche Strömung des austretenden Dampfes wird nämlich der Wärmeübergang von den Wandungen an den Dampf wesentlich erhöht. Ein weiterer Vorteil bildet deren kräftige **Deckelheizung.** In baulicher Hinsicht hat die Gleichstrommaschine den Vorteil größter Einfachheit. Während eine Tandemmaschine acht Steuerorgane besitzt, sind deren hier nur zwei vorhanden. Außerdem ist nur ein einziger, freilich längerer Zylinder und Kolben erforderlich. Das Zwischenstück sowie ein Paar Stopfbüchsen kommen ganz in Wegfall, weshalb sich die Gleichstrommaschine kürzer und billiger bauen läßt als eine gleichstarke Tandemmaschine, trotzdem das Gestänge etwas kräftiger ausfällt. Als Nachteile sind die größeren Undichtigkeitsverluste und die höheren Triebwerksdrücke zu nennen. Zwecks Verringerung der letzteren wählt man die Füllung verhältnismäßig größer, was eine schlechtere Ausnützung der Expansion bedingt. Ein gewisser Nachteil der Gleichstrommaschine liegt darin, daß sie nur mit Kondensation gut arbeitet. Versagt diese, so läßt sich mit Rücksicht auf die große Kompression nur dann mit Auspuff weiterarbeiten, wenn man einen größeren schädlichen Raum automatisch oder mit der Hand vorschaltet. Ein Zuschaltraum ist schon beim Anlassen notwendig, weil noch kein Vakuum vorhanden ist, wodurch das Anlaufen durch die sich ergebende hohe Kompression sehr erschwert ist. Gegenüber der Verbundmaschine verträgt die Gleichstrommaschine höhere Dampftemperaturen, weil sie mit kleinerer Füllung als der Hochdruckzylinder arbeitet, weil ferner ein Teil der Frischdampfwärme zum Heizen der Deckel verwendet wird und der Kolben ziemlich kühl bleibt.

Über die hohe Kompression der Gleichstrommaschine sind zurzeit die Ansichten noch geteilt. Jedenfalls steht fest, daß sie bei der Gleichstrommaschine weniger schädlich wirkt als bei der Wechselstrommaschine, weil sie kleinere schädliche Flächen und eine intensive Deckelheizung hat. Beides wirkt aber vermindernd auf den Wärmeaustausch mit dem Kompressionsdampf ein.

Die Heizung des Deckels ist bei der Gleichstrommaschine vorteilhafter, weil bei der Wechselstrommaschine der kalte Austrittsdampf an dem geheizten Deckel vorbeistreicht und ihm Wärme entführt. Bei der Gleichstrommaschine strömt der austretende Dampf mit großer Geschwindigkeit an den Stirnflächen des Kolbens vorüber und kühlt letztere ab. Um die Nachteile des kalten Kolbens möglichst zu beseitigen, werden die Stirnflächen blank ausgeführt, was den Ein- und Austritt der Wärme erschwert; ein kalter Kolben ist übrigens für die Schmierung günstiger; dagegen die Flächen des Deckels rauh, die dann ähnlich wie Rippenheizkörper wirken und den Wärmeübergang an den Arbeitsdampf erleichtern.

Jedenfalls bedeutet die Einführung der Gleichstrommaschine einen Fortschritt und das läßt sich schon aus dem heftigen Konkurrenzkampf erkennen, der gegen dieses neue System geführt wird.

[153] Heißdampfmaschinen.

Der scharfe Wettbewerb mit der allmählich immer mehr vervollkommneten Gasmaschine blieb für die Dampfmaschine nicht ohne Folgen. Mit allen Kräften versuchten die Erbauer von Dampfmaschinen dem mächtigen Nebenbuhler gegenüber standzuhalten, und einer der wichtigsten Fortschritte war die Einführung des Betriebes mit hoch überhitztem Dampf oder, wie man ihn auch nennt, mit **Heißdampf.** Welche Vorteile damit zu erreichen sind, zeigt folgendes Beispiel: Denken wir uns zwei Lastenaufzüge, welche mit Dampf betrieben werden. Die Plattform, auf welcher die zu hebende Last ruht (Abb. 163), sei unmittelbar auf die Kolbenstange befestigt und durch Einlassen von Dampf unter den Kolben seien die Lasten in die Höhe gehoben.

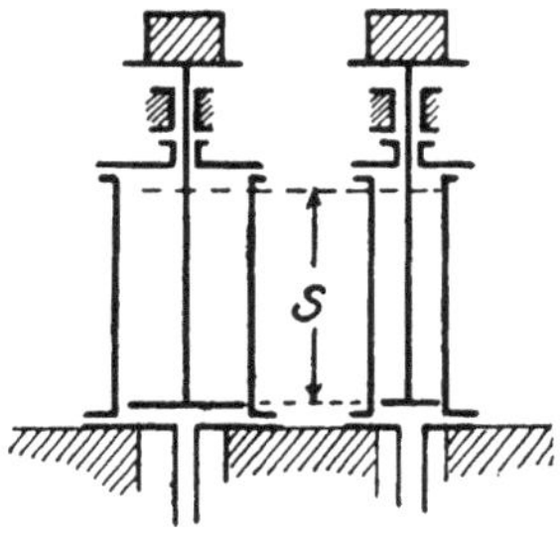

Abb. 163

Wir nehmen nun an, die zu hebende Last einschließlich des Gewichtes der Plattform, Kolbenstange usw. sei 1000 kg, die Hubhöhe s des Kolbens und der Plattform betrage 1 m. Während aber der große Kolben einen Querschnitt von 1000 cm² hat, beträgt der Querschnitt des kleinen Kolbens nur 250 cm². Sehen wir nun zu, welche Dampfspannung, welche Dampfmenge, welche Dampfgewichte und endlich die Hauptsache, welche Wärmemengen nötig sind, um die Lasten vermittelst gespannten Wasserdampfes in jedem der beiden Aufzüge um 1 m zu heben. Da der große Kolben 1000 cm² Querschnitt hat, so muß, um jene Last von 1000 kg Kolben zu heben, auf jeden Querschnitt des Kolbens offenbar eine Last von 1 kg wirken, d. h. wir müssen in diesem Zylinder Dampf von ungefähr 1 at Üb. oder von 2 at abs. verwenden, wenn wir annehmen, daß die obere Kolbenseite mit der Außenluft in Verbindung steht. In dem kleinen Zylinder brauchen wir dagegen offenbar Dampf von $\frac{1000}{250} = 4$ at Üb. $= 5$ at abs. Daraus berechnen wir die übrigen gesuchten Größen in sehr einfacher Weise. Wir brauchen also im zweiten Falle unter Verwendung höher gespannten Dampfes nur 60% der Wärme, die wir bei niedrig gespanntem Dampfe nötig hätten.

Schon aus diesem einfachen Beispiele kann man schließen, daß es wirtschaftlich vorteilhaft sein wird, möglichst hohe Dampfspannungen in Kraftmaschinen zu verwenden. Die Vorteile dieser Wahl bieten sich aber noch in anderer Hinsicht durch Verringerung der Kondensationsverluste in den Leitungen.

Fast jede moderne Dampfmaschine arbeitet heute aus Gründen der Wirtschaftlichkeit mit überhitztem Dampf oder ist wenigstens dafür eingerichtet. **Sattdampfbetrieb kommt nur bei Abdampfverwertung in Betracht, sowie dort, wo es sich um Anlagen von kurzer Betriebsdauer handelt, bei denen der Brennstoffverbrauch keine Rolle spielt.**

Die erste betriebsfähige Heißdampfmaschine für hohe Überhitzung (350—400°) baute Ing. Schmidt. Seine Dampfmaschine war einfach wirkend und besaß einen Tauchkolben, bei welchem Stopfbüchsen vermieden wurden. Seine Nachfolgerin in Aschersleben baute eine einfache Tandemmaschine von 80 bis 600 PS und eine Zwillings-Tandemmaschine von 600—1200 PS.

Bei gesättigtem Dampf waren die gebräuchlichen Zylinderformen infolge des Dampfmantels und der gemeinsamen Dampfzu- und -abführung verhältnismäßig kompliziert. Insbesondere die letztere war die Ursache mancher schlimmen Erfahrung, da die Zylinder bei Betrieb mit Heißdampf infolge der ungleichmäßigen Erwärmung Verkrümmungen erlitten und zum Reißen neigten. Um ungleiche Wärmedehnungen zu verhüten, müssen die Arbeitszylinder möglichst symmetrisch gebaut werden. Heute sind fast allgemein üblich glatte, rohrförmige Zylinder ohne Rippen und Stege. Der Dampfmantel ist beim Hochdruckzylinder überflüssig, nur beim Niederdruckzylinder wird der mit Arbeitsdampf geheizte Dampfmantel verwendet. Die Stopfbüchsen sind heute durchwegs mit beweglicher Metallpackung ausgerüstet, müssen aber gut geschmiert werden, weil überhaupt die Schmierung bei Heißdampfzylindern etwas schwierig ist. Während bei der Sattdampfmaschine der Dampf den Kolben feucht und selbstschmierend erhält, hat man es bei der Heißdampfmaschine nur mit trockenem Dampfe zu tun.

Um sich die Vorteile der Anwendung von hochüberhitztem Dampf klar zu machen, beachte man zunächst die eigenartige Erscheinung, daß überhitzter Dampf im Gegensatze zu gesättigtem Wasserdampfe ein schlechter Wärmeleiter ist. Hieraus folgt nun eine Reihe sehr wichtiger Erscheinungen. Nur selten wird es möglich sein, den Dampf in unmittelbarer Nähe seiner Erzeugungsstelle zu verwenden. In der Regel wird es notwendig sein, ihn durch längere Rohrleitungen den betreffenden Maschinen zuzuführen und gerade diese Rohrleitungen sind im Falle der Verwendung gesättigten Wasserdampfes meist eine Quelle starker Wärmeverluste.

Da gesättigter Dampf ein guter Wärmeleiter ist, so würden, falls die Rohrleitungen einschließlich der Flanschen und Absperrteile nicht mit einer die Wärmeausstrahlung verhindernden sog. Wärmeschutzmasse gut eingehüllt sind, nicht nur die unmittelbar an deren Rohrwandungen entlang streichenden, sondern auch die mehr nach innen zu liegenden Teile des Dampfstromes Gelegenheit haben, sich abzukühlen.

Mit einer solchen Abkühlung des gesättigten Wasserdampfes ist aber sofort ein Ausscheiden von Wasser verbunden, und dieses Wasser muß durch besondere Vorrichtungen (Wasserabscheider, Kondenstöpfe) aus der Rohrleitung abgeschieden und von der Maschine ferngehalten werden. Hier bietet überhitzter Dampf große Vorteile. Zunächst wird eine Abkühlung bei Heißdampf schon in weit geringerem Maße auftreten, weil er ein schlechter Wärmeleiter ist. Weiters ist aber gerade so wie eine Wärmezufuhr notwendig ist, um gesättigten Dampf, der nicht mehr mit seiner Flüssigkeit in Verbindung steht, zu überhitzen, eine Wärmeabfuhr notwendig, um Heißdampf in gesättigten Wasserdampf oder gar in gesättigten Wasserdampf und Wasser (sog. niedergeschlagenen Dampf) zu verwandeln. Schickt man also durch eine Rohrleitung nichtgesättigten, sondern überhitzten Wasserdampf hindurch, so wird schon eine recht beträchtliche Abkühlung erforderlich sein, ehe der überhitzte Dampf sich zu gesättigtem Dampf abkühlt und vom Wasser abscheidet. Man hat sonach bei überhitztem Dampf nicht nur einen geringeren Wärmeverlust, sondern erspart auch die Vorrichtungen zur Abscheidung des in den Rohrleitungen niedergeschlagenen Dampfes, wodurch auch Wasserschläge in der Maschine vermieden werden. Genau dieselbe Erscheinung spielt sich auch in der Maschine ab. Wir haben schon bei Besprechung der mehrstufigen Dampfdehnung erwähnt, daß ein nicht unbeträchtlicher Arbeitsverlust dadurch entsteht, daß der in die Maschine eintretende Dampf mit verhältnismäßig kalten Zylinderwandungen in Berührung kommt, seine Wärme abgibt und dadurch selbst an Spannung verliert.

Nun hängt die Leistung einer Maschine bei gleicher Dampfspannung und gleicher Tourenzahl von den Abmessungen des Dampfzylinders, d. h. von seinem Querschnitte und der Länge des Kolbenhubes ab. Mit andern Worten: Unter sonst gleichen Umständen hat eine Maschine die doppelte Leistung, wenn ihr Kolbenhub doppelt so lang oder bei gleichem Hube der Querschnitt des Zylinders der doppelte ist. Oder die Maschine hat die vierfache Leistung, wenn der Zylinderquerschnitt (nicht Zylinderdurchmesser) und der Kolbenhub der doppelte ist. Die Fläche eines Kreises ist $r^2\pi$, wenn r der Halbmesser oder gleich $\frac{D^2\pi}{4}$, wenn $D = 2\,r$ der Durchmesser des Kreises ist. Nehmen wir nun an, die eine Maschine habe den Zylinderdurchmesser D cm und der Hub s cm, so ist das die Leistung bestimmende, bei jedem Hube zurückgelegte Volumen $\frac{D^2\pi}{4} \cdot s$. Nehmen wir ferner an, eine zweite Maschine habe unter sonst gleichen Umständen einen Durchmesser von $(2\,D)$ cm und einen Hub von $(2\,s)$ cm, so ist das bei jedem Hube zurückgelegte Kolbenvolumen

$$(2\,D)^2 \cdot \frac{\pi}{4} \cdot 2\,s = 4 \cdot \frac{D^2\pi}{4} \cdot 2\,s = 8\left(\frac{D^2\pi}{4} \cdot s\right) \text{cm}^2.$$

Da der Umfang des Kreises $D\pi$ ist, so hat der Zylinder der zweiten Maschine, wenn man die Zylinderabmessungen (Durchmesser und Kolbenhub) verdoppelt, eine Wandungsoberfläche, welche viermal so groß ist als die Wandung des ersten Zylinders, nämlich das Volumen und auch die Leistung der Maschine ist achtmal so groß geworden, und die einfache Folgerung ist die, daß Dampfmaschinen kleinerer Leistung namentlich bei Verwendung von gesättigtem Dampf für die PS-Stunde verhältnismäßig mehr Dampf verbrauchen werden als Maschinen größerer Leistung. Die Vorteile des überhitzten Dampfes werden sich gerade bei kleinen Maschinen in hohem Grade bemerkbar machen. Selbstverständlich sollte man glauben, daß die Wärmeübertragung an die Wandungen der Rohrleitungen und Zylinder höher ist bei überhitztem Dampf, weil der Temperaturunterschied zwischen Dampf und Außenluft größer ist. In Wirklichkeit ist er aber sogar geringer, weil eben der überhitzte Dampf weniger Wärmeleitungsfähigkeit hat als der gesättigte Dampf. Bei der Überhitzung enthält jede Gewichtseinheit Dampf mehr Wärme und Arbeit als im gesättigten Zustande, und es wird, da Wärme und Arbeit ja gleichwertig sind, 1 kg überhitzten Dampfes jedenfalls mehr leisten als 1 kg gesättigten Dampfes, d. h. man kann entweder mit demselben Kessel mehr Arbeit leisten, oder man kann bei vollständiger Neuanlage mit kleineren oder weniger Kesseln auskommen, was einer Verbilligung der ganzen Anlage entspricht.

Namentlich der Fall, daß eine vorhandene Kesselanlage für den erweiterten Betrieb nicht mehr ausreicht und dann durch den Einbau eines Überhitzers in ihrer Leistungsfähigkeit erhöht werden soll, spielt im Dampfkesselbau eine große Rolle. Es ist schon früher darauf hingewiesen worden, daß durch angestrengten Betrieb schließlich jeder Kessel eine beliebig große Menge Dampf liefern kann, daß dann aber bei zunehmender Anstrengung neben dem Auftreten anderer Nachteile der Wirtschaftlichkeit des Betriebes, d. h. die Ausnützung der in den Kohlen steckenden Wärme immer ungünstiger wird. In ganz ähnlicher Weise wie durch den Einbau eines Rauchgasvorwärmers läßt sich bei derartig stark angestrengten Kesseln auch durch den Einbau eines Überhitzers die Wirtschaftlichkeit erhöhen, nur möge dann darauf hingewiesen werden, daß ein solcher Überhitzer nicht wie ein Rauchgasvorwärmer an das Ende der Dampfkesselanlage zu liegen kommt, sondern an einer Stelle eingebaut wird, wo die Gase erst einen kleinen Teil ihrer Wärme an die Kesselwandungen abgegeben haben. Man spricht von bedeutenden Kohlenersparnissen (30% und mehr), welche durch Einbau eines Überhitzers in eine bestehende Kesselanlage erzielt wurden, bedenkt aber nicht, daß dies stets Fälle waren, wo der durch stark angestrengten Betrieb bedingten Wärmevergeudung abgeholfen werden sollte.

Schließlich sei noch ein Punkt erwähnt, der für die Anwendung überhitzten Dampfes von Wichtigkeit sein kann. Während der Ausdehnung des Dampfes im Zylinder tritt ein Sinken der Spannung und eine starke Abkühlung ein. Es wird also wenigstens am Ende die Überhitzung allmählich verschwinden, so daß am Ende der Ausdehnung nur mehr gesättigter Dampf vorhanden ist.

Könnte man die Überhitzung des Dampfes beliebig hoch nehmen, so müßte offenbar der Vorteil der Überhitzung bei Verwendung niedrig- und hochgespannten Dampfes gleich groß sein. Das ist aber durchaus nicht der Fall. Aus praktischen Gründen geht man mit der Temperatur des überhitzten Dampfes nicht höher als etwa 350° C. Verwendet man z. B. Dampf von 15 at Überdruck, der schon im gesättigden Zustande eine Temperatur von rund 200° C hat, so läßt sich dieser Dampf nur noch um 150° überhitzen, während bei Verwendung eines Dampfes von 5 at Üb., der im gesättigten Zustande etwa 160° warm ist, schon eine Überhitzung von 190° stattfindet. **Die Überhitzung bei Verwendung niedriggespannten Dampfes bietet daher mehr Vorteile als bei sehr hochgespanntem Dampf.** Eine Maschine mit niedriggespanntem, aber hoch überhitztem Dampf wird wirtschaftlich ebenso arbeiten wie eine Maschine mit hochgespanntem und wenig oder gar nicht überhitztem Dampfe. Man kann annehmen, daß bei Anwendung hoher Überhitzung eine Maschine mit einstufiger Dampfdehnung wirtschaftlich ebenso arbeitet wie eine Maschine mit zweistufiger Dampfdehnung bei Verwendung gesättigten Dampfes, und diese mit überhitztem Dampfe ebenso arbeitet wie eine Maschine mit dreistufiger Dampfdehnung und gesättigtem Dampfe. **Die Maschine kann also weit einfacher gebaut werden.**

Endlich können die Kessel bei Heißdampf verkleinert werden. Da sich aus dem später erwähnten Versuch ergab, daß namentlich hochüberhitzter Dampf in seinem Verhalten große Ähnlichkeit mit den Gasen zeigt, so folgt daraus, daß bei gleichbleibender Spannung, wie sie ja im Kessel zu herrschen pflegt, das Volumen des überhitzten Dampfes annähernd im selben Verhältnis steigt wie seine absolute Temperatur. (Gesetz von Boyle-Gay-Lussac.) Dies hat aber für den Dampfbetrieb sehr wesentliche Folgen. Zunächst ist beim überhitzten Dampfe, wenn die Dampfspannung dieselbe bleibt wie beim Betriebe mit gesättigtem Dampfe, für ein und dieselbe Maschinenleistung ein geringeres Dampfgewicht, also weniger Dampf nötig. Es wird weniger Dampf in den Kondensator gelangen, also auch zum Niederschlagen des Dampfes weniger Kühlwasser erforderlich sein. Die zum Kondensatorbetriebe notwendigen Pumpen können kleiner sein, erfordern weniger Arbeit, es wird also auch hier wiederum durch Anwendung überhitzten Dampfes eine Arbeitsersparnis und dadurch eine größere Wirtschaftlichkeit der Dampfmaschine erzielt.

Der Grund, warum trotz der vielen Vorteile, welche die Anwendung hochüberhitzten Dampfes bietet, die Heißdampfmaschinen nicht allgemeiner und ausschließlich Verwendung finden, liegt darin, daß die hohen Temperaturen immerhin in Verbindung mit der großen Trockenheit des überhitzten Dampfes eine Reihe von Vorteilen einbüßt, welche sie sonst vor anderen Wärmekraftmaschinen, namentlich vor den Gasmaschinen voraus hat, nämlich die Vorteile der Einfachheit, der Betriebssicherheit und Anspruchslosigkeit in der Bedienung. Schon der Bau der Maschine selbst verlangt infolge der hohen Temperaturen und der damit verbundenen bedeutenden Ausdehnung der einzelnen Teile besondere Aufmerksamkeit, und gerade in dieser Beziehung mußte in der ersten Zeit der Anwendung hochüberhitzten Dampfes häufig genug infolge schadhaft gewordener Zylinder von einzelnen Fabriken hohes Lehrgeld gezahlt werden. Auch die Abdichtung der hin- und hergehenden Kolbenstange in den sog. Stopfbüchsen sowie die Schmierung des Kolbens und der Kolbenstange boten anfänglich Schwierigkeiten, da die bisher bei den gewöhnlichen Dampfmaschinen verwendeten Schmieröle ihren Zweck nicht mehr erfüllten. **Gutes Heißdampföl muß 320° gut vertragen und dickflüssig bleiben,** damit ihm eine genügende Schmierfähigkeit bleibt. Nur für die Lager begnügt man sich mit gewöhnlichem Maschinenöl.

Die Abnutzung ist bei Heißdampfmaschinen nicht größer als bei Sattdampfmaschinen. Endlich verlangt auch die Bedienung größere Sorgfalt wie bei gesättigtem Dampfe, denn überhitzter Dampf hat große Ähnlichkeit mit den Gasen, ist vor allem durchaus trocken. Wenn also der Maschinenwärter unaufmerksam ist, schlecht schmiert, so macht das bei gesättigtem Dampfe, der doch eine gewisse Schmierfähigkeit besitzt, der Maschine nichts, während eine nachlässige Schmierung bei Heißdampfmaschinen schwere Betriebsstörungen nach sich ziehen kann. Bei gleicher Dampfspannung und gleicher Zylinderfüllung leistet die Heißdampfmaschine mehr. Das ist namentlich zu beachten, wenn vorhandene Maschinen für Überhitzung eingerichtet werden sollen, welchem Übelstande aber durch eine kleine Umänderung der Steuerung abgeholfen werden kann.

Da der Heißdampf, bezogen auf die Raumeinheit, eine geringere Wärmemenge als der Sattdampf besitzt, so leistet die Heißdampfmaschine bei gleicher Füllung um 5—20% weniger als eine gleich große Sattdampfmaschine. Trotzdem läßt sich jedoch aus einer Heißdampfmaschine im allgemeinen dieselbe Leistung wie aus einer Sattdampfmaschine herausholen, weil bei der ersteren infolge des steileren Abfalles der Expansionslinie die günstigste Füllung etwas höher liegt.

Für Kolbenmaschinen wäre es wohl am vorteilhaftesten, die Überhitzung so weit zu treiben, daß der Dampf am Ende der Expansion gerade trocken gesättigt, eben noch etwas überhitzt ist. Es versagen jedoch unsere Schmiermittel bei 350—400° C. Es liegt deshalb nahe, die Überhitzung auf **zwei Zylinder** zu übertragen, um so einerseits jede Gefahr für den Hochdruckzylinder auszuschließen und auch im Niederdruckzylinder die größtmögliche Wärmeausnutzung zu erzielen. Dies führte zur sog. Zwischenüberhitzung, wie sie für Lokomobilen und Lokomotiven schon vor längerer Zeit angewendet wurde.

Die durch Überhitzung des Aufnehmerdampfes durch Rauchgase oder Frischdampf erzielten Vorteile sind bei den gewöhnlichen ortsfesten Maschinen unbedeutend, sofern der Frischdampf von vornherein genügend hoch überhitzt ist. Anders bei Lokomobilen, bei denen Kessel und Maschine nicht örtlich voneinander getrennt sind. Bei den Verbundlokomotiven der Firma Wolf bedeutet die Anwendung der Zwischenüberhitzung in der Tat eine Verbesserung der Wirtschaftlichkeit, weil sie hier durch die Abgase des Kessels beinahe kostenlos erfolgt.

Vom rein thermischen Standpunkte aus wäre es allerdings besser, sämtliche Wärme dem Frischdampf bzw. dem Hochdruckzylinder zuzuführen.

5. Abschnitt.

Der Betrieb der Dampfmaschinen.

[154] Allgemeines.

Besondere gesetzliche Bestimmungen, wie sie in allen Ländern für den Bau und Betrieb von Dampfkesseln bestehen, gibt es für Dampfmaschinen nicht. Einige Hinweise liegen jedoch im Interesse eines geordneten Betriebes und müssen hier erwähnt werden.

Zunächst ist mit Bezug auf das Anlassen der Maschine zu sagen, daß dasselbe erst geschehen darf, wenn die Dampfleitung und die Maschine ausreichend angewärmt und entwässert wurden. Sonst können Wasserschläge eintreten, welche sowohl Rohrleitungs- als auch Maschinenschäden nach sich ziehen können.

Sämtliche Zylinderschlammhähne müssen vor Beginn des Anwärmens geöffnet werden, ebenso auch die sämtlichen Ablaßhähne der Rohrleitung.

Das **Anwärmen der Maschine** geschieht in der Weise, daß man dieselbe mit Hilfe der Andrehvorrichtung auf den Totpunkt einstellt und das Absperrventil der Maschine vorsichtig ein wenig öffnet. Nach einiger Zeit stellt man die Maschine auf den anderen Totpunkt und wärmt die andere Zylinderseite in gleicher Weise vor. Nachdem man so etwa eine Viertelstunde lang angewärmt hat, läßt man die Maschine anlaufen, wobei man jedoch mit der Tourenzahl ganz allmählich in die Höhe geht. Um zu verhüten, daß durch unvorsichtiges Öffnen des Absperrventiles zu viel Dampf in die Maschine gelangt, ordnet man auch besondere kleine Ventile mit Umführungsleitung an. Eine Umführungsleitung ist bei Maschinen mit zweistufiger Expansion auch zum Zweck der Anwärmung des Niederdruckzylinders nötig. **Man führt hier die Heizleitung am besten nach dem Receiver.**

Das tägliche Anwärmen einschließlich der allmählichen Umlaufsteigerung dauert auch bei großen Maschinen nicht länger als ca. 20 Minuten.

Wird die Maschine nach längerem Stillstande aus dem gänzlich kalten Zustande angewärmt, so muß man unter Umständen 2—3 Stunden und mehr verwenden, je nach der Maschinengröße und Dampftemperatur.

Vor der Inbetriebsetzung der Maschine sind noch sämtliche Öler zu prüfen. Auch hat man sich davon zu überzeugen, daß die Kondenswasserableiter in ordnungsmäßigem Zustand und nicht etwa mit Sand und Zunder verstopft sind.

Nach erfolgtem Anlassen schließe man die Schlammhähne an den Zylindern, das Ausblaseventil des Wasserabscheiders und die Auslaßhähne der Rohrleitung.

Während des Betriebes hat man sich zu überzeugen, daß die Schmierung sämtlicher gleitenden Teile eine ausreichende ist und daß nirgends ein Warmlaufen stattfindet. Insbesondere der Regler ist sehr sorgfältig zu warten, damit er bei Belastungsschwankungen gut arbeitet, weshalb seine Zapfen stets geschmiert sein müssen. Die Sicherheitsventile sind zeitweilig durchzublasen, damit sie sich nicht festsetzen können.

Von Wichtigkeit für einen störungsfreien Betrieb ist die Verwendung eines guten Zylinderöles zur Schmierung des Arbeitszylinders. Das Öl muß um so sorgfältiger gewählt werden, je höher die Dampfüberhitzung ist. Denn es wäre sehr unrationell, die Höhe der Überhitzung nach dem Schmieröl zu richten.

Das Arbeiten mit Dampftemperaturen über 300 bis 320° vor der Maschine ist für normale Betriebsverhältnisse nicht zu empfehlen. Man hat zwar bei Versuchen schon wesentlich höhere Temperaturen verwendet. Im Betrieb kommt es jedoch in erster Linie auf möglichst hohe Betriebssicherheit an. Letztere wird aber in Anbetracht des Umstandes, daß das im Handel käufliche Zylinderöl von wechselnder Qualität ist, zweifellos beeinträchtigt, wenn man mit der Dampftemperatur über ca. 300—320° C hinausgeht. Ist das am Vakuummeter abgelesene Vakuum zu niedrig oder die Luftpumpe abnormal warm, so muß sofort nach ev. Undichtigkeiten geforscht werden; solche können an den Kolben, Ventilen, Stopfbüchsen oder anderen Dichtungen, sowie an den Klappen der Luftpumpen vorhanden sein. Tritt plötzliches Abreißen des Vakuums ein, so ist sofort abzustellen.

Beim Abstellen der Maschine öffne man das Ausblaseventil des Wasserabscheiders und schließe das Anlaßventil langsam, nachdem vorher der Einspritzhahn gedrosselt und unmittelbar vor Stillstand ganz geschlossen wurde. Nach dem Abstellen öffne man die Zylinderschlammhähne, die Receiverausblaseventile sowie die Kondenswasserablaßhähne.

Ergeben sich beim Indizieren einer Dampfmaschine Diagramme, welche von der normalen Form wesentlich abweichen, so ist dies in der Mehrzahl der Fälle auf eine fehlerhafte Dampfverteilung, seltener auf Undichtigkeiten in der Maschine zurückzuführen, wenn nicht eine mangelhafte Beschaffenheit des Indikators oder eine unrichtige Handhabung desselben vorliegt.

Speziell bei Auspuff- und Gegendruckmaschinen kann es bei geringer Belastung derselben vorkommen, daß das Diagramm eine Schleife zeigt (Abb. 164), welche eine Erhöhung der Gegendruckarbeit des Kolbens, d. h. einen Arbeitsverlust zur Folge hat.

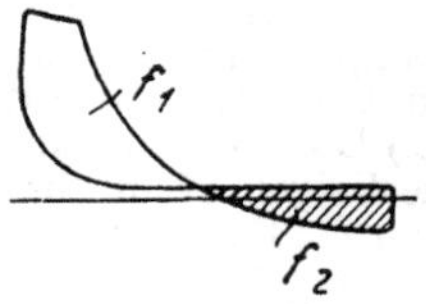

Abb. 164
Schleife

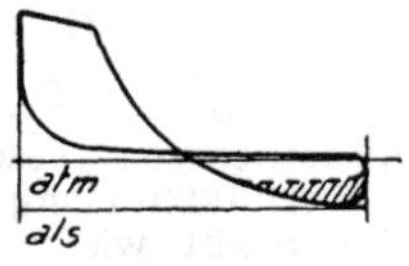

Abb. 164a
Gewinn durch Schleifenbildung

Die nutzbare Diagrammfläche beträgt nur noch $f_1 - f_2$. Um den Verlust nach Möglichkeit zu beschränken, wähle man großes Vorausströmen bis 40% und darüber. Man kann auf diese Weise die in Abb. 164a schraffierte Fläche gewinnen. Auch bei den Hochdruckzylindern von Verbundmaschinen, welche mit Zwischendampfentnahme arbeiten, kommt Schleifenbildung bei kleiner Füllung vor. Was die Ermittelung von Undichtigkeiten aus dem Indikatordiagramm betrifft, so ist derselbe nicht immer in sicherer Weise möglich, da im Diagramme nur sehr grobe Undichtigkeiten zum Ausdruck kommen. Ein untrügliches Bild gewinnt man erst, wenn man an der betriebswarmen Maschine die eine Seite des betreffenden Kolbens bei abgespreiztem Schwungrad unter Dampf setzt und die andere Seite der Beobachtung so gut als möglich zugänglich macht. Die Dichtungsflächen sind dann als undicht zu erklären, wenn der Dampf in anderer Form als in der von feinem Nebel oder Wasserperlen zum Vorschein kommt.

[155] Betriebskontrolle.

Eine aufmerksame und sachgemäße Kontrolle liegt sowohl im Interesse der Betriebssicherheit als auch in jenem der Wirtschaftlichkeit. Insbesondere sollte man bei größeren Maschinen nicht verabsäumen, von Zeit zu Zeit Indikatordiagramme abzunehmen. Dieselben lassen Fehler in der Dampfverteilung und bis zu einem gewissen Grade auch Undichtigkeiten erkennen und machen sich daher meist reichlich bezahlt.

Man kann sich auch ein gutes Bild von dem Dampfverbrauch einer Maschine verschaffen, wenn man in die Speiseleitung einer Kesselanlage einen Wassermesser einbaut. Allerdings gibt die Beobachtung des Speisewasserverbrauchs nur dann eine Vorstellung von dem Dampfverbrauch einer Maschine, wenn nicht gleichzeitig Dampf für Heiz- und Kochzwecke entnommen wird oder wenn nicht mehrere Maschinen gleichzeitig im Betriebe sind.

Unterschiede im Dampfverbrauche einer Maschine können auch darauf zurückzuführen sein, daß der Schmierungszustand nicht immer derselbe ist, daß der Verbrauch der Speisepumpen sich ändert und daß die Kondenswasserableiter nicht mehr ordnungsgemäß arbeiten und Dampf entweichen lassen. Bemerkt sei, daß ein Speisewassermesser immer nur den mittleren Dampfverbrauch mißt. Man muß deshalb immer einen Dampfmesser einbauen, um die jeweilige Größe des Dampfverbrauches kennen zu lernen. Die Betriebskontrolle muß sich selbstverständlich auf den Gang der Maschine und den Zustand ihrer einzelnen Teile, insbesondere der Lager, Stopfbüchsen usw. erstrecken. Undichtigkeiten der letzteren infolge starker Abnützung der Kolbenstange, unrichtigen Zusammenbaues der Stopfbüchse sind ohne weiteres an dem Austreten von Dampf während des Betriebes zu erkennen. Bei aufgeschnittenen Liderungsringen kann der rasche Verschleiß der Kolbenstange auf zu starke Federspannung oder auch darauf zurückzuführen sein, daß der hochgespannte Dampf hinter die inneren Liderungsringe tritt und dieselben zu kräftig an die Stange anpreßt.

Die Maschine ist im übrigen regelmäßig zu behorchen und zu befühlen, um festzustellen, ob nicht infolge natürlicher Abnützung wegen vorgekommenen Fressens, Lockerung von Schrauben sich zu große Spielräume in den Lagern herausgebildet haben. Außerdem sind die einzelnen Lager, namentlich das Kurbelzapfenlager und die Wellenlager regelmäßig zu befühlen, um ein ev. **Warmlaufen** rechtzeitig zu erkennen. Nicht zuletzt hat sich eine aufmerksame Betriebskontrolle darauf zu richten, daß die Schmierung nicht in übertriebener Weise stattfindet und daß das ablaufende Öl gereinigt und wieder verwendet wird. Hierdurch lassen sich bedeutende Ersparnisse erzielen.

[156] Das Heizen mit Maschinendampf.

a) Für Betriebe, wie Brauereien, Zuckerfabriken, Papierfabriken, welche außer Kraft auch Wärme zu Heiz- und Fabrikationszwecken brauchen, stellt die Dampfmaschine noch heute die billigste Kraftquelle dar. Man erreicht hiermit eine Wärmeausnützung des Brennstoffs bis ca. 80%, und die Verluste lassen sich nur auf diejenigen in der Kesselanlage beschränken. Da der Maschinendampf mehr oder weniger ölhaltig ist, muß derselbe vor seiner Verwendung zu Heizzwecken möglichst gut entölt werden. Man unterscheidet zwei Gruppen von **Dampfentölern,** die auf dem Prinzipe der Zentrifugalkraft oder auf einer Stoßwirkung beruhen. Bei der ersten Gruppe wird der Dampfstrom in seiner Richtung mehrmals umgekehrt, wodurch das Öl ausgeschleudert wird. Bei den Apparaten der zweiten Gruppe werden den Dampfströmen entsprechend gestellte Flächen entgegengestellt, an welchen das Öl zurückgehalten wird. Der Druckverlust des Dampfes soll bei guten Ausführungen zwischen 0,002—0,005 at liegen.

b) Wenn der Abdampf die Maschine mit atmosphärischer oder mit höherer Spannung verläßt, so wählt man am zweckmäßigsten eine Einzylindermaschine. In Anbetracht des geringen Temperaturgefälles und der höheren Wandungstemperatur hat die Wahl von Verbundmaschinen wenig Zweck.

Das Schema einer Dampfmaschinenanlage mit Abdampfverwertung zeigt Abb. 165. Der aus der Kesselanlage kommende Heißdampf arbeitet zunächst in der Dampfmaschine. Der Abdampf passiert dann den Dampfentöler und wird nach der Heizanlage weiter geleitet, die hier nur aus einem einzigen großen Heizkörper in Form eines Röhrenvorwärmers besteht.

Das sich in der Heizanlage bildende Dampfwasser wird gesammelt und nach dem Speisebehälter geleitet. Nachdem auch noch das Kondensat entölt wurde, wird es von der Speisepumpe wieder in den Ekonomiser bzw. in die Kesselanlage gedrückt und von neuem verdampft. Für den Fall, als der Abdampf der Maschine nicht ausreicht, um das Heiz-

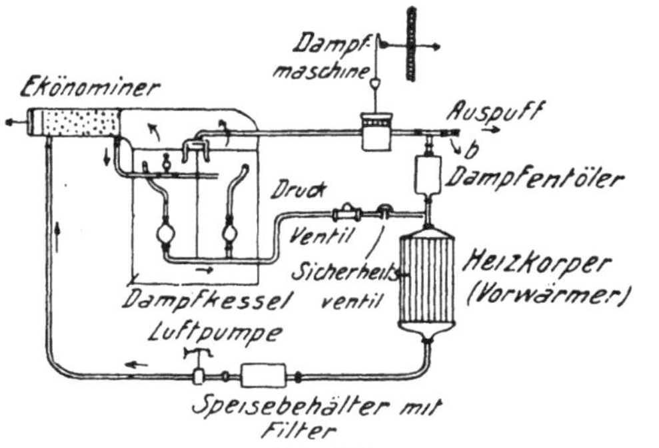

Abb. 165
Schema einer Maschinenanlage mit Abdampfverwertung

bedürfnis zu decken, kann mit Hilfe einer besonderen Leitung und eines Druckminderungsventils Frischdampf zugesetzt werden. Wenn anderseits die Heizanlage ganz oder teilweise ausgeschaltet werden soll, kann durch Öffnen des Ventiles *b* der Abdampf ganz oder teilweise ins Freie auspuffen oder auf Kondensation umgeschaltet werden.

In Fällen, wo der Maschinenabdampf nicht ausreicht, ist der Betrieb mit Sattdampf dem Heißdampf vorzuziehen.

Wo es sich um die Erzeugung warmen Wassers von 40—50° C handelt, genügt die Heizung mit Vakuumdampf. In solchem Falle kann man eine Tandemmaschine aufstellen und den Vorwärmer zwischen NZ und Kondensator anordnen. Letzterer hat eben nur jenen Dampf niederzuschlagen, welcher nicht bereits im Vorwärmer kondensiert wurde.

Beim Heizen mit Auspuffdampf kommt man zu Wassertemperaturen von 90° und darüber.

c) Das Heizen mit Zwischendampf macht eine Vorrichtung zum Konstanthalten des Drucks im Aufnehmer bzw. zur Veränderung der Niederdruckfüllung notwendig. Wo es sich um kleinere Mengen Heizdampf handelt, entnimmt man sie ohne besondere Vorrichtung aus dem Receiver.

[157] Betriebskosten.

Die Betriebskosten setzen sich aus direkten und indirekten Ausgaben zusammen. Zu den ersteren gehören die Aufwendungen für Dampf bzw. Kohlen, für Bedienung, Schmier- und Putzmaterial sowie Instandhaltung, zu den letzteren die Verzinsung und Abschreibung des Anlagekapitals. Der hauptsächlichste Anteil der Betriebskosten entfällt in der Regel auf den Dampfverbrauch, welcher durch die Einführung der Überhitzung wesentlich kleiner geworden ist; er hängt heute weniger von der Maschinengröße ab als früher bei Sattdampfbetrieb. Ein weiterer wichtiger Faktor ist der Aufwand für die Schmierung, wobei sich durch Zurückgewinnung des Öles aus dem Abdampf und durch Reinigung und Wiederverwendung sich wesentliche Ersparnisse erzielen lassen.

[158] Anwendungsgebiet der Kolbenmaschine.

a) Der anfänglich sehr heftige Konkurrenzkampf zwischen **Kolbenmaschine** und **Dampfturbine** hat sich heute dahin entschieden, daß die erstere nur noch für kleine und mittlere, die Dampfturbine jedoch vorwiegend für große Leistungen in Betracht kommt. Für Leistungen über 1000—1500 PS wählt man heute die Kolbenmaschine außer für Schiffsantriebe nur noch in besonderen Fällen, wie z. B. für Walzenzugmaschinen, Fördermaschinen, Transmissionsantriebe usw. Bisweilen kombiniert man auch Turbinen mit Kolbenmaschinen derart, daß letztere den Hochdruck-, erstere den Niederdruckteil bilden. **Aber auch auf dem Gebiete der kleinen und mittleren Leistungen herrscht die Kolbenmaschine heute nicht mehr uneingeschränkt, denn sie hat in der Verbrennungskraftmaschine eine scharfe Konkurrentin gefunden. Nur dort, wo der Abdampf zu Heizzwecken verwendet werden kann, ist die Dampfmaschine noch heute die zweckmäßigste Betriebskraft.**

b) Durch die Dampfüberhitzung hat sich sowohl das Anwendungsgebiet der Einzylinder- als auch dasjenige der Zweifachexpansionsmaschinen wesentlich nach oben hin erweitert. Einzylindermaschinen wendet man heute bis zu Leistungen von ca. 100 PS, bei Abdampfverwertung sogar bis 1000 PS und darüber an. Zweifachexpansionsmaschinen baut man noch vorwiegend in der Form von **Tandemmaschinen** bis zu Leistungen von 1000 PS und darüber. Dreifachexpansionsmaschinen, welche man früher schon von etwa 300 PS baute, werden heute nur noch für Schiffsantriebe hergestellt.

c) Die Einzylindermaschine verwendet man außer für Kondensationsbetrieb vornehmlich für Auspuff- und Gegendruckbetrieb. Verbundmaschinen sind ausschließlich für Kondensationsbetrieb, für Auspuffbetrieb höchstens dann empfehlenswert, wenn es sich um Abdampfheizung bei gleichzeitiger Zwischendampfentnahme handelt oder wenn im Winter mit Abdampfheizung, im Sommer dagegen mit Kondensation gearbeitet werden soll.

Außer den bereits erwähnten Nachteilen, die der Dampfmaschine als Kraftquelle anhaften, gibt es nun noch einige Übelstände, die der Dampfmaschine lediglich in der Form der Kolbenmaschinen zum Nachteil gereichen. Hierher gehört in erster Linie der **verwickelte Bau,** welcher mit den **hin- und hergehenden Kolben** verbunden ist. So einfach nun scheinbar die Verwandlung in eine umlaufende Bewegung mittels des Kurbelgetriebes genannt werden kann, so muß man doch bedenken, daß alle seine Lager und gleitenden Flächen geschmiert werden müssen und, da selbst bei guter Schmierung eine Abnützung auf die Dauer nie ganz zu vermeiden ist, sie auch nachgestellt werden müssen. Dabei beansprucht die Umwandlung viel Raum, der den Gesamtpreis und die Wirtschaftlichkeit ungünstig beeinflußt.

Ein anderer großer Übelstand haftet der großen hin- und hergehenden Masse an. Dieses Inbewegungsetzen des ganzen Triebwerkes geschieht nicht etwa einmal beim Anlassen der Maschine sondern eigentlich bei jedem Totpunkte, wo das Gestänge für einen Augenblick stille steht und beim Beginn des neuen Kolbenhubes von neuem einsetzt. Nicht der Kraftverlust ist dabei das Ärgerliche, weil er ja später beim nächsten Hube als lebendige Kraft wiedergewonnen wird, sondern das fortwährende Rütteln an den Fundamenten ist das Bedenkliche, daß z. B. eine tüchtige Verankerung aller stehenden Maschinen notwendig macht, die sonst nach jedesmaligem Überschreiten der oberen Totlage in die Höhe zu hupfen bestrebt wären. Dieses Bestreben, sich auf der Unterlage — dem Fundamente — fortzuschieben und abzuheben, wird um so größer, je schwerer die Maschine ist und je rascher sie läuft. **Es muß also jede Kolbenmaschine gut verankert sein.** Deshalb hat in neuerer Zeit der Gedanke, in der Dampfturbine die Kraft des hochgespannten Wasserdampfes ohne die Übelstände, die die Kolbenmaschinen mit sich bringen, zu verwerten, zu großen Erfolgen geführt.

Infolge der Einführung hoher Überhitzungen ist besonders bei der Auspuffmaschine der Dampfverbrauch erheblich herabgedrückt, was dazu beigetragen hat, daß man die Auspuffmaschine bei billigen Brennstoffpreisen, für unterbrochene Betriebe und für Reserve der Kondensationsmaschine häufig vorzieht.

d) Die Gleichstrommaschine eignet sich in erster Linie für Kondensation, sonst arbeitet eine gewöhnliche Einzylindermaschine wirtschaftlicher, nur bei Zwischendampfentnahme ist die Verbundmaschine vorzuziehen.

Über den Dampfverbrauch liegt noch zu wenig Versuchsmaterial vor. An dieser Stelle möge auch darauf hingewiesen werden, daß der Zylinder von Gleichstrommaschinen leichter zum Rißbilden neigt als derjenige von Wechselstrommaschinen, weil der Zylinder an dem Ende sehr heiß wird, während er in der Mitte durch den Kondensator gekühlt ist. Dasselbe gilt vom Kolben, der übrigens leicht gefressen wird, woran wohl Sandkörner aus den schwer zugänglichen und schlecht zu reinigenden Zylinderköpfen beitragen mögen.

e) Zu den Kolbenmaschinen gehören schließlich noch die **Lokomotiven,** die im nächsten Briefe nebst den Schiffsmaschinen besonders behandelt werden sollen und die **Lokomobile.**

[159] Die fahrbare Maschine oder Lokomobile.

Die Lokomobile wurde früher vorwiegend als bewegliche Kraftmaschine verwendet. Heute kommt sie auch für feststehende Anlagen in Betracht bis zu mehreren hundert Pferdestärken. Wenn auch anzuerkennen ist, daß die Heißdampflokomobile infolge der Vereinigung von Kessel und Maschine die Wärme besser zusammenhält, so kommen sie für große Leistungen doch nur bei beschränkten Raumverhältnissen sowie dort in Betracht, wo an Anlagekosten möglichst gespart werden soll. Sie werden zurzeit **ausschließlich mit ausziehbaren Röhrenkesseln,** und zwar meist mit gerade durch die Röhren gehender, seltener mit rückkehrender Flamme für Kraftbetriebe aller Art verwendet. Auf die Lokomobilen finden die polizeilichen Bestimmungen über Dampfkessel Anwendung; sie werden sich durch ihre leichte Transportfähigkeit und die kleine Raumbeanspruchung stets eine wachsende Bedeutung sichern. Zur besseren Zugerzeugung ordnet man ein Blasrohr an, das wie bei den Lokomotiven den Abdampf der Maschine auspufft.

In der Regel verwendet man bis zu 10-PS-Einzylinderlokomobilen, darüber Zweizylindermaschinen und bei reichlich vorhandenem Wasser Einspritzkondensation. Das Brennmaterial ist vorwiegend Steinkohle, im landwirtschaftlichen Betriebe häufig Stroh mit besonderer Strohspeiseapparatur.

Hinsichtlich der Sicherheit des Betriebes wird bei allen Lokomobilen verlangt, **daß die Pumpen gegen Verstopfen und Einfrieren genügend geschützt sind, daß der Aschenkasten dicht ist, um ihn dauernd mit Wasser gefüllt erhalten zu können, und daß die Lokomobile mit einem wirksamen Funkenfänger versehen ist** und der Kamin beim Transport leicht umgelegt werden kann.

Der Wagen fahrbarer Lokomobilen muß stark gebaut sein, die Vorderräder beim Wenden unter den Kessel durchgehen; er muß nach beiden Seiten wagrecht zu stellen sein und in gesetzlichen Abständen von 5—6 m von Gebäuden usw. sich befinden.

Im Vergleiche zu stationären Dampfmaschinen beginnt man bei Lokomobilen mit der Unterteilung des Spannungsgefälles sowie mit der Anwendung der Kondensation schon bei verhältnismäßig kleinen Leistungen, woran der scharfe Wettbewerb gegenüber den Diesel- und Sauggasmotoren Schuld sein dürfte.

TECHNISCHE MECHANIK UND WÄRMELEHRE

Wärmelehre.

Inhalt: Den Fortschritten in der Allgemeinen Maschinenlehre entsprechend, gehen wir nun zur **Wärmelehre** über und beschäftigen uns zunächst mit der **mechanischen Wärmetheorie** und **dem Verhalten des Wasserdampfes im Kessel,** welche Abschnitte wir nach dem trefflichen Werke des Professors **R. Vater „Die Dampfmaschine", Leipzig** und **Berlin, Verlag Teubner,** bearbeitet haben. Im nächsten Briefe folgt dann das Verhalten des Wasserdampfes in den Dampfmaschinen.

3. Abschnitt.

Mechanische Wärmetheorie.

[160] Wärmeäquivalent.

Für das Verständnis der Art und Weise, in welcher eine Kraftwirkung in den Kraftmaschinen zustande kommt, müssen wir uns an den Satz von der **„Erhaltung der Energie"** erinnern, den der deutsche Arzt Robert Mayer ausgesprochen und damit bewiesen hatte, daß Wärme und Arbeit gleichwertig seien, daß mit einer bestimmten Wärmemenge sich immer eine bestimmte Menge mechanische Arbeit erzeugen, daß sich aber ebenso eine bestimmte Menge Arbeit immer in eine ganz bestimmte Wärmemenge umsetzen läßt.

Man nennt das mechanische Wärmeäquivalent die Zahl 427 und das Wärmeäquivalent der Arbeit oder den Wärmewert das umgekehrte Verhältnis 1: 427 (I. Fachb. [283].

Von diesem Verhältnisse geht nichts verloren; es kann nur umgewandelt werden. Ebenso kann von einem vorhandenen Arbeitsvermögen nichts verlorengehen. Muß z. B. eine Arbeit von 400 mkg geleistet werden, um eine Last von 40 kg 10 m hoch zu heben, so kann es in verschiedener Weise verwertet werden. Ein Stein, der von einer gewissen Höhe fällt, hat ein ganz bestimmtes Arbeitsvermögen in sich.

a) Aus dem Satze von der Gleichwertigkeit von Wärme und Arbeit folgt nun noch die wichtige Tatsache, daß ein Körper dann nicht mehr fähig ist, Arbeit abzugeben, wenn er gar keine Wärme mehr besitzt. Dieser Zustand tritt aber nicht etwa dann ein, wenn die Temperatur des Körpers 0° C beträgt. **Denn dann ist er noch warm und kann Arbeit abgeben.** Dieser Zustand tritt vielmehr erst ein, wenn die Temperatur den sog. **absoluten Nullpunkt** erreicht hat, eine Temperatur, **welche 273° unter dem Gefrierpunkt des Wassers liegt.** Versuche haben nämlich ergeben, daß irgendein Gas von 0° C sich um den 273. Teil seines Volumens ausdehnt (I. Fachband [262]), wenn seine Temperatur um 1° steigt. Jede weitere Temperaturzunahme bewirkt eine entsprechende Vermehrung, jede Abnahme eine entsprechende Verringerung des Volumens. Nimmt daher die Temperatur um 3° ab, so hat sich das Volumen um $^{3}/_{273}$ vermindert. Bei einer Temperaturabnahme von 273° müßte sich das Volumen um $^{273}/_{273}$ vermindert haben, also Null geworden sein. Selbstverständlich ist ein solches Verschwindenlassen eines Gases durch weitgehende Abkühlung unmöglich; es bezeichnet dieser Zustand nur einen Grenzzustand, den man **absoluten Nullpunkt** nennt. Man rechnet in der Wärmelehre nur mit Temperaturen, die von diesem absoluten Nullpunkt ausgehen.

Sie heißen **absolute Temperaturen** und werden mit T bezeichnet. Sagt man z. B. die absolute Temperatur eines Gases sei $T = 300$, so heißt das die Temperatur beträgt nach der gewöhnlichen Skala $300 - 273 = 27°$ C.

b) Denken wir uns 1 kg irgendeines Gases in einem Zylinder eingeschlossen vom Volumen v. Das Gas besitze eine Temperatur T und drücke auf einen Kolben mit der Kraft P kg pro m². Dann sagt man, das Gas befinde sich in einem gewissen Zustande, der durch v, T und P bestimmt ist. Jede Änderung irgendeines dieser drei Größen bedingt eine Änderung des Zustandes. Verbinden wir jetzt noch den Raum hinter dem Kolben mit einem Indikator [142], so zeigt dieser in geeigneter Weise den Druck des Gases bei jeder Kolbenstellung an; es tritt zunächst in demselben **eine Zustandsänderung bei gleichbleibendem Volumen ein.** Das Gas geht aus dem Zustande P, v, T in den Zustand P_1, v_1, T_1 über. Diese Zustandsänderung tritt dann ein, wenn der in dem Zylinder befindliche Kolben festgehalten und dabei dem Gase Wärme entzogen oder zugeführt wird. Wird dem Gase Wärme zugeführt, so steigt seine Spannung, wird ihm Wärme entzogen, so fällt die Spannung, und zwar nach **Gay-Lussac** so, **daß bei gleichbleibendem Volumen die Spannungen sich wie die absoluten Temperaturen verhalten:**

$$P : P_1 = T : T_1.$$

Da wir uns den im Zylinder befindlichen Kolben festgehalten denken, so beschreibt der Indikator eine **senkrechte gerade Linie.**

Gehen wir jetzt zu einer Zustandsänderung **bei gleichbleibender Spannung** über. Das Gas geht von dem Zustande $P v T$ in den Zustand $P v_2 T_2$ über. Dieser Fall würde dann eintreten, wenn z. B. dem Gase Wärme zugeführt und ihm dabei Gelegenheit geboten würde, sich auszudehnen, d. h. den Kolben in dem Zylinder vorwärts zu schieben, dann verhalten sich nach einer anderen Form des Gay-Lussacschen Gesetzes bei gleichbleibender Spannung

$$v : v_2 = T : T_2.$$

Bei Abkühlung des Gases findet natürlich das Umgekehrte statt. Der Indikator beschreibt, da die Spannung dieselbe bleibt, der Kolben im Zylinder aber vorwärts schreitet, eine gerade wagrechte Linie. Schließlich betrachten wir die Zustandsänderung bei **gleichbleibender Temperatur.**

Diese Zustandsänderung hat einen ganz bestimmten Namen, denn sie heißt **„isothermische Zustandsänderung“,** bei der sich die Volumina umgekehrt wie die betreffenden Spannungen verhalten:

$$v : v_3 = P_3 : P.$$

Dieses Gesetz heißt, obwohl es der englische Physiker **Boyle** zum ersten Male ausgesprochen hat, das **Gay-Lussac-Mariottesche Gesetz** (I. Fachband [262]).

Eine solche **isothermische** Zustandsänderung kann natürlich auch in umgekehrter Weise stattfinden. Wenn man Gas in einem Zylinder verdichtet, so wird es erwärmt. Sorgt man jedoch dafür, daß das Gas auf gleicher Temperatur durch Abkühlung bleibt, so besagt das Boylesche Gesetz, daß sich auch hier die Spannungen umgekehrt wie die Volumina verhalten. **Der Indikator beschreibt eine Isotherme, eine gleichseitige Hyperbel.**

c) Nun betrachten wir noch den letzten Fall, daß nämlich die Zustandsänderung **ohne Zuführung und Abführung von Wärme eintritt, also der Zylinder wärmedicht geschlossen ist.** Das Gas wird aus dem Zustande $v P T$ in den Zustand $v a_4 P_4 T_4$ überführt.

Der Indikator beschreibt bei dieser **adiabatischen** Zustandsänderung eine der isothermischen Kurve ähnliche Kurve, die sich aber rascher der Wagrechten nähert, wie dies z. B. die punktierte Kurve für Luft zeigt.

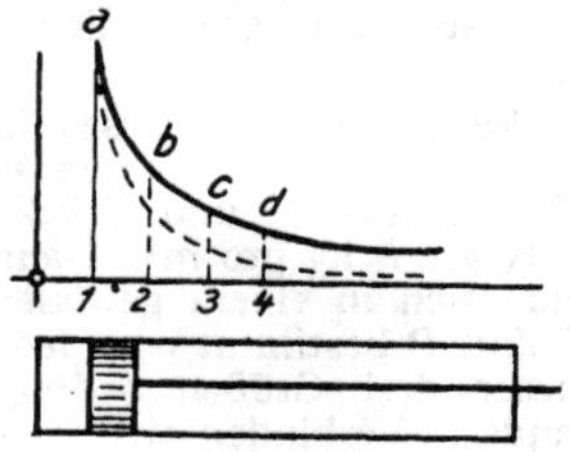

Abb. 166

Daß die Adiabate rascher abfallen muß als die Isotherme (Abb. 166), zeigt eine einfache Betrachtung.

Nehmen wir an, es handle sich um die Zustandsänderung , eines Gases in einem Zylinder. Wir haben gesehen, daß das Gas bei der adiabatischen Zustandsänderung sich ausdehnt, ohne daß ihm Wärme zugeführt wird. Je größer das Volumen, um so mehr sinkt die Spannung, die Kurve fällt ab. Bei der isothermischen Zustandsänderung vergrößert sich ebenfalls das Volumen, dem Gase wird aber Wärme zugeführt. Nun hatten wir gesehen, daß bei gleichem Volumen der Druck des Gases um so höher ist, je höher seine Temperatur ist, es muß also **bei der Isotherme, bei welcher dem Gase Wärme zugeführt wird, an derselben Stelle des Kolbens der Druck des Gases größer sein als bei der Adiabate.**

Für alle Zustandsänderungen der Gase gilt endlich noch ein wichtiges Gesetz, das **Gay-Lussacsche** Gesetz: Es sagt, daß bei irgendeiner Zustandsänderung in jedem Augenblick das Produkt aus der Spannung, gemessen in kg pro m² und dem Volumen, welches 1 kg des Gases einnimmt, dividiert durch die in diesem Augenblick herrschende Temperatur, also der Ausdruck $\frac{P \cdot v}{T}$ bei jedem Gase, die sog. **Gaskonstante** darstellt.

[161] Kompression und Expansion der Gase.

I. Kompression.

Um Druck und Temperatur **nach der Kompression** zu finden, unterscheidet man zwei Fälle:

I. Das Gefäß des Gases sei wärmedurchlässig. Die Folge ist, daß die durch die Kompression erzielte Wärmemenge nach und nach durch die Gefäßwände entweicht, so daß das Gas seine Temperatur t behält. In diesem Falle spricht man von einer **isothermischen** Kompression.

$\boxed{P_1 : P_2 = V_2 : V_1}$ **Mariotte-Isotherme.**

II. Das Gefäß des Gases sei wärmedicht. Dann bleibt die Kompressionswärme im Gase; das Gas wird wärmer.

a) Der Druck **steigt also nicht nur durch Volumverkleinerung sondern auch noch durch die Kompressionserwärmung.**

$\boxed{P_1 : P_2 = V_2^k : V_1^k}$ **Poisson-Adiabate.**

d. h. **der Druck steigt mit der $k$ten Potenz der Volumkompression** ($V_1 : V_2$), wobei $k = 1{,}4$ das bekannte Verhältnis der spez. Wärmen $c_p : c_v$ ist. Bei der Ausdehnung muß das Gas Arbeit leisten, indem es den Luftdruck vor sich herschiebt; hierzu braucht es noch 0,18 cal pro m³.

Erfolgt die Kompression in einem wärmedichten Gefäß oder augenblicklich, so nennt man sie **adiabatisch.**

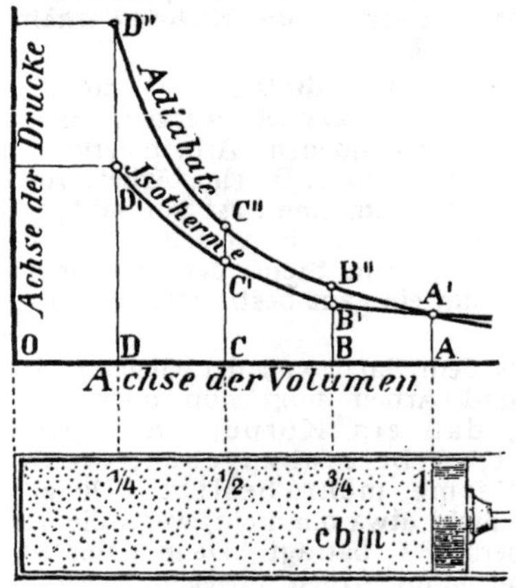

Abb. 167

Beispiel: Abb. 167 zeigt einen Zylinder mit verschiebbarem Kolben. Steht derselbe bei A, so soll er 1 m³ Luft von 1 at Druck abgrenzen, daher

$AA' = 1$. Steht der Kolben bei B, C, D, so ist das $V_2 = \frac{3}{4}$ bzw. $\frac{2}{4}$ bzw. $\frac{1}{4}$. Daher ist:

a) nach dem Mariotteschen Gesetz:
der Druck in $B = \frac{4}{3}$, in $C = \frac{4}{2}$, in $D = \frac{4}{1}$,

b) nach dem Poissonschen Gesetz:
der Druck in $B = (\frac{4}{3})^k$, in $C = (\frac{4}{2})^k$,
in $D = (\frac{4}{1})^k$;

also mache man

$AA' = 1$	$DD' = 4$ (at)
$BB' = 1{,}33$	$AA'' = 1$ $BB'' = 1{,}5$ $CC'' = 2{,}7$
$CC' = 2$	$DD'' = 7{,}1$ at.

Die Adiabate verläuft steiler.

Um die Mariottesche Kurve rasch zu konstruieren (Abb. 167a), zieht man durch A die Senkrechte und Wagrechte und schneidet diese durch Strahlen, die von O ausgehen, in gleich numerierten Punktepaaren 11', 22', 33'.

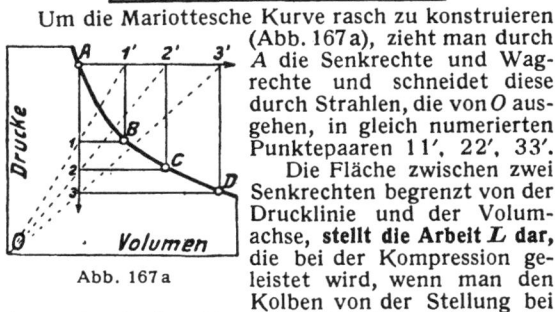

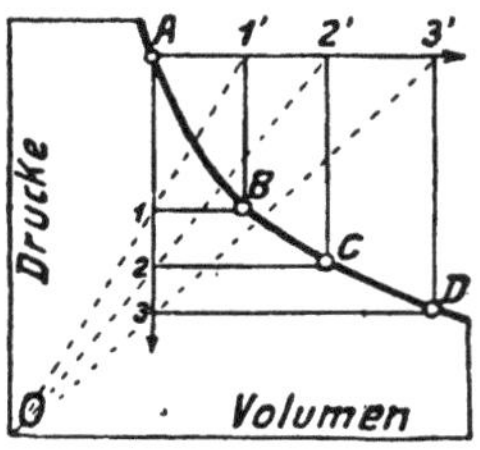

Abb. 167a

Die Fläche zwischen zwei Senkrechten begrenzt von der Drucklinie und der Volumachse, **stellt die Arbeit L dar,** die bei der Kompression geleistet wird, wenn man den Kolben von der Stellung bei der ersten Senkrechten in die bei der zweiten Senkrechten bringt.

$V_1 P_1 T_1$ seien die Größen in der 1. Stellung;
$V_2 P_2 T_2$ seien die Größen in der 2. Stellung.
Dann ist

Mariottesche Fläche:	**Poissonsche Fläche:**
$L = 2{,}30 \cdot RT \cdot \log K$	$L = 2{,}44\, R\,(T_2 - T_1)$,

wobei $R = \frac{V_1 \cdot p_1}{T_1}$ die Gaskonstante, K die Kompression V_1/V_2 bedeutet. $R \cdot T = V \cdot p$.

Teilt man diese Arbeiten durch 427, so hat man die Wärmemengen Q, die hierbei zum Umsatz kommen.

II. Expansion.

Dehnt sich ein Gas in einem wärmedichten Gefäße (Arbeit verrichtend!) aus, so sinkt sein Druck nach dem Poissonschen Gesetz; dabei kühlt es sich

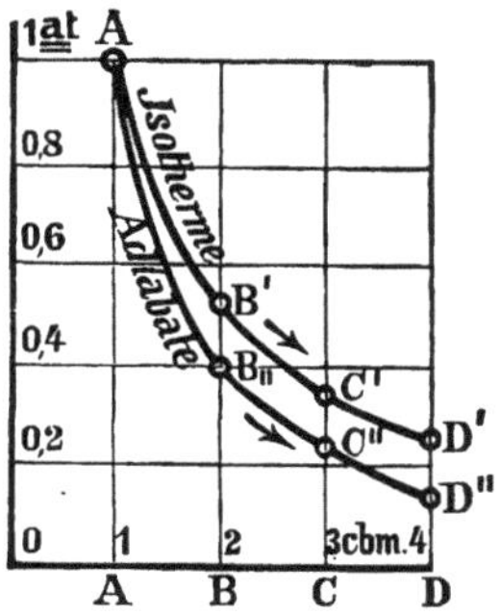

Abb. 167b

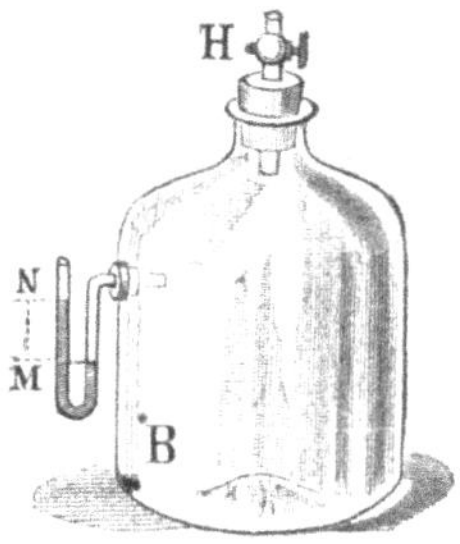

Abb. 167c

ab. Abb. 167b stellt die adiabatische und die isothermische Expansion von 1 m³ Luft von 1 at auf 4 m² dar; dabei ist $AA' = 1$,

$$BB' = \frac{1}{2} \qquad CC' = \frac{1}{3} \qquad DD' = \frac{1}{4}$$

dagegen $BB'' = 0{,}38$, $CC'' = 0{,}21$ $DD'' = 0{,}14$.

Die Abkühlung zeigt der Versuch von **Clement** und **Desormes** (Abb. 167c). Ein großer Glasballon sei mit etwas Luft gefüllt, den Überdruck $MN = h$, zeigt ein Wassermanometer an. Öffnet man den Hahn für einige Sekunden, so kühlt sich das Gas bei der adiabatischen Ausdehnung unter die Temperatur T_1 der Außenluft, und das Manometer spielt auf 0 ein. Schließt man den Hahn, so dringt Wärme durch das schlecht leitende Gas und das Manometer steigt auf h_2.

Durch den Versuch findet man auch leicht das Verhältnis $K = c_p : c_v$; $K = h_1 : (h_1 - h_3)$.

[162] Der Carnotsche Kreisprozeß.

Arbeit leistet ein Gas nur, wenn es sich ausdehnt. Soll es wiederholt Arbeit leisten, so muß es wieder komprimiert und auf seinen Ausgangspunkt zurückgebracht werden. Dies nennt man einen **Kreisprozeß.** Ein solcher wird in der Vp-Ebene durch ein geschlossenes Diagramm dargestellt; ein Viereck, das von zwei Adiabaten und zwei Isothermen begrenzt wird (Abb. 167d).

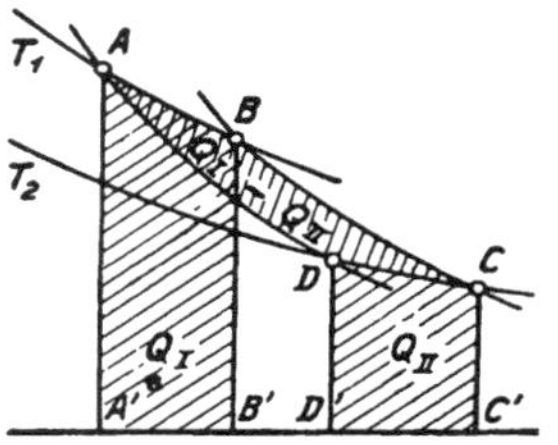

Abb. 167d

Abb. 168 zeigt den Carnotschen Kreisprozeß: Der Gaszylinder mit wärmedurchlässigem Boden wirkt beim Gebrauch wie eine Pumpe, die aus dem heißen Raume R_I Wärme herauspumpt und später den nicht in Arbeit verwandelten Rest in einen kalten Raum R_{II} hineinpreßt.

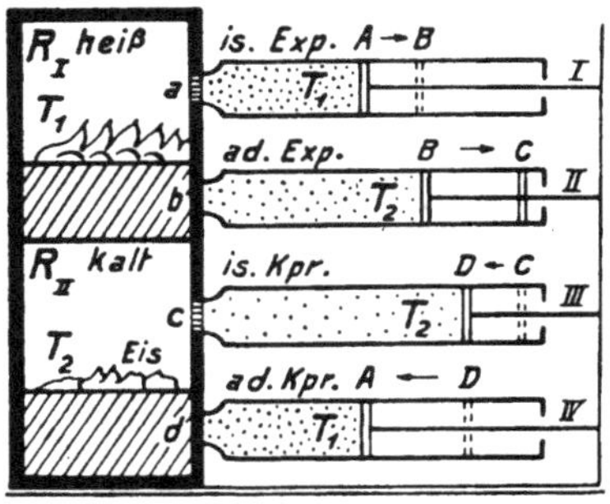

Abb. 168
Carnotscher Kreisprozeß

Abb. 168 zeigt uns zwei Räume R_I und R_{II} von den Temperaturen T_1 und T_2, geschlossen durch 4 Platten $abcd$, von denen a und c wärmedurchlässig, b und d wärmedicht sind.

I. Zunächst stelle man den Zylinder mit dem heißen Gas (p_1, V_1, T_1) auf den gleichheißen Raum bei a und lasse das Gas sich von selbst isothermisch ausdehnen (Expansion V_A/V_B beliebig). Dabei entzieht es dem heißen Raum eine Wärmemenge Q_I, dafür leistet es Arbeit; Fläche $ABA'B'$ im Diagramm Abb. 167d.

II. Dann schiebt man den Zylinder auf b und läßt das Gas nun adiabatisch ausdehnen bis seine Umgebung die Temperatur T_2 angenommen hat. Es verliert dabei eine Wärmemenge Q, wofür es gleichviel Arbeit leistet (Fläche $BCB'C'$).

III. Dann schiebt man den Zylinder auf c und komprimiert das Gas nun isotherm genau so stark, wie man es früher unter I. expandierte:

$$V_D/V_C = K = V_A/V_B.$$

Dabei müssen wir Arbeit leisten. Die dabei erzeugte Wärme Q_{II} wird in den kalten Raum R_{II} gepreßt, da hier das Gas seine Temperatur T_2 beibehält ($CDC'D'$ im Diagramm).

IV. Schließlich schiebt man den Zylinder auf d und komprimiert nun adiabatisch bis das Gas seine Anfangstemperatur T_1 wieder erreicht hat. Dabei leisten wir Arbeit, die eine im Gas bleibende Wärmemenge Q_{**} erzeugt ($DAD'A'$):

$$Q_I = 2{,}30\, R \cdot T_1 \log K,$$
$$Q_{II} = 2{,}30 \cdot RT_2 \cdot \log K,$$
$$Q_* = Q_{**} = 2{,}44\, R\,(T_1 - T_2).$$

Der Prozeß ist günstig, da das Gas mehr Arbeit leistet als wir hineinstecken.

Vom Gas geleistete Arbeit $Q_I + Q_*$ (Fall I u. II).
Von uns geleistete Arbeit $Q_{II} + Q_{**}$ (Fall III u. IV).

Der Gewinn an Arbeit $= Q_I + Q_* - Q_{II} - Q_{**} =$
$= ABA'B' + BCB'C' - CDC'D' - DAD'A' =$
$\boldsymbol{ABCD}$,

d. h. die Diagrammfläche $ABCD$ gibt die beim Kreisprozeß gewonnene Arbeit an.

$Q_* = Q_{**}$; so ist $Q_I - Q_{II}$ gleich dem Unterschiede der vom Gas aufgenommenen und von ihm abgegebenen Wärmemenge. Da $Q_I : Q_{II} = T_1 : T_2$, so ist hier der thermische Wirkungsgrad

$$\eta_{th} = \frac{\textbf{Ertrag an Arbeit}}{\textbf{Aufwand an Wärme}} = \frac{Q_I - Q_{II}}{Q_I} = \frac{T_1 - T_2}{T_1}.$$

Einfacher und leichter verständlich wollen wir jetzt den für die mechanische Wärmetheorie so unendlich wichtigen Satz noch durch Abb. 169 veranschaulichen: Wir denken uns einen Zylinder, in welchen 1 kg eines Gases vom Volumen V_1 und der Spannung P_1 eingeschlossen ist. Dadurch, daß wir auf irgendeine Weise Wärme zuführen, dehne sich das Gas zunächst isothermisch von a bis b und nachher ohne weitere Wärmezufuhr adiabatisch von b bis c aus, so daß es schließlich das Volumen v_2 und die Spannung P_2 besitzt.

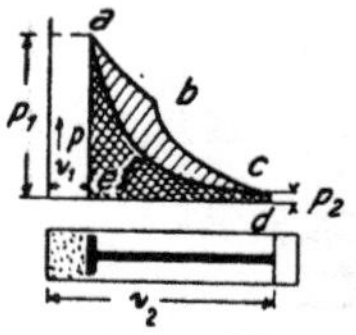

Abb. 169

Von diesem Punkte an sorgen wir in der beschriebenen Weise dafür, daß dem Gase Wärme entzogen wird, und zwar so, daß seine Spannung sich nicht ändert. Das Gas gelangt schließlich in den Zustand $v\,p\,T$, von dem wir ausgegangen waren.

Das Gas hat einen Kreisprozeß durchlaufen, und es ist leicht einzusehen, daß durch eine fortwährende Wiederholung solcher Kreisprozesse in einer Kraftmaschine fortlaufend Wärme in Arbeit verwandelt werden kann. Freilich werden wir, wenn wir fortdauernd Arbeit erzeugen wollen, dem Gase nicht nur Wärme zuführen, sondern ihm auch Wärme wieder entziehen müssen. Wir wollen uns einen Zylinder denken, in welchem 1 kg eines Gases vom Volumen v_1 und der Spannung p_1 eingeschlossen ist. Dadurch, daß wir auf irgendeine Weise Wärme zuführen, dehne sich das Gas von a bis b isothermisch und nachher ohne weitere Wärmezufuhr von b bis c adiabatisch aus; die Fläche $abcde$ stellt die von dem Gase während seiner Ausdehnung geleistete Arbeit dar, welche mit Hilfe eines Kolbens mittels eines Kurbelgetriebes in das Schwungrad einer Maschine hineingeschickt wird. Um aber das Gas wieder auf den Ausgangszustand zurückzubringen, ist eine durch die doppelt schraffierte Fläche $dcfae$ dargestellte Arbeit bzw. Wärme nötig, die wieder verbraucht, also wieder an die Natur zurückgegeben werden muß. Bei fortlaufender Umwandlung von Wärme in Arbeit kann immer nur ein Teil der zugeführten Wärme in nutzbare Arbeit umgewandelt werden, und das ist **nun der zweite Hauptsatz der mechanischen Wärmelehre.**

Die nach dem ersten Hauptsatze der mechanischen Wärmelehre aus 1 WE zu gewinnende Arbeit von 427 mkg setzt sich daher aus der außen abgegebenen Arbeit zusammen und der Arbeit, die zur Herstellung des Anfangszustandes verbraucht, nach außen also **nicht** abgegeben wird. Freilich könnte jemand sagen, daß man auch diese Arbeit vermeiden könnte, wenn man den Zylinder mit einer Kälteflüssigkeit, deren Herstellung ja heute möglich ist, dauernd auf sehr niedriger Temperatur halten würde. Es wäre damit aber so wenig gewonnen, wie wenn man die Leistung eines Wasserfalles dadurch vergrößern wollte, daß man das Wasserrad oder die Turbine in einen sehr tiefen Brunnen stellen würde. Dann müßte man das Wasser doch wieder zur Erdoberfläche pumpen und dabei genau dieselbe Arbeit leisten, die man durch das Tieferstellen des Wasserrades an Arbeit gewonnen hätte. Auch das Erzeugen sehr tiefer Temperaturen kostet Aufwand an Arbeit, eine Ersparnis ist damit nicht erreicht.

[163] Der thermische Wirkungsgrad der Dampfmaschine.

a) Kennt man die Größe der zugeführten und der abgeführten Wärmemenge, so kann man leicht den **thermischen Wirkungsgrad** des ganzen Prozesses berechnen. Nur muß die abgeführte Wärmemenge aus dem Indikatordiagramm berechnet werden.

Beispiel: Es liege eine Gasmaschine vor, deren indizierte Leistung 10 PS und deren stündlicher Leuchtgasverbrauch für jede PS 0,5 m³ beträgt. Nimmt man an, daß 1 m³ Leuchtgas bei vollkommener Verbrennung im Mittel etwa 5000 WE entwickelt, so ist in der Gasmaschine mit 2500 WE eine Stunde lang 1 PS oder, wie man sagt, 1 PSh geleistet worden.

Nun entspricht aber 1 PSh $= 75 \cdot 60 \cdot 60 =$ 270000 mkg oder, da 427 mkg gleich einer WE sind, einer Wärmemenge von 270000 : 427 = **632 WE.**

Aufgewendet werden nun **2500 WE,** in Arbeit umgesetzt **632 WE,** mithin würde der thermische Wirkungsgrad

$$\eta_t = \frac{632}{2500} = \mathbf{0{,}253}$$

sein. Mit andern Worten, nur etwa 25% der zugeführten Wärmemenge werden in Arbeit umgesetzt, während nahezu 75% ungenützt aus der Maschine entweichen.

Die Arbeit, welche eine solche Maschine wirklich nutzbringend abzugeben vermag, beträgt wieder nur einen Teil dieser PS_i. Für die Technik kommt natürlich nur dieser Teilbetrag zur Geltung. Nehmen wir den mechanischen Wirkungsgrad $\eta_m = 0{,}8$ an, so beträgt der tatsächliche oder der **wirtschaftliche** Wirkungsgrad der Maschine

$$\eta_w = \eta_t \cdot \eta_m = 0{,}253 \cdot 0{,}8 = \mathbf{0{,}2024}.$$

Die Größe des wirtschaftlichen Wirkungsgrades η_w ergibt sich auch noch in folgender Weise: Braucht die Maschine in der Stunde für jede PS_i 0,5 m³ Gas und ist der mechanische Wirkungsgrad der Maschine $\eta_m = 0{,}8$, so braucht die Maschine also für jede

$PS_n h$, also für jede Nutzpferdestärke pro Stunde $0,5 : 0,8 = 0,625$ m³ Gas

$$\eta_w = \frac{632}{0,625 \cdot 5000} = \frac{632}{3125} = \mathbf{0,2024}.$$

b) Betrachten wir nun vom Standpunkte der Wirtschaftlichkeit unsere Dampfmaschine. Das Geld, welches wir ihr geben, sind die Kohlen, und das, was sie uns schaffen soll, ist Arbeit. Den Preis dieser Arbeit kennen wir sehr genau, denn es kosten 427 mkg gerade 1 WE, und wenn wir eine Stunde hindurch in jeder Sekunde 75 mkg oder 1 PSh leisten wollen, so entspricht das einem „Preise" von $\frac{75 \cdot 60 \cdot 60}{427} = 632$ WE. Da nun 1 kg guter Kohle bei vollständiger Verbrennung etwa 7500 WE liefert, so müßte es möglich sein, mit $\frac{632}{7500} = 0,84$ kg Kohle 1 PSh zu leisten. Tatsächlich verbrauchen aber kleinere Maschinenanlagen etwa 5 kg Kohle, also rund 37500 WE zur Leistung einer PSh, was einem wirtschaftlichen Wirkungsgrade von $\frac{632}{37500} = 0,017$ oder mit andern Worten einer Ausnützung der in den Kohlen steckenden Wärme von noch nicht einmal 2% entsprechen würde. Bei größeren Maschinenanlagen, welche nur etwa 0,5 kg Kohle für die PSh verbrauchen, verbessert sich das Verhältnis auf $\frac{632}{0,5 \cdot 7500}$, also auf 17%, aber auch da bleibt der Betrieb noch höchst unwirtschaftlich.

Wie kann nun einer allzu großen Wärmevergeudung vorgebeugt werden? In erster Linie hätte man sich zu überzeugen, ob Expansion, Vor-Ausströmung, Kompression sich in richtiger Weise vollziehen, ob die Kondensation richtig arbeitet, Dinge, auf welche wir noch zu sprechen kommen. Dann hat man zu untersuchen, ob nicht mehr Wärme verlorengeht, d. h. ohne Arbeit zu verrichten, in die Außenluft entweicht. Wärme kann durch Leitung und Strahlung des Kesselmauerwerkes, der Dampfleitungen und der Maschine selbst verlorengehen.

Das Kesselmauerwerk soll daher so stark sein, daß es sich nicht zu heiß anfühlt, sämtliche Rohrleitungen mit allen Absperrteilen und die Maschine selbst müssen gut gegen Wärmeausstrahlung geschützt sein, was durch Einhüllen mit Wärmeschutzmasse wie Kork, Kieselgur geschieht. **Gerade dieses Einhüllen mit Wärmeschutzmasse ist besonders wichtig,** da schlechter Wärmeschutz oft mehr Verluste zur Folge hat, als die vorzüglichste Maschine wieder einbringen kann. Endlich kann auch die Wärme noch zu einem Teil unausgenützt durch den Schornstein entweichen. Findet man, daß die Temperatur, mit welcher die Gase in den Schornstein gelangen, dauernd wesentlich mehr beträgt als etwa 200° C — nicht selten findet man Temperaturen von 500°, ja selbst bis zu 1000° C —, so ist das ein Zeichen, daß der Kessel überanstrengt ist. Dann muß der Kessel vergrößert oder ein Überhitzer oder Rauchgasvorwärmer eingebaut werden. Über den thermischen Wirkungsgrad folgt später weiteres.

4. Abschnitt.

Der Wasserdampf.

[164] Die Eigenschaften des Dampfes.

Die erste wesentliche Eigenschaft des Wasserdampfes, wie der Dämpfe überhaupt, können wir an jeder Lokomotive beobachten, die pustend den Bahnhof verläßt; es entströmen ihrem Schornsteine und den Zylinderhähnen weiße Wolken, die aber kein Dampf im eigentlichen Sinne des Wortes sondern Nebel sind, die dadurch entstehen, daß sich der Wasserdampf an der verhältnismäßig kalten Außenluft abkühlt und zu kleinen Wasserbläschen verdichtet, die in ihrer Gesamtheit jene weißen Wolken bilden. Wir müssen also **die Leichtigkeit hervorheben, mit der sich Dämpfe durch einfache Abkühlung aus dem luftförmigen in den flüssigen Zustand zurückführen lassen.** Wir können diese Leichtigkeit durch eine Reihe von Versuchen konstatieren, die wir mit einem oben offenen Zylinder

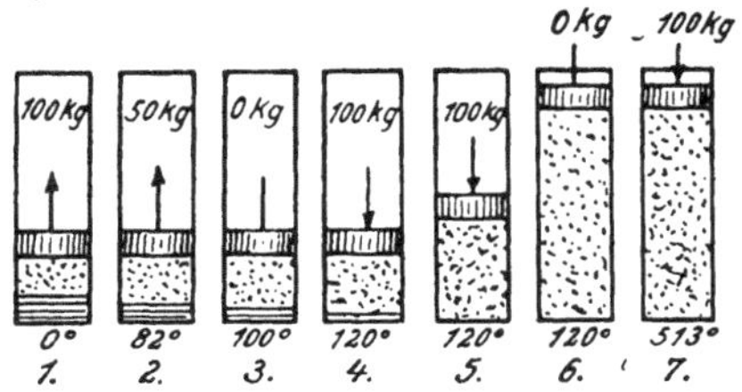

Abb. 170

anstellen, in welchem sich ein leicht beweglicher Kolben befindet (Abb. 170).

1. Versuch: Wir bringen das in dem Zylinder eingeschlossene Wasser auf eine Temperatur von 0° C und versuchen nun den Kolben, der auf dem Wasser aufsitzt, in die Höhe zu ziehen. Die Kolbenfläche hat 100 cm²; auf ihr lastet 1 Atmosphäre, d. i. 1 kg pro cm²; so muß man die Kraft 100 kg anwenden, um den Kolben emporzuziehen.

2. Versuch: Wir ziehen den Kolben ein Stück in die Höhe und wärmen in dem Zylinder das Wasser zu einer Temperatur von ∾81° C.

Da der Wasserspiegel gesunken ist, so muß ein Teil des Wassers in Dampf übergegangen sein.

Der Kolben wird aber jetzt nicht mehr mit 100 kg, sondern nur mehr mit 50 kg festzuhalten sein. Es übt also der so erzeugte Dampf von 81° C einen Druck von ½ kg aus; er hat eine Spannung von ½ **at.**

3. Versuch: Während wir jetzt den Kolben festhalten, erwärmen wir das Zylinderinnere auf 100° C. Der Wasserspiegel fällt noch weiter, es ist mithin weiter Wasser in Dampf übergegangen. Der Kolben wird nur mehr mit 0 kg gehalten, d. h. der Dampf übt jetzt einen Druck von **1 at** aus.

4. Versuch: Steigern wir jetzt die Temperatur auf 120° C. Der Wasserspiegel ist weiter gefallen, der Kolben muß aber jetzt mit 100 kg beschwert werden, was einem Dampfdruck von **2 at abs.** oder **1 at Üb.** (Überdruck) entspricht.

5. Versuch: Lassen wir jetzt alles ungeändert, nur lassen wir den Kolben in die Höhe steigen. Was finden wir nun? Der Wasserspiegel sinkt immer weiter, während der Kolben steigt; es wird also immer mehr Wasser in Dampf verwandelt. Drücken wir dann den Kolben hinein und sorgen dafür, **daß die Temperatur von 120° C erhalten bleibt,** so verdichtet sich sofort ein Teil des Dampfes zu Wasser, während die auf den Kolben wirkende Kraft dieselbe bleibt. **Es ist also so, als ob der Dampf bei einer gewissen Kolbenstellung satt wäre, und keinen Dampf mehr aufnehmen will.** Drückt man ihn herunter, so scheidet er wieder Dampf ab und verwandelt ihn zu Wasser. Man spricht daher von **gesättigtem** Dampf, und zwar wenn keine Flüssigkeitsteilchen mehr schwebend vorhanden sind, von **trocken gesättigtem** Dampf. Da während des 5. Versuches die Temperatur gleichgeblieben ist, das Volumen aber zugenommen hat, so haben wir hier offenbar eine Zustandsänderung bei gleichbleibender Temperatur — einen **„isothermischen Zustand"**; während wir aber gefunden hatten, daß dagegen Gase bei isothermischer Zustandsänderung das Gesetz von Boyle befolgen, ihr Druck also in demselben Verhältnis abnimmt, wie ihr Volumen zunimmt, **während ein von Haus aus gesättigter Wasserdampf ein von diesem Gesetze abweichendes Verhalten zeigt.**

Der Druck des gesättigten Wasserdampfes ist daher unabhängig vom Volumen und nur abhängig von der Temperatur. Irgendeiner Temperatur entspricht immer eine bestimmte Spannung. Haben wir in dem Gefäße Luft von etwa 5 at, so kann diese ganz verschiedene Temperaturen haben. Ist dagegen **gesättigter Wasserdampf von 5 at Spannung** vorhanden, so entspricht das immer einer ganz bestimmten Temperatur, welcher Zusammenhang sich am besten in Tabellen ausdrücken läßt.

6. Versuch: Wir wollen nun annehmen, daß der 5. Versuch so lange fortgesetzt wird, also der Kolben so weit in die Höhe gezogen werde, bis der letzte Tropfen Wasser verdampft ist. Die Spannung dieses Dampfes beträgt noch immer 2 at abs., sofern die Temperatur 120° geblieben ist.

Lassen wir jetzt den Kolben weiter heraustreten, so wird der Gegendruck auf den Kolben immer kleiner, je größer das Volumen wird. Ist das vom Zylinder und Kolben eingeschlossene Volumen doppelt so groß als am Ende des 5. Versuches, und wissen wir die Kraft, die nötig ist, um den Kolben festzuhalten, so finden wir, **daß diese Kraft gleich Null geworden ist.** Der unter dem Kolben befindliche Dampf von 120° C hat also eine Spannung von 1 at abs. erreicht. Dasselbe hatten wir beim 4. Versuch. Dieser Dampf von 1 at abs. stand aber noch mit dem Wasser in Berührung, war also gesättigt und hatte eine Temperatur von 100°. Wir sahen auch, daß bei gleichbleibender Temperatur ein Herausziehen und Hineindrücken des Kolbens auf die Spannung dieses Dampfes gar keinen Einfluß hatte. Hier dagegen haben wir einen Wasserdampf von 1 at Spannung und 120° C, der einfach durch Ausdehnung, und zwar durch Volumverdoppelung aus Dampf von 120° und 2 at abs. entstanden ist, der also dieselben Eigenschaften aufweist, die **wir früher bei isothermischer Ausdehnung von Gasen gefunden haben.** Nun wollen wir noch einen

7. Versuch vornehmen und damit **die Ähnlichkeit zwischen überhitzten Dämpfen und Gasen feststellen.** Der Dampf, den wir beim 6. Versuch bekommen hatten, schien uns bereits die gleichen Eigenschaften wie die Gase zu haben. Wir wollen uns nun überzeugen, ob das wirklich der Fall ist und wollen dazu den Kolben in seiner Stellung festhalten. Hat dieser Dampf dieselben Eigenschaften wie die Gase, so müßte es möglich sein, einfach durch Temperaturerhöhung seine Spannung wieder auf 2 at zu bringen. Also müssen bei gleichbleibendem Volumen die Spannungen sich verhalten wie die absoluten Temperaturen. Es muß sich also die gesuchte absolute Temperatur x zur vorhandenen absoluten Temperatur von 393° (= 120°) verhalten wie die neue Spannung 2 at zur gegenwärtigen Spannung von 1 at oder

$$x : 393 = 2 : 1$$

$$x = \frac{2 \cdot 393}{1} = 786^0 \text{ abs.} = 786 - 273 = \mathbf{513^0\,C.}$$

In der Tat, wenn wir den Dampf auf 513° C erhitzen, so haben wir wie in 4. einen Druck von 100 kg auf den Kolben auszuüben, um ihn zu halten, bei Versuch 4 stand aber der Dampf mit seiner Flüssigkeit in Verbindung, er war gesättigter Dampf, während er jetzt **ungesättigter** oder **überhitzter** Dampf ist.

Nur muß hier vor einem Irrtum gewarnt werden. Wenn wir beim 7. Versuch überhitzten Wasserdampf von 2 at abs. und 513° C erhalten haben, so muß das nicht immer der Fall sein. Hätten wir z. B. bei Beginn des 7. Versuches trocken gesättigten Dampf von 5 at abs. gehabt, welcher eine Temperatur von 150° besitzt (also eine absolute Temperatur von 151 + 273 = 424°), und hätten wir diesen Dampf dann bei stillstehenden Kolben, also gleichem Volumen, um 513° C = 786° erhitzt, so würde dann seine Spannung nach Gay-Lussac

x bei 5 at wie die absolute Temperatur bei 513°
zur absoluten Temperatur bei 151°,

also

$$x : 5 = (273 + 513) : (273 + 151) =$$

$$x = 5 \cdot \frac{786}{424} \sim \mathbf{9{,}25\ at,}$$

also eine Spannung von 9,25 at haben.

Die Ergebnisse unserer Versuche können also wie folgt zusammengefaßt werden:

1. Dämpfe können in zwei Formen vorkommen:
   a) **gesättigter Dampf (Sattdampf),** Versuch 1—5;
   b) **ungesättigter** oder **überhitzter Dampf (Heißdampf),** Versuch 6 u. 7.
2. Bei gesättigten Dämpfen hängt die Spannung lediglich von der Temperatur ab (1—5).
3. Überhitzte Dämpfe verhalten sich wie Gase, nur tritt vollständige Übereinstimmung mit den Gasen erst bei hoher Überhitzung ein.
4. Bei gleicher Temperatur hat der gesättigte Dampf eine höhere Spannung als der überhitzte Dampf, Versuch 5—6.
5. Bei gleicher Spannung hat der überhitzte Dampf stets eine höhere Temperatur als der gesättigte Dampf, Versuch 4—7.

[165] Wärmebedarf bei der Dampferzeugung.

Wir wollen noch einmal auf unsere letzte Versuchsanordnung zurückgreifen und dabei die dem Zylinderinhalt zugeführte Wärmemenge messen. Das können wir mit Leuchtgas, nachdem wir früher den Heizwert, den 1 m³ Leuchtgas bei vollständiger Verbrennung geliefert hat, bestimmen.

Wir führen nun dem im Zylinder eingeschlossenen Wasser von 0° C Wärme zu. Das Thermometer steigt, bis das Quecksilber auf 100° C zeigt. Denken wir uns den Kolben gewichtslos, so tritt nun folgendes ein. Trotzdem wir noch weitere Wärme zuführen, bleibt das Thermometer auf 100° C, der aus dem Wasser sich entwickelnde Dampf braucht aber Platz und schiebt den Kolben vor sich her, bis das ganze Wasser in Dampf von 100° verwandelt ist. Dann brechen wir ab und sehen nach, was wir mit der Wärmezufuhr erreicht haben. Mit dem ersten Teile haben wir das Wasser von 0° auf 100° gebracht, mit dem Rest der zugeführten Wärme das Wasser in Dampf verwandelt. Mit dem noch übrig bleibenden Teile haben wir den Kolben herausgezogen, wozu wir eine Arbeit von 100 kg mal der Hubhöhe geleistet haben. Es ist das die sog. **Raumschaffungsarbeit.** Denken wir uns, das Wasser von 0° stehe im Zylinder 10 cm hoch, so enthält er 1000 cm³ = 1 kg Wasser. 1 kg trocken gesättigten Dampfes nimmt bei 1 at einen Raum von 1724 dm³ ein. Der in dem Zylinder steckende Kolben muß also um 172,4 m gehoben werden, um dem Dampf Platz zu machen. Auf ihm lastet der Druck der Außenluft, also 100 kg, so beträgt die Arbeit 172,4 · 100 = 17240 mkg oder

$$\frac{17240}{427} = \mathbf{40{,}3\ WE.}$$

Belasten wir jetzt den Kolben mit 100 kg. Der Kolben erhebt sich erst, wenn das Wasser eine Temperatur von 120° C, der Dampf also eine Spannung von 2 at abs. hat.

Zuerst haben wir das Wasser auf 120° erwärmt, dann in Dampf von 120° verwandelt und endlich die Raumbeschaffungsarbeit, mithin 200 kg mal der Hubhöhe geleistet.

Die eben angestellten Betrachtungen ergeben die Wärmemengen, welche nötig waren, um aus 1 kg Wasser von 0° C 1 kg gesättigten Dampf von bestimmter Temperatur und Spannung zu erzeugen.

Diese Wärmemengen lassen sich in drei Teile zerlegen:

1. **Flüssigkeitswärme.** Man versteht darunter jene Wärmemenge, die nötig ist, um 1 kg Flüssigkeit von 0° auf eine Temperatur zu bringen, welche der des gesättigten Dampfes entspricht.

2. Die **Verdampfungswärme** r gliedert sich in **innere Verdampfungswärme** ϱ, um das 1 kg der auf die Dampftemperatur gebrachten Flüssigkeit in Dampfform überzuführen, und in **äußere Verdampfungswärme,** die nötig ist, um das Volumen von 1 kg in erheblichem Maße zu vergrößern. Dazu muß der auf der Flüssigkeit lastende Druck mechanisch überwunden werden.

Die Verdampfungswärme entspricht also jener Wärmemenge, um 1 kg des vorher auf die Temperatur des Dampfes gebrachten Flüssigkeit zu verdampfen.

Die **Gesamtwärme = Flüssigkeitswärme + Verdampfungswärme.** Man versteht darunter jene Wärmemenge, welche nötig ist, um 1 kg Flüssigkeit von 0° C in gesättigten Dampf von der Spannung p kg/cm² zu überführen. Die Zuführung von Wärme während der Verdampfung läßt sich mit dem Thermometer nicht nachweisen, sie ist gewissermaßen verborgen (latent). Daß diese **latente Wärme** nicht geschwunden, sondern mit Ausnahme der äußeren Verdampfungswärme noch wirklich im Dampf enthalten, ersieht man am besten daraus, daß der Dampf diese Wärme wieder abgibt, wenn er durch Abkühlung gezwungen ist, sich zu Wasser zu verdichten, zu kondensieren. Mit dieser Wärme erhitzt er das Kondenswasser, wie dies bei den Dampfheizungen der Fall ist.

Dampfwärme oder Energie des Dampfes. Die Wärme, die zur Leistung der Raumbeschaffungsarbeit verwendet wurde, ist in dem Dampfe selber nicht mehr nachweisbar. **Nachweisbar ist nur noch die Flüssigkeitswärme und die innere Verdampfungswärme,** welche man als **Dampfwärme** bezeichnet.

[166] Gesättigte Wasserdämpfe.

Die in dem vorigen Kapitel erwähnten, sich stets nur auf 1 kg Flüssigkeit von 0° C oder auf 1 kg Dampf beziehenden Wärmemengen sind für die verschiedenen Spannungen von Wasserdampf durch zahlreiche Versuche verschiedener Forscher in Form von Tabellen berechnet worden (Tabelle 3 auf S. 120) und geben gleichzeitig durch die jeweilig verzeichneten Temperaturen den früher erwähnten Zusammenhang zwischen Spannung und Temperatur des gesättigten Wasserdampfes bei verschiedenen Spannungen.

Aus Spalte 2 ersehen wir, daß die Temperaturen um so langsamer wachsen, je höher die verschiedenen Dampfspannungen hinaufgehen, welchen großen Vorteil man leicht erkennen kann, wenn man berechnet, auf welche Temperatur man beispielsweise Luft erhitzen müßte, um ähnliche Spannungen zu erlangen. Da Luft ein Gas ist, so befolgt sie das Gay-Lussacsche Gesetz, d. h. es verhalten sich bei gleichbleibendem Volumen die Spannungen wie die absoluten Temperaturen. Schließen wir also in unserem früher erwähnten Versuchszylinder Luft von 0° und Außenluftspannung an Stelle des Wassers ein und wollten wir die Luft durch Wärmezufuhr auf eine Spannung von nur 4 at bringen, so ergibt sich die zugehörige absolute Temperatur, wenn wir die Spannung mit p_1 und p_4, die absoluten Temperaturen mit T_1 und T_4 bezeichnen, aus der einfachen Beziehung mit

$$T_4 : T_1 = p_4 : p_1$$

$$T_4 = T_1 \cdot \frac{p_4}{p_1} = 273 \cdot \frac{4}{1} = 1092.$$

Wir müßten also die Luft auf 1092 — 273 = 819° C bringen, während gesättigter Wasserdampf nach der Tabelle 3 erst eine Temperatur von rund 143° hat. Wir könnten somit für eine derartige mit Luft betriebene Maschine eiserne Zylinder ohne weiteres nicht anwenden, da Eisen bei solchen Temperaturen bereits zu glühen beginnt.

Erwähnt mag bei dieser Gelegenheit werden, daß die Wärmemenge, welche nötig ist, um 1 kg Luft von einer gewissen Spannung zu erzeugen, wesentlich geringer ist als beim Wasserdampf. Das ist der Grund, warum man früher oft versucht hat, mit Luft betriebene Wärmekraftmaschinen sog. **Heißluftmaschinen** zu bauen.

Aus Spalte 3 unserer Tabelle finden wir dasselbe, was wir schon früher beobachtet hatten. Bei Versuch 4 hatten wir den Kolben in seiner Lage festgehalten und dabei die Temperatur des Zylinderinnern von 100° auf 120° erhöht. Wir hatten dabei gefunden, daß der Wasserspiegel infolgedessen gesunken war. Es muß also gewissermaßen die fehlende Wassermenge in den Dampfraum übergeführt sein, der neue Dampf von 120° müßte also schwerer sein als der Dampf von 100°, weil er aus einer größeren Wassermenge entstanden ist. 1 m³ Dampf von 2, 3, 4 at absoluter Spannung ist ungefähr 2, 3, 4 mal so schwer wie Dampf von 1 at, was sich leicht merken läßt.

Tabelle 3. Für gesättigte, trockene Wasserdämpfe.

1	2	3	4	5	6	7
Druck in kg/cm² absolut	Temperatur in Grad C	1 m³ Dampf wiegt kg	Flüssigkeitswärme q in WE	Verdampfungswärme r innere ϱ in WE	äußere apu in WE	Gesamtwärme λ in WE
0,1	45,6	0,067	45,7	535,4	34,94	616,04
0,125	49,7	0,083	49,8	522,7	35,36	617,86
0,15	53,5	0,098	53,8	530,1	35,79	619,69
0,2	59,8	0,128	59,9	526,1	36,42	622,42
0,5	80,9	0,304	81,8	512,0	38,56	631,76
1,0	**99,1**	**0,580**	**99,6**	**499,4**	**40,30**	**639,30**
2,0	119,6	1,110	120,4	484,7	42,14	647,24
3,0	132,8	1,622	133,9	474,9	43,23	652,03
4,0	142,8	2,124	144,2	467,2	44,01	655,41
5	**151,0**	**2,617**	**152,6**	**460,8**	**44,61**	**658,01**
6	157,9	3,106	159,8	455,3	45,10	660,20
7	164,0	3,589	166,1	450,4	45,50	662,01
8	169,5	4,068	171,7	446,0	45,86	663,56
9	174,4	4,544	176,8	441,9	46,17	664,87
10	**178,9**	**5,018**	**181,5**	**438,2**	**46,43**	**666,13**
11	183,1	5,489	185,8	434,6	46,67	667,07
12	186,9	5,960	189,9	431,3	46,88	668,08
13	190,6	6,425	193,7	428,2	47,08	668,98
14	194,0	6,889	197,3	425,2	47,26	669,76
15	**197,2**	**7,352**	**200,7**	**422,4**	**47,43**	**670,53**
16	200,3	7,814	203,9	419,7	47,58	671,18
18	206,1	8,734	210,0	414,6	47,85	672,45
20	**211,3**	**9,648**	**215,5**	**490,8**	**48,08**	**673,38**

Zeichnen wir uns noch die Ergebnisse der Spalten 4, 5, 6, 7 in Abb. 171 auf.

Aus der Form der Wärmekurven erkennt man dann leicht folgendes:

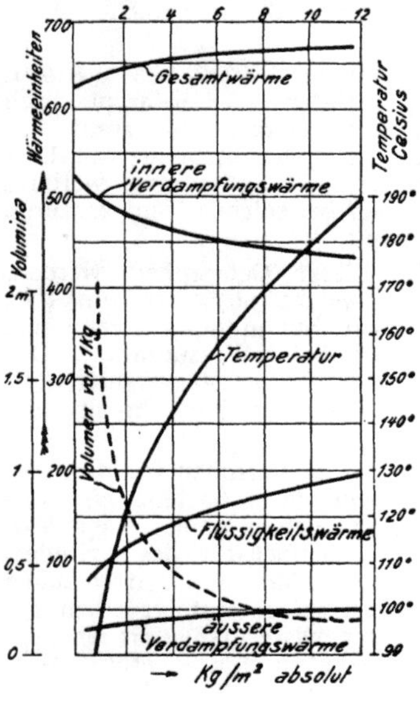

Abb. 171

1. Die **Flüssigkeitswärme** nimmt mit der Zunahme der Spannung verhältnismäßig rasch zu. Je höher die Spannung wird, um so mehr Wärme muß aufgewendet werden, um 1 kg Wasser von 0° in Wasser von der der betreffenden Dampfspannung zugehörigen Temperatur zu verwandeln.

2. Die **Raumbeschaffungsarbeit** sowie die dieser Arbeit entsprechende **äußere Verdampfungswärme** ist für alle Dampfspannungen nahezu gleich.

3. Die **innere Verdampfungswärme** nimmt mit Zunahme der Dampfspannung verhältnismäßig sehr stark ab.

4. Die **Gesamtwärme,** welche nötig ist, um 1 kg Wasser von 0° C in gesättigten Dampf von irgendeiner Spannung oder Temperatur zu überführen, nimmt mit der Spannung nur außerordentlich wenig zu. Um z. B. aus 1 kg Wasser von 0° C 1 kg Dampf von 3 at abs. zu erzeugen, braucht man insgesamt 652 WE. Um Dampf von 10 at abs. daraus zu erzeugen, braucht man nur 666 WE, also nur um 2% mehr. **Gerade dieses letztere Ergebnis ist für Dampfmaschinen von außerordentlicher Wichtigkeit und bringt Dampf von hoher Spannung zu großem Vorteil.** Der besonderen Wichtigkeit dieser Verhältnisse für den gesamten Dampfmaschinenbetrieb wegen wollen wir die Sache noch einmal wiederholen:

a) **Gesamtwärme λ** des Wasserdampfes bei 1° ist seine **Wärmemenge über 0°**, d. h. die Wärme, die

1 kg Wasser von 0° in **1 kg gesättigten Dampf von t^0**

verwandelt.

Für 100° C ist λ_{100} = **639,7 cal.**

Davon ist:

b) **Flüssigkeitswärme q** jene Wärmemenge, die

1 kg Wasser von 0°

auf t^0 erhitzt. Sie ist etwas mehr als für jeden Grad 1 cal.

c) Die totale **Verdampfungswärme r** ist jene Wärmemenge, die

1 kg Wasser von t^0

ohne weitere Erwärmung verdampft.

Bei der Verdampfung wird 1. die Kohäsion der Moleküle überwunden und 2. äußere Arbeit bei der Volumvergrößerung, also Raumbeschaffungsarbeit geleistet.

Sie zerfällt daher in die

cc) **innere Verdampfungswärme** ϱ, die nur zur Überwindung der Kohäsion erforderlich (innere Arbeit) und in

dd) **äußere Verdampfungswärme** apu, die zur Überwindung des äußeren Druckes p auf dem Wege u verbraucht wird (äußere Arbeit).

Denken wir uns, 1 kg Wasser von 100° stehe auf dem Boden eines Zylinders von 1 m² Grundfläche, so steht es 1 mm hoch. Verwandelt es sich in Dampf, so werden daraus 1,650 m³, denn

1 Liter Wasser von 100° C gibt rund 1650 Liter Dampf.

Bei der Ausdehnung überwindet es den Luftdruck $p = 10\,333$ kg auf dem Wege $u = 1{,}649$ m.

Die geleistete äußere Arbeit gibt

$$10\,333 \cdot 1{,}649 : 427 = \text{rund } 40 \text{ Kalorien.}$$

Merke also:

Gesamtwärme λ

Flüssigkeitswärme q — **Verdampfungswärme r**

innere ϱ — äußere apu

Dampfwärme i (= Flüssigkeitswärme q + innere ϱ)

für 100° sind die entsprechenden Zahlen

$$\lambda_{100} = 639{,}7$$

$$q_{100} = 100{,}5 \qquad r_{100} = 539{,}2$$

$$\varrho_{100} = 498{,}8 \qquad A_{pu\,100} = 40{,}4$$

$$i_{100} = 599{,}3.$$

[167] Verdampfungsfähigkeit eines Kessels.

Wir haben schon unter [81] erwähnt, daß man auch bei gleicher Heizfläche mit ganz verschiedener Wirtschaftlichkeit heizen kann. In einem Dampfkessel von z. B. 10 m² Heizfläche kann man in einer Stunde — theoretisch wenigstens — fast jede beliebige Menge Dampf von einer bestimmten Spannung erzeugen, wenn man dafür sorgt, daß das verdampfte Wasser immer durch neues ersetzt wird. Je mehr Dampf man in der Stunde mit einem Kessel von der Heizfläche von 10 m² erzeugen will, ein um so lebhafteres Feuer muß man anwenden, um so mehr Wärme wird aber auch anderseits wieder ungenützt aus der ganzen Kesselanlage entweichen, da eben die Heizgase nur in ihrem heißesten Zustande ausgenützt werden und mit hoher Temperatur und daher auch mit hohem Wärmegehalte aus dem Schornsteine ins Freie entweichen. Erzeugt man dagegen mit dem Kessel von 10 m² Heizfläche nur wenig Dampf in der Stunde, so genügt ein verhältnismäßig schwaches Feuer, die Verdampfung geht langsam vor sich, aber die Heizgase entweichen dafür auch mit verhältnismäßig niedriger Temperatur und daher auch mit geringem Wärmegehalte. Die Wärme der Heizgase, mit andern Worten die in dem Brennstoffe steckende Wärme wird besser ausgenützt, man hat dann eine wirtschaftlich vorteilhafte Dampfkesselanlage. Weiß man nun die Anzahl der Kilogramm Wasser, welche man im Durchschnitt mittels 1 m² Heizfläche in einer Stunde wirtschaftlich verdampfen kann (mittlere Heizflächenbeanspruchung), so kann man auch sofort durch eine höchst einfache Rechnung die Größe des Kessels bestimmen, den man für einen bestimmten Zweck, z. B. für eine bestimmte Dampfmaschine nötig hat.

Es liege z. B. die Aufgabe vor, für eine Dampfmaschine von einer Leistung von 100 PS die Größe des erforderlichen Dampfkessels zu bestimmen.

Der Konstrukteur der Dampfmaschine hat Gewähr dafür geleistet, daß die Maschine für jede PSst nicht mehr als 8 kg Dampf verbraucht, mithin in jeder Stunde $8 \cdot 100 = 800$ kg Dampf erzeugt. Weiß man nun, daß man bei der in Aussicht genommenen Kesselart mit 1 m² Heizfläche in der Stunde durchschnittlich etwa 16 kg Wasser verdampfen kann, so muß also der Kessel, welcher den Dampf für die genannte Maschine liefern soll, eine Heizfläche $\frac{800}{16} = 50$ m² haben.

Nach den oben angestellten Berechnungen ist es klar, daß man mit dem eben berechneten Kessel nicht nur gerade 800, sondern ebensogut 500 wie 1200 kg Dampf in der Stunde wird erzeugen können. Will man nur 500 kg Dampf haben, mit jedem m² Heizfläche also um $\frac{500}{50} = 10$ kg Dampf in der Stunde, dann hält man das Feuer auf dem Roste niedrig und hat dann gleichzeitig den Vorteil, daß man die in dem Brennstoffe, z. B. Kohlen, enthaltene Wärme vorzüglich ausnützt (man sagt, der Kessel wird **stark geschont**) oder anders ausgedrückt, daß man mit 1 kg Kohle mehr Wasser verdampft, als wenn man 800 kg Dampf in der Stunde erzeugt. Umgekehrt! Will man mit dem Kessel stündlich 1200 kg Dampf erzeugen, also mit jedem m² Heizfläche $\frac{1200}{50} = 24$ kg in der Stunde, so muß das Feuer auf dem Roste hochgehalten werden, d. h. man muß viel Kohle aufschütten. Dadurch bekommt man zwar mehr Dampf in der Stunde, muß aber den Nachteil in Kauf nehmen, daß man die in den Kohlen steckende Wärme schlecht ausnützt, also mit jedem kg Kohle viel weniger Wasser verdampft, den Kessel also **sehr anstrengt.**

Will man bei einem bestimmten Kessel mit 1 kg Kohle viel Wasser verdampfen, dann verdampft jeder m² Heizfläche nur wenig Wasser, **der Kessel wird geschont.** Wählt man als Brennstoff mittelgute Steinkohle, so kann man annehmen, daß man bei einem halbwegs guten Kessel mit 1 kg Kohle bei regelrechtem Betrieb etwa 7 kg Wasser verdampft. Man spricht dann von einer siebenfachen Verdampfung. Bei schonendem Betriebe geht man auf eine achtfache, bei sehr angestrengtem Betriebe auf eine sechsfache Verdampfung über.

Man erhält dann folgende Ergebnisse:

Will man mit 1 kg Kohle verdampfen: **6, 7, 8** kg Wasser,

dann kann man pro m² Heizfläche verdampfen: **24, 16, 10** kg Wasser.

[168] Trockener und nasser Dampf.

Neben Festigkeit und genügender Größe hat ein guter Dampfkessel noch eine weitere wichtige Forderung zu erfüllen: Er soll möglichst trockenen Dampf liefern, es soll möglichst vermieden werden, daß kleinere oder größere Wassertröpfchen, die sich beim Aufwallen des Wassers im Kessel bilden, von dem strömenden Dampfe mitgerissen werden und als Wasser in die Leitung und in die Maschine gelangen, wo es in mehrfacher Beziehung schädlich ist: Zunächst ist Wasser praktisch unzusammendrückbar. Sammelt es sich daher an einzelnen Stellen in größerer Menge in der Dampfleitung an, so kann es den Durchschnittsquerschnitt des Dampfes verengen und dann, plötzlich mitgerissen, zu heftigen **Schlägen** in der Leitung Anlaß geben. Es kann schließlich in beträchtlichen Mengen in den Zylinder der Dampfmaschine gelangen, den Zwischenraum zwischen Zylinderdeckel und dem in seiner äußersten Stellung stehenden Dampfkolben vollständig ausfüllen und so den ganzen Zylinderdeckel herausschlagen. Ganz abgesehen davon ist **nasser Dampf** auch vom wärmetheoretischen Standpunkte verwerflich. Man hat sich nur zu vergegenwärtigen, daß, wenn z. B. in einem Dampfkessel Dampf von 5 at abs. erzeugt wird, nicht nur der Dampf, sondern auch das Wasser eine Temperatur von 151^0 hat. Mindestens ist die zur Erwärmung dieses Wassers aufgewendete Wärme so gut wie verloren. Im allgemeinen wird sich das vermeiden lassen, wenn man den Wasserinhalt so groß als möglich wählt. Befindet sich nur wenig Wasser im Kessel, so wird die Verdampfung eine sehr lebhafte sein müssen, um die in der Stunde erforderliche Dampfmenge zu erzeugen. Das Wasser wallt infolgedessen sehr stark, und die sich bildenden Wassertropfen können dann leicht in den strömenden Dampf mitgerissen werden. Trotzdem wird man unter Umständen Kessel mit kleinem Wasserinhalt, also mit einer im Verhältnis zum Wasserinhalt großen Heizfläche bauen müssen, wenn man sehr viel Dampf braucht und wenig Platz hat wie bei Dampffeuerspritzen.

Am besten ist es, den Dampf zu überhitzen, der auch im Dampfmaschinenbetrieb als **Heißdampf** eine große Rolle spielt. Die konstruktive Anordnung des Überhitzers ist bereits in [82] erwähnt.

Derartige Überhitzer können aber auch wie die Kessel in eine Mauerung eingeschlossen und mit einer eigenen Feuerung versehen werden. Es wird dann der Dampf aus beliebig vielen Kesseln gesammelt und durch einen solchen Zentralüberhitzer geleitet, wo seine Temperatur auf jede praktisch erreichbare Höhe gebracht wird. Wenn nun auch diese Anordnung den Vorteil hat, die Überhitzung in jedem Augenblicke auszuschalten und gegebenenfalls den Überhitzer auszubessern, ohne den übrigen Kesselbetrieb zu stören, hat der Zentral überhitzer doch den Nachteil, daß, wenn er einmal ausgeschaltet werden muß, sofort der ganze Betrieb mit überhitztem Dampfe für alle Kessel aufhört.

Übrigens ist es ein Irrtum, zu glauben, daß eine Überhitzung des Dampfes erst eintreten kann, wenn der Dampf nicht mehr mit seiner Flüssigkeit in Berührung steht. Nun kann aber der Druck im Überhitzer niemals größer werden als im Dampfkessel. Bei einer an allen Stellen gleichmäßigen Wärmezuführung wäre eine Überhitzung wirklich nicht möglich, wenn der Dampf noch mit seiner Flüssigkeit in Verbindung steht. Hier handelt es sich aber nur um eine Überhitzung an einzelner Stelle des Dampfraumes, die ebenso möglich sein muß wie das Abschmelzen eines Stückes Zinn, ohne die ganze Stange Zinn auf die Schmelztemperatur zu erhitzen.

Aufgabe 54.

[169] *Ein Injektor saugt stündlich 600 kg Wasser von 20⁰ C an und preßt dasselbe in einen unter 8 at Überdruck stehenden Kessel. Wie viel kg Dampf von 8 at Überdruck werden stündlich verbraucht, wenn das Wasser mit 60⁰ C in den Kessel tritt.*

Verbraucht werden x kg Dampf von 9 at abs., die sich bei der Mischung im Injektor in x kg Wasser von 60^0 C verwandeln.

x kg Dampf von 9 at abs. enthalten an Wärme (über 0^0). $x \cdot \lambda = x \cdot 664{,}9$ Kal.

Anderseits enthalten 600 kg Wasser von 20^0 die Wärmemenge (über 0^0) $600 \cdot 20$ Kal. Daraus

$$600 \cdot 20 + x \cdot 664{,}9 = (600 + x)\, 60$$

daraus $x \backsim$ **40 kg** stündlich ohne Berücksichtigung der Verluste.

Aufgabe 55.

[170] *Um wieviel vergrößert sich 1 m³ Dampf von 9 at Überdruck, wenn er auf 350 ⁰C erhitzt wird?*

Bei gleichbleibendem Dampfdruck verhält sich $V_1 : V_2 = T_1 : T_2$. Da $V_1 = 1\ \text{m}^3$, $T_1 = 273 + 178{,}9 = 451{,}9$, $T_2 = 273^0 + 350 = 623$, folgt $V_2 = 1{,}38\ \text{m}^3$. Der Dampf vergrößert sein Volumen um **38%**; in Wirklichkeit noch stärker ($\backsim 45\%$). Berücksichtigt man die Erzeugungswärme, so kann man nach Versuchen von Linde mit derselben Erwärmungsmenge nur ein um 29% größeres Quantum überhitzten Dampfes von 350^0 und 10 at Druck als gesättigten Dampf gleichen Druckes erzeugen.

Aufgabe 56.

[171] *Ein Dampfkessel enthalte 10000 kg Wasser und 15 kg Dampf. Der Kesseldruck betrage 9 at abs.*

a) Wieviel Wärme wird verfügbar, wenn der Druck infolge plötzlicher Dampfentnahme um ½ at sinkt?

b) Wieviel kg Dampf bilden sich, wenn während der sofort eintretenden Nachverdampfung der Druck auf 8½ at abs. stehen bleibt.

a) Fällt der Druck von 9 at auf $8\frac{1}{2}$ at abs., so werden frei aus dem Wasser

$$10000\,(q_9 - q_{8,5}) = 10000\,(176{,}8 - 174{,}3) = 25000 \text{ Kal.},$$

aus dem Dampf $15\,(\lambda_9 - \lambda_{8,5}) = 15\,(664{,}9 - 664{,}2) = 10{,}5$ Kal.

Aus Wasser und Dampf werden also zu neuer Dampfbildung frei $25000 + 10{,}5 =$ **25010,5 Kal.**

b) Zur Bildung von 1 kg Dampf von $8\frac{1}{2}$ at abs. aus Wasser, welches bereits die dem Drucke von $8\frac{1}{2}$ at abs. enthaltende Flüssigkeitswärme besitzt, sind erforderlich $r_{8,5} = 489{,}9$ Kal. Demnach erzeugt die oben frei gewordene Wärmemenge $25010{,}5 : 489{,}9 \sim$ **51 kg** Dampf von 8,5 at abs.

Aus der Rechnung ergibt sich die große Bedeutung, die dem Wasserinhalt eines Dampfkessels als Wärmespeicher zukommt. Bei Betrieben mit stark wechselnder Dampfentnahme sind also Kessel mit großen Wasserräumen (Walzenkessel, Flammrohrkessel) ein unbedingtes Erfordernis, **andernfalls treten bei plötzlicher Dampfentnahme sehr starke Druckschwankungen auf.**

Aufgabe 57.

[172] *Auf 1 m² Heizfläche (H) eines Flammrohrkessels werden 14 kg Dampf von 11 at Überdruck erzeugt. Die Speisewassertemperatur sei 28⁰. Wieviel kg Normaldampf liefert 1 m² H.*

11 at Überdruck entsprechen 12 at wirklichem Druck $t = 186{,}9$

$$\lambda = q + \varrho + A_{pu} = \mathbf{668{,}1\ Kal.}$$

Das entspricht einer Temperatur von 186,9⁰. Da die Speisewassertemperatur 28⁰, so bleibt

$$668^0 - 28^0 = 640^0 = \mathbf{640\ Kal.}$$

$$14 \cdot 640 = 639{,}3 \cdot x,$$

daraus $x =$ **14 kg** Normaldampf.

Aufgabe 58.

[173] *600 m³ Wasser sollen von 10⁰ auf 35⁰ C durch gesättigten Dampf von 9 at Überdruck erwärmt werden. Wieviel kg sind nötig.*

Zur Mischung sind nötig x kg Dampf von 10 at Druck. Diese verwandeln sich bei der Mischung in x kg Wasser von 35⁰ C. Diese x kg Dampf enthalten an Wärmeenergie $x \cdot 666{,}1$ Kal. Anderseits enthalten die 600 m³ Wasser von 10⁰ die Wärmeenergie (über 0⁰) $600000 \cdot 10 = 6000000$ Kal. Aus der Gleichung

Wärmemenge vor der Mischung = Wärmemenge nach der Mischung

$$6000000 + 666{,}1 \cdot x = (600000 + x)\,35,$$

wird $x =$ **23800 kg** Dampf.

[174] Lösungen der im zweiten Briefe unter [111] gegebenen Übungsaufgaben.

Aufgabe 42:

$$M_d = P \cdot R = 1000 \cdot 35 = 35000 \text{ kg/cm},$$

daher

$$35000 = \frac{\pi}{16} \cdot 120\, d^3$$

$$d = \mathbf{11{,}5\ cm.}$$

Aufgabe 43:

$$11{,}5 = \sqrt[3]{3000 \cdot \frac{N}{120}};\quad N = \mathbf{60{,}8\ PS.}$$

Aufgabe 44:

$$\tau = \frac{360000}{1000} \cdot \frac{50}{120} = \mathbf{150\ kg/cm^2.}$$

Da die auf der Welle sitzenden Gewichte nicht vollkommen ausgewuchtet werden können, bleibt stets eine, wenn auch kleine einseitige Fliehkraft bestehen.

[175] Übungsaufgaben.

Aufg. 59. Wieviel Dampf von 1 at braucht man, um 300 kg Wasser von 11° auf 28° C zu erwärmen, wenn dieser Dampf direkt aus dem Kessel in das Wasser strömt?

Aufg. 60. Ein Dampfkessel enthalte 2000 kg Wasser; er zerspringe bei 6 at. Wieviel Dampf wird sich durch das austretende Wasser in der Atmosphäre bilden? Unter Benützung der Tabelle von Zeuner in Bernoulli, „Handbuch für Maschinentechniker."

(Lösungen im 4. Briefe.)

ELEKTROTECHNIK

Als Ergänzung des im vorhergehenden Hefte behandelten 5. Abschnittes „Gleichstromdynamos und Motoren“ bringen wir einen Aufsatz von Herrn Professor Emil Stöckhardt, „Neuere Gleichstrommaschinen“, der unmittelbar vor [131] „Berechnungsvorgang“ studiert werden sollte.

Inhalt: Wir kommen jetzt und im nächsten Briefe zu den zwei wichtigsten Abschnitten der maschinellen Elektrotechnik, **dem Wechselstrom** und **den mehrphasigen Strömen, namentlich dem Drehstrom.** Möge der Leser diesen Abschnitten die ihnen gebührende Aufmerksamkeit schenken.

6. Abschnitt.

Neuere Gleichstrommaschinen.

Bearbeitet von Emil Stöckhardt, Elberfeld.

Da durch Gramme zwei Erfindungen anderer, die Ringwicklung von Pacinotti und das dynamoelektrische Prinzip von Werner v. Siemens, in seiner Maschine vereinigt worden waren, befand sich die Siemensfirma unter den Benachteiligten. Da diese Firma damals schon den Weltmarkt der Elektrotechnik stark mitbeherrschte, war die Erfindung eines besseren Ankers, der zugleich den beim Siemensschen Doppel-T-Anker verwendeten Gedanken weiterentwickelte, zwei ungefähr gegenüberliegende Leiter dadurch hintereinander zu schalten, daß man sie über die Stirnseite verband, die Aufrechterhaltung des führenden Standpunktes. Obgleich die Siemensschen Trommeln (v. Hefner-Alteneck) sehr sauber gewickelt waren, haftete der älteren Handwicklung doch der Fehler an, daß in den Stirnwulsten die Leiter aufeinandergepreßt wurden, was für die untersten am empfindlichsten war. Eine durchgeschlagene Trommel mußte deshalb gewöhnlich vollständig neu gewickelt werden. Wichtiger ist aber der große Vorzug der Trommel, daß sie den Ankerdurchmesser besser ausnutzt, weil die weite Bohrung, die dem Ringe zu eigen ist, wegfällt, das Ankereisen bei kleineren Maschinen also bis zur Achse ausgenutzt werden kann. Dadurch wurden Maschinen für bestimmte Leistung kleiner und billiger, was den Hauptausschlag für die heutige allgemeine Verwendung der Trommel nach Ablauf der Siemenspatente gegeben hat. Die störenden Wulste wurden etwa in den neunziger Jahren beseitigt, indem man Formspulen aufbrachte, die von vornherein unter Verwendung von entweder Evolventen oder Schraubenlinien so gestaltet waren, daß eine Stirnverbindung mit gleichmäßigem Abstand, gegebenenfalls sogar mit Zwischenraum an der benachbarten vorbeiführte. Dieser Gedanke wurde bald noch besser ausführbar gemacht, indem man die Wicklung auf dem Umfange in zwei Schichten anordnete, in einer Oberschicht und einer Unterschicht. Zu der Unterschicht gehörte an jeder Stirnseite die eine (etwa nach links laufende) Kurvenschar, zu der Oberschicht eine andere (in diesem Falle nach rechts laufende) Kurvenschar, Evolventen oder Schraubenlinien, wobei dann in der Mitte des Spulenkopfes ein kurzes Übergangsstück von der einen Schicht in die andere geformt wurde. So ließen sich die vorbereiteten Formspulen wie Schuppen übereinander legen, das Auswechseln einzelner Spulen nach Abnahme der Bänder (Bandagen) war möglich, und die anfänglich schwieriger herstellbare Trommel konnte nun leicht von vielen gewickelt werden. Es gehörte dazu nur, daß man die Wicklungsschritte kannte, d. h. man mußte wissen, über wieviel Spulenseitenteilungen erstreckt sich die Ankerspule und über wieviel dieser Teile die Kollektorverbindung. In Abb. 133 z. B. sind beide Wicklungsschritte, der vordere, die Einzelverbindung am Kollektor, und der hintere, die gerissen eingezeichnete Verbindung, je fünf. Diese gerissen eingezeichnete Verbindung ist hierbei das Bild für so viele Einzelverbindungen an jeder Stirnseite, als die Ankerspule Windungen hat. Diese gerissen eingezeichneten Linien bedeuten also die nun schuppenförmig übereinandergelegt zu denkenden Spulen, die kleinen Kreise am Umfange Querschnitte durch eine ganze Ankerspule. Die aus der Unterschicht herauskommenden zum Kollektorstab führenden Leiter werden in einer Kurvenschar unter der Unterschicht, die aus der Oberschicht herauskommenden zum Kollektor führenden Leiter in einer Kurvenschar über der Oberschicht angeordnet. Zwischen die Schichten legt man Preßspan. Die Spulenköpfe werden durch besondere Scheiben, die mit Isoliermitteln belegt sind, gestützt. Bänder rundum halten auch die Spulenköpfe zusammen.

Indem man nun auch noch zwei Spulenseiten, je eine der Unter- und eine der Oberschicht in eine gemeinsame, am äußeren Umfang offene Nute legt, bleiben zwischen den Nuten Zähne des Ankereisens stehen, die dem Anker von Haus aus eine sehr willkommene Einteilung geben. Bei dem bisher allein besprochenen Verfahren, zwei Spulenseiten in einer Nut unterzubringen, muß der Kollektor ebensoviele Stege haben, als das Ankereisen Nuten. Die Zähne werden, da die Nuten wegen der gleichmäßigen Verteilung der Leiter parallelwandig sein müssen, außen weit und innen eng. An der Zahnwurzel tritt also die größte magnetische Dichte (Induktion) auf (bis $B \backsim 20000$), die der magnetische Kreis aufweist. Das muß gerade hier geschehen, weil ein Abweichen von dieser hohen Dichte mit viel mehr Baustoffaufwand an der ganzen Maschine bezahlt werden müßte; auch hat das Vorzüge für die Stromwendung. Höher als mit $B = 20000$ läßt sich aber das Eisen nur mit unsinnigem, unmöglichem Aufwand von Amperewindungen magnetisieren. Indem nun Zähne aus Eisen sich bis zum äußeren Ankerumfang erstrecken, haben wir auch noch die Vorteile, erstens, daß der Anker widerstandsfähiger gegen äußere Eingriffe ist, d. h. Anker bis zu ziemlichen Durchmessern dürfen auf ebenes oder leicht der Rundung angepaßtes Holz gelegt werden, während glatte Anker nach dem Herausnehmen aus der Maschine schon bei geringen Durchmessern nur in Böcken liegend an der

Lagerfläche der Achse unterstützt werden dürfen; zweitens sind die Leiter dadurch, daß sie in Nuten liegen, gegen den Angriff der elektromagnetischen Kräfte bei dem Betrieb der Maschine besser geschützt, denn die Leiter glatter Anker würden hin- und herfedern, wenn sie von den Polflächen austreten und in die nächste Polfläche wieder eintreten. Hier aber greifen die elektromagnetischen Kräfte an den Zahnköpfen an.

Für die Verwendung der Formspulen eignen sich die mehrpoligen Anker besser als die zweipoligen, da die Stirnverbindungen kürzer werden, und da stets ein Teil der zuerst eingelegten Spulenseiten der Oberschicht herausgeklappt werden muß, wenn die letzten Spulen einer Wicklung eingelegt werden. Der Bruchteil der herauszuklappenden Spulenseiten wird um so geringer, je mehr Pole die Maschine hat. Die Ausladung der Stützscheiben für die Spulenköpfe wird ebenfalls um so geringer.

Die Anordnung nach Abb. 133 (III, 2) ist eine Wellenwicklung. Sie hat das Kennzeichen, daß die Spulen und die Kollektorverbindungen in demselben Sinne fortschreiten. Ist der hintere Wicklungsschritt y_1 und der vordere am Kollektor y_2, so ist der gesamte Wicklungsschritt $y = y_1 + y_2$, also in Abb. 133 $y = 5 + 5 = 10$ Spulenseitenteile. Bei der Anordnung zweier Spulenseiten in einer Nut, würde die Spule nur über $2\frac{1}{2}$ und die Kollektorverbindung über $2\frac{1}{2}$ (in Wirklichkeit über 2 und 3 oder 3 und 2) Zähne sich erstrecken, was für wirkliche Ausführung als viel zu grobe Einteilung große Nachteile mit sich bringen würde. Das Bild ist eben nur ein Schema. Besitzt man aber Z Zähne (oder Nuten) und K Kollektorstege rundum, so muß nach dem bisherigen zunächst $Z = K$ sein.

Damit eine Wellenwicklung möglich ist, darf sich nicht etwa nach einmaligem Umlaufen des Ankerumfanges die Wicklung in sich schließen, denn damit würde der Anker zu einem Kurzschluß geschaltet sein. Erstens müssen y_1 und y_2, wegen der Ober- und Unterschicht beides ungerade Zahlen, etwa um eine Polteilung (z. B. bei der 6poligen Maschine um $^1/_6$ des Ankerumfanges) weiterführen, zweitens aber auch so bemessen sein, daß nach Zurücklegen jeden Umfanges ein Schritt weiter getan ist, derart, daß dann, wenn die Wicklung sich schließt, mindestens zwei, bei mehrpoligen Maschinen aber auch entsprechend der Polzahl mehrere parallelgeschaltete Ankerzweige entstehen. Die brauchbaren Fälle werden nach der Arnoldschen Formel

$$p \cdot y = s \pm d$$

gefunden, in der p die Anzahl der Polpaare (bei der 6poligen Maschine $p = 3$), y den gesamten Wicklungsschritt in Spulenseitenteilen (bei der 6poligen Maschine Abb. 133 $y = 10$), s die gesamte Zahl der Spulenseiten rundum (bei Abb. 133 $s = 32$) bedeutet; d ist dann eine Differenz, die maßgeblich für die Schaltung des Ankers ist, indem sie auch zugleich die Zahl der parallelgeschalteten Zweige des Ankers ergibt. Es wird also für Abb. 133

$$3 \cdot 10 = 32 - 2,$$

d. h. man hat nach einmaligem Umfahren des Ankers von den vorhandenen Spulenseitenteilen noch zwei übrig, und das führt zu zwei parallelgeschalteten Ankerzweigen, womit an dieser sechspoligen Maschine die Spannung zwischen den Bürsten dreimal so hoch wird, als bei gleichem Fluß N pro Pol, bei gleicher Leiterzahl z rundum und bei gleicher Drehzahl n' an einer zweipoligen Maschine es der Fall sein würde. Es sei also für den Serienanker die EMK

$$E = 10^{-8} \cdot p \cdot N \cdot z \cdot n' \text{ Volt.}$$

Hätte man aber an einer sechspoligen Wellenwicklung 6 parallelgeschaltete Ankerzweige erreichen wollen, so hätte die Differenz $d = 6$ sein müssen; z. B. bei $y_1 = 11$, $y_2 = 11$ bei $s = 72$ Spulenseiten würde an der sechspoligen Maschine geworden sein:

$$3 \cdot 22 = 72 - 6;$$

wäre eine Differenz nicht 6 sondern z. B. 4 zum Vorschein gekommen, so wie das mit 70 Spulenseiten rundum der Fall sein würde, wenn alles andere gleichbliebe, so hätte diese Trommel nicht in obiger Weise für eine sechspolige Maschine verwendet werden können; auch hier ist die Teilung praktisch noch zu grob, um in die Wirklichkeit übergeführt werden zu können, dagegen ließe sich an eine Ausführung mit

$Z = 72$, $K = 72$, damit $s = 144$, bei $y_1 = 23$, $y_2 = 23$ und $p = 3$ denken, denn

$$3 \cdot 46 = 144 - 6;$$

das würde eine Trommel mit 6 parallelgeschalteten Ankerzweigen oder $a = 3$ parallelgeschalteten Ankerzweigpaaren ergeben. Die Formel der EMK lautet demnach vollständig:

$$E = \frac{p}{a} \cdot N \cdot z \cdot n' \cdot 10^{-8} \text{ Volt.}$$

Nur soviele Ankerzweige dürfen parallelgeschaltet sein, wie entsprechend der Polzahl der Maschine Sinn hat. Während oben der erste Fall einen Serienanker ergab, führt der zweite zu einer Parallelwicklung. Bei größeren Polzahlen ist jedoch auch noch die Möglichkeit gegeben, z. T. parallel, z. T. in Serie zu schalten; so kann eine Maschine mit 24 Polen nicht bloß 24 oder 2 Ankerzweige parallel schalten, sondern z. B. auch 4 Ankerzweige, wobei die Spannung aus der Hintereinanderschaltung sich gegen die Wirkung eines Poles versechsfacht, oder auch 8 Ankerzweige, wobei sich die Spannung gegen die Wirkung eines Poles verdreifacht (Serienparallelwicklung von Arnold).

Im Gegensatz zur Wellenwicklung steht die weniger häufige Schleifenwicklung, bei der der hintere Wicklungsschritt y_1 und der vordere y_2 in entgegengesetztem Sinne fortschreiten, meistens so, daß $y_1 - y_2 = 2$ als gesamten Wicklungsschritt y ergibt; sie führt zur Parallelschaltung so vieler Ankerzweige, als Magnetpole vorhanden sind, erfordert für bestimmte Spannung dadurch feinere und teurere Drähte, größeren Raumverlust für die Isolation, Besetzung aller elektrischen Pole am Kollektor mit Bürsten und sehr genaue Zentrierung des Ankers und Abgleichung der Amperewindungen der Magnetspulen auf gleiches N.

Die Zahl der Leiter jeder Ankerspule wird gleich groß gewählt. Das aus der Formel errechnete z muß eben entsprechend geändert werden, wobei ein Spielraum zum Erreichen der geforderten EMK in gewissen Grenzen durch die Zahl N der Kraftlinien pro Pol und der Drehzahl n' gegeben ist.

Es werden auch Maschinen hergestellt, an denen mehr als zwei Spulenseiten (4, 6 usw.) in einer Nut liegen. Das Verfahren, diese Spulenseiten aufeinanderfolgend abwechselnd in die Ober- und Unterschicht zu legen, wird dazu beibehalten. Häufig findet man auch Maschinen, in denen die zwei, drei usw. Spulenseiten derselben Schicht zu einem Spulenrahmen eingebandelt werden, der dann geschlossen in die zugehörigen Nuten kommt. Der Kollektor hat hierbei zwei, drei usw. mal so viele Stege als der Anker Nuten. Der Sinn ist, daß die Maschine durch die größere Zahl von Kollektorstäben, die zwischen den elektrischen Polen liegen, für größere Spannung geeignet wird. Elektrische Pole entstehen bei allen Maschinen an so vielen Stellen auf dem Kollektor, als die Maschine Magnetpole hat. Es brauchen aber bei Wellenwicklungen nicht alle diese Stellen mit Bürsten besetzt zu sein (vgl. Abb. 133), sondern sie werden nur dann alle besetzt, wenn es der Stromdurchgangsquerschnitt erfordert. Für die Besetzung nur zweier nebeneinanderliegender Stellen spricht bisweilen (z. B. bei Straßenbahnmotoren mit 4 Polen) die Zugänglichkeit nur von einer Seite. Es gibt auch Maschinen, an denen nur die eine Seite des Spulenrahmens alle zu ihm gehörenden Spulen in einem Bande vereinigt, während auf der Gegenseite ein Teil der Spulen in der einen, ein anderer Teil in der daneben angeordneten Nut liegt. Solche Maschinen können bessere elektrische Eigenschaften, z. B. günstigere Stromwendung, d. h. geringeres Kollektorfeuer haben. Diese Spulen müssen je nach der Zahl der Zähne, die sie überspringen, besonders geformt werden, werden auch vielfach in ganzer Länge einzeln eingebandelt, damit sie einzeln eingelegt werden können.

Die Belastungsgrenzen der elektrischen Gleichstrommaschinen sind gegeben durch die Erwärmung und das Kollektorfeuer. Seitdem man durch Einführung der Wendepole, die durch III, 2, S. 74, rechte Spalte verständlich werden, das Kollektorfeuer für Bürsten, die an einer Stelle sowohl für Motor- als auch Generatorbetrieb in jeder Belastungsstufe unverändert stehen bleiben können und müssen, nahezu ganz vermieden hat, ist praktisch die Erwärmungsgrenze maßgeblich, und man hat sogar Maschinen erzeugt, die mit festen Bürsten im Dynamo und Motorfalle bei einer so starken Wärmeentwicklung funkenlos arbeiten, daß man von künstlicher Lüftung Gebrauch machen kann, um die Temperatur der Maschine innerhalb der vorgeschriebenen Grenzen zu halten. Dazu werden entweder die Ankereisenbleche zu mehreren Packeten eingeteilt, die zwischen sich durch gekrümmte Distanzbleche, die schaufelförmig gebogen sind, durch die Innenöffnung des Ankereisens hindurch Luft anzusaugen gestatten, die das Ganze kühlt; oder man bringt besondere Ventilatoren an, die Luft durch die Maschine treiben, entweder über Kollektor und Anker sowie an den Magnetspulen vorbei (gewöhnlicher Lüftungstyp und gekapselt ventilierter Typ) oder man schickt die kühle Luft außen um das geschlossene Gehäuse, wenn schädliche Einflüsse durch die Kühlluft zu erwarten sind (Mantelkühlung).

7. Abschnitt.

Der Wechselstrom.

[176] Allgemeines.

Die Erklärung des Wortes **„Wechselstrom“** und eine einfache Vorrichtung zur Erzeugung solcher Ströme haben wir schon unter [117] kennen gelernt. Die Zeitdauer einer Umdrehung des Ankers heißt in diesem Falle die Zeitdauer einer Periode. Wir wollen sie in Zukunft stets mit T bezeichnen. Im allgemeinen nennt man die Zeitdauer einer **Periode** die Zeit, welche verstreicht, bis die in einer Spule induzierte EK nach Durchschreitung des Nullpunktes wieder den nämlichen Wert bei gleichem Vorzeichen erreicht.

Die **Anzahl der Perioden in einer Sekunde** ist bei zweipoligen Maschinen naturgemäß nur klein, da ja die Tourenzahl nicht allzuhoch getrieben werden kann. Leitet man aber einen Strom von sehr geringer Periodenzahl durch eine Glühlampe, so wird der Faden hell, bald dunkel leuchten, was nicht zu brauchen wäre. Ist dagegen die Anzahl der Perioden pro Sekunde sehr groß, so kann das Auge den Lichtschwankungen nicht mehr folgen, und es scheint dann der Faden mit konstanter Helligkeit zu brennen. Aus diesem Grunde **müssen Wechselstrommaschinen hohe Periodenzahlen** besitzen, **was sich,** ohne die Tourenzahl übermäßig zu erhöhen, **nur durch Vermehrung der Magnetpole erreichen läßt.**

Eine Periode ist vollendet, wenn die betrachtete Spule über dem nächsten gleichnamigen Pole angelangt ist. Die Zeitdauer einer Periode umfaßt daher bei der vierpoligen Maschine nur eine halbe Umdrehung, bei einer sechspoligen Maschine eine ⅓-Umdrehung, allgemein bei einer $2p$poligen Maschine nach $\frac{1}{p}$ Umdrehung, so daß die Gleichung

$$n \cdot p = \sim$$

die Zahl der Perioden/Sek. umfaßt.

$$T \cdot \sim (\text{Per./Sek.}) = 1$$
$$T \cdot n \cdot p = 1.$$

Der Mittelwert der elektromotorischen Kraft ist

$$e_m = \frac{(N_2 - N_1)}{\tau'} \xi \cdot 10^{-8}.$$

Hierin bedeutet ξ die Anzahl der Windungen auf einer Spule, τ' die Zeit, die erforderlich ist, um die Kraftlinienzahl N_1 in N_2 zu verwandeln. Bezeichnet N_0 das Maximum der Kraftlinien, welche die Spule einschließt, wenn sie gerade über dem Nordpole steht, so ist

$$N_1 = N_0.$$

Gelangt die Spule über den Südpol, so ist

$$N_2 = -N_0$$
$$N_2 - N_1 = -2\,N_0$$

folglich wird, abgesehen vom Vorzeichen,

$$e_m = \frac{2\,N_0 \cdot \xi}{\tau_1} 10^{-8}.$$

τ ist die Zeitdauer, welche die Spule braucht, um vom Nordpol zum Südpol zu gelangen, also $\tau = \frac{T}{2}$.

Aus früheren ist

$$\tau = \frac{T}{2} = \frac{1}{2\,n\,p},$$

so daß $$e_m = \frac{4\,N_0 \cdot \xi \cdot n\,p}{10^8} \text{ Volt}$$

wird. Besitzt aber die Maschine $2p$ Pole, so ist, weil $E_m = e_m \cdot 2\,p$,

$$E_m = \frac{8\,N_0 \cdot \xi \cdot n \cdot p^2}{10^8} \text{ Volt.}$$

Bei der Maschine in Abb. 100 waren die Magnete feststehend und der Anker beweglich angenommen. Die Wechselstrommaschinen haben nun den Vorteil, daß man die Magnete rotieren lassen kann und der Anker feststeht, wodurch sich die Wicklung des Ankers sehr sorgfältig isolieren läßt und man daher

Maschinen für sehr hohe Spannungen bauen kann (Abb. 173).

Die Magnete sind natürlich Elektromagnete, die ihre Erregung meist durch eine kleine Gleichstrommaschine erhalten, die entweder mit der Wechselstrommaschine gekuppelt oder von der Transmission angetrieben wird. Mit den Klemmen $+K$ und $-K$ wird der Wicklung der Erregerstrom zugeführt. Das zu den Schenkeln verwendete Eisen ist in der Regel massiv; jetzt setzt man meist die Schenkel

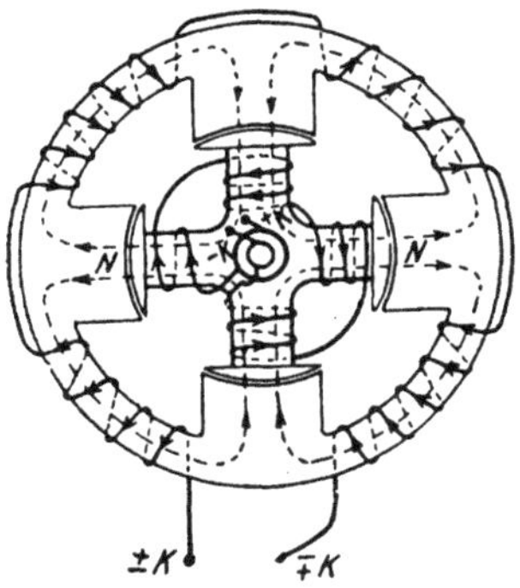

Abb. 173

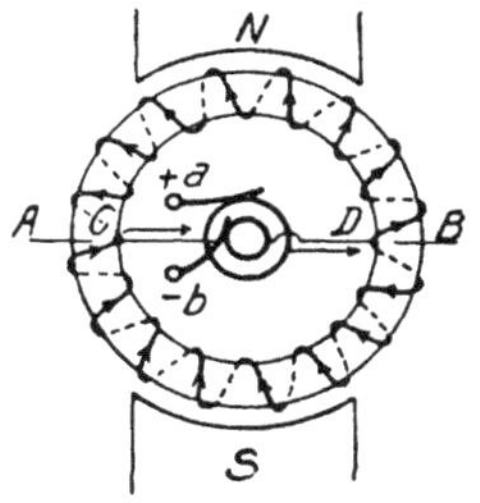

Abb. 174

aus schmiedeeisernen Blechscheiben zusammen, wodurch Wirbelströme vermieden werden. Das Ankereisen besteht stets aus Blechsegmenten, die mit versetzten Stößen unter Zwischenlage von Papier aufeinander geschichtet werden. Der äußere Stromkreis liegt zwischen den Klemmen $\pm K$. Jede Gleichstrommaschine läßt sich ebenfalls als Wechselstrommaschine benützen: man hat nur nötig, zwei gegenüberliegende Kollektorsegmente mit zwei Schleifringen zu versehen (Abb. 174).

[177] Die Gesetze des Wechselstromes.

a) Die für den konstanten Gleichstrom aufgestellten Gesetze (das Ohmsche Gesetz, die Gesetze der Stromzweigung, das Joulesche Gesetz) gelten auch für veränderliche Ströme, aber bei diesen nur für Zeitelemente, da für ein Zeitelement jeder veränderliche Strom als konstant betrachtet werden kann. Unsere Meßinstrumente zeigen jedoch Momentanwerte des Stromes nicht an, sie geben nur **Durchschnittswerte.**

Zum Messen der Stromstärke haben wir das **Dynamometer** kennen gelernt, bei welchem die Stromstärke bestimmt war durch die Gleichung

$$i = D \cdot \sqrt{\alpha}$$

$$\alpha = \left(\frac{1}{D}\right)^2 \cdot i^2 = C i^2,$$

d. h. **der Ausschlag des Instrumentes ist proportional dem Quadrate der Stromstärke.**

Ist die Stromstärke i eine veränderliche Größe, wie dies bei Wechselströmen der Fall ist, und ist die Stromstärke i', die als konstanter Gleichstrom das Instrument durchfließen müßte, um denselben Ausschlag α hervorzubringen, so besteht zwischen beiden Größen folgendes Verhältnis:

$$i'^2 = \frac{i_1^2 + i_2^2 + \ldots \; m \text{ Addenda}}{m} = \frac{\Sigma i^2}{m}.$$

Es mißt also das Dynamometer den Mittelwert aus den Quadraten der momentanen Stromstärke.

Zum Messen von Wechselstromspannungen eignen sich die **Hitzdrahtvoltmeter,** bei denen der Ausschlag des Zeigers ebenfalls proportional dem Mittelwert aus den Quadraten der momentanen Stromstärken ist. Da aber der Strom proportional der Spannung an den Klemmen des Instrumentes ist, zeigt das Instrument den Mittelwert aus den Quadraten der momentanen Spannungen an. Die gemessenenen Werte der Stromstärken bzw. Spannungen nennt man die **effektive Stromstärke** bzw. die **effektive Spannung.**

b) Bei Wechselströmen haben wir daher folgende Größen zu unterscheiden:

1. Die **Momentanwerte** der Stromstärke und Spannung, die wir mit i bzw. e bezeichnen wollen. Diese Werte verändern sich kontinuierlich, während einer Periode und sind nur für unendlich kleine Zeiten als konstant anzusehen.
2. Die **Maximalwerte** der Stromstärke und Spannung, die wir mit i_0, J_0, e_0 und E_0 bezeichnen werden.
3. Die **Mittelwerte** aus den Stromstärken und Spannungen, für die die Bezeichnung i_m, J_m, e_m und E_m gilt.
4. Die **effektiven Stromstärken und Spannungen** i_1, J_1, e_1 und E_1.

Die Beziehungen, die zwischen den unter 2, 3 und 4 genannten Größen herrschen, können erst bestimmt werden, wenn über die Gestalt der Kurve in Abb. 102 eine Annahme gemacht wird. Eine Annahme, die zu einfachen mathematischen Formeln führt, ist, daß die krumme Linie eine **Sinuslinie** von der Form $y = a \cdot \sin \alpha$ sei, was auch für die meisten Wechselstrommaschinen zutrifft.

a ist eine Konstante, und zwar der Höchstwert E_0 oder J_0. y stellt den Momentanwert e oder i vor, während

$$\alpha = \omega\, t \cdot = \frac{2\pi}{T} \cdot t = 2\pi \cdot \sim t$$

(t = Zeit, $\sim$ = Perioden pro Sekunde) ist.

c) **Konstruktion einer Sinuslinie** (Abb. 176): Auf einer geraden Linie, deren Verlängerung zweck-

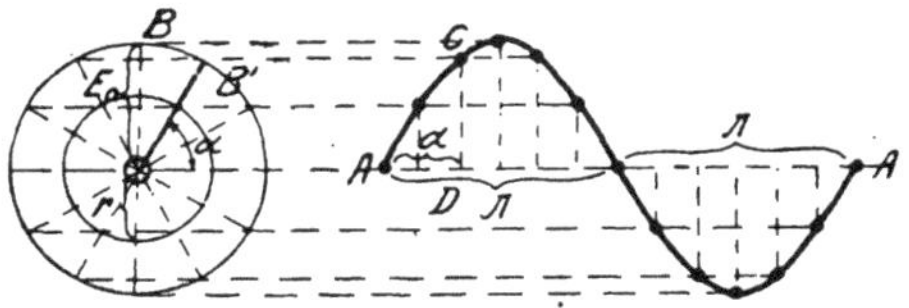

Abb. 175 Abb. 176

mäßig durch O geht, trage man von einem Punkte A aus den Umfang des Kreises mit dem Radius Eins auf und teile ihn in ebensoviele gleiche Teile wie den Kreis.

Die Senkrechten in diesen Teilpunkten mache man gleich den Projektionen der zugehörigen Radien auf eine durch O gehende Vertikale:

$$AD = \sphericalangle \alpha$$

$$CD = OB' \cdot \sin \alpha = E_0 \cdot \sin \alpha = E_0 \cdot \sin \omega t = e.$$

In den meisten Fällen werden wir uns die Darstellung der Sinuslinie ersparen und uns die EK nur darstellen als die Projektion eines Radius, den wir **Radiusvektor** nennen wollen. Statt der Ordinate CD der Sinuslinie begnügen wir uns mit der Projektion des Radiusvektors OB' auf OB und nennen diese Darstellung das **Vektordiagramm** (Abb. 175).

Wie schon erwähnt, wollen wir die Annahme machen, daß die EK, die unsere Wechselstrommaschine erzeugt, dem Sinusgesetze entspreche.

$$e = E_0 \cdot \sin \alpha$$

$$\alpha = \omega\, t = \frac{2\pi}{T} \cdot t = 2\pi \cdot \sim t.$$

Die Größe α bedeutet hier aber nur noch den Winkel, um welchen sich der Radiusvektor in der

Zeit t gedreht hat, so daß α mit dem Winkel, um den sich der rotierende Teil der Maschine in derselben Zeit drehte, nichts zu tun hat. Nur bei zweipoligen Maschinen stimmt der Drehungswinkel des rotierenden Teiles mit dem des Radiusvektors überein. Entsprechend dieser Definition des Winkels ω bedeutet bei mehrpoligen Maschinen ω auch nicht die Winkelgeschwindigkeit des rotierenden Teiles, sondern es ist ω die Winkelgeschwindigkeit des Radiusvektors OB'. Auf alle Fälle gilt aber die Gleichung:

$$\omega = 2\,\pi \cdot \sim.$$

[178] Beziehung zwischen dem Mittelwert und dem Maximalwert.

a) Wenn im folgenden von Mittelwerten gesprochen wird, so kann sich ein solcher Mittelwert nur auf eine halbe Periode beziehen, denn für die ganze Periode ist der Mittelwert offenbar gleich Null, weil ja die eine Hälfte aus positiven, die andere Hälfte aus ebenso großen negativen Ordinaten besteht.

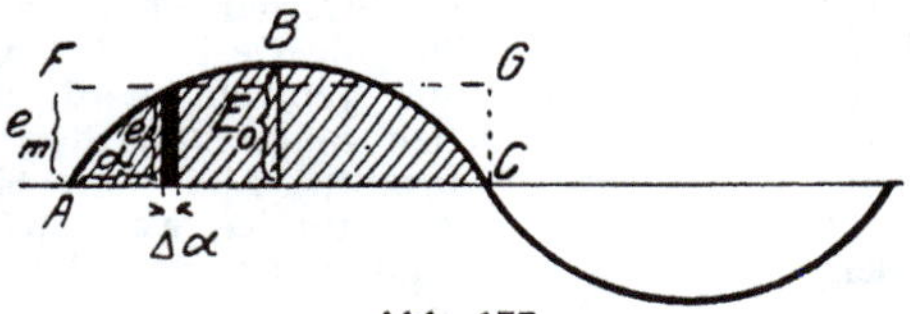

Abb. 177

b) Den Mittelwert für eine halbe Periode suchen, heißt offenbar nichts anderes als den Flächeninhalt $ABCDA$ (Abb. 177) in ein Rechteck $AFGC$ verwandeln, welches dieselbe Grundlinie AC besitzt. Die Höhe AF ist dann der gesuchte Mittelwert. Die Fläche $ABCDA$ zerlegen wir in lauter schmale Streifen, wovon der einzelne den Flächeninhalt $e \cdot \Delta\,\alpha$ haben wird.

Der Inhalt von $ABCDE$ wird also gleich sein der Summe aller dieser schmalen Streifen $= \sum_0^{\pi} e \times \Delta\,\alpha$.

Nach den Lehren der höheren Mathematik ist dieser Ausdruck gleich $2 E_0$ mithin

$$e_m \cdot \pi = 2\,E_0 \qquad e_m = \frac{2}{\pi} \cdot E_0,$$

d. h. der Mittelwert der elektromotorischen Kraft eines Wechselstromes ist ca. $^5/_8$ seines Höchstwertes. Dasselbe gilt vom Strom

$$i_m = \frac{2}{\pi} \cdot J_0.$$

[179] Beziehung zwischen effektivem Wert und dem Maximalwerte.

Der effektive Wert ist, wie vorhin ausgeführt, definiert durch die Formel

$$e_1{}^2 = \frac{\Sigma\, e^2}{m},$$

wo e die einzelnen Momentanwerte und m ihre Anzahl bedeutet.

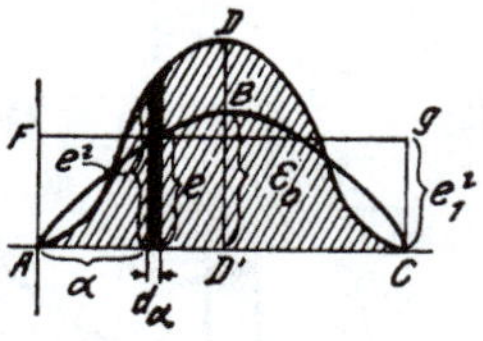

Abb. 178

Der Vorgang bei Berechnung der Effektivwerte ist derselbe wie bei den Mittelwerten. In Abb. 178 ist ABC die halbe Sinuslinie; die Kurve ADC wird dadurch erhalten, daß man ihr als Ordinaten die Quadrate der Ordinaten der Sinuslinie gegeben hat, z. B.

$$DD' = \overline{BD}^2 = E_0{}^2.$$

Dann ist die Höhe CG des Rechteckes $AFGC$, welches mit der Fläche der Kurve $ADCA$ flächengleich ist, das Quadrat des gesuchten Effektivwertes. Teilt man wie vorher $ADCA$ in lauter schmale Streifen, so ist

$$ADCA = \sum_0^{\pi} e^2 \cdot \Delta\,\alpha$$

$$e_1 = \frac{E_0}{\sqrt{2}},$$

d. h. der Effektivwert der elektromotorischen Kraft ist ca. $^5/_7$ seines Höchstwertes, also etwas größer als der Mittelwert. Auch hier ist

$$i_1 = \frac{J_0}{\sqrt{2}}.$$

Aufgabe 61.

[180] *Eine zwölfpolige Wechselstrommaschine macht 720 Touren pro Minute. Jede der 12 Spulen besteht aus 8 Windungen, die auf einen Eisenkern von 10 cm Durchmesser gewickelt sind. Die maximale Kraftliniendichte im Luftraume ist 5000. Welche mittlere elektro-motorische Kraft liefert die Maschine?*

Der Querschnitt des Leerzwischenraumes pro Pol ist

$$Q_e = 10^2 \cdot \frac{\pi}{4} = 78{,}5 \text{ cm}^2.$$

Die maximale Kraftlinienzahl

$$N_0 = 5000 \cdot 78{,}5 = 392500$$

$$\xi = 8; \quad n = \frac{720}{60} = 12; \quad p = 6$$

$$E_m = \frac{8 \cdot 392500 \cdot 8 \cdot 12 \cdot 6^2}{10^8} = \mathbf{108{,}5\ V.}$$

Die Anzahl der Perioden ist

$$\sim = n \cdot p = 12 \cdot 6 = \mathbf{72}.$$

Die Zeitdauer einer Periode ist $T = \frac{1}{72}$ Sekunde und die Winkelgeschwindigkeit des Radiusvektors

$$\omega = 2\,\pi \cdot \sim = 2\,\pi \cdot 72 = \mathbf{455}.$$

[181] Das Ohmsche Gesetz.

Verbindet man die Enden eines induktionsfreien Widerstandes, z. B. einer Glühlampe, mit den Klemmen einer Wechselstromquelle, so fließt zur Zeit t durch den induktionsfreien Widerstand r ein Strom i, der nach dem Ohmschen Gesetze

$$i = \frac{e}{r},$$

wo e die in diesem Augenblicke herrschende Spannung an den Enden des Widerstandes r bezeichnet. Quadriert man diese Gleichung und bildet auf beiden Seiten die Summe während einer halben Periode, so ist

$$\Sigma\, i^2 = \Sigma\, \frac{e^2}{r^2}$$

oder da r konstant ist

$$\Sigma\, i^2 = \frac{1}{r^2}\, \Sigma\, e^2.$$

Dividiert man beide Seiten durch die Zahl m der Addenden dieser Summe

$$\frac{\Sigma\, i^2}{m} = \frac{1}{r^2} \cdot \frac{\Sigma\, e^2}{m} \quad \Big| \quad i_1^2 = \frac{e_1^2}{r^2}$$

$$i_1 = \frac{e_1}{r}.$$

Bei induktionsfreiem Widerstande gilt das Ohmsche Gesetz auch für die effektiven Werte.

Verbindet man nun die Klemmen der Wechselstrommaschine mit den Enden einer Spule mit vielen Windungen (Induktionswiderstand), so erzeugt der zur Zeit t die Spule durchfließende Strom i eine elektromotorische Gegenkraft (Formel [72])

$$e_s = L \cdot \frac{\Delta i}{\Delta t},$$

wobei L eine Konstante bezeichnet, die von der Form und den Ausmaßen der Spule abhängig ist. Diese Größe L wird der Selbstinduktionskoeffizient genannt. Ist e_k die augenblicklich an den Klemmen herrschende Spannung, so ist die den Strom i hervorrufende Spannung e die Differenz zwischen der Klemmenspannung e_k und der elektromotorischen Gegenkraft e_s

$$e = e_k - e_s,$$

Da die Klemmenspannung dem Sinusgesetze folgt, so ist

$$e_k = E_0 \cdot \sin(\omega\, t),$$

oder

$$e = E_0 \cdot \sin(\omega\, t) - L \cdot \frac{\Delta i}{\Delta t}.$$

Durch R dividiert, gibt

$$\frac{e}{R} = i = \frac{E_0 \sin(\omega\, t)}{R} - \frac{L}{R} \cdot \frac{\Delta i}{\Delta t}.$$

Sieht man L als konstant an, was der Fall ist, wenn die Spule kein Eisen enthält und Wirbelströme in der Spule nicht auftreten können, so läßt sich diese Gleichung ausrechnen.

Um das auch ohne höhere Mathematik zu erreichen, lösen wir zunächst folgende Aufgabe:

Es sollen zwei elektromotorische Kräfte von gleicher Periode, aber verschiedener Phase, die beide dem Sinusgesetze folgen und die durch ihre Maximalwerte gegeben sind, a) addiert, b) subtrahiert werden. Es sei OA der Maximalwert der einen, OB der Maximalwert der andern elektrom. Kraft; so sind OA' und OB' deren Momentanwerte; ihre Summe $OA' + OB'$, d. i. OC' gleich der Projektion der Diagonale des um OA und OB konstruierten Parallelogrammes, das aus beiden Kräften gebildet wird (Abb. 179). Sollen die beiden EK OB und OA voneinander subtrahiert werden, so ist $OB' - OA' = A'B'$, d. h. die Differenz der Maximalwerte zweier EK, die einen Winkel miteinander bilden, ist die

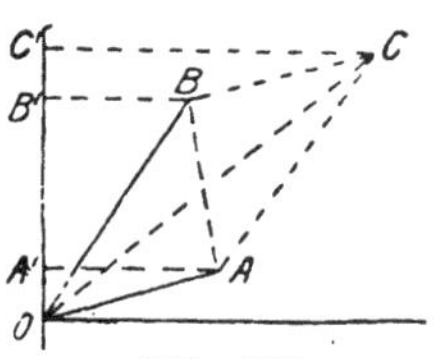

Abb. 179

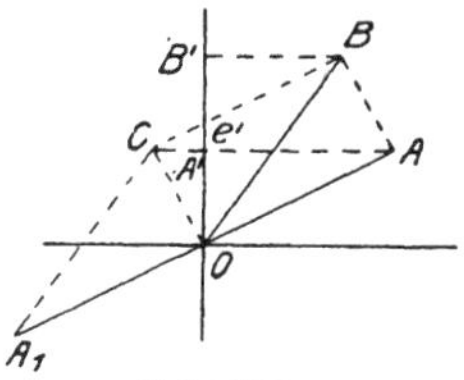

Abb. 180

dem Winkel gegenüberliegende Diagonale des Parallelogrammes, das aus den beiden EK gebildet wird. Man kann aber auch OB und $(-OA)$ addieren. Dann ergibt sich (Abb. 180) die Diagonale OC sofort als Radiusvektor im Diagramm. Nun gehen wir auf den Fall der Induktionsspule über, welchen Winkel wird die EK der Selbstinduktion mit der Stromstärke einschließen? Da nun der momentane Wert der EK der Selbstinduktion

$$e_s = L \cdot \frac{\Delta i}{\Delta t}$$

ist, so muß sich die SelbstinduktionsEK wie der cos desselben Winkels ändern, weil der Ausdruck $\frac{\Delta i}{\Delta t}$ einen cos darstellt. Die SelbstinduktionsEK erreicht darnach ihren Maximalwert, wenn dieser Kosinus = 0 wird, d. h. wenn i der Strom gleich 0 wird; die SelbstinduktionsEK wird 0, wenn der cos, also i seinen höchsten Wert erreicht hat, d. h. **im Vektordiagramm steht die Selbstind.-EK senkrecht auf der Stromstärke, und zwar eilt sie derselben um 90° voraus** (Abb. 181). Wird die Induktionsspule nun von einem Strome i durchflossen, so ist die EK e_s der Selbstinduktion in einem Zeitmomente der Klemmenspannung e_k gerade entgegengerichtet, so daß als wirksame Spannung e nur die Differenz beider auftritt, also

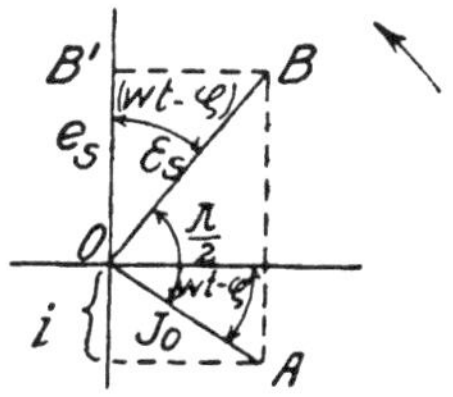

Abb. 181

$$e = e_k - e_s.$$

Die wirksame Spannung ist hier jene Spannung, die, durch den Widerstand R dividiert, die Stromstärke ergibt. Um die Momentanwerte geometrisch zu subtrahieren, ist der Maximalwert E_R der wirksamen Spannung e die Diagonale eines Parallelogrammes, dessen eine Seite der Maximalwert E_0 der Klemmenspannung, dessen andere Seite der Maximalwert $(-E_s)$ der Selbstinduktion ist. Außerdem ist in diesem Parallelogramm Bedingung, daß die Selbstinduktion auf der Richtung der Resultierenden E_R, das ist die Richtung der Stromstärke (Abb. 182), senkrecht steht. Denkt man sich das $\triangle\, AOB$ um O im entgegengesetzten Sinne des Uhrzeigers rotierend, so ist

$$OA' = e_k = E_0 \sin(\omega\, t)$$

der Momentanwert der Klemmenspannung und

$$OB' = e = E_R \cdot \sin(\omega\, t - \varphi),$$

oder da

$$i = \frac{e}{R} \text{ wird } i = \frac{E_R}{R} \sin(\omega t - \varphi) = J_0 \sin(\omega t - \varphi)$$

$$J_0 = \frac{E_R}{R}$$

Man sieht, daß die Stromstärke ihre Maxima und Nullwerte um $\sphericalangle \varphi$ später erreicht als die Klemmenspannung.

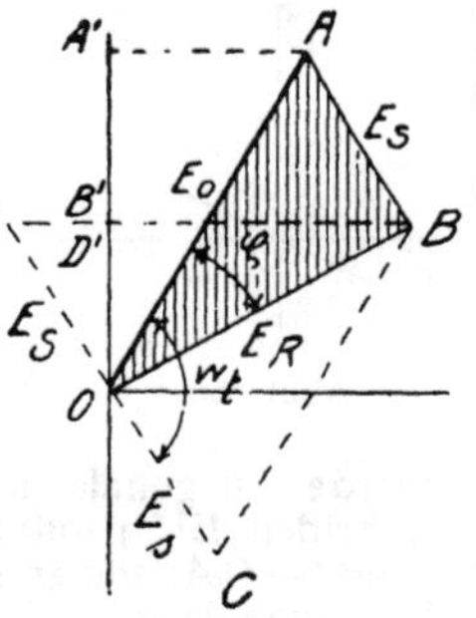

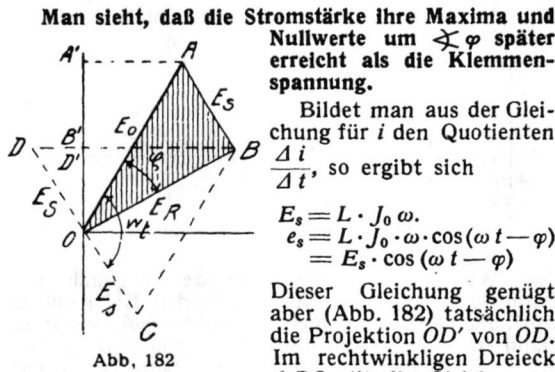

Abb. 182

Bildet man aus der Gleichung für i den Quotienten $\frac{\Delta i}{\Delta t}$, so ergibt sich

$$E_s = L \cdot J_0 \, \omega.$$

$$e_s = L \cdot J_0 \cdot \omega \cdot \cos(\omega t - \varphi) = E_s \cdot \cos(\omega t - \varphi)$$

Dieser Gleichung genügt aber (Abb. 182) tatsächlich die Projektion OD' von OD. Im rechtwinkligen Dreieck ABO gilt die Gleichung

$$E_R^2 + E_s^2 = E_0^2 \qquad E_R = J_0 \, R \qquad E_s = J_0 \cdot \omega \cdot L$$

folglich wird

$$J_0^2 \, R^2 + J_0^2 (\omega \cdot L)^2 = E_0^2$$

$$J_0 = \frac{E_0}{\sqrt{R^2 + (\omega \cdot L)^2}}.$$

Für die effektiven Werte heißt daher das **Ohmsche Gesetz des Wechselstromes**

$$\textbf{Stromstärke} = \frac{\textbf{Spannung}}{\textbf{scheinbarer Widerstand}},$$

wenn $\sqrt{R^2 + (\omega \cdot L)^2}$ der **scheinbare Widerstand oder Impedanz** genannt wird, während der Ausdruck $\omega \cdot L = 2\pi \cdot \sim L$ den Namen **Reaktanz** erhalten hat.

Dieser scheinbare Widerstand läßt sich aus Abb. 182 leicht aus den bekannten Größen E_R und E_s (dividiere E_0 durch J_0) konstruieren:

$$R_I = \sqrt{R^2 + (2\pi \sim L)^2}.$$

Wir haben uns bisher die Induktionsspule als den äußeren Stromkreis einer Wechselstromquelle gedacht. Alles behält aber auch seine Richtigkeit, wenn wir unter der betrachteten Spule den Anker der Wechselstrommaschine selbst verstehen, deren äußerer Stromkreis aus einem induktionsfreien Widerstande gebildet wird. Wird dem Anker kein Strom entnommen, so entsteht in den Windungen desselben eine elektrom. Kraft vom Maximalwerte

$$E_0 = \frac{\pi}{2} \cdot \frac{8 \, N_0 \, \xi \cdot p^2 \, n}{10^8} \text{ Volt.}$$

Wird aber dem Anker Strom entnommen, so entsteht in den Windungen die SelbstinduktionsEK, deren Maximalwert E_s sei und der elektrom. Kraft E_0 entgegenwirkt. Beide setzen sich zu der wirksamen elektrom. Kraft E_r zusammen, die, durch den Widerstand R des ganzen Stromkreises dividiert, den erhaltenen Strom gibt (Abb. 182).

Der Selbstinduktionskoeffizient ist eine jedem Leiter eigentümliche und meßbare Größe. Als Einheit hierfür gilt das **Henry.**

Diesen Selbstinduktionskoeffizienten 1 (ein **Henry**) besitzt derjenige Leiter, in dem bei der Stromänderung von 1 Ampere in der Sekunde eine Spannung von 1 Volt entwickelt wird.

In folgender Aufgabe soll gezeigt werden, wie man den Selbstinduktionskoeffizienten bestimmen kann.

Aufgabe 62.

[182] *An eine Wechselstromquelle von 15 Volt und 40 Perioden wird eine Spule angeschlossen. Der durch die Spule fließende Strom wurde mit einem Dynamometer zu 2,5 A bestimmt. Der mit einer Meßbrücke und Gleichstrom gemessene Widerstand der Spule betrug 2,5 Ω.*

Wie groß ist a) der scheinbare Widerstand der Spule, b) ihr Selbstinduktionskoeffizient?

Aus $i' = \frac{e'}{R'}$ folgt $R' = \frac{e'}{i'} = \frac{15}{2{,}5} = 6 \, \Omega$ **der scheinbare Widerstand.**

Der scheinbare Widerstand

$$R' = \sqrt{R^2 + (\omega L^2)}$$

$$\omega L = \sqrt{R'^2 - R^2} = \sqrt{6^2 - 2{,}5^2} = \sqrt{29{,}75}$$

$$\omega = 2\pi \cdot \sim = 2\pi \cdot 40 \text{ und}$$

$$L = \frac{\sqrt{29{,}75}}{2\pi \cdot 40} = \mathbf{0{,}0217 \text{ Henry.}}$$

Aufgabe 63.

[183] *Durch eine Induktionsspule von 3 Ω Wechselstrom und einen Selbstinduktionskoeffizienten 0,01 Henry fließt ein Wechselstrom von 4 A. Welche Spannung herrscht an der Klemme der Spule, wenn der Wechselstrom 50 Perioden besitzt?*

$$R' = \sqrt{R^2 + (\omega \cdot L)^2} = \sqrt{3^2 + (2\pi 50 \cdot 0{,}01)^2} = 4{,}35 \, \Omega.$$

$$e' = i' \cdot R' = 4 \cdot 4{,}35 = \mathbf{17{,}40 \text{ Volt.}}$$

Aufgabe 64.

[183a] *Eine Wechselstrommaschine soll bei 15 A Strom im äußeren induktionsfreien Widerstande eine Klemmspannung von 2100 V besitzen. Die elektromot. Kraft der Selbstinduktion soll bei 15 A Strom 30% der Klemmenspannung ausmachen. Der Widerstand des Ankers beträgt 7 Ω.*

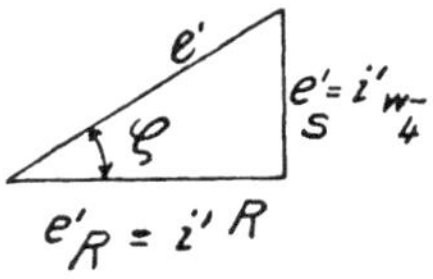

Abb. 183

Gesucht sind:

a) die E.K. bei stromlosem Anker,
b) der Selbstinduktionskoeffizient der Maschine bei 70 Perioden,
c) der Phasenverschiebungswinkel zwischen Elektr. K. und Stromstärke.

a) Die wirksame elektromot. Kraft folgt aus

$$e'_R = e'_K + i' r_E = 2100 + 15 \cdot 7 = 2205 \text{ V}.$$

Abb. 183 liefert weiters

$$e'^2 = e'^2_R + e'^2_S.$$

Nun ist

$$e'_S = \frac{30 \cdot 2100}{100} = \mathbf{630\ V.}$$

$$e'^2 = \overline{2205}^2 + \overline{630}^2$$

$$e' = 2290 \text{ V}.$$

b) $e_S' = i' \cdot \omega \cdot L.$

$$L = \frac{e_S'}{i' \cdot \omega} = \frac{e_S'}{i' \cdot 2\pi \cdot 70} = \frac{630}{15 \cdot 2\pi \cdot 70} = \mathbf{0{,}0957} \text{ Henry.}$$

$$\frac{e_S'}{e_R'} = \operatorname{tg} \varphi = \frac{630}{2205} = 0{,}286.$$

$$\varphi = \mathbf{16^0.}$$

[184] Die Arbeit des Wechselstromes.

Bezeichnet e_k die Klemmenspannung einer Induktionsspule zur Zeit t und i die zugehörige momentane Stromstärke, so ist

$$e_k \cdot i \cdot \Delta t$$

die während der Zeit Δt in der Spule geleistete Arbeit.

Der Effekt des Wechselstromes ist offenbar der Mittelwert aus den Effekten der momentanen Spannungs- und Stromwerte

$$L = \frac{\Sigma e i}{m}.$$

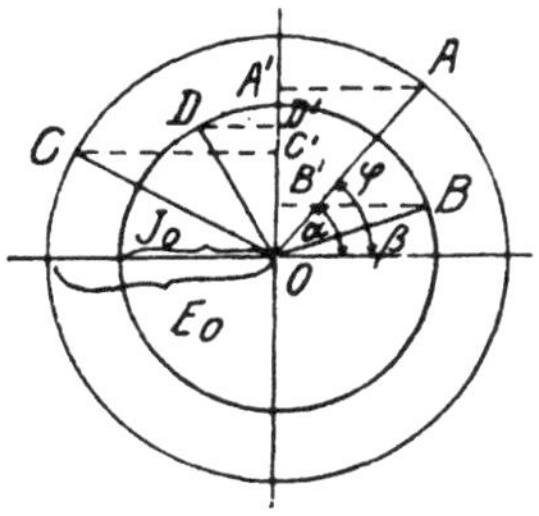

Abb. 184

Sind in dem Vektorendiagramm der Abb. 184 die Radien OA und OC konjugierte Werte der maximalen Klemmenspannung und ebenso OB und OD konjugierte Werte der maximalen Stromstärke,

so ist $\quad OA' = OA \cdot \sin\alpha = E_0 \cdot \sin\alpha$

$\quad OB' = OB \cdot \sin\beta = J_0 \cdot \sin\beta.$

I. $\mathbf{OA' \cdot OB' = E_0 \cdot J_0 \cdot \sin\alpha \cdot \sin\beta}$

für die konjugierten Momentanwerte

$$OC' = OC \cdot \sin(\alpha + 90^0) = E_0 \cos\alpha$$
$$OD' = OD \cdot \sin(\beta + 90^0) = J_0 \cos\beta.$$

II. $\mathbf{OC' \cdot OD' = E_0 \cdot J_0 \cdot \cos\beta \cos\alpha.}$

I. + II.) $OA' \cdot OB' + OC' \cdot OD' = E_0 \cdot J_0 (\sin\alpha \cdot \sin\beta + \cos\alpha \cos\beta)$
$= E_0 J_0 \cos(\alpha - \beta) = E_0 J_0 \cdot \cos\varphi.$

In dem Ausdrucke $\Sigma e i$ gibt es daher immer zwei Addenden, deren Summe $E_0 J_0 \cdot \cos\varphi$ ist, demnach

$$\Sigma e \cdot i = \frac{m}{2} \cdot E_0 J_0 \cdot \cos\varphi$$

$$L = \frac{\Sigma e i}{m} = \frac{E_0 J_0}{2} \cdot \cos\varphi = \mathbf{e' i' \cdot \cos\varphi,}$$

weil

$$e' \cdot = \frac{E_0}{\sqrt{2}} \text{ und } i' = \frac{J_0}{\sqrt{2}}.$$

Wir erkennen aus der Formel $L = e' i' \cos\varphi$, daß der Effekt nicht durch eine Spannungs- und Strommessung bestimmt werden kann, sondern daß wir uns anderer Methoden bedienen müssen. Das einfachste und beste Instrument zur Messung der Leistung ist das **Wattmeter,** siehe I. Fachband, Abb. 915.

Ist der Selbstinduktionskoeffizient der beweglichen Spule klein und der Widerstand der zweiten Spule groß, so kann die Selbstinduktion der Spule vernachlässigt werden und die Konstante D in Formel $L = D \cdot \alpha$ (Torsionswinkel) gibt dann für Gleich- und Wechselstrom denselben Wert. Dieser Bedingung entsprechen die meisten Wattmeter der Praxis.

Aufgabe 65.

[185] *Durch eine Induktionsspule wird ein Wechselstrom von 50 Perioden und 3 A geschickt, der an den Klemmen eine Spannung von 24 V hervorruft. Der Widerstand der Spule beträgt 2 Ω.*

Gesucht wird

a) der scheinbare Widerstand, b) der Selbstinduktionskoeffizient, c) der Kosinus des Phasenverschiebungswinkels, d) der in der Spule verbrauchte Effekt.

a) $R' = \frac{e'}{i'} = \frac{24}{3} = 8\,\Omega;$

b) $R' = \sqrt{R^2 + (\omega L)^2}\,; \quad \omega L = \sqrt{R'^2 - R^2} = \sqrt{8^2 - 2^2} = 7{,}74$

$$L = \frac{7{,}74}{2\pi \cdot 50} \cdot = 0{,}0246\ \text{H}.$$

c) $\cos\varphi = \frac{R}{R'} = \frac{2}{8} = \frac{1}{4};$

d) $L = e' \cdot i' \cos\varphi = 24 \cdot 3 \cdot \frac{1}{4} = 18$ **Watt.**

[186] Hintereinanderschaltung zweier Induktionsspulen.

Von einer Wechselstromquelle fließt ein Wechselstrom, dessen Maximalwert J_0 sei, durch die beiden hintereinander geschalteten Induktionsspulen *ab* und *bc* (Abb. 185). Derselbe erzeugt an den Klemmen *a* und *b* einen Spannungsunterschied, dessen Maximalwert e_1, und an der zweiten Spule einen

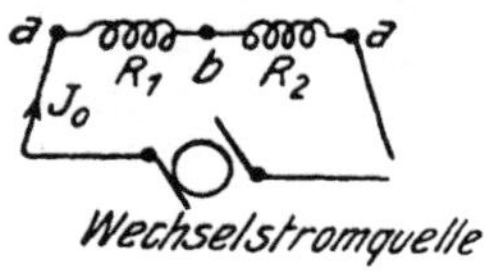

Abb. 185

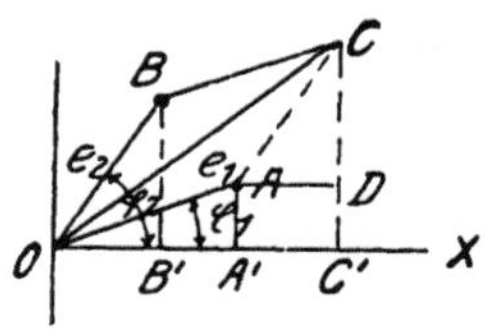

Abb. 186

Spannungsunterschied, dessen Maximalwert e_2 sei. Die Klemmenspannung e_1 ist gegen die Stromstärke J_0 um den Winkel φ_1, e_2 gegen J_0 um φ_2 verschoben. In Abb. 186 wird AO und BO zum Parallelogramm ergänzt; die Diagonale OC ist dann die gesuchte Spannung zwischen *a* und *c*.

$$\overline{OC}^2 = e_1^2 + e_2^2 + 2\,e_1 e_2 \cos(\varphi_2 - \varphi_1)$$
$$AA' + BB' = CC',$$

d. h. **die elektrom. Kraft der Selbstinduktion der beiden hintereinandergeschalteten Spulen ist gleich der Summe der elektromotorischen Kräfte der einzelnen Spulen.**

Da $\triangle OCC'$ rechtwinklig ist, so ist

$$\overline{OC}^2 = \overline{OC_1}^2 + \overline{CC_1}^2$$

$$\overline{OC}^2 = J_0^2 (R_1 + R_2)^2 + [(e_s)_1 + (e_s)_2]^2$$

wobei e_{s1} und $(e_s)_2$ die Maximalwerte der Selbstinduktion sind.

Wie oben gezeigt, ist

$$(e_s)_1 = J_0 \cdot \omega \cdot L_1 \text{ und } (e_s)_2 = J_0 \cdot \omega \cdot L_2.$$

Der Wert ω ist für beide Spulen derselbe, denn er hängt ja nur von der Periodenzahl der Wechselstrommaschine ab.

Die Gleichung für $\overline{OC}^2$ wird

$$\overline{OC}^2 = J_0^2 (R_1 + R_2)^2 + J_0^2 [\omega \cdot (L_1 + L_2)]^2$$

$$J_0 = \frac{OC}{\sqrt{(R_1 + R_2)^2 + \omega^2 (L_1 + L_2)^2}}.$$

Der Nenner dieses Ausdruckes stellt den scheinbaren Widerstand beider Spulen dar. Wie wir sehen, ist derselbe die Hypotenuse eines rechtwinkligen Dreieckes, dessen eine Kathete die Summe der beiden Widerstände R_1 und R_2, dessen andere Kathete $\omega\,(L_1 + L_2)$ ist.

Von besonderem Interesse ist der spezielle Fall, daß der eine Widerstand, z. B. R_1, **induktionsfrei** ist. In diesem Falle ist $L_1 = 0$, ebenso $\varphi_1 = 0$; aus der Abb. 187 folgt dann die Klemmenspannung zwischen *a* und *e*

$$\overline{OC}^2 = e_1^2 + e_2^2 + 2 e_1 e_2 \cdot \cos\varphi_2.$$

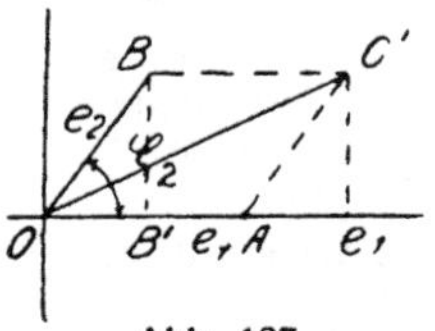

Abb. 187

Dieselbe Gleichung gilt auch für die effektiven Werte. Mißt man daher die drei Spannungen OA, OB und OC, so ist

$$\cos\varphi_2 = \frac{e'^2 - \overline{e'_1}^2 - \overline{e'_2}^2}{2\,e'_1 \cdot e'_2}.$$

Die Kenntnis dieses $\cos\varphi_2$ kann nun benützt werden, um den Effekt der Induktionsspule zu bestimmen. Er ist

$$L = e'_2\, i' \cdot \cos\varphi_2 = e'_2\, i' \,\frac{e'^2 - e_1'^2 - e_2'^2}{2\,e'_1\, e_2'}$$

$$L = i' \cdot \frac{e'^2 - e_1'^2 - e_2'^2}{2\,e'_1}.$$

In dem induktionsfreien Widerstand R gilt aber die Gleichung $i' = \frac{e'_1}{R_1}$; folglich wird

$$L = \frac{e'^2 - e_1'^2 - e_2'^2}{2\,R}.$$

Aufgabe 66.

[187] *Eine Wechselstrombogenlampe, welche an ihren Klemmen 29 V Spannung gebraucht, soll an eine Stromquelle von 50 V und 60 Perioden angeschlossen werden. Um das auszuführen, muß in den Stromkreis der Lampe eine Induktionsspule eingeschaltet werden, welche die überschüssige Spannung verzehrt.*

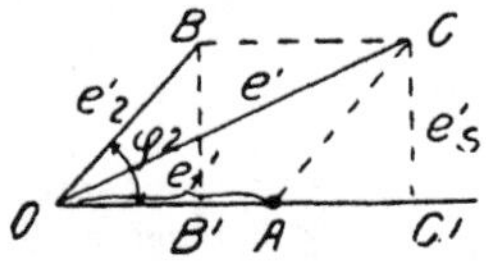

Abb. 188

a) Wie groß wird die Spannung an den Klemmen der Spule werden, wenn die Lampe mit 10 A brennt und die Spule 1 Ω Widerstand besitzt?

b) Wie groß ist der Selbstinduktionskoeffizient der Spule?

c) Welcher Effekt ist in der Spule verloren gegangen und wie groß würde der verlorene Effekt gewesen sein, wenn ein induktionsfreier Widerstand vorgeschaltet worden wäre?

Nach den Untersuchungen verschiedener Forscher kann eine Wechselstrombogenlampe als ein praktisch induktionsfreier Widerstand gelten. In Abb. 188 sei OA die Spannung an den Klemmen der Lampe, welche mit der Richtung des Stromes zusammenfällt. OB die Spannung an den Klemmen der Induktionsspule und OC die zur Verfügung stehende Gesamtspannung, welche die Diagonale des aus OA und OB gebildeten Parallelogrammes ist.

$$\overline{OC'}^2 = \overline{OC}^2 - \overline{CC'}^2 = e'^2 - (e_1' + i' r_2)^2$$

$$OC = e' = 50 \text{ V.} \quad OA = e_1' = 29 \text{ V.} \quad i' = 10 \text{ A.} \quad r_2 = 1\ \Omega$$

$$\overline{e_s'}^2 = 50^2 - (29 + 10 \cdot 1)^2 = 979$$

$$e_s' = \mathbf{31{,}2\ V.}$$

Aus $\triangle OBB'$ folgt

$$\overline{OB}^2 = \overline{BB'}^2 + \overline{OB'}^2$$

$$e_2'^2 = \overline{e_s'}^2 + (i' r_2)^2 = 31{,}2^2 + (10 \cdot 1)^2 = 1079$$

$$e_2' = \mathbf{32{,}8\ V.}$$

b) $$e_s' = i' \omega \cdot L.$$

$$L = \frac{e_s'}{i' \omega} = \frac{31{,}2}{10 \cdot 2\pi \cdot 60} = \mathbf{0{,}00826\ Henry.}$$

c) Der in der Spule verbrauchte Effekt ist

$$L = e' i' \cdot \cos \varphi = i'^2 \cdot r_2 = 10^2 \cdot 1 = \mathbf{100\ Watt.}$$

Wäre ein induktionsfreier Widerstand der Lampe, so hätte er 50 — 29 = 21 Volt verzehren müssen, und der von ihm verbrauchte Effekt wäre 21 · 10 = 210 Watt gewesen; es sind also durch den Induktionswiderstand 210 — 100 = 110 Watt erspart worden.

[188] Verzweigung von Wechselströmen.

Ein Wechselstrom J' verzweige sich im Punkte A (Abb. 189) in die beiden Ströme i_1' und i_2', welche sich im Punkte B wieder vereinigen.

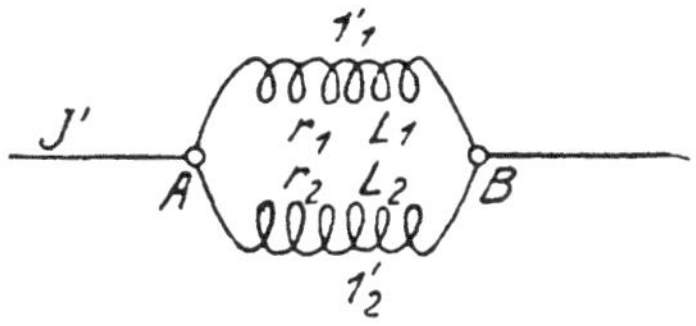

Abb. 189

Der Widerstand des einen Zweiges sei r_1, der Selbstinduktionskoeffizient L_1, der Widerstand des andern Zweiges r_2 und sein Selbstinduktionskoeffizient L_2

$$i_1' = \frac{e'}{\sqrt{r_1^2 + (\omega \cdot L_1)^2}}$$

$$i_2' = \frac{e'}{\sqrt{r_2^2 + (\omega \cdot L_2)^2}}$$

$$i_1' : i_2' = \sqrt{r_2^2 + (\omega \cdot L_2)^2} : \sqrt{r_1^2 + (\omega \cdot L_1)^2},$$

d. h. **die Stromstärken in zwei Zweigen verhalten sich umgekehrt wie die scheinbaren Widerstände.** Der Gesamtstrom J' ist nun wieder die Diagonale des Parallelogrammes, das aus i_1' und i_2' gebildet wird (Abb. 190),

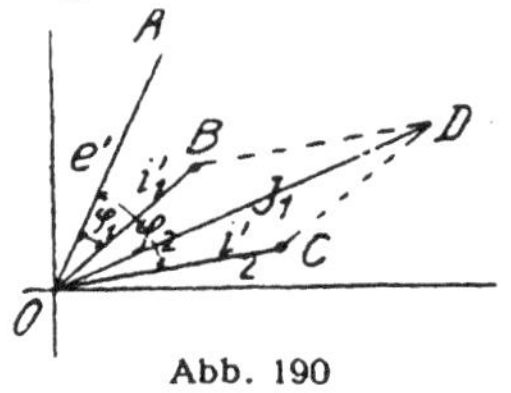

Abb. 190

$$\operatorname{tg} \varphi_1 = \frac{\omega \cdot L_1}{r_1}$$

$$\operatorname{tg} \varphi_2 = \frac{\omega \cdot L_2}{r_2}.$$

Die Diagonale AD gibt dann die Stromstärke J_1 im unverzweigten Stromkreise an.

[189] Zerlegung des Stromes in Komponenten.

Wir haben bisher die an den Klemmen einer Induktionsspule herrschende Spannung e' zerlegt in zwei Komponenten, in eine Komponente, die mit der Richtung des Stromes zusammenfällt, die wirksame Spannung $e_r' = i' \cdot R$ und eine hierzu senkrechte Komponente e_s', welche der elektrom. Kraft der Selbstinduktion entspricht. Der Effekt des Wechselstromes ist dann $L = e' \cdot i' \cdot \cos \varphi$ oder

$$L = i' \underbrace{(e' \cos \varphi)}_{e_r'}$$

$$L = i' \cdot e_r'.$$

d. h. **der Effekt eines Wechselstromes ist gleich dem Produkt aus der wirksamen effektiven Spannung und der effektiven Stromstärke.** Anstatt die Klemmenspannung in zwei Komponenten zu zerlegen, kann man auch die Stromstärke in zwei rechtwinklige Komponenten zerlegen, und zwar so, daß die eine Komponente multipliziert mit der Klemmenspannung den Effekt gibt, während die andere auf dieser senkrecht steht:

$$L = e' \underbrace{(i' \cdot \cos \varphi)}_{i_n'} = e' \cdot i_n'. \quad \text{(Abb. 191.)}$$

Die Stromkomponente $i\mu'$ leistet keine Arbeit, weshalb man sie **wattlose** oder **Leerlaufskomponente** nennt, im Gegensatz zur Komponente i_n', welche die **Nutzstrom-** oder **Wattkomponente** heißt. Da der Gesamtstrom gegen die Klemmenspannung um den Winkel $\sphericalangle \varphi$ verzögert ist, muß im Diagramm i im Sinne der Verzögerung angetragen werden.

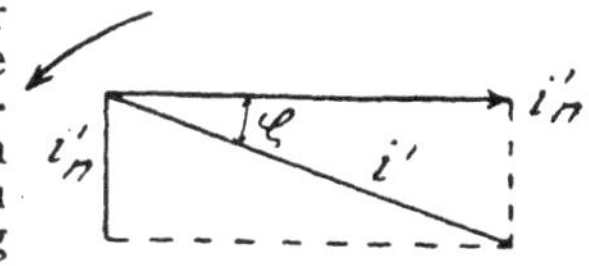

Abb. 191

Um die Bedeutung der einzelnen Komponenten besser zu erkennen, denke man sich eine bifilar gewickelte, also induktionsfreie Spule und schicke einen Strom i' hindurch. Dieselbe leistet in dem Widerstande R den Effekt

$$L = e'i'.$$

Da $\cos\varphi = 1$, wird Strom und Spannung zusammenfallen. Der hineingeleitete Strom fällt also mit der Nutzstromkomponente zusammen, und die wattlose Komponente besitzt den Wert Null.

Denkt man sich jetzt eine zweite nicht induktionsfreie Spule, deren Widerstand R verschwindend klein gegen deren Selbstinduktion ist, so ist der in diesem Widerstande vom Strom i' geleistete Effekt verschwindend klein, also $\cos\varphi = 0$ oder $\varphi = 90^0$. Der Strom i fällt mit der wattlosen Komponente i_μ' zusammen.

Der Strom i_μ' erzeugt mithin nur die elektromotorische Kraft der Selbstinduktion oder, was dasselbe sagt: **Die wattlose Komponente ist es, welche Kraftlinien erzeugt.**

In einer gewöhnlichen Spule sind meist beide Komponenten vorhanden, denn sie besitzt Widerstand und Selbstinduktion. Die Zerlegung in zwei Komponenten hat den Vorteil, daß sie, wenn die Spule Eisen enthält, auch die Verluste durch Hysteresis und Wirbelströme berücksichtigt. Allerdings hat in diesem Falle φ seine Bedeutung als Phasenverschiebungswinkel zwischen Spannung und Stromstärke verloren, und man nennt dann den Faktor $\cos\varphi$ in der Gleichung $L = e' \cdot i' \cdot \cos\varphi$ nur noch den **Leistungsfaktor**. Dieser wird dann nicht mehr aus

$$\cos\varphi = \frac{R'}{\sqrt{R^2 + (\omega \cdot L)^2}},$$

sondern aus

$$\cos\varphi = \frac{L}{e'} \text{ berechnet.}$$

[190] Der Kondensator im Wechselstromkreise.

Verbindet man eine Wechselstromquelle mit den beiden Belegungen eines Kondensators, so strömt eine gewisse Elektrizitätsmenge Q auf den Kondensator, welche sich nach der Formel $Q = C \cdot E$ berechnen läßt, wo C die Kapazität des Kondensators heißt.

Bezeichnet also e die elektrom. Kraft der Stromquelle, zur Zeit t und C die Kapazität des Kondensators, so ist $Q = C \cdot e$.

Nimmt die elektrom. Kraft in der Zeit Δt um Δe zu, so ist die Zunahme der Elektrizitätsmenge

$$dQ = C \cdot de$$

oder in der Zeit Eins

$$\frac{dQ}{\Delta t} = C \cdot \frac{de}{\Delta t};$$

Nun ist aber die Elektrizitätsmenge, die in der Zeit 1 durch einen Leiter fließt, die Stromstärke i.

$$i = C \cdot \frac{\Delta e}{\Delta t}.$$

Liefert nun die Maschine eine elektrom. Kraft e von sinusförmigem Verlauf

$$e = E_c \cdot \sin(\omega \cdot t),$$

so wird

$$i = C \cdot E_c \cdot \omega \cdot \cos(\omega t)$$

und der Maximalwert

$$J_0 = C \cdot E_c \cdot \omega.$$

Bei dieser Herleitung ist vorausgesetzt worden, daß die Stromquelle und die Zuleitungsdrähte zum Kondensator widerstandslos sind.

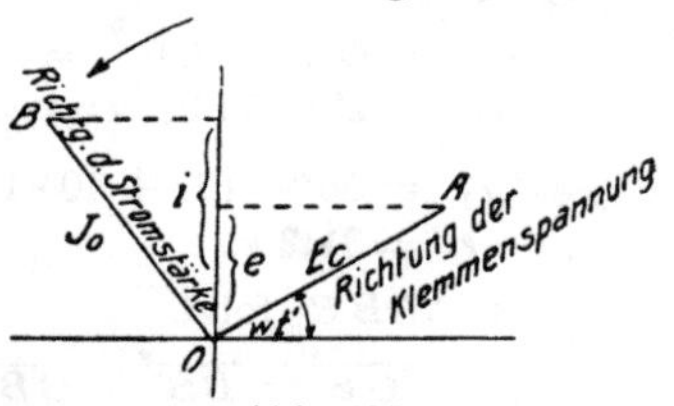

Abb. 192

Stellt man sich die obigen Formeln durch ein Vektordiagramm dar (Abb. 192), so sieht man, **daß der Radiusvektor der Stromstärke senkrecht steht auf dem Radiusvektor der elektromotorischen Kraft** (oder auch der Klemmenspannung des Kondensators, da ja in widerstandslosen Drähten beide Begriffe zusammenfallen), **und zwar eilt die Stromstärke der elektromotorischen Kraft voraus.**

$$OA = E_c$$
$$OB = J_0 = C \cdot E_c \cdot \omega.$$

Die Projektionen dieser Größen auf die Vertikale geben die Momentanwerte

$$e = OA \cdot \sin(\omega t) = E_c \cdot \sin(\omega t)$$
$$i = OB \cdot \sin(\omega t + 90^0) =$$
$$= E_c \cdot C \cdot \omega \cos(\omega t) = J_0 \cdot \cos\omega t.$$

Aus dem Maximalwert für die Stromstärke

$$J_0 = E_c \cdot C \cdot \omega.$$

folgt der Maximalwert der Spannung an den Klemmen des Kondensators

$$E_c = \frac{J_0}{C \cdot \omega}.$$

Wird E_c in Volt, J_0 in Ampere ausgedrückt, so muß die Kapazität in Farad ausgedrückt werden. Gewöhnlich wird aber die Kapazität in Mikrofarad angegeben, so daß die Mikrofarad erst in Farad verwandelt werden, was nach der Formel 1 Mikrofarad $= 10^{-6}$ Farad geschieht.

I. Hintereinanderschaltung eines Kondensators und eines induktionsfreien Widerstandes.

Schaltet man einen Kondensator und einen induktionsfreien Widerstand hintereinander und läßt durch beide einen Wechselstrom fließen, so entsteht an den Klemmen des Kondensators einer Klemmenspannung E_c, die gegen den Strom um 90^0 zurückbleibt, und an den Klemmen des induktionsfreien Widerstandes R eine Spannung $J_0 R$, welche mit der Stromrichtung zusammenfällt.

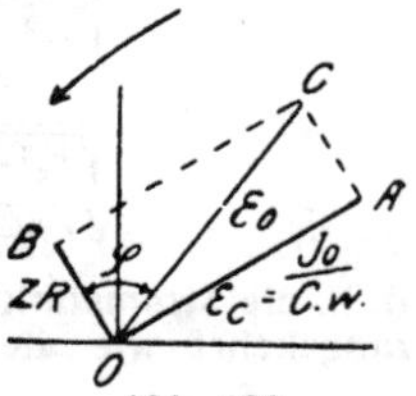

Abb. 193

In Abb. 193 sei OA die Klemmenspannung E_c des Kondensators und OB die Spannung an den Klemmen des induktionsfreien Widerstandes; dann ist die Resultierende aus OA und OB, d. i. OC die Gesamtspannung zwischen Kondensator und induktionsfreiem Widerstand.

$$E_0^2 = \overline{OA}^2 + \overline{OB}^2 = \frac{J_0^2}{(\omega \cdot C)^2} + J_0^2 \cdot R^2$$

$$J_0 = \frac{E_0}{\sqrt{R^2 + \left(\frac{1}{\omega C}\right)^2}} \quad \ldots\ldots\ldots \quad (1)$$

Die Gesamtspannung gegen die Stromstärke ist um den Winkel φ verzögert:

$$\operatorname{tg}\varphi = \frac{BC}{OB} = \frac{\frac{J_0}{C\omega}}{J_0 R} = \frac{1}{C \cdot \omega \cdot R}.$$

Dividiert man Gleichung 1 durch V_2, so erhält man effektive Werte.

II. Hintereinanderschaltung eines Kondensators und eines Induktionswiderstandes.

In Abb. 194 sei OX die Richtung der Stromstärke, OA stelle die Klemmenspannung an den Enden des

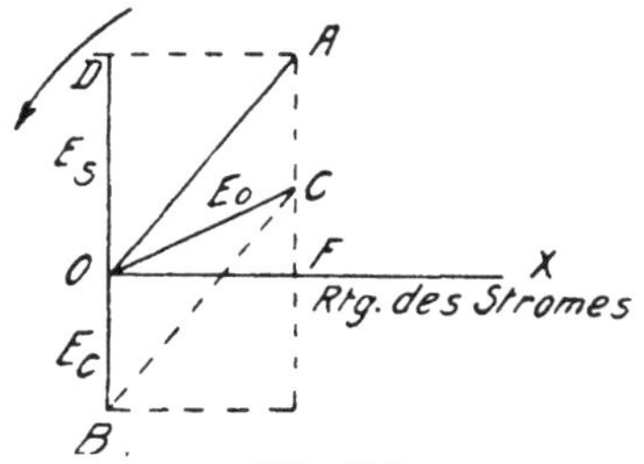

Abb. 194

Induktionswiderstandes vor, welche der Stromstärke um den $\sphericalangle AOX$ vorauseilt und OB sei die Spannung an den Belegungen des Kondensators, welche um 90° gegen die Stromstärke verzögert ist, dann ist die Resultierende aus OA und OB d. i. OC die Gesamtspannung zwischen Kondensator und Induktionswiderstand.

Der Phasenverschiebungswinkel COX zwischen Strom und Gesamtspannung ist kleiner geworden als der Phasenverschiebungswinkel zwischen Strom und Klemmenspannung des Induktionswiderstandes. Er kann sogar den Wert Null annehmen, wenn nämlich der Punkt C in die Richtung OX fällt, was der Fall ist, wenn $OB = OD$ wird. OD ist die elektrom. Kraft der Selbstinduktion der Spule und OB die Klemmenspannung des Kondensators. $\sphericalangle COF = 0$, wenn die elektrom. Kraft der Selbstinduktion gerade so groß wie die Klemmenspannung des Kondensators, also

$$E_s = E_c,$$

oder da

$$E_s = L \cdot \omega \cdot J_0 \text{ und } E_c = \frac{J_0}{C\omega},$$

wenn

$$L \cdot \omega \cdot J_0 = \frac{J_0}{C\omega}$$

und

$$L = \frac{1}{C\omega^2}$$

$$C = \frac{1}{L\omega^2}.$$

Die gesamte Spannung OC ist kleiner als die Spannung an den Klemmen der Spule oder, wenn $OB > OD$, kleiner als die Kondensatorspannung. **Durch die Einschaltung des Kondensators in den Stromkreis ist also nicht nur der Phasenverschiebungswinkel kleiner geworden, sondern auch die elektromotorische Gesamtkraft.**

$$CF = OD - OB = E_s - E_c = J_0 \cdot \omega \cdot L - \frac{J_0}{\omega \cdot C}$$

$$\overline{OC}^2 = \overline{CF}^2 + \overline{OF}^2$$

$$\overline{OC}^2 = (E_s - E_c)^2 + (J_0 \cdot R)^2$$

$$\overline{OC}^2 = J_0^2 \left(\omega \cdot L - \frac{1}{\omega \cdot C}\right) + J_0 R^2$$

$$OC = E_0 = J_0 \sqrt{R^2 + \left(\omega L - \frac{1}{\omega \cdot C}\right)^2}$$

$$J_0 = \frac{E_0}{\sqrt{R^2 + \left(\omega L - \frac{1}{\omega \cdot C}\right)^2}}.$$

Aus dieser Formel folgt, daß wenn

$$\omega \cdot L - \frac{1}{\omega \cdot C} = 0 \quad J_0 = \frac{E_0}{R}.$$

d. h. die Wirkung einer Selbstinduktion kann durch einen Kondensator vollständig aufgehoben werden und umgekehrt.

Die Phasenverschiebung ist

$$\operatorname{tg}\varphi = \frac{CF}{OF} = \frac{J_0\left(\omega \cdot L - \frac{1}{\omega C}\right)}{J_0 \cdot R} = \frac{\omega^2 C \cdot L - 1}{R\omega \cdot C}.$$

Aufgabe 67.

[191] *Eine Wechselstrom-Bogenlampe, welche mit 10 A brennen soll, braucht an ihren Klemmen 29 V Spannung, sie wird in Serie mit einer Drosselspule an eine Wechselstromquelle von 50 V und 60 Perioden angeschlossen. Auf die Drosselspule sind 180 Windungen, die einen Widerstand von 0,3 Ω besitzen, aufgewickelt. Der Eisenkern der Spule ist aus Blechen unter Zwischenlage von Papierblättern aufgeschichtet, seine Gestalt ist aus Abb. 195 zu entnehmen. Die Dimension senkrecht zur Papierebene beträgt 5,88 cm.*

Gesucht wird:

a) die elektromotorische Kraft der Selbstinduktion der Spule,
b) die Spannung an den Klemmen der Spule,
c) die Anzahl der Kraftlinien, die durch die Windungen der Spule hindurchgehen,
d) der magnetische Widerstand der Spule,
e) die zur Hervorbringung der Kraftlinien erforderliche Stromstärke,
f) der in der Drosselspule verlorene Effekt,
g) die Wattkomponente des Stromes.

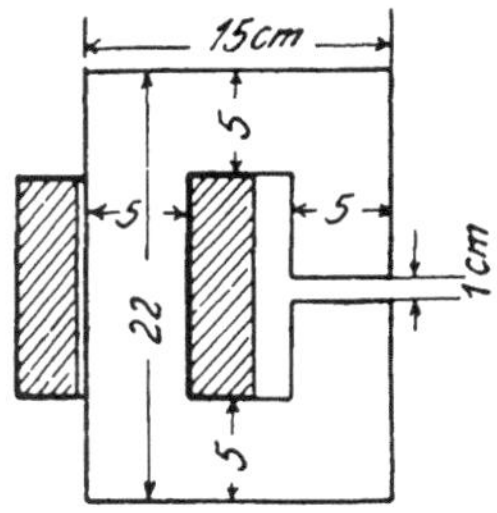

Abb. 195

a) (Abb. 188) $OB = e_2'$ die Klemmenspannung der Drosselspule,
$OA = e_1'$ die Klemmenspannung der Lampe,

$OC = e'$ die Klemmenspannung der Wechselstromquelle,
$BB' = CC'$ = die elektromotorische Kraft der Selbstinduktion der Spule,

$$\overline{CC'}^2 = \overline{OC}^2 - \overline{OC'}^2 = 50^2 - (29 + 10 \cdot 0{,}3)^2$$

$$\overline{e_s'}^2 = 50^2 - 32^2 = e_s' = \mathbf{38{,}4\ V.}$$

b) $e'^2_2 = \overline{OB'}^2 + \overline{BB'}^2 = (10 \cdot 0{,}3)^2 + 38{,}4^2$

$e'_2 = 38{,}5$ V.

Man ersieht daraus, daß man bei ersten Näherungsrechnungen die Klemmenspannung der Spule gleich der elektromotorischen Kraft der Selbstinduktion setzen darf.

c) Um diese Frage zu beantworten, müssen wir zunächst eine Formel für die elektrom. Kraft der Selbstinduktion aufstellen:

Nehmen wir an, es gehe in diesem Augenblick das Maximum N_0 der Kraftlinien durch die Windungen der Spule, und zwar von unten nach oben, so wird von jetzt ab die Kraftlinienzahl abnehmen bis auf Null, um dann von oben nach unten wieder bis zum Maximum $-N_0$ anzuwachsen. Die Zeit, welche zur Änderung von N_0 auf $-N_0$ erforderlich war, ist die Zeitdauer einer halben Periode $T/2$.

Die mittlere elektromotorische Kraft der Selbstinduktion wird daher sein:

$$e_m = \frac{(N_2 - N_1) \cdot \xi}{10^8\, T/2} \text{ Volt}$$

$$e_m = \frac{2 N_0 \cdot \xi}{10^8 \cdot \frac{T}{2}} = \frac{4 N_0 \xi}{10^8\, T} \text{ Volt.}$$

Zwischen der Periodenzahl $\sim$ und der Zeitdauer T einer Periode besteht aber die Gleichung

$$\sim T = 1$$

$$T = \frac{1}{\sim}$$

$$e_m = \frac{4 N_0 \cdot \xi \sim}{10^8} \text{ Volt.}$$

Der Maximalwert der Selbstinduktion ist unter der Voraussetzung, daß die Änderung der elektrom. Kraft dem Sinusgesetz folgt:

$$E_0 = \frac{\pi}{2} \cdot e_m = \frac{\pi}{2} \cdot \frac{4 N_0 \cdot \xi \sim}{10^8} = \frac{2\pi \cdot N_0 \xi \sim}{10^8} \text{ Volt.}$$

der effektive oder gemessene Wert

$$e'_s = \frac{E_0}{\sqrt{2}} = \frac{2\pi}{\sqrt{2}} \cdot \frac{N_0 \xi \cdot \sim}{10^8} \text{ Volt}$$

$$e'_s = \frac{4{,}44 \cdot N_0 \cdot \xi \cdot \sim}{10^8} \text{ Volt}$$

und daraus

$$N_0 = \frac{e'_s \cdot 10^8}{4{,}44 \cdot \xi \cdot \sim}.$$

In unserer Aufgabe ist $e_s' = 38{,}4$, $\xi = 180$, $\sim = 60$, daher

$$N_0 = \frac{38{,}4 \cdot 10^8}{4{,}44 \cdot 180 \cdot 60} = \mathbf{80\,000.}$$

d) Der Querschnitt des Eisenkernes ist

$$Q_e = 5 \cdot 0{,}85 \cdot 5{,}88 = 25 \text{ cm}^2.$$

Der Faktor 0,85 ist zu nehmen, weil die Bleche durch Papier getrennt sind.

Die Induktion in Eisen ist

$$B_e = \frac{80000}{25} = 3200,$$

wozu ein Wert von μ gehört, der größer als 2000 ist. Der magnetische Widerstand ist

$$\mathfrak{w} = \frac{l_e}{\mu \cdot Q_e} + \frac{l_l}{Q_l},$$

wobei Q_l der Querschnitt der Luft wegen der Streuung um 10% größer als der Querschnitt des Eisens angenommen ist.

$$l_e = 53 \text{ cm} \quad l_l = 1 \text{ cm (Abb. 195)}$$

$$\mathfrak{w} = \frac{53}{2000 \cdot 25} + \frac{1}{27{,}5} = 0{,}001 + 0{,}036 = \mathbf{0{,}037.}$$

Man sieht, daß man bei Näherungsrechnungen den Eisenwiderstand gegen den Luftwiderstand vernachlässigen kann.

e) Für den magnetischen Kreis gilt das unter [64] aufgestellte Gesetz:

$$\text{Kraftlinienzahl} = \frac{\text{magnetomotorische Kraft}}{\text{magnetischen Widerstand}}.$$

Die magnetomotorische Kraft $\mathfrak{f}$

$$\mathfrak{f} = 0{,}4 \cdot \pi \cdot \xi\, i,$$

wo i die Stromstärke, welche die Kraftlinien erzeugte. In der vorliegenden Aufgabe ist die Kraftlinienzahl eine veränderliche Zahl, weil der Strom i veränderlich ist. Dem größten Wert des Stromes entspricht auch der Maximalwert der Kraftlinienzahl, wobei jedoch für die Stromstärke nicht der ganze Wert, sondern nur die Komponente i_μ', die der Magnetisierung entspricht. Ist der effektive Wert i_μ', so ist der Maximalwert $i_\mu'\sqrt{2}$, so daß

$$N_0 = \frac{0{,}4 \cdot \pi \cdot \xi\, i'_\mu \sqrt{2}}{\mathfrak{w}} \qquad i'_\mu = \frac{N_0 \cdot \mathfrak{w}}{0{,}4 \cdot \pi \xi \sqrt{2}} = \frac{80000 \cdot 0{,}037}{0{,}4\pi \cdot 180 \sqrt{2}} = \mathbf{9{,}3\ A.}$$

f) Der in der Spule verloren gegangene Effekt besteht aus dem Effektverlust durch Stromwärme und dem Effektverlust durch Hysteresis (von Wirbelströmen soll abgesehen werden).

Der Effektverlust durch Stromwärme

$$L_w = i'^2 R = 10^2 \cdot 0{,}3 = 30 \text{ Watt},$$

das Volumen des Eisenkernes ist

$$V = 25 \cdot 53 = 1325 \text{ cm}^3 = 1{,}325 \text{ dm}^3.$$

Nach der Formel Steinmetz in [61] ergibt sich für die Induktion 3200 pro dm³ und 100 Perioden der Effektverlust mit **13,56 Watt,** daher für 60 Per./Sk.

$$L_{\text{Hyst}} = \frac{13{,}56 \cdot 60 \cdot 1{,}325}{100} = \mathbf{10{,}8\ Watt.}$$

Der Effektverlust in der ganzen Spule

$$L = 30 + 10{,}8 = \mathbf{40{,}8\ Watt.}$$

g) Die Wattkomponente des Stromes ist

$$38{,}5 \cdot i'_\mu = 40{,}8$$

$$i'_\mu = \mathbf{1{,}06\ A.}$$

Drosselspulen können auch weit einfacher gebaut werden, als dies Abb. 195 zeigt. Ein einfacher Eisenkern, der aus dünnen Eisendrähten zusammengestellt ist, genügt vollständig; er kann dann durch den Eisenkern sehr weit reguliert werden, denn die Selbstinduktion ist am größten, wenn Spulenmitte und Kernmitte zusammenfallen, am kleinsten, wenn der Kern aus der Spule ganz entfernt wird.

Aufgabe 68.

[192] *In den Stromkreis einer Wechselstrommaschine von 50 Perioden und 100 Volt elektrom. Kraft wird ein Kondensator von 100 Mikrofarad Kapazität und eine Induktionsspule von 0,025 Henry Selbstinduktion eingeschaltet. Der Widerstand des Kreises ohne Kondensator betrage 5 Ω.*

Gesucht wird

a) die Stromstärke,
b) die Klemmenspannung der Spule,
c) die Spannung des Kondensators,
d) der Phasenverschiebungswinkel zwischen Strom und EK der Maschine.

a)
$$J_0 = \frac{E_0}{\sqrt{R^2 + \left(\omega L - \frac{1}{\omega \cdot C}\right)^2}} = \frac{100}{\sqrt{5^2 + \left(2\pi \cdot 50 \cdot 0{,}025 - \frac{1}{2\pi \cdot 50 \cdot 100 \cdot 10^{-6}}\right)^2}}$$

$$J_0 = \mathbf{4{,}07\ Ampere.} \quad i' = \frac{J_0}{\sqrt{2}} = 2{,}88 \text{ A.}$$

b)
$$e'_k = \sqrt{e'^2_s + (J_0 R)^2} = \sqrt{(\omega L J_0)^2 + (J_0 W)^2}$$

$$e'_k = \sqrt{(2\pi \cdot 50 \cdot 0{,}025\ 4{,}07)^2 + (4{,}07 \cdot 5)^2} = \mathbf{38\ Volt.}$$

c)
$$e'_c = \frac{J_0}{\omega \cdot C} = \frac{4{,}07}{2\pi \cdot 50 \cdot 100 \cdot 10^{-6}} = \mathbf{129{,}5\ Volt.}$$

d)
$$\operatorname{tg}\varphi = \frac{CF}{OF} = \frac{OD - OB}{OF} = \frac{E_s - E_c}{OF} = \frac{J_0 \omega L - \frac{J_0}{\omega C}}{J_0 R}$$

$$\operatorname{tg}\varphi = \frac{2\pi \cdot 50 \cdot 0{,}025 - \frac{1}{2\pi \cdot 50 \cdot 100 \cdot 10^{-6}}}{5} = \frac{-24{,}05}{5} = 4{,}81.$$

Der Punkt C liegt unterhalb der Stromlinie; die EK ist also gegen die Stromstärke um den Winkel φ verzögert.

Aufgabe 69.

[193] *In den Stromkreis einer Wechselstrommaschine von 50 Perioden wird eine Induktionsspule von 0,02 Henry Selbstinduktion und 3 Ω Widerstand mit einem Kondensator hintereinandergeschaltet. Wie groß muß die Kapazität des Kondensators sein, wenn die Phasenverschiebung zwischen Strom und Gesamtspannung Null sein soll?*

Für $CF = 0$ (Abb. 194) muß

$$E_s = E_c \text{ oder } L \cdot \omega \cdot J_0 = \frac{J_0}{\omega C}$$

sein. Das gibt für

$$C = \frac{1}{\omega^2 \cdot L}$$

$$C = \frac{1}{(2\pi \cdot 50)^2 \cdot 0{,}02} = 0{,}00051 \text{ Farad} = \mathbf{510\ Mikrofarad.}$$

Liefert z. B. die Stromquelle 100 V, so würde die Stromstärke

$$J_0 = \frac{100}{3} = 33{,}33 \text{ A. sein.}$$

Die Stromstärke ist also in diesem Falle genau dieselbe, als wenn der Stromkreis völlig induktions- und kapazitätsfrei wäre.

[194] Der Kondensator im Nebenschluß.

I. Kondensator und induktionsfreier Widerstand parallel geschaltet. Klemmenspannung, Kapazität und Widerstand sind bekannt. Gesucht werden

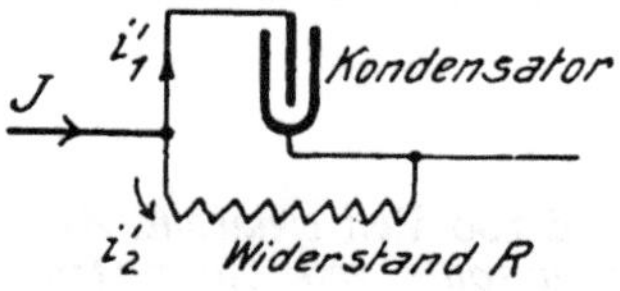

Abb. 196

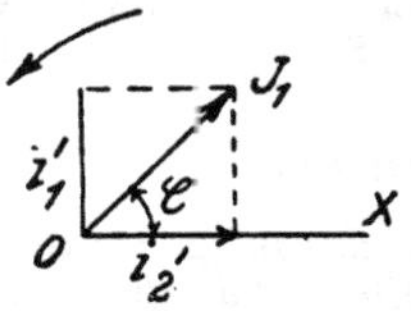

Abb. 197

die Teilströme i_1', i_2' und der Gesamtstrom J' (Abb. 196 und 197).

Die Richtung der Stromstärke i_1' steht senkrecht auf der Klemmenspannung, und zwar im Sinne der Voreilung.

$$i_1' = e' \cdot C \cdot \omega,$$

wo e' die gemeinsame Spannung zwischen a und b und C die Kapazität des Kondensators bedeutet; ω bedeutet wie immer die Winkelgeschwindigkeit eines Radiusvektors und ist durch die Formel $\omega = 2\pi \cdot \sim$ bestimmt. Die Richtung der Stromstärken i_2' fällt mit der Richtung OX der Klemmenspannung zusammen. Sie berechnet sich aus der Gleichung $i_1' = \frac{e'}{R}$, wo R die Größe des induktionsfreien Widerstandes angibt. Die Resultante aus den beiden Strömen i_1' und i_2' ist der Gesamtstrom J'. Derselbe ist gegen die Klemmenspannung um einen Winkel verschoben, der sich bestimmt aus der Gleichung

$$\operatorname{tg} \varphi = \frac{i_1'}{i_2'} = \frac{e' C \cdot \omega}{\frac{e'}{R}} = C\omega \cdot R.$$

II. Ein Kondensator, dem ein induktionsfreier Widerstand r_1 vorgeschaltet ist, ist parallel mit einem induktionsfreien Widerstand r_2 an eine Wechselstromspannung angeschlossen (Abb. 198).

Nach der bei der Hintereinanderschaltung gegebenen Formel ist der Phasenverschiebungswinkel φ zwischen dem Kondensatorstrom und der Gesamtspannung zwischen a und b bestimmt durch die Gleichung:

$$\operatorname{tg} \varphi = \frac{1}{C \cdot \omega \cdot r_1}$$

und zwar ist dieser Winkel im Sinne der Voreilung an die Gesamtspannung anzutragen.

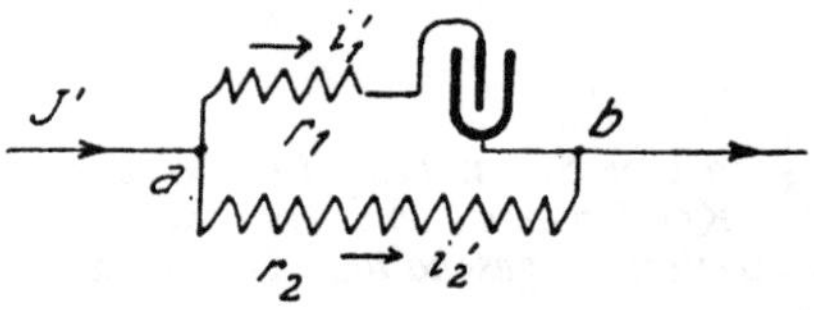

Abb. 198

Ist OC die Richtung der Gesamtspannung, so erhält man in OB die Richtung des Kondensatorstromes i_1' nach Abb. 199

$$i_1' = \frac{e'}{\sqrt{r_1^2 + \left(\frac{1}{\omega C}\right)^2}}.$$

Der Strom im induktionsfreien Widerstande r_2 fällt in die Richtung der Gesamtspannung und ist bestimmt durch

$$i_2' = \frac{e'}{r_2}.$$

Die Resultante aus i_1' und i_2' gibt wieder den Gesamtstrom J' im unverzweigten Stromteil.

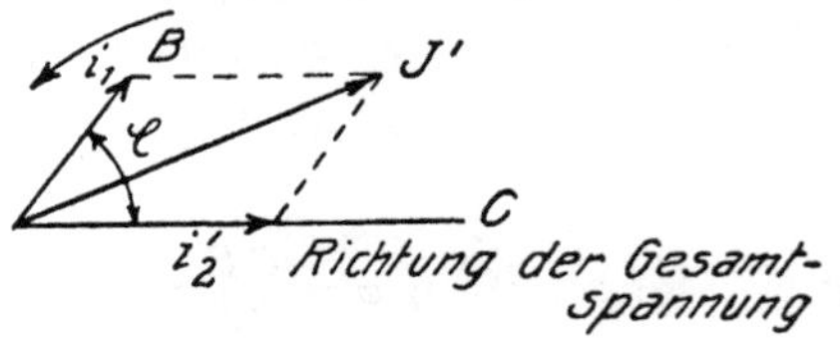

Abb. 199

III. Parallelschaltung eines Kondensators und einer Induktionsspule. Die Stromstärke i_1' im Kondensator ist durch einen Vektor darzustellen, der senkrecht auf der Klemmenspannung steht und ihr vorauseilt.

$$i_1' = C \cdot \omega \cdot e'.$$

Die Stromstärke i_2' ist gegen die Klemmenspannung um einen Winkel φ_1 verzögert.

$$\operatorname{tg} \varphi_1 = \frac{\omega \cdot L}{R}$$

$$i_2' = \frac{e'}{\sqrt{R^2 + (\omega \cdot L)^2}}.$$

Die Resultante aus i_1' und i_2' ergibt den Gesamtstrom J'. Wenn J' mit OA zusammenfällt, kann die Phasenverschiebung φ Null werden.

Dies geschieht dann, wie sich leicht aus der Abb. 200 errechnen läßt, wenn

$$C = \frac{L}{R^2 + \omega^2 L^2}.$$

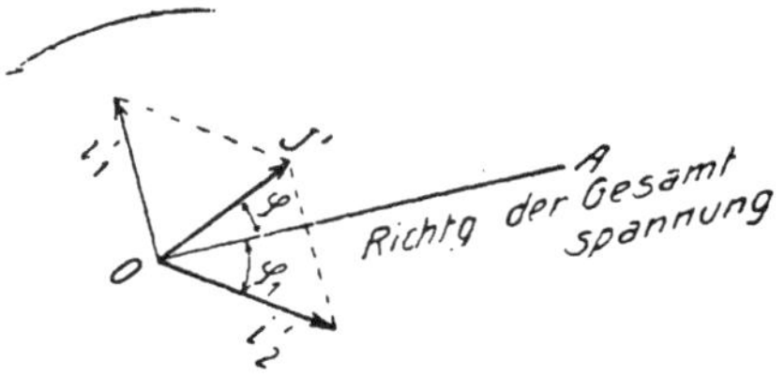

Abb. 200

Ist der Widerstand R sehr klein, so wird

$$C = \frac{1}{L\,\omega^2}$$

(siehe Hintereinanderschaltung).

Aufgabe 70.

[195] *Zu einem Kondensator von 20 Mikrofarad wird eine Induktionsspule von 0,5 Henry parallel geschaltet und diese Kombination an eine Wechselstromspannung von 500 V gelegt. Die Periodenzahl sei 50 und der Widerstand der Induktionsspule 30 Ω. Gesucht wird:*

a) der Strom i_2' in der Induktionsspule,
b) der Phasenverschiebungswinkel zwischen Strom und Gesamtspannung,
c) der Strom i_1' durch den Kondensator,
d) der Gesamtstrom.

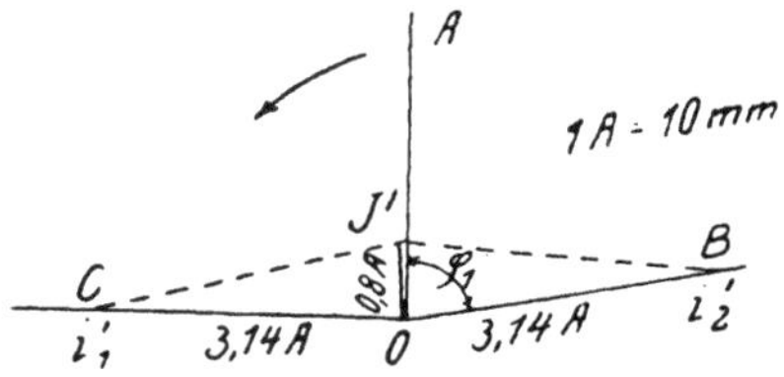

Abb. 201

a) $i_2' = \frac{e'}{\sqrt{r_2^2 + (\omega L)^2}} = \frac{500}{\sqrt{30^2 + (2\pi \cdot 50 \cdot 0{,}5)^2}} = \mathbf{3{,}14 \cdot A.},$

b) $\operatorname{tg} \varphi_1 = \frac{\omega \cdot L}{R} = \frac{2\pi \cdot 50 \cdot 0{,}5}{30} = \mathbf{5{,}23},$

c) $i_1' = e' \cdot C \cdot \omega = 500 \cdot (20 \cdot 10^{-6}) \cdot 2\pi \cdot 50 = \mathbf{3{,}14\ A.}$

d) Um den Gesamtstrom zu erhalten, trage man auf AO (Abb. 201) den $\sphericalangle\ \varphi_1$ an, der durch die Gleichung $\operatorname{tg} \varphi_1 = 5{,}23$ bestimmt ist, schneide auf dem freien Schenkel den $i_2' = 3{,}14$ A ab, errichte auf OA in O eine Senkrechte und mache dieselbe $= 3{,}14$ A. Die Resultierende ist $J' = 0{,}8$ A. Die Hauptsache ist, daß der Gesamtstrom nur 0,8 A beträgt, während der durch die Induktionsspule fließende Strom 3,14 A ausmacht. Wir werden darauf noch bei Besprechung der Transformatoren zurückkommen.

[196] Wechselstromerzeuger.

Eine Möglichkeit für die Erzeugung eines Wechselstromes liegt vor bei Anwendung eines Ring- oder Trommelankers, wie er aus dem Gebiete der Gleichstrommaschine bekannt ist; nur treten an Stelle des Kollektors zwei Schleifringe. Zur Veranschaulichung dienen die Abb. 202 und 203, die andeuten, daß Abzweigungen von zwei gegenüberliegenden

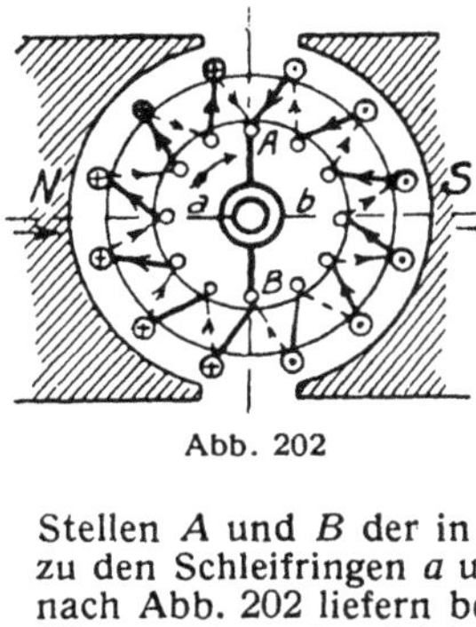

Abb. 202

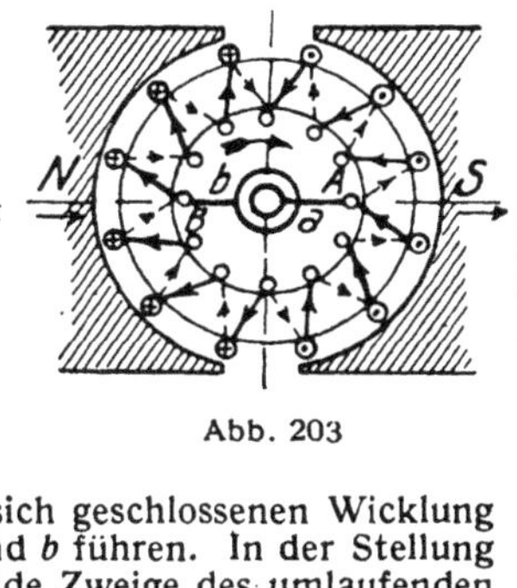

Abb. 203

Stellen A und B der in sich geschlossenen Wicklung zu den Schleifringen a und b führen. In der Stellung nach Abb. 202 liefern beide Zweige des umlaufenden Ringes Strom in gleichem Sinne zur Abnahmestelle hin. Bei der angegebenen Kraftlinien- und Bewegungsrichtung ist in der durch Abb. 202 ausgedrückten Stellung A positiv, B negativ. In der Lage nach Abb. 203 schneidet jede Wickelungshälfte ebensoviel Kraftlinien in dem einen, wie im entgegengesetzten Sinne, so daß für diese Stellung die Induktionsspannung gleich Null ist. In Zwischenstellung erfolgt ein allmählicher Übergang zu abfallender bzw. steigender Induktionsspannung. Befindet sich bei weiterem Umlauf der Punkt A in tiefster Stellung, so ist A negativ und B positiv usw.; ein Wechselstrom kann sonach den Schleifringen entnommen werden. An Stelle der zwei in Abb. 202 und 203 angedeuteten Pole können auch 4, 6, 8 Pole treten, wobei ebensoviele Abzweigungen von der Ankerwicklung zu den Schleifringen führen, falls eine Parallelschaltung vorliegt.

Da der Kollektor, der bei Gleichstrommaschinen den empfindlichsten Teil bildet, bei Wechselstrom wegfällt, wird durch ihn die Wahl der Spannung nicht beeinflußt. Zur Erregung wird Gleichstrom verwendet. Wo sonst kein Gleichstrom vorhanden ist, wird eine eigene Gleichstrommaschine hierfür nötig. Die Maschine wird gewöhnlich mit der Wechselstrommaschine auf eine Achse gesetzt oder mit ihr direkt gekuppelt.

Erregermaschinen sind meist Nebenschlußmaschinen mit Nebenschlußregler und werden fast ausnahmslos allein zur Erregung der Wechselstrommaschine verwendet. Ihre Leistung beträgt, je nachdem es der Wechselstromerzeuger erfordert, etwa 5% der Leistung des Wechselstromgenerators.

Soll die Spannung des letzteren bei einer bestimmten Umlaufszahl geregelt werden, so geschieht das durch Einstellung der Kurbel des Nebenschlußreglers an der Erregermaschine, wodurch sich zugleich der Strom in ihrem Hauptkreise, der Magnetwicklung der Wechselstrommaschine, ändert.

In der häufigsten Anordnungsweise der Wechselstrommaschinen **steht der Anker fest, während der Magnetkranz sich innerhalb der Ankerbohrung dreht.** Der Anker besteht aus geblättertem Eisen, das durch ein besonderes Gehäuse gehalten wird. Die das Eisen zusammenpressenden Bolzen werden zur Vermeidung von Wirbelströmen isoliert eingesetzt. Es ist die Möglichkeit vorhanden, einzelne Ankerspulen nach dem Schema der Abb. 204 zu verwenden, die alle hintereinandergeschaltet sind und ihre Enden bei I und II haben; $+K$ und $-K$ sind die Klemmen, denen in dieser Anordnung der Erregergleichstrom zugeführt wird.

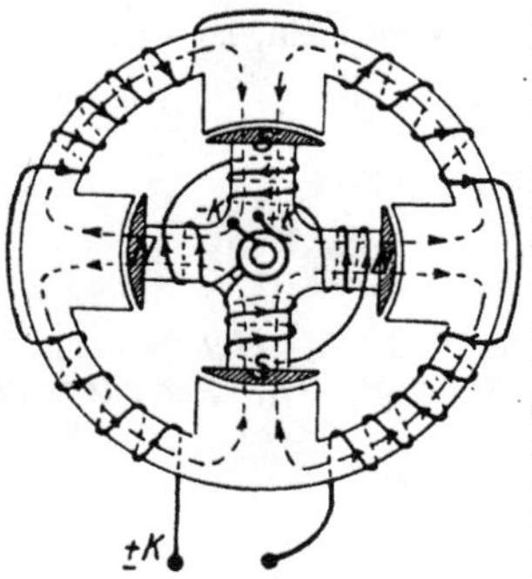

Abb. 204

Der Vorteil der feststehenden Anker gegen bewegte liegt darin, daß die meistens Hochspannung führende Ankerwicklung nicht der Fliehkraft ausgesetzt ist, durch die bei laufender und ruhender Maschine eine Lagenänderung der Drähte hervorgerufen würde, die eine allmähliche Verschlechterung der Isolation herbeiführen könnte. Außerdem braucht der hochgespannte Wechselstrom nicht über Schleifkontakte geführt zu werden. Für die Magnetwicklung ist das von geringerer Bedeutung, da es sich um Niederspannung handelt. Abb. 204 ist nur als Schema anzusehen. Eine Bemessung des Ankereisens nach dieser Zeichnung würde zu unzweckmäßiger Spannungskurve führen. Üblicherweise bringt man die Ankerdrähte in Nuten unter.

Eine Anordnung der Spulenwicklung mit dreifach abgeteilten Spulen zeigt Abb. 205 für einen

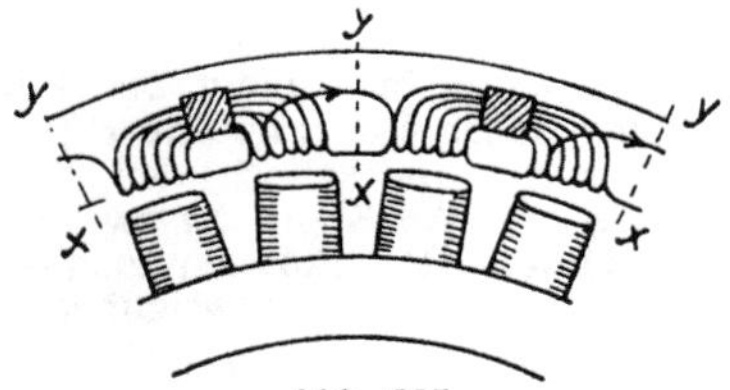

Abb. 205

Teil der Maschine. Diese Anordnung hat den Vorzug, daß das Ankereisen gemäß den Linien xy unterteilt werden kann, ohne daß die Ankerspulen über die Trennstelle hinwegreichen. Dadurch ist ein solcher Sektor bei etwaigem Schadhaftwerden einer Spule leicht auswechselbar gegen ein fertig vorbereitetes Ersatzstück, da von einem Sektor zum andern nur je ein Verbindungsdraht führt. Zur Auswechslung der Ankerteile werden die Sektoren von außen eingesetzt. Der Anker mit den ihn tragenden Armen ist nach Lösen einiger Schrauben drehbar, so daß der schadhafte und abzuhebende Sektor nach oben gebracht und mit dem Kran angefaßt werden kann.

Eine Grundanschauung über die elektrischen Vorgänge bei der Belastung einer Wechselstrommaschine mögen die Diagramme Abb. 206—208 geben.

Abb. 206 stellt den Fall bei selbstinduktionslosem Außenkreise dar. E bedeutet die EMK, E_k die Klemmenspannung der Maschine. $J\,R_A$ ist der Spannungsabfall durch den wahren Widerstand; $J_v \cdot L_a$ derjenige, der durch die Reaktanz der Ankerwicklung auftritt. E und E_k verschieben sich daher um den Winkel φ. Für konstantes E_k wird φ und E bei zunehmendem Strome größer.

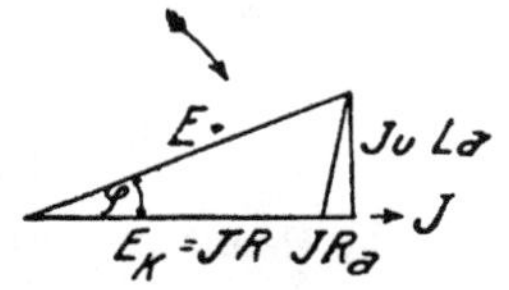

Abb. 206

Abb. 208 zeigt bei derselben elektromotorischen Kraft und gleichem Strome J das Schaubild an derselben Maschine bei Selbstinduktion im Außenkreise. E_k ist in diesem Falle geringer als bei induktionsloser Belastung. R ist der wahre Widerstand, L_v die Reaktanz des Außenkreises. E und E_k haben verschiedene Phasenwinkel gegen den Strom.

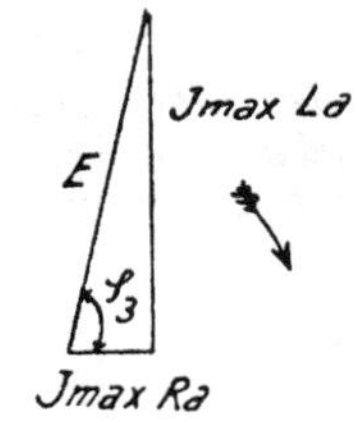

Abb. 207

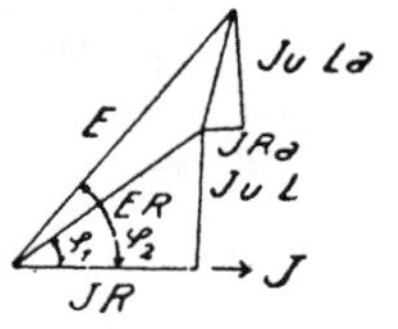

Abb. 208

Abb. 207 verdeutlicht den Vorgang unter Annahme der kurzgeschlossenen Maschine ($E_k = 0$) bei der gleichen elektromotorischen Kraft wie oben und unter Annahme eines konstanten Selbstinduktionskoeffizienten. Das Dreieck dieses Schaubildes ist somit ähnlich demjenigen, das in den Abb. 206 und 208 für die Maschine gilt. In demselben Maße, wie die Seiten dieses Dreieckes größer sind, als die vorigen, ist der Kurzschlußstrom größer als der Strom in den Belastungsfällen Abb. 206 u. 208. Der Kurzschlußstrom kann bei Wechselstrommaschinen infolge ihrer Reaktanz nicht in dem Maße steigen wie bei Gleichstrommaschinen, nimmt aber in der Regel eine verderbliche Höhe an, wenn eine normale Maschine normal erregt ist.

Zur Beurteilung von Wechselstrommaschinen lassen sich eine Reihe von Charakteristiken aufstellen, von denen wir die wichtigsten anführen wollen:

1. Die Leerlaufspannung in Abhängigkeit von der Erregerstromstärke;
2. die Klemmenspannung: a) bei induktionsloser, b) bei induktiver Belastung ($\cos\varphi$ = konstant), bei konstanter Erregung in Abhängigkeit von dem Belastungsstrome;
3. die Erregerstromstärke: a) bei induktionsloser, b) bei induktiver Belastung ($\cos\varphi$ = konstant), bei konstanter Klemmenspannung in Abhängigkeit von dem Belastungsstrome und
4. die Kurzschlußcharakteristik.

Unter der Kurzschlußcharakteristik versteht man eine Kurve, deren Punkte in folgender Weise gewonnen werden: Man läßt die Maschine zunächst unerregt mit der normalen Umlaufszahl bei geschlossenen Klemmen unter Einschaltung eines Strommessers laufen. Dann erregt man mit langsam von Null aus steigendem Erregerstrome, bis der Wechselstrommesser einen bestimmten Strom anzeigt, zu dem der zugehörige Erregerstrom J_{Err} abgelesen wird. Nach Wegnahme des Erregerstromes öffnet man die Klemmen der Maschine und legt an sie einen Spannungsmesser. Wird nun der Erregerstrom wieder auf den oben gefundenen Wert J_{Err} gebracht, so zeigt der Spannungsmesser eine Voltzahl, die als höchster Spannungsabfall bei induktiver Belastung für die betreffende Ankerstromstärke angesehen werden kann (Kurzschlußspannung). Man erhält für verschiedene Kurzschlußstromstärken eine Reihe von Kurzschlußspannungen. Da der Selbstinduktionskoeffizient der Maschine durch Gegenwart des Eisens mit dem Strome veränderlich ist, erhält man nicht etwa eine gerade, sondern eine gekrümmte Linie, wenn die Kurzschlußspannungen in Abhängigkeit von den Kurzschlußströmen aufgetragen werden. Die so entstehende Kurve heißt die Kurzschlußcharakteristik. Die sekundliche Umlaufszahl n' an Wechselstromgeneratoren ist durch die sekundliche Periodenzahl $\sim$ und durch die Polzahl P bestimmt nach dem Ausdrucke

$$n' = \frac{2 \cdot \sim}{P}.$$

Es gelten dafür beispielsweise folgende Werte:

Periodenzahl in der Sekunde $\sim$	Polzahl	Umläufe	
		in der Sekunde n'	in der Minute n
50	2	50	3000
	4	25	1500
	6	16,66 . . .	1000
	8	12,5	750
25	2	25	1500
	4	12,5	750
	6	8,33	500
	8	6,25	375

[197] Übungsaufgaben.

Aufg. 71. Ein Kondensator von 2 Mikrofarad Kapazität wird an eine Wechselstromquelle von 2000 V elektromotorischer Kraft angeschlossen. Die Periodenzahl des Wechselstromes ist 50, während der Widerstand der Stromquelle und der Zuleitungsdrähte 10 Ω beträgt. Welcher Strom fließt durch die Leitung und welche Phasenverschiebung tritt zwischen Strom und EK. der Stromquelle ein?

Aufg. 72. Welchen Selbstinduktionskoeffizienten muß eine Spule erhalten, wenn sie, mit einem Kondensator von 5 Mikrofarad hintereinander, in einem Wechselstrom von 60 Perioden die Phasenverschiebung gerade aufhebt?

Aufg. 73. An eine Wechselstromspannung von 1000 V und 50 Perioden wird ein Kondensator von 10 Mikrofarad angeschlossen. Ein Wattmeter zeigt einen Effektverlust von 500 Watt an. Gesucht wird:

a) die Nutzkomponente des Kondensatorstromes,
b) die wattlose Komponente,
c) der gesamte Kondensatorstrom.

Aufg. 74. An eine Klemmenspannung von 100 V wird ein Kondensator von 20 Mikrofarad und in Serie hierzu ein induktionsfreier Widerstand von 10 Ω geschaltet. Parallel hierzu wird an dieselbe Klemmenspannung eine Lampenbatterie von 20 Ω Widerstand gelegt. Die Periodenzahl des Wechselstromes ist 50. Welcher Strom fließt:

a) durch den Kondensatorzweig,
b) durch die Lampenbatterie,
c) durch den unverzweigten Stromteil?

(Lösungen im 4. Briefe.)

[198] Lösungen der im zweiten Briefe unter [134] gegebenen Übungsaufgaben.

Aufgabe 48:

$$N_0 = 1{,}595\,000 \qquad \xi = 210,\ n = \frac{1200}{60} = 20$$

also

$$E = \frac{1{,}595\,000 \cdot 20 \cdot 210}{10^8} = \textbf{67 Volt.}$$

Aufgabe 49:

$$e = E - i_a r_a = 67 - 40,\ \ 0{,}1 = \textbf{63 Volt.}$$

Aufgabe 50: Aus $e = E - i_a r_a$ folgt

$$E = e + i_a r_a = 65 + 40 \cdot 0{,}1 = \textbf{69 Volt}$$

$$E = \frac{N_0 + n \cdot \xi}{10^8}$$

$$N_0 = \frac{E \cdot 10^8}{n\,\xi} = \frac{69 \cdot 10^8}{\frac{1200}{60} \cdot 210} = \textbf{1,640 000 Kraftlinien.}$$

Aufgabe 51: Ist E_1 die elektromotorische Kraft bei n_1 Umdrehungen und E_2 die E.K. bei n_2 Umdrehungen pro Sekunde, so ist

$$E_1 = \frac{N_0 \cdot n_1\,\xi}{10^8}$$

$$E_2 = \frac{N_0 \cdot n_2 \cdot \xi}{10^8}$$

$$\frac{E_1}{E_2} = \frac{n_1}{n_2} = \frac{60\,n'}{60\,n_2}$$

die E.K. verhalten sich wie die Umdrehungszahlen des Ankers:

$$\frac{67}{E_2} = \frac{1200}{1250}$$

$$E_2 = \frac{1250}{1200} \cdot 67 = \textbf{69,7 Volt.}$$

Aufgabe 52:

a) Die Gleichung $e = E + i_a \cdot r_a$ gibt $E = e - i_a r_a = 65 - 10 \cdot 0{,}35 = \textbf{61,5 Volt.}$

b) Die Gleichung $N_0 = \frac{E \cdot 10^8}{n\,\xi} =$

$$= \frac{61{,}5 \cdot 10^8}{\frac{800}{60} \cdot 360} = \textbf{1,280 000 Kraftlinien.}$$

Aufgabe 53:

$$l = \frac{r}{2}(2\,b + 3{,}2\,D)$$

$$l = \frac{360}{2}(2{,}15 + 3{,}2 \cdot 10{,}8) = 180\,(30 + 34{,}6) = 180 \cdot 64{,}6 = 11\,600 \text{ cm} = 116 \text{ m}$$

$$r_a = \frac{0{,}018 \cdot 116}{\pi\left(\frac{\pi}{4} \cdot 1{,}4^2\right)} = 0{,}34\,\Omega.$$

Da die Daten einer ausgeführten Maschine entnommen sind, bestätigen sie sehr schön die Brauchbarkeit der empirischen Formel.

LEBENSBILDER

berühmter Techniker und Naturforscher.

Karl Friedrich Gauß

(* 1777, † 1855)

war einer der berühmtesten deutschen Mathematiker. Gauß wurde am 30. April 1777 in Braunschweig geboren, hat in Göttingen studiert und wurde 1807 zum Professor und Direktor der Sternwarte in Göttingen ernannt. Schon in seiner Doktordissertation zeigte er seinen Scharfsinn, indem er die früheren Bemühungen, den Hauptsatz der **Algebra,** wonach algebraische Gleichung *n* Grades *n* reelle oder komplexe Wurzeln habe, einer scharfen Kritik unterzog und selbst einen neuen „strengen Beweis" lieferte. Als zu Anfang des 19. Jahrhunderts die neuen Planeten entdeckt wurden, fand Gauß neue Methoden zur Berechnung ihrer Bahnen, worunter namentlich die schon 1795 erfundene **Methode der kleinsten Quadrate** berühmt geworden ist. Mit praktisch astronomischen Arbeiten hatte sich Gauß vielfach beschäftigt, wozu ihm der Neubau der Göttinger Sternwarte, den er in den Jahren 1803 bis 1817 durchführte, die schönste Gelegenheit bot. Im Auftrag der Regierung setzte er die Gradmessung im Königreich Hannover fort, bei welcher Gelegenheit er auch nach der praktischen Richtung hin den Reichtum seines Geistes bekundete. So erfand er den **Heliotropen** und führte seine Triangulationen mit Hilfe der bereits erwähnten Methode der kleinsten Quadrate mit einer Genauigkeit aus, die bisher noch nirgends erreicht wurde. Als Wilhelm **Weber,** dem wir ein Lebensbild im nächsten Hefte widmen wollen, nach Göttingen kam, wandte Gauß seine Aufmerksamkeit dem **Elektromagnetismus** zu. Das von ihm erfundene **Magnetometer** eröffnete hier ein ganz neues Feld der Beobachtung. Mit diesen Studien aufs engste verknüpft war dann die Theorie des Erdmagnetismus, die er mit besonderem Interesse verfolgte. Mit Weber gelang ihm auch die erste Anlage **eines elektromagnetischen Telegraphen** in Göttingen. Später nahm er lebhaften Anteil an der **Schaffung des elektromagnetischen Maßsystemes,** als dessen Schöpfer er und sein Kollege **Weber** genannt werden müssen.

III. Fachband:
MASCHINENBAU UND ELEKTROTECHNIK.

4. BRIEF.

Wenn du eines willst erreichen,
mußt du hundert anderes lassen.
(Rückert.)

ALLGEMEINE MASCHINENLEHRE

Inhalt: Zu den **Kolbendampfmaschinen** gehoren noch die **Lokomotiven** und die **Schiffsmaschinen**, mit Ausnahme der Schiffsturbinen.

Anschließend an diese beiden Maschinenarten, die heute den wichtigsten Teil der so hochentwickelten **Verkehrstechnik** bilden, wollen wir bei dieser Gelegenheit auch die **Eisenbahnbetriebsmittel** im allgemeinen besprechen, wiewohl diese sowie die Lokomotiven infolge der wachsenden **Elektrisierung der Dampfbahnen** sich in der nächsten Zeit ganz bedeutend ändern werden. Über **den elektrischen Betrieb der Bahnen** folgt später in der Elektrotechnik alles Wissenswerte.

6. Abschnitt.

Dampflokomotiven.

[199] Allgemeines.

Lokomotive ist ein Fahrzeug mit Motor, also eine ortsverändernde Maschine zur Beförderung von Wagen und Fahrzeugen. **Motorwagen zählen nicht zu den Lokomotiven.** Läuft die Lokomotive auf Gleisen, so heißt sie **Eisenbahnlokomotive** oder **Lokomotive** kurzweg. Lokomotiven, die auf den Straßen ohne Gleise fahren, werden als **Straßenlokomotiven** bezeichnet.

Je nach der Betriebsart des Motors unterscheidet man **Dampflokomotiven, elektrische Lokomotiven** und **Gaslokomotiven.** Elektrische Lokomotiven werden heute auch auf Hauptbahnen verwendet und wird über elektrischen Bahnbetrieb noch später in der Elektrotechnik gesprochen werden, wo auch elektrische Straßenbahnen besonders behandelt werden.

Bei den hier vorläufig hauptsächlich in Betracht kommenden **Eisenbahndampflokomotiven** erfolgt die Einteilung nach dem Betriebszweck: Lokomotiven für Schnellzüge, gemischte Züge, Güterzüge und Verschiebdienst der Hauptbahnen, für Personenzüge und gemischte Züge auf Nebenbahnen, für Kleinbahnen, Straßenbahnen, Förderbahnen, Feldbahnen; weiter unterscheidet man Flachland-, Hügelland- und Gebirgslokomotiven.

Nach der Bauart, und zwar nach der Gesamtzahl der Achsen und der Anzahl der gekuppelten Achsen ($^3/_5$ gekuppelt sagt: Lokomotive mit 5 Achsen, von denen 3 gekuppelt sind), nach Stellung und Anordnung der Achsen, nach der Lage der Dampfzylinder inner- oder außerhalb der Rahmen, nach der Lage der Hauptrahmen innerhalb oder außerhalb der Räder, nach der Unterbringung des Brennstoffes und des Wassers auf besonderen Fahrzeugen (Tender) oder auf der Lokomotive selbst: **Schlepptender** oder **Tenderlokomotiven.** Die Dampfmaschinen der Lokomotiven sind sämtlich Kolbenmaschinen und unterscheiden sich in **Zwillingslokomotiven mit einfacher Dampfdehnung** und **Verbundlokomotiven mit zweistufiger Dampfdehnung (Compoundmaschinen).**

[200] Fortbewegung der Lokomotiven.

Die Fähigkeit der Lokomotive, Züge fortzubewegen, beruht auf der Reibung zwischen den Rädern und den Schienen, der sog. **Adhäsion,** vermöge welcher sich die Triebräder auf den Schienen abrollen, ohne zu gleiten. Die Zugkraft hängt außer von der Leistungsfähigkeit der Maschine von der Zahl der angetriebenen Achsen (Triebachsen, Kuppelachsen) und von der Höhe der Belastung dieser Achsen ab. Für je **1000** kg Achsbelastung darf bei Personen- und Schnellzugslokomotiven auf etwa 150 bis 180 kg, bei Güterzugslokomotiven auf 165 bis 180 kg Zugkraft gerechnet werden. Bei Straßenbahnen, unreinen Schienen kann dieser Wert bis auf 120 kg und darunter sinken. Mit Rücksicht auf die Schienen und ihre Lagerung, d. h. auf die Festigkeit des Oberbaues, ist die zulässige Belastung in der Regel auf **16 t** für die Achse, also **8 t** für das Rad. Soll die Lokomotive eine möglichst große Zugkraft ausüben können, so wird das gesamte Gewicht auf angenähert gleichbelastete Triebräder gelegt. Infolge der Kuppelung derselben untereinander entstehen jedoch Reibungsverluste. Kommt es weniger auf Zugkraft als auf Geschwindigkeit an, so ordnet man nur soviel Triebachsen an, als zum Anfahren und zur Zugsbeförderung nötig sind und legt das übrige Gewicht auf Laufachsen. Bei größeren Schnellzugsmaschinen pflegt man je zwei dieser Laufachsen zu einem **Drehgestell** zu vereinigen, die zur Vermeidung von Entgleisungen angemessen zu belasten sind.

Befördert die Lokomotive einen Wagenzug mit gleichmäßiger Geschwindigkeit, so ist ihre Zugkraft gleich dem Widerstande des gesamten Zuges einschließlich der Lokomotive. Dieser Widerstand hängt ab von der Neigung und Krümmung der Bahn, der Fahrgeschwindigkeit, der Bauart der Fahrzeuge und den Witterungsverhältnissen. Seinen größeren oder geringeren Werten muß der Lokomotivführer die von seiner Maschine zu äußernde Zugkraft anpassen. Zu dem Zwecke ist sie mit einer **Kulissensteuerung** ausgestattet, die in einfachster Weise nicht nur jeden gewünschten Füllungsgrad der Dampfzylinder und damit eine Änderung der Zugkraft ermöglicht sondern auch das Vor- und Rückwärtsfahren.

Bekanntlich ist nun die Reibung der Ruhe größer als diejenige der Bewegung. Der Widerstand, den ein in Ruhe befindliches Fahrzeug seiner Bewegung auf den Schienen entgegensetzt, ist daher auch größer als wenn letzteres in Bewegung sich befindet und weitergezogen werden soll. **Die Ingangsetzung** eines Zuges **erfordert daher** unter gleichen Verhältnissen **eine stärkere Zugkraft als seine Beförderung** während der Fahrt. Dieser größere Wert muß von der Maschine geleistet werden; ihm müssen die Dampfzylinder, der Durchmesser der Triebräder sowie der zulässige Dampfdruck angepaßt sein. Die Lokomotive vermag aber nur dann den Zug in Bewegung zu setzen, wenn auch die Reibung zwischen den Triebrädern und den Schienen mindestens ebenso groß ist. Ist sie kleiner als die auf die Triebräder übertragene Kraft der Dampfmaschine, so drehen sich die Räder auf der Schiene; man spricht dann von „Rädergleiten", was bei feuchten Schienen häufig vorkommt. Dann muß der Dampfzufluß abgesperrt und **Sand gestreut** werden. Die Grenze, wieviel Lokomotivgewicht auf die Treibachsen verlegt werden kann, ist durch die Festigkeit des Oberbaues begrenzt und heute im allgemeinen mit 16 t pro Achse festgesetzt. Sind die Züge kurz, so können sie von einer Lokomotive in Gang gebracht werden. Sind sie aber schwerer, so muß noch eine Vorspann- oder Schiebelokomotive zu Hilfe genommen werden, was aber den Betrieb umständlich macht. Die Leistungsfähigkeit einer Lokomotive, d. i. das Produkt aus Zugkraft und Geschwindigkeit, hängt ab von dem Adhäsionsgewicht der Maschine für das Anfahren, von der Verdampfungsfähigkeit des Kessels und den Abmessungen der Dampfmaschine.

Von besonderer Wichtigkeit ist die Verdampfungsfähigkeit des Kessels. Je schneller gefahren wird, desto lebhafter brennt das Feuer, desto mehr Dampf bei gegebenem Gewicht wird also verbraucht.

Drückt man die Zugkraft Z in kg, die Geschwindigkeit v in Metern pro Sekunde aus, so ist die Zahl der Pferdestärken $N = \frac{Z \cdot v}{75}$. Schnellzüge haben ein wesentlich geringeres Gewicht als Güterzüge, müssen aber weit rascher gefahren werden.

Großes v bedingt aber große Triebräder, weil die Lokomotive bei jeder Triebradumdrehung eine Wegstrecke gleich dem Radumfange $= \frac{22}{7} \cdot D$ zurücklegt. Mit größerem D nimmt bei gleicher Fahrgeschwindigkeit auch die Zahl der Radumdrehungen/Min. sowie die Unruhe des Ganges ab. Deshalb weisen die Schnellzugslokomotiven bis zu 2,5 m Durchmesser auf, während die Güterzugslokomotiven in der Regel Raddurchmesser bis zu 1,5 m haben. Darüber geht man nicht leicht hinaus, weil dann die Kessel bald über das Lichtprofil hinausreichen würden.

Im wesentlichen besteht jede Dampflokomotive aus dem **Wagen,** dem **Dampfkessel** und der **Dampfmaschine.**

Der **Wagen** wird aus dem Rahmen gebildet, dessen Längsträger vorne durch den Pufferbohlen, hinten durch den Zugkasten verbunden sind. Der Rahmen ruht mittelst Tragfedern auf den Lagerkasten, die in besondere Einschnitte der Längsträger — Achsgabeln — eingefügt sind und in deren Lagern sich die Radachsen drehen. Die Räder sind entweder **Laufräder,** die nur zur Unterstützung der Lokomotive dienen, oder **Triebräder,** die von der Maschine der Lokomotive unmittelbar oder auch **Kuppelräder,** die von den Triebrädern aus betätigt werden.

In den Details gilt vom Rahmen und vom Laufwerk folgendes:

[201] Rahmen und Laufwerk (Bernoulli, Handbuch des Maschinentechnikers).

a) Die Achsen der Triebräder sind in einem kräftigen Hauptrahmen gelagert, der meist innerhalb der Räder angeordnet ist und aus zwei je 25 bis 35 cm dicken Flußeisenplatten besteht, die durch Querstücke zuverlässig verbunden sind.

In neuerer Zeit finden namentlich in Amerika auch aus Stahlguß hergestellte **Barrenrahmen** Verwendung, deren Abmessungen an jeder Stelle den auftretenden Beanspruchungen angepaßt werden können und die Anordnung von Lagerungen, Arbeitslasten usw. gestatten. Als Vorzug wird angeführt, daß der Einblick in die innerhalb des Barrenrahmens liegenden Maschinenteile ein besserer sei.

b) Der feste Radstand, d. h. die Entfernung der festen Endachsen einer Lokomotive, richtet sich nach den Krümmungen der Bahn und soll möglichst groß sein, um das **„Schlingern"**, das Hin- und Herschleudern der Lokomotive zwischen den Schienen, möglichst zu verringern, wodurch die Sicherheit gegen eine Entgleisung erhöht wird.

Die technischen Vereinbarungen empfehlen als größte feste Radstände

bei Kurven	von	180 m	Halbmesser	3,2 m,
„	„	„ 210 „	„	3,5 „
„	„	„ 250 „	„	3,8 „
„	„	„ 300 „	„	4,1 „
„	„	„ 400 „	„	4,8 „
„	„	„ 500 „	„	5,4 „

Bei drei- und mehrachsigen Lokomotiven mit großen Radständen werden mit Rücksicht auf starke Krümmungen einzelne Achsen seitlich verschiebbar ausgebildet oder aber **Drehgestelle** verwendet, wodurch ein ruhiger Gang der Lokomotive erzielt wird.

c) Die **Achsen** werden aus bestem Tiegelgußstahl oder Nickelstahl (Zugfestigkeit 6000 kg/cm²) hergestellt und zweckmäßigerweise mit Durchmessern von 30 bis 50 mm durchbohrt.

Bei Berechnung der Abmessungen ist zu beachten: Zu den Beanspruchungen, die durch Stöße, Erschütterungen und Beschleunigungskräfte hervorgebracht werden, gesellen sich die durch das Eigengewicht und

Kolbenkräfte hervorgerufenen Spannungen; daher ist die zulässige Inanspruchnahme gering genug zu wählen. Auch ist die Anordnung stark gerundeter Hohlkehlen an den Übergangsstellen angezeigt.

Raddruck Tonnen	Achsschenkel Durchmesser mm	Achsschenkel Länge mm
4,5—6,3	145—170	150—200
6,3—6,9	170—190	170—200
6,9—8,0	190—220	190—240

d) **Räder.** Der Durchmesser der Triebräder ist dadurch bestimmt, daß die Maschine je nach Bauart minutlich etwa 180 bis 360 Umdrehungen ausführen und die beabsichtigte Höchstgeschwindigkeit erreichen soll. Er liegt in der Regel bei Personenzugs- und Schnellzugslokomotiven zwischen 1500 bis 2300 mm. Der Durchmesser der Laufräder soll mit Rücksicht darauf, daß mit seiner Vergrößerung die Gefahr des Entgleisens wächst, 1400 mm nicht überschreiten. Meist liegt er zwischen 900 und 1250 mm.

Die Räder werden auf die Achsen mittels hydraulischen Druckes von 100 bis 150 t aufgepreßt und festgekeilt. Der Durchmesser der Nabe ist etwa gleich dem Doppelten der Bohrung, die Nabenlänge gleich der Bohrung oder etwas kleiner. Unmittelbar an die Radnabe pflegt die in der Radebene gelegene Nabe für die Trieb- oder Kuppelzapfen zu stoßen. An beide Naben schließen sich die zahlreichen Speichen von angenähert rechteckigem Querschnitt an (die größeren Querschnittseiten liegen parallel zur Radachse, so daß die Federung zwischen Kranz und Nabe möglichst groß ausfällt). Am Kranze befinden sich Gegengewichte zum Ausgleiche der hin- und hergehenden und umlaufenden Massen.

Die Triebräder pflegen aus Stahlguß (Zugfestigkeit etwa 4500 kg/cm²) zu bestehen. Auf dem Kranze ist der Radreifen durch Schrumpfen (warm aufgezogen) befestigt. Der Durchmesser von Rad und Reifen vor dem Aufziehen, das sog. Schrumpfmaß, pflegt zu 0,001 des Durchmessers genommen zu werden, außerdem ist ein Sprengring vorhanden, der die Aufgabe hat, im Falle eines Reifenbruches das Abfliegen der Bruchstücke zu verhindern.

Die Radreifen werden aus Flußstahl (Zugfestigkeit rd. 6000 kg/cm²) hergestellt. Ihre Dicke beträgt im neuen Zustande 70 bis 75 mm, doch ist es angezeigt, Erneuerung eintreten zu lassen, wenn die Dicke auf 35 mm abgenommen hat.

Der Spielraum zwischen Schiene und Spurkranz beträgt 5 bis 12,5 mm. Räder derselben Achse oder gekuppelte Räder müssen genau gleiche Durchmesser der Laufkreise erhalten. Die Reifen müssen daher von Zeit zu Zeit abgedreht werden.

e) Die **Federn,** mittels deren das Gewicht von Kessel, Maschine und Rahmen auf die Achsbüchsen bzw. Achsen übertragen wird, dienen zur Verminderung der während der Fahrt auftretenden Stöße und haben gewöhnlich die Form von **Blattfedern,** die aus 10 bis 18 übereinander gelegten Blättern von 80 bis 130 mm Breite und 10 bis 13 mm Stärke bestehen. Die Federblätter werden in der Mitte durch einen warm aufgezogenen Bund zusammengehalten und sind gegen seitliche Verschiebung durch eine in der Längsrichtung in der Mitte der Federblätter angewalzte Rippe und entsprechenden Falz gesichert. Die Rippe des oberen Blattes legt sich in den Falz des unteren Blattes.

Zur Verhinderung einer Längsverschiebung dient manchmal ein in der Mitte durch die sämtlichen Blätter durchgehender Stift von 8 bis 10 mm Stärke. Durch die für den Stift erforderliche Bohrung werden die Blätter geschwächt. Besser sind die Federsicherungen, bei denen diese Schwächung vermieden ist, wie z. B. die Ausführung der Poldihütte, bei der in der Federmitte quer verlaufende Falze und Rippen angeordnet sind. Die Federn sind meist 750 bis 1250 mm lang, stützen sich in der Mitte auf die Achslager und tragen an ihren Enden Federspannschrauben, mittelst derer der Druck auf die Achsen eingestellt werden kann. Die Beanspruchung der Federn durch die ruhende Last pflegt 5000 bis 6000 kg pro cm² zu betragen. Auf der Fahrt erhöht sie sich bedeutend durch die Schwingungen. Das Material muß daher vorzüglich sein. (Zugfestigkeit etwa 14000, gehärtet mitunter sogar 20000 kg pro cm².) Für je 1000 kg Belastung pflegen sich die Federn um 5 bis 10 mm durchzubiegen. Zum Zwecke gleichmäßiger Verteilung der Last auf alle Federn und Verminderung von Stößen sind die Federn untereinander durch Winkelhebel verbunden.

f) Durch die **Achsbüchsen** oder **Achslager** wird die Federbelastung auf die Achsen übertragen. Sie haben sich daher um das Federspiel gegenüber dem Rahmen zu bewegen. Ihre Form richtet sich nach Lage des Rahmens und der Achse, nach der Lage der Federn, die oberhalb oder unterhalb der Achsbüchse angeordnet sein können usw.

Die Hauptbestandteile einer Achsbüchse sind

1. die Lagerschalen aus Rotguß mit Weißmetall ausgegossen; sie umschließen von oben her bei Triebachsen die ganze obere Zapfenhälfte, bei Laufachsen etwa $^2/_3$ bis $^1/_2$ dieses Betrages und sind eingelegt in
2. das Lagergehäuse (aus Schweißeisen mit im Einsatz gehärteten oder mit Rotguß beschuhten seitlichen Gleitflächen. Zur Aufnahme von Schmiermaterial ist gewöhnlich im oberen Teile des Lagergehäuses ein entsprechender, mit einem Blechdeckel verschließbarer Raum vorgesehen.

g) **Achslagerführungen.** Die Achsbüchsen werden geführt durch am Rahmen angebrachte Führungsstücke, welche die Vertikalbewegung (das Federspiel) des Rahmens zulassen, dagegen eine Vor- und Rückwärtsbewegung der Achsbüchse unmöglich machen, so daß die parallele Lage der Achsen im Rahmen gesichert wird. Das eine Führungsstück wird mit Keil und Schraube nachstellbar ausgeführt.

Da das Federspiel auf beiden Seiten der Lokomotiven nicht genau gleich groß ist, soll sich die Achsbüchse gegenüber dem Achshalter quer zum Rahmen etwas verdrehen können, was geschehen kann, wenn die Lappen der Achsbüchse, welche den Achshalter seitlich umgreifen, so bearbeitet werden, daß sie nur in der Mitte, nicht aber am oberen und unteren Rande satt anliegen.

Federnde Zug- und Stoßvorrichtungen sind an der Vorderseite der Lokomotiven und der Rückseite der Tender anzubringen. Die Höhe der Mitten dieser Vorrichtungen (Zughaken und Puffer über Schienenoberkante) ist bei leeren Fahrzeugen 1,04 mit einem Spielraume von 25 mm über und unter dieser Höhe festgesetzt. Die horizontale Entfernung der Puffermitten muß 1,75 m, der Abstand der vorderen Pufferfläche vom Stoßbalken bei zusammengedrückten Puffern mindestens 370 mm und der Durchmesser der Pufferscheiben nicht unter 340 mm.

betragen. Vom Fahrzeuge aus gesehen, muß die Stoßfläche des linken Puffers eben, diejenige des rechten gewölbt sein.

Zur Verbindung der Lokomotive mit dem Tender ist eine Haupt- und eine Notkuppelung anzuordnen, von denen die letztere erst in Wirksamkeit tritt, wenn sich die Hauptkuppelung gelöst hat.

Bahnräumer dienen zur Entfernung von auf den Schienen liegenden Gegenständen und müssen an jeder Lokomotive in einer Höhe von 50 bis 70 mm ober den Schienen angebracht sein.

[202] Dampfkessel.

Der Dampfkessel gliedert sich in die **Feuerkiste**, den **Saugkessel** und die **Rauchkammer.**

Feuerkiste und Rauchkammer sind mit den Längsträgern des Rahmens verbunden; der Saugkessel wird von metallenen Querträgern, die am Rahmen befestigt sind, gestützt. Man unterscheidet die **innere Feuerkiste,** die aus einer Decke und vier Seitenwänden besteht, und die **äußere Feuerkiste,** welche die innere mantelförmig umgibt. Der Zwischenraum zwischen den Seitenwänden beider Kisten beträgt 70 mm. Die Seitenwände sind gegeneinander durch sog. **Stehbolzen,** die Decken gewöhnlich durch Ankerschrauben abgesteift; an der rückwärtigen Seitenwand befindet sich die Feuertüre. Durch den Saugkessel laufen in der Längsrichtung eiserne Rohre: **Feuer-, Siede-** oder **Heizrohre,** die einerseits an der rückwärtigen Rauchkammerwand, anderseits an der vorderen Wand der inneren Feuerkiste befestigt sind. Die Kesselarmatur besteht aus Probierhähnen, Wasserstandszeigern, Dampfdruckmesser, Sicherheitsventilen, Dampfstrahlpumpen (Injektoren) und Dampfpfeife. Die Rauchkammer ist durch eine Türe zugänglich und mündet in den Schornstein.

Da auf der Lokomotive ein hoher Schornstein, wie er zur Erzeugung ausreichender Zugstärke bei ortsfesten Feuerungen angewendet wird, nicht angeordnet werden kann, dient seit **Stephenson,** der im Jahre 1829 die erste brauchbare Lokomotive baute[1]), zum Anfachen des Feuers das **Blasrohr,** d. h. man läßt den Dampf, nachdem er in den Zylindern der Maschine seine Arbeit geleistet hat, aus einer Düse, die unterhalb des Schornsteines gelegen ist, durch diesen auspuffen, wobei die Rauchgase mitgerissen werden. Die Anfachung erfolgt um so gleichmäßiger, je rascher die einzelnen Dampfstöße aufeinander folgen, d. h. **je rascher die Maschine läuft.** Bei geringer Geschwindigkeit, großer Zugkraft und Zylinderfüllung wird das Feuer ungleichförmig angefacht, die Verbrennung daher ungünstig beeinflußt. Nach **Borries** erhöht sich bei Verdoppelung der Umläufe die Kesselleistung für 1 m² Heizfläche um 40 bis 50%. Die Kessel der Schnellzugslokomotiven arbeiten daher günstiger, erfahren aber auch eine höhere Beanspruchung als die der Güterzugslokomotiven.

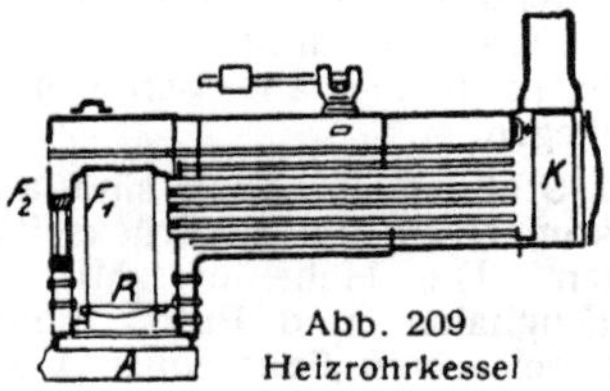

Abb. 209
Heizrohrkessel

Als Kessel kommt, ebenfalls seit **Stephenson,** ein **Heizrohrkessel** (Abb. 209) zur Verwendung. Dieser kann in 2 bis 4 Stunden angeheizt werden, paßt sich stark wechselndem Dampfverbrauch leicht an und ist sehr leistungsfähig. Er wird vorn am Rahmen fest, hinten mit Rücksicht auf die Ausdehnung durch die Wärme beweglich mit Pendelstangen befestigt. Ummantelung mit Filz, Asbest, Schlackenwolle vermindert die Wärmeverluste.

Die Dampfspannung beträgt bei Zwillingslokomotiven 10 bis 14, bei Verbundlokomotiven 14 bis 16 at.

Die äußere Feuerkiste besteht aus Flußeisen. Die obere Decke ist meist zylindrisch und schließt an den Saugkessel an. Seltener ist die Decke eben. Die innere Feuerkiste **(Feuerbüchse)** besitzt meist eine ebene Decke, die zu verankern ist, da sie durch den Dampfdruck belastet ist. Hierzu pflegt sie mit der äußeren Decke durch Anker verbunden zu werden. Die früher übliche Anordnung am Deckenträger, die sich auf die Ränder der Feuerkiste stützen und an denen der inneren Feuerbüchsdecke aufgehängt sind, hat den Nachteil, daß diese Decke auf der Wasserseite schwer gereinigt werden kann. Der Wasserstand über der Decke soll mindestens 10 cm betragen, damit diese auch im Gefälle sowie beim Anfahren und Bremsen nicht vom Wasser entblößt wird. Zu verankern ist ferner der ebene Teil der äußeren Feuerbüchsrückwand, der über die innere Decke vorragt, was durch aufgenietete Winkel oder besser durch Zugstangen, die am Saugkessel befestigt sind, erfolgt.

Die innere Feuerbüchse besteht in Europa meist aus Kupfer. Dieses hat sich namentlich bei den bis zu 30 mm dicken Rohrwänden besser bewährt als Flußeisen. Die Seitenwände sind durch Stehbolzen aus Kupfer oder namentlich in den oberen Reihen aus Manganbronze, die jedoch vom Feuer stärker angegriffen werden soll, verbunden, die um so nachgiebiger sind, je länger sie ausgeführt werden und um so besser den im Betriebe infolge der Wärmeschwankungen auftretenden Hin- und Herbiegungen widerstehen.

Sie pflegen angebohrt oder aus gelocht gewalztem Rundkupfer hergestellt zu werden, so daß im Falle des Bruches Dampf austritt, wenn die Bohrung nicht durch Kesselstein verschlossen ist. Der Abstand der beiden Wände soll nicht zu klein, mindestens 60 bis 90 mm sein, damit lebhafter Wasserumlauf stattfindet.

Die äußere und innere Feuerbüchse sind am unteren Rande sowie an den Schürlöchern durch kräftig eingenietete Rahmen verbunden. An letzterer Stelle werden auch die Blechränder umgebörtelt und vernietet. Die Rohrwand ist am Langkessel unterhalb der Rohre mit angenieteten Laschen verschraubt.

Die Breite der Feuerbüchse hängt oben vom Durchmesser des Langkessels (1500 bis 2000 mm), am unteren Ende von der Ausbildung des Rahmens ab (bis 2200 mm). Letzteres gilt auch von der Länge.

Von großer Bedeutung für die Lebensdauer der inneren Feuerbüchsmauer ist die Anordnung des Rostes und die Führung der Flamme (Feuergewölbe). Insbesondere gilt dies bei weniger reinem Speisewasser. Für die Bedienung sind breite Roste mit zwei Schürlöchern (Durchmesser etwa 360 mm) bequemer als lange Roste mit einer Feuertüre. Die Roststäbe werden meist aus Fluß- oder Gußeisen hergestellt. Die Spaltweite zwischen den Roststäben liegt je nach der verwendeten Kohle zwischen 3 und 30 mm. Für die Reinigung des Feuers sind Kipp- und Klapproste bequem. Diese entleeren sich in den **Aschenkasten,** der unter dem Roste angebracht und in der Breite unten durch den Abstand der Räder begrenzt ist. Er wird mit vom Führerstand aus verstellbaren, durch Siebe gegen Funkenauswurf ge-

[1]) Diese Rocket (Rokete) genannt, wog 7500 kg, arbeitete mit 3,5 at Üb. und entwickelte bis zu 15 PS. Die erlaubte Geschwindigkeit betrug bis zu 24 km/St.

sicherte Klappen zur Regelung der Zufuhr der für die Verbrennung nötigen Luft versehen.

Der zylindrische **Saugkessel** besteht aus zwei bis drei Schüren aus Flußeisen, deren Abmessungen von der erforderlichen Dampfmenge abhängen. Die im oberen Teil des Kessels anzubringenden Längsnähte erhalten doppelte, die Quernähte dagegen meistens einfache Nietreihen.

Gegen die **Rauchkammer** hin ist der Kessel durch eine Rohrwand aus Eisenblech abgeschlossen.

Die Siederohre aus Flußeisen werden durch die Rauchkammerrohrwand in den Saugkessel eingeführt. Sie erhalten, wenn auf unreines Speisewasser zu rechnen ist, am hinteren Ende Kupferstutzen, welche in die Feuerbüchsrohrwand eintreten und durch Einwalzen und Umbörteln gegen letztere abgedichtet werden. In die Rauchkammerrohrwand werden die Siederohre durch Aufwalzen gedichtet.

Der äußere Durchmesser der Siederohre beträgt 45 bis 52 mm bei 2 bis 3 mm Wandstärke, die Länge der Rohre entsprechend der Länge des Saugkessels 2,5 bis 6 m, ihre Anzahl 80 bis 300. An der Feuerbüchsrohrwand werden die Rohre um 3 bis 8 mm eingehalst, damit die Stegbreite möglichst groß ausfällt, vorn findet Aufnieten statt, um neue Rohre leichter einreihen zu können. Neuerdings finden auch Lerocrohre Verwendung, die innen Rippen enthalten, um die Heizfläche zu vergrößern.

Die untersten Siederohre sollen noch 100 mm und die seitlich liegenden 60 mm Abstand von der Kesselwand haben.

In der Rohrwand ist die erforderliche Anzahl der Rohre so anzubringen, daß die Dampfbläschen noch frei aufsteigen können.

Der Dampfdom enthält für die Dampftrocknung ein Sieb oder einen Wasserabscheider. In der höchsten Stelle des Domes liegt auf der Mündung eines entsprechend gestalteten Rohres der Regulatorschieber für die Dampfentnahme.

In neuerer Zeit haben sich **Garbe** und **Schmidt** erfolgreich bemüht, die Vorteile der **Dampfüberhitzung** auch für Lokomotiven anwendbar zu machen.

Die verbreitetste Konstruktion ist der **Schmidtsche Rauchrohrüberhitzer.** Die oberhalb der Siederohre in mehreren Reihen angeordneten und in den Rohrwänden eingewalzten Rauchrohre besitzen eine Weite von 120 bis 130 mm (manchmal finden Wellrohre Verwendung) und enthalten je ein Bündel von vier aneinander angeschlossenen dünnen Röhren, die der am Regulator im Dom entnommene Dampf durchströmt. **Dabei wird er getrocknet und bis etwa 350° C überhitzt,** weil die Rauchrohre wie die Siederohre von den Heizgasen durchstrichen werden.

Die Rauchkammer, gewöhnlich von gleichem Durchmesser wie der Saugkessel und 1 bis 2,5 m lang, aus 10 bis 12 mm starkem Eisenblech, ist vorne durch eine dicht schließende doppelwandige Tür abgeschlossen, die so groß sein muß, daß ein Reinigen und Herausziehen der Siederohre stattfinden kann. Zur raschen Entfernung der Kohlenrückstände aus der Rauchkammer dient öfters ein durch den Boden der Rauchkammer gehendes verschließbares Rohr. In der Rauchkammer sind ferner Blasrohr, Funkenfänger und ein Spritzrohr zum Ablöschen von Funken untergebracht.

Der Schornstein wird meist mit Rücksicht auf das Rosten aus Gußeisen hergestellt. Wandstärke 8 bis 10 mm. Seine Höhe darf bis 4650 mm über Schienenkante betragen. Bezeichnet

D den größten,
D_1 den kleinsten Schornsteindurchmesser in mm,
l die Länge des Schornsteines (mm),
S die gesamten freien Querschnitte der Heizrohre (m^2),
R die Rostfläche (m^2),
h den Abstand der Blasrohrmündung von Schornsteinoberkante (mm),
d den Durchmesser der Blasrohrmündung in mm,

so ist nach **Barries** angenähert:

$$d = 115\sqrt{\frac{S \cdot R}{S + 0{,}1\,R}}\,; \quad h = 15\,d\,;$$
$$D = 0{,}14\,h + 1{,}8\,d;$$
$$D_1 = D - 0{,}1\,l, \text{ wobei } l = 0{,}5 \text{ bis } 0{,}6\,h \text{ ist.}$$

Die Mündung des Blasrohres pflegt kegelig (Steigung 1 : 10) zu sein. Manchmal ist sie verstellbar. Zur Anfachung des Feuers bei stehender Maschine ist eine Hilfsdampfleitung (Bläser) vorgesehen. Die vom Blasrohr erzeugte Zugstärke in der Rauchkammer beträgt bis 12, seltener 18 cm Wassersäule, wozu ein Dampfdruck in der Blasrohrmündung bis zu 1,6 at erforderlich ist.

Die Kesselarmatur umfaßt zwei durch Spiralfedern belastete Sicherheitsventile, von denen jedes eine freie Durchlaßöffnung von $^1/_{10000}$ bis $^1/_{12000}$ der Heizfläche des Kessels, zwei Wasserstandsanzeiger oder Probierhähne, zwei Speisevorrichtungen (Injektoren), von denen jede von der anderen auch beim Stillstand der Lokomotive das nötige Speisewasser für den Kessel liefern kann, mit Speiseventilen, ein Manometer, eine Dampfpfeife, Ablaßhähne und Reinigungsöffnungen zum Entleeren und Reinigen des Kessels und einen im Dampfdome liegenden Absperrschieber oder ein Ventil (Regulator).

Rostfläche und **Heizfläche.** Im folgenden bezeichnen:

R die Rostfläche in m^2,
H die Heizfläche in m^2,
B die stündlich zu verbrennende Steinkohlenmenge in kg,
N die Leistung der Lokomotive in Pferdestärken.

Auf 1 m^2 können von guter Steinkohle bis 500 kg, bei besonders guten Kohlen bis 600 kg verbrannt werden. Dies ist jedoch im Betriebe nur bei Schnellzugslokomotiven möglich. Nach Überschreitung von 300 kg pflegt der Wirkungsgrad der Verbrennung zu sinken.

Die durchschnittliche Verdampfung auf 1 m^2 Heizfläche beträgt bei Güterzugslokomotiven etwa 40, bei Schnellzugslokomotiven 50, in Ausnahmefällen bis 80 kg/Std. Von 1 kg Steinkohle werden 7,5 kg Wasser verdampft. Es entfielen somit auf 1 m^2 Heizfläche 40 : 7,5 = 5,3 bis 50 : 7,5 = 6,7 kg Kohle stündlich und 5,3 : 300 = 1 : 57 bis 6,7 : 600 = 1 : 90 m^2 Rostfläche. Man pflegt daher zu setzen abgerundet:

$$H : R = 50 \text{ bis } 90, \quad B : R = 300 \text{ bis } 500.$$

Der Dampfverbrauch für 1 PS/Std. liegt bei Schnellzugslokomotiven zwischen 7 und 10, bei Güterzügen zwischen 9 und 12 kg. 1 m^2 Heizfläche kann also 50 : 9 = 5,5 PS stündlich bewältigen.

$$N : H = 5{,}5 \text{ bis } 7 \text{ (Schnellzugslokomotive)},$$
$$N : H = 3{,}3 \text{ bis } 4{,}5 \text{ (Güterzugslokomotive)}.$$

Bei Heißdampflokomotiven beträgt nach den Versuchen von Garbe:

$$N : H = 7 \text{ bis } 10 \text{ bzw. } (5 \text{ bis } 8{,}5).$$

Die Ersparnis an Kohlen fand sich zu 20%, die an Wasser noch erheblich größer.

Infolge des letzteren Umstandes (geringer Dampfverbrauch für gleiche Leistung) erweisen sich die

Heißdampflokomotiven bei gleichgroßem Kessel fähig, größere Zugsleistungen auszuüben als die Naßdampflokomotiven.

[203] Die Dampfmaschine

umfaßt als wesentliche Bestandteile die beiderseits der Lokomotive angeordneten Dampfzylinder mit Schiebergehäuse, denen der Dampf durch das Regulatorrohr und die Einströmungsrohre aus dem Kessel zugeführt wird, und aus welchen er nach geleisteter Arbeit in den Rauchfang tritt; sodann die Steuerung, welche das abwechselnde Ein- und Ausströmen des Dampfes zu beiden Seiten des Dampfkolbens bewirkt, und endlich den Kurbelmechanismus, der die hin- und hergehende Bewegung des Dampfkolbens in die drehende Bewegung der Treibräder verwandelt. Die Steuerung ermöglicht den Wechsel in der Fahrrichtung und die Veränderlichkeit der Dampfmenge, die in den Zylindern bei jedem Kolbenlauf zur Wirkung kommen soll (Expansionssteuerung). Auf der Treibachse ist eine Scheibe derart aufgekeilt, daß ihr Mittelpunkt nicht mit dem Mittelpunkte der Achse zusammenfällt. Diese Scheibe (Exzentrik) wird von einem aus zwei Teilen bestehenden Ringe, an den sich die Exzenterstange und in deren Fortsetzung die den Schieberrahmen fassende Schieberstange anschließt, lose umfaßt, so daß sich die Scheibe im Ringe drehen kann. Hierbei verschieben sich der Ring, die Exzentrikstange, die Schieberstange mit Rahmen und Schieber um die Größe der Entfernung der Mittelpunkte von Scheibe und Achse (Exzentrizität). Für jede Fahrtrichtung ist eine besondere Exzentrik angebracht; die beiden zugehörigen Exzenterstangen an jeder Seite sind durch einen geschlitzten Bügel (Kulisse, Schwinge, Schleife) verbunden, in dem ein eiserner Klotz (Kulissenstein) verschiebbar ist, der sich an die Schieberstange anschließt. Die gegenseitige Stellung der Kulisse und des Steines kann vom Lokomotivführer verändert werden, zu welchem Behufe sich beim Führerstande der Steuerungshebel oder die Steuerungsschraube befindet. Liegt der Stein beim Ende der Stange des Vorwärtsexzenters, so fährt die Lokomotive vorwärts, liegt er am Ende der Stange des Rückwärtsexzenters, so fährt sie rückwärts; liegt er in der Mitte zwischen beiden, so sperrt der Schieber die Dampfeinströmungskanäle gleichzeitig ab und die Maschine arbeitet nicht. Die Zwischenstellungen ermöglichen die mehr oder minder große Ausnützung der Expansivkraft des Dampfes, indem sie dessen Eintritt in die Zylinder früher oder später abzusperren gestatten. Die Steuerungsteile liegen entweder unter dem Kessel und die Schieberkasten innen seitwärts vom Dampfzylinder (Innensteuerung) oder außerhalb der Räder und der Schieberkasten auf dem Zylinder (Außensteuerung).

Zum Kurbelmechanismus (Triebwerk) gehört zunächst die am Dampfkolben angreifende Kolbenstange, welche einen Kreuzkopf am Schlitten oder Gleitrahmen hin- und herschiebt. Im Kreuzkopf ist die Pleuelstange (Trieb- oder Kurbelstange) gelenkig eingehängt; sie greift mit ihrem anderen Ende die auf der Triebachse befestigte Kurbel am Kurbelzapfen an. Die **Heusinger-Steuerung** (Abb. 210) **gibt die regelmäßigste Dampfverteilung** und ist in Belgien, Deutschland, Österreich und Frankreich viel verbreitet. Die Kulisse oder Schwinge *k* ist am Rahmen im Zapfen *Q* drehbar gelagert. Sie wird durch die Stange E_1, F_2 in schwingende Bewegung versetzt, wenn der durch die Gegenkurbel TE_2 mit dem Triebzapfen *T* und dem Rade *R* verbundene Zapfen E_2 umläuft. Je tiefer der in der Schwinge *k* verschiebbare Gleitstein *G* vom Lokomotivführer durch Auslegen des Hebels *LB* gesenkt wird, um so größer

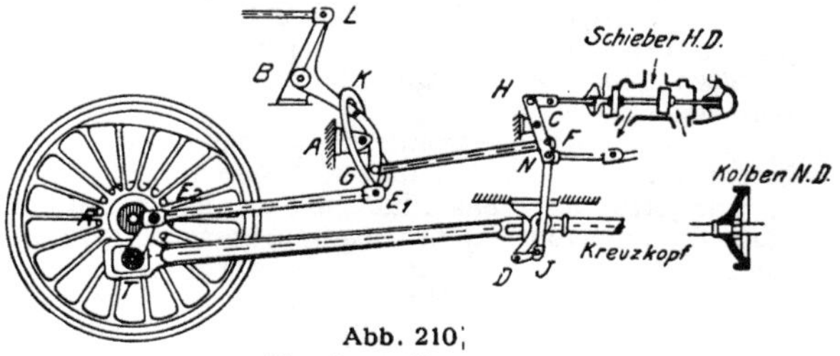

Abb. 210
Heusinger-Steuerung

sind die seitlichen Ausschläge des Gleitsteines und damit die Bewegungen der Schieber für Hochdruck und Niederdruckzylinder, weil diese Ausschläge durch die Stange *GF* auf den mit dem Kreuzkopf verbundenen Hebel *JF* und durch diesen auf die Schieberstange des Niederdruckzylinders (Zapfen *N*), sowie die des Hochdruckzylinders (Zapfen *H*) übertragen wurden. Der Hebel *NCH* ist am Rahmen gelagert. Bei *C* ist eine Welle vorhanden, auf der die Hebel *CN* und *CH*, von denen der eine außerhalb, der andere innerhalb des Rahmens sitzt, aufgekeilt sind. Wird der Hebel *BL* so gestellt, daß der Gleitstein *G* im Drehpunkt *A* liegt (Mittellage), so hört die Schieberbewegung auf. Wird *G* noch weiter gehoben, so läuft die Maschine nach rückwärts.

Die **Steuerung von Stephenson,** die auch zwischen den Rädern liegen kann, erfordert eine Ausgleichung der einseitig wirkenden Gewichte.

Die Kulisse erhält ihre schwingende Bewegung durch zwei Exzenter *B* und *C*. Sie wird vom Führerstande aus durch die unmittelbar von Hand oder durch Handrad mit Schraube bewegten Hebel *hg* und *ef* gehoben oder gesenkt, so daß der Gleitstein *a* verschiedene Ausschläge macht.

Die Dampfzylinder liegen, mittels Schrauben am Rahmen befestigt, auf der vorderen Seite der Lokomotive, innerhalb oder außerhalb des Rahmens horizontal oder geneigt. Bei Heißdampfmaschinen ist der Ausdehnung durch die hohe Erhitzung Rechnung zu tragen. Liegen sie zwischen den Rahmen, so sind die Achsen der Triebräder an den Angriffsstellen der Schubstangen gekröpft. Liegen die Zylinder außerhalb des Rahmens, so wirken die Schubstangen auf Kurbelzapfen, welche in den Naben der Räder befestigt sind.

Die Zwillingsmaschinen haben zwei gleich große Zylinder, während die Zylinder der Verbundmaschinen verschiedene Durchmesser besitzen (Hoch- und Niederdruckzylinder). Verbundlokomotiven, bei welchen der Dampf nicht in einem, sondern in zwei Zylindern hintereinander und mit verschiedener Spannung arbeitet, bieten bei bester Ausführung im Vergleich zu Zwillingslokomotiven eine Dampfersparnis von rund 20%, wobei aber die Anfahrvorrichtung, die es ermöglicht, daß beim Anfahren der Dampf gleichzeitig in beiden Zylindern wirkt, von besonderer Wichtigkeit ist. Mit den Zylindern pflegen die Schieberkasten aus einem Stück zu bestehen. Während früher ausschließlich Flachschieber zur Verwendung gelangten, werden neuerdings entlastete Kolbenschieber mit federnden Dichtungsringen bevorzugt.

Die Maschinen der Lokomotiven arbeiten ohne Kondensation. Die Dampfkolben übertragen ihre Bewegung vermittelst Schubstangen und Kurbeln auf die Treibachsen. Die Kurbeln sind rechtwinklig zueinander gestellt, so daß die Maschine stets anfahren kann.

Zum Entfernen von Kondensationswasser aus Zylinder und Schieber sind an deren tiefsten Stellen Ablaßhähne angebracht, welche von Führerstande aus gleichzeitig bedient werden können.

Die Kolben sind meist aus geschmiedetem Stahl, die federnden Kolbenringe aus Gußeisen, die Kolbenstangen aus Flußstahl, die Kreuzköpfe aus Stahlguß, die Gleitlineale für die Kreuzköpfe aus Flußstahl, ebenso wie die Trieb- und Kuppelstangen, wenn möglich mit geschlossenen Köpfen mit nachstellbaren Lagerschalen, die Kurbelzapfen aus zähem Stahl, der im Einsatz 1 bis 2 mm tief gehärtet wird. Der Kolbenhub beträgt gewöhnlich

bei Personen- und Schnellzugslokomotiven 550 bis 650 mm,

für Güterzugslokomotiven 600 bis 700 mm.

[204] Tender.

Übersteigen die mitzuführenden Vorräte 5 bis 6 m^3 Wasser und 1,5 t Kohle, so sind sie auf einem besonderen Wagen (Tender) unterzubringen. **Tender** für Hauptbahnen fassen gewöhnlich 10 bis 15 m^3 Wasser und 3 bis 7 t Kohlen. Sie erhalten in der Regel drei Achsen. Die Wasserbehälter, auf deren Decke das Brennmaterial gelagert wird, erhalten neuestens eine nach vorne geneigte flache Decke. Wichtig ist die Kuppelung des Tenders mit der Lokomotive. Die Speisewasserzuführung erfolgt für jede Strahlpumpe durch eine besondere Leitung, die durch Sieb mit Ventil gegen den Wasserbehälter zu abgeschlossen ist. Die Rohrkuppelungen werden durch mit Drahteinlagen versehene Gummischläuche bewirkt. Die Füllöffnung für den Wasserbehälter ist meist rückwärts. Der Wasserstand im Tender wird durch Probehähne, Wasserstandsglas usw. angezeigt.

[205] Lokomotivdienst.

Der **Lokomotivdienst** umfaßt den Dienst des Lokomotivpersonales (Führer und Heizer) vor, während und nach der Fahrt und jenen des Heizhauspersonals (Reinigen der Lokomotiven, Untersuchung aller einzelnen Teile, Vornahme der Reparaturen, Anheizen, Schmieren, Ausrüstung usw.). Mit besonderer Sorgfalt ist dem Einfrieren der Lokomotive vorzubeugen, welcher Fall eintreten kann, wenn bei Eintritt von Frostwetter Lokomotiven aus verschiedenen, im Verkehrsdienste liegenden Ursachen im Freien untergebracht werden müssen. Es sind dann zu beiden Seiten der Lokomotive oder unterhalb derselben offene, mit glühendem Koks gefüllte eiserne Körbe aufzustellen. Die Ingangsetzung der Lokomotiven muß mit großer Vorsicht geschehen. Dem Lokomotivpersonal obliegt der Fahr-, der Rangier- und der Reservedienst. Während der Fahrt sind die Feuerung, die Kesselspeisung und die Schmierung mit größter Vorsicht zu besorgen. Es bestehen hiefür besondere Dienstvorschriften, ebenso für den Fall der Leerfahrt, des Vorspanndienstes, des Schiebedienstes und für Schneepflugfahrten. Der **Rangier-** und **Reservedienst** werden auch als Stationsdienst bezeichnet. Der Rangierdienst (Verschieben von einzelnen Wagen oder ganzen Zügen, Teilung von Zügen usw.) wird gewöhnlich durch die Lokomotiven der durchfahrenden Züge, auf großen Stationen aber durch eigene **Rangierlokomotiven** (vier- und sechskuppelige Tenderlokomotiven) besorgt. Die Reservelokomotiven sind gegebenenfalls bestimmt, eine dienstuntauglich gewordene zu ersetzen, müssen daher stets dienstbereit und unter Dampf gehalten werden, in der Regel in Kreuzungs- oder Anschlußstationen.

Die Besetzung der Lokomotive kann eine **einfache** oder **wechselnde** sein. Bei ersterer versieht bei einer und derselben Lokomotive dieselbe Bemannung den Dienst, und bleibt daher die Lokomotive solange in Betrieb, als der Dienst der Bemannung dauert. Die Bemannung besteht aus Führer und Heizer. Der Kohlenverbrauch richtet sich nach der Inanspruchnahme der Lokomotive. Dem Führer wird eine verschiedene Kohlenmenge, entsprechend der Art der Dienstleistung seiner Lokomotive, zugebilligt. Wird diese Menge nicht verbraucht, so erhält das Lokomotivpersonal den ersparten Geldwert als **Kohlenprämie**, was sich sehr gut bewährte. Um die während der Fahrt verbrauchten Kohlen ersetzen zu können, werden auf besonderen Stationen (**Kohlenstationen**) Kohlen vorrätig gehalten. Auf diesen Stationen ist meist auch ein größerer Vorrat an Kohlen, der den Bedarf für 4 bis 6 Wochen deckt, aufgestapelt, um für einen unvorhergesehenen Fall den Betrieb aufrechterhalten zu können. Außerdem erfordert die Dampflokomotive in genügenden Abständen entlang der Strecke verteilte **Wasserstationen.** Die Lokomotiven müssen mit den zur Ausübung des Lokomotivendienstes nötigen Laternen zur Beleuchtung des Manometers und des Wasserstandsanzeigers, mit einer Handlaterne und mit den zur Signalisierung vorgeschriebenen helleuchtenden Signallaternen ausgerüstet sein. Nach den Erfahrungen ist hierbei die Petroleumbeleuchtung vorzuziehen. Die Abnützung der im Betriebe stehenden Lokomotiven darf nur bis zu einem gewissen, den Betrieb nicht gefährdenden Grade vorschreiten. Dann muß eine gründliche Revision und Reparatur der Lokomotive erfolgen. Die Dauer einer Lokomotive liegt zwischen 20 und 25 Jahren.

7. Abschnitt.

Eisenbahnbetriebsmittel.

I. Personenwagen.

[206] Allgemeines.

Während in Europa, den hier herrschenden Klassengegensätzen entsprechend, die Wagen bis in die Mitte der 70er Jahre fast ausschließlich nach dem von England aus verbreiteten **Abteilsystem** mit verschiedenen Klassen gebaut wurden, stellte man in dem demokratischen Amerika das Wageninnere als einen einzigen, nicht durch hohe Querwände geteilten Raum her. In der ganzen Wagenlänge zog hier ein Durchgang zwischen den Sitzplätzen hin, der von außen durch Türen in den Stirnwänden zugänglich war. Die ersten englischen Personenwagen wurden den alten Postkutschen nachgebildet. Das Dach diente zur Aufnahme des Reisegepäcks und auch von Reisenden. Eine sehr verbreitete

Bauart dieser Wagen besaß nur drei Abteile, die in der I. Klasse je 6 Sitzplätze enthielten. Während ein solcher Wagen nur 18 Reisende im Inneren aufnehmen konnte, faßten die amerikanischen Durchgangswagen 60 bis 70 Reisende; hier war daher das auf jeden Sitzplatz entfallende tote Gewicht erheblich geringer als bei den kurzen englischen Abteilwagen. Die Wagen II. Klasse waren anfangs auf den europäischen Bahnen vielfach ohne Fenster, die der III. Klasse sogar ohne Dach. Noch Ende der 40er Jahre wurden auf den Stationen der Leipzig-Dresdener Bahn Gesichtsmasken und Schutzbrillen als Schutz gegen Zugluft und Funkenauswurf angeboten.

In sechs Jahrzehnten ist in England die Wagenlänge von 4 m auf 18 gewachsen, die Zahl der Räder eines Wagens (abgesehen von den Drehgestellen) von 4 auf 12 (Speisewagen) gestiegen. Einen ähnlichen Entwicklungsgang haben auch die Bahnen der übrigen Länder durchgemacht.

Man ging in der Folge allgemein zu geschlossenen und verglasten Wagenkästen über, machte die Abteile breiter, länger und höher, vermehrte ihre Zahl auf 5, ja selbst 7, führte Heizung, Beleuchtung und Lüftung ein, gute Polsterung in den oberen Klassen und fügte schließlich auf langen Strecken Wasch- und Abortraum an; dem folgte dann die Einstellung von Schlaf-, Speise- und Aussichtswagen, dem in den amerikanischen Luxuszügen Bade-, Rasier-, Schreib- und Musikräume folgten.

Hand in Hand mit der Steigerung der Reisebequemlichkeiten ging auch die Vervollkommnung an technischer Durchbildung aller Konstruktionseinzelheiten. Schritt für Schritt trat Besseres an Stelle des Minderwertigen, nur langsam konnte die durch Erfahrung und Theorie erprobte Vervollkommnung zur Einführung gelangen, weil jede Neuerung bei der enormen Ausdehnung des Wagenparkes große Kosten verursachte. Alle Teile eines Wagens haben ihre besondere Entwicklungsgeschichte, vor allem die Beleuchtung, Heizung, die Bremsen und die Achslagerung. Wir wollen nun diese Einzelheiten, die hauptsächlich für Personenwagen vorkommen, besprechen.

[207] Räder und Radreifen.

a) Die Räder, anfangs in gewöhnlicher Weise aus Holz mit Eisenbeschlag oder aus Gußeisen hergestellt, werden jetzt meistens aus Schmiedeeisen, Flußstahl, für Personenwagen auch aus Holz und Papier gefertigt und mit besonderen Laufreifen aus hartem, zähem Flußstahl versehen. Gußeiserne Räder mit sehr harten Laufflächen **(Hartgußräder)** (Abb. 211), also

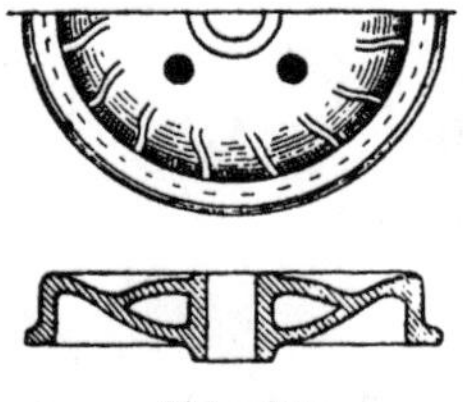

Abb. 211
Hartgußräder

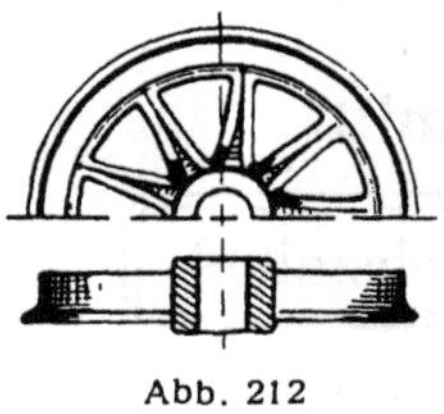

Abb. 212
Speichenräder

ohne besondere Radreifen, werden zurzeit noch in Amerika und Österreich-Ungarn auch vielfach unter Lastwagen verwendet, mitunter unter Personenwagen. In Deutschland sind sie endgültig aufgegeben, da sie sich hier nicht als betriebssicher erwiesen. Die **Speichenräder** (Abb. 212) wurden von Losh, einem Freunde Stephensons, erfunden. **Sie sind heute noch, freilich vielfach abgeändert und verbessert, die verbreitetsten Eisenbahnräder.** Im Gebiete des Vereines deutscher Eisenbahnverwaltungen machen sie über 80% der Gesamtzahl aus. Die Papierräder, erfunden von **Allen,** stammen aus Amerika, woselbst sie unter allen besseren Wagen laufen. Die Papierscheibe wird aus 56 Pappbogen zusammengebaut, scharf getrocknet und gepreßt. Sie ist so hart, daß sie wie das Eisen auf Maschinen abgedreht werden kann. Bei uns haben sich diese Räder nicht bewährt, ebensowenig wie die in England viel benutzten **Holzscheibenräder,** die sog. **Mousell-Räder.** Diese trocknen ein, die Schrauben lockern sich und der Bestand des Rades ist gefährdet. Bei sorgfältiger Herstellung besitzen sie gleich den Papierrädern eine größere Elastizität als die Eisenräder, infolgedessen fährt es sich auf ihnen weicher, auch dröhnen sie nicht wie letztere. Vielfach sind auch geschmiedete und gewalzte Scheibenräder aus Fluß- oder Schweißeisen in Gebrauch.

Die Räder müssen der Sicherheit wegen auf ihren Achswellen festsitzen; sie werden deshalb unter sehr hohem Drucke, mindestens 50000 kg, auf diese aufgepreßt, wozu kräftige Wasserdruckpressen benützt werden. Ihre Achszapfen müssen ferner besonders gut in Öl gehalten werden, machen sie doch bei einem Schnellzuge bis zu 500 Umdrehungen in der Minute. Um sie bequem untersuchen und oben schmieren zu können, werden sie außerhalb der Räder angeordnet. Von welcher wirtschaftlicher Bedeutung diese Ölung ist, erhellt wohl schon daraus, daß allein auf den preußischen Staatsbahnen jährlich mehrere Millionen Mark für Schmieröl aufgewendet werden müssen. Bei mangelhaftem Ölen laufen die Zapfen bald warm, und der betreffende Wagen muß als „Heißläufer" aus dem Zuge entfernt werden. Die Lagergehäuse dieser Zapfen, die **Achsbüchsen,** sind seit dem Bestehen der Eisenbahnen immer das Schmerzenskind der Eisenbahntechniker gewesen. Trotz aller neuzeitlichen Verbesserungen gibt es auch heute noch keine Bauart, die allen Ansprüchen des Betriebes genügt. Da gibt es noch manches zu erfinden.

b) Als 1827 Wood in England die schmiedeisernen **Radreifen** erfand, war für den wirtschaftlichen Betrieb der Eisenbahnen ein namhafter Fortschritt zu verzeichnen. Mußten vordem die ganzen Räder nach Abnützung der Laufflächen erneuert werden, so beschränkte sich dieses hinfort nur noch auf den dünnen Reifen, der zudem zäher und haltbarer, somit betriebssicherer war als das gußeiserne Rad. Anfangs wurden die Reifen aus vorgewalztem Schmiedeisenstäben zusammengeschweißt. Schweißstellen sind aber stets schwache Stellen und geben zu Brüchen Anlaß. Reifenbrüche veranlassen aber Entgleisungen. Die schmiedeisernen Reifen wurden seit 1850 durch solche aus Puddelstahl ersetzt, die aber schon wenige Jahre später mit dem Aufblühen der Flußstahlfabrikation durch die Flußstahlreifen ohne Schweißung allgemein verdrängt wurden.

Alfred Krupp in Essen gelang es nach vielen, zuerst an einem Bleiring angestellten Versuchen, die ersten nahtlosen Radreifen im Walzverfahren herzustellen. Die gegossenen Stahlblöcke wurden hierbei unter schweren Dampfhämmern vorgeschmiedet, dann gelocht, zu Ringen ausgetrieben und auf einem eigenartigen Walzwerk zu Radreifen ausgewalzt (siehe Lebensbild Krupps, I. Fachband, S. 62). Im Jahre 1856 erfand **Henry Bessemer** das nach ihm benannte Verfahren der Flußstahlerzeugung, das, wie auf allen Gebieten der Eisen- und Stahlindustrie, auch im Eisenbahnwesen eine vollständige Umwälzung herbeiführte. Nun konnte man zu verhältnismäßig billigen Preisen ein sehr widerstandsfähiges, gleichmäßiges Material verwenden. Auch die Achswellen, die Falzschienen und andere Teile wurden nunmehr aus Bessemerstahl gefertigt. Als es später 1865 Martin gelang, im Flammofen aus Stahl und Schmiedeeisenabfällen und Eisenerzen einen vorzüglichen Flußstahl herzustellen und die Heizung hierbei nach der Siemensschen Generativfeuerung durchzuführen, da war ein noch besserer Baustoff für die Reifen gewonnen. Freilich waren die Ansprüche an dessen Güte immer gewachsen. Die Radlasten waren größer, die Fahrgeschwindigkeiten vermehrt und die Fahrlänge der Züge gesteigert worden. Da ging **Krupp** dazu über, aus einer der edelsten Stahlarten, dem **Tiegelgußstahl,** Radreifen für die am stärksten beanspruchten Räder, das sind die **Lokomotivtreibräder,** herzustellen. Diese Reifen sind von ungemein großer Härte und Zähigkeit und besitzen eine Zerreißfestigkeit von mindestens 7000 kg/cm². Wie alle Kruppschen Erzeugnisse errangen sich auch seine Tiegelgußstahlreifen Weltruf. Heute trägt sogar ein großer Teil der in Nordamerika gebauten Schnellzuglokomotiven Radreifen von Krupp.

Gewöhnlich werden die Radreifen kegelförmig abgedreht, dergestalt, daß der Schnittpunkt der Erzeugenden beider Kegel auf Gleismitte liegt. (Abb. 213). Es wird dadurch namentlich das „Schlingern" der Fahrzeuge im Gleise gemildert. Die Fahrschienen werden dementsprechend gegen die Senkrechte geneigt, und zwar mit dem Kopfe nach dem Gleisinneren, um den Raddruck möglichst günstig auf die Schienen zu übertragen und das „Kanten" derselben zu erschweren (II. Fachband [360]). In Nordamerika kommen auch **zylindrisch gedrehte** Laufflächen vor, die aber in Deutschland einen unruhigen Gang ergaben.

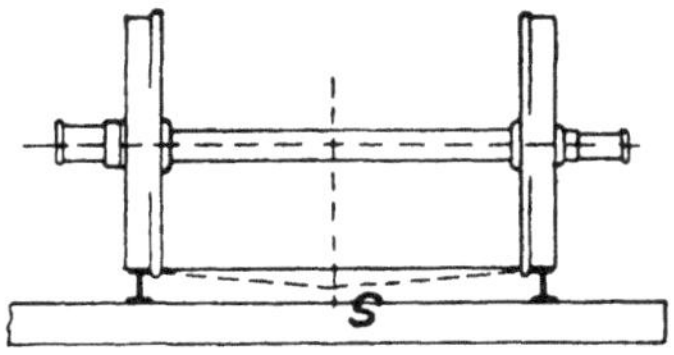

Abb. 213

Die Lauffläche der Räder einschließlich der Spurkränze dürfen sich nicht allzusehr auslaufen, weil sonst der Gang der Fahrzeuge verschlechtert und gefährdet wird. Sie müssen in einem solchen Falle wieder auf die genaue Form und bei den Treibrädern der Lokomotiven sowie bei Personenwagen auch auf gleiche Durchmesser abgedreht werden. Neue Radreifen sind 70 bis 75 mm stark. Sie werden auf die Räder aufgeschrumpft, d. h. man dreht sie innen um $^1/_{1000}$ des Raddurchmessers kleiner aus und vergrößert ihre Weite vorübergehend durch Erhitzen, so daß sie um den Radkörper gelegt werden können. Beim Erkalten schrumpfen sie zusammen und haften dann sehr fest auf demselben. Durch das stetige Hämmern der Räder auf den Schienen können sie aber namentlich bei geringerer Stärke dennoch mit der Zeit gelockert werden. Sie drehen sich dann auf den Radkörper, zumal wenn Bremsklötze auf sie wirken. Um dieses und zugleich auch das Abfliegen der Radreifen im Falle des Zerspringens zu verhüten, werden sie noch durch besondere Mittel mit dem Rade verbunden. Am besten haben sich die **Klammerringe** von Mousell und der **Sprengring** (s. Abb. 214) bewährt. Letzterer ist ein aufgeschnittener, schmiedeiserner Ring, der in den Reifen, halb um den Radkörper gelegt wird. Um ihn am Herausfallen aus der Reifennut zu hindern, wird die Außenkante der letzteren niedergehämmert. **Krupp** hat das Zusammenschweißen vorgeschlagen, welche Befestigungsart wohl die sicherste, aber teuerste ist.

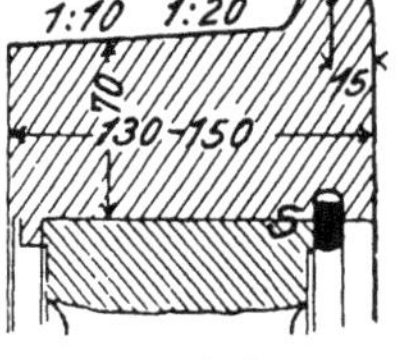

Abb. 214
Sprengring.

[208] Freie Lenkachsen.

Anzustreben ist bei jedem Wagen ein möglichst ruhiger, sanfter Gang. Die störenden Bewegungen, die seine Räder in senkrechter Richtung durch die Schienenstöße und Unebenheiten des Gleises, durch die Schienenüberhöhung in den Gleisbögen, in wagrechter Richtung durch das Schlingern der Fahrzeuge im geraden Gleise, durch die Wirkung der Fliehkraft in gekrümmten Strecken erleiden, sollen sich möglichst wenig auf das Wageninnere übertragen und das entstehende Geräusch soweit als möglich gedämpft werden.

Durch zweckmäßige Federung, lange, stark belastete Tragfedern, durch doppelte Fußböden und Seitenwände mit schalldämpfender Füllung und vor allem durch zweckmäßige Lagerung der Räder im Untergestell hat man diese Übelstände wesentlich gemildert. Namentlich seit man erkannt hat, daß ein langer Radstand und kurze, überhängende Massen im Verein mit leicht in den Gleisbogen einstellbaren Rädern (Drehgestelle, Lenkachsen) besonders geeignet sind, einen sanften Gang zu erzielen, hat der Wagenbau erhebliche Erfolge zu verzeichnen. Solange man nicht einstellbare Räder verwendete, war man gezwungen, die Wagen und ihren Radstand kurz zu halten, damit ihr Widerstand in den Gleisbögen und der unvermeidliche Verschleiß an Schienen und Rädern nicht zu groß ausfiel. Mit dem Anwachsen des Verkehrs wurden die Wagen, um mehr Reisende in ihnen unterzubringen, länger gebaut, da sie durch das Querprofil der Tunnels, Brücken usw. begrenzt waren. Dazu kam, daß die längeren Wagen nach Einführung größerer Fahrgeschwindigkeit ein starkes Schwanken beim Befahren der Kurven zeigten, was lebhafte Klagen der Reisenden hervorrief. Da mußte man auf Abhilfe sinnen. Das amerikanische **Drehgestell** war zwar bekannt, aber bei Wagen nicht anzuwenden, deren Gewichtslast nur zwei, allenfalls drei Achsen erforderte, weil zwei Drehgestelle mit ihren vier Achsen den Wagen sehr verteuern und auch sein Eigengewicht sehr vermehrten. Man suchte den Zweck durch verstellbare Einzelachsen zu erreichen.

Fünfzig Jahre hindurch hat es als Grundsatz gegolten, die zwei- und dreiachsigen Wagen nur mit „steifen Achsen" laufen zu lassen, d. h. den **Radachsen** in den Achsbüchsführungen nur den zwecks Vermeidung des Zwängens durchaus notwendigen kleinsten Spielraum zu geben, damit die parallele Lage der Achswellen, sowie ihre feste winkelrechte Stellung zur Längsrichtung des Wagenkastens peinlich genau gewahrt bliebe. Erst Ende der 80er Jahre brach sich eine neue Anschauung Bahn. Man sah den Irrtum des lange befolgten Grundsatzes vom „Parallelisieren der Achsen" ein, indem man die Überlegenheit der in Kurven einstellbaren Achsen in bezug auf wirtschaftlichen Betrieb und auf sanftes Fahren gegenüber der steifen Anordnung klarlegen konnte. Erst 1896 konnte die allgemeine Einführung der freien Lenkachsen selbst für Wagen mit kurzen

Radständen beschlossen werden. Abb. 215 zeigt die Anordnung, wie sie heute allgemein bei uns üblich geworden ist. Die **Achsbüchsen** haben danach so großen Spielraum in den Führungen, daß die Radachsen in Gleisbögen dem Drucke der Spurkränze nachgeben und sich radial, d. h. mit ihrer Längs-

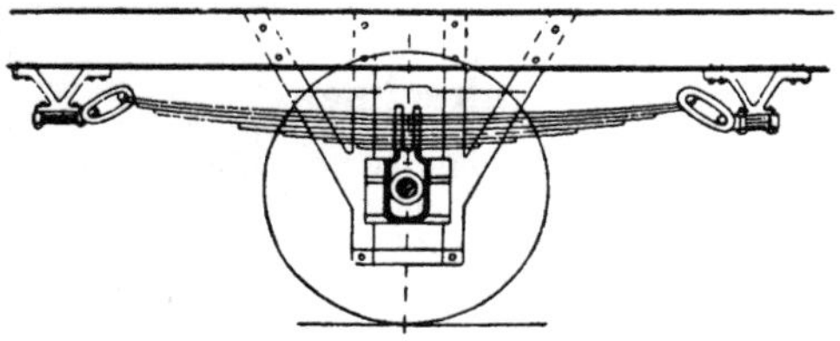

Abb. 215
Freie Lenkachse

achse nach dem Mittelpunkt des Gleisbogens gerichtet, einstellen können. Da die Tragfedern mit den Achsbüchsen fest, aber um eine Senkrechte drehbar verbunden sind, so ist jene hiebei etwas schief gestellt. Diese Verdrehung zwingt aber die Achsen, beim Wiedereintritt in das gerade Gleis in ihre normale mittlere Lage zurückzukehren. Sorgfältig durchgeführte Vergleichsversuche ergaben zugunsten der freien Lenkachsen eine Brennstoffersparnis der Lokomotiven von 10,5%. Dazu kommt der geringere Verschleiß der Räder und Schienen, der ruhige Gang der Wagen und ein erheblich geringeres Kreischen der an den Kurvenschienen schleifenden Räder.

[209] Drehgestelle.

Im Gegensatze zu allen anderen Eisenbahnländern haben die nordamerikanischen Bahnen aus den früher erwähnten Gründen schon von Anfang an **Drehgestelle** sowohl für ihre Personen- als auch für ihre Güterwagen verwendet und dementsprechend auch stets lange Wagen mit großem Radstand gebaut. Solche Durchgangswagen sind zuerst 1835 auf der Boston-Albany-Bahn gelaufen. Da die Dampfboote auf den nordamerikanischen Flüssen schon mit großem Komfort, wie Speisesälen, Schlafräumen usw. ausgestattet waren, führte auch die Cumberland-Valley-Bahn in Pennsylvanien Schlafwagen in einfacherer Ausführung ein. Erst **Pullmann** baute 1858 die nach ihm benannten Prachtwagen, die anfangs von Chicago nach Buffalo liefen. Seine Wagen wurden mit doppelter Einrichtung versehen, so daß sie am Tage als Salonwagen, nachts als Schlafwagen dienten. Die Sitzplätze liegen zu beiden Seiten des Mittelganges, die dann nachts gegen diesen durch Vorhänge abgeschlossen wurden. Ein unteres Schlaflager wird durch Herausziehen der Sitzkissen zweier gegenüberliegender Sitze gebildet, während ein zweites Lager durch Herabklappen der oberen Seitenwand geschaffen wird. Die Benützung solcher Wagen ist eine sehr gute, nur ist das Entkleiden auf den Betten etwas umständlich. In Europa sind die Schlafwagen mit Abteilen zu je vier Lagern versehen, was eine bessere Absonderung der Reisenden gestattet. Die oberen Lager werden durch Aufklappen der Rückenlehnen gebildet.

Pullmann baute dann in den 70er Jahren auch Speisewagen, die allmählich in Luxuswagen übergingen.

Durchgangswagen mit Mittelgang fanden in Europa Ende der 60er Jahre Eingang. Doch besaßen diese Wagen nur ein einfaches Drehgestell, während das ein sanftes Fahren ermöglichende Gestell mit Wiege und doppelter Federung ihnen fehlte. Der Wagen mit Seitengang vereinigte dann alle Vorteile des Durchganges mit jenen der reinen Abteilwagen, indem letztere mit Türen in den Durchgang mündeten. Dadurch wurde auch der gefährliche Verkehr des Zugpersonales auf den außen liegenden Trittbrettern endgültig beseitigt, seit diese sog. **Heusinger-Wagen** allgemein in Betrieb gesetzt wurden. Den amerikanischen Luxuszügen nachgebildet sind die in Deutschland so beliebten **D-Züge** mit Drehgestellwagen und Faltenbälgen, die ein sicheres, gegen Luftzug geschütztes Wandern der Reisenden durch den ganzen Zug ohne Stören des Publikums in den einzelnen Abteilungen gestatten.

Eigenartig ist die Bauart der inneren Drehgestelle. Die schweren Wagenkasten ruhen nahe dem Ende mittels eines Drehzapfens auf dem sog. Wiegebalken, der durch zwei Gruppen doppelter Kutschenfedern die Last auf den Drehgestellrahmen überträgt, von dem aus sie durch Tragfedern auf die Achsbüchsen und durch die Räder auf die Schienen übermittelt wird. Schräg gestellte Pendeleisen zwingen die Wiege stets in ihre Mittellage zurück, wenn sie beim Durchlaufen einer Gleiskurve von ihr abgewichen ist. Die doppelte Federung schwächt die Stöße und Erschütterungen ganz wesentlich ab, was namentlich bei Schlaf- und Krankenwagen von Wichtigkeit ist. Wagen, die so schwer ausfallen, daß der Raddruck bei acht Rädern ungünstig groß wird, erhalten dreiachsige Drehgestelle.

Die verschiedenen Personenwagen unterscheiden sich nur in der Bauart und Einrichtung ihrer Wagenkasten. In Deutschland fertigt man die Untergestelle fast ausschließlich aus Schmiedeeisen, in England und Amerika aus Holz an, was beim Fahren weniger Geräusch macht.

Die I. und II. Klasse besitzen gepolsterte Sitze und Rücklehnen.

Bei dieser Gelegenheit müssen einige Worte über die amerikanischen Reiseverhältnisse gesagt werden. Das Reisen in Luxuszügen ist natürlich großartig, aber im übrigen sagen die amerikanischen Wagen den mit deutschen Bahnverhältnissen Vertrauten nicht zu. Die Sitze haben eine Rückenlehne nur bis zur Schulterhöhe, so daß man den Kopf nicht anlehnen kann. Sämtliche Personen sitzen, in die Fahrrichtung sehend. Beim Rücklauf der Wagen werden die Rücklehnen umgeklappt, wodurch das Reisen zwar viel ungenierter ist, weil kein Gegenüber existiert, aber die Unterhaltung gestört wird.

[210] Heizung.

Sehr langsam hat sich die heutige Heizung entwickelt. Anfangs gab es nur **Ofenheizung** und in starker Verbreitung **Wärmflaschen.**

Die Ofenheizung, bei der der Ofen gewöhnlich vom Wageninneren, seltener vom Dach aus bedient wird, ist feuergefährlich, aber billig im Betriebe und wirksam in der Lüftung, weshalb sie sich heute noch in den Wagen III. und IV. Klasse, sowie in Gepäck- und Postwagen vorfindet.

Stark verbreitet war die Heizung mit Wärmflaschen, die 1 m lang, mit einem Fassungsraum von ungefähr 20 l heißem Wasser, essigsaurem Natron und Sand zu zwei oder drei in die Abteile geschoben wurden, damit sich die Reisenden die Füße wärmen konnten.

Das Auswechseln der 100 Wärmflaschen bei einem Zug mit acht Wagen erforderte aber viel Bedienungsmannschaft oder sehr lange Zugsaufenthalte.

In Deutschland wurde dann mit Preßkohle geheizt. Später kam die Luftheizung auf, bei der ein Füllofen für Steinkohle, Koks oder Preßkohle unter den Wagenkasten eingeschoben wird, wurde aber bald durch die **Dampfheizung** ersetzt.

Ihre Vorzüge waren so augenscheinlich, daß sie auf den deutschen Bahnen rasche Verbreitung fand und jetzt alle anderen Heizarten nahezu verdrängt hat. Unter den Sitzreihen liegen Heizkörper aus geschweißtem Eisenblech, bei den Durchgangswagen auch Rohrbündel an den Längswänden, die an ein Hauptrohr unter dem Wagen angeschlossen sind. Die einzelnen Fahrzeuge sind durch Gummischläuche verbunden. Der Heizdampf wird dem Lokomotivkessel entnommen, bei langen Zügen auch wohl einem besonderen mit Dampfkessel versehenen Heizwagen. Da die dünnwandigen Heizkörper mit Dampf von nur 3 at Spannung gespeist werden, so wird der Lokomotivdampf, der eine drei- bis fünfmal so starke Spannung besitzt, durch ein Ventil auf diesen Druck herabgemindert. Die Bedienung der Dampfheizung ist die denkbar einfachste und wird vom Heizer bequem mitbesorgt. Dabei ist die Heizung durchaus feuersicher und verhältnismäßig billig. Um die Heizung besser dem jeweiligen Bedürfnis anzupassen, werden bei den preußischen Staatsbahnen die einzeln abzusperrenden Heizkörper verschieden groß bemessen. Bei schwachem Frost werden nur die kleinen, bei stärkerem nur die großen und bei großer Kälte sowie beim Anheizen alle Heizkörper benützt. Diese Anordnung hat sich sehr gut bewährt.

Auf Beseitigung des Niederschlagwassers ist durch entsprechendes Gefälle der Rohrleitung und Anbringung von Auslaßventilen an den Knickpunkten der Schläuche, sowie am Ende des Schlußwagens Bedacht zu nehmen, ein Verfahren, das sozusagen erst die Möglichkeit der Dampfheizung gebracht hat.

Der Vorteil der vollständigen Feuersicherheit ist im Eisenbahnbetriebe nicht hoch genug anzuschlagen, namentlich jetzt, wo die Wagen die sonst so vortreffliche Gasbeleuchtung besitzen. Das unter namhaften Drucke ausströmende Gas hat schon zu den bösesten Unglücksfällen Anlaß gegeben.

[211] Lüftung.

Der hohe Wert einer guten zug- und staubfreien Lüftung, die einen ständigen Luftwechsel im Wageninneren sichert, bedarf wohl keiner näheren Begründung; das wirksamste Lüftungsmittel bleibt das Fenster und die Wagentüre.

Da aber hiemit oft Übelstände, wie Zugluft, Eindringen von Staub, Rauch und Kohlenteilchen verbunden sind, so bringt man vielfach besondere Luftöffnungen an der Decke mit Saugkopf an. Sie sind durch Schieber verschließbar und durch Drahtsiebe gegen das Eindringen von Fremdkörpern geschützt. Derartige Siebe aus feinem Messingdrahtgewebe werden auch auf manchen Bahnen für die Türfenster benützt, um, wenn diese geöffnet, hochgezogen zu werden, um den Staub möglichst fernzuhalten.

Eine wesentliche Verbesserung in der Lüftung wurde mit der in Deutschland zuerst getroffenen Einrichtung der Dachaufbauten, deren Seitenwände die bekannten jalousieartigen Lüftungseinrichtungen besitzen, erzielt. Die schlechte Luft wird durch sie abgeführt. Auch Luftfänger, die Außenluft in das Innere leiten, stehen mitunter in Anwendung.

[212] Beleuchtung.

Anfangs waren nur **Rüböllampen** und **Kerzen** in Gebrauch. Später kamen **Petroleumlampen** auf, die aber auch nur eine ganz kümmerliche Helligkeit ergaben. Erst in den 60er Jahren wurden in Belgien und Frankreich Versuche mit der Gasbeleuchtung gemacht, die aber nicht von dauerndem Erfolge waren. Um die Gasbehälter nicht zu umfangreich zu gestalten und sie auf dem Dache oder unter dem Fußboden der Wagen unterbringen zu können, mußte man das Gas stark pressen und dazu eignet sich Steinkohlengas nicht besonders, weil es durch Ausscheiden von Kohlenwasserstoffen zu sehr an Leuchtkraft verliert. Diese Frage wurde erst spruchreif, als Pintsch in Berlin 1867 einen sicher wirkenden Druckregler erfand und das aus Braunkohlenteerölen, Schieferölen und Petroleum gewonnene **Öl- oder Fettgas** verwendete, das eine drei- bis viermal so große Helligkeit liefert und durch Pressung nicht so stark leidet. Allerdings bedingt Fettgas die Verwendung kleiner Brenner, da die Flammen sonst rußen.

In den Wagenbehältern steht das Gas anfänglich unter 6 at Überdruck = 60000 mm Wassersäule, während es den Brennern nur unter einem Druck von 25 bis 50 mm Wassersäule zugeführt wird. Es muß also vor dem Verbrennen eine sehr starke Druckverminderung erleiden. Da nun mit fortschreitender Brenndauer der Gasdruck in den Wagenbehältern abnimmt, so muß der Druckregler auch so beschaffen sein, daß er bei großem und kleinem Überdruck im Behälter stets denselben Verbrennungsdruck herstellt, denn nur dann brennen die Flammen gleichmäßig ruhig. Diese Wirkung hat Pintsch mit sehr einfachen Mitteln erzielt. Sein Druckregler besteht aus einem gußeisernen Topfe, der mit einer luftdichten Membrane überspannt ist. Letztere trägt in ihrer Mitte eine kleine Stange, die mittels Hebels und Ventiles den Zufluß des hochgespannten Gases in dem Topf regelt. Herrscht in den letzteren der für die Flamme erforderliche Niederdruck, so ist die Membrane nach oben leicht gespannt und hat damit den Ventilhebel etwas hochgeblasen und das Ventil geschlossen. Sobald nun der Niederdruck unter der Membrane abnimmt, senkt sich diese und das geöffnete Ventil läßt neues Gas in den Regler einströmen. Dieser Vorgang spielt sich während des Brennens der Flammen ständig ab. Je nach der größeren oder geringeren Helligkeit und der Brennart gebraucht eine Flamme 25 bis 30 l Gas in der Stunde. Wird die Verbrennungsluft in der Lampe vorgewärmt, wie in den mehrflammigen Intensivlampen unserer besseren Wagen, so verbraucht eine Lampe stündlich 20 l bei gleicher Helligkeit. Die Gasbehälter der Wagen werden so bemessen, daß ihr Inhalt für eine 30- bis 40stündige Brenndauer aller Lampen im Wagen ausreicht. Um sie unterbringen zu können, ordnet man sie bei größeren Wagen paarweise an. Wegen des scharfen, unangenehmen Geruches des Fettgases bringt man alle Gasleitungen außerhalb des Wagens an. Das Ölgas wird in besonderen Anstalten erzeugt und durch Bleirohrleitungen oder Gastransportwagen unter 10 at den Füllstationen zugeführt.

Mit der Einführung des **elektrischen Lichtes** steigerten sich die Ansprüche des reisenden Publikums aufs neue. Zwei Drahtleitungen verteilten die elektrische Energie auf die verschiedenen Lampen des Zuges. Das Verfahren bewährte sich anfangs nicht sonderlich, die Lampen brannten nicht ruhig, und das ohnehin schon stark in Anspruch genommene Lokomotivpersonal wurde durch die Bedienung der Lichtmaschine noch mehr belastet. Man ging dann dazu über, eine im Gepäckraume aufgestellte Dynamo von einer Wagenachse aus mittels Riemen zu betreiben. Da aber die Lampen während des Stillstandes des Zuges nicht brannten, mußte eine

Sammelbatterie zu Hilfe genommen werden, die während der Aufenthalte die Lampen versorgte. Nach diesem Verfahren wurden auch die Postwagen der deutschen Bahnen elektrisch beleuchtet, wozu 44 kg schwere Sammlerbatterien nötig waren, die in 16 verschiedenen Ladestellen geladen wurden.

Selbsttätige Systeme arbeiten mit besonderen Gleichstrom-Dynamomaschinen (Stone, Rosenberg) in Verbindung mit Akkumulatoren, die beide im Wagenuntergestell angebracht sind. Der Leitgedanke ist, in weiten Drehzahlgrenzen und bei Umlauf in beiden Drehrichtungen möglichst konstante Spannung abzugeben und Umschaltungen auf die Batterie, wenn erforderlich, selbsttätig auszuführen.

Neuerdings ist dem elektrischen Glühlicht ein gewichtiger Mitbewerber in dem **Azetylen** entgegengetreten.

Dieses Gas wird aus Karbid in denkbar einfachster Weise erzeugt. In Wasser gelegt, entwickelt es das bekannte Azetylengas, das eine ungemein große Leuchtkraft besitzt. Die Gasleitungen können hiebei ungeändert bleiben; auf der Berliner Stadtbahn benützt man Mischgas aus 3 Teilen Fettgas und 1 Teil Azetylen. Trotz des von gewissen Seiten angefeindeten Stadtbahnsystems sehen wir doch, daß Deutschland stets an der Spitze des Fortschrittes marschiert. Selbst englische Fachzeitungen geben zu, daß es kein Land gibt, welches so zahlreiche Bequemlichkeiten und Erleichterungen im Eisenbahnverkehr genießt wie Deutschland.

[213] Bremsen.

Zweck der Bremse ist, die Fahrgeschwindigkeit der Züge und einzelner Fahrzeuge zu regeln und behufs Anhaltens ganz zu vernichten. Je schneller ein Zug fährt, um so größer ist die in ihm aufgespeicherte lebendige Kraft, die mit dem Quadrate der Geschwindigkeit wächst. Hand in Hand mit der Steigerung der Fahrgeschwindigkeit ging daher die Vervollkommnung der Bremsen. Ohne die jetzigen Bremsen wären bei den schweren Zügen der Neuzeit Geschwindigkeiten von 90 km und mehr nicht zulässig. Wollte man einen Schnellzug von 200000 kg Gewicht, der mit 90 km in der Stunde dahinsaust, mit den früher üblichen Handbremsen zum Halten bringen, so würde er eine etwa 1000 bis 1200 m lange wagrechte Strecke noch durchlaufen, wogegen er bei der Westinghouse-Schnellbremse etwa noch 180 bis 200 m zurücklegt, sobald der Lokomotivführer dieselbe in Tätigkeit setzt. Welche Vorteile sich durch die Schnellbremsen für den Zugdienst ergeben, wenn der Lokomotivführer plötzlich ein Haltsignal oder Hindernisse auf dem Gleise bemerkt, bedarf wohl kaum der Erwähnung. Freilich ist auch da ein plötzliches Anhalten des Zuges auch bei der vorzüglichsten Bremse nicht möglich, weil sonst eine teilweise Zerstörung von Wagenteilen unausbleiblich wäre.

Die Bremswirkung wird ausgeübt durch Bremsklötze, welche früher allgemein aus weichem Holze (Pappel, Linde) gefertigt wurden, jetzt aber vorzugsweise aus Eisen bestehen, namentlich aus Stahlguß, das ist Gußeisen mit Stahlabfällen zusammengeschmolzen. Die Klötze werden durch Hebel und Stangen, die durch Muskelkraft, Dampf- oder Luftdruck bewegt werden, gegen die Räder gepreßt. Zweckmäßig ordnet man auf beiden Radseiten je einen Klotz an, damit die Achswellen nicht einseitig gegen ihre Lager gedrückt werden.

Die Handbremsen, wie sie bis zu den 80er Jahren allgemein, aber heute noch bei allen Güterzügen üblich sind, haben den großen Nachteil, daß zu ihrer Bedienung eine Anzahl von Leuten notwendig ist, denen zum Bremsen vom Lokomotivführer mit der Dampfpfeife ein Zeichen gegeben werden muß, ebenso wieder zum Lösen der Bremsen. Man ist hier betreffs des Bremsens abhängig von der Aufmerksamkeit dieser Leute. Aber abgesehen davon vergeht von dem Signalgeben bis zum Signalverstehen an der letzten Bremse und noch mehr, bis die Bremsklötze fest angepreßt sind und ihre volle Wirkung ausüben, oft soviel Zeit, daß der Zug vor Erreichung des etwaigen Gefahrpunktes nicht mehr zum Halten gebracht werden kann. Die Handbremsen, gewöhnlich durch Schraubenspindeln, seltener durch Gewichtshebel betätigt, kommen heutzutage nur mehr bei langsam fahrenden Personenzügen und bei Güterzügen vor. Der letzte Bremser muß zuerst die Bremse anziehen, dann der vorletzte usw., damit der Zug langgestreckt bleibt und nicht etwa der hintere Teil auf den vorderen mit heftigem Stoße aufläuft.

Wohl in allen Ländern besteht jetzt die Vorschrift, **daß die mit mehr als 60 km Stundengeschwindigkeit fahrenden Personenzüge mit durchgehenden Bremsen ausgerüstet sind.** Hierbei werden sämtliche Bremsen des Zuges von einer Stelle aus, durch den Lokomotivführer, angezogen und gelöst. Dieser ist der berufenste Mann dazu, er steht an der Spitze des Zuges, sieht die Gleisstrecke mit allen ihren Signalen, Steigungs- und Krümmungsanzeigen und kann zuerst Hindernisse auf der Bahn erblicken. Er kann daher ohne Zeitverlust die Bremsen anziehen, was durch einfaches Umlegen eines Handgriffes, ohne durch die Dampfpfeife die Reisenden unnötigerweise zu erschrecken.

Da Zugtrennungen während der Fahrt durch Reißen der Wagenkuppelung möglich sind, es ferner auch im Interesse der Reisenden ist, daß diese in gewissen Fällen den Zug von ihrem Platze aus zum Halten bringen können, so verdienen diejenigen durchgehenden Bremsen den Vorzug, welche sowohl von den einzelnen Wagen aus in Tätigkeit gesetzt werden können, als auch namentlich bei Zugsentgleisungen, bei denen häufig die Schläuche zerreißen, desgleichen bei Zugstrennungen oder Beschädigungen an den Bremseinrichtungen den Zug oder seine Teile selbsttätig zum Halten bringen oder seine Geschwindigkeit ermäßigen. Die weitverbreitetsten selbsttätigen durchgehenden Bremsen sind die **Luftsauge-** und die **Luftdruckbremse.** Bei beiden Anordnungen liegt unter dem ganzen Zuge eine Rohrleitung, die sog. **Hauptluftleitung.** Mit ihr stehen die am Untergestelle der Wagen befindlichen Bremszylinder in Verbindung, durch deren Kolben die Bremsklötze bewegt werden. Von Wagen zu Wagen ist die Luftleitung durch biegsame Gummischläuche gebildet, deren äußere Mundstücke ein leichtes Kuppeln derselben ermöglichen. Die Leitung endigt auf der Lokomotive und steht hier mit verschiedenen Einrichtungen in Verbindung. Am letzten Wagen ist ihr Ende durch einen Absperrhahn dicht verschlossen. Bei der selbsttätigen Luftsaugebremse wird in der ganzen Rohrleitung und in den Bremszylindern eine **Luftverdünnung** erzeugt und während der Fahrt aufrechterhalten. Bei der Luftdruckbremse ist das ganze Rohrnetz mit **Preßluft** von etwa 4 bis 5 at Spannung gefüllt. Das Anziehen der Bremsen erfolgt durch Auslassen von Preßluft aus der Hauptleitung. Von selbsttätigen Luftsaugebremsen stehen in Anwendung die Bremse von **Körting** und die **Hardybremse.**

Zur Erzeugung der Luftverdünnung dient ein an der Lokomotive angebrachter doppelter Ejektor

(Düsenapparat). Strömt durch ihn Kesseldampf, so wird die Luft aus der Hauptbremsleitung und den Bremszylindern abgesaugt und in ihr ein Vakuum von 50 bis 60 mm Quecksilbersäule erzeugt und während der Fahrt aufrechterhalten. Für rasche Luftentleerung bei Beginn der Fahrt und zwecks schnellen Lösens wird der große Ejektor benützt, für die Aufrechterhaltung des Vakuums während der Fahrt, die durch kleine unvermeidliche Undichtheiten in den Rohrleitungen und Schlauchkuppelungen verloren geht, genügt der wenig Dampf verbrauchende kleine Ejektor. Der Bremskolben bewegt sich senkrecht in seinem Zylinder und wird durch eine um ihn gelegte kleine Gummischnur abgedichtet (Abb. 216). Solange eine Luftverdünnung

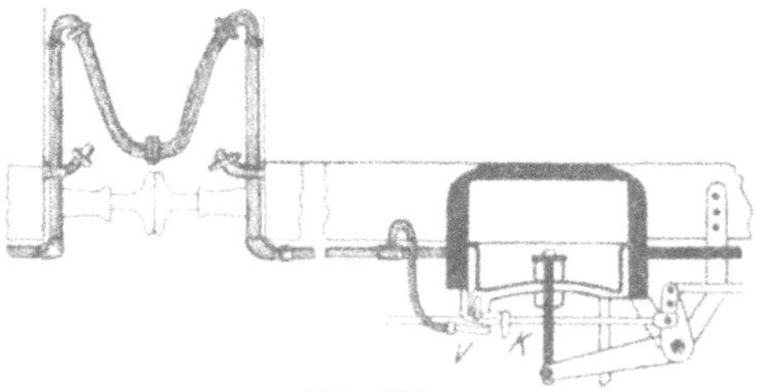

Abb. 216
Luftsaugebremse von Hardy

in der Leitung herrscht, liegt der Kolben infolge seines und des angehängten Gestängegewichtes unten. Öffnet der Lokomotivführer aber die Bremsklappe oder zerreißen die Gummischläuche bei einer Zugstrennung oder setzt ein Reisender vom Wagen aus die Bremse in Tätigkeit, indem er eine kleine Glasscheibe vor der Mündung eines Abzweigrohres der Luftleitung zertrümmert, so dringt die atmosphärische Luft mit großer Geschwindigkeit (250 m per Sekunde) in die Leitung und unter den Kolben, diese steigen infolge des Überdruckes hoch und ziehen die Bremsklötze an.

Ein unten am Zylinder sichtbares Kugelventil *KV* dient dazu, während des Bremsens den luftverdünnten Raum über dem Kolben *K* von der Leitung abzuschließen, so daß die Außenluft mit ihrem vollen Überdruck auf den Kolben wirken kann. Bauart und Bedienung dieser Bremse sind einfach.

Die Wirkung erfolgt schnell, vom Augenblick des Klappenöffnens bis zum Anpressen der Bremsklötze am 20. Wagen vergeht nur eine geringe Zahl von Sekunden.

Ein Vergleich dieser kurzen Zeit, die bei der Luftdruckbremse noch erheblich kürzer ausfällt, mit den von Handbremsen, lassen den gewaltigen Fortschritt an diesem Gebiete erkennen.

Blitzzüge ohne durchgehende Bremse zu fahren, wäre eine höchst bedenkliche Sache, ebenso wie Stadtbahnzüge mit ihren vielen Haltestationen und deren dichten Zugsverkehr.

Ein noch größeres Verwendungsgebiet haben die **Luftdruckbremsen**; sie wurde von **Westinghouse** in Pittsburg erdacht, dann aber von ihm zu der heute weitverbreiteten **Schnellbremse** vervollkommnet. Wie bei allen Luftdruckbremsen wird auch hier die Druckluft mit einer mit Dampf getriebenen Luftpumpe auf der Lokomotive erzeugt und in einem in letzterer angebrachten, etwa 400 l großen Hauptluftbehälter aufgespeichert. Die Hauptleitung steht an der Lokomotive nun durch ein Bremsventil entweder mit diesem Behälter oder mit der freien Luft in Verbindung oder gegen beide abgesperrt. Im ersteren Falle bleibt die ganze Leitung aufgefüllt, die Bremse gelöst. Die Westinghousebremse (Abb. 217) besteht aus einem Zylinder, der in der Mitte einen Kolben *K* enthält. Anhaltend wird von der Lokomotive Luft

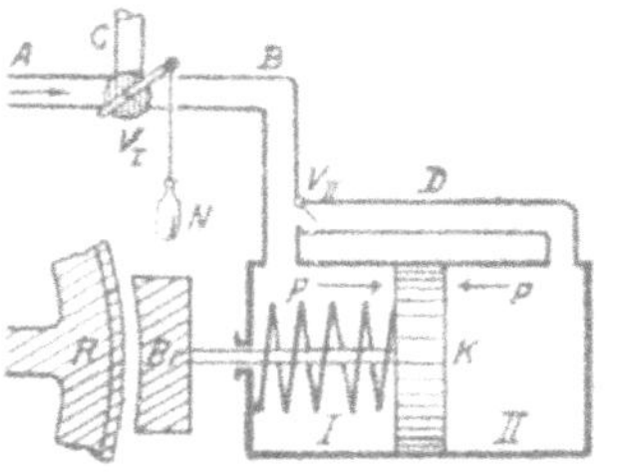

Abb. 217
Westinghouse-Bremse

von 5 at Druck gegen die beiden Seiten I und II des Kolbens gepumpt. Dadurch wird aber der Kolben nicht bewegt. Zieht man aber an der Notleine *N*, so wird das Zuleitungsrohr *A* geschlossen, und es entweicht die gespannte Luft auf Seite I durch *C* ins Freie, indes die Luft II bei ihrem Versuch, ins Freie zu strömen, das Ventil V_{II} schließt und nun durch ihren Überdruck den Kolben mit dem Bremsklotz B_2 gegen den Radkranz *R* preßt. Eine Verminderung des Leitungsdruckes um etwa 1 at sichert bereits den stärksten Bremsdruck. Die Bremse ist ebenso wie die vorige leicht regulierbar, was für Fahrten auf längeren Gefällsstrecken wichtig ist.

Wie erwähnt, vergehen bei den längsten Zügen (50 Wagen) nur zwei Sekunden zwischen dem Anliegen der Klötze am ersten und letzten Wagen. Reißt ein so ausgestatteter Zug in mehrere Teile, so wird jeder für sich durch die entweichende Luft sofort gebremst.

Die Luftsaugbremse ist zwar einfacher, aber ihr Betriebsdruck kann immer nur kleiner sein als der Druck der Atmosphäre, bringt deshalb auch Niederdruck.

Dahingegen arbeiten die Luftdruckbremsen mit fünf- bis achtmal so hohen Drücken (Hochdruckbremse), weshalb auch die Zylinder kleiner und leichter unterzubringen sind.

[214] Zug- und Stoßvorrichtungen.

Eine noch nicht befriedigend gelöste Frage ist die der Zugvorrichtung, durch die die einzelnen Fahrzeuge miteinander verbunden werden. In Europa steht für alle Hauptbahnen das **Zweipuffersystem**[1]) in Anwendung, in Amerika der **Ein-** oder **Zentralpuffer**, der auch bei Kleinbahnen meistens benutzt wird.

Jedes Eisenbahnfahrzeug muß an beiden Enden mit elastischen Stoß- und Zugvorrichtungen versehen sein, um die Stöße der Wagen gegeneinander zu mildern. Im Anfange der Lokomotivbahnen ließ man einfach die Haupt- oder Längsträger der Wagen über die Stirnseite vorstehen, fand aber bald, daß hierbei ein elastisches Zwischenmittel notwendig sei, wenn der Wagen und seine Nutzlast geschont werden sollte. Man legte deshalb gegen die Stirnflächen der Längsträger oder gegen die Querträger Ledersäcke, die mit Roßhaar gefüllt waren. Sie waren

[1]) Die Bezeichnung Puffer kommt vom englischen to buff = stoßen.

aber nicht dauerhaft genug und wurden bald durch Eisenpuffer mit Gummischeiben ersetzt. Da aber Gummi mit der Zeit seine Elastizität verliert und brüchig wird, ersetzt man ihn auf den meisten Bahnen durch stählerne Spiralfedern. Um in Kurven das Abbrechen oder Verbiegen der Pufferteller zu verhindern und auch das Verstellen der Wagen gegeneinander zu erleichtern, ist die rechte Pufferseite gewölbt, die linke flach, so daß stets ein gewölbter Pufferteller auf einen flachen trifft (Abb. 218).

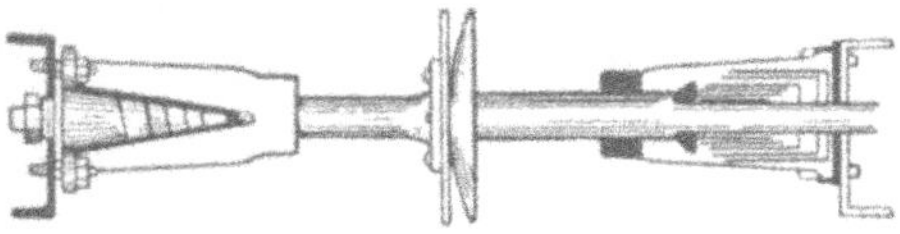

Abb. 218
Zweipuffersystem

Bis zum Jahre 1866 war es bei den Eisenbahnen allgemein üblich, an der Pufferbohle einen Zughaken zu befestigen. Zwischen beiden Teilen lag zur Schonung des Wagens eine Feder. Die Zugkraft der Lokomotive wird bei solcher Anordnung unmittelbar von Untergestell zu Untergestell der Wagen übertragen und zwar auf dasjenige des ersten Wagens im Zuge in ihrer vollen Größe, auf die nachfolgenden in stetig abnehmender. Mit dem Anwachsen der Zuglasten und der entsprechenden Vergrößerung der Lokomotivleistungen ergaben sich aber so viele Beschädigungen der Untergestelle, daß auf Abhilfe gesonnen werden mußte. Es wurde seitens einzelner Eisenbahnverwaltungen eine sog. durchgehende Zugstange erprobt, bei welcher die erwähnten Beschädigungen der Untergestelle nicht auftraten. Es sind hier die beiden Zughaken eines Wagens durch eine Zugstange starr miteinander verbunden. An dieselbe ist der Wagen in der Mitte durch zwei Spiralfedern elastisch angehängt. Bemessen wurde die Kuppelung seinerzeit für die größte Lokomotivzugkraft, die auf der Semmeringbahn mit 200000 kg schweren Güterzügen auf der Steigung von 25‰ in der Krümmung von 190 m Durchmesser auftrat. Nach Versuchen der technischen Hochschulen in Wien und München tritt der Bruch dieser Kuppelung bei etwa 35000 kg Zugkraft ein, so daß mindestens fünffache Sicherheit besteht. Seitdem ist aber die Zugkraft der Lokomotiven bis auf 100000 kg und mehr gesteigert worden, wenn auf Steigungen lange Züge durch zwei gewöhnliche Güterzuglokomotiven befördert werden müssen. Auf einigen Bahnen werden deshalb solche Züge durch die zweite Lokomotive geschoben statt gezogen, was die Kuppelung wesentlich schont und Zugtrennungen verhindert. Die Unfälle, durch Zerreißen der Kuppelung herbeigeführt, waren vor Einführung der Sicherheitskuppelung häufig. Durch die Festigkeit der Schraubenkuppelung ist übrigens auch die Leistungsfähigkeit der Lokomotiven nach oben begrenzt. Will man für bestimmte Strecken besonders kräftige Lokomotiven bauen, so darf deren am Zughaken auszuübende wirksame Zugkraft nicht größer sein als die zulässige Beanspruchung der in Benutzung stehenden Wagenkuppelung.

In den Vereinigten Staaten von Nordamerika sind seit 1898 sämtliche Eisenbahnfahrzeuge mit zwei selbständigen **Zentralpufferkuppelungen** (ohne Seitenpuffer) ausgerüstet. Mit ihr sind auch bei uns Versuche angestellt worden, da sie gegenüber dem Zweipuffersystem mancherlei Vorteile aufweist. Bei letzterem ist das Ankuppeln der Wagen keine ungefährliche Arbeit und alljährlich verunglücken zahlreiche Leute im Rangierdienst, die beim An- und Abkuppeln der Wagen durch die Puffer zerquetscht werden. Eine ganze Anzahl von Anordnungen sind erdacht und patentiert worden, um diese Arbeit von der Außenseite der Wagen, also ohne Zwischentreten zwischen ihre Kopfenden zu ermöglichen. Darunter auch selbsttätige Kuppelungen für das Zweipuffersystem. Aber keine Lösung hat entsprochen. In einem Zuge mit angespannten Schraubenkuppelungen [219] bilden diese demnach mit sämtlichen Zugstangen gleichsam eine einzige Stange oder, wenn man will, eine unelastische Kette, die durch jeden Wagen im Betrage seines Einzelwiderstandes belastet wird. Die Zugkraft der Lokomotive wird daher nicht erst auf die Untergestelle der Wagen übertragen, sondern unmittelbar auf die einzelnen Zugstangen. Der vorderste Wagen bzw. die erste Kuppelung hat den gesamten Widerstand des Zuges, also die ganze Zugkraft aufzunehmen, während die folgenden Haken immer schwächer belastet werden. Da die Wagen beliebig im Zuge stehen können, so müssen die Haken und Kuppelungen sämtlicher Fahrzeuge dieser Beanspruchung gewachsen sein.

Die Einführung der durchgehenden Zugstange war eine hochbedeutsame Neuerung und von größtem Einfluß auf die Minderung der Betriebsstörungen. In England und Frankreich hat man die durchgehende Zugstange nicht eingeführt.

[215] Wagenkuppelung.

In dem ersten Jahrzehnt der Dampfbahnen wurden die Fahrzeuge einfach durch Ketten mit Haken verbunden, wobei ein straffes Kuppeln der Wagen, wie solches bei schnellfahrenden Zügen und auf kurvenreichen Bahnen zwecks Herbeiführung einer ruhigeren Gangart notwendig ist, nicht möglich war. Um das Jahr 1840 führte die London-Birmingham-Bahn zuerst die Schraubenkuppelung ein, deren mit Rechts- und Linksgewinde versehene drehbare Spindel diesen Mangel beseitigte. Außer dieser Hauptkuppelung verband man auch noch die Wagen durch je zwei Notketten, die aber später weggelassen wurden, weil diese stets r ißen, wenn die Hauptkuppelung bricht. Nach mancherlei Verbesserungen sind dann die dem Verein Deutscher Eisenbahnverwaltungen, in Abb. 219 wiedergegebenen Sicherheitskuppelungen zur Einführung gelangt. Reißt die Hauptkuppelung, so tritt die zweite Kuppelung in Wirksamkeit.

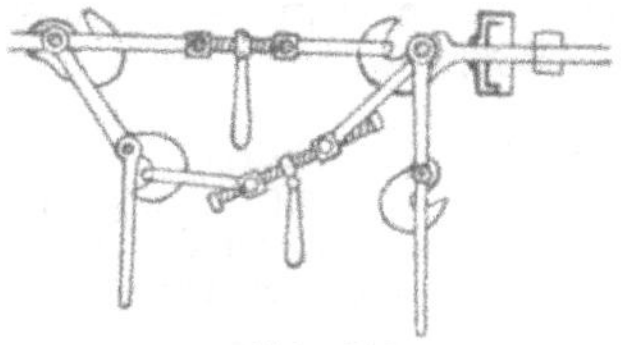

Abb. 219
Schraubenkuppelung

War im Anfang der Lokomotivbahnen die Bauart der Gleise, Fahrzeuge und Nebeneinrichtungen den einzelnen technischen Leitern überlassen und daher sehr buntscheckig, so machten sich später daraus die größten Übelstände geltend, da außer der Spurweite fast alles verschieden war, was den durchgehenden Verkehr, den Übergang der Fahrzeuge auf verschiedenen Linien sehr erschwerte.

Es war daher eine glückliche Idee, als sich 1896 10 preußische Eisenbahnverwaltungen den Verein Deutscher Eisenbahnverwaltungen gründeten, dem jetzt ca. 73 Verwaltungen mit 76000 km angehören. Der Verein hat eine höchst befriedigende und befruchtende Tätigkeit ausgeübt. Nebst der Festsetzung einheitlicher Maße, die in den von Zeit zu Zeit neu gefaßten technischen Vereinbarungen in mustergültiger Weise zusammengestellt werden, hat der Verein durch seine Förderung wissenschaftlich-experimenteller Untersuchungen ungemein fördernd auf das gesamte Eisenbahnwesen eingewirkt.

II. Güterwagen.

[216] Wagentypen.

Bis in die 40er Jahre wurden die Güterwagen, wie schon erwähnt, nur als zweiachsige offene Wagen mit niedrigen Seitenwänden gebaut. Diese englische Anordnung hatte bei allen europäischen Bahnen allgemein Eingang gefunden. Die Bauart war derb und roh, ohne elastische Stoß- und Zugvorrichtungen. Allmählich schenkte man auch diesen Fahrzeugen mehr Aufmerksamkeit. In Deutschland machte sich für viele Güter wegen der damaligen Zollgrenzen, die verschließbare Wagen bedingten, die Einstellung allseitig geschlossener Wagenkasten mit seitlichen Schiebetüren notwendig.

Wir finden auf den festländischen Bahnen die Zahl der gedeckten Wagen im Verhältnis zu den offenen viel größer als in England. Während in Deutschland und Frankreich durchschnittlich auf zwei offene Güterwagen ein bedeckter entfällt, kommt in England ein solcher auf 13 offene Wagen. In letzterem Lande sind jedoch infolge seiner natürlichen Gestaltung und Ausdehnung die Fahrstrecken kürzer als bei uns, auch werden die Güterzüge mit wesentlich größerer Durchschnittsgeschwindigkeit gefahren als auf dem Festlande. Ferner sind die englischen Güterschuppen mit mechanisch bewegten Hebezeugen in reichstem Maße ausgestattet, so daß das Be- und Entladen der Wagen in sehr kurzer Zeit vor sich geht. Derartige Hebekräne können aber bei bedeckten Wagen nur sehr unvollkommen ausgenutzt werden. Wir sehen deshalb auch in den festländischen Güterschuppen das Ladegeschäft vorwiegend mit der Sackkarre bewältigt. Im Güterverkehr steht England unübertroffen da und kann, was Schnelligkeit des Transportes und des Verfrachtens einschließlich Gestellens an die Empfänger anbetrifft, als glänzendes Vorbild dienen. Freilich sind seine Frachtsätze höher als bei uns, dafür sind der erzielte Zeitgewinn im Güterumschlage und die bessere Wagenausnutzung als schwerwiegende Vorzüge anzusehen.

In Amerika haben sich aus den früher dargelegten Gründen von Anfang an Drehgestellwagen Eingang verschafft. Der Güterverkehr spielt sich ähnlich wie in Deutschland ab, d. h. es werden lange Güterzüge mit geringer Geschwindigkeit gefahren, um die Lokomotiven wirtschaftlich voll auszunutzen. Güterwagen erfahren im Betriebe eine andere Behandlung als Personenwagen. Nach ihrer Beladung werden sie auf den Güterbahnhöfen zu Zügen zusammengestellt, unterwegs auf den Abzweigstationen in andere Züge eingestellt und auf den Empfangsstationen wieder den Entladestellen zugeführt. Dieses Umsetzen vollzieht sich im Rangier- und Verschiebedienst. Je schwerer eine aus Einzelteilen bestehende Wagenladung ist, desto sorgfältiger muß sie im allgemeinen verladen und desto vorsichtiger und langsamer muß sie beim Rangieren behandelt werden, damit bei plötzlichem Bremsen oder Aufstoßen auf andere Wagen ein Verschieben der Last im Wagen und ein Beschädigen derselben oder des Wagens vermieden wird. Deshalb werden allgemein nur verhältnismäßig geringe Lasten, 10000 bis 15000 kg, zugelassen. Für Sonderzwecke (Kessel, Schienen, Walzeisen) kommen auch bei uns Wagen mit 30000 kg Ladegewicht vor.

Nach den Vorschriften des Vereins der Deutschen Eisenbahnverwaltungen ist für Wagen kein größerer Raddruck als 7000 kg zulässig. Die Einführung der Lenkachsen und Drehgestelle hat den Bau langer Wagen mit leichtem, ruhigem Laufe ermöglicht.

Man unterscheidet bei den offenen Wagen Spezialwagen für Koks, Stroh, Langholz, Schienen usw., bei den gedeckten Wagen Fischwagen, Kühlwagen und geheizte Wagen.

8. Abschnitt.

Schiffsmaschinenbau.

[217] Einleitung.

Die Entwicklung der Schiffsmaschinen von der Einführung der Dampfschiffahrt bis zu den neuesten Errungenschaften des Schiffsmaschinenbaues zeigt in ihren einzelnen Stadien eine lange Kette von mannigfachen Konstruktionssystemen und Bauweisen, deren Endglieder eine Steigerung von etwa 50 indizierten Pferdestärken des ersten Seeschraubendampfers „Archimedes“ bis zu 50000 indizierten Pferdekräften eines Schnelldampfers aufweisen. Die seit den ersten Anfängen der Dampfschiffahrt angestrebten Fortschritte und Verbesserungen erstrecken sich neben der Kraftsteigerung vornehmlich darauf, den Wirkungsgrad der Maschinenanlage und hierdurch die Ökonomie derselben zu verbessern und das Gesamtgewicht sowie den Raumbedarf im Schiff nach Möglichkeit zu verringern, um das Dampfschiff als Ganzes mit Bezug auf Kohlenverbrauch und Ladegewicht leistungsfähig und gewinnbringend zu gestalten. Inwieweit diese Bestrebungen Erfolg gehabt haben, möge als Beispiel an einem Dampfer von 3500 t Deplacement und einer Maschinenanlage von 1000 indizierten Pferdestärken, welche dem Schiff eine Geschwindigkeit von etwa 10 Knoten verleiht, kurz erläutert werden. Die **ersten Wattschen Niederdruckmaschinen** mit Kupferkesseln erforderten ein Gewicht von 300 kg pro indizierte Pferdestärke, und der Kohlenverbrauch derselben pro indizierte Pferdestärke betrug im Durchschnitt 2,8 kg, während die **moderne dreifache bzw. vierfache Expansionsmaschine mit Zylinderkessel** bei 12 bis 15 Atmosphären Dampfspannung etwa 100 kg pro Pferdestärke an Gewicht beansprucht und hierbei nur einen Kohlenverbrauch von 0,65 kg pro indizierte Pferdestärke aufweist. Legt man nun für das Schiff eine Dampfstrecke von 10 Tagen zugrunde, so ergibt sich für 1000 PS bei der Niederdruckmaschine eine Kohlenmenge von $2{,}8 \times 1000 \times 24 \times 10 = 672$ t, während die vierfache Expansionsmaschine sich mit $0{,}65 \times 1000 \times 24 \times 10 = 156$ t begnügt.

Ferner beträgt das Maschinengewicht der Niederdruckmaschine 1000 × 300 kg = 300 t gegenüber 1000 × 100 kg = 100 t der vierfachen Expansionsmaschine. Rechnet man nun das Eigengewicht des Schiffes mit 40% des Deplacements, so ergibt sich folgende Zusammenstellung:

	Niederdruck-maschine	Expansions-maschine
Schiffsgewicht	1400 t	1400 t
Maschinengewicht.	300 „	100 „
Kohlenverbrauch für 10 Tage	600 „	156 „
Zusammen	2300 t	1656 t
Verbleibt eine Ladefähigkeit von	1200 „	1844 „
Zusammen	3500 t	3500 t

Das Schiff mit vierfacher Expansionsmaschine kann hiernach rd. 50% mehr Ladung befördern und erspart auf jeder Reise an Kohlen 444 t.

Der Gesamtwirkungsgrad der Schiffsmaschine, d. h. das Verhältnis der nutzbringenden Arbeit, welche der Treibapparat des Schiffes für die Fortbewegung desselben ausübt, zu der im Schiffskessel erzeugten Wärmemenge beträgt rd. 0,0365, d. h. von der totalen Heizkraft des Brennmateriales werden nur 3,6% für die Fortbewegung des Schiffes nutzbringend angelegt.

Der größte Verlust entsteht demnach durch die Ausnützung des Dampfes. Er begründet sich einesteils dadurch, daß die Verdampfungswärme nur zum geringen verwertet werden kann, anderseits entsteht aus den Verlusten durch Kondensation in der Dampfrohrleitung und in den Dampfzylindern, sowie aus direkten Dampfverlusten durch Undichtigkeit des Kolbens, der Schieber usw. Um diese Dampfverluste herabzusetzen, war man bestrebt, nach Einführung der Oberflächenkondensation und der hierdurch ermöglichten Steigerung der Dampfspannung, den Dampf in mehreren Zylindern nacheinander expandieren zu lassen und hierdurch das Temperaturgefälle in den Zylindern zu vermindern. Während dasselbe bei der Compoundmaschine — einer zweifachen Expansionsmaschine — pro Zylinder etwa 45° C beträgt, bei einer Anfangsspannung von etwa 6 at, sinkt das Temperaturgefälle bei der dreifachen Expansionsmaschine mit einer Kesselspannung von 10 at Überdruck auf 38° C, bei der vierfachen Expansionsmaschine mit 15 at Überdruck auf 32°. — Da die Menge des zu verbrennenden Brennmaterials bei Steigerung der Dampfspannungen praktisch fast gleichbleibt, der Dampfverbrauch in der Maschine pro indizierter Pferdestärke bei der mehrstufigen Maschine sich jedoch erheblich verringert, so ergibt sich eine sehr beachtenswerte Ökonomie in der Ausnutzung des Dampfes durch Anwendung mehrstufiger Expansion. Zur Vervollkommnung der Dampferzeugung, d. h. zur Steigerung des Wirkungsgrades des Kessels, kamen verschiedene Hilfsmittel in Aufnahme, wie z. B. die Anwendung künstlichen Zuges zur Steigerung der Verbrennung in den Feuerungen, die Vorwärmung der Verbrennungsluft, die Vorwärmung des Speisewassers und Verwendung von destilliertem Wasser zur Speisung der Kessel mit hohen Dampfspannungen. Man hat auf diese Weise den Wirkungsgrad mancher Kessel bis auf 85% gesteigert. Die Verminderung des Maschinengewichtes hat man durch die Steigerung der Tourenzahl erreicht, wodurch es möglich wurde, die Zylinderabmessungen zu verringern, während die Wirkung der Schraube hierdurch nicht beeinträchtigt wurde. Die Kolbengeschwindigkeit wurde von 2 m bis auf 5 pro Sekunde vergrößert, für Torpedoboote sogar bis auf 7,5 m, während die minutliche Tourenzahl bis auf 140, für Torpedoboote sogar bis auf 400 gesteigert wurde. Die erhöhte Tourenzahl erforderte zwar größere Lagerflächen, aber die Gleichmäßigkeit des Ganges sowie die Beanspruchung der Welle wurde durch die Verwendung von Drei- und Vierzylindermaschinen noch günstiger.

Durch die Einführung des künstlichen Zuges ergab sich eine lebhaftere Verbrennung auf dem Rost, so daß pro m² Rost im Verhältnis mehr indizierte Pferdestärken erzeugt werden konnten. Man konnte sich dementsprechend mit einer geringeren Gesamtrostfläche begnügen und auf diese Weise die Größe und das Gewicht des Kessels verringern. Die Pressung des Unterwindes wurde anfänglich bis auf 150 mm Wassersäule gesteigert, jedoch ging man bald auf 30 und 12 mm zurück, da die Kessel durch den höheren Winddruck unhaltbar und leck wurden. Eine weit günstigere Wirkung mit Bezug auf Gewichtsersparnis erzielten die Wasserrohrkessel infolge Verkleinerung des Wasserraumes des Kessels, sowie durch Reduktion der Materialstärken, da die Rohrdurchmesser sehr gering sind und der Dampfdruck von innen wirkt. Auch kann bei den Wasserrohrkesseln die Verdampfungskraft durch Forcierung der Verbrennung ohne Schaden für den Kessel gesteigert werden. Als Konstruktionsmaterial ist neben dem Gußeisen für Dampfzylinder, Kondensator, Grundplatte, Zylinderständer, für die drei letzten Teile vielfach Stahlguß und Bronze eingeführt worden, um die Abmessungen und Wandstärke der einzelnen Teile zu verringern. Die Schiffswellen der Schnelldampfer wurden aus Tiegelstahl, vereinzelt auch aus Nickelstahl geschmiedet und durch Ausbohren des Kernes hohl hergestellt, während für Mantelbleche der großen Zylinderkessel Nickelstahl Verwendung gefunden hat, um Gewicht zu sparen. Infolge der Steigerung der Dampfspannung der Kessel und veranlaßt durch die Tatsache, daß Kupfer bei höheren Temperaturen sehr an Festigkeit einbüßt, werden die Dampfrohre mit Stahldraht umwickelt und sogar ganz aus stählernen Rohren gefertigt.

Außerdem werden bei langen Rohrleitungen besondere Vorkehrungen getroffen, um bei den verschiedenen Temperaturen der Ausdehnung der Rohre Rechnung zu tragen.

[218] Schiffskessel.

Die ersten Schiffskessel hatten Kofferform, d. h. sie bestanden mit Ausnahme der abgerundeten Ecken aus flachen Wandungen, welche in der Länge, Breite und Höhe durch starke Verankerungen und Stehbolzen versteift wurden. Die **Kofferkessel** besitzen zwei bis fünf Feuerungen, welche in die hintere Rauchkammer münden, von wo die Heizgase durch die über den Feuerungen angeordneten Siede- oder Feuerrohre in die vordere Rauchkammer und in den Schornstein gelangen. Sie fanden für Niederdruckspannung bis zu 3 at abs. Verwendung. Bei dem Steigen der Dampfspannung ging man zu den Oval- und schließlich zu den **Zylinderkesseln** (Abb. 220) über, mit zylindrischem Mantel und ebenen Erdflächen — Stirn- und Rückwand —, sowie zylindrischen Flamm- und Feuerrohren, so daß sich die Verankerung einfacher gestaltete. Die Flammrohre werden zurzeit fast durchweg zur besseren Widerstandsfähigkeit gegen Druck gewellt hergestellt und geschweißt und an den Enden mit der Stirnwand und der flachwandigen Rauchkammer durch Börtelung verbunden. Sie erhalten einen Durchmesser von 1 bis 1,3 m, und ihre Zahl pro Stirnwand schwankt zwischen zwei und vier. Die Rauchkammer ist ent-

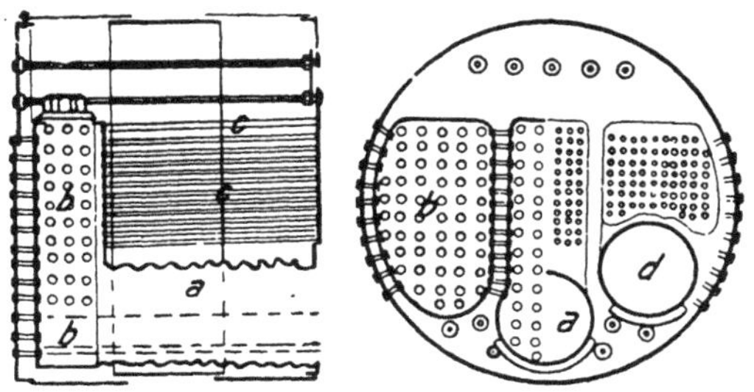

Abb. 220
Zylinderkessel

weder für alle Feuerungen gemeinsam oder sie ist für die Flammrohre einzeln oder gruppenweise getrennt. Die Seitenwände sowie die Rückwand der Rauchkammer werden mit dem Kesselmantel durch Stehbolzen verbunden, während die Decke durch eine Brücke und die Rohrwand durch die Siederohre und durch besondere Ankerrohre versteift ist. Zur Vergrößerung der Rostfläche und Ersparung an Raum und Gewicht baut man die Zylinderkessel doppelendig; dazu erhalten dieselben an beiden Endflächen Flammrohre, welche in der Mitte in eine gemeinsame oder in getrennte Rauchkammern münden. Die Zylinderkessel werden bis zu Kesselspannungen von 15 at gebaut. Bei höheren Dampfspannungen ergeben sich ungewöhnliche Wandstärken, welche für Mantelbleche sich bis auf 42 mm steigerten. Man wandte sich daher einem Kesselsystem zu, welches nur geringe Zylinderdurchmesser erfordert und dementsprechend eine Verankerung unnötig machte, den sog. **Wasserrohrkesseln.** In diesen Kesseln wird das Wasser in einem System von Rohren von geringem Durchmesser zum Verdampfen gebracht und der Dampf in einen zylindrischen Dampfsammler von größerem Durchmesser geleitet, von wo er nach Durchströmen eines besonderen Apparates zum Abscheiden des mitgerissenen Wassers in das Hauptdampfrohr gelangt. Die Wasserrohrkessel haben einen verhältnismäßig kleinen Wasserraum, wodurch das Gewicht gering ausfällt und das Dampfmachen in kurzer Zeit erfolgen kann. Die anfänglichen Nachteile der Wasserrohrkessel, Neigung zum Überkochen und Erzeugung nassen Dampfes, aufmerksame Bedienung mit Bezug auf Kesselspeisung und Aufrechterhaltung des Dampfdruckes bei wechselnder Dampfentnahme, sind zum großen Teil durch selbsttätig wirkende Apparate wie Speisewasserregulatoren behoben, die weiteren Nachteile, mangelhafte Konservierung und Kontrolle seiner inneren Teile, größerer Kohlenverbrauch infolge ungünstiger Ausnützung der Wärme der Heizgase stehen noch der allgemeinen Einführung in der Handelsmarine entgegen.

Die Zahl der Kesseltypen ist sehr groß. Zu den ältesten Wasserrohrkesseln gehören die **Bellevillekessel,** die aus 8 bis 12 Rohrbündeln aus stählernen Rohren bestehen, die gegen die Horizontalebene etwas geneigt sind und an den Enden durch besonders geformte Verbindungsstücke miteinander verbunden sind. Diese Rohrbündel stehen unten mit dem Speisewassersammelrohr in Verbindung und münden oben in den außerhalb der Kesselumhüllung liegenden Dampfsammler, welcher durch zwei Fallrohre mit dem Speisewassersammelrohr in Verbindung steht. Der in den Wasserrohren sich bildende Dampf steigt in den einzelnen Rohrbündeln bis zum Dampfsammler hinauf und wird in demselben durch einen besonderen Dampftrockner entwässert. Eine weitere Trocknung des Dampfes erfolgt durch ein Drosselventil, in welchem die Kesselspannung um 5 bis 7 at herabgesetzt wird. Neuerdings werden die Bellevillekessel zur Erzielung eines geringeren Kohlenverbrauches mit einem Überhitzer versehen, von gleicher Konstruktion wie der Dampferzeuger, aber mit Rohren von geringerem Durchmesser.

Der **Dürrkessel** (Abb. 221) besteht aus einer senkrecht stehenden, geschweißten und mit Stehbolzen

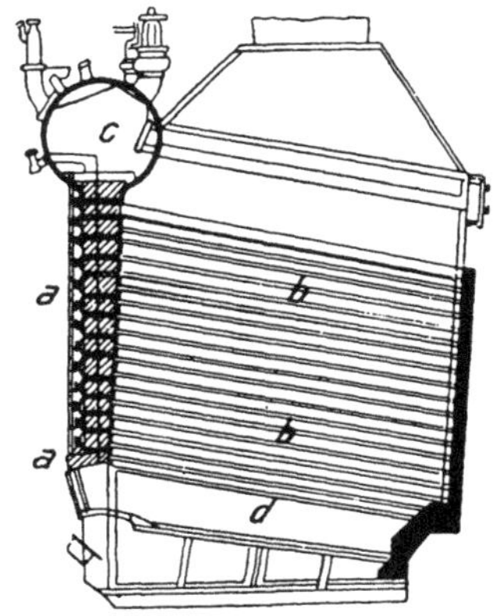

Abb. 221
Dürrkessel

verankerten Wasserkammer, in deren Hinterwand die Wasserrohre eingesetzt sind. Die Rohre sind geneigt angeordnet, an den Enden geschlossen und in einer Schamottesteinwand derart gelagert, daß sie sich frei ausdehnen können. Sie erhalten dünnwandige Einhängerrohre, welche an beiden Enden offen sind und vorn in einer vertikalen Trennungswand der Wasserkammer gelagert sind. Das Speisewasser tritt in den oberhalb der Wasserkammer gelagerten Dampfsammler ein, gelangt durch die vordere Hälfte der Wasserkammer in die Einhängerohre und durch diese in die Wasserrohre, wird hier verdampft und steigt als Dampf in der hinteren Hälfte der Wasserkammer in den Dampfsammler.

Sehr häufig sind Wasserrohrkessel mit gekrümmten Rohren. Sie zeichnen sich durch hohe Elastizität und schnelles Anheizen, geringe Wassermenge und starken Umlauf des Wassers aus und kochen deshalb weniger leicht über. Nur sind die Rohre schwer zugänglich und schlecht zu reinigen. Die Kessel bestehen aus ein oder zwei Unterkesseln und einem Oberkessel, welche durch die gekrümmten Rohre und durch Abfallrohre verbunden sind. Am verbreitetsten sind die Thornycroftkessel mit einem Unterkessel, von welchem die Wasserrohre in den Dampfraum des Oberkessels geleitet werden.

Die Schiffskessel werden in der Kesselschmiede gebaut. Als Material für Schiffskessel verwendet man vorzugsweise Siemens-Martinstahl, und zwar ist für die feuerberührten Flächen des Kessels weicher Stahl, für die Kesselwände härteres Material, neuestens auch Nickelstahl gebräuchlich. Die

Siederohre sowie die Rohre der Wasserrohrkessel sind gezogene stählerne Rohre; die Bearbeitung der Börtelungen erfolgt in rotwarmem Zustande. Zur Bearbeitung im kalten Zustande dienen schwere Blechwalzen, meist mit vertikal liegenden Walzen zum Biegen des Kesselmantels. Das Bohren der Nietlöcher erfolgt bei Überlappungen meist nach Zusammenpassen der Bleche durch beide Blechdicken zugleich. Besondere Sorgfalt erfordern bei den Zylinderkesseln das Einziehen und Eindrillen der Siederohre in den Rohrwänden und die Herstellung der Verankerungen der flachen Wände der Rauchkammer.

[219] Schiffsmaschine.

Die verschiedenen Systeme der Schiffsmaschinen gliedern sich nach der Art des von ihnen betriebenen Propellers in Schrauben- und Räderschiffsmaschinen, nach der Art ihrer Aufstellung an Bord in **liegende, stehende oder Hammermaschinen** und **schrägliegende** Maschinen.

Die **liegenden Maschinen** werden als **Expansionsmaschinen** mit **Einspritzkondensator,** neuerdings fast durchaus als **Compoundmaschinen mit zwei oder drei Zylindern** und **Oberflächenkondensator** gebaut. Die direkt wirkenden liegenden Maschinen verlangen kurze Pleuelstangen und geringen Hub des Kolbens; sie sind in ihrer Konstruktion einfach, übersichtlich und leicht zugänglich. In England hat die von Penne in Greenwich zuerst erbaute **Trunkmaschine** (Abb. 222) allgemeine Anwendung gefunden. Bei ihr

Abb. 222
Trunkmaschine

greift die Pleuelstange direkt an den in der hohlen Kolbenstange, dem Trunk, gelagerten Trunkzapfen an, so daß die Breitenausdehnung der Maschine fast um die Länge der Kolbenstange verkürzt wird. Wegen der ungünstigen Lage des Trunkzapfenlagers innerhalb des Zylinders und der Gefahr des Warmlaufens dieses Lagers eignen sich diese Maschinen nur für niedrige Dampfspannungen, wogegen Compoundmaschinen ausgeschlossen sind.

Mit der Steigerung der Dampfspannung und Einführung der dreifachen Expansionsmaschine, sowie der Anwendung von zwei und drei Schrauben zur Fortbewegung des Schiffes bildet heute die vertikale **Hammermaschine** den verbreitetsten Typ der Schraubenschiffsmaschine. Sie ermöglicht eine bequeme Zugänglichkeit und größere Übersichtlichkeit der einzelnen Teile; die einseitige Abnützung des Kolbens ist bei dem freischwebenden Kolben ausgeschlossen und der Raumbedarf im Schiffe ist geringer. Sie sind als dreifache und vierfache Expansionsmaschinen ausgeführt und zeichnen sich wegen der drei Kurbelanordnungen durch leichte und schnelle Manövrierfähigkeit und durch einen ruhigen Gang der Maschine aus.

Die verschiedenen Anordnungen der Hammermaschine bestehen in der Verschiedenheit der Zahl der Zylinder und in der Art ihrer Anordnung. Neben der Zweizylindercompoundmaschine findet man bei größeren Maschinen Dreizylindermaschinen mit zwei Niederdruck- und einem Hochdruckzylinder. Erhält man bei großen Maschinenleistungen Niederdruckzylinder von mehr als 2,4 m Durchmesser, so pflegt man den Niederdruckzylinder in zwei Zylinder zu teilen und stellt dieselben, um die Kippmomente auszugleichen, an die Enden der Maschine, den Hochdruck- und Mitteldruckzylinder dazwischen. Die Vierfach-Expansionsmaschine ist in Bau- und Gliederung vielseitiger. Man kann sie als Tandemmaschine mit je zwei Zylindern übereinander, als Dreikurbelmaschine mit dem Hochdruckzylinder auf der einen und die beiden anderen Zylinder auf der anderen Seite oder als Vierkurbelmaschinen ausführen. Die **Räderschiffsmaschinen** gliedern sich in oszillierende, schrägliegende und Balanciermaschinen. Bei den oszillierenden Maschinen fehlt die Pleuelstange, und die Kolbenstange greift direkt an der Kurbelachse an. Die Zylinder schwingen an hohlen Schildzapfen, durch welche die Dampfeinströmung und -ausströmung erfolgt. Man verwendet die oszillierenden Maschinen meist für Passagierdampfer, weil sie wenig Raum beanspruchen. Für Schlepper und auf Flußdampfern mit geringem Tiefgang wird meist die schrägliegende Radmaschine als Compound- und dreifache Expansionsmaschine verwendet. Die Zylinder liegen geneigt am Schiffsboden, und die Kolbenstangen wirken mittels doppelt gelagerter Kreuzköpfe und langer Pleuelstange auf die oben gelagerte Kurbelwelle. Die Balanciermaschinen mit über dem Oberdeck liegenden Balancier sind heute noch auf den Fähren in New York zu finden.

Die Zylinder der Schiffsmaschinen werden aus Gußeisen hergestellt und sind in der Regel, um die Abnutzung derselben durch den Kolben zu verhüten, mit Einsatzzylindern aus Stahl für den Hochdruckzylinder und aus härterem Gußeisen für den Niederdruckzylinder versehen. Sie werden mit der Zylinderwandung derartig befestigt und abgedichtet, daß der Hohlraum zwischen ihnen und der Zylinderwandung als Dampfmantel mit Dampf gespeist werden kann.

Anfangs lagerte man die einzelnen Zylinder getrennt auf den Maschinenständern oder Säulen und verstrebte sie nur durch Zugstangen miteinander und mit dem Schiffskörper, damit sich die einzelnen Zylinder bei den wechselnden Dampftemperaturen selbständig ausdehnen und zusammenziehen konnten. Die Receiver wurden alsdann als gekrümmte Dampfrohre ausgeführt. Neuerdings verschränkt man die Zylinder mit den gußeisernen Zwischenkammern zu einem starren Ganzen, so daß sie in Verbindung mit der Grundplatte einen soliden Träger darstellen, welcher die Kippmomente und Vibrationen der einzelnen Teile aufnimmt. Die Dampfkolben wurden entweder aus Stahlfassonguß oder aus geschmiedetem Stahl gefertigt. Die Pleuelstangen aus geschmiedetem Stahl.

Die Dampfverteilungsschieber sind beim Hochdruck- und Mitteldruckzylinder meist Kolbenschieber, beim Niederdruckzylinder meist Flachschieber. Die Anordnung der Dampfkanäle ist mit Bezug auf die Dampfgeschwindigkeit und Größe der schädlichen Räume von großer Wichtigkeit. Die Lage der Schieber befindet sich entweder zwischen den einzelnen Zylindern oder seitlich derselben und hängt von der Art der Schiebersteuerung ab. Die erstere Anordnung findet man bei der Umsteuerung von **Stephenson,** welche bei Schiffsmaschinen am verbreitetsten ist. Die Exzenter wurden mit Weißmetall ausgegossen, um ein Warmlaufen zu verhindern. Die Bewegung der Steuerung erfolgt bei größeren Maschinen durch eine besondere Umsteuerungsmaschine. Der Kondensator wird seit der Einführung der hohen

Dampfspannung und der Verwendung von Mehrfach-Expansionsmaschinen als **Oberflächenkondensator** ausgeführt. Der Kondensator hat die Aufgabe, den Abdampf aus dem Niederdruckzylinder zu kondensieren und als Wasser niederzuschlagen. Die Kondensierung erfolgt durch Kühlung des Dampfes mittels Seewassers, welches durch die sog. Zirkulationspumpe derart durch den Kondensator getrieben wird, daß es von dem Dampfe durch dünne metallene Wandungen getrennt ist. Diese Wandungen bestehen aus etwa 1 mm dicken messingenen Rohren von 20 mm äußerem Durchmesser, welche horizontal liegend an den Enden der bronzenen Rohrplatten gelagert und in denselben stopfbüchsenartig gedichtet sind. Das Kühlwasser kommt von See durch das Bodenventil des Saugrohres der Zirkulationspumpe, wird durch letztere in die Rohre des Kondensators getrieben und gelangt durch ein zweites Bodenventil wieder nach außenbords. Der Dampf kondensiert an den Rohren; das Kondensat wird durch die Luftpumpe in den Warmwasserraum und von dort durch die Kesselspeisepumpe in den Kessel gedrückt. Die Vorteile der Oberflächen- gegenüber der Einspritzkondensation bestehen der Hauptsache nach darin, daß wegen Abschluß der Luft ein größeres Vakuum erzielt wird und daß das kondensierte Wasser rein von Salzen ist, so daß es ohne Schaden für den Kessel wieder verwendet werden kann. Infolge der Dampfverluste in der Maschine wird freilich nicht alles verdampfte Wasser wiedergewonnen, es muß daher zum Speisen der Kessel Zusatzwasser genommen werden, welches neuerdings aus Verdampfern gewonnen wird, um jeden Niederschlag von Schlamm auf den Kesselwandungen zu vermeiden. Neben diesen Speisewass rerzeugern sind Speisewasservorwärmer und Speisewasserreiniger bei Schiffsmaschinen fast unentbehrlich.

Die Luftpumpe sowie die Speise- und Spülpumpen werden meist von der Hauptmaschine durch Balancierantrieb bewegt, während die Zirkulationspumpe stets als Kreiselpumpe mit eigenen Antriebsmaschinen versehen ist.

Von besonderer Wichtigkeit für den sicheren Maschinenbetrieb ist die Anordnung von ausgiebigen und zum Teil selbsttätigen Schmier- und Kühlvorrichtungen, um ein Warmlaufen der vielen Zapfen und Lager zu verhüten.

[220] Propeller.

Die für Dampfschiffe gebräuchlichen Propulsionsmethoden zur Fortbewegung des Schiffes beschränken sich in der Hauptsache auf **Schaufelräder** und **Schrauben.** Die Wirksamkeit dieser Triebapparate besteht darin, daß beim Vorwärtsgang des Schiffes der von dem Propeller nach hinten geworfenen Wassermasse eine gegenüber der Schiffsgeschwindigkeit beschleunigte Bewegung erteilt wird; dementsprechend bildet die hierdurch entstehende Rückwirkung nach vorn die Triebkraft des Schiffes.

Das Schaufelrad, welches anfangs ein verbreiteter Propeller auch für Ozeandampfer war, wird jetzt fast ausschließlich nur für flachgehende Flußdampfer und auf See für Postdampfer auf kurze Strecken verwendet, da die Räder an Wirksamkeit verlieren, wenn sie in bewegter See verschieden eintauchen. Man unterscheidet **Räder** mit **festen** und mit **beweglichen Schaufeln.** Erstere verwendet man vorzugsweise für Schlepper; ihr Nutzeffekt ist wegen der flachen Ein- und Austauchung der Schaufeln und der hierdurch auftretenden Erschütterungen gering. Für Passagierdampfer bevorzugt man daher Räder mit beweglichen Schaufeln, welche an den Radarmen drehbar gelagert sind und während des Durchziehens durch das Wasser eine steilere Lage annehmen. Man erreicht das durch Lenkstangen, welche an einer zur Radachse exzentrisch gelagerten Scheibe befestigt werden.

Die **Schiffsschraube** ist heute der wirksamste Propeller, da der von derselben nach hinten geworfene Wasserstrom den größten Querschnitt besitzt und die Umdrehungsgeschwindigkeit der Schraube leicht gesteigert werden kann. Während die Umdrehungsgeschwindigkeit der Schaufelräder nicht über 50 gesteigert werden kann, sind Umdrehungen der Schraube von 100 bis 300 nicht selten. Die Schiffsschraube ist gewissermaßen eine Druckschraube, welche durch den Druck, den die hintere oder Druckfläche gegen das umgebende Wasser ausübt, das Schiff nach vorn treibt. Ursprünglich bestand die Schraube aus einem Blatt, welches die Länge eines Schraubenganges von großer Steigung hatte. Bei den beschränkten Raumverhältnissen mußte man aber den Schraubengang mehrgängig machen, um sich auch mit einem Bruchteile eines Ganges begnügen zu können. Man ist aber bei zwei und drei Flügeln geblieben, da die mehrflügeligen Schrauben größere Reibungs- und Verdrängungsarbeit beanspruchen.

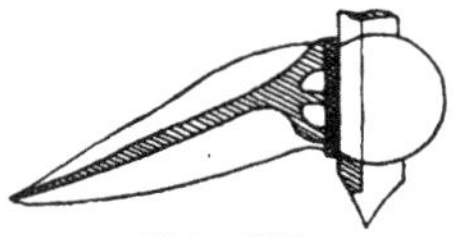

Abb. 223
Schiffsschraube

Die Schrauben (Abb. 223) werden aus Gußeisen, Bronze oder geschmiedetem Stahl gefertigt, die kleineren werden aus einem Stück gegossen, die größeren bestehen aus der Schraubennabe, auf welcher die einzelnen Schraubenflügel mittels Schrauben und Kiele befestigt werden.

Die Kurbelwelle wird meist aus geschmiedetem Siemens-Martinstahl, bei größeren Maschinen aus Tiegelstahl gefertigt. Die Wellen werden meist hohl hergestellt, indem man sie nach dem Schmieden ausbohrt, so daß ein stehenbleibender Kern zum Schluß herausgenommen werden kann.

Man spart hierdurch an Gewicht und hat eine Kontrolle über die Beschaffenheit des Kernes der Welle.

An die Kurbelwelle schließt sich die Drucklagerwelle an, welche mit Kämmen versehen ist, die im Drucklager laufen und den Schub der Schraube durch die Schiffswelle auf das Schiff übertragen. Die Schiffswelle besteht aus einzelnen Wellenenden, die im Wellentunnel auf entsprechenden Traglagern geführt sind. Die hinterste Kuppelung ist meist eine Muffenkuppelung, um das hinterste Wellenende, die sog. Schaftwelle, die die Schrauben trägt, durch das sog. Stevenrohr herausziehen zu können.

TECHNISCHE MECHANIK UND WÄRMELEHRE

Inhalt: Bisher haben wir uns nur mit den Verhältnissen des Wasserdampfes in den Kesseln beschäftigt, ohne Rücksicht darauf, wie er später behandelt wird, wenn er in Maschinen Arbeit leisten soll. Nun gehen wir zu den wärmetheoretischen und dampftechnischen Grundlagen der Dampfmaschinen über, denen dann nur mehr in einer letzten Fortsetzung die wärmetheoretischen Grundlagen der Wärmekraftmaschinen folgen werden, wobei wir uns wieder an das bewährte Werk des Prof. Vater „Die Dampfmaschine" halten wollen.

5. Abschnitt.

Das Verhalten des Wasserdampfes in der Dampfmaschine.

[221] Das Indikatordiagramm.

Um ein anschauliches Bild von den Spannungsverhältnissen im Innern eines Dampfzylinders zu erhalten, bedient man sich des **Druckvolumendiagrammes.** Da dasselbe mit Hilfe des sog. Indikators aufgenommen werden kann, so bezeichnet man es auch als **Indikatordiagramm,** aus welchem sich aber ein Schluß auf den Dampfverbrauch der Maschine nicht ziehen läßt. Das Indikatordiagramm stellt im Gegensatz zum Wärmediagramm ein Arbeitsdiagramm dar. Damit der Indikator die Spannungsverhältnisse richtig wiedergibt, muß er möglichst reibungslos sein; auch müssen die Bewegungen des Schreibstiftes genau vertikal und proportional den Spannungsänderungen sein.

Bei entsprechender Ausbildung eignet sich der Indikator bis zu Tourenzahlen von etwa 350 pro Minute. Darüber hinaus macht sich die Massenwirkung des Indikatorkolbens und des Schreibzeuges unangenehm fühlbar, und die Aufzeichnungen verlieren jeden Anspruch auf Genauigkeit.

1. Der Dampf trete mit der Spannung p_I auf die linke Kolbenseite, auf der rechten Kolbenseite herrsche die kleinere Spannung p_2. Es erfolgt eine Bewegung des Kolbens von links nach rechts, und wenn auf dem ganzen Kolbenwege der treibende Dampf die Spannung p_I beibehält, so entsteht **Volldruckdiagramm.** Die Arbeitsweise mit Volldruck kann aber nicht befriedigen, weil sie unwirtschaftlich ist. Der Dampf muß nämlich beim Verlassen des Zylinders bis auf den Gegendruck p_2 expandieren, ohne Arbeit zu leisten.

Um wirtschaftlich zu arbeiten, muß noch die Expansionsarbeit des Dampfes ausgenutzt werden, die verloren gehende Arbeit ist nur noch gering, deren Gewinn würde ein zu großes Zylindervolumen erfordern und eine große Abnutzungsfläche für den nun neueintretenden Dampf bilden. Man nennt:

s_I **das Füllungsvolumen,**

$\frac{s_I}{s} = E$ die Füllung, in % des Kolbenweges gemessen,

$\frac{s}{s_I} = \frac{1}{E}$ **den Expansionsgrad,**

p_I die **Füllungsspannung,**

p_x die veränderliche **Expansionsspannung,**

p' die **Auspuffspannung,**

p_2 die **Gegendruckspannung.**

2. **Die Volldruckarbeit wird dargestellt durch die Rechteckfläche $p_I \cdot s$.**

Die Expansionsarbeit wird durch die von der Expansionslinie begrenzte Fläche dargestellt, ihre Berechnung ist möglich, sobald das Expansionsgesetz bekannt ist.

Würde der Dampfzylinder ein vollkommen wärmedichtes Gefäß sein, bei welchem während der Expansion keine Wärme zu- oder abströmen kann, so würde die theoretische Expansionslinie eine Adiabate sein, bei der

$$p \cdot v^K = \text{konstant ist.}$$

Bei gesättigtem Dampf ist, wie aus zahlreichen Versuchen bestätigt wird, die Expansionslinie angenähert eine gleichseitige Hyperbel, für die $K = 1$ ist, so daß dann das Expansionsgesetz lautet

$$p \cdot v = \text{konstant.}$$

Diese empirische Expansionskurve des gesättigten Wasserdampfes ist nicht zu verwechseln mit der isothermischen Expansionskurve eines vollkommenen Gases. Bekanntlich lautet die allgemeine Zustandsgleichung für Gase

$$\frac{p_1 v_1}{T_1} = \frac{p_2 \cdot v_2}{T_2} = \text{konstant.}$$

(I. Fachband [262]), nach der für $T_1 = T_2$ = konstant das Gesetz der isothermischen Expansion

$$p_1 v_1 = p_2 v_2 = \ldots .$$

lautet.

Die Expansion des Dampfes im Dampfzylinder ist keine isothermische, denn die Temperatur des Dampfes nimmt mit der Abnahme der Dampfspannung ebenfalls ab. Daß seine Expansionslinie mit der Isotherme für Gase zusammenfällt, ist rein zufällig.

Aufgabe 75.

[222] *Es soll die theoretische Arbeit von 1 kg Dampf ermittelt werden, wenn der Dampf von der Anfangsspannung $p_1 = 8$ atm. abs. auf die Gegendruckspannung $p_2 = 0{,}2$ at adiabatisch expandiert. Der Dampf sei trocken gesättigt. $K = 1{,}135$.*

Nach den Lehren der höheren Mathematik ist die theoretische Arbeitsleistung

$$L = \frac{K}{K-1}(p_1 v_1 - p_2 v_2) \text{ mkg.}$$

Nach der Dampftabelle ist

für $p_1 = 8$ at abs. das spezifische Volumen $v_1 = 0{,}245$ m³,

„ $p_2 = 0{,}2$ „ „ „ „ „ $v_2 = 7{,}777$ „ .

Die Dampfspannungen sind in kg/m² einzusetzen:

$$p_1 = 80000 \text{ kg/m}^2, \; p_2 = 2000 \text{ kg/m}^2,$$

$$L = \frac{1{,}135}{1{,}135-1}(80000 \cdot 0{,}2458 - 2000 \cdot 7{,}777) \text{ mkg} = \mathbf{34600\ kgm.}$$

[223] Indizierte Leistung.

Unter der **indizierten Leistung** versteht man die vom Dampf auf den Kolben übertragene Leistung. Aus den Diagrammen bestimmt man zunächst die mittlere indizierte Spannung p_i, die während des ganzen Hubes konstant auf den Kolben wirken müßte, um dieselbe Arbeit hervorzubringen. Man erhält p_i dadurch, daß man die Fläche des Diagrammes planimetriert und durch dessen Länge und den Federmaßstab dividiert.

Der mittlere indizierte Kolbendruck ergibt sich dann

$$K = F \cdot p_i = \frac{d^2\pi}{4} \cdot p_i \text{ kg},$$

wo F die Kolbenfläche in cm_2 und d den Kolbendurchmesser in cm bedeutet. Man mißt die Zylinderbohrung im kalten Zustande und berechnet die Vergrößerung durch Erwärmung im Betrieb hinzu. Bezeichnet v_m die mittlere Kolbengeschwindigkeit in m pro Sekunde, so ergibt sich die indizierte Leistung

$$N_i = \frac{K \cdot v_m}{75} \text{ PS},$$

wobei

$$v_m = \frac{2 \cdot s \cdot n}{60},$$

n die minutliche Umdrehungszahl und s der Hub der Maschine in m ist.

Daraus wird

$$N_i = \frac{F \cdot p_i \cdot n \cdot s}{75 \cdot 30}.$$

In dieser Formel ist noch keine Rücksicht genommen auf die Verringerung der nutzbaren Kolbenflächen durch die Kolbenstange. In Wirklichkeit hat man die beiden wirksamen Kolbenflächen zu bestimmen und mit ihrem arithmetischen Mittel in Rechnung zu ziehen.

[224] Nutzleistung.

Wegen der unvermeidlichen Reibungsverluste ist die **effektive Leistung** oder **Nutzleistung** N_e einer Maschine kleiner als die indizierte Leistung N_i. Das Verhältnis $N_e : N_i$ bezeichnet man als den **mechanischen Wirkungsgrad** η_m. Je mehr sich dieses Verhältnis dem Werte 1 nähert, desto besser ist die Maschine und deren Wirkung. Durchschnittlich ist $\eta_m = 0{,}90 - 0{,}92$, kann aber auch bei schlechten Maschinen bis auf 0,85 heruntergehen.

Obige Zahlen beziehen sich nur auf die Normalleistung. Je geringer die Belastung, desto kleiner das Verhältnis $\frac{N_e}{N_i}$. Im Leerlauf ist es Null.

Die Ermittlung der Nutzleistung kann mit Hilfe der **Bremse** erfolgen; jedoch ist das Verfahren bei größeren Maschinen schwierig und gefährlich, wird daher selten angewendet.

Ist eine Dynamomaschine unmittelbar mit der Dampfmaschine gekuppelt, kann die Nutzarbeit der Dampfmaschine aus der dem Anker der Dynamo entnommenen elektrischen Arbeit und dem Wirkungsgrad der Dynamomaschine bestimmt werden. Meist wird die Nutzarbeit mit dem Indikator bestimmt, und zwar indiziert man unter Belastung und ein zweites Mal im Leerlauf. Als Maß für die Nutzleistung gilt dann der Unterschied zwischen der indizierten Leistung bei Belastung N_i und im Leerlauf N_0

$$N_e = N_i - N_0.$$

Nur muß bei N_0 dieselbe Tourenzahl angenommen werden wie bei belasteter Maschine.

Freilich ist die wirkliche Reibungsarbeit der belasteten Maschine wegen der höheren Drücke größer als bei Leerlauf.

[225] Berechnung des Effektes.

Der mittlere Dampfdruck p_i, der in der Schlußformel [223] auftritt, ist aus dem erst zu konstruierenden Dampfdruckdiagramm als dessen mittlere Ordinate zu finden (Abb. 224). Beim Diagramm stellt man die

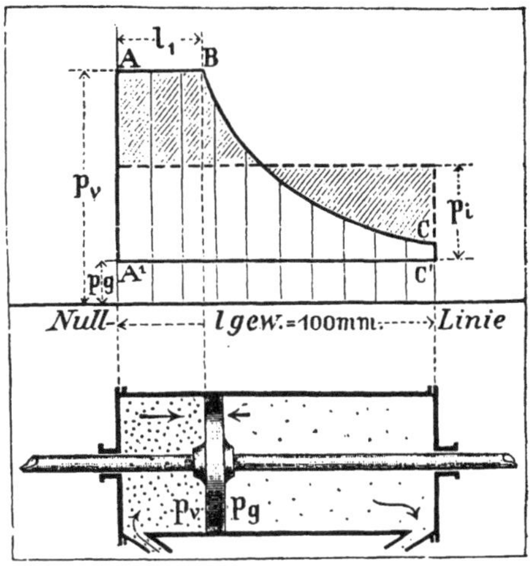

Abb. 224

Zylinderlänge l meist 100 mm lang dar, teilt diese Strecke in 10 gleiche Teile und berechnet für diese Punkte die Druckwerte. Längs des ersten Teiles l_1 ist die Druckhöhe dieselbe und gleich der Eintrittsspannung p_v, daher AB // Nullinie; von B an dehnt sich der Dampf nach einer der Mariottschen ähnlichen Kurve aus, d. h. an jeder Stelle muß gesuchter Druck mal zurückgelegter Zylinderlänge denselben Wert wie bei B, also den Wert $p_v \cdot l_1$ haben. Mithin

$$\text{Druckwert an irgendeiner Stelle} = \frac{p_v \cdot l_1}{\text{zurückgelegte Zylinderlänge}}.$$

Ist die Drucklinie ABC für den **arbeitenden** Dampfdruck konstruiert, so zeichnet man die Drucklinie $A'C'$ für den Gegendruck p_g des Abdampfes. Diesen nimmt man als gleichbleibend (1,1 at bei Auspuffmaschinen, 0,2 at bei Kondensationsmaschinen) an; daher wird $A'C'$ nur eine Parallele zur Nullinie.

Die Fläche f des Diagramms $A'ABCC'$ ermittelt man entweder nach der Simpsonschen Regel (Vorstufe [196]) oder bei wirklich aufgenommenen Diagrammen mittels des Planimeters (II. Fachband [85]).

Dividiert man diesen Flächenwert f durch die Länge $A'C'$, so erhält man die Höhe p_i eines gleichseitigen Rechteckes. Diese Höhe nennt man die mittlere Höhe des Diagrammes. Sie stellt den gesuchten Mitteldruck p_i vor.

$$\text{Mitteldruck } p_i = \frac{\text{Diagrammfläche}}{A'C'(=100)}.$$

Hiemit ist gezeigt, wie man aus Eintrittsspannung p_i, Füllungsverhältnis l_1/e und Gegendruck den Mitteldruck p_i zur Effektberechnung ermittelt. Bei Verbundmaschinen wird umgekehrt aus dem Werte für die Leistung N_i aus p_v, p_g und dem Füllungsverhältnisse l_1/L (wo L die Länge des großen Zylinders bedeutet) die wirksame Kolbenfläche des großen Zylinders berechnet (Abb. 225).

Die im Diagramm dargestellte Gesamtarbeit (Fläche f) teilt man durch eine Wagrechte in zwei inhaltsgleiche Teile und erhält in dem Verhältnis l/L annähernd das Volumenverhältnis der beiden Compoundzylinder und hieraus die Durchmesser derselben. Der Hochdruckzylinder arbeitet mit einer Eintrittsspannung p_v, einem Gegendruck p_v', der Niederdruckzylinder mit einer Eintrittspannung p_v' und einem Gegendruck p_g.

Der wirklich erzielte Nutzeffekt N_n ist geringer als der berechnete (= indizierte) N_i.

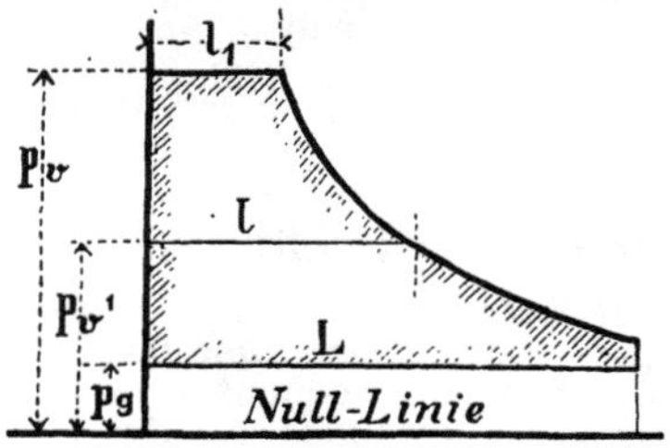

Abb. 225

Die infolge der Abkühlung, Drosselung des Dampfes usw. auftretenden Spannungsverluste berücksichtigt man durch Multiplikation des Mitteldruckes p_i mit einem Erfahrungskoeffizienten, den **Völligkeitsgrad**, der bei einzylindrigen Maschinen mit 0,9, bei zweizylindrigen Maschinen mit 0,8 angenommen werden darf.

Durch Reibung im Zylinder und Kurbelmechanismus gehen rd. 35% bei kleinen, bis 10% bei großen Maschinen an nutzbarer Arbeit verloren. Dabei ergeben sich die nutzbaren Pferdekräfte

N_u mit **0,65 — 0,9** N_i

$\eta = \frac{N_u}{N_i}$ heißt wie erwähnt der **mechanische Wirkungsgrad.**

Aufgabe 76.

[226] *Wie viel Pferdestärken leistet eine einzylindrige Dampfmaschine von 400 mm Zylinderdurchmesser, 800 mm Hub und 100 Umdrehungen in der Minute, bei einem Füllungsverhältnis $l_1/l = 0{,}25$, einer Eintrittsspannung $p_v = 7$ at abs., einem Gegendruck von 1,1 at abs., einem mechanischen Wirkungsgrad = 0,8, und einem Kolbendurchmesser von 65 mm? (Abb. 226.)*

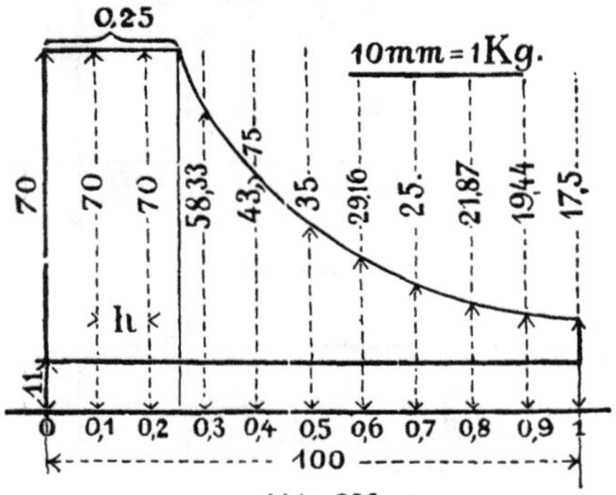

Abb. 226

Zur Bestimmung von p_i wähle man eine Diagrammlänge von 100 mm und einen Höhenmaßstab 1 mm = 1 kg. Dann sind zunächst für die verschiedenen Kolbenstellungen die dem Dampfdruck entsprechenden Ordinaten zu bestimmen. Ordin. für 0,3 = $\frac{25 \cdot 70}{30} = 58{,}33$ mm, Ordin. für 0,4 = $\frac{25 \cdot 70}{40} = 43{,}75$ mm usf.

Mit Hilfe der Simpsonschen Regel berechnet man hieraus eine mittlere Höhe $= \frac{h}{3 \cdot 100}[70 + 58{,}33 + 35 + 25 + 19{,}44) + 2\,(70 + 43{,}75 + 29{,}16 + 21{,}87) + 17{,}5] = 41{,}6$ mm. Zieht man hierauf 11 mm entsprechend einem Gegendruck von 1,1 at abs. ab, so ergibt sich p_i rechnerisch $p_i = \frac{41{,}6 - 11}{10} = 3{,}06$, für p_i mit Berücksichtigung des Völligkeitsgrades $0{,}9 \cdot 3{,}06 = \mathbf{2{,}754}$ at. Mit diesem Wert ist weiter zu rechnen.

$$N_i = \frac{F \cdot p_i n \cdot l}{75 \cdot 30} = \frac{(40^2 - 6{,}5^2) \cdot \frac{\pi}{4} \cdot 100 \cdot 0{,}8}{75 \cdot 30} \cdot 2{,}754 = 43{,}5 \cdot 2{,}754 = \mathbf{119{,}8\ PS.}$$

$N_n = 0{,}8 \cdot 119{,}8 = 95{,}8 \sim \mathbf{96\ PS.}$

Aufgabe 77.

[227] *Wie groß würde die Leistung der in der vorigen Aufgabe berechneten Maschine werden, wenn dieselbe nachträglich mit einer Kondensationsanlage (80 % Vakuum) versehen, wodurch der mechanische Wirkungsgrad auf 0,78 fällt?*

80% Vakuum entspricht 0,2 at abs., also einer Ordinate p_g = 2 mm.

Demnach wird jetzt $p_i = 0{,}9 \cdot \frac{41{,}6 - 2}{10} = 3{,}564$ at, $N_i = 43{,}5 \cdot 3{,}564 = 155$ PS, $N_u = 0{,}78 \cdot 155 \sim \mathbf{121\ PS.}$

Aufgabe 78.

[228] *Wie hoch stellt sich der Dampfverbrauch für 1 Stunde und PS bei vorstehenden Maschinen, wenn die Abkühlungsverluste zu 40 % des nutzbaren Dampfverbrauches angenommen wurden.*

Volumen des eingeströmten Dampfes $= \frac{F \cdot l}{10000}$ m³, wobei F in cm² und l in m ist.

Gewicht von 1 m³ Dampf $\gamma = 3{,}589$ kg.

Dampfverbrauch bei 1 Hub $= \frac{1}{10000} \cdot F \cdot l \cdot \frac{l_1}{l} \gamma$ und da in der Stunde $n \cdot 60$ Touren und doppelt soviel Hübe gemacht werden

Dampfverbrauch für 1 Stunde $\frac{1}{10000} \cdot F \cdot l \cdot \frac{l_1}{l} \cdot \gamma \cdot 2\, n \cdot 60$. Da dies für $N_i = \frac{F \cdot l \cdot n \cdot p_i l}{75 \cdot 30}$ Pferdestärken gilt, so trifft für Stunde und Pferdestärke ein Verbrauch von

$$\frac{F l \cdot l_1/l \cdot 2\, n\, 60 \cdot \gamma}{10\,000 \cdot \frac{F}{75} \cdot \frac{l n}{30} \cdot p_i} = 27 \cdot \gamma \cdot \frac{l_1}{l}\,\frac{1}{p_i} \text{ kg.}$$

Demnach ergibt sich für die

Auspuffmaschine: $\frac{27 \cdot 3{,}6 \cdot 0{,}25}{2{,}754} \sim 9 \text{ kg} + 40\,\% = \mathbf{12{,}6\ kg}$

Kondensationsmaschine: $\frac{27 \cdot 3{,}6 \cdot 0{,}25}{3{,}564} \sim 7 \text{ kg} + 40\,\% = \mathbf{9.8\ kg}$

} per 1 Stunde und PS.

[229] Das Indikatordiagramm der Einzylindermaschine.

Abb. 227 zeigt die normale Form des Indikatordiagrammes einer mit Kondensation arbeitenden Einzylindermaschine, das acht ausgezeichnete Punkte enthält.

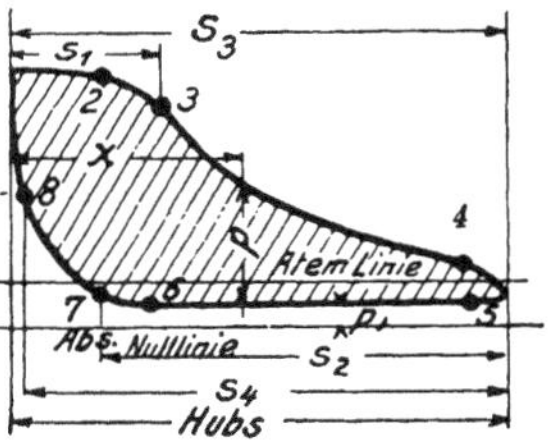

Abb. 227

Auf dem Wege 1 bis 3 findet **Einströmung des Dampfes** statt. Die **Einströmlinie** fällt infolge der Drosselung des Dampfes um so mehr ab, je größer das spezifische Gewicht des Dampfes, je kleiner die Füllung und je größer die Kolbengeschwindigkeit des Dampfes ist.

Von Punkt 2 ab macht sich infolge der schleichenden Absperrung des Einlaßorganes eine stärkere Drosselung bemerkbar. Die Einlaßlinie fällt entsprechend stärker und geht mit einer mehr oder weniger großen Abrundung in die **Expansionslinie** über. Genau genommen ist das Kurvenstück 2 bis 3 eine gemischte Einströmungs- und Expansionskurve. Im Punkt 3 ist die Einströmung beendet, das Einlaßorgan ist abgeschlossen, und es findet nunmehr die Expansion des Dampfes statt.

Im Punkte 4, d. h. kurz vor Hubende, öffnet sich bereits das Auslaßorgan. Der Dampf stürzt mit großer Geschwindigkeit in den Kondensator. Die Spannung sinkt infolgedessen rasch auf den Ausströmungsgegendruck p_1 herab, der erst im Punkte 5 erreicht wird. Der Kolben schiebt jetzt den Dampf vor sich her nach dem Ablaß, bis endlich das Ausströmorgan absperrt. Vom Punkte 6 macht sich die allmähliche Verringerung der Austrittsöffnung durch eine Zunahme des Gegendruckes bemerkbar. Im Punkte 7 hat das Ausströmorgan ganz geschlossen, so daß von jetzt ab der im Zylinder verbliebene Dampf **komprimiert** wird. Die Dampfspannung steigt bis 8 an, wo das Einlaßorgan wieder öffnet. — Von 8 bis 1 findet dann Voreinströmung statt.

Man bezeichnet als

Füllung $\frac{s_1}{s} \cdot 100\,\%$,

Kompression $\frac{s_4 - s_2}{s} \cdot 100\,\%$,

Voreinströmung $\frac{s - s_4}{s} \cdot 100\,\%$.

Vorausströmung $\frac{s - s_3}{s} \cdot 100\,\%$.

Die **Füllung** hängt von der Höhe der Dampfspannung ab; bei gleichem Expansionsenddruck kann die Füllung s_1 um so kleiner gemacht werden, je höher die Eintrittspannung p ist und umgekehrt.

Die Füllung ist so zu wählen, daß sich der Betrieb möglichst wirtschaftlich gestaltet. Je größer die Füllung, desto größer ergibt sich die mittlere indizierte Pressung p_i und desto kleiner fallen die Abmessungen sowie der Preis der Maschine aus, desto größer ergibt sich aber auch die Spannung p_e am Ende der Expansion.

Letzteres hat aber eine schlechte Ausnützung des Dampfes zur Folge, mit Rücksicht auf den höheren Verlust durch unvollständige Expansion. Anderseits jedoch wachsen bei zu weit getriebener Expansion, d. h. bei zu kleinem p_e, die Verluste durch Wärmeaustausch. Zu weit getriebene Expansion ergibt außerdem eine größere und teuerere Maschine. In der Regel wählt man bei Kondensationsbetrieb $p_e = 1 - 1{,}2$ at abs. und bei Verbundanordnung $p_e = 0{,}6 - 0{,}8$ at abs., bei Auspuffbetrieb dagegen $p_e = 1{,}2 - 1{,}5$ at abs.

Die **Vorausströmung** ist um so größer anzunehmen, je höher die Tourenzahl und je größer p_e ist. Bei **Auspuffmaschinen gibt man etwa 5 bis 10 % Vorausströmung, bei Kondensationsmaschinen hingegen 15 bis 25 %**, weil hier eine stärkere Volumenzunahme des Dampfes stattfindet. Nur bei Gleichstrommaschinen genügt ein kleineres Vorausströmen, durchschnittlich 10 %.

Der Gegendruck p_1 beträgt bei Auspuffmaschinen 1,1 bis 1,5 at abs., bei Kondensationsmaschinen 0,15 bis 0,2 at abs. Wird der Abdampf zu Heizzwecken verwendet, so ist der Gegendruck unter Umständen wesentlich größer. Auch bei Kondensationsmaschinen kann p_1 größer sein, wenn hohe Kühlwassertemperaturen vorliegen. Die Kompression wird in der Regel soweit getrieben, daß p_c etwa $^2/_3$ der Eintrittsspannung beträgt.

Bei Einzylinder-Kondensationsmaschinen kommt man allerdings nicht entfernt so hoch hinauf, etwa bis auf 2 at abs. Nur bei der Gleichstromdampfmaschine lassen sich hohe Kompressionen bequem erreichen. Der erforderliche Kompressionsweg hängt von der Größe des schädlichen Raumes ab, sowie von der Ein- und Austrittsspannung. Meist gibt man bei Auspuffmaschinen 20 bis 30% Kompression, bei Hochdruckzylindern von Verbundmaschinen 10 bis 15% und bei Kondensationsmaschinen 30 bis 40%. Über 40% Kompression läßt die Steuerung für gewöhnlich nicht zu, obgleich dies zur Erreichung einer höheren Endspannung erwünscht wäre. Das Voreinströmen beträgt meist 0,5 bis 2,0%, je nach der Tourenzahl, der Größe des schädlichen Raumes und der Höhe der Kompression. Auch das Eröffnungsgesetz der Steuerung ist hier von Einfluß. Bei großem schädlichem Raum oder bei schleichender Eröffnung der Einlaßorgane muß man unter Umständen mehr als 2% Voreinströmen geben. Die Linie der Voreinströmung wird als Gerade gezeichnet.

Verfolgt man nun auf Grund dieser Betrachtungen das Spiel des Kurbeltriebes während der Maschinenumdrehung, so würde sich folgende Arbeitsweise ergeben:

Der Kolben sei auf dem Wege von links nach rechts begriffen. Er wird dabei auf dem ganzen Wege mit abnehmender Kraft nach rechts gedrückt, bis diese nach rechts treibende Kraft kurz vor dem Totpunkte den Endwert erreicht hat. Im nächsten Augenblicke springt der Druck plötzlich nach der anderen Seite, und er wirkt nun von rechts nach links, und zwar gleich in Größe, welche sich in dem Maßstabe des Diagrammes ausdrückt. Daß aber ein solcher sprunghafter Wechsel der Größe und Richtung des Kolbendruckes mit einem heftigen Stoße in der Maschine verbunden sein muß, ist leicht einzusehen, wenn man bedenkt, daß die Spielräume der in den drei Lagern *abc* sich drehenden Zapfen, wenn auch im einzelnen noch so gering, in ihrer Summe aber immerhin merkbar sind, wozu noch der Umstand kommt, daß hier das ganze Gestänge der Maschine im Totpunkte einen Wechsel der Beanspruchung, nämlich von Zug in einen solchen auf Druck, erfahren würde, was bei der Plötzlichkeit und Heftigkeit des Druckwechsels noch zur Vergrößerung des Stoßes beitragen würde.

Diesem Übelstande kann nun durch die **Kompression** am Ende des Kolbens in sehr einfacher und vollkommener Weise abgeholfen werden. Der Dampfdruck selbst hält also gegen das Ende des Kolbenhubes die in Bewegung befindlichen Gestängemassen allmählich auf, der Druckwechsel findet ganz allmählich statt und wenn dann der neue Dampf auf die rechte Kolbenseite strömt und Kolben und Gestänge nach links drückt, kann ein Stoß in der Maschine nicht mehr erfolgen. Hier bei der mit Dampfdehnung arbeitenden Maschine kommt aber außerdem noch ein anderer Umstand hinzu.

Wollte man die Austrittsspannung bis zum Ende des Kolbenrückganges fortdauern lassen, so würde der ganze zwischen dem Kolben in seiner äußersten Stellung und dem Zylinderdeckel verbleibende Raum, der sog. **schädliche Raum,** mit verhältnismäßig kühlem Dampfe angefüllt bleiben, der sich mit dem neueintretenden heißen Dampfe vermischen würde, was wieder zu Wärme- und Arbeitsverlusten Anlaß geben würde. Darum pflegt man das Dampfdiagramm dahin abzuändern, daß man den Ausströmkanal sich öffnen läßt, bevor der Kolben in seiner äußersten Lage angekommen ist, so daß der Dampf Zeit hat, bis zum Ende des Hubes seine Spannung zu ermäßigen. Man nennt diesen Vorgang die **Vorausströmung.** Ebenso läßt man auch die Dampfeinströmung schon vor dem Anfang des betreffenden Kolbenhubes beginnen — **Voreinströmung** —, damit der Dampf bei Beginn des Kolbenhubes schon seine volle Eintrittsspannung erreicht hat.

Hat man die Ausströmung des Dampfes schon vorzeitig beginnen lassen, so läßt man sie auch vorzeitig enden. Schon geraume Zeit, bevor der Kolben auf seinem Rückgange den Totpunkt erreicht hat, schließt man den Ausströmungskanal im Punkt C_0, und während der Kolben den Rest seines Weges zurücklegt, komprimiert er den noch im Zylinder befindlichen Dampf bis zu einer Höhe, die von der Lage von C_0 abhängt. Je früher man den Kanal geschlossen hat, um so höher wird natürlich die Verdichtung und umgekehrt. Diese **Kompression** erweist sich nicht nur als sehr nützlich, sondern sie ist auch dringend notwendig. Durch die Verdichtung steigt nicht nur die Spannung, sondern auch die Temperatur des Dampfes, so daß der bei der Einströmung neu hinzukommende Dampf nicht mehr durch Berührung mit dem verhältnismäßig kühlen Dampfe von Ausströmspannung einen Teil seiner Wärme verliert und dadurch Arbeitsverlust erzeugt.

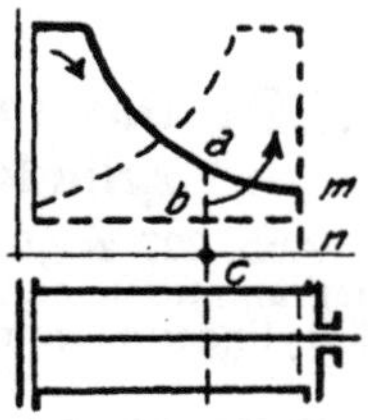

Abb. 228

Daß aber diese Kompression auch sehr notwendig ist, erkennt man aus Abb. 228, aus der man sieht, daß die stark gezeichneten Teile der Diagramme in der Richtung der eingezeichneten Pfeile gleichzeitig durchlaufen werden. Während z. B. auf der linken Kolbenseite Dampf einströmt und sich ausdehnt, findet auf der rechten Kolbenseite die Ausströmung statt. In dem Augenblicke, in dem auf der linken Kolbenseite die Ausdehnung beendet ist, steigt auch auf der rechten Kolbenseite die Spannung rasch an. Man findet den in jedem Augenblicke tatsächlich auf den Kolben ausgeübten Druck sehr einfach dadurch, daß man in den Diagrammen eine Senkrechte zieht. Die Entfernung *ab* stellt dann die wahre Größe des Druckes dar; denn während der Dampf auf der linken Seite mit der absoluten Spannung *ac* den Kolben nach rechts drückt, herrscht auf der rechten Kolbenseite der Druck *bc*, und da *ac* um die Strecke *ab* größer ist als *bc*, wird der Kolben mit der Kraft *ab* nach rechts gedrückt. Ergeben sich bei einer Maschine beim Hin- und Hergange Stöße, so ist das nur ein Beweis, daß die Steuerung nicht in Ordnung ist, d. h. daß die Kompression zu gering ist. Daß dadurch auch der **Stoß** vermieden wird, siehe oben.

[230] Das Zeunersche Schieber-Diagramm.

Die Verwendung des Zeunerschen Diagrammes sei nachstehend an einem Beispiel erklärt:

Für eine bestimmte Maschine sei der Kanalquerschnitt mit $a = 25$, $a_s = 22$ und $a_0 = 80$ mm berechnet worden. Nimmt man nunmehr $e = 17$, $i = 4$, $a = 4$, $\varrho = 45$ und $\frac{v}{e} = \frac{1}{5}$ an, so kann in die Untersuchung der Steuerungsverhältnisse eingetreten werden.

Schlage man zunächst in Abb. 229 den Kurbelkreis mit beliebigem Durchmesser, am besten mit 100 mm, damit die Kolbenwege ohne weiteres in Prozenten des Hubes abgegriffen werden können. Schlage tangierend an den Kurbelkreis die Bogen vom Radius $l = 5r$. Mache $OR = e + v$; beschreibe um O mit $\varrho = 45$ als Radius einen Kreisbogen, welcher die in R errichtete Senkrechte in P trifft; suche OP, so ist der Winkel zwischen OP und der Vertikalen der Voreilwinkel α.

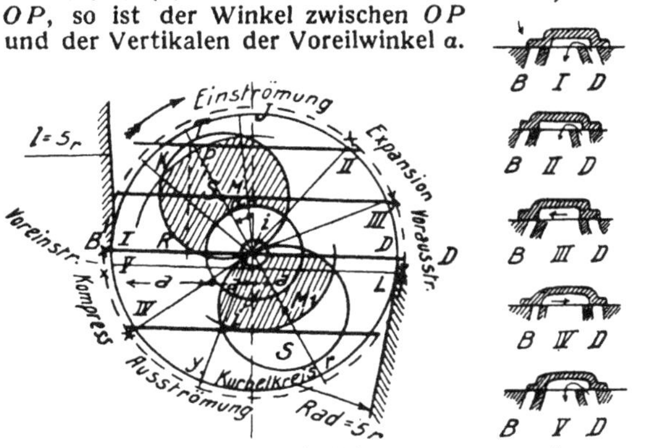

Abb. 229
Zeunersches Schieber-Diagramm

Derselbe ergibt sich hier zu etwa 28°. Beschreiben wir um den Mittelpunkt M von OP den Zeunerschen Schieberkreis und symmetrisch hiezu den zweiten von M_1.

Betrachten wir nun die Außenseite, so muß in der Totlage OB der Kurbel die Schieberausweichung nach rechts gerichtet und gleich $e + v$ sein. Diese Stellung entspricht dem Punkte 1 in Abb. 227. Je weiter die Kurbel im Sinne des Pfeiles vorrückt, um so größer wird die Schieberausweichung nach rechts. In der Stellung OK ist dieselbe gleich $e + a$, d. h. der Eintrittskanal ist jetzt voll geöffnet. Der Schieber geht alsdann noch weiter nach rechts, bis er bei der Kurbellage OT seine größte Ausweichung von 45 mm erreicht hat. Nunmehr kehrt der Schieber um und bewegt sich in der Folge nach links. Von OJ ab beginnt die Verengung des Einströmkanales, bis letzterer bei der Schieberausweichung e bzw. der Kurbelstellung II ganz abgeschlossen wird. Der dieser Kurbelstellung entsprechende Kolbenweg ist s_1. Von jetzt ab ist die Einströmung zu Ende, und es expandiert der Dampf im Zylinder. Der Schieber durchschreitet seine Mittellage in dem Moment, wo die Kurbel senkrecht zur Richtung MM_1 steht. Er weicht nunmehr nach links aus, so daß von jetzt ab der untere Schieberkreis in Betracht kommt. Sobald die Kurbelstellung durch den Schnittpunkt des Schieberkreises mit dem Kreis i geht, ist der Schieber um den Betrag i nach links ausgewichen. **Die Expansion ist zu Ende, und es beginnt die Vorausströmung:** Kurbelstellung III. Der entsprechende Punkt ist in Abb. 227 mit 4 bezeichnet. Von der Kurbelstellung OL ab bis zur Stellung OY ist der Kanal für die Ausströmung voll geöffnet. Ist a_0 genügend reichlich angenommen, so darf bei der größten Schieberausweichung keine unzulässige Verengung des Auspuffkanales durch die andere Innenkante des Schiebers stattfinden. Die kleinste Durchtrittsöffnung für den Abdampf soll, um eine Drosselung desselben mit Sicherheit zu verhüten, einige Millimeter größer als a sein.

Von OY ab wird durch den sich wieder nach rechts bewegenden Schieber der Austritt verengt, bis endlich im zweiten Schnittpunkt des Kreises i mit dem Schieberkreis die Schieberausweichung nach links wieder gleich i ist, **Kurbelstellung IV. Die Ausströmung ist jetzt zu Ende, und es beginnt die Kompression.** Der entsprechende Kolbenweg ist s_2.

Der Schieber passiert nun wieder die Mittellage und weicht in der Folge nach rechts aus, da die Kurbelradien jetzt wieder den oberen Schieberkreis schneiden. Die Kompression findet statt bis zur Kurbelstellung V_1 entsprechend dem Weg s_4. Die Schieberausweichung nach rechts hat hier wieder den Betrag e erreicht. Während des Kurbelweges $V—I$ findet Voreinströmung statt. Nunmehr beginnt das Spiel aufs neue.

Die schraffierte Fläche des oberen Kreises stellt die Einströmfläche dar. Sobald nämlich die Kurbelradien diese Fläche schneiden, hat man auf der Außenseite Einströmung, und zwar stellt das innerhalb dieser Fläche liegende Stück des Kurbelradius die Größe der jeweiligen Eröffnung des Einströmkanals dar. In gleicher Weise bedeutet die schraffierte Fläche des unteren Kreises die Ausströmfläche.

Um die Sache nicht zu komplizieren, wurde hier die Kurbelseite nicht gezeichnet.

Die Zusammenstellung der Resultate für die beiden Zylinderseiten ergibt:

	Außenseite	Kurbelseite
Füllung . . . . in Prozenten	85	79
Kompression . „ „	9,6	6,2
Voreinströmen . „ „	0,4	0,3
Vorausströmen. „ „	3,5	4,8

Die Aufzeichnung des Indikatordiagrammes erfolgt nach, wobei man als unterste Grenze p_e bei Auspuff mit 1,2 bis 1,5 at abs., bei Kondensation mit 1 bis 1,2 at abs. annimmt. Die Eintrittsspannung nimmt man um ca. 0,5 at kleiner als die Kesselspannung, um dem Druckabfall in Überhitzer und Rohrleitung Rechnung zu tragen. Durch Planimetrieren bestimmt man alsdann die indizierte Pressung p_i, so ist

$$N_i = \frac{F \cdot p_i \cdot v_m}{75} \text{ PS},$$

wobei F die mittlere nutzbare Kolbenfläche in cm² bedeutet.

Mit $\eta_m = 0{,}90$ ergibt sich die Nutzleistung zu

$$N_e = \eta_m \cdot N_i = 0{,}9 \cdot \frac{F \cdot p_i \cdot v_m}{75} \text{ PS}.$$

Aus dieser Formel läßt sich für eine zu erbauende Maschine die Fläche F berechnen.

Der Zylinderquerschnitt ist bei nicht durchgehender Kolbenstange um die Hälfte des Kolbenstangenquerschnittes größer anzunehmen, woraus sich dann der Zylinderdurchmesser d ergibt.

Die mittlere Kolbengeschwindigkeit

$$v_m = \frac{2 \cdot s \cdot n}{60}.$$

n die minutliche Umdrehungszahl ist meist 150.

Den Hub wählt man bei normallaufenden Maschinen zu $s = 1{,}5 — 2d$, bei Maschinen mit über 600 Touren zu $s = 0{,}9 — 1{,}3d$. Bei großen langhubigen Maschinen erreicht v_m unter Umständen Werte bis 5 m/Sek.

Die mittlere indizierte Pressung p_i beträgt bei 11 bis 12 at Üb.: Eintrittsspannung und Kondensation in der Regel 2,6 bis 2,9 kg per cm², bei Auspuff 2,3 bis 2,6 kg per cm².

Derselbe Rechnungsvorgang bezieht sich auch auf Gleichstrommaschinen. η_m ist etwas niedriger als bei Wechselstrommaschinen.

Die Leistung einer Verbundmaschine ist, abgesehen von den schädlichen Räumen gleich derjenigen einer Einzylindermaschine mit den Abmessungen des Niederdruckzylinder und einer Füllung gleich der reduzierten Füllung. Man kann daher annehmen, daß die ganze Dampfarbeit im Niederdruckzylinder verrichtet wird und kann letzteren genau so berechnen, wie den Zylinder einer Einzylindermaschine. Nur wählt man hier p_e kleiner, etwa 0,6 bis 0,8 at abs. entsprechend Kondensationsbetrieb. Bei hohen Brennstoffpreisen expandiert man unter Umständen bis auf 0,4 bis 0,5 at abs., Auspuffbetrieb kommt be Verbundmaschinen nur ausnahmsweise in Betracht.

Nachdem nunmehr die Füllung und das Zylinderverhältnis annähernd festgelegt sind, zeichnet man die Diagramme für Hoch- und Niederdruckzylinder auf.

Aufgabe 79.

[231] *Für eine Normalleistung von $N_e = 300$ PS soll eine Verbundmaschine mit Kondensation entworfen werden. Die Tourenzahl der Maschine soll $n = 150$, die Eintrittsspannung und Temperatur des Dampfes 12 at Überdruck bzw. 300° betragen. Welches sind die erforderlichen Zylinderabmessungen? (Abb. 230.)*

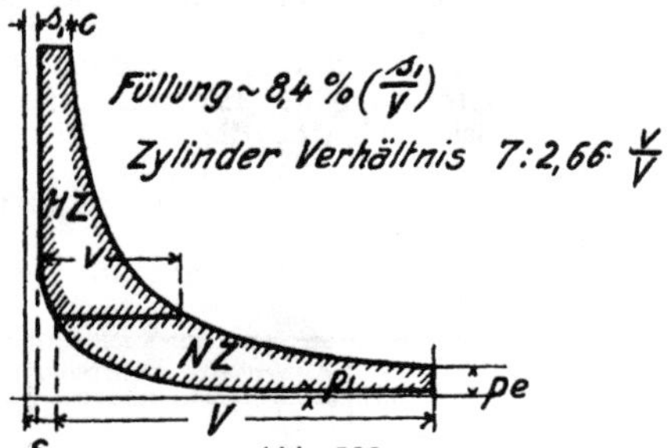

Abb. 230

Nimmt man $p_c = 0,7$ und $p_1 = 0,17$ entsprechend einer mittleren Kondensatorspannung von 0,09 at abs. an, so ergibt sich aus dem theoretischen Diagramm die Füllung $\frac{s_1}{V} = 0,084$ und das Zylinderverhältnis zu rd. 2,66. Schätzt man die schädlichen Räume von Hoch- und Niederdruckzylinder zu je 7% und das Behältervolumen gleich dem Hubvolumen des Niederdruckzylinders, so lassen sich die Diagramme konstruieren.

Die Füllung des Hochdruckzylinde.s mit 22,2%, jene des Niederdruckzylinders mit 39,7% ergibt eine reduzierte Füllung von 8,4%. Der mittlere Druck im Hochdruckzylinder bestimmt sich durch Planimetrieren zu 3,75 at. Reduziert man denselben auf den Niederdruckzylinder, so ergibt sich 1,41 at.

Der mittlere Druck des Niederdruckdiagrammes bestimmt sich zu 1,49 at. Berücksichtigt man den Spannungsverlust beim Überströmen des Dampfes vom Hochdruckzylinder zum Niederdruckzylinder, so findet sich, daß das tatsächliche p_1 nur etwa das 0,9fache beträgt, d. h. die mittlere indizierte Spannung des Niederdruckzylinders ist gleich $0,9 \cdot 1,49 = 1,34$ at. Der gesamte auf den Niederdruckzylinder reduzierte Druck ist 3,75 at. Dieser Wert würde der mittleren indizierten Spannung der wirklichen Maschine entsprechen. Mit $S = 0,85\,D$ und $\eta_m = 0,91$ bestimmt sich die nutzbare Kolbenfläche zu 3286 cm².

Schlägt man hierzu 63,6 für die beiderseits durchgehende Kolbenstange von 90 cm Durchmesser, so bekommt man einen Zylinderquerschnitt von 3343,6 cm² und damit eine Zylinderbohrung von 65,25 cm. Rundet man die letztere auf $D = 650$ mm ab, so ergibt sich der Hub mit $S = 550$ mm und die Bohrung des Hochdruckzylinders aus der Beziehung

$$\frac{d^2\pi}{4} = \frac{D^2\pi}{4 \cdot 2,66}\;;\quad d \sim 400 \text{ mm}.$$

Mit diesen abgerundeten Maßen ergibt sich dann

mittlere Kolbengeschwindigkeit $v_m = \frac{2 \cdot 0,55 \cdot 150}{60} = \mathbf{2,75}$ m/Sek,

nutzbare Kolbenfläche vom Niederdruckzylinder $F_1 = 3318,31 - 63,62 = \mathbf{3254,69}$ cm²,

mittlere nutzbare Kolbenfläche vom Hochdruckzylinder $F' = 1256,64 - 31,81 = 1224,83$ cm²,

Zylinderverhältnis **1 : 2,657,**

Niederdruckleistung $N_i' = \frac{3254,69 \cdot 1,34 \cdot 2,75}{75} = \mathbf{159,8}$ **PS,**

Hochdruckleistung $N_i'' = \frac{1224,83 \cdot 3,75 \cdot 2,75}{75} = \mathbf{168,3}$ **PS,**

indizierte Gesamtleistung $N_i = N_i' + N_i'' = \mathbf{328,1}$ **PS,**

Nutzleistung $N_e = \eta_m \cdot N_i = 0,91 \cdot 328,1 = \mathbf{298,6}$ **PS.**

[232] Ruhe und Gleichförmigkeit des Ganges.

Um einen ruhigen und stoßfreien Gang der Maschine zu erzielen, ist es notwendig, daß der Druckwechsel im Triebwerk allmählich und schon vor dem Totpunkt stattfindet [229].

Es müssen deshalb die Kompressionsspannungen gegen Hubende die Trägheitskräfte der Triebwerksmassen überwiegen. Da letztere bei raschlaufenden Maschinen größer sind als bei langsamlaufenden, so erfordern die **raschlaufenden Maschinen eine größere Kompression.**

Die Rückwirkung der Triebwerksmassen auf das Fundament sollte daher bei größeren raschlaufenden Maschinen durch Gegengewichte an der Kurbel möglichst aufgehoben werden.

Bei kleineren Maschinen ordnet man die Gegengewichte wohl auch am Schwungrad an. Gegengewichte an der Kurbel muß man in der Regel kleiner machen, als theoretisch erforderlich wäre, weil sie sonst schwer unterzubringen sind. Die beste Massenausgleichung im Triebwerk selbst ist bei Zweizylindermaschinen zu erreichen, wenn die Kurbeln um 180° versetzt und die Zylinderseiten möglichst nahe nebeneinandergelegt sind.

Das Verhältnis der im Verlaufe einer Umdrehung auftretenden größten Geschwindigkeitsschwankung zur mittleren Geschwindigkeit gibt ein Bild von der Ungleichförmigkeit des Ganges. Man bezeichnet dasselbe als den **Ungleichförmigkeitsgrad:**

$$\delta_c = \frac{v_{max} - v_{min}}{v_{mittel}}.$$

Als mittlere Werte kann man annehmen:

für Pumpen und Schneidwerke 1 : 25,
„ Werkstättenbetrieb 1 : 40,

für Mahlmühlen 1 : 50,
„ Spinnmaschinen 1 : 60 bis 1 : 100,
„ Dynamomaschinen (Lichtbetrieb 1 : 150 bis 1 : 300.

[233] Das Schwungrad und seine Berechnung.

Das Schwungrad hat die Aufgabe, den Gang der Maschine zu vergleichmäßigen. Die zeitweise geleistete Mehrarbeit wird im Schwungrad in Form von lebendiger Kraft aufgespeichert.

Das Schwungrad soll aber außerdem durch seine Massenwirkung die zeitliche Dauer des Reguliervorganges überwinden helfen. Wird z. B. die Maschine plötzlich überlastet, so ist anfangs deren Füllung zu klein, weil der Regulator infolge seiner Masse nicht sofort in Tätigkeit treten kann. Mit anderen Worten: es wird während der Dauer des Reguliervorganges weniger Kraft zugeführt als nötig ist. Die Geschwindigkeit der Maschine würde deshalb abnehmen, wenn nicht ein genügend schweres Schwungrad vorhanden wäre. Man wendet aus diesem Grunde auch bei Maschinen ohne Kurbelgetriebe (Turbinen) Schwungräder an.

Man kann die Masse des Schwungrades aus der Formel

$$A = \frac{1}{2} M (v_{max}^2 - v_{min}^2) = M \cdot v^2 \cdot \delta_c^2$$

berechnen, wobei A den größten Arbeitsüberschuß, δ_c den Ungleichförmigkeitsgrad, M die Masse und v die mittlere Umfangsgeschwindigkeit des Schwungrades in m/sek. bedeuten.

Von der so berechneten Masse braucht aber nur 0,9fach in den Schwungradkranz gelegt zu werden, da ja auch die Schwungradarme zur Vermehrung des Trägheitsmomentes beitragen.

Das Gewicht des Schwungrades ist daher

$$G = 0{,}9 \cdot 9{,}81\, M = 8{,}83\, M \text{ kg}.$$

Für Überschlagsrechnung ist

$$G = \frac{c \cdot N_e}{\delta_c n \cdot v^2}.$$

Hierbei bedeuten N_e die Nutzleistung in PS, n die minutliche Umdrehungszahl, v die mittlere Umfangsgeschwindigkeit des Schwungringes in m/sek., δ_c den Ungleichförmigkeitsgrad und c eine Konstante, welche für Einzylinder- und Tandemmaschine mit $c = 7000$, für Verbundmaschine zu $c = 2500 - 4000$ angenommen wird.

Den Schwungradhalbmesser wählt man meist mit dem fünffachen Kurbelhalbmesser. Die Umfangsgeschwindigkeit soll aber bei gußeisernen Rädern nicht über 30 m/sek. betragen.

Der Schwungradkranz würde ohne Arme nur auf Zug beansprucht sein. Infolge der Arme kommen jedoch Biegungsspannungen hinzu, welche die Beanspruchung des Kranzes bis aufs Dreifache steigern können.

Jedes Schwungrad ist mit einer Antriebsvorrichtung auszurüsten, um die Kurbel in eine für das Anlassen geeignete Stellung zu bringen und die Steuerung einzustellen. Bei kleineren Maschinen wird sie von Hand betätigt, bei größeren hingegen erfolgt der Antrieb häufig durch kleine Dampfzylinder.

[234] Entropie — Temperatur-Diagramm.

So wie jede andere Energie, z. B. bei Wasser Wassermenge und Gefälle, bei Elektrizität Elektrizitätsmenge und Spannungsdifferenz, durch ein Produkt aus zwei Faktoren gebildet wird, brauchen wir auch bei der in der Wärme steckenden Energie ein **Wärmegewicht** und ein **Temperaturgefälle.** Welche ungeheuren Wärmemengen sind z. B. in unseren Seen und Meeren vorhanden, wenn wir selbst nur mit dem gewöhnlichen Nullpunkt, dem Gefrierpunkt des Wassers, rechnen. Jedes Kilogramm Wasser von 12° Wärme enthält dann 12 WE. Und doch sind sie für uns wertlos, wertloser als eine Schaufel voll Kohlen, die wir leicht als Arbeitswärme verarbeiten können.

Um 1 kg Wasser von 0° C in 1 kg Wasser von 1° zu verwandeln, brauchen wir eine gewisse Wärmemenge, die man mit WE bezeichnet. Für 10 kg braucht man 10 WE, genau ebensoviel, wie um 1 kg Wasser von 0° in 1 kg Wasser von 10° zu verwandeln. 1 kg Leuchtgas enthält etwa 4800 WE, also ebensoviel, wie 400 kg des Meerwassers von 12° C. Mit den 4800 WE des Leuchtgases können wir z. B. Wasserdampf von hoher Spannung erzeugen und damit eine Dampfmaschine betreiben. Mit den im Meerwasser steckenden 4800 WE können wir dagegen gar nichts anfangen, da sie eben nur bei einer Temperatur von 12° C vorkommen.

Gerade wie man beim Wasser die Höhendifferenz in Metern ausdrückt, drückt man hier das Temperaturgefälle durch eine Temperatur aus. Der eine Faktor ist also eine Temperatur. Der zweite Faktor muß so beschaffen sein, daß er mit der Temperatur multipliziert die Änderung der Wärmemenge ΔQ in WE während des betreffenden Vorganges ergibt; er muß also selbst eine Änderung ΔS sein:

$$T \cdot \Delta S = \Delta Q;$$

für eine endliche Wärmemenge, die mit veränderlicher Temperatur auftritt, gilt

$$T_m \cdot (S_2 - S_1) = Q,$$

wobei T_m den Mittelwert der Temperatur während des Vorganges bedeutet. Die Arbeitsware ist demnach $\Delta S = \frac{\Delta Q}{T}$; $\frac{\Delta Q}{T}$ bezeichnet **Clausius** mit dem Ausdruck **„Entropie“** (übersetzt: Verwandlungsinhalt, sonst Wärmegewicht).

Trägt man nun den einen Faktor S als Abszisse auf, die zugehörige Temperatur als Ordinate, so erhalten wir eine Kurve und unter der Kurve eine Fläche, deren Gestalt aber je nach der Art der Wärmezuführung verschieden sein kann:

1. Würde die bei einer Zustandsänderung zugeführte Wärmemenge stets bei gleicher Temperatur zugeführt, so würde sich in dem Ausdruck $\frac{Q}{T}$ immer nur Q ändern und natürlich zunehmen. Es würde also $\frac{Q_2}{T_2}$ größer sein als $\frac{Q_1}{T_1}$, $\frac{Q_3}{T_3}$ wieder größer sein als $\frac{Q_2}{T_2}$ (Abb. 231). Der

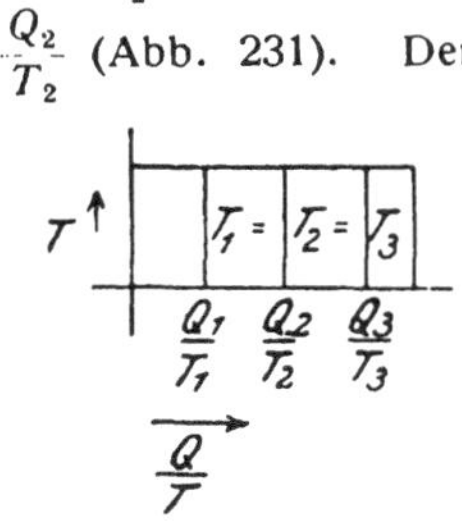

Abb. 231

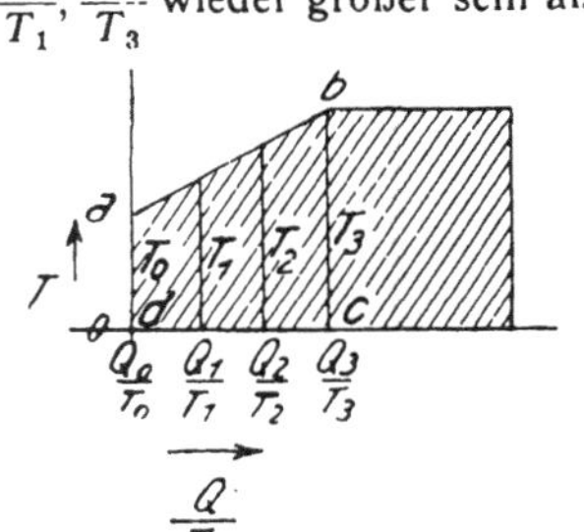

Abb. 232

Ausdruck ist $T_1 = T_2 = T_3$ und die Fläche wird ein Rechteck sein.

2. Die Temperatur soll anfangs während der Wärmezuführung ansteigen, und zwar in demselben Maße wie Wärme zugeführt wird, also für jede zugeführte Wärmeeinheit um dieselbe Zahl von Graden. Hier wird sich also T ändern, T_1 wird größer sein als T_0, T_2 größer sein als T_1. So ergibt sich zunächst die Fläche *abcda*, welche die gesamte Wärme darstellt, die zugeführt wird.

Würde nun aus irgendeinem Grunde bei weiterer Wärmezuführung die Temperatur dieselbe bleiben (Abb. 232), so würde sich die weiter zugeführte Wärme als Rechteck vor der Höhe *bc* darstellen.

Aufgabe 80.

[235] *Es soll eine Dampfmaschine mit Dampf von 3 at abs. arbeiten. Wie stellt sich nun diese Wärmemenge auf Grund der Tabelle 3, Heft 4, als Entropie-Temperatur-Diagramm dar, a) wenn die Maschine mit Auspuff, b) wenn sie mit Kondensation arbeitet.*

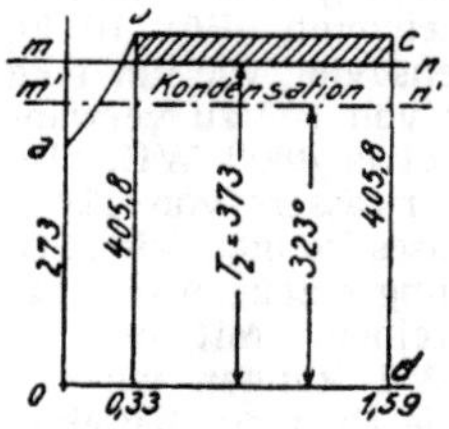

Abb. 233

Nach Tabelle 3 ist zur Erzeugung von 1 kg Dampf von 3 at Spannung eine Gesamtwärme von rund 652 WE nötig.

Rechnen wir, wie erwähnt, die Wärmezuführung von 0° C aus, so ist also die zugeführte Wärme Q_0 gleich Null, also $\frac{Q_0}{T_0} = 0$. Die zugehörige Ordinate hat aber die Größe 0° C = 273° abs. Führen wir jetzt wieder Wärme zu, so bleibt die Temperatur nicht auf gleicher Höhe, sondern nimmt zu, das Wasser erwärmt sich.

Um Dampf von 3 at abs. zu erzeugen, müssen wir erst das Wasser auf $t_2 = 132{,}8$ erwärmen. Die zugehörige Flüssigkeitswärme nach Tabelle 3 ist 139,9 WE.; 132,8° C. + 273 = 405,8 = T_2, $\frac{Q_3}{T_3} = \frac{133{,}9}{405{,}8} = 0{,}33$.

Hier beginnt die Verwandlung des Wassers in Dampf, und es bleibt von jetzt ab die Temperatur gleich groß, wieviel Wärme wir auch zuführen. Die Kurve läuft also von jetzt an wagrecht, und zwar solange, bis das ganze Kilogramm Wasser in Dampf verwandelt ist, d. h. bis im ganzen 652 WE zugeführt sind. In diesem Augenblick ist also

$$Q_4 = 652,\ t_4 = t_3 = 132{,}8^0\ \mathrm{C},\ T_4 = 405{,}8 \qquad \frac{Q_4}{T_4} = \frac{652}{405{,}8} = 1{,}59. \quad \text{(Abb. 233.)}$$

Trägt man nun diese Daten als Abszissen und Ordinaten im gewählten Maßstabe auf, so stellt die Fläche *abcdea* die insgesamt zur Verdampfung des Wassers aufgewendete Wärme dar.

a) Arbeitet nun die Maschine mit Auspuff, so dehnt sich der in den Zylinder hineingelassene Dampf adiabatisch, also ohne Wärmezuführung und Wärmeabführung, d. h. ohne Wärmeverlust aus, so lange, bis er sich in Dampf von 1 at oder Dampf von 100° C verwandelt hat und strömt als solcher in die Außenluft. Eine Dampfmaschine, in welcher der Dampf genau wie hier arbeitet, bezeichnet man gewöhnlich als **verlustlose** Maschine. Die Wärmeabführung geschieht also hier bei einer Temperatur von 100° C = 373° abs. Trägt man in dieser Höhe die Linie *mn* auf, die durch die Fläche *abcdea* dargestellte Wärme, welche unterhalb der Linie *mn* liegt, führen wir mithin wieder in die Außenluft ab, während die schraffierte Fläche in Arbeit umgesetzt wird.

b) Arbeitet die Maschine mit Kondensation und nehmen wir an, daß das Kühlwasser mit 50° aus dem Kondensator abfließt, dann herrscht im Kondensator eine Spannung von 0,125 at abs.

Die Wärmeabführung geschieht dann bei einer gleichbleibenden Temperatur von 323°, die die Linie *m'n'* kennzeichnet. Nur die unterhalb dieser Linie dargestellte Wärmemenge wird abgeführt und wir erkennen, daß auch der wirklich in Arbeit umgesetzte Teil der zugeführten Wärmemenge noch ein recht unbedeutender genannt werden muß.

Aufgabe 81.

[236] *Es ist nun in derselben Weise die Größe der zu- und abgeführten Wärme festzustellen bei einer Dampfmaschine, die mit sehr hoher Dampfspannung von 20 at abs. = 19 at Ü. arbeitet. (Abb. 234).*

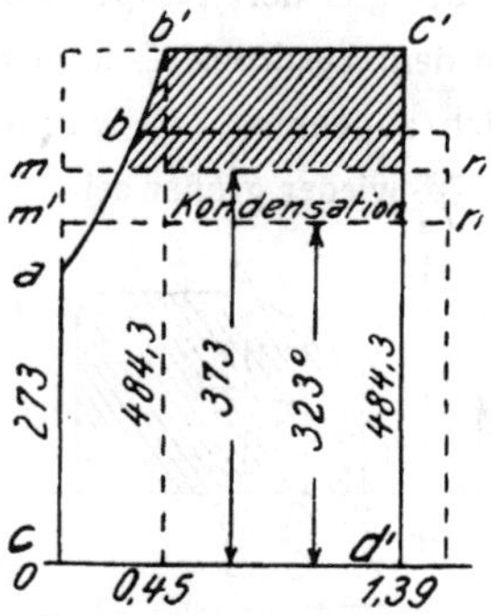

Abb. 234

Bis zur Erwärmung des Wassers auf 132,8° C ist der Vorgang genau derselbe wie vorher. Wollen wir aber Dampf von 20 at abs. = 211,3° erzeugen, so müssen wir das Wasser mit der sog. Flüssigkeitswärme auf dieselbe Temperatur bringen. Die absolute Temperatur ist $T_3' = 211{,}3 + 273 =$ **484,3°**. Der Punkt, an dem wir die Senkrechte von der Größe $T_3 = 484{,}3$ auftragen müssen, liegt also im Abstande $\frac{Q_3}{T_3} = \frac{215{,}5}{484{,}3} =$ **0,445** von dem angenommenen Nullpunkt. Führen wir jetzt weiter Wärme zu, so tritt die Verdampfung des Wassers ein, die Kurve wird also eine Wagrechte, bis das ganze Wasser verdampft ist, d. h. bis die Gesamtwärme von 673,38 WE zugeführt ist. In diesem Augenblick ist $\frac{Q_4}{T_4} = \frac{673{,}38}{484{,}3} = 1{,}39$. Es stellt die Fläche *abb'c'd'ea* die insgesamt zur Verwandlung des Wassers in Dampf von 20 at abs. aufgewendete Wärme dar. (Die Fläche, die den Wärmeverbrauch der unter 3 at arbeitenden Maschine angibt ist zum Vergleich punktiert eingetragen.)

Ein Vergleich der letzten beiden Aufgaben zeigt so recht deutlich ein Ergebnis, welches wir bereits früher gefunden hatten: **den Vorteil der Anwendung hoher Dampfspannungen.**

Die Größe der im ganzen zugeführten Wärmemenge ist in beiden Fällen nur wenig voneinander verschieden. Je höher wir aber die Dampfspannungen wählen, zu einem um so größeren Teile liegen jene Flächen, welche die aufgewendeten Wärmemengen darstellen, oberhalb der Linie mn, d. h. also: zu einem um so größeren Teil wird die zugeführte Wärme zur Arbeitsleistung ausgenützt.

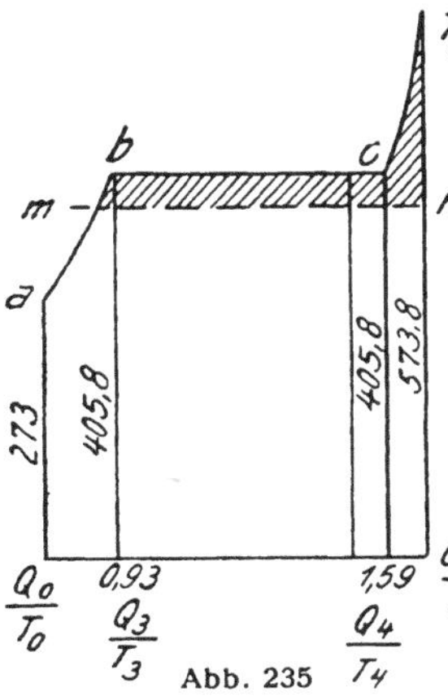

Abb. 235

Hier ist auch der Ort, um sich über den Nutzen der Dampfüberhitzung klar zu werden. Führen wir nach vollständiger Umwandlung des Wassers in Dampf noch weiter Wärme zu, etwa bis zu einer Überhitzung von 300° C, so bekommt das Diagramm die Form, wie in Abb. 235 dargestellt ist. Man sieht nun, je höher der Dampf überhitzt wird, zu einem um so größeren Teil liegt auch hier jene Fläche, welche die aufgewendete Wärmemenge darstellt, oberhalb der Linie mn, d. h. also, zu einem um so größeren Teile wird die zugeführte Wärme auch wirklich zur Arbeitsleistung ausgenützt.

Bemerkung: Die Berechnung der Entropiewerte $\frac{Q_1}{T_1}$, $\frac{Q_2}{T_2}$ usw. ist strenggenommen nicht ganz richtig, weil die Temperatur nur allmählich von T_1 auf T_2, also um ΔT steigt. Nur unter Zulassung dieses kleinen Fehlers konnte diese wichtige Betrachtung in den Rahmen des Selbstunterrichtes aufgenommen werden.

[237] Schlußbetrachtung.

Betrachten wir endlich eine Wärmekraftmaschine, welche zwischen den Temperaturen T_1 und T_2 arbeitet. T_1 sei die höchste, T_2 die niederste Temperatur, die in dem betreffenden Kreisprozesse vorkommt, z. B. in Aufgabe $T_1 = 484{,}3^0$ abs,. $T_2 = 323^0$ abs. Ist nun A_1 die bei einem solchen Kreisprozesse zugeführte Wärmemenge, so ist $\frac{Q_1}{T_1}$ eine ganz bestimmte Größe, und es zeigt eine einfache Betrachtung der Abb. 236, daß, welcher Art die Wärmekraftmaschine auch sein möge, der in Arbeit umgewandelte Teil der zugeführten Wärme dann am größten sein wird, wenn die ganze zugeführte Wärme bei der höchsten Temperatur T_1 und die ganze notwendigerweise abzuführende Wärme dagegen bei der niedrigsten Temperatur T_2 abgeführt wird. Mit anderen Worten, es wird jener Kreisprozeß der günstigste sein, d. h. die beste Wärmeausnutzung ergeben, welcher sich in der obigen Darstellungsweise des Wärmediagrammes als ein Rechteck ergibt, dessen obere und untere Begrenzungslinie in der Höhe der Temperaturen T_1 und T_2 liegen. Dies können wir feststellen, ohne den Kreisprozeß näher zu untersuchen (es ist bekanntlich der Carnotsche Kreisprozeß). Auch die Größe des thermischen Wirkungsgrades können wir angeben, es ist das Verhältnis der in Arbeit umgewandelten Wärme zu der gesamten zugeführten Wärme. Es ist das Verhältnis der beiden Rechtecke, deren Fläche sich verhält: $(T_1 — T_2) : T_1$, und erhalten den Satz: Eine Wärmekraftmaschine arbeitet zwischen zwei gegebenen Grenztemperaturen, wenn der sich in der Maschine abspielende Kreisprozeß dem sog. Carnotschen Kreisprozesse entspricht; dann ist der Wirkungsgrad

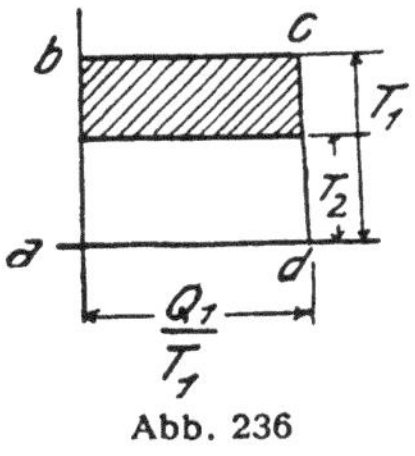

Abb. 236

$$\eta_t = \frac{T_1 — T_2}{T_1} \frac{Q_1}{T_1}.$$

Der Kreisprozeß der „verlustlosen" Dampfmaschine war aber kein Rechteck. Nehmen wir Abb. 167 d her, so dürfte die höchste Dampfspannung etwa 20 at abs. sein. Dies entspräche nach Tabelle 3 einer höchsten Temperatur von rd. 211° C = 484° abs. oder rd. 500°. Die niedrigste Temperatur haben wir bei einer Kondensatorspannung von 0,125 als mit 300° gefunden. So ist der thermische Wirkungsgrad

$$\eta_t = \frac{500 — 300}{500} = 40\,\%.$$

während wir ihn früher mit 17% angegeben hatten.

Schreibt man $\eta_t = 1 — \frac{T_2}{T_1}$, so erkennt, nach welcher Richtung man verbessern will. η_t wird um so größer werden, sich dem Werte 1 um so mehr nähern, je größer T_1 und je kleiner T_2 ist. Da wir durch die Verhältnisse auf unserer Erde mit der niedrigsten Temperatur T_2 nicht wesentlich tiefer gehen können, werden wir versuchen müssen, vor allem mit T_1 möglichst weit hinaufzugehen, was uns unwillkürlich zu der **Heißdampfmaschine** und **Gasmaschine** führte.

[238] Lösungen der im 3. Briefe unter [175] enthaltenen Übungsaufgaben.

Unter Benützung der Tabelle von Zeuner:

Aufg. 59: Es werde die spezifische Wärme des Wassers konstant = 1 vorausgesetzt, der Dampf verwandle sich in Wasser von 28°. Jedes Kilogramm Dampf von 1 at enthält zusammen 637 Kalorien Wärme. Folglich gibt jedes Kilogramm Dampf beim Kondensieren 637 — 28 = 609 Kalorien Wasser ab.

Nun brauchen 300 kg Wasser bei einer Temperaturzunahme von 17° eine Wärmemenge = 300 · 17 = 5100 Kalorien; hierzu ist eine Dampfmenge von 5100 : 609 = 8,38 kg erforderlich. Die Mischung besteht also aus 300 + 8,08 = **308,08** kg Wasser von 28°.

Aufg. 60: Die Dampfbildung wird fortdauern, bis die Spannung auf 1 at gesunken ist. Nun ist die Flüssigkeitswärme bei 6 at = 160,9, bei 1 at 100,5, also ihr Unterschied = 60,4 Kalorien. Folglich beträgt die Wärmemenge, welche das Wasser zur Dampfbildung abgibt, 60,4 · 2000. Der sich bildende Dampf hat aber 1 at Spannung, er bedarf eines Wärmezuschusses für 1 kg von 536,5 Kalorien; folglich beträgt die sich bildende Dampfmenge

$$60{,}4 \cdot 2000 : 536{,}5 = \mathbf{225{,}1\ kg.}$$

Würde dieser Dampf gleichzeitig nebeneinander bestehen, so hätte er einen Raum nötig von

$$225{,}1 \cdot 1650 = \mathbf{371\ m^3}.$$

ELEKTROTECHNIK

Inhalt: Mit diesem Briefe schließen wir die Erörterungen über die elektrischen **Stromgeneratoren** und **Motoren**, nachdem wir ein kurzes Kapitel nach **Stöckhardt** über die **„Transformatoren“** eingeschoben haben. Zum Schlusse folgt noch ein 11. Abschnitt über **Akkumulatoren**.

8. Abschnitt.

Transformatoren.

(Aus Stöckhardt, Elektrotechnik.)

a) Ein geschlossener magnetischer Kreis ist von zwei voneinander gut isolierten Spulen umgeben. Durch die eine Spule fließt ein von der Maschine kommender Wechselstrom, die einen wechselnden Kraftfluß erzeugt. Der wechselnde Kraftfluß durchsetzt auch die andere Spule, an der dadurch Spannung erzeugt wird. Die erste heißt die **primäre**, die zweite die **sekundäre** Spule.

b) Ist der Transformator **unbelastet,** d. h. **wird der Sekundärspule kein Strom entnommen,** so ist die Einrichtung in ihrer Wirkungsweise als eine Drosselspule aufzufassen. Sie nimmt nahezu nur **wattlosen** Strom auf. In der Wattkomponente liegen nur die Ströme entsprechend der Wärme im primären Kupfer und der Wärme im Eisen (Hysteresis und Wirbelstrom, also Werte, die gering gehalten werden). Er verbraucht daher im unbelasteten Zustande nur geringe Leistung zur Deckung der in ihm auftretenden Verluste.

c) Werden die Verluste vollständig vernachlässigt, so ist die primäre Spannung e gegen den primären Strom i um 90° verschoben anzusehen. Der den Transformator durchsetzende Kraftfluß werde zunächst in Phase des Stromes und proportional zum Strome angenommen, so daß mit verändertem Maßstab die für i in Abb. 237 angegebene Kurve auch als Kurve des Kraftflusses angesehen werden kann.

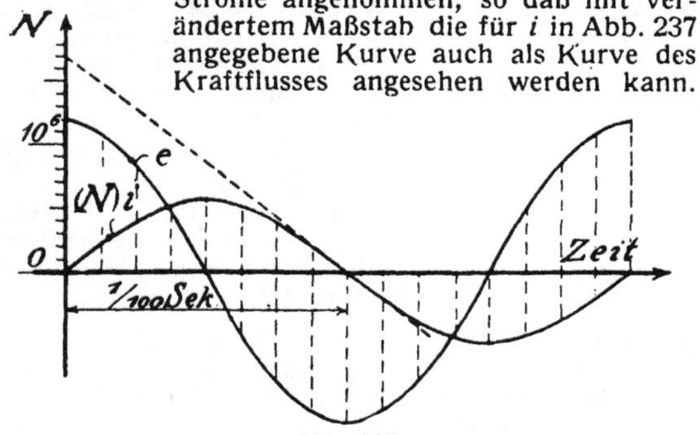

Abb. 237

Die das Eisen ebenfalls umgebende Sekundärspule erhält durch die Änderungen des Kraftflusses N induzierte elektromotorische Kräfte, die nach dem allgemeinen Induktionsgesetz proportional zur Schnittgeschwindigkeit $\mathfrak{V}$ sind, wobei die Werte $\mathfrak{V}$ die für einen bestimmten Neigungswinkel der N-Kurve auf die Sekunde gerechnete Anzahl geschnittener Kraftlinien bedeuten. Sei z. B. in Abb. 237 N ein Höchstwert entsprechend einem Eisenquerschnitt von 100 cm² und einem Höchstwert der magnetischen Dichte $B = 5000$ zu 500000 angenommen, so trifft die Tangente von N im Punkt ($i = 0$ bzw.) $N = 0$ nach einem Wechsel, der als $^1/_{100}$ Sekunde angenommen sein möge, beispielsweise auf $N = 1\,700\,000$, so daß $\mathfrak{V} = 100 \cdot 1\,700\,000 = 170\,000\,000$ Kraftlinien/Sekunde wird. Für eine um den Kraftfluß geführte Windung, gleichgültig ob primär oder sekundär, wird dadurch eine Spannung

$$e = 170\,000\,000 \cdot 10^{-8} = \mathbf{1{,}7\ Volt}$$

erzeugt. Diese Spannung ist mit der primären Windungszahl Z_1 zu multiplizieren, damit der Augenblickswert der Selbstinduktionsspannung der primären Spule für diesen Augenblick gewonnen wird.

$$e_1 = Z_1 \cdot e.$$

Multipliziert man diese Spannung mit der sekundären Windungszahl Z_2, so erhält man den zugehörigen Augenblickswert der Sekundärspannung

$$e_2 = Z_2 \cdot e_1.$$

Die Spannung e ist da am größten, wo die Neigung der N-Kurve gegen die zeitliche Achse am größten ist, dort gleich Null, wo die Kurve für einen Augenblick mit der zeitlichen Achse parallel läuft (an ihrem Scheitelwert). **Für sinusförmiges N folgt ein sinusförmiges e.**

Bei der Annahme, daß der Kraftfluß in jedem Augenblick für jeden Teil (primär und sekundär) die gleiche Anzahl von Kraftlinien führt, folgt das Übersetzungsverhältnis

$$\varepsilon = \frac{e_1}{e_2} = \frac{Z_1 \cdot e}{Z_2 \cdot e} = \frac{Z_1}{Z_2}.$$

Das Übersetzungsverhältnis eines Transformators im Leerlauf ist gegeben durch das Verhältnis der primären und sekundären Windungszahlen.

$$\varepsilon = E_1 : E_2 = Z_1 : Z_2.$$

Zur Vervollständigung des obigen Zahlenbeispieles würde es also gehören, unter Voraussetzung sinusförmigen Stromes für $E_1 = 4000$ Volt und $E_2 = 220$ Volt anzugeben

$$\text{primär } Z_1 = \frac{4000 \cdot \sqrt{2}}{1{,}7} = \mathbf{3328}\text{ Windungen und}$$

$$\text{sekundär } Z_2 = \frac{220 \cdot \sqrt{2}}{1{,}7} = \mathbf{183}\text{ Windungen.}$$

Auf Grund des Satzes, daß ein entstehender Strom in der primären Spule in Richtung der Kraftlinien gesehen einen umgekehrt gerichteten Strom in der Sekundärspule erzeugt, ist die Primärspannung im Verhältnis zur Sekundärspannung als Wirkung und Gegenwirkung aufzufassen.

In der Transformatorentechnik werden alle Größen in den Schaubildern auf **eine** Seite bezogen, als ob $Z_1 = Z_2$ wäre, so daß das den bisher behandelten Vorgängen entsprechende Polarbild sich durch Abb. 238 ausdrückt, in der die den Effektivwerten entsprechenden Pfeile E_1 und E_2 in einer Geraden nach verschiedenen Seiten und gleich groß aufgetragen sind, während das den Kraftfluß erzeugende J normal zu den Fahrstrahlen beider Spannungen liegt. E_1 und E_2 bedeuten die elektromotorischen Kräfte beider Spulen. Zu ihnen steht auch in weiteren Fällen die den Kraftfluß erzeugende Amperewindungszahl $\mathfrak{Z}$ normal, so daß eine Erleichterung der Übersicht in den späteren Schaubildern dadurch erreicht wird, daß die hier genannten Fahrstrahlen dick hervorgehoben sind.

So z. B. ergibt sich unter Berücksichtigung des in der Primärspule auftretenden Widerstandes unter Vernachlässigung aller weiteren Erscheinungen die Abb. 238a, aus der erkannt wird, daß die primäre Klemmenspannung K_1 größer ist, als die primäre mit E_1 bezeichnete EMGK. Die Klemmenspannung bildet bereits einen von 90° verschiedenen Phasenwinkel gegen den primären Strom.

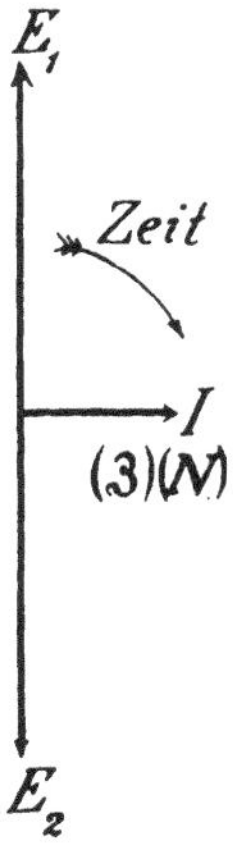

Abb. 238

d) **Wird der Transformator belastet,** d. h. entnimmt man seiner Sekundärseite Strom, so treten auch sekundäre Amperewindungen auf. **Amperewindungen vertreten in magnetischen Kreisen die Rolle, die die Spannungen in elektrischen Kreisen haben.** Am Transformator sind zu unterscheiden die **primären Amperewindungen $\mathfrak{Z}_1$, die die magnetomotorische Kraft darstellen, die sekundären Amperewindungen $\mathfrak{Z}_2$, die eine magneto-motorische Gegenkraft bilden und schließlich die resultierenden Amperewindungen $\mathfrak{Z}$, die den Kraftfluß erzeugen** und die, auf einen elektrischen Gleichstromkreis übertragen, der Differenz (EMK — EMGK) entsprechen. Am Transformator sind die einzelnen Amperewindungen nach Richtung und Größe unter Zuhilfenahme der Parallelogrammkonstruktion mit zeitlichen Winkeln zu bilden. Die sekundären Amperewindungen sind im Leerlaufe gleich Null und konnten daher in den bisherigen Schaubildern nicht auftreten. Die Komponenten der primären und sekundären Amperewindungen liegen in der Phase der zugehörigen Ströme.

e) Wird der sekundäre Belastungskreis **selbstinduktionslos** angenommen, so liegt der Sekundärstrom in Phase der sekundären Spannung; von der sekundär erzeugten EMK (bezeichnet mit E_2) ist die in derselben Phase liegende sekundäre Verlustspannung $J_2 w_2$ abzuziehen, damit die sekundäre Klemmenspannung K_2 erhalten wird, wobei J_2 die sekundäre Stromstärke und w_2 den wahren Widerstand der Sekundärspule bedeutet. In derselben Phase mit J_2 liegt die sekundäre Amperewindungszahl $\mathfrak{Z}_2 = J_2 \cdot z_2$.

Die zur Magnetisierung erforderlichen Amperewindungen $\mathfrak{Z}$ und die zur Überwindung von $\mathfrak{Z}_2$ gehörenden Amperewindungen kann die primäre Seite nur aufbringen, indem der Primärstrom sich gegen Abb. 238a mehr zur Phase der Primärspannung hin dreht. Mit diesen Angaben wird das unter Annahme selbstinduktionslosen Sekundärkreises gültige Schaubild Abb. 239 verständlich. Durch die Resultierenden aus $J_1 Z_1$ und $J_2 Z_2$ wird das Eisen magnetisiert. Die Betrachtung lautet: **Der Transformator vergrößert unter Belastung der Sekundärseite seinen Strom und bewegt den Primärstrom näher zur Phase der primären Spannung hin, so daß auch die aufgenommene Leistung sich vergrößert.**

g) Nunmehr können die Eisenverluste berücksichtigt werden. Sie bestehen aus der Verlustleistung der Hysterese (L_H) und der Wirbelströme (L_W). Da es sich um tatsächlich abgegebene, in sekundliche Wärme umgesetzte Leistung handelt, denkt man

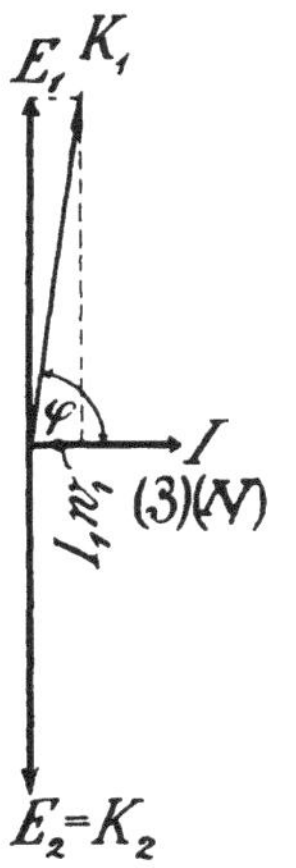

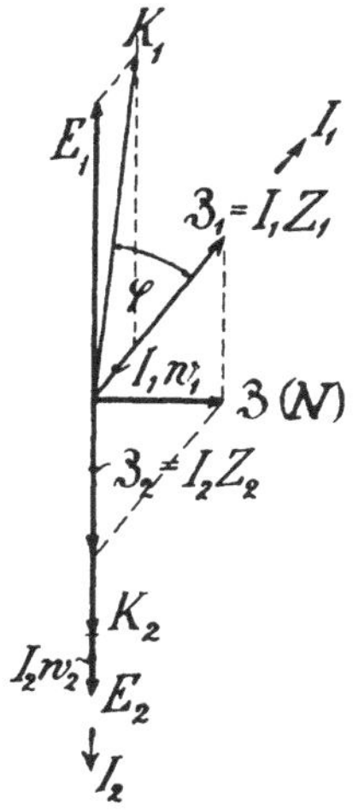

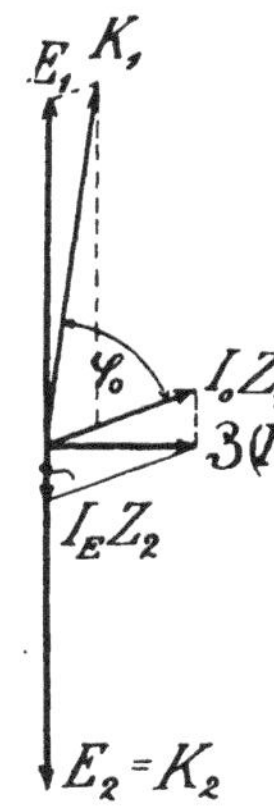

Abb. 238a Abb. 239 Abb. 240

sich den Sekundärstrom um einen dem Eisenverlust entsprechenden Betrag vergrößert. Es entsteht dadurch für den leerlaufenden Transformator das Schaubild Abb. 240, in dem der dem Eisenverlust entsprechende Strom mit J_E der primäre Leerlaufstrom mit J_0 und der primäre Phasenverschiebungswinkel zwischen K_1 und J_0 mit φ_0 bezeichnet ist.

h) Für **induktionslose** Belastung mit **Berücksichtigung der Eisenverluste** gilt Abb. 241, eine Vereinigung von Abb. 239 u. 240. Bei Selbstinduktion im Sekundärkreise bildet die sekundäre EMK E_2 die Resultierende aus der in Phase von J_2 liegenden, durch den wahren Widerstand w_2 der Sekundärwicklung auftretenden Verlustspannung $J_2 W_2$ und aus der sekundären Klemmenspannung K_2. Zugleich mit Berücksichtigung der Eisenverluste entsteht dadurch Abb. 242. Die resultierenden sekundären Amperewindungen $\mathfrak{Z}_2'$ werden erhalten, indem man die wirklichen sekundären Amperewindungen $\mathfrak{Z}_2$ mit den in Richtung von E_2 liegenden Eisenamperewindungen zusammensetzt.

Die Betrachtung lehrt, daß in-

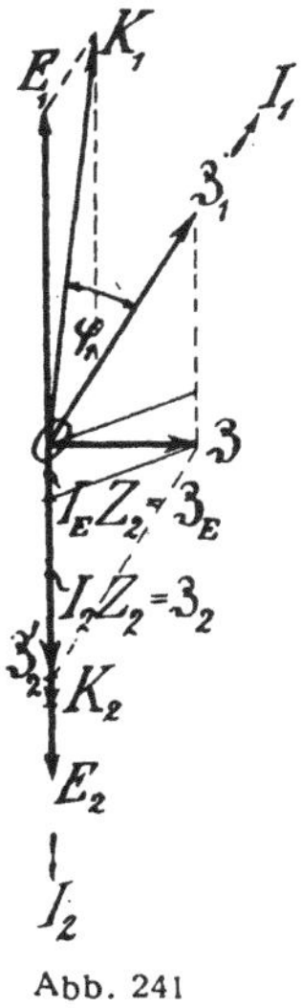

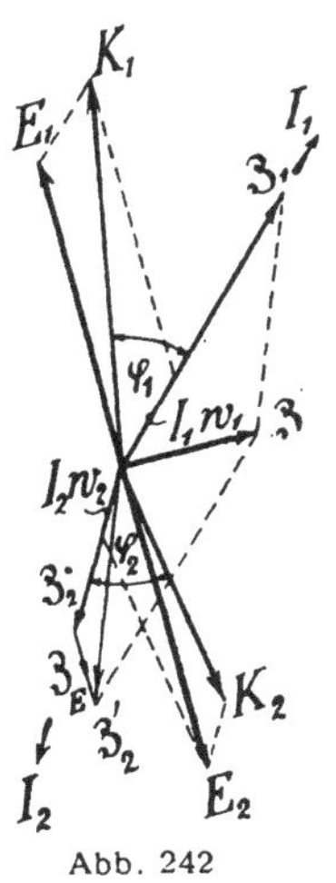

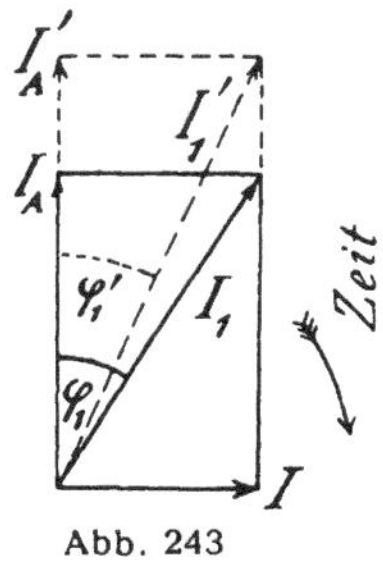

Abb. 241 Abb. 242 Abb. 243

duktive Belastung im Sekundärkreise bei gleichen J_2 ein vergrößertes J_1 und φ_1 beansprucht. Das Dreieck $O\mathfrak{J}\mathfrak{J}_1$ kann aus dem Schaubild Abb. 241 herausgegriffen und zu einem Rechteck nach Abb. 243 vervollständigt werden als ein Sinnbild für die Zerlegung des tatsächlich fließenden Primärstromes J_1 in eine Erregungskomponente J und eine Arbeitskomponente J_A; mit zunehmender Belastung vergrößert sich J_A und verkleinert sich φ_1, während J angenähert konstant bleibt.

Geht nicht der gesamte, von der Primärspule erzeugte Kraftfluß durch alle Windungen der Sekundärspule hindurch, treten vielmehr Kraftlinien aus dem Eisen aus, die sich außerhalb der Sekundärwindungen schließen, so wird die sekundäre EMK dadurch verringert. Diese Erscheinung tritt mit steigender Belastung stärker auf, weil mit ihr die Gegenamperewindungen und die magnetischen Potentialdifferenzen am Eisen größer werden. Die Folge dieser Erscheinung ist eine Vergrößerung des Spannungsabfalles in der Belastung gegen die bisher angeführten Spannungsabfälle. Man nennt diese Erscheinung die **Streuung.**

Damit die Streuung gering gehalten wird, ordnet man entweder die primäre und die sekundäre Wicklung mit geringem radialen Abstand übereinander an (Abb. 244) oder man unterteilt die Spulen und schichtet abwechselnd primäre und sekundäre Teile axial übereinander (Abb. 245).

Je nach der Anordnung unterscheidet man **Kerntransformatoren** und **Manteltransformatoren.** Bei

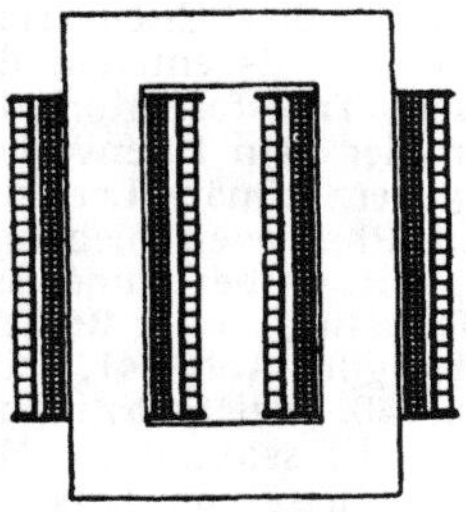

Abb. 244

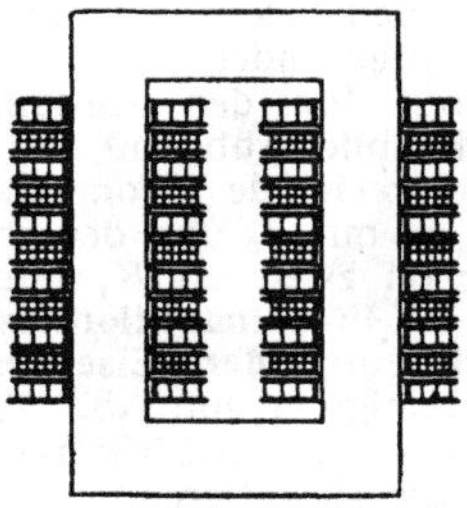

Abb. 245

Kerntransformatoren (Abb. 244 bis Abb. 245) bilden die Wicklungen den wesentlichen Teil der äußeren Begrenzung. Bei Manteltransformatoren umgibt das den Magnetkern der Spulen schließende Eisen die Wicklung zu einem wesentlichen Teil nach Abb. 246.

Die modernen Typen besitzen fast ausnahmslos aus einzelnen Teilen zusammengesetzte magnetische Kreise, deren stumpfe Stoßstellen genau eben bearbeitet und so angeordnet sind, daß die Bleche nur hochkant aufeinander kommen. Die einzelnen Teile des Eisens sind durch Bolzen so zusammengehalten, daß die Stoßstellen fest aufeinander gepreßt werden. Bei Kerntransformatoren gibt man dem Spulenkern gewöhnlich einen Querschnitt nach Abb. 247 unter Anwendung runder Spulen. Durch die Hohlräume zwischen Eisen und Spule streichende Luft trägt zur Kühlung bei.

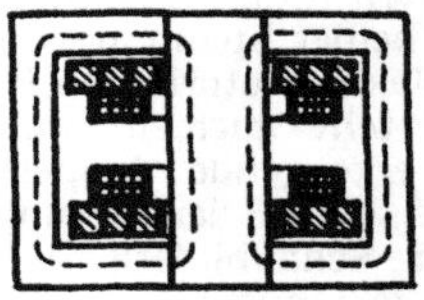

Abb. 246

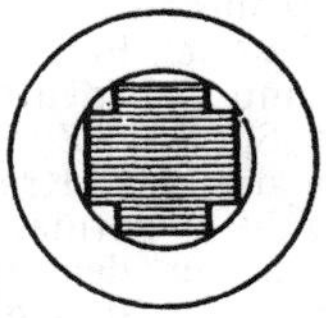

Abb. 247

Vielfach und ausnahmslos bei hohen Spannungen wird der Transformator unter Anwendung eines eisernen Behälters ganz unter Öl gesetzt. Die Technik kommt bei Transformatoren zwischen 1 und 100 KW etwa auf 92 bis 97,5% Wirkungsgrad.

Sollen Transformatoren in Parallelschaltung gut arbeiten, d. h. eine Belastung entsprechend derjenigen ihres Gebietes bekommen, falls sie primär und sekundär ein gemeinsames Netz haben, so ist erforderlich, daß das Übersetzungsverhältnis der Windungen und die Kurzschlußspannung K_K gleich ist, während die durch Ohmsche Spannungsverluste herbeigeführten Abfälle der Spannung nur in weiteren Grenzen angenähert gleich zu sein brauchen. Beim Parallelschalten ist darauf zu achten, daß der Wickelsinn der primären und sekundären Spulen zueinander an allen Transformatoren der gleiche ist (also nicht etwa primär parallel, sekundär hintereinander, was einen Kurzschluß bedeuten würde).

Die Technik verwendet kleine Transformatoren auch zu Meßzwecken. Der Sinn dieser Einrichtungen besteht darin, die hohe Spannung nicht an der Bedienungsseite der Schalttafel auftreten zu lassen.

Unter **Hickschen Transformatoren (Autotransformatoren)** versteht man Transformatoren, deren Primär- und Sekundärwindungen nicht gegeneinander isoliert sind, vielmehr ist die Primärspule eine Drosselspule, gewöhnlich von 110 oder 220 Volt aus, an der von geringerer Windungszahl aus Stromkreise niederer Spannung abzweigen, wie z. B. Bogenlampenkreise.

9. Abschnitt.

Die mehrphasigen Ströme.

[239] Der zweiphasige Wechselstrom.

Der eben beschriebene Wechselstrom ergibt sich zwar sehr gut für Beleuchtung, aber nicht für Motoren, die nur einige Pferdestärken zu leisten haben. **Man verlangt von solchen Motoren, daß sie unter Belastung von selbst angehen und keine Erregermaschine nötig haben.** Der bisher besprochene Wechselstrom ermöglichte dies früher nicht und so kam eine Abart des Wechselstromes, der **mehrphasige Wechselstrom** in Aufnahme.

Wie entsteht nun ein mehrphasiger Wechselstrom?

Zu dem Zwecke mögen in Abb. 248 N und S die Pole eines kräftigen Magneten sein, über welchen sich zwei Spulenpaare I I′ und II II′ bewegen, deren Verbindungslinien rechtwinkelig zueinander stehen. Es ist verbunden das Ende e_1 mit dem Anfange a_2 und der Anfang b_1 mit dem Ende c_1 je zweier gegenüberliegender Spulen, während die freien Enden a_1, e_2, a_1 und b_2 zu vier voneinander isolierten Schleifringen 1, 2, 3, 4 geführt sind, auf denen die

Federn 11, 22, 33 und 44 schleifen. Der in dem Spulenpaare I I' entstehende Wechselstrom wird durch die Federn 11 und 22 nach außen geleitet, während die Federn 33 und 44 zur Ableitung des in dem Spulenpaar II II' entstehenden Wechselstromes dienen.

Trägt man den Drehungswinkel des Spulenpaares I I' als Abszisse und die Stromstärke in einem der beiden Spulenpaare als Ordinate auf, so erhält man die in Abb. 250 gezeichneten Kurven. Wie man sieht, ist die Kurve II um eine Vierteldrehung gegen die Kurve I verschoben. Wo die eine ihr Maximum hat, hat die andere den Wert Null und umgekehrt.

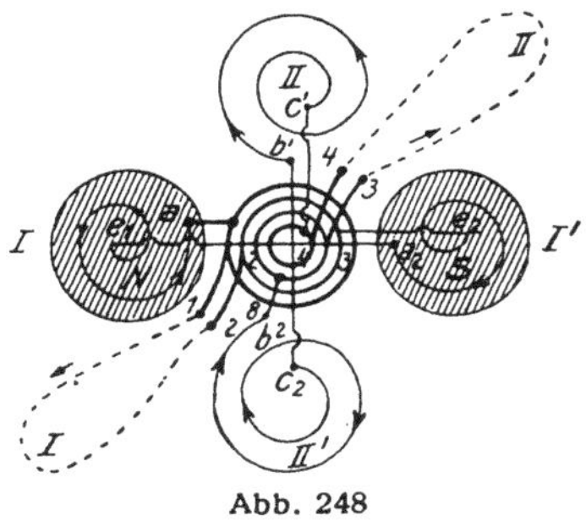
Abb. 248

Man nennt nun solche Wechselströme, die in der Phase gegeneinander verschoben sind, mehrphasige Wechselströme und speziell zwei Ströme, die um 90° verschoben sind, **zweiphasige Wechselströme.** Jeder einzelne dieser Wechselströme läßt sich zum Betriebe von Lampen, Induktionsspulen usw. verwenden. Hier interessiert uns diese Strom nur, wenn wir ihn zum Betriebe von **Motoren** verwenden können.

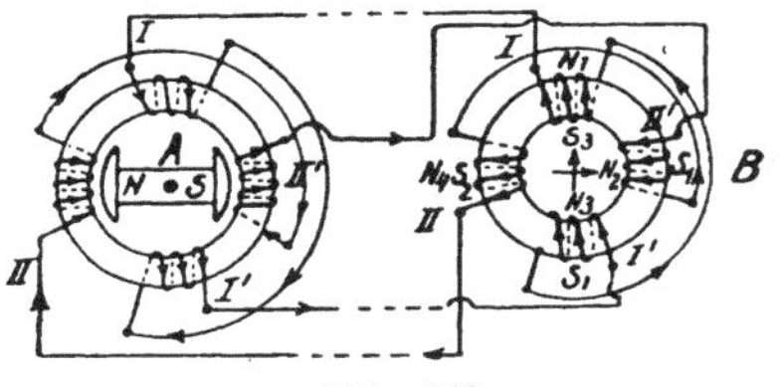
Abb. 249

In Abb. 249 stelle A eine zweiphasige Wechselstrommaschine vor, und zwar ist in derselben ein feststehender Grammscher Ring mit vier Spulen bewickelt, von welchen zwei gegenüberliegende hintereinander geschaltet sind. Innerhalb des Ringes rotiert um eine Achse ein kräftiger Magnet. Man erkennt, daß dann in den beiden Spulenpaaren die in Abb. 250 dargestellten Ströme entstehen müssen, wenn die betreffenden Stromkreise geschlossen sind. Wir leiten die Ströme zu einem zweiten Ring, der ebenfalls zwei rechtwinkelig zueinander stehende Spulenpaare besitzt. Wir wollen nun genauer untersuchen, was in dem Ring B vor sich geht, wenn der von A kommende zweiphasige Wechselstrom in ihn hineingeleitet wird. Im Zeitmomente 1 ist der Strom im Spulenpaar I I' Null, während der Strom im Spulenpaar II II' im negativen Maximum sich befindet. Der Strom erzeugt dann in dem Ringe B bei $N_1 S_1$ Magnetpole so, daß eine in der Mitte des Ringes aufgehängte Magnetnadel die gezeichnete Stellung annehmen würde. Im Zeitmoment 2 ist der Strom im Spulenpaar I I' ein Maximum, während II II' keinen Strom führt. Hierdurch entstehen im Ringe die Pole N_2 und S_2 usw. In den zwischen zwei Zeitmomenten liegenden Zeiten wandern die Pole im Ringe B von der einen Stellung zur anderen, **so daß der zweiphasige Wechselstrom Pole erzeugt, die während einer Periode einen Umlauf vollenden.**

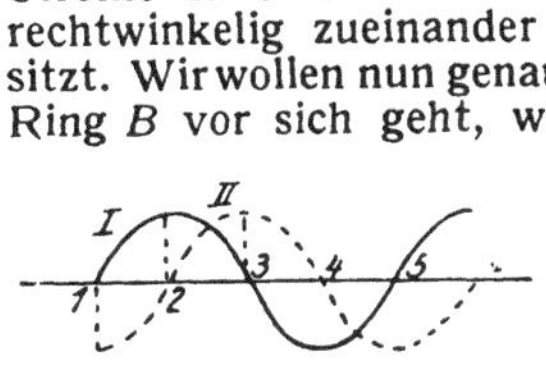
Abb. 250

Hängt man nun dicht über dem Ringe eine kreisförmige Kupferscheibe so auf, daß der Mittelpunkt der Scheibe sich senkrecht über der Mitte des Eisenringes befindet, so entstehen bei der Drehung des magnetischen Feldes Wirbelströme, die nach dem Lenzschen Gesetz die Bewegung hemmen wollen, daher wird die Kupferscheibe der Drehung der Pole folgen. Ersetzt man die Kupferscheibe durch eine massive Scheibe aus Eisen, so wird die Drehung wesentlich intensiver, weil durch die Eisenscheibe der magnetische Widerstand verringert wird, also mehr Kraftlinien die Scheibe durchsetzen, wodurch stärkere Wirbelströme entstehen.

[240] Der dreiphasige Wechselstrom oder Drehstrom.

Bewickeln wir einen Grammeschen Ring (Abb.251) mit drei Spulen, von denen jede um einen Winkel von 120° von der anderen entfernt ist, und lassen innerhalb des Ringes einen kräftigen Magnet rotieren, so entstehen in jeder der drei Spulen wechselnde EMKe, die in der Phase um 120° gegeneinander verschoben sind.

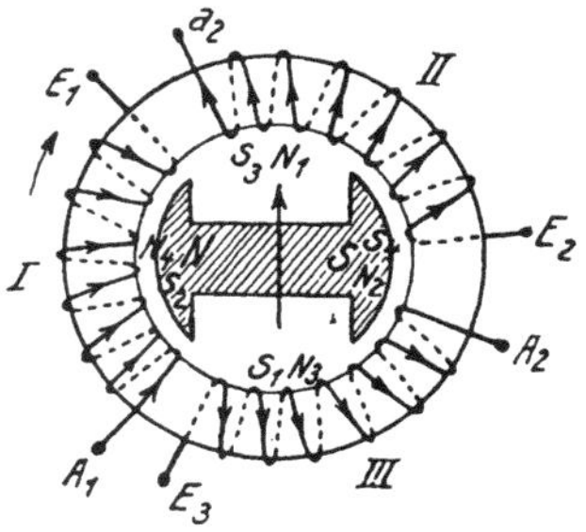
Abb. 251

Abb. 252 zeigt rechts die entsprechenden Sinuslinien.

Verbindet man nun wieder die freien Enden (Abb. 251) $A_1, E_1, A_2, E_2, A_3, E_3$ mit den Enden eines ebenso gewickelten Ringes, so entsteht in letzterem ebenfalls ein rotierendes Feld.

Zunächst ist der Strom in Spule I ein Maximum, die Ströme in II und III einander gleich und negativ. Die Pole entstehen bei N_1 und S_1; im zweiten Zeitmomente ist der Strom in I gleich Null, der Strom in III ist gleich dem Strom in II, beide haben das entgegengesetzte Vorzeichen. Die Pole entstehen bei N_2 und S_2 usw.

Diese Art von dreiphasigem Strom braucht jedoch nach dem Bisherigen sechs Leitungen und würde sich wohl niemals eingebürgert haben, wenn man nicht drei Leitungen fortlassen könnte, also mit dreien auskäme. Dies beruht auf der Eigenschaft der dreiphasigen Ströme, daß die Summe der Momentanwerte der drei Phasen in jedem Augenblicke gleich Null ist.

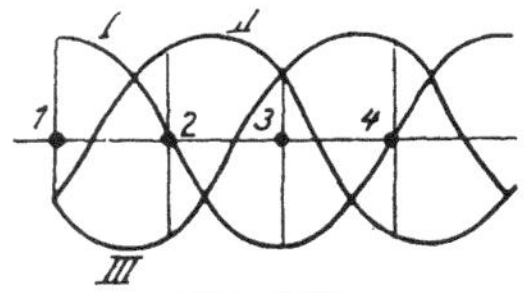
Abb. 252

Denn ist

i_1 der Momentanwert des Stromes in der ersten Phase,

i_2 der Momentanwert des Stromes in der zweiten Phase,

i_3 der Momentanwert des Stromes in der dritten Phase,

J_0 der Maximalwert einer Phase und α der Winkel, den der Radiusvektor der ersten Phase mit der X-Achse bildet,

so ist

$$i_1 = J_0 \cdot \sin \alpha,$$
$$i_2 = J_0 \cdot \sin (\alpha + 120^0),$$
$$i_3 = J_0 \cdot \sin (\alpha + 240^0),$$

12

$$\sin(\alpha + 120^0) = \sin(90^0 + \alpha + 30^0) = \cos(\alpha + 30^0),$$
$$= \cos\alpha \cdot \cos 30^0 - \sin\alpha \cdot \sin 30^0,$$
$$= \frac{1}{2}\sqrt{3}\cdot\cos\alpha - \frac{1}{2}\sin\alpha,$$
$$\cos(\alpha + 240^0) = \sin(180^0 + \alpha + 60^0) = -\sin(\alpha + 60^0)$$
$$= -(\sin\alpha \cdot \cos 60^0 + \sin 60^0 \cdot \cos\alpha)$$
$$= -\frac{1}{2}\sin\alpha - \frac{1}{2}\sqrt{3}\cdot\cos\alpha,$$

folglich

$$i_1 + i_2 + i_3 = J_0\left[\sin\alpha + \frac{1}{2}\sqrt{3}\cdot\cos\alpha - \frac{1}{2}\sin\alpha - \frac{1}{2}\sin\alpha - \frac{1}{2}\sqrt{3}\cdot\cos\alpha\right] = 0.$$

Infolge dieser Eigenschaft können an der Maschine und am Motor gewisse Schaltungen ausgeführt werden, durch welche die drei Rückleitungen erspart werden. Wir wollen uns jetzt mit diesen Schaltungen näher beschäftigen.

I. Die Sternschaltung.

Die **Sternschaltung** hat ihren Namen von dem sternförmigen Bilde der Schaltung.

In Abb. 253 ist die dreiphasige Wechselstrommaschine W mit dem dreiphasigen Motor M, welcher

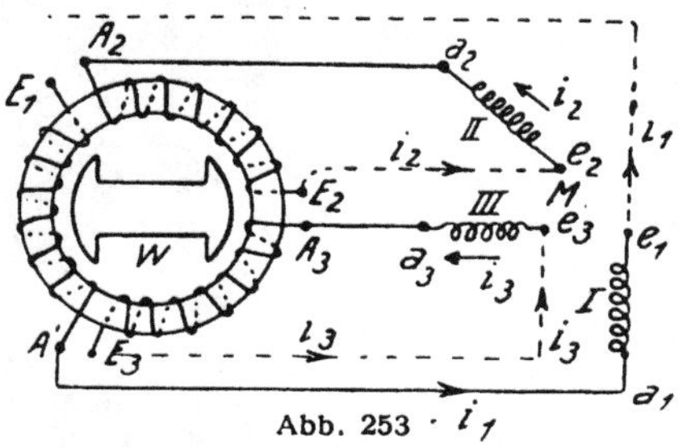

Abb. 253

jedoch nur durch seine drei Spulen I, II und III dargestellt ist, durch sechs Leitungen verbunden; die drei Leitungen, welche die Enden E_1, E_2, E_3 mit den Enden e_1, e_2, e_3 verbinden, seien punktiert. Da diese punktierten Leitungen nur Ströme führen, deren Summe in jedem Augenblicke gleich Null ist, so kann man auch die drei Enden E_1, E_2 und E_3 miteinander verbinden und ebenso auch die Enden e_1, e_2 und e_3 zu einem gemeinsamen Punkte O führen, ohne etwas an der Stromverteilung zu ändern. So entsteht Abb. 254 mit nur drei Leitungen. An Stelle

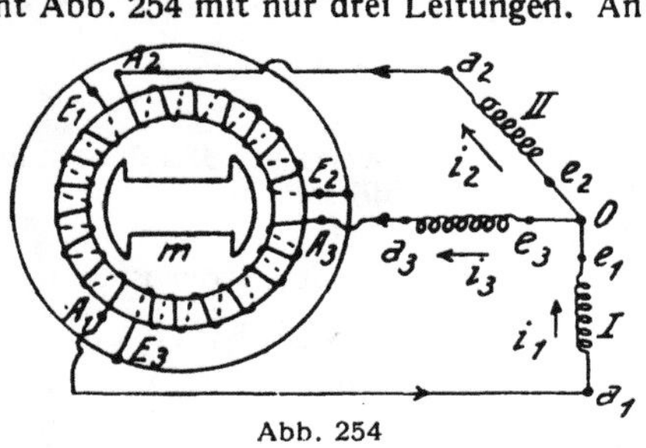

Abb. 254

des Motors kann man auch Lampen einschalten, und es entsteht dann die Frage: **Für welche Spannung müssen die Lampen gewählt werden, wenn die Spannung zwischen je zweien der Klemmen a_1, a_2 und a_3 gegeben ist?**

Besitzen die drei Zweige a_1O, a_2O und a_3O gleichen Widerstand, was vorausgesetzt werden möge, so sind die Maximalwerte der Spannung zwischen $a_1 a_2$, $a_1 a_3$ und $a_2 a_3$ einander gleich, nämlich gleich E. Ebenso sind die Maximalwerte der Spannung zwischen a_1O, a_2O und a_3O einander gleich etwa E_0. Diese letzteren bilden aber miteinander Winkel von je 120°. Gehen wir nun zu den Momentanwerten dieser Spannungen über, so sind dies die Projektionen OA', OB' und OC'. Die momentane Spannung zwischen a_1 und a_2 (Abb. 254) ist $(a_1 - a) - (a_2 - a) = a_1 - a_2$, wo a die Spannung des Punktes O gegen Erde bezeichnet. Wir haben aber oben erfahren (Ohmsches Gesetz), daß die Maximalwerte geometrisch subtrahiert werden müssen, wenn die Momentanwerte arithmetisch zu subtrahieren sind. Da der Wert der Spannung $a_1 - a_2$ aber nichts anderes ist als die Differenz $OA' - OB'$, so hat man OB nach rückwärts zu verlängern und OA und OF zum Parallelogramm zu machen. OD ist dann der Maximalwert E der Spannung zwischen a_1 und a_2. Nun ist

$$OD = 2 \cdot OG$$

$$OG = \sqrt{\overline{OA}^2 - \overline{AG}^2} = \sqrt{E_0^2 - \left(\frac{E_0}{2}\right)^2} = \frac{E_0}{2}\sqrt{3}$$

$$E = E_0\sqrt{3}.$$

Will man effektive Werte haben, so hat man nur beide Seiten der Gleichung durch $\sqrt{2}$ zu dividieren und erhält dann

$$e' = e_0'\sqrt{3}$$

oder

$$e_0' = \frac{e'}{\sqrt{3}}.$$

Man beachte, daß die Spannung $E = OD$ gegen die Spannung E_0 um 30° zurückbleibt.

Würde man in derselben Weise $a_3 - a_1$ bilden, so bekäme man das Resultat, daß der Maximalwert von $a_3 - a_1$ gegen die Spannung OC um 30° zurückbleibt usw. Die drei Maximalwerte bilden aber wieder Winkel von 120° miteinander.

Der Effekt, den der Wechselstrom in einem der Zweige leistet und der durch ein Wattmeter in bekannter Weise bestimmt werden kann, ist $L_1 = i_1' \cdot e_1' \cdot \cos\varphi_1$, wo i_1 die durch AO fließende effektive Stromstärke, e_1' die zwischen A und O herrschende effektive Spannung und φ_1 den Phasenverschiebungswinkel zwischen Strom und Spannung bedeutet.

Der in allen drei Zweigen geleistete Effekt ist

$$L = i_1' \cdot e_1' \cdot \cos\varphi_1 + i_2' e_2' \cos\varphi_2 + i_3' e_3' \cdot \cos\varphi_3.$$

Der Effekt kann aber auch mit zwei Wattmetern bestimmt werden, wenn man bedenkt, daß $i_1 + i_2 + i_3 = 0$ ist. Er kann aber auch mit einem Wattmeter bestimmt werden, wenn man sich nicht scheut, den Strom für eine sehr kurze Zeit zu unterbrechen oder einen besonderen Umschalter anzuwenden,

II. Die Dreieckschaltung.

Die Dreieckschaltung ist in Abb. 255 dargestellt. Dabei ist es gleichgültig, wie der Stromerzeuger geschaltet ist, wenn nur die effektive Spannung zwischen den Leitungen gleich und in der gewünschten Höhe auftritt. Auch ist es für die folgende Betrachtung gleichgültig, ob, wie in Abb. 255, Lampen oder die drei Phasenwicklungen

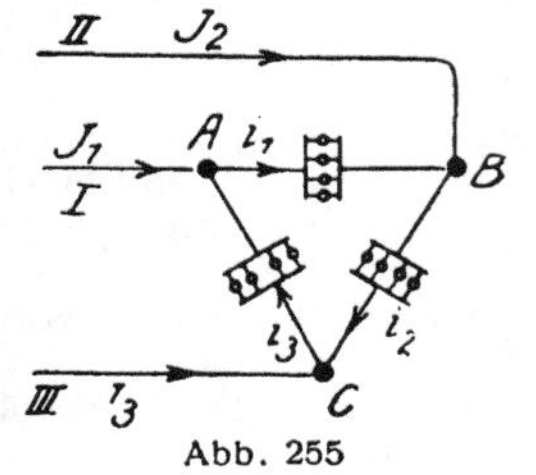

Abb. 255

eines Drehstrommotors zwischen je 2 Leitungen liegen. Hingegen möge angenommen sein, daß die Belastung in den drei Phasen effektiv die gleiche sei, was bei Einschaltung der gleichen Anzahl gleicher Lampen oder für Motoren in ordnungsmäßigem Zustande immer zutrifft. Das Wesentliche dabei ist, daß die zwischen je zwei Leitungen liegenden Teile für die zwischen den Leitungen auftretende effektive Spannung e' bemessen sein müssen. Soll Niederspannung eingehalten werden, so dürfen das Lampen bis zu 250 Volt sein, also darf auch keine höhere Spannung e' als 250 Volt angewendet werden. Ein Motor, der für Sternschaltung bei der effektiven verketteten Spannung $e' = 220$ Volt gebaut ist, hat zwischen den Klemmen seiner Phasen $e_0' = 220 : \sqrt{3} = 127$ Volt. Dafür ist seine Wicklung eingerichtet, sie darf also nicht bei $e' = 220$ Volt zwischen die Leitungen gelegt werden. Sind die Phasenwicklungen eines Motors aber für 220 Volt eingerichtet, so können sie im Dreieck und an 220 Volt nach Abb. 255 angeschlossen werden. Schaltet man aber diesen Motor in Stern um, so muß er an die Spannung $e' = e_0' \cdot \sqrt{3} = 220 \cdot \sqrt{3} = 380$ Volt gelegt werden.

Unter obigen Annahmen sind die drei effektiven Leitungsströme J_1, J_2 und J_3 untereinander gleich ($= J$) und die drei effektiven Phasenströme i_1, i_2 und i_3 untereinander gleich ($= i$). Beide sind meßbar, wenn Strommesser in die betreffenden Teile eingeschaltet werden. Wie drückt sich aber J durch i aus und umgekehrt? Die Ströme setzen sich nach denselben Regeln wie die Spannungen unter I zusammen, und es gilt demnach $i = \frac{J}{\sqrt{3}}$ oder $J = i \cdot \sqrt{3}$.

Wird daher ein Grammescher Ring mit drei Spulen bewickelt, so können die Spulen auch in Dreieckschaltung miteinander verbunden werden, und es entsteht dann in dem Ringe ein rotierendes magnetisches Feld, wenn ein dreiphasiger Strom durch die Spulen geschickt wird.

Der Effekt, der in den drei Zweigen geleistet wird, ist wieder der Mittelwert aus den Effekten der Momentanwerte

$$L = (A - B)\, i_1 + (B - C)\, i_2 + (C - A)\, i_3,$$

wenn man unter A, B, C die augenblicklich herrschenden Werte der Klemmenspannung versteht.

$$L = A J_1 + B J_2 + C J_3.$$

Der Mittelwert aus den Effekten der Momentanwerte ist der gesuchte Effekt, der sich mit drei Wattmetern bestimmen läßt. Auch hier kann man übrigens mit zwei Wattmetern auskommen.

Die Dreieckschaltung hat für das Brennen von Lampen der Sternschaltung gegenüber den Vorzug, daß die Anzahl der gleichzeitig brennenden Lampen in jedem Zweige eine andere sein kann, während bei der Sternschaltung völlige Gleichheit herrschen muß. Verbindet man jedoch den neutralen Punkt O durch eine vierte Leitung mit dem neutralen Punkt des Stromerzeugers oder erdet man diese beiden neutralen Punkte, so können auch bei der Sternschaltung in jedem Zweige beliebig viele Lampen brennen.

Aufgabe 82.

[241] *Eine dreiphasige Wechselstrommaschine liefert an ihren Klemmen eine Spannung von 122 Volt und in jeder der Fernleitungen fließt ein Strom von 30 A. Welchen Querschnitt erhält jede der drei Leitungen, wenn die Lampen in 100 m Entfernung in Dreieckschaltung brennen sollen? Wie groß ist der durch jeden Lampenzweig fließende Strom?*

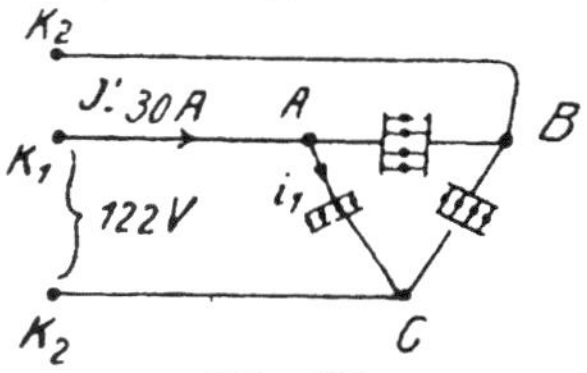

Abb. 256

Betrachtet man in Abb. 256 z. B. den Zweig AC, so muß in den Zuleitungen zu denselben eine Spannung von 2 Volt verlorengehen, da ja die Spannung an den Lampen nur 120 Volt beträgt, während an den Klemmen K und K_3 der Maschine eine Spannung von 122 Volt vorhanden ist. Da ferner in jeder Leitung vollständige Gleichheit herrschen soll und die Spannungsverluste der Leitung in Stern geschaltet sind, muß in jeder Zuleitung $2 : \sqrt{3} = 1{,}155$ Volt verlorengehen.

Der Spannungsverlust ist aber das Produkt aus Stromstärke und Widerstand, also

$$1{,}155 = J r = 30\, r \qquad r = \frac{1{,}155}{30}\ \Omega,$$

wo r den Widerstand einer Zuleitung bezeichnet.

Nun ist bekanntlich $r = \frac{c \cdot l}{q}$, woraus der Querschnitt einer Leitung

$$q = \frac{c \cdot l}{r} = \frac{0{,}018 \cdot 100 \cdot 30}{1{,}155} = 46{,}8 \text{ mm}^2.$$

Der durch jeden einzelnen Zweig fließende Strom ist

$$i = \frac{J}{\sqrt{3}} = \frac{30}{\sqrt{3}} = 17{,}3\ A.$$

Aufgabe 83.

[242] *Dieselben Lampen sollen in Sternschaltung verwendet werden. Gesucht wird:*

a) Die Spannung zwischen je zweien der Punkte A, B, C.

b) Die Spannung an den Klemmen K_1, K_2 und K_3, wenn wieder 1,155 Volt in jeder Zuleitung verlorengeht;

c) der Querschnitt einer Leitung bei 100 m Entfernung der Lampen von der Stromquelle.

a) Die Spannung zwischen je zweien der Klemmen A, B, C folgt aus der Formel

$$e' = e_0' \sqrt{3} = 120 \sqrt{3} = 208 \text{ Volt}.$$

b) Da in jeder der Zuleitungen 1,155 Volt verlorengeht, so ist die Spannung zwischen K_1 und K_2 gleich $208 + 1{,}155 \cdot \sqrt{3} = 210$ Volt.

c) Der Strom, der in den drei Zuleitungen fließt, ist diesmal derselbe, der durch die Lampen fließt. Dieser beträgt aber nur 17,3 A. Folglich ist

$$1{,}155 = i \cdot r = 17{,}3 \cdot r \qquad r = \frac{1{,}155}{17{,}3}\,\Omega \qquad r = \frac{cl}{q}$$

$$q = \frac{cl}{r} = \frac{0{,}018 \cdot 100 \cdot 17{,}3}{1{,}155} = 27\ \text{mm}^2.$$

Aus der Lösung der beiden letzten Aufgaben ist zu ersehen, daß bei gleicher Lampenspannung die Querschnitte bei Dreieck- und Sternschaltung sich wie **46,8 : 27** oder wie $\sqrt{3}$ **: 1** verhalten. Wie jedoch erwähnt, bedarf man bei Sternschaltung noch einer vierten Leitung für den Fall, daß Ungleichheit in den einzelnen Zweigen herrschen darf. Machte man die vierte Leitung ebenso stark wie die übrigen, so würde der Querschnitt aller Leitungen

bei Dreieckschaltung $3 \cdot 46{,}8 = 140{,}4\ \text{mm}^2$,
„ Sternschaltung $4 \cdot 27 = 108\ \text{mm}^2$ sein,

oder allgemein der Gesamtquerschnitt bei Dreieckschaltung sich verhalten gegen den Gesamtquerschnitt bei Sternschaltung wie $3\sqrt{3} : 4$. Da jedoch der vierte Leiter unnötig ist, wenn Gleichheit in den drei Zweigen herrscht, so genügt es, ihn halb so stark zu machen wie die Zuleitungen, mithin

$$3 \cdot 27 + 0{,}5 \cdot 27 = 94{,}5\ \text{mm}^2,$$

oder es kann sich der Querschnitt der Dreiecks- zur Sternschaltung verhalten wie $3 \cdot \sqrt{3} : 3{,}5$.

Aufgabe 84.

[243] *Der Effekt der vorigen Aufgabe soll auf dieselbe Entfernung und bei den gleichen Lampen durch einphasigen Wechselstrom übertragen werden. Wie groß ist der Querschnitt der Leitung zu machen, wenn derselbe Leitungsverlust von 2 Volt eintreten soll?*

Der zu übertragende Effekt ist

$$L = e' i' \sqrt{3} = 120 \cdot 30 \sqrt{3} = \mathbf{6240\ Watt}.$$

Die Stromstärke des einphasigen Wechselstromes muß daher sein

$$i = \frac{6240}{120} = \mathbf{52}\ \boldsymbol{A}\ (i' = 30\sqrt{3} = 52\ A).$$

Der Widerstand der Hinleitung folgt aus

$$1 = 52 \cdot r \text{ zu } r = \frac{1}{52}\,\Omega$$

$$q = 0{,}018 \cdot 100 \cdot 52 = 94\ \text{mm}^2.$$

Der Querschnitt beider Leitungen ist

$$2 \cdot 94 = 188\ \text{mm}^2.$$

Stellen wir die Resultate der letzten drei Aufgaben zusammen, so erhalten wir den Kupferquerschnitt der nötigen Leitungen

a) Dreieckschaltung . . . . $3 \cdot 46{,}8 =$ **140,4** mm²,
b) Sternschaltung ohne vierten Draht . . . . $3 \cdot 27 =$ **81** mm²,
mit viertem Draht bei halbem Querschnitt . . . . **94,5** mm²,
c) einphasigen Wechselstrom . . . . $2 \cdot 94 =$ **188** mm².

Eine Zentrale für Drehstrom braucht weniger Kupfer als bei einphasigem Wechselstrom. Bei Drehstrom ist Dreieckschaltung mit viertem Draht vorzuziehen.

Bei zweiphasigem Wechselstrom können drei Fälle eintreten:

1. Man schaltet die Lampe nur in die eine Phase, dann hat man es mit einphasigem Wechselstrom zu tun.

2. Man schaltet die Hälfte der Lampen in den Stromkreis der einen und die andere Hälfte in den Stromkreis der anderen Phase. Da jede Phase nur die halbe Stromstärke führt, braucht sie auch nur halben Querschnitt, aber vier Leitungen. Die Summe der Querschnitte ist dieselbe geblieben.

3. Man vereinigt die Rückleitungen der beiden Phasen in eine Leitung von entsprechendem Querschnitt und schaltet in jede Phase die Hälfte der Lampen.

Den Gesamtquerschnitt erhält man dann mit

$$\frac{94}{2} + \frac{94}{2} + \frac{94}{2}\sqrt{2} = 94 + 66{,}5 = \mathbf{160{,}5\ mm^2},$$

so daß der zweiphasige Wechselstrom mit gemeinsamer Rückleitung etwas unvorteilhafter als der Drehstrom in Dreieckschaltung arbeitet.

Obige Vergleiche beziehen sich auf den Fall, der bei reiner Glühlampenbelastung zutrifft, daß zwischen Spannung und Strom keine Phasenverschiebung auftritt. Kommen Motoren und Transformatoren hinzu, überragt der Drehstrom nicht mehr in dem oben bezeichneten Maße.

10. Abschnitt.

Mehrphasige Maschinen und Motoren.

[244] Allgemeines.

Wechselströme von zu geringer Periodenzahl eignen sich nicht zur elektrischen Beleuchtung, und man muß aus diesem Grunde auch bei mehrphasigen Strömen Periodenzahlen von 40 und mehr zu erzielen suchen.

Da die Tourenzahlen nicht übermäßig gesteigert werden dürfen, so bleibt auch hier nichts anderes übrig, als die Polzahl zu vermehren. **Will man zweiphasigen Wechselstrom haben, so muß die Anzahl der Ankerpole doppelt so groß sein, wie die Anzahl der Magnetpole, bei Drehstrom dreimal so groß.**

Bei Drehstrom ist jedoch zu beachten, daß, wenn die Spulen der drei Phasen nebeneinander liegen, die eine von der anderen nur um $^1/_3$ einer halben Periode entfernt ist, während die drei Ströme sich um je $^1/_3$ einer ganzen Periode unterscheiden sollen.

In Abb. 257 geben die Kurven *ABC* den Verlauf der Ströme in den drei nebeneinander liegenden Spulen. Die drei Kurven sind wohl $^1/_6$ einer Periode

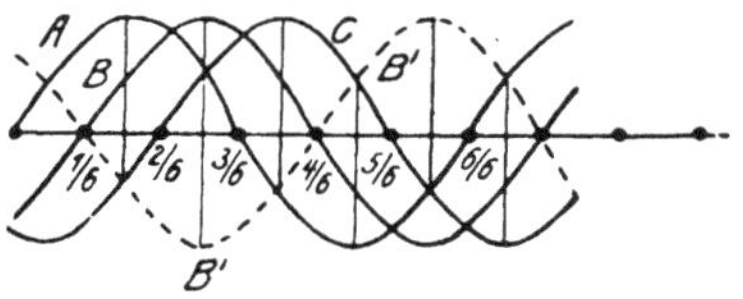

Abb. 257

gegeneinander verschoben, so daß die Kurve *C* gegen die Kurve *A* um $^1/_3$ der Periode verzögert erscheint. Kehrt man jedoch von der Kurve *B* die Vorzeichen um, so erhält man die punktierte Kurve *B'*, und diese Kurve ist gegen *A* um $^2/_3$ der ganzen Periode verschoben, so daß die *A*, *C*, *B'* um je $^1/_3$ einer Periode gegeneinander verschoben sind.

Die Vorzeichen der Kurve *B* umkehren, heißt bei der Wicklung nichts anderes, als das Ende der Wicklung als Anfang und umgekehrt den Anfang als Ende ansehen.

Die Ankerwindungen können wieder auf Vorsprüngen des Ankereisens oder auf den Ringeisen liegen. Die Enden der drei Phasenwicklungen können in Sternschaltung oder auch in Dreieckschaltung verbunden werden. Die Sternschaltung ist für Maschinen die vorteilhaftere, da sie für gleiche Klemmenspannung weniger Windungen erfordert. Der Grund hierfür ist der, daß die elektromotorische Kraft E_0 einer Phase bei Sternschaltung mit der elektromotorischen Kraft E bei Dreieckschaltung verbunden ist durch die Gleichung $E = E_0 \sqrt{3}$; bei demselben Eisengestell, derselben Kraftlinienzahl und Tourenzahl ist demnach auch die Windungszahl bei Dreieckschaltung

$$\xi_{\Delta} = \xi_{\curlywedge} \sqrt{3},$$

da die radialen Polvorsprünge nur noch den Zweck haben, den magnetischen Widerstand zu verringern, so kann man ihre radiale Länge wesentlich verkleinern, und man erhält dann nur Zähne und Nuten.

Anstatt der **Ringwicklung** kann man endlich auch die jetzt häufiger übliche **Trommelwicklung** benützen.

Statt der Selbstinduktion kann man auch einen Kondensator verwenden, nur wird dadurch die Drehrichtung umgekehrt, da in diesem Falle der Strom der Hilfswicklung der Spannung vorausläuft. Die Stromwärme in diesen Motoren ist größer als in den Mehrphasenmotoren, sie haben einen geringeren Wirkungsgrad, werden daher bei gleicher Leistung größer gebaut werden müssen als die Mehrphasenmotoren. Sie verbrauchen auch mehr Leerlaufstrom und fallen bei Überlastung leicht aus dem Gang.

Obwohl es noch andere Systeme von einphasigen Wechselstrommotoren gibt, ist die hier beschriebene Art in Netzen mit nur Einphasenstrom die am meisten verbreitete.

Erwähnt soll noch werden, daß auch eine gewöhnliche Gleichstrommaschine als Wechselstrommotor verwendet werden kann, freilich nur für kleinere Leistungen und Hauptschlußschaltungen.

11. Abschnitt.

Akkumulatoren.

[245] Begriff des Akkumulators.

Die unmittelbare Aufspeicherung von Elektrizität für praktische Verwendungszwecke ist bis jetzt nicht gelungen. Die Elektrizität wird daher in Vorrichtungen aufgespeichert, welche die ihnen zugeführte elektrische Energie in **chemische** Energie umwandeln. Die auf diese Weise aufgespeicherte chemische Energie kann dann zu beliebiger Zeit in elektrische Energie wieder zurückgeführt und als solche entnommen werden. Die Vorrichtungen dieser Art werden **Akkumulatoren** oder **Sammler** genannt.

Nun gehen in jedem galvanischen Element **chemische Umsetzungen** vor sich, die in Form von **elektrischen Strömen** nutzbar gemacht werden können. Tatsächlich kann ein galvanisches Element auch als Sammler für Elektrizität verwendet werden, **wenn es sich nach seiner Erschöpfung durch Zuführung von Elektrizität wieder in denselben Zustand bringen läßt, in dem es sich vom Beginn der Stromlieferung befand.** Man nennt derartige galvanische Elemente, zu denen u. a. das Daniellsche Element gehört, **umkehrbare.**

Das **Daniellsche Element** besteht bekanntlich aus einer Kupferelektrode, die in Kupfervitriollösung, und aus einer Zinkelektrode, die in verdünnte Schwefelsäure taucht. Beide Lösungen sind durch eine poröse Scheidewand voneinander getrennt, die den elektrischen Strom hindurch läßt. Werden bei diesem Element die beiden Elektroden durch einen Leitungsdraht verbunden, so fließt ein elektrischer Strom durch den Draht vom Kupfer zum Zink, von da durch die Flüssigkeiten und die poröse Scheidewand zum Kupfer zurück. Zu gleicher Zeit geht Zink in die Lösung, indem es sich mit dem Schwefelsäurerest zu Zinkvitriol verbindet. Der freigewordene Wasserstoff bildet mit dem Kupfervitriol Schwefelsäure und metallisches Kupfer, das an der Kupferelektrode niedergeschlagen wird. Dieser chemische Vorgang hält solange an, wie Zink und Kupfervitriol noch vorhanden sind, ebenso lange fließt auch der elektrische Strom durch die Leitung.

Es werden also Zink und Kupfervitriol auf Kosten des elektrischen Stromes verbraucht, Zinkvitriol und Kupfer gewonnen. Um aber nach Erschöpfung des Elementes weiter elektrischen Strom zu erhalten, ist es erforderlich, die Zinkelektrode und das Kupfervitriol wieder zu ersetzen. Dies kann auch dadurch geschehen, daß ein elektrischer Strom in einer Richtung eingeleitet wird, die der früheren Stromrichtung entgegengesetzt ist.

Läßt man also den Strom einer Elektrizitätsquelle in die Kupferelektrode eintreten, durch die Flüssigkeit zur Zinkelektrode gehen und dort austreten, so löst sich Kupfer an der Kupferelektrode und Zink schlägt sich an der Zinkelektrode nieder.

Dem Daniellschen Element haften indessen verschiedene Mängel an, so daß es für die Verwendung als Akkumulator in der Praxis nicht geeignet ist. **Der innere Widerstand ist zu groß,** die bei der Stromlieferung sich lösenden Metallteile schlagen sich nicht wieder an den Stellen nieder, an denen sie sich gelöst haben.

Den Anforderungen an praktische Verwendbarkeit entspricht bis jetzt am meisten der **Bleiakkumulator,** der auch bisher die größte Verwendung gefunden hat. Dieser Akkumulator besitzt zwei verschiedene Arten von Bleiplatten. Die **positiven Platten** enthalten **Bleisuperoxyd und die negativen schwammiges Blei.** Beide Plattenarten sind in verdünnte Schwefelsäure getaucht. **Die positiven Platten sind an der braunen, die negativen an der grauen Farbe erkenntlich.** Bei der praktischen Ausführung baut man häufig mehrere positive und negative Platten in ein Gefäß ein, um eine größere Strommenge aufspeichern zu können. Es folgt immer einer negativen Platte eine positive usw. Die positiven Platten werden hierbei miteinander leitend verbunden, ebenso die negativen, während die Platten von entgegengesetzter Polarität voneinander isoliert sein müssen.

[246] Entladung und Ladung.

Verbindet man bei einem Bleiakkumulator die Elektrode mit den Enden eines Widerstandes, z. B. einer Glühlampe, durch Leitungsdrähte, so fließt ein elektrischer Strom von der Bleisuperoxydelektrode durch den Widerstand zur Bleischwammelektrode und im Inneren des Elementes durch die Schwefelsäure von dieser Elektrode zur positiven zurück. Dieser Vorgang ist die **Entladung** des Akkumulators. Zu derselben Zeit findet auch eine Veränderung an den Elektroden und den Elektrolyten statt. An der positiven Elektrode wird H_2 und an der negativen SO_4 abgeschieden. Der Wasserstoff reduziert das Bleisuperoxyd zu Bleioxyd unter Bildung von Wasser. Das Bleioxyd setzt sich dann mit Schwefelsäure in Bleisulfat und Wasser um.

An der negativen Elektrode verbindet sich das dort abgeschiedene SO_4 mit dem Bleischwamm der Platte zu Bleisulfat.

Die Entladung erfolgt

an der **positiven** Platte

$$PbO_2 + 2\,H = PbO + H_2O$$

$$PbO + H_2SO_4 = PbSO_4 + H_2O$$

an der **negativen** Platte:

$$Pb + SO_4 = PbSO_4.$$

Der chemische Vorgang dauert also so lange, bis das **Bleisuperoxyd** an der **positiven** Elektrode, wie der **Bleischwamm** an der **negativen** Elektrode in **Bleisulfat** verwandelt worden sind. Die Schwefelsäure ist gegen Ende der Entladung dünner als zu Beginn derselben. Werden nun in entsprechender Weise wie bei dem Daniellschen Element die beiden Elektroden mit einer Elektrizitätsquelle derart verbunden, daß der elektrische Strom in die positive Elektrode eintritt, durch die Schwefelsäure fließt und aus der negativen Elektrode wieder austritt, dann läuft der Strom in umgekehrter Richtung wie bei der Entladung. Es findet die **Ladung** des Akkumulators statt. Jetzt wird an der positiven Elektrode SO_4 und an der negativen H_2 abgeschieden. Der Schwefelsäurerest SO_4 bildet mit Hilfe von Wasser mit dem Bleisulfat der positiven Elektrode Bleisuperoxyd und Schwefelsäure. Der an der negativen Elektrode ausgeschiedene Wasserstoff aber reduziert das Bleisulfat zu Blei unter Bildung von Schwefelsäure.

Die Vorgänge bei der **Ladung** sind

an der **positiven** Platte

$$PbSO_4 + SO_4 + 2\,H_2O = PbO_2 + 2\,H_2SO_4$$

an der **negativen** Platte

$$PbSO_4 + 2\,H = Pb + H_2SO_4.$$

Am Ende der Ladung befindet sich der Akkumulator im gleichen Zustande wie vor Beginn der Entladung. An der **positiven** Elektrode ist wieder **Bleisuperoxyd,** an der **negativen schwammiges Blei,** und **die Schwefelsäure ist wieder dichter geworden.** Dem Akkumulatoren kann nunmehr elektrischer Strom wieder entnommen werden.

Die obigen Gleichungen lassen sich zusammenfassen in die Gleichung

$$PbO_2 + Pb + 2\,H_2SO_4 = 2\,PbSO_4 + 2\,H_2O.$$

Wird der Akkumulator nach Rückbildung des Bleisuperoxyds und Bleischwammes noch weiter geladen, dann verbindet sich an der positiven Elektrode der Schwefelsäurerest SO_4 mit dem Wasser zu Schwefelsäure, und Sauerstoff wird frei.

$$SO_4 + H_2O = H_2SO_4 + O.$$

An der negativen Elektrode entsteht freier Wasserstoff (2 H). **Es wird bei fortgesetzter Ladung kein elektrischer Strom mehr aufgespeichert, sondern nur Knallgas gebildet.** Mit Hilfe dieser Gleichungen lassen sich nun die Gewichtsmengen der wirksamen Stoffe berechnen, die für eine bestimmte Leistung des Akkumulators theoretisch erforderlich sind. Es scheidet nämlich elektrischer Strom von 1 A in einer Stunde 3,86 g metallisches Blei als eine Bleiverbindung ab. Es ist daher umgekehrt dieselbe Gewichtsmenge Bleischwamm an der negativen Platte erforderlich, um eine Amperestunde zu liefern. An der positiven Platte werden demnach verbraucht $\frac{206{,}5 + 32}{206{,}5} : 3{,}86 = 4{,}46$ g Bleisuperoxyd für eine Amperestunde bei einem Atomgewicht 206,5 des Bleies und 16 des Sauerstoffes. Der Bleischwamm der negativen sowie das Bleisuperoxyd der positiven Platte haben sich hierbei in Bleisulfat umgewandelt. Um den Verbrauch an Schwefelsäure bei der Entladung zu ermitteln, ist zu berücksichtigen, daß nach den Gleichungen 2 Moleküle Schwefelsäure von beiden Platten verbraucht werden, wenn 2 Atome Wasserstoff abgeschieden werden. Es kommen daher auf 1 kg Wasserstoff 98 g Schwefelsäure, da das Molekulargewicht der letzteren 98 ist. Nun werden durch eine Amperestunde 0,373 g Wasserstoff entwickelt, somit sind für eine Amperestunde 0,0373 · 98 = **3,66 g** Schwefelsäure erforderlich. Setzt man die so erhaltenen Gewichtsmengen in die linke Seite der Hauptgleichung, dann erhält man 4,46 g + 3,86 g + 3,66 g = **12 g wirksamer Stoffe,** die für eine Amperestunde nötig sind. **Bei Annahme einer Entladespannung von rd. 2 Volt sind demnach 6 g wirksamer Stoffe für eine Wattstunde aufzuwenden, woraus folgt, daß 1 kg dieser Stoffe höchstens 167 Wattstunden zu leisten vermag.** Diese Leistung ist aber beim Bleiakkumulator praktisch auch nicht annähernd erreichbar. **Es ist nämlich nicht möglich, die aktiven Stoffe vollkommen auszunützen sowie konzentrierte Schwefelsäure zu verwenden,** wie aus dem folgenden Abschnitte noch zu sehen sein wird. Außerdem ist zu berücksichtigen, daß der Akkumulator nicht bloß aus wirksamen Stoffen bestehen kann. Zu seinem Aufbau sind vielmehr noch notwendig besondere Träger von Gittern oder Rahmen, ferner ein Gefäß mit Deckel, Stütz- und Isoliervorrichtungen für die Platten usw. Alle diese Teile müssen dabei so stark bemessen sein, daß auch eine ausreichende mechanische Widerstandsfähigkeit vorhanden ist. **Die leichtesten bis jetzt hergestellten betriebsfähigen Bleiakkumulatoren leisten nur etwa 30 bis 40 Wattstunden per kg ihres Gewichtes.**

[247] Wirkungsweise der Blei-Akkumulatoren.

Der Akkumulator hat im Ruhezustande, in den ein elektrischer Strom weder zugeführt noch entnommen wird, eine **Klemmenspannung** von etwa 2 Volt bei der in der Praxis angewendeten Säurestärke. Wird der Akkumulator entladen, so sinkt die Klemmenspannung in kurzer Zeit um einen bestimmten Betrag, und zwar um so tiefer, je höher die Entladestromstärke ist. **Ist der Entladestrom sehr gering, dann weicht die Entladespannung nur wenig von der Ruhespannung ab,** während bei größeren Stromdichten die Spannung auf 1,98 bis 1,95 oder gar noch tiefer sinkt.

Wird der Akkumulator mit **gleichbleibender** Stromstärke weiter entladen, **dann findet ein weiteres Sinken der Klemmenspannung** während des größten Abschnittes der Entladedauer **nur allmählich statt. Gegen das Ende der Entladung sinkt jedoch die Entladespannung immer schneller bis auf Null herab.**

Eine völlige Ausnützung des Akkumulators ist nämlich praktisch nicht möglich, weil einmal häufige Entladungen über die bezeichneten Grenzwerte hinaus eine frühzeitige Zerstörung der Platten herbeiführen, und außerdem die Betriebe eine möglichst gleichbleibende Klemmenspannung der Stromquellen verlangen.

Wird der Entladestrom unterbrochen, nachdem der Akkumulator bis zur praktisch zulässigen Grenze entladen worden war, dann steigt die Klemmenspannung wieder auf etwa 2 Volt. Beim Einschalten des Ladestromes steigt die Klemmenspannung zunächst rasch auf etwa 2,05 bis 2,1 Volt und nimmt dann während des größten Teiles der Ladung allmählich zu bis auf etwa 2,2 Volt. Gegen das Ende der Ladung findet dann ein rascheres Ansteigen der Klemmenspannung statt. **Während dieser Periode entwickelt der Akkumulator Gas zuerst wenig, dann immer mehr.** Bei einer Spannung von etwa 2,5 Volt ist die Gasentwicklung bereits lebhaft. Die **Ladespannung** steigt wieder langsamer und erreicht je nach der Höhe des Ladestromes einen Endwert von mehr als 2,5 bis 2,7 Volt und darüber.

Wird der Ladestrom abgeschaltet, so sinkt die Spannung zunächst schnell, dann allmählich, bis sie den Wert der Ruhespannung von etwa 2 Volt wieder erreicht hat. Steht eine längere Ladezeit für den Akkumulator zur Verfügung, so daß eine geringere Ladestromstärke anwendbar ist, dann kann einfach während der ganzen Dauer der Ladung mit der gleichen Stromstärke geladen werden. Ist jedoch die Ladezeit auf wenige Stunden beschränkt, dann muß mit entsprechend größerer Stromstärke geladen werden. In solchen Fällen ist es üblich, vom Beginne der Gasentwicklung ab mit geringerer Stromstärke zu laden, da hierdurch die Elektrodenplatten besser geschont werden und auch eine vollkommenere Ladung mit einer bestimmten Elektrizitätsmenge möglich ist.

Die für den betreffenden Akkumulator höchstzulässigen Lade- und Entladestromstärken werden von der Fabrik angegeben.

Im allgemeinen ist die Ladung zu beenden, wenn an den Platten lebhafte Gasentwicklung beobachtet wird, und die Klemmenspannung nicht mehr steigt.

a) **Unter Kapazität eines Akkumulators versteht man jene Elektrizitätsmenge in Amperestunden, welche dem Akkumulator entnommen werden kann.** Die aus dem Gewichte der wirksamen Stoffe errechnete Kapazität wird um so weniger erreicht, je größer die Entladestromstärke ist. Die Abnahme der Kapazität mit zunehmender Entladestromstärke findet darin seinen Grund, daß die Säure weniger in die tieferen Schichten der aktiven Masse eindringen und diese daher immer unvollkommener an dem elektrochemischen Prozeß teilnehmen kann.

b) **Von großem Einfluß auf die Kapazität des Akkumulators ist ferner die Dicke der Elektrodenplatten.** Es ist einleuchtend, daß bei dünnen Platten die Säure leichter an sämtliche Teile des aktiven Materiales gelangen kann als bei dicken Platten.

Wo also ein Akkumulator möglichst geringes Gewicht haben soll, wie bei elektrischen Fahrzeugen, wird man dünne Platten den dicken vorziehen, freilich sind die dünnen Platten nicht so haltbar.

Wird jedoch der Akkumulator mit sehr schwachen Strömen entladen, so ist es möglich, bei **Aufwendung** gleicher Gewichtsmengen an wirksamer **Masse** mit dickeren Platten dieselbe Kapazität zu erreichen.

c) Die aktive Masse kann ferner um so besser ausgenützt werden, je poröser sie ist, weil dann die Schwefelsäure leichter in die Poren eindringt. Die Kapazität ist auch von der Säuredichte abhängig. Die Versuche haben ergeben, daß bei 1,2 die Kapazität den Höchstwert ergibt, in der Praxis wird aber meist eine geringere Säuredichte angewendet, weil durch zu starke Säure die Bildung von kristallinischem Bleisulfat begünstigt wird.

Wird der verdünnten Schwefelsäure gelatinöse Kieselsäure (Wasserglas) zugesetzt, so erhält man Trockenakkumulatoren, wodurch die Leitfähigkeit bedeutend vermindert wird. Man verwendet sie daher in neuerer Zeit nur als Kleinakkumulatoren, sucht aber auch bei diesen das Verschütten der Füllflüssigkeit durch geeignete Deckelverschlüsse zu verhindern.

Schließlich ist die Kapazität eines Akkumulators noch abhängig von der Konstruktion und Herstellung der Elektrodenplatte sowie von der Reinheit der verwendeten Materialien.

Aufgabe 85.

[248] *Eine Glühlampe von 6 Kerzen und einer Spannung von 8 Volt soll mit einer Ladung der Batterie 20 Stunden lang brennen. Wieviel Amperestunden muß der Akkumulator haben?*

Nimmt man eine Metallfadenlampe, die 1 Watt für 1 Kerze verbraucht, so benötigt sie im ganzen 6 Watt. Mithin ergibt sich eine Entladestromstärke von $\frac{6\ \text{Watt}}{8\ \text{Volt}} = 0{,}75$ Amp. Der Akkumulator muß demnach eine Kapazität von $0{,}75 \cdot 20 = \mathbf{15}$ Amperestunden haben. Es sind für eine Spannung von 8 Volt 4 Zellen erforderlich.

Aufgabe 86.

[249] *Ein Elektromotor von $^1/_{10}$ Pferdestärke und einer Spannung von 12 Volt soll mit einer Ladung der Batterie 10 Stunden lang betrieben werden können.*

Nun entspricht eine Pferdestärke einer elektrischen Leistung von 736 Watt. Nimmt man einen Wirkungsgrad des Elektromotors von 50% an, so muß die Batterie $\frac{1}{10} \cdot \frac{736}{0{,}5} = 147{,}2$ Watt 10 Stunden liefern können. Die zu leistende elektrische Arbeit ist daher **1472** Wattstunden, und die benötigte Kapazität $\frac{1472}{12} = \mathbf{123}$ Amperestunden bei 10stündiger Entladung mit 12,3 Amp. Entladestromstärke.

Die Batterie muß aus $\frac{12}{2}$ Zellen bestehen.

[250] Geschichtliche Entwicklung des Blei-Akkumulators.

Der erste, der den Weg zu dem jetzt verbreiteten **Bleiakkumulator** fand, ist **Gaston Planté**; er hat mit seinen Untersuchungen über die umkehrbaren Elemente 1859 begonnen und ist 1879 mit dem ersten Bleiakkumulator hervorgetreten. Er rollte zwei Bleiplatten, die durch Kautschukbänder getrennt waren, spiralförmig zusammen und tauchte sie in ein mit Schwefelsäure gefülltes Gefäß. Nach jeder Ladung wurde das Element wieder entladen. Die **„Formation“** der wirksamen Schichten dauerte ein **Jahr.**

Eine Verbesserung wurde von **Camille Faure** dadurch angeregt, daß er die Elektrodenplatten mit sauerstoffhaltigen Bleiverbindungen, wie Mennige oder Bleioxyd, bedeckte, die beim Laden in kurzer Zeit in Bleisuperoxyd bzw. schwammiges Blei übergeführt werden. Die **„Formation“** war viel schneller, nur war der Filzstreifen zwischen den Platten nicht sehr praktisch.

Das gab die Veranlassung zu den Gitterplatten, die von **Volkmar** vorgeschlagen wurden.

Eine Vereinigung des Plantéschen und Faureschen Systemes schuf **Tudor. Er verwendete Platten mit einem massiven Bleikern und parallelen Rippen zu beiden Seiten. Die Tudorplatte wurde später nur als positive Platte verwendet.** Die Platten wurden nach dem Verfahren von Planté so lange formiert, bis die auf den Rippen gebildete Bleisuperoxydschicht etwa ¼ bis ½ der verlangten Kapazität besaß. Die Formation dauert zwar immer noch wesentlich länger als die der Gitter- und Rahmenplatte. Dafür ist aber das aktive Material viel inniger mit dem Träger verbunden.

[251] Verhalten der Platten im Betriebe.

Die negativen Platten haben die Eigenschaft, daß die Porosität des Bleischwammes während des Betriebes immer mehr abnimmt. Die aktive Masse schrumpft daher allmählich zusammen und wird immer härter. Man sagt, die Masse verbleit. Dem Sintern des Bleischwammes kann aber dadurch, daß man an der aktiven Masse chemisch indifferente Körper, wie feingemahlenen Gips, Bimsstein beimengt, entgegengewirkt werden.

Diese Körper bewirken nämlich ein Aufquellen der Masse, wodurch ihr Volumen vergrößert wird. Die Lebensdauer der negativen Platten kann nun auch dadurch erhöht werden, daß man diesen Platten eine größere Kapazität gibt.

Bei den positiven Platten sind Quellkörper nicht erforderlich. Das Volumen dieser Platten vergrößert sich von selbst, da immer neues Bleisuperoxyd gebildet wird. Diese Volumenänderung kann auch ein Werfen oder Krümmen, ja selbst bei Kurzschluß ein Zerstören der Platte zur Folge haben.

Man unterscheidet **Großoberflächen-, Gitter-** und **Rahmenplatten.**

Die positive Großoberflächenplatte wird für alle diejenigen Betriebe angewendet, bei denen eine längere Lebensdauer der Platten selbst bei täglicher Beanspruchung sowie eine größere Widerstandsfähigkeit gegen hohe Stromstöße verlangt werden, oder bei denen nur kurze Lade- und Entladezeiten zur Verfügung stehen, während es weniger darauf ankommt, an Platz und Gewicht zu sparen. Die Großoberflächenplatte ist also besonders angebracht für ortsfeste Akkumulatorenanlagen. Aber auch zur Fortbewegung schwerer Fahrzeuge, z. B. Triebwagen für Eisenbahnen sowie zur Eisenbahnwagenbeleuchtung wird meist die Großoberflächenplatte den anderen Plattenarten vorzuziehen sein.

Die Gitterplatte herrscht vor in Betrieben, die einen möglichst leichten Akkumulator verlangen, der dabei auch möglichst wenig Raum in Anspruch nehmen darf und in denen zugleich hohe Beanspruchungen verlangt werden. Beispielsweise werden zum Antriebe von elektrischen Fahrzeugen Akkumulatorenbatterien mit Gitterplatten genommen. Natürlich ist hierbei eine möglichst lange Lebensdauer der Platten erwünscht, die aber von Gitterplatten schwer erreicht wird. Die Anforderungen an geringes Gewicht und geringer Platzbedarf sind aber hier so dringend, daß alles andere zurücktreten muß.

Außerdem empfiehlt es sich, für tragbare Akkumulatoren überall die Gitterplatten zu nehmen, wo die Entladung in kürzerer Zeit als 5 bis 6 Stunden erfolgen muß und für die Ladung eine Zeit von etwa 10 Stunden nicht zur Verfügung steht.

Die **Rahmenplatte (Masseplatte)** wird jetzt nur noch für tragbare Akkumulatoren, Handbeleuchtung, Notbeleuchtung usw. angewendet, und zwar dann, wenn mindestens 10 Stunden für Ladezeiten zur Verfügung sind. Der besondere Vorteil der Masseplatte, nämlich die Zunahme ihrer Kapazität bei langsamen Entladungen und bei Entladungen mit Unterbrechungen kommen hier besonders zur Geltung.

[252] Einbau für ortsfeste Akkumulatoren.

Bei ortsfesten Akkumulatorenanlagen werden die Akkumulatorplatten bis zu einer gewissen Zellengröße in Gefäße aus Glas eingebaut. Glas ist von allen säurebeständigen Materialien das billigste und ermöglicht wegen seiner Durchsichtigkeit eine bequeme Beobachtung der Platten nebst den Isolier- und Netzvorrichtungen. Da bei ortsfesten Batterien keine Erschütterungen vorkommen, sind Glasbrüche sehr selten. Größere Zellengefäße werden aus Holzkästen gemacht, die mit Bleiblech ausgeschlagen sind. Die Platten werden in die Gefäße derartig eingebaut, daß einer negativen Platte eine positive folgt, wobei die Endplatten stets negativ sind, weil einseitig arbeitende positive Platten sich leicht werfen.

Die positiven Platten sind untereinander durch eine gemeinsame Bleileiste wie die negativen Platten verbunden.

Beim Einbau der Platten ist besonders darauf zu achten, daß sie sorgfältig gegeneinander isoliert sind, und daß Masseteilchen, die aus den Platten herausfallen, sich nicht zwischen den Platten ablagern und Kurzschlüsse im Inneren des Elementes zur Folge haben.

Um diese Kurzschlüsse zu vermeiden, werden die Platten nicht aufgestellt, sondern so hoch aufgehängt, daß der Masseschlamm niemals an die Unterkante der Platte heranreichen kann.

[253] Holzgestelle.

Die Glasgefäße und Holzkästen ortsfester Akkumulatorenbatterien werden auf Gestelle aus Kiefern- und Lärchenholz gestellt, die gegen die Einwirkungen der Schwefelsäure am widerstandsfähigsten sind. Die Gestelle werden durch Anstrich mit heißem Leinöl imprägniert. Die Bauart der verwendeten Holzgestelle hängt natürlich von den verfügbaren Räumen ab. Die beste Übersichtlichkeit und Zugänglichkeit gewähren Bodengestelle. Wo der Raum nicht genügend groß ist, müssen Etagengestelle eingebaut werden.

[254] Verbindung der Elemente durch Bleileisten.

Die Elemente werden untereinander durch Bleileisten verbunden, die einmal dazu dienen, die Platten der gleichen Polarität in einem und demselben Elemente miteinander zu verbinden und außerdem die Verbindung mit den Platten der entgegengesetzten Polarität des benachbarten Elementes herzustellen.

[255] Füllung und Inbetriebsetzung.

Die erstmalige Füllung der Batterie mit Schwefelsäure erfolgt erst dann, wenn nicht nur die Batterie mit allen Leitungen und allem Zubehör vollständig aufgestellt ist, sondern auch die gesamte elektrische Anlage und die Kraftanlage betriebsfertig hergestellt sind. Es muß nämlich sogleich nach beendeter Füllung mit der Ladung der Batterie begonnen werden, da sonst die Platten leicht sulfatisieren, wenn die Elemente längere Zeit im geladenen Zustande gefüllt stehen bleiben. Vor der Füllung ist die Schwefelsäure auf ihre Reinheit zu untersuchen. Die Säure muß frei sein von Chlor und Salpetersäure, die zerstörend auf die positiven Platten wirken. Auch darf die Schwefelsäure kein Platin, Eisen, Kupfer und andere Metalle enthalten, die eine Selbstentladung der Platten herbeiführen.

Die Füllung geschieht bei kleinen Batterien am besten mit Glaskrügen. Die Säure wird aus den gelieferten Säurenballonen in einen Bottich gegossen und aus diesen mit Glaskrügen geschöpft.

Größere Batterien können mit einem Gummischlauch durch Heberwirkung abgezogen werden.

Die Füllung kann auch mit einer Pumpe geschehen, wenn das Heraufschaffen der Säureballone sonst Schwierigkeiten macht.

Die erste Ladung der Batterie dauert wesentlich länger als die späteren normalen Ladungen.

Bevor eine Batterie dem Betriebe übergeben wird, pflegt eine Probeentladung, sog. Kapazitätsprobe, stattzufinden, die den Nachweis erbringen will, daß die Batterie auch die garantierte Leistung besitzt.

In regelmäßigem Betriebe ist darauf zu achten, daß sämtliche Elemente sich in gleichem Lade- und Entladezustande befinden.

Von Zeit zu Zeit ist es zweckmäßig, gegen Ende einer Entladung die Spannung sämtlicher Zellen einzeln zu messen. Bei geringer Stromentnahme oder in Fällen, wo die Batterie mehrere Tage oder Wochen lang nicht entladen wird, gewährt die Beobachtung der Spannung allein kein Urteil über den Entladezustand der Zellen. In solchen Fällen ist mit der Ladung zu beginnen, wenn das spezifische Gewicht der Säure um einen bestimmten Betrag, meist 0,03 bis 0,05, gesunken ist.

Von Wichtigkeit ist auch die Beobachtung der Batterie gegen Ende der Ladung, und zwar insbesondere, ob in allen Elementen zu gleicher Zeit die Gasentwicklung beginnt und alle auch später gleichmäßig gasen. Die Wartung der Batterie erstreckt sich ferner auf die Beobachtung des Säurezustandes und der Säuredichte in den einzelnen Zellen. Es ist zu achten, daß die Platten stets von Säure bedeckt sind. Da Säure verdunstet und bei der Gasentwicklung meist größer wird, so sind Elemente mit zu niedrigem Säurestande nachzufüllen, und zwar entweder mit destilliertem Wasser oder mit reiner Schwefelsäure, je nachdem das spezifische Gewicht der Säure über oder unter dem normalen Betrage sich befindet.

Die Batterie darf übrigens mit geringeren, aber nicht höheren Stromstärken, als die Firma angibt, geladen oder entladen werden. Es empfiehlt sich, gegen Ende der Ladung die Stromstärke zu erniedrigen, um eine allzu starke Gasentwicklung zu vermeiden. Die Ladung ist beendet, wenn die positiven und negativen Platten in sämtlichen Elementen lebhaft Gas entwickeln, und die Klemmenspannung den der Ladestromstärke entsprechenden Höchstwert erreicht hat. Bleibt ein Element bei wiederholter Ladung der Batterie in der Gasentwicklung zurück, so muß es bei der Entladung ausgeschaltet werden, zu welchem Zwecke eine Bleileiste durchzuschneiden ist. Das Zurückbleiben einzelner Zellen ist häufig auf Kurzschluß im Inneren des Elementes zurückzuführen. Ist dann der Zustand erreicht, in dem das Element wieder normal Gas entwickelt, dann wird auch seine Säure wieder dasselbe Gewicht haben.

[256] Elektrische Anlagen bei ortsfesten Batterien.

Bei elektrischen Anlagen, die vorwiegend der Beleuchtung dienen, ist es der Hauptzweck der Batterie, zu gewissen Zeiten teilweise oder auch ganz die Stromlieferung zu übernehmen, und die vorteilhafte Eigenschaft des Spannungsausgleiches ist hierbei eine schätzenswerte Beigabe. Solche Batterien heißen **Kapazitätsbatterien.**

Nun werden aber auch Batterien in Elektrizitätswerken aufgestellt, die vorwiegend oder gar ausschließlich dazu bestimmt sind, Belastungsschwankungen im Netze auszugleichen. Man nennt diese Batterien **Pufferbatterien**; sie werden namentlich bei elektrischen Bahnanlagen verwendet.

[257] Pufferbatterien.

Für Pufferbatterien, die nur zum Ausgleich der Netzschwankungen dienen und demgemäß zur Entladung nicht herangezogen werden, pflegt man der Zellenzahl eine Einzelspannung von etwa 2,06 Volt zugrunde zu legen, bei der die Pufferwirkung am günstigsten ist. Bei einer Netzspannung von 500 Volt werden z. B. $\frac{500}{2,06} = 242$ Zellen genommen. Es ist schwierig, die Zellengröße genau zu berechnen, da sie von mannigfachen Faktoren abhängig ist.

Die Pufferwirkung der Batterie kann durch Hinzufügen einer Batteriezusatzmaschine erhöht werden. In Deutschland wird die Bauart **Pirani** bevorzugt. Diese Pirani-Maschine wird mit der Batterie d a u e r n d in Reihe geschaltet und wird durch einen aus Netzen gespeisten Elektromotor angetrieben.

Die Spannung der Pirani-Maschine muß je nach der Netzbelastung ihre Richtung ändern, um sie für die Entladung zur Batteriespannung und auch für die Ladung zur Netzspannung hinzufügen zu können. Die Zusatzmaschine wird daher mit Hilfe einer besonderen, je nach der Belastung die Polarität wechselnden Erregermaschine mit Doppelschlußfeldwicklung erregt. Die Nebenschlußwicklung liegt an der Batterie, mithin an einer mit der Belastung der Batterie schwankenden Spannung; die Hauptstromwicklung wird entweder vom gesamten Netzstrom oder von einem dem Netzstrom entsprechenden Teilstrome durchflossen. Die Hauptstromwicklung beeinflußt dabei die Erregerwicklung im Sinne der Batterieentladung und ist der Nebenschlußwicklung, die im Sinne der Ladung erregt, entgegengeschaltet. Je nach der Größe des Verbrauches im Netz überwiegt entweder die Wirkung der einen oder die der anderen Wicklung, so daß die Batterie weder geladen noch entladen wird.

Wird der Netzstrom noch größer, dann überwiegt die Wirkung der Hauptstromwicklung, die Zusatzmaschine entladet die Batterie, und zwar um so mehr, je größer der Netzstrom ist.

Ändert der Netzstrom seine Richtung, was bei Bahnen mit Stromrückgewinnung der Fall ist, dann erregt die Hauptstromwicklung die Maschine in demselben Sinne wie die Nebenschlußwicklung, also im Sinne der verstärkten Batterieladung.

[258] Kapazitätsbatterien.

Bei Kapazitätsbatterien muß dem Umstand Rechnung getragen werden, daß die Entladespannung des Akkumulators nicht gleichbleibt. Nimmt man z. B. eine Anfangsspannung von 1,97 Volt an, dann sind bei einer Netzspannung von 110 Volt $\frac{110}{1,97} = 56$ Elemente erforderlich. Da aber die Entladung bei einer Spannung eines Akkumulators von 1,83 Volt unterbrochen zu werden pflegt, so werden für eine 110-Volt-Anlage $\frac{110}{1,83} = 60$ Elemente notwendig.

Bei einer Kapazitätsbatterie ist also für die Anzahl der Zellen die niedrigste Entladespannung maßgebend. Der Betrieb gestaltet sich derart, daß zunächst 56 Elemente eingeschaltet werden, wenn die Batterie zuvor geladen worden ist. Die 57. Zelle wird dann zugeschaltet, wenn die Spannung einer Zelle unter 1,97 Volt und die der ganzen Batterie unter 110 Volt zu sinken beginnt usw., bis alle 60 Elemente eingeschaltet sind. Wenn auch jetzt die Gesamtspannung unter 110 Volt sinkt, dann muß die Entladung unterbrochen und mit der Ladung der Batterie begonnen werden. Die Zellen 57 bis 60 werden **Schaltzellen,** die Zellen 1 bis 56 **Stammzellen** genannt. Da häufig sofort nach beendeter Ladung die Batterie entladen wird, wird die Spannung einer Zelle dann noch 2,1 Volt, so sind zunächst, wenn auch nur für kurze Zeit, $\frac{110}{2,1} = 52$ Zellen einzuschalten. Daher pflegt man bei einer Spannung von 110 Volt bis zu $60 - 52 = 8$ Schaltzellen zu nehmen.

Zum Abschalten dieser Zellen dient der **Zellenschalter,** der aus Kontaktstücken besteht, die auf einer isolierenden Unterlage befestigt sind, über welche ein Hebel schleift, dessen Drehpunkt mit dem einen Pol der Netzleitung verbunden ist, während ihr anderer Pol zur ersten Stammzelle führt. Bei der angenommenen Stellung des Hebels sind im ganzen 56 Zellen eingeschaltet. Die Kontaktstücke können statt kreisförmig auch geradlinig angeordnet sein, in welchem Falle natürlich der drehbare Kontakthebel durch einen Schlitten ersetzt werden muß.

[259] Batterien zur Fortbewegung von Fahrzeugen (Traktionsbatterien).

Unter Traktionsbatterien werden Akkumulatorenbatterien verstanden, die zum Fortbewegen von Fahrzeugen aller Art dienen.

Mit Akkumulatoren betriebene Eisenbahnwagen, sog. **Akkumulatorentriebwagen,** sind gerade in den letzten Jahren zahlreich gebaut worden und haben sich sowohl in wirtschaftlicher Beziehung als auch hinsichtlich ihrer Zuverlässigkeit durchaus bewährt. Diese Triebwagen eignen sich besonders für den Vorortsverkehr von Mittelstädten, als Zubringer für Stationen, an denen die durchgehenden Schnellzüge halten, als Ersatz für Dampfzüge in verkehrsarmen Gegenden. Bei den in letzter Zeit gebauten Triebwagen werden die Akkumulatoren nicht mehr wie früher unter aufklappbaren Sitzbänken, sondern in einem eigenen Vorbau des Wagens untergebracht. Die Wagen vermögen mit einer Ladung eine Strecke von 180 km zurückzulegen. Auch elektrische Rangierlokomotiven und Grubenlokomotiven werden mit Akkumulatoren betrieben und gewähren den Vorteil, daß sie an jede Stelle der Gleisanlage gelangen können.

Beim elektrischen Straßenbahnbetriebe werden Akkumulatoren weniger verwendet, da bei dem meist lebhaften Verkehr dieser Bahnen der Oberleitungsbetrieb vorteilhafter ist.

Zum Antriebe gleisloser Fahrzeuge haben sich die Akkumulatoren in letzter Zeit neue Gebiete erobert. Elektrisch betriebene Kraftdroschken **(Elektromobile)** kommen in größeren Städten immer mehr in Anwendung. Sie haben vor den Verbrennungsmotoren den Vorteil, daß sie geräuschloser laufen und die Luft nicht verpesten. Ihr Hauptnachteil besteht darin, daß sie nicht mehr **als 80 km** mit einer Ladung fahren können. **Für Fernfahrten sind daher solche Kraftdroschken ausgeschlossen.** Ihre geringe Geschwindigkeit bis zu 30 km reicht jedoch innerhalb der Städte vollkommen aus. In der Regel werden 40 Elemente in einen Wagen eingebaut. Da nämlich die Spannung eines Elementes am Ende der Ladung bis auf 2,75 Volt steigt, können 40 Elemente mit 110 Volt geladen werden. Mit Akkumulatoren betriebene Lastwagen und Vorspannwagen sind schon in großem Umfange eingeführt. Die Batterien dieser schweren Wagen für Nutzlasten bis 5 t bestehen aus 80 Elementen. Bekannt ist auch der Akkumulator bei Postwagen, Postdreirädern usw. Ein sehr großes Gebiet haben die Akkumulatoren bei U-Booten gefunden, bei welchen aber die Gase abgesaugt werden müssen.

[260] Batterien zur Beleuchtung von Fahrzeugen.

Die elektrische Beleuchtung der **Eisenbahnwagen** hat den Hauptvorteil größerer Feuersicherheit. Man liefert drei verschiedene Systeme:

1. **Die Lokomotive oder der Gepäckwagen erhält eine Dynamomaschine und außerdem jeder Wagen eine Akkumulatorenbatterie.** Die Wagen sind hierbei untereinander und mit der Lokomotive durch elektrische Leitungen verbunden. **Dieses System hat den Nachteil, daß es während der Fahrt die Aufmerksamkeit des Lokomotivführers in Anspruch nimmt.**

2. **Jeder Wagen besitzt für sich eine abgeschlossene vollständige Beleuchtungsanlage, deren Dynamomaschine von einer Achse des Eisenbahnwagens angetrieben wird.**

3. **Jeder Wagen hat nur Akkumulatoren, die entweder in Wagen oder in besonderen Ladestationen geladen werden, wie dies schon seit Jahren bei der Bahnpost der Fall ist. Die besten Aussichten verspricht das zweite System.** Die Schwierigkeit beim Antrieb der Dynamomaschine von der Radachse besteht hauptsächlich darin, trotz der ungleichen Umlaufszahl der Radachse die Spannung der Dynamomaschine gleichbleibend zu halten, welche Aufgabe am besten von **Rosenberg** gelöst wurde, welche Maschine auch beim Wechsel der Fahrtrichtung stets Strom in gleicher Richtung gibt.

In den letzten Jahren ist man dazu übergegangen, die mit Verbrennungsmotoren betriebenen Kraftwagen elektrisch zu beleuchten, in der eine kleine Dynamomaschine von dem Verbrennungsmotor angetrieben wird. Um auch beim Stillstande des Wagens beleuchten zu können, wird eine kleine Akkumulatorenbatterie eingebaut, die von der Dynamomaschine geladen und selbsttätig abgeschaltet wird, wenn der Wagen zum Stehen gebracht werden soll. Besondere Einrichtungen müssen getroffen werden, um die Spannung der Dynamomaschine während der Fahrt trotz der ungleichen Umlaufszahl der Motorwelle gleichbleibend zu erhalten.

Mitunter wird die elektrische Beleuchtungsanlage noch mit einem Elektromotor vereinigt, der auch das lästige Ankurbeln des Verbrennungsmotors mit der Handkurbel vermeiden läßt.

Ebensolche Vorrichtungen werden auch bei Motorbooten und -yachten verwendet.

[261] Akkumulatoren für Galvanoplastik, Telegraphie, Telephonie usw.

Für galvanoplastische Anlagen werden Akkumulatoren nun wieder zur Anwendung gebracht.

Aufgabe 87.

[262] *Es möge sich z. B. der Lichtbedarf eines Hotels nebst großem Restaurant, Sälen usw. bei einer Betriebsspannung von 110 Volt folgendermaßen stellen:*

Tageszeit	Dauer des Strombedarfes in Stunden	Durchschnittlicher Strombedarf in Ampere	Durchschnittlicher Strombedarf in Amperestunden
Von 6 Uhr bis 9 Uhr morgens	3	35	105
von 9 Uhr ab		Ladebetrieb	
von 6 Uhr abends bis 1 Uhr nachts . . .	7	80—200	560—1400
von 1 Uhr nachts bis 6 Uhr morgens . . .	5	15	75

Es soll nun die Größe der Betriebsdynamo und der Batterie unter der Annahme bestimmt werden, daß die Maschine während der Hauptbrennperiode von 6 Uhr abends bis 1 Uhr nachts den Strom allein liefert, während die Batterie nur den Strom nach Stillstand der Maschine, also von 1 Uhr nachts bis 9 Uhr morgens, gibt und ihre Ladung von 9 Uhr morgens ab erhält.

Da die Maschine in der Zeit von 6 Uhr abends bis 1 Uhr nachts den Strom allein liefern soll und letzterer zeitweilig bis zu 200 Amp. ansteigt, so ist sie für diesen Maximalstrom zu wählen, also für 200 Amp. und 110 Volt. Mit Rücksicht auf das Laden der Akkumulatoren muß ihre Spannung bis zu 165 Volt gesteigert werden können; es ist die Schaltung mit Zusatzdynamo zu wählen. Letztere Einrichtung ist in diesem Falle vorzuziehen, da die Ladezeit wegen der verhältnismäßig geringen Kapazität der Batterie nur kurz ist und die Dynamo, wenn mit Rücksicht auf die Ladung für 200 Amp. und 165 Volt gewählt wurde. während des langen Hauptlichtbetriebes, den sie mit 200 Amp. bei 110 Volt allein besorgt, unterbelastet, also mit schlechtem Güteverhältnis arbeiten würde.

Die Batterie soll morgens in ca. 3 Stunden 105 Amp.-Stunden und nachts in ca. 5 Stunden 75 Amp.-Stunden, also zusammen 180 Amp.-Stunden geben. Hierfür würde z. B. der Typ E6 der Akkumulatorenfabrik A.-G. Hagen i. W. gerade noch hinreichen, deren Kapazität je nach der Entladestromstärke zumeist 144 und 195 Amp.-Stunden beträgt. Bei der geringen Entladestromstärke von 15 Amp., welche von 1 Uhr nachts bis morgens 6 Uhr vorhanden ist, wird die Kapazität von 195 Amp.-Stunden sicher ausreichen, und es bleiben bei einem Verbrauch von $5 \cdot 15 = 75$ Amp.-Stunden noch $195 - 75 = 120$ Amp.-Stunden am nächsten Morgen übrig. Die verbrauchte Strommenge von 180 Amp.-Stunden erfordert bei 48 Amp. Ladestromstärke und einem Güteverhältnis von 0,92 eine Ladezeit von $\frac{180}{48 \cdot 0{,}92} = \sim 4$ Stunden.

Zur Verfügung steht die Zeit von 9 bis 12 Uhr vormittags und 1 Uhr bis 6 Uhr nachmittags, welche daher nur zur Hälfte zum Laden gebraucht wird. Übrigens wird es vorzuziehen sein, für solche Fälle nicht eine gerade noch ausreichende Batterie zu wählen, wie es hier geschehen ist, sondern ein etwas größerer Typ mit Rücksicht auf wünschenswerte Reserve, auf zufällige Kapazitätsverluste durch Fehler bei der Ladung und Entladung u. dgl. m.

Aufgabe 88.

[263] *Bei der elektrischen Beleuchtungsanlage (400 Amp. bei 110 Volt Betriebsspannung = 44000 Watt) einer Spinnerei macht sich eine Erweiterung nötig, und es soll diese, da die Dampfmaschinenanlage eine Vergrößerung nicht zuläßt, durch Aufstellung einer Akkumulatorenbatterie erzeugt werden, welche in der Zeit von 9—12 Uhr vormittags und 1—4 Uhr nachmittags, in der der Hauptlichtbetrieb ruht, von der Beleuchtungsdynamo geladen wird und von 6—9 Uhr morgens und bis 6 Uhr abends in Parallelschaltung mit letzterer arbeitet. Während des Ladens brennen zeitweilig Lampen mit 20 Amp.*

Da die Batterie für 110 Volt aus $\frac{110}{1{,}8} \sim 60$ Zellen bestehen muß und beim Kochen eine Spannungssteigerung bis zu $60 \cdot 2{,}75 = 165$ Volt erfordert, so kann für dieselbe nicht die ganze von der Maschine erzeugte Strommenge benützt werden, sondern es kommt nur eine entsprechend der Spannungserhöhung von 110 Volt auf 165 Volt reduzierte Stromstärke in Betracht, welche sich aus der Erwägung ergibt, daß die Effekte in beiden Fällen dieselben sein müssen:

$$400 \cdot 110 = x \cdot 165$$

$$x = \frac{400 \cdot 110}{165} \sim 267 \text{ Amp.}$$

Die Spannungserhöhung ($165 - 110) = 55$ Volt) soll durch eine Zusatzdynamo erzeugt werden, welche von der Transmission direkt angetrieben wird und für 55 Volt und ~ 267 Amp. bestimmt werden muß. Durch den Antrieb der Zusatzdynamo tritt natürlich ein Kraftverlust auf, der von den zur Verfügung stehenden 44000 Watt durch Abminderung der Stromstärke gedeckt werden müßte, wenn sich nicht die Betriebsdampfmaschine noch um diesen kleinen Betrag höher anspannen läßt, was meistens der Fall ist und auch hier der Einfachheit halber angenommen werden soll. Die Stromstärke von 267 Amp. braucht also nicht vermindert zu werden, und es ergibt sich somit, weil während des Ladens noch zeitweilig Lampen mit (20 Amp.) Stromstärke brennen sollen, für eine neuaufzustellende Batterie eine Ladestromstärke von

$$267 - 20 = 247 \text{ Amp.}$$

Soll z. B. der stationäre Akkumulator der Kölner Akkumulatorenwerke verwendet werden, so ist Typ 22 mit 249 Amp. Ladestromstärke geeignet. Da die Entladung von morgens 6 bis 9 Uhr und nachmittags von 4 bis 6 Uhr, also 5 Stunden hindurch andauert, so beträgt nach der Tabelle der maximale Entladestrom 249 Amp. und die Kapazität 1246 Amp.-Stunden, die zulässige Ladestromstärke von 249 Amp. wird nicht ganz erreicht, da die Maschine neben den für die gleichzeitig brennenden Ströme von 20 Amp. nur noch 247 Amp. liefert, und beträgt daher die Ladezeit bei einem Güteverhältnis von 0,92

$$\frac{1246}{0{,}92 \cdot 247} \sim 5{,}5 \text{ Stunden,}$$

so daß die zur Verfügung stehende Ladezeit (9 bis 12 Uhr und 1 bis 4 Uhr) vollkommen ausreicht. Der Akkumulator dient hierbei als Umformer und bietet gleichzeitig den Vorteil, einen Dauerbetrieb und gleichmäßige Stromstärke bei Nacht und Tag aufrechtzuhalten.

[264] Der Edison-Akkumulator.

Dem Bleiakkumulator haften trotz der vielen Verbesserungen noch immer Mängel an, die natürlich zu beseitigen versucht werden. Es ist das große Gewicht des Bleies, die geringe Lebensdauer und auch die Schädlichkeit der Schwefelsäure. Nach verschiedenen Versuchen nahm 1901 Edison ein Patent auf einen Akkumulator mit **unveränderlichem alkalischen Elektrolyten,** dessen **positive Elektrode** aus **Nickelsauerstoffverbindungen** und dessen **negative Elektrode** in geladenem Zustande aus **metallischem Eisen** oder minderen, d. h. noch **oxydierbaren Sauerstoffverbindungen des Eisens oder aus einem Gemenge beider besteht.** In jede Zelle werden doppelt so viele positive wie negative Platten eingesetzt. Die Platten verschiedener Polarität hatten nur einen Abstand von 1 mm, der durch Hartgummistäbe gesichert wurde.

Das aktive Material der positiven Elektrode besteht aus **Nickelhydroxyd,** dem etwa 20 % flockiger **Graphit** beigemengt werden, um die Leitfähigkeit zu erhöhen. Für **die negative Elektrode** wird ein Gemenge von fein **verteiltem Eisen und Eisenoxyd** angewendet, dem zur Erhöhung der Leitfähigkeit etwa 10% Quecksilberoxyd beigemischt waren. Als Elektrolyt diente 21proz. chemisch reine Kalilauge. Die Lade- und Entladezeit dieser Zellen dauert 3¾ bis 4 Stunden. **Die Ladestromstärke ist etwa 45% höher als die Entladestromstärke.**

[265] Der neue Edison-Akkumulator.

Der Edison-Akkumulator wird jetzt in zwei verschiedenen Ausführungen hergestellt, von denen die eine für **vierstündige Lade- und Entladezeit**, die andere für **siebenstündige Lade- und fünfstündige Entladezeit** bestimmt ist. Die Zellen des erstgenannten Typs unterscheiden sich von der älteren Ausführung dadurch, daß die mit der wirksamen Masse gefüllten Taschen nicht mehr senkrecht in eine mit Gitteröffnungen versehene Stahlblechplatte, sondern wagerecht in einen vernicktelten Stahlblechrahmen ohne Gitteröffnung eingesetzt sind.

Der seit dem Jahre 1910 eingeführte Edison-Akkumulator mit röhrenförmigen positiven und taschenförmigen negativen Platten unterscheidet sich nur durch die Konstruktion und Anzahl der positiven Platten. Die neue positive Elektrode wird aus röhrenförmigen Behältern zusammengesetzt, die das aktive Material enthalten und senkrecht in einen vernickelten Rahmen aus Eisenblech eingesetzt werden. Diese röhrenförmigen Behälter werden aus dünnen, vernickelten und feingelochten Stahlblechstreifen gebogen und an den Kanten durch Falze zusammengehalten.

Beim Vergleich des Edison-Akkumulators mit dem Bleiakkumulator ist zunächst zu berücksichtigen, daß **die Klemmenspannung des ersteren wesentlich geringer ist als die des Bleiakkumulators.** Während die mittlere Entladespannung der Edisonzel'e bei Belastung mit normaler Stromstärke 1,2 Volt beträgt, und die Zelle bis zu 1 Volt entladen zu werden pflegt, ist beim Bleiakkumulator eine mittlere Klemmenspannung von 1,92 Volt vorhanden.

Weiters wird das geringere Gewicht und der geringere Platzbedarf für die Edisonzelle hervorgehoben. Der Edison-Akkumulator ist auch widerstandsfähiger, meist aber viel teurer als der Bleiakkumulator.

[266] Übungsaufgaben.

Aufg. 90. Eine Drehstromzentrale gibt an ihre Kunden Drehstrom von 120 Volt Spannung zwischen je zwei Klemmen ab. Für welche Spannung müssen die Lampen bei Sternschaltung geschaltet sein.

Aufg. 91. Welcher Effekt wird verbraucht, wenn durch jede Zuleitung der vorigen Aufgabe ein effektiver Strom von 10 A fließt?

Aufg. 92. Für welche Spannung müssen die Lampen bestellt werden, wenn sie in Dreieckschaltung geschaltet werden sollen, und welcher Strom fließt dann durch jeden Zweig, wenn der Strom in den Zuleitungen 10 A beträgt.

Lösungen im 5. Briefe.

[267] Lösungen der im dritten Briefe unter [197] gegebenen Übungsaufgaben.

Aufg. 71: Die Stromstärke folgt aus der Formel:

$$J_0 = \frac{E_0}{R^2 + \left(\frac{1}{\omega \cdot C}\right)^2} =$$

$$= \frac{2000}{R^2 + \left[\frac{1}{(2\pi \cdot 50 \cdot 2 \cdot 10^{-6})}\right]^2} = \mathbf{1{,}25\ A.}$$

$$\operatorname{tg} \varphi = \frac{1}{C \cdot \omega \cdot R} = \frac{1}{2 \cdot 10^{-6} \cdot 2 \cdot \pi \cdot 50 \cdot 10} =$$

$$= \frac{10^5}{200 \cdot 3{,}14} = \mathbf{159{,}5.}$$

Aufg. 72:

$$L = \frac{1}{\omega^2 \cdot C}.$$

$$L = \frac{1}{(2\pi \cdot 60)^2 \cdot 5 \cdot 10^{-6}} = \mathbf{1{,}39}\text{ Henry.}$$

Aufg. 73:

a) Nach der Definition der Nutzkomponente

$$i_n = \frac{500}{1000} = \mathbf{0{,}5\ A.}$$

b) Die wattlose Komponente folgt aus der Gleichung

$$i_c' = C \cdot \omega \cdot e_c' = 10 \cdot 10^{-6}\,(2\pi \cdot 50) \cdot 1000 = \mathbf{3{,}14\ A.}$$

c) Der Kondensatorstrom ist bestimmt durch die Gleichung:

$$i' = \sqrt{3{,}14^2 + 0{,}5^2} = \mathbf{3{,}18\ A.}$$

Aufg. 74:

a)

$$e'\, i_n' = L$$

$$i_n' = \frac{L}{e'} = \frac{600}{1000} = \mathbf{0{,}6\ A.}$$

b) $i_n^2 = i_{n1}^2 - i_n'^2 = \overline{2{,}5}^2 - 0{,}6^2 = \mathbf{2{,}42\ \Omega.}$

Aufg. 75:

$$\operatorname{tg} \varphi = \frac{1}{C \cdot \omega \cdot r_1} = \frac{1}{20 \cdot 10^{-6} \cdot 2\pi \cdot 50 \cdot 10} = 15{,}9$$

$$i_1' = \frac{e'}{\sqrt{r_1^2 + \left(\frac{1}{\omega C}\right)^2}} =$$

$$= \frac{100}{\sqrt{100 + \frac{1}{(2\pi \cdot 50 \cdot 20 \cdot 10^{-6})^2}}} = \frac{100}{159} = 0{,}629\ \text{A.}$$

Die Stromstärke im Lampenzweig

$$i_1' = \frac{e_1}{r_2} = \frac{100}{20} = 5\ \text{A},$$

welche mit der Richtung der Gesamtspannung zusammenfällt.

LEBENSBILDER

Wilhelm Eduard Weber

(* 1804, † 1891)

studierte in Halle, gab dann mit seinem älteren Bruder Heinrich eine „Wellenlehre" heraus und wurde schließlich als Professor für Physik nach Göttingen berufen. Als er mit sechs seiner Kollegen gegen die Aufhebung der Verfassung protestierte, wurde er seines Amtes entsetzt und lebte später als Privatgelehrter, bis er 1843 als Professor nach Leipzig berufen wurde. Von hier kehrte er 1849 in seine frühere Stellung zurück. In Göttingen knüpfte sich ein enges Freundschaftsband zwischen **Weber** und Karl Friedrich **Gauß,** aus welchem als Frucht der **erste elektromagnetische Telegraph** im Jahre 1833 hervorging.

Zwei Kupferdrähte, über die Dächer der Stadt Göttingen führend, vermittelten bei den gleichzeitig angestellten magnetischen, galvanischen und elektromagnetischen Untersuchungen den telegraphischen Verkehr zwischen dem physikalischen Institut und dem magnetischen Observatorium der Sternwarte. Weber gab später in Gemeinschaft mit seinem jüngeren Bruder, dem Mediziner Professor Eduard, eine Abhandlung über die menschlichen Gehwerkzeuge heraus und gründete 1837 den Magnetischen Verein in Göttingen. Außer Artikeln über die Resultate aus den Beobachtungen des Magnetischen Vereins in den Jahren 1836 bis 1841 und dem dazugehörigen Atlas des Erdmagnetismus haben Webers „elektrodynamische Maßbestimmungen" eine fundamentale Bedeutung. Die darin aufgestellten **absoluten Strommaße** hat der **Pariser Elektrikerkongreß 1881** mit gewissen Modifikationen auch für die elektrotechnische Praxis angenommen.

Weber starb 1891 zu Göttingen.

Alfred Nobel.

(* 1833, † 1896.)

Der geniale Gelehrte, Ingenieur und Erfinder des Dynamits, der bescheidene, stille, gute Mensch und Idealist **Nobel** ist nur weniger bekannt, was den Kundigen kaum wundert, „denn der Name der Männer, die für die Technik Großes leisten, hat bekanntlich keine Flügel". Seine Vorfahren lassen sich in Schweden bis in das 17. Jahrhundert zurückverfolgen, und schon **Emanuel Nobel** in Gefle, der Vater des berühmten Dynamitforschers, hatte nur mehr Interesse an technischen Dingen, trotzdem ursprünglich die Träger des Namens **Nobelius,** aus dem dann der Name Nobel wurde, die entweder aus England stammten und später in Skandinavien eingewandert waren, den gelehrten Berufen angehörten. Mit größter Vorliebe aber pflegte Emanuel Nobel die Herstellung von Sprengstoffen und faßte für diese gefährliche Beschäftigung ein so leidenschaftliches Interesse, daß er ihretwegen schließlich Beruf und Vaterland verließ, um ihr ganz nach Gefühlen leben zu können. Kurz nach einer Explosion im Nobelschen Laboratorium in Stockholm, welche alle Fenster der umliegenden Nachbarhäuser zertrümmerte, folgte Nobel 1837 einem Rufe nach **Petersburg,** wobei ihm seine Familie mit dem damals dreijährigen Alfred nach fünf Jahren folgte.

Alfred Nobel war das dritte Kind seiner Eltern. Von seiner Kindheit und über seine Jugendzeit wissen wir eigentlich gar nichts. Seinem Vater scheint es in Petersburg anfangs sehr gut gegangen zu sein. Das neugegründete Unternehmen hob sich rasch in Rußland, und nach der Erfindung der Schießbaumwolle und des Kollodiums durch **Schönbein** gelangte schon der Vater Nobels auf das Gebiet technischer Betätigung, auf dem sein Sohn dann später der erfolgreichste Bahnbrecher wurde. **Alfred Nobel** besuchte die Schule in **Petersburg,** auf der er sich schon durch sein erstaunliches Sprachtalent auszeichnete. Mit 16 Jahren trat er als seines Vaters Gehilfe in die Fabrik ein, um sich praktisch zum Maschinenbauer auszubilden, dann arbeitete er bei seinem berühmten Landsmann **John Ericsson** — dem großen Schiffsbauingenieur in New York — durch vier Jahre und kehrte 1854 nach Petersburg zurück. Dort erwarteten ihn infolge des Krimkrieges zwischen Rußland und der Türkei die größten Aufgaben, die aber bei dem undankbaren Zarenreiche ihm durchaus nicht die erwarteten Erfolge brachte, so daß er nach dem Konkurse seiner Fabrik nach Stockholm zurückkehrte und dort wieder ganz von vorne anfangen mußte. Er rief im Stockholmer Vorort **Heleneborg** eine **Nitroglyzerinfabrik** ins Leben, die mit Hilfe französischen Geldes rasch in Aufschwung kam. Man wußte zwar, daß **Nitroglyzerin** ein vortrefflicher Sprengstoff war, der aber die Eigentümlichkeit hatte, bei der Berührung mit einer offenen Flamme nicht zu explodieren, sondern einfach zu verbrennen, aber bei heftigen Erschütterungen in ungeahnt gewaltiger Weise zu explodieren. Zudem war der Stoff außerordentlich giftig, so daß alle, die mit diesem Materiale experimenierten, in fast unausgesetzter Lebensgefahr sich befanden. Gelang es, das Nitroglyzerin so konnte eine neue große und wichtige Industrie ins Leben gerufen werden, und das war der Ansporn, der die Nobels zu diesen gefährlichen Untersuchungen trieb.

Die Zündschnur, mit deren Hilfe man sonst die Explosivstoffe in Aktion treten ließ, ohne die dabei tätigen Menschen zu gefährden, versagte hier, bis es Nobel gelang, den Zündhut herzustellen, der jetzt den Menschen half, die Explosion des Nitroglyzerins durch den Zündhut und das Prinzip der **Initialzündung** zuwege zu bringen. Als **Nobelsches Sprengöl** ging nun das Nitroglyzerin seinen Weg durch die technische Welt und sicherte dadurch scheinbar die Zukunft der Heleneborger Fabrik und damit der Nobelschen Familie, bis 1864 ein furchtbares Unglück die Nobelsche Fabrik neuerlich in die Luft fliegen machte, bei welchem Unglück Nobels jüngster Bruder Emil und 1000 Menschen ihr Leben einbüßten.

So erschütternd diese Katastrophe war, traten neue schwere Sorgen für die Familie Nobel auf, weil der neue Explosivstoff allen bisher bekannten so bedeutend überlegen war. Allenthalben weigerte man sich, den gefährlichen Nachbar aufzunehmen. So kam es, daß **Alfred Nobel,** als er seine stolze Erfindung gemacht hatte, er überall im Auslande Filialfabriken errichtete, die alle der **Nitroglyzeringesellschaft** angehörten, bis Nobels Erfindergenius eine Form ersann, in der seine Sprengkraft nicht gemindert war, die aber ein leichteres und ungefährlicheres Hantieren gestattete. Es war das Nobels bedeutendste Erfindung, das **Dynamit.**

Damit war jener fürchterliche Sprengstoff gefunden, der unter dem glücklich gewählten Namen **Dynamit** Weltberühmtheit erlangte. Seine Dynamitpatronen bestanden aus 20 bis 30 Gewichtsteilen geschlämmter und gesiebter Kieselgur mit 70 bis 80 Gewichtsteilen Nitroglyzerin mit etwas kalzinierter Soda, bildete Stangen von 10 cm Länge und 2 bis $2\frac{1}{2}$ cm Dicke in Pergament und sind in diesem Zustande fast unbegrenzt haltbar. Bei Temperaturen unter 8^0 C gefriert die Sprengmasse und verbrennt an offener Flamme ohne Explosion. Um ihn zur Explosion zu bringen, muß man ihn langsam oder schnell auf 180 bis 230^0 erhitzen und ihm zwischen zwei Metallplatten einen kräftigen Schlag versetzen. Blitzschlag ist sehr zu fürchten, ein Dynamitvorrat läßt sich aber durch verständiges System von Blitzableitern leicht gegen Blitzschlag schützen.

Um Sprengungen unter Wasser vorzunehmen, muß das Dynamit, da bei direkter Berührung mit dem Wasser das Kieselgur das Nitroglyzerin wieder von sich gibt, in wasserdichten Blech- und Kautschukumhüllungen angewendet werden. Man hat späterhin an Stelle des Kieselgurs noch manche andere Stoffe mit Nitroglyzerin zu tränken versucht und diesen Mischungen mannigfache Namen gegeben. Aber keine hat auch nur annähernd die Wichtigkeit des Dynamits erlangt, wovon schon 1874 über 3000 t jährlich erzeugt wurden.

Nobel errichtete dann allerorten in Europa und Amerika Dynamitfabriken und war deshalb Kosmopolit im weitesten Sinne des Wortes. Durch sein großes Interesse an der Friedensbewegung schloß er sich, nachdem er Paris als Sitz seines Laboratoriums bestimmt hatte, an die durch ihr Werk **„Die Waffen nieder“** berühmt gewordene Friedensfreundin **Berta von Suttner** an, mit der er jahrelang in Briefwechsel gestanden hat. Vom gesellschaftlichen Leben hielt er sich ferne; seine Studien, seine Bücher und seine Experimente — das füllte sein Leben aus.

„Ich möchte einen Stoff, eine Maschine schaffen können, pflegte er zu sagen, der von so fürchterlicher, massenhaft verheerender Wirkung, daß dadurch Kriege überhaupt unmöglich sind.“

Später erfand er noch den **Sprenggummi** und den **Ballistit.**

Nobels Sozialismus war ein Edelsozialismus, zu dem sich nur wenig auserlesene Geister aufschwingen können. Noch charakteristischer äußerte sich Nobels Sozialismus in seiner schroffen Abneigung gegen die Vererbung großer Vermögen durch mehrere Generationen, deshalb widmete er auch sein nach vielen Millionen zählendes Vermögen einer Stiftung, die alljährlich großartige Geldpreise den Gelehrten aller Länder auf allen Gebieten der menschlichen Friedensarbeit nach dem Gutachten einer internationalen Kommission verteilte.

Es ist wohl bemerkenswert, daß Deutschland in der Liste der Nobelpreisträger bisher das Übergewicht erlangt hat.

Am 10. Dezember 1896 fand man ihn in seinem Laboratorium zu San Remo tot auf, ein Herzkrampf hatte ihn einsam, ohne Zeugen und ohne jede Bettlägerigkeit, niedergestreckt.

Max von Eyth.

Der Dichteringenieur, * 1836, † 1906.

Man hört nicht selten und nicht mit Unrecht, daß der Ingenieurberuf und die schönen Künste sich schlecht miteinander vertragen. Daß aber gelegentlich dennoch ein hervorragendes Ingenieurtalent und eine schaffende Künstlernatur allerersten Rangs in einem Manne vereinigt sein können, dafür gibt der Name **Lionardo da Vinci** das beste Beispiel. Aus der neuesten Zeit ist es **Max Eyth,** der den Dichteringenieur repräsentiert, der noch im Greisenalter eine jugendfrische Begeisterung für seinen Beruf hatte und mit einem köstlichen Humor begabt war.

Wie der Vater, der sich auch als selbständiger Dichter betätigte, so wies auch die Mutter literarische Neigungen und schriftstellerisches Talent auf. Kein Wunder, daß der Sohn eines solchen Elternpaares wieder ein Dichter wurde, der freilich den sog. gelehrten Berufen keinen Geschmack abgewinnen konnte: ihn begeisterten surrende Maschinen, lärmende Fabriksräume, kurz, das technische Schaffen unserer Zeit.

Als Max Eyth drei Jahre alt war, verließen die Eltern seinen Geburtsort Kirchheim und siedelten nach dem Städtchen Schönthal über, wo der kleine Max eine sonnige, glückselige Kinderzeit verlebte. Bis zu seinem 12. Jahre wurde er vom Vater unterrichtet; erst im Seminar erwachte in ihm die Neigung zur Mathematik, die seinem Leben zwar die Bahn wies, aber anfangs mit einer fast komisch wirkenden Heftigkeit auftrat, die seinem Vater gar nicht behagt haben mag. Im Jahre 1852 trat Eyth aus dem theologischen Seminar aus und bereitete sich dann auf der polytechnischen Schule in Stuttgart auf eine praktische Laufbahn vor, indem er vier Jahre lang dort die Wissenschaft des Maschinenbaues theoretisch studierte. Dann begann für ihn die harte Arbeit in der Praxis, indem er zunächst in die technisch nicht ganz einwandfreie Eisengießerei und Maschinenfabrik in **Heilbronn** eintrat und dann durch vier Jahre in der Maschinenfabrik in **Stuttgart-Berg** an Schraubstock und Drehbank, später als Zeichner und Monteur tätig war.

In dieser Zeit entstanden bereits mehrere dichterische Produkte, denn das Reich der Poesie mußte ihn über manche unbehagliche Stunde des rauhen Alltagslebens hinwegströsten. So entstanden seine **„Lieder am Schraubstock“**, in denen er den seltenen und eigenartigen Versuch machte, die technische Wirklichkeit mit dem Auge des Dichters anzuschauen und eine größere romantische Dichtung **„Volkmar“**. Oft genug dichtete er während seiner oft sehr langweiligen und stumpfsinnigen Arbeit an den Maschinen, um dem verkümmerten Geiste wenigstens etwas Anregung zu bieten.

Im Vorwort zur vierten Auflage seines Buches **„Feierstunden“** ((Heidelberg 1904) hat Eyth sein Tun und Treiben und seine Gemütsverfassung in jenen Heilbronner Tagen trübselig genug geschildert. In der Kühnschen Fabrik zu Berg war das Leben ja nicht ganz so trostlos wie in Heilbronn, aber zunächst doch wenig befriedigend. Immerhin stieg Eyth auf und wurde 1860 sogar nach Paris entsendet, um dort die Bauart der Lenoirschen Gasmotoren zu studieren, die damals in der technischen Welt außergewöhnliches Aufsehen erregten. Eyth sollte versuchen, dem Belgier Lenoir sein Geheimnis abzugucken und es seiner Firma zu verraten. Diese Aufgabe sagte seinem offenen, ehrlichen Charakter grundwenig zu, aber er bemühte sich dennoch, seinen Chef nach Möglichkeit zufriedenzustellen; aber das ganze, heute glänzend gelöste Problem einer brauchbaren Gasmaschine lag noch zu sehr in den Windeln, um auf diese Weise aufgeklärt zu werden, seine Pariser Reise hatte daher nicht das gewünschte Ergebnis gebracht. 1861 unternahm Eyth eine Studienreise ohne bestimmten Zweck und ohne festes Ziel, die ihn 21 Jahre von Deutschland fernhielt, wenn er auch in dieser Zeit mehrfach zu kürzeren Besuchen zu seinen Angehörigen zurückkehrte. Wie das so merkwürdig kam, hat Eyth uns selbst in seiner köstlichen Meisternovelle **„Der blinde Passagier“** später erzählt. Jedermann, der dieses kleine Kabinettstück Eythschen Humors noch nicht kennt, sei die Lektüre der kurzen Prachterzählung aufs wärmste empfohlen. Bei dieser Reise lernte Eyth den berühmten Erfinder des **Dampfpfluges John Fowler** kennen, trat in dessen Dampfpflugfabrik ein, reiste für ihn nach Ägypten, wo er später Chefingenieur für das ganze Land wurde. Nach dem Tode des Erfinders enthob ihn ein ehrenvolles, günstiges Angebot des neuen Chefs der Firma Fowler der Sorgen um seine Zukunft. Im Auftrage dieser jetzt rasch aufblühenden Firma machte er große Reisen nach Amerika, wo er auf dem Eriekanal eine neue Schleppvorrichtung für Schiffe zu erproben suchte und einen von ihm konstruierten Pflug für die Zuckerkultur in New-Orleans einführte.

Eyth trat später aus der Fowlerschen Fabrik aus und lehnte den Posten eines technischen Direktors in Rumänien ab, um seine großartigen Ideen, die dem deutschen Vaterlande Glück und Ehre bringen sollten, durch Gründung **der deutschen Landwirtschaftsgesellschaft** zur Ausführung zu bringen.

Die Gesellschaft wurde 1884 in Berlin gegründet, nahm rasch einen gewaltigen Aufschwung, der gern und freudig anerkannt wurde. Mit Ehren aller Art überhäuft, kehrte Eyth nach Schwaben zurück, in dem er noch zehn fröhliche freundliche Jahre im Ruhestande verleben durfte.

Unter seinen literarischen Werken ist das bereits erwähnte zweibändige Werk **„Hinter Pflug und Schraubstock“** und in den letzten Jahren das dreibändige Werk **„Im Strome unserer Zeit“** besonders hervorzuheben.

Als Romanschriftsteller beschäftigte er sich in seinem großen zweibändigen Roman **„Der Kampf um die Cheopspyramide“** mit seinem Lieblingsthema von den Hypothesen über die Cheopspyramide, und als bester Roman gilt **„Der Schneider von Ulm“**. Sein letztes Gedicht, das er gelegentlich der Feier seines 70. Geburtstages veröffentlicht hat, verherrlicht in unvergleichlicher Weise Berlin und seiner Arbeit Genius, das nach den stürmischen und gedrückten Jahren der Demütigung, die Deutschland leider jetzt durchlebt, hoffentlich recht bald wieder zur vollen Wahrheit werden wird. Eine kleine Probe aus diesem langen Poem möge das Lebensbild dieses wahren Sonnenkindes, das bis zuletzt sein Werk gelingen sah und das Freude und Wärme auch auf seine deutschen Volksgenossen in seinen Schriften und Taten bis über den Tod hinaus ausstrahlte, beschließen:

„Die Dritte ist — heute nenn' ich sie die größte,
Sie strahlt mit ernstem, aber hellstem Licht:
Die Arbeit ist es, die die Welt erlöste,
Die, wenn auch langsam, ihre Ketten bricht.
Der Trägheit üpp'ger Wahnsinn ist dahin.
Der Arbeit Söhne grüßen dich, Berlin,
Du Stadt des Schaffens ruheloser Säfte,
Du Stadt der Arbeit voll lebendiger Kräfte!“

III. Fachband:
MASCHINENBAU UND ELEKTROTECHNIK.

5. BRIEF.

Was heute nicht geschieht, ist morgen nicht getan.
Und keinen Tag soll man verpassen. Goethe.

TECHNISCHE MECHANIK UND WÄRMELEHRE

Inhalt: Bevor wir in der Maschinenlehre zu den eigentlichen Wärmemotoren übergehen, müssen wir die Wärmelehre dahin ergänzen, daß es sich nicht mehr ausschließlich um treibende Kräfte, sondern um sogenannte **passive Widerstände** handelt, die niemals als treibende Kräfte auftreten und daher die zu ihrer Überwindung verbrauchte Arbeit nicht wieder als **potentielle Energie** abgeben können. Die Annahme, daß ein so wichtiges Naturgesetz, wie das von der Erhaltung der Energie durch einen so kleinlichen Umstand, wie der teilweise Ersatz anderer widerstehender Kräfte, umgestoßen werden könnte, erweist sich nun im weiteren Verfolg der Wärmelehre als richtig, sobald nur die potentielle Energie **durch kinetische Energie** ersetzt wird. Um nun die Wärmekraftmaschine wirklich zu verstehen, müssen wir uns die diesbezüglichen Hilfsmittel der Erfahrung zu Gemüte führen, die wie in der Dampfmaschine so auch hier die Errungenschaften der Wissenschaften so wunderbar ergänzen. Erst dann wird der angehende Maschinenbauer das Wesen der Dampfmaschinen und der Wärmemotoren wirklich voll verstehen. Soweit es wegen des Verständnisses hier notwendig ist, müssen wir leider einige Abschnitte des III. Heftes einer kurzen Wiederholung unterziehen, wodurch aber der Leser nichts Überflüssiges lernt, sondern noch zu neuen Studien angeregt wird.

6. Abschnitt.

Wirkung und Gegenwirkung.

[268] Der Satz vom Antrieb.

Wo eine Kraft wirkt, da stellt sich ihr auch stets ein Widerstand entgegen. Ruht eine Kraft, so besteht eine gleichgroße Gegenkraft. Ist ein Körper beweglich, so bringt der Kraftüberschuß den Körper, auf den er wirkt, in Bewegung, und wenn dieser schon in Bewegung war, erteilt er ihm eine Geschwindigkeitszunahme im Sinne der Kraftrichtung, d. h. er beschleunigt ihn. Dem widersetzt sich aber die träge Masse des Körpers, und letztere kann nur eine Beschleunigung annehmen, für welche der Trägheits- oder Beschleunigungswiderstand gerade gleich dem Kraftüberschusse ist und diesen ins Gleichgewicht bringt. Es fragt sich nun zunächst, was wir unter **Beschleunigung** verstehen wollen. Wenn der Kraftüberschuß unveränderlich in gleicher Stärke gewirkt hat, und daher auch die Beschleunigung unveränderlich war, so liegt es am nächsten, die Geschwindigkeitszunahme in der Zeiteinheit in der Sekunde, als Beschleunigung zu berechnen. War also die Geschwindigkeit zu Beginn c, die zu Ende der Kraftwirkung v, beide in Richtung der letzteren genommen, so ist die Beschleunigung durch die Formel

$$p = \frac{v - c}{t} = \frac{\text{Geschwindigkeitszunahme}}{\text{Zeit, in der sie erlangt wurde}} \qquad (1)$$

Die vorstehende Formel gilt daher auch, wenn die Beschleunigung negativ geworden, wenn nur beachtet wird, daß negative Beschleunigungen **Verzögerung** bedeuten.

Für veränderliche Kraftwirkungen ergibt sich daher die Formel

$$p = \frac{\Delta v}{\Delta t} = \frac{\text{Geschwindigkeitszunahme im nächsten Zeitteilchen}}{\text{durch dieses Zeitteilchen}}.$$

Bei einem und demselben Körper verhalten sich die von zwei verschiedenen Kräften erzeugten Beschleunigungen wie die Kräfte selbst. Das Gewicht Q erteilt jedem Körper die Fallbeschleunigung $g = 9{,}81$ m/sek in der Sekunde, die Kraft P die Beschleunigung

$$p = \frac{P \cdot g}{Q},$$

$$\boldsymbol{P = \frac{Q}{g} \cdot p}.$$

$\frac{Q}{g}$ ist eine unveränderliche, dem Körper eigentümliche Größe, die wir als **Masse** des Körpers bezeichnen.

Kraft = Masse mal Beschleunigung

$$P \cdot \Delta t = \frac{Q}{g} \Delta v \quad \ldots\ldots \quad (2)$$

$$\Sigma [P \cdot \Delta t] = \frac{Q}{g} (v - c)$$

$$\Sigma [P \cdot \Delta t] = \frac{Q}{g} v - \frac{Q}{g} c.$$

$$\textbf{Antrieb} = \textbf{Zunahme an Bewegungsgröße} \quad . \quad (3)$$

$$P \cdot t = \frac{Q}{g} \cdot v - \frac{G}{g} \cdot c \quad . \; . \; . \; . \; . \quad (4)$$

Bewegt sich aber der Körper nicht in der Richtung der Kraft, so sind für c und v die in die Kraftrichtung fallenden Komponenten zu nehmen.

[269] Arbeitsgleichung.

Selbstverständlich leistet eine Kraft auch bei Überwindung eines Beschleunigungswiderstandes Arbeit; es wäre nur zu untersuchen, unter welcher Gestalt sich diese wiederfindet. Natürlich genügt es offenbar, sich auf den Fall einer konstanten Kraft zu beschränken, da dann die Sätze für ein kleineres Element der Bewegung ihre volle Gültigkeit behalten.

$$P = \frac{Q}{g} \cdot p$$

$$P = \frac{Q}{g} \cdot \frac{v - c}{t}.$$

Anderseits ist der in der Zeit t zurückgelegte Weg gleich der mittleren Geschwindigkeit mal der Zeit

$$s = \frac{v + c}{2} \cdot t.$$

Multiplizieren wir beide Gleichungen, so erhält man

$$P \cdot s = \frac{Q}{g} \cdot \frac{v^2 - c^2}{2} \quad . \; . \; . \; . \; . \quad (5)$$

$$\underbrace{P \cdot s}_{\text{Arbeit der beschleunigenden Kraft}} = \underbrace{\frac{Q}{g} \cdot \frac{v^2}{2} - \frac{Q}{g} \cdot \frac{c^2}{2}}_{\text{Arbeitsvermögen der kinetischen Energie}} \quad . \; . \; . \; . \quad (6)$$

Um das einzusehen, lassen wir die bewegte Masse einmal die Arbeit zum Heben des eigenen Gewichtes verrichten. Wir denken uns den Körper ohne Änderung seiner Geschwindigkeit in die senkrechte Aufwärtsrichtung abgelenkt. Aus $v = \sqrt{2gh}$ ergibt sich die Fallhöhe bzw. die Steighöhe $h = \frac{v^2}{2g}$. Auf diese Höhe kann also der Körper sein eigenes Gewicht heben, indem seine Geschwindigkeit bis auf Null abnimmt, und er leistet dann offenbar die Arbeit

$$Q \cdot \frac{v^2}{2g} = \frac{Q}{g} \cdot \frac{v^2}{2}.$$

Daß er aber auch bei jeder anderen Gelegenheit, wo er zur Ruhe kommt, dieselbe Arbeitsmenge leistet, könnten wir nur auf Umwegen beweisen.

$$Ps = \frac{Q}{g} \cdot \frac{v^2}{2} - \frac{G}{g} \cdot \frac{c^2}{2} \quad . \; . \; . \; . \quad (7)$$

Man kann aber die einem Körper zugeführte (also nicht weiter geleitete) Arbeit ganz oder teilweise zur Überwindung anderer Widerstände verwenden. Wir sehen vorläufig davon ab, daß unter diesen Widerständen auch sog. passive, wie Reibungen usw. vorkommen, nehmen vielmehr an, daß neben Beschleunigungswiderständen nur aktive Kräfte wie Federspannungen, Gewicht usw. zu überwinden wären. **Die hierzu verwendeten Arbeitsanteile sind nun auch nicht verloren.** Das gehobene Gewicht leistet beim Wiedersenken, die gespannte Feder bei ihrer Ausdehnung wieder dieselbe Arbeit, die zum Heben bzw. zum Zusammendrücken verbraucht war.

Solange wir es mit rein mechanischen Vorgängen zu tun haben, also passive Widerstände und die mit ihrer Überwindung unvermeidlich verbundenen Wärmeerscheinungen nicht in Frage kommen, ist also der sog. Satz von der Erhaltung der Energie bewiesen.

[270] Der erste Hauptsatz der mechanischen Wärmelehre.

Wir haben bereits vom **Wärmeäquivalent der Arbeitseinheit** und vom **Arbeitsäquivalent der Wärmeeinheit** gesprochen. Es liegt nun die Annahme sehr nahe, daß bei genauerer Untersuchung die zur Überwindung passiver Widerstände oder die durch den Stoß nicht vollkommen elastische, **scheinbar verlorene kinetische Energie** sich doch noch als kinetische oder potentielle Energie wiederfindet, wenn auch nicht als solche der sichtbaren Massen, sondern vielleicht der unsichtbar kleinsten Teilchen der letzteren, und daß es die begleitenden **Wärmeerscheinungen** sind, durch die sich das den Sinnen bemerklich macht. Um das Arbeitsäquivalent der Wärmeeinheit wird also die innere Energie eines Körpers vermehrt, wenn man ihm auf irgendwelche Weise eine Wärmeeinheit zuführt. Welche unsichtbaren kleinen Teile des Körpers hierbei aber ins Spiel kommen, darüber enthält die Wärmelehre keine Andeutung. Wohl aber können wir sagen, daß jede Zunahme der fühlbaren Wärme der Körper einen Zuwachs an kinetischer Energie der kleinen Teilchen, die wir der Kürze halber als **Moleküle** bezeichnen wollen, entsprechen muß, denn die fühlbare Wärme geht ja ohne weiteres vom wärmeren zum kälteren Körper über, in gleicher Weise, wie die kinetische Energie des rascher bewegten sich dem langsamer bewegten getroffenen Körper mitteilt. Da nun alle Körper fühlbare Wärme besitzen und gar nicht auf den absoluten Nullpunkt abgekühlt werden können, **so müssen auch die Moleküle aller Körper kinetische Energie haben,** also in Bewegung sein. Bei den festen Körpern kann diese Bewegung nur eine **schwingende** sein. Bei den Flüssigkeiten, die zwar keine bestimmte Form, aber doch ein bestimmtes Volumen haben, ist die Bewegung der Moleküle viel freier. Bei den Gasen erklären sich alle deren Eigenschaften aus dem Durcheinanderfliegen der gesamten Moleküle nach allen Richtungen (Kinetische Gastheorie: Vorstufe [112]). Arbeit kann auch aus elektrischer Energie entwickelt oder zur Erzeugung letzterer aufgewendet werden. Sie muß also auch mit den anderen Energien, in welche sich elektrische Energie so leicht umwandeln läßt, wie chemische Energie, Lichtenergie usw. wesenseins sein.

[271] Der zweite Hauptsatz der Wärmetheorie.

Der erste Hauptsatz der Wärmelehre spricht nun aus, daß mechanische Arbeit und Wärmemenge verschiedene Formen ein und derselben Energie sind, die weder einer Vermehrung noch einer Verminderung fähig sind (Rob. Mayer).

Dagegen sagt dieser Satz nichts über die Bedingungen, unter welchen diese Umwandlung stattfindet. Hier lehrt uns schon die Erfahrung, **daß Arbeit jederzeit und ohne weiteres in Wärme umgesetzt werden kann und daß Wärme von höherer Temperatur in solche niedrigerer Temperatur übergehen kann,** daß aber die entgegengesetzte Umwandlung mehr umständlicher Veranstaltungen —

Wärmemotoren und **Eismaschinen** — bedarf. **Bei jeder Arbeitsleistung durch Wärme muß die Temperatur fallen und zugleich unter allen Umständen ein der Arbeit äquivalenter Teil der Wärme als solche verschwinden. Die Einrichtungen bedingen, daß die in ihnen in Nutzarbeit umgesetzte Wärmemenge von weiterer Wärmemenge begleitet wird, die nicht in Arbeit übergeht und je nach Umständen verschieden ist. Wärme kann nicht ohne Aufwand mechanischer Arbeit von einem Körper tieferer Temperatur auf einen solchen höherer Temperatur übergehen (Clausius).** Man kann daher von einer Entwertung der Energie sprechen, die um so größer sein wird, je mehr Energie in Wärme übergegangen ist und je niedriger die Temperatur ist. Der Nullpunkt der sog. Temperaturfunktion ist der schon erwähnte absolute Nullpunkt, d. s. 273° C unter dem Gefrierpunkte.

Der Entropiebegriff berücksichtigt den Wert der Energie.

Bezeichnen wir also jede vorhandene Wärmemenge mit dQ, ihre absolute Temperatur durch T, so ist die **Entropie des Weltalls** durch

$$\Sigma\left[\frac{\Delta Q}{T}\right]$$

dargestellt.

Die Annahme, daß bei irgendeinem Vorgange die Gesamtsumme der Entropie kleiner werden könnte, würde nämlich die undenkbare Folgerung liefern, daß **man Wärme der Umgebung, die ja in unbeschränktem Maße zur Verfügung steht, in Arbeit zurückverwandeln könnte, ohne daß eine andere dauernde Änderung einzutreten brauchte, es wäre dann praktisch die Aufgabe eines Perpetuum mobile gelöst.** Das widerspricht den Erfahrungen und es empfiehlt sich für unsere Zwecke, nicht mehr von der Entropie des Weltalls zu sprechen, sondern nur von dem **„Entropiezuwachs"**, den ein Prozeß herbeiführt. Fragen wir einmal nach der theoretischen Betriebskraft für eine Eismaschine, die stündlich 250000 Kalorien Wärme aus einem Lagerkeller zu entfernen hat, um diesen dauernd auf einer Temperatur von 3,5° unter dem Gefrierpunkte zu halten. Wir nehmen dabei an, daß Kühlwasser von 10° C in unbeschränkter Menge zur Verfügung steht, daß wir also die Wärme bei dieser Temperatur wieder aus der Maschine ableiten können. Durch die Arbeit der Maschine wird sekundlich die Wärmemenge

$$Q_u = \frac{250000}{3600} \sim \mathbf{69{,}5}\ \text{Kalorien}$$

bei der Temperatur — 3,5° C = 273 — 3,5 = 269° absolut weggeschafft, d. h. in der Maschine in Arbeit umgesetzt, dem entspricht also eine Entropieabnahme, für welche wir $\frac{Q_u}{T_u}$ in die Summenformel einzusetzen hätten.

Im theoretischen Grenzfalle ist diese Entropieabnahme durch eine gleich große Entropiezunahme auszugleichen, indem die Maschine eine andere Wärmemenge Q_0 bei einer Kühlwassertemperatur von $T_0 = 273 + 10 = 283°$ absolut freimacht, d. h. ihre äquivalente Arbeit zur Umwandlung in diese Wärmemenge Q_0 verbraucht und letztere an das Kühlwasser abgibt.

$$\frac{Q_0}{T_0} - \frac{Q_u}{T_u} = 0 \quad \text{oder} \quad \frac{Q_0}{Q_u} = \frac{T_0}{T_u}$$

$$\frac{Q_0 - Q_u}{Q_u} = \frac{T_0 - T_u}{T_u}.$$

In letzterer Proportion steht links im Zähler die Wärmemenge, die mehr abgegeben als aufgenommen wird, die also auf Kosten der Arbeitsleistung der Maschine erzeugt wird, und also

$$A \cdot L = \frac{1}{427} \cdot L$$

zu setzen ist, wo A das Arbeitsäquivalent der Wärme und L der sekundlich theoretische Arbeitsverbrauch ist. Im Nenner haben wir die gewünschte Kühlleistung, und rechts haben wir uns bekannte Temperaturen:

$$\frac{Q \cdot L}{Q_u} = \frac{T_0 - T_u}{T_u}$$

$$L = \frac{1}{A} \cdot Q_u \cdot \frac{T_0 - T_u}{T_u}$$

$$L = 427 \cdot \frac{250000}{3600} \cdot \frac{283 - 269{,}5}{269{,}5} \sim 1483\ \text{kgm/sek}$$

$$N = \frac{1483}{75} \sim \mathbf{19{,}8\ PS.}$$

Der wirkliche Arbeitsaufwand dürfte dreimal so groß sein.

In unseren Wärmemotoren sind immer nur Gase und Dämpfe Träger der Wärmevorgänge und heißen deshalb auch **„elastisch-flüssige Körper"**.

[272] Zustandsgleichung.

Das Gesetz von **Mariotte** lautet in allgemeiner Form: Sind bei unveränderter Temperatur V_1 und V_2 die Volumina, die dieselbe Gasmenge bei der Pressung p_1 und p_2 einnimmt, so besteht die Proportion

$$\frac{V_1}{V_2} = \frac{p_2}{p_1} \quad \text{oder} \quad V_2 = V_1 \cdot \frac{p_1}{p_2}.$$

Das andere Grundgesetz bezieht sich auf die Ausdehnung durch die Wärme. Hier fand **Gay-Lussac**, daß bei allen eigentlichen Gasen die Ausdehnung durch Erwärmung bei konstanter Pressung gleichmäßig und sogar gleich groß war, nämlich bei Erwärmung um 1° C immer $\frac{1}{273}$ des Volumens bei 0° C.

$$V = V_0 + \frac{V_0}{273} \cdot t = V_0 \cdot \frac{273 + t}{273}.$$

Gewöhnlich faßt man nun beide Gesetze unter der Bezeichnung **Mariotte-Gay-Lussacsches Gesetz** zusammen.

Sind nun für irgendeinen Anfangszustand die drei Zustandsgrößen $p_1\, v_1\, t_1$ bekannt, so kann man den Ausdruck $\frac{p \cdot v}{T}$ ausrechnen, die erhaltene Zahl ist dann für das betreffende Gas ganz unveränderlich und wird als **Gaskonstante** bezeichnet.

Bei atmosphärischer Luft wissen wir, daß 1 m³ bei 0° C und normalem Atmosphärendruck, also bei 10333 kg pro m² 1,293 kg wiegt. Also ist

$$v_1 = \frac{1}{1{,}293}\ \text{m}^3 \quad T_1 = 273 \quad p_1 = 10333\ \text{kg pro m}^2$$

$$R = \frac{10333 \cdot \frac{1}{1{,}293}}{273} = \mathbf{29{,}273.}$$

Für andere Gase ist die Gaskonstante dem spezifischen Volumen, welches sie bei gleicher Pressung und gleicher Temperatur besitzen, direkt, dem spezifischen Gewichte oder der Dichte und bei einem einheitlichen Gase auch dem Molekulargewichte umgekehrt proportional. Alle Erscheinungen bei den Gasen lassen darauf schließen, daß die einzelnen Moleküle aufeinander höchstens verschwindend kleine

Kräfte ausüben, daß daher auch zu ihrer Umlagerung oder zur Abänderung ihrer gegenseitigen Entfernungen keine Energie verbraucht wird. Die einem Gase in Form von Wärme zugeführte Energie kann daher nur zur Vergrößerung der kinetischen Energie der Moleküle, d. h. zur Erhöhung der fühlbaren Wärme und zur äußeren Arbeitsleistung verwendet werden. Ersterer Betrag ist ganz unabhängig davon, in welcher Entfernung und welchem gegenseitigen Abstande sich die Moleküle befinden, wenn also 1 kg eines Gases um 1° C erwärmt werden soll, so ist hierfür immer die gleiche Wärmemenge erforderlich, und wenn das Gas bei der Erwärmung keine Arbeit leistet, also sein Volumen konstant ist, so ist überhaupt andere Wärme als diese Erwärmungswärme nicht zuzuführen, wir nennen sie **spezifische Wärme** bei konstantem Volumen und berechnen sie mit c_v. Zu ihr käme dann in jedem anderen Falle noch die Wärmemenge hinzu, die der gleichzeitig geleisteten äußeren Arbeit äquivalent ist. Bei der Erwärmung um 1° bei konstanter Pressung leistet nun 1 kg Gas die äußere Arbeit R, hier muß also zu c_v noch hinzukommen die Wärmemenge $A\,R$

$$c_p = c_v + A\,R \text{ oder } c_p - c_v = \boldsymbol{A R},$$

wobei A wieder 1 : 427 bedeutet.

Bei allen Gasen von gleicher Atomzahl, also für Luft, Sauerstoff, Wasserstoff, Kohlenoxyd, ist sehr wenig von einander verschieden:

$$\frac{c_p}{c_v} - 1 = 0{,}4; \quad \frac{c_p}{c_v} = \mathbf{1{,}4}.$$

[273] Lebendige Kraft. Masse.

Unter dem Ausdrucke **„lebendige Kraft"** versteht man in der Mechanik **die Arbeitsfähigkeit eines in Bewegung befindlichen Körpers.** Diese Arbeit wird wohl verwendet, um eine Zerstörung anzurichten; nur der Rammklotz einer Ramme verrichtet Arbeit, indem er einen Pfahl in das Erdreich hineintreibt.

Die lebendige Kraft wird bei gleicher Geschwindigkeit um so größer, je größer die Masse des Körpers, das Gewicht des Körpers, dividiert durch die Größe der Fallbeschleunigung ist, die auf allen Punkten des Weltalls dieselbe ist.

Die wichtigsten Gesetze sind:

1. **Bei gleicher Geschwindigkeit zweier in Bewegung befindlicher Körper verhalten sich ihre lebendigen Kräfte wie die Massen.**

2. **Die lebendigen Kräfte zweier in Bewegung befindlicher Körper von gleich großer Masse verhalten sich wie die Quadrate ihrer Geschwindigkeiten.**

3. **Die lebendige Kraft (L) eines Körpers ist gleich der Hälfte des Produktes aus Masse des Körpers und dem Quadrate seiner Geschwindigkeit (Leibniz)**

$$L = m \cdot \frac{v^2}{2}.$$

4. Geleistete Arbeit gleich Unterschied der lebendigen Kräfte.

$$A = \frac{m \cdot v_1^2}{2} - \frac{m \cdot v_2^2}{2}.$$

Aufgabe 93.

[274] *Auf einer Achse sitze eine Trommel, an der ein Gewicht von 250 kg sitzt. Der Kranz des Schwungrades wiege 981 kg und werde so rasch gedreht, daß ein Punkt der Kranzoberfläche per Sekunde 10 m zurücklegt. Wie groß ist nun die lebendige Kraft des Schwungrades?*

$$m = \frac{981}{9{,}81} = 100 \text{ Masseneinheiten.}$$

$$L_1 = \frac{m \cdot v_1^2}{2} = \frac{100 \cdot 10^2}{2} = \mathbf{5000\ mkg.}$$

Verbinden wir jetzt das Schwungrad mit der Welle, so wird das Gewicht in die Höhe, dabei aber das Schwungrad immer langsamer gehen. Für

$$v_2 = 5\text{ m} \qquad L = \frac{m \cdot v_2^2}{2} = \frac{100 \cdot 5^2}{2} = \mathbf{1250.}$$

Die lebendige Kraft hat um 5000 — 1250 = **3750** mkg abgenommen; $\frac{3750}{250} = $ **15 m** wird das Gewicht dabei in die Höhe gehen.

Gerade dieses Beispiel läßt nun mit großer Deutlichkeit eine sehr wichtige Umkehrung des obengenannten Satzes erkennen, **daß geleistete Arbeit gleich dem Unterschied der lebendigen Kraft in zwei gegebenen Augenblicken ist.** Nehmen wir an, wir hielten, nachdem das Schwungrad eben zum Stillstande gekommen ist, die ganze Vorrichtung nicht etwa fest, sondern überließen es sich selbst. Was würde eintreten? Das Gewicht von **250 m** würde um 20 m sinken, das Schwungrad sich immer schneller drehen. Mit andern Worten: Wenn die Last wieder um 20 m gesunken ist, würde der Schwungradkranz wieder eine Umfangsgeschwindigkeit von 10 m/sek erreichen. **Also die Zunahme der lebendigen Kraft eines in Bewegung befindlichen Körpers entspricht genau der auf ihn übertragenen mechanischen Arbeit.**

7. Abschnitt.

Turbinenlehre.

[275] Schaufel und Flüssigkeitsstrahl.

a) Gegen eine schräge Schaufel *ab* (Abb. 258), welche durch irgendeine Vorrichtung mit der durch die Strecke *am* dargestellte Geschwindigkeit geradlinig von rechts nach links bewegt wird, treffe ein aus einer Düse, d. h. einem sich verjüngenden Rohre ausströmender Flüssigkeitsstrahl mit einer Geschwindigkeit, deren Größe und Richtung im Augenblicke des Auftreffens auf die Schaufel durch die Strecke *or* dargestellt wird. Größe und Richtung von *or* seien dabei derartig, daß *or* die Diagonale eines Parallelogrammes bildet, dessen eine Seite om ist und dessen andere Seite on in die Oberfläche der Schaufel falle. Die absolute Geschwindigkeit eines Flüssigkeitsteilchens ist or, während on die Relativgeschwindigkeit dieses Flüssigkeitsteilchens in bezug auf die Schaufel $a\,b$ darstellt. Das betrachtete Flüssigkeitsteilchen wird also nicht durch die Schaufel abgelenkt, es bewegt sich im Raume tatsächlich von o nach r. Da aber in demselben Zeitabschnitte die Schaufel mit der Geschwindigkeit $o\,m$ von rechts nach links bewegt wird, bewegt sich das Flüssigkeitsteilchen relativ mit der ihrer Größe und Richtung nach durch die Strecke $o\,n$ dargestellte Geschwindigkeit. Da nun on nach unserer Annahme gerade mit der Schaufeloberfläche zusammenfällt, so erkennt man leicht, daß das Flüssigkeitsteilchen ohne jeden weiteren Einfluß auf die Schaufelbewegung an der Schaufel entlang fließt. Ist die Schaufel auf ihrer Vorwärtsbewegung in die Lage $a'\,b'$ gelangt, so können wir uns vorstellen, daß ein am untersten Ende der Schaufel sich befindendes Flüssigkeitsteilchen gleichzeitig zwei Geschwindigkeiten hat: die Geschwindigkeit $o'n'$, die Relativgeschwindigkeit, mit der es sich gegen die Schaufelwandung bewegt, und die Geschwindigkeit $o'm'$, die Geschwindigkeit der Schaufel selbst. Diese beiden Geschwindigkeiten setzen sich zu einer einzigen absoluten Austrittsgeschwindigkeit $o'\,r'$ zusammen, welche dieselbe Größe und Richtung haben muß, wie die ursprüngliche absolute Geschwindigkeit or, mit welcher das Wasser die Schaufel trifft.

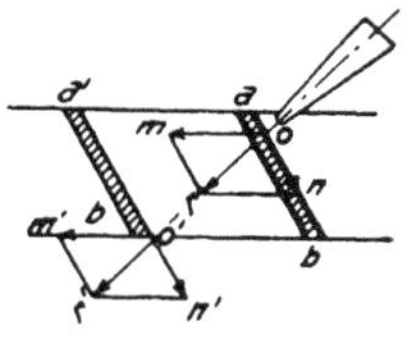

Abb. 258

b) Gekrümmte Schaufel. Wir wollen nun den Versuch in der Weise abändern, daß wir die Schaufel in ihrem unteren Teile ein klein wenig krümmen (Abb. 258a). Alles übrige, also die absolute Austrittsgeschwindigkeit des Flüssigkeitsteilchen, Bewegungsrichtung und Geschwindigkeit der Schaufel und demgemäß auch die Relativgeschwindigkeit des Wassers zu der Schaufel sei unverändert geblieben.

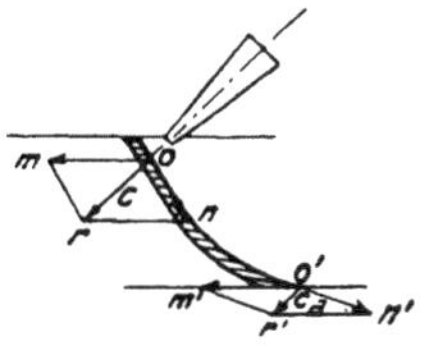

Abb. 258a

Zunächst erkennen wir, daß auch hier das Wasser die Schaufel ohne jeden Stoß trifft und anfänglich sogar ohne Einfluß auf die Bewegung der Schaufel mit der Relativgeschwindigkeit on an der Schaufeloberfläche entlang gleitet. Bei der Kürze der Schaufel wird sich nun diese Relativgeschwindigkeit offenbar so gut wie gar nicht ändern, auch wenn die Schaufel gekrümmt ist, das Wasser wird also mit angenähert derselben Relativgeschwindigkeit $o'n' = on$ die Schaufel verlassen. Da nun aber die Schaufel an ihrem unteren Ende gerade so wie oben eine nach links gerichtete wagrechte Geschwindigkeit $o'm' = o\,m$ hat, so verläßt das Wasser die Schaufel mit einer absoluten Geschwindigkeit, welche sich in einfacher Weise aus dem Kräfteparallelogramm ergibt.

c) $o'r'$ ist kleiner als or, d. h. die absolute Geschwindigkeit, mit welcher das Wasser die Schaufel verläßt, ist kleiner als die Geschwindigkeit, mit welcher das Wasser die Schaufel traf.

Da das Wasser ebenso eine Masse hat wie jeder andere Körper, so hat sich die lebendige Kraft, mit der das Wasser die Schaufel traf, während des Entlanggleitens des Wassers an der Schaufel vermindert. Bezeichnen wir or mit c, $o'r'$ mit c_a, so ist $\frac{m \cdot c^2 - m\,c_a^2}{2}$ die Einbuße an lebendiger Kraft. Eine solche Einbuße muß sich nun aber in der geleisteten Arbeit wiederfinden, und daraus ergibt sich, daß **die Arbeit an die Schaufeln übertragen wurde, während die Flüssigkeit an der gekrümmten Schaufel entlang geglitten ist.**

Diese Arbeit ist $\frac{mc^2 - m \cdot c_a^2}{2}$.

Die Masse von 1 kg Wasser $= \frac{1}{g}$.

Daher wird an die Schaufel eine Arbeit

$$A = \left(\frac{1}{g}\right)\frac{c^2}{2} - \left(\frac{1}{g}\right)\frac{c_a^2}{2}$$

$$A = \frac{c^2 - c_a^2}{2g} \text{ mkg}$$

abgegeben.

Diese Arbeit wird um so größer werden, je größer c ist, mit welcher das Wasser die Schaufel trifft, und je kleiner c_a ist, mit welcher das Wasser abfließt. Da also c_a nicht gleich Null werden kann, so muß es möglichst klein gemacht werden, weil jedes kg Wasser, welches mit der Geschwindigkeit c_a die Schaufel verläßt, ein Arbeitsvermögen von $\frac{mc_a^2}{2}$, also ein Arbeitsvermögen $\frac{c_a^2}{2g}$ mit sich fortnimmt.

[276] Grundform einer Turbine.

Eine Vereinigung solcher gekrümmter Schaufeln kann man als Kraftmaschine benutzen. Der einzige Unterschied gegen früher besteht darin, daß sich die Schaufeln nicht geradlinig fortbewegen, sondern um eine Achse herumlaufen. Da die Schaufeln jedoch sehr kurz sind, das Wasser sich also in ihnen nur sehr kurze Zeit aufhält, und außerdem der Durchmesser des Schaufelrades in der Regel groß ist, kann die Bewegung der Schaufeln als geradlinig angesehen werden. Man nennt eine derartige Kraftmaschine allgemein eine **Turbine,** und je nachdem die gleitende Flüssigkeit Wasser, Gas oder Dampf ist, spricht man von **Wasser-, Gas-** oder **Dampfturbinen.**

Die Leistung läßt sich einfach angeben: Strömen in der Sekunde G kg Flüssigkeit in das Schaufelrad der Turbine mit einer absoluten Geschwindigkeit von c m in der Sekunde und verläßt sie das Schaufelrad mit einer absoluten Geschwindigkeit von c_a m in der Sekunde, so ist, wenn $g = 9{,}81$, $m = \frac{G}{g}$ die Masse der Flüssigkeit, $L_1 = \frac{1}{2} \cdot \frac{G}{g}\,c^2$ die lebendige Kraft der zuströmenden, $L_2 = \frac{1}{2}\,\frac{G}{g}\,c_a^2$ die lebendige Kraft der austretenden Flüssigkeit sei, die an das Schaufelrad übertragene Arbeit in der Sekunde

$$\boldsymbol{L = L_1 - L_2} \textbf{ mkg.}$$

Arbeit in der Sekunde ist aber Leistung in Sekundenmeterkilogramm.

$$\boldsymbol{L = \frac{G}{2g}(c^2 - c_a^2)} \text{ mkg/sek}$$

oder

$$N = \frac{L}{75} = \frac{L_1 - L_2}{75} = \frac{\mathbf{1}}{\mathbf{75}} \cdot \frac{\boldsymbol{G}}{\boldsymbol{2g}}\,(\boldsymbol{c^2 - c_a^2}) \textbf{ PS.}$$

[277] Schaufelgeschwindigkeit.

Wenn ein Flüssigkeitsteilchen mit der absoluten Geschwindigkeit or (Abb. 258a) auf die Schaufel ab trifft, welche sich mit der Geschwindigkeit om vorwärts bewegt, so gleitet das Wasser zunächst ohne jeden Einfluß auf die Bewegung der Schaufel an der Schaufel entlang, weil die Richtung des oberen Schaufelteiles der Verbindungslinie mr parallel ist. Dabei ist die Bewegung des Wassers in bezug auf die Schaufel gerade so, wie wenn die Schaufel stände und dafür das Wasser nicht in der ursprünglichen Richtung or, sondern in der Richtung on und mit der der Länge dieser Strecke entsprechenden Geschwindigkeit auf die Schaufel aufläuft. Daß aber ein solches Auftreffen des Wassers auf die Schaufel ohne jeden Stoß erfolgen muß, ist klar.

Nehmen wir nun an, Gestalt und Bewegungsrichtung der Schaufel sowie Richtung und Geschwindigkeit des auftreffenden Flüssigkeitsstrahles bleiben genau dieselben, nur die Geschwindigkeit der Schaufel werde verringert und betrage nicht mehr om, sondern nur om_1. Ziehen wir wieder durch die Endpunkte der gegebenen Strecken om_1 und or die Verbindungslinie $m_1 r$ und durch o dazu die Parallele on_1, so sieht man, daß jetzt eigentlich der oberste Teil der Schaufel nicht mehr die Richtung on, sondern die Richtung on_1 haben müßte, wenn das Wasser die Schaufel wieder ohne Stoß und zunächst ohne jeden Einfluß auf die Schaufel treffen sollte. Da eine solche Änderung der Schaufeln bei jeder Änderung der Umlaufszahl natürlich unmöglich ist, wollen wir sehen, was hierdurch für Folgen eintreten. Es ist on_1 die Geschwindigkeit, mit welcher sich ein Flüssigkeitsteilchen relativ gegen die Schaufel (nicht absolut im Raume!) bewegen möchte. Zerlegt man nun diese Relativgeschwindigkeit in eine Geschwindigkeit on'' in Richtung der Schaufel und eine Geschwindigkeit om'' senkrecht zur Schaufel, so stellt on'' jene Geschwindigkeit dar, mit welcher sich das Flüssigkeitsteilchen nun tatsächlich relativ an der Schaufel entlang bewegt. Setzt man jetzt om_1 und on'' zu einer absoluten Geschwindigkeit or_1 zusammen, so erkennt man, daß or_1 wesentlich kleiner geworden ist als or. Es ist also der diesem Unterschiede entsprechende Betrag an lebendiger Kraft durch unzweckmäßiges mit Stoß verbundenes Auftreffen des Wasserstrahles auf die für diese Umlaufsgeschwindigkeit nicht richtig gekrümmte Schaufel verlorengegangen. **In der Tat beweist die Mechanik, daß jedes stoßweise Auftreten zweier bewegter Körper mit Energieverlust verknüpft ist.**

Daraus folgt nun das sehr wichtige Ergebnis, **daß jede Turbine nur eine einzige ganz bestimmte Umfangsgeschwindigkeit, also auch nur eine ganz bestimmte Umdrehzahl besitzt, bei welcher sie mit größter Wirtschaftlichkeit arbeitet.** Geht sie zeitweise langsamer, als es dieser Umdrehzahl entspricht, so entstehen sofort Stoßverluste beim Auftreffen der Flüssigkeit auf die Schaufeln. Geht sie durch Zufall zeitweise schneller, so ist die Relativgeschwindigkeit der einzelnen Teilchen **(nicht ihre absolute Geschwindigkeit im Raume)** geradezu von den Schaufeln weggerichtet; **die Flüssigkeit trifft also die Schaufeln gar nicht, kann also auch die in ihr innewohnende Energie nicht oder nur unvollkommen abgeben.**

[278] Schaufelform.

Richtung α und Geschwindigkeit c des ankommenden Flüssigkeitsstrahles seien ein für allemal dieselbe.

a) Es kann zunächst, d. h. solange die Schaufelform noch nicht gegeben ist, die Umfangsgeschwindigkeit u des Rades, dargestellt durch die Strecke om, beliebig gewählt werden. Durch passende Gestaltung der Schaufelneigung beim Eintritt der Flüssigkeit in die Schaufeln läßt es sich immer so einrichten, daß die Flüssigkeit die Schaufeln ohne Stoß trifft, daß also kein Energieverlust eintritt.

b) Durch richtige Gestaltung des weiteren Verlaufes der Schaufelkrümmung läßt sich ein beliebiger Bruchteil der am Flüssigkeitsstrahl beim Eintritte in das Schaufelrad innewohnenden lebendigen Kraft in Arbeit umsetzen, welche auf die Schaufel übertragen wird.

Abb. 258 zeigt zunächst eine Schaufel, welche vollständig gerade ist. $c_a = c$; die Flüssigkeit fließt mit derselben absoluten Geschwindigkeit ab, mit der sie die Schaufel getroffen hat. **Die in Arbeit umgesetzte lebendige Kraft ist daher einfach Null.** In Abb. 258a dagegen fließt bei demselben a, c, u und w das Wasser nur noch mit einer absoluten Geschwindigkeit c_a' von der Schaufel ab. Die von dem Flüssigkeitsstrahle an die Schaufel übertragene Leistung ist daher

$$L = \frac{m\,(c^2 - c_a^2)}{2}$$

oder

$$L = \frac{G}{g}\left(\frac{c^2 - c_a^2}{2}\right) \text{ mkg/sek.}$$

Man hat es also in der Hand, dem Flüssigkeitsstrahle bei seinem Wege durch das Schaufelrad einen beliebigen Bruchteil der ihm innewohnenden Energie zu entziehen, wobei auch $o'r'$ rechtwinklig zu $o'm'$ (Abb. 258a) eingerichtet werden kann, was für die Konstruktion der Turbine von Bedeutung ist.

[279] Ausströmen des Dampfes aus Düsen.

Denkt man sich einen Behälter (Abb. 259) mit einer sich **nach außen verjüngenden** Düse, so wird **gepreßtes** Wasser in einem mehr oder weniger gebogenen Strahle austreten und der Strahl auf eine weite Strecke in sich geschlossen bleiben. Füllt man aber den Behälter mit **hochgespanntem** Dampf, so tritt der Dampf aus der Düse **in einem Strahl aus, der sich aber sehr bald ausbreitet. Erweitert man dagegen die Düse, so wird der Strahl längere Zeit in sich geschlossen bleiben.**

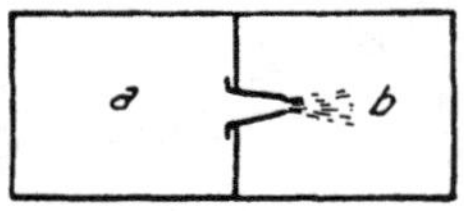

Abb. 259

Machen wir zunächst Versuche mit **verjüngten Düsen.** Spannung im Gefäße a beliebig, aber gleichbleibend hoch; in b kann die Spannung beliebig bis zu Null (mit Kondensator) verringert werden.

1. Versuch. Spannung in beiden Gefäßen gleich groß. Der Dampf bleibt in a und b im Ruhestande.

2. Versuch. Spannung in a dauernd 10 at; vermindern wir den Druck in b allmählich auf 5,7 at abs. Der Dampf strömt von a nach b, und zwar mit einer Geschwindigkeit, die immer größer wird, je mehr der Druck in b abnimmt.

Geschwindigkeit $c = \frac{G \cdot v}{f}$, wo

G kg Dampf in 1 Sekunde ausströmt,
v Volumen von 1 kg bei 10 at abs.,
f Düsenquerschnitt.

Wird nun die Spannung in a auf 10 at erhalten, aber die Spannung stufenweise weit unter 5,7 at abs.

erhalten, so zeigt sich das merkwürdige Ergebnis, daß die Geschwindigkeit, mit der der Dampf durch die Düse strömt, derselbe bleibt (etwa rund 450 m/sek) wie weit wir auch die Spannung im Gefäße *b* vermindern.

Durch Versuche hat man nun weiters gefunden, daß, wenn der durch die Düse strömende Dampf immer dieselbe Geschwindigkeit von $c_a = 450$ m/sek hat, es ganz gleichgültig ist, wie hoch die Spannung im Gefäße *a* sein möge. Denn es hat eben jedes Kilogramm Dampf, welches in der Sekunde durch die Düse strömt, die lebendige Kraft von

$$\frac{m c_0^2}{2} = \frac{\frac{1}{g} \cdot c_0^2}{2} = \frac{\frac{1}{9{,}81} \cdot 450^2}{2} \sim \mathbf{10\,000\ mkg,}$$

gleichviel ob ich Dampf von 5 at oder von 15 at erzeuge.

Ist es nun noch wirtschaftlich, hochgespannte Dämpfe zum Antrieb von Dampfturbinen zu benutzen, wenn es nicht möglich ist, dem hochgespannten Dampfe **eine wesentlich höhere Austrittsgeschwindigkeit** und damit eine **wesentlich höhere lebendige Kraft** zu erteilen? **Das ist möglich durch erweiterte Düsen.**

Wir haben früher gehört, daß die Energie dazu verbraucht wird, den Dampf durch eine sich verjüngende Düse nicht als geschlossener Strahl austreten zu lassen. Lassen wir aber jetzt die Düse sich erweitern, so müßte sich auch hier der Dampf ausdehnen, wenn ihn nicht die Wandungen darin hindern würden. Der Dampf wird sich also nach vorne ausdehnen.

Die in dem Dampfe noch steckende Energie wird dazu benutzt werden, um den Dampf noch weiter zu beschleunigen, und die Folge davon wird die sein, daß jetzt der Dampf aus der erweiterten Düsenöffnung mit einer wesentlich höheren Geschwindigkeit c_2 austreten wird. Wird dann noch die Düse so lang gemacht und in richtiger Weise erweitert, so kann offenbar der Dampf nicht mehr das Bestreben haben, sich nach allen Seiten hin auszudehnen. Mit andern Worten: **Der Dampf wird nun als geschlossener Strahl aus der Mündung der erweiterten Düse austreten,** und zwar jetzt mit um so größerer Geschwindigkeit c_2, je größer der Druckunterschied zwischen dem Raume *a* und *b* ist. Da nun, wie wir früher gesehen hatten, die lebendige Kraft einer strömenden Flüssigkeit im Quadrate ihrer Geschwindigkeit wächst $\left(L = \frac{m c^2}{2}\right)$, so erkennt man, welche gewaltige Vorteile bei dieser Anordnung die Anwendung **hochgespannten Dampfes** bei möglichst tiefer p_b im Ausströmraume sich bietet. Nimmt man für c_0 die Dampfgeschwindigkeit an der engsten Stelle einen runden, für alle Spannungen p_a gleichbleibenden Wert von 450 m/sek, so findet man durch Rechnung, die sich hier nicht verfolgen läßt. Wenn p_a = **1,75, 4, 10, 50, 100** mal so groß ist als p_b, dann wird c_2 = **450, 700, 800, 1090, 1160** m/sek und die lebendige Kraft jedes Kilogramms ausströmenden Dampfes in runden Zahlen:

$$L = \frac{1}{g} \cdot \frac{c_2^2}{2} = \mathbf{10\,000,\ 24\,500,\ 39\,500,\ 59\,500,\ 67\,100\ mkg.}$$

ALLGEMEINE MASCHINENLEHRE

Inhalt: Nachdem wir die Kolbendampfmaschine abgeschlossen haben, wollen wir nun zu den **Dampf-Gasturbinen** übergehen und damit das heute noch nicht ganz zu übersehende Gebiet der „**Wärmemotoren**" beginnen.

9. Abschnitt.

Dampfturbinen.

[280] Die Entwicklung der Wärmemotoren.

Wie wir schon aus den Erörterungen über die Ausbildung der Dampfmaschine wissen [III, 3], tauchten schon im Anfange, als der Mensch daran ging, auch die Kräfte der unbelebten Natur seinen Zwecken dienstbar zu machen, mancherlei Vorschläge auf, den Luftdruck heranzuziehen, wozu ein gewisser Jean Hautefeuille dies durch Explodierenlassen einer geringen Menge von Schießpulver bewirken lassen wollte. Auch der berühmte Physiker **Huygens** bemühte sich sehr eingehend um die Vervollkommnung dieser **Pulverkraftmaschine,** für welche schon Hautefeuille Alkohol statt Wasser vorschlug, der ja bei wesentlich geringerer Temperatur bereits verdampft. Es ist sehr zu bedauern, daß dieser Versuch nicht gemacht wurde, denn dann würden diese Explosionen des Alkoholdampfes mit Luft zur Ausbildung eines brauchbaren Verbrennungsmotors geführt haben, die so noch anderthalb Jahrhunderte auf sich warten ließ. Statt dessen führte die Entwicklung zur Dampfmaschine, als deren erste Vertreter die Apparate von **Papin, Newkomen** und schließlich **Watt** genannt werden müssen. Überblicken wir kurz den Entwicklungsgang der Dampfmaschine bis Watt, so erkennen wir einmal, daß die Dampfmaschine zunächst den Verbrennungsmotor ganz zurückdrängte und ihre Entwicklung eigentlich ohne jede Beziehung auf ihre Eigenschaft als **Wärmemotor** nur in Hinblick auf die grob mechanischen Vorgänge in ihr vollzog. Selbst für Watt, der durch eigenes Studium und der wenigen damals bekannten Gesetze der Wärmelehre eine nicht gewöhnliche theoretische Einsicht besaß, war beispielsweise der Dampf wenig mehr als das bequemste Mittel, Luftleere im Kondensator zu erzielen, was er, wie schon erwähnt, mit etwas Pulvergas auch erreichen konnte. Insbesondere hatte er sowie seine Mitarbeiter und Konkurrenten sich wohl kaum eingehender mit der Frage befaßt, welches eigentlich die Quelle der Arbeitsleistung in der Dampfmaschine war. Man begnügte sich mit der Feststellung, daß zur Leistung einer bestimmten Arbeit soundso viel Kohlen aufzuwenden sind, ohne sich daran zu stoßen, daß mechanische Arbeit und Steinkohle denn doch ganz verschiedene Dinge sind. Eine bessere Einsicht in das Wesen der Dampfmaschine konnte in der Tat auch erst erlangt werden, nachdem die Eigenschaften der Gase und Dämpfe genauer erforscht und über das Wesen der Wärme richtigere Anschauungen gewonnen waren. Jeder Leser der vorhergehenden Hefte wird wohl selbst das Unvollkommene der früheren Erörterungen, namentlich bei den Eigenschaften der Wasserdämpfe und den Entropieerscheinungen des Wasserdampfes erkannt und das Bedürfnis gehabt haben, hier nochmals und mit mehr Erfolg im Zusammenhange unterrichtet zu werden. Die Gelegenheit, die uns zwang, den Lesern das ganze Gebiet noch einmal und mit mehr Beispielen vor Augen zu führen, ist uns nun durch die Notwendigkeit, die Wärmemotoren zu besprechen, gegeben. Wir werden sie dazu benutzen, um unserem Leserkreise, dem doch jede praktische Erfahrung mit Dampferscheinungen mangelt, auch theoretisch ein ganz klares Bild zu geben, und es den Lesern ruhig überlassen können, sich selbst ein Urteil über Wärmemotoren und Dampfmaschinen zu bilden.

Wohl der wichtigste Fortschritt, den die wachsende Einsicht in das Verhalten des Wasserdampfes und in das Wesen der Wärme selbst im Gefolge hatte, war die **Ausnutzung der Expansionswirkung des Dampfes,** worüber **Watt** selbst ziemlich richtige Vorstellungen hatte.

Damit konnten auch die Vorteile erhöhten Dampfdruckes in der Expansionsmaschine und der sog. Expansionsverlust beim Eintritte richtig abgeschätzt werden, welch letzterer Verlust durch Zylinderheizung und Überhitzung des Betriebsdampfes am wirksamsten entgegengearbeitet werden wird. Hierher gehört auch die von Prof. Joffe in Berlin eingeführte Gleichstrommaschine. Alle diese Dampfmaschinen haben hin- und hergehenden Kolben, während Maschinen mit rotierenden Kolben noch keinen dauernden Erfolg gehabt haben, soviel Versuche in dieser Richtung auch seit Watts Zeiten angestellt wurden. Natürlich würden solche Maschinen sehr große Vorteile vor den gebräuchlichen mit geradlinig bewegten Kolben haben, schon deshalb, weil man die Kolbengeschwindigkeit größer nehmen und billig und ökonomisch arbeiten lassen könnte.

Im allgemeinen nutzen die **Dampfturbinen das volle Spannungsgefälle vom Kessel bis fast zur Kondensatorspannung aus,** während bei den Kolbenmaschinen die Expansion aus praktischen Gründen um den Zylinder nicht unausführbar größer zu machen, viel früher abgebrochen werden muß. Der thermische Wirkungsgrad der Turbine ist also größer, denn dem größeren Spannungsgefälle entspricht auch ein größeres Temperaturgefälle. Einen ganz anderen Weg haben die erfinderischen Tätigkeiten bei den Heißluft- und Verbrennungsmotoren genommen. In der ersten Hälfte des vorigen Jahrhunderts führte das Bekanntwerden mit den Grundgesetzen der mechanischen Wärmetheorie und eigentlich eine falsche Auffassung des zweiten Hauptsatzes zu ernsthaften Versuchen, die Dampfmaschinen durch die sog. **kalorischen Maschinen,** später durch **Gasmotoren** und in letzter Zeit durch **Verbrennungsmotoren** zu ersetzen. Wie dieser Übergang durch die anfangs in irrige Bahnen geratene Technik geschah, ist in den folgenden Abschnitten näher erörtert.

[281] Verbreitung der Dampfturbinen.

Die Dampfturbinen hängen in ihrer Anwendung schon wegen ihrer hohen Umlaufszahl so sehr von der Elektrotechnik ab, daß diese Abhandlung trotz der so rasch und reichlich erschienenen Turbinenliteratur so recht in den für Techniker des Selbststudiums bestimmten Unterricht gehört. Sie soll ein gedrängtes Bild über das ganze Gebiet der heutigen Dampfturbinenpraxis und eine Grundlage für **Turbodynamos** geben. Die Konstruktion der letzteren ist eine schwierige Spezialität geworden, was sich darin wirtschaftlich äußert, daß die Turbinenfabriken entweder selbst den Bau des elektrischen Teiles **(Parsons** und **Westinghouse)** oder aber die Elektrizitätsfirmen (wie **Brown Boveri & Cie., Örlikon,** die **General Electric Co.** in Schenectady, die **AEG, Berlin,** u. a.) den Bau der Dampfturbinen unternommen haben. Der **Schiffsantrieb** dürfte neben der Elektrotechnik das aussichtsvollste Anwendungsgebiet der Dampfturbine werden. In Amerika hat die **Allis-Chalmers**-Gruppe mit der **Bulloch Mfg. Co.** als elektrotechnischen Teil die Konkurrenz gegen die **General Electric Co.,** die früher eine gute Abnehmerin von Dampfmaschinen gewesen ist, durch Übernahme der Erfahrungen und Rechte zum Bau der **Zoellyturbine** und des englischen Turbinensyndikats aufgenommen. Außerhalb der großen internationalen Turbinenvereinigungen werden hauptsächlich die **Lavalturbine** (Lavals Fabrik in Schweden und Humbold in Kalk bei Köln), die **Rateauturbine,** die von **Sautter, Harlé & Co.** sowie von der Fabrik **Örlikon** gebaut wird, und schließlich die **Elektraturbine** der Gesellschaft für elektrische Industrie in Karlsruhe hergestellt.

[282] Vergleich der Dampfturbine mit anderen motorischen Maschinen.

An kalorischen Antriebsmotoren kommen für elektrische und andere Maschinen gegenwärtig in Frage:

1. **Pendelkolbendampfmaschinen,** die bis vor kurzem das Gebiet fast ausschließlich beherrschten;
2. **Dampfmaschinen mit rotierenden Kolben,**
3. **Dampfturbinen** und
4. **Gasmotoren** mit hin- und hergehender Bewegung, oder allgemeiner, Verbrennungsmotoren, meist liegend, aber auch stehend;
5. **Gasturbinen,** die bis jetzt zu keinem praktischen Erfolge gediehen sind, obwohl von vielen Seiten daran gearbeitet wird und neuere Dampfturbinenpatente in der Regel auch gleichzeitig für Gasturbinen genommen werden.

Der thermische Wirkungsgrad und der Brennmaterialverbrauch pro eff. PS ist wohl für **Gasmotoren** günstiger als für alle **Dampfmotoren,** und zwar können die Unterschiede ganz beträchtlich sein. Der Gasmotor nutzt etwa 30% der Verbrennungswärme mechanisch aus, die Dampfmaschine jedoch nur 15—20% und weniger. **Für große Überlastung ist der Gasmotor ungeeignet, ebenso für Teillasten.** Unter 40% Belastung wird sein thermischer Wirkungsgrad schlechter als bei der Dampfmaschine. **Für Betriebe mit stark veränderlicher Belastung ist also der Gasmotor nicht empfehlenswert.** Im Dampfverbrauch dürfte zwischen Pendeldampfmaschine (Maschine mit rotierenden Kolben) sowie Dampfturbine kein großer Unterschied sein.

Der Platzbedarf als Grundfläche und als Kubikinhalt ist für Dampfturbinen und Maschinen mit rotierenden Kolben weniger als ½ bis ¼ gewöhnlicher liegender oder stehender Kolbendampfmaschinen; auch ihr Gewicht ist geringer und die Montage erleichtert. Der Dampf und das Kondensat der Dampfturbinen sind ölfrei, da die Schmierung überhaupt entfällt. Die Abdichtung des Kolbens beschränkt bekanntlich die Überhitzung bei allen Kolbenmaschinen, während Turbinendampf beliebig überhitzt werden kann. **Die Tourenregulierung ist vorzüglich und der Gang an sich sehr gleichmäßig.**

Diesen Vorteilen der Dampfturbine stehen aber gewisse Nachteile gegenüber, die hauptsächlich mit der **hohen Tourenzahl** im Zusammenhange sind: Abgesehen davon, daß Erschütterungen und Heißlaufen leicht möglich sind, verschließt die hohe Tourenzahl der Turbine ihr alle Gebiete bis auf die Elektrotechnik, den Antrieb rasch fahrender Schiffe, überhaupt Arbeitsmaschinen mit kreisender Bewegung und neuerdings der Vollbahn-Lokomotive. Eine Umsteuerung des Drehsinnes ist nur durch Anwendung einer zweiten Turbine möglich. Wirtschaftliche Änderung der Drehgeschwindigkeit läßt sich fast nicht erreichen.

In der Turbinenlehre führten wir aus, daß, **wenn die Eintrittsgeschwindigkeit der Flüssigkeit in die Schaufeln des Rades ihrer Größe und Richtung nach gegeben ist, die Richtung der ersten Schaufelteilchen erst dann gefunden werden kann, wenn auch die Umfangsgeschwindigkeit des Rades gegeben ist.** Die allgemeine Turbinentheorie würde uns zu weit führen, **aber aus den Regeln erkennen wir, daß die Ausnutzung der Strömungsenergie einer Flüssigkeit dann am vollkommensten ist, wenn die Umfangsgeschwindigkeit u des Schaufelrades etwa halb so groß ist als die absolute Eintrittsgeschwindigkeit $u = \frac{1}{2} \cdot c$, wobei u den Weg in m bedeutet, den ein Punkt des Schaufelradumfangs in 1 Sekunde zurücklegt.**

Drei Bedingungen müssen erfüllt sein, damit eine möglichst wirtschaftliche Ausnutzung des strömenden Wasserdampfes stattfinden kann, nämlich:

1. **Möglichst hohe Anfangsspannung.**
2. **Möglichst tiefe Endspannung.**
3. **Nicht plötzliche, sondern allmähliche Ausdehnung des Dampfes von der Anfangsspannung auf die Endspannung.**

Nehmen wir an, die beiden ersten Bedingungen wären erfüllt, d. h. wir hätten einen Dampfkessel, der uns genügende Mengen trocken gesättigten Dampfes von 10 at abs. liefert, eine Dampfturbine zur Ausnutzung des strömenden Wasserdampfes und ebenso wären wir im Besitze eines Kondensators, mit dem wir imstande wären, uns einen Druck von 0,2 at mit Leichtigkeit zu verschaffen. Auf einer wagrechten Welle sitzt das Turbinenrad, das an seinem Umfange mit einer großen Zahl von Schaufeln besetzt ist. Durch die Schaufeln ströme Dampf aus einer oder mehreren Düsen, deren nach dem Turbinenrade zunehmende Erweiterung in der Weise berechnet ist, daß der aus dem Kessel von der Düse ankommende Dampf **beim Austritt aus der Düse** und Eintritt in die Schaufeln sich auf die im Kondensatorraum herrschende Spannung von 0,2 at ausgedehnt hat. Das Gehäuse, in dem das Turbinenrad sich befindet, sei mit dem Kondensatorraum verbunden.

Sehr einfach gestaltet sich bei einer solchen Kraftmaschine die Regulierung. Soll nämlich die Dampfturbine eine Zeitlang weniger Arbeit leisten, so kann das zunächst in der Weise geschehen, daß entweder von Hand oder durch die selbsttätige Einwirkung eines Regulators der Querschnitt der Hauptdampfzuleitung verringert und dadurch der nach den Düsen hinströmende Dampf verringert wird. Man sagt dann: **„Der Dampf wird gedrosselt."** Da aber das einer Vernichtung der Dampfspannung gleichkommt, ist eine andere Art der Regulierung besser, welche darin besteht, daß **bei verringertem Arbeitsbedarfe eine oder mehrere Düsen gesperrt werden.** Wenn sich hierdurch die Regulierung auch nur stufenweise erzielen läßt, so wird diese Art der Regulierung bei nicht zu kleiner Anzahl der Düsen vorzuziehen sein.

[283] Dampfturbinen älterer Bauart.

Eigentlich ist die Idee der Dampfturbine viel älter als die der Kolbenmaschine. **Heron von Alexandria** (120 v. Chr.) beschreibt unter andern Spielereien die Äolipile, die nichts anderes als eine freilich recht unvollkommene, mit Wasserdampf angetriebene Reaktionsturbine war und im Anfange des 17. Jahrhunderts scheint **Branca** wirklich schon Anordnungen ausgeführt zu haben, bei denen ein aus einem Dampfkessel austretender Dampfstrahl gegen die Schaufeln eines Rades geleitet wurde und dieses in Drehung versetzte. Freilich kann der Wirkungsgrad nur ein sehr bescheidener gewesen sein. Einmal wurde der Dampfstrahl senkrecht auf die Radschaufeln geleitet, wobei selbst im günstigsten Falle 50% seiner kinetischen Energie durch den Stoß verlorengehen mußten. Weiter waren früher die für die günstigste Wirkung geforderten außerordentlich großen Radgeschwindigkeiten praktisch gar nicht zu verwirklichen, und schließlich wurde über das eigentümliche Verhalten von Gas und Dampfstrahlen erst später einigermaßen Klarheit geschaffen. Erst im Jahre 1884 wurde von **Parsons** in **Gateshead on Tyne** und fast gleichzeitig von **De Laval** in Schweden Dampfturbinen mit richtiger Grundlage gebaut, von denen zunächst die letzteren einen gewissen Erfolg erzielten. Hierbei waren außer den neuesten Ergebnissen der Wärmetheorie auch recht schwierige Gebiete der Mechanik herangezogen. **Im Sinne der Hydraulik ist die Lavalsche Dampfturbine als eine Freistrahlturbine ohne Spaltdruck aufzufassen.** Der Dampf enthält jetzt dieselbe Arbeit, die er in einem vollkommenen Kolbenmotor leisten würde, als kinetische Energie und diese muß ihm nun durch das Rad möglichst vollständig entzogen werden. Dazu sind zwei Bedingungen zu erfüllen: **Der Dampf muß ohne Stoß in das Rad eintreten** und, indem er an den gekrümmten Schaufeln hinfließt, **seine absolute Geschwindigkeit bis auf den kleinen Betrag c_a** (Abb. 258a) **abgeben,** den er braucht, um auf dem kürzesten Wege abzuströmen. Unmittelbar nach dem Eintritt kann sich der Dampf natürlich nur tangential zur Radschaufel bewegen. Gleichzeitig nimmt er aber mit der Schaufel an der Umfangsgeschwindigkeit u des Rades teil. Beide relative Geschwindigkeiten setzen sich nach dem Parallelogrammgesetze zu ihrer Resultierenden c zusammen, die nun, wenn der Eintritt stoßfrei erfolgen, also jede plötzliche Änderung der wirklichen absoluten Geschwindigkeit des Dampfes ausgeschlossen sein soll, nach Größe und Richtung mit der absoluten Eintrittsgeschwindigkeit zusammenfallen muß.

Die Ausführung und insbesondere die Ausbalancierung des Rades machte große Schwierigkeiten und konnte nicht so vollkommen sein, daß die Umdrehungsachse absolut genau **eine freie Achse** würde (I. Fachband [45]), die keinen Seitendruck durch die Zentrifugalkräfte erführe. Letztere Schwierigkeit hat nun **De Laval** in genialster Weise dadurch behoben, daß er die Radspindel möglichst biegsam ausführte, dann kann sich das Rad selbst in eine freie Achse verwandeln und läuft bei dieser trotz der hohen Geschwindigkeit, aber auch nur bei dieser ruhig. Dann war aber vor allen Dingen die Übertragung der hohen Tourenzahl des Turbinenrades auf andere Arbeitsmaschinen ganz unmöglich. Es mußte erst durch ein höchst präzise arbeitendes Stirnrädergetriebe eine Übersetzung ins Langsame, d. h. immer noch auf einige tausend Umdrehungen in der Minute stattfinden, um mit der Turbine wenigstens rascher laufende Arbeitsmaschinen wie Zentrifugalpumpen, Dynamomaschinen usw. antreiben zu können. Doch bildet das sich rasch abnutzende und kraftverzehrende Stirnrädergetriebe immer eine Zugabe, weshalb der Konstrukteur immer bemüht sein muß, das Getriebe durch Herabsetzung der Tourenzahl überflüssig zu machen.

An der Umfangsgeschwindigkeit des Schaufelkranzes läßt sich natürlich nichts ändern. Dagegen kann man dafür den Durchmesser des Schaufelrades vergrößern. Wählen wir z. B. für obiges Beispiel ein Schaufelrad mit einem Durchmesser von 3,5 m, dann ist der Umfang des Rades $3{,}5 \cdot 3{,}14 = 11$ m, und das Rad müßte, um eine Umfangsgeschwindigkeit von 500 m/sek zu bekommen, in der Sekunde $\frac{500}{11} \sim 45$ und folglich in der Minute $60 \cdot 45 \sim$ **700** Umdrehungen machen, eine Zahl, die z. B. für den Antrieb von Dynamomaschinen durchaus nicht zu hoch ist. Turbinen dieser Art wurden von den Professoren **Riedler** und **Stumpf** entworfen, wurden aber wegen der enorm hohen Schaufelabnutzung bald aufgegeben.

[284] Die modernen Dampfturbinen.

Die Herabminderung der Drehzahl läßt sich auf weiteren verschiedenen Wegen erreichen. Man kann z. B. mehrere Turbinen hintereinander anordnen **(Druckstufen)**, derart, daß in jeder der Dampf nur um einen Teil des ganzen Spannungsgefälles expandiert. Natürlich erlangt er dann auch im Ausflußapparate eine wesentlich geringere Geschwindigkeit, als wenn das ganze Gefälle ungeteilt zur Erzeugung der Ausflußgeschwindigkeit verwendet wird. Bei der geringeren Ausflußgeschwindigkeit c des Dampfes genügt dann aber auch eine geringere Umfangsgeschwindigkeit des Rades, um dem Dampfe die kinetische Energie möglichst vollkommen zu entziehen. Natürlich brauchen die einzelnen aufeinanderfolgenden Turbinen nicht in allen Teilen vollständig ausgeführt zu sein. Der vom ersten Rade senkrecht zu dessen Bewegungsrichtung austretende Dampf tritt sofort in die feststehenden, am gemeinsamen Mantel der Turbine sitzenden **Leitschaufeln** der zweiten Turbine ein und aus diesen auf den zweiten **Radkranz,** der mit dem ersten auf derselben Welle sitzt usf.

Ein prinzipiell ganz anderer Weg zur Herabminderung der Umfangsgeschwindigkeit bietet sich in der Anwendung von **Geschwindigkeitsabstufungen.** Läßt man nämlich den **aus einem Leitapparat** mit **der dem ganzen Gefälle** $p_1 - p_a$ entsprechenden Geschwindigkeit c_1 ausströmenden Dampf in ein **Laufrad** treten, dessen Umfangsgeschwindigkeit u viel kleiner ist als bei der Lavalturbine, so muß zunächst auch der Schaufelwinkel β viel kleiner sein, damit der Eintritt stoßfrei erfolgt. Hinter dem 1. Laufrade befindet sich ein zweiter Leitapparat und ein zweiter Laufkranz. Theoretisch hätten beide Laufkränze zusammen den gleichen Anteil der kinetischen Energie des Dampfstrahles als Arbeit aufgenommen, wie der eine Kranz bei der De Lavalschen Turbine und dabei wäre ihre Umfangsgeschwindigkeit nur halb so groß wie bei letzterer. Auch hatte nichts im Wege gestanden, die Zahl der Geschwindigkeitsstufen noch zu vermehren.

Durch Anordnung einer genügenden Zahl von **Druckabstufungen** z. B. bei der **Rateau-, Parson-** und **Zoellyturbine** oder durch Druckabstufungen in Verbindung mit Geschwindigkeitsabstufungen wie bei den **Curtisturbinen** und vielen anderen Systemen, ist es nun gelungen, die Tourenzahl der Turbinen so herabzumindern, daß raschlaufende Arbeitsmaschinen, z. B. Zentrifugalpumpen für große Druckhöhen, Zentrifugen und ganz besonders Dynamomaschinen direkt angetrieben werden können. **Namentlich in elektrischen Zentralen verdrängen daher Dampfturbinen** die Kolbenmaschinen immer mehr; auch als Betriebsmaschine für Fabriken hat die Dampfturbine, wohl nur in Verbindung mit der Dynamomaschine bei elektrischer Kraftübertragung, Aussicht, mit der Kolbenmaschine erfolgreich in Wettbewerb zu treten. Sonst ist dies noch fraglich; insbesondere auf Schiffen liegen die Verhältnisse für die Dampfturbine nicht besonders günstig. Nur bei sehr großen Abmessungen läßt sich hier ihre Tourenzahl so weit vermindern, daß die Schrauben direkt angetrieben werden und selbst dann müssen letztere noch kleiner und schneller laufend ausgeführt werden, als für ihren Wirkungsgrad günstig ist. Dazu kommt noch, daß eine Dampfturbine nicht umgesteuert werden, auch nicht gut mit geringerer Geschwindigkeit laufen kann, wenn Leistung und Fahrgeschwindigkeit herabgesetzt werden sollen, was bei Kriegsschiffen, wenn sie nicht in Gefechtsbereitschaft, aus Gründen der Kohlenersparnis meist der Fall ist. Kriegsschiffe erhalten daher neben der Hauptturbine und der **Rücklaufturbine,** welche natürlich auch auf Handelsdampfern unentbehrlich ist, noch sog. **Marschturbinen,** womit die Gewichtsersparnis gegenüber Kolbenmaschinen ziemlich zweifelhaft wird und nur der allerdings für Kriegs- und Passagierschiffe wertvolle Vorteil des ruhigen Ganges übrigbleibt, der übrigens auch sorgfältigste Ausführung, namentlich genaueste Ausbalancierung voraussetzt.

Der thermische Wirkungsgrad ist sonach, wie erwähnt, größer, denn dem größeren Spannungsgefälle entspricht auch ein größeres Temperaturgefälle. Dafür ist aber der mechanische Wirkungsgrad der Turbinen im allgemeinen schlechter als der der Kolbenmaschinen; das Produkt beider Zahlenwerte, das sog. wirtschaftliche Güteverhältnis wird für beide Maschinengattungen annähernd gleich sein, bei sehr großen Ausführungen dürften vielleicht die neueren Turbinen einen kleinen Vorsprung haben, bei kleinen Ausführungen dagegen die Kolbenmaschinen. Übrigens spricht hier auch die Art der zu treibenden Anlage oder Maschine ganz bedeutend mit.

[285] Geschwindigkeitsstufen — Druckstufen.

Man kann die **hohe Dampfgeschwindigkeit in mehreren aufeinanderfolgenden, langsam laufenden Schaufelrädern** ausnutzen. Wählt man die Umfangsgeschwindigkeit wesentlich kleiner, dann können wir zwar auch für diesen Fall den Anfang der Schaufelkrümmung so bestimmen, daß der Eintritt des Dampfes in die Schaufeln **ohne Stoß** und damit **ohne Energieverlust** erfolgt, es ist dann aber nicht mehr möglich, die Strömungsenergie in dem einen Rade vollständig auszunutzen, sondern der Dampf wird nun mit einer noch mehr oder minder bedeutenden Geschwindigkeit aus dem Rade austreten. Um die Strömungsenergie auch dieses Dampfes noch auszunutzen, kann man ihm nach seinem Austritte aus dem ersten Schaufel- oder **„Laufrade“** zunächst durch feststehende **Leitschaufeln** eine andere Richtung geben und dann noch einmal in ein zweites, auf derselben Welle sitzendes Laufrad treten lassen, von hier aus unter Umständen noch einmal durch Leitschaufeln in ein drittes Laufrad usw., bis seine Geschwindigkeit annähernd auf Null gesunken ist, seine Strömungsenergie also möglichst ausgenutzt ist. Man spricht dann von **Dampfturbinen mit mehreren Geschwindigkeitsstufen.** In Abb. 260 sind zwei vollständig gesonderte, auf ein und derselben Welle sitzende Turbinenräder dargestellt, zwischen denen, an dem Gehäuse der Turbine befestigt, die feststehenden Leitschaufeln, bisweilen auch ein vollständiges Leitrad zur Umkehr des Dampfes angebracht sind. Solche im neuzeitlichen Turbinenbau sehr viel verwendeten Räder pflegt man kurz mit dem Namen **Geschwindigkeitsräder** zu bezeichnen.

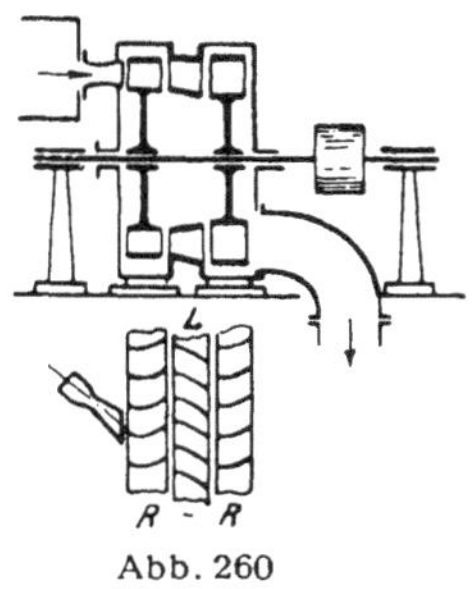

Abb. 260

Es sei nur noch erwähnt, daß bei dieser Turbinenart **die Spannung des Dampfes** in den verschiedenen Laufrad- und Leitradschaufeln **sich nicht im geringsten ändert.** Der aus der erweiterten Düse in das erste Laufrad entströmende Dampf hat sich bereits auf die Ausströmspannung ausgedehnt.

Wenn wir aber das ganze vorhandene Druckgefälle in mehrere Teile zerlegen, d. h. wenn wir den Dampf aus dem damaligen Raume *a* mit höchster Spannung nicht sofort in den Raum *b* mit tiefster Spannung, sondern erst noch in eine oder mehrere Kammern treten lassen, in welcher eine allmählich immer mehr abnehmende Spannung herrscht, so wird die Höchstgeschwindigkeit, die sich beim Überströmen des Dampfes von einem Raume in den jeweilig darauf folgenden Raum erzielen läßt, immer nur abhängen von dem jeweiligen Druckgefälle zwischen den Räumen, und es läßt sich dieses Druckgefälle so einteilen, daß diese Überströmgeschwindigkeiten stets dieselbe Größe haben, die dann natürlich wesentlich kleiner ist als jene höchst erzielbare Dampfgeschwindigkeit bei sofortiger Ausnutzung des **gesamten** Druckgefälles.

Vor einem Irrtum muß aber gewarnt werden. Wenn der Dampf in einer einstufigen Turbine mit einer Geschwindigkeit von rund 1000 m/sek aus der Düse ausströmt, so strömt er unter den gleichen Verhältnissen bei einer Turbine mit 2, 4, 8 usw. Druckstufen nicht etwa mit 500, 250, 125 usw. m/sek aus den einzelnen Düsen, sondern mit einer wesentlich höheren Geschwindigkeit, wie sich aus folgender Betrachtung ergibt:

Nehmen wir an, es ströme in 1 sek gerade 1 kg Dampf durch die Düsen, dann ist die Masse dieses Dampfes $\frac{1}{g}$, wobei g die Größe der Erdbeschleunigung (rund 10 m/sek²) darstellt.

Die lebendige Kraft, d. h. die theoretische Arbeitsfähigkeit eines solchen mit $c = 1000$ m/sek ist dann $\frac{1}{2} \cdot \frac{1}{g} \cdot c^2 \backsim 50000$ mkg/sek. Bei einer ohne Verluste arbeitenden Turbine mit 2, 4, 8 usw. Druckstufen muß also die in den s ä m t l i c h e n Stufen zusammen geleistete Arbeit natürlich immer wieder 50000 mkg betragen. Man findet daher bei einer 8stufigen Turbine die theoretische Austrittsgeschwindigkeit in irgendeiner der 8 Stufen aus der Beziehung $\frac{1}{2} \cdot \frac{1}{g} \cdot x^2 = \frac{50000}{8}$ oder $x =$ **350 m/sek.**

Mit einer solchen Verminderung der Dampfgeschwindigkeit ist nun aber auch sofort die größte Schwierigkeit beseitigt, die sich der Verwendung des strömenden Dampfes zum Betriebe von Kraftmaschinen entgegenstellten, denn es liegt ja in unserer Gewalt, die Zahl dieser **Druckstufen** so groß zu wählen, daß wir eine wenigstens theoretisch beliebig geringe Dampfgeschwindigkeit bekommen, die sich dann in wirtschaftlicher Weise zur Ausnutzung in verhältnismäßig langsam laufenden Dampfturbinen verwenden läßt. Freilich ist es nicht mehr eine einzige Turbine oder ein einziges Laufrad, sondern es sind mehrere Dampfturbinen oder mehrere Laufräder, die aber natürlich alle auf einer und derselben Welle sitzen können.

Wenn der Druckunterschied zweier aufeinanderfolgender Räume sehr klein ist, d. h. wenn p_b noch größer ist als $0{,}57\ p_a$, dann brauchen wir nicht einmal eine erweiterte Düse, sondern es genügt irgendeine beliebig gestaltete Austrittsöffnung, als welche z. B. die Kanäle eines feststehenden Leitrades benutzt werden können.

Abb. 261 zeigt die Gerippskizze einer **Dampfturbine mit drei Druckstufen.** Während in Abb. 259 in dem ganzen Raume, in dem sich die Laufräder bewegen, e i n und d e r s e l b e Druck herrschte, bewegen sich hier die Laufräder in sorgfältig voneinander abgedichteten Räumen von allmählich abnehmender Spannung, so daß erst in Raum 3 die n i e d r i g s t e Spannung herrscht, während die Spannung im Raum 2 höher ist als die im Raum 3 und die Spannung im Raum 1 höher als die im Raum 2. D i e G e s c h w i n d i g k e i t , m i t w e l c h e r d e r D a m p f i n j e d e s d e r d r e i L a u f r ä d e r e i n s t r ö m t , i s t s t e t s d i e s e l b e ; s i e w i r d i n j e d e m L a u f r a d e n a h e z u v o l l s t ä n d i g i n A r b e i t u m g e s e t z t , ist also beim Austritte aus dem Laufrade nahezu gleich Null, wird dann erst wieder beim Überströmen des Dampfes in die nächste Kammer durch den Druckunterschied wieder erzeugt werden. Es ist aber zu beachten, daß trotz der gleich großen Geschwindigkeit, mit welcher der Dampf durch alle Schaufelräder strömt, die Durchtrittsquerschnitte der Schaufelräder doch allmählich zunehmen müssen, da ja das Volumen von 1 kg beinahe in demselben Maße zunimmt, als die Spannung abnimmt. Trotzdem also in jedem Augenblicke durch jedes der drei Laufräder die gleiche G e w i c h t s m e n g e Dampf mit gleicher Geschwindigkeit hindurchströmt, strömt auch durch jedes der drei Räder ein verschiedenes Dampfv o l u m e n hindurch, und zwar ein Volumen, welches immer größer wird, je kleiner die Spannung des Dampfes wird. Das Diagramm in Abb. 261 veranschaulicht die Druck- und Geschwindigkeitsverhältnisse in einer solchen Dampfturbine. Wie man sieht, nimmt der Druck des Dampfes beim Hindurchströmen durch die Düse D_1 ab, die Geschwindigkeit zu, da ja eben in der Düse Druck in Geschwindigkeit

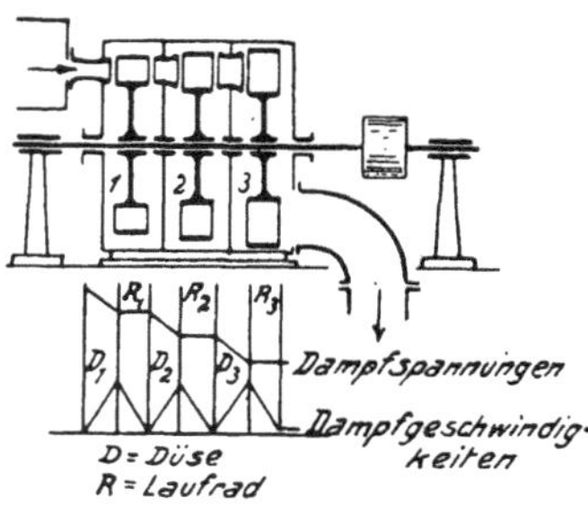

Abb. 261

umgesetzt wird. Während des Hindurchströmens durch das Laufrad R_1 bleibt der Druck ungeändert, während die Geschwindigkeit wegen Umwandlung der lebendigen Kraft in Arbeit annähernd auf Null herabsinkt. In der zweiten Düse oder im zweiten Leitrade *D* wird ein Teil des Druckgefälles in Geschwindigkeit umgesetzt, die Spannung sinkt also während des Hindurchströmens durch die zweite Düse weiter, während der Dampf von neuem eine Geschwindigkeit bekommt, die geradeso groß ist wie die vor Eintritt in das erste Laufrad usw.

Bei Dampfturbinen dieser Art ist der Druck unmittelbar **vor** und **hinter** einem jeden **Laufrade** derselbe, so daß ein Bestreben, die mit den Laufrädern versehene Welle in der Richtung der Dampfbewegung zu verschieben, hier nicht vorliegt. Dampfturbinen dieser Art sind die ursprüngliche **Zoelly-** und **Rateauturbine.** Man nennt sie **Druckturbinen.**

[286] Turbinen mit Druckstufen und Geschwindigkeitsstufen.

Aus der Kombination von Druckturbinen mit Geschwindigkeitsstufen erhält man eine neue wichtige Art von Turbinen, **mittels deren man jede gewünschte niedrige Umfangsgeschwindigkeit und auch jede gewünschte geringe Umdrehzahl** der Welle erreichen kann. Abb. 262 zeigt die Hälfte der Gerippskizze einer solchen Turbine mit zwei Druckstufen und je zwei Geschwindigkeitsstufen. Durch die Teilung des Druckgefälles erhalten wir an den Ausströmungsöffnungen der Düsen und Leiträder eine verringerte Dampfgeschwindigkeit und dadurch, daß wir diese Geschwindigkeit nicht in einem, sondern in zwei Schaufelrädern mit dazwischen geschaltetem Leitrade ausnutzen, können wir die Umfangsgeschwindigkeit der Laufräder auch noch kleiner wählen, als die Hälfte der verringerten Dampfgeschwindigkeit beträgt. Das Diagramm in Abb. 262 bedarf wohl keiner weiteren Erklärung.

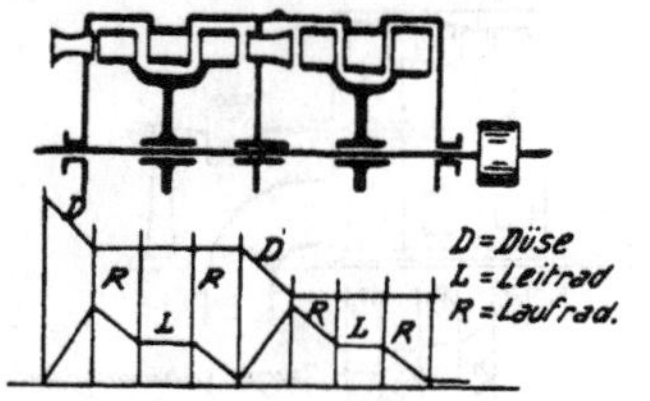

Abb. 262

Turbinen dieser Bauart haben namentlich in Amerika nach den Patenten von **Curtis (Curtisturbine),** die in Deutschland durch die AEG große Erfolge erzielte.

[287] Turbinen mit Überdruckwirkung (Reaktionsturbinen).

In den bisher besprochenen Turbinen tritt eine Druckabnahme immer nur innerhalb der feststehenden Leiträder auf, während beim Hindurchströmen des Dampfes durch die Laufräder die Spannung des Dampfes sich nicht änderte. Nun läßt es sich aber durch besondere Gestaltung der Schaufeln so einrichten, daß eine Ausdehnung des Dampfes auch während seines Hindurchströmens durch die Laufräder erfolgt, freilich ist die Wirkung eine etwas andere: Der Dampf gibt hier an die Schaufeln der Laufräder nicht bloß einen Teil seiner in den Leiträdern oder Düsen erlangten lebendigen Kraft ab, sondern da er sich innerhalb der Laufräder ausdehnt, stößt er gewissermaßen die Schaufeln noch hinter sich zurück, er wirkt, wie man sagt, nicht bloß durch Druck, sondern auch noch durch **Gegendruck, Reaktion,** weshalb man solche Turbinen auch **Reaktionsturbinen** nennt.

Infolge der hinzukommenden Überdruckwirkung wird die Umfangsgeschwindigkeit der Laufräder eine große, und dies hat wieder zur Folge, **daß unter sonst gleichen Verhältnissen zur Erzielung einer mäßigen, praktisch brauchbaren Umfangsgeschwindigkeit die Zahl der Druckstufen bei Reaktionsturbinen eine wesentlich größere sein muß als bei den früheren,** wobei allerdings zu beachten ist, daß hier jede Schaufelreihe, ganz gleichgültig ob Leit- oder Laufrad als Druckstufe zu betrachten ist.

In der Tat besitzen derartige Turbinen, wie sie zuerst von **Parsons** ausgeführt wurden, unter Umständen 50—70 und noch mehr Laufkränze, wozu noch Tausende, ja Hunderttausende von Schaufeln gehören.

Bei allen bisher besprochenen Turbinen war der Druck des Dampfes zu beiden Seiten der Laufräder der gleiche. Das ist aber hier nicht mehr der Fall. **Wegen des auch in den Laufrädern auftretenden Druckgefälles ist der Druck vor jedem Laufrade (in der Strömungsrichtung gemessen) größer als hinter dem Laufrade,** und die Folge ist die, **daß der Dampf das Bestreben hat, die gesamte Turbinenwelle mit allen darauf sitzenden Laufrädern in der Strömungsrichtung des Dampfes zu verschieben.** Um diesen Verschiebungsdruck nicht allzu groß werden zu lassen, ist es bei Reaktionsturbinen nicht mehr möglich, die Laufradschaufeln als Kränze von großen Scheibenrädern auszubilden, sondern es müssen die Schaufelkränze auf eine Art Trommel aufgesetzt werden. Ganz vermeiden läßt sich der Verschiebungsdruck auch hierdurch nicht, da ja auch die Schaufeloberfläche immer noch eine verhältnismäßig große Druckfläche darstellt.

Ganz vermieden wird dieser Übelstand nur durch **Ausgleichskolben,** deren Durchmesser den einzelnen Durchmessern der Laufradkränze entsprechen. Der Dampf drückt nun die einzelnen Kolben mit derselben Kraft nach links, mit der er die entsprechenden Laufradkränze nach rechts drückt. Eigentlich müßte dabei der Durchmesser der Trommel sowohl wie die Länge der Schaufeln von Stufe zu Stufe gleichmäßig zunehmen, da ja während der fortwährenden Ausdehnung des Dampfes auch sein Volumen fortwährend und gleichmäßig zunimmt. Da dies aber bei der großen Zahl von Schaufelkränzen die Herstellung erheblich verteuern würde, läßt man auch hier wie bei größeren Druckturbinen die Durchmesser und Schaufellängen nur von Zeit zu Zeit sprungweise zunehmen.

Bei der Druckturbine war es möglich, zwischen Laufrad, Kranz und Gehäusewandung verhältnismäßig große Spielräume zu lassen, da bei den gleich großen Drücken zu beiden Seiten der Laufräder der Dampf ja nicht das Bestreben hat, etwa durch diese Zwischenräume hindurch zu entweichen. Anders ist das bei der Reaktionsturbine.

Arbeitsverluste sog. Spaltverluste sind also bei dieser Turbinengattung nicht zu vermeiden. Es verdient hervorgehoben zu werden, daß in Wirklichkeit diese Verluste sich sowohl wegen der geringen Druckgefälle in den einzelnen Stufen als auch infolge vorzüglicher Ausführung nur auf ein geringes Maß beschränken. Der eben besprochene Übelstand der **Spaltverluste** hat nun eine eigentümliche Folge. Da der Dampf in den Reaktionsturbinen von Schaufelkranz zu Schaufelkranz sich in sehr kleinen Druckstufen ausdehnen soll, eine plötzliche große Querschnittserweiterung also nicht eintreten darf, ist es auch nicht möglich, den ersten Schaufelkränzen den Dampf nur auf einem Teile des Umfangs zuzuführen, wie dies gelegentlich bei den Druckturbinen geschieht. Es muß vielmehr stets der Dampf von vornherein auf sämtliche Schaufeln des Umfanges geleitet werden, die Turbine muß, wie man sagt, von vornherein **„voll"** beaufschlagt werden. Wollte man daher Turbinen von kleinen Leistungen ausführen, bei denen also nur kleine Dampfmengen zur Wirkung gelangen, so müßten Schaufelkränze von geringem Durchmesser mit sehr kurzen Schaufeln zur Anwendung kommen. Bei solch kurzen Schaufellängen würden aber die zur Ausführung unbedingt nötigen Spielräume zwischen Schaufeln und Wandungen und damit die unvermeidlichen Dampfverluste verhältnismäßig zu groß werden, **so daß Reaktionsturbinen sich nur für größere Dampfmengen, also für größere Arbeitsleistungen eignen.** Ein wesentlicher Vorteil der Reaktionsturbinen besteht in dem sehr kleinen Druckgefälle bei den einzelnen Stufen. Die Geschwindigkeit, mit welcher der Dampf die Schaufeln durchströmt, ist um so kleiner, je kleiner das Druckgefälle ist. Bei kleinen Dampfgeschwindigkeiten werden aber die unvermeidlichen Arbeitsverluste, die infolge von Reibung und Wirbelbildung während des Hindurchströmens durch die Schaufelkränze auftreten, sehr klein, und die Folge ist die, **daß man durch Reaktionsturbinen sehr gute Wirkungsgrade erzielen kann.**

[288] Zusammengesetzte Turbinen.

Die ursprünglichen Turbinen von **Zoelly** und **Parsons** haben beide den Übelstand, daß der Dampf, bevor er in das erste Schaufelrad eintritt, sich nur wenig ausgedehnt hat, **also mit hoher Spannung und, was wichtiger ist, mit sehr hoher Temperatur in die ersten Turbinenräder eintritt.** Man kann jedoch diesen Übelstand dadurch vermeiden, daß man den Dampf in der ersten Düse, bevor er also in das erste Laufrad eintritt, ein großes Druckgefälle durchlaufen läßt. Infolge dieses großen Druckgefälles tritt der Dampf mit niedriger Spannung (2—3 at) und mit niedriger Temperatur, wenn auch **mit großer Geschwindigkeit in das erste Laufrad** ein, so daß dieses zur Erzielung einer mäßigen Umfangsgeschwindigkeit mehrere, in der Regel zwei **Geschwindigkeitsstufen** erhalten muß.

Diese Bauart wird jetzt bei allen Turbinenarten angewendet. Das erste Rad ist stets ein sog. **Geschwindigkeitsrad mit zwei Stufen,** und erst im weiteren Verlaufe unterscheiden sich dann die einzelnen Turbinenarten durch Druckstufen mit und ohne Geschwindigkeitsstufen und mit Überdruckschaufelung.

Die großen Vorteile der Überdruckschaufelung, insbesondere bei großen Schaufellängen, haben zur Folge gehabt, daß für sehr große Leistungen namentlich bei Schiffsturbinen alle Arten von Turbinen vereinigt waren. Die ersten Stufen sind Druckstufen mit 2 oder 3 Geschwindigkeitsstufen, dann Druckstufen ohne Geschwindigkeitsstufen und endlich die letzten Stufen, in welchen der Dampf nur noch eine geringe Spannung, aber großes Volumen besitzt, mit Überschaufelung ausgeführt.

[289] Vorteile der Dampfturbine als Kraftmaschine.

a) Die Dampfturbine besteht nur aus einem einzigen umlaufenden Körper, nämlich der mit den Laufrädern versehenen Welle, die an zwei Stellen gelagert ist. Daher **einfache Bauart, rasche Montierung, kein Schwungrad, ruhiger Gang, kleines Fundament, geringer Raumbedarf, gewisse Anspruchlosigkeit bezüglich Bedienung und geringer Ölverbrauch,** da ja nur 2 bis 3 Lager geschmiert werden. Das Öl kommt mit dem Dampfe gar nicht in Berührung, braucht daher nicht entölt werden.

b) Da es keinen Totpunkt gibt, kann die Turbine von jeder Stellung aus angelassen werden. Kein Anwärmen wie bei Kolbenmaschinen. Als Nachteil kommt nur die Platzfrage bei sehr großen Anlagen und deren Beförderung bis zum Aufstellungsort in Betracht.

[290] Wirtschaftlichkeit der Dampfturbine.

Die vielen Vorteile der Dampfturbine und auch die Wirtschaftlichkeit des Turbinenbetriebes lassen es begreiflich erscheinen, daß die Kolbendampfmaschine in vielen Zweigen des Maschinenbetriebes gänzlich verdrängt wird. Dazu kommt noch die hohe Umdrehzahl; daher ist speziell die Dampfturbine zur Verbindung mit der Dynamomaschine hervorragend geeignet. Die Nachfrage nach sog. **Turbodynamos** hat in den letzten Jahren einen kolossalen Aufschwung der Dampfturbinenindustrie verursacht. Die fast ausschließliche Verwendung der Dampfturbinen zum Bau von Turbodynamos hat zur Folge gehabt, daß wohl in allen neueren Veröffentlichungen über den Dampfverbrauch von Turbinen die Angaben für das verbrauchte Dampfgewicht bezogen sind, auf die sog. Kilowattstunde (KW-St.), eine Leistungsarbeit, welche bekanntlich mit einer PS in dem Zusammenhange steht, daß 0,736 KW = 1 PS und demnach auch 0,736 KW-St. = 1 St. · PS. Diese Angaben haben sich deshalb so rasch eingebürgert, weil dadurch die Messungen sehr erleichtert werden. Diejenige Anzahl Kilogramm Dampf, welche die Turbine in einer gemessenen Zeit, z. B. einer Stunde, verbraucht, läßt sich sehr einfach dadurch feststellen, daß man den aus dem Oberflächenkondensator kommenden verdichteten Dampf in einem Meßgefäße auffängt, während die von der Dynamomaschine gelieferte nutzbare Energie am sog. Schaltbrett mit Leichtigkeit abgelesen werden kann. Auf die **Verhältnisse** des gewöhnlichen Dampfmaschinenbetriebes würden die Angaben über den Dampfverbrauch für die KW-St. den Angaben über den Dampfverbrauch pro St.-PS_n (Stundennutzpferdestärke) entsprechen, jedoch einschließlich des Energieverlustes, der in der Dynamomaschine auftritt.

Aufgabe 94.

[291] *Eine Kolbendampfmaschine leistet nach Indikatorversuchen 1000 PS_i. In der Dampfmaschine gehen durch Reibung 15% der Leistung verloren. Der mechanische Wirkungsgrad der Maschine betrage 85% und endlich sei bekannt, daß die auf derselben Schwungradachse sitzende Dynamomaschine einen Energieverlust von 4% nicht überschreite.*

Die Turbodynamo habe eine Leistung von 600 KW, welche in einer Stunde 4200 kg Dampf, also pro KW-St. 4200 : 600 = 7 kg Dampf verbraucht. Es ist die Zahl der tatsächlich gelieferten KW und der Dampfverbrauch der dieselben Nutzleistung ergebenden Kolbendampfmaschine zu berechnen.

Die Anzahl der tatsächlich gelieferten Kilowatt beträgt:

$$0{,}736 \cdot 0{,}85 \cdot 0{,}96 \cdot 1000 = 0{,}6 \cdot 1000 = \mathbf{600\ KW.}$$

$$\frac{4200}{\frac{600}{0{,}6}} = \frac{4200}{1000} = \mathbf{4{,}2\ kg\ für\ die\ St.\text{-}PS_i.}$$

[292] Der thermische Wirkungsgrad der Dampfturbine.

$$\eta_t = \frac{T_1 - T_2}{T_1} = 1 - \frac{T_2}{T_1},$$

wobei T_1 die absolute Temperatur der zugeführten Wärme (Auspuffdampf), T_2 dagegen die absolute Temperatur der abgeführten Wärme (Kondensatortemperatur) ist. Unter thermischem Wirkungsgrad versteht man

$$\frac{\text{in Arbeit umgewandelte Wärmemenge}}{\text{insgesamt zugeführte Wärmemenge}};$$

also auch die Dampfturbine wird um so wirtschaftlicher arbeiten, je höher die Spannung und Überhitzung des Dampfes gewählt wird, und je vollkommener die Kondensation ist.

[293] Überhitzung.

Die Anwendung einer wirtschaftlich sehr vorteilhaften hohen Überhitzung stößt bei der Kolbendampfmaschine auf Schwierigkeiten wegen der Ausdehnung der aufeinander gleitenden Teile und weil keine Schmierung über 300—350° aushält. Bei der Dampfturbine gibt es aber nur zwei Wellenlager, die geschmiert werden müssen, und mit der Temperatur kann man hinaufgehen, soweit es die Bauart der Überhitzer und der Baustoff der Turbine gestattet. Bei Versuchen mit auf 500° C überhitztem Dampf von 7 at Spannung ergab sich, daß die Reibung der mit den Laufradschaufeln besetzten Räder in dem Dampfe um so geringer, also der mechanische Wirkungsgrad um so besser ist, je höher die Temperatur und je geringer der Druck des Dampfes ist, in welchem die Laufräder arbeiten.

Ein weiterer Vorteil der Anwendung überhitzten Dampfes besteht ferner darin, daß überhitzter Dampf keine im Dampfe schwebenden Wasserteilchen mehr enthält, die bei gesättigtem Wasserdampfe infolge des Aufwallens des Wassers im Kessel sich nur schwer vermeiden lassen. Da Wasser so gut wie unzusammendrückbar ist, wirken sie ganz ähnlich wie feste Körper, wenn sie mit großer Geschwindigkeit die Schaufeln der Laufräder treffen, so daß eine starke Abnutzung der Schaufeln die Folge sein wird.

Die zweite Bedingung für ein möglichst wirtschaftliches Arbeiten der Dampfturbine ist eine möglichst gute Kondensation. Der Nutzen geht aus folgendem hervor: Denken wir uns zwei geschlossene Räume *a* und *b*, welche durch eine Düse in Verbindung stehen, die sich von dem Raume *a* nach *b* erweitert. In *a* befinde sich gesättigter Wasserdampf von der Spannung 10 at abs., während *b* mit der Außenluft in Verbindung steht, und es sei die Düse so berechnet, daß in jeder Sekunde gerade 0,5 kg Dampf hindurchströme. In diesem Falle ist also $p_a = 10\ p_b$, und es wäre die in einer Dampfturbine auszunutzende lebendige Kraft

$$0{,}5 \cdot 39500 = 19750 \text{ mkg/sek} = 264 \text{ PS}.$$

Verbinden wir jetzt den Raum *b* mit einem guten Kondensator, in welchem eine Spannung von nur 0,1 at abs. herrscht und setzen gleichzeitig eine anders berechnete Düse ein, durch welche aber in jeder Sekunde gerade 0,5 kg Dampf hindurchströme, dann wäre $p_a = 100\ p_b$, und es könnte nach [250] eine Leistung von $0{,}5 \cdot 67100 = 33550$ mkg/sek oder rund 450 PS, d. h. eine um 70% größere Leistung erzielt werden. Bei der Kolbendampfmaschine ist Ähnliches der Fall. Auch dort kann man bei guter Kondensation einen nicht unbeträchtlichen Teil der Arbeit ohne Aufwendung neuer Wärmemengen dazugewinnen, es läßt sich jedoch zeigen, daß dies bei Turbinen noch größere Vorteile bringt.

[294] Turbinen für besondere Fälle.

Für besondere Fälle gibt es nun eigene Dampfturbinen:

1. **Gegendruckturbinen** dienen zur Heizung umfangreicher Gebäudeanlagen sowie für Koch- und Heizzwecke in chemischen Fabriken, wo oftmals größere Mengen Wasserdampf von niedriger Spannung (0,5—1,0 at Überdruck) gebraucht werden. Die Erzeugung dieses Dampfes wird häufig so bewerkstelligt, daß Dampf von wesentlich höherer Spannung in gewöhnlichen Betriebsdampfkesseln erzeugt und nachher durch Abdrosseln, also ohne äußere Arbeitsleistung, auf die verlangte niedrige Spannung gebracht wird. In neuester Zeit ist man dazu übergegangen, eine Verminderung der Spannung des erzeugten Dampfes in der Weise herbeizuführen, daß man den Dampf von höherer Spannung zunächst in Dampfturbinen treten und hier unter Arbeitsverrichtung sich auf die gewünschte niedrige Spannung ausdehnen läßt. Eine Kondensationsanlage ist dann mit einer solchen Dampfturbine natürlich nicht verbunden, und **die Dampfturbine verbraucht daher für die KW-St. verhältnismäßig viel Dampf. Anderseits wird gerade durch dieses Fortfallen der Kondensationsanlage der Betrieb der Dampfturbine außerordentlich einfach, und die in der Turbine geleistete Arbeit wird ja außerdem sozusagen nur nebenher erzeugt,** weil eben der Dampf seinem eigentlichen Verwendungszweck (zum Heizen und Kochen) erst nach seinem Austritte aus der Dampfturbine zugeführt wird. Da sich der Dampf in solchen Turbinen nicht bis auf die tiefste erreichbare Spannung ausdehnt, sondern mit verhältnismäßig hohem Gegendruck (2—3 und mehr at) aus der Maschine entweicht, bezeichnet man derartige Turbinen mit dem Namen **Gegendruckturbinen.**

Daß durch die Ausschaltung besonderer Kessel zu Heizzwecken eine große Ersparnis an Dampf, d. h. also an Kohle, erzielt werden muß, ergibt sich schon aus der Überlegung, daß im Falle gesonderter Kessel der Dampf aus Wasser in flüssiger Form erzeugt werden muß. Nun ist aber gerade diejenige Wärmemenge, welche nötig ist, um Wasser aus der flüssigen Form in die Dampfform zu überführen, der weitaus größte Teil der zur Dampferzeugung überhaupt verbrauchten Wärmemenge. Sie beträgt z. B. rund 500 WE, um Wasser von 100° in Dampf von 100° überzuführen. Wenn es also gelingt, diese gewaltige Wärmemenge bei dem größten Teile des benötigten Dampfes zu sparen, so ist leicht zu erkennen, daß die oben beschriebene Verbindung von Krafterzeugung und Heizung große wirtschaftliche Vorteile bieten muß.

2. **Anzapfturbinen.** Derartige vereinigte Betriebe erweisen sich nur dann als wirtschaftlich, wenn die zu Koch- und Heizzwecken benötigten Dampfmengen bedeutend sind, da sonst die Ersparnisse an Dampf durch die Kosten der Dampfturbinenanlage zum größten Teile wieder aufgezehrt werden. Um aber auch in solchen Fällen Ersparnisse zu erzielen, ist man dazu übergegangen, den zu Koch- und Heizzwecken benötigten Dampf einer mehrstufigen Dampfturbine an einer Stelle anzuzapfen, wo er die gewünschte niedrige Spannung besitzt. Der nicht gebrauchte Rest des Dampfes geht, Arbeit leistend, auch durch die letzten Stufen der Dampfturbine hindurch, gelangt sodann bei tunlichst niedriger Spannung in den Kondensator und wird so in möglichst wirtschaftlicher Weise ausgenutzt.

3. **Abdampfturbinen.** Im Maschinenbetriebe kommen häufig Fälle vor, bei denen Dampfmaschinen nicht längere Zeit ununterbrochen, sondern sozusagen stoßweise zu arbeiten haben. Solche Fälle sind z. B. auf Bergwerken die sog. Fördermaschinen, welche Kohle und Erze aus den Schächten herausholen, die Maschinen zum Antriebe der Walzenstraßen in Hüttenwerken u. a. m. Wegen des stoßweisen Arbeitens, d. h. wegen des Arbeitens mit vielen mehr oder weniger großen Pausen ist bei derartigen Maschinen die Anwendung von Kondensation nur schwer oder gar nicht durchzuführen, **weshalb diese Maschinen meistens mit Auspuffbetrieb arbeiten.** Man läßt also den Dampf sich in der Maschine nur auf etwas mehr als 1 at abs. ausdehnen und nutzt daher seine Ausdehnungsfähigkeit nur sehr unvollständig aus.

Die Möglichkeit, die Ausdehnungsfähigkeit des Dampfes gerade in Dampfturbinen bis auf weite Grenzen hin vorzüglich ausnutzen zu können, hat nun zu einer eigentümlichen und jetzt sehr beliebt gewordenen Verwendung dieser Maschine als **Niederdruck-** oder **Abdampfturbine** geführt. Trifft man nämlich die Anordnung so, daß jene nur zeitweise austretenden, meist recht bedeutenden Dampfmengen nicht in die freie Luft, sondern in einen großen Behälter auspuffen, so kann man diesen Behälter gewissermaßen als Dampfkessel für eine mit sehr niedriger Spannung arbeitende Dampfturbine benutzen, bei der allerdings mit vorzüglichen Kondensationseinrichtungen die Ausdehnungsfähigkeit des Dampfes so weit als möglich ausgenutzt werden muß. Die Spannung des Dampfes in diesem Behälter wird nun allerdings schwanken, **sie wird ansteigen, wenn die Hauptmaschine im Gange ist und wird sinken, wenn die Hauptmaschine stillesteht.** Nun hat sich gezeigt, daß geringe Schwankungen keinen wesentlichen Einfluß auf die Regelmäßigkeit des Ganges ausüben, und dann läßt sich durch Ausbildung des Kessels als sog. Wärmespeicher erreichen, daß diese Schwankungen wirklich nicht allzu bedeutende werden. Der Grundgedanke eines solchen **Wärmespeichers,** wie er zuerst wohl von **Rateau** angegeben wurde, ist ein sehr einfacher. Der Wärmespeicher besteht im wesentlichen aus einem Kessel, der zum Teil mit Wasser gefüllt ist, in welches der Auspuffdampf der betreffenden Maschine hineingeblasen wird. Ein Teil des Dampfes verdichtet sich, wobei die Temperatur des im Kessel befindlichen Wassers erhöht wird und gleichzeitig die Spannung im Innern des Kessels steigt. Verbraucht nun die Turbine mehr Dampf, als in den Wärmespeicher hineinkommt, also z. B. während die Hauptmaschine stillesteht, so sinkt die Spannung im Innern des Kessels, ein Teil des Wassers verdampft wieder, und es läßt sich auf diese Weise eine Art Ausgleich zwischen Dampfverbrauch und Dampflieferung erzielen. Zur Sicherheit sind dann noch Vorkehrungen getroffen, daß bei zu stark ansteigendem Drucke ein Sicherheitsventil geöffnet wird, während bei zu stark fallendem Drucke frischer Dampf aus dem Hauptdampfkessel in den Wärmespeicher überströmt. Der Bedarf an Abdampf ist in letzter Zeit immer geringer geworden und beträgt in neueren Abdampfturbinenanlagen etwa 12—15 kg für die KW-St.

4. **Zweidruckturbinen.** Liegt die Gefahr vor, daß zeitweise nicht genügend Abdampf zur Verfügung steht, so baut man die Turbine wohl so, daß sie aus zwei besonderen Abteilungen besteht, einem Hochdruckteil und einem Niederdruckteil. Ist dann genügend Abdampf vorhanden, so arbeitet die Turbine nur mit ihrem Niederdruckteile, bleibt dagegen der Abdampf aus, so wird von der Maschine selbsttätig das Frischdampfventil einer Kesselanlage geöffnet, und es strömt nur hochgespannter und überhitzter Dampf zunächst in den Hochdruckteil und nachher mit derselben Spannung in den Niederdruckteil. Gegebenenfalls kann derartig arbeitender Frischdampf auch als Unterstützung bei zu geringen Mengen von Abdampf herangezogen werden. Solche Turbinen nennt man **Zweidruckturbinen.**

5. **Schiffsturbinen.** Zwei Haupteigenschaften sind es, durch welche sich Schiffsturbinen von andern Dampfturbinen unterscheiden: **niedrige Umdrehzahl und die Notwendigkeit, die Maschine sowohl in der einen wie in der andern Richtung umlaufen zu lassen.** Es würde hier zu weit führen, darzulegen, warum die Umdrehzahl der Schiffsturbinen nicht beliebig erhöht werden kann. Für uns handelt es sich nur darum, in welcher Weise werden die zum Antriebe der Schiffsschrauben notwendigen niedrigen Umdrehzahlen erreicht, und die Antwort lautet einfach: **durch eine große Zahl von Druckstufen. Je größer die Zahl der Druckstufen, desto kleiner die Dampfgeschwindigkeit, desto kleiner die zulässige Umfangsgeschwindigkeit der Schaufelkränze, desto kleiner die minutlichen Umdrehzahlen.** Freilich lassen sich niedrige Umdrehzahlen auch durch verhältnismäßig wenige Druckstufen erzielen, aber nur dann, wenn innerhalb dieser Druckstufen eine größere Zahl von Geschwindigkeitsstufen angewendet werden. Die Erfahrung hat aber gelehrt, daß die weitgehende Erniedrigung der Umdrehzahlen unter Anwendung vieler unmittelbar aufeinanderfolgender Geschwindigkeitsstufen mit großen Energieverlusten verknüpft ist, so daß also von diesem Mittel erst recht bei der Schiffsturbine nur in sehr beschränktem Maße Gebrauch gemacht wird.

Und trotzdem findet sich gerade bei Schiffsturbinen eine weitgehende Anwendung solcher Geschwindigkeitsstufen, freilich nicht bei den Hauptturbinen.

Die zweite oben genannte Bedingung für Schiffsturbinen war nämlich die, daß es möglich sein muß, die Turbinen nach beiden Richtungen umlaufen zu lassen. Das ist nun so ohne weiteres nicht möglich. Soll daher eine Welle bald nach einer, bald nach der andern Richtung umlaufen, so bleibt nichts anderes übrig, als auf diese Welle zwei Turbinen aufzusetzen, von denen die eine nur nach der einen, die andere nur nach der anderen Richtung umlaufen kann.

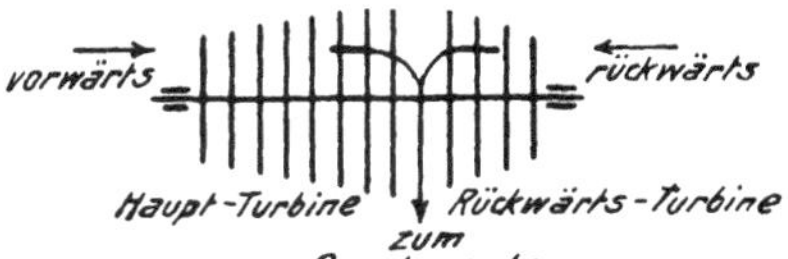

Abb. 263

Abb. 263 zeigt das Schema einer solchen Schiffsturbine, links ist die Hauptturbine, rechts die Rück wärtsturbine. Soll die Maschine vorwärts laufen dann wird der Dampf auf der linken Seite eingelassen. Dann läuft also die Rückwärtsturbine leer mit. Bei Rückwärtsgang wird der Dampf rechts eingelassen, und die Hauptturbine läuft leer mit. Da nun das Rückwärtsfahren nur selten und nur für kurze Zeit vorkommt, spielt die Unwirtschaftlichkeit keine große Rolle, und man kann dabei mit sehr wenig Druckstufen, also mit wenig Rädern auskommen.

10. Abschnitt.

Die Gasturbine.

[295] Zwei Jahrhunderte lang war die alte Dampfmaschine unbestrittene Alleinherrscherin auf dem Gebiete der Wärmekraftmaschinen gewesen, bis sie dann in den beiden letzten Jahrzehnten des verflossenen Jahrhunderts in einen heftigen Kampf verwickelt wurde mit der immer mächtiger vorwärts strebenden **Gasmaschine.**

Das Bedürfnis nach einer neuen Art von Wärmekraftmaschinen ergab sich zunächst aus der Erkenntnis, daß die alte Dampfmaschine mit ihrem Kessel für kleinere Leistungen in ihrem Aufbau zu umständlich, in ihrer Wirkungsweise viel zu unwirtschaftlich war. Aus diesem Bedürfnisse heraus entsprangen dann die ersten Gasmaschinen, die zunächst ausschließlich **Leuchtgasmaschinen** waren und insbesondere auf dem Gebiete der sog. **Kleinkraftmaschine** infolge ihrer fast unübertrefflichen Einfachheit im Betriebe sehr bald die Dampfmaschine völlig zu verdrängen drohten. Freilich trat für die Besitzer solcher Gasmaschinen der Übelstand hinzu, in Abhängigkeit von den großen Gaswerken zu treten; nur durch den Bau von **Petroleum- und Benzinmaschinen** ließ sich die Selbständigkeit der Dampfmaschinenanlagen erreichen. Eine Zeitlang schien es nun, als ob die Gasmaschine eben nur auf das Gebiet der kleinen und mittleren Leistung beschränkt bleiben würde, während die Dampfmaschine das Feld der großen und größten Leistungen unbestritten beherrschen sollte, auf welchen noch dazu durch Einführung des hochüberhitzten Dampfes nicht unerhebliche Fortschritte in der Erhöhung der Wirtschaftlichkeit erzielt wurden. Aber Schritt für Schritt drang auch hier die Gasmaschine siegreich vor, größer und größer wurden ihre Leistungen, und auch die Wirtschaftlichkeit wurde durch Einführung der Sauggasanlagen, namentlich der für minderwertige Brennstoffe, nicht unwesentlich erhöht, worauf allerdings die Gegenpartei mit der Ausbildung der in hohem Maße wirtschaftlich arbeitenden **Heißdampflokomobile** antwortete. Ein schwerer Schlag für die Dampfmaschine war es ferner, als durch die Ausnutzung der Gicht- und Koksofengase in Verbindung mit der Entwicklung der **Großgasmaschine** ein weiterer Schritt auf der Siegeslaufbahn getan wurde. Aber noch einmal machten die Anhänger der Dampfmaschine einen starken Vorstoß, indem sie eine zwar schon früher erfundene, aber lange Zeit hindurch vernachlässigte neue Form der Dampfmaschinen ausbildeten, die **Dampfturbine,** die zwar nicht den thermischen Wirkungsgrad der Gasmaschine übertreffen konnte, aber in ihrer Bauart Vorteile bot, die der Siegeslaufbahn der Gasmaschine zustatten kamen. Die Schwierigkeiten für die Entwicklung der Gasturbine waren aber namhafte infolge der hohen Temperaturen. Während bei Kolbenmaschinen dieser Übelstand durch ausgiebige Wasserkühlung von Zylinder und Kolben überwunden werden kann, ist eine künstliche Kühlung bei Düsen und Schaufeln sehr schwierig, eine Kühlung durch Wasser aber unausführbar. Zu einer Gasturbine gehören noch außer der Gaserzeugungsanlage und der eigentlichen Turbine noch eine Gas- und Luftverdichtungsmaschine, denn Luft wie Gas können ja nicht von der Turbine angesaugt werden, sondern müssen mit Hilfe der genannten Maschine in die Verbrennungskammer hineingebracht und dort je nach der Arbeitsweise mehr oder minder verdichtet werden. Die Kraft hierzu muß von der Turbine mitgeliefert werden und vermindert also die nach außen abgebbare Leistung und damit den Gesamtwirkungsgrad. Die Turbine, die **Holzwarth** [1]) ausgebildet hat, ist baulich gut durchbildet, betriebsfähig, hat bei umfangreichen Versuchen bis zu 20% wirtschaftlichen Wirkungsgrad nachgewiesen. Holzwarth (Abb. 264) ordnet vor den Schaufeln des mit Geschwindigkeitsstufen versehenen Laufrades *R* einen Kranz von etwa 10 voneinander getrennten Verbrennungskammern *K* an, deren jede an eine Düse *D* anschließt, welche die in der Verbrennungskammer erzeugten hochgespannten Gase auf die Schaufeln des Laufrades leitet. Die einzelnen Kammern sind zunächst nach den Düsen hin durch eine Klappe verschlossen und werden nun nacheinander mit einem Gasluftgemisch von geringer Pressung (etwa 1 ½ at) gefüllt. Das auf elektrischem Wege entzündete Gasgemisch schlägt die nach der Düse zu führende Klappe auf, so daß nunmehr die Umsetzung von Druck in Geschwindigkeit in den Schaufeln des Laufrades erfolgen kann. Dieser Vorgang wiederholt sich nacheinander in den einzelnen Kammern im Kreise herum.

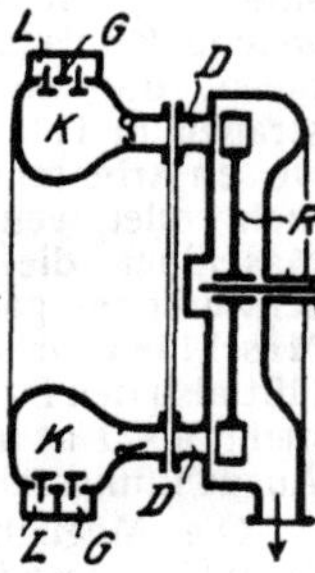

Abb. 264

Bemerkenswert ist die Art und Weise, wie Holzwarth die oben erwähnte Schwierigkeit der hohen Temperaturen bekämpft. Sobald nämlich die Spannung in den Verbrennungskammern auf die Spannung im Auspuffrohre gesunken ist, wird eine Zeitlang Spülluft von Außentemperatur durch die Verbrennungskammer, durch Düse und Laufrad mit Hilfe eines saugenden Ventilators hindurchgesaugt, wodurch einmal die Verbrennungskammer von dem Reste der verbrannten Gase gereinigt und ferner eine Spülung der sämtlichen Teile herbeigeführt wird. Nach erfolgter Ausspülung wird durch die Steuerung der Maschine die nach der Düse hinführende Klappe geschlossen, worauf die Kammer zu einem neuen Ladevorgange fertig ist.

Der Antrieb der Gasverdichtungsmaschine und des Ventilators erfolgt durch eine Dampfturbine, für welche der Dampf durch die in dem Abgas steckende Wärme erzeugt wird.

Noch ist das Ziel nicht erreicht, noch sind große Schwierigkeiten zu überwinden. Wenn man aber bedenkt, welche Hindernisse bei der Dieselmaschine zu überwinden waren, kann man hoffen, auch die Gasturbine schon in nächster Zeit als Ideal einer Kraftmaschine begrüßen zu dürfen. Daß wir diesen Erfolg wieder einem Deutschen zu danken haben, muß uns mit hohem Stolze erfüllen.

[1]) H. Holzwarth, Die Gasturbine, München, Verlag R. Oldenbourg.

ELEKTROTECHNIK

Inhalt: Unter den praktischen Verwendungen, die der elektrische Strom gefunden hat, stehen heute schon die elektrischen Bahnen an erster Stelle, die heute schon das Feld der Straßenbahnen und Kleinbahnen völlig erobert haben, aber im Vollbahnbetriebe dem Dampf schon sehr ernstlich Konkurrenz machen. Es ist jedenfalls nur eine Frage der nächsten Zukunft, daß auch auf Hauptbahnen der elektrische Betrieb die Führerrolle übernehmen wird.

12. Abschnitt.

Elektrische Gleichstrombahnen.

[296] Geschichtliches.

Die Vorläufer der elektrischen Bahnen sind in Amerika die **Kabelbahnen,** in Deutschland die **Gasbahnen,** wodurch bei starkem Verkehr der Pferdebahnbetrieb ersetzt werden sollte. Im Jahre 1878 war in der Berliner Gewerbe- und Industrie-Ausstellung eine kleine Personenbahn von Werner v. Siemens ausgestellt. Dieser Bahn wurde der Strom durch die Fahrschienen und durch eine besondere, in der Mitte des Gleises etwas erhöht liegende Zuleitungsschiene zugeführt. Dieselbe Stromzuführung wurde auf der Portrushbahn in Irland gewählt. Im Jahre 1881 wurde die meterspurige Bahn in Lichterfelde dem Verkehr übergeben. 1883 wurde in Wien im Prater eine Bahn mit reiner Fahrschienenzuleitung ausgeführt. Im Jahre 1882 wurde die elektrische Straßenbahn bis **Vorderbrühl,** 1884 die von **Sachsenhausen** bis nach **Obsenbach** und am 1. Mai 1885 die Verlängerung der **Mödlinger Bahn** bis nach **Hinterbrühl** ausgeführt. Die Stromleitungsanlage bestand bei dieser letzten Bahn aus zwei seitlich von der Bahn an Holzmasten befestigten geschlitzten eisernen Röhren, innerhalb deren elliptische Metallstücke, die durch eine Blattfeder an die Rohrwandungen gedrückt wurden, glitten; die Metallstücke waren mit dem Wagen verbunden. Dann kam es in Europa zu einem Stillstande, während die elektrischen Bahnen in Amerika die damals kolossale Ausdehnung bis zu 20000 km fanden.

Auf Grund der dort gemachten Erfahrungen konnte man sich auch in Europa und speziell in Deutschland nicht den großen Vorzügen des elektrischen Betriebes, unter denen besonders die leichte Überwindung großer Steigungen, die Möglichkeit der Anwendung größerer Geschwindigkeiten, des ruhigen und sicheren Anhaltens der Wagen, die Reinhaltung der Straßen und die bessere Anpassung des Verkehrs hervorzuheben sind, verschließen. Im Jahre 1891 wurde die erste elektrische Straßenbahn mit Oberleitung in **Halle a. S.** eröffnet, und dann folgten **Gera** und **Bremen.** Heute unterscheidet man

1. **Bahnen mit oberirdischer Stromzuführung:**
   a) mit Fahrschienenpol,
   b) ohne Fahrschienenpol.
2. **Bahnen mit unterirdischer Stromzuführung:**
   a) mit Schlitzkanal,
   b) mit geschlossenem Kanal.
3. **Akkumulatorenbahnen:**
   a) reiner Akkumulatorenbetrieb,
   b) Oberflächenbetrieb,
   c) gemischter Betrieb.

[297] Die Erzeugung des elektrischen Stromes.

Über Dampfkesselanlagen und Dampfmaschinen wurde bereits in Abschnitt 11, über Kondensations- und Kühlanlagen, über Gasmaschinen und Kraftgasanlagen, über Stromerzeuger mit Gleichstrom in Heft III u. IV gesprochen.

Es liegt nahe, elektrische Gleichstromlichtzentralen mit elektrischen Bahnkraftwerken in einem Gebäude zu vereinigen, da beiden Betrieben der elektrische Strom gemeinsam ist.

[298] Licht- und Kraftbetriebe.

Obgleich, abgesehen von den immer mehr in Aufnahme kommenden Hochspannungslampen, die Spannungsverhältnisse für Beleuchtung und Bahnbetrieb nicht harmonieren, so liegt sowohl technisch wie finanziell ein Vorteil in dieser Kombination, besonders **wenn jede der Anlagen oder eine derselben zu klein ist, um allein wirtschaftlich betrieben zu werden.** Es können Ersparnisse in der Verwaltung und Beaufsichtigung eintreten, wenn eine Zentralisierung der Stromerzeugung für Licht und Kraft vorgenommen wird. Man wird auch Ersparnisse in den Baukosten erwarten können, wenn es möglich ist, die beiderseitigen Leitungsnetze in einem Stromsystem zu vereinigen, für welches man einheitliche Maschinenaggregate nach beiden Richtungen ausnutzen kann. Es ist aber jedenfalls durchaus erforderlich, jedesmal erst genaue Untersuchungen anzustellen, ob es angezeigt ist, zugunsten des einen Systems sich mit dem anderen festzulegen oder mit andern Worten, — **ob für das Lichtnetz ein örtlich weniger günstiges Verteilungssystem anzunehmen wäre, nur um die Straßenbahn aus den gleichen Maschinen mit Strom versorgen zu können oder umgekehrt — einen exzentrisch zum Straßenbahnnetz gelegenen Platz für die gemeinsame Zentrale zu wählen, um einige Vorteile für das Lichtwerk zu erzielen.** Um hierin nicht wieder gutzumachende Fehler zu vermeiden, sind Rechnungen anzuraten, aber nur bei kleineren Werken nötig, da man bei großen Werken in einer Zusammenlegung keine Vorteile erhält.

Der Wechselstrom bietet die bequemste Gelegenheit, den üblichen beiden Spannungen von 110 bzw. 220 Volt für Licht und 500 Volt für Bahnen an ein und derselben Maschine Rechnung zu tragen und gleichzeitig eine rationelle Fernleitung bei hochgespanntem Strom zu ermöglichen. **Es gibt anderseits kein besseres System als Licht- und Kraftabgabe so zu vereinigen,** daß nicht nur die Kessel sondern auch die Dampfmaschinen, Dynamos und sonstigen

Apparate einer Leitung gegenseitig eine passende Reserve bilden.

Wenn man sich nun mit Kombination zwischen **Wechselstrom-Licht- und Kraftwerk** befassen muß, ist zunächst die Frage zu erwägen, wie die Schwankungen des Bahnbetriebes auf das Lichtnetz vermieden werden, da die Kombination nur dann von großem Vorteil ist, wenn von denselben Maschinen und womöglich von demselben Lichtkabelnetz, welches tagsüber unausgenutzt in der Erde liegt, der Strom für die Bahn entnommen werden kann. Es ist daher unzulässig, die vom Lichtwerk und Lichtnetz zu betreibende Bahn mit direkter Stromverbindung zu versehen, denn da es sich bei Kombination nur um kleine Bahnanlagen handeln kann, welche man zweckmäßig mit Lichtwerken vereinigt, wären die Spannungsschwankungen zu groß. Dazu kommt noch, daß die Bahn während der Stunden des stärksten Lichtbetriebes ebenfalls einen starken Betrieb erfordert und das Lichtwerk in dem Falle nicht in der Lage wäre, bei Wahrung der nötigen Reserven beide Abnahmegebiete voll versorgen zu können. In einem Falle hat man versucht, eine Straßenbahnanlage mit Wechselstrom von 50 Per./Sek. zu betreiben. Nur bei dieser für Bahnen ziemlich hohen Frequenz kommt gleichzeitige Benutzung der Zentrale für Lichtabgabe in Betracht. Diese Anlage befindet sich in St. Avold, hat aber keine weitere Nachahmung gefunden.

Diese Betrachtungen deuten also darauf hin, Akkumulatoren für den Bahnbetrieb zu verwenden. Das **Schnelladesystem** ist für einzelne Streckenfahrten zum Ausgleich gut geeignet. In den Kraftspeichern der Akkumulatorenbatterien ist ein Arbeitsvorrat anzusammeln, der alsdann über die wenigen Stunden des täglich stärksten Lichtbetriebes hinweghilft. An dem Endpunkte einer Straßenbahnlinie ist ein Wechselstrom-Gleichstrom-Transformator geeigneter Größe und Form aufgestellt worden, welcher die am Endpunkte sich aufhaltenden Wagen in wenigen Minuten mit so viel Strom versieht, daß derselbe für eine Hin- und Rückfahrt der Strecke mit Kraft versehen ist. Wenn die Haltezeit für die Ladung nicht ausreicht, kann noch ein kurzes Stück Oberleitung montiert werden, unter der der Wagen stromempfangend fährt. Der Betriebswagen beginnt seine Tagesfahrt mit vollaufgeladener Batterie und soll in den lichtschwachen Tagesstunden nach jeder Streckenfahrt durch den Transformator wieder vollgeladen werden, damit er jederzeit befähigt ist, **das Doppelte seiner Leistungen herauszugeben, wenn er z. B. einen kranken Wagen fortschieben muß oder wenn Witterungseinflüsse größere Kraft erfordern.** Die angesammelte Kapazität der Batterie soll tagsüber, wie dies auch in den heutigen Betrieben von Hannover und Dresden der Fall ist, als Betriebsreserve mitgeführt werden, während dieselbe bei der lichtstarken Zeit für den Betrieb verausgabt werden kann, so daß während dieser Zeit das Lichtwerk nur etwa mit einem Drittel der Tagesarbeit mitzuwirken hat. Will man das Lichtwerk vollständig für gewisse Stunden des Tages entlasten, so würde es sich empfehlen, eine entsprechende Batterie in der Nähe dieses Transformators aufzustellen, welcher in der Zeit des starken Lichtbetriebes auch dieses letzte Drittel für den Bahnbetrieb übernimmt. Diese sekundäre Batterie führt gleichzeitig auch einen Kraftausgleich während der an und für sich schon gleichmäßigen Wagenladung herbei, da es immerhin möglich sein kann, daß der eine Wagen seine Ladung bereits beendet hat, während der andere noch nicht begonnen hat, so daß in der Zwischenzeit die Arbeit des Transformators auf die stationäre Batterie übergeht. Es kann auch der Fall eintreten, daß zwei Wagen zugleich an dem Transformator hängen, der nur für eine Ladung eingerichtet ist, und in diesem Falle kann die stationäre Batterie ebenfalls Ladestrom abgeben. Hierbei ist noch zu berücksichtigen, daß die stationäre Batterie vollständig entladen werden darf, während man es bei der Wagenbatterie vermeiden möchte, den letzten Rest der Ladung abzugeben, solange noch Betriebsfahrten unternommen werden müssen. **Dieses System bietet nun die Möglichkeit, die Wechselstromanlagen auch bei Nacht stark zu belasten, wenn wegen weniger Lampen ein größeres Maschinenaggregat die Nacht über in Betrieb gehalten werden muß.** Es können namentlich die erschöpften Wagenbatterien des Nachts so weit aufgeladen werden, daß sie den Tagesbetrieb mit voller Ladung beginnen können.

Für die Wagenbatterie ist ein Gewicht von 2000 kg angenommen, weil die neueren Ausführungen bewiesen haben, daß man mit einer Batterie genannten Gewichtes imstande ist, Anfahrstromstärken bis zu 100 Amp. bei 500 Volt ohne Schädigung der Platten gerecht zu werden und daß man eine Kapazität von etwa 25—30 Wagen-km in derselben aufspeichern kann. Ein Waggon leistet bei 16 Std. Tagesbetrieb einschließlich der Strecken- und Endaufenthalte am Tage 160 km. Rechnet man für eine Tonne bewegten Wagengewichtes bei 12—15 km/St. Wagengeschwindigkeit 50 Wattstunden, was dem durchschnittlichen Arbeitsverbrauch bei Straßenbahnanlagen entspricht, und rechnet man, daß 2achsige Wagen ohne Akkumulator ein Gewicht von 8 Tonnen einschließlich Vollast haben und demnach, daß Wagen mit 2 Tonnen Batterien wenigstens 10 Tonnen mit Vollast wiegen, so kommen wir auf eine Leistung von $10 \cdot 50 = 500$ Wattstunden mal $160 = 80$ Kilowattstunden Arbeit für einen Akkumulatorenwagen mit Tagesleistung. Rechnen wir mit runden Zahlen, so können wir annehmen, daß die Amperestunde einer positiven Plattenoberfläche von 2 dm^2 entspricht, d. h. $= 0{,}5$ Kilowattstunden. Demnach entsprechen einer Kilowattstunde 4 dm^2 positive Elektrodenoberfläche. Eine Batterie von 2 t Gewicht faßt eine Oberfläche von 60 dm^2, somit eine Kapazität von 15 KWSt. Wenn wir annehmen, daß die Betriebsstrecke 5 km lang ist, so wird für die Hin- und Rückfahrt $= 10$ km eine Kapazität von $10 \cdot 10 \cdot 15 = 5$ KWSt. für jede Fahrt gebraucht. Es verbleiben somit $^2/_3$ Betriebsreserve, welche Strom für 2 Stunden liefern kann. Nimmt man an, daß für jeden Wagen noch eine stationäre Batterie gleicher Größe in der Transformatorstation zur Entladung bereitsteht, so könnten nach Abzug des Nutzeffektes der Entladung noch weitere $2\frac{1}{2}$ Stunden Betriebskraft bereitgestellt werden oder, was den praktischen Bedürfnissen noch besser entsprechen würde, während einer fast 3stündigen Betriebszeit müßten die Wagenbatterien mit ca. 40% Betriebsreserve arbeiten. Ein Transformator einschließlich entsprechender Reservebatterie dürfte 50000 Goldmark kosten, womit eine 5 km lange Strecke mit 6 Minuten Wagenintervalle, d. h. mit 10 Wagen/St. betrieben werden kann.

Die Leistung entspricht unter Berücksichtigung des Transformatorverlustes einem Energieverbrauch von 315000 KWSt. Obiges Anlagekapital soll mit 10% verzinst und amortisiert werden, und weitere 10% sollen als Unterhaltungsbeitrag eingesetzt werden, so daß 10000 M. an Stromkosten erspart werden müßten. Falls der Strom bei direkter Erzeugung 10 Goldpf. für die KWSt. kostet, müßte er hier mit $10 - \frac{100000}{315000} = 6{,}8$ Goldpf. verkauft werden. — Bedenkt man hierbei, daß reine Bahnkraftwerke, die in eigener Regie von der Straßenbahngesellschaft betrieben werden, den Strom zu diesem Preise liefern können, so folgt aus der rohen Rechnung obiger Darlegungen, daß ein städt. Wechselstrom-Lichtwerk eine gute Ausnutzung bei derartigen Betrieben finden müßte.

[299] Schaltanlage.

Der erzeugte Betriebsstrom, welcher bei allen neuen Anlagen mit 500—600 Volt Spannung in die

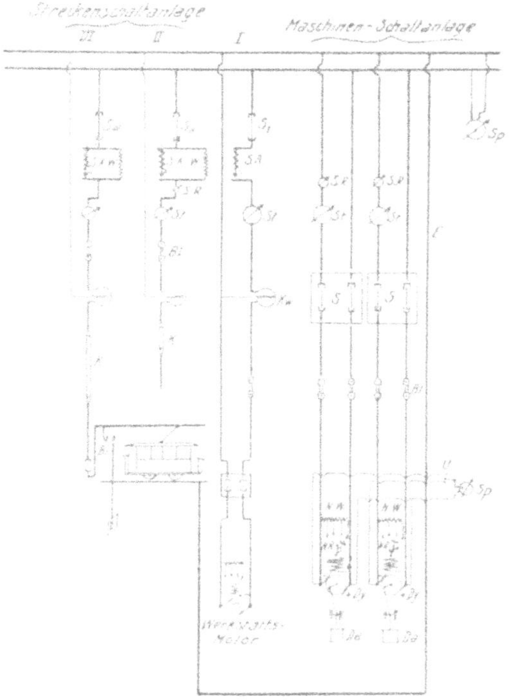

Abb. 265

Schaltanlagen tritt, wird wie bei allen anderen Elektrizitätswerken gemessen, verteilt, gesichert, registriert usw. In Abb. 265 befinden sich rechts die Dampfmaschinen *Da* mit den Dynamomaschinen *Dy*, Nebenschlußwiderstand *NW*. Zur Messung der Netzspannung und der Maschinenspannung dienen die Spannungsmesser *Sp* und der Umschalter *U*. Zwischen den Hauptleitungen der Maschinen und den Sammelschienen einer Schaltanlage befinden sich noch Bleisicherungen *Bl*, doppelpoliger Hauptschalter *S*, Strommesser *St* und Stromrichtungsanzeiger *SR*. Die Einschaltung von Starkstromautomaten in diesen Leitungen erübrigt sich, da in den Streckenleitungen solche Apparate eingebaut werden müssen. Von den Sammelschienen werden nur die Streckenleitungen und die Leitung zum Betrieb von etwaigen Werkstattmotoren abgezweigt.

Leitung I zeigt eine zweipolige Leitung zum Treiben eines Werkstattmotors: einpoliger Schalter *S'*, Starkstromausschalter *SA*, einen Stromzeiger *St*, einen Kilowattstundenzähler *KW*, ev. noch eine Bleisicherung. Leitung III einpolige Leitung. Das mit *K* bezeichnete Stück der Leitungsstellen bedeutet das unter- oder oberirdische Kabel bis zur Verwendungsstelle.

I. Reiner Maschinenbetrieb. (Abb. 265.) Der in den Dynamomaschinen erzeugte Strom durchläuft zunächst die zum Betrieb nötigen Apparate und geht, nachdem er den Hauptzähler passiert, in die inneren Speiseleitungen. Jede dieser Speiseleitungen, welche bei kleinen Anlagen auch direkte Fahrdrahtanschlüsse sein können, enthält eine Bleisicherung, einen Strommesser, einen Maximalausschalter und eine Induktionsspule *J*, um das Eindringen eines durch Blitzschlag hervorgerufenen Stromes in die Leitung zu verhindern. Eine sichere Ableitung gegen Erde wird durch einen Blitzableiter gesichert.

Der Dynamomaschinenstromkreis ist doppelpolig abschaltbar, doppelpolig gesichert und mit Strommesser und Richtungsanzeiger versehen; dieser dient dazu, um beim Parallelbetrieb mehrerer Maschinen ihr Aufeinanderarbeiten sofort erkennen zu lassen;

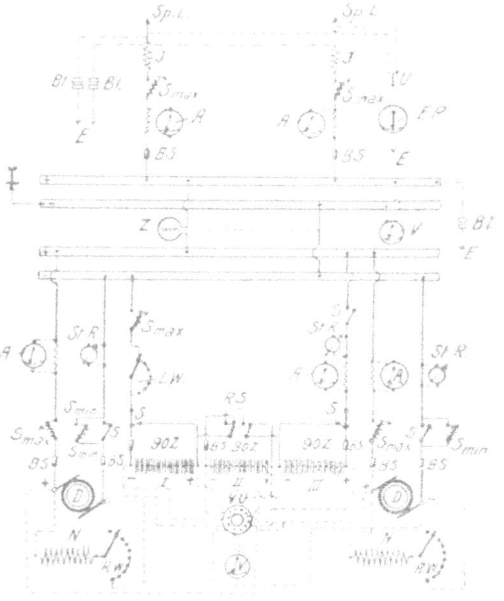

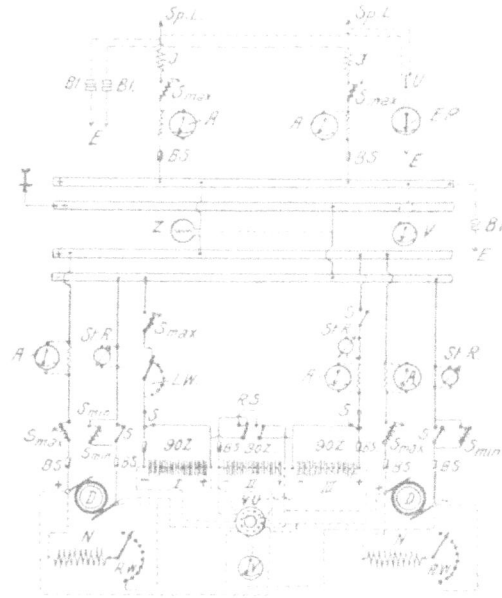

Abb. 266

der Stromrichtungsanzeiger kann wegfallen, wenn in einen Pol ein Minimalausschalter gelegt wird.

II. Pufferbatterie. Wenn eine Bahn geringe Zugfolge besitzt oder eingleisig ist, so daß mehrere Wagen gleichzeitig anfahren oder starke Stromsteigungen zu erwarten sind, ist die Aufstellung einer **Pufferbatterie** üblich geworden, da dadurch die Maschinen für den mittleren Kraftbedarf vorgesehen werden können, während die Batterie die Stromstöße aufnimmt (Abb. 266). Da die Pufferbatterie während des Betriebes stets in Parallelschaltung zu den Maschinen liegt, wird sie meistens wenig entladen sein, aber es macht sich bei besonders starken Beanspruchungen, so z. B. wenn die Batterie bei Schadhaftwerden einer Maschine einen Teil der gesamten Leistung oder, wie dies bei kleinen Anlagen vorkommen kann, die gesamte Leistung übernehmen muß und auch bei normalen Betrieben von Zeit zu Zeit eine Vollaufladung der Batterie bis 2,75 Volt pro Zelle nötig. Da die stationären Dampfmaschinen meist nicht für die beim Laden nötige Spannungserhöhung eingerichtet sind, so muß entweder durch Zusatzmaschinen oder in Reihen aufgeladen werden.

Im letzteren Falle wird von der Anwendung von Zellenschaltern ganz abgesehen, während im ersteren Falle, besonders bei großen Anlagen, sie ziemlich oft Verwendung finden.

Die Pufferbatterien bestehen bei 500 Volt Betriebsspannung gewöhnlich aus 270 Zellen. In Abb. 266 enthält der Akkumulatorenstromkreis eine doppelpolige Bleisicherung, eine Schalterkombination zum Laden der Batterie in drei Reihen, einen Ladewiderstand, einen Strommesser, Stromrichtungsanzeiger und einen Maximalausschalter, um Entladungen der Batterie mit zu starken Stromstärken zu verhüten.

Die Aufladungen der Batterie bis 2,75 Volt für jede Zelle geschieht in 3 Reihen. Es wird zunächst Gruppe 1 und 2 eine bestimmte Zeit geladen, hierauf durch Schalterumstellung 1 und 3 dieselbe Zeit und endlich 2 und 3 in gleicher Weise. Je nach der Übung des Wärters erfolgt die Volladung mit mehr oder weniger Umschaltung. Wenngleich diese Art der Aufladung einige Aufmerksamkeit des Maschinisten erfordert, so wird dieser doch sehr bald imstande sein, eine gleichmäßige Ladung der Batterie zu erreichen.

Der regulierbare Ladewiderstand hat den Zweck, beim Beginn der Ladung das Anwachsen des Stromes über die maximale Ladestromstärke zu verhüten, wenn die Maschinenspannung nicht so weit mittels eines Nebenschlußregulators herabgedrückt werden kann.

In dem Maschinenstromkreis ist parallel zum Hauptschalter ein Minimalausschalter vorgesehen, um ein Zurückarbeiten der Batterie auf die Dynamo hintanzuhalten. Der Hauptschalter ist während des regelmäßigen Betriebes geschlossen, es wird der Minimalausschalter nur während der Ladeperiode eingelegt. Ein Voltmeter mit einem zweipoligen Vielfachumschalter erlaubt sowohl die Spannung der einzelnen Reihen als auch in der ganzen Batterie sowie die der beiden Maschinen zu messen.

Eine Vereinigung zwischen Handschalter und automatischem Schalter ist der Ausschalter System Stöbraum-Schumann der Firma Helios. Die Verbilligung des Apparates liegt darin, daß zwei der bisher getrennt angefertigten Schalter zweckdienlich vereinigt sind. Mit einem einzigen Handgriff kann der ausgesprungene Schalter wieder eingelegt werden, ohne daß bei bestehendem Kurzschlusse größere Feuererscheinungen beim Ausschalten auftreten, als dies eben der normalen Betriebsstromstärke des durch den Automaten gesicherten Stromkreises entsprechen. Bekanntlich können Schalter, Maschinen und Leitungen, wenn sie unter Kurzschluß eingeschaltet werden, Beschädigungen ausgesetzt sein, ebenso wie der den Schalter bedienende Mann durch die auftretenden Feuererscheinungen gefährdet werden kann. Es liegt daher nahe, den Schalter so zu konstruieren, daß bei der ersten bzw. letzten Schalterstellung ein hoher Widerstand vorgeschaltet wird, der nur eine begrenzte Stromstärke durchläßt. Diese wiederum muß genügen, um den Apparat sofort zur Auslösung bzw. den Elektromagneten zum Ansprechen zu bringen, ehe zu dem hohen Widerstand der Kurzschluß parallel geschaltet ist.

[300] Stationäre Akkumulatoranlagen.

Dieselben finden wegen ihrer guten ausgleichenden Tätigkeit als Pufferbatterien und der ständigen Betriebsbereitschaft als Kapazitäts- Rückhalts- oder Speicherbatterien beim direkten Bahnbetrieb Anwendung (siehe Heft IV, 257). Der Gedanke rührt von Ing. Reckenzaun her.

Wenn man in Betracht zieht, daß bei kleinen Kraftwerken die Schwankungen der stationären Maschine zwischen der Null- und Maximalleistung oftmals innerhalb einer Minute erfolgen, wenn man anderseits in Betracht zieht, daß der Betrieb innerhalb gewisser Tagesstunden schwach ist (morgens, abends, nachts), und daß die Maschinenleistung für den größten Verbrauch eingerichtet sein muß, so kann man sich wohl denken, daß ein wirtschaftlicher Vorteil bei der Anwendung stationärer Akkumulatorenbatterien möglich sein muß, wenn zu den Zeiten schwachen Verkehrs die überschüssige Dampfmaschinenleistung in einem stromsammelnden Reservoir aufgespeichert werden kann. Die hierzu tauglichen Batterien dienen zugleich dazu, die momentan wechselnde Belastung der Stromlieferung auszugleichen ähnlich wie Windkessel an Pumpen, indem bei plötzlicher schwacher Belastung der Strecke die an der normal arbeitenden Dampfmaschine zur Verfügung stehende überschüssige Energie an der Batterie selbsttätig aufgenommen und bei plötzlich größerer als normaler Beanspruchung der Strecke wieder selbsttätig abgegeben wird. Aus dieser Tätigkeit hat man den Batterien den Namen Pufferbatterien, Ausgleichsbatterien gegeben, obgleich die puffernde Wirkung nicht immer die Hauptwirkung geworden ist (Abb. 266). Die Kohlenersparnis infolge der gleichmäßigen Maschinenbelastung beträgt alsdann 25—30%, sogar bis 40%, bei Anlagen, deren Größe für Anwendung solcher Pufferbatterien geeignet ist. Außer dieser Kohlenersparnis, welche mitunter die Beschaffung der Batterie nahezu deckt, ergeben sich noch folgende Vorteile: 1. Verkürzung der Betriebszeit, indem man nur die ersten und abends die letzten Wagen unter Stillstand der Maschinen aus der Batterie speist, 2. geringere Reparatur an der Maschine, 3. Momentreserve und damit große Betriebssicherheit, da die Batterie jederzeit, ohne daß irgendeine Vorrichtung dazu nötig wäre, sofort den ganzen Betrieb während einer entsprechenden Zeit übernimmt, wenn die Betriebsmaschinen aus irgendeinem Grunde außer Tätigkeit kommen.

Eine besondere Schaltungsanordnung zu diesem Zweck, die der Firma Siemens & Halske patentiert ist, wird in Remscheid angewendet.

Die theoretische Betrachtung dieser Frage (III, 4, 258, 259) weist aber darauf hin, mit höherer Spannung zu laden und mit niedriger Spannung zu entladen, da jede Zelle im Ladezustande 2,75 V braucht, im Entladezustand aber nur 1,83 V herausgibt. Die Praxis hat diese Anschauung sehr rasch widerlegt, und die Anlage Hirslanden wurde sehr bald für unmittelbare Parallelschaltung der Batterie zu der Betriebsmaschine ohne jedwede Spannungsregulierung umgewandelt. Nur für das tägliche einmal stattfindende Aufladen der Batterie bleibt noch eine spannungserhöhende Vorrichtung (Zusatzdynamo, Zellenschalter, Dreireihenschalter) erforderlich. Heutzutage sind die meisten Pufferbatterien auf der Grundlage Hirslanden aufgebaut.

[301] Berechnung der Kraftstation.

Wenn man den ungünstigsten Augenblick des Fahrplanes in Betracht zieht und alsdann die Summe der Leistungen an den Motorwagen addiert, so erhält man die größte Leistung für die Kraftstation unter Hinzurechnung der Wirkungsgrade von Stromleitung und Dynamomaschine. Bei normaler Beanspruchung bleiben diese Wirkungsgrade in bekannten Grenzen.

Man tut indessen gut, sich für die Wagen eine mittlere Leistung herauszunehmen, was die Geschicklichkeit des projektierenden Ingenieurs für jeden besonderen Fall leicht übersehen wird, wenn die mittlere Geschwindigkeit, die mittlere Steigung und somit ein mittlerer Bremszuschlag bestimmt sind. Es ist hierbei zu beachten, daß die Gewichtseinheiten eines Motorwagens die doppelten Kraftleistungen erfordern als die eines Anhängewagens. Zum Schlusse ist ein Zuschlag von 25—30% zu machen, um bei vorkommenden Betriebsschwankungen keine Überlastungen eintreten zu lassen.

[302] Stromfortleitung.

Speiseleitungen.

Bei größerer Entfernung zwischen Bahn und Kraftstation oder bei starkem Verkehr auf einer Linie machen sich Speiseleitungen nötig, die man benutzen kann, Teilstrecken gesondert zu speisen. Man erhält so die Möglichkeit, Störungen einer Teilstrecke auf diese zu beschränken.

Bei großer Länge der Teilstrecken können die Speiseleitungen voneinander stets getrennt bleiben, da auf der Strecke selbst ein genügender Ausgleich erfolgt und die Speiseleitungen annähernd gleichmäßig belastet bleiben. Bei kleinen Strecken jedoch oder bei stark wechselnder Belastung ist eine Verbindung der Speiseleitungen untereinander vorzuziehen, welche nur ausnahmsweise durch Öffnen des angewandten Schalters unterbrochen wird. Man kann bei der Disponierung der Speiseleitungen auch hier eine möglichst günstige Ausnutzung des Leitungsquerschnittes erzielen.

Die Speiseleitungen können sowohl oberirdisch als auch unterirdisch verlegt sein. Sie gelten als Speiseleitungen bis zu dem Punkte, in welchem sie in den Fahrdraht bzw. in die Fahrschienen einmünden. Ist die Speiseleitung oberirdisch verlegt, so benutzt man meist die Masten zu deren Befestigung mit gewöhnlichen Porzellanisolatoren. Es empfiehlt sich, oberirdische Speiseleitungen als blanke zu verlegen, da leicht Isolationsmaterialien, der Luft, dem Regen, Sonnenschein und Wind ausgesetzt, sehr bald verwittern und dann schädlicher wirken als blanke Leitungen. Bleiumhüllte isolierte Luftkabel sind bei so zierlichen Bahngestängen zu verwenden. Unterirdische Kabel sind als isolierte eisenbandarmierte Bleikabel vorzusehen, die man ev. noch in besonderen Eisen- oder Tonkanälen unterbringt, um sie legen zu können.

Beim Durchgange des Stroms durch einen Leiter wird stets ein Teil der aufgewendeten Energie in Wärme verwandelt, und zwar um so mehr, je länger die Leitung, je kleiner ihr Querschnitt, je größer die Stromstärke und je geringer die Leitungsfähigkeit des Kabels ist. Während also die Leitung sich mehr oder weniger erwärmt, zeigt sich am Ende ein größerer oder geringerer Abfall an Spannung gegenüber der Klemmenspannung an den Generatoren.

Um nun einerseits schädliche Erhitzungen der Zuleitungen zu vermeiden, anderseits den durch Spannungsverlust verursachten technischen Schwierigkeiten zu begegnen, **berechnet man den Querschnitt der Leitungen unter Zugrundelegung eines 10prozentigen maximalen Spannungsverlustes.** Nur für außergewöhnliche Fälle darf dieses Maximum überschritten werden, wenn es sich z. B. darum handelt, einen besonders großen Verkehr zu bewältigen, ohne teure Leitungen zu verlegen. Der alsdann stattfindende Spannungsabfall muß indessen noch gestatten, **den fahrplanmäßigen Betrieb bei entsprechend verringerter Geschwindigkeit aufrecht zu halten und die Wagenglühlampen mit genügender Helligkeit leuchten zu lassen.** Im allgemeinen wird der nach dem höchsten Spannungsabfall berechnete Querschnitt gegen Stromüberlastung gesichert sein. In vereinzelten Fällen kann es jedoch vorkommen, daß kürzere Leitungsteile mit mehr als 2 A pro mm^2 belastet sind. Der frei in der Luft hängende und von bewegter Luft umgebene Fahrdraht kann kurze Zeit bis zu 4 A pro mm^2 Stromdurchgang gestatten, bei isolierten Speiseleitungen muß indes geeignete Abhilfe durch Zusatzleitungen vorgesehen werden, da sonst die Isolation leidet. Für den Spannungsverlust arbeitet man mit Tabellen, deren horizontale Linien den Querschnitt der betreffenden Leitung bzw. den Durchmesser des Drahtes oder Kabels angeben. Die vertikalen Linien geben das Produkt der Betriebsstromstärke in Amp. und Entfernung der Entnahmestelle in Metern an. Die Striche geben den Spannungsabfall in Volt.

Die für den jeweiligen Spannungsabfall gefundenen Werte sind unter Zugrundelegung des spezifischen Kupferwiderstandes von 0,0185 berechnet nach folgender Formel

$$E = J \cdot W = J \cdot \frac{0{,}0185 \cdot l}{q}$$

$$q = \frac{J \cdot 0{,}0185\, l}{E},$$

wobei E = Spannungsabfall in Volt,
J = Stromstärke in Amp.,
l = Länge des Leiters in m,
q = Querschnitt des Leiters in mm^2.

Der Betrieb erfordert es z. B. oft, daß ein von der Stromerzeugungsstelle weit entfernter Speisepunkt an Sonn- und Festtagen soviel Strom erhalten muß, daß die vorher gegebenen Bedingungen nicht mehr erfüllbar sind, d. h. daß der Spannungsabfall in der Speiseleitung zu groß wird. Speist diese Leitung nur den bzw. die entfernten Punkte des Netzes, so kann man im Kraftwerk eine Hauptschlußmaschine aufstellen, die am besten direkt von der Betriebsmaschine angetrieben werden kann, und läßt den Betriebsstrom der Speiseleitung durch diesen Hauptschlußdynamo hindurchgehen, welche entsprechend dem auf der betreffenden Strecke gebrauchten Betriebsstrom die Spannung selbsttätig um soviel erhöht, als sie durch den Widerstand der Leitung abfällt. Die Magnetwicklung der Seriendynamo muß für diese Tätigkeit eingerichtet sein. Es wird stets zu erwägen sein, ob der zeitweise Energieverlust in dieser Leitung mit seinem kapitalisierten Betrage unterhalb der Kosten für eine verstärkte Speiseleitung bleibt.

Als eine dem wirtschaftlichen Erfolg gleichwertig zu betrachtende Anordnung kann jene gelten, welche diese Seriendynamo nicht in der Kraftstation, sondern am Speisepunkt vorsieht. Hier muß alsdann ein besonderer Motor zum Antrieb dienen und erfordert somit Wartung, die bei der ersteren Anordnung ohne Mehrkosten bewerkstelligt werden kann. Das gleiche Speisekabel kann aber auch an vorherliegenden Stellen zur Speisung der Fahrleitung dienen, ohne daß die Betriebsspannung hierfür unnötig hoch wird.

Ist man in der Lage, Drehstrom zur Speisung entfernt liegender Speisepunkte zu verwenden, so wird der hochgespannte Drehstrom an Ort und Stelle mittels rotierender Drehstrom-Gleichstromtransformatoren in die benötigte Gleichstrombetriebsspannung gebracht. Dies bedingt aber ebenfalls besondere Unterstationen, welche erst dann wirtschaftlich sein können, wenn das Sekundärnetz genügend groß ist. Da die Stromleitung bis zum Wagen auch durch die Fahrschienen erfolgt, ist es erforderlich, den Spannungsabfall auch in diesem Leiter festzustellen und zu dem oben gefundenen Werte zu addieren.

Man muß für die Berechnung annehmen, daß allein die Schiene mit ihren elektrisch gut verbundenen Stößen die unverminderte Stromrückleitung übernimmt, und daß die Erde keine Abzweigungen bietet. Es ist das freilich der ungünstigste Fall. Da sich aber rechnerisch die Leitungsfähigkeit des Erdbodens nicht feststellen läßt, muß man mit diesem ungünstigsten Falle rechnen. Der Leitungswiderstand der Laufschiene ist verschwindend gegen den Widerstand der Kupferleitungen.

Da für die Leitungsfähigkeit das Profil der Schiene vollkommen gleichgültig ist, so ist in der folgenden Aufstellung von der Gewichtsbezeichnung ausgegangen worden.

1 dm^3 Eisen wiegt 7,75 kg,
1 kg Eisen = 0,129 dm^3.

Wird 1 kg Eisen bzw. Stahl zu einer Schiene von 1 m Länge ausgewalzt, so ist $\frac{0,129}{10} = 0,0129\ dm^2 = 129\ mm^2$ ihr Querschnitt.

$$W = \frac{c \cdot l}{q} = \frac{0,11 \cdot l}{129} = 0,000853\ \Omega,$$

d. h. eine Schiene von 1 kg Gewicht und 1 m Länge hat 0,000853 Ω Widerstand und bei 1 km Länge 0,853 Ω. Die für den jeweiligen Spannungsabfall gefundenen Werte sind unter Zugrundelegung des spezifischen Eisenwiderstandes von 0,11 berechnet nach folgender Formel

$$E = J \cdot W = \frac{J \cdot 0,11 \cdot l}{q},$$

worin q den fortlaufenden Eisenquerschnitt bedeutet und $q:129$ das Gewicht der Fahrschiene n in kg/m gibt. Auch hier geben Tabellen der Praxis den Spannungsverlust in Volt an.

[303] Oberbau.

Unter Oberbau versteht man im Bahnbetrieb die Schienen mit allem, was zur Herstellung des Schienenweges nötig ist, also: die Schiene, Laschen, Befestigungsschrauben, Weichen, Schienenverbinder, Querverbinder, Steinkoffer, Bettung. Bei Verwendung von Schwellen gehören auch diese zum Oberbau und kommen in diesem Falle noch die Schienennägel hinzu.

Schienen.

Der Vorläufer für alle elektrischen Kleinbahnen war die Büsing-Schiene, die dann durch Fischer-Dick verbessert wurde.

Die allgemein bekannte Vignolschiene, welche Abb. 267 darstellt und welche nicht direkt ohne Querschwellen oder Längsschwellen in die Steinbettung verlegt werden, mußte der sog. **Hartwichschiene,** die einen breiteren Fuß und ein höheres Profil hat, weichen (Abb. 268). Dann ging Haarmann zu seinem dreiteiligen Oberbau über, der aber mit dem Erscheinen der Rillenschiene, bei der der Druck der Lauffläche direkt auf den Steg übertragen ist, verlassen wurde. Außer bei den Bahnen in Budapest findet sich die doppelte Bandage mit Spurkranz in der Mitte nicht vor, obwohl diese Bandagenform für Befahrung von Stößen, Weichen, Herzstücken und schiefen Kreuzungen besonders gut geeignet ist.

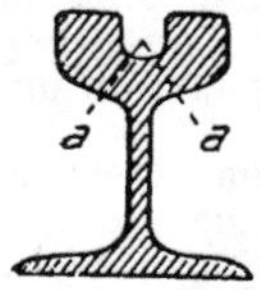

Abb. 267

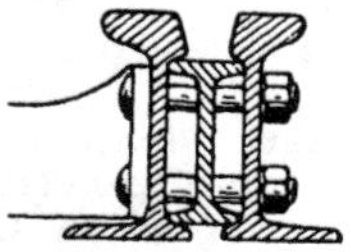
Abb. 268

Das einteilige Rillenschienensystem behält den Vorzug der Billigkeit und der leichten Verlegbarkeit. Heute finden die Profile Phönix 25 = 92,5 kg/m Gleis, Profil 14b = 92,9 kg/m Gleis und Profil 14f = 114,3 kg/m Gleis starke Verwendung. Sie sind aus Thomasstahl mit einer Festigkeit von 60 kg (Bessemerstahl). Die Schiene wird um so mehr beansprucht, je höher der ruhende Achsdruck P (kg), je kleiner der Achsstand l (cm), je schneller die Fahrgeschwindigkeit v (km/St.) ist.

Für Unterhaltungs- und Erneuerungskosten kommt noch die Betriebsdichte oder Achsenfolge (Zahl der Achsen in der Minute) in Betracht.

Normalspur oder Schmalspur tut wenig zur Sache; bei letzterer darf ein Gleis bei gleichen Verkehrsbedingungen nicht schwächer sein.

Von großem Einfluß auf den Oberbau sind die Konstruktionsverhältnisse der Wagen: Raddruck, Achsstand, Lagerung der Achsen, Federung des Gestelles, Aufhängung der Motoren, Lastverteilung und Lage des Schwerpunktes. Je besser die Materialverteilung im Schienenquerschnitt, desto stärker ist der Oberbau.

[304] Lasche und Stöße.

Eine äußerst wichtige Frage für den heutigen Straßenbahnoberbau ist die der mechanischen Verbindung zweier Schienenenden. Zur Erreichung eines geräuschlosen Ganges der Wagen, als auch zur Schonung der Schienenenden und der Betriebsmittel, von der elektrischen Verbindung wollen wir später sprechen.

Jede Laschenverbindung eines Schienenstoßes und sei dieselbe noch so fest zusammengezogen und gesichert, wird mit der Zeit locker, und zwar um so früher, je schwächer das Schienenprofil, je größer das Wagengewicht oder der Raddruck und je weniger solid die Unterbettung ist. Beim Straßenbahngleis kommt gegenüber dem auf eigenem Bahnkörper verlegten Eisenbahngleis noch der Übelstand dazu, daß die Laschenschrauben durch die Einpflasterung unzugänglich bleiben, also nicht regelmäßig nachgezogen werden können.

Bei der Haarmannschen Schwellenschiene ist zu sagen, daß die Schienenhälften am Stoß sich um 500 mm überblatten. Es sind 2 Halbstöße vorhanden, die besonders verlascht sind. Vollstoß ist vermieden.

Der Schmidtsche Halbstoß soll ebenfalls den Vollschienenstoß ersetzen, und zwar durch drei Halbstöße, indem sie selbst zum Halbschienenkopf ausgebildet sind und in ihrer ganzen Länge unter den Schienenkopf der Laufschiene greift.

Gleichzeitig mit den Bestrebungen mechanischer Verlaschung halten die Versuche mit Herstellung stoßloser Schienen gleichen Schritt.

Man strebt hiernach, die vom Walzwerk gelieferten Schienenlängen entweder durch Verschweißen der Schienen an der Verlegungsstelle oder durch Umpressen der Stoßstellen mit Gußeisen zu einem fortlaufenden Schienenstrang zu vereinigen. Der Gedanke einer kontinuierlichen Schiene ohne irgendwelche Vorkehrung für Längenänderung infolge von Temperaturdifferenzen (II. Fachband [366], Wärmespielräume) ist so sehr im Widerspruch mit allen Überlieferungen der Eisenbahntechnik, daß Fachleute sich damit nicht leicht befreunden können. Die Praxis hat aber hier wieder das Gegenteil bewiesen: So verlegte Schienen haben sich weder gekrümmt, noch sind viele Schienenbrüche vorgekommen. In dieser Hinsicht ist nun hier das von Amerika zu uns herübergekommene **Falksche System** zu erwähnen. Die Schienen müssen zunächst an der späteren Gußstelle gut gereinigt werden mit Salzsäurelösung, Drahtbürsten, durch eine von einem Elektromotor getriebene Schmirgelscheibe oder durch ein Sandstrahlgebläse. Nach dieser Vorbehandlung werden die Schienen wieder an ihre Stelle im Straßenniveau gelegt. Hierauf umgibt man die Stoßstellen mit zwei Formstücken, die dem Profil der Schiene angepaßt und innen mit Öl und Graphit bestrichen sind. Die beiden Teile werden durch eine übergreifende Klaue gehalten.

Man unterscheidet zwei Arten von Formstücken, Schiffsform und die Korsettform. Um das Ausfüllen der Rille durch Gußeisen zu hindern und gleichzeitig die beiden Schienenenden in genauer Verlängerung zueinander zu halten und um Erhebungen durch die Ausdehnung zu vermeiden, setzt man auf den Schienenkopf in die Rille eingreifend einen besonderen Teil, „Hund" genannt, welcher entweder an beiden Enden oder in der Mitte befestigt wird. In Berlin hat man die Verbindungen ohne diesen Teil ausgeführt, da durch den dort angewendeten Halbstoß schon eine genaue Richtung der Schienenenden gewährleistet wird; die Rille wurde vollgegossen und dieses Gußstück später wieder entfernt.

Alle Öffnungen der Form mit Ausnahme der Luftpfeifen und des Eingusses sind gut mit Sand verstopft. An die Eingußöffnung wird ein geneigtes Führungsstück gelegt, gegen welches der Guß erfolgt, und das derartig geformt sein muß, daß das Guß eisen zunächst auf die Schiene läuft und diese vorgewärmt wird, so daß es die Form selbst aufrillt. Das zum Guß nötige Eisen wird in einem Gießofen geschmolzen, welcher auf einem von Pferden gezogenen Wagen montiert ist. Die zum Betriebe des Ventilators dienende Dampfturbine kann bei schon in Betrieb befindlichen Strecken durch einen von dem Betriebsstrom gespeisten Elektromotor ersetzt werden.

Der Schmelzofen muß so lange gefüllt sein, als es zur Herstellung sämtlicher Verbindungen nötig ist. Beim Fortbewegen des Gefährtes hält man das Gebläse an und kann dies bis 20 Minuten lang geschehen, ohne daß ein Erstarren der Gußmasse zu befürchten ist.

Die Temperatur des eingegossenen Eisens ist $\sim$ 1400° C. Kurze Zeit nach Beendigung des Gusses entfernt man die Sandverstopfungen, hebt die Halteklaue auf und löst die beiden Formstücke vermittelst der Brechstange. Der Hund wird noch einige Zeit auf der Gußstelle gelassen. Dann werden die Gußnähte entfernt, und man stellt dann mit der Hand oder mit der Schmirgelscheibe eine glatte Schienenoberfläche her. Die Vorbereitungsarbeiten werden gewöhnlich am Tag, der Guß meistens nachts gemacht.

Es ist immer noch zu empfehlen, elektrische Schienenverbinder zu verwenden, da man für die Güte der Falkschen Verbindung in elektrischer Hinsicht keine Garantie hat.

Nachteile der Falkeschen Verbindung sind:

1. Die Schwierigkeit bei Reparaturen und Gleisverlegungen.
2. Der höhere Preis.
3. Man hat befürchtet, daß durch das Umgießen die Schiene selbst weich wird und dadurch einer raschen Abnutzung unterworfen ist. Dieses Vorurteil scheint nach amerikanischen Erfahrungen wieder geändert zu sein.

Über das Verfahren des **Dr. Hans Goldschmidt, Essen, Schienen zur Schweißhitze zu erwärmen,** liegen zwar noch keine praktischen Resultate vor, dasselbe bietet indes bei seiner verblüffenden Einfachheit sehr viel Beachtenswertes. Es ist anzunehmen, daß **Schienenschweißungen** zukünftig nur nach diesem Verfahren vorgenommen werden, weil man weder elektrischen Strom zum Erwärmen des Eisens braucht, noch sonstige Schmelzöfen an die Arbeitsstelle führen muß. In einem gewöhnlichen Schmelztiegel wird eine pulverisierte Masse, bestehend aus **Eisenoxyd** Fe_2O_3 und **Aluminium** Al_2 durch ein Magnesiumzündholz entzündet. Es bildet sich dabei **Aluminiumoxyd (Korund)** Al_2O_3 und **metallisches Eisen** Fe_2. Die Schmelztemperatur, die zum Schweißprozeß mindestens 2000° sein muß, kann hier bis zu 3000° C gebracht werden. Dieses durch den Oxydationsprozeß auf 3000° erwärmte Eisen wird nun in eine gewöhnliche Sandform, die den fertig verlegten und an der Stoßfläche blank gemachten Schienenstoß auf etwa 1 cm Zwischenraum umgibt, gegossen. Der im Tiegel oben schwimmende Korund schützt das Eisen vor schneller Abkühlung. Vorher müssen die Schienenenden festgeklemmt werden, damit sie durch die Wärmeentwicklung nicht auseinandergetrieben werden können.

[305] Gleisbettung und Pflasterung.

Die Bettung des metallischen Oberbaues muß ebenso sorgfältig hergestellt sein wie auf Hauptbahnen.

Man kann sowohl das ganze Gleisbett ausheben und eine **durchgehende Bettung** anlegen oder, wenn man guten Straßenuntergrund hat, einfache Bettungsgräben ausheben. Die Unterbettung mit Einzelkoffern aus Packlage und Steinschlag empfiehlt sich nur dann, wenn die Koffer festgestampft werden können. Die **durchgehende Unterbettung,** welche mit schweren Walzen festgetrieben werden kann, ist zwar teurer aber sicherer und dauerhafter.

In weichem oder sumpfigem Erdreich wird mit Vorteil ein **Betonbett** von etwas mehr als Gleisbreite verwendet, auf dem die Schienen wie auf der Packlage aufruhen. Bei Gleiskreuzungen werden die Kreuzungsstellen tiefer gestopft und die Bettung kräftiger ausgeführt, da sich sonst an diesen Stellen sehr häufig eine Senkung zeigt. Dasselbe gilt von den Weichen, bei welchen ferner das Anpressen der Schienenenden wegen des nicht zu umgehenden Vollstoßes genau vorzunehmen ist.

Die unter den Stößen anzuwendenden Betonkörper haben wenig Vorteile gebracht, da sie zu hart sind; bessere Erfahrungen hat man mit einer Betonschicht unter dem elastischen Steinkoffer gemacht.

In großstädtischen Straßendämmen, die aus Stampfasphalt auf Beton bestehen, findet eine vollständige Einbettung des Gleises in Beton statt.

Ganz unbeweglich ist kein Gleis, wie Messungen mit empfindlichen Apparaten gezeigt haben. Die Bettung muß deshalb eine gewisse Elastizität haben, die Schienenfüße müssen so breit sein, daß der spezifische Druck auf das Bett unter den rollenden Radlasten leichter als 2 kg/cm wird.

[306] Die Gleisanlage.

Soll das Gleis seine Richtung ändern, so wendet man Kurven an, das sind Krümmungen der Schiene, die einem Kreisbogen entsprechen. Oftmals folgen zwei entgegengesetzte Kurven aufeinander und bilden dann eine S-Kurve. Um den Übergang der Wagen von einem Gleis auf ein anderes zu ermöglichen, bedient man sich meistens der **Weichen,** und je nachdem, ob die Gleise links oder rechts abbiegen, spricht man von Links- oder Rechtsweichen. Die Weiche selbst bedeutet ein Insichverlaufen zweier Schienenstränge, wobei durch eine um einen Drehpunkt gelagerte **Weichenzunge** bewirkt wird, daß für den zu befahrenden Schienenstrang die Rille geöffnet und für den andern dieselbe durch die Zunge verschlossen wird. Man hat Weichen mit einer und solche mit zwei **Zungen.** Bei letzteren sind beide Zungen durch eine im Pflaster eingebettete **Kuppelstange** miteinander verbunden, so daß beim Anlegen der einen die andere folgen muß. Sind beide Zungen beliebig einlegbar, so nennt man sie **lose Zungen,** wird jedoch durch eine Feder ein selbsttätiges Zurückgehen bewirkt, so sind es **Federzungen.** Die Stelle, bei der sich zwei Schienen überschneiden, nennt man **Herzstück,** diese sind die am stärksten beanspruchten Teile des Gleises.

Da hier eine Unterbrechung des einen Schienenkopfes erforderlich ist, um die Rille der einen Schiene durchlaufen zu lassen, so sind die über das Herzstück rollenden Räder gezwungen, in diese Lücke hineinzufallen und mit um so größerer Wucht auf den jenseitigen Schienenkopf aufzustoßen. Da das Material hierunter sehr zu leiden hat, ist man diesem Übelstand dadurch begegnet, daß man bei vielen Gleisanlagen an den Herzstücken die Rille mit einem Anlaufstücke ausgefüllt hat, auf welches die Spurkränze der Räder auflaufen; dadurch werden die Räder etwas angehoben, und somit wird die eigentliche Lauffläche frei über die kritische Stelle hinweggeführt. Für Gleiskreuzungen trifft das eben Gesagte gleichfalls zu.

Ist eine Gleisanlage doppelt ausgeführt, daß ein Gleisstrang für die Hinfahrt und der andere für die Rückfahrt benutzt wird, so spricht man von einem **Doppelgleis;** wird hingegen für beide Fahrrichtungen nur ein Gleisstrang benutzt, so ist dies ein Einfachgleis, in welche man nach Bedarf Weichen einlegt. Zu diesem Bedarfe sind kurze Übergangsgleise, auch **Gleiswechsel** genannt, notwendig.

Die Bettung der Gleise in die verschiedenen Pflasterarten ist im II. Fachbande unter [280] beschrieben. Da trotz der Vornahme von Gleisarbeiten während des Betriebes der letztere möglichst aufrecht erhalten werden soll, so bedient man sich der leicht auf dem Pflaster aufzulegenden **Notgleise** (Abb. 269).

Abb. 269

Die Schienenstöße sind, weil sie leicht rosten, keine besonders gut leitende Verbindung für den elektrischen Strom zwischen den Schienen. Da dies bei der großen Menge der Schienenstöße einen nicht geringen Spannungsverlust bedeuten würde, so überbrückt man die Stöße durch Kupferbügel, bei denen es sehr darauf ankommt, eine metallisch reine, d. h. oxydfreie Verbindung mit den Schienen zu erzielen.

Es ist üblich geworden, von einer Rückleitung des Betriebsstromes durch die Schienen zu sprechen, was früher durch Erdplatten geschah.

Trotz bestangewandter Schienenverbinder wird jedoch in den Gleisen ein Spannungsabfall eintreten. Nach Witliesbach beträgt der Übergangswiderstand der Schiene zum Erdreich 15—20 Ω per 1 km. Um eine isolierte Bettung herzustellen, ist Asphaltbeton das beste Material. Ob aber die dadurch erreichbare Grenze eines Spannungsabfalles von 7 Volt für die Pferde ungefährlich ist, ist noch nicht festgestellt.

[307] Induktionsstörungen und Erdströme.

Die Störungen, welche elektrische Bahnen auf Schwachstromanlagen ausüben, können **induktorischer** oder **ableitender** Art sein.

Bekanntlich übt jeder stromführende Leiter auf eine bewegliche Magnetnadel eine ablenkende Kraft aus, die proportional der Stromstöße und umgekehrt proportional dem Quadrate der Entfernung des Leiters ist. Sind zwei parallele Leiter gleich und entgegengesetzt vorhanden, so heben sich die ableitenden Wirkungen vollständig auf. Bei unterirdischer Stromzuführung werden solche Störungen nicht in unerheblichem Maße vorkommen. Als besonders ungünstiger Fall für schädliche Induktionswirkung ist die häufig vorkommende Führung einer Speiseleitung anzusehen. Alle durch Induktion hervorgebrachten Störungen stehen in Wahrheit meist nur auf dem Papier oder bleiben ganz wesentlich gegen jene Störungen zurück, welche durch die **Erdströme** erzeugt werden. Die daraus sich ergebenden Störungen sind am Schlusse des Heftes zusammengefaßt.

[308] Das Kabelnetz.

Um den in dem Kraftwerk erzeugten Strom zur Verbrauchsstelle, also ins Straßenbahnnetz leiten zu können, bedient man sich der **Kabel.** Diese nennt man **Speisekabel,** wenn sie von der positiven Sammelschiene der Schalttafel zum Arbeitsdraht und **Rückleitungskabel,** wenn sie von den Gleisen zurück zum Kraftwerk auf die negative Sammelschiene führen.

Die Kabel erfordern zur Vermeidung von Stromverlusten und Kurzschlüssen eine **außerordentlich gute Isolation.** Zwei Wege sind möglich, um dies zu erreichen; erstens man kann die Kabel in blankem Zustande frei durch die Luft führen und an hölzernen oder eisernen Masten befestigen, zweitens aber kann man die Kabel selbst sorgfältig isoliert in die Erde legen. Als eine sehr gute Isolation hat sich die folgende bewährt: Die aus einer Anzahl von Kupferdrähten bestehende und zu einem Kabel verseilte Kupferseele erhält zunächst eine Umhüllung von imprägnierten Fasern, darauf einen nahtlosen Bleimantel zum Schutze gegen Feuchtigkeit. Das Ganze wird jetzt mit einer Lage von imprägnierter Jute umwickelt und erhält nunmehr zum Schutze gegen mechanische Beschädigungen eine doppelte Lage von Stahl- oder Eisenband, die gleichfalls mit einer Lage präparierter Jute umkleidet ist.

Da die Kabel in Längen von mehreren hundert Metern hergestellt werden, so machen sich Verbindungsstellen im Erdreich notwendig, welche die Kabel gut leitend verbinden, sie gut isolieren und gegen Beschädigung schützen. Diesen Ansprüchen genügen die Kabelverbindungen, bei welchen die von der Isolation befreiten Kabelenden durch einen gelöteten oder geklemmten Rotgußkörper miteinander leitend verbunden werden. Zum Schutze gegen Beschädigungen wird eine gußeiserne zweiteilige Muffe herumgelegt und verschraubt, während der zwischen Kabel und Muffe entstandene Hohlraum mit einer Kabelvergußmasse angefüllt wird.

Um nun die Kabelstränge abschalten zu können, hat man in gewissen Abständen eiserne **Kabelkästen** eingebaut, in welchen je eine lösbare Kupferschiene zwei Kabel miteinander verbindet.

Sollen Kabel verlegt werden, so ist zunächst ein 60—80 cm tiefer **Graben** herzustellen. Die Sohle desselben wird bei schlechtem Boden mit einer Lage

Sand bedeckt, und darauf werden die Kabel gebettet. Nachdem dieselben wieder mit Sand beschüttet sind, wird eine einfache oder doppelte Schicht von Ziegelsteinen zum weiteren Schutze der Kabel angelegt und der Graben zugeworfen. II. Fachband, Herstellen von **Kabelgräben** [44].

Die Speisekabel endigen in den sog. **Speisepunkten**, durch welche die Verbindung mit der Oberleitung hergestellt wird. Das Kabel ist an oder in einem Mast oder auch an einem Hause hochgeführt und wird längs eines Spanndrahtes bis zum Arbeitsdrahte geleitet. Auch hier hat man wieder, um die Speisekabel nach Belieben ein- und ausschalten zu können, Schalter eingebaut, die gewöhnlich in halber Höhe am Mast befestigt sind und nur mit Hilfe einer Leiter bedient werden können. Neuerdings werden Speiseschalter auch am Spanndraht dicht am Mast eingebunden, doch lassen sich diese nur mit Hilfe von Bambusstangen betätigen. Bei manchen Straßenbahnen hat man an den Speisepunkten regelrechte Schalttafeln, Sicherungen und Elektrizitätszähler, aufgestellt, diese werden dann von Witterungseinflüssen durch kleine Häuschen geschützt.

Rückleitungspunkte sind jene Punkte der Gleise, an denen die Rückleitungskabel angeschlossen sind, also Kabel, die den Strom zur negativen Sammelschiene der Schalttafel im Kraftwerk zurückleiten. Da jedoch das Material der Schienen den Strom bedeutend schlechter leitet als das Kupfer der Kabel, so kommt es bei den Rückleitungspunkten darauf an, recht viele und große Kontaktflächen zwischen Kabel und Schienen herzustellen.

[309] Die Oberleitung.

Die Art und Weise, in welcher eine Oberleitung ausgeführt wird, richtet sich danach, ob die Motorwagen mit **Rolle** oder **Schleifbügel** als Stromabnehmer ausgerüstet sind. **Beide Systeme besitzen ihre Vorzüge.** Bei Anwendung des **Bügels** hat man Vereinfachungen in den Kurven; es fallen die Luftweichen fort, und es kommen keine Entgleisungen des Stromabnehmers vor. Die Rolle verlangt in den Kurven kurze Polygonseiten und sehr stumpfe gegenseitige Winkel, während in der Höhenlage keine sehr großen Ansprüche auf Gleichmäßigkeit gestellt werden.

a) Oberleitung für Rolle.

I. Masten. Um den den Arbeitsdraht haltenden Querdrähten eine stabile Befestigung zu geben, stellt man in breiten und unbebauten Straßen eiserne und hölzerne Masten auf, während man in engen, bebauten Straßen die Befestigung der Drähte an den Häusern vorzieht. Hölzerne Maste sind ihrer geringen Haltbarkeit wegen wenig in Gebrauch, eiserne sind hingegen in den verschiedensten Ausführungen allgemein üblich. Die eine Form ist der **Rohrmast**, welcher, wie der Name sagt, aus Rohren hergestellt ist. Diese können entweder nahtlos gewalzte Stahlrohre sein, deren einzelne Schäfte warm aufeinandergezogen oder aber aus einem Stück gefertigte **Mannesmannrohre**. Diese Masten werden dort, wo man Wert auf architektonische Schönheit legt, mit gußeisernen gegliederten Ringen und Sockeln bekleidet, desgleichen mit aus Gußeisen oder Zink hergestellten Spitzen. Eine andere Art von Masten sind die aus Schmiedeeisen gearbeiteten **Gittermasten.** Diese sind entweder aus zwei einander zugekehrten ⊔-Eisen oder aus vier im Quadrat stehenden L-Eisen hergestellt, welche unter sich durch gitterartig angeordnete Flacheisenstäbe verbunden sind. Oben und unten werden diese Maste häufig durch aufgenietete starke Eisenbleche zusammengehalten. Da der Arbeitsdraht in einer Höhe von ungefähr 6 m aufgehängt ist und die Querdrähte je nach der Straßenbreite einen mehr oder weniger großen Durchhang besitzen, so muß die Höhe der Masten über dem Erdboden etwa 7 m betragen. Es sei hier jedoch nicht unerwähnt, daß in manchen Städten eine Fahrdrahthöhe von 8 m üblich ist, demzufolge müssen die Masten eine größere Länge erhalten. In den Erdboden reichen die Masten etwa 1,5—2 m, je nach der Stärke. Um einen absolut sicheren Stand der Masten zu erzielen, werden sie im Erdreich mit einem Betonklotz umgeben. Dieser Beton wird aus Zement, Kies und Sand hergestellt, welche Mischung nach 6—7 Tagen erhärtet. Findet die Aufstellung eines Mastes nur vorübergehend statt, so setzt man ihn, falls der Boden genügende Festigkeit besitzt, direkt in die Erde und stampft diese gehörig fest. Da die Masten bei der Belastung etwas dem Zuge des Druckes folgen, so setzt man sie, um ein Schiefstellen zu vermeiden, gleich mit einer gewissen Neigung nach der der Zugrichtung entgegengesetzten Seite in den Boden. Durch den ausübenden Zug des Drahtes wird der Mast nunmehr in die lotrechte Lage gebracht. Je nach der Größe der Zugkraft, welcher die Masten zu widerstehen haben, richtet sich ihre Stärke. Auf geraden Strecken wird man, da nur das Gewicht des Drahtes zu tragen ist, im allgemeinen mit schwächeren Masten auskommen, während in den Kurven, wo eine Abspannung des Drahtes erfolgen muß, starke Masten erforderlich sind.

Um eine genaue Bezeichnung einzelner Punkte des Bahnnetzes zu ermöglichen, hat man entweder eine fortlaufende Numerierung der Masten vorgesehen, oder man gibt die jedesmalige Entfernung der Masten von einem bestimmten Punkte der Stadt in Hektometern (1 Hektometer = 100 m) und Metern an.

II. Rosetten. Zur Befestigung der Spanndrähte an den Häusern bedient man sich ornamental ausgebildeter **Rosetten**, die mit Hilfe von Steinschrauben oder Keilschrauben an der Wand befestigt werden, vorausgesetzt, daß die Mauern eine Zugkraft von 150—500 kg aushalten. Bei der Konstruktion von Rosetten hat man stets berücksichtigt, daß sie leicht wieder entfernt werden können, ohne das Mauerwerk zu zerstören. Bei den **Wandhaken** wird die Steinschraube fest eingemauert, die Zierrosetten nun aufgesteckt und der Haken in die Steinschraube eingeschraubt.

III. Spanndrähte. Die an den Masten und Rosetten befestigten Spanndrähte, auch **Tragdrähte** genannt; sind entweder massive verzinkte Stahldrähte oder verzinkte Stahldrahtseile und dienen zum Halten des Kontaktdrahtes. Bei den Stahldrähten wendet man zur Befestigung der Halter und Isolatoren **angebogene Augen** an. Der Spanndraht erhält an seinem Befestigungspunkt einen isolierenden Körper oder eine isolierte Spannschraube. Um ein Übertragen von Geräuschen zu vermeiden, benutzt man entweder isolierte Spannschrauben mit eingebautem Gummikörper als Schalldämpfer oder aber Schalldämpfer, in denen gleichfalls Weichgummi enthalten ist. An den Stellen, an denen Spanndrähte durch das Laubwerk von Bäumen gehen, baut man, um Stromverluste, namentlich bei Regenwetter, zu vermeiden, nochmals Isolatoren ein, und um mehrere Spanndrähte in der Luft in einem Punkte zu vereinigen, bindet man dieselben in sog. **Luftringe** ein.

IV. Armausleger. Bei Anlagen, welche über einen eigenen Bahnkörper verfügen oder in Straßen, wo das Gleis sehr nahe an Fußsteige führt und die Straßenbahn das Aufstellen von Masten nicht gestattet, wendet man **Armausleger** an. Das sind konsolartige Gestänge, die am Mast befestigt sind und deren ausladender freier Arm mittels Isolatoren den Fahrdraht trägt. Bei doppelgleisigen Anlagen wendet man auch doppelseitige Ausleger an oder einseitige mit besonders langem, über beide Gleismitten reichendem Arm.

V. Arbeitsdraht. Der **Arbeitsdraht, Kontaktdraht** oder **Fahrdraht** ist der wichtigste Bestandteil der Oberleitung, weshalb man auf seine Befestigung und Unterhaltung den größten Wert legt. Als Material verwendet man erstklassigen hartgezogenen Kupferdraht von verschiedenen Querschnittformen, wie rund, achtförmig und mit Nuten oder Rillen versehen. Der Fahrdraht wird, um größeren Durchhang zu vermeiden, und dem Stromabnehmer ein sicheres Entlanggleiten zu gewährleisten, mit einer großen Spannung gezogen, die im Durchschnitte etwa 500 kg beträgt. Auf der geraden Strecke bieten sich hierbei keine besonderen Schwierigkeiten, um so mehr in den Kurven, wo sich eine häufige Abspannung des Kontaktdrahtes notwendig macht, um die beabsichtigte Lage desselben möglichst über der Mitte des Gleises innezuhalten. Auch müssen beim Rollenbetrieb scharfe Knicke im Arbeitsdraht vermieden werden, da sonst an diesen Stellen leicht ein Entgleisen der Kontaktrolle erfolgen kann. Zur Verhütung von Stromverlusten wird der Arbeitsdraht der größeren Sicherheit halber mit einer doppelten Isolation versehen. Einmal ist derselbe durch die Bauart des Aufhängepunktes am Spanndraht isoliert und außerdem erhält der letztere unmittelbar vor seiner Befestigung am Mast oder an der Rosette den bereits erwähnten Wirbelisolator oder einen gleichwertigen Isolierkörper. Es sei noch erwähnt daß man bei eingleisigen Strecken vielfach doppelten Kontaktdraht vorsieht, um die Spannungsverluste möglichst gering zu machen.

VI. Drahthalter. Von den zum Halten des Drahtes bestimmten Vorrichtungen gibt es eine große Anzahl der verschiedensten Ausführungen. Es lassen sich bei jeder derselben drei Hauptbestandteile unterscheiden. Da ist zunächst die aus Rotguß gefertigte **Öse,** welche entweder den Draht von oben fassend, mit diesem zusammen verlötet ist oder aber, aus zwei miteinander verschraubbaren Klemmleisten bestehend, den Draht seitlich faßt; letztere sind namentlich bei achtförmigem oder Rillendraht im Gebrauch. Ferner ist in die mit Gewinden versehene Öse ein mit wetterbeständigem Isolierstoff umpreßter Eisenbolzen eingeschraubt, der die Isolation herbeiführen soll. Als dritter Teil kommt der am Isolierbolzen anschließende, aus Stahlguß hergestellte **Halter** in Betracht, welcher am Spanndraht direkt befestigt ist. Je nach der Art ihrer Aufgabe gibt es unter den Ösen solche, welche in gerader Strecke verwendet, lediglich zum Halten des Arbeitsdrahtes bestimmt sind, andere, die zum Einführen eines Speisekabels oder Blitzableiterdrahtes eingerichtet sind und danach **Speiseösen** oder **Blitzösen** heißen.

Um zwei einzelne Stücke von Arbeitsdraht miteinander zu verbinden, bedient man sich der **Verbindungsösen,** von denen es wieder eine sehr große Anzahl von verschiedenen Konstruktionen gibt.

Auch bei den in Kurven liegenden Aufhängepunkten des Fahrdrahtes wendet man vielfach besonders kräftige Ausführungen an, die gleichzeitig eine möglichst sanfte Ausrundung der durch das Abspannen des Drahtes entstehenden Winkel bewirken sollen. Diese Art nennt man **Kurvenösen.** Eine andere Art von Ösen ist die **Ankeröse,** welche mit zwei Gewindelöchern versehen ist, um einem sehr großen Zug, z. B. bei Bruch des Arbeitsdrahtes, widerstehen zu können. Die Bauart der eigentlichen Halter richtet sich gleichfalls nach ihrer Verwendungsweise. So hat man für gerade Strecken den **Geradehalter,** für Kurven den **einfachen** und **doppelten Kurvenhalter.** Hiervon gibt es wieder Abarten, die für doppelten Fahrdraht bestimmt sind, der auf eingleisigen Strecken liegt. Auch die obenerwähnte Ankeröse erfordert, da bei ihr zwei Isolierbolzen notwendig sind, einen besonderen Halter, die **Ankerplatte.**

VII. Weichen und Kreuzungen. Verläßt der Motorwagen ein bisher befahrenes Gleis und geht vermittelst der in die Schienen eingebauten Weiche auf ein anderes Gleis über, so muß auch die Kontaktrolle folgen; auch sie soll sicher den einen Draht verlassen und auf den andern übergehen. Dies vermitteln die im Fahrdraht eingebauten und durch Spanndrähte aufgehängten **Luftweichen,** welche so angeordnet sind, daß erst nachdem die Räder des Wagens die Gleisweiche passiert haben und der Wagen eine andere Richtung erhalten hat, die Kontaktrolle durch die Luftweiche läuft. Dazu ist eine große Länge der Rute erforderlich. Hierdurch erreicht man, daß die Rolle, welche der Richtung des Wagens zu folgen gewillt ist, auch stets den richtigen Drahtstrang befährt. Da die auseinanderlaufenden Schenkel der Luftweiche einen sehr spitzen Winkel bilden, so kann es vorkommen, daß eine entgleiste Kontaktrute mit ihrem Kopfe darin festgeklemmt wird und Beschädigungen des Wagens und der Oberleitung verursacht. Um diesem Übel zu begegnen, hat man einen Weichenschutz angebracht, der entweder eine angegossene **Schutzzunge** besitzt, die das Festklemmen der Kontaktstange ausschließt, oder aber man kann durch eine leichte Eisenkonstruktion denselben Zweck erreichen. Da an einer Luftweiche stets drei Stränge des Fahrdrahtes angreifen, und zwar zwei in annähernd gleicher Richtung und nur einer in der andern Richtung, so macht sich zum Ausgleiche der Zugkräfte eine besondere Verankerung der Weiche erforderlich, dies geschieht durch einen Ankerdraht, der an einem Mast oder an einer Rosette befestigt ist.

Das Material der Luftweichen ist in den meisten Fällen Rotguß, seltener Temperguß (schmiedbares Gußeisen). An Stellen, wo zwei Fahrdrähte kreuzen, wendet man, um auch hier ein sicheres Fahren der Kontaktrolle zu erreichen, besonders konstruierte Luftkreuzungen an. Sind sie sehr spitzwinklig, so besteht wiederum die Gefahr des Festklemmens für die Kontaktrolle, und man sorgt für einen absoluten Schutz wie bei den Weichen. Weiche sowohl wie Kreuzungen können durch Löten wie durch Klemmen je nach der Bauart an dem Fahrdrahte befestigt werden.

b) Oberleitung für Bügel.

Bei kleineren Betrieben sind die Wagen häufig nur von einem Führer bedient, der die Tätigkeit des Schaffners mit zu übernehmen hat. Hier ist es besonders wichtig, das Entgleisen der Rolle auszuschließen. Auch verwendet man den Bügel dann, wenn es sich, wie bei Fernbahnen, um bedeutend größere Fahrgeschwindigkeit handelt.

Für die Fahrleitung wird, wie beim Rollenbetrieb fast ausnahmslos hartgezogener Kupferdraht verwendet. Die Aufhängung erfolgt gleichfalls an Querdrähten oder Armauslegern, welche von Rohr- oder Gittermasten resp. Wandrosetten und Haken getragen werden.

Die Isolierung gegen Erde ist überall eine doppelte, wozu Wirbel-, Kugel- oder Schnallenisolatoren an den Enden der Aufhängungsstrecke dienen. Die zweite Isolation wird durch Isolierbolzen oder auch Kappen und Kerne erzielt, welche direkt mit den Haltern verbunden werden und die Ösen für den Fahrdraht tragen.

Zur Befestigung an den Haltern wird Stahldraht von 5 oder 6 mm Durchmesser oder Stahldrahtseil benutzt.

Der Fahrdraht ist nicht wie beim Rollenbetrieb genau über der Gleismitte angebracht, sondern zickzackförmig ausgespannt, damit der Schleifbügel sich möglichst gleichmäßig abnützt und das Einschleifen von Rillen vermieden wird. Für die Aufhängung auf gerader Strecke werden Isolatorenhalter verwendet. Fest umschlossen von diesen Haltern wird ein Isolierbolzen, der im unteren Teile einen Gewindezapfen zum Einschrauben in die Öse besitzt.

Während nun auf gerader Strecke die Befestigung des Fahrdrahtes die gleiche ist wie bei Rollen, muß in den Kurven eine andere Aufhängung stattfinden. Bedingt wird dies durch den im Fahrdraht auftretenden seitlichen Zug, welcher ein Kippen des Halters verursacht, sobald die Spanndrähte desselben nicht in der Ebene des Fahrdrahtes liegen. Abhilfe kann man nur durch die Anbringung sog. **Beidrähte** schaffen, die fast spannungslos vor und hinter den Haltern an dem Fahrdraht befestigt und in genügendem Abstande von diesem mit den Haltern hindurchgeführt werden. Um derartige Beidrähte zu vermeiden, hat man besondere Halter, die für doppelte und einfache Kurven verwendet werden.

Bei der ersteren liegen die Angriffspunkte des Spanndrahtes in verschiedenen Ebenen, so daß dadurch das vom Fahrdrahte verursachte **Kippen** aufgehoben wird. Der Isolator für einfache Kurven ist mit einem leicht gewölbten Arm versehen, welcher sich, in richtiger Lage montiert, der Form des Schleifstückes anpaßt und auf diese Weise ein Anschlagen des Bügels an den Halter unmöglich macht. Die Befestigung des Fahrdrahtes erfolgt in gleicher Weise wie bei dem Isolatorhalter für gerade Strecke; es werden jedoch verstärkte Isolatorbolzen benützt. Die Aufhängung der Kontaktleitungen über Weichen gestaltet sich beim Bügelbetrieb etwas einfacher als bei der Rolle. Bei Kreuzungen zweier Fahrdrähte sind die Drähte in den Schenkeln so geführt, daß ein glatter Übergang des Schleifbügels stattfindet.

Besondere Verankerungen der Fahrleitung werden gewöhnlich zu beiden Seiten der Abteilungsisolatoren angebracht. Tritt an irgendeiner Stelle ein Drahtbruch ein, so kann von dem betreffenden Isolator aus der übrige Teil des Netzes unter normaler Zugspannung erhalten werden, so daß der Betrieb nur eine teilweise Unterbrechung zu erleiden braucht. Zur Revision und Ausbesserung der Oberleitung bedient man sich der **Turmwagen** und neuerdings der **Automobilturmwagen,** deren isolierende Plattform ein gefahrloses Arbeiten ermöglicht.

[310] Abteilungsisolatoren.

Abteilungsisolatoren, auch **Trennstücke** genannt, sind Oberleitungsteile, die direkt in den Fahrdraht eingebaut, dazu dienen, einzelne Teile derselben voneinander zu isolieren. Die Konstruktionen dieser Isolatoren sind äußerst zahlreich und können unmöglich hier alle beschrieben werden. Die Hauptforderung, die man an einen Abteilungsisolator stellt, sind:

1. eine gute Isolation der beiden angeschlossenen Kontaktdrahtstränge,
2. eine genügende Festigkeit gegen den von den Fahrdrähten ausgeübten Zug,
3. eine sichere Befestigung der beiden Fahrdrahtenden und
4. ein stoßfreies Führen der Kontaktrolle.

Jeder Abteilungsisolator besteht aus zwei Rotgußkörpern mit Nieten zum Löten oder mit Klemmbalken zum Festklemmen der Drahtenden, die durch ein Isolierstück zusammengehalten werden, und aus einem nichtleitenden Führungsstück für die Kontaktrollen.

Da diese Isolatoren ein ziemlich hohes Gewicht besitzen, ist eine besondere Aufhängung durch einen Spanndraht notwendig.

[311] Abteilungsschalter.

Die Abteilungsisolatoren bewirken eine Unterbrechung des Fahrdrahtes, mittels der Abteilungsschalter hingegen kann man die Unterbrechung nach Belieben aufheben oder bestehen lassen. Die beiden erwähnten Rotgußteile der Abteilungsisolatoren stehen mit einem Schalter in Verbindung, der entweder in erreichbarer Höhe an einem Mast oder an einem Hause befestigt oder aber direkt auf den Rotgußteilen montiert ist. Befindet sich der Schalter am Mast, so wird die Verbindung durch isolierte Doppelkabel hergestellt, die am Mast herunter bis zum Schalter geführt sind. Der eigentliche Schalter ist zum Schutze gegen Wind und Wetter sowie gegen ein leichtes Berühren mit einem gußeisernen Kasten umgeben. Die beweglichen Kontakte sind isoliert am Deckel befestigt, so daß beim Öffnen des Deckels auch gleichzeitig eingeschaltet wird. Das Ausschalten geschieht durch Herausziehen des mit einem isolierten Handgriffe versehenen Hebels, dann durch kurze Drehung desselben nach rechts und Wiederhineindrücken des Hebels. Jetzt trifft er nicht mehr den Kontakt, sondern ein Isolierstück, und dann erst darf der Deckel geschlossen werden.

Die direkt am Abteilungsisolator liegenden Schalter sind nur mit Hilfe genügend langer Bambusstangen zu bedienen, welche in der Nähe am Maste oder an einem Hause befestigt und angeschlossen sind.

Abteilungsisolatoren nebst Ausschaltern ebenso wie Blitzableiter werden beim Bügelsystem in denselben oder ähnlichen Ausführungen und in dem gleichen Abstande eingebaut, wie bei der Oberleitung für Rollenbetrieb.

[312] Isolierte Kreuzungen.

Wenn zwei Bahnlinien fremder Unternehmungen sich kreuzen, keine jedoch von beiden auf Kosten der andern Strom aus der Oberleitung entnehmen soll, und sei die Strecke auch noch so kurz, so wendet man **isolierte Kreuzungen** an. Dieselben sind eine geschickte Zusammenstellung von einer gewöhnlichen Kreuzung und einem Abteilungsisolator.

[313] Blitzableiter.

Die im Kraftwerk aufgestellten Blitzableiter sind auch für die Oberleitung unentbehrlich, da der Blitz sehr häufig den Fahrdraht elektrischer Bahnen als Leiter zur Erde wählt. Der Fahrdraht hat jedoch nur durch die Dynamomaschine im Kraftwerk und durch die Leitungen und Motoren der Motorwagen eine Verbindung mit der Schiene und der Erde, daher sind Dynamos und Motoren im gleichen Maße gefährdet. Um nun dem Blitze Gelegenheit zu geben, bereits früher die Erde zu erreichen, so hat man in der Oberleitung in gewissen Abständen **Blitzableiter** vorgesehen. Zwei aus Kupferdraht gebogene Hörner stehen sich mit kurzer Luftstrecke gegenüber. Dieselben sind am Mast montiert und mit der einen Klemme durch einen isolierten Kupferdraht von 3—4 mm Stärke, mit der auf dem Arbeitsdrahte sitzenden Blitzöse verbunden, mit der andern durch einen blanken, im Mast herabgeführten Kupferdraht entweder mit der Schiene oder mit einem Wasserleitungsrohr, in einzelnen Fällen auch durch Erdplatten mit dem Grundwasser in Verbindung gesetzt.

[314] Schutzvorkehrungen.

Die die Straßen kreuzenden Telephon- und Telegraphenleitungen können infolge eintretenden Bruchs sehr leicht auf den Fahrdraht der Straßenbahn fallen und dadurch, daß sie **stromführend** geworden sind, nicht nur Kurzschlüsse herbeiführen sondern auch Menschen und Tiere in Gefahr bringen. Zur Vermeidung dieser Übelstände sind zwei Wege üblich. Man bringt entweder direkt unterhalb der Schwachstromdrähte **Fangnetze** an und verhütet so das Herunterfallen gebrochener Drähte überhaupt, oder man versieht die Fahrdrähte mit Schutzvorkehrungen, welche das Berühren herabgefallener Drähte mit dem Fahrdraht ausschließen. Auch dieses ist auf zweierlei Weise ausführbar.

Man kann oberhalb des Fahrdrahtes **Schutzdrähte** anbringen, die in verschiedenen Lagen befestigt sein können. Solche Schutznetze werden natürlich so montiert, daß ein Berühren mit dem Fahrdrahte ausgeschlossen ist, auch ist die Verbindung mit der Erde erforderlich.

Eine andere Art von Schutzvorrichtungen hat man in der hölzernen **Schutzleiste,** die mittels aufgeklemmter messingener Reiter oder Stutzer direkt auf dem Fahrdraht befestigt ist, jedoch so, daß die Kontaktrolle frei passieren kann. Die Schutzleiste selbst ist aus Pitch-pine-Holz, d. i. amerikanische Pechkiefer, hergestellt, weil dieses Holz sehr harzreich ist und daher gut isoliert und sehr wetterbeständig ist. Die aus diesem Holze geschnittenen Leisten sind oben dachförmig gestaltet, um das Regenwasser abtropfen zu lassen, an der unteren Seite sind Nieten eingefräst, in welche die Messingstutzen oder Reiter eingeschoben sind. An den Stellen, wo zwei Schutzleisten zusammenstoßen, sind Verbindungshülsen aus Gummi übergestreift. Wenn ein herabgefallener Schwachstromdraht von der Schutzleiste aufgefangen wird, so ist die Möglichkeit vorhanden, daß er über das Ende desselben hinausgleitet und nun doch noch den Arbeitsdraht berührt. Um auch diesem Fall zu begegnen, hat man auf die Enden der Schutzleiste sog. Endbacken aufgesetzt, welche den betreffenden Draht auffangen. Werden die Schutzdrahtleisten von Fahrdrahthaltern unterbrochen, so schützt man die Stellen durch aus spanischem Rohr oder isoliertem Draht hergestellte Schutzbügel, desgleichen werden Weichen und Kreuzungen mit solchen Schutzbügeln versehen.

Laufen Schwachstromdrähte parallel zum Fahrdraht, so setzt man auf die Spanndrähte Fangbacken auf, um auch ein seitliches Hinübergleiten von gebrochenen Drähten zu verhüten.

[315] Schaltung der Oberleitung.

Behördliche Vorschriften verlangen, daß Fahrdrahtleitungen elektrischer Straßenbahnen in Strecken von etwa 500—1000 m abschaltbar sind, um bei Ausbruch von Bränden der Feuerwehr ein gefahrloses Arbeiten mit fahrbaren Leitern u. dgl. zu ermöglichen, ferner um zerstörte oder defekte Leitungen vom übrigen Netz abtrennen zu können. Zu diesem Zwecke sind die bereits beschriebenen Abteilungsisolatoren mit Abteilungsschaltern versehen. Dieselben spielen jedoch auch während des regelmäßigen Betriebes eine sehr bedeutsame Rolle. Ein Straßenbahnnetz, vor allen Dingen ein größeres, wird nicht von einem einzigen Punkte aus mit Strom versorgt, sondern durch eine Anzahl voneinander unabhängiger Speisepunkte. Ein jeder Speisepunkt erhält einen für sich abgegrenzten **Speisebezirk,** dem er Strom zuführt. Das Abgrenzen der einzelnen Speisebezirke unter sich geschieht einfach durch Abteilungsschalter, die geöffnet sind. Tritt irgendwie ein Kurzschluß ein, so wird nicht das gesamte Straßenbahnnetz in Mitleidenschaft gezogen, sondern nur der betreffende Speisebezirk, in welchem sich der Kurzschluß ereignete. Die Straßenbahnanlagen großer Städte arbeiten häufig sogar mit mehreren an verschiedenen Punkten des Netzes gelegenen Kraftwerken, welches wiederum durch geöffnete Ausschalter vom Nachbargebiet getrennt ist. In Abb. 270 ist das Netz einer Straßenbahnanlage

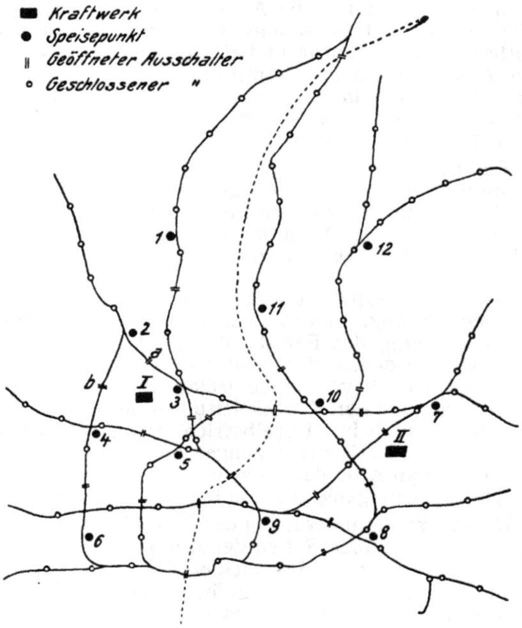

Abb. 270

dargestellt, man ersieht aus derselben, daß durch Schließen und Öffnen von Abteilungsschaltern die Größe und Lage der einzelnen Bezirke beliebig geändert werden kann. Ist z. B. das Speisekabel des Speisepunktes 2 defekt geworden, dann müßte es ausgeschaltet werden, so kann man durch Schließen der geöffneten Ausschalter bei *a* und *b* die Stromversorgung in dem Speisebezirk durch die Speisepunkte 3 und 4 der Nachbarbezirke erreichen.

Jeder für sich abschaltbare Teil des Straßenbahnnetzes ist mit einem Blitzableiter versehen, man findet daher auf der Strecke zwischen je zwei Abteilungsisolatoren auf den Bahnhöfen und Endstationen einen solchen eingebaut.

[316] Signalapparate.

Die Gleise der Straßenbahn sind im Innern der Städte häufig durch sehr enge und unübersichtliche Straßen geführt, so daß Kreuzungen nur mit allergrößter Vorsicht befahren werden dürfen, da die Führer der Wagen sich gegenseitig nicht rechtzeitig wahrnehmen können. Noch ungünstiger liegt die Sache, wenn eine eingleisige Strecke in einem krummen Straßenzuge liegt, so daß auch hier die Führer nicht wissen können, ob der entgegenkommende Motorzug bereits in die Weiche eingefahren ist oder nicht. Um an solchen gefährdeten Punkten Zusammenstöße und Betriebsstockungen zu vermeiden, stellt man entweder Signalwächter auf, die durch Winken mit roten Flaggen oder Scheiben die Führer benachrichtigen, oder aber man wendet selbsttätige Signalvorrichtungen an, da auch farbige Signalapparate die Strecke blockieren oder freigeben.

Solche Signalapparate bestehen in der Hauptsache aus:

den Signallaternen,
den Kontaktvorrichtungen,
den Relais genannten Schaltern und
den Leitungen.

Die Signallaternen enthalten eine Anzahl Glühlampen, die hinter grünem oder rotem Glase brennen und sind so angebracht, daß sie bequem vom Führer beobachtet werden können.

Die Kontaktvorrichtungen sind am Fahrdraht angebrachte Hebel, die von der Kontaktrolle des Motorwagen gehoben, oder es sind oberhalb des Fahrdrahtes frei schwebende Metallplatten, welche von der Kontaktrolle nur berührt und unter Strom gesetzt werden, so daß in beiden Fällen ein Stromstoß durch die zu dem Relais führenden Leitungen fließt. Die Relais sind Schalter, welche durch zwei Elektromagnete in Tätigkeit gesetzt werden, und zwar besorgt der eine das Ein-, der andere das Ausschalten.

Die Leitungen stellen die Verbindungen zwischen den Laternen, Relais und Kontaktvorrichtungen her und sind an den Spanndrähten und den Masten befestigt (Abb. 271).

Durch die Berührung der Kontaktrolle des in der Pfeilrichtung fahrenden Wagens mit der Metallplatte *a* wird von hier ein Stromstoß durch die Windungen des Elektromagne-

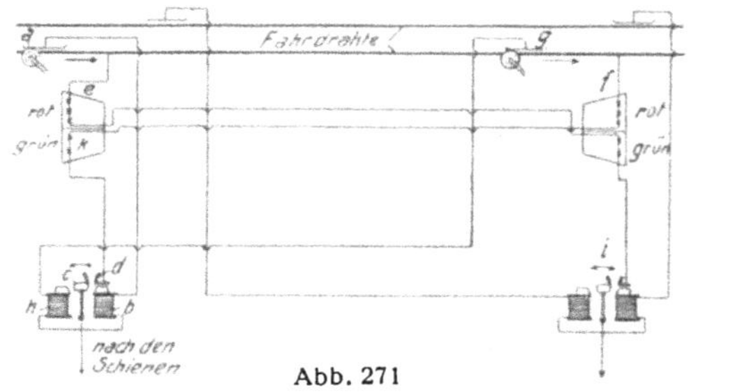

Abb. 271

ten *b* gesandt, der hierdurch entwickelte Magnetismus zieht den Anker *c* an, welcher bei *d* den Stromkreis schließt, in den die das Signal gebenden Lampen angeschlossen sind. Es brennen jetzt die in der diesseitigen Laterne *e* hinter einem grünen Glase sitzenden Lampen *k*. Das Signal „Grün" heißt für den Wagenführer Durchfahrt, d. h. die Strecke ist frei. Gleichzeitig brennen jedoch die in der jenseitigen Laterne hinter rotem Glase sitzenden Lampen und geben für den von dort herankommenden Motorwagen das Haltsignal. In dieser Anordnung ist stets die untrügliche Sicherheit gegeben, daß, wenn in der diesseitigen Laterne Grün erscheint, in der jenseitigen gleichzeitig Rot erscheinen muß. Ein falsches Signal ist also ausgeschlossen. Nachdem der Wagen die eingleisige Strecke passiert hat, ist seine Kontaktrolle auch bei der Metallplatte *g* angelangt und vermittelt einen Stromstoß, der durch die Windungen des Elektromagneten fließt und den Anker *c* zurück in seine Ruhelage bringt. Dadurch wird der Lampenstromkreis unterbrochen und das Signal erlischt. Bei den in entgegengesetzter Richtung fahrenden Wagen spielt sich der Vorgang im Relais *i* in demselben Sinne ab.

[317] Das rollende Material.

Unter rollendem Material versteht man bei einer Straßenbahn alle auf Gleisen rollenden Fahrzeuge wie Motor- und Anhängewagen sowie Hilfsfahrzeuge.

Motorwagen.

Die Hauptbestandteile eines Motorwagens sind 1. der Wagenkasten, 2. das Untergestell, 3. die elektrische Ausrüstung, 4. die Bremsausrüstung und 5. die Beleuchtung.

1. Wagenkast n.

Der Wagenkasten soll die zu befördernden Personen und Gegenstände in sich aufnehmen und ihnen Schutz gegen Witterungsunbilden gewähren.

Man unterscheidet beim Wagenkasten den Wagenboden, die beiden Seitenwände, die Stirnwände und das Wagendach. An den eigentlichen Wagenkasten sind die beiden Perrons oder Plattformen nebst den zugehörigen Dächern angesetzt. Der Wagenboden besteht aus einem hölzernen, oftmals durch eiserne Schienen von L-Eisen, U-Eisen oder Flacheisen verstärkten Rahmen (Abb. 272), dessen längslaufende

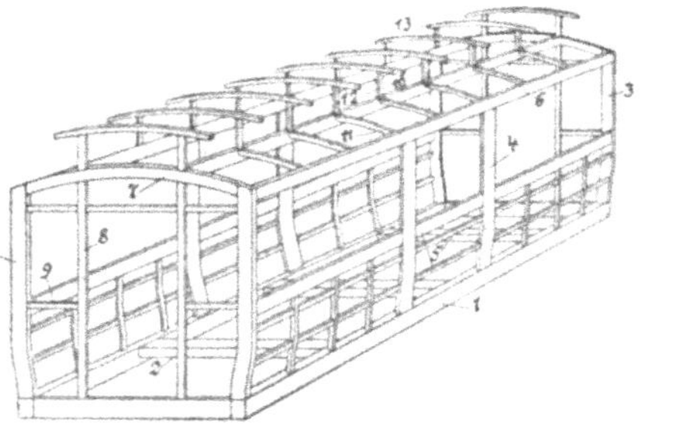

Abb. 272

Hölzer die Langschwellen oder Langträger (*1*) und dessen querlaufende Hölzer die Querschwellen oder Querträger (*2*) sind. Neuerdings wird der ganze Wagenbodenrahmen, besonders bei Drehgestellwagen, vielfach ganz aus eisernen Trägern zusammengenietet und nur stellenweise mit Holz ausgefüllt. Der Bodenrahmen erhält einen Belag von starken Brettern, in denen sich eine oder mehrere Klappen befinden, die zur Wartung der Motoren, Bremsen usw. erforderlich sind. Um die Bretter des Wagenbodens vor Abnutzung zu schützen, sind darauf entweder einzelne Latten in gewissen Abständen aufgeschraubt oder aber ganz zusammenhängende **Lattenroste** oder **Fußgitter** aufgelegt.

An den Ecken des Bodenrahmens sind die hölzernen Ecksäulen (*3*) durch Verzapfung und eiserne Winkel fest mit ihm verbunden; sie tragen das Wagendach und geben so Seiten- und Stirnwänden den erforderlichen Halt. In einer der Ecksäulen befindet sich der Länge nach eine durchgehende Nute, in welcher die Leitung liegt, die vom Wagendach zum Motor führt. Ferner sind auf den Langschwellen die Fenstersäulen (*4*) errichtet, deren Anzahl sich der Zahl der Seitenfenster anpaßt. Ecksäulen und Fenstersäulen werden durch die Unterzüge (*5*) und äußeren Dachbäume (*7*) zusammengehalten. Die Türsäulen (*8*), die durch die Riegel (*9*) mit den Ecksäulen in Zusammenhang stehen, stellen wiederum eine Verbindung zwischen Querschwellen und Dachbügel her. Die in Abb. 272 wiedergegebene Dachform findet sich bei den meisten Straßenbahnwagen, und man kann bei diesen der Lage nach Oberdach und Seitendach unterscheiden. Die Seitendächer werden durch die in den inneren (*10*) und äußeren Dachbäumen verzapften Seitendachspiegel (*11*) gebildet, das Oberdach setzt sich in Form eines Aufsatzes mittels der Oberlichtfenstersäulen (*12*) auf die beiden inneren Dachbäume auf, die Querverbindungen werden durch die in gleicher Anzahl mit den Oberlichtfenstersäulen vorhandenen Oberdachspriegel (*13*) gebildet. Der somit fertiggestellte Bau des Wagenkastens heißt Wagenkastengerippe; es wird dazu vorzugsweise Eschen- und Eichenholz verwendet. Dies wird großenteils von außen mit Blech, seltener mit Holz verkleidet. Der Abschluß der Verkleidung wird durch aufgesetzte Leisten bewirkt.

Das Wagendach erhält einen Belag von schmalen, mit Falz übereinander greifenden Brettern, die mit einem Überzug von wasserdichter Leinwand und mehrfachem Ölfarbenanstrich versehen sind. Das Innere des Wagendaches wird bei Wagen mit einfachen Decken größtenteils hellfarbig gestrichen, oder man schützt die Naturfarbe des Holzes durch Firnis und Lacküberzug. Die Dachspriegel sind bei diesen Wagendächern also sichtbar. Wünscht man aus dekorativen Gründen eine glatte Wagendecke, so erhalten die Spriegel eine Verkleidung von leichten Brettern oder hartgepreßter Pappe. Dies ist eine sog. **Doppeldecke.** Zur Ausschmückung der Wagendecke dienen Furniere, das sind sehr dünne Blätter edler Hölzer oder ein Belag von gemusterter Linkrusta, die aus einer auf Leinwand gepreßten Schrote gemahlenen Kornes besteht, oder man wählt auch einen Ölfarbanstrich mit einem Abschluß von gekehlten Leisten.

Die übrige innere Ausstattung des Wagenkastens ist häufig in fein polierten Hölzern, wie Nußbaum, Mahagoni, Ahorn usw. ausgeführt, vielfach ist jedoch auch eine geschmackvolle Lackierung vorgesehen.

Die Sitzbänke in ähnlicher Weise behandelt haben häufig abnehmbare Sitzpolster oder Stoffbelege. Die Fensterscheiben der Wagenkasten sind, um den Erschütterungen des Wagens besser widerstehen zu können, nicht in Kitt, sondern in eigens dazu gefertigte Gummistreifen gesetzt. Bei den Fenstern unterscheidet man feste und herablaßbare, welche letztere in einen Holzrahmen und neuerdings vielfach auch in Messingrahmen gefaßt sind und in den Falzen der Fenstersäulen auf- und niedergleiten können. Da solche Scheiben mit zunehmender Größe auch ein bedeutendes Gewicht besitzen, so hat man, um das Hochziehen zu erleichtern und gleichzeitig ein Herabfallen zu verhindern, starke Uhrfedern angebracht, welche sich beim Herablassen des Fensters spannen und beim Hinaufziehen entspannen, also einen Teil des Fenstergewichtes tragen.

Die das Wageninnere von den Perrons trennenden Türen, die **Wagenkastentüren,** sind meistens als Schiebe-, seltener als Klapptüren ausgebildet und sind ein- und zweiteilig im Gebrauch.

Um im Wageninnern die Zufuhr frischer Luft zu ermöglichen, sind in den Stirnwänden oberhalb des Wagenkastens Ventilationsklappen oder -schieber angebracht. Den gleichen Zwecken dienen die zwischen den Oberlichtfenstersäulen befindlichen drehbaren Oberlichtfenster.

Die bereits erwähnten Perrons oder Plattformen sind von hölzernen oder eisernen Trägern gehalten, die entweder an den Langträgern des Wagenkastens befestigt sind oder aber mit diesen aus einem Stück bestehen. Der auf den Perronträgern ruhende Bodenbelag erhält ebenso wie der Wagenboden einen Schutz gegen Abnutzung durch Lattengitter. An dem Perronboden sind Aufsteigtritte oder Trittkasten angebracht, welche mit einer rauhen, das Ausgleiten verhindernden Oberfläche versehen sind. Den Abschluß des Perrons bilden Perronbleche mit daraufsitzenden Handleisten; sie erhalten ihre Standfestigkeit durch die eisernen, gleichzeitig das Perrondach stützenden Perronsäulen.

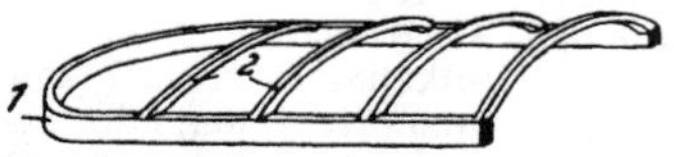

Abb. 273

Das Perrondach (Abb. 273) besteht aus dem Perrondachbügel (*1*), den Perrondachspriegeln (*2*) und den Perrondachbrettern, auf welchen gleichfalls ein Leinwandbelag mit Ölfarbenanstrich den wasserdichten Schutz bildet.

Das auf dem Wagendach sich ansammelnde Regen- und Schneewasser wird durch Wasserrinnen an solchen Stellen abgeleitet, an denen das Publikum nicht dadurch belästigt wird. Vielfach werden auch die hohlen Perronsäulen oder besonders angebrachte Rohre zum Ableiten des Wassers benutzt.

Ferner sind auf dem Wagendach Laufbretter vorgesehen, um den auf demselben arbeitenden Personen einen sicheren Stand zu gewähren und gleichzeitig Beschädigungen des Daches zu verhüten. Zur Erleichterung des Auf- und Absteigens sind in der Nähe der Trittkasten Aufsteiggriffe aus Rotguß oder Messing angebracht. Im Innern des Wagens befinden sich lederne Handgriffe zum Anhalten.

Da der Wagenkasten namentlich in den engen, verkehrsreichen Straßen der Großstädte häufig Zusammenstößen mit anderen Fuhrwerken ausgesetzt ist, sucht man ihn durch besonders feste Konstruktionsteile wie eisenbeschlagene **Panzerleisten** an den Seitenwänden und durch sog. **Rammen** an den Perrons zu schützen.

2. Untergestell.

Das Untergestell dient zum Tragen des Wagenkastens, zur Aufnahme der Achse und Räder, der Motoren und der Bremseinrichtungen.

Es besteht im wesentlichen aus

dem Untergestellrahmen,
den Radsätzen mit Lagern und Lagerkasten und der Abfederung.

Der Untergestellrahmen hat zwei Langträger aus Schmiedeeisen oder Stahlguß, an denen die Führungen für die Lagerkasten und die Tragfedern angebracht sind. Die Langträger werden durch die Querträger aus Schmiedeeisen zusammengehalten. Die letzteren dienen ferner zur Befestigung der Motoren, der Bremsen und sonstiger Vorrichtungen.

Zwei auf einer Achse befestigte Straßenbahnräder nennt man einen **Radsatz.** Die Achsen sind aus gutem Stahl hergestellt, um den großen Ansprüchen, die man an sie stellt, gerecht zu werden. Die die Drehungen vermittelnden Teile der Achsen, Schenkel genannt, sind mit Ansätzen (Bunden) oder Nuten versehen, welche die beim Durchfahren von Kurven und Weichen auftretenden seitlichen Stöße aufnehmen. Der zwischen den beiden Rädern befindliche Teil der Achse heißt **Schaft;** auf ihn werden die zur Fortbewegung des Wagens erforderlichen Zahnräder aufgekeilt. Ferner erhalten die

Motoren hier ihre Lagerung. Die Räder können entweder aus einem Stück gegossene Stahlgußräder oder Radscheiben sein, auf welche eine sog. **Bandage** aus Stahl aufgezogen ist. Das Aufziehen geschieht dadurch, daß die mit einem kleineren Durchmesser als der des Radsternes versehene Bandage so lange gleichmäßig erwärmt wird, bis der Radstern in dieselbe hineinpaßt. Bei der nun folgenden Abkühlung zieht sich die Bandage zusammen und legt sich fest auf den Radstern. Diese Bandagenräder werden häufiger als die aus einem Stück gegossenen Räder verwendet. Das Gewicht der Wagen wird durch Lager aus Rotguß auf die Schenkel der Achse und von dort auf die Räder übertragen. Um den Lagern den nötigen Halt zu geben und die Verbindung mit den Langträgern des Untergestelles herzustellen, sind die Achslagerkasten erforderlich. Dieselben enthalten im Innern Konstruktionsteile, die in Verbindung mit den obenerwähnten Ansätzen und Nuten der Achsschenkel stehen und sind dazu bestimmt, das Schmiermaterial in sich aufzunehmen und das Eindringen von Staub zu verhindern. Die Schmierung kann entweder durch Öl, oder durch Schmierkissen, die mit Öl oder Fett getränkt sind, erfolgen. Man verwendet als Schmierpolster eine aus Schafwolle und Roßhaaren bestehende und mit Öl getränkte Masse oder aber in Fett gekochte Putzwolle. Neuerdings verwendet man Walzenlager (G. & J. Jaeger, Elberfeld). Der Lagerkasten hat seitlich angegossene Führungsleisten, die ein Auf- und Niedergleiten der Lagerkastenführung des Langträgers gestatten, ein seitliches Hin- und Hergehen jedoch verhindern. Das Gewicht des Untergestellrahmens ruht nicht direkt, sondern vermittelst Federn, den sog. Lagerkastenfedern, auf dem Lagerkasten. Auf den Längsfedern des Untergestelles sind abermals Federn, sog. Wagenkastenfedern, angebracht, welche ein Abfedern des Wagenkastens bewirken sollen. Die zu diesem Zweck verwendeten Federn können je nach der Bauart des Untergestelles die verschiedensten Formen erhalten, z. B. zylindrische Federn, Kegelfedern, Blattfedern und die durch Zusammenstellen zweier Blattfedern gewonnenen elliptischen Federn (Abb. 274).

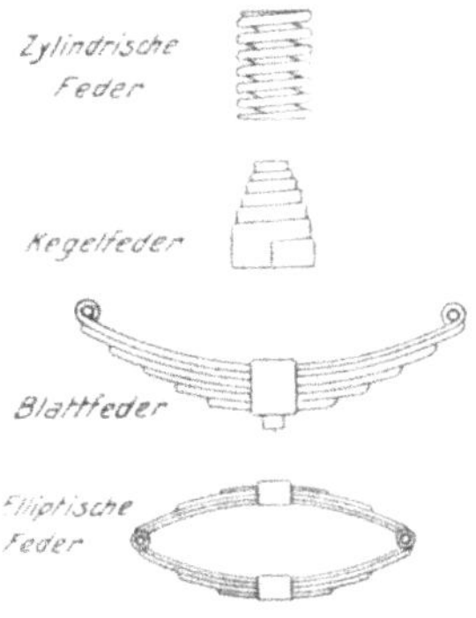

Abb. 274

3. Kontaktvorrichtung.

Bei den Kontaktvorrichtungen fragt es sich, ob sie für **Bügel** oder **Kontaktrolle** als **Stromabnehmer** eingerichtet sind. Abb. 275 u. 276 zeigen zwei für Rollenbetrieb gebräuchliche Kontaktböcke. Der Kontaktbock ruht auf einem hölzernen Rahmen, dem Kontaktrahmen, der auf der Wagendecke befestigt ist. Oftmals ist der Kontaktbockrahmen abgefedert, um etwaige von der Kontaktstange ausgehende Erschütterungen nicht auf das Wagendach zu übertragen. Der Kontaktbock selbst ist leicht drehbar auf dem Rahmen befestigt und drückt durch eine Anzahl Federn, welche so angeordnet sind, daß die Kontaktrolle stets mit gleicher Kraft gegen denselben angedrückt wird, gleichviel ob der Fahrdraht hoch oder niedrig liegt. Die Kontaktrute ist ein je nach der Höhe des Fahrdrahtes 4—6 m langes Stahlrohr, das an seinem oberen verjüngten Ende eine **Kontaktkopf** genannte, zur Aufnahme der Rolle bestimmte Vorrichtung trägt. Die Kontaktrolle ist aus Rotguß hergestellt und ist, da sie während der Fahrt eine sehr hohe Umdrehungszahl hat, mit einer gutwirkenden Schmiereinrichtung versehen. Die Form der Rolle richtet sich nach den verwendeten Ösen und Weichen, um ein Anschlagen und Entgleisen zu verhindern. Um das Umlegen der Kontaktstange sowie das Abziehen und Anlegen derselben ohne Gefahr ausführen zu können, ist eine genügend lange Leine am Kontaktknopf befestigt, am Hinterperron heruntergeführt und dort angehakt. Der Kontaktbock für Bügelbetrieb ist in Abb. 277 dargestellt.

Abb. 275

Abb. 276

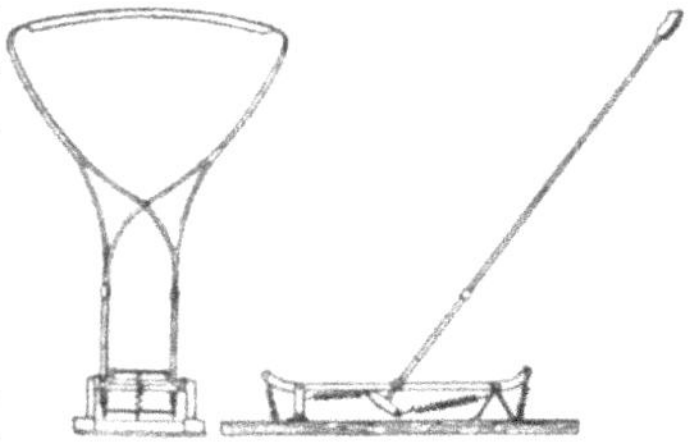
Abb. 277

4. Hauptausschalter.

Der in den meisten Fällen am Perrondach befindliche Hauptausschalter dient dazu, die von der Kontaktstange zu den übrigen Apparaten führenden Leitungen beliebig vom Strom abschalten zu können. Hier ist meistens zur Löschung des auftretenden Lichtbogens eine **magnetische Ausblasung** vorgesehen, d. h. es ist ein Elektromagnet vorhanden, der so lange erregt ist, wie der Lichtbogen andauert.

Der automatische Ausschalter, in derselben Weise wirkend, wie der Hauptschalter, hat den Zweck, den Motor vor Überlastung zu schützen. Auch dieser Automat ist gewöhnlich am Perrondach montiert, doch so, **daß dessen Handgriff vom Personal leicht zu erreichen ist.**

Eine Schmelzsicherung erfüllt den gleichen Zweck wie der Automat. Auch diese ist zur Löschung des Lichtbogens mit magnetischer Ausblasung versehen. Ein Schutzkasten verhindert unberufene Berührung und Eindringen von Nässe. Als Schmelzeinsätze bei dieser Sicherung dienen in Kupferscheiben eingelötete Schmelzstreifen, deren Stärke sich nach dem normalen Stromverbrauch der Motoren richtet. Bei kleinen Sicherungen sind die Schmelzdrähte in eine mit Sand, Schmirgel oder Talkum gefüllten Patrone aus Porzellan eingeschlossen. Die Sicherungen sind gewöhnlich so angebracht, daß sie außerhalb des Wagens zugänglich sind.

Die Blitzschutzvorrichtung soll dafür sorgen, daß ein in den Fahrdraht eingeschlagener Blitz nicht seinen Weg durch die Leitungen, Apparate und Motoren nimmt, sondern vorher zur Erde abgeleitet und unschädlich gemacht wird. Ist der Blitzschutz als Hörnerblitzableiter ausgebildet, so steht er nebst der zugehörigen Drosselspule auf dem Wagenkasten. Bei anderer Ausführung hängt die Blitzschutzvorrichtung häufig unter dem Wagenkasten.

Um den Zweck des **Fahrschalters** zu verstehen, ist es erforderlich, daß wir zunächst eine Eigentümlichkeit des Wagenmotors kennenlernen. Ein stehender Motor besitzt keine elektromotorische Gegenkraft, während der laufende Motor durch Induktion Spannung erzeugt, die dem fließenden Strome entgegenwirkt. Diese EMGK ist der Hauptteil der Spannung, die beim Betrieb zu überwinden ist. Aus diesem Grunde entnimmt der Motor aus dem Netz im Moment des Einschaltens bedeutend mehr Strom, als wenn er sich in Bewegung befindet. Die Stromstärke fällt so lange, bis der Motor eine normale Tourenzahl und der Wagen eine gewisse Geschwindigkeit erreicht hat. Dies ist leicht verständlich, da das In-Bewegung-setzen oder Anfahren des Wagens bedeutend mehr Kraft erfordert als das In-Bewegung-erhalten eines fahrenden Wagens. Ist nun gar ein Motorwagen vollbesetzt, so ist der zum Anfahren erforderliche Strom natürlich noch bedeutend höher. Wenn man unter diesen Umständen den Elektromotor kurz einschalten wollte, so würde er eine solch hohe Stromstärke führen, daß wenn nicht Automat und Bleisicherung in Tätigkeit treten würden, seine auf Anker und Feldspulen befindlichen Drahtwindungen verbrennen würden. Um den Motor vor zu hohen Anfahrstromstärken zu schützen, schaltet man mit Hilfe des Fahrdrahtes zunächst Widerstände vor, die nur eine gewisse, für den Motor unschädliche Stromstärke hindurchlassen. Hat sich der Motor mit Hilfe dieser Widerstände allmählich in Bewegung gesetzt, so werden mit zunehmender Geschwindigkeit diese Widerstände überflüssig, ja sogar hinderlich und muß vermittelst des Fahrschalters dafür gesorgt werden, daß sie stufenweise der zunehmenden Geschwindigkeit entsprechend abgeschaltet werden, damit der Motor seine volle Tourenzahl entwickeln kann. Soll seine Geschwindigkeit weiter gesteigert werden, so kann das durch Schwächung des magnetischen Feldes geschehen. Es muß daher zu dem Feldmagneten ein besonderer Widerstand parallel geschaltet werden, so daß der eine Teil durch die Feldspule und der andere durch den sog. **Nebenschlußwiderstand** zur Erde geht. Da auf diese Weise eine geringere Stromstärke durch die Feldspule fließt, ist auch der erregte Magnetismus ein geringerer. Der Anker behält dadurch eine erhöhte Stromstärke und vermehrt seine Leistungsfähigkeit. Mit der Fahrtrichtung muß auch der Anker des Motors seine Drehrichtung ändern. Dies wird dadurch erreicht, daß man die Pole des Ankers wechselt und die der Magnete bestehen läßt. Da sich bei einem Elektromagneten die Pole ändern, sobald die Stromrichtung in seinen Windungen geändert wird, wird das Ändern der Pole des Ankers lediglich ein Wechseln der Stromrichtung im Anker bedeuten. Ist beim Vorwärtslaufen der Strom durch die eine Bürste auf den Kollektor geflossen und durch die andere wieder herausgetreten, so wird durch das Umschalten der Weg entgegengesetzt geändert. Dieses Umschalten der Pole wird vom Fahrschalter aus, und zwar bei neuerer Ausführung durch eine besondere Kurbel betätigt. Der **Fahrschalter,** auch **Kontroller** oder **Regulator** genannt, besteht aus einem eisernen Gehäuse, das durch eine Decke aus Rotguß oder Messing abgeschlossen ist. Im Innern befinden sich zwei drehbare Walzen, die **Hauptwalze** und die **Umschaltwalze,** die jede durch eine besondere Kurbel bedient wird. Die Walzen sind aus Isoliermaterial hergestellt und tragen eine Anzahl kreisförmiger Kontaktstücke, welche mit den an der Kontrollerwand festsitzenden Kontaktfingern in Berührung treten, sobald die Walze gedreht wird. Wie aus dem Schema Abb. 278, 279 ersichtlich, stehen die Kontaktfinger durch Leitungen mit den Widerständen und Feldspulen des Motors einerseits und mit der Stromzuführung am Kontaktblock und den Stromfortleitungen und den Rädern anderseits in Verbindung. Durch die stufenweise Anordnung

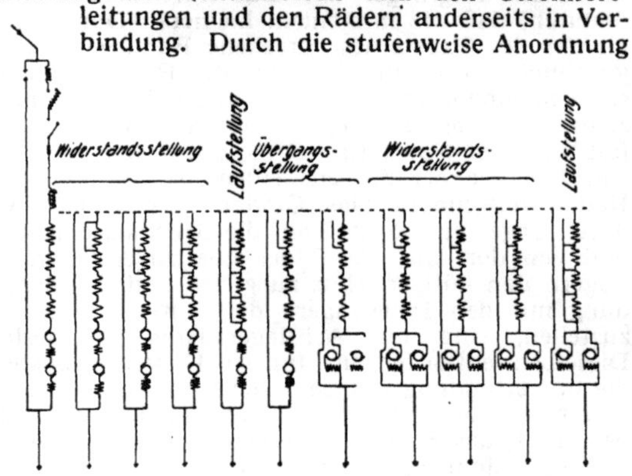

Abb. 278

der auf der Hauptwalze sitzenden Kontaktringe wird bei Drehung der Hauptwalze ein Ab- resp. Zuschalten von Widerstandsstufen oder auch ein Zu- oder Abschalten von Nebenschlußwiderständen bewirkt. Die Umschaltwalze, gewöhnlich aus Holz bestehend, ist mit zwei Reihen von Kupferkontakten versehen, die abwechselnd, je nach der gewünschten Fahrrichtung mit besonderen Kontaktfingern in Berührung treten. Diese Kontaktfinger stehen mit den

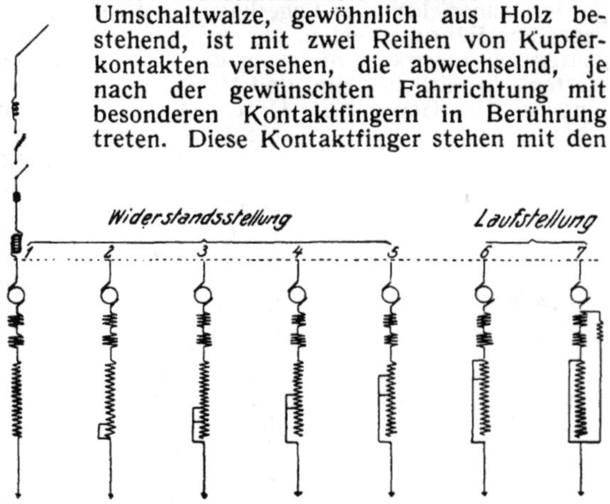

Abb. 279

zu den Bürsten des Ankers führenden Leitungen in Verbindung. Um diese Stellungen festzuhalten, sind im Innern Sperräder und Sperrollen vorgesehen. Zwischen der Hauptwalze und der Umschaltwalze ist eine gegenseitige Arretierung angebracht, die bewirkt, daß

1. ein Betätigen der Umschaltwalze unmöglich ist, wenn die Hauptwalze nicht in der Nullstellung sich befindet;

2. eine Drehung der Hauptwalze ausgeschlossen ist, wenn die Umschaltwalze in ihrer Mittellage ruht, d. h. nicht auf vorwärts oder rückwärts gestellt ist.

Hierdurch ist vermieden, daß die Motoren unter Strom auf Rückwärtsgang geschaltet werden; hierdurch ist verhindert, erst mit der Hauptwalze eine gewisse Fahrtstellung einzunehmen und dann auch die Umschaltwalze den Motor einzuschalten, wodurch die Wirkung der Vorschaltwiderstände aufgehoben würde. Der beim Ausschalten der Hauptwalze zwischen den Kontaktringen und den Kontaktfingern entstehende Lichtbogen wird entweder magnetisch ausgeblasen, oder aber es werden die Kontaktfinger aus Kohlen oder Kupfer gemacht, welche Kontaktstücke ab und zu ausgewechselt werden müssen.

Der zum Funkenlöschen bestimmte Elektromagnet ist mit einem besonders langgestreckten Polschuh versehen, um auf sämtliche Stromunterbrechungen gleichzeitig einwirken zu können.

An diesen Polschuh sind eine Anzahl aus funkensicherem Isoliermaterial hergestellte Funkenfängerplatten angeordnet, welche zwischen die einzelnen Kontaktringe greifen und das Überspringen der Funken von einem Kontakt zum andern verhindern. Fahrschalter für Wagen mit zwei Motoren sind vielfach mit Umschaltern ausgerüstet, mit denen das Abschalten des einen oder andern Motors ermöglicht wird. Der Wagen kann also mit nur einem Motor seine Fahrt fortsetzen, doch erhält gleichzeitig die Arbeitskurbel eine Fixierung, d. h. sie läßt sich über einen bestimmten Kontakt nicht mehr herumdrehen.

5. Widerstände.

Es gibt Vorschalt- und Nebenschlußwiderstände, die unterhalb des Wagens so montiert sind, daß die Luft durchstreichen kann. Mitunter werden sie

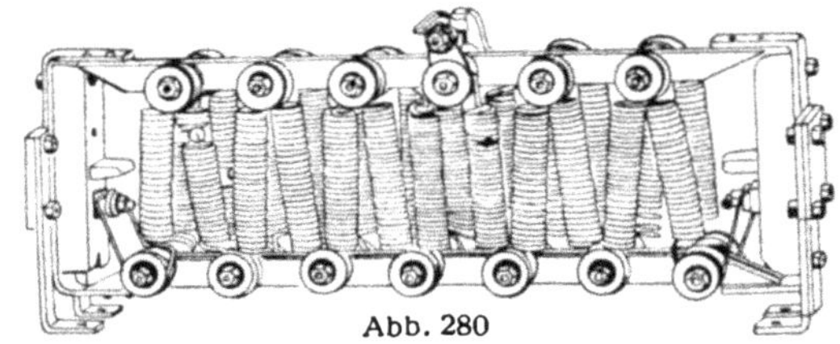

Abb. 280

auch zur Heizung unterhalb der Sitzbänke angebracht. Das Material der Widerstände ist Schmiedeeisen in feinen Blechstreifen oder Gußeisen in spiralartigen Formen zwischen Porzellanrollen (Abb. 280).

[318] Motoren.

Die Motoren sind ihrer Schaltung nach **Hauptstrommotoren.** Das Magnetgestell ist zu einem Gehäuse ausgebildet, das alle übrigen Bestandteile aufnimmt und vor Schmutz und Nässe schützt.

Das Gehäuse ist entweder zum Aufklappen eingerichtet, um Anker und Feldspulen herausnehmen zu können, oder seitlich mit einem Deckel verschlossen, was ein Herausnehmen des Ankers gestattet. Am Gehäuse sind ferner zwei Lager angegossen, durch die der Motor seine genaue Lage zur Achse erhält. Das Gewicht des Motors wird mittels der Motorträger auf die Querträger des Untergestelles übertragen. Die Motorträger sind durch Federn oder Gummipuffer mit dem Querträger verbunden, um dem Motor Schwingungen gegen das Untergestell zu gestatten und somit die Übertragung unzuläßig großer Kräfte vom Motor auf das Untergestell zu vermeiden.

Die Lager des Ankers sind nicht direkt im Motorgehäuse untergebracht, sondern durch Vermittlung von stählernen, mit Weißmetall ausgegossenen **Lagerschalen** oder **Buchsen.** Das durch das eine Lager hindurchragende Ende der Ankerwelle trägt ein kleines Zahnrad, das in ein großes, auf die Triebachsen des Untergestells sitzende Zahnrad eingreift und so die Bewegung des Ankers auf die Räder überträgt. Die Zahnräder erfordern eine außerordentlich gute Schmierung und ein sorgfältiges Abschließen gegen Nässe und Unreinigkeit. Zur Erhaltung der Eingriffsweite der Zahnräder dreht sich der Motor bei seiner Schwingung um die Achse des Radsatzes. An der oberen Seite des Motorgehäuses befindet sich eine leicht zu öffnende Klappe, um zu den hier sitzenden Bürstenhaltern und dem Kollektor gelangen zu können. Die Anzahl der Pole beträgt gewöhnlich vier. Die Bürstenhalter sind an einer aus Metall bestehenden Bürstenhalterbrücke mit Ambroin isoliert befestigt und so konstruiert, daß die Kohlenbürsten in einer Führung aus Rotguß frei auf und nieder gleiten können. Ein durch eine Feder betätigter Hebel drückt die Bürste auf den Kollektor. Durch einen einfachen Handgriff läßt sich der Hebel zurückklappen, wodurch man den Ersatz abgenutzter Kohlenbürsten vornehmen kann. Die Schmierung der beiden Achslager sowohl als der Ankerlager geschieht durch Öl und Fett. Die zur Zuführung des Stromes durch die Wandungen des Motorgehäuses dienenden Kabel sind, um auch hier einen wasserdichten Anschluß zu erzielen, mit Buchsen von Weichgummi umgeben.

Bei Motoren neuester Bauart findet man außer den eigentlichen Feldmagneten und mehreren kleinen Magnetpolen Wendepole angeordnet. Diese sollen die zwischen Kohlenbürsten und Kollektor auftretende Funkenbildung verhindern.

[319] Wagenkabel.

Zur Verbindung der einzelnen zur elektrischen Ausrüstung gehörenden Teile verwendet man Kabel, die mit einer Gummischichte und einer Umspinnung von imprägnierter Wolle isoliert sind. Zwischen den beiden Kontrollern einerseits und den Widerständen und Motoren anderseits besteht eine so große Anzahl von einzelnen Verbindungskabeln, daß man sie zusammenfaßt und in einen dichten Hanfschlauch einreiht, von dem die einzelnen Abzweigungen heraustreten.

[320] Die Bremsausrüstung.

a) Handbremsen.

Jeder auf Gleisen rollende Wagen ist außer sonstigen Bremsvorrichtungen mit einer von Hand aus zu bedienenden **Bremse** ausgerüstet. Man unterscheidet

Backenbremsen, bei welchen gußeiserne Bremsbacken durch einen ausgeübten Druck auf die Laufflächen, bei den **Schienenbremsen** an die Schienen gedrückt werden, während bei den **Bandbremsen** ein Stahlband gegen eine Trommel gedrückt wird. Am weitesten verbreitet ist die gewöhnliche **Backenbremse.** Der nötige Druck wird durch die Körperkraft der an der Bremskurbel wirkenden Person hervorgerufen (Abb. 281), die etwa $^8/_{10}$—$^9/_{10}$ des Wagengewichtes beträgt. Nehmen wir an, ein Wagen wiege 10000 kg, so müßte nach obigem ein Bremsdruck von mindestens 8000 kg wirksam sein. Nehmen wir an, die Bremskurbel *a* habe eine Länge von 30 cm, die an ihr wirksame Kraft sei 40 kg, der durch die Bremsspindel gebildete Hebelarm *b*, an dem die Bremskette angreift, sei 3 cm lang, so muß in der Bremskette ein Zug von 400 kg auftreten. Die Verlängerung der Bremskette bildet die Bremsstange *d*, sie greift mit ihren 400 kg an einem zweiten Hebel *e* an, dessen Arme sich so verhalten, daß der eine 10 mal so lang ist als der andere. So ergibt sich am kurzen Arm die Kraft von $10 \times 400 = 4000$ kg. Mit dieser Kraft werden nicht nur die Bremstraverse *f* und die an ihr befestigten Bremsklötze *g* und *h* gegen die Räder gedrückt, sondern gleichzeitig auch die Traverse *i* mit den beiden Verbindungsstangen *k* und *l* in der entgegengesetzten Richtung bewegt. Auf diese Weise erhält jede Bremsklotztraverse einen Druck

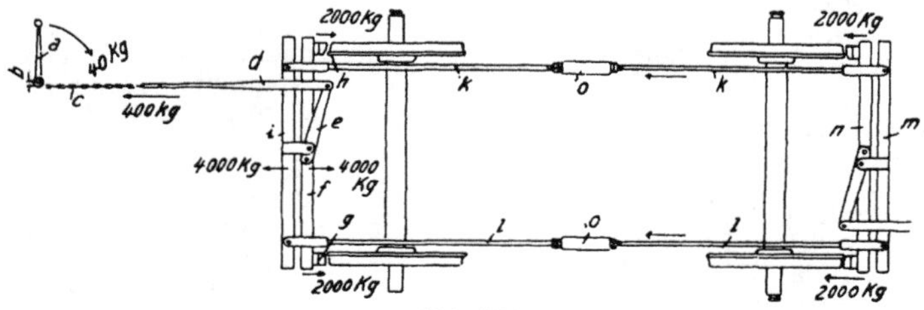

Abb. 281

von 4000 kg, der sich auf je zwei Bremsklötze mit je 2000 kg verteilt. Der Gesamtbremsdruck wäre somit 4×2000 = 8000 kg und würde für ein Wagengewicht von 10000 kg zureichend sein. Soll die Bremsung längere Zeit andauern, so legt der Führer eine Sperrklinke ein. Soll dann die Bremse gelöst werden, so ist zunächst die Sperrklinke aus den Zähnen des Sperrades zu entfernen und die Kurbel zurückzudrehen. Der normale Abstand zwischen Rad und Klotz soll etwa 5—6 mm betragen. Bremsabzugfedern bewirken das sofortige Abziehen der Bremsklötze von den Rädern. Durch Abnutzung des Bremsklotzes wird dieser Abstand vergrößert, was eine größere Wahrscheinlichkeit von Unfällen nach sich zieht.

Bei den Schienenbremsen für Handbetrieb werden die Bremsklötze durch einen entsprechenden Übertragungsmechanismus auf die Schienen gepreßt, was eine Entlastung des Rades bedeutet. Hat ebenso wie die Bandbremse wenig Eingang gefunden.

b) Elektrische Bremsen.

Es gibt: **Kurzschlußbremsen,**
Scheibenbremsen,
Solenoidbremsen,
Schleifenbremsen.

Die Wirkung einer **Kurzschlußbremse** beruht darauf, daß der in Bewegung befindliche Motor als Dynamo geschaltet wird, er muß also durch die lebendige Kraft des Wagens getrieben Strom erzeugen. Diese Schaltung wird bei eigens hierzu gebauten Fahrschaltern durch eine besondere Stellung der Arbeitskurbel bewirkt. Diese sog. Bremsschaltungen sind durch die Aufschrift „Bremse" am Deckel gekennzeichnet. Der Motor läuft als Hauptstrommaschine. Der im Anker erzeugte Strom durchfließt die Feldspulen und den eingeschalteten Widerstand, von dessen Größe die erzeugte Stromstärke abhängt. Hierzu ist, wie bekannt, auch eine entsprechende Antriebskraft erforderlich, die der in Bewegung befindliche Wagen durch sein Beharrungsvermögen liefert. Mit der Zunahme des Kraftverbrauchs von Motor durch Abschalten des Widerstandes tritt gleichzeitig eine Abnahme der Wagengeschwindigkeit ein, die sich so lange fortsetzt, bis der Stillstand eintritt; die Bremse wirkt nur so lange, als der Wagen sich in Bewegung befindet.

Die **Scheibenbremse** kann als eine Vervollkommnung der Kurzschlußbremse gelten, sofern sie von dem im Motor erzeugten Bremsstrom betätigt wird. Gilt jedoch als besondere Bremsart, wenn der Strom aus der Oberleitung genommen wird. Die Scheibenbremse besteht im wesentlichen aus zwei auf einer Achse dicht nebeneinander angeordneten gußeisernen Scheiben, deren eine fest auf der Achse aufgekeilt und deren andere lose auf der Achse sitzt. Damit die lose Scheibe sich nicht drehen kann, ist sie durch zwei schmiedeeiserne Arme mit den Querträgern des Untergestelles verbunden. Die letzte Scheibe ist mit vier Spulen ausgerüstet, die beim Durchgang des Bremsstromes die ganze Scheibe magnetisieren, ein Anlegen derselben an die feste Scheibe unter starkem Druck bewirken und auf diese Weise die betreffende Achse bremsen. Hat denselben Übelstand wie die Kurzschlußbremse, nämlich nur so lange als die Erzeugung des Bremsstromes andauert. Erfolgt jedoch die Stromversorgung aus der Oberleitung, so kann die Bremsung des Wagens so lange erfolgen, wie dies durch das Halten des Wagens erwünscht ist.

Das gleichzeitige Bremsen der Anhängewagen ist sehr einfach, wenn diese mit einer Scheibenbremse ausgerüstet sind und durch eine biegsame Kupplung mit der Bremsstromleitung des Motorwagens in Verbindung stehen.

Unter **Solenoidbremse** versteht man eine gewöhnliche Handbremse, die auch durch die Wirkung eines Solenoides in Tätigkeit gesetzt werden kann.

Bei elektrischen **Schleifenbremsen** wird die Bremsung so erzielt: um eine auf die Achse festgekeilte Scheibe wird ein Stahlband gelegt, das durch die Wirkung eines Elektromagneten fest angezogen wird. Das Lösen des Stahlbandes erfolgt durch Federn.

Die **elektrische Schienenbremse** besteht aus einem Bremsmagneten, der bei seiner Einschaltung sich fest mit seinen Polen auf die Schienen aufsetzt und auf ihnen schleift, sonst aber gelenkig mit dem Untergestell verbunden ist.

Das Bremsen der Wagen mit Gegenstrom soll nur in außergewöhnlichen Fällen gestattet werden, wenn alle anderen Bremsen versagt haben. Durch das Umschalten des in voller Tourenzahl befindlichen Motors tritt in dessen Drahtwindungen eine solche Stromstärke auf, daß sie stark gefährdet werden können.

c) Luftdruckbremsen.

Die wirksame Betriebskraft ist hier der Luftdruck, aber nicht der Druck der uns umgebenden Luft wie bei den Eisenbahnen, sondern der Druck von künstlich zusammengepreßter Luft. Diese Druckluft wird durch eine Luftpumpe erzeugt, die sie in einen Behälter drückt. Mit Hilfe eines am Führerstande angebrachten Steuerventils kann die Druckluft in den Bremszylinder eingelassen werden, wo sie vermöge des ihr erteilten Druckes einen Bremshebel angreift und somit die Bremsklötze an die Räder drückt.

[321] Beleuchtung.

Die Beleuchtung der Motorwagen wird in der Regel durch Glühlampen bewirkt. Den Verwendungszwecken nach unterscheidet man Lampen für das Wageninnere, die Perrons und Beleuchtung der Signalscheiben und der Fahrbahn. Zum Verständnis sei bemerkt, daß bis heute eine brauchbare Glühlampe für 500—600 V noch nicht hergestellt werden kann. Man ist daher auf Lampen von 220 und 110 V angewiesen. Namentlich letztere sind viel im

Gebrauch. Um 110 voltige Lampen bei 550 V brennen zu lassen, müssen 5 Lampen hintereinander geschaltet werden (Abb. 282). Eine Reihe hintereinander geschalteter Lampen nennt man eine Serie, die mit einer Sicherung und mit einem Drehschalter ausgerüstet ist. Die Beleuchtungskörper sind in den verschiedensten Formen hergestellt. Für den Fall des Versagens ist eine Notbeleuchtung mit Petroleumlampen oder Stearinkerzen vorzusehen.

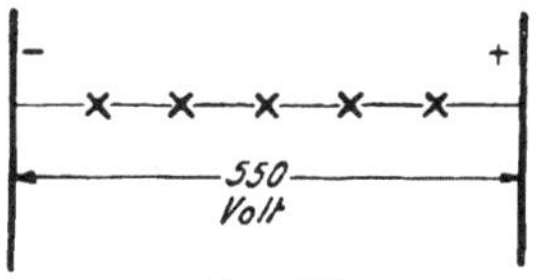

Abb. 282

[322] Wagenheizung und Schutzvorrichtung.

Bei elektrischer Heizung werden häufig die Vorschaltwiderstände benutzt. Zum Schutz gegen Überfahren sind Schutzgitter im Gebrauch, die häufig mit Fangvorrichtungen kombiniert sind.

[323] Stromkontrollinstrumente.

Das Fahren eines Motorwagens ist eine besondere Kunst, die wohl gelernt und verstanden sein will. Es handelt sich nicht nur darum, den anvertrauten Wagen mit Fahrgästen durch das Gewühl der Großstadt zu führen, vorsichtig anzufahren und zu bremsen sondern auch bei Einhaltung der Fahrzeit wenig Strom zu verbrauchen.

Um erkennen zu können, ob ein Fahrer auch in bezug auf Sparsamkeit im Stromverbrauch geschult ist, hat man Apparate zur Kontrolle gebaut. Es sind dies Elektrizitätszähler, die den Stromverbrauch feststellen, oder Stromzeitmesser. Durch Drehung der Arbeitskurbel wird ein Hebelsystem in Bewegung gesetzt, das in das Werk des Stromzeitmessers hineinragt. Erst wenn die Arbeitskurbel wieder in die Nullstellung zurückkehrt, legt sich auch die Hemmung wieder an und bringt die Uhr zum Stillstand.

[324] Sandstreuer.

Die Straßenbahnen gehören zu den Adhäsionsbahnen, d. h. ihre Fortbewegung geschieht lediglich durch das Anhaften angetriebener Räder auf den Schienen. Sind nun die Schienen durch Schmutz

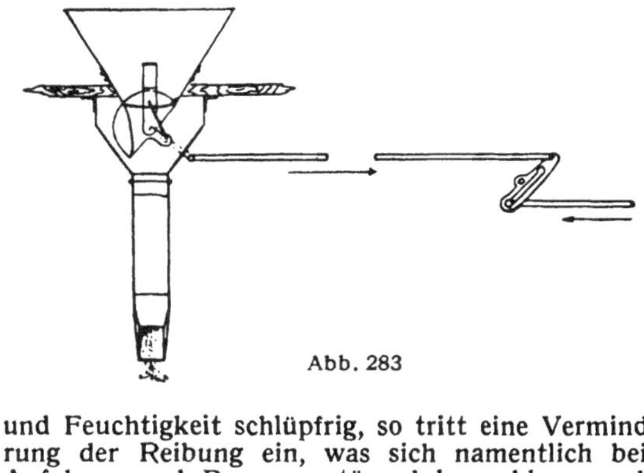
Abb. 283

und Feuchtigkeit schlüpfrig, so tritt eine Verminderung der Reibung ein, was sich namentlich beim Anfahren und Bremsen störend bemerkbar macht. Um diesem Übelstande abzuhelfen, wird Sand gestreut (Abb. 283).

[325] Anhängewagen.

Die Verbindung geschieht durch eine leicht einzusetzende Kuppelungsstange, die durch Bolzen an

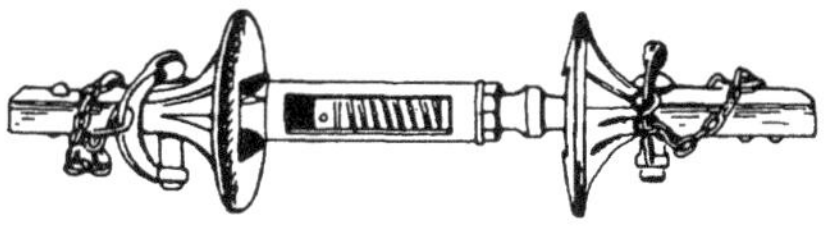
Abb. 284

den federnden Zugvorrichtungen beider Wagen befestigt wird (Abb. 284). Das Untergestell fehlt bei den Anhängewagen ganz oder ist leichter gebaut.

[326] Betriebsstörungen.

Die mannigfachen Störungen, die anfangs den elektrischen Betrieb sehr geschädigt haben, sind bedeutend zurückgegangen, aber auch in Zukunft werden Störungen dieser Art durch elementare Gewalten, Unvorsichtigkeit und Zufälle veranlaßt.

a) Störungen in der Oberleitung.

Sind Menschen oder Tiere direkt in Gefahr, so ist sofort abzuschalten, sonst der Vorfall an die Zentrale telephonisch zu melden.

Die in den Haltern sitzenden Isolierbolzen (Kappen und Kerne) lösen sich bisweilen selbständig. Der Fahrdraht hängt daher mehr durch als normal, und der Stromabnehmer entgleist. Von sehr störendem Einfluß kann der Bruch des Fahrdrahtes sein, wenn er auf die Schienen fällt. Dadurch wird ein Kurzschluß hervorgerufen, der das Aussetzen des betreffenden automatischen Ausschalters im Kraftwerk bewirkt. Das Wiedereinschalten und damit die Stromabgabe an den Speisebezirk ist nicht eher möglich, bevor der Draht von den Schienen entfernt und von diesen isoliert ist. Das Entfernen geschieht am besten mit einer Schlinge, mit der das Drahtstück weggezogen wird und an einen Mast oder Gaskandelaber angebunden wird. Kontaktdrahtbrüche kommen häufig an solchen Stellen vor, an denen der Draht von zwei direkt nebeneinander sitzenden Oberleitungsteilen gehalten wird und wo daher ein kurzes Stück herabhängt.

Blitzschläge kommen in der Oberleitung häufig vor, sind jedoch schadlos, wenn die Blitzableiter gut funktionieren. Erst wenn die Funkenlöschung versagen sollte, tritt ein momentaner Kurzschluß ein, der das Aussetzen des Automaten im Kraftwerk verursacht.

b) Im Kabelnetz.

Die harmloseste, zugleich aber auch am häufigsten auftretende Störung in der Stromzuführung ist das Aussetzen der Automaten im Kraftwerk, welches durch **Stromspitzen** hervorgerufen wird. Unter Stromspitzen versteht man ein plötzliches Anschwellen der Stromstärke, das beispilsweise durch zufälliges gleichzeitiges Anfahren einer größeren Anzahl von Wagen im gleichen Speisebezirk vorkommen kann. Diese Störung ist nach wenigen Sekunden durch das Wiedereinschalten der Automaten behoben. Ist die Oberleitung aus irgendeinem Grunde stromlos geworden, so ist unter allen Umständen sofort dafür zu sorgen, daß der Fernschalter die Nullstellung einnimmt. Um erkennen zu können, ob die Stromstörung vorüber ist, ist es üblich, eine Lampenserie einzuschalten. Wenn durch das Aufleuchten der Glühlampen die Beendigung der Störung angezeigt wird, so soll nicht sofort angefahren werden, sondern erst nach Verlauf einiger Minuten. Diese Vorsicht ist erforderlich, wenn nicht durch das gleichzeitige Anfahren aller von der Störung betroffenen Wagen der Automat im Kraftwerk einem hohen Stromverbrauch ausgesetzt werden soll. Liegt die Ursache der Störung im Kabelnetz, so ist eine Beseitigung derselben nur durch eingeweihte Personen möglich. Das Aufsuchen eines Fehlers im Kabel ist sehr zeitraubend, darum Mitteilungen der Fahrbediensteten über wahrgenommene Vorfälle und besondere Erscheinungen sehr zweckdienlich.

c) Im Gleis.

Schäden an den Schienen sind dort, wo die Gleise v ständig im Straßenkörper eingebettet sind, durchaus nich gefährlich wie bei Bahnen mit eigenem Bahnkörper, bei denen die Schienen auf Querschwellen gelagert sind. Ist beispielsweise in einer Kurve ein Stück der Zwangsschiene abgebrochen, so kann der Wagen bei langsamer Fahrt noch immer passieren, denn die Räder finden an dem Kopf der gegenüberliegenden Schiene noch immer einen genügenden Halt. Ist in einem andern Falle ein Teil des Schienenkopfes ausgebrochen, so daß derselbe nur noch lose aufliegt, so kann es ganz fortgenommen und das Loch mit Sand ausgefüllt werden, um den Verkehr aufrechtzuhalten, bis die Auswechslung der Schiene erfolgt ist. Sogar der vollständige Bruch einer Schiene ist ziemlich gefahrlos, da sie durch die Einbettung fest eingespannt ist.

Anders liegt die Sache, wenn bei einer auf Schwellen verlegten Schiene ein Bruch eintritt, der in dem freiliegenden, zwischen zwei Schwellen befindlichen Stück der Schiene liegt. Eine solche Stelle darf unter keinen Umständen befahren werden. Wenn die Benutzung eines zweiten Gleisstranges ausgeschlossen ist, so kann der Betrieb in beiden Richtungen nur bis an die Störungsstelle geleitet und der Verkehr nur durch Umsteigen aufrechterhalten werden. Dasselbe gilt auch bei starken Regengüssen, Wasserrohrbrüchen, wodurch eine Unterwaschung des Gleises stattgefunden hat.

Störungen an den Weichen sind beim eingebetteten Rillengleis häufiger als beim freiliegenden Vignolgleis. Schon das Eindringen von Sand, Steinen kann die Beweglichkeit der Weichenzunge sehr beeinträchtigen. Abhilfe ist nur durch sorgfältige Reinigung zu schaffen, denn die Weichenzunge darf keinesfalls verbogen werden. Eine andere Ursache der Unbeweglichkeit der Zunge ist, wenn sich ihr Drehpunkt, die Zungenwand in der Unterlage, festgefressen hat oder wenn durch Ausdehnung des Materials bei großer Hitze der von der Zunge und den angrenzenden Schienenstücken gebildete Zwischenraum verschwindet, wodurch eine Pressung des Drehpunktes stattfindet. Eingefrorene Weichen lassen sich nur durch Salz gangbar machen. Jeder Führer soll auch dafür sorgen, daß harte Gegenstände in den Rillen schleunigst entfernt werden.

Ist ein Motorwagen entgleist, so wird er sich bei eingebettetem Gleise durch vorsichtiges Rückwärtsfahren wieder eingleisen lassen, sobald noch ein Rad mit der Schiene und die Kontaktvorrichtung mit dem Fahrdraht Berührung hat. Sind die Räder aus dem Gleis geraten, so ist der Wagen durch einen andern Motorwagen ins Gleis zu bringen.

Bei Vignolgleis sind Entgleisungen meistens ernster und lassen sich nur unter Anwendung von Winden wieder beheben.

d) Am Motorwagen.

Häufige Vorkommnisse sind das Aussetzen der Wagenautomaten und das Durchschmelzen der Sicherungen, welche größtenteils auf Überlastung der Motoren zurückzuführen sind; doch kann auch eingetretener Kurzschluß die Ursache sein. Bei offenen Schmelzstreifen, die nicht in Porzellanstöpsel eingeschlossen sind, zeigt sich Kurzschluß dadurch, daß der Bleistreifen vollständig bis an die Kupferschuhe weggebrannt ist. Bei Überlastung ist der Schmelzstreifen nur in der Mitte durchgebrannt, während die an den Kupferschuhen liegenden Schmelzstreifenreste Metalltropfen zeigen. Hat man an dem Abbrennen der Sicherung erkannt, daß ein Kurzschluß vorliegt, so ist es dennoch ratsam, einen zweiten Schmelzstreifen einzusetzen. Es kommt nämlich vor, daß in gewissen Fällen die eigentliche Ursache des Kurzschlusses durch die auftretende Wärmeentwicklung beseitigt wird, z. B. bei Ansammlung von Kohlenstaub.

Bei den Hauptschaltern kommt es bisweilen vor, daß sie während der Fahrt anscheinend ohne irgendwelche Einflüsse durchbrennen. Die Ursache ist, daß der Schalter nicht ordentlich geschlossen war, d. h. die Kontaktflächen lagen nicht voll aufeinander, sondern berührten sich nur. Da hierdurch den Strömen ein besonderer Widerstand entgegengesetzt wird, fließt der größere Teil desselben durch die Spule des Feuerlöschmagneten, erwärmt diese derart, daß sie durchbrennt, wobei die Kontaktfläche in Mitleidenschaft gezogen wird.

Das Entgleisen der Kontaktrolle ist dann, wenn es sich bei einem und demselben Wagen mehrfach wiederholt, darauf zurückzuführen, daß die Rolle infolge Verdrehung der Kontaktstange eine schiefe Lage hat und dadurch namentlich bei den Weichen aufläuft und entgleist. Findet ein Entgleisen nur an einer bestimmten Stelle der Oberleitung statt, so ist der Fehler dort zu suchen.

Durchbrennen von Widerständen macht sich durch ruckweises Anziehen der Motoren unter gleichzeitigem Aussetzen der Automaten bemerkbar. Die Ursache ist auf fortgesetztes Fahren auf Widerstandsstellungen zurückzuführen.

Schäden an den Motoren, wie Durchbrennen von Ankern und Feldspulen, werden zum Teil durch Überlastung, zum Teil durch andere Umstände veranlaßt. Anzeichen hierfür ist mehrfaches Durchbrennen der Sicherung und Nichthalten des Wagenautomaten.

Unter allen Umständen muß ein Wagen aus dem Betriebe ausscheiden, wenn bemerkt wird, daß beim Anlegen der Kontaktvorrichtung eine Stromstörung eintritt.

Der Stromabnehmer ist abzuziehen und der Wagen von einem anderen zu schleppen.

Ein gefahrvolles, aber sehr seltenes Vorkommnis ist es, wenn die Arbeitskurbel sich nicht auf die Nullstellung bringen läßt. Die Hauptwalze ist durch das Einklemmen eines gelösten Kontaktfingers an der Drehung verhindert. Ein sofortiges kräftiges Ansetzen der Bremse, wodurch der Wagenautomat oder die Sicherung in Tätigkeit tritt, dürfte das geeignete Mittel sein, um den Wagen zum Stillstand zu bringen. Beim Versagen der Beleuchtung ist, wenn keine Stromstörung vorliegt, zunächst die Sicherung nachzusehen und der Stöpsel auszuwechseln. Ist dies erfolglos, so ist anzunehmen, daß eine Glühlampe durchgebrannt und dadurch der Stromkreis unterbrochen ist. Um die unbrauchbare Lampe herauszufinden, ist mit einer Reservelampe die Lampe zu suchen.

Dasselbe gilt für die Anhängewagenbeleuchtung, doch kann hier der Fehler auch in den Lichtkupplungsschnüren liegen.

Bemerkt der Fahrer, daß die Bremse versagt, so hat er für eine zweite Bremsvorrichtung zu sorgen und den Wagen außer Betrieb zu setzen.

Bei anderen Vorkommnissen, wie Achsbrüche, Zahnräderdefekte und Lösen von Bandagen, die sich durch eigentümliche Geräusche während des Fahrens bemerkbar machen, ist der Wagen durch einen anderen Motorwagen zu schleppen.

Unter dem Wagen festgeklemmte Fremdkörper zu beseitigen, lege man dicht vor die Räder einen stabförmigen Körper, wie Weichensteller, Brechstange, und läßt den Wagen vorsichtig darauffahren.

Bei Verwendung von Wagenwinden darf man nicht übersehen, daß bei gewissen Drehgestellen die Wagenkasten nur lose angesetzt sind, daher mit dem Untergestell nicht zusammenhängen. Mit Wagen mit nicht auffindbaren Fehlern mache man keine Versuche, sondern schiebe den Wagen auf die toten Gleise.

[327] Lösungen der im vierten Briefe unter [266] gegebenen Übungsaufgaben.

Aufg. 90. Der effektive Spannungsunterschied zwischen den Klemmen beträgt 120 V. Folglich ist die Spannung der Lampen

$$e_0' = \frac{e'}{\sqrt{3}} = \frac{120}{\sqrt{3}} = \mathbf{69{,}3\ V.}$$

Aufg. 91. Der verbrauchte Effekt ist

$$L = 3 \cdot 69{,}3 \cdot 10 = \mathbf{2079\ Watt}$$

oder

$$L = \sqrt{3} \cdot 120 \cdot 10 = \mathbf{2079\ Watt.}$$

Aufg. 92. Die Spannung der Lampen muß gleich sein der Spannung an den Klemmen, also gleich 120 V. Die Stromstärke in einem Zweige ist

$$i' = \frac{J'}{\sqrt{3}} = \frac{10}{\sqrt{3}} = \mathbf{5{,}77\ A.}$$

Der verbrauchte Effekt ist

$$L = 3 \cdot 120 \cdot 5{,}77 = \mathbf{2079\ Watt}$$

oder

$$L = \sqrt{3} \cdot 12 \cdot 10 = \mathbf{2079\ Watt.}$$

ALLERLEI WISSENSWERTES

über Technik und Naturwissenschaft.

[328] Das Taylor-System.

Die Wirksamkeit **Frederick Winslow Taylors** bedeutet einen Markstein in der industriellen Entwicklung der Vereinigten Staaten. Taylor ist der erste Mann der Praxis gewesen, der dort die Aufgaben der Fabrikorganisation in wissenschaftlicher Weise in Angriff genommen hat. Das Abnehmen der Rohstoffe zwingt Amerika mehr und mehr dazu, mit den Gaben der Natur sparsamer umzugehen, ebenso heischt der steigende Wettbewerb in allen Unternehmungen gebieterisch eine Verringerung der Selbstkosten. Wohl leisten die amerikanischen Arbeiterverbände energischen Widerstand gegen die Einführung von Taylors System. Aber wer diesen Kampf als Unbeteiligter beobachtet, kann sich des Eindruckes nicht erwehren, daß die Führer jener Verbände ihre Abwehrstellung nicht deshalb einnehmen, weil das neue Betriebssystem dem Arbeiter mehr Nachteile als Vorteile bringt, sondern deshalb, weil es dem Arbeiter höheren Verdienst bei nicht stärkerer persönlicher Inanspruchnahme zukommen läßt.

Die jetzige Gestalt, in der uns das Taylorsystem entgegentritt, wird im Laufe der Entwicklung manche eingreifende Änderungen erfahren, davon bleibt aber die Tatsache unberührt, daß es eine der aufsehenerregendsten Erscheinungen im heutigen industriellen Leben von Amerika ist, seiner unmittelbaren Erfolge und seiner weittragenden Bedeutung wegen, Umstände, die auch in Deutschland beachtet und gewürdigt werden sollten.

I. Die vier Taylorschen Grundsätze.

Alle Systeme zur Verbesserung der inneren Organisation, d. h. der Verwaltung gewerblicher Unternehmungen, lassen sich von dem energetischen Imperativ leiten. Das kurze und bündige Wort Wilhelm Ostwalds: „Vergeude keine Energie" ist ihr gemeinsamer Wahlspruch. Sie haben alle das Bestreben, durch eine möglichst zweckmäßige Arbeitsteilung und Arbeitsvereinigung alle verfügbare Energie zu verwerten.

Auch das von Taylor eingeführte System ist nicht nur ein Abrechnungsverfahren oder ein Lohnsystem, sondern es stellt sich die umfassende Aufgabe: In welcher Weise richte ich meinen Betrieb am wirtschaftlichsten ein, und was habe ich zu tun, damit alle vom obersten Leiter herab bis zum letzten Arbeiter mir willig und erfolgreich helfen, diesen Zweck zu erreichen?

Die Grundsätze, nach denen eine in diesem Sinne gut organisierte Fabrik zu leiten ist, sind folgende:

1. Die Leitung (Zentralstelle) hat die **Verantwortlichkeit** für die richtige Durchführung aller Betriebsaufgaben zu übernehmen, die zu beurteilen sie besser geeignet ist als die ausführenden Organe selbst. Daraus erwächst dann für sie die Notwendigkeit,

2. der umfassenden Analyse, d. h. genauen Ergründung und Einschätzung aller die Produktion beeinflussenden Momente, insbesondere der vermeidbaren Energievergeudungen; sie hat also die ganze Arbeit wissenschaftlich zu zerlegen und den richtigen Organen zuzuweisen; sie muß zu diesem Zwecke die Elemente aller Arbeiten bis in die letzte Einzelheit gründlich untersuchen, die beste Methode ihrer Ausführung ersinnen und schließlich diese Ausführung durchsetzen.

3. Sie muß auf allen Gebieten die erreichbare **Höchstleistung** festsetzen und Zustände schaffen, durch die jedermann zur Erreichung dieser Höchstleistungen beitragen kann, und sie hat für jede Arbeit die dafür geeignetsten Leute sorgsam auszuwählen und zu schulen.

4. Sie muß eine ernstliche **Arbeitsfreudigkeit** schaffen, so daß alle Angestellten in vollem Einklang miteinander die ihnen aufgetragenen Obliegenheiten erledigen, und sie hat einen solchen **Ansporn** zu gewähren, daß der Arbeitnehmer erkennt, wie er durch sachgemäße Betätigung der von ihm übernommenen Arbeitsaufgabe bewußtermaßen auf eine höhere wirtschaftliche Stufe gehoben wird.

II. Die Verantwortlichkeit der Leistung.

In die Praxis umgesetzt, erfordert die in diesen vier Grundsätzen eingekleidete Theorie in erster Linie einen umsichtigen Leiter, dem ein genügender Stab von Beamten beigegeben ist, so daß er mit ihrer Hilfe seinen neuen und vermehrten Aufgaben gerecht werden kann.

In dem landläufigen Verfahren, einen Betrieb zu leiten, befassen sich die leitenden Beamten in der Regel nur mit der Übermittlung von Befehlen und mit der Aufrechterhaltung der Disziplin, bieten aber sonst den Angestellten keine oder wenig Hilfe. Im Taylorschen System hat der verantwortliche Leiter die Durchführung der Organisation zu überwachen und nur in Ausnahmefällen in den Geschäftsgang einzugreifen. Eine solche Organisation ist einem selbsttätigen Apparat zu vergleichen, der die Aufträge übernimmt und schließlich die fertigen Erzeugnisse liefert. Es braucht ihm nur einiges Schmieröl zugeführt zu werden, um dann wirtschaftlicher zu arbeiten wie der geschickteste Maschinenschlosser. So wird auch der am Ertrag gemessene Wirkungsgrad eines Unternehmens weit mehr durch eine wirksame Organisation als durch die Arbeitskraft des Leiters oder durch die persönlichen Anstrengungen einzelner Angestellten bestimmt. Nur darf dies nicht so verstanden werden, als ob es auf die Persönlichkeit des Leiters nicht ankommen würde. Im Gegenteil: Zuerst muß ein tüchtiger Mann an der Spitze stehen, der nicht nur die besondere Organisation des ihm anvertrauten Unternehmens geschaffen hat oder sie wenigstens wie sein eigenes Werk beherrscht, sondern auch imstande ist, sein Zielbewußtsein und seine Arbeitsfreude auf die ihm Unterstellten zu übertragen. Die Heranziehung brauchbarer Untergebener als Träger der verschiedenen Funktionen des Organismus ergibt sich dann fast von selbst.

Er darf dabei nicht mit einem Male durch ein Machtwort seinen ganzen Betrieb umgestalten wollen, sondern er muß jeden einzelnen seiner Leute nicht zwingen, nicht überreden, sondern überzeugen können, daß die Verteilung der Arbeiten und die vorgeschriebene Art der Durchführung für den Endzweck der Organisation, d. h. für den wirtschaftlichen Erfolg der Unternehmung am vorteilhaftesten sind. Aus einer auf diese Weise entstandenen Organisation ergibt sich der gleichfalls erstrebenswerte Zustand, daß der oberste Leiter die Hand frei hat für wichtigere und größere Aufgaben, für Entscheidungen in wichtigen Personalfragen, kurz für Dinge, die seinen Blick vom Kleinen und Kleinlichen ablenken und seiner geistigen Überlegenheit den ihr gebührenden Wirkungskreis eröffnen.

Die Verschiebung der Verantwortlichkeit von den Ausführenden an eine Zentralstelle und die gleichzeitige Entlastung des obersten Leiters von den laufenden Geschäften macht es notwendig, den Stab der Kopfarbeiter im Verhältnis zum Handarbeiter ganz bedeutend über das Maß hinaus zu vermehren, das wir in den nicht nach Taylorschem System eingerichteten Betrieben häufig als etwas Feststehendes vorfinden.

Die Bezeichnung **„produktiver“** und **unproduktiver** Arbeiter sollte man überhaupt unterlassen. Entweder sind die unproduktiven Arbeiter nötig oder unnötig. Produktiv sind alle Arbeiter, die zur Erhöhung der Produktion, d. h. der Ausbeute eines Unternehmens beitragen. Man strebe Ersparnisse an unbekümmert darum, ob die Mittel, die zu diesem Ziele führen, eine Vermehrung derjenigen mit sich bringen, die man bisher ungerechterweise als unproduktiv bezeichnet hat.

III. Die Erhöhung der Arbeitsleistung.

a) Materialersparnis.

In den Vereinigten Staaten fällt den deutschen Besuchern die große Anzahl Fabriken auf, in denen Material aller Art umherliegt, ohne daß eine Kontrolle stattfindet, wie und wozu es aufgebraucht wird. Für Taylor ist es selbstverständlich, daß man Material ebensowenig wie bares Geld offen liegen läßt, und daß es unter keinen Umständen ohne Verrechnung vom Lagerraum ausgehen darf.

In Deutschland hat man schon unter dem Drucke der hohen Rohstoffpreise der Frage der Material- oder Lagerverwaltung volle Aufmerksamkeit geschenkt. Leider ist aber in vielen Fällen die zweckmäßige Einrichtung der Materialverwaltung als Selbstzweck betrachtet worden. Die Folge davon ist, daß diese Betriebsabteilung, für sich betrachtet, durchaus wirtschaftlich arbeitet, aber durch bureaukratische Geschäftsabwicklung ihre eigenen Ersparnisse wertlos macht.

Demgegenüber bringt Taylor den mittelbaren Zweck der Materialverwaltung mehr zur Geltung, indem er sie dem Bestreben dienstbar macht, **die Arbeitsleistung des Gesamtbetriebes zu erhöhen.** Der normale Fabrikationsbetrieb darf niemals eine Unterbrechung oder eine Verzögerung infolge von Materialmangel erleiden. Hierzu bedient sich Taylor verschiedener Einrichtungen, die auf den ersten Blick nebensächlich erscheinen, aber in ihrem Zusammenwirken alle Zwecke der Materialverwaltung in mustergültiger Weise erfüllen.

Zu den Mitteln gehört vor allem ein festgelegtes Kennzeichensystem für alle häufigeren Materialien, z. B. *L V F F B* = Bureau. Die Bezeichnung *L* haben alle Lagermaterialien, die in 25 Gruppen zerfallen. *L V* ist die Gruppe für verschiedene Zwecke und zerfällt wieder in 25 Abteilungen. *L VF* sind Flüssigkeiten; *LVFF* sind feuergefährliche Flüssigkeiten im *B* Bureau. Die Buchstabenbezeichnung ist besser als die in Deutschland übliche Numerierung, weil sie das Gedächtnis auch des Nichtmaterialbeamten unterstützt. Für den Erfolg der Lagerverwaltung ist von nicht zu unterschätzender Bedeutung eine systematische und leicht zugängliche Aufbewahrung. An der Aufbewahrungsstelle tragen alle Materialien Anhängezettel. Die voraussichtliche Verbrauchsstelle ist maßgebend für den Aufbewahrungsort der Lagervorräte.

Das Rückgrat der Lagerverwaltung bilden sorgfältige Eintragungen in Lagernachweisbücher. Auf diesen werden auch jene Materialien vorgemerkt, die von den Werkstätten in absehbarer Zeit einberufen werden.

b) Arbeitsteilung.

Kenner deutscher und amerikanischer Verhältnisse werden ohne weiteres zugeben, daß hinsichtlich der sparsamen Verwendung von Material die deutsche Industrie der amerikanischen gegenüber weit vorgeschritten ist, daß dagegen hinsichtlich der sparsamen Verwendung der menschlichen Arbeitskraft Deutschland noch viel von Amerika zu lernen hat. Die Tatsache, daß sich durch Arbeitsteilung die Geschicklichkeit jedes Angestellten auf seinem Tätigkeitsgebiete besser ausbilden läßt, und daß dadurch die Summe der Arbeitsergebnisse eines Betriebes größer wird, und zwar ohne daß im ganzen mehr Energie aufgewendet würde, ist in Amerika schärfer erkannt worden als bei uns. Besonders kennzeichnend für die Taylorsche Organisationsweise ist die Behandlung der Meisterfrage: die Aufteilung der Tätigkeiten, die sonst **ein** Meister auszuüben hat, auf mehrere Angestellte. Wer in großen Betrieben tätig gewesen ist, weiß, daß viel Unzufriedenheit unter den Arbeitern und infolge davon ein guter Teil der schlechten Arbeitsergebnisse auf Unfähigkeit von Meistern zurückzuführen ist. Was soll aber auch der Meister in einer Maschinenfabrik alles können. Es ist zu viel und muß entschieden entlastet werden. Diese vielgearteten Tätigkeiten müssen an verschiedene Meister verteilt werden.

Der zweite Taylorsche Grundsatz, der die systematische Analyse aller Betriebsaufgaben erheischt, bringt diese Neuregelung der Obliegenheiten der Meister mit sich. Auch hinsichtlich der Tätigkeit der Arbeiter schafft dieser Grundsatz eine Arbeitsteilung in bisher nicht gekanntem Maße und damit eine Neuordnung der Aufgaben, die den Arbeitern zugewiesen sind. Die Werksleitung hat z. B. den erlernten Handwerker von all den Dingen zu befreien, die ihm so vielfach aufgeladen werden, ohne eigentlich in sein Arbeitsgebiet zu gehören, Einzelheiten, für deren Ausführung bald ein Taglöhner, bald ein Meister oder ein Ingenieur der geeignete Mann ist. Natürlich stoßen solche Änderungen anfangs auf einen heftigen, meist passiven Widerstand der Betroffenen. Denn diese sehen nichts anderes darin, als eine Beschränkung ihres Wirkungskreises. Erst wenn alle in einem industriellen Unternehmen Beschäftigten gelernt haben, sich unter Zurückstellung ihrer Sonderwünsche dem großen Zwecke eines herrlichen Zusammenarbeitens unterzuordnen und einzufügen, dann ist der erste Schritt getan, um gleichmäßige Arbeitsbedingungen zu schaffen. Natürlich muß der richtige Mann immer auf dem richtigen Platze stehen, also stets mit denjenigen Arbeiten beschäftigt sein, für die er am besten geeignet ist. In deutschen Unternehmungen pflegt man im allgemeinen einen Angestellten zu nehmen, wie er ist. In Amerika studiert man die Angestellten und bleibt sich der alten Wahrheit bewußt, daß es für jede Art von Begabung in einem großen Unternehmen einen Platz gibt.

IV. Festsetzung der Höchstleistung. Leistungsstudien.

Arbeitsleistung ist die unerläßliche Voraussetzung für die Möglichkeit, die Arbeitsleistung des einzelnen Angestellten auf die höchste Stufe zu heben. Aber von dem Vorhandensein dieser Möglichkeit bis zur Erreichung des Zustandes, in dem jeder Angestellte wirklich das Beste leistet, ist noch ein weiter Weg. Da muß jede auszuführende Teilarbeit bis in die letzte Einzelheit untersucht, die zweckmäßigste Art ihrer Ausführung durchgesetzt und die kürzeste Zeit bestimmt werden, in der sie erledigt werden kann.

Mit dieser Forderung hat Taylor die **Leistungsstudien** ins Leben gerufen. Mir scheint, daß die Betonung des Gebrauchs der Stoppuhr zu vielen irrigen Deutungen geführt hat, während in Wirklichkeit die Stoppuhrablesungen und ihre Eintragungen auf die von Taylor empfohlenen Beobachtungsvordrucke nur der letzte und leichteste Schritt bei der Durchführung von Leistungsstudien sind. Der Schwerpunkt der Leistungsstudien liegt in der Vorbereitung, die sie erfordern. Und diese Vorbereitung besteht in den Studien der Veränderlichen, die für jede Art von Arbeit berücksichtigt werden müssen. **Gilbreth,** einer der bedeutendsten Fachmänner auf diesem Gebiete, teilt diese Veränderlichen in drei Gruppen ein:

1. solche, die in der Person des Arbeitenden liegen (die körperlichen und geistigen Eigenschaften des Mannes, seine Erfahrung, seine Ernährungsweise und sonstigen Lebensgewohnheiten, sein Temperament);
2. solche, die sich auf die Umgebung beziehen (Kleidung, Farben, Heizung, Beleuchtung, Lüftung, seine Werkzeuge);
3. solche, die in der Art der besonderen Arbeit begründet sind (die Geschwindigkeit, Beschleunigung und die Genauigkeit, die Richtung, in der die Bewegungen auszuführen sind, ihre Länge, die Körperlage, die Häufigkeit gleicher Bewegungen).

Es handelt sich also darum, diese in jedem Falle verschiedenen Veränderlichen zu studieren; aus diesem Studium ergibt sich dann gewöhnlich die Ausschaltung dieser oder jener gefährlichen oder belästigenden Nebenumstände, häufig eine ganz andere Anordnung der Elemente, in die die Arbeit zerlegt werden muß. Alle Arbeiten, die Leistungsstudien überhaupt zugänglich sind, setzen sich aus Bewegungen, also Arbeitselemente, die für sich untersucht werden müssen auf ihre richtige Aufeinanderfolge, auf ihre Zweckmäßigkeit, auf die Zeit, die sie in Anspruch nehmen.

Die Kontrolle darüber, ob der Arbeiter die zweckentsprechenden Hilfsmittel benutzt, ob er wirklich das unter den gegebenen Umständen beste Arbeitsverfahren befolgt, und ob er bei der Befolgung dieses Verfahrens die Vorteile, die ihm seine Umgebung bietet, ausnutzt, das sind die Gesichtspunkte, die den Gegenstand einer richtig angelegten Leistungsstudie bilden. Dann erst, wenn über diese Punkte Klarheit gewonnen ist, kann zu der weiteren Frage, die das Ziel der Leistungsstudie ist, fortgeschritten werden: **In welcher kürzesten Zeit kann der Arbeiter ohne Nachteil für sich selbst die ihm übertragene Arbeit ausführen.**

Die Ermittlung dieser kürzesten Zeit ist aber nicht das einzige Ziel der Leistungsstudie. Der Erfolg der Leistungsstudien ist zwar fast immer eine Herabsetzung der Arbeitszeiten und insoferne also Steigerung der Arbeitsleistung. In den wenigsten Fällen ergibt die Leistungsstudie, daß die Arbeit in der Weise, in der sie vom Arbeiter bisher ausgeführt worden ist, rascher ausgeführt werden konnte, vielmehr ergibt die Leistungsstudie, daß die Arbeit entweder von anderen Leuten oder aber in anderer Weise als bisher ausgeführt werden muß, um in kürzerer Zeit erledigt zu werden. (Darin unterscheidet sich die Leistungsstudie von der in der Industrie schon längst bekannten Zeitbeobachtung, die lediglich feststellt, in welcher Zeit eine gegebene Arbeit ausgeführt wird.) Neben der Kürzung der Arbeitszeit ergibt sich also aus der Leistungsstudie eine **Änderung des Arbeitsverfahrens.**

Es ist die Wissenschaft von der Art, die Taylor ins Leben gerufen hat, eine Wissenschaft, die noch in ihren Anfängen steckt, die aber dazu angetan ist, die Handwerke auf eine neue Grundlage zu stellen; man denke nur an die vollständige Umwälzung des Maurerhandwerks durch die Leistungsstudien von Gilbreth. Das Gebiet der Leistungsstudien ist nahezu unbegrenzt; in der Industrie beschränken sie sich nicht etwa auf die Arbeiten der Werkstätte. Sie wurden auch mit bestem Erfolge für die Bureauarbeiten angewendet.

Daß die Leistungsstudien als ein wesentlicher Bestandteil moderner Betriebswissenschaft als besonderes Lehrgebiet in den Unterrichtsplan einer Reihe höherer technischer Schulen aufgenommen worden ist, zeigt, daß es in den Vereinigten Staaten nicht an Bestrebungen fehlt, die hochwichtige Neuerung zur Grundlage der industriellen Arbeit zu machen. Jedenfalls ist durch die Erfolge, die in den nach Taylor eingerichteten Werken durch Einführung der Leistungsstudien erreicht worden sind, die viel verbreitete Meinung widerlegt worden, die man in bezug auf Werkstättenarbeiten oft hört: Das wissen die Arbeiter besser als die Ingenieure. Wohl aber gibt es viele Arbeiter, die sich ursprünglich gegen die Leistungsstudien nach Kräften gewehrt haben und die jetzt gerne zugeben, daß sie nie gedacht hätten, daß es in ihrem Handwerk noch soviel zu lernen gäbe. Daß die auf Grund von Leistungsstudien ermöglichte Festsetzung der für eine bestimmte Arbeit richtigen Arbeitszeit zu ernsten Mißhelligkeiten Anlaß geben kann, liegt auf der Hand, zumal die neue Arbeitszeit eine beträchtliche Kürzung der bisherigen bedeutet. Es ist immer schwierig, die Menschen zu einer wirtschaftlichen Ausnutzung ihrer Kräfte zu veranlassen. In keinem uns bekannten Werke hat zwar diese Steigerung der Arbeitsleistung eine Vermehrung des Kraftaufwandes des einzelnen Arbeiters bedeutet, sondern immer nur Ausschaltung von Zeitvergeudung, Erleichterung des Arbeitens durch andere Arbeitsanordnung oder Änderung des Arbeitsverfahrens.

Gegen die Ausschaltung von Zeitvergeudungen werden auch vom Standpunkte des Arbeiterinteresses Bedenken nicht erhoben. Der Unternehmer ist berechtigt, zu verlangen, daß ein Angestellter in der verabredeten täglichen Arbeitszeit (seien es 8 oder 9 oder 10 Stunden) wirklich arbeitet und nicht einen mehr oder minder großen Teil davon vergeudet. Hiervon die Angestellten zu überzeugen, bietet auch meist keine Schwierigkeiten. Schwierig ist es aber mitunter, auf Grund von Leistungsstudien die Angestellten zur Anwendung eines von ihnen gewohnten abweichenden Arbeitsverfahrens, einer anderen Arbeitsanordnung, anderer Werkzeuge zu veranlassen. Die Industrie wird es aber immer hinnehmen müssen, daß beabsichtigte Änderungen der Arbeitsverfahren größerem Mißtrauen bei den Arbeitern begegnen. Auf wieviel mehr Schwierigkeiten muß eine so umwälzende Neuordnung stoßen, wie die von Taylor durchgeführte, von der die Arbeiter wissen, daß ihr Ziel eine Steigerung der Arbeitsleistung ist. Da die Arbeiter gewohnt sind, **jedes Mehr an Leistung** für gleichbedeutend **mit einem Mehr an Anstrengung** zu halten, sträuben sie sich gegen die Leistungsstudien in allererster Linie; denn sie fürchten, daß Leistungsstudien mehr als irgendeine andere der von Taylor getroffenen Neuerungen zu einer Auspressung ihrer Arbeitskraft und zu einem vorzeitigen Verbrauch ihrer Kräfte führen könnten. Sie bedenken dabei nicht, daß jeder einsichtige Unternehmer sehr wohl weiß, daß die Leistungsfähigkeit jedes Menschen, wenn sie überspannt wird, bald ganz nachläßt, und **daß es im Interesse jedes Betriebes liegt, sich seine Arbeitskräfte solange wie möglich zu erhalten.** Die nach dem Taylorsystem eingerichteten Werke haben es sehr gut verstanden, sich auch diesen Gesichtspunkt zunutze zu machen, indem sie sich einen zuverlässigen, regsamen Arbeiterstamm herangezogen haben, und die Leistungsstudien haben ihnen auch in diesem Bestreben ganz hervorragenden Beistand geboten. Ist doch kaum ein anderes Mittel in gleicher Weise wie die Leistungsstudie geeignet, das Interesse der Angestellten an ihren Arbeiten zu heben und allein dadurch ihre Arbeitsfähigkeit zu stärken.

V. Entlohnung.

Die in den vorigen Kapiteln genannten Mittel zur Steigerung der Ausbeute eines Unternehmens genügen nicht zur Erreichung dieses Zieles, wenn sie nicht mit der Arbeitsfreudigkeit aller Angestellten verbunden ist, die der vierte Taylorsche Grundsatz verlangt.

Die erfolgreiche Mitarbeit jedes einzelnen Angestellten wird in erster Linie gesichert durch Einwirkung auf seine Einsicht, also durch Belehrung und, was nicht nachdrücklich genug betont werden kann, durch eine wohlwollende Hilfe, die ihm zeigt, wie er am besten seine Arbeit verrichtet. Wenn man ihm eine neue Arbeit gibt, überläßt man ihn in einem nach Taylorschen Grundsätzen eingerichteten Betriebe nie seinen eigenen Hilfsmitteln, sondern man nimmt Interesse daran, wie er die Arbeit ausführt, und man unterrichtet ihn über die besten Verfahren, die dafür ersonnen worden sind, man befreit ihn von all den Tätigkeiten, zu deren Erledigung er nicht geeignet ist. Diese Maßnahmen zusammen mit der genauen Festlegung der erreichbaren Höchstleistung in Gestalt einer nach Umfang und Zeit scharf umgrenzten Arbeitsaufgabe bilden an sich schon für den ehrgeizigen Arbeiter einen unwiderstehlichen Anreiz, jede solche Arbeitsaufgabe auch wirklich zu erfüllen; dem Bequemlichkeitsdrang des minder Ehrgeizigen aber schiebt das Bewußtsein, daß seine Vorgesetzten die Höchstleistung, die sie von ihm erwarten dürfen, genau kennen, einen wirksamen Riegel vor.

Die auf solchen Beweggründen beruhende Arbeitsleistung ist aber noch weit entfernt von der auf freudiger Zeitarbeit beruhenden, die sich nur dort entwickeln kann, wo jeder das Gefühl hat, daß seine Tätigkeit anerkannt wird, und daß er durch seine Arbeit auf eine höhere wirtschaftliche Stufe gehoben wird. **Diese Anerkennung muß durch hohe Löhne zum Ausdruck gebracht werden.**

Die Herabsetzung der einzelnen Arbeitszeiten und die sich daraus ergebende bedeutende Verminderung der Zahl der Arbeiter ermöglicht es unter dem Taylorsystem einem Unternehmen sehr wohl, das Einkommen des einzelnen Arbeiters um 20, um 30%, ja in einigen Fällen um mehr als 50% zu erhöhen; die Gesamtausbeute des Unternehmens wird immer größer sein als ohne Taylorsystem, obgleich die Neuorganisation außer der Einkommenserhöhung auch noch eine wesentliche Vermehrung des Verwaltungsapparates mit sich bringt.

Es ist aber zu bedenken, daß Lohnsysteme nicht nur nach ihren wirtschaftlichen, sondern in erster Linie nach ihren physischen Wirkungen beurteilt werden müssen.

Der **Taglohn** ist die ursprünglichste und insbesondere in Amerika am weitesten verbreitete Art der Vergütung von Arbeit. Dem Taglohnverfahren liegt die an sich richtige Auffassung zugrunde, daß die Zeit, die ein Arbeiter in den Dienst der Unternehmung stellt, einen Wert bedeutet, den ihm der Arbeitgeber zu ersetzen hat. Manche Arbeitnehmerverbände haben sogar das Bestreben, der Anschauung Geltung zu verschaffen, daß kein Unterschied bestehe zwischen dem Werte der Zeit, den Leute von gleicher Vorbildung und gleichem Alter zu verkaufen haben. **Sie wollen den Faktor der Eignung ausgeschaltet wissen.** Dem Arbeiter gegenüber hat die amerikanische Industrie im allgemeinen daran festhalten können, daß die Verschiedenheit der Leistungsfähigkeit der Arbeiter eine Abstufung der ihnen zu gewährenden Entlohnung bedinge. Aber auch bei einem durch Tarife nicht gebundenen Taglohnverfahren sind die Arbeitgeber unsicher, ob ihre Angestellten die Zeit, die ihnen bezahlt wird, auch gewinnbringend ausnutzen, wenn die Arbeiter nicht von strengem Pflichtbewußtsein erfüllt sind, oder wenn nicht hinter jedem Mann ein Aufseher steht.

Dieser schwerwiegende Nachteil des Taglohnes, die Abhängigkeit des Unternehmers von der Befähigung und der Arbeitswilligkeit des Arbeiters, hat das **Stücklohn-(Akkord-)verfahren** ins Leben gerufen. Es bringt zum Ausdruck, daß für den Arbeitgeber nicht die aufgewendete Zeit, sondern das **Ergebnis der Arbeit** des Angestellten einen **Wert** bedeutet, der dann durch Übereinkommen festgelegt wird. Die Nachteile dieses Verfahrens sind sowohl verwaltungsmäßiger als grundsätzlicher Natur. Es ist zunächst einmal schwierig, die Stücklöhne festzusetzen; es ist häufig notwendig, aber erst recht schwierig, einmal festgesetzte Stücklöhne zu ändern. Der grundsätzliche Fehler des Stücklohnsystems liegt darin, daß es alle Ungewißheiten, die der Fabrikationsgang mit sich bringen kann, dem Arbeiter auflädt. Es liegt eine Ungerechtigkeit darin, daß man den Arbeitnehmer für Schwierigkeiten, die ohne sein Zutun seine Tagesleistung herabsetzen können, büßen läßt. Um diese Härte zu vermeiden, hat man in Amerika vielfach, besonders in Eisenbahnwerkstätten, **Stücklöhne mit gewährleistetem Stundenverdienst eingeführt.**

Eine wirksamere Verbesserung der Lohnmethode stellen die Prämienverfahren dar, von denen die von Halsey und Roman die bewährtesten sind. **Die Prämienverfahren führen die Zeit als Grundlage der Entlohnung ein und gewähren Prämien für Zeitersparnis.**

Das Wesentliche des **Prämienverfahrens** von **Halsey** ist, daß jedem Arbeiter unter allen Umständen der festgelegte Taglohn bezahlt wird, daß aber jeder, der die für die einzelnen Arbeiten geschätzten Arbeitszeiten, die Grundzeiten, unterschreitet, eine Prämie bekommt, deren Annahme ihm freigestellt ist. Diese Prämie ist gleich seinem Stundenlohn für einen Teil der Zeit, die er an der Arbeit erspart hat, und zwar gewöhnlich 50 oder 30% der ersparten Zeit. Wegen seiner Einfachheit und wegen seiner Vermeidung der Streikgefahr ist das Halseysche Entlohnungsverfahren in einer großen Zahl von Betrieben in Amerika in Gebrauch. Gerade für Amerika hat dieses Verfahren große Bedeutung, da die Arbeiter nur ungern im Stücklohn arbeiten und die in ihr Belieben gestellte Annahme der Prämien sie allmählich dazu erziehen soll. Wenn aber dieses System einmal Eingang gefunden hat und in einer Werkstätte allgemein in Gebrauch ist, dann besteht die Gefahr der geschätzten Grundzeiten als ebensolcher Nachteil wie im Stücklohnsystem das „Drücken" der Akkordsätze.

Demgegenüber versucht das Verfahren von **James Roman** aus Glasgow, das man in England vielfach antrifft, die Anlässe zur Herabsetzung der Prämien zu vermindern. Der grundlegende Gedanke dieses Systems ist der, den Arbeiter unter keinen Umständen mehr als das Doppelte des ihm gewährleisteten stündlichen Einkommens verdienen zu lasssen, wie es die Prämie aus folgender Gleichung bestimmt:

$$\text{Prämie} = \frac{\text{ersparte Stundenzahl}}{\text{Grundzeit}} \times \text{wirklich gebrauchte Stundenzahl} \times \text{Stundensatz.}$$

Auf diese Weise erhält der Arbeiter die höchste Prämie, wenn er 50% der angesetzten Arbeitszeit erspart. Wenn er 90%*) erspart, so erhält er die gleiche Prämie, wie wenn er 10% erspart. Je größer freilich die Zeit ist, die er erspart, um so größer wird sein Einkommen sein, aber den doppelten Taglohn wird er nie verdienen können, so sehr er sich ihm durch Zeitersparnis nähern mag.

Die Entlohnungsverfahren von **Taylor, Gautt** und **Emerson** vertreten den bisher beschriebenen Verfahren gegenüber den Standpunkt, daß dem Verdienste des Arbeiters keine obere Grenze gesetzt werden solle, mit andern Worten, daß der Arbeiter vollen Anteil haben müsse an dem Gewinn, der durch seine Arbeit den Unternehmern erwächst, daß dies aber nur möglich ist, wenn man die Grundzeit nicht schätzt, sondern wissenschaftlich e r m i t t e l t. Von diesen drei neuesten Verfahren ist das **Emersonsche Leistungsgradverfahren** dem Halseyschen Prämiensystem am ähnlichsten. Es setzt eine Grundzeit an, in der eine Arbeit erledigt werden kann, und benennt die Leistung, die sie in dieser Zeit vollbringt, mit 100%, mit 66,7% die Leistung, die sie in der anderthalbfachen Zeit vollbringt, mit 50% die Leistung in der doppelten Grundzeit usw. Der Arbeiter erhält mindestens einen Taglohn. Von66,7% bis 100% Leistung erhält er außerdem eine erst langsam, dann rasch ansteigende Prämie. Diese Prämie ist bei 70% Leistung noch minimal, bei 90% Leistung ist sie 10%, bei 100% Leistung ist sie 20% des Grundlohnes für die angesetzte Grundzeit. Oberhalb 100% des Leistungsgrades steigt die Prämie stetig an, bis sie schließlich theoretisch (d. h. wenn die Arbeit in der Zeit Null ausgeführt werden könnte) die Höhe des Taglohns für die Grundzeit erreicht. Das Emersonsche Verfahren ist gerecht, es hat aber den Nachteil, daß es etwas umständlich ist, für jeden Fall die Prämie richtig zu berechnen.

Das **Taylorsche Differentialstücklohn-Verfahren** setzt ebenfalls eine Grundzeit an, in der die Arbeit getan werden kann. Hält der Arbeiter diese Zeit ein oder unterschreitet er sie, so bekommt er den für diese Leistung angesetzten Preis, den „h o h e n S t ü c k l o h n", überschreitet er die Grundzeit, so erhält er den „n i e d r i g e n S t ü c k l o h n", der um einen gewissen Prozentsatz, in Maschinenfabriken gewöhnlich um ein Sechstel, niedriger ist als der hohe Stücklohn.

Das **Gauttsche Pensumprämienverfahren** gewährleistet dem Arbeiter einen Stundensatz; erledigt er sein Arbeitspensum in der dafür angesetzten Grundzeit, so erhält er außer dem Stundenlohn eine Prämie, in Maschinenfabriken meist 35% des Stundenlohnes für die Grundzeit. Die Industrie wird wohl schwerlich dazu gelangen, das eine oder andere dieser hier beschriebenen Entlohnungsverfahren oder die eine oder andere der vielen hier nicht erörterten Abarten dieser Systeme allgemein als das zweckmäßigste anzuerkennen. Es wird auch nie möglich sein, der Vielgestaltigkeit der Arbeitsbedingungen durch ein einziges Lohnverfahren Rechnung zu tragen. So sind in den nach Taylor eingerichteten Werken mehrere, in der Sylk Belt Company in Philadelphia z. B. vier verschiedene Lohnverfahren in Gebrauch. Für viele Arbeiten wird immer der Stundenlohn angewendet werden, nämlich für alle die, bei denen es sich nicht lohnt, Grundzeiten zu ermitteln, d. h. Leistungsstudien anzustellen. Im übrigen hängt die Wahl des Lohnsystems immer von den besonderen in einer Werkstätte vorliegenden Verhältnissen ab.

Die Unternehmungen, die nach Taylor geleitet werden, unterscheiden sich aber dadurch vorteilhaft von den anderen, daß sie, wo immer möglich, eine bestimmte Arbeitszeit nicht nur voraussetzen, sondern wirklich bestimmen: die Grundzeit, in der die Arbeit, um deren Bezahlung es sich handelt, getan werden kann. Der Gedanke, bei der Festsetzung des Preises für eine gewisse Arbeit die Zeit zugrunde zu legen, findet mehr und mehr Anklang. Auch das **Stückzeitverfahren** z. B., das neuerdings die Preußisch-Hessische Eisenbahnverwaltung in ihren Werkstätten eingeführt hat, bringt den Gedanken zum Ausdruck, daß die Zeit, in der eine Arbeit verrichtet werden soll, das erste ist, was die zwischen Arbeitnehmer und Arbeitgeber zu treffende Abmachung über die Entlohnung zu enthalten hat. Unter diesem Gesichtspunkte können die aus ganz bestimmten Verhältnissen hervorgegangenen Lohnverfahren von Emerson, Taylor und Gautt nicht Anspruch darauf erheben, als etwas besonders Originelles zu gelten.

Was diese Lohnverfahren aber auch dem System der Preußisch-Hessischen Eisenbahnverwaltung gegenüber wertvoll macht, ist der Umstand, daß sie die Grundzeit nicht s c h ä t z e n, sondern sie e r m i t t e l n, so daß sie eine bei Leistungsstudien unbedingt wertvolle zuverlässige Grundlage für die Entlohnung abgibt.

Wenn man aber eine solche unbedingt zuverlässige Grundlage für Festsetzung des Arbeitslohnes hat, dann ergibt es sich eigentlich von selbst, daß man vom gewöhnlichen Stücklohn zum Differentialstücklohn oder vom Taglohn zu Pensumprämien übergeht. Der plötzliche Sprung in den Verdienstkurven, der Ansporn, der denen gewährt wird, die die auf Grund der Leistungsstudien ausgegebenen genauen Arbeits-

*) Es mag das ausdrückliche Anheimstellen der Annahme einer Prämie Verwunderung erregen; aber gerechtfertigt ist diese Maßnahme durch das Mißtrauen der amerikanischen Arbeiter gegen das Prämiensystem und in der Tat gibt es wenige Arbeiter, die sich vom ersten Tage an die Prämien auszahlen lassen. Erst wenn sie sehen, »daß nichts dahintersteckt«, heben sie die verdienten Prämien regelmäßig ab.

anweisungen befolgen und auf diese Weise die Grundzeit erreichen, ist das, was dieses Lohnverfahren über die bisher gebräuchlichen erhebt.

Besonders das **Pensumprämienverfahren** bringt klar zum Ausdruck, daß die Leitung ganz genau weiß, in welcher kürzesten Zeit eine Arbeit ausgeführt werden kann; es bietet nämlich dem Arbeiter nur einen geringen Ansporn, die Grundzeit zu unterschreiten, weil eine solche Unterschreitung der Grundzeit nur möglich wäre durch eine Überspannung der Kräfte der Ausführenden, und der rasche Kräfteverbrauch seiner Angestellten liegt nicht im Interesse einer Unternehmung. Mit der Einführung nicht einer geschätzten, sondern einer ermittelten Grundzeit als Grundlage der Entlohnung sind freilich die Lohnstreitigkeiten nicht aus der Welt geschafft. Es bedeutet eine Überschätzung des Taylorsystems, wenn man dies behauptet: im Gegenteil, die Bestimmung der Höhe der Prämien und die Frage des der Entlohnung zugrunde zu legenden Stundenlohnes wird immer wieder zu Reibungen zwischen Unternehmern und der Arbeiterschaft Anlaß geben.

Die Bestimmung der Höhe der Prämie hat bei vielen oberflächlichen Beurteilern des Pensumprämiensystemes (es ist das das gebräuchlichste Lohnsystem in den Taylorbetrieben, auch gebräuchlicher als das von Taylor selbst erdachte Differentialstücklohn-Verfahren) den Eindruck wachgerufen, daß es außerordentlich ungerecht sei, wenn in einer Maschinenfabrik z. B. die Prämien nur zu 35% bemessen werden, wo doch die Leistung um 200 und 300% steige. Bei der Bestimmung der Höhe der Prämie sind zwei Gesichtspunkte zu berücksichtigen: 1. Der Gesichtspunkt des Arbeitgebers: er will dem Arbeiter einen Ansporn bieten, eine gegebene Arbeit genau in der etwa an der Hand einer Arbeitsanweisung ermittelten Zeit zu erledigen, wie es ihm vorgeschrieben ist. 2. Der Gesichtspunkt des Arbeitnehmers: er will einen Anteil haben an dem durch die Neuordnung erzielten Gewinn. Die Prämie wird nun in folgender Weise berechnet: Angenommen, es ergibt sich durch die Einführung der ganzen neuen Betriebsweise eine Verminderung der Ausgaben für Lohn um 75%, entsprechend einer Erhöhung der Ausbeute um 300%, so braucht der Unternehmer rd. 50 der ersparten 75% für die dauernde Durchführung der vermehrten Aufgaben der Leitung. Es bleiben ihm also noch 25% der ursprünglichen Ausgaben für Löhne, die sein Gewinn sind. Wenn er diese 25% vollständig auf die neuen Löhne verteilen würde, so ergäbe sich allerdings eine Lohnerhöhung für den einzelnen Arbeiter um 100%. Aber schließlich will der Unternehmer selbst etwas daran verdienen, weil er das Risiko der Umgestaltung seines Betriebes auf sich genommen hat, und ferner will er dem Abnehmer billigere Preise bieten können. Wenn er also ein Drittel seines Nettomehrverdienstes als Prämie den Arbeitern gewährt, so erreicht er in der Tat, daß der Arbeiter einen gerechten Anteil an der Verbilligung der Herstellungskosten erhält, und er erreicht ferner, wie die Praxis gelehrt hat, daß der Arbeiter die Aussicht, um ⅓ mehr als bisher zu verdienen, als genügenden Ansporn betrachtet, um die ihm an die Hand gegebene Anweisung zu befolgen. Der Arbeiter soll ja nicht dafür eine Prämie erhalten, daß er die Arbeit besonders geschickt ausführt, sondern dafür, daß er sie so ausführt, wie es ihm vorgeschrieben ist.

Schwieriger als die Bestimmung der Prämie ist die Bestimmung des zugrunde zu legenden Stundensatzes. Der Stundensatz wird immer der Zankapfel der widerstreitenden Interessen des Arbeitgebers und des Arbeitnehmers bilden. So sehr die Taylorsche Art der Betriebsorganisation die Interessen von Arbeitgeber und Arbeitnehmer zusammenschweißt, den Streit um den Stundensatz kann sie nicht aus der Welt schaffen. Nur ist zu bedenken, daß einerseits in einer nach Taylor organisierten Untersuchung die Stundensätze selbst eine verhältnismäßig geringe Rolle spielen, so daß der Unternehmer weitgehendes Entgegenkommen zeigen kann; anderseits stellt sich bei einer Prämie von 35% der Arbeiter so gut, daß er an den paar Prozenten, die er den Stundensatz hinaufdrücken kann, weniger Interesse hat; steht er doch an sich schon auf der wirtschaftlichen Stufe eines recht gut bezahlten mittleren Kaufmannes oder Technikers.

Um diese Änderung in der Auffassung des Arbeiters herbeizuführen, ist es aber notwendig, daß man ihn nicht als „Kuli" behandelt. Wer das Taylorsystem einführen will, muß sich auch einen guten Teil der demokratischen Auffassung des Geschäftslebens zu eigen machen, die in dem Lande herrscht, von dem das Taylorsystem ausgegangen ist. Insbesondere darf die Zeitkontrolle, die jedes auf „Grundzeiten" aufgebaute Lohnverfahren mit sich bringt, auch nicht den Schein einer unnötigen oder unangebrachten Belästigung oder gar einer Quälerei haben, sie muß lediglich als das empfunden werden, was sie wirklich ist: als ein unabweisliches Mittel, die Ausbeute der Werkstätte zu steigern und die Ordnung aufrechtzuerhalten, die dann jedem einzelnen zugute kommt.

Man hört häufig in Unternehmerkreisen Bedenken laut werden, daß es gar nicht zweckmäßig sei, dem einzelnen Arbeiter so viel zu lassen, wie ihm unter dem Taylorsystem zu verdienen möglich sei, dann habe er zuviel Interesse für anderes usw.

Man solle lieber durch **Wohlfahrtseinrichtungen** den Arbeiter dafür interessieren, seine Kraft dem Unternehmen zu widmen, in dem er einmal ist u. dgl. Demgegenüber erwäge man: Wenn ein Arbeiter wirklich verbummelt oder das Interesse an seiner Arbeit verliert, weil er zuviel Geld verdient, so wird er sehr bald nicht mehr imstande sein, seine Prämien zu verdienen, und er wird infolgedessen wieder auf die wirtschaftliche Stufe sinken, der er angehört. Anderseits darf man den Wert der Wohlfahrtseinrichtungen nicht überschätzen. So sehr man es begrüßen mag, wenn durch Arbeiterwohnhäuser, Konsumvereine und anderes versucht wird, den Arbeitern zu einer geordneten Lebensführung zu verhelfen, — im heutigen industriellen Leben haben Wohlfahrtseinrichtungen nur Sinn als Zweckmäßigkeitseinrichtungen. Denn der Arbeiter von heutzutage bringt dieser patriarchalisch-caritativen Fürsorge doch nur wenig Verständnis entgegen; er will die unmittelbaren Früchte seiner Arbeit genießen.

Ebensowenig erfolgversprechend wie Wohlfahrtseinrichtungen sind auf die Dauer die Bemühungen, durch Beteiligung am Nettogewinn eines Unternehmens die Angestellten für ihre Arbeit zu entlohnen. Es liegt kein Grund vor, den Arbeitern eine Beteiligung am Gewinn zuzugestehen, der sich in den meisten Fällen aus einer rein kaufmännischen oder rein erfinderischen Tätigkeit oder aus der Marktlage ergeben hat. Folgerichtig müßte man sie ja da an dem etwaigen Verlust teilnehmen lassen, den die Firma in schlechten Jahren erleidet. **Taylor ist also vollkommen berechtigt, diese Art der Entlohnung als gescheitert zu betrachten und an ihre Stelle diejenige gesetzt zu haben, die nach Möglichkeit das Verdienst des einzelnen anerkennt und selbsttätig eine reinliche Scheidung herbeiführt zwischen dem hochwertigen Handwerker und dem willigen und arbeitsamen Taglöhner auf der einen Seite und dem arbeitsunlustigen und arbeitsunfähigen Proletarier auf der andern.**

LEBENSBILDER

berühmter Techniker und Naturforscher

John Ericsson.

(* 1803, † 1889.)

Zahlreiche Träger von glänzenden Namen der amerikanischen Kulturwelt sind der Geburt nach Kinder des alten Erdteils Europa gewesen, davon ist aber nur ein kleiner Bruchteil von Männern gewesen, die wirklich nachhaltig in die politischen Geschicke Amerikas eingegriffen haben. Um so größer ist die Zahl der Eingewanderten, die auf dem Gebiete der Wissenschaft, Technik und auf manchen anderen Zweigen geistiger Tätigkeit unvergängliche Triumphe gefeiert haben. Unter den wenigen in Europa Geborenen, die sich drüben betätigt und von der dankbaren Nachwelt mit Verehrung und Dankbarkeit genannt werden, spielt der Schwede **John Ericsson** insoferne eine eigenartige Rolle, als er dem amerikanischen Volke in einem kritischen Augenblicke als genialer Techniker einen besonderen Dienst geleistet hat.

John Ericsson wurde 1803 zu Langbanshyttan als drittes Kind eines Bergwerksbesitzers geboren. Seine Eltern waren feingebildete Leute, der Vater ein guter Mathematiker, die Mutter eine große, schöne und kluge Frau von ungewöhnlicher Charakterstärke, Vorzüge, die nicht nur auf John sondern auch auf den Bruder Nils übergegangen sind, der zwar Schwede geblieben war, aber als hervorragender Ingenieur großen Ruhm erworben hatte. Nils Ericsson ist der Schöpfer des schwedischen Eisenbahnnetzes. John war ein frühreifer Knabe, dessen eigenartiger Charakter sich schon in frühester Jugend betätigte. Er war zeichnerisch vortrefflich veranlagt und wurde bei der Marine als Kadettenschüler zu Vermessungsarbeiten des Landes herangezogen. Er hat aber bald dem Militärstande Lebewohl gesagt und die Heimat verlassen, um zunächst nach England zu reisen. Dort gründete er mit dem Besitzer einer Londoner Maschinenfabrik eine Maschinenbauanstalt, die zunächst eine **Heißluftmaschine** und **Lokomotiven,** darunter die **„Novalty“**, baute. Auch bei seiner Luftmaschine machte er von den irrigen Anschauungen, die damals über Wärme bestanden, nur leider zu regen Gebrauch. Selbst ein so gründlicher Gelehrter wie **Faraday** stand der Ericssonschen Luftmaschine ganz ratlos gegenüber.

Im Jahre 1833 beschäftigte sich Ericsson mit der Frage der Schaufelräder, die zur Fortbewegung der großen Dampfschiffe führten. Die Beschäftigung mit diesem Gegenstande brachte ihn 1835 zu einer seiner bedeutendsten Erfindungen, der **Schiffsschraube,** die 1829 von dem Österreicher Ressel zuerst erfunden wurde, nachdem sie schon Euler vorher vorgeschlagen hatte, der aber nicht auf die Idee kam, sie ganz unterzutauchen. Die Eulerschraube erzeugt eine vorwärtstreibende und eine ablenkende Komponente, während auch John Ericsson erkannte, daß die ganz untergetauchte Schraube nur vorwärtstreibend wirkt. Mit Hilfe eines amerikanischen Offiziers, **Mr. Stockton,** gelang es ihm, einen Schraubendampfer „Robert Stockton“ in großen Dimensionen zu erbauen, mit dem er auf der Themse zahlreiche Probefahrten unternahm. 1837 baute er auch eine Maschine, welche direkt mit der Schraubenmaschine verkuppelt war. Weitere Enttäuschungen mit seiner Lokomotive, seiner Luftmaschine und mit seinem Schraubendampfer verleideten ihm den Aufenthalt in England, und im Jahre 1839 kehrte er der Alten Welt den Rücken und wurde nun ein treuer Sohn des Sternenbannerlandes.

Ericssons erste Jahre in Amerika wurden vom Schiffbau und der steten Weiterbildung seines Schraubenpropellers ganz ausgefüllt. Er erhielt dann den Auftrag zum Bau eines 600 Tonnen großen Kriegsschiffes „Princetown“, des ersten **Schraubendampfers,** der je in einer Kriegsmarine zu finden war. Trotz des unbestritten großen Erfolges mit seinem Princetown hatte Ericsson genug Ärger und Sorgen damit. Abgesehen davon, daß ihm ein Teil seiner Auslagen nicht zurückerstattet wurde, explodierte ein Geschütz seiner eigenen Erfindung während einer öffentlichen Vorführung und tötete viele Zuschauer. Stockton hat die Schuld an dem Unglück seinem bisherigen Schützling Ericsson zugeschrieben, um sich selbst zu entlasten.

Mit besonderer Vorliebe kehrte **Ericsson** immer wieder zu seiner **Luftmaschine** zurück. Er baute später einen großen Ozeandampfer, der mit einer 1000pferdigen Luftmaschine ausgerüstet war und allen Dampfern in bezug auf geringen Kohlenverbrauch außerordentlich überlegen sein sollte. Die hohen Hoffnungen waren freilich nur von kurzer Dauer, und bald wurden seine schönen Luftschlösser, da sie mit den Naturgesetzen nicht im Einklange standen, von der rauhen Wirklichkeit wie Kartenhäuser umgeblasen. Um den Erfolg zu sichern und die Wärmeabgabe der entweichenden und Neuerwärmung der wiedereinströmenden Luft so vollständig wie möglich zu machen, hatte Ericsson im Regenerator ein Gewebe feinen Drahtes von fast 400 km Gesamtlänge untergebracht. Allmählich brauchten seine Dampfer immer mehr Kohlen, und das war für Ericsson sehr bitter. Er zögerte auch nicht, die Konsequenzen aus seiner traurigen Erkenntnis zu ziehen ersetzte bei einer neuen Probefahrt mit der „Ericsson" die durchgebrannten Heizböden seiner Luftmaschine durch eine Dampfmaschine, bis schließlich das ganze Schiff an der Küste von Neufundland mit der Bemannung zugrunde ging.

Der große Moment für **Ericsson** kam erst, als im Jahre 1861 jener furchtbare Bürgerkrieg zwischen dem Norden und dem Süden der amerikanischen Union ausbrach, der unter dem Namen des „Sezessionskrieges" welthistorische Berühmtheit errang. Anfangs waren die Südstaaten in jeder Hinsicht den Nordstaaten weit überlegen; sie besaßen die bewährtesten Heerführer, die meisten und besten Waffen und fast die ganze Flotte. Die Nordstaaten bauten mit größter Schnelligkeit eine ganz neue Flotte, wobei Ericsson die besten Gedanken und seine Energie gab. Die Südstaaten hatten durch ein eisenbeschlagenes Kanonenboot, der **Merrimac,** ihre Überlegenheit gezeigt. Ericsson wollte aber seine Gegner **an der empfindlichsten Stelle unter Wasser angreifen,** der Gedanke des modernen Panzerturmschiffes feierte hier seine ersten Triumphe.

Das Panzerturmschiff, wie es Ericsson den bedrängten Nordstaaten zu schaffen plante, war ein überaus merkwürdiges Fahrzeug, wie es bis dahin noch niemals auf dem Meere geschwommen war. Das Deck, das ebenso wie die Seitenwände gepanzert sein sollte, ragte nur 60—80 cm über Wasser, um feindlichen Geschützen eine möglichst geringe Angriffsfläche zu bieten. Aus der Mitte des Deckes erhob sich der gewaltige drehbare **Panzerturm,** der Geschütze schwersten Kalibers barg. Die übrige Sache ging riesig rasch vor sich; am 21. September 1861 erhielt Ericsson die Bestellung auf rascheste Lieferung des Maneters, und nach kaum einem halben Jahre kam schon dieses Fahrzeug zu einem entscheidenden Siege bei **Hampton-Roads, es war das der bedeutendste Erfolg im Ericssonschen Leben und Wirken.**

So einsam sein späteres Leben auch war, so wetteiferten seine beiden Vaterländer, das seiner Geburt und seiner Wahl, in Ehrenbezeugungen für den Toten.

Auf dem Kriegsschiffe **„Baltimore"** wurde seine Leiche in die Heimat zurückgebracht, um dort bestattet zu werden.

Nikolaus August Otto,

der Erfinder der Gasmaschine.

(* 1832, † 1891.)

Wenn James Watt als der Erfinder der Dampfmaschine schlechthin bezeichnet wird, darf man für **Otto** den Titel eines Erfinders der Gasmaschine in Anspruch nehmen. Denn wie jener durch richtige Leitung der Kondensation der Dampfmaschine erst dauernde Lebenskraft verlieh, hat **Otto** durch richtig geordnete Zündung und Verbrennung die Gasmaschine zum Wettbewerb erst befähigt. **August Otto,** in Holzhausen in Nassau geboren, widmete sich bis zu seinem 29. Jahre einer rein kaufmännischen Tätigkeit. Von Jugend auf indes nach Bereicherung seiner naturwissenschaftlichen Kenntnisse strebend, gewann er ein umfassendes Verständnis für alle physikalischen Fragen, besonders für solche, die mit den Fortschritten der Technik in Zusammenhang standen.

Als im Jahre 1861 die Nachricht durch die Zeitungen lief, daß es dem Pariser Mechaniker **Lenoir** gelungen sei, durch die Explosion von Leuchtgas motorische Kraft zu erzeugen, richteten sich **Ottos** Gedanken auf dasselbe Ziel. Nichts beirrte ihn so sehr, als daß die Frage vor das wissenschaftliche Forum kam und es klar wurde, daß die kleine, öltriefende, puffende Maschine, welche in der Posamentenwerkstätte der Rue de l'Eveque unregelmäßig und eigensinnig die Haspeln trieb, noch weit entfernt war, den Wettkampf mit der Dampfmaschine aufzunehmen. Mit Bedauern beobachteten seine Freunde, wie er den sicheren Boden seiner bisherigen Tätigkeit mehr und mehr verließ, um einem Irrlicht nachzujagen. Unerschütterlich aber blieb sein Glaube an die Zukunft der Gasmaschine und an seinen eigenen Stern.

Im Jahre 1863 gelang es ihm endlich, seine ersten Ideen in der Werkstatt eines Kölner Mechanikers verwirklicht zu sehen, aber mit nur wenig Erfolg bei den mangelhaften Kenntnissen des Erfinders im Maschinenbau.

Da in der Stunde der Not fügte ein guter Stern die Wendung seines Schicksals. Er führte ihn zusammen mit einem Manne, der nicht nur die technische Wissenschaft bei Redtenbacher studiert hatte sondern auch das Genie eines Konstrukteurs in sich trug.

Nikolaus Otto und **Eugen Langen** bilden von nun an **jenes Dioskurenpaar der Neuzeit, dem es gelang, eine neue Kraftquelle der Industrie zu erschließen.** Der Idee Ottos gab Langen die mustergültige konstruktive Form, und es dürfte schwer sein, heute noch zu entscheiden, wem von beiden bei ihren ersten Erfolgen die Palme gebührte.

Die erste Frucht ihrer gemeinsamen Tätigkeit war die wohlbekannte **atmosphärische Gaskraftmaschine,** mit welcher sie auf der Pariser Weltausstellung 1867 vor die technische Welt traten. Fast unbeachtet stand sie abseits von der glänzenden Stätte, wo die zahlreichen Ausführungen der **Lenoirschen** und **Hugonschen** Gasmaschine paradierten.

Ein anderer französischer Erfinder, **Hugon,** zeigte, daß durch eine geringe Wassereinspritzung die Ökonomie der Lenoirmaschinen erheblich verbessert werden konnte. Mit fast mitleidigen Blicken betrachtete man daneben die neue deutsche Maschine, welche mit ihren Detonationen nur wenig Vertrauen erweckte. Nur dem energischen Auftreten des deutschen Mitgliedes **Reuleaux** und der Unparteilichkeit des Prüfenden, **Tresca,** des berühmten Direktors des Conservatoire des Arts et Métiers, gelang es, das Ergebnis des Gasverbrauches bei den drei Maschinen Lenoir, Hugon und Otto mit 10 : 6 : 4 festzustellen. Mit diesem Erfolge war den Erfindern die Bahn gebrochen. Sofort wurde eine neue Fabrik an den Ufern des Rheins **in Deutz** gebaut und nach den Plänen Langens mit den neuesten Arbeitsmaschinen ausgestattet. Das ruhige Fahrwasser gestattete Langen, sich bald andern industriellen Arbeiten zuzuwenden, während Otto esine gesamte Kraft der Leitung der **Deutzer** Fabrik widmete. Otto selbst war unermüdlich tätig, die grundlegenden Fragen durch umfassende Versuche zu klären und zu vertiefen.

Zwei Eigenschaften der atmosphärischen Maschine waren es, welche Otto veranlaßten, neue Formen für die Gasmaschine zu suchen. Zunächst das lästige Geräusch, welches mit dem Explosionsstoß des aufliegen den Kolbens verbunden war und welches sich besonders der Aufstellung der Maschine in bewohnten Häusern hindernd in den Weg stellte. Der zweite, fast noch wichtigere Grund war der, daß das bei der atmosphärischen Maschine angewandte Prinzip den Bau der Maschien auf kleinere Leistungen beschränkte, während Otto die Überzeugung hatte, daß die Gasmaschine auch von mehr als 100 PS der Dampfmaschine als ebenbürtiger Bruder an die Seite zu treten berufen sei. **Otto kehrte mit seiner Maschine bekanntlich wieder zu dem Prinzip der direkten Wirkung zurück.**

Unter Einführung des **Viertaktes** gelang es ihm, den Arbeitszylinder zugleich als Kompressionspumpe zu benutzen und den Aufbau der Maschine außerordentlich einfach und übersichtlich zu gestalten. Die konstruktive Durchbildung der Maschine mit einer Fülle von sinnreichen Einzelheiten erregte das Entzücken der gesamten Ingenieurwelt. Die direkt wirkende Gasmaschine wurde erst möglich durch die von Otto erzielte Ökonomie des kraftspendenden Gases. **Mit einem Schlage wurden durch ihn die Betriebskosten der Gasmaschine um mehr als die Hälfte verringert und ein Fortschritt erzielt, der bei derDampfmaschine nur allmählich und erst in Jahrzehnten gelungen war.**

Es läßt sich kaum noch bestreiten, daß die Erfindung Ottos sich zum allerwesentlichsten Teile auf das Arbeitsprinzip der Maschine, auf ihren **Zündungs- und Verbrennungsvorgang** bezieht. Weder der Viertakt, noch die Kompression, noch die vermehrte Geschwindigkeit allein reichen aus, die Größe des Fortschrittes zu erklären, wenn auch anerkannt werden muß, daß diese äußerlichen Dinge immerhin einen fördernden Einfluß gehabt haben. In den berühmten Prozessen, welche sich über den Inhalt der wertvollen Deutzer Prozesse in allen Industriestaaten entsponnen haben, ist mit einem ungewöhnlichen Aufgebot von wissenschaftlichem Material diese Frage erörtert worden. Eine erschöpfende Deutung, welche die vorurteilsfreie und unparteiische Wissenschaft allseitig befriedigt hätte, ist noch niemandem gelungen.

Otto hatte den Gedanken einer direkt wirkenden Gasmaschine nicht aufgegeben, und bei seinen Bemühungen in dieser Richtung war ihm die atmosphärische Maschine ein willkommenes Versuchsobjekt. Jede einzelne Explosion, ob kräftig oder schwach, war als solche deutlich zu erkennen, da ja der Kolben frei in die Höhe flog. Je nach dem Gasreichtum des Gemenges waren die Explosionen mehr oder weniger heftig, flog der Kolben schnell oder langsam in die Höhe. Bei gasarmen Gemengen stieg der Kolben oft erst nach geraumer Zeit, nachdem das Schwungrad schon eine Anzahl Umdrehungen gemacht hatte, langsam in die Höhe, und hieraus erkannte Otto, daß gasarme Gemenge nicht nur langsam verbrennen, sondern sich auch verspätet entzünden, gleichzeitig sah er aber ein, daß ein stoßfreier Motor nur durch Anwendung verdünnter Gemenge erzielt werden kann. Es galt also die Frage zu lösen: Wie kann man **verdünnte Gemenge,** z. B. 1 : 11, 1 : 12, 1 : 13 noch sicher entzünden? Diese Frage beschäftigte Otto jahrelang, bis ihn schließlich die Betrachtung des aus einem Fabrikschornstein aufsteigenden Rauches auf die Lösung brachte, welcher beim Verlassen des Schornsteins dick und dicht, im Aufsteigen an Dichtigkeit mehr und mehr verlor, indem er sich in der Luft zerstreute. Kann man nämlich die stoßfreie Wirkung nur erreichen mit gasarmen Gemengen von etwa 1 : 12 Gasgehalt und entzünden sich solche armen Gemenge nur unsicher, so besteht die Lösung der Aufgabe darin, daß man zuerst beispielsweise 5 oder 4 oder 3 Teile Luft und dann Gasgemenge von 1 : 7 oder 1 : 8 oder 1 : 9 ansaugt. Es kommt dann ein Gemenge von 1 : 12 zur Verwendung; an der Zündstelle wird sich jedoch ein mehr oder weniger gasreiches Gemenge befinden.

Die in diesen Ausführungen gedachte **schichtenweise Anordnung von gasreichen und gasarmen Bestandteilen** hat aber außer der „stoßfreien Wirkung" auch noch einen wichtigen **thermischen Effekt**, den **Otto** nicht besonders hervorhebt. Alle älteren Konstruktionen, welche gleichartiges Explosionsgemisch verwenden, brauchen zur sicheren Zündung nicht nur einen ansehnlichen Gasgehalt, sie ergeben auch besonders hohe Verbrennungstemperaturen und eine fast plötzliche Auslassung der gesamten Verbrennungswärme. Ein homogenes Flammenmeer erfüllt den Raum und berührt sofort allseitig die kühle Wandung. Ehe der Kolben einen nennenswerten Teil seines Hubes zurücklegen kann, bieten sich der Wärme zwei deutlich zu unterscheidende Wege: Der eine in das Metall des Zylinders und in den umgebenden Wassermantel, wegen der vorzüglichen Leitungsfähigkeit des Eisens einer breiten Heerstraße, auf der sie ungehindert abfließen kann, frei und widerstandslos wie der elektrische Strom bei einem sich darbietenden Kurzschlusse. Weniger verlockend erscheint ihr der zweite Weg, wo ihrer in schlecht leitender Verbrennungsluft der Frondienst der Arbeit harrt. Durch Desertion lichten sich unaufhörlich die Reihen derer, die diese Bahn betreten, denn ihre Arbeitsfähigkeit erlahmt, und der Weg durch das Metall wird immer breiter und freier.

Die zentrale Explosion inmitten einer Wolke von minderwertigen und für sich allein schwer zu zündenden Stoffen ist als der Kernpunkt der Ottoschen Erfindung aufzufassen. Man könnte sie vergleichen mit der in der neueren Sprengtechnik üblich gewordenen Detonationszündung, welche die Verwendung verhältnismäßig ungefährlicher und für den Versand geeigneter Sprengmittel ermöglicht hat. Auch hierbei gelangt die Gesamtmasse des Explosivstoffes erst durch den heftigen Anstoß einer explodierenden Zündpatrone zur vollen und plötzlichen Wirkung. Zeitlich fällt die **Ottosche** Erfindung mit den epochemachenden Errungenschaften **Hirn** und seiner Elsässer Schule zusammen, welche den verhängnisvollen Einfluß der Wandung auf den Arbeitsvorgang der Dampfmaschine theoretisch erklärten. Von seinem Wirken wird im Lebensbilde des nächsten Heftes ausführlich die Rede sein.

III. Fachband:
MASCHINENBAU UND ELEKTROTECHNIK.

6. BRIEF.

Nichts unterhält die Sinne mit der Pflicht im Frieden, als fleißig sie durch Arbeit zu ermüden; nichts bringt sie leichter aus dem Gleis als müßige Träumerei. (Wieland.)

ALLGEMEINE MASCHINENLEHRE

Inhalt: Den Abschnitt „Wärmemotoren“ beginnen wir mit der **Heißluftmaschine** und den **Verbrennungsmotoren**, die einerseits noch mit der Dampfmaschine in Zusammenhang stehen, anderseits einen schon ziemlich abgeschlossenen, aber sehr wichtigen Teil der allgemeinen Maschinenlehre bilden. Durch die **Kraftwagentechnik**, der jetzt die große Mehrzahl der Verbrennungsmotoren angehören, und durch den Dieselmotor, der im Schiffahrtsbetriebe wichtig geworden ist, hat dieser Teil der Maschinenlehre eine ganz besondere Bedeutung erlangt.

11. Abschnitt.

Verbrennungsmotoren.

[329] Die Heißluftmaschine.

Die Entwicklung der Dampfmaschine hatte alle erfinderischen Bestrebungen lange Zeit hindurch fast vollständig in Anspruch genommen, die eigentlich ältere Idee der Explosionsmaschine vollständig in den Hintergrund treten lassen und auch das Aufkommen neuer Vorschläge zur Gewinnung von Kraftmaschinen bis gegen Mitte des vorigen Jahrhunderts sehr gehemmt. Erst in der ersten Hälfte des vorigen Jahrhunderts führte das Bekanntwerden mit den Grundgesetzen der mechanischen Wärmetheorie oder eigentlich eine falsche Auffassung derselben, bzw. das Verkennen des zweiten Hauptsatzes zu ernsthaften Versuchen, die Dampfmaschine zu ersetzen. Man hat sofort, als die Äquivalenz von Wärme und Arbeit bekannt wurde, da man den Entropiesatz noch nicht kannte, die Ursache für das kaum 3% übersteigende Güteverhältnis in der **inneren Verdampfungswärme** des Dampfes, die allerdings im Vergleiche zur äußeren Wärme sehr groß ist, gesucht. Diese sog. **latente** (verborgene) Wärme des Dampfes verblieb ihm beim Durchgange durch die Maschine und wurde erst wieder frei, wenn der Dampf sich im Kondensator oder in der äußeren Luft kondensierte, konnte dann keine Arbeit mehr leisten, mußte aber gleichwohl neben der in Arbeit umsetzbaren äußeren Wärme bei der Dampfbildung nutzlos zugeführt werden. Abhilfe lag also nahe, man mußte die Dampfmaschine mit einer Substanz treiben, die keine latente Wärme mehr besaß, also z. B. mit **Luft**, der man nun ja auch durch Erwärmung höhere Pressung und damit Arbeitsfähigkeit erteilen konnte. Damit war die **„kalorische Maschine“** im Prinzip gegeben und ausgeführt. Die Maschine war durchaus wie eine Dampfmaschine ohne Kondensation gebaut, nur in verhältnismäßig großen Abmessungen des Zylinders und in allen Teilen schwächer gehalten. Statt der Speisepumpe war hier ein Kompressionszylinder angeschlossen, der wenigstens den halben Inhalt des Arbeitszylinders besaß und die schwach komprimierte Luft in einen von außen geheizten Erhitzer trieb, der die Stelle des Kessels vertrat. Stark konnte sich darin die Luft selbstverständlich nicht erwärmen. Wenn 300° und damit eine Verdoppelung des Luftvolumens erzielt wurde, so war das schon viel. Nach Abzug aller sonstigen Verluste blieb nur ein äußerst kleiner Rest als Nutzarbeit verfügbar. Diese ersten Heißluftmaschinen verschwanden sehr bald wieder, wurden aber dann vom berühmten **Ericson** in Amerika durch eine Maschine ersetzt, bei welcher nur jedesmal die für ein Kolbenspiel erforderliche Luft angesaugt, in den Arbeitszylinder gedrückt und in diesem selbst erhitzt wurde.

Freilich verkannte der Erfinder, wie das zu seiner Zeit ja auch nicht anders sein konnte, daß nach dem zweiten Hauptsatze die Rückverwandlung von Wärme in mechanische Arbeit nur vor sich geht, **wenn gleichzeitig eine andere direkt mögliche Zustandsänderung jene rückwärts gerichtete gewissermaßen kompensiert.** Das kann hier aber praktisch nur in der Weise geschehen, daß neben der in Arbeit umzusetzenden Wärme ein anderer Betrag „Wärme“ ohne Arbeitsleistung von der hohen Temperatur der Feuerung auf die Auspufftemperatur herabsinkt. Bei dieser falschen Annahme wurde die kalorische Maschine auf der Fahrt nach Europa in aller Stille durch Dampfmaschinen ersetzt. Mehr Erfolg hatte **Ericson** bei Kleinmotoren, die er unter Weglassung des Regenerators baute. Zwar brauchten sie auch nicht weniger Kohlen als mindestens 4 kg pro PS und Stunde, wie eine kleine Dampfmaschine, waren aber viel bequemer und gefahrloser. Im Gegensatz zu den mit immer neuem Luftquantum arbeitenden sog. **offenen Heißluftmaschinen** wurden dann in den 60er Jahren die **geschlossenen Heißluftmaschinen** gebaut, die immer mit der gleichen Luftmenge arbeiteten, die durch einen von der Schwungradwelle aus bewegten Verdränger in der durch einen Wassermantel kühl gehaltenen Teil der Maschine geschoben wurde.

Die bekanntesten Vertreter waren der **Lehmannsche** und der **Ridersche** Motor, die heute noch in winzigen Größen für Zimmerspringbrunnen gebaut werden.

I. Die neuen Wärmekraftmaschinen (Gasmaschinen).

Ein Hauptvorteil der neueren Wärmekraftmaschinen besteht in der wesentlich besseren Ausnützung der zu Gebote stehenden Wärmequellen. Daß das ein großer Vorteil ist, ergibt sich aus der einfachen Erwägung, daß der Kohlenvorrat unserer Erde einmal zu Ende geht, und gerade mit dieser Wärmequelle wurde bisher in der Dampfmaschine in der verschwenderischsten Weise vorgegangen. Heute schon nützen selbst kleine Gas- und Petroleummaschinen die ihnen zugeführte Wärmemenge fast ebensogut aus als unsere besten Dampfmaschinen, wobei diese schon an der Grenze der Vollkommenheit stehen, während die Entwicklung der Gasmaschine durchaus noch nicht abgeschlossen ist.

In allen Gasmaschinen wird die Wärme in der Weise in Arbeit umgewandelt, daß das Brennmaterial, ein Gas oder eine vergaste Flüssigkeit, in dem Zylinder selbst zur Verbrennung gebracht wird und daß die durch diese Verbrennung entstandenen, heißen, hochgespannten Gase einen in dem Zylinder befindlichen Kolben vorwärts treiben. Durch die Verwendung eines gasförmigen Brennstoffes läßt sich eine vollkommenere Verbrennung erzielen als durch die Verbrennung fester Brennstoffe, wobei die Zuführung der nötigen Luftmenge sich viel schwerer regeln läßt. Ferner fallen alle Verluste fort, welche beim Ingangsetzen und Stillstand der Maschine unvermeidlich sind.

[330] Der Gasmotor von Otto.

Als man zu Anfang des vorigen Jahrhunderts im Leuchtgase eine verhältnismäßig billige Substanz kennenlernte, die in richtiger Mischung mit atmosphärischer Luft kraftvolle, aber einigermaßen zu beherrschende Explosionen lieferte, war das alte Problem des Verbrennungsmotors wieder in Angriff genommen.

Wir beginnen nach den ersten Versuchen in England mit der ersten brauchbaren **Gasmaschine** von **Lenoir** in Paris. Äußerlich gleicht sie vollständig einer liegenden Dampfmaschine. Zu beiden Seiten des Zylinders befinden sich zwei von Exzentern bewegte Schieber, von denen der eine Luft und Gas im richtigen Mischungsverhältnisse führen, während der andere beim Kolbenrückgange die verbrannten Gase ausströmen läßt. Die Erfolge der Lenoirschen Gasmaschine veranlaßten auch andere Erfinder zu weiteren Versuchen.

In München den Mechaniker **Reithmann,** dessen Erfindung wenig beachtet wurde.

In Köln arbeitete aber der geniale **Otto,** obgleich von Haus aus kein Techniker, an einer Gasmaschine ganz eigener Arbeitsweise und gelangte mit dem Konstrukteur **Langen** zu einem recht befriedigenden Ergebnis. Otto verzichtete auf das Kurbelgetriebe der Lenoirschen Maschine, ließ vielmehr die verzahnte Kolbenstange seines sehr langhübigen stehenden Zylinders in ein Zahnkreuz eingreifen. War der Kolben bis nahe auf den Boden des Zylinders herabgesunken, wobei er die verbrannten Gase vom vorigen Spiele durch den Steuerschieber und ein Rückschlagventil heraustreiben konnte, so ließ er eine Klinke auf eine sonst ruhende Steuerwelle fallen, die einen Umlauf machte, um sich dann wieder auszurücken. Dabei hob sie zunächst den Kolben und stellte währenddem den Schieber so, daß durch ihn Luft und Gas in den Zylinder angesaugt werden konnte.

Unmittelbar erfolgte dann durch Vermittlung der brennenden Zündflamme die Entzündung des Gasgemisches; der Kolben wurde frei in die Höhe geschleudert, bis die Explosionsgase sich weit unter dem Atmosphärendruck ausgedehnt und auch abgekühlt hatten.

Diese Maschine erregte in der Pariser Weltausstellung durch ihren überaus geräuschvollen Gang neben der nahezu geräuschlos laufenden Lenoirschen Maschine Aufsehen, und es bedurfte erst des Eintretens des deutschen Kommissärs, um die Prüfungskommission zu veranlassen, auch die Ottosche Erfindung zu beachten. Aber bei den Messungen durch **Tresca** ergab sich bei Otto ein Gasverbrauch von 1 m³ für die Pferdekraftstunde gegen 2,6 bei der besten Lenoirschen Maschine, dabei brauchte Otto so wenig Kühlwasser, daß es neuerdings verwendet werden konnte. Dieser Erfolg brachte riesig viel Bestellungen von 3 PS abwärts bis zu $^1/_8$ PS ein. Die atmosphärische Maschine wurde nun seit 1876 sehr verbessert. Der neuere Ottosche Motor gleicht wieder einer liegenden Dampfmaschine, nur daß der wassergekühlte Zylinder nach der Kurbelwelle hin offen und der Steuerschieber quer zur Maschinenachse am Boden des Zylinders angeordnet war. Außerdem war noch ein gesteuertes Auspuffventil vorhanden. Aber, was jedem Techniker auf den ersten Blick auffiel, **die Steuerwelle,** welche Schieber- und Auslaßventil betätigte, **machte nur halb so viel Umdrehungen wie die Schwungradwelle. Ein volles Spiel der Maschine muß also zwei Umdrehungen der Schwungradwelle oder zwei Kolbenausschübe und zwei Kolbenrückgänge umfassen.** Die verbesserte Maschine stellte daher in bezug auf Gas- und Kühlwasserverbrauch einen entschiedenen **Rückschritt** dar, aber immerhin brauchte man an Gas weniger als bei der ebenfalls direkt wirkenden Lenoirmaschine, denn auch beim neuen Ottoschen Motor konnte das expandierende Gas sich nicht rascher ausdehnen als die Kurbelbewegung es zuließ. Otto erklärte die günstigere Wirkung des neuen Motors damit, daß die vom vorigen Spiele verbrannten Gase im Zylinder zurückblieben und zwischen dem neu angesaugten Gemische und dem Kolben ein elastisches Polster bildeten.

Die Verwendung der **Vorkompression** und des **Viertaktes** war bei Reithmann schon als bekannt angesehen und in den Patenten aberkannt. Dafür schlug sich die Deutzer Fabrik auf die Großmaschine und eröffnete damit dem Gasmotor Gebiete, die bisher nur der Dampfmaschine vorbehalten waren.

II. Verpuffungsmaschinen mit Gasen.

[331] Für die Erhöhung des thermischen und damit auch des praktischen Güteverhältnisses der Gasmaschine kommt es nun auf die Vergrößerung der Kompression an. Freilich allzuweit konnte man mit der Erhöhung der Vorkompression nicht gehen, weil sonst die Temperatur gegen Ende des Verdichtungshubes über den Entzündungspunkt des Gasgemisches steigt und **Vorentzündungen** des letzteren eintreten. Dadurch wird der Kolbenrückgang plötzlich gehemmt, so daß die Maschine zum Stehen kommen muß. Bei dem stets erforderlichen Andrehen der Maschine, was bei kleineren Maschinen immer von Hand geschieht, konnte die Kurbel durch Vorzündungen sogar rückwärts geschleudert werden und die Arbeiter in Gefahr bringen. Erfahrungsgemäß treten Vorzündungen schon bei Leuchtgasgemischen bei siebenfacher Kompression ein.

Ein großer Fortschritt war es, als man in den 90er Jahren mehr und mehr dazu überging, statt des teueren Leuchtgases billigere Brenngase zu verwenden. Zunächst versuchte man das sog. **Wassermischgas,** I. Fachband [491, 4], wobei man erkannte, daß dieses Brenngas in leichtester Weise erhalten werden kann, indem man den Gasmotor selbst Luft und Wasserdampf saugen ließ.

Auch mit eigentlichem **Generatorgas** (I. Fachband [491, 5]) lassen sich Gasmaschinen recht gut betreiben, sobald es sich um einigermaßen große Anlagen handelt. Eine ganz besondere Bedeutung hat aber der Gasmotorenbetrieb mit **Hochofen-** und **Gichtgas** in den letzten Jahrzehnten gewonnen (I. Fachband [491, 7]). Bekanntlich produziert ein Hochofen für jede Tonne Roheisen im Mittel 4500 m^3 Gichtgas, welches als unreines Gichtgas anzusehen und durchschnittlich einen Heizwert von 800 Cal pro m^3 hat. Ungefähr die Hälfte wird zur Heizung der Winderhitzer verbraucht, während der Rest für Gebläsemaschinen verwendet wird.

Sobald man daher Großgasmaschinen bauen konnte, suchte man die Gichtgase mit ihnen auszunutzen und erreichte genau so leicht die dreifache Arbeitsleistung gegen Verbrennung der Gase in den Kesseln. Selbstverständlich müssen die Maschinen für geringwertige Gase etwas anders eingerichtet sein, als Leuchtgasmaschinen, insbesondere in betreff des Einlaß- und Mischapparates.

Alle Maschinen für geringwertige Gase erhalten elektrische und meist magnetelektrische Zündungen, deren sehr heiße, im Zylinder selbst an einem gesteuerten Abreißkontakt überspringende Funken auch die gasärmsten Gasmischungen sicher zünden. Die elektrischen Zündungseinrichtungen verdrängen übrigens auch bei den Leuchtgasmaschinen alle anderen.

[332] Leuchtgas.

a) Die Herstellung des Leuchtgases ist im Grunde genommen außerordentlich einfach.

Die Steinkohlen — solche werden fast durchgängig zur Leuchtgasbereitung benutzt — werden in großen Gefäßen, sog. **Retorten,** die früher aus Eisen, neuerdings wohl meistens aus Schamotte bestehen, luftdicht verschlossen und in diesen Gefäßen bis zur Weißglut erhitzt. Hierdurch entwickelt sich aus den Kohlen ein Gas, welches trotz der großen Hitze nicht verbrennen kann, weil eben der zur Verbrennung unbedingt erforderliche Sauerstoff, d. h. **atmosphärische Luft** fehlt. Das Gas wird hierauf gekühlt, macht verschiedene Reinigungsvorgänge durch und wird schließlich in großen Behältern, **Gasometer** genannt, für den Gebrauch aufgespeichert. Das, was nach Austreibung des Gases aus den Steinkohlen zurückbleibt, sind die bekannten **Gaskoks,** welche zum Teil in der Gasanstalt selbst zum Anheizen der Retorten wieder benutzt werden.

b) Die Zusammensetzung des Leuchtgases, welche aus vielen einzelnen, innig miteinander vermischten Gasen besteht, ist eine verschiedene und stark wechselnde, je nach der Beschaffenheit der Kohle und nach Art der Zubereitung oder, wie man sagt, der **Destillation.** Die Hauptbestandteile des Leuchtgases nach der Reinigung bilden erstens die sog. schweren **Kohlenwasserstoffe,** ferner Wasserstoff, Kohlenoxyd und geringe Mengen von Sauerstoff und Stickstoff. Der Gehalt an Kohlenoxyd ist es namentlich, der das Leuchtgas so außerordentlich giftig macht. Der bekannte scharfe Geruch des Leuchtgases muß daher als willkommenes Warnungsmittel bezeichnet werden. Diese Warnung ist besonders deshalb so eindringlich, weil das Leuchtgas sich sehr leicht und schnell mit Luft vermischt, so daß der Geruch sich schnell auf weite Strecken verbreitet. Diese rasche und innige Verbindung mit Luft — man nennt sie **Diffusion** — ist eine sehr wertvolle Eigenschaft der Gase, auf der nicht zum geringsten Teil die Möglichkeit beruht, das Leuchtgas in unseren Maschinen zur Krafterzeugung zu verwenden.

c) Für die Verbrennung eines Brennstoffes brauchen wir nämlich Luft, und zwar ist diese Verbrennung um so vollkommener, je vollkommener der Brennstoff mit Luft gemengt ist. Es würde also, wenn in den Gasmaschinen nicht sofort eine innige Vermischung der Luft mit dem Leuchtgase stattfände, ein beträchtlicher Teil des Gases mit Luft nicht in Berührung kommen, er würde nicht verbrennen können und unverbrannt, d. h. unausgenutzt aus der Maschine entweichen.

Die wichtigste Eigenschaft des Leuchtgases aber, auf welcher seine Verwendung zu Kraftzwecken beruht, ist die, daß es, mit Luft vermischt und in geschlossenen Räumen zur Entzündung gebracht, unter starker Druckentwicklung verbrennt oder, wie man sagt, **verpufft.** Diese Druckentwicklung gründet sich darauf, daß durch die Verbrennung eine große Menge Wärme frei wird, durch welche die **Temperatur** und damit die **Spannung** der entstehenden Gase gesteigert wird.

Die Höhe der durch die Verpuffung entstehenden Temperatur und Spannung wird eine verschiedene sein, je nach dem Verhältnis, in welchem Gas und Luft miteinander gemischt sind; die größte Druckentwicklung wird offenbar dann stattfinden, wenn dem Gase gerade so viel Luft beigemischt ist, als zur vollständigen Verbrennung aller Gasteilchen nötig ist. Man spricht dann vom **„stärksten Gasgemisch“.** Enthält es **weniger** Luft, so werden einzelne Gasteilchen unverbrannt bleiben. Ist **zuviel** Luft vorhanden, so wird zwar die Verbrennung eine sehr vollkommene sein, aber ein Teil der entstandenen Wärme wird dann dazu verwendet, um die überschüssige Luft mit zu erwärmen. Er geht also für die Steigerung der Druckwirkung verloren. Wird das Verhältnis von Luft zu Gas noch größer, so kommt man schließlich an eine Grenze, bei welcher das Gemisch aufhört, **entzündbar** zu sein, und ebenso wird es natürlich eine **geringste Luftmenge** geben, welche einer bestimmten Gasmenge beigemischt werden muß, damit es überhaupt entzündbar ist.

Auch auf die Zeitdauer einer solchen Verpuffung hat das Mischungsverhältnis zwischen Gas und Luft einen wesentlichen Einfluß, derart, daß mit zunehmender Verdünnung des Gemisches auch die Zeit zunimmt, welche für die vollständige Verbrennung des ganzen Gemisches notwendig ist. Da diese Zeiten durchaus nicht von so unmeßbar kurzer Dauer sind, folgt daraus, daß man solche **Verpuffungen** nicht als **„Explosionen"** bezeichnen kann.

Bei der Verpuffung des schwächsten Gasgemisches kann von einer Explosion schon deshalb nicht gesprochen werden, weil der Kolben in der Regel seinen Hub nicht beendet haben würde, bevor die Verpuffung zu Ende ist. Weiters zeigt sich hier die Notwendigkeit einer künstlichen Abkühlung der Zylinderwandung, die bei allen Gasmaschinen notwendig ist. Welches auch der Kreisprozeß sein möge, denn in den Gasmaschinen oder Petroleum-, Benzin- oder Spiritusmaschinen zur Anwendung gelangten, treten immer so hohe Temperaturen auf, daß die Zylinderwandungen künstlich gekühlt werden müssen. Man umgibt den Arbeitszylinder mit einem Mantel, durch **den Wasser in ununterbrochenem Strom hindurchgeleitet** wird. Freilich ist mit einer solchen Kühlung ein großer Wärmeverlust oder auch Arbeitsverlust verbunden. Dieser Verlust, der heute fast die Hälfte der ganzen Wärme bildet, muß möglichst herabgemindert werden. Die Wirtschaftlichkeit der Gaserzeugung, zu welchem Preise ein Gaswerk die Wärmemengen abgeben kann, hängt von der Größe des Gaswerkes ab; ferner ist es klar, daß bei schwacher Inanspruchnahme die Erzeugung des Gases eine ungünstigere sein wird als in den Tagen voller Benutzung; dann hängt die Ausnutzungszahl auch vom Verkaufspreis der Nebenerzeugnisse, Koks und Teer, ab. Der Wert des Ammoniaks kommt hier auch in Betracht. Wenn es auch keinen Heizwert hat, hat doch der Verkaufswert Einfluß auf die Herstellungskosten.

[333] Kraftgas (Druckgas).

Mißlich ist beim Leuchtgas nur die stete Abhängigkeit von der Gasanstalt. Deshalb hat das von **Dawson** erfundene **Kraftgas** eine große Verbreitung gefunden. Die ursprüngliche Herstellungsweise besteht darin, daß man in einem kleinen Dampfkessel Dampf von 4—6facher Spannung erzeugt und diesen Dampf, mit Luft gemischt, durch eine Schicht glühender Kohlen durchströmen läßt. Ein Teil der vom Dampfe mitgerissenen Luft liefert hierbei den Sauerstoff, welcher zur Verbrennung des im Generator befindlichen Brennstoffes nötig ist, während der andere Teil der Luft, ebenso wie der Wasserdampf bei dem Hindurchstreichen durch die glühenden Kohlen eine chemische Zersetzung erleidet und in Verbindung mit dem freiwerdenden Kohlenoxyd ein brennbares Gas bildet, das in einem Behälter aufgefangen wird. Der Gaserzeuger muß natürlich von Zeit zu Zeit mit neuen Brennstoffen beschickt werden, und zwar nur mit **Anthrazit** oder **Koks,** nicht aber mit **Gaskohlen,** weil bei letzteren Teer und Ammoniak schwer zu beseitigen wären.

Das so hergestellte **„Dawsongas"** ist ein farbloses und fast geruchloses Gas, welches mit nichtleuchtender bläulicher Flamme verbrennt. Wegen seines bedeutenden Gehaltes an Kohlenoxyd ist es sehr giftig. Die Wärmeausnutzung ist ganz vorzüglich, weil der Heizwert des Kraftgases etwa 85% des Heizwertes des Brennstoffes beträgt. Der Heizwert des Dawsongases beträgt etwa im Mittel 1200 WE für das m^3. Der Brennstoffbedarf, der gewöhnlich in kg pro 1 PS-St. angegeben wird, beträgt bei kleinen Maschinen ca. 0,65 kg, bei größeren Maschinen etwa 0,45 kg Anthrazit.

[334] Sauggas.

Das Mißliche beim Dawsongas ist immer der Dampfkessel, nicht nur weil bei ihm Wärme verlorengeht und weil er noch andere Übelstände hat, die bei Gasmaschinen vermieden werden sollen. Hierbei verwendet man die Wärme der aus dem Gaserzeuger mit hoher Temperatur entweichenden Gase dazu, das für die Gasbildung benötigte Wasser zu verdampfen. Während ferner bei dem Dawsongas die Luft durch den Gaserzeuger mit Hilfe des hochgespannten Dampfes hindurchgedrückt wird, benutzt man hier die saugende Wirkung des Maschinenkolbens, um bei jedem Saughube Luft in den Gaserzeuger zu saugen, wobei aber die Luft, bevor sie in den Gaserzeuger tritt, über das durch die abziehenden Gase erwärmte Wasser streicht und so mit Wasserdampf gesättigt wird.

Das auf diese Weise erzeugte Dawsongas heißt auch **Sauggas,** während man das früher erwähnte auch **Druckgas** nennt.

Der Vorteil einer Sauggasanlage besteht in dem Fortfall des Dampfkessels, dann aber auch in dem Fortfall des großen Gasbehälters, der hier ganz unnötig ist, **weil ja die Maschine wegen ihrer Abhängigkeit zwischen Saugwirkung des Kolbens und Gaserzeugung immer nur so viel Gas erzeugt, als sie verbraucht.**

Anfangs war es auch hier nur möglich, sog. bitumenfreie Brennstoffe **Anthrazit** und **Koks** zu verwenden, heute kann man wohl jeden Brennstoff dazu benutzen.

III. Verpuffungsmaschinen für flüssige Brennstoffe.

Die bisher besprochenen Gasmaschinen sind an das Vorhandensein einer Gasanstalt mit mehr oder weniger verzweigtem Rohrnetze gebunden. Durch die Erfindung der Sauggasanlage wurde es zwar ermöglicht, Gasmaschinen auch ohne Gasanstalt zu bauen, dadurch ging aber der Vorteil der Einfachheit verloren. Man versuchte daher, Maschinen herzustellen, welche sich das Betriebsgas selbst zubereiten und wählte dazu die **Destillationsprodukte des sog. Rohpetroleums, Benzin** (gewöhnliches Lampenpetroleum), später **Spiritus** und in jüngster Zeit die **Destillationsprodukte der Steinkohle (Benzol** und **Teeröl).** Siehe Vorstufe [383, 384, 394].

Die genannten Flüssigkeiten haben die Eigenschaft, daß ihre Dämpfe, mit Luft gemischt, unter Druckentwicklung verbrennen. Die verhältnismäßige Einfachheit, mit welcher sich unter Verwendung jener Betriebsmittel ein zur Krafterzeugung geeignetes Verpuffungsgemisch herstellen läßt, hat zum Bau der **Benzin-, Petroleum-** und **Spiritusmaschinen** geführt.

Die flüssigen Brennstoffe haben den Vorzug, daß sie gehaltvoller sind, weil ihr Heizwert mit Ausnahme des Spiritus im Mittel etwa 10000 WE für das kg beträgt, daher 2—3mal so groß als Steinkohle und Koks und die Fortbewegung und Aufbewahrung viel zweckmäßiger ist.

Sieht man ab von der Erzeugung des Gasgemisches, so unterscheiden sich diese Maschinen fast gar nicht von der gewöhnlichen Gasmaschine in bezug auf Viertakt, Zündung und Regulierung.

[335] Die Destillationserzeugnisse des Rohpetroleums.

Das Rohpetroleum (**Stein-** oder **Erdöl**) ist ein dickflüssiges Öl, welches in Amerika (Pennsylvanien und Kanada), ferner in Europa (Baku) gewonnen wird. Es sind Überreste pflanzlichen und tierischen Ursprunges, die durch Fäulnis verwandelt wurden. Das aus Bohrlöchern durch Pumpen gewonnene **Rohpetroleum** wird in der Technik wenig verwendet, dagegen haben dessen Erzeugnisse, vor allem das gewöhnliche **Lampenpetroleum,** eine große Bedeutung erlangt. Erhitzt man das Rohpetroleum in geschlossenen Behältern, so werden sich diejenigen Bestandteile in Dampf verwandeln, deren Siedepunkt am niedrigsten liegt. Die so gewonnenen Erzeugnisse teilt man in Gruppen ein. In Gruppe I, welche bei Temperaturen bis zu 150° C übergehen, ist **Benzin** das wichtigste, hat ein spez. Gewicht von 0,7 und geht zur Krafterzeugung zollfrei in Deutschland ein.

Zu Gruppe II gehören alle Stoffe, die bei 150 bis 300° C übergehen; sie werden nicht gesondert abgefangen, sondern bilden in ihrer Gesamtheit das gewöhnliche **Lampenpetroleum.** Bei weiterer Destillation sondern sich die Stoffe der III. Gruppe, der **Gasöle,** ab, deren Heizwert etwas über 10000 WE/kg beträgt; dann später noch die **Maschinenschmieröle** und endlich das **Vaselin.**

[336] Benzol.

Die schon erwähnten Koksofengase enthalten Kohlenwasserstoffverbindungen, aus denen man auch **Benzol** gewinnt. Es ist dem Benzin sehr ähnlich, braucht nicht vom Auslande eingeführt zu werden. Aus dem Benzol wird neuerdings **Ergin** abdestilliert, welches zu Heizzwecken weniger gefährlich ist.

[337] Spiritus.

Der gewöhnliche **denaturierte Spiritus** hat als Betriebsmittel für Gasmaschinen namentlich in der Landwirtschaft Verwendung gefunden. Er liegt zwischen Benzin und Petroleum, aus dem sich leichter ein geeignetes Verpuffungsgemisch erzeugen läßt als beim gewöhnlichen Petroleum. Sein Heizwert liegt etwas über der Hälfte von Benzin und kann mit 5500 WE/kg angenommen werden.

Viel verwendet wird heute eine Mischung mit 20% Benzol; der Heizwert ist 6200 WE/kg.

[338] Schweröle.

Hierzu gehören die **Paraffin-** und **Solaröle,** die durch Destillation der Braunkohle gewonnen werden, dann das **Gasöl** und der **Teer.** Alle diese Öle, deren Vorzug die schwere Entzündbarkeit und Ungefährlichkeit bilden, haben eine Bedeutung erst erhalten durch die **Dieselmaschine,** zu deren Betrieb sie hauptsächlich verwendet werden. Der Heizwert beträgt 9000—10000 WE/kg.

[339] Benzin- und Benzolmaschine.

Die einfachste Art aus so leichtflüchtigen Stoffen ein zur Krafterzeugung in Gasmaschinen geeignetes Verpuffungsgemisch zu bilden, besteht darin, daß man Luft durch eine Schicht von Benzin hindurchsaugt. Sie sättigt sich dabei so stark mit Benzindämpfen, daß schon dadurch ein Verpuffungsgemisch zustande kommt, welches kurz vor Eintritt in die Maschine durch nochmaligen Zutritt von Luft verdünnt, ohne weiteres in der Gasmaschine verwendet werden kann. Diese Methode hat nur den Nachteil, daß bei längerer Betriebsdauer keine Gleichmäßigkeit des Gasgemisches zu erzielen ist, weil sich die angesaugte Luft immer noch mit den leichteren Benzindämpfen sättigt.

Besser ist in dieser Beziehung die heutige Art der **Gemischbildung,** daß man die für jede Ladung erforderliche Benzinmenge abgesondert und die vom Kolben angesaugte Luft fein verteilt beimischt.

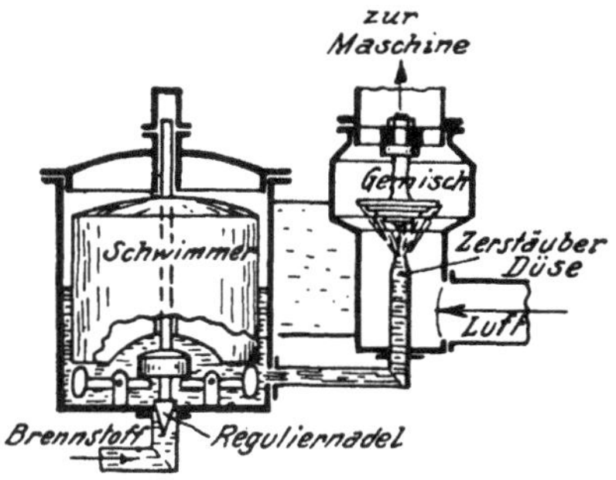

Abb. 285
Benzolmaschine

Natürlich ist diese Art nicht mehr so einfach. Abb. 285 zeigt den **Schwimmer,** durch welchen lose eine Nadel hindurchgeht, die unten in einer Spitze endigt. Diese Nadel schließt durch eigene Schwere eine Bodenöffnung, durch welche beim Aufheben der Nadel neuer Brennstoff aus dem höherstehenden Behälter eintreten kann. An das Gehäuse ist eine **Zerstäuberdüse** angeschlossen, in welcher nach dem Gesetze der kommunizierenden Röhre der Brennstoff ebenso hoch steht wie im Gehäuse. Findet nun der Saughub in der Maschine statt, so entsteht in dem Raum über der Düse ein Unterdruck: der Brennstoff tritt aus der Düse heraus, wird von der gleichzeitig eindringenden Luft erfaßt und in feinste Teilchen zerstäubt. Infolge dieser feinen Zerstäubung verdunstet der Brennstoff und bildet so mit der angesaugten Luft das **Verpuffungsgemisch.** Beim Ansteigen des Schwimmers wird dann durch Sinken der Nadel der Zufluß von Brennstoff selbsttätig wieder abgestellt. Der Brennstoff steht somit in der Düse immer gleich hoch, wodurch bei gleich starkem Ansaugen immer die gleiche Menge Brennstoff in den Zylinder gelangt. Auf eine andere Weise wird das Zerstäuben des Brennstoffes bei **Körting** erreicht (Abb. 286). In einem Zylinder befindet sich ein **Ansaugekolben,** dessen oberer Teil eine Scheibe bildet, während der untere Teil ringförmig gestaltet ist.

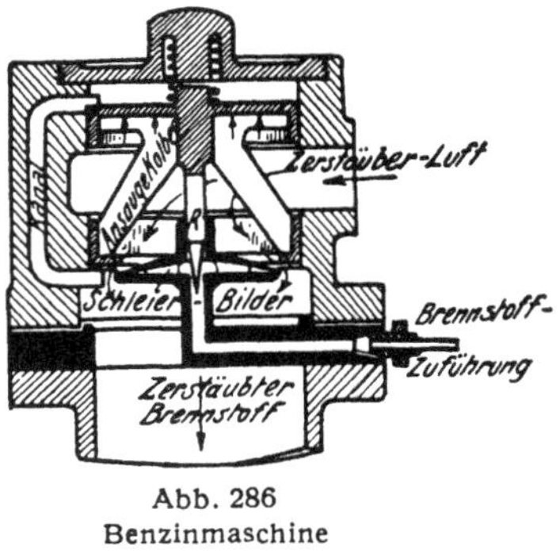

Abb. 286
Benzinmaschine

An dem Kolben befindet sich ferner die Reguliernadel, welche bei tiefster Stellung des Kolbens die Brennstoffzuführung abschließt, wobei gleichzeitig der untere Teil des Kolbens auf dem tellerförmigen **Schleierbilder** aufsitzt. Tritt nun in der Maschine der Saughub ein, wird der Kolben durch den Druck der Außenluft in die Höhe gedrückt. Dadurch tritt aber der aus einem höherstehenden Behälter zufließende Brennstoff in einen tellerförmig dünnen

Schleier auf dem Umfange des Schleierbilders aus, wird durch die Luft zerstäubt und bildet so das Verpuffungsgemisch. Die Maschinen sind sehr einfach, aber höchst feuergefährlich.

Der den Benzin- und Benzolmaschinen gemeinsame Übelstand besteht in der **großen Feuergefährlichkeit** des Betriebsmittels. Jede Undichtheit der Leitungen und der Behälter muß vermieden werden, und auch das Einfüllen des Benzins muß mit Vorsicht geschehen unter Fernhaltung aller brennenden Flammen. Dies ist auch der Hauptgrund, warum man in neuerer Zeit fast durchgängig die elektrische Zündungsart anwendet, da die für eine Glührohrzündung erforderliche Zündflamme bei mangelnder Vorsicht die Ursache gefährlicher Explosionen werden kann.

Der Vorteil der besprochenen Maschine gegenüber der Gasmaschine besteht in ihrer Einfachheit. Generator, Gasuhr und Gasdruckregler fallen fort und bei entsprechender Vorsicht sind die Benzin-, Benzol- und Erginmaschinen wegen ihrer Einfachheit der Gasmaschine an Betriebssicherheit nicht nur gleich sondern überlegen.

Nicht ganz so leicht gelang es, schwer siedende Erdöldestillate, z. B. gewöhnliches Lampenpetroleum, als Triebmittel für Verbrennungsmaschinen zu verwenden.

[340] Petroleummaschinen.

Die große Feuergefährlichkeit des Benzins hat zu Bestrebungen geführt, Wärmekraftmaschinen mit Petroleum zu betreiben. Daß diese Versuche nicht glückten und selbst heute noch die gewöhnliche Petroleummaschine nicht die Betriebssicherheit guter Benzinmaschinen hat, liegt daran, daß die Bildung eines brauchbaren Verpuffungsgemisches mit Petroleum weit schwieriger ist als mit Benzin. Da nämlich das Petroleum bei 170—300° C gewonnen wird, enthält es nur Bestandteile, die bedeutend schwerer flüchtig sind als die Bestandteile des Benzins. Infolgedessen verdunstet auch Petroleum bei gewöhnlicher Temperatur so gut wie gar nicht, und seine Entzündungstemperatur liegt etwa bei 60°. Es muß daher Petroleum in dampfförmigen Zustand übergeführt werden und dann erst bildet es mit Luft ein brauchbares Verpuffungsgemisch. Man verwendet dazu denselben Schwimmervergaser wie früher, läßt ihn aber nicht sofort mit Petroleum an, sondern mit Benzin und erst, wenn die Maschine genügend warm geworden ist, läßt man an Stelle des Benzins Petroleum in den Vergaser. Ein großer Übelstand ist die Verwendung von zwei Brennstoffen, von denen Benzin so feuergefährlich ist. Darum hat eine andere Konstruktion viel Verwendung gefunden (Abb. 287). Das Gestell dieser **Zweitakt-Glühkopfmaschine** ist allseitig geschlossen und besitzt bei *S* ein Luftansaugeventil, durch welches von dem hochgehenden Kolben Luft von außen in das Innere des Maschinengestelles eingesaugt wird. Kurz bevor der Kolben in seiner höchsten Lage angekommen ist, wird oben durch eine kleine Pumpe Brennstoff, also hier Petroleum, gegen den Glühkopf gespritzt, welcher in rotglühendem Zustande gehalten werden muß. Das Petroleum verdampft sofort an den glühenden Wandungen, vermischt sich mit der über dem Kolben befindlichen verdichteten Luft und wird durch den Glühkopf in Verbindung mit der durch die Verdichtung entstehenden Wärme entzündet. Der nach abwärts getriebene Kolben legt nun den Kanal *A* frei, durch welchen die verbrannten Gase entweichen. Im nächsten Augenblicke öffnet der Kolben einen Kanal, der das Innere des Maschinengestelles mit dem Raume über dem Kolben verbindet. Durch den abwärts gehenden Kolben wurde nämlich die vorher in das Maschinengestell angesaugte Luft verdichtet, und diese verdichtete Luft strömt durch den geöffneten Kanal in den Zylinder und spült die verbrannten Gase aus dem Zylinder hinaus. Beim Aufwärtsgange des Kolbens befindet sich daher im Zylinder nur reine Luft, welche vor dem aufwärts gehenden Kolben weiter verdichtet wird und mit dem eingespritzten Petroleum das Verpuffungsgemisch bildet. Wie man sieht, findet hier bei **jeder** Umdrehung, also bei jedem **zweiten** Takte ein Arbeitshub statt **(Zweitaktmaschine).** Soll die Maschine in Gang gesetzt werden, so muß zunächst der Glühkopf in rotglühenden Zustand versetzt werden. Dies geschieht mit Hilfe einer besonderen Lampe nach Art der Lötlampen, deren Stichflamme nach Öffnung des Deckels der Glühhaube auf den Glühkopf gerichtet ist. Ist der Glühkopf nach 15—20 Minuten erwärmt, so kann die Maschine angelassen werden, worauf dann der Glühkopf durch die aufeinanderfolgenden Zündungen eine genügend hohe Temperatur beibehält. Die Maschine ist sehr einfach, nur muß erst der Glühkopf mit einer offen brennenden Flamme angewärmt werden, was einen Zeitverlust und eine gewisse Feuersgefahr mit sich bringt.

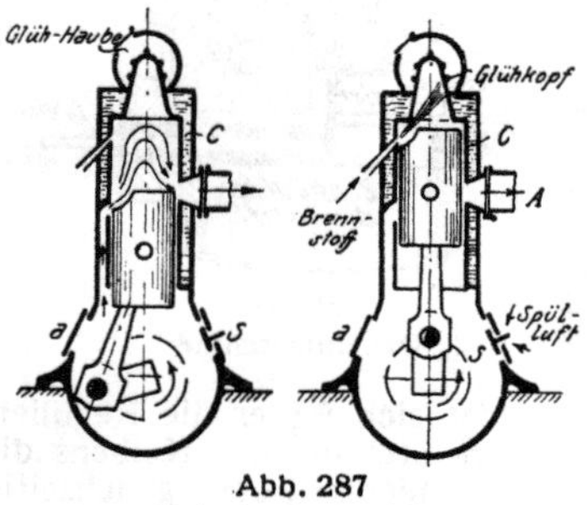

Abb. 287
Petroleummaschine

Nachteile der Petroleummaschinen sind, daß der Kolben geschmiert werden muß, wenn die Maschine nicht zum Stillstande kommen soll, und das kühlt die Maschine so, daß sich der Petroleumdampf niederschlägt. Dann ist der üble Geruch, der besonders bei offenen Gestellen sehr unangenehm ist. Diese nicht verdampften Petroleumteilchen bilden auch die Ursache der Verschmutzung, weil es ihnen an der zur Verbrennung erforderlichen Luftmenge fehlt. Dadurch bildet sich Ruß, außerdem wird der Petroleumverbrauch bei unvollkommener Verbrennung sehr hoch.

[341] Spiritusmaschinen.

Die Bildung eines Ladungsgemisches geschieht bei der Spiritusmaschine ebenso wie bei der Benzin- oder Benzolmaschine. Da aber Spiritus weniger leichtflüchtig ist, so muß er ebenso wie Petroleum verdampft werden. Eine solche Verdampfung bietet gar keine Schwierigkeiten, weil beim Spiritus wesentlich geringere Wärmemengen und Temperaturen nötig sind. Ein Anlassen mit Spiritus ist aber nicht möglich, weil Wärme nur dann zur Verfügung steht, wenn die Maschine einmal im Gange ist. Auch eine Spiritusmaschine muß mit Benzin oder Benzol angelassen werden. Dagegen ist die Verbrennung eine sehr vollkommene. Die Abgase sind fast geruchlos, daher auch keine Verschmutzung und große Betriebssicherheit.

Der Grund, warum die Verbrennung in der Spiritusmaschine eine so vollkommene ist, ist der, daß es schon recht niedriger Temperaturen bedarf, um aus dem Gemisch von Luft und Spiritusdampf durch Abkühlung ein Niederschlagen des Spiritusdampfes zu erreichen.

Eine weitere Eigentümlichkeit der Spiritusmaschine ist die weitgehende Verdichtung, welche hier im Verlaufe der Viertaktwirkung vor der Zündung möglich ist und bis zu 15 Atm. und darüber getrieben werden kann, während z. B. für Benzinmaschinen der höchste zulässige Verdichtungsdruck nur etwa 5—6 Atm., bei Petroleummaschinen nur etwa 4 Atm. beträgt. Der Grund für die Möglichkeit einer so hohen Verdichtung beim Spiritusluftgemisch liegt zum Teil darin, daß Alkohol an und für sich weniger starke Verpuffungsgemische bildet, dann aber hauptsächlich darin, daß Spiritus ja immer Wasser enthält, durch dessen Verdampfung im Augenblick der Verpuffung ein Teil der erzeugten Wärme gebunden wird, wodurch die Heftigkeit des Verpuffungsstoßes wesentlich gemildert wird.

Die Möglichkeit einer sehr hohen Verdichtung vor der Zündung ist aber der Grund für eine Wärmeausnutzung, die nur noch von der Dieselmaschine übertroffen wird. Dem Vorteil der guten Verbrennung und der dadurch bewirkten Betriebssicherheit steht allerdings der hohe Preis der mit Hilfe des Spiritus betriebenen Maschine gegenüber. Sie läßt sich nur für landwirtschaftliche Zwecke empfehlen.

IV. Gasmaschinen mit langsamer Verbrennung (Dieselmotoren).

[342] Allgemeines.

Nach dem zweiten Hauptsatze der mechanischen Wärmetheorie wird von einer zur Verfügung stehenden Wärmemenge ein um so größerer Betrag in mechanische Arbeit umgesetzt, je größer die Temperaturdifferenz ist, in welche der Rest der Wärmemenge gleichsam herabsinkt. Eine Wärmemenge wird daher in einem Motor am besten ausgenutzt, wenn alle seine Teilbeträge bei der höchsten im Motor auftretenden Temperatur, also bei einer bei dieser Temperatur verlaufenden **isothermischen** Zustandsänderung zugeführt wird. Während das im Motor arbeitende Gas von der einen zur anderen Temperatur übergeht, darf Wärme weder zugeführt noch entzogen werden; diese Übergänge haben also **adiabatisch** zu geschehen, und wir sehen demnach, daß der Kreisprozeß des theoretisch vollkommensten Motors der sog. **Carnotsche Kreisprozeß** sein müßte. Es erregte ein gewisses Befremden, als der auf so tragische Weise verunglückte Ingenieur **Diesel** für einen nach dem Carnotschen Prozeß arbeitenden Verbrennungsmotor eintrat, bei dem zunächst die Verbrennungsluft allein isothermisch, dann adiabatisch so stark bis auf etwa 30 Atm. komprimiert werden sollte, daß die Temperatur weit über den Entzündungspunkt des benutzten Brennmaterials stieg. **Diesel** dachte dabei nicht nur an Öl sondern auch an Kohlenpulver. Jetzt sollte dieses Material in solchem Tempo in die hoch erhitzte Luft, in der es sofort verbrannte, eingeführt werden, daß deren Temperatur und die Expansion konstant blieb, die Expansion also während der Wärmezufuhr isothermisch erfolgte. Zu rechter Zeit mußte die weitere Zufuhr des Brennmateriales unterbrochen werden, so daß während des letzten Teiles des Kolbenausschubes adiabatische Expansion erfolgte, wodurch Spannung und Temperatur auf die der äußeren Luft herabsanken. Das Ergebnis war anfangs wenig ermutigend; erst als man von der strengen Durchführung des Carnotschen Prozesses absah und durch vorzeitiges Abbrechen der Expansion die Zylinderabmessungen verkleinerte und durch andere Regelung der Ölzufuhr den Anfangsdruck im ersten Teile des Kolbenausschubes einigermaßen konstant erhielt, ihn wenigstens nicht so rasch sinken ließ wie bei isothermischer Expansion, ergab sich eine wirtschaftlich arbeitende Maschine, die ein weiteres Anwendungsgebiet errang. Der Arbeitsgang eines modernen Dieselmotors ist nun der folgende: Die Maschine saugt beim ersten Kolbenausschube **nur Luft** an, komprimiert sie beim Rückgange auf etwa 30 Atm., wobei ihre Temperatur theoretisch auf $T_2 = T_1 \cdot 30^{0.35} \sim 288 \cdot 30^{0.35} = 947^0$ abs. oder 674^0 C steigt, in Wirklichkeit noch etwas höher, wegen der Wärmezufuhr aus der vom vorigen Spiele noch heißen Zylinderwand. Nun wird durch eine äußerst präzis gearbeitete und durch den Regulator beeinflußte Druckpumpe das für einen Hub erforderliche Brennöl in den Zylinder gespritzt, wo es in der hoch erhitzten Luft sofort und vollständig verbrennt. Trotz der beim nun folgenden treibenden Kolbenausschub einsetzenden Expansion bleibt der Druck auf etwa 0,1 des Kolbenweges annähernd konstant, die Temperatur steigt also noch infolge Nachbrennens des Öles. Dann sinkt beim weiteren Ausschube des Kolbens der Druck nach einer annähernd adiabatischen Kurve, bis kurz vor Erreichung der äußersten Ausschubstellung des Kolbens das Auspuffventil geöffnet wird und der Druck sofort auf die Auspuffspannung sinkt. Der rückkehrende Kolben schiebt die verbrannten Gase aus dem Zylinder in die Auspuffleitung und ist nun bereit, ein neues Spiel durch Ansaugen frischer Luft einzuleiten.

Wie man sieht, weicht diese „Gleichdruckverbrennungsmaschine" recht erheblich von der Carnotschen ab. Sein thermischer Wirkungsgrad ist demnach auch niedriger als der des letzteren bei gleichbleibenden Temperaturen; dagegen konnte der mechanische Wirkungsgrad auf annehmbare Höhe (etwa 75%) gebracht werden.

Der wirtschaftliche Wirkungsgrad des modernen Dieselmotors ist 55—60%, also auch recht gut gegenüber den besten Gasmaschinen. An Rohpetroleum verbraucht der Motor etwa 0,25 kg für die Pferdekraftstunde. Daher ist die Verbrennung so vollständig, daß die Auspuffgase fast geruchlos und unsichtbar sind.

[343] Hohe Verdichtung.

Um den Fortschritt zu verstehen, welcher in der Arbeitsweise der Dieselmaschine liegt, muß vor allem auf die Tatsache hingewiesen werden, daß bei allen Gasmaschinen der thermische Wirkungsgrad der Maschine, d. h. das Verhältnis der in Arbeit umgewandelten Wärmemenge zur gesamten Wärmemenge um so höher wird, je kleiner das Volumen ist, bei welchem die Zündung stattfindet oder daß die der **Maschine zugeführte Wärme um so besser ausgenutzt wird, je höher die Verdichtung vor der Zündung getrieben wird.** Wenn man auch in neuerer Zeit mit der Verdichtung höher hinaufgeht, so ist man doch mit Rücksicht auf vorzeitige Selbstentzündung des Gasgemisches an enge Grenzen zwischen 4 und 15 Atm. gebunden. Da nun bei der Dieselmaschine die Verdichtung vor der Zündung bis auf 35 Atm. Überdruck getrieben wird, so muß auch der thermische Wirkungsgrad der Dieselmaschine höher sein. **Große Dieselmaschinen verbrauchen 1800 WE für 1 PS-St.** Dies gibt einen wirtschaftlichen Wirkungsgrad von $\frac{632}{1800} = 0{,}35$ oder **35%**. Das Mittel, das Diesel anwendete, um **ohne Gefahr einer vorzeitigen Selbstentzündung** eine derartig hohe Verdichtung vor der Zündung zu ermöglichen, bestand darin, daß er den Brennstoff nicht schon während des Ansaugehubes der Luft beimischte, **sondern die Maschine nur reine Luft ansaugen und diese Luft allein bis auf die vorher angegebene Höhe verdichten ließ.**

[344] Arbeitsweise der Dieselmaschine.

Geht der Maschinenkolben (Abb. 288) nach abwärts, so saugt er während des ganzen Hubes reine Luft an. Während des zweiten Hubes verdichtet dann der nach aufwärts gehende Kolben bei geschlossenen Ventilen die angesaugte Luft bis auf etwa 30—35 Atm., wodurch die Temperatur der Luft bis weit über die Entzündungstemperatur der meisten Brennstoffe, d. h. bis über 600° C gesteigert wird. Ist der Kolben im oberen Totpunkte angekommen, so beginnt die Zuführung des Brennstoffes. In fein verteiltem Zustande während des Kolbenzuges in die glühend heiße Luft eingeführt, entzündet sich der Brennstoff in dem Maße, wie er durch das **Einblaseventil** eingeführt wird, augenblicklich und verbrennt in vollkommenster Weise. Dann findet während des übrigen Kolbenhubes ganz wie bei den gewöhnlichen Gasmaschinen eine Ausdehnung der heißen hochgespannten Gase statt. Durch Öffnung des Auspuffventiles verlieren die Gase ihre Spannung und werden dann mit Außenluftspannung aus der Maschine ausgetrieben, worauf das Spiel von neuem beginnt. Der eben besprochene Kreisprozeß weist verschiedene Eigentümlichkeiten auf, durch welche er sich von dem Kreisprozess der Viertaktmaschine unterscheidet.

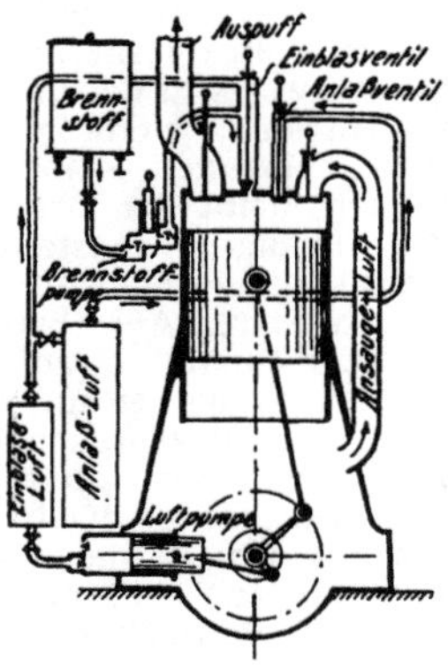

Abb. 288
Dieselmaschine

Auf die bedeutend **höhere Verdichtung vor der Zündung und die damit verbundene Erhöhung des thermischen Wirkungsgrades** wurde bereits hingewiesen. Ein weiterer Vorzug ist die **sichere, zuverlässige Zündung des Brennstoffes, ohne irgendeine Zündvorrichtung an der Maschine.** Dann der Unterschied in der Verbrennung des zugeführten Brennstoffes. **Bei allen anderen Gasmaschinen wird das ganze Ladungsgemisch außerordentlich rasch mit einem Male entzündet. Bei der Dieselmaschine wird der Brennstoff allmählich eingeführt und kann geregelt werden. Während der langsamen Verbrennung bleibt die Spannung dieselbe.**

Neben der guten Wärmeausnutzung hat die Dieselmaschine noch einen weiteren Vorteil, daß ihr wirtschaftlicher Wirkungsgrad bei abnehmender Leistung etwas langsam abnimmt, bei geringem Sinken des Arbeitsbedarfes sogar etwas zunimmt. Der Grund, warum bei Verpuffungsmaschinen der Brennstoffbedarf für die Nutzpferdestärke bei abnehmender Leistung so stark wächst, liegt darin, daß die Verbrennung des angesaugten Gasgemisches immer unvollkommener wird.

Mit Ausnahme der Dieselmaschinen sind die Gasmotoren nicht umsteuerbar und gegen Überlastungen sehr empfindlich.

[345] Großgasmaschine.

Am wichtigsten ist bei Großgasmaschinen die bessere Wärmeausnutzung. Bei Dampfmaschinen ist 0,6 kg Kohle, also 4500 WE für 1 St.-PS_n; heute ist schon der Gasverbrauch etwa 2000 WE für 1 St.-PS_n. Erwägt man, daß nach dem ersten Hauptsatze der mechanischen Wärmetheorie 1 St.-PS einer Wärmemenge von $\frac{75 \cdot 60 \cdot 60}{427} = 632$ WE gleichkommt, so ist bei 4500 WE bei Dampfmaschinen die Wärmeausnutzung

$$\frac{632}{4500} \cdot 100 = \mathbf{14\%},$$

bei Gasmaschinen

$$\frac{632}{2000} \cdot 100 = \mathbf{32\%}.$$

Natürlich kommt die wärmetechnische Überlegenheit der Gasmaschinen bei Hochofen- und Koksofengasmaschinen am meisten zur Geltung.

Die jährliche Roheisenerzeugung ist in Deutschland **13000000 t**, wobei an Gichtgas ca. **1500000 PS** erzeugt werden.

Die jährliche Kokserzeugung beträgt gegenwärtig **26000000 t**, was die Krafterzeugung von **700000 PS** möglich macht.

Der Bedarf an **Schmieröl** ist heute nicht größer als bei der mit Heißdampf betriebenen Dampfmaschine (1—2 g für 1 St.-PS.).

Der Bedarf an **Kühlwasser ist zwar bedeutend,** bei 15° C 35 l/St.-PS_n; **der eigentliche Wasserverbrauch ist aber sehr gering,** weil bei Aufstellung von **Rückkühlwerken** das Kühlwasser immer wieder benutzt werden kann, so daß nur die Verluste mit etwa 2—2,5 l/St.-PS_n zu ersetzen sind.

Unterlegen sind die Großgasmaschinen bisher nur im Sinken des Wirkungsgrades bei abnehmender Leistung, die bereits früher besprochen wurde. Bei Hochofen- und Koksofengasmaschinen kann man im Mittel annehmen, daß der Wärmeverbrauch bei ¾ der Belastung um 8—10%, bei halber Belastung um etwa 30% ansteigt.

Das Anlassen einer Großgasmaschine bietet bei Verwendung von Druckluft weniger Schwierigkeiten als bei großen Dampfmaschinen, bei denen dem Anlassen ein stundenlanges Anwärmen vorhergehen muß. **Nur kann die Gasmaschine nicht unter voller Belastung anlaufen,** was ihre Verwendung zum Förderantriebe und zu schweren Walzwerken unmöglich macht. Dafür hat man die Großgasmaschinen zum Antriebe von **Dynamomaschinen** in Walzwerken verwendet und dadurch die **Zwischenschaltung von elektrischer Energie** zum Betriebe schwerer Walzwerke ermöglicht.

[346] Die letzte Entwicklung der Dieselmaschine.

Das **Antriebsmittel für Dieselmaschinen** war anfänglich in der Hauptsache **Petroleum.** Wenn nun auch der Brennstoffverbrauch ein geringer war, so suchte man auch diesen im Inlande, und man fand in **Solaröl** und in **Paraffinöl**, die durch Destillation der Braunkohlen gewonnen werden, ganz guten Ersatz.

Freilich gingen auch diese Preise wieder in die Höhe, und man ging wieder zu den **galizischen Erdölen** über. Endlich war es aber der Maschinenfabrik Augsburg-Nürnberg gelungen, das **inländische Teeröl** und den **Teer selbst** für Dieselmaschinen zu verwenden. Da dies Stoffe sind, die in Deutschland in gewaltigen und steigenden Massen hergestellt werden, ist kaum eine wesentliche Preissteigerung zu fürchten. Zu beachten ist, daß der Heizwert des Teeres und des Teeröles um 12—15% niedriger ist als der der Gasöle und daß noch kleinere Mengen, etwa 2% des Brennstoffes von sog. Zündöl (Paraffinöl) gebraucht werden, das gleichzeitig mit dem Betriebsbrennstoff in die Maschine bei jedem Hub eingespritzt wird, um eine bessere Zündung des Betriebsbrennstoffes zu erreichen.

Die Bauart der ersten Dieselmaschinen mit aufrechtstehendem Zylinder hatte neben mancherlei Vorzügen u. a. auch den Nachteil, daß die empfindlichen Teile der Maschine, die Steuerungsteile und die Reguliervorrichtung, sehr hoch liegen, was die Überwachung und Instandhaltung erschwert. In den letzten Jahren ging man vielfach zu wagrecht liegenden Zylindern über, was gestattete, Maschinen in Tandemanordnung (zwei Zylinder hintereinander) zu bauen und so unter gleichzeitiger Einführung des doppelt wirkenden Viertaktes eine **Eintaktwirkung** zu erzielen.

[347] Die Dieselmaschine als Schiffsmaschine.

Zum Antriebe kleiner Schiffe war die Benzin- und Benzolmaschine schon lange verwendet worden. Aber wegen baulicher Schwierigkeiten und wegen der Feuergefährlichkeit dieser Betriebsstoffe blieb dieser Betrieb den großen Ozeanschiffen verschlossen. Da war es aber wieder die **Dieselmaschine,** die sich dieses Betriebes bemächtigte, und es scheint, daß wir heute an einem Wendepunkt des Schiffsmaschinenbaues stehen, also **die Dieselmaschine als Antriebsmaschine selbst für große Frachtschiffe verwenden werden.**

Kleinere Schiffsdieselmaschinen sind in großer Zahl für die Unterseeboote mit vielen hundert Pferdekräften gebaut worden. Die **erste unmittelbar umsteuerbare Schiffsdieselmaschine,** welche also selber die Schraubenwelle nach Belieben vor- und rückwärts zu drehen imstande ist, wurde 1905 von Gebr. Sulzer in Winterthur, und zwar als Zweitaktmaschine mit einer Leistung von 100 PS gebaut. 1912 wurde in Deutschland für ein Motorfrachtschiff mit einer Leistung von 1600 PS und jetzt für die Hamburg-Amerika-Linie in Hamburg ein großes Frachtschiff von 8000 t gebaut.

Die Schwierigkeit der Umsteuerung einer Gasmaschine fällt zusammen mit der Schwierigkeit, eine Maschine in Gang zu setzen, da **nämlich die Maschine vor dem Umsteuern zum Stillstand gebracht und dann vollbelastet wieder angelassen werden muß.** Diese Aufgabe läßt sich mit **Preßluft** sehr gut lösen: Angenommen, die Maschine läuft rechts herum, dann wird sie zunächst durch Abstellen der Brennstoffzufuhr stillgesetzt, sodann nach Verstellen gewisser Steuereinrichtungen in Gang gebracht und schließlich durch erneutes Einschalten der Brennstoffzufuhr der regelrechte Gang in gegenseitiger Richtung wieder hergestellt. So umständlich die Sache aussieht, nimmt der ganze Vorgang nur 12—15 Sekunden in Anspruch. Die Vorteile der Dieselmaschine als Schiffsmaschine sind in erster Linie auf wirtschaftlichem Gebiete. Infolge der vorzüglichen Wärmeausnutzung ist der Verbrauch an Brennstoff wesentlich geringer als bei der Dampfmaschine. Ganz abgesehen vom Preise kann der Aktionsradius des Schiffes bedeutend größer sein, weil man das Treiböl immer dort ankaufen kann, wo es am billigsten ist. Auch bei der Maschinenanlage treten große Raumersparnisse ein, weil die Kesselanlage in Wegfall kommt. Nach Prof. Lees kann ein Schnelldampfer von der Größe des Kaiser Wilhelm II. eine Motoranlage von 60000 PS statt der vorhandenen 40000 unterbringen. Er kann dabei in New York Öl nehmen für Hin- und Rückreise, während er jetzt in Bremerhaven und New York Kohlen nehmen muß, und trotz dieser um 50% stärkeren Maschinenleistung und dem um 100° weiterreichenden Brennstoffvorrat wird noch erheblich an Gewicht gespart, also der Tiefgang verringert.

Nach Prof. Lees ist der Ölvorrat der Erde groß genug, um sämtliche Handelsschiffe der Welt mit Kraft zu versorgen.

Die große Zahl von Dieselmaschinen beweist schon die Tatsache, daß der Motorbetrieb ebenso sicher sein muß, wie die altbewährte Kolbendampfmaschine und die Dampfturbine. **Die Frage des Motorschiffes ist heute schon gelöst, wenn auch einige Schwierigkeiten beim Bau zu überwinden sein werden.**

[348] Vorteile und Nachteile der Dieselmaschinen.

Verwendet werden zum Betriebe der Dieselmaschine alle flüssigen Brennstoffe und alle schwerflüchtigen Öle (Paraffinöl, Solaröl), amerikanische Rohöle, Gasöle, Masut, Teeröle, ja sogar der Teer selbst. Die Aufstellung erfordert wenig Raum, ist sehr einfach und betriebssicher, kann in allen Räumen aufgestellt werden; keine Schwierigkeit wegen Fortschaffung der Asche und Schlacke. Beim Stillstand braucht die Maschine keinen Brennstoff, während der Gaserzeuger langsam weiterbrennt.

Übelstände der Dieselmaschine sind, daß sie bei gleichmäßigem Gange sehr schwere Schwungräder braucht, daß sie, wenn besonders große Gleichförmigkeit im Gange verlangt wird, mindestens als Zwillingsmaschine ausgeführt werden muß, so daß wenigstens bei jeder Umdrehung der Maschinenwelle eine Zündung stattfindet.

Die schweren Schwungräder und die sehr hohen Drücke erfordern einen kräftigen Bau, wodurch der Reibungsverlust sehr groß und der mechanische Wirkungsgrad klein wird. Darum ist auch der **Preis bedeutend höher** als bei anderen Gasmaschinen. **Daher ist ein Wettbewerb mit anderen Gasmaschinen nur dort möglich, wo die Verwendung eines billigen Brennstoffes ausschlaggebend ist.**

Die Dampfmaschine wird aber immer der Gasmaschine etwas überlegen bleiben, weil das Ingangsetzen ziemlich schwierig ist, der Betrieb bei aller Einfachheit eine sorgfältigere und verständigere Bedienung erfordert und weil der Gang unregelmäßiger ist.

TECHNISCHE MECHANIK UND WÄRMELEHRE

Inhalt. Der Versuch, die alte Dampfmaschine mit ihren schon früh erkannten Mängeln durch eine andere **Wärmekraftmaschine** zu verdrängen, war mißlungen. Mit Begeisterung war der Versuch überall aufgenommen worden; aber nur zu bald mußte man sich überzeugen, daß die Dampfmaschine noch einmal einen ihr gefährlichen Nebenbuhler siegreich aus dem Felde geschlagen hat. Der Anfang mit den Wärmemotoren wurde gemacht mit den **Dampfturbinen,** bei welchen nur passive Widerstände als treibende Kräfte auftreten, und potentielle Energie durch kinetische Energie ersetzt wurde. Da trat an Stelle der gleichfalls bereits erledigten **Heißluftmaschine** ein anderer Wettbewerber in Gestalt der Lenoirschen **Gasmaschine auf.** Zwar schien es, als wenn die Dampfmaschine auch hier noch einmal Siegerin bleiben sollte, denn nach den ersten überschwänglichen Lobpreisungen dieser neuen Wärmekraftmaschine war die Stimmung sehr bald in das Gegenteil umgeschlagen. Während aber der Sieg über die Heißluftmaschine ein vollkommener war, zeigte es sich sehr bald, daß hier doch in der **Gasmaschine** für die Dampfmaschine ein Feind aufgetreten war, dessen Erfolge von Jahr zu Jahr zunahmen.

8. Abschnitt.

Gasmaschinen.

[349] Grundbedingung für zweckmäßiges Arbeiten.

Der neue geräuschlose **„Otto“** war insoferne ein **Rückschritt,** als der Gasverbrauch für die Nutzpferdestärken bei den ersten Ausführungen etwas mehr betrug als bei der lärmmachenden Maschine von **Otto und Langen.** Dagegen war der Fortschritt rein äußerlich in der einfachen Bauart, in verhältnismäßig geräuschlosem Gange und den bescheidenen Abmessungen bei größeren Leistungen. Aber auch von diesen Äußerlichkeiten abgesehen, zeigte es sich sehr bald, daß auch in der Verwendung **verdichteter Gasgemische** ein großer **Fortschritt** erzielt war. Der Kolben saugt zunächst auf einem kleinen Teil seines Weges ein Gemisch von Gas und Luft an, welches in einem Augenblicke entzündet wird, wo die Bewegung des Kolbens eine außerordentlich langsame ist. Das Gas verpufft, und die durch die Verpuffung entstehenden hochgespannten Gase schleudern den Kolben geschoßartig in die Höhe. Die Verpuffung und das Emporschleudern des Kolbens geschieht nun so rasch, daß die sich bei der Verpuffung bildende Wärme keine Zeit hat, in die kühlen Zylinderwandungen überzugehen, d. h. verlorenzugehen. War der Kolben in seinem höchsten Punkte angelangt, dann trat durch die Berührung der Gase mit den kalten Zylinderwandungen eine rasche und starke Abkühlung ein, die aber hier angestrebt wurde. Dadurch trat eine Luftverdünnung unter den Kolben ein, daß der auf der andern Seite des Kolbens wirkende Druck der Außenluft den Kolben nach abwärts trieb und auf diese Weise Arbeit verrichtete.

[350] Viertakt.

Um den als richtig erkannten Grundgedanken der Verwendung verdichteten Gasgemisches auszuführen, schlug **Otto** zunächst den Weg ein, zwei Zylinder zu verwenden. In dem einen Zylinder sollte ein Gemisch von Gas und Luft angesaugt und während des Kolbenrückganges verdichtet werden. Dieses verdichtete Gemisch sollte dann in einen zweiten Zylinder überströmen und hier in geeigneter Weise entzündet werden, worauf dann durch Ausdehnung der hochgespannten Verbrennungsgase Arbeit an einen in diesem zweiten Zylinder befindlichen Kolben übertragen werden sollte. Da sich jedoch bei der Ausführung dieser Bauart mancherlei Schwierigkeiten und Übelstände herausstellten, vor allen Dingen der Übelstand, daß die Maschine dadurch an Einfachheit verlor, kam **Otto** auf den Gedanken, die Vorgänge, die sich sonst an zwei Zylindern abspielten, in einen zu verlegen, d. h. die Maschine so einzurichten, daß sie zunächst während eines Kolbenhinundherganges als **Verdichtungspumpe** dient, bei der nächsten Umdrehung aber durch Entzündung des vorher verdichteten Gasgemisches als **Wärmekraftmaschine** arbeitete. Der Versuch gelang, und der Erfolg war so günstig, daß heute noch mit Ausnahme einiger Großgasmaschinen fast alle Gaskraftmaschinen mit dieser Arbeitsweise ausgeführt werden.

Der ganze Arbeitsvorgang in dem Zylinder spielt sich nur auf der einen Kolbenseite ab, während die andere Seite des Kolbens dauernd von der Außenluft berührt wird.

Die Reihenfolge der Arbeitsvorgänge ist dabei die folgende:

Erster Abschnitt: Der Kolben geht nach außen und saugt dabei ein Gemisch von Gas und Luft an: **Ansaugeabschnitt.**

Zweiter Abschnitt: Der Kolben geht nach innen und verdichtet das vorher angesaugte Gasgemisch: **Verdichtungsabschnitt.**

Dritter Abschnitt: Wenn der Kolben seinen Weg nach innen beendet hat und eben wieder nach außen umkehren will **(innerer Totpunkt),** findet die Zündung und damit die Verpuffung des Gasgemisches statt. Die hochgespannten Gase dehnen sich aus und treiben den Kolben nach außen, indem sie an ihn Arbeit übertragen: **Arbeitsabschnitt.**

Vierter Abschnitt: Der Kolben dreht wieder um, er geht nach innen und treibt dabei die verbrannten Gase, die ihre Spannung zum größten Teil verloren haben, aus dem Zylinder heraus: **Auspuffabschnitt.**

Hierauf beginnt das Spiel von neuem.

Wie man sieht, findet eine **eigentliche Arbeitsübertragung** auf den Kolben nur bei jedem **vierten** Hube statt, die für die andern drei Hübe, Auspuff, Ansaugen, Verdichtung, nötige Arbeit muß durch das Schwungrad der Maschine geleistet werden, wobei die ihm während des Arbeitsabschnittes zugeführte und in ihm aufgespeicherte Energie zum Teil wieder entzogen wird. Weil also nur bei jedem **vierten** Hube oder, wie man sagt, nur bei jedem **vierten Takte** der Maschine wirklich Arbeit geleistet wird, nennt man diese Arbeitsweise **Viertaktwirkung** und die in dieser Art arbeitenden Maschinen **Viertaktmaschinen.** Würde man dagegen Arbeitszylinder und Verdichtungszylinder einzeln ausführen, dann fände bei jeder Umdrehung der Maschine eine Verpuffung statt, der Kolben erhielte bei jedem Takte einen Arbeitsantrieb, und man müßte dann die Maschinen **Zweitaktmaschinen** nennen.

[351] Mängel der Viertaktwirkung.

Wenn nun auch die sog. **Viertaktmaschinen** den Vorzug großer Einfachheit besitzen, so haften ihnen doch zwei wesentliche Mängel an: Es wurde schon darauf hingewiesen, daß immer erst nach jedem **vierten** Hube der Kolben einen Arbeitsantrieb erfährt und infolgedessen die für die anderen drei Hübe nötige Arbeit der in dem Schwungrade aufgespeicherten Energie entnommen werden muß. Eine solche Arbeitsentnahme, die ja ähnlich wirkt wie das Anziehen einer Bremse, hat aber selbstverständlich zur Folge, daß die Umdrehungsgeschwindigkeit des Schwungrades, also der Gang der Maschine sich während dieser drei Hübe allmählich verlangsamt.

Während des Arbeitshubes tritt dann wieder eine Erhöhung der Umdrehungsgeschwindigkeit ein usf. Eine solche Unregelmäßigkeit des Ganges mag nun allerdings für manche Betriebe belanglos sein; für viele aber, wie z. B. zum Antrieb von Maschinen für die Erzeugung elektrischen Lichtes, für Spinnereimaschinen usw. wäre aber die Anwendung solcher Viertaktmaschinen ausgeschlossen, wenn es nicht möglich wäre, diese Unregelmäßigkeiten der Umfangsgeschwindigkeit zu beseitigen oder stark herabzumindern. Das kann geschehen, und zwar dadurch, daß man die Maschinen mit einem oder zwei schweren Schwungrädern versieht. In den Massen dieser Schwungräder lassen sich große Mengen mechanischer Arbeit anhäufen, so daß es schon einer bedeutenden Arbeitsentnahme bedarf, um damit die Umdrehzahl in einer merkbaren und unzulässigen Weise zu verringern.

Bei größeren Maschinen, bei denen entsprechend schwere Schwungräder zu bedeutenden Abmessungen erhalten wurden, kann eine größere Gleichmäßigkeit des Ganges noch in der Weise erzielt werden, daß man die Maschine nicht mit **einem,** sondern mit **zwei** Arbeitszylindern ausführt, deren Kolben an zwei zueinander gleichgerichteten Kurbeln arbeiten. Die Arbeitsvorgänge in diesen beiden Zylindern werden nun aber so verteilt und gewissermaßen gegeneinander versetzt, daß, während der Kolben des einen Zylinders Gasgemisch ansaugt, in dem andern Zylinder der Arbeitshub stattfindet und umgekehrt. Man erkennt leicht, daß auf diese Weise die Schwungradwelle nicht erst bei jedem vierten Hube, sondern schon bei jedem zweiten Hube, d. h. als bei j e d e r Umdrehung einen Arbeitsantrieb erhält, und zwar abwechselnd von dem ersten Zylinder und von dem zweiten, was natürlich eine bedeutend größere Gleichförmigkeit des Gauges znr Folge hat (Versetzung um 360°).

Ein weiterer großer Nachteil der Viertaktwirkung ergibt sich aus dem Umstande, daß die Verdichtung des Gasgemisches in demselben Zylinder stattfinden muß, wie die Ausdehnung des infolge der Verpuffung entstandenen hochgespannten Gases.

Durch Änderung der Verdichtung oder der Füllung kann manchmal die Ausdehnung noch etwas weiter getrieben werden. Trotzdem bleibt aber der Nachteil bestehen, daß die Ausdehnung nicht unabhängig von anderen Vorgängen beliebig weit ausgenutzt werden kann.

1. Der erste Abschnitt des Kreisprozesses: Das Ansaugen. Schon früher hatten wir gesehen, daß Gas die Fähigkeit besitzt, sich außerordentlich rasch mit Luft in jedem beliebigen Verhältnisse zu vermischen. Wir hatten gefunden, daß Leuchtgas in geschlossenen Räumen anfängt, unter Druckentwicklung zu verpuffen, wenn ein Raumteil Gas mit etwa 4 Raumteilen Luft gemischt ist. Wir hatten gefunden, daß eine Mischung von 14 Raumteilen Luft bei Außenluftspannung aufhört, entzündbar zu sein und hatten endlich gefunden, daß es zwischen diesen beiden Grenzen ein **stärkstes Gasgemisch** gibt, ein Gemisch von **einem Raumteil Gas mit etwa fünf Raumteilen Luft,** bei dessen Verbrennung im geschlossenen Raume **der größte Druck** und **die höchste Temperatur** erzielt werden. Man könnte nun glauben, daß es zum Betriebe von Gasmaschinen am vorteilhaftesten wäre, immer dieses stärkste Gasgemisch zu verwenden. Dies ist aber durchaus nicht der Fall. Erstens nämlich würde die Verpuffung eines solchen Gasgemisches so schnell und heftig vor sich gehen, daß dadurch das Triebwerk der Maschine allzu stark beansprucht würde; ferner aber hätte die bei einer solchen Verpuffung auftretende hohe Temperatur die Notwendigkeit zur Folge, eine besonders kräftige Kühlung der Zylinderwandungen eintreten zu lassen, was wiederum mit einem großen Wärme- oder Arbeitsverluste verbunden wäre. Das Bestreben geht daher in neuerer Zeit dahin, **stark verdünnte Gasgemische** zu verwenden, doch darf hierbei nicht außer acht gelassen werden, daß dieses Gemisch eine weitere Verdünnung noch dadurch erfährt, daß von dem vorhergehenden Auspuffabschnitt ein Teil der Verbrennungsgase in dem sog. **Laderaume** der Maschine zurückbleibt und sich mit der frisch angesaugten Ladung vermischt. Dabei versteht man unter **Laderaum** denjenigen Raum des Arbeitszylinders, der von dem verdichteten Gasgemisch eingenommen wird, wenn der Kolben in seiner inneren Totlage steht. Man ersieht leicht, daß die Menge dieser im Zylinder nach dem Auspuffabschnitte zurückbleibenden Gases um so geringer sein wird, je kleiner der Raum ist, den das Gasgemisch nach seiner Verdichtung einnimmt, d. h. je größer die Spannung ist, bis zu welcher die Verdichtung getrieben wird.

2. Zweiter Abschnitt: Das Verdichten. Es ist leicht ersichtlich, daß die Kraftwirkung einer Verpuffung um so größer sein wird, je größer die Menge des Gasgemisches ist, welche zur Verpuffung gelangt. Um nun die Menge des angesaugten Gemisches zu steigern, konnte man den Weg einschlagen, daß man sehr lange Zylinder verwendete, den Kolben also einen sehr langen Weg zurücklegen ließ. Derartige Maschinen hatten aber den Nachteil, daß ihre Abmessungen, namentlich in der Längsrichtung, zu bedeutend wurden, ferner würde aber in erhöhtem Maße der Übelstand eintreten, der schon bei der Lenoirschen Maschine [297] besprochen wurde, nämlich der, daß die bei der Verpuffung sich bildenden heißen Gase im Augenblicke der Verbrennung mit einem großen Teile der verhältnismäßig kühlen Zylinderwandungen in Berührung ständen, was einen starken Wärmeverlust zur Folge hätte. Beide Übelstände vermeidet man, wenn man **das angesaugte Gasgemisch vor der Entzündung verdichtet.** Man sieht zunächst, daß die durch eine Verpuffung zu erreichende Kraftwirkung mit der Höhe der Verdichtung wächst. Denn beträgt z. B. der Laderaum der Maschine gerade 1 dm³, so wird die Kraftwirkung einer Verpuffung unter sonst gleichen Umständen um das 2-, 3-, 4fache steigen, wenn in diesem Raum von 1 dm^3 2, 3, 4 . . . cm^3 Gasgemisch um das 2-, 3-, 4fache verdichtet wird. Daneben ist dann aber noch der Vorteil erreicht, daß dieses ganze Ladungsgemisch im Augenblicke der Zündung mit einem verhältnismäßig kleinen Teile der Zylinderwandung in Berührung steht. Ein weiterer großer Vorteil, der durch die Verdichtung erreicht wird, besteht in der erhöhten Zündfähigkeit des angesaugten Gasgemisches. Trotzdem sich nämlich, wie früher gezeigt wurde, Gas und Luft in kurzer Zeit sehr innig miteinander vermischen, ist die Gleichartigkeit des angesaugten Gemisches doch keine vollkommene. Man kann sich das in der Weise klarmachen, daß man sich das Gas in sehr viele kleine Teilchen zerlegt denkt, deren jedes von einer gewissen Menge Luft umgeben ist. Durch die Verdichtung kommen gewissermaßen alle diese von Luft umgebenen Gasteilchen näher aneinander, und zwar um so näher, je weiter die Verdichtung getrieben wird, die Entzündung wird also viel rascher von einem Gasteilchen zum andern fortschreiten können, als wenn die Teilchen, wie es bei unverdichtetem Gemische der Fall ist, weiter voneinander entfernt sind. Infolge davon können aber wiederum viel stärker verdünnte Gasgemische verwendet werden als ohne Verdichtung. Diese schwachen Gasgemische verbrennen mit geringerer Anfangstemperatur, es braucht daher auch weniger Kühlwasser durch das Kühlwasserrohr abgeführt werden. Endlich ist noch zu beachten, daß mit höherer Verdichtung die durch die Verpuffung entstehende Spannung eine höhere wird. Die angeführten Betrachtungen machen es wohl auch ohne lange theoretische Erörterungen zur Genüge klar, welche Vorteile die Verdichtung der Gasgemische vor der Zündung bietet, und in der Tat zeigt auch die Theorie, daß der thermische Wirkungsgrad einer Gasmaschine, das Verhältnis der zu- und abgeführten Wärmemenge zur gesamten zugeführten Wärmemenge, sie mag nun mit Leuchtgas oder Gichtgas, mit Petroleum oder Benzindampf betrieben werden, **um so höher ausfällt**, d. h. **daß der Wirkungsgrad um so besser wird, je höher die Verdichtung des Gasgemisches vor der Zündung getrieben wird.**

In neueren Leuchtgasmaschinen geht man mit dieser Verdichtung bis auf etwa 6 Atm. Überdruck über die Außenluft, d. h. also, der Laderaum der Maschine wird so groß gewählt, daß das mit Außenluftspannung angesaugte Gasgemisch am Ende des Verdichtungabschnittes, kurz vor der Zündung, diese Spannung erhält. Treibt man die Verdichtung zu hoch, so kann infolge der bei der Verdichtung stattfindenden Erhitzung des Gasgemisches leicht eine vorzeitige **Selbstentzündung**, eine sog. **Frühzündung**, eintreten. Eine solche muß aber auf alle Fälle vermieden werden, da eine Zündung vor dem inneren Totpunkte der Maschine den Kolben und damit das Schwungrad plötzlich nach der entgegengesetzten Seite drehen würde und der dadurch auftretende heftige Stoß gegebenenfalls die Maschine zertrümmern könnte.

Eine hohe Verdichtung ist nur dann möglich, wenn man entweder stark verdünnte Ladungsgemische oder Gase von geringem Heizwerte verwendet.

Derartige Gase sind aber das Kraftgas und vor allem das Gichtgas, dessen Heizwert nur etwa 950 WE/m^3 beträgt. In der Tat arbeiten Kraftgasmaschinen und namentlich Gichtgasmaschinen mit wesentlich höherer Verdichtungsspannung als Leuchtgasmaschinen, nämlich mit 11 Atm. und darüber, woraus sich ergibt, daß der **thermische Wirkungsgrad**, der nach den oben angestellten Betrachtungen mit der Verdichtung wächst, **bei Kraftgas- und Gichtgasmaschinen ein besserer sein muß als der der Leuchtgasmaschinen.** Durch diesen höheren Wirkungsgrad wird der Nachteil des geringeren Heizwertes dieser Gase zum großen Teile wieder ausgeglichen.

3. Dritter Abschnitt: Zündung und Verpuffung. Über die Mittel, eine Zündung des Gasgemisches zu bewirken, soll später im Zusammenhange gesprochen werden. Hier möge nur der Zündungsvorgang kurz erörtert werden. Die Zündung erfolgt bei allen neueren Gasmaschinen im inneren Totpunkte der Maschine oder wenigstens ganz unmittelbar danach, und es wurde schon früher darauf hingewiesen, daß damit zwei wichtige für eine gute Wärmeausnutzung gleich notwendig zu stellende Bedingungen erfüllt sind: eine Verbrennung bei möglichst kleiner, möglichst gleichbleibender Volumenzündung und Verpuffung geschehen jedoch durchaus nicht explosionsartig. Erhöht man während des Ganges der Maschine die Verdünnung des Gasgemisches, indem man weniger Gas zuströmen läßt und läßt dann mittels des Indikators die Diagramme aufzeichnen, so sieht man, daß die Linie *cd* sich immer weiter nach rechts hinüberneigt, die Verbrennung also immer später beendet ist, je weiter die Verdünnung des Gasgemisches getrieben wird. Damit sinkt aber auch sofort der Wirkungsgrad der Maschine, denn die Gase haben nicht mehr genügend Zeit, sich auszudehnen, sie verlassen die Maschine mit hoher Spannung und hoher Temperatur, ihre Wärme wird also unvollkommen ausgenutzt.

4. Vierter Abschnitt: Auspuff. Wenn der Kolben bei einem Arbeitsabschnitt etwa $^9/_{10}$ seines Hubes zurückgelegt hat, öffnet sich das Ausströmventil, die Gase, welche in diesem Augenblicke noch etwa eine Spannung von 3 Atm. haben, verlieren diese Spannung bis zum Ende des Hubes vollständig.

[352] Zweitaktmaschinen.

Der nächstliegende Weg ist, die Gasmaschine nach dem Vorbilde der Dampfmaschine zu bauen, also doppeltwirkend, d. h. den Viertakt nicht bloß auf einer Seite, sondern auf beiden Seiten des Kolbens zur Ausführung zu bringen. Derartig doppeltwirkende Viertaktmaschinen, bei deren Bau die Durchführung der Kolbenstange durch den Zylinderdeckel sowie die Kühlung des auf der einen Seite nicht mehr mit der Außenluft in Berührung stehenden Kolbens nötig ist, werden heute von vielen Fabriken bis zu 1500 PS und einem Zylinder mit bestem Erfolge ausgeführt (Versetzung um 360°).

Ein anderer Weg, die Gasmaschine im Zweitakt arbeiten zu lassen, wurde zuerst von **Öchelhäuser** und später von **Körting** ausgeführt.

Nachdem die Zündung des vorher verdichteten Gasgemisches stattgefunden hat, dehnen sich die Gase aus, indem sie den Kolben dabei nach vorwärts drücken. Kurz bevor nun der Kolben seinen Hub beendet hat, öffnet er Schlitze, die sich in der Zylinderwandung befinden und mit der Auspuffleitung in Verbindung stehen, so daß in diesem Augenblicke immer noch verhältnismäßig hochgespannte Gase rasch aus dem Zylinder entweichen. Während dieses Auspuffens dringt von dem linken Zylinderende her frische sog. **Spülluft** mit geringem Überdruck in den Zylinder ein, wodurch der letzte Rest der Verbrennungsgase aus dem Zylinder herausgespült wird.

Unmittelbar darauf wird nun bei fortdauernder Lufteinströmung ebenfalls mit geringem Überdruck Gas in den Zylinder hineingedrückt. Das Zuströmen von Gas und Luft hört dann auf, worauf der rückkehrende Kolben das nun im Zylinder befindliche Gasluftgemisch verdichtet.

Bringt man endlich, wie dies bei Maschinen von Körting der Fall ist, einen solchen eben beschriebenen Zweitakt auf jeder der beiden Kolbenseiten zur Ausführung, so erhält man offenbar eine **Eintaktmaschine,** d. h. eine Maschine, welche sich, was die Zahl der Krafthübe während einer Kurbelumdrehung betrifft, sich von einer doppeltwirkenden Dampfmaschine nicht mehr unterscheidet (180°-Versetzung).

[353] Der Aufbau der Gasmaschinen.

Der allgemeine Aufbau ist bei der Mehrzahl der heutigen Gasmaschinen im wesentlichen derselbe wie beim ersten „Otto“: In einem Zylinder bewegt sich ein dicht an die Wandungen anschließender Kolben, dessen hin- und hergehende Bewegung durch eine Schubstange auf eine Kurbel übertragen und so in eine umlaufende Bewegung umgesetzt wird. Die Kurbel sitzt auf einer mehrfach gelagerten Welle, welche ein Schwungrad und häufig auch noch eine Riemenscheibe trägt, mit der die Arbeit auf eine andere Welle übertragen wird. Solche Maschinen nennt man **liegende** Maschinen, im Gegensatze zu den stehenden, bei welchen der Zylinder eine **lotrechte** Stellung einnimmt. **Liegende Maschinen sind standfester.**

Bemerkenswert ist, daß bei Gasmaschinen von kleinerer Leistung in der Regel keine Geradführung des Kolbens ausgeführt wird. Der Kolben erhält vielmehr eine solche Länge, welche eine besondere Geradführung ganz entbehrlich macht. Die Maschine wird daher bedeutend kürzer und billiger.

Kühlung. Ein notwendiges Übel für alle Gasmaschinen ist die **Kühlung** des Zylinders. Sie ist es namentlich um so mehr, weil der Kühlwasserbedarf ein ziemlich hoher ist (30—40 l pro St.-PS.). In der Regel geschieht die Kühlung in der Weise, daß der ganze Arbeitszylinder mit einem Zylindermantel umgeben ist, in den kaltes Wasser in ununterbrochenem Strom hindurchgeleitet wird. Nur bei ganz kleinen Gasmaschinen, z. B. bei den zum Antriebe von Fahrrädern dienenden kleinen Benzinmaschinen, hat man den Zylinder außen durch eine Anzahl Rippen ersetzt, welche der Außenluft eine große Oberfläche darbieten. Macht die Beschaffung frischen Kühlwassers Schwierigkeiten, so hilft man sich auf verschiedene Weise, z. B. bei Automobilen verwendet man dasselbe Wasser, indem man es durch einen Luftkühler hindurchpumpt; oder daß man in der Nähe der Maschine einen größeren Wasserbehälter aufstellt, aus dem man mit zwei Rohren den Kühlmantel in Verbindung bringt. Der Kreislauf wird dann folgender sein: Das in der Maschine erwärmte Wasser geht durch das obere Rohr in den Behälter, während das untere Rohr das Wasser in den Kühlmantel treibt.

Ein drittes Hilfsmittel findet man häufig bei Benzin- und Spirituslokomobilen, welches darauf beruht, daß Wasser in offenem Gefäß höchstens eine Temperatur von etwa 100° annimmt. Bildet man nun den Kühlwassermantel zu jenem Gefäße aus, so wird auch die Zylinderwandung niemals jene für eine Wärmekraftmaschine sehr niedrige Temperatur übersteigen. Das Wasser wird allerdings verdampfen, daher die Bezeichnung **Verdampfungskühlung.**

Steuerung. Wie wir erwähnt haben, tritt ein jeder solcher Arbeitsabschnitt **bei jedem vierten Hube,** also bei **jeder zweiten Umdrehung der Maschine** ein, daher dürfen die Steuervorrichtungen nicht an der Hauptwelle hängen. Die Hauptwelle braucht daher eine zweite kleinere **Steuerwelle,** die in der Zeiteinheit nur halb soviele Umdrehungen macht wie die Hauptwelle.

Bei dem ursprünglichen Otto geschah das Einlassen des Gasgemisches sowie die Zündung mit Hilfe eines Schiebers, daher der Name **Schieberflammenzündung,** welche von der Steuerwelle angetrieben wurde. Heute werden zur Steuerung nur die leichter herzustellenden und zu erhaltenden Ventile verwendet, und zwar das **Gasventil,** das **Gemischeinlaßventil** und das **Anlaßventil.** Bei Beginn des ersten Abschnittes, Beginn des Ansaugens, wird an der Maschine das Gasventil geöffnet, indem ein Hebel auf die Führungsstange des Ventiles drückt. Das zweite Ventil öffnet sich selbsttätig infolge der Saugwirkung des Kolbens, worauf Luft angesaugt wird, die sich mit dem Gase mischt. Man nennt derartige Ventile **Mischventile,** bei welchen sich durch längeres oder kürzeres Offenhalten die Stärke des Gasgemisches regeln läßt. An Stelle des gesteuerten Gasventiles kann auch ein selbsttätiges **Mischventil** treten, welches gleichzeitig Luft und Gaseintritt regelt und damit die Saugwirkung des Kolbens geöffnet wird. Das Verhältnis des angesaugten Gases zur Luftmenge, also das **Mischungsverhältnis** bleibt immer dasselbe, mag sich die Ventilglocke mehr oder weniger heben.

[354] Der Betrieb der Gasmaschine.

Die Zündung. Die Zündvorrichtung (Abb. 289) soll möglichst einfach und betriebssicher sein.

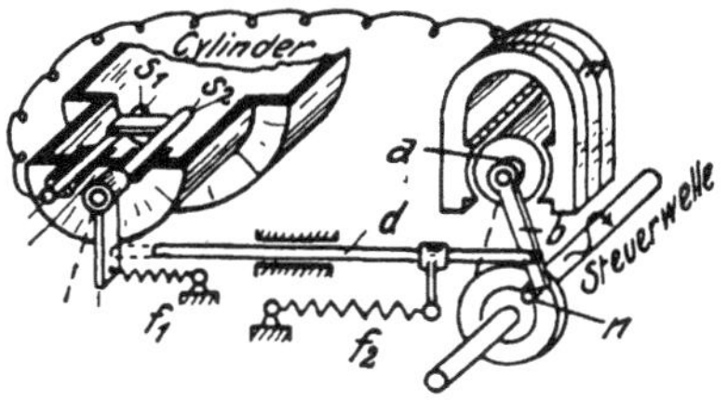

Abb. 289
Magnetelektrische Zündung

Heute verwendet man in der Gasmaschine nur **elektrische Funken.** Früher hatte man Glührohre, die bei offen brennenden Flammen erhitzt wurden, was manche Unzuträglichkeiten hatte.

Eine **neuzeitliche magnetelektrische Zündung** zeigt Abb. 289. Zwei Stäbe s_1 und s_2 sind durch die Wand des Maschinenzylinders hindurchgeführt, von denen s_1 unbeweglich, während s_2 drehbar gelagert ist und an seinem Ende eine kleine Nase besitzt, die unter dem Einfluß einer Feder f_1 auf dem Stabe s_1 aufliegt. Wird nun zu derselben Zeit, wo ein kurzes oder rasches Drehen des Ankers den elektrischen Strom erzeugt, auch der Stab s_2 so gedreht, daß sich seine Nase von s_1 abhebt, dann springt offenbar ein Funke über, der das Gasgemisch zur Entzündung bringt.

Die Regulierung. Nehmen wir an, daß eine Maschine bei 200 Umdrehungen/Minute 10 PS zu leisten imstande ist. Bleibt nun der Arbeitswiderstand derselbe, so wird die Maschine gleichmäßig arbeiten. Wird aber plötzlich der Arbeitswiderstand nur 9 PS, so wird die eine überschüssige PS dazu verwendet, um das Schwungrad und damit die ganze Maschine in schnellere Bewegung zu versetzen. Die Maschine wird daher mehr Arbeit leisten als 10 PS. Die Maschine wird immer mehr laufen, bis das Schwungrad zerreißt.

Wird dagegen der Arbeitswiderstand immer größer, so verlangsamt sich die Maschine, bis sie endlich still steht. Um nun das Durchgehen und Stehenbleiben der Maschine zu verhindern, muß jede Kraftmaschine ihre Leistung nach der Größe des zu überwindenden Arbeitswiderstandes regulieren können, was auf dreierlei Art geschieht: 1. durch Ausfallenlassen von Ladungen, 2. durch Verdünnung des Gasgemisches, 3. durch Verringerung der angesaugten Menge des Ladungsgemisches.

ad 1. Geht die Maschine zu schnell, so braucht man nur mehrere Arbeitsabschnitte des Gasventiles geschlossen zu erhalten. Die Maschine saugt nun reine Luft an, während Zündung und Verpuffung ausbleiben.

Soll nun die Maschine eine größere Arbeit leisten, so ist die Einrichtung so getroffen, daß schon während des gewöhnlichen Arbeitshubes etwa nach jedem 8. oder 9. Doppelhube ein solches Ausfallen einer Ladung eintritt. Steigt dann der Arbeitsbedarf, so wird auch beim 8. oder 9. Doppelhube Gasgemisch angesaugt, wodurch sich die Gesamtleistung erhöht.

Diese Regulierung wird durch folgende Vorrichtung erreicht. Durch die Steuerwelle wird eine kleine Welle in rasche Rotation versetzt. Wenn die Kugeln auseinanderfliegen und der Deckel *d* gehoben wird, wird die Hülse *H* nach links verschoben. Der Nocken *n* kommt nach oben, der Winkelhebel öffnet das Gasventil *a*.

Diese Regulierung hat aber den Nachteil, daß die Unregelmäßigkeit des Ganges noch erhöht wird. Derartige Maschinen werden für alle jene Betriebe, die einen hohen Grad von Gleichförmigkeit verlangen (Spinnereimaschinen, Maschinen zur Erzeugung von elektrischem Licht) unverwendbar.

Besser ist die Regulierung durch **Gemischänderung.** Dadurch wird zwar der ungleichmäßige Gang sehr gemildert, dafür der Gasverbrauch für eine Nutzpferdestärke sehr erhöht. Wir hatten allerdings gesehen, daß eine Verwendung stark verdünnter Gasgemische vorteilhafter ist, wenn die Verdichtung vor der Entzündung gesteigert wird. Sonst tritt bei starker Verdünnung eine langsame Verpuffung und damit zusammenhängend eine weniger gute Ausnutzung der sich ausdehnenden Gase ein, was natürlich ein Sinken des Wirkungsgrades, d. h. die Erhöhung des Gasverbrauches für die St.-PS. zur Folge hat.

Eine dritte Art der Regulierungen, bei welchen also weder der Gang ungleichförmiger wird, noch der Gasverbrauch erhöht wird, ist die **Regulierung der Veränderung der Menge des angesaugten Ladungsgemisches.** Gasventil und Gemischeinlaßventil sitzen fest auf einer gemeinsamen Spindel und schließen die Kanäle für Gas und Luft ab. Je weniger tief die Ventilspindel nach unten gedrückt wird, um so mehr werden Gas und Luft gedrosselt, um so geringer ist also die Leistung der Maschine.

Das Ingangsetzen oder Anlassen der Gasmaschine ist nicht so einfach wie bei der Dampfmaschine, wo es genügt, ein kleines Ventil zu öffnen, um die belastete oder leere Dampfmaschine in Gang zu bringen. Bei der Gasmaschine fehlt der Kraftsammler, der Dampfkessel. Die Gasmaschine bereitet sich ja das zu jedem Arbeitshube erforderliche Gemisch selber, und da es vor dem Anlassen nicht vorhanden ist, muß es beim ersten Hube hergestellt werden. Bei kleinen Maschinen geschieht das, indem man das Schwungrad mit der Hand dreht, bis das erste zündfähige Ladungsgemisch gebildet und entzündet ist. Aber selbst für die Zeit des Andrehens muß die Verdichtungsspannung wesentlich verringert werden, was dadurch geschieht, daß das Anlaßventil ein wenig geöffnet wird. Bei großen Maschinen müssen Anlaßvorrichtungen vorhanden sein, indem man die Maschine zunächst mit verdichteter Luft in rasche Umdrehung versetzt.

Zu jeder Gasmaschine gehört noch eine **Gasuhr,** um den Gasverbrauch festzustellen und den **Gasdruckregler** und den Gasdruck konstant zu erhalten.

Anhang zur Maschinenlehre.

Inhalt. Anschließend an die Beschreibung der **Wärmekraftmotoren**, die wir in der **allgemeinen Maschinenlehre** und in der **Wärmelehre** gegeben haben, wollen wir uns zum Schlusse jenen Maschinen zuwenden, die laut **Abschnitt 7** unseres II. Fachbandes über **Wasserwerke** als **Wasserturbinen** besondere Bedeutung erlangt haben und mit fortschreitender Elektrisierung der Wasserkräfte (Vorstufe [114]) noch erlangen werden.

12. Abschnitt.

Wasserturbinen.

[355] Arbeitsleistung einer Turbinenanlage.

Wird ein Körper vom Gewichte P kg (Abb. 290) um die Höhe H m gehoben, so muß bekanntlich eine mechanische Arbeit $P \cdot H \cdot$ Meterkilogramm geleistet werden, welche wieder im selben Betrage zurückgewonnen wird, wenn man den gleichen Körper um die Höhe H zurückfallen läßt. Diese Fähigkeit nennt man seine **potentielle Energie,** Fachband I [129]. Liefert ein Wasserfall in jeder Sekunde ΣQ m³, also dem Gewichte nach $1000\, \Sigma Q$ kg Wasser und eine Fallhöhe von H m, so hat die sekundliche Anlieferung

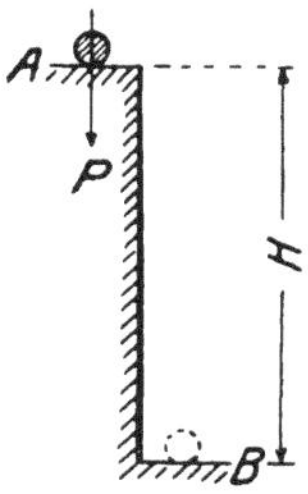

Abb. 290

$$\Sigma E_{\text{disp.}} = 1000 \cdot \Sigma Q \,\text{m}^3 \cdot H_{\text{meter}} \,(\text{mkg/sek})$$

oder in Pferdestärken

$$\Sigma N_{\text{disp.}} = \frac{1000 \cdot \Sigma Q \,\text{m}^3 \cdot H_{\text{meter}}}{75} \,(\text{PS}).$$

Am Anfang des Oberwasserkanales (Abb. 291) wird gewöhnlich ein **Grobrechen** mit **Eis-** und **Holzabweiser** und außerdem eine Absperrvorrichtung zum gelegentlichen Trockensetzen der ganzen Anlage angebracht. Am Ende des Oberwasserkanales führt der Kanal zum **Wasserschloß,** von da mit **Schacht** oder **Druckrohrleitungen** zur Turbine. Um die Turbine stillzusetzen, dient entweder ein **Streichwehrüberlauf** oder ein **Heberüberlauf.**

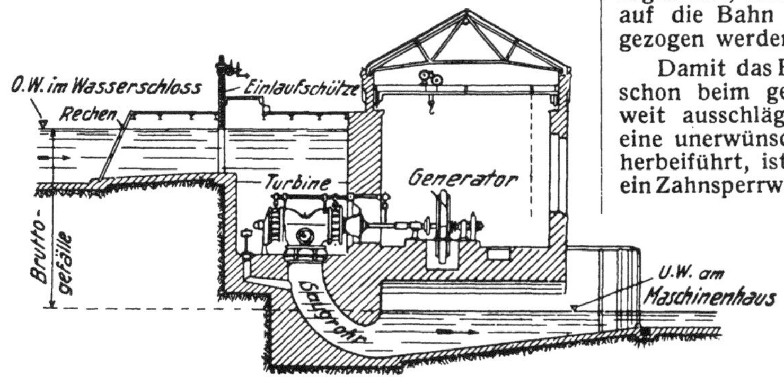

Abb. 291 Wassekraftanlage

Unter Bruttogefälle versteht man den Höhenunterschied zwischen Oberwasserspiegel im Wasserschloß und Unterwasserspiegel im Maschinenhause.

Abzüglich der Energieverluste ergibt sich für das Nettogefälle

$$E_{\text{disp.}} = 1000 \cdot Q \cdot H \,(\text{mkg/sek}),$$

$$N_{\text{disp.}} = \frac{1000 \cdot Q \cdot H}{75} \,(\text{PS}).$$

Der Wirkungsgrad

$$\frac{N_{\text{welle}}}{N \cdot \text{disp.}} = \eta_{\text{total}} < 1$$

schwankt zwischen **0,75** und **0,85.**

Bringt man den Körper P in die Gefällstrecke H, so kommt er in Bewegung, und die potentielle Energie geht in kinetische Energie über

$$E_{\text{kinetisch}} = \frac{1}{2} \cdot \frac{P}{g} v^2,$$

wobei $g = 9{,}81$ m. Die Geschwindigkeit v_B ist

$$v_B = \sqrt{2 g \cdot H}$$

$$E_{\text{potentiell}} = 0$$

$$E_{\text{kinetisch}} = \frac{1}{2} \cdot \frac{P}{g} \sqrt{(2g \cdot H)}^2 = P \cdot H \,\text{mkg}.$$

Im Moment des Auftreffens und des Überganges zur Ruhe in B verwandelt sich diese kinetische Energie durch den Stoß in Wärme, was aber nicht bezweckt ist. Um statt der Wärme mechanische Arbeit zu gewinnen, muß man die Bahn unten krümmen, und damit diese Arbeit nicht technisch wertlos wird, muß die Zentrifugalkraft, mit der der Körper auf die Bahn drückt, herangezogen werden (Abb. 292).

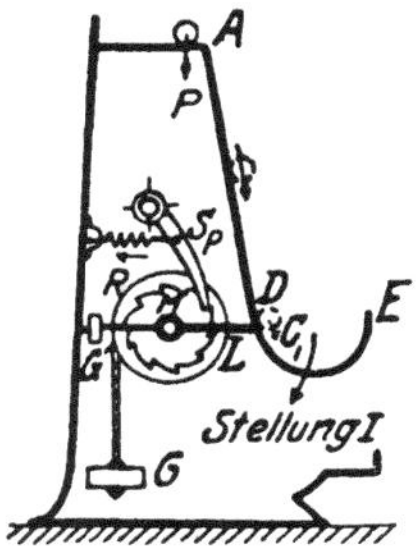

Abb. 292

Damit das Bahnstück nicht schon beim geringsten Druck weit ausschlägt und dadurch eine unerwünschte Trennung von Bahn und Körper herbeiführt, ist durch das Gewicht G, welches durch ein Zahnsperrwerk am Zurückfallen gehindert wird, ein Widerstand gegen das Ausschlagen geschaffen. Gleichzeitig ist aber in dem Verhältnis des Körpers P eine wesentliche Änderung eingetreten. Während er die gekrümmte Strecke mit einer bestimmten Anfangsgeschwindigkeit C_1 und mit dem Energiegehalt

$$\frac{1}{2} \cdot \frac{P}{g} \cdot C_1^2$$

betrat, annähernd mit der gleichen Geschwindigkeit $C_2 \cong C_1'$ in den freien Raum austrat, ist dies nicht mehr der Fall.

Wenn man nun den Körper vor der nicht rotierenden Bahn betrachtet, so hat er zunächst eine Geschwindigkeit C_1; diese erhöht sich aber nach einem bestimmten Gesetze um einen bestimmten Wert, und der tatsächliche Gehalt an kinetischer Energie ist jetzt $\frac{1}{2} \cdot \frac{P}{g} \cdot C_x^2$; C_x kann nur gegenüber C_1 kleiner geworden sein. Die tatsächliche Geschwindigkeit des Körpers nennt man seine **Absolutgeschwindigkeit** und die Geschwindigkeit längs der Bahn seine **Relativgeschwindigkeit.** Während der Körper die gekrümmte Bahn DE mit großer Geschwindigkeit zu durchlaufen glaubt, hat er sich tatsächlich auf einer ganz anderen Bahn DE, seiner Absolutbahn, mit allmählich abnehmender Geschwindigkeit bewegt und ist zuletzt zur Ruhe gekommen. Seine ganze eingebrachte kinetische Energie ist also scheinbar verschwunden, währenddem aber das Gewicht G nur um s gehoben worden, dessen Arbeit $G \cdot s$ mkg gleich der verschwundenen Energie $P \cdot A$ ist.

Damit ist das Problem, potentielle Energie technisch nutzbar zu machen, gelöst. Dazu gehört eine Vorrichtung, die sich aus zwei Hauptteilen zusammensetzt: der **Laufschaufel** mit ihrer gekrümmten Form und dem **Leitapparat,** der unter Umwandlung der potentiellen Energie in kinetische den arbeitenden Körper der Laufschaufel zuleitet. **Die vollständige Entziehung der kinetischen Energie bis zur Ruhelage ist nicht möglich,** denn man muß hier dem Wasser am Austritt aus der Laufschaufel immer noch eine so große Absolutgeschwindigkeit C_2 lassen, daß es abfließt und dem folgenden Wasser Platz macht. **Der Bruchteil $\frac{1}{2} \cdot \frac{P}{g} \cdot C_2^2$ der gesamten Energie $A \cdot H$ muß daher als Austrittsverlust verlorengehen.**

[356] Das Gesetz der Relativbewegung.

Da der Verlauf der Absolutgeschwindigkeiten $C_1 - C_x - C_2$ und damit der **Verlauf der Kraftabgabe** längs der **Schaufel** vollständig von der Kombinierung von **Relativgeschwindigkeit** und **Umfangsgeschwindigkeit** abhängt, ist zunächst **der Verlauf der Relativbewegung** sehr wichtig (Abbildung 293).

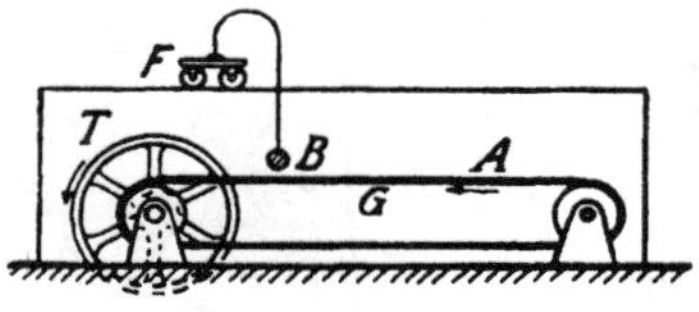

Abb. 293

Ist der Körper B in Ruhe, aber auf einer sich bewegenden Bahn, so scheint er dem Beobachter in A entgegenzufliegen mit einer scheinbaren relativen Geschwindigkeit. Man hat also hier genau den Fall vor sich, als ob die Bahn, während sich der Körper P über sie wegrollt, allmählich nach rückwärts in Bewegung gesetzt wurde. Diese **Steigerung der Bahngeschwindigkeit** spiegelt sich in der **Relativbewegung** als **eine Beschleunigung,** ist aber nur optische Täuschung, d. h. **wattlose, nicht mit Energieumsetzung verknüpfte Beschleunigung. Die Differenz zwischen relativ-kinetischer Energie des Körpers und kinetischer Energie der Bahn ist längs der ganzen Bahn konstant.** Man nennt diese Differenz **den Energiesprung zwischen Körper und Bahn, so daß der Energiesprung am Kanalende = Energiesprung am Kanalanfang.**

[357] Die Elemente der Wasserturbinen.

Die für die Ausbildung des Leitapparates sich ergebenden Gesichtspunkte sind folgende: Sobald der feste Körper P sich auf die Gefällsstrecke begibt, beginnt sofort der Prozeß der Erzeugung kinetischer Energie. Damit diese kinetische Energie unten in richtiger Weise auf die Laufschaufel überleitet werden kann, muß man sie schon von Anfang an fassen, und es bleibt nichts anderes übrig, als den Leitapparat von der Laufschaufel aufwärts bis zum obersten Punkte der Gefällsstrecke auszudehnen.

Der augenblickliche Gehalt des festen Körpers an potentieller und kinetischer Energie ist vollständig von der augenblicklichen Höhenlage des Körpers abhängig, weshalb man die potentielle Energie auf seine **Lagenenergie** rechnet. **Die strenge Beziehung zwischen Lagenenergie und kinetischer Energie gilt nur für Wasser als Arbeitsflüssigkeit nicht.** Betrachtet man die Gefällsstrecke einer Rohrleitung EG (Abb. 294), die zunächst unten bei G verschlossen sein mag, so hat man in der mit Wasser gefüllten unteren Rohrstrecke FG Wasserteilchen, welche keinerlei Lagenenergie gegen B besitzen und trotzdem,

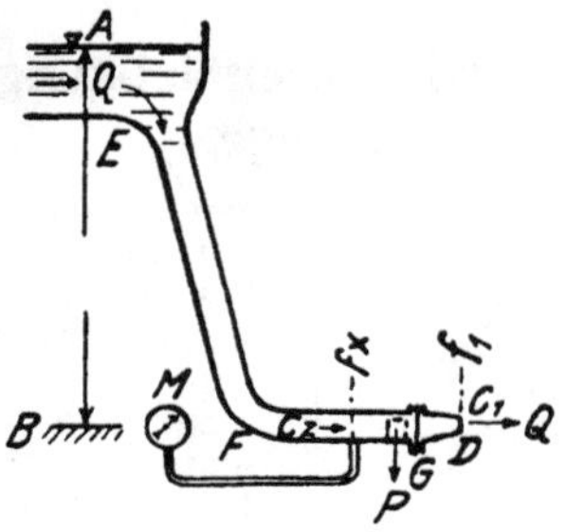

Abb. 294

da sie sich in Ruhe befinden, ohne jeden Gehalt an kinetischer Energie sind. In der Rohrstrecke FG macht sich erfahrungsgemäß ein bestimmter **innerer Überdruck** bemerkbar, der am Manometer M abgelesen werden kann. Beseitigt man die Absperrung bei G, so bewirkt dieser innere Überdruck, daß das Wasser bei G mit annähernd derselben Geschwindigkeit und demselben Gehalt an kinetischer Energie herausströmt, wie wenn es die ganze Höhe H frei heruntergefallen wäre. Der innere Überdruck im Rohrstück FG hat also unter Beziehung auf Erzeugung kinetischer Energie dieselbe Wirkung wie die Lagenenergie. Man kann daher allgemein sagen, **daß eine ruhende Wassermasse vom Gewichte P kg** (Abb. 294), **welche unter einem inneren Überdruck von H m Wassersäule steht, vermöge dieses inneren Überdruckes einen Gehalt an potentieller Energie von $P \cdot H$ mkg besitzt.** Wenn f_1 der Strahlquerschnitt beim Austritte und C_1 die sog. Zuflußgeschwindigkeit ist, so ist $Q = f_1 \cdot C_1 = f_2 \cdot C_2$ und die **Kontinuitätsgleichung**

$$C_2 = C_1 \cdot \frac{f_1}{f_2}.$$

Die Wassermasse in der Rohrstrecke FG hat demnach nun außer dem am Manometer ablesbaren inneren Überdrucke, der gegenüber dem zuerst abgelesenen um ein bestimmtes Maß geringer geworden ist, auch einen Gehalt an kinetischer Energie, welche, da von C_2 abhängig, beliebig klein gehalten werden kann. Sofern nun die Durchflußquerschnitte vom Oberwasserspiegel bis zum Leitapparat groß genug gewählt sind, **läßt sich die Umwandlung der potentiellen Energie in kinetische auf eine kurze Bahnstrecke unmittelbar vor der Laufschaufel konzentrieren.** Die Leitapparate der Wasserturbine sind daher **durchwegs möglichst kurz gebaute, düsenartige Organe, denen das Wasser mit innerem Überdruck und verhältnismäßig geringer Strömungsgeschwindigkeit zufließt.**

Das **Lauforgan** ist so abzuändern, **daß eine kontinuierliche Umsetzung der vom Wasser stetig zugeführten Energiemengen möglich wird.** An Stelle der

Laufschaufeln tritt das **Laufrad**, welches **im Betriebe mit gleichförmiger Winkelgeschwindigkeit rotiert. Es ist also hier schon beim Auftreffen des Wassers eine Umfangsgeschwindigkeit vorhanden.**

S ist der Leitapparat (**Stator**), *R* das Laufrad (**Rotor**). Den Raum *s* zwischen beiden nennt man den **Spalt.** Das Wasser strömt vom inneren Rand *i* des Laufrades zum äußeren Rand *a*; i_e sein Relativweg, i_a sein Absolutweg. Die Wasserbewegung enthält also eine nach außen gerichtete Komponente. Man nennt diese Turbine eine **innere Radialturbine** (Abb. 295 a). Eine Zwischenform zu diesen drei Hauptarten ist die Konusturbine und eine Spezial-

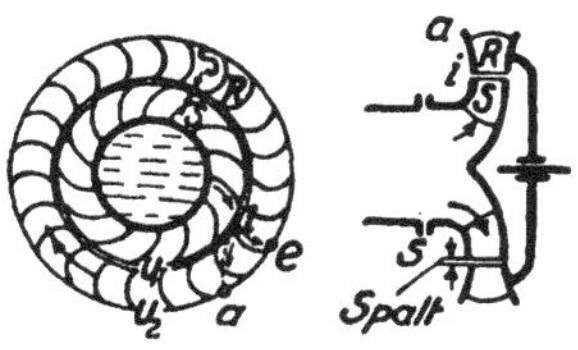

Abb. 295 a
Innere Radialturbine

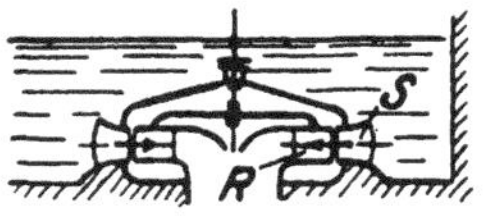

Abb. 295 b
Äußere Radialturbine

form die mit schon im Laufrad mehr oder weniger stark einsetzende Überführung des Wassers in axiale Austrittsrichtung (**Francisturbine**).

Wenn sich der Leitapparat über die ganze Eintrittsfläche des Laufrades erstreckt, so spricht man von **vollbeaufschlagten Laufrädern.** Die Leitapparate haben dann wie die Laufräder Kranzform und heißen Leiträder, die mit einer größeren Anzahl von Leitschaufeln versehen sind. Der lichte Raum zwischen zwei aufeinanderfolgenden Leitschaufeln heißt **Leitkanal** oder **Leitzelle.** Aus der teilweise beaufschlagten Turbine werden **Strahlturbinen,** deren wichtigste Vertreter früher die **Schwamkrugturbine** (Abb. 296)

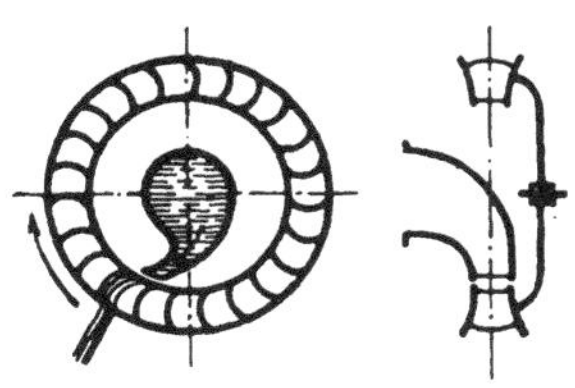

Abb. 296
Schwamkrugturbine

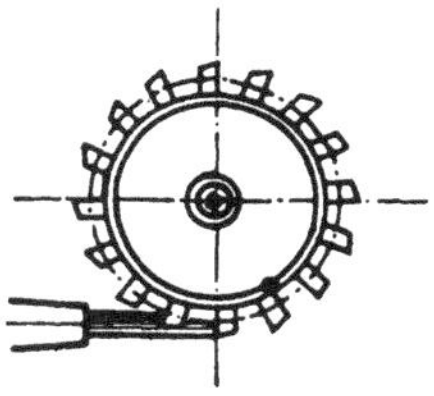

Abb. 297
Peltonturbine

und jetzt die **Peltonturbine** (Abb. 297) sind. Die Leitapparate schrumpfen hier auf eine oder wenige selbständige Düsen zusammen, deren jede einen besonderen Wasserstrahl ins Laufrad entsendet.

[358] Freistrahlturbinen — Überdruckturbinen.

Der Leitapparat der Wasserturbine hat außer der Überführung des Wassers in eine bestimmte Richtung noch die Aufgabe, die in Form von innerem Überdruck ankommende potentielle Energie in kinetische zu verwandeln. Diese Umwandlung kann zunächst so vorgenommen werden, daß im Leitapparat der gesamte verfügbare innere Überdruck in Bewegungsenergie übergeht, das sind **Freistrahlturbinen,** die in der Berechnung und Konstruktion die einfachsten sind und zuerst im Turbinenbau fast ausschließlich angewendet wurden. Dann erkannte man, daß sich der Weg von der potentiellen Energie zur mechanischen Arbeitsleistung dadurch abkürzen läßt, daß man im Leitapparat nur einen bestimmten Bruchteil des inneren Überdrucks in kinetische Energie umsetzt und den Rest mit dem Wasser ins Laufrad einleitet. Dieser Restbetrag des inneren Überdruckes wirkt im Laufrad genau so, wie der im Leitapparat verbrauchte Teilbetrag gewirkt hat, d. h. er beschleunigt die Wasserteilchen und erzeugt so lange neue kinetische Energie, bis er erschöpft ist. Unmittelbar nach dem Eintritte des Wassers ins rotierende Laufrad beginnen nun aber die Laufschaufeln die eingebrachte kinetische Energie aufzuzehren, und es ist nun möglich, diese Entziehung der kinetischen Energie und den erwähnten Zuschuß von neuer kinetischer Energie im Laufrad so zu regeln, daß längs der Laufschaufel im Wasser nicht eine Zunahme, sondern eine stetige Abnahme des resultierenden Gehaltes an kinetischer Energie stattfindet und daß nach Verlassen der Laufschaufeln das Wasser seinen inneren Überdruck ganz und seine kinetische Energie so weit als möglich an die Laufschaufeln abgegeben hat. Man bringt es auf diese Weise fertig, dem Wasser seine potentielle Energie geradeso zu entziehen, wie in der Freistrahlturbine, obgleich tatsächlich nur die Hälfte in Erscheinung getreten ist. Die Turbine nennt man **Spaltturbine** oder **Überdruckturbine,** um anzudeuten, daß hier das Wasser vom Leitapparat durch den Spalt zum Laufrade mit innerem Überdruck behaftet ist.

Da die Energieverluste der Turbinen zum Teile durch die strömende Bewegung des Wassers im Leitapparate verursacht werden, ist es natürlich sehr erwünscht, daß sich das Wasser im Leitapparat der Überdruckturbinen nicht bis zum vollen Betrage, sondern nur etwa bis zur Hälfte mit kinetischer Energie sättigen muß. Hierin liegt ein Vorteil der Überdruckturbine gegenüber der Freistrahlturbine. Allerdings ist dieser Vorteil nicht gerade von wesentlichem Belange, da ihm einige Nachteile der Überdruckturbine gegenüberstehen. Der praktische Turbinenbau hat jedoch im Laufe seiner Entwicklung gefunden, daß sich beide Systeme derart ergänzen, daß ein Teil des Anwendungsgebietes der Wasserturbine widerspruchslos der Freistrahlturbine zufällt und der andere Teil in ebenso ausgesprochener Weise der Überdruckturbine zufällt. **Die praktisch erreichbaren Wirkungsgrade der beiden Systeme sind in den Höchstwerten ziemlich gleich.** Der wichtigste Vertreter der **Freistrahlturbine** ist die **Peltonturbine;** von der **Überdruckturbine** kommt nur noch die **Francisturbine** in Betracht. In der Relativbewegung des Wassers kommt der Spaltüberdruck als treibende Relativkraft, welcher die Relativbewegung beschleunigt, zur Wirkung. **Der Energiesprung zwischen Wasser und Bahn bleibt im Laufkanal der Überdruckturbine nicht konstant, sondern wächst um den Betrag der verschwindenden Überdruckenergie.**

[359] Schauflungsproblem, Schaufelplan, Diagramme.

Über die Schauflungsprobleme wurde schon in der Turbinenlehre der Dampfturbinen gesprochen. Wasserturbinen sind Maschinen von hervorragender Einfachheit. Aus den Energieverlusten entspringt der Gesamtwirkungsgrad η_{total}, d. i. das Verhältnis zwischen der an die Turbinenwelle abgeführten Energie N_{Welle} und der der Turbine zugeführten sekundlichen Energie $= N_{disp}$.

Die Verlustquellen sind folgende:

1. Einlaufverlust und Reibungsverlust im Leitapparat.

2. Energieverluste vom Leitapparat zum Laufrad.
3. Einlaufverlust und Reibungsverlust im Laufrad.
4. Austrittsverlust.
5. Verlust durch mechanische Reibung in der Luft und im Lager.

Verluste 1 bis 4 nennt man **hydraulische Verluste.** Zieht man von der Leistung $N_{\text{disp.}}$ die hydraulischen Verlustmengen pro Sekunde ab, ergibt sich die an das Laufrad abgegebene Leistung N_h; zieht man noch die sekundlichen Energieverluste und deren mechanische Reibung ab, so bleibt die **effektive Leistung der Turbine ab Welle** N_{Welle} übrig.

[360] Die Peltonturbine.

I. **Laufrad.** Den Raddurchmesser D_1, welchen der aus den Leitapparaten entströmende Wasserstrahl in der Strahlmitte berührt, nennt man den **Strahlkreisdurchmesser** des Peltonlaufrades.

Die Schaufeln (Abb. 298) werden an kleineren Rädern mit dem Radkörper zusammengegossen; für größere Räder werden sie einzeln hergestellt, geschärft, geglättet und poliert. Die Räder müssen statisch und dynamisch ausgeglichen werden. Die Befestigung der Schaufeln geschieht durch Schrauben. Das Material ist bei Umfangsgeschwindigkeiten unter 35 m/sek **Gußeisen,** für höhere Umfangsgeschwindigkeiten und sehr hohes Gefälle bis 1000 m bester **geschmiedeter Stahl.** Die Laufschaufeln sind gewöhnlich aus Gußeisen; bei sand- und säurehaltigem Betriebswasser **Phosphorbronze,** für hohes Gefälle und große Leistungen **Stahlguß.**

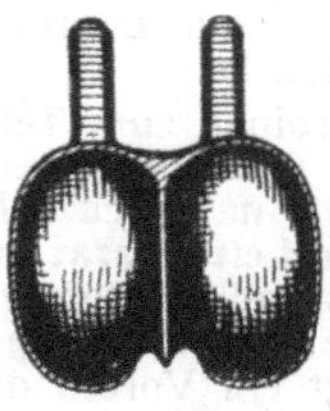
Abb. 298
Peltonschaufel

II. Der **Leitapparat** ist zunächst eine einfache Düse. Muß man zeitweise mit verminderter Leistung arbeiten, so wird die sekundliche Menge des das Laufrad beaufschlagenden Wassers beliebig stark vermindert und dadurch die Leistung reguliert. Solche Vorrichtungen sind:

Die Düse mit Regulierzunge,
die Düse mit Flachschieberregulierung,
die Düse mit Nadelregulierung.

Das sind **wassersparende Regulierungen, weil der Düse nur so viel Wasser zuströmt, als zur Arbeitserzeugung nötig ist.**

Demgegenüber stehen **die Düsen mit Wasserverschwendung.** Es ist dies die **Düse mit Strahlabweisung,** die Düse mit **Strahlabspaltung** und mit **Strahlabschwenkung.** Diese Düsen spielen zwar keine so große Rolle, lassen sich aber leicht mit den wassersparenden kombinieren.

Mitunter muß man auch die Wassermenge bei Mehrstrahlpeltonturbinen auf zwei oder mehr Strahlen verteilen, nur muß praktisch darauf geachtet werden, daß sich die Strahlen gegenseitig nicht stören, weshalb sie um mindestens 50—90° versetzt werden.

Man unterscheidet:

1. **Zweistrahlpeltonturbinen** mit einem Laufrad und zwei Düsen, **Doppelpeltonturbinen.**
2. **Zweistrahlpeltonturbinen** mit zwei Laufrädern und zwei Düsen, **Zwillingspeltonturbinen.**
3. **Vierstrahlpeltonturbinen** mit zwei Laufrädern und zwei Düsen pro Laufrad: **Doppelzwillingspeltonturbinen.**

Bei Peltonturbinen mit vertikaler Welle kann man bis zu vier Strahlen auf ein Laufrad arbeiten lassen.

III. **Gehäuse und Lagerung.** Zum Auffangen des von den Laufrädern abspritzenden Wassers müssen die Laufräder in ein Gefäß aus Gußeisen oder Eisenblech eingeschlossen werden. **Bei vertikaler Welle sind häufig einfach gemauerte Kanäle. Vertikale Wellen** vermeidet man gerne wegen der sehr empfindlichen **Spurlager. Die horizontale Welle hat keinerlei Achsschub aufzunehmen, sie muß aber** zwecks dauernder Erhaltung der zentrischen Lage von Schaufelgrat und Strahlmitte an einem Lager **durch Bunde gegen zufällige axiale Verschiebungen sorgfältig gesichert sein.**

Da das vom Laufrad nach allen Richtungen abspritzende Wasser die Eigenschaft hat, Luft mit sich zu reißen, so muß dafür gesorgt werden, daß dem Gehäuse irgendwie dauernd neue Luft zuströmen kann. Meistens wird durch den Unterwasserkanal von selbst die Verbindung mit der Außenluft hergestellt oder durch eine Spritzzuganordnung bewirkt, daß der Wasseraustritt verhindert, aber der Luftzutritt ermöglicht wird.

Man hat schon versucht, die **luftabsaugende Wirkung** der Peltonturbinen **zur Erhöhung der Arbeitsleistung auszunutzen.** Wenn nämlich im Gehäuse ein unbestimmtes Vakuum h'_s vorhanden wäre, so würde der Ausfluß des Wassers aus der Düse mit einer solchen Geschwindigkeit vor sich gehen (Abb. 298a), als

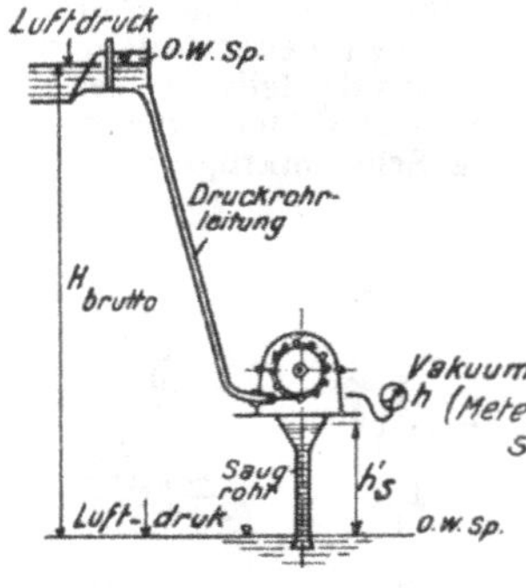

Abb. 298a
Peltonturbine mit Saugrohr

ob das Nettogefälle $\boldsymbol{H + h'_s}$ **m** betragen würde. Man nennt das Abflußrohr **Saugrohr,** welches aber leicht den Arbeitsprozeß des Wassers stört. Darum haben sich diese Peltonturbinen nirgends eingebürgert, da die Stetigkeit des Vakuums viel zu wünschen übrig läßt.

IV. **Druckrohrleitung und Wasserschloßausrüstung.** Bei **Peltonturbinen** handelt es sich fast ausschließlich um **hohes Gefälle** mit Druckrohrleitungen zwischen Wasserschloß und Maschinenhaus.

Unmittelbar vor dem Eintritt ins Maschinenhaus ist die Druckrohrleitung **absolut sicher zu verankern,** damit sie keinen Schub auf die Turbine ausüben kann.

Gegen Temperaturschwankungen verwendet man eine stopfbüchsenartige Expansionsvorrichtung.

Am unteren Ende der Druckrohrleitung muß vor der Turbine ein **Wasserschieber** angebracht werden, damit man die Turbine vom Druckwasser sicher abschließen kann. Häufig öffnet und schließt man den Schieber mit Druckwasser oder mit Drucköl, das durch kleine Öldruckpumpen auf Druck gebracht wird. Die ganze Vorrichtung nennt man **Servomotor** (Hilfsmotor).

Sind mehrere Turbinen angeschlossen, dann wird die Rohrstrecke mit den Abzweigungen, **Verteilungsrohrleitungen** genannt, in die ein Hauptabsperrschieber eingebaut wird, außen am Turbinenhaus entlanggeführt.

Die Wasserschloßausrüstung besteht aus mehreren Einlaufschützen, Turbinenrechen und einer Leerlaufschütze.

V. **Geschwindigkeitsregulierung.** Die Geschwindigkeitsregulierung wird notwendig, sobald die Arbeitsabnahme der von der Turbine angetriebenen Maschine eine schwankende ist. Wenn eine normal laufende Turbine entlastet wird, beginnt sie schneller zu laufen und geht bei vollständiger Entlastung durch. Das Öffnen und Schließen der Turbine geschieht mit **Handregulierung** oder durch **selbsttätige Geschwindigkeitsregulatoren.**

VI. **Rohrdruckregulierung.** In Anlagen mit wassersparender Regulierung ist der Wasserdruck am unteren Ende der Druckrohrleitung bei jedem plötzlichen Eingriff des Geschwindigkeitsregulators plötzlichen, vorübergehenden Druckschwankungen unterworfen, welche mit Wasserstößen verbunden sind. Dagegen kann man die früher erwähnten **wasserverschwendenden Reguliermethoden,** die **Strahlabschwenkung, Strahlabweisung** und **Strahlabspaltung** verwenden.

Der Käufer einer Wasserturbine hat ein Interesse daran, daß die Geschwindigkeitsänderungen möglichst klein gehalten werden; er schreibt daher zweckmäßigerweise dem Lieferanten vor, **wie groß sie für eine gegebene plötzliche Laständerung höchstens werden darf.**

[361] Die Francisturbine.

Die **Francisturbine** ist **eine vollbeaufschlagte äußere Überdruckturbine.**

Alles Bisherige bezieht sich nun auf die freihängende Francisturbine mit unmittelbar in die freie Luft ausgießendem Laufrad, wo $p_2 = 0$ ist. Wir haben aber schon erwähnt, daß man durch Anordnung eines Saugrohrs den Gefällsverlust unter Vakuumerzeugung vermindern kann. Die Vorrichtung ist freilich beim Peltonrad als mangelhaft zu bezeichnen, weil die Gefahr vorliegt, daß das Unterwasser bis in das Turbinenlaufrad heraufsteigt, so daß das Peltonlaufrad im wassererfüllten Raume rotieren muß, wodurch alle Funktionen gestört werden. **Das arbeitende Francisrad** (Abb. 299) **stellt nun im Gegensatze zum Peltonlaufrad einen vollständig mit Wasser erfüllten Körper dar, welcher in einem wassererfüllten Raum ohne jede Störung rotiert.** Ein eigentlicher Unterwasserspiegel besteht aber jetzt im Saugrohr nicht mehr. Der Saugraum bildet vielmehr für das Wasser eine stetige Fortsetzung des Laufraumes. Das am Laufaustritte entstehende Vakuum entspricht genau dem Nettowert der Gefällsstrecke, dem **Sauggefälle H_s.** Da das Francislaufrad auch im wassererfüllten Raum arbeiten kann, so ist es möglich, die Francisturbine beliebig tief unterhalb des Unterwasserspiegels aufzustellen. Man sagt dann: **„Die Turbine watet in Unterwasser“** (Abb. 300).

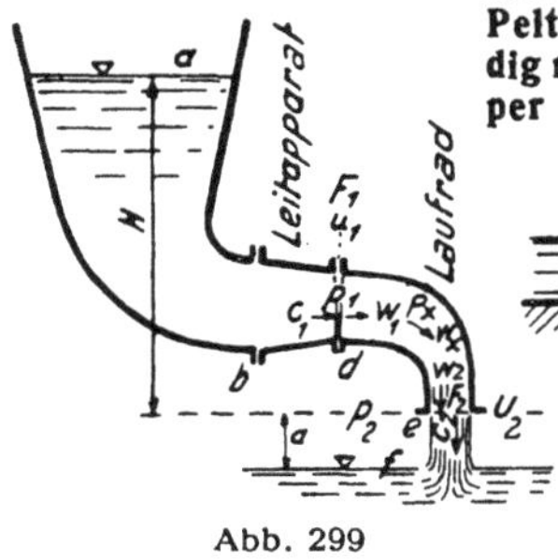

Abb. 299

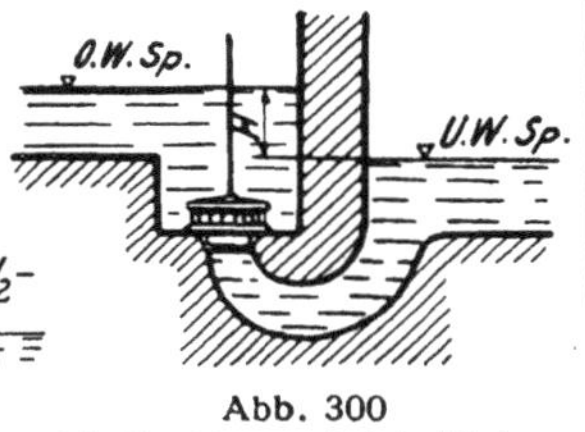

Abb. 300
Die Turbine watet in Unterwasser

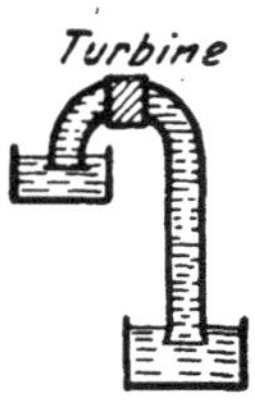

Abb. 301

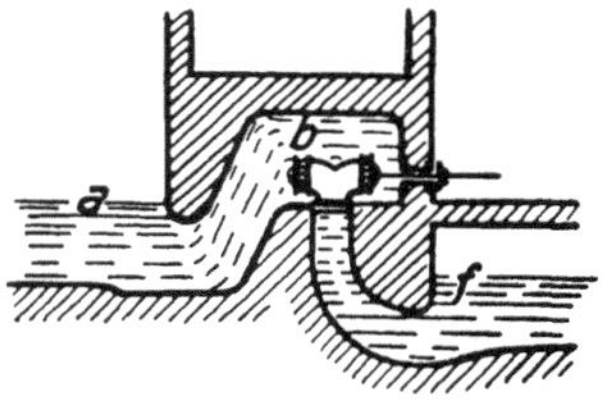

Abb. 302
Im Unterwasser aufsitzende Turbine

Eine Zwischenstufe zwischen Saugrohrturbine und rotierender Turbine ist die **mit dem Laufrad auf dem Unterwasserspiegel aufsitzende Turbine** (Abb. 302). Ferner ergibt sich aus dem Umstande, daß durch das Saugrohr eine vollständig geschlossene Wasserleitung zwischen Ober- und Unterwasserspiegel unter Zwischenschaltung der Turbine geschaffen ist, diese Wasserleitung nach **Heberart** auszubilden.

[362] Dimensionierung der Francisturbine.

Die Dimensionierung der Francisturbine baut sich aus den Austrittsverhältnissen des Laufrades auf.

I. Das Laufrad der Francisturbine.

Für die Anzahl der Laufschaufeln hat man als ungefähren Anhalt die empirische Formel

$$z_1 = D_2\sqrt{\frac{2}{b_2}} \div D_2\sqrt{\frac{2\cdot 5}{b_2}}.$$

Die Formgebung der Laufschaufel ist für schwache Turbinen sehr einfach. Es zeigt sich die Notwendigkeit, die spitz beginnende und spitz endigende Laufschaufel von den Enden her gegen die mittlere Partie zu verstärken. Beim Übergang von der schwachen Turbine zu den Turbinen mit mäßiger und starker Austrittsverbreiterung verschwindet allmählich die Schaufelverstärkung, und man erhält schließlich **Schaufeln mit konstanten Schaufelstärken.** Da man, wie schon erwähnt, in Turbinen mit Austrittsverbreiterung mit konstanter Schaufelstärke auskommen kann, so können die Laufschaufeln dieser Turbinen einzeln aus Blech mittels einer nach dem Schaufelklotz heraustretenden Schaufelpresse hergestellt werden.

II. Leitapparat der Francisturbine.

Dem Leitrad gibt man gewöhnlich etwas mehr Schaufeln als dem Laufrad, damit die Kanäle kleinere Lichtweiten bekommen und eine Laufradverstopfung durch Fremdkörper hintangehalten wird.

Für die weitere Formgebung der Leitschaufeln sind nur zwei Fälle zu unterscheiden. Die Schaufelform Abb. 303 kommt in Betracht, wenn die Turbine in einem großen Behälter zur Aufstellung kommt, von welchem das Wasser dem Leitrad von allen Seiten gleichmäßig, also **radial** zuströmt. Die zweite Schaufelform Abb. 304 gilt für den Fall, daß das Wasser

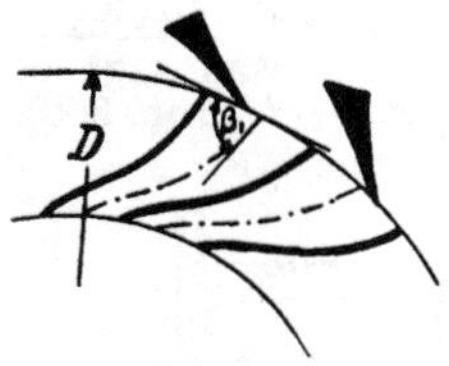

Abb. 303

Abb. 304

dem Leitapparat durch einen spiralförmigen Zulaufkanal zugeführt wird. Da für Turbinen die Behälterdimensionen selten so groß gemacht werden, daß sich tatsächlich ein allseitig vollkommen gleichmäßiger Wasserzufluß ergibt, sind die Behälterturbinen hydraulisch nicht einwandfrei. Besser sind Spiralkanäle, aber schwieriger herzustellen und teuer.

Der Leitapparat wird auch bei der Francisturbine zur Regulierung der Durchflußmenge (Füllung) verwendet. Als Regulierung dienen die **Drehschaufeln,** die **Gleitsehne, die Ketten von Foresti,** und für höhere Gefälle und stark sandhaltiges Wasser wird die **Außenregulierung** verwendet.

[363] Die Bauarten der Francisturbine.

Beim Francisturbinenbau hat man drei Bauarten zu unterscheiden:

I. **Normalturbine,**
II. **Überlastbare Normalturbine,**
III. **Frühkulminierende Turbine.** Hauptsächlich zu verwenden in Flußanlagen mit starken Schwankungen in Gefälle und Wassermenge.

Spezielle Unterarten der frühkulminierenden Turbinen sind Turbinen, welche bei Dreiviertelfüllung ihren besten Wirkungsgrad ergeben (Dreiviertelfüllungsturbinen). Ähnlich wie im Peltonsystem muß man auch im Francissystem häufig die Wassermenge auf zwei oder mehr Leiträder mit besonderen Laufrädern verteilen.

Sie wird entweder als **Zwillingsturbine** mit zwei getrennten Leit- und Laufrädern oder als **Doppelturbine** mit konstruktiv vereinigten Leit- und Laufrädern und mit zwei getrennten Saugrohren gebaut werden.

Die Doppel- und Zwillingsturbinen haben die wertvolle Eigenschaft, daß sie mehr frei sind von jedem **Axialschube,** da die axialen Drücke sich gegenseitig aufheben.

Aufstellungsmöglichkeiten.

Während im Peltonsystem im allgemeinen nur Anlagen mit Druckrohrleitungen vorkommen, ergibt sich im Francissystem häufig die Möglichkeit, offene Schachtanlagen zu bauen, wozu man die **Schacht-** und **Gehäuseturbinen** verwendet. Beide Turbinenarten werden mit horizontaler, vertikaler oder schrägliegender Welle asgeführt. Die gewöhnliche Lage ist die horizontale.

Schachtturbinen sind meistens in Anlagen bis zu 20 m zu finden.

Die Gehäuseturbinen sind entweder **Kesselturbinen,** deren Kessel aus Gußeisen oder Schmiedeeisen gebaut sind, oder **Spiralgehäuseturbinen** (Abbildung 305), die bei hohen Wassergeschwindigkeiten vorkommen und mitunter mit einer Zwischenwand so unterteilt werden und dem Wasser in der Spirale eine Schnelligkeit von 0,2 — 0,25 geben.

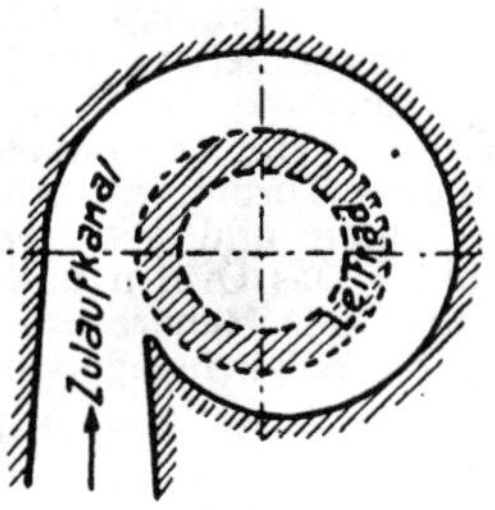

Abb. 305
Spiralgehäuseturbine

Wasserschloßausrüstung und Druckrohrleitung.

Die Wasserschloßausrüstung ist dieselbe wie bei der Peltonturbine, nur ist am Rechen die Lichtweite etwas kleiner als die lichte Weite der dreiviertel geöffneten Leitkanäle, so daß die Fremdkörper nicht in der Turbine stecken bleiben.

Als Absperrorgan kommt außer dem Wasserschieber noch die Drosselklappe in Verwendung.

Das Anwendungsgebiet der Francisturbine.

Die Grenzen des Anwendungsgebietes der Francisturbine werden durch zwei Faktoren bestimmt. Der eine Faktor ist das Verhältnis der **Eintrittsbreite** b_1 zum Eintrittsdurchmesser D_1, was man als **Relativbreite** C_1 bezeichnet.

$$C_1 = \frac{b_1}{D_1};$$

es ist das die untere Grenze, während das **Durchmesserverhältnis**

$$\Delta s = \frac{Ds}{D_1}$$

als **Relativsaugrohrdurchmesser** bezeichnet wird und die obere Grenze bildet.

Die an der unteren Grenze liegenden Turbinen werden als **schmale Langsamläufer** (geringste Umfangsschnelligkeit, kleinste Relativbreite), die an der oberen Grenze liegenden als **breite Schnelläufer** (größte Umfangsschnelligkeit, größte Austrittsverbreiterung) bezeichnet.

ELEKTROTECHNIK

Inhalt. Die eigentliche Elektrotechnik werden wir mit dem Abschnitt 18: „Der elektrische Betrieb auf Vollbahnen" abschließen. In Bezug auf die übrigen täglich zahlreicher werdenden Anwendungen dieser neuartigen Wissenschaft verweisen wir nun auf die kurzen Andeutungen der Abschnitte [466], [469], [470], [471], [472], [473], [474], [475], [476] im I. Fachbande, die den Selbstschüler gewiß in den Stand setzen werden, sich mit Hilfe der reichhaltigen Literatur der praktischen Elektrotechnik zu orientieren und sich in den eben notwendig scheinenden Zweiggebieten gründliche Kenntnisse zn erwerben.

13. Abschnitt.

Der elektrische Betrieb auf Vollbahnen.

[364] Allgemeines.

An den schönen Ufern des Comersees steht die Wiege eines Betriebssystemes, welches zweifellos eine wichtige Etappe in der Entwicklungsgeschichte der Eisenbahnen bedeutet, dessen Fertigstellung von den technischen Kreisen aller Kulturländer mit großer Spannung erwartet wurde. Es ist dies die bisher mit Dampf betriebene Bahnlinie **Lecco—Colico—Chiavenna—Sondrio** in **Oberitalien,** nach dem sog. Fall kurz als **Valtellinabahn** bezeichnet.

Hier wird zum ersten Male in großem Stile der Versuch unternommen, **eine normalspurige, wirkliche Vollbahn** mit **Eilzugs-, Lokalzugs- und Frachtenverkehr ausschließlich elektrisch** zu betreiben.

Das Problem des elektrischen Vollbahnbetriebes beschäftigte in den letzten Jahren die beteiligten elektrotechnischen und Eisenbahnfachkreise in der intensivsten Weise. Bei den ersteren ist der Eifer begreiflich, denn für sie bedeutet die befriedigende Lösung dieser Frage die Aufschließung eines riesigen Arbeitsfeldes, welches der elektrischen Fabrikation für lange Zeit stetige Beschäftigung sichern würde. Von weit höherer wirtschaftlicher Bedeutung ist aber die Lösung dieses außerordentlich wichtigen Problems für die Eisenbahnen jener Länder, welche, wie z. B. Schweden, Norwegen, die Schweiz usw., auf den Import von Kohlen angewiesen, als Ersatz hierfür aber von der Natur mit einer nicht minder wertvollen Energiequelle: mit **reichlichen Wasserkräften** ausgestattet wurden.

Ein solches Land ist auch **Italien,** dessen Eisenbahnen genötigt sind, jährlich für mehr als 20 Millionen Lire Kohlen einzuführen. Dabei ist Italien reich an großen Wasserkräften, von denen schon viele ausgenutzt sind; die aus den Alpen in die oberitalienische Ebene herabströmenden Gewässer, welche Fabriken mit Betriebskraft und Städte, Mailand usw., mit elektrischem Strom für Beleuchtung und Straßenbahnbetrieb versehen. Trotzdem verfügt Italien noch heute über Wasserkräfte von **etwa 1½ Millionen Pferdestärken,** welche ihrer Ausnutzung harren.

Die italienische Regierung lud nun die beiden großen Eisenbahngesellschaften ein, die Frage zu studieren und durch Versuche zu erhärten, **ob der heutige Dampfbetrieb auf Vollbahnen technisch und wirtschaftlich in vollkommener Weise durch elektrischen Betrieb zu ersetzen sei.** Nicht die höhere Geschwindigkeit war es, die von der elektrischen Traktion verlangt wurde, die elektrische Lokomotive sollte keine eigenen Gleise erhalten, sondern auf dem heutigen, bestehenden Eisenbahnnetz sollte unter Berücksichtigung der Wasserkräfte des Landes der Dampfbetrieb durch den elektrischen Betrieb, **die Dampflokomotiven durch die elektrischen Lokomotiven ersetzt werden.**

Die Rete Adriatica faßte das Programm schärfer auf. Sie wählte absichtlich zum Versuche eine Strecke, welche in bezug auf Steigungen, Kurven, Tunnels und Verkehr den schwersten Bedingungen Rechnung tragen sollte. Dem entsprach am besten die **Valtellinabahn.** Sie ist 106 km lang, so ziemlich wie Wien—Semmering. Im Sommer nimmt dort der Reiseverkehr mächtige Dimensionen an, die Eilzüge von Mailand zum Comersee und in die Schweiz sind überfüllt und erfordern große Zugseinheiten für Personen und Gepäck. Auch der Lastenverkehr auf der Strecke ist nicht unbedeutend, weil die dortige Gegend großen Export an Früchten und Wein nach der Schweiz unterhält und auf der ganzen Strecke große Fabriken, zumeist Spinnereien und Webereien, im Betrieb stehen.

Es handelt sich also darum, mittels des elektrischen Betriebes einen regelmäßigen Vollbahnverkehr abzuwickeln, welcher im Sommer die Erfordernisse einer Hauptbahn besitzt. Die Steigungs- und Richtungsverhältnisse der ganzen Bahnstrecke sind die denkbar schlechtesten, fortwährend wechselnde Steigungen und Gefälle auf fünf Kilometer haben die bedeutende Steigung von 20 pro Mille. Der größte Teil der Strecke hat echten Gebirgscharakter mit fortwährenden Krümmungen und zahlreichen (32) Tunnels, welche namentlich im Sommer die Fahrt durch Rauch und Ruß so unerträglich machen, daß häufig von Reisenden die Fahrt über den Comersee der Eisenbahnfahrt vorgezogen wird.

[365] Wahl des Systems.

Welches System ist nun für den elektrischen Betrieb zu wählen? Die Verhältnisse liegen jedoch beim Vollbahnbetrieb ungleich schwieriger als beim Straßenbahnbetriebe. Wenn es sich bei letzteren um Abstände von etwa 20 km und ein Krafterfordernis von 20 bis 30 PS pro Wagen handelt, muß bei Vollbahnbetrieb naturgemäß mit Entfernungen von mehreren 100 km und mit gewaltigen Kräften gerechnet werden, die beim Anfahren schwerer Züge in Steigungen und bei hohen Geschwindigkeiten 1500 PS übersteigen können.

Wohl ist es beim elektrischen Betrieb oft zum großen Vorteil für die Reisenden möglich, **die schweren Zugseinheiten durch mehrere leichtere Züge** zu ersetzen und den Zugsverkehr auch bei Hauptbahnen hierdurch tramwayartig zu entwickeln. Trotzdem muß, wenn es den Ersatz des heutigen Dampfbetriebes durch elektrischen Betrieb gilt, **mit der Beförderung der schweren internationalen Eilzüge** und der **langen Güterzüge gerechnet** werden, d. h. **die elektrischen Lokomotiven müssen den Dampflokomotiven gleichkommen.** Diesen schwierigen Bedingungen kann das für **elektrische Straßenbahnen übliche System,** welches **bekanntlich Gleichstrom von 500 Volt Spannung benutzt,** auch bei Verwendung von Umformerstationen nur schwer gerecht werden. Technisch wäre dies wohl möglich, aber es verbietet sich die Anwendung durch die außerordentliche Höhe der Anlage- und Betriebskosten.

Immerhin war dieses System in Amerika bei Stadtbahnen erprobt und deshalb sah sich die zweite Gesellschaft veranlaßt, dasselbe bei ihrer Versuchsstrecke Mailand—Porta Aresio einzuführen. Sie beauftragte die **Thomson Houston Comp.** Der Personenverkehr geschieht ausschließlich durch Motorwagen, welche gewöhnlich einen, bei starkem Verkehr auch mehrere Personenwagen mitschleppen und auf der ebenen Strecke mit 80 bis 90 km Geschwindigkeit verkehren. **Der Verkehr ist demnach im gewissen Sinne tramwayartig ausgebildet. Durchgehende Züge verkehren nicht, und der Güterverkehr wird noch mit Dampf besorgt.**

Angesichts der Schwierigkeit, welche die Anwendung des Gleichstromsystems aus wirtschaftlichen Rücksichten bei Vollbahnbetrieb verursacht, war die Idee naheliegend, den **Drehstrom,** welcher seit dem Jahre 1891 seit der denkwürdigen Kraftübertragung Frankfurt—Lauffen, auf 180 km, das Feld der Kraftübertragung auf große Entfernungen allein beherrscht, auch für den Bahnbetrieb heranzuziehen. Man hätte das schon früher getan, aber es boten sich konstruktive Schwierigkeiten. Die erste derartige **Drehstrombahn,** die Linie **Burgdorf—Thun** (40 km) in der Schweiz, wurde im Jahre 1879 durch **Brown, Boveri & Co.** fertiggestellt, aber die dort angewendete Spannung war zu gering, als daß damit die Erfordernisse einer Hauptbahn hätten befriedigt werden können.

Bereits im Jahre 1897 war der Ing. **Kondo** der Firma **Ganz & Comp.** mit dem Projekte hervorgetreten, elektrische Vollbahnen zu bauen, **bei denen die Fahrdrähte hochgespannten Drehstrom führen und der Betrieb der Lokomotiven mittels Drehstrommaschinen von hoher Spannung geschieht.** Dieses System war theoretisch befähigt, auch den schwersten Anforderungen einer elektrischen Hauptbahn zu entsprechen, doch war es noch nicht erprobt und es mußten erst die vielen Einzelheiten durchgeführt werden. Die Rete Adriatica entschloß sich dann, der Firma Ganz & Comp. die Umwandlung der Bahn auf elektrischen Betrieb zu übertragen. Der Bauvertrag wurde im Jahre 1899 abgeschlossen, der elektrische Betrieb am 4. September 1902 eröffnet. Nahe der östlichen Endstation **Sondrio,** am Fuße der hier steil abstürzenden Alpen, erhebt sich der stattliche Bau der elektrischen Betriebszentrale, seine Bestimmung schon von Ferne durch die dahinter liegenden großen Wasserwerksanlagen verratend.

Seltsam mutet der Gegensatz an zwischen diesem, der modernsten Technik sein Entstehen verdankenden Bauwerke und den zum Teile verfallenen Häusern des benachbarten kleinen Ortes Morbegno. Hier werden der Adda mittels eines vielfach in Tunnels gemauerten Kanales 7500 PS abgewonnen, welche den Kraftbedarf für die Traktion der Valtellinabahn weit übersteigend, in späterer Folge auch die Betriebskraft für ein weiteres großes Bahnnetz liefern sollen. Es ist wahrhaft bewunderungswürdig, mit welcher Ruhe die großen Turbinen und Dynamos ihren Dienst versehen, wie sich der Betrieb der Zentrale lautlos und trotz der großen Kraftschwankungen, welche der Bahnbetrieb mit sich bringt, fast ohne Zutun des Personales abspielt. Nur an den großen Zeigern der Instrumente merkt der Kundige, daß eben viele Kilometer weit ein Eilzug abfährt oder ein Güterzug den steilen Abhang nach Chiavenna emporklimmt. Von der Zentrale sieht man auf ein Gestänge, ähnlich unseren Telegraphensäulen, deren dünne Kupferdrähte in der Richtung der Bahn und längs der ganzen Strecke fortlaufen. Durch diese Leitung wird der ganze erforderliche Betriebsstrom der Bahn mit **20000 Volt** zugeführt. Nach Herabminderung der Spannung, was durch **ruhende Transformatoren** längs der Strecke geschieht, gelangt der elektrische Drehstrom immer noch mit relativ hoher Spannung — 3000 Volt — in die Fahrdrähte und von dort zu den Motoren der Lokomotiven.

Die elektrische Leistung wird durch Nutzbarmachung einiger Stromschnellen des oberen Laufes der Adda gewonnen. Das für den Bahnbetrieb errichtete Kraftwerk verfügt über eine Leistung von $\sim$ 8000 PS. Die Maschinengruppen erzeugen unmittelbar 20000 V Drehstrom, der entlang den Strecken auf 3000 V transformiert und so den Wagenmotoren direkt zugeführt wird. Dem Personenverkehr dienen elegante Wagen, die paarweise verbunden die Strecke mit 60 km/Std. durchlaufen; die Güterzüge werden von eigens dazu hergestellten Lokomotiven fortbewegt, die ein Gewicht bis zu 125 t ziehen können. Zur Stromzuleitung dienen zwei gegeneinander isolierte in einer Wagerechten liegende Fahrdrähte über den Wagen, während den dritten Leiter die Fahrschiene bildet. In Weichen und Kreuzungen ist einer der Luftleiter unterbrochen. Man kommt mit Fahrdrähten von je 100 mm² aus. Die Stromstärke ist in jeder Einzelleitung bei 1000 PS, $\eta = 0{,}85$ und $\cos \varphi = 0{,}92$ etwa 110 Ampere. Die Frequenz ist niedrig, damit die Selbstinduktionsspannung der eisernen Rückleitung so gering wie möglich gehalten wird (15 Per./Sek.).

Wenige Wochen nach Eröffnung des Betriebes beschloß die **Bahngesellschaft** auch die Strecke von **Lecco bis Mailand** (50 km), welche zum Teil auch die schweren Eil- und Güterzüge der Gotthardbahn via Monza nach Mailand führt, für elektrischen Betrieb umzuwandeln. Man wird also schon in den nächsten Jahren das ganze 156 km lange Netz **Mailand—Chiavenna—Sondrio** mit elektrischen Zügen befahren, eine Strecke, welche ungefähr so lang ist wie Wien—Brünn oder Wien—Bruck a. d. Mur und länger noch als Laibach—Triest. Auch für diese und einige andere Linien, die noch im Stadium des Projektes sind, wird die bestehende Zentrale an der Adda die Betriebskraft liefern. Nichts hätte den durchschlagenden Erfolg der elektrischen Zugförderung bei dem Versuch besser beweisen können als das Bestreben der Gesellschaft, sich die neue Betriebsart, kaum nachdem sie dieselbe kennengelernt hatte, sofort in erhöhtem Maße dienstbar zu machen, ohne daß es noch angesichts der kurzen Betriebsperiode möglich gewesen wäre, sich über die Wirtschaftlichkeit des neuen Betriebes ziffernmäßig Rechenschaft zu geben. Die Baukosten sind bereits zusammengestellt; sie betragen 6,2 Millionen Lire, von denen allerdings ein beträchtlicher Teil — 2,5 Mill. Lire — für die Gewinnung der Wasserkraft erforderlich war, während 3,7 Mill., und zwar 0,7 Mill. für Maschinen in der Zentrale, 1,7 für Linienausrüstung und 1,3 Mill.

für elektrsche Fahrzeuge, für die elektrische Umgestaltung nötig wurden. Berücksichtigt man die größere, durch die Verkehrseinrichtung gebotene Zugsleistung, den Umstand ferner, daß die Wasserkraft damit erst zum geringen Teile ausgenutzt ist, würdigt man endlich die später besprochenen, dem elektrischen Eisenbahnbetrieb im allgemeinen anhaftenden Ersparnisse, so kann schon nach flüchtiger Schätzung auch der wirtschaftliche Vergleich nicht zuungunsten des elektrischen Betriebes ausfallen.

Wir haben im vorigen der großartigen elektrischen Traktionsversuche Erwähnung getan, welche infolge Initiative der italienischen Regierung in diesem Jahre zur Durchführung und zum erfolgreichen Abschlusse gelangt sind. Wir wollen nur noch, gestützt auf die Ergebnisse dieser Versuche, der Frage näher treten, welche Folgerungen für den elektrischen Bahnbetrieb und speziell für Österreich aus den italienischen Versuchen gezogen werden können.

[366] Elektrische Lokomotiven.

Die neuesten Versuche im elektrischen Vollbahnbetrieb haben gezeigt, daß **die elektrische Lokomotive hinsichtlich Verwendungsart, Kraftleistung und Zugkraft die Dampfkraft erreicht hat und technisch vollkommen befähigt ist, dieselbe zu ersetzen.** Ja, noch mehr, die elektrische Lokomotive besitzt einige schwerwiegende **Vorzüge,** welche die Dampflokomotive prinzipiell nicht zu bieten vermag, die jedoch bei der Traktion an Eisenbahnen von größter Bedeutung sind. Es würde den Rahmen dieses Aufsatzes weit überschreiten, hierauf im Detail einzugehen, es möge nur kurz darauf hingewiesen werden, **daß die elektrische Lokomotive, weil ihr ganzes Gewicht für Adhäsion nutzbar gemacht wird, bei gleicher Dampfkraft ganz bedeutend weniger wiegt als die Dampflokomotive mit Tender und trotz des geringeren Gewichtes eine wesentlich größere Zugkraft besitzt als jene.**

Die elektrischen Lokomotiven werden heute bereits in Größen gebaut, welche den modernen Dampflokomotivenriesen an Leistung gleichkommen. An der Valtellinabahn waren bisher so große Typen nicht gefordert. **Die Lastzugslokomotive besitzt dort bei einem Gewichte von 46 Tonnen bis zu 8 Tonnen Zugkraft und zieht eine Bruttolast von 300 Tonnen auf 10 pro Mille Steigung mit 33 km stündlicher Geschwindigkeit. Die Eilzüge auf der Valtellinabahn bestehen aus einem 52 Tonnen schweren Personenmotorwagen, welcher regelmäßig 5, bei Bedarf 7 zweiachsige Personenwagen auf 10 pro Mille mit 66 km Geschwindigkeit befördert;** eine größere Schnelligkeit wird angesichts der vielen Steigungen und Kurven nicht verlangt.

Die neuen Lokomotiven, welche die Rete Adriatica für nächsten Sommerdienst beschafft, werden aber schon den höchsten Anforderungen einer Hauptbahn gerecht werden. **Die neuen Lokomotiven werden für Lastzugsbeförderung bei 33 St.-km eine Zugkraft von 6 bis maximal 9 Tonnen besitzen, während sie für Eilzugsbetrieb bei 66 km Geschwindigkeit 3½, maximal 5 Tonnen Zugkraft entwickeln und auch mit 80 km pro Stunde fahren werden.** Daß die elektrische Lokomotive für hohe Geschwindigkeit besonders geeignet ist, beweist der Versuch der Deutschen Studiengesellschaft in Berlin, wo bereits Geschwindigkeiten von 164 km pro Stunde erreicht werden und die Motoren für kurze Zeit 3000 PS abzugeben imstande sind. Ein Bild von der Zugkraft der elektrischen Lokomotiven für schwere Güterzüge gibt anderseits die seit Jahren im Dienst stehenden Lokomotiven der Baltimore and Ohio-Bahn, welche die Zugförderung **durch einen 5 km langen Tunnel besorgt und bei 96 Tonnen Gewicht und einer Steigung von 8 pro Mille einen Zug von 1900 Tonnen Bruttogewicht befördert.** Es geht aus diesen Ziffern hervor, daß es heute schon möglich ist, die elektrische Lokomotive so stark zu bauen, daß sie den Dienst auf jeder Hauptbahn übernehmen kann. Die technische Seite des elektrischen Vollbahnproblems kann sonach als gelöst betrachtet werden, und in dieser Hinsicht steht der Umwandlung von Dampfbahnen auf elektrischen Betrieb kein Hindernis mehr im Wege.

Allein es muß damit gerechnet werden, daß — die Dampflokomotive wurde eben vor der elektrischen erfunden — unsere Bahnen bereits mit Dampfbetrieb ausgerüstet sind und in dem Bestand an Lokomotiven, Tendern, Wasserstationen, Heizhäusern usw. bedeutende Kapitalien festgelegt haben, so zwar, daß sie sich ohne gewichtige technische oder wirtschaftliche Gründe nicht zum Ersatze der heutigen Dampfförderung durch elektrischen Betrieb entschließen werden. Wohl kommt auch in technischer Hinsicht der gänzliche Wegfall der **Rauchbelästigung** in Betracht. Aber dieser, sich auch in der minderen Abnutzung des Fahrparkes günstig äußernde Umstand ist ja für das Reisepublikum von großer Annehmlichkeit, wird aber in den meisten Fällen für die Eisenbahnen, denen der Ertrag die Hauptsache ist, kein ausschlaggebendes Moment für die „Elektrisierung" bilden.

Es werden also in den meisten Fällen wirtschaftliche, finanzielle Momente sein müssen, welche die Eisenbahnen veranlassen könnten, bei bestehenden Bahnen auf elektrischen Betrieb überzugehen. Für den Dampfbetrieb liegen die Erfahrungen von Jahrzehnten vor, auf das gründlichste durchgearbeitet von der Statistik. Wenn auch über den elektrischen Betrieb der Vollbahnen ziffermäßige Betriebsresultate vorliegen werden — was in Bälde der Fall sein dürfte —, dann wird es möglich sein, über die größere oder geringere Wirtschaftlichkeit der beiden Betriebsarten ein sicheres Urteil zu fällen.

[367] Vorteile des elektrischen Betriebes.

Wir können uns aber schon heute ein ungefähres Bild machen, welcher Art die ökonomischen Vorteile des elektrischen Betriebes auf Hauptbahnen sein werden. Hier ist zunächst der bekannten Tatsache Erwähnung zu tun, daß bei dem elektrischen Betriebe die Zugfolge weit bequemer und den Bedürfnissen der Reisenden entsprechend **verdichtet** werden kann als bei der Dampftraktion. Die Folge davon ist, daß das Publikum von der erhöhten Fahrgelegenheit Gebrauch macht und sich die Einnahmen sehr erhöhen, ohne daß die Betriebskosten im gleichen Verhältnisse ansteigen. Die gleiche Erfahrung hat man auch bei der Bahn Mailand—Gallarate gemacht, wo die Einnahmen außerordentlich gestiegen sind. Dieses an sich sehr wichtige Moment der Verkehrsverdichtung würde jedoch nur bei Strecken mit sehr dichtem Verkehr, z. B. Wien—Baden, allein hinreichen, um Eisenbahnverwaltungen zur elektrischen Umwandlung zu bewegen. Bei langen Hauptbahnen müßten noch *andere* wirtschaftliche Vorteile hinzutreten, um die Investierung der Umwandlungskosten zu rechtfertigen. Beginnt man die Rentabilitätsrechnung für die Umwandlung einer Dampfbahn auf elektrische Förderung, so fällt zunächst eine nicht unbeträchtliche Mehrbelastung ins Auge, verursacht durch jenen Aufwand, der die **Verzinsung** der Umgestaltungskosten erheischt. Die Umgestaltung der Valtellinabahn kostete ca. 6 Mill. Lire, ein Betrag, der sich auf 4,5 bis 5 Mill. Lire reduzieren läßt, wenn man berücksichtigt, daß der größte Teil der Wasserkraftzentrale durch diese Bahn allein noch nicht ausgenutzt wird, sowie daß der Wert der anderwärts weiter verwendeten Dampflokomotiven in Abzug zu bringen ist. Wenn Wasserkräfte zur Verfügung stehen, so kommt die Kapitalsverzinsung hauptsächlich für den Jahresaufwand in Betracht' neben der der Betrieb der Zentrale sowie die Erhaltung des Leitungsnetzes relativ wenig Kosten verursachen.

Diesen durch den elektrischen Betrieb gegebenen Mehrkosten stehen aber große Ersparnisse gegenüber, nicht allein durch den Entfall der Kohle sondern auch durch andere, der Bauart und Wirkungsweise der elektrischen Lokomotive zu dankenden Ursachen.

Der **Verbrauch an Kohle** spielt eine sehr bedeutende Rolle im Jahreshaushalt der Eisenbahn; derselbe betrug seinerzeit bei den früheren österreichischen Staatsbahnen 33 Mill. Kronen oder 9½% der gesamten direkten Betriebskosten. In anderen Ländern ist der Prozentsatz höher oder geringer, je nachdem Kohlenpreis (in Italien 10%), und er ist natürlich den Schwankungen des Kohlenmarktes unterworfen. Auch im früheren Österreich war der Kohlenverbrauch bei den einzelnen Bahnen verschieden, hauptsächlich abhängig von der großen oder geringen Entfernung von den Kohlengruben und von den Steigungen ihrer Strecken. Am günstigsten sind die Kohlenbahnen daran, wie z. B. die **Aussig-Teplitzer** und die **Nordbahn,** bei welcher der obige Prozentsatz nur 4½% bzw. 6½% ausmacht. Diese beträchtlichen Ausgaben für Kohle kommen bei elektrischem Betrieb mittels Wasserkraft nämlich gänzlich in Wegfall.

Stark verringern sich die Betriebskosten **für Erhaltung der Lokomotiven.** Die heutige Dampflokomotive wird, was ihre nutzbar verbrauchte Fahrzeit anlangt, außerordentlich ungenügend ausgenutzt; sie ist an ihr Heizhaus und Personal gebunden, sie verbraucht täglich viel Zeit ungenutzt zum Anheizen und Putzen und bringt einen guten Teil ihres Daseins in der Reparaturwerkstätte zu. Kommt es doch bei Linien mit schlechtem Speisewasser häufig vor, daß Lokomotiven jedes dritte Jahr einer Hauptreparatur bedürfen und dann ein halbes Jahr und länger dem Dienste entzogen sind. Hier liegen die Verhältnisse für die elektrische Lokomotive erheblich günstiger. Sie ist nicht den zerstörenden Einflüssen von Rauch und Dampf ausgesetzt, sie bedarf nicht der fortwährenden Nahrungsaufnahme von Wasser und Kohle, sie kann frei und ungehindert viele Stunden arbeiten und ist jederzeit zum Dienste bereit. Diese Betrachtung ergibt, daß die elektrische Lokomotive eine viel größere nutzbare Jahresleistung besitzt, so daß für die gleiche Strecke weniger elektrische Lokomotiven anzuschaffen sind und das in diesen Fahrzeugen investierte bedeutende Kapital besser ausgenutzt wird als beim Dampfbetrieb. Da nun die elektrische Lokomotive an sich viel weniger Erhaltung bedarf, der Tender ganz wegfällt und überdies weniger Lokomotiven gebraucht werden, so ist es klar, daß sich bei der elektrischen Förderung die Kosten für Reparatur und Erhaltung der Lokomotiven und für den Werkstättendienst ganz bedeutend niedriger stellen müssen als beim Dampfbetrieb. Es handelt sich hier um große Beträge, denn die Jahreskosten für Erhaltung der Lokomotiven und Tender betrugen beispielsweise bei den früheren österr. Bahnen 21,3 Mill. Kronen oder 6% der gesamten Betriebskosten.

[368] Technische Entwicklung.

Seit der Eröffnung der beschriebenen Valtellinabahn sind 20 Jahre rastloser Tätigkeit ins Land gegangen. Italien ist mit den Drehstrombahnen fast allein geblieben, denn erstens kann man mit Drehstrommotoren, deren Gang durch die Feldgeschwindigkeit fast wie der Gang einer Uhr vorgeschrieben ist, keine Verspätungen einholen, und zweitens sind zwei gegeneinander isolierte und mit hohen Spannungen gegeneinander versehene Fahrdrähte, deren Stromabnehmer nicht in den Bereich des anderen Fahrdrahtes kommen dürfen, etwas Unbequemes. Die deutsche Elektrotechnik (Siemens-Schuckertwerke, Allgemeine Elektrizitäts-Gesellschaft und Bergmann-Elektrizitätswerke) schufen daher die Einphasen-Wechselstrombahnen: Die Kraftwerke erzeugen an den Maschinen gewöhnlichen einphasigen Wechselstrom niederer Frequenz und einiger Tausend Volt. Große Transformatoren in den Kraftwerken spannen um auf die Fernleitungsspannung (etwa 60000 Volt). An der Strecke verteilt, befinden sich Transformatoren, die von Fernleitungsspannung auf Fahrdrahtspannung (etwa 15000 Volt) umsetzen, und auf der Lokomotive stellt ein Transformator die für einen Einphasen - Wechselstrom - Kollektormotor notwendige Spannung von ∾ 300 Volt her. Ein Fahrdraht dient als Zuleitung, die Schienen dienen als Rückleitung. Die Hauptschwierigkeiten bildete der Motor und die Übertragung der mechanischen Leistung vom Motor auf die Triebachsen.

Auch für den Motor war die geringe, durch die Schienenrückleitung gegebene Frequenz von Wichtigkeit. Grundsätzlich läßt sich ein Hauptschlußmotor auch mit Wechselstrom betreiben, wenn das Eisen des ganzen magnetischen Kreises geblättert ist, da mit der Stromrichtung zugleich auch die Feldrichtung wechselt und die Kraftrichtung daher dieselbe bleibt. Eine Nebenschlußwicklung kann nicht angewendet werden, weil die feine, stark mit Eisen durchsetzte Magnetwicklung stromhindernd und phasenverschiebend gegen den Ankerstrom wirkt. Aber auch der reine Hauptschlußmotor selbst ist ungeeignet, und man hat Abarten von ihm erfunden, die die induzierende Eigenschaft des Wechselstromes benutzen, z. B. derart, daß der Strom nur der äußeren ruhenden Wicklung zugeführt zu werden braucht, während die Ströme des Ankers, die durch Kollektor und Bürsten abgenommen und gesteuert werden, sich durch Induktion erzeugen. Die Motoren der verschiedenen Firmen für diese Zwecke, wozu auch der Déri-Motor von Brown-Boveri & Cie. gehört, weichen erheblich voneinander ab, haben aber alle die Hauptschlußeigenschaften: hohe Drehzahl in der Entlastung, niedere Drehzahl bei großen Drehmomenten. Der Transformator auf der Lokomotive ist aber ein Stufentransformator, und da für das Anlassen und den Betrieb die Zahl der Stufen (sekundäre Windungszahl) wählbar ist, kann der Motor gesteuert werden, also können auch Verspätungen eingeholt werden.

Für die Übertragung vom Motor auf die Triebachsen glaubte man anfänglich Zahnräder nicht anwenden zu können. Direkter Antrieb der Achsen hatte sich bei der Versuchsbahn Berlin—Zossen als praktisch unmöglich erwiesen, also mußte man zur Triebstange greifen, die man zwischen Kreuzkopf und

Triebachse der Dampflokomotive schon lange kannte. Das setzt aber beim Motor die Drehzahl der Triebachsen voraus, daher darf der Motor nur langsam laufen, wird groß und muß auf dem abgefederten Lokomotivrahmen angebracht werden. Die Triebstange (2 Stück/Motor unter 90° zueinander) verlangt aber konstanten Abstand, so daß sie nicht unmittelbar auf Triebachsen arbeiten kann, von denen man ja weiß, daß sie in Federn gelagert spielen. Es ist also eine am Lokomotivrahmen angeordnete Blindwelle in ungefährer Höhe der Triebachsen notwendig, von der aus die Kuppelstangen, die ja auch Gelenke haben, in der Nähe eines Triebzapfens durch eine fast wagerechte Schubstange ihre Kraft übermittelt bekommen. Aber auch dieses Erzeugnis menschlichen Scharfsinnes war unvollkommen, die Verbindung zwischen Motor und Triebachsen war zu starr, was z. B. vor allem bei Unfällen viel Schaden anrichtete. So entstand die Rutschkuppelung, deren Aufgabe es ist, übergroße Drehmomente zwischen Motor und Triebachse dadurch zu verhindern, daß sonst durch Federn fest angepreßte Gleitschuhe ins Gleiten kommen. Aber auch durch andere sinnreiche Mittel hat man erreicht, daß die Kupplung zwischen Motor und Triebachse ein vorgeschriebenes Spiel gestattet.

Die neuere Entwicklung im Maschinenbau war auch den Zahnrädern günstig. So sind Lokomotiven entstanden mit Zahnrad-Doppelmotoren. Die Motorachsen tragen kleine Triebräder. Je zwei solcher Achsen arbeiten mit je einem Triebling auf ein größeres Zahnrad, etwas kleiner als die Triebräder und im wesentlichen zu gleicher Achse mit den Triebrädern, zwischen Achse und Zahnrad jedoch eine solche Übertragung, daß der Achse der Triebräder ihr Spiel gestattet ist.

Im Wagenkasten der Lokomotive befinden sich die Steuereinrichtungen. Der Fahrschalter schaltet nur Steuerströme (wenig Ampere von geringer Spannung aus) ein. Die Steuerströme bedienen die in der Nähe des Loktransformators angeordneten Schütze, die bis zu 300 Volt und sehr großen Stromstärken die Verbindungen zwischen den einzelnen Stufen des Transformators und dem Motor regeln. Motor und Transformator sind künstlich gekühlt.

Bahnen ähnlicher Einrichtung entstehen in allen Erdteilen. Allein Deutschland und Amerika hatten i. J. 1920 zusammen rd. 3750 km elektrisch betriebene Vollbahnen in Betrieb und Ausführung. Dazu baut Schweden eifrig und hat seit Jahren die 475 km lange Riksgränsbahn von Luleå bis Narvik in elektrischem Betrieb, im Winter unter sehr erschwerenden Umständen. Die Hauptfördergüter sind Eisenerze, die in 12 Zügen/Tag, jeder Zug zu 40 Wagen von je 36 t Erzladung und durch eine Doppellokomotive gezogen, bei 10‰ Steigung mit 30—35 km/Std. befördert werden.

Wenn auch die deutsche Industrie an den Bahnaufträgen der Welt stark teilnimmt, kann doch nicht gesagt werden, daß das hier beschriebene in vorwiegend deutscher Beteiligung entstandene System das einzige wäre, das überhaupt in Frage kommt. Bis zu höheren Leistungen, als man bei uns annehmen sollte, baut man Gleichstrom-Vollbahnen, und selbst in Deutschland ist von sehr namhafter Stelle aus ein ganz anderes System in Vorschlag gebracht worden, einen Hochspannungs-Einphasen-Asynchronmotor dauernd, also auch im Aufenthalt, zu betreiben und seine Leistung durch steuerbare Öldruckgetriebe auf die Triebachsen zu übertragen. Ist einerseits die große Entwicklung da, so streben von anderer Seite neue Kräfte auch schon nach neuen Zielen.

[369] Fahrpersonal.

Hier kann also sehr viel erspart werden, ebenso bei den Auslagen für das **Fahrpersonal auf den Lokomotiven.** Heute ist bekanntlich die Dampflokomotive vom Maschinenführer und Heizer besetzt, welche angesichts der doppelten Arbeit für Maschine und Kessel unbedingt erforderlich sind. Die elektrische Lokomotive braucht aber für die wenigen Handgriffe nur **einen** Mann. Sie bietet dem Personal einen bequemen, geschlossenen Aufenthaltsort, in dem neben dem Maschinisten als Reserve auch der Zugführer, welcher den Fahrdienst gleichfalls erlernen muß, Platz findet. Es wird also der Heizer vollständig erspart. Die Kosten für das Zugförderungspersonal betrugen auf den früheren österreichischen Bahnen im Jahre 1900 35,4 Mill. Kronen oder 10% der gesamten Betriebskosten, welche sich beim elektrischen Betrieb demnach ganz bedeutend verringern würden. Man wird die hohe finanzielle Bedeutung, welche in diesen Darlegungen und Ziffern gelegen ist, zu würdigen verstehen, wenn man bedenkt, daß die Zugförderungskosten, welche sich beim elektrischen Betrieb so bedeutend vermindern, im Jahre 1900 fast 35% der gesamten = 349 Mill. Kronen betragenden Betriebsausgaben der früheren österr. Eisenbahnen ausmachten. Es ist, bevor zuverlässige Erfahrungen vorliegen, natürlich nicht möglich, den Wert der einzelnen angeführten Vorteile richtig einzuschätzen; man fühlt aber, daß es nicht allein die Kohlenersparnisse sind, auf welche sich die Wirtschaftlichkeit des elektrischen Vollbahnbetriebes stützen soll, daß vielmehr die aus anderen Ursachen entstehenden Vorteile unter Umständen sogar die Höhe der Kohlenersparnisse erreichen können.

[370] Bergbahnen.

Die Behauptung erscheint nicht zu gewagt, daß bei jenen Bahnen, namentlich bei Bergbahnen, zu deren Betrieb ausreichende und nicht allzu teuer auszubauende Wasserkräfte herangezogen werden können, die Wirtschaftlichkeit des elektrischen Betriebes jener des Dampfbetriebes überlegen ist.

Nicht ganz so günstig liegen im allgemeinen die Verhältnisse dort, wo keine Wasserkräfte vorhanden sind, wo vielmehr die elektrische Zentrale mittels Dampfkraft, das ist durch Kohle erzeugt werden muß. Wohl kann ein Kohlekraftwerk billiger sein als das mit Wasserkraft betriebene Werk, aber auch die Kohlenkosten sind beim elektrischen Betrieb geringer, weil die Verluste in der elektrischen Kraftübertragung durch die ungleich größere Wirtschaftlichkeit der Zentralmaschinenanlage mehr als ausgeglichen werden und weil die geringen Lokomotivengewichte und der Wegfall der Tender Ersparnisse an Kraft und Kohle zur Folge haben. Die Verhältnisse dürften sich aber hier im allgemeinen nur in jenem Falle so günstig wie bei Wasserkraftbetrieb stellen, wo Dampfzentralen mitten in Kohlenreviere gestellt werden und die geförderte Kohle sofort verbrauchen. Trotzdem wird es zweifellos viele Bahnen geben, denen Wasserkräfte nicht zur Verfügung stehen, bei welchen aber der elektrische Betrieb gerechtfertigt wäre.

Es wäre aber verfehlt, die Umwandlungsfähigkeit der Dampfbahnen auf elektrischen Betrieb zu generalisieren. Jeder einzelne Fall bietet so verschiedene Verhältnisse, daß stets nur auf Grund einer sorgfältigen Prüfung aller in Betracht kommenden Bedingungen ein richtiger Schluß über die Umwandlungswürdigkeit einer Bahn gezogen werden kann. Im allgemeinen kann gesagt werden, daß bei **Hauptbahnen mit starkem Verkehr** stets befriedigende Resultate von der Umwandlung erwartet werden dürfen, als beispielsweise **bei langen Lokalbahnen mit schwachem Verkehr,** für die heute noch die **Dampf- und Benzinlokomotive** die günstigste Betriebsweise darstellt, weil sich dort die elektrischen Umwandlungskosten angesichts des geringen Verkehrs nicht aus den Ersparnissen des elektrischen Betriebes bezahlt machen können.

Wir haben bisher nur jene Fälle in den Kreis unserer Betrachtungen gezogen, bei denen es sich darum gehandelt hat, bestehende Dampfbahnen in elektrische umzuwandeln. Einfacher und für die letztere Betriebsweise günstiger liegen die Verhältnisse dort, wo neue Bahnen gebaut werden, denn hier entfällt die Notwendigkeit, die in den Dampfeinrichtungen und Lokomotiven investierten Kapitalien zu entwerten. Bei neuen Bahnen lassen es wohl die obigen Auseinandersetzungen geboten erscheinen, bei Festsetzung der Betriebsart stets auch die elektrische Förderung in die Berechnung einzubeziehen und deren Anwendungsfähigkeit für den gerade vorliegenden Fall zu prüfen.

Ganz besonders scheint uns das bei den österreichischen Alpenbahnen der Fall zu sein, denn es dürfte nicht viele Bahnlinien geben, die eine derartige Eignung für den elektrischen Betrieb aufweisen. Es finden sich längs ihrer ganzen Strecke Wasserkräfte, welche ausreichende Betriebskraft für die ganzen Bahnen zu besitzen scheinen. Fast die ganze Trasse dieser Bahnen besitzt Gebirgscharakter, und gerade **Bergbahnen mit Wasserkraftbetrieb** sind das lohnendste Arbeitsfeld für elektrische Förderung. Zu den früher erwähnten Vorteilen der letzteren treten bei Bergbahnen noch vier wichtige Momente hinzu. Zunächst der Umstand, daß der Kohlenverbrauch bei Bergbahnen naturgemäß ein ungleich größerer ist als bei ebenen Bahnen. Beträgt beispielsweise der Kohlenverbrauch auf der ebenen Südbahnstrecke **Wien—Gloggnitz 98 kg** für je **1000** Brutto-Tonnenkilometer, so steigt der Verbrauch auf **199 kg,** wenn der Zug mit derselben Maschine die **Semmeringbahn** von **Gloggnitz** bis **Mürzzuschlag** befährt. Der Kohlenverbrauch ist also fast der doppelte in der Bergstrecke als in der Ebene, ein Umstand, der um so mehr ins Gewicht fällt, weil solche Bergbahnen meist kohlenarme Länder durchziehen, sich also in dieser Hinsicht in ähnlichen Verhältnissen befinden, welche die italienische Regierung zur Einführung des elektrischen Bahnbetriebes veranlaßt haben. Der elektrischen Lokomotive kommt aber bei Bergbahnen noch eine andere merkwürdige Gabe zu Hilfe, welche sie befähigt, beim Talabwärtsfahren die früher entwickelte Energie zurückzugewinnen, d. h. mit dieser Energie andere bergaufwärts fahrende Züge zu betreiben. Der hinunterfahrende Zug wird selbst zu einem Teil des Stromerzeugers und sendet seinen Strom durch die Fahrdrähte in die Motoren der bergauffahrenden Züge. Jedermann kennt noch die Konstruktion an Aufzügen oder Seilbahnen, bei denen das Übergewicht der hinuntergehenden Schale die zweite emporhebt. Was hier das Seil — bewirkt dort die elektrische Übertragung. Die Folge davon ist, daß bei solchen Bergbahnen, bei denen nach jeder Richtung mehrere Züge gleichzeitig verkehren, die für die Bergfahrt erforderliche große Arbeit unvergleichlich geringer ausfällt als bei Dampfbetrieb, bei dem die Energie des talabfahrenden Zuges nutzlos und zum Schaden abgebremst wird.

Es unterliegt nach dem früher Gesagten keinerlei Schwierigkeiten, für den Betrieb solcher Alpenbahnen elektrische Lokomotiven zu konstruieren, welche die schwersten verlangten Züge zu befördern in der Lage sind, also etwa Schnellzüge, die 150 Tonnen Bruttolast bei 25 pro Mille Steigung mit 45 km Geschwindigkeit oder Güterzüge, die 500 Tonnen Bruttolast bei derselben Steigung mit 20 km pro Stunde ziehen können. Dabei ist zu berücksichtigen, daß diese Alpenbahnen nebst mehreren Kurven auch die drei großen Tunnels mit 8,5, 8 und 6,2 km Länge besitzen, bei deren Durchfahrt der Rauch, welcher eine Plage für den Reisenden und eine Gefahr für das Zugspersonal bildet, entfallen würde. Man half sich in den letzten Jahren gegen den Rauch in langen Tunnels durch künstliche Lüftung mit Ventilation (Gotthardtunnel) oder durch bloß für den Tunnel gemachte elektrische Traktion (Baltimore-Ohio-Bahn). Bei der Traktion im Arlbergtunnel hat man sich in einfacherer Weise geholfen, indem die Lokomotiven mit Petroleumrückstand geheizt werden, was aber natürlich den Betrieb auch sehr verteuert, geht aber an die Umwandlung der Strecke Innsbruck—Langen in elektrischen Betrieb.

Zweifellos würde auch bei Bergbahnen der Touristen- und Lokalverkehr auf der schönen Strecke ungemein gewinnen, weil es beim elektrischen Betrieb viel leichter möglich ist, den Fahrplan dem Geschmacke des Publikums anzupassen und mehr Züge verkehren zu lassen als beim Dampfbetrieb. Es wäre gerechtfertigt, nunmehr bei allen Bergbahnen solche Studien anzustellen. Einer allfälligen Überschreitung der Anlagekosten könnte durch eine Gesellschaft zur Erbauung der Wasserkraftzentrale und der elektrischen Ausrüstung abgeholfen werden. Auch strategische Rücksichten könnten einem solchen Projekte nicht entgegenstehen, da für den Fall der Zerstörung einer Zentrale Dampflokomotiven aus allen Richtungen des Reiches herbeigeschafft werden könnten. War doch in Italien der strategische Gesichtspunkt mitbestimmend, daß im Kriegsfalle eine Kohlenabsperrung seitens des Feindes für das kohlenarme Land sehr verhängnisvoll werden könnte.

Gleichwie in Italien ist auch in vielen anderen Ländern diese Frage des elektrischen Betriebes auf den Hauptbahnen zu einer sehr aktuellen geworden. Hoffen wir, daß Österreich diesen Versuch Italiens mit Eifer fortsetzt und mit der im Gange befindlichen Elektrisierung der **Arlbergstrecke** und der Strecke **Steinach—Irdning** die besten Erfahrungen macht.

LEBENSBILDER

berühmter Techniker und Naturforscher.

Gustav Adolf Hirn.

* 1815, † 1890.

Als Sohn einer angesehenen Familie des Elsaß wurde Gustav Adolf Hirn am 21. August 1815 geboren. Sein Vater war Teilhaber der großen textilindustriellen Firma **Haußmann, Jordan, Hirn & Co.** zu **Logelbach** bei **Colmar.** Der alte Hirn scheint der kunstverständige Berater der Fabrik gewesen zu sein, da er als ausübender Künstler Werke bleibender Bedeutung geschaffen hat. Künstlerische Neigungen gingen auch auf den Sohn über; seiner leidenschaftlichen Liebe zur Musik verdanken wir wertvolle Arbeiten aus der Akustik und die mathematische Theorie des Metronoms. **Adolf Hirn** besaß von Jugend auf eine zarte Gesundheit. Er hat infolge dieses Umstandes niemals den Unterricht einer Schule genossen, auch Universitätsstudien zu machen, blieb ihm versagt. Und doch regte sich früh in diesem gebrechlichen Körper ein starker Geist, der zu schaffen verlangte. Die Naturwissenschaften nahmen ihn unwiderruflich gefangen, und er sammelte unermüdlich Kenntnisse, um sie im Dienste der väterlichen Fabrik zu verwerten.

Als er herangewachsen war, wurde ihm die Aufsicht über die Maschinen der ausgedehnten Anlagen übertragen. Bestimmte Aufgaben traten damit an ihn heran, bei deren eigenartiger Auffassung sich sofort sein ungewöhnlicher Geist verriet.

Im Jahre 1845 legte er der Industriellen Gesellschaft zu Mülhausen seine erste Arbeit über **Ventilatoren** vor, die Beifall fand.

Seine nächste Arbeit, die er bereits 1847 vollendete, aber erst 1854 vorlegte, zeigt ihn als bahnbrechenden Forscher, dessen Gedankenflug ihn über das unmittelbare Ziel weit hinausträgt.

Eine rein ökonomische Frage des **Schmierölverbrauches in den Werkstätten** führte ihn auf das Studium der bei der **Zapfenreibung** auftretenden Erscheinungen. Seine Beobachtungen gipfeln in der Erkenntnis, daß die bei der Reibung erzeugte Wärme sich messen läßt durch einen bestimmten Arbeitsbetrag, der unabhängig ist von der Dauer der Reibung, von der Natur der reibenden Körper und der erzeugten Temperatur. **427 Meterkilogramm aufgewendeter Arbeit entsprechen nach seinen Untersuchungen einer Kalorie erzeugter Wärme.** Es ist das Gesetz der **Äquivalenz von Wärme und Arbeit,** das hier zum Ausdruck gelangt. Zwar war ihm **Robert Mayer** zuvorgekommen, also auf den Forscherruhm mußte Hirn verzichten, aber seine Zahl kam der von Mayer angegebenen **365** so nahe, daß seine Arbeit als eine der wichtigsten Stützen des neuen Gesetzes angesehen werden konnte.

In der Folge stellte Hirn die großen 100pferdigen Maschinen seiner Fabrik in den Dienst der Wissenschaft. Durch fortgesetzte Messungen zeigte er die Hinfälligkeit der Annahmen **Carnots** und **Clapeyrons** bezüglich der Stofflichkeit der Wärme. Er wies unwiderleglich nach, daß in dem Prozeß der Dampfmaschine mit dem Temperaturgefälle des Dampfes ein Verlust an Wärme verbunden ist, der in numerisch bestimmtem Verhältnis zur gemessenen Arbeit steht.

Die Bedeutung Hirns für die Maschinentheorie liegt aber hauptsächlich in den **Methoden seiner Untersuchung. Poncelet** und **Morin** sind die ersten, welche die Mechanik der hydraulischen und kalorischen Maschinen in zum Teil noch gültiger Form festlegten. Die Vertiefung der von diesen Forschern geschaffenen Methoden verdanken wir zumeist deutschen und englischen Gelehrten. **Rankine** in England, **Redtenbacher, Weisbach** und **Grashof** in Deutschland dehnen den Kreis auf immer weitere Gebiete des Maschinenbaues aus.

Ihren Höhepunkt erreicht diese Schule in **Grashof,** der die Summe seiner großen Lebensarbeit in einem umfangreichen Werke über theoretische Maschinenlehre zusammenfaßte. Ausgehend von feststehenden Tatsachen der Physik, behandelt **Grashof** in der denkbar knappsten Form fast die Gesamtheit der Probleme des Maschinenbaues und gelangt so zu Schlußformeln, deren Diskussion zur Aufstellung allgemeiner Gesichtspunkte benutzt wird.

In durchaus neue Bahnen wird die Forschung dagegen gelenkt durch **Zeuner** und **Reuleaux.** Zeuner ist in erster Linie der glückliche Vermittler zwischen der modernen Naturanschauung und der theoretischen Maschinenlehre. Ihm verdanken wir den Aufbau der Theorie der Wärmekraftmaschinen auf dem Prinzip von der Erhaltung der Energie. Er erweitert den Gesichtskreis, indem er für die Probleme des Maschinenbaues die äußersten Grenzen aufsucht und durch die Einführung der **idealen** Maschine einen Vergleichsmaßstab schafft, der den Wert des wirklichen Prozesses sowie die Richtung des Fortschrittes mit Sicherheit erkennen läßt.

Von nicht minderer Bedeutung ist das Wirken **Reuleaux.** Während die Tätigkeit **Zeuners** hauptsächlich den **Kraftmaschinen** zugewandt, beleuchtet **Reuleaux** mit schöpferischem Genie das nicht minder wichtige Gebiet der **Mechanismen,** auf welchem er eine vollkommene Revolution der Anschauungen hervorgerufen hat. Von dem Hilfsmittel der Rechnung macht Reuleaux noch weniger Gebrauch als Zeuner. Er führt zunächst jene großartige, von französischen Mathematikern begründete Auffassung der Bewegungsgesetze in die Maschinenlehre ein und lehrt ihre Anwendung auf die verwickelten Mechanismen der Technik.

Beide Methoden haben befreiend gewirkt von dem Ballaste endloser Formelreihen. Blicken wir zurück auf die Arbeit eines vollen Jahrhunderts und fragen wir, wie weit es gelungen ist, die Probleme des praktischen Maschinenbaues der Vorausberechnung zu unterwerfen. Bei zahlreichen Aufgaben weist sie und die Erfahrung den Ingenieuren den richtigen Weg. Leider ist das gerade bei den wichtigsten Schöpfungen der Technik, bei den **Wärmekraftmaschinen,** nicht der Fall.

Morin war der erste, welcher eine **Theorie der Dampfmaschine** aufstellte und ihre Berechnung lehrte; freilich als erster und unvollkommener Versuch, der durch die feinere Theorie von Pambour verbessert wurde. In unübertroffener Klarheit entwarf **Zeuner** die Umrisse einer neuen Theorie, aber die Frage der Berechnung des Dampfverbrauches blieb auch hier noch offen.

Nicht minder hilflos blieb die Maschinentheorie gegenüber der Zwillingsschwester der Dampfmaschine, der **Gasmaschine.** Das kurze Aufflackern zu Beginn der 60er Jahre war nicht von Dauer, flügellahm, weil unfertig in ihren innersten Organen, sank sie zurück in den unterbrochenen Werdeprozeß, bis sie in der Mitte der 70er Jahre in der Deutzer Werkstatt wieder aufstieg.

Welches ist nun der belebende Gedanke, der diese schlummernde Kraft erweckt und den Gasverbrauch so tief herabsetzt, worüber die Gelehrten gestritten haben, bis Hirn den einzig richtigen Weg des **Experimentes** vorschlägt.

Die Versuche, welche **Hirn** uns gelehrt, beziehen sich auf das innere Lebensprinzip der Maschine, auf das Studium des Werdeprozesses der Arbeit und der Wandlungen der Wärme. Dabei sind die Methoden Hirns ganz verschieden von jenen der Physiker, die darauf ausgehen, die Naturgesetze an sich zu erforschen, während den Maschinentheoretiker der Verlauf der isolierten Erscheinung weniger interessiert als deren Einfluß auf die Gesamtarbeit. Die genauen Methoden verbieten sich hierbei von selbst; Hauptsache ist die Einfachheit der Methoden und Meßinstrumente und die Vielheit und Schnelligkeit der Messungen. Eine Schule sammelt sich nun der Meister, welche die kalorimetrische Untersuchung des Dampfes im Zylinder der Maschine bald ein überraschendes Licht verbreitet. **Dwelshauvers-Dery** und **Gustav Schmidt** wirken als begeisterte Anhänger, während **Zeuners** Meisterhand sie in die klare durchsichtige Form ausprägt. Zum vollen Verständnis der Wirkung des Dampfes genügt nicht allein die Betrachtung des **Dampfes** allein, sondern von mitbestimmendem Einfluß ist die **Wandung, das Metall des Zylinders. Diese nimmt eine mittlere Temperatur an, ist kleiner als die Temperatur des Kesseldampfes oder größer als die Temperatur des expandierten Dampfes, der in den Kondensator strömt.** Ein Teil des Dampfes wird an den Wandungen kondensiert, und später wird das Wasser während der Expansion von der umschließenden Wandung von neuem verdampft. Gewinn und Verlust gleichen sich jedoch nicht aus, denn während des Auspuffes geht die freiwerdende Wärme nutzlos zum Kondensator.

Ähnlich, wenn auch geringer, ist die Wirkung der Wandung in der **Gasmaschine,** wo sie besonders den wichtigen Vorgang der **Zündung** beeinflußt. Ein unaufhörlicher Austausch von Wärme zwischen den Wandungen und dem wärmetragenden Mittel begleitet somit den Kreisprozeß der **kalorischen Maschine.** Noch ist es nicht gelungen, diese verwickelten und zum Teile noch verschleierten Wechselbeziehungen der Rechnung zu unterwerfen, aber der Weg ist vorgeschrieben, aus dem der Meister der Zukunft das festgefügte Gebäude errichten wird. Nicht die Tatsache an sich, sondern die Methode der Forschung ist dasselbe, was uns Hirn gelehrt hat. Sein Charakter ist ebenso edel und erhaben, wie seine Kenntnisse tief und ausgebreitet.

Im Jahre 1881 zog er sich von den Geschäften zurück und widmete sich in Kolmar ganz seiner wissenschaftlich-literarischen Tätigkeit. Seine letzten Jahre waren auf astronomisch-philosophische Forschungen gerichtet, die er kurz vor seinem Tode in dem großen Werke: **„Analyse élémentaire de l'univers** und **Constitution des espèces célestes** zum Abschluß brachte.

Hirns Name ist deutsch, trotzdem gravitierte sein Denken und Fühlen nach Frankreich; auch seine Werke sind französisch geschrieben. Mit Vorliebe zitiert er trotzdem den Dichter **Schiller** und mit todesmüder Hand schrieb er noch auf sein letztes Werk das Glaubensbekenntnis:

„Hoch über der Zeit und dem Raume webt
lebendig der höchste Gedanke.
Und ob alles im ewigen Wechsel kreist,
es beharret im Wechsel ein ruhiger Geist."

Schlußwort zum 3. Fachbande.

Nunmehr sind die letzten Hochgipfel in unserem Bergbilde erreicht, und wir haben mit dem **„Maschinenbau und der Elektrotechnik"** auch das zweite Hauptfach der Technik unserem Selbstunterricht eingefügt. Aber bei dem gewichtigen Umfange, den heute schon dieses Fach in seiner **praktischen Verwertung** gefunden hat, war es uns bei dem beschränkten, zur Verfügung stehenden Raum nicht möglich, alle Verwendungsgebiete viel ausführlicher zu behandeln, als dies im 1. Fachbande geschehen. Wir beschränkten uns daher im allgemeinen mit dem theoretischen Teile dieser Wärmegebiete, glauben aber damit unseren Selbstschülern die nötige Grundlage für das Verständnis aller praktischen Anwendungen gegeben zu haben, die in der neueren Literatur regelmäßig und mit großer Genauigkeit gegeben sind. Die einzige Ausnahme haben wir mit den **elektrischen Bahnen** gemacht, und zwar nur aus dem einzigen Grunde, weil diese eben mit den Dampfbahnen im gewaltigen Konkurrenzkampfe liegen und die Selbstschüler in den Stand gesetzt werden sollen, sich in diesem eben aktuellen und wichtigen Konkurrenzkampfe ein eigenes Urteil zu bilden.

Literatur.

Dr. **Albrecht,** Die Akkumulatoren für Elektrizität, Leipzig, Göschen.
Oberingenieur **Barth,** Die Dampfkessel, Leipzig, Göschen.
Oberingenieur **Barth,** Die Dampfmaschine, Leipzig, Göschen.
Buch der Erfindungen, Leipzig, Spamer.
Bernoulli, Handbuch des Maschinentechnikers, Leipzig, Krämer.
Dipl.-Ing. **Bonay,** Ruhende Umformer, Hannover, Dr. Jänneke.
Dr. **Hennig,** Buch berühmter Ingenieure, Leipzig, Spamer.
Ing. Fritz **Golwig,** Der elektrische Betrieb auf Vollbahnen, Verlag des Verfassers in Wien.
Dr. Artur **Hruschka,** Elektrische Zugförderung, Verlag des Internationalen Eisenbahnkongresses, Bern.
Dipl.-Ing. **P. Holl,** Die Wasserturbinen, Leipzig, Göschen.
Dir. Alfred **Holzt,** Schule des Elektrotechnikers, Leipzig, Schäfer.
Des Ingenieurs Taschenbuch „Die Hütte", Berlin, Ernst & Sohn.
Prof. Dr. **Kraft,** Das System der elektrischen Arbeit, Leipzig, Felix.
Prof. **Kleiber-Karsten,** Physik für technische Arbeit, Berlin, Oldenbourg.
Prof. Dr. **Niethammer,** Die Dampfturbine, Zürich, Meyer & Zeller.
Dipl.-Ing. R. **Seubert,** Aus der Praxis des Taylorsystems Berlin, Springer.
Prof. Dr. **Slaby,** Glückliche Stunden, Berlin, Simmen.
Zivil-Ing. **Schiemann,** Bau und Betrieb elektrischer Bahnen, Leipzig.
Ing. **Scharlott,** Die Elektrische, Leipzig, Scholz.
Prof. **Stöckhardt,** Elektrotechnik, Leipzig, Veit.
Prof. R. **Vater,** Die neuen Wärmekraftmaschinen, Leipzig, Berlin, Teubner.

Namen- und Sachregister.

(Die Zahlen mit vorgesetztem S. bedeuten Seitenzahlen, alle übrigen die eingeklammerten Nummern der Unterabschnitte z. B. 249 = [249]. — Sie sind bezüglich der ausführlichen Textstellen fettgedruckt.)

www.ingramcontent.com/pod-product-compliance
Lightning Source LLC
Chambersburg PA
CBHW062019210326
41458CB00075B/6215
* 9 7 8 3 4 8 6 7 4 9 6 7 0 *